AF357661

DICTIONNAIRE

DES

JARDINIERS

ET DES

CULTIVATEURS;

PAR

PHILIPPE MILLER.

TOME TROISIEME.

DICTIONNAIRE

DES

JARDINIERS

ET DES

CULTIVATEURS,

PAR

PHILIPPE MILLER:

Traduit de l'Anglois sur la VIII.ᵉ Edition;

Avec un grand nombre d'Additions de différens genres,
Par MM. le Président DE CHAZELLES,
le Conseiller HOLANDRE, &c.

NOUVELLE ÉDITION,

Dans laquelle on a rectifié un très-grand nombre d'endroits de l'Édition de Paris, afin de rendre la Traduction Françoise conforme à l'Original Anglois; & de plus, on y a ajouté les noms Anglois des Plantes, & plusieurs nouvelles Notes.

TOME TROISIEME.

A BRUXELLES,

Chez BENOIT LE FRANCQ, Imprimeur-Libraire,
rue de la Magdelaine.

M. DCC. LXXXVII.

DICTIONNAIRE

DES

JARDINIERS.

DALECHAMPIA. *Lin. Gen. Plant. 1022. Plum. Nov. Gen. 17. tab. 38.* [*Dalechamp*].

Cette plante a été ainsi nommée par le Pere PLUMIER, en l'honneur de JACQUES DALECHAMP, savant Botaniste françois.

Caractères. Les plantes de ce genre ont des fleurs mâles & des fleurs femelles sur le même pied ; les mâles, qui sont placées entre deux bractées, ont une enveloppe commune, découpée en quatre segmens érigés ; leur calice est composé de six feuilles ovales, obtuses & réfléchies à leurs pointes : elles n'ont point de corolle, mais seulement un gros nectaire qui forme plusieurs plis unis les uns sur les autres, & plusieurs étamines jointes en une longue colonne, sillonnées par

Tome III.

quatre rainures, & terminées par des sommets ronds. Les fleurs femelles sont aussi disposées comme les mâles ; elles ont une enveloppe persistante à trois feuilles, & chacune un calice persistant, formé par deux feuilles ; elles n'ont point de corolle, mais un germe rond, plus court que le calice, à trois sillons, & terminé par un style long, mince, incliné vers les fleurs mâles, & couronné par des stigmats à tête : ce germe se change par la suite en une capsule ronde, à trois cellules, dont chacune renferme une semence ronde.

Ce genre de plantes est rangé dans la neuvieme section de la vingt-unieme classe de LINNÉE, intitulée : *Monœcia Monadelphia*, qui comprend

A

celles dont les fleurs mâles, & les femelles, font
fur le même pied, & dont
les étamines des fleurs mâles font jointes en un feul
corps.

Nous n'avons en Angleter-
re qu'une efpece de ce genre,
qui eft :

*Dalechampia fcandens, foliis
trilobis glabris, floribus axillaribus, caule volubili.*

Dalechamp à feuilles unies
& à trois lobes, avec des fleurs
fur les côtés des branches &
une tige tortillante.

*Dalechampia fcandens, Lupuli
foliis, fructu tricocco glabro, calyce hifpido. Houft. M. 55.*

*Dalechampia foliis trifidis.
Linn. Mant. 496. Hort. Cliff.
485. Jacq. Amer. 252. T. 160.*

*Lupulus, folio trifido, fructu
tricocco hifpido. Plum. Amer.
89. t. 101.*

*Convolvulo-Tithymalus. Boerh.
Lugd.-B. 2. P. 268.*

Cette plante croît naturellement à la Jamaïque, d'où le
Dr. HOUSTOUN m'en a envoyé
les femences qui ont réuffi dans
le jardin de Chelféa, & ont
produit des plantes qui ont
fleuri & perfectionné leurs
graines. Cette efpece eft fans
doute différente de celle que
Plumier a trouvée à la Martinique, où il a pris l'enveloppe pour la capfule, fuivant le titre qu'il lui donne,
Fructu tricocco hifpido, puifque
celle-ci a un fruit uni & un
calice velu.

Cette plante a une racine
compofée de plufieurs fibres
qui s'étendent à une grande
diftance, & de laquelle for-

tent quelques tiges foibles &
tortillantes qui s'attachent aux
plantes voifines & s'élevent,
par leur moyen, à une hauteur confidérable ; ces tiges
font garnies à chaque nœud
d'une feuille unie & divifée
en trois lobes, dont les deux
latéraux font obliques fur la
côte du milieu, & celui du
centre eft droit : les fleurs,
dont quelques-unes font mâles & les autres femelles, naiffent au nombre de trois ou
quatre fur chaque pédoncule ;
elles font d'une couleur herbacée, petites & fans aucune
apparence, & elles ont chacune une double enveloppe,
compofée de deux rangs de
feuilles étroites, & armées de
petits poils hériffés, qui piquent les mains de ceux qui
y touchent par hafard : ces
fleurs produifent des capfules
rondes à trois lobes avancés
& unis, qui renferment chacun une fimple femence.

On multiplie cette efpece
par fes graines, qu'il faut répandre au commencement du
printems, fur une couche chaude : lorfque ces plantes ont
atteint la hauteur de trois pouces, on les tranfplante foigneufement, chacune féparément, dans de petits pots remplis de terre riche & légere ;
on les plonge dans une couche chaude de tan, & on les
tient à l'abri du foleil, jufqu'à
ce qu'elles aient formé de nouvelles racines ; après quoi,
l'on fouleve chaque jour les
vitrages de la couche, à proportion de la chaleur extérieure, pour leur donner de

l'air ; & on les arrofe fouvent, parce qu'elles croiffent naturellement dans les lieux humides : quand elles font devenues affez groffes pour remplir les pots de leurs racines, on leur en donne de plus grands, & on les plonge dans la couche de tan de la ferre chaude, où elles doivent être foutenues par des bâtons ou des treillages, autour defquels elles s'entortilleront, & s'éléveront à la hauteur de huit ou dix pieds.

Comme cette plante eft trop délicate pour fupporter le plein air dans notre climat, même pendant les chaleurs de l'été, il faut la tenir conftamment dans la ferre chaude, & la placer avec des *Convolvulus*, & les autres plantes tortillantes dans le fond de la ferre, & la paliffer contre un treillage où elle profitera, produira des fleurs, & quelquefois perfectionnera fes femences : mais, pour y réuffir, il faudroit lui donner beaucoup d'air dans les tems chauds, en abaiffant les vitrages du haut de la ferre ; mais en hiver, la ferre doit être tenue à un dégré de chaleur tempérée, & même au-deffus. En été, elle exige beaucoup d'arrofement ; mais en hiver, on l'arrofe peu & fouvent. Comme cette plante ne fubfifte guere que deux années, il faut la multiplier tous les ans de femences, pour en conferver l'efpece.

DAMASONIUM. [*Star-headed Water Plantain.*] Plantain aquatique, à tête étoilée.

Caractéres. Dans ce genre,

la corolle eft compofée de trois pétales placés orbiculairement, & étendus en forme de rofe : hors du godet de la fleur, s'éleve le pointal, qui devient enfuite un fruit, en forme d'étoile, & a plufieurs cellules remplies de femences oblongues.

Les efpeces font :

1°. *Damafonium Alifma ftellatum. Dalech. hift. 1058.* Plantain aquatique, à tête étoilée.

Alifma foliis cordato-oblongis, floribus hexagynis, capfulis fubulatis. Lin. Sp. Plant. 486. Sp. 3.

Alifma fructu fexcorni. Hort. Cliff. 141. Roy. Lugd.-B. 46. Sauv. Monfp. 14.

Plantago aquatica ftellata. Bauh. Pin. 190.

Plantago aquatica minor altera. Lob. Ic. 301.

2°. *Damafonium flavum Americanum maximum, Plantaginis folio, flore flavefcente, fructu globofo. Plum. Spec. 7. Ic. 115.*

Le plus gros Plantain aquatique d'Amérique, avec une feuille de Plantain, une fleur jaune & un fruit globulaire.

Alifma flava, foliis ovatis acutis, pedunculis umbellatis, fructibus globofis. Lin. Sp. Plant. 486 Sp. 2. Edit. 3.

Alifma. La premiere de ces plantes fe trouve en Angleterre, prefque toujours dans des eaux dormantes & peu profondes : comme on s'en fert quelquefois en médecine, & qu'on ne la cultive jamais dans les jardins, il faut la recueillir pour l'ufage dans les endroits où elle naît fpontanément.

Flavum. La feconde efpece eft originaire de la Jamaïque, de la Barbade & de plufieurs autres parties chaudes de l'Amérique, où on la trouve généralement dans les eaux ftagnantes & dans les marais ; de forte qu'il feroit difficile de la conferver en Angleterre, parce qu'elle n'y vivroit point en plein air, & qu'il lui faudroit cependant une fondriere ou un marais, pour la faire profiter ; mais, comme elle a peu de beauté, & qu'elle eft de peu d'ufage, elle ne mérite pas qu'on fe donne la peine de la cultiver ici.

DAPHNÉ. *Lin. Gen. Plant.* 436. *Thymelæa. Tourn. Inft. R. H.* 594. *tab.* 366. [*Spurge Laurel,* or *Mezereon.*] Laurier d'Epurge. Auréole. Garou. Bois Gentil.

Caraéteres. La fleur n'a point de calice ; la corolle eft monopétale, & pourvue d'un tube cylindrique & divifé au fommet en quatre parties étendues & ouvertes. La fleur a huit courtes étamines inférées dans le tube, alternativement plus courtes que lui, & terminées par des fommets érigés, & à deux têtes : fon germe, qui eft ovale, placé au fond du tube & couronné par un ftigmat applati & comprimé, fe change dans la fuite en une baie ronde, & a une cellule qui renferme une femence ronde & charnue.

Ce genre de plantes eft rangé par LINNÉE dans la premiere feétion de fa huitieme claffe, qu'il nomme *Oétandria Monogynia,* la fleur ayant huit étamines & un ftyle.

Les efpeces font :

1°. *Daphne laureola, racemis axillaribus quinque-floris, foliis lanceolatis, glabris,* Lin. Sp. Plant. 357. Mat. med. 104. Jacq. Auftr. 1183. Regn. Bot ; Daphné avec des grappes de cinq fleurs, fortant des côtés des branches, & des feuilles unies, & en forme de lance.

Daphne racemis lateralibus, foliis lanceolatis integris. Hort. Cliff. 147.

Laureola femper virens, flore viridi, quibufdam Laureola mas. Bauh. Pin. 662.

Laureola. Dod. Pempt. 365.
Thymelæa Laureola. Scop. Carn. 2. N. 1025.

Thymelæa Lauri folio fempervirens, feu Laureola mas. Tourn. Inft. 595 ; ordinairement appellé *Laurier d'Epurge, Lauréole mâle.*

2°. *Daphne Mefereon, floribus feffilibus ternis caulinis, foliis laureolatis, deciduis. Lin. Sp. Plant.* 357. *Mat. med. P.* 103 ; Daphné ayant trois fleurs enfemble, & feffiles à la tige, & des feuilles en forme de lance, qui tombent en automne.

Laureola, folio deciduo, flore purpureo, officinis Laureola fœmina. Bauh. Pin. 462.

Daphnoïdes. Cam. Epit. 937.
Chamelæa Germanica. Dod. Purg. 130.

Thymelæa Lauri folio deciduo, five Laureola fœminæ. Tourn. Inft. 595, connue fous le nom d'*Auréole femelle, Meféréon, ou Bois Gentil.*

3°. *Daphne thymelæa, floribus feffilibus axillaribus, foliis lanceolatis, caulibus fimpliciffimis.*

Lin. Sp. Plant. 356; Daphné avec des fleurs sessiles, disposées sur les parties latérales des branches, des feuilles en forme de lance & des tiges simples.

Thymelæa foliis Polygalæ glabris. G. B. P. 463. Thymelée.

Sana munda glabra. Bauh. Hist. 1. p. 592.

4°. *Daphne Tarton-raira, floribus sessilibus aggregatis axillaribus, foliis ovatis, utrinque pubescentibus, nervosis. Lin. Sp. Plant.* 356; Daphné avec des fleurs sessiles & réunies en grappes sur les côtés des tiges, & des feuilles ovales, nerveuses & velues sur les deux surfaces.

Thymelæa foliis candicantibus & serici instar mollibus. G. B. P. 463.

Tarton-raira Gallo-Provinciæ Monspeliensium. Lob. Ic. 371, communément appelé *Tarton-raire.*

5°. *Daphne Alpina, floribus sessilibus aggregatis lateralibus, foliis lanceolatis, obtusiusculis, subtùs tomentosis. Lin. Sp. Plant.* 356. *Gouan. Illustr.* 27; Daphné à fleurs en grappes sur les côtés des branches & sessiles, & à feuilles émoussées, en forme de lance & contonneuses en-dessus.

Daphnoïdes foliis supinis hirsutis. Gesn. Fasc. 6. *T.* 3. *F.* 7.

Chamelæa Alpina, folio infernè incano. G. B. P. 1462.

Thymelæa floribus inter folia, folio utrinque hirsuto. Hall. Helv. 187. *Sauv. Monsp.* 57.

6°. *Daphne Cneorum, floribus congestis terminalibus sessilibus, foliis lanceolatis nudis. Lin. Sp. Plant.* 357. *Pollich. Pal. N.* 380. *T.* 1. *F.* 4. *Gouan. Illustr.* 27;

Daphné avec des grappes de fleurs sessiles aux sommets des branches, & des feuilles nues & en forme de lance.

Thymelæa minor, sivè Daphnoïdes Alpinum. Gesn. Fasc. 5. *T.* 3. *F.* 6.

Cneorum, Math. Hist. 46. Petit Thymelée des Alpes.

Thymelææ affinis, facie externâ. Bauh. Pin. 463.

7°. *Daphne Gnidium, paniculâ terminali, foliis lineari-lanceolatis, acuminatis. Lin. Sp. Plant.* 357; Daphné ayant des fleurs en panicules qui terminent les branches, & des feuilles étroites, pointues & en forme de lance.

Thymelæa foliis Lini. G. B. P. 463. Saint Bois ou Garou.

Thymelæa. Clus. Hist. 1. p. 89. Cam. Epit. 974.

8°. *Daphne squarrosa, floribus terminalibus pedunculatis, foliis sparsis, linearibus, patentibus, mucronatis. Lin. Sp. Plant.* 358; Daphné dont les fleurs naissent sur des pédoncules, aux extrémités des branches, & dont les feuilles sont étroites, étendues, écartées les unes des autres sur les branches, & échancrées.

Thymelæa capitata lanuginosa, foliis creberrimis minimis aculeatis. Burm. Afr. 134. *tab.* 59. *Fol.* 1.

9°. *Daphne Americana, foliis linearibus acutis, floribus racemosis axillaribus;* Daphné à feuilles fort étroites & aigues, & à fleurs réunies en paquets sur les parties latérales des branches.

Thymelæa frutescens Rorismarini folio, flore albo. Plum. Cat.

Laureola. La premiere efpece eſt très-abondante dans les bois de plufieurs parties de l'Angleterre, où on lui donne communément le nom de *Laurier d'Epurge.* Il y a quelques années que de pauvres géns cueilloient les jeunes plantes de cette efpece dans les bois, pour les vendre à la Ville, en hyver & au printems : cet arbriſſeau, peu élevé & toujours vert, pouſſe de fa racine plufieurs tiges de deux ou trois pieds de hauteur, qui fe divifent vers le fommet en quelques branches garnies de feuilles épaiſſes, unies, d'un vert luïſant, en forme de lance, & placées irrégulièrement fur chaque côté, aſſez près des branches ; du milieu de ces feuilles, vers les parties hautes des tiges, fortent des fleurs d'un vert jaunâtre, & en petites grappes ; elles paroiſſent peu de jours après Noël, fi la faifon n'eſt pas trop dure, & laiſſent après elles des baies ovales qui reſtent vertes juſqu'au mois de Juin, qui deviennent noirs en mûriſſant, & tombent bientôt après. Cette plante a un goût chaud & cauftique, qui brûle & enflamme la bouche & la gorge. Les feuilles confervent leur verdure pendant toute l'année, & font très-agréables pendant l'hyver. Comme elle profite fous les grands arbres, on peut s'en fervir pour remplir les vuides, dans les plantations.

Mefereon. La feconde efpece croît naturellement en Allemagne, ainfi que dans quelque bois près d'Andover en

Hampshire, d'où on en a enlevé un grand nombre de plantes, il y a quelques années ; on la cultive depuis long-tems dans les pépinieres, comme un arbriſſeau propre à orner les jardins, parce qu'il fleurit au printems, avant la plupart des autres plantes : cette efpece a deux variétés diftinctes, l'une à fleurs blanches fuivies de baies jaunes, & l'autre à fleurs d'un rouge clair, avec un fruit rouge. Quelques perfonnes les regardent comme des variétés produites accidentellement par les mêmes femences ; mais j'ai plufieurs fois élevé de graines, l'une & l'autre de ces plantes, & j'ai conftamment remarqué qu'elles étoient toujours femblables à celles fur lefquelles ces graines avoient été recueillies ; ce qui m'a confirmé dans l'opinion qu'elles font des efpeces diftinctes. Il y a une variété du *Laureole* en rouge clair, avec des fleurs beaucoup plus foncées que celles de l'efpece commune ; mais je l'ai toujours vu varier dans fa couleur, quand cette plante étoit élevée de femences.

Cet arbriſſeau s'éleve à la hauteur de cinq ou fix pieds, avec une tige forte & ligneufe, de laquelle fortent plufieurs branches qui forment une efpece de tête réguliere. Ses fleurs, qui paroiſſent de fort bonne heure au printems, avant que fes feuilles commencent à pouſſer, croîſſent en grappes tout autour des rejettons de l'année précédente, & font ordinairement difpofées trois à chaque nœud, ſur un pédoncule court : elles ont des tubes courts, gonflés & diviſés en quatre parties étendues & ouvertes : ces fleurs répandent une odeur très-agréable ; de ſorte que pluſieurs de ces arbriſſeaux, dans un jardin, parfument l'air à une diſtance conſidérable : quand les fleurs ſont paſſées, les feuilles commencent à paroître ; elles ſont unies, en forme de lance, placées ſans ordre, & longues d'environ deux pouces ; mais leur largeur, qui eſt de neuf lignes dans le milieu, diminue par dégré vers les deux extrémités : ſes fleurs ſont ſuivies par des baies ovales qui mûriſſent en Juin ; celles de l'eſpece à fleurs rouges ſont rouges auſſi, & celles à fleurs blanches donnent des baies jaunes : ces fleurs paroiſſent ordinairement en Février & en Mars, & dans les hivers doux, elles ſortent quelque fois en Janvier. Cette plante étoit autrefois d'uſage en médecine ; mais, comme toutes ſes parties ſont extrêmement chaudes & cauſtiques, on s'en ſert rarement à préſent.

Pour multiplier cette eſpece, on ſeme ſes baies auſſi-tôt qu'elles ſont mûres, ſur une plate-bande expoſée au couchant : ſi on ne les met en terre qu'au printems ſuivant, ſouvent elles manquent ou reſtent toujours une année dans la terre, avant que les plantes paroiſſent ; au lieu que celles qui ſont ſemées en Août, croiſſent dès le printems ſuivant, & ne manquent jamais. Quand les plantes pouſſent, on les tient nettes de mauvaiſes herbes, &, ſi elles ne ſont pas trop ſerrées, on les laiſſe ainſi paſſer deux étés, ſur-tout ſi elles ont fait peu de progrès dans la premiere année : à la Saint-Michel, lorſque leurs feuilles tombent, on les enleve, ſans rompre ni déchirer leurs racines, & on les plante dans une pépiniere, à huit ou neuf pouces de diſtance entr'elles, & à ſeize pouces entre chaque rang : ces plantes pourront reſter deux années dans cette pépiniere ; mais, après ce tems, on les tranſplantera dans les places qui leur ſeront deſtinées : on fait cette opération en automne ; car, comme elles commencent à végéter de très-bonne heure au printems, il ne faut pas les déranger dans cette ſaiſon : cet arbriſſeau réuſſit mieux dans une terre légere ſablonneuſe & ſéche, que dans un terrein froid & humide ; dans cette derniere eſpece de ſol, il ſe remplit de mouſſe, fait peu de progrès, ne parvient jamais à une grande hauteur, & donne peu de fleurs.

Quoique les baies de cet arbriſſeau ſoient aſſez âcres pour brûler la bouche & la gorge de ceux qui les goûtent ſans précaution, cependant les oiſeaux les mangent avec avidité, auſſi-tôt qu'elles commencent à mûrir ; de ſorte qu'à moins qu'on ne les mette à l'abri de leur voracité, en étendant des filets par-deſſus, elles ſeront toutes détruites, avant qu'elles ſoient bonnes à être recuillies. Cette efpece, ainfi que la précédente, fournit une variété à feuilles panachées; mais l'efpece à feuilles unies eft bien plus belle (1).

Thymelæa. La troifieme croît naturellement en Efpagne, en Italie & dans la France Méridionale, où elle s'éleve à la hauteur de trois ou quatre pieds, avec une tige fimple & couverte d'une écorce claire : les fleurs fortent en grappes, dès le commencement du printems, fur les parties latérales des tiges ; elles font de couleur herbacée, ont peu d'apparence & font remplies par de petites baies qui deviennent jaunâtres en mûriflant.

Tarton-raira. La quatrieme, dont les femences m'ont été envoyées de la France Méridionale, eft un arbrifleau bas, qui pouffe de fa racine plufieurs tiges foibles, d'un pied environ de longueur, & étendues irrégulièrement en-dehors; ces tiges deviennent rarement ligneufes en Angleter-

re ; mais elles font coriaces, cordées, & couvertes d'une écorce claire : les feuilles de cette efpece font petites, blanches, fort molles, ovales, luifantes comme du fatin & feffiles ; du milieu de ces feuilles, fortent des fleurs blanches, difpofées en grappes claires fur les côtés des tiges, auxquelles fuccedent des baies rondes, dont chacune renferme une femence dure. Cette plante fleurit ici, dans le mois de Juin; mais fes graines ne mûriflent point en Angleterre.

Alpina. La cinquieme croît fur les montagnes des environs de Genève, & dans quelques parties de l'Italie, où elle s'éleve à la hauteur d'environ trois pieds : fes fleurs fortent en grappes, dès le commencement du printems, fur les parties latérales des branches : fes feuilles font en forme de lance, terminées en pointes émouflées & velues en deflus : fes fleurs font remplacées par des baies petites & rondes, qui deviennent rouges à leur extrémité.

Cneorum. La fixieme fe trouve fur les Alpes, ainfi que fur les montagnes des environs de Vérone, d'où elle m'a été envoyée : cet arbrifleau s'éleve rarement au-deffus d'un pied de hauteur, avec des tiges ligneufes, qui pouffent plufieurs branches latérales, garnies de feuilles étroites, en forme de lance, & placées fans ordre autour des tiges : fes branches font terminées par de petites grappes de fleurs pourpre, érigées & fans pédoncule, dont

---

(1) L'ufage intérieur de cette plante eft profcrit en médecine, à caufe de fa violente caufticité ; mais on fe fert fréquemment de fa racine, comme d'un veficatoire ou cautere puiffant, propre à attirer au-dehors les humeurs morbifiques, & à purifier la maffe des liqueurs; cette racine a par-deffus le cautere actuel, la propriété d'attirer fortement les humeurs vers le point de fon action, par l'irritation conftante qu'elle opere; mais fon ufage, trop long-tems continué, peut devenir nuifible, en portant à la longue de l'acrimonie dans les liqueurs, & par l'agacement qu'elle excite dans le fyftême nerveux.

les tubes , plus longs & plus étroits que ceux du *Laureole*, ont leur ouverture découpée en quatre parties aiguës & érigées : ces fleurs répandent une odeur agréable ; elles paroiſſent de bonne heure au printems , mais elles ne produiſent point de ſemences ici.

Gnidium. La ſeptieme , qui croit naturellement aux environs de Montpellier , s'éleve en tige d'arbriſſeau, à la hauteur d'environ deux pieds , & ſe diviſe en pluſieurs petites branches , très-garnies de feuilles étroites, en forme de lance , érigées & terminées en pointes aigues : ſes fleurs ſont produites en panicules clairs aux extrémités des branches ; elles ſont beaucoup plus petites que celles du *Lauréole*, & leurs tubes ſont gonflés & reſſerrés à l'ouverture ; elles paroiſſent en Juin , mais elles ne produiſent point de ſemences ici.

Squarroſa. La huitieme eſt originaire du Cap - de - Bonne-Eſpérance : cet arbriſſeau s'éleve à la hauteur de cinq ou ſix pieds , & ſe diviſe vers ſon ſommet en pluſieurs branches érigées, couvertes d'une écorce blanche , & très-garnies de petites feuilles étroites , placées ſans ordre , & entièrement ouvertes : les ſommets de ces arbres ſont terminés par des têtes laineuſes, deſquelles ſortent des fleurs blanches , réunies en petites grappes , dont les tubes ſont oblongs & diviſés à leur ouverture en quatre ſegmens obtus & étendus : cette eſpece ne produit point de ſemences en Europe.

Americana. La neuvieme , qui naît ſpontanément dans pluſieurs des Iſles de l'Amérique , m'a été envoyée d'Antigoa. Cet arbriſſeau s'éleve a la hauteur de quatre ou cinq pieds, avec une tige ligneuſe , couverte d'une écorce rude & cendrée : la partie haute de ſes branches eſt garnie de feuilles à-peu-près auſſi larges & de la même forme que celles du *Lauréole* : ſes fleurs ſont blanches & ſortent du milieu des feuilles en petits paquets , ſur des pédoncules longs d'un pouce ; elles ont des tubes courts & découpés aux bords en quatre parties , & ſont ſuivies par des baies petites & rondes , qui deviennent brunes en mûriſſant.

Culture. Les troiſieme , quatrieme & ſeptieme eſpeces , ſont des plantes dures ; mais elles ne réſiſtent cependant pas en plein air aux froids de nos hivers , à moins qu'elles ne ſoient dans un ſol ſec, & à une expoſition chaude : les cinquieme & ſixieme ſont auſſi dures que le *Lauréole commun ;* ainſi elles ne ſont pas en danger d'être endommagées par les gelées en Angleterre : malgré cela , elles ſont toutes très-difficiles à conſerver dans les jardins , parce qu'aucune ne ſouffre la tranſplantation : j'ai eu pluſieurs fois des plantes de ſemence , qui ont bien réuſſi dans les endroits où elles avoient été ſemées ; mais toutes celles qu'on a voulu changer de place , ont péri , quoiqu'on ait effayé de le faire en différentes faifons , & avec le plus grand foin. La même chofe eft arrivée à tous ceux qui ont élevé de ces plantes ; & mes Correfpendans m'ont affuré que fouvent ils ont voulu enlever de ces plantes dans les bois , pour les placer dans les jardins , en choififfant des pieds de différentes groffeurs, depuis les plus jeunes jufqu'aux plus vieux , & que jamais aucune n'a réuffi, quoiqu'ils aient employé toutes les précautions poffibles , & qu'ils s'y foient pris dans différentes faifons. Ainfi , quand on veut avoir de ces plantes dans un jardin, on doit s'en procurer les femences des pays où elles croiffent naturellement, & dès qu'elles arrivent , il faut tout de fuite les femer dans le lieu où elles doivent refter : celles des troifieme , quatrieme & feptieme efpeces veulent être femées fur une plate-bande très-chaude & feche , où ces plantes profiteront encore mieux , & fubfifteront plus long-tems , fi l'on a placé, dans le fond, une couche de décombres ou de craie. On tient ces plantes conftamment nettes, & on ne remue que le moins poffible la terre qui avoifine les racines. Comme elles naiffent fpontanément dans de mauvais terreins & dans les crevaffes des rochers , plus le fol qu'on leur fournit approche de cette qualité , mieux elles réuffiffent.

Les cinquieme & fixieme efpeces peuvent avoir une fituation plus fraîche ; en les fe-

mant dans un lieu où elles puiffent jouir feulement du foleil du matin , elles profiteront mieux que dans une fituation plus chaude ; mais on doit toujours s'abftenir de remuer la terre près des racines , & ne pas les placer près des autres plantes qui exigent d'être tranfplantées ou labourées : comme les femences des efpeces étrangeres arrivent rarement affez à tems pour être femées en automne, on ne peut les mettre en terre qu'au printems ; & alors les plantes ne paroiffent qu'un an après , & quelquefois même qu'au fecond printems. Mais comme plufieurs perfonnes pourroient trouver qu'il eft trop long de laiffer une terre pendant deux ans , fans la remuer , il fera mieux de mettre ces graines dans de petits pots qu'on enterre dans le premier été , & qu'on retire en automne , pour les femer enfuite où elles doivent refter ; par cette méthode les plantes poufferont au printems fuivant.

La cinquieme efpece eft un arbriffeau fort agréable , qui mérite d'occuper une place dans les jardins , autant que tous ceux qu'on y cultive pour ornement. Les premiere & feconde font quelquefois d'ufage en médecine , comme on l'a déja dit ci-deffus ; mais on s'en fert très-rarement, parce qu'elles font d'une nature fort cauftique ; cependant en faifant quelques expériences avec précaution , il n'eft pas douteux qu'elles ne puiffent être utiles dans des accidens graves ; car plusieurs Charlatans fort ignorans ont fait de grandes cures avec ces plantes : la septieme espece produit le *Grana gnitida* des boutiques.

La huitieme étant originaire du Cap-de-Bonne-Espérance, ne peut vivre en Angleterre que dans une bonne serre : cette plante est très-difficile à conserver ou à multiplier dans les jardins.

La neuvieme ne profite en Angleterre qu'autant qu'on la tient constamment dans la couche de tan de la serre chaude. Elle ne souffre pas plus que les autres d'être transplantée ; car j'en ai élevé plusieurs qui ont profité tant qu'elles ont resté dans les pots où elles avoient été semées ; mais qui ont péri quand j'ai voulu les transplanter.

DATISCA. *Lin. Gen. Plant.* *1003. Cannabina. Tourn. Cor. 52.* [*Bastard Hemp.*] Chanvre bâtard.

Caracteres. Dans ce genre les fleurs mâles & les femelles sont placées sur différentes plantes ; les fleurs mâles ont un calice à cinq feuilles étroites & aiguës ; elles n'ont point de corolles, mais seulement des étamines à peine visibles, & douze antheres beaucoup plus longues que le calice : les fleurs femelles n'ont point de corolles, & leurs calices sont semblables à celles des fleurs mâles ; elles ont un germe oblong, qui soutient trois styles couronnés par des stigmats simples : leurs calices se changent dans la suite, en autant de capsules ovales, triangulaires,

& à une cellule qui s'ouvre en trois valves, & qui contient un grand nombre de petites semences adhérentes aux trois côtés de la capsule.

Ce genre de plantes est rangé dans la dixieme section de la vingt-deuxieme classe de LINNÉE, intitulée *Diœcia dodecandria*, qui comprend celles dont les fleurs mâles & les femelles croissent sur différents pieds, & dont les fleurs mâles ont douze étamines.

Les especes sont :

1°. *Datisca cannabina, caule lœvi. Lin. Sp. Plant. 1037. Knipu. Cent. 11. N. 38. Fem* ; *Datisca* à tige unie ou Chanvre bâtard.

Cannabis lutea Cretica. Alp. Exot. 296. T. 295.

Luteola herba sterilis. Bauh. Pin. 100.

Cannabina Cretica florifera, & fructifera. Tourn. Cor. 52 ; Chanvre de Crète.

2°. *Datisca hirta, caule hirsuto. Lin. Sp. Plant. 1037.* Chanvre bâtard avec une tige rude.

Cannabina. La premiere espece croît naturellement dans l'isle de Candie, & dans quelques autres contrées du Levant : sa racine est vivace, & produit plusieurs tiges herbacées, qui s'élevent à la hauteur d'environ quatre pieds, & sont garnies de feuilles aîlées, d'un vert clair, alternes, & composées chacune de trois paires de lobes, terminés par un lobe impair ; ces lobes ont environ deux pouces de longueur ; ils sont terminés en pointe aiguë, & sont profondément sciés sur leurs bords : ses fleurs sortent en épis longs & clairs, des ailes des feuilles, vers les fommets des tiges, mais, comme elles n'ont pas de corolles, elles n'ont point d'apparence. Les fommets des fleurs mâles qui font longs & d'un jaune brillant, font les feules parties de ces fleurs qui foient vifibles, & qui puiffent être diftinguées de quelque diftance. Les fleurs femelles produifent des capfules oblongues, & remplies de petites femences attachées à trois valvules : fes plantes fleuriffent en Juin, leurs femences mûriffent en Septembre, leurs tiges périffent en automne, & les nouvelles repouffent au printems.

On peut multiplier cette efpece en divifant fes racines en automne, quand fes tiges font flétries ; mais on ne doit pas les féparer en trop petites parties : on peut les planter dans quelqu'endroit que ce foit, pourvu qu'on ne les mette pas fous l'égout des arbres ; elles n'exigent aucune autre culture que d'être tenues nettes de mauvaifes herbes.

On la multiplie auffi par fes graines, mais il faut avoir attention de ne les recueillir que fur les plantes qui croiffent dans le voifinage des mâles, parce qu'elles font les feules qui foient fecondes ; & de les femer en automne, fans quoi elles réuffiffent difficilement dans la première année : quand les plantes de femence paroiffent, on les tient nettes de mauvaifes herbes, & en automne on les tranfplante où elles doivent refter.

Hirta. La feconde, qui eft originaire du Canada & de quelques autres contrées de l'Amérique-Septentrionale, differe de la précédente, en ce qu'elle a des tiges velues & plus hautes, & des feuilles plus larges & moins rapprochées fur les tiges : elle eft également dure, & peut être multipliée de la même maniere que la première ; mais il faut lui donner une fituation plus ombrée, & un fol plus humide.

DATTE des Indes *V.* Diospyros. *L.*

DATTIER. *Voyez* Palma Dactylifera.

DATURA. *Lin. Gen. Plant.* 218. *Stramonium. Tourn. Inft. R. H. 118* ; [*Thorn-Apple.*] Pomme épineufe ou l'Endormie.

Caracteres. Les fleurs de ce genre ont une corolle monopétale & en forme d'entonnoir ; un tube long & cylindrique, qui s'ouvre au fommet, & qui, dans quelques efpeces, a cinq angles pointus ; un calice perfiftant, gonflé au milieu, à cinq angles & tubulé ; cinq étamines auffi longues que le calice, & terminées par des fommets oblongs & comprimés, & un germe ovale, qui foutient un ftyle droit & couronné par un ftigmat épais & qui fe change dans la fuite en une capfule ovale & divifée par une cloifon intermédiaire & croifée en quatre cellules remplies de femences en forme de rein, & adhérentes à la cloifon.

Les plantes de ce genre, ainfi que toutes celles qui ont cinq étamines & un ftyle, font comprifes dans la premiere fection de la cinquieme claffe de LINNÉE, qui a pour titre : *Pentandria monogynia.*

Les efpeces font :

1°. *Datura ftramonium, pericarpiis fpinofis, erectis, ovatis; foliis ovatis, glabris. Hort. Cliff. 55. Hort. Ups. 43. Fl. Suec. 185. 198. Gron. Virg. 23. Roy. Lugd.-B. 422. Dalib. Paris. 70. Gmel. It. 1. p. 43. Kniph. Cent. 10. N. 37;* Pomme épineufe ayant un péricarpe ovale, érigé & épineux, & des feuilles ovales & unies.

Nuci Metellœ congener planta. Camer. Epit. 276.

Solanum, fœtidum, pomo fpinofo, oblongo, flore albo. Bauh. Pin. 168.

Stramonium fructu fpinofo, rotundo, flore albo, fimplici. Tourn. Inft. R. H. 118 ; Pomme épineufe avec un fruit rond & épineux, & une fimple fleur blanche. *L'Endormie.*

Tatula. Cam. Epit. 176.

2°. *Datura Tatula, pericarpiis fpinofis, erectis, ovatis; foliis cordatis, glabris, dentatis. Linn. Sp. 256 ;* Pomme épineufe ayant un fruit ovale, érigé, avec une couverture ou un péricarpe épineux, & des feuilles unies, dentelées & en forme de cœur.

Stramonium fructu fpinofo, oblongo, flore violaceo. Tourn. Inft. R. H. 119 ; Pomme épineufe dont le fruit eft oblong & épineux, & la fleur de couleur violette.

Solanum fativum, pomo fpinofo oblongo, flore albo. Bauh. Pin. 168.

3°. *Datura Metel, pericarpiis*

fpinofis, nutantibus, globofis; foliis cordatis, fubintegris, pubefcentibus. Hort. Cliff. 55. Hort. Ups. 44. Fl. Zeyl. 86. Mat. Med. 64. Roy. Lugd.-B. 422. Kniph. Cent. 1. T. 24 ; Pomme épineufe avec un fruit incliné & globulaire ; un péricarpe épineux, & des feuilles en forme de cœur & entieres.

Solanum pomo fpinofo, rotundo, longo flore. Bauh. Pin. 168.

Hummatu. Rheed. Mal. 2. p. 47. T. 28.

Datura alba. Rumph. Amb. 5. p. 242. T. 87.

4°. *Datura ferox, pericarpiis fpinofis, erectis, ovatis, fpinis fupremis maximis, convergentibus. Amœn. Acad. 3. p. 403 ;* Pomme épineufe avec un fruit ovale & érigé, dont les épines du haut font les plus grandes & entremêlées les unes dans les autres, & une enveloppe ou un péricarpe épineux.

Stramonium ferox. Bocc. 50 ; Pomme épineufe rude. Herbe aux Sorciers.

Datura Cochinenfis, fpinofiffima. Zanon. Hift. 1. p. 76.

5°. *Datura Innoxia, pericarpiis fpinofis, innoxiis, ovatis, propendentibus; foliis cordatis, pubefcentibus;* Pomme épineufe à fruit ovale & pendant, dont le péricarpe eft garni de pointes qui ne piquent point, avec des feuilles velues & en forme de cœur.

Stramonium folio Hyofcyami, flore toto candido, fructu propendente, rotundo, fpinis innoxiis ornato, Boerh. Ind. Alt. 1.

6°. *Datura faftuofa, pericarpiis tuberculatis, nutantibus, globofis ; foliis lævibus. Lin. Sp.* 256 ; Stramonium à feuilles douces & à fruit globulaire & penché, dont le péricarpe eft garni de tubercules.

Stramonium Ægyptiacum, flore pleno, intùs albo, foris violaceo. Tourn. Inft. 119 ; Pomme épineufe d'Egypte, avec une fleur double, blanche en-dedans & violette en-dehors.

Datura rubra. Rumph. Amb. 5. *p.* 243.

Solanum fœtidum, fructu fpinofo, rotundo, femine pallido. Bauh. Pin. 168.

Nux Metella. Cam. Epit. 175.

7°. *Datura arborea pericarpiis inermibus, nutantibus, caule arboreo. Lin. Sp. Plant.* 179 ; Datura avec une tige d'arbre & un fruit penché, dont le péricarpe eft uni.

Stramonoïdes arboreum, oblongo & integro folio, fructu lævi, vulgò flore-pondio. Fewil. Tab. 46.

Stramonium. La premiere efpece eft plus commune en Europe, que toutes les autres : elle a été probablement d'abord apportée de l'Italie & de l'Efpagne, où elle croît naturellement ; mais elle eft à préfent fi multipliée aux environs de Londres & des autres grandes Villes de l'Angleterre, qu'elle paroît être originaire de ce pays ; car il y a peu de jardins & de tas de fumier où on ne la voie croître. En été, dans les endroits cependant où elle a été d'abord cultivée, & par-tout où on laiffe écarter fes femences, on en voit paroître une grande quantité d'autres plufieurs années après ;

parce que beaucoup de leurs nombreufes femences s'enfoncent dans la terre, & qu'elles y reftent fans pouffer jufqu'à ce qu'en labourant, on les ramene à la furface.

Cette efpece s'éleve rarement au-deffus de deux pieds de hauteur, & fe divife en plufieurs branches fortes, creufes, irrégulieres & garnies de feuilles larges & unies, divifées en angles irréguliers & qui repandent une odeur fétide. Les fleurs qui fortent d'abord des divifions des branches & enfuite des extrémités, ont des tubes longs & gonflés qui s'ouvrent au fommet, en bords larges & découpés en cinq angles, dont chacun eft terminé par une longue queue ou pointe ; leurs calices font longs, verts & à cinq angles, & elles font remplacées par de groffes capfules rondes, couvertes d'épines fortes, & divifées par quatre fillons, auxquels adhérent les cloifons qui les féparent intérieurement en quatre cellules remplies de femences noires & en forme de rein. Cette plante fleurit en Juillet, en Août & en Septembre, & les femences mûriffent en automne ; fi on leur permet de s'écarter, la terre fe trouvera couverte de ces plantes l'année fuivante.

Autrefois on compofoit un onguent rafraîchiffant avec les feuilles de cette efpece & de la graiffe de porc, dont on faifoit beaucoup de cas pour les brûlures & les ampoules qu'elles occafionnent.

On trouve dans l'Amérique-Septentrionale une variété de cette espece qui s'éleve deux fois plus haut que la précédente ; ses feuilles font plus unies & d'un vert plus luifant ; mais ses fleurs & ses fruits ont la même forme que l'autre ; on peut la regarder cependant comme une espece diftincte ; par la raifon que ces différences perfiftent dans les plantes qu'on a élevées en Angleterre (1).

La feconde croît naturellement dans prefque toute l'Amérique ; car fes femences m'ont fouvent été envoyées des Ifles, ainfi que de toutes les parties du Nord de cet hémifphere : elle s'éleve avec une tige forte à la hauteur de quatre ou cinq pieds, & fe divife en plufieurs fortes branches, garnies de feuilles femblables à celles de l'efpece précédente, mais plus larges, & divifées fur leurs bords en un plus grand nombre de fegmens: fes fleurs ont des tubes plus longs, plus étroits & teints de couleur pourpre : fon fruit eft auffi plus long : ces différences font perfiftantes.

Cette efpece eft auffi dure que la premiere ; fi on lui laiffe écarter fes femences, les plantes fe multiplieront beaucoup & deviendront fort embarraffantes.

Metel. La troifieme a une tige forte, qui s'éleve à la hauteur de trois pieds, & fe divife en plufieurs branches laineufes ; fes feuilles font prefque entieres & n'ont que deux ou trois découpures fur leurs bords : fes fleurs ont de longs tubes qui s'étendent au-delà du calice, fe divifent en deux parties, & s'élargiffent enfuite confidérablement en-dehors ; leurs bords font partagés en dix angles obtus ; ces fleurs font d'un blanc pur

---

(1) Cette plante eft un poifon [narcotique & ftupefiant] auffi violent que la *Jufquiame* & *la Bella donna* : on ne l'emploie jamais intérieurement ; mais on s'en fert comme de la *Jufquiame*, en mêlant le fuc de ces feuilles avec du faindoux, dont on prépare une efpece d'onguent qu'on applique fur les hémorroïdes, les éréfypeles, les brûlures, les ulceres carcinomateux, &c. elle eft anodine, réfolutive & adouciffante.

Cette efpece, ainfi que toutes les autres plantes de cette nature, pourroient devenir utiles dans les grandes douleurs que rien ne peut calmer, ainfi que dans plufieurs autres maladies défespérées, tels que les cancers, les grandes tumeurs formées par la lymphe, &c. mais pour l'employer avec fûreté, il faudroit avoir fur fes effets une longue fuite d'obfervations, faites par des hommes inftruits & défintéreffés. [*a*].

[*a*] Le célebre STORCK, premier Médecin de la Cour de Vienne, a fait un grand nombre d'expériences, dont il a configné le refultat dans un Traité imprimé à Vienne en 1762, fous le titre : *Experimenta & obfervationes circa ufum internum Stramonii, Hyofciami, & Aconiti.* Ce traité a été imprimé, en François, à Paris en 1763. D'après les expériences de M. STORCK ; il paroit que l'extrait du *Stramonium* eft plus efficacement l'Antidote de la *Folie*, que de toutes les autres maladies.

en-deffus ; mais leurs tubes font verts en - dedans ; elles produifent un fruit rond, couvert d'épines & divifé en quatre cellules, comme ceux de la précédente ; mais qui deviennent d'un brun clair à leur maturité.

Cette efpece n'étant pas auffi dure que les autres, il faut femer fes graines au printems fur une couche de chaleur modérée, & traiter enfuite les plantes qui en proviennent, de la même maniere que la *Merveille du Pérou* & les autres efpeces de plantes dures & annuelles ; on les tranfplante à la fin de Mai en pleine terre, où elles fleuriront en Juillet, & donneront des femences mûres en Août.

Cette plante donne une variété à fleurs doubles qui doit être placée dans une caiffe de vitrage, fi on veut lui faire produire des femences dans ce pays.

Ferox. La quatrieme s'éleve rarement au - deffus d'un pied & demi de hauteur, & s'étend en dehors en plufieurs branches garnies de feuilles à-peu-près femblables à celles de la premiere efpece ; mais plus petites, & fupportées par de plus courts pétioles : les fleurs reffemblent auffi beaucoup à celles de la premiere ; mais elles font également plus petites : fon fruit eft rond & armé d'épines très-fortes & aiguës ; celles du haut font longues & entrelacées les unes avec les autres ; fes femences deviennent noires en mûriffant.

Cette efpece étant trop ten-

dre pour être femée en pleine terre, en Angleterre on doit l'élever fur une couche chaude, & la tranfplanter enfuite dans des plates-bandes, comme la précédente.

Innoxia. La cinquieme eft originaire de la Vera - Cruz, d'où j'ai reçu fes femences : elle s'éleve avec une tige tirant fur le pourpre à la hauteur de trois ou quatre pieds, & fe divife en plufieurs branches fortes & garnies de feuilles oblongues & en forme de cœur : fes tiges, fes branches & fes feuilles font couvertes d'un poil doux : fes fleurs font érigées & fortent des divifions des tiges & des branches ; elles font larges & blanches, & produifent des fruits ovales, couverts d'épines longues & molles, qui s'ouvrent en quatre cellules remplies de femences brunes.

Cette plante eft annuelle & doit être d'abord élevée fur une couche de chaleur modérée ; on la tranfplante enfuite dans des plates-bandes ouvertes, où elle fleurira & perfectionnera fes graines en automne. En lui laiffant écarter fes femences, les plantes leveront au printems fuivant ; &, fi l'été eft chaud, elles fleuriront & donneront fouvent des graines mûres.

Fafiuofa. La fixieme, qui naît fpontanément en Egypte & dans les Indes Orientales, s'éleve avec une belle tige unie & de couleur de pourpre, à la hauteur de quatre pieds, & fe divife en plufieurs branches garnies de feuilles larges,
ges,

ges, unies, dentelées, & fupportées par de longs pédoncules : fes fleurs , qui fortent
aux divifions des branches ,
ont des tubes gros, & gonflés, qui s'étendent fort larges
au fommet ; leurs bords font
divifés en dix angles, dont chacun eft terminé par une longue queue ou pointe mince ;
les fleurs font d'une belle couleur pourpre en dehors, &
d'un blanc fatiné en dedans ;
quelques - unes font fimples ,
d'autres naiffent au nombre
de deux ou de trois, placées
les unes au deffus des autres :
plufieurs d'entr'elles font doubles, & ont quatre ou cinq
pétales d'égale longueur ; de
forte qu'elles paroiffent des
fleurs pleines aux bords : ces
fleurs répandent une odeur qui
eft d'abord fort agréable , mais
qui devient , lorfqu'on la ref-
pire trop long-tems , déplai-
fante & narcotique. En accé-
lérant les progrès de ces plantes au printems fur une couche chaude , & en les tranf-
plantant, dans le mois de Juin,
fur une plate - bande de terre
riche & bien expofée , elles
fleuriront très - bien en Juillet
ou en Août ; mais leurs femences mûriront difficilement,
à moins qu'elles ne foient couvertes de vitrages. Le fruit de
cette efpece eft rond & incliné vers le bas ; fes capfules
& péricarpes font épais & charnus , ainfi que les cloifons intermédiaires qui féparent les
cellules : l'extérieur du fruit
eft couvert de protubérances
émouffées, & fes femences deviennent brunes en mûriffant.

Tome III.

Arborea. La feptieme a été
découverte à la Vera - Cruz ,
par le Dr. HOUSTOUN, qui
m'en a envoyé les femences :
elle s'éleve avec une tige ligneufe , à la hauteur de douze
ou quatorze pieds , & fe divife en plufieurs branches, garnies de feuilles de fix pouces
de longueur , fur deux & demi
de largeur au milieu , étroites à chaque extrémité , moins
larges d'un côté que de l'autre , velues & fupportées par
de longs pétioles , fur lefquels
elles font placées obliquement :
fes fleurs, qui fortent aux divifions des branches , ont un
calice tubulé d'un pouce à-
peu-près de longueur, qui s'ouvre au fommet d'un côté, comme un fpathe au dedans : ce
tube eft d'abord étroit ; mais ,
immédiatement au - deffus , il
s'enfle & groffit confidérablement dans la longueur de fix
pouces ; il s'ouvre enfuite à
fon extrémité, où il eft divifé
en cinq angles terminés par
des pointes fort longues : ces
fleurs font blanches & marquées en-dehors & dans leur
longueur par quelques raies
de couleur jaune pâle; & des
capfules rondes, unies & remplies de femences en forme
de reins , leur fuccèdent.

Cet arbre eft un des plus
grands ornemens des jardins
du Chili , où les habitans le
multiplient avec grand foin.
Quand fes fleurs font tout-à-
fait épanouies , elles produifent le plus bel effet, & un
feul arbre parfume l'air d'un
grand jardin.

Cette plante eft tendre , &

B

ne peut être confervée en Angleterre qu'en la tenant dans
une ferre chaude ; on fe procure fes femences des contrées
où elle croît naturellement :
mais ces graines doivent être
parfaitement mûres & confervées avec foin, afin que la
vermine ne puiffe en approcher ; car la plupart de celles
qui avoient été envoyées par
le Docteur HOUSTOUN, ont
été mangées par les infectes
dans le paffage ; celles qui font
arrivées faines, n'ont produit
que peu de plantes : on en avoit
élevé deux ou trois dans les
jardins de Mylord PETRE, &
deux dans celui de Chelféa,
dont une a fleuri ; mais elles
ont toutes péri fans produire
de femences : de maniere que
je crois qu'il n'en exifte plus
une feule en Angleterre.

DAUCUS. *Lin. Gen. Plant.*
*296. Tourn. Inft. R. H. 307.
tab. 161.* Δαῦκος ; quelques-uns
font deriver ce nom de Δαίω,
brûler, à caufe de la qualité chaude de cette plante.
[*The Carrot.*] Carrotte.

Caracteres. La fleur eft à ombelle ; l'ombelle principale eft
compofée d'un grand nombre
d'autres petites, qu'on appelle
rayons, & qui font courtes &
en grappes : l'enveloppe de
l'ombelle principale eft compofée de plufieurs feuilles étroites & terminées en pointes aîlées, qui font rarement auffi
longues que l'ombelle. Celles
des rayons font plus courtes
& fimples : les corolles ont
cinq pétales tournés en dedans:
celles qui compofent les rayons
font de longueur inegale : mais

celles du difque font à-peu-près
femblables ; elles ont chacune
cinq étamines velues & terminées par des fommets ronds :
le germe, qui eft placé fous
la fleur, foutient deux ftyles
minces & couronnés par des
ftigmats obtus ; il fe change,
quand la fleur eft paffée, en
un petit fruit rond, cannelé
& divifé en deux parties, dont
chacune forme une femence
convexe & fillonnée d'un côté
& unie de l'autre.

Ce genre de plantes eft rangé
dans la feconde fection de la
cinquieme claffe de LINNÉE,
intitulée *Pentandria digynia,* qui
comprend les plantes dont les
fleurs ont cinq étamines & deux
ftyles.

Les efpeces font :
1°. *Daucus fylveftris feminibus hifpidis, radice tenuiore, fer-
vido* ; Carotte à femence rudes,
avec une racine mince &
chaude.

*Caucalis Daucus, officinalis.
Crantz. Auft. P. 227.*

*Daucus vulgaris. Clus. Hift.
2. P. 193* ; Carotte fauvage
ordinaire.

*Paftinaca tenui-folia fylveftris,
Diofcoridis, Bauh. Pin. 151.*

2°. *Daucus carota, feminibus
hifpidis, radice carnofo, efculen-
to* ; Carotte à femence velue,
dont la racine eft charnue &
bonne à manger.

*Daucus fativus, radice Au-
rantii coloris. Tourn. Inft. R. H.
307* ; la Carotte des boutiques.

*Daucus fativus, radice atro ru-
bente. Tourn. Inft. R. H. 307.*

3°. *Daucus Gingidium radiis
involucri planis, laciniis recurvis.
... Leyd. 97* ; Carotte avec

des raies unies aux enveloppes & des dents recourbées.

Daucus montanus , lucidus.
Tourn. Inst. 307 ; Carotte de
montagne, luifante. Herbe aux
gencives.

Gingidium. Matth. Comm. 372.
T. 373.

4°. *Daucus hispidus , caule*
hispido, fegmentis foliorum latio-
ribus ; Carotte avec une tige
velue & des feuilles divifées
en plus larges fegmens.

Paftinaca Œnanthes folio. Bocc-
Rav. 74 ; Panais à feuilles d'Œ-
nanthès.

5°. *Daucus Creticus radiis in-*
volucri pinnati-fidis , umbellis du-
plò longioribus , foliis acutis ; Carotte avec des rayons aux enveloppes à ailes , pointus , deux
fois plus longs que l'ombelle ,
& des feuilles aiguës.

Daucus tenui-folius Creticus ,
radiis umbellâ longioribus. Tourn.
Inst. R. H. 308 ; Carotte de
Candie , à feuilles étroites ,
ayant des rayons plus longs
que l'ombelle.

6°. *Daucus Mauritanicus , fe-*
minibus hispidis , flofculo centrali
fterili, carnofo receptaculo com-
muni hemifphærico. Lin. Sp. 348 ;
Carotte à femences velues ,
dont le centre de la fleur eft
ftérile, & le réceptacle commun charnu & hémifphérique.

Daucus Hispanicus , umbellâ
magnâ. Tourn. Inst. 308.

Paftinaca tenui-folia fylveftris ,
umbellâ majore. Bauh. Pin. 151.

7°. *Daucus Vifnaga , femi-*
nibus nudis. Hort. Cliff. 89. Roy.
Lugd.-B. 97. Sauv. Monf. p. 257.
Liron. Orient. 83. Kniph. Cent.
6. N. 34 ; Carotte à femences unies.

Gingidium , umbellâ oblongâ.
G. B. P. 151 ; Gingidium à ombelle oblongue. Herbe aux cure-dents. Fenouil annuel. Herbe
aux gencives.

8°. *Daucus muricatus, feminibus*
aculeatis. Lin. Sp. 349 ; Carotte
avec des femences épineufes.

Artedia muricata , feminibus
aculeatis. Hort. Cliff. 89. Sp. Pl. 1.
p. 242.

Caucalis major Daucoïdes Tin-
gitana. Mor. Hift. 3. p. 308.

Echinophora Tingitana. Riv.
Pent. 27.

Lappula canaria , fivè Cauca-
lis maritima. Bauh. Hift. 3.

Sylveftris. La premiere efpece eft la *Carotte fauvage*
commune , qui croît à côté
des champs & dans les terres
de pâturage de plufieurs parties de l'Angleterre. Comme
cette plante ne diffère pas
beaucoup, en apparence, de
la *Carotte de jardin* , quelques
perfonnes ont penfé qu'elles
ne formoient l'une & l'autre
qu'une feule & même efpece ;
mais ceux qui ont entrepris
de cultiver l'efpece fauvage,
font entièrement convaincus
qu'elles font diftinctes l'une de
l'autre : j'ai foigné la fauvage
pendant plufieurs années ; mais
je n'ai jamais pu obtenir des
femences de celles qui avoient
été femées au printems , &
celles de l'automne réuffiffoient
en partie fort bien : jai cultivé
ces plantes de la même maniere que la *Carotte de jardin* ,
fans avoir jamais pu améliorer
leurs racines qui ont toujours
continué à être petites , gluantes , & d'un goût chaud & piquant. Comme tous ceux qui

ont fait cet effai n'ont pas obtenu de plus grands fuccès, on ne peut douter que ces deux plantes ne foient abfolument différentes l'une de l'autre. On emploie en médecine, les femences de cette efpece, comme un excellent diurétique dans la gravelle ; mais au lieu de ces graines, les Droguiftes vendent ordinairement de vieles graines de *Carottes de jardin*, qu'ils achetent chez les Marchands de femences; & toute graine qui eft trop vieille pour végéter, doit conferver bien peu de fes propriétés médicinales (1).

(1) Les femences de la *Carotte fauvage* ou du *Daucus de Crete*, ne different les unes des autres, quant à leurs propriétés médicinales, qu'en ce que les dernieres font un peu plus actives; leurs vertus réfident principalement dans l'huile effentielle qu'elles contiennent très-abondamment & très-peu dans le principe gommeux ; c'eft pourquoi on peut fubftituer dans tous les cas cette huile éthérée à toutes les autres préparations, ou faire toujours infufer ces graines dans le vin, parce que l'eau ne peut enlever qu'une très-petite quantité de la partie huileufe ou réfineufe, au moyen du mucilage qui lui fert de diffolvant.

Ces graines, qui font mifes au nombre des quatre femences chaudes mineures, font difcuffives, diurétiques, carminatives, anti-hyftériques, apéritives, &c. On les emploie avec fuccès dans les coliques venteufes, l'afthme humide, les affections glaireufes des reins & de la veffie, les obftructions des vifcères, les gonflemens des mammelles, occafionnés par la rétention du lait, l'hydropifie, la cachexie, les affections hyftériques, &c.

Carota. La *Carotte de jardin* fournit plufieurs variétés qui ne différent que par la couleur de leurs racines ; on peut conferver ces variétés, fi l'on a foin de ne pas les mêler avec les autres dans le même jardin. La *Carotte-orange* eft généralement eftimée à Londres, & l'on y cultive peu la jaune & la blanche.

Je regarde la *Carotte d'un rouge foncé ou pourpre*, comme une efpece diftincte de toutes les autres ; mais comme elle éft beaucoup plus tendre, je n'ai pu encore la voir en fleur, parce que fes racines ont été détruites par les premieres gelées de l'automne. Cette efpece, dont les femences m'ont été envoyées d'Alep, ont trèsbien réuffi ici; fes racines n'étoient pas auffi groffes que celles des autres : elles étoient teintes d'une couleur pourpre, prefque femblable à celle des raves foncées; & elles étoient fort tendres & douces : les feuilles de cette plante étoient moins velues & plus finement découpées que celles des Carottes ordinaires.

On donne ces femences en poudre, depuis un fcrupule jufqu'à un gros.

En infufion vineufe, depuis un gros jufqu'à une demi-once, & leur huile effentielle, à la dofe de quelques gouttes, dans un véhicule convenable.

Elles entrent dans l'*Aurea Alexandrina*, dans le firop de *Calamintha de Méfue*, dans la poudre *Draprafii*, dans le *Diacucurma magna de Méfue*, dans le *Philonium magnum*, dans la *Thériaque*, le *Mitridate*, les *pilulles de Nicolas d'Aléxandrie*, &c.

On cultive ordinairement la seconde espece dans les jardins potagers ; ses différentes variétés sont estimées dans plusieurs pays ; mais à Londres on préfere la Carotte orange à toutes les autres.

Culture des Carottes. On les seme en deux ou trois différentes saisons, & quelquefois plus souvent, quand les jeunes Carottes sont recherchées.

Le premier semis se fait aussi-tôt après Noël, si le tems est favorable, dans une plate-bande chaude, contre une muraille, une palissade ou une haie : on seme d'abord, tout près de la muraille, de la laitue, ou quelqu'autre salade, dont on forme une bordure d'un pied de largeur ; parce que si les Carottes étoient trop rapprochées de cette muraille, elles fileroient & ne produiroient point de bonnes racines.

Elles se plaisent à l'ombre dans un sol chaud, léger & labouré assez profondément, afin que leurs racines puissent mieux pousser vers le bas ; car si elles rencontroient quelques obstacles, elles se fourcheroient & pousseroient des racines latérales ; ce qui arrive sur-tout lorsqu'on a mis trop de fumier dans la terre la même année qu'elles sont semées : comme cette cause suffit aussi pour les rendre sujettes à la vermoulure, on fera bien de fumer & de labourer la terre destinée aux Carottes, une année avant qu'on les seme : mais si on n'a pas pu prendre cette précaution, & qu'il soit nécessaire de mettre du fumier,

il faut choisir le plus consommé, & le répandre uniformément par-tout, afin qu'en labourant il ne se trouve pas rassemblé en monceaux ; ce qui empêcheroit les racines de pousser droites, & les rendroit courtes & fourchues : quand la terre est sujette à se lier & se durcir, on ne peut pas prendre trop de soin pour en casser & diviser les parties ; c'est pourquoi il faut la labourer avec des bêches fort étroites, & casser exactement toutes les mottes de terre ; ce qui est rarement bien fait, si le Maître n'y porte pas son attention, parce que les ouvriers s'y prennent mal, & ne cherchent qu'à faire l'ouvrage à la hâte, quand ils ne sont point observés.

Quand la terre est labourée, on la met de niveau ; sans quoi les semences se trouvent trop enterrées & trop épaisses dans certains endroits, quand on y passe le rateau, après les avoir semées ; ce qui est cause que dans des places les plantes sont trop serrées, tandis que d'autres places sont tout-à-fait dégarnies.

Comme ces semences sont armées sur leurs bords d'une grande quantité de petits poils fourchus qui les unissent fortement ensemble, & qu'il est difficile de les semer sans qu'elles se ramassent en paquets, il faut commencer par les bien frotter entre les deux mains, afin de les séparer, & choisir un jour calme pour les répandre ; car si l'air est agité, il est impossible de les semer également, parce que le vent les raſſemblera toutes en paquets : quand elles ſont ſemées, on les foule régulièrement avec les pieds, pour les enterrer, & on nivelle enſuite la terre avec un rateau.

Lorſque les plantes ont pouſſé quatre feuilles, on remue la terre avec une petite houe de trois pouces de largeur, pour couper toutes les mauvaiſes herbes, & donner aux plantes quatre pouces de diſtance en tous ſens, afin qu'elles puiſſent prendre force : un mois ou cinq ſemaines après, on houera la terre pour la ſeconde fois ; on aura ſoin de ne pas laiſſer deux Carottes enſemble, & on fera en ſorte qu'elles ſoient encore plus éloignées les unes des autres : toutes les mauvaiſes herbes étant détruites par cette opération, & la ſurface de la terre étant bien ameublie, ces jeunes plantes pouſſeront avec plus de facilité.

Un mois ou cinq ſemaines après, commence le troiſieme houage, pour débarraſſer la terre des mauvaiſes herbes, & donner aux Carottes la diſtance qu'elles doivent avoir ; diſtance qu'on proportionne à la groſſeur juſqu'à laquelle on veut les laiſſer croître : ſi on veut en ôter quelques-unes pour les manger jeunes, il ſuffira de laiſſer entr'elles cinq pouces de diſtance ; mais ſi on a le projet de les faire parvenir à toute leur groſſeur, on leur donnera huit ou dix pouces d'intervalle en tous ſens.

Le ſecond ſemis de Carottes ſe fait en Février, ſur des plates-bandes chaudes, contre une muraille, une paliſſade, ou une haie ; mais ſi on veut les mettre ſur un terrein découvert, elles ne doivent pas être ſemées avant le commencement de Mars : il ne faut jamais les mettre en terre. à la fin de Mars, en Avril ou en Mai ; car ces dernieres monteroient en graines avant que leurs racines fuſſent parvenues à une groſſeur médiocre, ſur-tout ſi le tems eſt chaud & ſec.

On peut cependant en ſemer encore une fois dans le mois de Juillet, pour une récolte d'automne ; & à la fin d'Août, pour l'hiver : au moyen de cet arrangement, on aura des Carottes printanieres en Mars ; mais celles-ci ſont très-ſouvent coriaces & gluantes : cependant, comme on déſire généralement de jeunes Carottes dans le commencement du printems, la plupart des Jardiniers en ſement dans cette ſaiſon ; mais on doit alors les placer ſur des plates-bandes chaudes, & dans des terres ſèches, ſans quoi elles ſeront rarement bonnes. Si l'hiver eſt très-dur, on fera bien de couvrir ces jeunes plantes avec du chaume de pois, ou quelqu'autre litiere légere, pour empêcher la gelée de pénétrer dans la terre, & de détruire leurs racines : ſi celles qui ont été ſemées en automne viennent à être détruites par le froid, on fera une couche chaude au commencement du printems, ſur laquelle on en ſemera de nou-

velles , qui feront bonnes
avant toutes les autres : on
met fur ces couches quatorze
ou feize pouces d'épaiffeur de
terre , afin que les racines
puiffent avoir une profondeur
fuffifante pour s'enfoncer ; on
couvre ces jeunes plantes de
fumier chaud, quand la chaleur de la couche commence
à diminuer , pour hâter leur
accroiffement , & on a grand
foin de ne pas les laiffer filer :
on peut les laiffer plus ferrées que celles de pleine terre , parce qu'on les arrache
fort jeunes pour l'ufage. Quelques perfonnes mêlent plufieurs autres efpeces de femences parmi les Carottes, comme
des *porreaux*, des *oignons*, des
panais, des *raves*, des *féves* ,
&c. ; mais, fuivant moi, aucun de ces mélanges n'eft bon,
parce que , fi une de ces efpeces réuffit pleinement, elle
détruit toutes les autres , &
que ce que l'on gagne fur l'une
eft perdu fur l'autre : en outre chaque efpece devient plus
belle & meilleure , quand elle
eft femée féparément, & quand
la récolte eft finie, le terrein
fe trouve libre pour y mettre
autre chofe ; au-lieu qu'en
mêlant trois ou quatre efpeces enfemble, la terre eft rarement débarraffée avant le
printems fuivant : d'ailleurs ,
fi on met des *féves*, ou quelqu'autre grand légume parmi
les carottes, on court rifque
de les faire pouffer plutôt par
le haut que par la racine, &
elles n'acquièrent jamais réel-
la moitié de la groffeur qu'elles doivent avoir.

L'avarice de quelques Jardiniers ne leur permettant pas
de donner à leurs Carottes la
diftance qu'elles doivent avoir ,
elles filent & s'affoibliffent
confidérablement par cette difpofition : lorfqu'elles ont une
fois filé étant jeunes, elles ne
recouvrent jamais leur force
entièrement , & ne peuvent
parvenir à la groffeur de celles qui ont été bien efpacées
au premier houage : ainfi ,
quand on veut avoir de groffes Carottes , on ne doit pas
les laiffer les unes trop près
des autres , ni les mêler avec
aucune autre efpece de légume.

Cette racine eft depuis long-
tems cultivée dans les jardins ,
pour la table : mais ce n'eft
que depuis quelques années
qu'on la feme dans les campagnes , pour en nourrir les
beftiaux ; encore cette pratique n'a-t-elle lieu que dans
quelques endroits particuliers
de l'Angleterre , où le fol eft
favorable à cette plante : il
n'y a cependant aucune efpece de légume qui foit plus
propre à cet ufage , & qui
fourniffe un aliment auffi folide & auffi fubftantiel pour
les animaux. Un *acre* de terre ,
planté en Carottes , engraif-
fera un grand nombre de moutons ou de bœufs , miéux que
trois *acres* de *navets* , & la
chair de ces animaux fera plus
ferme & d'un meilleur goût :
les [illegible] aliment auffi beaucoup [illegible] racines , & il n'y a
[illegible] leure nourriture
pour [illegible] On a auffi cul-
[illegible] dans les parcs ,
[illegible] les bêtes fau-

ves ; ce qui étoit très - utile dans les hivers rudes , où le gibier trouvant peu d'alimens , périſſoit ſouvent de faim , ou maigriſſoit telle - ment , qu'il ne pouvoit recouvrer ſon embonpoint dans l'été ſuivant ; au-lieu qu'en les nourriſſant de Carottes pendant tout l'hiver , on les entretient juſqu'à la pouſſe de l'herbe , qui , dans ces ſortes de lieux , croît très - lente - ment.

La culture de cette racine eſt auſſi plus avantageuſe que celle du *navet* , parce qu'elle eſt moins ſujette à manquer, & qu'en ſemant ſes graines au printems , les plantes pouſſent toujours bien , à moins que les mois de Juin & de Juillet ne ſoient fort mauvais : au-lieu que les *navets* ſont ſouvent détruits par les moucherons & les pucerons à leur premiere pouſſée ; & dans les automnes ſèches , ils ſont attaqués par les chenilles , qui, dans peu de tems , en dévorent des champs entiers ; mais ces inſectes ne touchent point aux Carottes : pour toutes ces raiſons, les Fermiers qui ont beaucoup de beſtiaux & de brebis, devroient toujours avoir une proviſion de ces racines , s'ils poſſèdent des terreins propres à cette culture , & dont le ſol ſoit léger & profond.

La terre qu'on deſtine à ces racines , doit être labourée dans le commencement de l'automne ; on lui donne encore une ſeconde culture en travers, avant l'hiver, & on la diſpoſe en ſillons élevés, afin que la gelée l'adouciſſe. Si la terre eſt de mauvaiſe qualité, on y met en hiver, au commencement de Février, du fumier bien conſommé , & en Mars on laboure pour la troiſième fois , afin de la rendre propre à recevoir les ſemences. Quelques Fermiers donnent cette derniere culture avec deux charrues qui ſe ſuivent dans le même ſillon ; au moyen de quoi la terre ſe trouve creuſée à la profondeur d'un pied & demi : d'autres placent des hommes avec des bêches, qui ſuivent les charrues, & enlèvent du fond de chaque ſillon une certaine quantité de terre, qu'ils mettent ſur les ſommets, & dont ils ont ſoin de briſer les mottes. Cette ſeconde méthode eſt plus coûteuſe que la premiere, mais elle eſt bien préférable ; car , de cette maniere les mottes ſont bien mieux briſées, & la ſurface de la terre ſe trouve plus unie.

Si le terrein a été cultivé auparavant , il n'exigera que trois labours ; le premier avant l'hiver, pour mettre la terre en ſillons élevés, par la raiſon que nous avons déja donnée ; le ſecond , en travers, dans le mois de Février, après lequel on fera bien de paſſer la herſe, pour rendre la terre plus meuble , & le dernier en Mars , qui doit être exécuté comme nous l'avons dit plus haut. Après ce troiſieme labour, s'il reſte encore de groſſes mottes de terre qui ne ſoient pas caſſées , il ſera prudent de la bien herfer avant de répandre les femences. Une livre & demie de graines fuffira pour un âcre de terre ; mais comme elles font fujettes à s'accrocher enfemble , ainfi que nous l'avons déja obfervé, il eft difficile de les femer uniformément : pour rendre la chofe plus facile , on mêle quelquefois avec ces femences une certaine quantité de fable . & on les frotte bien , pour les féparer les unes des autres. Lorfqu'elles font femées, on herfe légèrement pour les enterrer, & quand les plantes pouffent , on les houe comme il a été dit ci-deffus.

Si on veut conferver des Carottes pendant tout l'hiver & le printems, il faut, vers le commencement de Novembre, les tirer hors de terre , quand leurs feuilles commencent à fe flétrir, & les mettre dans du fable, dans un lieu fec , & à l'abri de la gelée, où on les prendra à mefure qu'on en aura befoin : mais on en confervera quelques-unes des plus longues & des plus droites , pour leur faire produire des femences ; on les plantera au milieu de Février, dans un fol léger, à un pied environ de diftance les unes des autres ; on tiendra la terre nette de mauvaifes herbes ; & vers le milieu du mois d'Août , lorfque les femences feront mûres , on les coupera , & on les tiendra dans un lieu fec, où elles puiffent être expofées pendant plufieurs jours au foleil

& à l'air, pour les faire fécher ; après quoi on les battra, on mettra les graines dans des facs , & on les confervera dans un endroit fec jufqu'au tems où l'on doit en faire ufage : ces femences ne confervent la propriété de végéter, qu'une ou deux années tout au plus ; mais les plus nouvelles font toujours préférables.

Gingidium. La troifieme efpece qu'on rencontre dans les environs de Montpellier, a des tiges plus unies que la Carotte ordinaire ; fes feuilles font d'un vert luifant, & leurs fegmens font plus larges : les ombelles de fes fleurs font auffi plus larges & moins régulières. Cette plante eft annuelle, & réuffit mieux lorfqu'on feme fes graines en automne.

Hifpidus. La quatrieme eft d'un crû plus bas qu'aucune des précédentes; fes tiges font fort couvertes de poils courts; les fegmens de fes feuilles font larges & obtus ; fes ombelles font petites , & les feuilles qui les enveloppent , font divifées en trois parties.

Creticus. La cinquieme s'éleve avec une tige mince , rude & velue , au-deffus de deux pieds de hauteur : fes feuilles font courtes & découpées en fegmens aigus ; parmi elles on en voit quelques-unes plus petites : fes ombelles font moins larges que celles de l'efpece commune , & leurs enveloppes font deux fois plus longues : les feuilles qui les compofent font divifées en cinq ou fix parties , & terminées en pointe aiguë : ſes fleurs ſont jaunes.

Mauritanicus. La ſixieme a une tige cannelée, haute de trois pieds, & terminée par de groſſes ombelles de fleurs, dont les enveloppes ont des pointes ailées : les ſegmens des feuilles du bas ſont découpés en parties plus obtuſes, & ſont d'un vert foncé.

Viſnaga. La ſeprieme, qui croît naturellement en Eſpagne & en Italie, eſt une plante annuelle, qui s'éleve à la hauteur de trois pieds, avec une tige droite, unie, couchée, & garnie de feuilles unies, & diviſées en pluſieurs beaux ſegmens étroits, comme celles du *Fenouil* : ſes tiges s'étendent au-dehors, & chaque branche eſt terminée par une grande ombelle, compoſée d'un grand nombre d'autres plus petites ; l'enveloppe eſt plus courte que l'ombelle, & chaque feuille qui la compoſe, eſt diviſée en trois parties ; les pédoncules qui ſoutiennent les rayons, ſont longs & fermes ; les Eſpagnols s'en ſervent en guiſe de cure-dents : d'où vient le nom de *Viſnaga* ou de *Cure-dents*, qu'on a donné à cette plante. Si on veut multiplier cette eſpece, il faut néceſſairement ſemer ſes graines en automne, car elles manqueroient ſouvent, ou au moins elles ne pouſſeroient que dans l'année ſuivante, ſi elles n'étoient miſes en terre qu'au printems. Ces plantes n'exigent aucune autre culture, que d'être tenues nettes & éclaircies.

Muricatus. La huitieme ſe trouve dans les environs de Tanger ; ſa tige eſt droite, haute de plus de deux pieds, garnie de feuilles à doubles aîles & velues, & diviſée vers ſon ſommet en pluſieurs branches, dont chacune eſt terminée par une ombelle de fleurs blanches, qui ſont remplacées par des ſemences velues.

Si les graines de cette eſpece ne ſont pas ſemées en automne, les plantes qui en proviennent, donnent rarement des ſemences mûres, parce qu'elles ſont ſurpriſes par les premieres gelées, avant d'avoir acquis le dégré de perfection qui leur eſt néceſſaire.

Ces eſpeces ſont quelquefois cultivées dans les collections de botanique, pour la variété ; mais comme elles ne ſont d'aucun uſage, on ne les cultive pas dans d'autres jardins.

DAUCUS CRETICUS, ou DAUCUS de *Candie. Voyez* ATHAMANTA ANNUA. V. SUPPLÉMENT, ET ATHAMANTA CRETICA.

DAYENIA. [*Monier.*] Monier.

On a donné ce nom à ce genre, en l'honneur du DUC D'AYEN, grand amateur & protecteur de la Botanique. Ce Seigneur a donné à M. MONIER, membre de l'Académie Royale des Sciences, la place de Surintendant de ſes magnifiques jardins de Saint-Germain, où il s'eſt plû à raſſembler une grande quantité de plantes rares de toutes les parties du monde.

Nota. LINNÉE a donné cette espece sous le titre d'*Ayenia Pusilla. Voyez* SUPPLÉMENT au mot AYENIA.

Caractères. Le calice de la fleur a cinq petites feuilles ovales qui se desséchent : la corolfe eft compofée de cinq pétales, dont les pointes font jointes à un nectaire uni & étoilé ; ce nectaire eft placé fur une colonne cylindrique, érigée, auffi longue que le calice, en forme de cloche, & pourvue de cinq lobes enfoncés à la marge : cette fleur a cinq étamines courtes, inferées dans la bordure du nectaire, & terminées par des fommets ronds & joints à la bordure des pétales ; fon germe, qui eft rond & placé au fond du nectaire, foutient un ftyle cylindrique, couronné par un ftigmat obtus & à cinq angles, & fe change dans la fuite en une capfule à cinq cellules, qui renferment cinq femences oblongues & attachées à la capfule.

Ce genre de plante eft rangé dans la quatrieme fection de la vingtieme claffe de LINNÉE, intitulée *Gynandria pentandria*, avec celles dont les fleurs ont cinq étamines fixées avec le ftyle au nectaire.

Nous n'avons jufqu'à préfent qu'une efpece de ce genre, qui eft la *D'Ayania pufilla, foliis cordatis glabris* ; D'Ayénia à feuilles unies & en forme de cœur.

Ayenia pufilla, foliis cordatis glabris. Lin. Sp. 1354. Edit. 3. L. Act. Stockh. 1756.

Ayenia foliis ovatis, acutis, ferratis, germine pedicellato, nectario plano ftellato. Lœft. It. 200.

Urticœ folio anomala, flore pentaphyllo purpureo, fructu pentacocco muricato. Sloan. Jam. 92. Hift. 1. p. 209. t. 132. F. 2.

Les femences de cette efpece ont été envoyées par DE JUSSIEU, le jeune, du Pérou à Paris, où elles ont réuffi, & ont été depuis multipliées dans plufieurs autres jardins de l'Europe ; celles qui m'ont été données par M. LE MONIER, Intendant des jardins du DUC D'AYEN, à Saint-Germain, ont produit, dans le jardin de *Chelféa*, des plantes qui ont fleuri & donné annuellement des graines.

Cette plante a une tige mince & ligneufe, qui fe divife en plufieurs branches minces & élevées à la hauteur de neuf pouces ou d'un pied, & garnies de feuilles unies en forme de cœur, légérement dentelées fur leurs bords, fupportées par de longs pétioles, d'un vert luifant, terminées en pointe aiguë, & placées alternativement fur les branches : de la bâfe de chaque pétiole fortent, fur les côtés des branches, deux, trois ou quatre fleurs du même bouton, dont chacune eft placée fur un pedoncule féparé & mince : ces fleurs ont cinq étamines minces & recueillies en une efpece de colonne, comme dans les fleurs malvacées ; au fond de chacune eft placé un germe à cinq angles, qui fe change enfuite en une capfule ronde,

& à cinq cellules, dont chacune renferme une femence
en forme de rein : fes fleurs
font tubulées, ouvertes & divifées fur leurs bords en cinq
fegmens aigus, dont chacun
eft terminé par une queue
mince ; elles font pourpre,
& fe fuccèdent fur les mêmes plantes, depuis le mois
de Juillet jufqu'à l'hiver.

Culture. Cette plante fe multiplie par fes graines, qui doivent être femées fur une couche de chaleur modérée, dès
le commencement du printems:
quand les plantes ont pouffé
quatre feuilles, on en tranfporte une partie fur une nouvelle couche chaude, pour les
faire avancer, & on met les
autres dans des pots, qu'on
plonge dans une couche de
tan : on les tient à l'ombre
jufqu'à ce qu'elles aient formé
de nouvelles racines ; après
quoi on leur donne de l'air
chaque jour à proportion de
la chaleur de la faifon, & on
les arrofe fouvent & légerement dans les tems chauds.
Ces plantes doivent refter dans
la couche chaude pendant tout
l'été où on leur donne beaucoup d'air; car celles qui font
expofées en plein air, même
dans cette faifon, ne profitent
pas, & celles qui ont été affoiblies par un traitement trop
délicat, ne fleuriffent pas bien:
elles fe confervent pendant
tout l'hiver dans une ferre de
chaleur modérée ; mais quand
elles ont bien perfectionné
leurs femences dans la premiere année, elles ne valent plus

la peine d'être confervées. On
trouve un deffin de cette plante dans la 118e. Planche de
mes Figures.

DELPHINIUM. *Lin. Gen.
Plant.* 602. *Tourn. Inft. R. H.*
426. *tab.* 241. δελφὶν, *gr. un Dauphin.* Cette plante eft ainfi
nommée, parce que fa fleur,
avant de s'ouvrir, reffemble
à un Dauphin; on lui donne
auffi le nom de *Confolida Regalis*, à caufe des vertus vulnéraires qu'on lui attribue. GAS-
PARD BAUHIN l'appelle *Plante Royale*, parce que fon calice eft tourné en arriere en
forme de fleur-de-lys. CÉSAL-
PIN, PLINE & les Poëtes, di-
fent que cette plante eft une véritable *Hyacinthe*, parce qu'on
voit marquée fur fa fleur la fyl-
labe *ai*, qui eft une particule
lamentable. [*Lark fpur, or Lark's
heel.*] Pied d'Alouette. Herbe
aux Poux ou le Staphifaigre.

Caracteres. Dans ce genre la
fleur n'a point de calice ; la
corolle eft compofée de cinq
pétales inégaux & placés circulairement. Le pétale fupérieur s'étend en une queue
obtufe & tubulée ; les deux
latéraux font à peu près de la
même groffeur que le fupérieur ; mais les deux du bas
font plus petits & ouverts.
Elle a un nectaire divifé en
deux parties, placé dans le centre des pétales, & enveloppé
dans le tube par la partie de
derriere : cette fleur a plufieurs
petites étamines inclinées fur
les pétales, & terminées par
des fommets érigés, & trois
germes ovales qui foutiennent

trois styles auffi longs que les étamines, & couronnés par des ftigmats réfléchis : ces germes deviennent enfuite autant de capfules jointes enfemble, qui s'ouvrent en travers, & ont chacune une cellule remplie de femences angulaires.

Ce genre de plante eft rangé dans la troifieme fection de la treizieme claffe de LINNÉE, intitulée *Polyandria trigynia*, les fleurs ayant plufieurs étamines & trois ftyles.

Les efpeces font :

1°. *Delphinium confolida, nectariis monophyllis, caule fubdivifo. Hort. Cliff. 217. Flor. Suec. 440, 476. Mat. Med. 138. Roy. Lugd.-B. 482. Dalib. Paris. 158*; Pied d'Alouette, ayant un nectaire monophylle, & une tige fous-divifée.

Delphinium fegetum. Tourn. Inft. 426; Pied d'Alouette des bleds, & le *Confolida regalis arvenfis. C. B. p. 142.* Confoude Royale des champs.

2°. *Delphinium Ajacia, nectariis monophyllis, caule fimplici. Hort. Cliff. 213. Hort. Ups. 150. Roy. Lugd.-B. 482*; Pied d'Alouette dont le nectaire eft monophylle & la tige fimple.

Delphinium hortenfe, flore majore & fimplici cœrulæo. Tourn. Inft. R. H. 426; Pied d'Alouette de jardin, avec une fleur plus large, fimple & de couleur bleue. L'*Ajax*.

Confolida regalis, flore majore & multiplici. Bauh. Pin. 142.

Flos regius. Dod. Pempt. 252.

Delphinium fativum. Riv. t. 123.

3°. *Delphinium ambiguum, nectariis monophyllis, caule ramofo*; Pied d'Alouette avec un nectaire monophylle & une tige branchue.

Delphinium elatius, purpureoviolaceum. Souvert. Flor; Pied d'Alouette branchu, avec une fleur d'un violet pourpre.

Confolida regalis, flore minore. Bauh. Pin. 142.

4°. *Delphinium peregrinum, nectariis diphyllis, corollis ennea-petalis, capfulis teretibus, foliis multi-partitis obtufis. Hort. Cliff. 213*; Pied d'Alouette avec un nectaire à deux feuilles, une corolle compofée de neuf pétales, des capfules cylindriques, & des feuilles divifées en plufieurs fegmens obtus.

Delphinium latifolium, parvo flore. Tourn. Inft. R. H. 426; Pied d'Alouette à feuilles larges & à petite fleur.

Confolida regalis latifolia, parvo flore. Bauh. Pin. 142.

5°. *Delphinium elatum, nectariis diphyllis, labellis bifidis, apice barbatis, foliis incifis, caule recto. Hort. Upfal. 151. Kniph. Cent. 6. N. 35*; Pied d'Alouette avec un nectaire à deux feuilles, une levre divifée en deux parties, & garnie de barbe au fommet, des feuilles découpées & une tige droite.

Delphinium perenne montanum villofum, Aconiti folio. Tourn. Inft. 426; Pied d'Alouette de montagne, velu & vivace, à feuilles d'Acointe, ordinairement appellé *Pied de Mouche Abeille*.

Aconitum cœruleum hirfutum, flore Confolidæ regalis. Bauh. Pin. 181.

Aconitum lycoctonum, flore Delphinii Silefiaci. Clus. Hift. 2. P. 94.

6°. *Delphinium grandi-florum,*

neɭariis diphyllis , labellis inte-
gris , floribus fubfolitariis , foliis
compofitis lineari - multi - partitis.
Hort. Upfal. 150 ; Pied d'A-
louette avec un neɭaire à deux
feuilles , une levre entiere ,
des fleurs fimples & des feuilles
compofées & divifées en plufieurs fegmens étroits.

Delphinium humilius , angufti-
folium perenne , flore azureo. Am-
man ; Pied d'Alouette nain &
vivace, à feuilles étroites &
à fleur de couleur d'azur.

7°. *Delphinium Americanum,*
neɭariis diphyllis , labellis inte-
gris , floribus fpicatis, foliis pal-
matis , multifidis glabris. Pl. 119;
Pied d'Alouette avec un nectaire à deux feuilles, une levre entiere, des fleurs en épis,
& des feuilles unies, en forme de main , & divifées en
plufieurs parties , ordinairement appellé *Pied d'Alouette*
d'Amérique.

8°. *Delphinium ftaphifagria,*
neɭariis diphyllis , foliis palma-
tis , lobis integris. Hort. Cliff. 213.
Hort. Ups. 150. *Roy. Lugd.-B.*
482. *Sauv. Monfp.* 214 ; Pied
d'Alouette avec un neɭaire à
deux feuilles , des feuilles en
forme de main , & des lobes
entiers.

Staphifagria. Bauh. Pin. 324.
Dod. Pempt. 366.

Delphinium Platani folio, Sta-
phifagria diɭum. Tourn. Inft. R.
H. 428 ; Pied d'Alouette à
feuilles de Platane. *Staphifai-*
gre ou *Herbe aux Poux.*

Je ne parlerai point ici des
différentes variétés de *Pied*
d'Alouette qu'on rencontre dans
les jardins, parce que cela don-
neroit trop d'extenfion à cet

ouvrage ; je me contenterai
de faire mention des efpeces
vraiment diftinɭes; & comme
les Jardiniers ne connoiffent
de différence dans les *Pieds*
d'Alouette de jardin , que par
leurs tiges droites ou branchues, & que ces différences
font perfiftantes & ne varient
jamais , je me fervirai de cette
méthode , & je ne m'arrèterai
point à d'autres différences accidentelles, que des perfonnes
peu inftruites ont voulu introduire comme caraɭériftiques.

Je commencerai par le *Pied*
d'Alouette branchu, qui donne
les variétés fuivantes.

Le *bleu ,* le *pourpre ,* le *blanc,*
celui de *couleur de chair ,* le
cendré , celui de *couleur de ro-*
fe , & ceux qui font *panachés*
en deux ou trois de ces différentes couleurs.

Le *Pied d'Alouette à tige*
droite eft fans branche , produit une plus grande variété
de couleurs que le branchu :
fes fleurs font auffi plus larges
& plus pleines; mais les couleurs principales font à peu
près les mêmes que celles des
autres, & quelques-unes d'entr'elles font très-foncées.

Confolida. La premiere croît
naturellement fur les terres
labourées, en France, en Efpagne & en Italie : on croit
qu'elle eft la même que le *Pied*
d'Alouette de jardin; mais c'eft
une grande erreur : car je l'ai
cultivée pendant plufieurs années , & je ne l'ai jamais vu
changer; fes feuilles font plus
larges & moins divifées que celles de jardin, & elles font placées à une plus grande diftance

les unes des autres sur les tiges : ses fleurs sont plus petites & disposées en épis plus
longs : ses tiges ne sont pas
aussi couvertes de branches
que celle qu'on appelle Branchue, & elles ne sont pas
non plus simples & érigées
comme celles de l'espece qu'on
nomme Droite ; d'après cela
je crois être fondé à la regarder comme une espece différente (1).

Ajacia. La seconde a des tiges droites qui poussent peu
de branches : ses fleurs sont
placées très près les unes des
autres sur des épis érigés,
de maniere qu'elles ont une
très-belle apparence : ces plantes fleurissent en Juillet & en
Août, & ornent beaucoup les
plates - bandes des jardins à
fleurs.

Ambiguum. Le Pied d'Alouette branchu, qui est la troisieme espece, fleurit plus tard
que le Pied d'Alouette droit :
elle s'éleve avec une tige fort
divisée au dessus de trois pieds
de hauteur : ses branches sortent horisontalement sur les
parties latérales des tiges ;
mais ensuite leurs extrémités,
qui produisent des épis de fleurs,
se tournent vers le haut &
forment un angle : ses feuil-

les sont longues & agréablement divisées : ses fleurs, qui
sont plus éloignées sur les épis
que celles de l'espece droite,
sont larges, & quelques - unes
d'entr'elles sont tort doubles,
& teintes de diverses couleurs.

Ces plantes sont annuelles ;
on les multiplie par leurs graines, qu'on seme dans les places où elles doivent rester,
parce qu'elles ne veulent pas
être transplantées, sur-tout si
on ne les enleve pas tandis
qu'elles sont jeunes : si on les
seme en automne, elles produisent des plantes plus fortes, qui donnent beaucoup de
fleurs doubles, & qui perfectionnent mieux leurs semences
que celles qui ne sont semées
qu'au printems, parce que leurs
fleurs paroissent plutôt ; mais
si on veut en avoir pendant
long-tems, il faut aussi en semer au printems : quand elles
sont destinées à orner les jardins à fleurs, on en seme beaucoup ensemble dans un espace d'un pied quarré, au milieu des plates - bandes de distance en distance ; on met dans
chaque quarré dix ou douze
semences, on les couvre de
terre jusqu'à l'épaisseur d'environ trois pouces, & on éclaircit les plantes au printems,
en n'en laissant que cinq ou
six de l'espece droite dans chaque quarré, & de l'espece branchue, tout au plus trois ou
quatre, parce qu'elles exigent
plus de place : ces plantes ne
demanderont plus ensuite aucun soin, si ce n'est qu'on arrachera constamment les mauvaises herbes qui naîtront par-

---

(1) Quelques Auteurs prétendent que cette plante est vulnéraire & apéritive, & que sa conserve est propre à calmer les tranchées des enfans : mais on s'en
sert très - rarement ; on applique
seulement ses fleurs sur les yeux,
pour en appaiser l'inflammation,
après les avoir fait macerer dans
l'eau-rose.

mi elles, & qu'on les foutiendra avec des baguettes pour
les foutenir contre l'effort des
vents, qui pourroient les rompre quand elles commencent
à fleurir. Si les femences ont
été bien choifies, on ne trouvera parmi elles que très-peu
de mauvaifes fleurs : fi chaque
quarré contient des fleurs différentes pour les couleurs,
elles produiront encore un
meilleur effet. On ne doit jamais mêler l'efpece branchue
avec l'efpece droite, parce
qu'elles ne fleuriffent pas dans
le même temps. Si on veut
conferver les deux belles efpeces fans qu'elles dégénerent
en fleurs fimples ou de mauvaife couleur, il faut femer
en automne une plate-bande
de chaque efpece dans quelqu'endroit écarté du jardin ;
on éclaircit bien ces plantes,
& on les débarraffe des mauvaifes herbes jufqu'à ce qu'elles commencent à montrer
leurs fleurs ; alors on les examine chaque deux jours pour
retrancher celles dont les fleurs
ne font pas fort doubles ni
de belle couleur ; car fi on
laiffoit quelques-unes de celles-ci parmi les autres, leur
pouffiere fécondante les feroit
certainement dégénérer. Les
Amateurs qui fe contentent de
marquer feulement leurs bonnes fleurs pour femences, &
qui laiffent les autres avec
elles, fe trouveront toujours
trompés fur leur beauté dans
la faifon fuivante : ainfi quand
on veut les avoir dans leur
perfeation, on ne doit jamais
recueillir les femences qui

croiffent dans les plates-bandes du jardin à fleurs, parce
qu'il eft prefque impoffible
qu'elles s'y confervent auffi
bonnes que fi elles étoient placées à une bonne diftance de
toutes les autres efpeces.
Quand les capfules deviennent brunes, on les obferve
avec foin, afin de les recueillir avant qu'elles s'ouvrent
pour répandre leur femences :
comme celles du bas de la tige s'ouvrent long-tems avant
que celles du haut foient mûres, il faut les détacher à mefure, & ne point attendre pour
les recueillir, comme on le
fait fouvent, jufqu'au moment
où l'on arrache les tiges. Ces
premieres capfules font bien
préférables à celles du fommet ; auffi les perfonnes qui
apportent beaucoup de foin
dans le choix de leurs graines, ne manquent-elles jamais
de retrancher de bonne-heure
le haut des épis de fleurs, fans
les laiffer pour en avoir de la
femence.

Toutes ces plantes font fort
dures & exigent peu de foin ;
elles méritent d'occuper une
place dans les plus beaux jardins ; car lorfqu'elles font en
fleurs, il y en a peu d'autres
qui produifent un meilleur effet, & il n'y en a point qui
foient auffi propres à être
mifes en pots pour orner les
appartemens. Comme elles font
très-droites & qu'elles produifent de longs épis, elles s'é-
levent à une belle hauteur au-
deffus des pots ; & quand les
différentes couleurs font entremêlées avec art, elles font
un

un magnifique coup-d'œil & conservent long-tems leur beauté.

Peregrinum. La quatrieme espece, dont les semences m'ont été envoyées de Gibraltar, se trouve en Sicile & en Espagne : elle a une tige fort branchue, qui s'éleve à la hauteur d'environ deux pieds : les feuilles qui occupent la bâse de la plante, sont divisées en plusieurs segmens longs & obtus ; mais celles des tiges sont généralement simples : ses fleurs, qui sont petites & d'un bleu foncé, naissent éloignées les unes des autres sur la partie haute des tiges, & sont remplacées par de très-petites capsules, quelquefois simples, d'autres fois doubles, mais rarement réunies au nombre de trois, comme dans les especes communes.

Cette plante est annuelle ; on seme ses graines en automne, & on la traite de la même maniere que l'espece commune ; mais, comme elle a peu de beauté, on ne la cultive, dans quelques jardins, que pour la variété.

Elatum. La cinquieme a une racine vivace, de laquelle sortent, au printems, plusieurs tiges droites, qui s'élevent à la hauteur de quatre pieds, & sont garnies de feuilles velues, supportées par de longs pétioles, divisées en plusieurs larges segmens & en forme d'une main ouverte ; ces segmens sont découpés, à leur extrémité, en deux ou trois pointes aiguës : ses fleurs, qui naissent sur de longs épis,

sont d'un bleu clair, & couvertes en dehors d'un duvet farineux. Cette plante fleurit en Juillet & en Août, & ses tiges périssent en automne jusqu'à la racine.

Grandiflorum. La sixieme, qui a été envoyée de la Sibérie son pays natal, au Jardin Impérial de Pétersbourg, a très-bien réussi, & ses graines m'ont été envoyées par le Docteur AMMAN, Professeur de Botanique dans l'Université de cette ville : elle a une racine vivace qui pousse au printems deux ou trois tiges branchues, hautes d'environ un pied & demi, & garnies à chaque nœud de feuilles d'un vert clair, & composées de quelques segmens étroits qui se terminent en plusieurs pointes aiguës : ses fleurs sortent simples vers la partie haute des tiges, chacune sur un pédoncule long & nud ; elles sont larges & d'une belle couleur d'azur ; elles paroissent à la fin de Juillet, & produisent des semences qui mûrissent en automne.

Americanum. La septieme, qu'on a apportée de l'Amérique, est une plante vivace qui s'éleve à la hauteur de six à sept pieds, avec des tiges fortes, branchues, & garnies de feuilles en forme de main, unies, portées sur de longs pétioles, & divisées en quatre ou cinq lobes terminés en pointe aiguë : ses fleurs, qui sortent des extrémités des tiges, sont d'une belle couleur bleue, & croissent en longs épis ; elles ont un nectaire barbu, à deux levres & de couleur foncé, qui, de quelque diftance, reffemble au corps d'une abeille.

Culture. Toutes les efpeces des *Pieds d'Alouette* vivaces fe multiplient par femences, qui réuffiffent plus fûrement quand elles font mifes en terre en automne, que quand on les garde jufqu'au printems : lorfque les plantes pouffent, on les tient nettes, & on les éclaircit, & dès l'automne fuivant on les place à demeure : ces plantes fleuriront dans la feconde année ; leurs racines continueront à groffir annuellement, & produiront toujours un plus grand nombre de tiges de fleurs.

Staphifagria. La huitieme eft une plante annuelle qui croît naturellement dans le Levant & dans la Calabre ; elle s'éleve à la hauteur d'environ deux pieds, & produit une tige forte, velue & garnie de feuilles velues en forme de main, & compofées de cinq ou fept lobes oblongs, qui ont fouvent une ou deux dentelures fur leurs bords : fes fleurs fortent en épis clairs de la partie haute de la tige, chacune fur un long pédoncule : elles font d'un bleu pâle ou pourpre, & ont un nectaire formé par deux feuilles. Cette efpece fe multiplie par fes graines, qu'il faut mettre en terre en automne ; car fi on les conferve jufqu'au printems, elles ne croiffent jamais dans la même année. On les feme où les plantes doivent refter, & elles n'exigent pas un traitement différent du *Pied d'A-*

louette commun. Le Peuple fe fert de la poudre de cette plante pour détruire les Poux, d'où elle a reçu le nom d'*Herbe aux Poux* (1)

DENT DE CHIEN. *Voyez* Erythronium.

DENT DE LION *ou* le Pissenlit. *Voyez* Leontodon.

DENTAIRE. *Voyez* Dentaria Pentaphyllos.

DENTARIA. *Lin. Gen. Plant.* 726. *Tourn. Inft. R. H.* 225. *tab.* 110. [*Toothwort.*] Dentaire.

Caractere. Les fleurs de ce genre ont un calice compofé de quatre feuilles oblongues, ovales & qui tombent ; une corolle à quatre pétales obtus, & placés en forme de croix ; fix étamines, dont quatre font auffi longues que le calice, & les deux autres plus courtes, & qui font toutes terminées par des fommets oblongs en forme de cœur, & érigés. Dans leur centre eft placé un germe oblong, qui foutient un ftyle court, épais & couronné par un ftigmat obtus ; ce germe fe change par la fuite en un légume long, cylindrique, à deux cellules, divifé par une cloifon intermédiaire, & qui, s'ouvrant en deux valves, montre plufieurs femences dont il eft rempli.

Ce genre de plante eft rangé dans la feconde fection de la quinzieme claffe de Linnée,

---

[1] Les graines de cette efpece font employées en machicatoire, comme celle de la Moutarde : on les réduit auffi en poudre, qu'on répand dans les cheveux, pour en détruire la vermine.

Intitulée : *Tetradynamia Siliquo-sa*, qui comprend celles dont les fleurs ont quatre étamines longues & deux courtes, & dont les femences font ren-fermées dans de longs légumes.

Les efpeces font :

1°. *Dentaria pentaphyllos, fo-liis fummis digitatis. Lin. Sp. 912. Crantz. Auftr. p. 26. Gouan. Hort. 223. Illuftr. 42*; la Den-taire à cinq feuilles, dont cel-les du haut font en forme de main.

Dentaria pentaphyllos , foliis mollioribus. C. B. P. 322 ; Den-taire à cinq feuilles molles.

Saxi-fraga montana , radice fquamis denticulatis. Gefn. Fafc. 1. F. 1. F. 1.

2°. *Dentaria bulbifera , foliis inferioribus pinnatis , fummis fim-plicibus. Hort. Cliff. 335. Fl. Suec. 565 , 584. Roy. Lugd.-B. 340. Hall. Helv. N. 470. Crantz. Auftr. p. 26. Scop. Carn. Ed. 2. N. 813 ;* Dentaire dont les feuilles baffes font aîlées , & celles du haut fimples.

Dentaria heptaphyllos Bacci-fera. C. B. P. 322 ; Dentaire à fept feuilles , qui produit des bulbes.

Barbarea. Scop. Carn. 1. P. 522.

3°. *Dentaria enneaphyllos , fo-liis ternis ternatis. Lin. Sp. Plant. 653. Jacq. Vind. 119. Auftr. t. 316. Crantz. Auftr. p. 26. Scop. Carn. Ed. 2. n. 812 ;* Dentaire à feuilles à trois lobes.

Turritis , foliis verticillatis , ter-nis. Scop. Carn. 1. p. 517. N. 3.

Dentaria triphyllos. C. B. P. 322 ; Dentaire à trois feuilles.

Coralloïdes triphyllos. Gefn. Fifc. 4. t. 2. F. 4. Ceratia Pli-nii. Col. Ecphr. 1. p. 308. t. 307.

Pentaphyllos. La premiere s'é-leve à la hauteur d'un pied & demi , avec une tige forte & garnie à chaque nœud d'une feuille compofée de cinq lo-bes longs de quatre pouces , fur deux pouces de largeur , termi-nés en pointe aiguë , & profon-dément ferrés fur leurs bords ; fes feuilles font unies & por-tées fur de longs pétioles ; fes fleurs , petites & rouges , naif-fent en épis clairs aux extré-mités des tiges , & font rem-placées par des légumes cylin-driques & remplis de petites femences rondes. Cette plante croît à l'ombre dans les bois de la France méridionale & de l'Italie.

Bulbifera. La feconde efpece a des tiges minces qui s'éle-vent à la hauteur d'environ un pied : fes feuilles baffes ont fept lobes , celles du mi-lieu , cinq ou trois , & cel-les du haut de la tige font fim-ples : fes fleurs croiffent en grappes au fommet de la tige ; elles ont quatre pétales obtus & de couleur pourpre ; & des légumes coniques , remplis de femences rondes , leur fucce-dent.

Enneaphyllos. La troifieme efpece , qui s'élève avec une tige droite jufqu'à la hauteur d'un pied , a des feuilles com-pofées de neuf lobes , dont trois croiffent enfemble , de forte qu'elle paroit être une feuille à trois lobes triplés : fes fleurs font produites en petits paquets au fommet de la tige , & font fuivies par de petits légumes coniques & remplis de femen-ces rondes.

Ces plantes croiffent fur les montagnes de l'Italie & dans les forêts de l'Autriche ; on trouve la feconde efpece dans quelques parties de l'Angleterre, & particulièrement près de Harefield, dans des bois humides & à l'ombre ; mais on la conferve rarement dans les jardins ; elle produit, fur le côté des tiges où les feuilles font placées, des bulbes, qui, étant mifes en terre, donnent de nouvelles plantes. On multiplie ces efpeces par femences ou en divifant leurs racines ; on feme leurs graines en automne, peu de tems après qu'elles font mûres, dans un fol léger & fablonneux ; au printems on éclaircit les plantes qui en proviennent, & on les tranfporte dans un fol de même nature & expofition : quand elles y ont pris racines, elles n'éxigent plus aucune culture ; mais on les tient toujours nettes : elles fleuriffent dans la feconde année, & perfectionnent quelquefois leurs femences.

Le mois d'Octobre eft le tems le plus convenable pour tranfplanter les racines, & elles doivent avoir un fol humide & une expofition ombragée, fans quoi elles ne vivront pas.

DENTELAIRE. Herbe au Cancer. *Malherbe. Voyez* PLUMBAGO EUROPÆA.

DIANTHERA. *Lin. Gen. Plant.* 37. *Flor. Virg.* 6 ; la Dianthere.

Caractères. Le calice de la fleur eft permanent, & formé par une feuille tubulée & divifée à fon extrémité en cinq parties égales ; la corolle eft labiée, monopétale & pourvue d'un tube court ; fa levre fupérieure eft réfléchie & divifée en deux parties, & l'inférieure en trois, dont celle du centre eft plus large que les deux latérales : la fleur a deux étamines courtes & minces qui adhérent au dos du pétale ; l'une de ces étamines a un fommet double, & l'autre eft un peu plus élevée : le germe, qui eft oblong, foutient un ftyle mince, auffi long que les étamines, & couronné par un ftigmat obtus. Quand la fleur eft paffée, le calice fe change en une capfule à deux cellules, qui s'ouvrent en deux valves alternativement gonflées au fommet & au bas ; elles font élaftiques, & jettent une fimple femence plate hors de chaque cellule.

Ce genre de plante eft de la première fection de la feconde claffe de LINNÉE, qui a pour titre *Diandria monogynia*, & qui comprend celles dont les fleurs ont deux étamines & un ftyle.

LINNÉE a placé ce genre dans fa feconde claffe, parce que ces fleurs ont deux étamines ; mais, par tous les autres caracteres, il devroit être réuni à fa quatorzieme claffe.

Nous ne connoiffons encore qu'une efpece de ce genre, qui eft la

Dianthera Americana, fpicis folitariis alternis. Lin. Sp. 24. *Gron. Virg.* 6 ; Dianthere avec des épis féparés & alternes.

Gratiola affinis Floridana, fo-

kiis, floribus & capsulis in spicâ brevi, pediculis è foliorum alis innexis. Pluk. Amalth. 114. t. 423. F. 5.

Cette plante croît naturellement en Virginie & dans d'autres parties de l'Amérique-Septentrionale, d'où ses semences ont été envoyées en Angleterre : elle est basse & herbacée ; sa racine est vivace, & pousse plusieurs tiges foibles, longues d'environ quatre pouces, & garnies de feuilles rondes, d'une odeur aromatique, sessiles, velues & d'un vert foncé : ses fleurs, qui sont produites en petits épis sur les côtés des branches, & placées alternativement, ressemblent beaucoup, par leur forme & leur couleur, à celles du *Clinopodium;* mais elles n'ont que deux étamines. Cette plante fleurit à la fin de Juillet & produit rarement des semences en Angleterre.

Cette espece est fort rare aujourd'hui en Angleterre, parce qu'on ne la conserve que difficilement ; car, quoiqu'elle soit assez dure pour vivre en plein air dans notre climat, elle est néanmoins fort sujette à pourrir en hiver ; & si on la met sous un abri, elle file, s'affoiblit & périt bientôt.

DIANTHUS. *Lin. Gen. Plant.* 500. *Caryophyllus. Tourn. Inst R. H.* 329. [*Clove Gilly Flower, Carnation Pink, Sweet-William.*] Œillet.

Caractères. Dans ce genre le calice de la fleur est long, cylindrique & permanent : la corolle est composée de cinq pétales, dont les onglets sont

aussi longs que le calice ; mais leurs lames sont larges, unies & dentelées sur leurs bords ; ils sont insérés dans le fond du tube, & s'étendent, en s'ouvrant, en dessous : la fleur a dix étamines aussi longues que le calice, & terminées par des sommets obliques & comprimés ; dans son centre est placé un germe ovale, surmonté de deux styles plus longs que les étamines, & couronnés par des stigmats recourbés : ce germe se change, quand la fleur est passée, en une capsule cylindrique qui, s'ouvrant en une cellule à son extrémité, montre un grand nombre de semences angulaires & comprimées, dont elle est remplie.

Ce genre de plante est rangé dans la seconde section de la dixieme classe de LINNÉE, intitulée *Decandria digynia,* avec celles dont les fleurs ont dix étamines & deux styles.

Les especes sont :

1°. *Dianthus deltoïdes, floribus solitariis, squamis calycinis lanceolatis binis, corollis crenatis. Hort. Cliff. 164. Fl. Suec. 342, 382. Sauv. Monsp. 143;* Œillet à simples fleurs, dont le calice est composé de deux écailles en forme de lance, avec une corolle dentelée.

Betonica coronaria, s. Cariophyllus minor, folio viridi-nigricante, repens. Bauh. Hist. 3. p. 329.

Caryophyllus sylvestris vulgaris, latifolius. C. B. P. 209; Œillet Vierge *ou* Œillet des champs ou sauvage.

2°. *Dianthus virgineus, caule subunifloro, corollis crenatis;*

squamis calycinis brevissimis, foliis subulatis. Lin. Sp. Plant. 412; Œillet avec une fleur sur chaque tige, des pétales dentelés, les écailles du calice fort courtes, & des feuilles en forme d'alêne.

Caryophyllus minor repens, nostras. Raii. Syn. 335; petits Œillets Anglois rampans, ordinairement appelés par les marchands de semences, *Œillets nattés.*

Tunica rupestris, folio cæsio molli, flore carneo. Dill. Elth. 401. *T.* 298. *F.* 385.

3°. *Dianthus glaucus, floribus subsolitariis, squamis calycinis lanceolatis quaternis brevibus, corollis crenatis. Hort. Cliff.* 164. *Hort. Ups.* 104; Œillet ayant une fleur sur chaque tige, un calice à quatre écailles courtes & en forme de lance, & des pétales dentelés.

Tunica ramosior, flore candido, cum corollâ purpureâ. Hort. Elth. 400; Œillet branchu avec une fleur blanche, marquée d'un cercle pourpre, connu vulgairement sous le nom d'*Œillet de montagne.*

4°. *Dianthus plumarius, floribus solitariis; squamis calycinis subovatis brevissimis, corollis multifidis, fauce pubescentibus. Lin. Sp. Plant.* 411. *Gmel. Sib.* 4. *p.* 135. *Scop. Carn. Ed.* 2. *n.* 505. *Sub Tunica;* Œillet avec une fleur simple, un calice couvert d'écailles courtes & ovales, des pétales découpés en plusieurs pointes & un fond velu.

Caryophyllus simplex flore minore, pallido, rubente. C. B. P. 208; Œillet sauvage, sim-

ple, avec une petite fleur pâle & rouge. Œillet de Plume.

Tunica, foliis glaucis, patentibus, floribus ferratis, faucibus lanuginosis. Hall. Helv. n. 897.

5°. *Dianthus Caryophyllus, floribus solitariis; squamis calycinis subovatis brevissimis, corollis crenatis. Hort. Cliff.* 164. *Hort. Ups.* 104. *Mat. Med.* 117. *Roy. Lugd.-B.* 443. *Sauv. Monsp.* 143; Œillet à fleurs simples, dont les calices ont des écailles courtes & ovales, & dont les pétales sont dentelés.

Caryophyllus hortensis simplex, flore majore. C. B. P. 208; Œillet de jardin, simple, à grosses fleurs.

6°. *Dianthus Armeria, floribus aggregatis, fasciculatis; squamis calycinis lanceolatis, villosis tubum æquantibus. Hort. Cliff.* 165. *Fl. Suec.* 345, 381. *Roy. Lugd.-B.* 443. *Sauv. Monsp.* 144; Œillet à plusieurs fleurs recueillies en paquet, avec un calice couvert d'écailles velues, en forme de lance, & aussi longues que le tube.

Caryophyllus barbatus sylvestris. C. B. P. 208; Œillet sauvage, barbu, nommé *Œillet de Deptford,* & vulgairement, *Œillet de Poëte.*

Armeria sylvestris altera. Lob. Ic. 448.

Tunica, floribus umbellatis, squamis calycinis, hirsutis mucronatis, tubum æquantibus. Hall. Helv. n. 900.

7°. *Dianthus barbatus, floribus aggregatis, fasciculatis; squamis calycinis linearibus, foliis lanceolatis;* Œillet ayant plusieurs fleurs recueillies en paquet , un calice avec des écailles fort étroites , & des feuilles en forme de lance.

Tunica barbata. Scop. Carn. Edit. N. 502.

Caryophyllus barbatus , hortenſis , latifolius. C. B. P.; Œillet barbu , ou Œillet de Poëte , de jardin , à larges feuilles. *Thyrſis Reneal. Spec. 47.*

Armerius flos alter. Dod. Pempt. 176.

8°. *Dianthus prolifer , floribus aggregatis capitatis , ſquamis calycinis ovatis , obtuſis , muticis , tubum ſuperantibus. Lin. Sp. Plant. 587.* Œillet ayant des fleurs recueillies en têtes , & un calice couvert d'écailles obtuſes , ovales , remplies de paille , & plus longues que le tube.

Tunica prolifera. Scop. Carn. Ed. 2. N. 503.

Caryophyllus ſylveſtris prolifer. C. B. P. 209; Œillet prolifère.

9°. *Dianthus ferrugineis floribus aggregatis capitatis , ſquamis calycinis lanceolatis , ariſtatis , corollis crenatis ;* Œillet avec des fleurs recueillies en têtes , des écailles au calice , en forme de lance & barbues , & des pétales dentelés.

Caryophyllus montanus umbellatus , floribus variis , luteis , ferrugineis , Italicus. Barrel Obs. 648 ; Œillet de montagne , à ombelle d'Italie , avec des fleurs qui paſſent du jaune au couleur de fer.

10°. *Dianthus Chinenſis , floribus ſolitariis , ſquamis calycinis ſubulatis patulis , tubum æquantibus , corollis crenatis. Hort. Cliff. 164. Hort. Ups. 104. Roy. Lugd. - B. 443 ;* Œillet ayant une ſimple fleur ſur cha-

que tige , un calice à écailles étendues , en forme d'alêne , & égales au tube , & des pétales dentelés.

Caryophyllus Sinenſis ſupinus , Leucoii folio , flore unico. Tourn. Act. Pav. 1705 ; Œillet de la Chine.

11°. *Dianthus arenarius , caulibus unifloris , ſquamis calycinis ovatis , obtuſis , corollis multifidis , foliis linearibus. Flor. Succ. 348 , 384 ;* Œillet dont la fleur eſt ſimple ſur chaque tige , les écailles du calice ovales & obtuſes , les pétales diviſés en pluſieurs pointes , & les feuilles étroites.

Caryophyllus ſylveſtris humilis , flore unico. C. B. P. 209 ; Œillet nain , ſauvage , avec une ſeule fleur. Œillet de ſable.

Caryophyllus ſylveſtris 1. Clus. Hiſt. 1. p. 282. Dill. Elth. 402.

Dianthus caule ſimplici unifloro. Monnier. Obs. 152.

Dianthus foliis brevibus , ſquamis muticis , caule unifloro. Sauv. Meth. 143.

Armerius flos tertius. Dod. Pempt. 176.

Tunica arenaria. Scop. Carn. Ed. 2. N. 508.

12°. *Dianthus Alpinus , caule unifloro , corollis crenatis ; ſquamis calycinis exterioribus tubum æquantibus , foliis linearibus , obtuſis. Lin. Sp. Plant. 412. Jacq. Auſtr. t. 52. Pall. It. 3. p. 34 ;* Œillet à une ſeule fleur , ayant des pétales dentelés , les écailles du calice égales au tube , & des feuilles étroites & obtuſes.

Caryophyllus pumilus , latifolius. C. B. P. 209 ; Œillet nain à larges feuilles.

Caryophyllus sylvestris. 2. *Clus. Hist.* 1. *p. 283. f. 1.*

13°. *Dianthus superbus, floribus paniculatis; squamis calycinis brevibus, acuminatis, corollis multifido-capillaribus, caule erecto. Amœn. Acad.* 4. *p. 272. Fl. Suec.* 2. *p. 383. Jacq. Obs.* 1. *p. 40. t. 25. Kniph. Cent.* 11. *n.* 39; Œillet avec des fleurs en panicule, des calices couverts d'écailles garnies de courtes pointes; des pétales divisés en plusieurs parties, & une tige droite.

Caryophyllus sylvestris VI. Clus. Hist. 1. *p. 284.*

14°. *Dianthus diminutus, floribus solitariis; squamis calycinis octonis, florem superantibus. Lin. Sp. 587;* Œillet ayant une simple fleur sur chaque tige, & huit écailles qui s'élevent au-dessus des pétales de la fleur.

Caryophyllus sylvestris, minimus. Tabern. Hist. 290.

Caryophyllo prolifero affinis, unico ex quolibet capitulo flore. Bauh. Pin. 219.

Deltoïdes. La premiere espece a des tiges rampantes, d'où sortent plusieurs tères touffues, fortement garnies de feuilles étroites, dont les bases sont placées les unes au-dessus des autres, & embrassent les tiges; du centre de ces feuilles sortent des tiges qui s'élevent jusqu'à la hauteur de six pouces, sont garnies à chaque nœud de deux feuilles étroites, herbacées & opposées, & sont terminées chacune par une simple fleur. Cette plante fleurit en Juin & en Juillet, & ses semences mûrissent en automne. Cette espece est ra-

rement admise dans les jardins; car la fleur n'a point de beauté.

Virgineus. La seconde est une plante basse & traînante, dont les tiges, qui sont couchées sur la terre, fort près les unes des autres, sont garnies de feuilles courtes, étroites, herbacées & d'un vert foncé, & sont terminées par de petites fleurs rouges, placées chacune sur un pédoncule séparé. Cette plante fleurit dans le mois de Juillet, & ses semences mûrissent en Septembre; elle croît naturellement dans plusieurs parties de l'Angleterre; mais on ne la cultive pas souvent dans les jardins: on en formoit cependant autrefois des bordures dans les jardins à fleurs, où elle étoit connue sous le nom d'*Œillet natté*, qui lui a été donné dans les boutiques.

Glaucus. La troisieme croît naturellement parmi les rochers de Chidder dans la province de Sommerset, & dans quelques autres parties de l'Angleterre; on la cultivoit autrefois dans les jardins, sous le nom d'*Œillet de montagne*; elle ressemble à la seconde espece; mais ses feuilles sont plus courtes & d'une couleur grisâtre; ses tiges sont aussi plus élevées & produisent plus de branches: ses fleurs sont plus grosses, blanches, & ont dans leur fond un cercle de couleur pourpre, semblable à celui de l'Œillet appelé *Œil de Faisan*: comme ces fleurs n'ont point d'odeur, on ne les conserve guere dans les jardins.

Plumarius. La quatrieme est un petit Œillet simple & ca-

couleur rouge pâle, qu'on cultive dans les jardins, mais qu'on rencontre souvent en Angleterre sur les anciens bâtimens & les vieilles murailles.

Caryophyllus. La cinquieme est aussi un petit Œillet simple, qui est depuis long-tems rejetté des jardins; mais on croit que plusieurs belles fleurs de ce genre, qu'on cultive à présent, ont été obtenues par la culture d'une de ces especes.

Armeria. La sixieme se trouve dans plusieurs parties de l'Angleterre, & sur-tout dans une prairie aux environs de Deptford en Kent; ce qui lui a fait donner le nom d'*Œillet de Deptford*. C'est l'espece appelée *Œillet de Poëte*, en Anglois, *Sweet-William* : ses fleurs, qui croissent en grappes aux extrémités des branches, sont rouges, & ont des calices à longues barbes : je l'ai cultivée pendant plus de quarante ans, & ne l'ai jamais vu varier.

Barbatus. La septieme est l'Œillet de Poëte ou Œillet barbu, *Sweet William*, qui est depuis long-tems cultivée dans les jardins comme fleur d'ornement, & dont il y a plusieurs variétés qui different dans la forme & la couleur de leurs fleurs, ainsi que dans la largeur & forme de leurs feuilles; celles qui ont des feuilles étroites, étoient autrefois connues, parmi les jardiniers, sous le nom de *Doux-Jeans*, & celles à larges feuilles, sous celui de *Doux-Guillaumes* : ces deux especes fournissent quelquefois des fleurs doubles, qui font un très-bel effet dans les jardins.

Prolifer. La huitieme croît sans culture dans la France méridionale, en Espagne & en Angleterre : elle est annuelle, & s'éleve à la hauteur d'environ un pied, avec une tige droite, garnie de feuilles étroites & herbacées, & terminées par de petites têtes ou grappes de fleurs d'un rouge pâle, qui sont renfermées dans un calice commun & écailleux : comme ces fleurs ont peu de beauté, on admet rarement cette espece dans les jardins.

Ferrugineus. La neuvieme est bis-annuelle ; sa tige droite & haute d'un pied & demi, produit à chacun de ses nœuds deux feuilles longues, étroites, opposées, d'un vert foncé, fermes & terminées en pointe aiguë, elles enveloppent la tige de leurs bases : ses fleurs, qui naissent en paquets serrés aux extrémités des tiges, sont jaunes & de couleur de feu; elles ont des calices roides & barbus : ces fleurs paroissent en Juillet, & leurs semences mûrissent en automne.

Chinensis. La dixieme, à laquelle on donne le nom d'*Œillet de la Chine*, parce qu'elle a été apportée de cette contrée, n'a point d'odeur, mais ses fleurs sont extrêmement variées, & la culture les a singulièrement perfectionnées; quelques-unes d'entr'elles, qui sont devenues très-doubles, ont un si grand nombre de pétales, & offrent des couleurs si vives, qu'on ne peut pas voir une fleur plus riche : ces plantes ont rarement plus de huit ou neuf pouces de hauteur ; elles pouffent de tous côtés des branches érigées qui font toutes terminées par une feule fleur ; elles fleuriffent en Juillet, & leurs fleurs fe fuccèdent jufqu'à ce que la gelée les arrête ; leurs racines fubfiftent deux ans dans une terre fèche.

Arenarius. La onzieme, qu'on trouve en Angleterre fur les vieilles murailles & les anciens bâtimens, eft un petit Œillet fimple, d'une odeur douce, mais d'une couleur pâle & de fort peu d'apparence, qu'on a entierement négligé depuis que d'autres efpeces plus belles ont été encore améliorées par la culture.

Alpinus La douzieme eft originaire des Alpes ; fes feuilles font rondes, courtes & émouffées ; fes tiges s'élevent au plus à quatre pouces de hauteur, & font terminées chacune par une fleur fimple, d'un rouge pâle ; on la conferve quelquefois dans les jardins de Botanique pour la variété ; mais on la cultive rarement ailleurs.

Superbus. La treizieme, qu'on rencontre en Allemagne & dans le Danemarck, a des feuilles femblables à celles de l'*Œillet de Poëte à feuilles étroites* ; fa tige, dont la hauteur eft d'environ un pied, eft terminée par une fimple fleur à cinq larges pétales d'un rouge pâle, & découpés en plufieurs fegmens longs. Les racines de cette efpece fubfiftent trois ou quatre ans, & comme dans

la feconde année elle eft dans fa plus grande beauté, il faut la multiplier annuellement par fes graines, qui mûriffent très-bien en Angleterre.

Diminutus. La quatorzieme eft une plante fort petite, qui a des feuilles courtes, étroites & difpofées en têtes ferrées : fa tige, qui s'éleve tout-au-plus à la hauteur de fix pouces, eft terminée par une fimple fleur d'un rouge pâle ; comme elle n'a rien de remarquable. on ne la conferve que dans les jardins de Botanique, pour la variété.

Culture. Les efpeces dont il vient d'être queftion, font regardées par les Botaniftes, comme les feules qui foient diftinctes ; & toutes les belles fleurs de ce genre que l'on conferve dans les jardins, ne font que des variétés accidentelles de celles-ci, & obtenues par la culture : le nombre de ces variétés eft fi confidérable, & il s'augmente tellement d'année en année, qu'on a rejetté abfolument toutes les vieilles fleurs qui ne peuvent leur être comparées pour la beauté.

Les plantes de ce genre peuvent être naturellement divifées en trois claffes ; la premiere renfermera toutes les variétés d'*Œillets* ; la feconde, tous les *Œillets de Carnation* ; & la troifieme, les *Œillets de Poëte* ; car, quoiqu'ils s'accordent tous dans leurs caracteres principaux, & qu'ils foient tous compris dans le même genre par les Botaniftes, cependant ils ne varient jamais l'un dans l'autre, quoique la couleur de leurs fleurs soit sujette à beaucoup d'altération.

Je vais décrire ces plantes, & donner la méthode de les cultiver, d'après cette division, en commençant par l'*Œillet*, dont on conserve un si grand nombre de variétés dans les jardins.

1°. Les principaux font l'*Œillet de Damas*, *le Shock blanc*, l'*Œil de Faifan* en fleurs doubles & fimples, qui varient confidérablement en groffeur & en couleur, l'*Œillet rouge commun*, l'*Œillet de Cob*, l'*Œillet de Dobfon*, l'*Œillet blanc de Cob*, & l'*Œillet de Bat*. L'*Œillet de Vieillard* & l'*Œillet de la Dame Fardée*, appartiennent plutôt à l'*Œillet incarnat*, qu'on appelle en Anglois *Carnation*.

L'*Œillet de Damas*, qui eft la premiere des efpeces doubles, n'a qu'une tige fort courte ; il eft moins large & moins double que plufieurs autres. Sa couleur eft d'un pourpre pâle, tirant vers le rouge ; mais fon odeur eft très-agréable.

Celui qui fleurit enfuite eft l'*Œillet Shock* ou *blanc*, qu'on a ainfi nommé à caufe de la blancheur de fes fleurs, & de ce que le bord de fes pétales eft fort dentelé & frangé : fon odeur n'eft pas auffi agréable que celle de quelques autres efpeces d'*Œillets*.

Après ces deux premieres viennent les diverfes efpeces d'*œil de Faifan*, qui produifent fouvent de nouvelles variétés, auxquelles les perfonnes qui les élevent donnent différens noms, & quelquefois celui de l'endroit où ils font nés : quelques-uns ont de fort groffes fleurs doubles ; mais ceux dont le calice & le légume crevent, ne font pas auffi généralement eftimés que les autres.

L'*Œillet de Cob* fleurit après ces derniers : fes tiges font beaucoup plus hautes que celles des précédens ; fes fleurs, très-doubles & d'un rouge brillant, répandent une odeur plus agréable que toutes les autres efpeces, ainfi elles méritent une place de préférence dans les beaux jardins. Ces fleurs paroiffent depuis la fin de Mai jufqu'au milieu de Juillet ; & l'efpece d'*œil de Faifan*, appellée *Œillet de Bat*, donne encore de nouvelles fleurs en automne.

L'*Œillet à tête de Vieillard* & *la Dame Fardée*, ne fleuriffent pas avant le mois de Juillet, & viennent en même-tems que la *Carnation* ou l'*Œillet incarnat* auquel ils reffemblent beaucoup. La couleur naturelle du premier, eft le pourpre rayé & tacheté de blanc ; mais il paroît fouvent d'un pourpre uni : cette efpece continue à fleurir jufqu'aux premieres gelées de l'automne ; elle eft recherchée à caufe de l'odeur agréable de fes fleurs. La *Dame fardée* n'a pas une odeur auffi douce, & ne fleurit pas auffi long-tems ; mais la vivacité de fes couleurs la rend précieufe.

On multiplie les *Œillets* communs, ou par femences, qui eft le moyen d'obtenir de nouvelles variétés, ou par mercottes , comme on le fait pour les *Œillets* dits *Carnations ;* ou enfin par boutures , qui prennent très - bien racine quand on les traite convenablement.

Pour les multiplier par femences , on doit apporter le plus grand foin dans le choix qu'on en fait , & prendre celles des meilleures efpeces ; on les feme au printems , & on traite les plantes qui en proviennent , fuivant la méthode qui fera prefcrite pour les *Œillets Carnations,* en obfervant feulement que les *Œillets Pinks,* étant moins délicats , peuvent être traités plus durement : ceux de bouture exigent auffi le même traitement que ceux des *Carnations ,* fur lefquels on trouvera ci-après d'amples inftructions.

Les *Œillets à téte de Vieillard* & de la *Dame Fardée ,* fe multiplient ordinairement de la même maniere ; mais la plupart des autres ne peuvent l'être que par boutures.

On plante les boutures vers la fin du mois de Juillet ; & , fi le tems eft à la pluie , elles réuffiront plus fûrement ; fi la faifon eft feche , il faudra les arrofer chaque deux jours , jufqu'à ce qu'elles aient pris racine : on les plante dans une plate- bande à l'ombre , dont on a rendu la terre bien meuble , dans laquelle on a mis beaucoup de fumier , & qu'on aura arrofée quelques heures avant , s'il ne tombe point de pluie. On détache les boutures des plantes qu'on veut multiplier , on ôte toutes les feuilles qui garniffent leurs bafes , & on les met en terre auffi-tôt ; car fi on les confervoit long-tems avant de les planter , elles fe faneroient & ne pouffetoient plus : on laiffe entre elles un efpace de trois pouces en quarré , on comprime bien la terre tout autour , & on les arrofe copieufement ; on répete ces arrofemens auffi fouvent qu'elles en ont befoin , jufqu'à ce qu'elles aient formé des racines ; après quoi elles n'exigeront plus aucun foin que d'être tenues nettes de mauvaifes herbes : en automne on les tranfplantera à demeure dans les plates-bandes des jardins à fleurs. Quelques perfonnes plantent plus tard les boutures d'*Œillet Pinks ;* mais elles ne deviennent jamais auffi fortes , & ne fleuriffent pas auffi bien que celles qui font mifes en terre de bonne-heure.

2°. Je vais paffer à préfent à la culture des *Œillets de Carnation* ou *incarnats,* que les Fleuriftes divifent en quatre claffes.

La premiere eft appellée *Flakes* ou *Flambées :* elle n'a que deux couleurs , & fes raies font larges & pénètrent tout-à-fait à travers les feuilles.

La feconde , qui eft nommée *Bizarres ,* comprend les fleurs panachées en trois ou quatre différentes couleurs , & dont les raies ou taches font irrégulieres.

La troifieme eft connue fous le nom de *Piqueté ;* fes fleurs ont toujours un fond blanc & font tachetées ou piquetées d'écarlate , de rouge pourpre ou d'autres couleurs.

La quatrieme enfin , qu'on appelle *Dame Fardée* , a des pétales rouges ou pourprés en-deffus & blancs en-deffous.

Toutes ces claffes fourniffent un grand nombre de variétés , & fur-tout des *piquetés* , que les Fleuriftes eftiment de plus depuis quelques années; mais depuis peu les *flambés* font plus recherchés qu'aucune des autres efpeces. Il feroit inutile de décrire toutes les variétés principales de chacune de ces claffes ; car chaque contrée en donne de nouvelles prefque tous les ans ; de forte que ces mêmes fleurs , qui , dans leur origine éroient fort eftimées , deviennent fi communes après deux ou trois années , qu'elles font de peu de valeur , fur-tout fi elles ont le moindre défaut dans quelques-unes de leurs parties : le cas qu'on fait de ces fleurs n'ayant donc rien de ftable , puifqu'il dépend du caprice , ou parce qu'on en obtient fréquemment de nouvelles , qui , paroiffant plus parfaites , font rejetter les anciennes par les connoiffeurs dans ce genre , il feroit inutile de les indiquer par leurs noms , qui , pour la plupart , font empruntés des noms & des titres de quelques perfonnes de qualité , de ceux des lieux qui les ont vu naître , ou des amateurs qui les ont obtenues.

Culture. On multiplie ces fleurs par femences , qui eft le feul moyen de fe procurer des variétés nouvelles , ou par marcottes , pour conferver celles qui méritent d'être multi-pliées. Je vais commencer par la méthode de les femer.

Quand on a des bonnes femences qu'on a recueillies foi-même , ou qui viennent d'une perfonne à laquelle on peut fe fier , on prépare , vers le milieu d'Avril , un nombre de pots ou de caiffes proportionnés à la quantité de graines qu'on veut employer ; on les remplit de terre fraîche & légere , bien mêlée avec du fumier de vache , on répand les graines par-deffus , auffi également qu'il eft poffible , & on les couvre enfuite avec la même terre , jufqu'à l'épaiffeur d'environ trois lignes. On place ces pots de maniere qu'ils puiffent jouir de l'afpect du foleil , depuis fon lever jufqu'à onze heures , & on les arrofe auffi fouvent qu'ils en auront befoin. Un mois après , les plantes paroitront ; alors on les tiendra conftamment nettes , & on les arrofera convenablement : lorfqu'elles feront en état d'être tranfplantées , c'eft-à-dire vers la fin de Juillet , on préparera quelques planches dans une fituation ouverte & airée , avec de la même terre que celle qui a été employée pour les pots , on les y plantera à trois pouces de diftance entr'elles , on les arrofera , on les tiendra à l'ombre jufqu'à ce qu'elles aient formé de nouvelles racines , & on arrachera avec foin toutes les mauvaifes herbes qui naîtront parmi elles : ces plantes pourront refter ainfi jufqu'à la fin du mois d'Août ; comme alors elles auront fait

affez de progrès pour s'entremêler & fe nuire réciproquement, il faudra préparer d'autres planches avec la même
terre dont il a été queftion,
& les y planter à fix pouces
de diftance, en obfervant de
n'en mettre que quatre rangs
dans chacune, afin qu'on puiffe marcotter facilement celles
qui mériteront d'être multipliées; car on doit les laiffer
dans cette place pour fleurir.

Les fentiers qu'on laiffe entre les planches, doivent avoir
deux pieds de largeur, afin
qu'on puiffe y paffer aifément. Si dans le tems que nous
avons indiqué pour tranfplanter ces jeunes Œillets, il faifoit fort fec, il faudroit différer cette opération jufqu'à ce
qu'il tombe de la pluie, &
même, fi cela eft néceffaire,
jufques au milieu ou à la fin
du mois de Septembre; car
il fuffit que ces plantes aient
le tems de pouffer de bonnes
racines avant les premieres
gelées. Si l'hiver eft rude, on
difpofera des cercles au-deffus
des planches, afin de pouvoir
les couvrir avec des nattes;
fans ce fecours on perdroit
plufieurs plantes; car les bonnes fleurs ne font pas auffi
dures que les communes de
ce genre; après cela elles
n'ont plus befoin d'autres foins
que d'être nettoyées exactement. Quand les tiges des fleurs
commencent à monter, on les
fupporte avec des baguettes
pour empêcher que le poids
des fleurs ne les rompe; &
lorfqu'elles font ouvertes, on
reconnoît celles qui promet-

tent d'être belles, & on les
marcotte auffi-tôt. On conferve, 1°. celles qui font bien
marquées & qui s'ouvrent entierement fans crever leur calice & leurs légumes; pour
les mettre dans des plates bandes & en recueillir les femences: 2°. celles qui crevent
leurs légumes, mais qui paroiffent d'ailleurs avoir de bonnes qualités; on plante ces
dernieres dans des pots, pour
voir comment feront leurs
fleurs quand elles feront bien
traitées; car on ne peut connoître la valeur d'une fleur
avant la feconde année: voici quelles font les qualités que
les Fleuriftes exigent dans ces
fleurs.

1. La tige de la fleur doit
être forte, & en état de fupporter le poids de la fleur fans
fe courber.

2. Les pétales de la fleur
doivent être longs, larges,
fermes & faciles à développer;
ou, comme s'expriment les
Fleuriftes, les fleurs doivent
être des fleurs libres.

3. La capfule du milieu ne
doit pas avancer trop au-deffus
des petales.

4. Les couleurs doivent être
brillantes & marquées également fur toute la fleur.

5. La fleur doit avoir affez
de pétales pour être épaiffe,
élevée dans fon centre, & pour
qu'elle foit parfaitement ronde.

Quand on a fait choix des
fleurs qui, par leur groffeur,
font propres à être mifes féparément dans des pots, & de
celles qui font rondes & pleines, pour les plates-bandes,

on arrache toutes celles qui font fimples ou de mauvaifes couleurs, afin que les bonnes puiffent avoir plus d'air & de place pour fe fortifier : lorf-qué les marcottes qu'on aura faites fur ces plantes, feront bien enracinées, ce qui aura lieu dans le mois d'Août, on les enlevera avec précaution, & on les placera, les unes dans des pots, & les autres dans des plates-bandes, com-me il a déja été dit.

Il n'y a pas long-tems qu'on préféroit les fleurs qui s'épa-nouiffent entieres, aux plus groffes qui crèvent leurs légu-mes; on faifoit fur-tout beau-coup de cas des fleurs rondes dont les pétales étoient traver-fés par de larges raies de bel-les couleurs, & arrondis com-me ceux de la rofe; mais, comme la plupart de ces va-riétés, qui nous ont été ap-portées de France il y a quel-ques années, font extrème-ment fujettes à dégénérer en couleurs unies, & qu'elles font beaucoup plus tendres que celles qu'on éleve en Angle-terre, on ne les eftime pas autant aujourd'hui. A préfent les *Œillets flambés*, qui s'épa-nouiffent entiers, ainfi que plufieurs des anciennes varié-tés qui avoient été rejettées autrefois par les Fleuriftes, pour faire place à de groffes fleurs, font nouvellement de-venus à la mode ; & en dernier lieu on a payé très-cher telle fleur, qui, aupara-vant, ne coûtoit qu'un fche-ling la douzaine, & même beaucoup moins; ce qui prou-

ve bien l'inconftance & les fantaifies des Fleuriftes.

Je vais donner quelques inf-tructions fur la maniere de multiplier ces fleurs par mar-cottes, & indiquer les foins qu'elles exigent pour devenir belles & groffes.

On marcotte ces plantes dans le mois de Juin, auffi-tôt que leurs rejettons font affez forts; ce qui fe fait de la maniere fuivante : après avoir retran-ché toutes les feuilles de la partie baffe du rejetton defti-né à être marcotté, on choi-fit, vers fon milieu, un nœud fort, qui ne foit pas trop près de fon extrémité ni de fa bâ-fe, non plus que de la partie ligneufe de la vieille plante ; on fait, avec un canif, une fente dans le milieu de ce re-jetton, qu'on prolonge vers le haut jufqu'au milieu de l'ef-pace qui fe trouve entre ce nœud & le fuivant, après quoi on coupe, avec le mê-me canif, le fommet des feuil-les, ainfi que les parties gon-flées du nœud où la fente eft faite ; de forte que la partie fendue ait la forme d'une lan-gue, & qu'il ne refte point en-dehors de peaux qui puif-fent empêcher les racines de pouffer. On ameublit enfuite la terre autour de la plante, & s'il eft néceffaire on éleve le fol avec de la nouvelle ter-re, afin qu'elle puiffe être à portée du rejetton deftiné à être marcotté, de peur qu'é-tant trop baffe on ne le caffe où il eft fendu en le forçant pour le coucher : on creufe après avec le doigt une place

dans la terre, précifément à
l'endroit où le rejetton peut
pofer, & avec le pouce on
le plie doucement dans la terre, en obfervant de tenir fon
extrémité auffi droite qu'il eft
poffible, afin que la fente puiffe refter ouverte ; on fixe cette branche avec un morceau
de bois fourchu, affez long
pour que la marcotte foit parfaitement affujettie dans la
pofition qu'on lui a donnée.
Cette opération étant terminée, on couvre légèrement la
courbure qu'on a fait décrire
à la branche avec la même
terre ; on l'arrofe légèrement
pour la bien établir, & on
répete cet arrofement auffi
fouvent qu'il eft néceffaire,
afin d'aider les marcottes à
produire des racines. Cinq ou
fix femaines après, lorfque ces
marcottes feront bien enracinées, on fe pourvoira d'une
fuffifante quantité de terre,
qu'on préparera de la maniere fuivante : Creufez, à la
furface d'un pâturage dont le
fol eft de marne légere & fablonneufe, & tirez toute cette
terre jufqu'à la profondeur de
fix pouces, avec la tourbe qui
s'y trouve ; mettez-le tout en
tas, que vous laifferez ainfi
pendant une année, pour lui
donner le tems de pourrir &
de s'ameublir, & que vous re-
tournerez une fois par mois
pour bien l'adoucir ; mêlez-y
enfuite un tiers de fumier de
vache bien confommé, ou, fi
cela eft poffible, la même
quantité de fumier d'une ancienne couche de concombres
ou de melons ; mêlez-bien ces

différentes matieres enfemble,
&, fi vous avez le tems, laif-
fez encore ce mélange en tas
pendant fix ou huit mois avant
de vous en fervir, & remuez-
le fouvent pendant cet intervalle.

Quoique j'aie donné cette
compofition de terre comme
celle qui convient le mieux
à ces fleurs, cependant il ne
faut pas s'attendre qu'elles fleuriront également bien tous
les ans dans un pareil fol ;
car il eft indifpenfable, pour
les faire bien réuffir, de varier annuellement cette compofition, en y mêlant dans
la premiere année, comme je
l'ai déja dit, du fumier de
vache, qui eft d'une nature
froide ; & dans la feconde,
du fumier de cheval bien pourri, qui eft d'une qualité plus
chaude, en y ajoutant même
du fable de mer, pour rendre
la terre plus légere.

Quant à moi, je confeille-
rois plutôt de planter deux
ou trois marcottes de chacune
des meilleures efpeces, dans
une plate-bande de terre fraiche qui ne foit pas trop fumée, pour voir feulement
leurs fleurs, & s'affurer qu'elles font de bonne efpece & de
belle couleur, & fi on en eft
content, de couper leurs tiges de fleurs pour ne pas laiffer épuifer les racines & fortifier par-là les marcottes :
c'eft de ces plates-bandes que
je choifirois les meilleures
plantes pour l'année fuivante,
en obfervant d'en avoir toujours une fucceffion non interrompue qui fourniroit de
belles

belles fleurs chaque année, pourvu que la faison foit favorable; car il n'eft pas raifonnable de croire que des marcottes prifes fur des racines qui ont été épuifées par la production de groffes fleurs, & qui ont été pouffées par artifice au delà de leur force naturelle, puiffent être en état d'en produire d'auffi groffes que celles de leurs racines-meres de l'année précédente; au lieu que de nouvelles marcottes fortant d'un fol médiocre, feront des merveilles dans une meilleure terre. Mais procedons à ce qui regarde la plantation de nos marcottes, qui, comme je l'ai dit auparavant, doit être faite en Août ou au commencement de Septembre.

La méthode que la plupart des Fleuriftes fuivent ordinairement, confifte à planter leurs marcottes dans cette faifon, deux enfemble, dans des pots de neuf pouces de largeur par le haut, où elles doivent refter pour fleurir; au printems ils enlevent, fur la furface de ces pots, autant de terre qu'il eft poffible fans déranger leurs racines, & ils en mettent en place de la nouvelle, mais femblable à celle qui a été ôtée; cependant, comme il eft difficile de mettre à couvert une grande quantité de ces fleurs en hiver, quand elles fe trouvent dans de fi grands pots, je préfere de planter mes marcottes en automne, chacune féparément, dans un petit pot de la valeur d'un fou, de les placer, vers le milieu ou à la

fin d'Octobre, dans une vieille couche de tan qui a perdu fa chaleur, & de les couvrir avec un châffis commun, femblable à ceux qu'on emploie pour les melons & les concombres : deux de ces châffis, qui contiennent fix vitrages, peuvent couvrir cent-cinquante de ces pots : lorfqu'ils font ainfi difpofés, on leur donne autant d'air qu'on le juge à propos, en ôtant les vitrages chaque jour dans les tems doux, & ne les remettant que pendant les grands froids & les fortes pluies : dans les hivers rudes, on couvrira les vitrages avec des nattes, de la paille ou du chaume de pois, pour empêcher la gelée d'y pénétrer ; ce qui fuffira pour conferver ces plantes dans leur plus grande vigueur.

Au milieu ou à la fin de Février, fi la faifon eft favorable, on tranfplantera ces marcottes pour fleurir, dans des pots de huit pouces environ de largeur, dans le fond defquels on aura eu foin de mettre des débris de pots caffés ou des coquilles d'huitres, pour empêcher que la terre ne rempliffe les trous qui y font pratiqués, ce qui retiendroit l'eau dans les pots, & cauferoit un grand préjudice aux fleurs : lorfque ces pots font remplis de cette terre compofée que nous avons indiquée plus haut, on enleve les plantes avec toute la motte de terre à leurs racines, on en ôte un peu tout autour, & on retranche toutes les fibres qui débor

dent ; on met enfuite ces plantes exactement dans le milieu
de chaque pot & à une hauteur convenable , de maniere
que les feuilles ne foient point
enfevelies dans la terre , & que
la jambe ou fente ne foit pas
au-deffus ; après quoi on remplit le pot avec la terre compofée , on la preffe légèrement
avec la main contre la plante ,
& on l'arrofe un peu , fi le
tems eft fec , pour la bien établir. Cette opération étant terminée , on place les pots dans
une fituation où ils puiffent
être à l'abri des vents du nord ,
& on les arrofe toutes les fois
qu'ils en ont befoin.

Ces pots pourront refter
ainfi jufqu'au milieu ou à la
fin d'Avril ; alors on préparera
un gradin avec des planches ,
& on les y placera : mais on
doit avoir foin de difpofer fous
chaque poteau qui foutiennent
ce gradin , des vâfes remplis
d'eau pour empêcher les infectes deftructeurs d'en approcher. L'infecte le plus dangereux eft le *Perce - oreille* , qui
ronge ordinairement toute la
partie baffe & les onglets des
pétales , dont le goût eft très-
doux , & détruit ainfi toute la
fleur. Ces gradins font un peu
coûteux & difficiles à concevoir pour ceux qui n'en ont
jamais vu ; mais je vais en
décrire un fort fimple , dont
je fais ufage depuis plufieurs
années , qui rendra le même
fervice & fera tout auffi bon
que le meilleur & le plus cher
qu'on puiffe faire.

On commence par fe pour-
voir de quelques terrines com-

munès & plates , de quatorze
ou feize pouces de largeur ,
fur trois pouces de profondeur ; on les place deux - à -
deux , à deux pieds environ de
diftance en largeur , & de huit
pieds dans la longueur. On
met dans ces terrines des pots
à fleurs renverfés , dont le
fond offre une furface de fix
pouces de diamètre , & fur ce
pot un morceau de bois plat
& de deux pieds & demi de
longueur , fur trois pouces
d'épaiffeur : on difpofe enfuite des traverfes , dont les deux
extrémités font appuyées fur
deux pots oppofés , & fur ces
traverfes on arrange des planches dans toute la longueur ;
de maniere que deux de ces
planches formeront la largeur
du gradin , & qu'elles offri-
ront affez de furface pour y
placer deux rangs de pots dans
lefquels font plantés les *Œillets de carnation.*

Ce gradin étant ainfi difpofé , on remplit d'eau les terrines fur lefquelles il eft ap-
puyé , & on la renouvelle à
mefure qu'elle s'évapore , pour
rendre le gradin inacceffible
aux infectes , & garantir les
fleurs de leurs attaques.

Ce gradin doit être placé
dans une fituation ouverte à
l'expofition du fud-eft , & à
l'abri des vents du couchant ,
qui pourroient renverfer les
pots , & caufer par-là un dommage . irréparable aux fleurs
dans le moment où elles s'é-
panouïffent ; il feroit même
avantageux qu'il fût garanti
des efforts des vents par de
grands arbres , qui ne doivent

cependant pas en être trop près ; car leur voifinage, ainfi que celui des grands bâtimens, fait filer les fleurs & les affoiblit. Vers le milieu du mois d'Avril, on fe pourvoit de baguettes quarrées de fapin, de quatre pieds & demi environ de longueur, plus épaiffes vers le bas & en forme de cierge à l'extrémité ; on les enfonce avec foin dans les pots aufli près de la plante qu'il eft poffible fans l'endommager, & on y fixe les tiges à mefure qu'elles croiffent en hauteur ; on a foin auffi de retrancher toutes les tiges ou dards de côté auffi-tôt qu'elles paroiffent, & de n'en laiffer jamais que deux fur chaque racine, & même une feule fi l'on veut avoir de groffes fleurs Vers le commencement de Juin, les fleurs feront parvenues à leur plus grande hauteur, & leurs calices commenceront à fe gonfler : fi quelques-unes d'entr'elles s'ouvrent d'un feul côté, on pratiquera auffi-tôt à l'oppofé deux fentes pareilles ; mais il ne faut point différer cette opération ; car auffi-tôt que la fleur s'eft jettée de côté, il n'y a plus de remede, & elle refte difforme.

Quand les fleurs commencent à s'ouvrir, on les couvre avec un verre fait exprès pour cela : fur la bâfe de ce verre, eft un collet mince de fer-blanc ou bobèche d'environ neuf lignes quarrées, dans lequel on fait paffer le bâton de la fleur. A cette bobèche font foudés, à une diftance égale les uns des autres, huit morceaux de plomb de fix pouces & demi de longueur, qui s'étendent par le bas à environ quatre pouces de diftance : dans ces plombs font affujettis des morceaux de verre, coupés juftes pour remplir les intervalles qui féparent les plombs, & qu'on borde avec un autre morceau de plomb circulaire, qui entoure toutes les glaces ; tous ces verres réunis forment une furface à huit angles, d'environ onze pouces de diametre, dont le centre eft occupé par la bobèche.

Quand les fleurs font affez épanouïes pour être couvertes avec ces glaces, on fait un trou à travers le bâton de la fleur, exactement à la hauteur de la partie baffe du calice, & on y paffe un morceau de fil-de-fer mince, de fix pouces à-peu-près de longueur, à une extrémité duquel on forme un anneau pour contenir le calice & fixer la tige de fleur ; on ôte enfuite tous les liens qui attachent cette tige, on l'éloigne de la baguette, de maniere que la fleur ait affez d'efpace pour s'étendre fans être gênée, & on la fixe dans cette pofition, en contournant l'autre extrémité du fil-de-fer, à une certaine diftance ; au-deffus de la fleur on pratique, dans la même baguette, un fecond trou, à travers lequel on paffe un fecond morceau de fil-de-fer, d'un pouce & demi de longueur, qui puiffe fupporter les glaces & les empêcher de gliffer fur les fleurs ; on a foin auſſi que ces glaces ne ſoient pas aſſez élevées pour que les rayons du ſoleil & l'eau des pluies puiſſent paſſer par-deſ-ſous & frapper les fleurs, & qu'elles ne ſoient pas non plus aſſez baſſes pour concentrer la chaleur & brûler les Œillets. Dans le même tems, ou quelques jours après, on coupe du papier ferme, ou carton en forme de bobèche, d'environ quatre pouces de largeur, & exactement ronde, au centre de laquelle on pratique un trou de neuf lignes de diametre, à travers lequel on fait paſſer la partie baſſe de la fleur, & on fixe ce carton en-dedans du calice, pour ſoutenir les pétales; on obſerve enſuite tous les jours les progrès de la fleur, & ſi un côté ſort plus que l'autre, on tourne le légume, & on expoſe le côté foible au ſoleil; ſi le tems eſt fort chaud, on tient les glaces à l'ombre pendant la chaleur du jour, avec des feuilles de choux, &c., pour empêcher les fleurs d'être brûlées & de s'épanouir de force : quand le légume du milieu commence à monter, on enleve ſon calice avec une pincette faite exprès pour cela : mais cette opération ne doit pas être faite trop-tôt, de peur que les pétales du centre n'avancent beaucoup plus que ceux des bords, & ne diminuent par là la beauté de la fleur : ſi l'on s'apperçoit que ces pétales ſoient trop nombreux pour pouvoir être arrangés proprement, on en arrache quelques-uns des plus bas, & on étend les autres en même tems.

Quand les fleurs ſont tout-à-fait épanouies, & qu'on les coupe, il faut y mettre de nouveaux collets de papier ferme, & auſſi larges que la fleur, afin qu'ils puiſſent la ſupporter entièrement, & n'être vus dans aucune partie; ces collets étant ainſi diſpoſés, on tire en-dehors les plus larges feuilles pour former le contour de la fleur; quoique pluſieurs de ces pétales ſoient pris du centre, cela ne fait aucun mauvais effet, parce qu'on les remplace par d'autres; les plus longs de ceux qui reſtent ſe placent ſur ceux-ci, & ainſi de ſuite, de maniere que la fleur entiere puiſſe paroître également ronde & globulaire ſans aucun vuide ni creux. Il y a des Fleuriſtes qui font cette opération ſi adroitement, qu'ils font un très-bel Œillet d'une fleur très-médiocre.

Tant que ces plantes ſont en fleur, il faut avoir grand ſoin de ne les laiſſer jamais manquer d'eau; mais je n'approuve point les eaux compoſées dans leſquelles on détrempe pluſieurs eſpeces de fumiers : l'eau la meilleure qu'on puiſſe employer, eſt celle de riviere; après celle-là, viennent celles d'étang ou de marres, & enfin celles de fontaines, qu'on doit expoſer à l'air & au ſoleil pendant deux jours avant de s'en ſervir; ſans quoi elles donneroient le chancre aux fleurs & les gâteroient.

Ces instructions sont prinpalement relatives aux *gros Œillets de Carnation*, qui exigent la plus grande habileté de la part des Fleuristes pour les obtenir dans la perfection dont ils sont susceptibles. Mais comme depuis quelques années ces especes de fleurs sont beaucoup moins estimées, & qu'on leur préfère les *Œillets* qui ne crèvent point, on plante généralement ceux-ci dans des pots & on les traite de la même maniere que les grosses fleurs; mais ils n'exigent pas autant de peine: on se contente de fixer leurs tiges aux baguettes pour prévenir leur chûte, & de retrancher les boutons de côté pour fortifier la fleur du milieu, si on veut l'avoir grosse & belle: quand les fleurs commencent à s'épanouïr, on les met à l'abri du soleil & de l'humidité, afin de prolonger leur durée.

Quoique les plus belles de ces fleurs soient ordinairement mises dans des pots, & soigneusement traitées, on pourroit cependant en planter quelques-unes dans les plates-bandes des jardins à fleurs, où elles produiroient un effet très-agréable, depuis le commencement de Juillet jusqu'au milieu d'Août, sur-tout si les différentes couleurs étoient entremêlées avec goût; si on prend ce parti, on doit réunir les *flambés* & les *bizarres*, avec les *piquetés*, & ne les point placer séparément, à moins qu'on ne veuille en recueillir les graines: dans ces cas on choisit les plus beaux de cha-

que espece, & on les place dans des plates-bandes, à une certaine distance les uns des autres, sur-tout lorsqu'on veut les avoir parfaitement purs; car le voisinage des autres especes ne manque guère de les altérer, au point que leurs semences produisent des especes nouvelles; mais je n'ai jamais vu des graines d'*Œillets flambés* donner des fleurs *piquetées*, ni celles qui avoient été recueillies sur ces dernieres, produire des *Œillets flambés*.

Les plantes de pleine terre fournissent généralement de meilleures graines que celles des pots; mais quand on se propose d'élever des Œillets de semence, il faut toujours conserver pour cela les meilleures des fleurs séminales, parce qu'il est certain que celles qui ont été multipliées pendant quelques années par marcottes, deviennent stériles & ne produisent plus de graines; ce qui s'observe aussi sur la plupart des autres plantes, tandis que les jeunes Œillets nouvellement obtenus de graine, sont toujours les plus féconds, & donnent annuellement des variétés nouvelles, qu'on peut multiplier autant qu'on le veut en les marcottant.

1°. Je vais passer à présent à la culture de l'espece à laquelle on donne le nom d'*Œillet de Poëte*, & que les Anglois appellent *Doux Guillaume*, dont on connoît un grand nombre de variétés à fleurs simples, teintes de différentes couleurs, & trois ou quatre à fleurs doubles. Quelques-unes , qui ont des feuilles étroites , étoient nommées autrefois *Doux Jean* ; mais à présent on ne les diftingue plus des autres, parce qu'on a remarqué que cette variété n'eft point conftante , & qu'elle n'eft qu'un produit accidentel de femence.

Quelques-unes des variétés à fleurs fimples , offrent des couleurs fort riches , qui font très - fufceptibles d'altération lorfqu'on les multiplie de femence , & qui fe nuancent fouvent de maniere à produire des fleurs panachées.

Les autres, dont le centre eft d'un rouge léger bordé de blanc , font nommées *Dames Fardées*. Quand on défire conferver , fans altération , quelques-unes de ces variétés , on marque les meilleures fleurs de chacune , & on arrache toutes les autres, de peur que leur pouffiere fécondante ne les imprégne , & ne les faffe varier.

La *Dame Fardée* eft une très-belle variété : fes tiges ne s'élevent pas auffi haut que celles de la plupart des autres ; fes bouquets de fleurs font plus gros & plus en ombelle ; fes fleurs font d'une hauteur égales , & ont une plus belle apparence : il y en a d'autres dont les tiges s'élevent à trois pieds de hauteur, & dont les fleurs font d'un rouge foncé ou de couleur écarlate. Toutes ces fleurs paroiffent en même-tems que les *Œillets de Carnation* ; mais , comme elles n'ont point d'odeur , on en fait moins de cas.

On multiplie généralement les efpeces fimples par leurs graines , qu'on feme à la fin de Mars ou au commencement d'Avril , dans une plate-bande de terre légere : au mois de Juin on prépare quelques plates-bandes & on les y tranfplante à fix pouces de diftance entr'elles : ces plantes peuvent refter ainfi jufqu'à la Saint - Michel ; alors on les place à demeure dans des plates - bandes de parterre, ou dans quelque lieu à l'écart , où elles fleuriront dans le mois de Juin de l'année fuivante , & perfectionneront leurs femences en Août ; on remarquera alors les meilleures fleurs pour en conferver les graines.

On les multiplie auffi en divifant leurs racines à la Saint-Michel ; mais cette méthode eft peu en ufage, parce que celles qui viennent de femence , fleuriffent toujours mieux , & qu'on obtient auffi par ce moyen des variétés nouvelles.

Les quatre efpeces à fleurs doubles font : 1°. celles *à larges feuilles* , qui a des fleurs fort doubles & d'un pourpre foncé tirant fur le bleu ; mais comme cette efpece crève fon calice , elle n'eft pas autant recherchée que les autres , & les curieux l'ont même bannie de leurs jardins.

2°. La *double Rofe Œillet de Poëte* , dont les fleurs font d'une belle couleur de rofe foncée, & d'une odeur agréable. Celle-ci eft fort eftimée pour la beauté & l'odeur de fes fleurs ;

fon calice ne crève jamais, & fes pétales, entièrement ouverts, ne pendent point vers le bas comme ceux de la précédente.

3°. Le *Mule*, ou *Œillet de Fairchild*, [nom de celui qui le cultiva le premier,] a des feuilles plus étroites qu'aucun des précédens, & eft une des variétés appellées *Doux Jean* : on prétendoit qu'elle avoit été produite par les femences d'un *Œillet de Carnation*, impregné par la pouffiere fécondante d'un *Œillet de Poëte* : fes fleurs font d'un rouge plus brillant que celles de la feconde ; mais les bouquets qu'elles forment font un peu moins larges ; leur odeur eft d'ailleurs fort agréable. La quatrieme efpece a de belles fleurs panachées.

Les efpeces doubles fe multiplient par marcottes comme les *Œillets de Carnation* ; elles aiment un fol médiocre & pas trop léger ; s'il eft trop ferme ou trop fumé, elles font fujettes à pourrir : les fleurs font très-belles & durent fort long-tems. La troifieme eft préférable à toutes les autres ; elle fleurit deux fois, la premiere en Juin, & la feconde en Juillet ; mais elle eft fort fujette au chancre & à la pourriture, fur-tout quand elle eft plantée dans un fol trop humide ou trop fec, ou qu'on l'arrofe avec de l'eau de fource.

Ces fleurs font fort propres à orner des cours, lorfqu'elles font mifes en pots & qu'elles font bien fleuries.

Quoiqu'on regarde généralement l'*Œillet de la Chine* comme une plante annuelle, parce que celles qui ont été élevées de femence, fleuriffent & produifent des graines mûres dans la même faifon ; cependant quand elles fe trouvent plantées dans un fol fec, elles durent deux années, & produifent même dans la feconde un plus grand nombre de fleurs que dans la premiere : ces fleurs, qui font toutes teintes de couleurs fort riches, varient annuellement quand elles font élevées de femence. Les doubles fleurs de cette efpece font les plus eftimées, quoique les couleurs de fimples foient plus belles & plus diftinctes, parce que la grande quantité de pétales des doubles, cachent les ombres ou raies profondes qui font très-marquées vers la bâfe des fimples. On multiplie ces plantes en femant leurs graines vers le commencement d'Avril, fur une couche de chaleur tempérée, pour avancer leur végétation ; quand elles commencent à pouffer, on leur donne beaucoup d'air pour les empêcher de filer, & auffitôt que le tems le permet on les expofe au plein air : trois femaines ou un mois après, elles feront en état d'être déplacées ; alors on les enleve avec de bonnes racines, & on les plante dans une plate-bande de terre riche, à trois pouces d'intervalle entr'elles : on les tient à l'abri du foleil jufqu'à ce qu'elles aient formé de nouvelles racines, & on les arrofe trois ou quatre fois par femaine dans les tems fecs :

on les tient ensuite conftamment nettes , & à la fin du
mois de Mai on les tranfplante
où elles doivent fleurir ; fi on
les enleve avec une groffe
motte de terre à leurs racines , elles ne fe reffentiront
point du tout de ce dérange-
ment , fur-tout s'il tombe de la
pluie.

Comme ces plantes ont peu
de volume , elles font peu
d'effet quand elles font placées
feules dans les plates-bandes
du parterre ; mais fi on les
laiffe croître naturellement ,
ou qu'on place cinq ou fix de
ces racines enfemble , elles
font alors très-agréables , fur-
tout fi plufieurs variétés fe
trouvent réunies.

Les curieux Amateurs de
cette efpece de fleur apportent
un très-grand foin dans le
choix des femences ; ils ne
laiffent jamais de fleurs fimples parmi les doubles , & ils
les arrachent auffi-tôt qu'elles
fe montrent ; ils ôtent auffi celles qui ne font pas d'une couleur agréable & vive : fi on
obferve avec foin ces précautions, on confervera ces fleurs
dans leur plus grande perfection. On fera cependant encore mieux de changer de femence une fois chaque deux
ou trois ans, que de continuer
à femer toujours les femences
recueillies fur le même terrein,
& cette remarque eft également vraie par rapport à
la plupart d'autres graines ;
mais il faut pour cela avoir
la connoiffance d'une perfonne
inftruite & fur laquelle on
puiffe compter , qui ait le

même goût & qui demeure à
une certaine diftance (1).

DIAPENSIA. *Voyez* SANI-
CULA.

DICTAME faux. *Voyez* MAR-
RUBIUM PSEUDO-DICTAMNUS.

DICTAME DE CRÈTE.
Voyez ORIGANUM DICTAMNUS.

DICTAME BLANC. *Voyez*
DICTAMNUS ALBUS. *Fraxinella.*

DICTAMNUS. *Lin. Gen.
Plant. 468. Fraxinella. Tourn.
Inft. R. H. 430. tab. 243. [White
Dittany , or Fraxinella.]* Dic-
tame blanc , ou Fraxinelle.

On donne à cette plante le
nom de *Fraxinella*, de *Fraxinus*, qui veut dire *Frêne*, parce
que fes feuilles ont quelque
reffemblance par leur forme
avec celles de cet arbre ; on
l'appelle auffi *Petit-Frêne*; mais
comme elle eft depuis long-

---

(1) Les Œillets ne font pas feulement un objet de curiofité , on
en prépare encore des remedes fa-
lutaires ; les plus fimples & les
plus odorans font préférés à tous
les autres pour les ufages de la
Médecine ; leurs propriétés réfident
prefque uniquement dans leur principe odorant , qui , quoique très-
fubtil , fe conferve encore en partie dans les fleurs defféchées : les
Œillets font échauffans , fudorifi-
ques & alexitères ; ils fortifient
l'eftomac , calment les fymptô-
mes hyftériques , excitent dans les
humeurs un mouvement qui les
difpofe à être évacuées par les
pores de la peau , raniment les
forces languiffantes , & hâtent la
fortie des différentes éruptions cu-
tanees : on emploie ces fleurs fous
la forme d'infufion , de conferve
& de fyrop, dans les fievres putrides, malignes & exanthématiques,
dans les palpitations , les indigef-
tions , &c.

tems connue fous le nom de *Dictamnus albus*, *Dictame blanc*, dans les Pharmacopées, LINNÉE s'eft fervi de ce titre.

Caracteres. Dans ce genre le calice de la fleur eft compofé de cinq petites feuilles oblongues, & terminées en pointe; la corolle a cinq pétales oblongs & inégaux, dont deux font tournés vers le haut, deux obliquement fur les côtés, & un autre vers le bas : la fleur a dix étamines érigées, auffi longues que la corolle, & placées entre les deux pétales de côté; elles font de différentes longueurs, & terminées par des fommets quarrés & érigés. Dans le centre eft fitué un germe à cinq angles, qui foutient un ftyle court, courbé & couronné par un ftigmat aigu : ce germe fe change dans la fuite en une capfule à cinq cellules, dont chacune a un bord comprimé qui fait faillie à l'extérieur : mais elles font jointes intérieurement; elles s'ouvrent en deux valvules, & renferment plufieurs femences rondes, dures & luifantes.

Ce genre de plante eft rangé dans la premiere fection de la dixieme claffe de LINNÉE, intitulée *Decandria monogynia*, dans laquelle font comprifes les plantes dont les fleurs ont dix étamines & un ftyle.

Nous n'avons qu'une efpece diftincte de ce genre, qui eft le

Dictamnus albus. Hort. Cliff. 161. *Hort. Ups.* 102. *Mat. Med.* 113. *Fraxinella. C. B. P.* 222; Dictame blanc, nommé vulgairement *Fraxinelle*.

Fraxinella. Reneal. Spec. 122. t. 121. *Hall. Helv. n.* 1029.

Il y a trois variétés de cette plante; une à fleurs d'un rouge pâle rayé de pourpre; une feconde à fleurs blanches, & la troifieme avec des fleurs en épis courts; mais, comme j'ai obfervé qu'elles varient quand elles font multipliées par femence, je ne les regarde que comme des produits accidentels.

Comme cette plante orne beaucoup les jardins, & qu'elle exige très-peu de culture, elle mérite une place dans les plus diftingués; fa racine eft vivace & pénètre profondément dans la terre; fa tête, qui augmente annuellement en groffeur, pouffe plufieurs tiges de deux ou trois pieds de hauteur, & garnies de feuilles aîlées, alternes, & compofées de trois ou quatre paires de lobes oblongs, & terminés par un lobe impair; ces feuilles font unies, fermes & feffiles à la côte du milieu, qui eft fillonnée en deffous par une rainure longitudinale : ces lobes font placés obliquement à chaque côté de la côte du milieu; mais ceux qui terminent la feuille ont leurs côtés égaux : fes fleurs naiffent en épis ou thyrfes, au fommet de la tige, qui a neuf à dix pouces de longueur. Toutes les parties de cette plante répandent une odeur femblable à celle de l'écorce du *Limon*, quand on les touche; mais fi on les froiffe cette odeur devient balfamique : elle fleurit à la fin de Mai & en Juin, & fes femences mûriſſent en Septembre.

On multiplie ces plantes par ſemences, qui pouſſeront au mois d'Avril ſuivant, ſi elles ſont miſes en terre en automne auſſi-tôt qu'elles ſont mûres ; mais quand on les garde juſqu'au printems, il eſt rare qu'elles réuſſiſſent, ou ſi elles croiſſent, ce n'eſt qu'une année après. Lorſque ces plantes pouſſent, il faut toujours les tenir nettes de mauvaiſes herbes ; & en automne, quand leurs feuilles périſſent, on enleve leurs racines avec précaution, & on les plante dans des planches à ſix pouces de diſtance entr'elles : on donne à ces planches quatre pieds de diametre, en laiſſant deux pieds de largeur aux ſentiers qui les ſéparent : ces plantes peuvent reſter ainſi pendant deux ans ; & ſi elles ont bien réuſſi, au bout de ce tems elles ſeront aſſez fortes pour fleurir ; ainſi, dans l'automne de la ſeconde année, on les enlevera avec précaution, & on les placera au milieu des plates-bandes du parterre, ou elles ſubſiſteront trente ou quarante années, & produiront d'autant plus de tiges de fleurs, qu'elles auront plus de groſſeur.

Toute la culture qu'elles exigent eſt d'être tenues nettes de mauvaiſes herbes, & labourées chaque année.

Les racines de cette plante, dont on fait uſage en médecine, ſont cordiales, céphaliques, antiputrides & alexipharmaques ; on les emploie dans les maladies malignes &

peſtilentielles, ainſi que dans l'épilepſie (1).

DICTAMNUS CRETICUS. *Voyez* ORIGANUM.

DIERVILLA. *T urn. Act. R. Par. 1706. Lonicera. Lin. Gen. Plant. 210.* [*Dierville.*] eſpece de Chevre-feuille. Dierville.

Cette plante a été ainſi appellée par M. de TOURNEFORT, du nom de M. DIERVILLE, Chirurgien, qui l'a apportée de l'Acadie.

Caracteres. Le calice de la fleur eſt découpé, preſque juſqu'au fond, en cinq parties : la corolle n'a qu'un pétale & un tube dans ſon fond ; mais elle eſt diviſée en cinq ſegmens, & elle a l'apparence d'une fleur en gueule : on y remarque cinq étamines auſſi longues que la corolle, & terminées par des ſommets oblongs : dans ſon fond eſt placé un germe ovale fixé au calice, & ſur-

____

(1) La racine de Fraxinelle n'a aucune odeur, mais elle eſt fort amère ; cette amertume, qui réſide principalement dans ſon principe réſineux, eſt la bâſe de ſes propriétés.

On emploie cette racine avec ſuccès contre les vers inteſtinaux, les affections hyſtériques, les vices de digeſtion, les fievres intermittentes opiniâtres, la cachexie, les diarrhées rebelles, les fleurs blanches invétérées, le ſcorbut, l'épilepſie, les fievres catharrales, les affections venteuſes, les maladies putrides, la néphrétique, ſablonneuſe & pituiteuſe, etc. On la donne en poudre ou en infuſion, & on la fait entrer dans différentes compoſitions pharmaceutiques, telles que la thériaque, l'orviétan, l'opiat Salomon, &c.

monté par un style mince, de la longueur des étamines, & couronné par un stigmat obtus; ce germe devient par la suite une baie pyramidale, & divisée en quatre cellules, dans lesquelles sont renfermées des semences petites & rondes.

Nous ne connoissons encore qu'une espece de ce genre, qui est la

Diervilla Lonicera, Acadiensis, fruticosa, flore luteo. Act. R. par. 1706. *Duham. Arb. 1. p.* 209. *t.* 87; Dierville d'Acadie en arbrisseau avec une fleur jaune.

C'est le *Lonicera racemis terminalibus, foliis serratis. Lin. Sp. Plant.* 275; Chevre-feuille avec des paquets de fleurs qui terminent les branches, & des feuilles sciées.

Cette plante, qu'on rencontre dans les parties septentrionales de l'Amérique, d'où elle a été apportée en Europe, est aujourd'hui multipliée par les Jardiniers de pépinieres, qui en font commerce: elle a une racine ligneuse qui s'étend fort loin dans la terre, & qui pousse, à une distance considérable, un grand nombre de rejettons, au moyen desquels elle se propage beaucoup: ses tiges ligneuses s'élèvent rarement au-dessus d'un pied & demi de hauteur; elles sont garnies de feuilles oblongues, en forme de cœur, terminées en pointe, fort légèrement sciées sur leurs bords, opposées & sessiles; les sommets de ses tiges sont garnis de fleurs, qui sortent ordinairement de côté, dans le lieu de l'insertion des feuilles, ainsi que de l'extrémité de la tige; chaque pédoncule soutient deux ou trois fleurs d'un jaune pâle, petites & peu remarquables; elles paroissent en Mai, & dans les années froides & humides cette plante fleurit souvent une seconde fois en Août. On la multiplie aisément au moyen de ses nombreux rejettons: elle aime un sol humide, & une situation à l'ombre, où le froid ne l'endommage jamais.

DIERVILLE. *Voyez.* DIERVILLA.

DIGITALE. *V.* DIGITALIS.

DIGITALIS. *Lin. Gen. Plant.* 676. *Tourn. Inst. R. H.* 164. *tab.* 73. *Raii. Meth. Plant.* 89. [*Foxglove.*] Digitale.

Caracteres. Les fleurs de ce genre ont un calice persistant & découpé en cinq parties; elles sont en forme de cloche & monopétales; leur corolle a un gros tube ouvert, dont la bâse est cylindrique & rétrécie, mais dont le bord est légèrement divisé en quatre portions; la levre supérieure est étendue & dentelée à son extrémité, & l'inférieure est plus large: ces fleurs ont quatre étamines insérées dans la bâse de la corolle, dont deux sont plus longues que les autres, elles sont toutes terminées par des sommets divisés en deux parties: quand la fleur est passée, le germe se gonfle & devient une capsule ovale, placée sur le calice, & a deux cellules remplies de plusieurs semences angulaires.

Ce genre de plante eſt rangé dans la ſeconde ſection de la quatorzieme claſſe de LINNÉE, intitulée *Didynamia angioſpermia*, qui comprend les fleurs pourvues de deux étamines longues & de deux plus courtes, & dont les ſemences ſont renfermées dans une capſule.

Les eſpeces ſont :

1°. *Digitalis purpurea, calycinis foliolis ovatis, acutis ; corollis obtuſis ; labio ſuperiori integro.* Hort. Upſal. *178.* Pollich. Pal. *n. 598.* Kniph. Cent. *3. n. 37* ; Digitale dont les petites feuilles du calice ſont ovales & terminées en pointe aiguës, la corolle obtuſe, & la lèvre ſupérieure entiere.

Digitalis purpurea, folio aſpero. C. B. P. *243* ; Digitale à fleur pourpre, ayant une feuille rude ; ou Digitale commune.

2°. *Digitalis Thapſi, foliis decurrentibus.* Lin. Sp. *867* ; Digitale à feuilles coulantes.

Digitalis Hiſpanica, purpurea, minor. Tourn. Inſt. *165* ; la plus petite Digitale d'Eſpagne à fleurs pourpre.

3°. *Digitalis lutea, calycinis foliolis lanceolatis ; corollis acutis ; labio ſuperiori bifido.* Hort. Upſal. *178.* Gmel. Sib. *3. p. 193.* Crantz. Auſt. p. *354.* Scop. Carn. Ed. *2. n. 779.* Jacq. Hort. t. *105* ; Digitale dont les folioles du calice ſont en forme de lance, la corolle à pointe aiguë, & la levre ſupérieure diviſée en deux parties.

Digitalis lutea, minore flore. Moris. Hiſt. *2. p. 479.* ſivè *5. t. 8. ſ. 5.*

Digitalis foliis calycinis ſu-

bulatis, floribus imbricatis. *Hort. Cliff. 318.* Roy Lugd.-B. *293.* Dalib. Paris. *192.*

Digitalis major lutea, parvo flore. C. B. P. *224* ; Digitale à fleurs jaunes plus petites.

4°. *Digitalis magno flore, foliolis calycinis linearibus, corollis acutis, labio ſuperiori integro, foliis lanceolatis* ; Digitale dont les petites feuilles du calice ſont longues & étroites, les corolles à pointe aiguë, la levre ſupérieure entiere, & les feuilles en forme de lance.

Digitalis lutea, magno flore C. B. P. *244* ; Digitale à grandes fleurs jaunes.

Digitalis ambigua. Lin. Sp. Plant. Nouv. Edit. t. *3. p. 153.* Sp. *5.*

5°. *Digitalis ferruginea, calycinis foliolis, ovatis obtuſis ; corollæ labio inferiori longitudine floris.* Lin. Gen. Plant. *622* ; Digitale dont les folioles du calice ſont ovales & émouſſées, & dont la levre inférieure de la corolle eſt auſſi longue que la fleur.

Digitalis anguſti-folia, flore ferrugineo. C. B. P. *244* ; Digitale à feuilles étroites, & à fleurs de couleur de fer.

Digitalis latifolia, flore ferrugineo. Moris. Hiſt. *2. p. 478.* ſivè *5. t. 8. ſ. 2. 3.*

6°. *Digitalis Canarienſis, calycinis foliolis lanceolatis, corollis bilabiatis acutis, caule fruticoſo.* Lin. Sp. Plant. *622* ; Digitale dont les folioles du calice ſont en forme de lance, la corolle à pointe aiguë & à deux levres, avec une tige d'arbriſſeau.

Digitalis Acanthoïdes Cana-

riensis frutescens, flore aureo Bort. *Amst.* 2. *p.* 105. *t.* 53 ; Digitale des Canaries en arbrisseau, semblable à la *Branche-Ursine*, avec une fleur dorée.

Gesneria foliis lanceolatis, serratis, pedunculo terminali laxè spicato. Hort. *Cliff.* 318.

7°. *Digitalis Orientalis, calycinis foliolis acutis, foliis ovato lanceolatis, nervosis* ; Digitale dont les folioles du calice sont à pointe aiguë, & les feuilles, ovales, en forme de lance & nerveuses.

Digitalis lutea non ramosa, scorzoneæ folio. Buxb. Cent. 25 ; Digitale jaune sans branches, à feuilles de scorsonaire.

Purpurea. La premiere espece, qui croît naturellement sur les bords des haies, & à l'ombre des bois, dans plusieurs parties de l'Angleterre, est très-rarement cultivée dans les jardins : cette plante est bis-annuelle, & produit, dès la premiere année, une grosse touffe de feuilles longues, rudes & velues ; & dans la seconde, une tige forte & herbacée, haute d'environ trois ou quatre pieds, & garnie de feuilles semblables à celles du bas, mais qui diminuent par dégrés à mesure qu'elles approchent du sommet, & sont entremêlées avec les fleurs : les fleurs, qui sont grosses, tubulées, en forme de dé, de couleur pourpre, & marquées de plusieurs taches blanches sur leurs levers inférieures, naissent dans un thyrse long & clair, sur un seul côté de la tige, & sont remplacées par des capsu-

les ovales & à deux cellules remplies de semences d'un brun foncé. Cette espece fleurit en Juin, & ses semences mûrissent en automne : si on leur donne le tems de se répandre d'elles mêmes, les plantes pousseront au printems, & deviendront des herbes embarrassantes ; mais quand on a envie de multiplier cette espece, il faut mettre ses graines en terre dans l'automne, parce que celles que l'on conserve jusqu'au printems, ne germent pas avant l'année suivante.

Cette espece est mise, dans les pharmacopées, au nombre des plantes médicinales ; on prépare avec ses fleurs & du beurre de Mai, un onguent qui est fort estimé. Cette plante donne une variété à fleurs blanches, qu'on rencontre dans quelques parties de l'Angleterre, & qui ne diffère de celle-ci que par la couleur de sa fleur & par la forme de ses feuilles : mais ces différences sont persistantes ; car je l'ai cultivée dans un jardin pendant plus de trente ans, sans qu'elle ait éprouvé la moindre altération (1).

____

(1) Cette plante est un purgatif violent dont on se sert peu en France, mais qu'on emploie assez fréquemment en Angleterre, pour guérir l'épilepsie : on la fait infuser, à la dose de deux poignées, dans une suffisante quantité de bierre, pour une prise. On en prepare aussi un onguent qu'on applique sur les tumeurs scrophuleuses.

Les Italiens regardent cette plante comme vulnéraire, & l'emploient dans le traitement des plaies.

Thafpi. La feconde efpece, dont les femences m'ont été envoyées de l'Efpagne, s'élève rarement au-deffus de la hauteur d'un pied {& demi; fes feuilles inférieures ont dix pouces de longueur, fur trois de largeur au milieu; elles font tendres, laineufes, & fortement veinées en-deffous; fes tiges font garnies de feuilles de la même forme que celles du bas, mais plus petites : le fommet de la tige eft terminé par un thyrfe court de fleurs pourpre, comme celles de l'efpece commune, mais plus petites, & dont les fegmens de la corolle font aigus. Cette plante conferve fes différences, quand on la cultive dans un jardin.

Lutea. La troifieme a fes feuilles radicales longues & obtufes ; fa tige, qui eft mince & élevée à la hauteur de deux ou trois pieds, a fes parties baffes affez bien garnies de feuilles unies, d'environ trois pouces de longueur, fur un de largeur, & terminées en pointe aiguë ; le fommet de cette tige eft orné, dans la longueur de dix pouces, de petites fleurs jaunes, placées fort près les unes des autres, fur un côté, & de feuilles très-petites & fort aiguës, fixées fur le côté oppofe. La levre fupérieure de la corolle de ces fleurs, eft entiere & obtufe : cette plante fleurit en Juin, & fes femences mûriffent en automne.

Magno flore. La quatrieme a des feuilles longues, unies & veinées en-deffous; fa tige eft forte, haute de deux pieds & demi, & garnie de feuilles de cinq pouces de longueur, fur un & demi de largeur, terminées en pointe aiguë, divifées longitudinalement par plufieurs nervures, & légèrement fciées fur leurs bords : la partie haute de la tige eft garnie de fleurs jaunes, prefque auffi groffes que celles de l'efpece commune, dont les bords font terminés en pointe aiguë, & la levre fupérieure eft entiere. Cette plante fleurit & perfectionne fes femences en même-tems que la précédente.

Ferruginea. La cinquieme a des feuilles étroites, unies & entieres ; fa tige s'élève à la hauteur d'environ fix pieds, & pouffe quelques branches minces vers le bas ; la partie inférieure de fes tiges eft garnie de feuilles fort étroites, de trois pouces de longueur, fur quatre lignes de largeur, & elles font terminées par des fleurs fort petites, dont le calice eft divifé en quatre parties obtufes ; & la levre inférieure eft beaucoup plus étendue que la fupérieure : ces fleurs, qui font de couleur de fer, s'ouvrent dans le mois de Juin ; elles font difpofées fur un épi fort long, & n'ont parmi elles que très-peu de feuilles.

Canarienfis. La fixieme eft originaire des Ifles Canaries, d'où fes femences, qui ont d'abord été portées en Angleterre, ont produit, dans le jardin de l'Evêque de Londres, à Fulham, plufieurs plantes, dont une partie a été envoyée dans les jardins du Roi, à Hampton-Court, & quelques-unes en Hollande ; celles de Hampton - Court ont été détruites au bout de quelques années, ainsi que plusieurs autres especes curieuses, par l'ignorance des Jardiniers auxquels elles étoient confiées.

Cette espece s'éleve, avec une tige d'arbrisseau, à la hauteur de cinq ou six pieds, & se divise en plusieurs branches garnies de feuilles rudes, en forme de lance, longues d'environ cinq pouces, sur deux de largeur au milieu, mais plus étroites vers leurs deux extrémités, légèrement dentelées sur leurs bords, & placées alternativement : chaque branche est terminée par un épi de quatre pouces de longueur, sur lequel les fleurs sont légèrement éparses : leur calice est découpé presque jusqu'au fond, en cinq segmens aigus : la levre supérieure de la corolle est longue, entiere, & forme une espece de voûte, au-dessous de laquelle sont placés les étamines & le style ; la levre inférieure est obtuse & dentelée à son extrémité : sur les côtés de cette fleur sont deux segmens aigus, qui forment son ouverture : deux de ses étamines sont plus longues que les autres, & elles sont toutes terminées par des sommets ronds : dans son fond est placé un germe qui soutient un style mince & couronné par un stigmat ovale ; ce germe se change, quand la fleur est passée, en une capsule ovale, & remplie de semences oblongues & petites.

Les premieres fleurs de cette espece commencent à paroître dans le mois de Mai, & les autres leur succèdent jusqu'à ce que l'hiver les arrête, ce qui donne à cette plante un nouveau mérite ; on la multiplie par ses graines, qui doivent être semées dans des pots remplis de terre légere, en automne, aussi - tôt qu'elles sont mûres, & on plonge ces pots dans une vieille couche de tan, qui a perdu sa chaleur ; dans les tems doux on ôte les vitrages pour introduire un air nouveau dans la couche, & on les remet lorsqu'il gele fort, pour préserver les semences, qui, sans cela, courroient risque d'être détruites. Lorsqu'au printems on verra paroître les plantes, on leur procurera beaucoup d'air libre dans les beaux jours ; mais on les garantira avec soin du froid : quand elles seront assez fortes pour être enlevées, on les plantera chacune séparément dans de petits pots remplis de terre légere, on les placera sous un châssis, où on les tiendra jusqu'à ce qu'elles aient formé de nouvelles racines, & on les accoutumera ensuite par dégré au plein air, auquel on les exposera tout-à-fait pendant l'été, dans une situation abritée : en hiver on les enfermera dans une orangerie ; car elles ne vivent point en plein air dans notre climat ; on ne les tiendra cependant pas trop chaudement, ni trop serrées dans la serre ; &, comme elles n'ont besoin que d'être mises à l'abri des gelées, on leur procurera de l'air dans les tems doux, & on les arrosera souvent, mais légèrement.

Orientalis. La septieme croît naturellement en Tartarie ; ses semences ont été d'abord portées dans le jardin Impérial de Pétersbourg, d'où l'on m'en a envoyé quelques-unes. Cette plante pousse de sa racine plusieurs feuilles unies & en forme de lance, du centre desquelles sort une tige qui s'éleve à la hauteur d'environ un pied ; la partie inférieure de cette tige est garnie de feuilles unies, en forme de lance, longues de quatre ou cinq pouces, sur un pouce & demi de largeur, mais plus étroites vers leurs deux extrémités ; elles sont sessiles, & leurs bâses embrassent la tige, dont la partie supérieure porte un épi court & clair de fleurs jaunes, qui sont presque aussi grosses que celles de la grosse espece jaune dont on vient de parler, mais plus courtes. Cette plante fleurit dans le mois de Mai, & ses semences mûrissent en automne.

Les graines de toutes ces especes doivent être mises en terre en automne ; car, si on les conserve jusqu'au printems, elles manquent presque toujours, ou au moins elles ne poussent pas avant l'année suivante.

Ces plantes sont bis-annuelles, excepté la septieme, & elles périssent généralement aussi-tôt que leurs semences sont mûres.

DIOSCOREA. *Plum. Nov. Gen. 9. tab. 26. Lin. Gen. Plant. 995.* [*Dioscorea.*]

Caracteres. Les plantes de ce genre ont des fleurs mâles & des fleurs femelles sur différens pieds ; les fleurs mâles ont un calice formé par une feuille découpée en six parties ; mais elles n'ont point de corolle, à moins qu'on ne regarde le calice comme une espece de corolle ; elles ont six étamines courtes, velues & terminées par des sommets simples : les fleurs femelles ont un calice semblable à celui des fleurs mâles, mais sans corolle & un petit germe à trois angles, qui soutient trois styles simples & couronné par de simples stigmats : le calice se change, quand la fleur est passée, en une capsule triangulaire à trois cellules, qui s'ouvre en trois valves, & qui renferme, dans chaque cellule, deux semences comprimées & bordées d'une large membrane.

Ce genre est compris dans la sixieme section de la vingt-deuxieme classe de LINNÉE, intitulée *Diœcia hexandria,* qui renferme les plantes qui ont des fleurs mâles & des fleurs femelles sur différens pieds, & dont les fleurs mâles ont six étamines.

Les especes sont :

1°. *Dioscorea sativa, foliis cordatis, alternis, caule lævi, tereti. Hort. Cliff. 459. t. 28. Fl. Zeyl. 358. Roy. Lugd. - B. 527. Brown. Jam. 360. Rumph. Amb. 5. t. 180 ;* Dioscorée à feuilles en forme de cœur & alternes,

alternes, & à tige unie & cylindrique.

*Dioscorea scandens, foliis
Tamni, fructu racemoso.* Plum.
Nov. Gen. 9 ; Dioscorée grimpante à feuilles de *Tamnus* ou
Sceau de Notre-Dame, produisant un fruit en longues
grappes.

*Volubilis, nigra, folio corda-
to, nervoso.* Sloan. Jam. 46. Hist.
p. 440.

Mu Kelengu. Rheed. Mal. 8.
p. 97. t. 51.

2°. *Dioscorea hastata, foliis
hastato-cordatis, caule lævi, racemis longissimis* ; Dioscorée à
feuilles en pointe de lance &
en forme de cœur, ayant une
tige unie & de fort longues
grappes de fleurs.

*Dioscorea scandens, folio has-
tato, fructu racemoso.* Houst.
MSS. ; Dioscorée grimpante,
avec des feuilles en forme de
lance, & des fruits en grappe.

3°. *Dioscorea villosa, foliis
cordatis, alternis oppositisque, caule lævi.* 1 in. Sp. 1463. Rumph.
Amb. 5. t. 162 ; Dioscorée dont
les feuilles sont en forme de
cœur, alternes & opposées,
& la tige unie.

*Dioscorea scandens, folio sub-
rotundo, acuminato, fructu racemoso.* Houst. MSS. ; Dioscô-
rée grimpante à feuilles rondes & pointues, & à fruits
disposés en longue grappe.

*Polygonum scandens altissimum,
foliis Tamni.* Plum. Spec. 1. Ic.
117. f. 2.

*Bryoniæ similis, Floridana,
muscosis floribus quernis, foliis
subtùs lanugine villosis : medio
nervo in spinulam abeunte.* Pluk.
Alm. 46. t. 375. f. 3.

Tome III.

4°. *Dioscorea bulbifera, foliis
cordatis, caule lævi, bulbifero.*
Flor. Zeyl. 360 ; Dioscorée à
feuilles en forme de cœur,
avec une tige unie & chargée
de bulbes.

*Volubilis nigra, radice albâ
aut purpureâ, maximâ, tuberosâ, esculentâ, caule membranulis extantibus alato, folio cordato, nervoso.* Cat. Jam. 46 ; le
Yam, Yammès, où Liseron
noir à racines blanches ou
pourpres, très-grosses, tubéreuses & bonnes à manger,
avec une tige garnie de membranes ailées, & de feuilles
en forme de cœur & nerveuses.

*Rhizophora Zeylanica, Scam-
monii folio singulari, radice rotundâ.* Herm. pag. 217. t. 217.

*Rhizophora Indica, Bryoniæ
nigræ similis, ad foliorum ortum
verrucosa.* Pluk. Alm. 321. t.
220. f. 6.

Katu-Katsül. Rheed. Mal. 7.
p. 69. t. 36.

5°. *Dioscorea oppositi-folia,
foliis oppositis, ovatis, acuminatis.* Lin. Sp. 1483 ; Dioscorée
à feuilles ovales, pointues &
opposées.

*Inhame Maderaspatana, foliis
binis pulchrè venosis.* Pet. Gaz.
50. t. 31. f. 6.

6°. *Dioscorea digitata, foliis
digitatis.* Hort. Cliff. 459 ; Dioscorée à feuilles en forme de
main.

*Dioscorea Pentaphylla, foliis
digitatis.* Hort. Cliff. 459. Flor.
Zeyl. 363.

*Rhizophora pentaphyllos, caule
spinoso, fructu oblongo, triquetro,
Malabarea.* Pluk. Alm. 321.

Nureni-Kelengu. Rheed. Mal.
7. p. 67. t. 35.

Sativa. La premiere efpece croît naturellement dans la plupart des Ifles des Indes Occidentales : fes femences m'ont été envoyées de la Jamaïque, où le Docteur HOUSTOUN l'a trouvée en abondance ; fes tiges, minces & grimpantes, s'attachent à tout ce qui fe trouve dans leur voifinage, & s'élevent ainfi à la hauteur de dix-huit à vingt pieds ; elles font garnies de feuilles en forme de cœur, terminées en pointe aiguë, & marquées dans leur longueur par cinq veines longitudinales qui partent des pétioles, fe divergent des deux côtés, & fe réuniffent vers leur pointe : ces feuilles font foutenues par de longs pétioles, des ailes defquels fortent des épis branchus, chargés de petites fleurs qui n'ont rien de remarquable : les fleurs femelles font remplacées par des capfules oblongues, à trois angles & à trois cellules, qui renferment chacune deux femences comprimées.

Haftata. La feconde differe de la premiere dans la forme de fes feuilles, qui ont deux oreilles à leur bâfe, & dont le milieu s'étend en une pointe aiguë, comme celle d'une hallebarde : fes grappes de fleurs font plus longues & plus éloignées que celles de l'efpece précédente.

Villofa. La troifieme a des feuilles larges, rondes, en forme de cœur, terminées en pointe aiguë, & fillonnées longitudinalement par plufieurs nervures qui partent du pétiole, fe divergent fur les cô-

tés, & fe joignent à la pointe : les fleurs naiffent féparément les unes des autres, fur de longs chatons, & font foutenues par de longs pédoncules ; les fleurs femelles produifent des capfules oblongues à trois angles & à trois cellules, qui renferment des femences comprimées & bordées.

Bulbifera. La quatrieme a des tiges aîlées & triangulaires qui rampent fur la terre, s'étendent à une grande diftance, & pouffent fouvent, de chacun de leurs nœuds, des racines au moyen defquelles elle fe multiplie. On mange ces racines dans plufieurs parties des deux Indes, où l'on cultive cette plante avec foin.

Oppofiti-folia. La cinquieme, qu'on rencontre dans la Virginie & dans d'autres parties de l'Amérique-Septentrionale, a une tige unie qui grimpe fur les plantes voifines, & s'éleve à la hauteur de cinq ou fix pieds ; cette tige eft garnie de feuilles en forme de cœur, oppofées, couvertes d'un poil court, & veinées longitudinalement : fes fleurs fortent fur le côté de la tige comme celles des autres efpeces, mais elles n'ont point de beauté.

On cultive ces plantes dans quelques collections de Botanique ; mais comme elles n'ont point d'apparence, il y a peu de perfonnes qui veulent les admettre dans leurs jardins, parce qu'elles ne peuvent d'ailleurs être confervées en Angleterre, qu'au moyen d'une bonne ferre chaude.

En les multipliant par marcottes, elles pousseront des racines en trois mois, & pourront alors être séparées des vieilles plantes & mises dans des pots, qu'on plongera dans la couche de tan de la serre. On les arrose peu en hiver; mais en été, quand elles croissent vigoureusement, il leur faut de l'eau trois ou quatre fois par semaine, & dans les tems chauds on ôte les vitrages pour leur procurer beaucoup d'air. Ces plantes fleurissent rarement en Angleterre; mais quand on reçoit leurs semences de l'Amérique, il faut tout de suite les mettre dans des pots, & les plonger dans une couche chaude, où les plantes pousseront dans la même année, si elles sont semées dans le commencement du printems : mais quand on ne peut les mettre en terre que lorsque la saison est déja avancée, elles ne poussent guere avant le printems suivant : dans ce cas, on tient les pots à l'abri de la gelée en hiver, & au printems suivant on les plonge dans une nouvelle couche chaude, qui fera bientôt paroître les plantes, si leurs graines sont bonnes.

Les habitans des Isles de l'Amérique cultivent beaucoup la quatrieme espece, dont ils font un grand usage pour nourrir leurs Nègres, & dont ils emploient les racines moulues, pour faire des especes de pouddings. On pense, avec raison, que cette plante a été apportée des Indes Orientales en Amérique, parce qu'elle n'a été trouvée dans aucune partie de ce dernier Continent, & qu'on en rencontre un grand nombre d'especes dans les bois de l'Isle de Ceilan & de la côte de Malabar.

Cette espece, qu'on cultive principalement en Amérique, a une racine aussi grosse que la jambe, d'une forme irréguliere, d'un brun sale en dehors, mais blanche & farineuse en dedans; ses tiges sont irrégulieres & veinées; ses feuilles sont en forme de cœur & ont deux oreilles, à-peu-près semblables à celles de l'*Arum*. Les tiges de cette plante s'élevent à la hauteur de dix à douze pieds, quand elles trouvent à leur portée des arbres auxquels elles s'attachent; mais sans cela elles traînent & rampent sur la terre.

On multiplie cette plante en coupant sa racine en morceaux, à chacun desquels on conserve un bourgeon, comme on le pratique pour les *Patates* ou *Pommes-de-terre* : chacun de ces morceaux produira trois ou quatre grosses racines, que les Américains laissent ordinairement six ou huit mois dans la terre avant d'en faire usage. On les mange rôties ou bouillies, & quelquefois on en fait du pain.

On conserve cette espece dans quelques jardins pour la variété; mais elle est si tendre, qu'elle ne peut subsister en Angleterre, à moins qu'elle ne soit placée dans une serre chaude. Comme on apporte souvent ces racines de l'Amérique, si on veut multiplier cette plante , on peut en couper une , comme on vient de le dire , & planter chaque morceau dans un pot rempli de terre fraiche : on plonge ces pots dans une couche chaude de tan, & on les arrofe peu jufqu'à ce qu'elles pouffent , de peur que l'humidité ne les faffe pourrir : par ce moyen j'ai obtenu des bourgeons de dix pieds de hauteur; mais leurs racines ne font pas parvenues à une groffeur confidérable. Comme cette plante ne profite pas en plein air , même pendant nos étés les plus chauds, il faut la tenir conftamment dans la couche de tan de la ferre chaude.

DIOSMA. *Lin. Gen. Plant.* 241. *Spiræa. Com. Rar. Plant.* 2. [*African Spiræa.*] appellée vulgairement *Spiræa* ou *Mille-Pertuis d'Afrique.*

Caractères. Dans ce genre le calice de la fleur eft perfiftant , & divifé en cinq parties aiguës & unies à leur bâfe ; la corolle eft compofée de cinq pétales obtus , qui s'ouvrent & font auffi longs que le calice; la fleur a cinq éramines terminées par des fommets ovales & érigés , & un nectaire creux à cinq pointes , & placé fur le germe ; de ce nectaire fort un ftyle fimple & couronné par un ftigmat affaiffé , & le germe devient un fruit compofé de cinq capfules comprimées, qui s'ouvrent en longueur , & renferment chacune une femence unie & oblongue.

Ce genre de plante eft rangé dans la premiere fection de la cinquieme claffe de LINNÉE, ou dans fa *Pentandria Monogynia*, qui comprend les plantes dont les fleurs ont cinq étamines & un ftyle.

Les efpeces font :

1°. *Diofma oppofiti-folia, foliis fubulatis , acutis , oppofitis. Hort. Cliff.* 71. *Roy. Lugd.-B.* 434 ; Diofma à feuilles aiguës en forme d'alêne & oppofées.

Spiræa Africana , foliis cruciatim pofitis. Com. Rar. 1. tab. 1. ; Spiræa d'Afrique à feuilles placées en forme de croix.

Hypericum Africanum , vulgare. Seb. Thes. 2. p. 41. *t.* 40. *f. 5.*

2°. *Diofma hirfuta , foliis linearibus , hirfutis. Hort. Cliff.* 71. *Roy. Lugd.-B.* 434 ; Diofma à feuilles étroites & velues.

Spiræa Africana. odorata , foliis pilofis. Com. Rar. Plant. 3. tab. 3. ; Mille-pertuis d'Afrique à odeur douce, dont les feuilles font velues.

3°. *Diofma rubra , foliis linearibus , acutis, glabris , carinatis , fubtiùs bifariàm punctatis. Lin. Sp. Plant. 198;* Diofma à feuilles unies , étroites, terminées en pointe aiguë , & tachetées en deffous.

Spiræa Africana , odorata, floribus fuavè - rubentibus. Com. Rar. Plant. 2. Mille - pertuis d'Afrique à odeur agréable , dont les fleurs font d'un rouge clair.

Erica Æthiopica , Rofmarini fylveftris folio eleganter punctato , flore tetrapetalo , purpureo. Pluk. Mant. 68. *t.* 347. *f.* 4. Bruyere d'Ethiopie.

4°. *Diosma Ericoïdes, foliis lineari - lanceolatis, subtùs convexis, bifariàm imbricatis. Lin. Sp. Plant. 198.* ; Diosma à feuilles étroites, en forme de lance, convexes en-dessous, & imbriquées sur les deux côtés.

Spiræa Africana, Ericæ bacciferæ foliis. Raii. Hist. 91. ; Mille-pertuis d'Afrique à feuilles semblables à celles de la Bruyere, portant des baies.

Ericæ - formis, Caridis folio, Æthiopica, floribus pentapetalis, inapicibus. Pluk. Amalth. 236.

5°. *Diosma lanceolata, foliis lanceolatis, glabris. Lin. Sp. 287* ; Diosma à feuilles unies & en forme de lance.

Spiræa Africana, Satureïæ foliis brevioribus. Rai. Dendr. 91.

Hartogia Lanceolata. Sept. Not. p. 625.

Oppositi-folia. La premiere espece s'éleve à la hauteur de trois pieds ; ses branches sont fort longues, minces & placées irrégulierement sur la tige : ses feuilles, qui sont situées en travers & pointues, se replient tous les soirs vers les branches ; ses fleurs naissent dans la longueur des branches entre les feuilles ; & le soir, quand elles sont épanouies, & que les feuilles sont collées étroitement contre les branches, la plante entiere paroît comme si elle étoit toute couverte d'épis de fleurs blanches : comme ces plantes restent long - tems en fleurs, elles font un bel effet quand elles sont entremêlées en plein air avec d'autres plantes exotiques.

Hirsuta. La seconde, qui

est connue depuis long - tems sous le nom de *Spiræa Africana, odorata, foliis pilosis,* Spiræa d'Afrique à odeur douce & à feuilles velues, est un très-bel arbrisseau, dont la hauteur est de cinq ou six pieds ; ses tiges sont ligneuses, & poussent plusieurs branches minces ; ses feuilles, qui sortent alternativement sur chaque côté, sont velues & terminées en pointe aiguë : ses fleurs, blanches, naissent en petites grappes, aux extrémités des branches, & produisent des capsules étoilées & à cinq angles, comme celles de l'*Anis étoilé* ; chacun de ces angles forme une cellule qui renferme une semence unie, oblongue, luisante & noire. Ces capsules contiennent une résine abondante, qui répand une odeur agréable, ainsi que toute la plante.

Rubra. La troisieme, dont la hauteur est moindre que celle des précédentes, puisqu'elle s'éleve rarement au-dessus de trois pieds, s'étend en plusieurs branches ; ses feuilles sont unies, & semblables à celles de *la Bruyere,* ce qui lui a fait donner le nom d'*Erica Æthiopica, &c.* par le Docteur PLUKNET ; ses fleurs sortent en grappes aux extrémités des branches, comme celles de la seconde espece ; mais elles sont plus petites, & les grappes sont moins fortes.

Toutes ces plantes se multiplient par boutures, qu'on plante pendant tous les mois de l'été, dans des pots remplis d'une terre fraiche & légere,

& qu'on plonge dans une couche de chaleur très-tempérée ; on les tient à l'abri du foleil pendant le jour, & on les arrofe fouvent. Environ deux mois après, lorfque les boutures auront pris racine, on les tranfplantera chacune féparément dans de petits pots, & on les placera à l'ombre, où on les tiendra jufqu'à ce qu'elles aient formé de nouvelles racines ; après quoi on les difpofera parmi les autres plantes exotiques, dans une fituation abritée : elles peuvent refter ainfi en plein air jufqu'au commencement d'Octobre, & même plus tard, fi la faifon continue d'être favorable : comme elles n'exigent que d'être mifes à couvert des gelées, elles pourront être placées en hiver dans une ferre fèche & airée, & en été, en plein air, avec les autres plantes de la ferre.

Ces plantes ont été envoyées du Cap de Bonne-Efpérance en Europe, où l'on conferve depuis long-tems quelques-unes des efpeces dans les jardins des curieux : on en connoiffoit même autrefois en Angleterre plufieurs efpeces différentes de celles dont il vient d'être queftion ; mais on ne les retrouve plus aujourd'hui.

La feconde perfectionne fouvent fes graines en Angleterre ; mais fi elles ne font pas femées auffi-tôt qu'elles font mûres, elles réuffiffent rarement, ou au moins elles reftent une année en terre avant de pouffer.

DIOSPYROS. *Lin. Gen.*

Plant. 1027. *Guaiacana. Tourn. Inft. R. H. tab.* 371. [*The Indian Date Plumb.*] Datte des Indes, Plaqueminier ou Gayac du Japon, Pifhamin, ou Perfimon, ou Prune de Pitchemon.

Caractferes. Les plantes de ce genre ont des fleurs hermaphrodites & femelles fur le même pied, & des fleurs mâles fur des pieds féparés ; les fleurs hermaphrodites ont un calice large, obtus, perfiftant, & formé par une feuille divifée en quatre parties ; la corolle eft monopétale, en forme de cruche, & découpée fur fes bords en cinq fegmens ouverts ; la fleur a huit étamines courtes, hériffées, fortement unies au calice, & terminées par des fommets oblongs qui n'ont point de pouffiere fécondante ; dans le centre eft placé un germe rond qui foutient un fimple ftyle divifé en quatre parties, & couronné par un ftigmat obtus & partagé en deux. Ce germe fe change, quand la fleur eft paffée, en une baie globulaire, & a plufieurs cellules qui renferment chacune une femence oblongue, comprimée & dure. Les fleurs mâles ont un calice formé par une feuille découpée en cinq fegmens aigus, une corolle épaiffe, quarrée, & découpée en quatre fegmens obtus & inclinés en arriere, & quatre étamines courtes & terminées par des fommets longs, aigus & jumeaux ; mais elle n'a point de germe.

Les plantes de ce genre, ainfi que toutes celles qui ont

des fleurs hermaphrodites & femelles sur le même pied, & des fleurs mâles sur un pied séparé, ont été rangées par LINNÉE, dans la seconde section de sa vingt-troisieme classe, qui a pour titre, *Polygamia diœcia.*

Les especes sont :

1°. *Diospyros Lotus, foliorum paginis discoloribus. Lin. Sp. Plant.* 1510 ; Plaqueminier avec des feuilles teintes de deux couleurs.

Guaiacana. J. B. 2, 138 ; Datte des Indes. Le Plaqueminier ou Gayac du Japon.

Lotus Africana latifolia. Bauh. Pin. 447.

Pseudolotus. Cam. Epit. 156.

2°. *Diospyros Virginiana, foliorum paginis concoloribus. Lin. Sp. Plant.* 1510 ; Plaqueminier avec des feuilles d'une seule couleur.

Guaiacana Virginiana, Pishamin dicta. Boërh. Ind. Alt. 2 ; Le Pishamin ou Persimon, & par quelques-uns, Prune de Pitchemon.

Guaiacana Loto arbori affinis, Virginiana, Pishamia dicta. Pluk. Alm. 180. *t.* 244. *f.* 5. *Raj. Hist.* 1918. Le Pishamin.

Guaiacana. Catesb. Car. 2. *p.* 76. *t.* 76.

Loti Africanæ similis, Indica. Bauh. Pin. 449.

Lotus. On croit que la premiere espece est originaire de l'Afrique, d'où on présume qu'elle a été portée en Italie & dans la France Meridionale ; quelques personnes pensent que le fruit de cet arbre, est l'espece de *Lotus* qu'ULYSSE & ses compagnons ont trou-

vé si excellente. [b] Cet arbre s'éleve dans l'Europe Méridionale, à la hauteur de trente pieds. On connoit un individu de cette espece très-ancien dans le jardin de Botanique de Padoue, dont la description a été donnée par plusieurs anciens Botanistes, sous le titre de *Guaiacum Patavinum.*

Il produit chaque année du fruit en abondance, dont les semences ont servi à le multiplier beaucoup. Il n'y a en Angleterre aucun arbre de cette espece, si l'on excepte ceux qui ont été élevés depuis peu dans le jardin de Chelsëa ; les semences qui m'ont servi à la propager, m'ont été envoyées, ainsi que plusieurs autres plantes rares des différentes parties du monde, par le Chevalier RATHGEB, Ministre de Sa Majesté Impériale à Venise, qui a entretenu une correspondance fort étendue pour se procurer les productions des divers climats : la générosité qu'il a exercée envers moi, exige que je lui rende ce tribut de reconnoissance.

Virginiana. Les semences de la seconde espece, qui est aujourd'hui très-commune dans les pépinieres des environs de Londres, ont été fréquemment apportées de la Virginie & de la Caroline, où cet arbre est extremement répandu. Il s'éle-

[b] Quand ils aborderent dans le Pays des *Lotophages* sur la côte d'Afrique, qui fait partie du Royaume moderne de Tripoli, aux environs de la petite Syrte. *Odyss. IX.*

ve à la hauteur de quatorze ou seize pieds , & se divise ordinairement près de la terre , en plusieurs tiges irrégulieres , de maniere qu'il est rare de voir un bel arbre de cette espece ; il produit en Angleterre une quantité de fruits qui ne mûrissent jamais ; les habitans de l'Amérique conservent ces fruits jusqu'à ce qu'ils soient devenus mous comme les *Nefles*, & ils les trouvent alors très-agréables.

Ces deux especes se multiplient par leurs graines, qui germent assez aisément en pleine terre ; mais si on les répand sur une couche de chaleur modérée, les plantes paroîtront beaucoup plutôt & feront de grands progrès ; pour cela il faut les semer dans des pots, & les plonger dans la couche, parce que ces plantes ne veulent pas être transplantées avant l'automne & lorsque leurs feuilles sont tombées.

Quand les plantes sont assez fortes, on les habitue par dégrés au plein air, & on les y expose tout-à-fait depuis le mois de Juin jusqu'en Novembre ; alors on les place sous des vitrages de couches, pour les préserver des fortes gelées, qui pourroient detruire leurs sommets lorsqu'elles sont encore jeunes, & on leur donne autant d'air qu'il est possible dans les tems doux.

Au printems suivant, on les transplante en pépiniere dans une situation chaude, où elles peuvent rester pendant deux ans ; après quoi on les place dans un lieu où elles doivent

rester à demeure. Ces deux especes supportent assez bien les plus grands froids de nos hivers quand elles ont acquis de la force.

DiPSACUS. *Lin. Sp. Plant.* 107. *Tourn. Inst. R. H.* 466. *tab.* 265. διψαω. gr .c'est-à-dire, *sitio* , j'ai soif. On prétend que ce nom lui a été donné parce que l'eau des pluies ou des rosées qui s'insinue dans les sinus de ses feuilles, appaise sa soif. Elle est aussi appellée *Labrum Veneris* , à cause de la position de ses feuilles, qui forment une espece de bassin, dans lequel est renfermée une liqueur qui a la propriété d'embellir le teint. [*The Teazel.*] Chardon à foulon, ou Chardon à bonnetier.

Caracteres. Cette plante a plusieurs fleurettes recueillies dans un calice commun & persistant ; ces fleurettes n'ont qu'un pétale tubulé, & découpé au sommet en quatre parties érigées ; elles ont quatre étamines velues, aussi longues que la corolle , & terminées par des sommets penchés ; le germe , qui est situé sous la fleur, soutient un style mince & couronné par un simple stigmat ; il se change dans la suite en une semence en forme de colonne, renfermée dans le calice commun, qui est de figure conique , & divisé par de longues partitions piquantes.

Ce genre de plante est rangé dans la premiere section de la quatrieme classe de **Linnée**, intitulée *Tetrandria monogynia* , qui comprend celles

dont les fleurs ont quatre étamines & un ftyle.

Les efpeces font :

1°. *Dipfacus fylveftris, foliis feffilibus, ferratis, ariftis fruc-tibus erectis ;* Chardon à fou-lon fauvage avec des feuilles fciées & feffiles, & des bar-bes érigées fur les fruits.

Dipfacus fylveftris. Dod. Pemp. 735 ; Chardon à foulon fau-vage. Verge de Pafteur.

Labrum Veneris alterum. Camer. Epit. 432.

2°. *Dipfacus fullonum, fo-liis connatis, ariftis fructibus re-curvis ;* Chardon à foulon avec des feuilles jointes à leur bâ-fe, & des fruits armés de bar-bes recourbées.

Dipfacus fativus. Dod. Pemp. 735. Chardon à foulon cultivé.

3°. *Dipfacus laciniatus, foliis connatis, finuatis. Lin. Sp. Plant.* 97 ; Chardon à foulon avec des feuilles finuées & jointes à leur bâfe.

Dipfacus folio laciniato. C. B. P. 384 ; Chardon à foulon avec des feuilles découpées en plufieurs fegmens.

4°. *Dipfacus pilofus, foliis petiolatis, appendiculatis. Hort. Upfal.* 25. *Roy. Lugd. - B.* 188. *Dalib. Paris.* 44 ; Chardon à foulon. dont les feuilles ont des pétioles avec des appen-dices.

Virga Paftoris. Camer. Epit. 433.

Dipfacus fylveftris, capitulo minori, feu virga Paftoris minor. C. B. P. 385 ; Chardon à fou-lon fauvage avec une plus pe-tite tête, ou la plus petite verge à Pafteur.

Dipfacus tertius. Dod. Pempt. 735.

Sylveftris. La premiere de ces plantes, qui eft fort commune fur les terreins ou bancs fecs de la plus grande partie d'An-gleterre, eft rarement culti-vée dans les jardins, à moins que ce ne foit pour la va-riété.

Pilofus. La quatrieme efpe-ce croît auffi naturellement dans plufieurs endroits des en-virons de Londres, & on ne l'admet guere dans les jardins.

Laciniatus. La troifieme, qui eft originaire de l'Alface, eft confervée dans les jardins de Botanique pour la variété ; celle-ci differe du *Chardon à foulon fauvage,* en ce que fes feuilles font profondément dé-coupées & dentelées.

Fullonum. On ne cultive pour l'ufage que la feconde efpece, fous le nom de *Carduus fullo-num :* tout le monde connoît l'ufage qu'on en fait dans les manufactures, pour foulever le poil des draps de laine : on en cultive une très - grande quantité pour cette fin dans les Provinces Occidentales de l'Angleterre. On multiplie cet-te efpece par fes graines, qu'on répand dans le mois de Mars, fur un fol bien labouré, dans la proportion d'un peck ou picotin par âcre de terre : il faut laiffer entre ces plantes un intervalle affez confidéra-ble, afin qu'elles puiffent s'é-tendre à l'aife ; car fans cela leurs têtes ne feroient ni auffi groffes, ni auffi nombreufes : lorfqu'elles ont pouffé, on les houe comme les navets, afin de detruire toutes les mau-vaifes herbes, & de leur don-

ner fix ou huit pouces de diftance entr’elles : à mefure qu’elles avancent , & lorfque les
mauvaifes herbes repouffent ,
on les houe une feconde fois ,
& on laiffe entr’elles un intervalle encore plus confidérable ; car elles doivent être
par la fuite éloignées d’un pied
les unes des autres : on les
débarraffe conftamment , durant le premier été , de toutes
les herbes inutiles qui croiffent parmi elles ; mais lorfque
ces plantes ont fait affez de
progrès pour couvrir le terrein , les herbes ne croiffent
pas auffi vîte au-deffous. Ces
plantes poufferont dans la feconde année , des tiges garnies
de têtes , qui feront bonnes
à être coupées vers le commencement d’Août ; alors on
les recueillera , & on en formera des paquets , qu’on mettra au foleil fi le tems eft
beau , ou qu’on retirera dans
des chambres fèches , s’il tombe de la pluie. Le produit d’un
âcre de terre planté en *Chardons* , eft ordinairement de
cent foixante paquets , qu’on
vend fur le pied d’un fcheling ,
ou de 23 fols 3 deniers de
France le paquet. Quelques
perfonnes fement du *Carvi* ou
quelques autres femences parmi les *Chardons* ; mais cette
méthode eft vicieufe , parce
que ces différentes plantes fe
nuifent réciproquement , &
qu’il eft bien moins facile de
les tenir nettes que quand elles font feules. LINNÉE regarde cette plante comme une variété du *Chardon à foulon fauvage commun.* Mais je ne puis

adopter cette opinion , parce-
que j’ai cultivé ces deux plantes pendant plus de quarante
années , & qu’elles n’ont éprouvé aucune altération.

DIRCA. [*Leather Wood.*]
Le Bois de Plomb.

Caractères. La fleur n’a point
de calice ; fa corolle eft monopétale , en forme de maffue ,
& pourvue d’un tube court
dont le bord eft inégal ; elle a
huit étamines minces , placées
dans le centre du tube , & terminées par des fommets ronds
& érigés , & un germe oval ;
qui foutient un ftyle mince
plus long que les étamines ,
& couronné par un ftigmat
fimple : ce germe fe change
dans la fuite en une baie à
une cellule , qui renferme une
femence.

Ce genre de plante eft rangé dans la premiere fection de
la huitieme claffe de LINNÉE ,
intitulée *Octandria monogynia* ,
qui comprend les plantes dont
les fleurs ont huit étamines &
un ftyle.

Nous ne connoiffons qu’une
efpece de ce genre , qui eft la

Dirca Paluftris ; Amœn. Acad.
3. *p. 12 ;* nommée *le Bois de Plomb*
par les Canadiens. *Duham. Arb.
t. 212.*

*Thymelæa , floribus albis , pri-
mo vere erumpentibus , foliis oblongis , acuminatis , viminibus &
cortice valdè tenacibus. Flor. Virg.
155.*

Cet arbriffeau croît naturellement dans les terres ma-
récageufes de la Virginie , du
Canada & d’autres parties feptentrionales de l’Amérique , où
il s’éleve rarement au-deffus

de cinq ou fix pieds de hauteur ; il pouſſe près de ſa racine pluſieurs branches articulées, & garnies de feuilles ovales, unies, & d'un jaune pâle : ſes fleurs, d'un blanc verdâtre, ſortent des côtés des branches, au nombre de deux ou trois ſur chaque pédoncule ; elles paroiſſent dans le commencement du printems, préciſément quand les feuilles commencent à pouſſer : mais elles produiſent rarement des ſemences en Angleterre.

Parce que cet arbriſſeau ne produit point de graines en Europe, on ne peut le multiplier ici que par marcottes, ou par boutures, qui ſont toujours deux ans dans la terre avant de pouſſer des racines.

Comme ces arbriſſeaux croiſſent naturellement dans des endroits fort humides, on les conſerve difficilement dans les jardins, à moins qu'ils ne ſoient plantés dans un ſol pareil ; ils ne ſont pas ſouvent endommagés par le froid.

DODART. *Voy.* DODARTIA ORIENTALIS. L.

DODARTIA. *Lin. Gen. Plant.* 698. *Tourn. Cor.* 47. *tab.* 478.

Cette plante a été ainſi nommée par TOURNEFORT, en l'honneur de M. DODART, Membre de l'Académie des Sciences de Paris. Nous n'avons point de nom Anglois pour cette plante. *La Dodart.*

Caractères. Dans ce genre le calice de la fleur eſt perſiſtant, formé par une feuille tubulée & découpée en cinq parties ſur ſes bords ; la corolle eſt monopétale, & en gueule ; elle a un tube cylindrique, beaucoup plus long que le calice ; ſa levre ſupérieure eſt érigée & dentelée, & l'inférieure eſt couverte & diviſée en trois parties, dont celle du milieu eſt étroite : la fleur a quatre étamines inclinées vers la levre ſupérieure, dont deux ſont plus courtes que les autres, & elles ſont toutes terminées par de petits ſommets ronds ; dans ſon centre eſt placé un germe rond, qui ſoutient un ſtyle en forme d'alène, & couronné par un ſtigmat obtus, & diviſé en deux parties ; il ſe change dans la ſuite en une capſule globulaire, & a deux cellules remplies de petites ſemences.

Ce genre de plante eſt de la ſeconde ſection de la quatorzieme claſſe de LINNÉE, qui a pour titre *Didynamia angioſpermia*, & qui comprend les plantes dont les fleurs ont deux étamines longues & deux courtes, & dont les ſemences ſont renfermées dans une capſule.

Les eſpeces ſont :

1°. *Dodartia Orientalis, foliis linearibus, integerrimis, glabris. Lin. Sp. Plant.* 633. *Gmel. Sib.* 3. *p.* 200. *n.* 9 ; la Dodart à feuilles fort étroites, unies & entieres.

Dodartia Orientalis, flore purpuraſcente. Tourn. Cor. 47 ; la Dodart du levant à fleur pourpre. La Dodart.

2°. *Dodartia linaria, foliis radicalibus oblongo - ovatis, ſerratis ; caulinis linearibus, integerrimis ; floribus ſpicatis,* ter-

minalibus. La Dodart dont les feuilles radicales font oblongues, ovales & fciées, & celles des tiges étroites & entieres, avec des fleurs en épis aux extrémités des tiges.

Linaria, Bellidis folio. C. B. P. 212. Toad fiax ou lin de crapaud à feuilles de *Marguerite.*

Antirrhinum bellidi-folium. Lin. Sp. Plant. 860. Edit. 3.

Orientalis. La premiere efpece a été découverte par M. de TOURNEFORT, près du Mont-Ararat dans l'Arménie, d'où il envoya les femences au jardin Royal à Paris ; & c'eft de-là que cette plante a été tirée, pour la plupart des jardins de l'Europe. TOURNEFORT en a fait un nouveau genre, auquel il a donné le nom de M. DODART, Membre de l'Académie Royale des Sciences de Paris, & Médecin de fon Alteffe Royale la Princeffe de CONTI.

Cette plante a une racine vivace qui rampe & s'étend fort loin fous la furface de la terre, & de laquelle fortent de nouvelles tiges à une grande diftance du pied ; ces tiges font fermes, un peu comprimées, & longues d'environ un pied & demi ; elles pouffent latéralement plufieurs branches garnies de feuilles longues, étroites, charnues, oppofées & d'un verd foncé, celles du bas de la tige font plus courtes & plus larges que celles du haut, qui font entieres ; des nœuds qui fe trouvent fur chaque côté de la tige, fortent des fleurs fimples, feffiles, dont le fond eft

tubulé, & le bord divifé en deux levres ; la levre fupérieure eft creufée en forme de cuillier, fa partie convexe eft tournée vers le haut, & elle eft encore divifée en deux parties ; la levre inférieure eft découpée en trois fegmens, dont celui du milieu eft plus étroit : ces fleurs font d'un pourpre foncé ; elles paroiffent en Juillet ; mais elles produifent rarement des femences en Angleterre. Cette plante fe multiplie fi fort par fes racines rampantes, que, quand elle eft une fois établie dans un jardin, elle y occupe un très-grand efpace ; elle aime un fol léger & fec, & peut être tranfplantée en automne lorfque fes tiges font flétries, ou au printems avant que les nouvelles commencent à pouffer.

Linaria. La feconde efpece eft bifannuelle ou au plus trisannuelle ; mais elle périt fouvent auffi-tôt que fes femences font mûres : elle pouffe de fa racine plufieurs feuilles oblongues, longues d'environ quatre pouces, étroites à leur bâfe, mais plus larges vers leur extrémité, où elles ont environ un pouce de diametre ; elles font arrondies au fommet, & profondément fciées fur leurs bords : du centre de ces feuilles, fortent des tiges qui s'élevent à la hauteur d'un pied, & dont la bâfe eft garnie de feuilles femblables, pour la forme, à celles qui fortent de la racine, mais plus petites ; celles du haut font fort étroites & entieres : fes fleurs,

qui naiſſent en épis aux extrémités des tiges, ſont fort
petites & blanches, mais de
la même forme que celles de
l'eſpece précédente. Cette plante ſe multiplie par ſes graines,
qu'il faut ſemer en automne,
auſſi-tôt qu'elles ſont mûres,
ſur une plate-bande de terre
légere, où elles doivent reſter ; quand les plantes paroiſſent au printems ſuivant, on
les éclaircit, & on les tient
nettes de mauvaiſes herbes,
& c'eſt-là toute la culture qu'elles exigent : ces plantes fleuriſſent dans la ſeconde année,
& donnent des ſemences ; mais
elles périſſent ordinairement
auſſi-tôt après : quand on les
ſeme au printems, elles ne
pouſſent jamais dans la même
année.

DODECATHEON, *ou*
OREILLE D'OURS DE VIR-
GINIE. *Voyez* MEADIA.

DOLICHOS, [*Kidney Bean*]
eſpece de Haricot.

Caracteres. Les fleurs de ce
genre ont un calice formé par
une feuille courte & diviſée
en quatre ſegmens égaux :
une corolle papilionacée : un
étendard large, rond & réfléchi, des ailes ovales, obtuſes,
& auſſi longues que la carène ; une carène en forme de
croiſſant, comprimée & pourvue d'un ſommet montant ;
dix étamines, dont neuf ſont
jointes à ſa bâſe, & l'autre
eſt ſéparée, & qui ſont toutes terminées par des ſommets ſimples ; & enfin un germe linéaire & comprimé, qui
ſoutient un ſtyle montant &
couronné par un ſtigmat bar-

bu : ce germe devient, quand
la fleur eſt paſſée, un légume
oblong & à deux valves, qui
contient des ſemences comprimées & elliptiques.

Ce genre eſt diſtingué du
Phaſeolus par la carène de la
fleur, qui n'eſt pas en ſpirale.

Il eſt rangé dans la troiſieme ſection de la dix-ſeptieme
claſſe de LINNÉE, intitulée
Diadelphia décandria, qui comprend les fleurs à dix étamines ſéparées en deux corps.

Les eſpeces ſont :

1°. *Dolichos Lablab volubilis, leguminibus ovato-acinaci-
formibus, ſeminibus ovatis, hilo arcuato verſus alteram extremitatem. Prod. Leyd. 368. Hort.
Ups. 214. Haſſelqui. 483. Kniph.
Cent. 6. n. 57* ; Dolichos avec
une tige tortillante, des légumes ovales, & en forme de
ſabre, qui renferment des ſemences ovales.

*Phaſeolus Ægyptiacus, nigro
ſemine. C. B. p. 341.*

*Phaſeolus niger, Lablab. Alp.
Ægypt. 74. t. 75.*

2°. *Dolichos uncinatus volubilis, pedunculis multifloris, leguminibus cylindricis hirſutis,
apice unguiculo ſubulato hamato,
caule hirto. Lin. Sp. 1019* ; Dolichos avec une tige tortillante, pluſieurs fleurs ſur chaque pédoncule, & des légumes cylindriques & velus, dont
les pointes ſont courbées &
en forme d'alène.

*Phaſeolus hirſutus, ſiliquis
erectis & aduncis. Plum. Spec. 8.
ic. 221.*

3°. *Dolichos pruriens volubilis, leguminibus racemoſis, val-
vulis ſubcarinatis, hirtis, pedun-*

culis ternis. Jacq. Amer. 201. t.
122 ; Dolichos avec une tige
tortillante, des légumes velus
& difposés en paquets, des
valves prefqu'en forme de carène, & trois légumes fur chaque pédoncule. Pois pouilleux
ou Pois à gratter.

Phafeolus fcalptor. Jacq.
Cacara pruritus. Rumph. Amb .6.
p. 293. t. 142.
Nai corana. Rheed. Mal. 8. p.
61. Flor. Zeyl. 539.

4°. *Dolichos urens, volubilis, le-*
guminibus racemofis hirtis, tranf-
verfim lamellatis, feminibus hilo
cinctis. Jacq. Amer. 202. t. 182.
f. 84 ; Dolichos avec une tige tortillante, des légumes velus & en paquets, dont les
poils font placés tranfverfale-
ment fur les lames, ordinairement appellé *Cow-itch.* Œil de
Bourrique, ou *Dolichos brûlant.*

Phafeolus Americanus frutef-
cens, foliis glabris, lobis plu-
ribus villofis pungentibus, fructu
orbiculari plano hilo nigro am-
biente. Pluk. Phyt. 213. f. 2.

Phafeolus Brafilianus frutef-
cens, lobis villofis pungentibus
maxi. mis. Sloan. Jam. 68. hift. 1.
p. 118.

Phafeolus hirfutus, filiquis ar-
ticulatis. Plum. fpec. 8. ic. 222.

Zoophtalmum filiquis majoribus
hirtis tranfverfè fulcatis, pedun-
culis communibus longiffimis flexi-
libus. Brown. Jam. 295.

Mucuna. Marcgr. Bras. 19.
Kakuvalli. Rheed. Mal. 10 p. 63.

Il y a plufieurs autres efpeces de ce genre, ainfi que des
Thaecus ; mais comme on cultive peu ces dernières dans les
jardins Anglois, cet Ouvrage
deviendroit trop confidérable,

fi l'on y inféroit toutes celles
que l'on connoît; car j'en ai
cultivé plus de foixante efpeces fans y comprendre plufieurs
variétés.

Lablab. Uncinatus. Les deux
premieres dont il vient d'être
queftion, font cultivées dans
les pays chauds pour les ufages de la table ; mais en Angleterre, leurs femences parviennent rarement en maturité; & quand elles y mûriroient,
on en feroit peu de cas ; parce
que nous avons dans nos jardins une grande quantité d'efpèces qui font bien préférables
à celles ci : de tous ces légumes, celui à fleurs écarlates
eft le meilleur ; ainfi il doit être
cultivé de préférence.

Pruriens. Urens. Les troifieme
& quatrieme efpeces font quelquefois confervées dans les
jardins de Botanique, mais fur-
tout la quatrieme, dont les
légumes font très-couverts de
poils piquans, & qu'on connoît ordinairement fous le nom
de *Cow-itch ;* mais comme elles font trop tendres pour
profiter en plein air dans notre climat, fi on veut les avoir,
il faut femer leurs graines en
Mars fur une couche chaude ;
& quand elles ont pouffé, on
les met chacune féparément
dans des pots que l'on plonge
dans une nouvelle couche, &
qu'on tient à l'abri jufqu'à ce
qu'elles aient produit d'autres
fibres ; après quoi on leur
donne de l'air frais chaque
jour, à proportion de la chaleur de la faifon ; & quand
elles font devenues trop grandes pour pouvoir être conte-

aues dans la couche, on les transporte dans la serre chaude, où elles fleuriront & perfectionneront leurs semences, si on leur donne assez de place pour s'étendre.

DOMPTE-VENIN, *voy.* Asclepias.

DORADILLE CETERACH, *voyez* Asplentum Ceterach.

DORONIC, *voyez* Doronicum Pardalianches. Arnica.

DORONICUM. *Lin. Gen. Plant.* 862. *Tourn. Inst. R. H.* 487. *tab.* 477. [*Leopard's bane.*] Pet de Léopard. Doronic.

Caractères. Dans ce genre, la fleur est composée de plusieurs fleurettes hermaphrodites placées dans le centre, & qui forment le disque, & de fleurettes femelles qui forment les rayons; elles sont renfermées dans un calice commun, d'un double tissu de feuilles aussi longues que les rayons : les fleurettes hermaphrodites sont en forme d'entonnoir, & ont cinq étamines courtes, velues, & terminées par des sommets cylindriques; dans le fond de chacune est placé un germe qui soutient un style mince & couronné par un stigmat dentelé; ce germe devient ensuite une semence simple, ovale, comprimée & couronnée d'un duvet velu. Les fleurettes femelles sont en forme de langue, étendues & découpées; elles forment le bord de la fleur, & elles ont un germe qui soutient un style terminé par deux stigmats réfléchis : ce germe se change dans la suite, en une semence sillon-

née & couverte d'un duvet velu.

Ce genre est rangé dans la seconde section de la dix-neuvieme classe de Linnée, intitulée *Syngenesia Polygamia superflua.* Les plantes de cette section ont des fleurs femelles & des fleurs hermaphrodites, les unes & les autres étant fructueuses.

Les especes sont :

1°. *Doronicum Pardalianches, foliis cordatis, obtusis, denticulatis : radicalibus petiolatis ; caulinis amplexicaulibus. Lin. Mat. Med.* 187. *Gouan. Monsp.* 446. *Jacq. Aust. t.* 350. *Kniph. Cent.* 2. *n.* 21 ; Doronic à feuilles obtuses, en forme de cœur & dentelées, dont celles du haut embrassent les tiges, & les radicales ont des pétioles.

Doronicum maximum foliis caulem amplexantibus. C. B. p. 185. *Cam. Epit.* 823 ; Le plus grand Doronic, dont les feuilles embrassent les tiges.

Doronicum VII, Austriacum 3. *Clus. hist.* 2. *p.* 19.

Aconitum, Pardalianches. Dod. purg. 305.

2°. *Doronicum Plantagineum, foliis ovatis, acutis, subdentatis ; ramis alternis. Hort. Cliff.* 411. *Roy. Lugd.-B.* 160. *Dalib. Paris.* 256. *Gouan. Monsp.* 446. *Gmel. t.* 259 ; Doronic à feuilles ovales, pointues & dentelées inférieurement, & dont les branches sont alternes.

Doronicum Plantaginis folio. C. B. P. Doronic à feuilles de Plantin.

3°. *Doronicum Helveticum, foliis lanceolatis, denticulatis, subtùs tomentosis, caule uniflora*

Prod. Leyd. 160. Doronic avec des feuilles dentelées, en forme de lance, & cotonneuses en-dessous, & une fleur sur la tige.

Doronicum Helveticum incanum. C. B. p. 185; Doronic de Suisse velu.

4°. *Doronicum Bellidiastrum, caule nudo simplissimo, unifloro. Hort. Cliff.* 500; Doronic à tiges simples & nues qui soutiennent une seule fleur.

Bellidiastrum Alpinum, foliis brevioribus hirsutis, caule palmari, flore albo. Mich. Gen. 33. t. 29.

Bellis sylvestris media, caule carens. C. B. p. 261; Marguerite sauvage moyenne à tiges hautes.

Arnica caule nudo, unifloro, foliis ovato-lanceolatis, serratis. Hall. Helv. n. 92.

Pardalianches. La premiere espece, qu'on trouve en Hongrie & sur les montagnes de la Suisse, est souvent cultivée dans les jardins Anglois; elle a des racines épaisses, divisées par plusieurs nœuds, & garnies de fibres fortes & charnues, qui pénètrent profondément dans la terre; de ces racines s'éleve au printems une grappe de feuilles en forme de cœur, velues, & supportées par des pétioles, du centre desquels s'élevent des tiges de fleurs cannelées, velues, & de trois pieds de hauteur, qui produisent encore chacune une ou deux tiges plus petites, érigées & garnies d'une ou de deux feuilles en forme de cœur qui les embrassent étroitement de leur

bâse : chaque tige est terminée par une grosse fleur jaune, composée d'environ vingt-quatre rayons ou petites fleurettes d'un pouce à-peu-près de longueur, unies & découpées au sommet en trois parties : dans le centre, sont placées un grand nombre de fleurettes hermaphrodites qui composent le disque; elles sont tubulées & légerement divisées en cinq parties : ces fleurs paroissent dans le mois de Mai, & sont remplacées par des semences, couronnées de duvet, qui mûrissent en Juillet, & que leur légereté rend propres à être emportées par le vent à une grande distance.

Cette espece se multiplie considérablement par ses racines trainantes, & par ses semences, qui produisent de tous côtés un grand nombre de plantes, si on leur donne le tems de se répandre : elle se plaît à l'ombre, & dans un sol humide.

Plantagineum. La seconde espece a des feuilles ovales, terminées en pointe aiguë, dentelées vers leur bâse, mais entieres à leurs extrémités : ses tiges, dont la hauteur est d'environ deux pieds, ont deux ou trois feuilles alternes, sessiles, & moins velues que celles de la premiere, & sont terminées par une grosse fleur jaune, & semblable à celle de l'espece précédente; ces fleurs paroissent aussi dans le même tems, & produisent des semences qui mûrissent en Angleterre.

Cette plante se trouve en Portugal, en Espagne & en Italie;

Italie ; elle eſt auſſi dure que la premiere ; ſa racine eſt vivace, & ſe multiplie en auſſi grande abondance.

Helveticum. La troiſieme a des feuilles plus longues qu'aucune des précédentes, dentelées ſur leurs bords, & couvertes d'un duvet doux en deſſous : ſes tiges ſimples, qui s'élevent ordinairement à la hauteur d'un pied & demi, ne portent qu'une ſeule feuille, & ſont terminées par une ſimple fleur, comme dans l'eſpece précédente ; celle-ci croît naturellement ſur les Pyrénées & dans les montagnes de la Suiſſe ; elle ſe plaît dans un ſol humide & à l'ombre : on la multiplie abondamment, ou par ſemences, ou en diviſant les racines ; elle fleurit & perfectionne ſes ſemences à-peu-près dans le même tems que la précédente.

Bellidiaſtrum. La quatrieme, qu'on rencontre ſur les Alpes & ſur les Pyrénées, a une racine vivace, & des feuilles ſemblables à celles des *plus petites Marguerites*, mais plus longues & moins larges : la fleur eſt produite ſur un pédoncule nud, d'environ un pied de longueur ; ſes racines pouſſent rarement plus d'une tige : les rayons de ſa fleur ſont blancs, & fort ſemblables à ceux de *la Marguerite commune*, & ſon diſque eſt jaune, & compoſé de fleurettes hermaphrodites.

On conſerve cette plante dans les jardins de botanique pour la variété : ſes fleurs ont un peu plus d'apparence que celles de *la Marguerite commune*

des champs ; mais leurs pédoncules ſont moins élevés : elle ne réuſſit dans notre climat, qu'autant qu'elle ſe trouve placée dans un ſol humide & à l'ombre : on la multiplie en diviſant ſes racines, parce que ſes ſemences ne mûriſſent pas bien en Angleterre. Cette plante m'a été envoyée de Vérone, où elle croît ſans culture.

Les racines de la premiere, dont on s'eſt quelquefois ſervi en médecine, ſont recommandées comme un antidote contre la piquûre du ſcorpion ; mais d'autres Auteurs les regardent comme un poiſon, & aſſûrent qu'elle eſt mortelle, particulierement pour les loups & les chiens.

Les autres eſpeces, qui étoient autrefois claſſées avec celles-ci, en ſont à préſent ſéparées : on les trouvera ſous le titre d'ARNICA.

DORSIFERUS, de DORSUM, *dos*, & de FERO, *porter :* on ſe ſert de cette expreſſion pour déſigner les plantes du genre des Capillaires, qui n'ont point de tiges, & qui produiſent leurs ſemences ſur le dos de leurs feuilles.

DORSTENIA. *Plum. nov. Gen. 29. tab. 8. Lin. Gen. Plant. 147.* Cette Plante a été ainſi nommée par le Pere PLUMIER, en l'honneur du Docteur DORSTEN, Médecin Allemand, qui a publié une *Hiſtoire de Plantes, in-folio.* [*Contrayerva.*] Contrayerva.

Caracteres. La fleur a une enveloppe commune, unie, & ſituée verticalement, dans laquelle ſont placées pluſieurs petites fleurettes, comme dans un difque : elles n'ont point de pétales, mais feulement quatre étamines courtes, minces, & terminées par des fommets ronds ; dans fon centre, fe trouve un germe rond qui foutient un fimple ftyle, couronné par un ftigmat obtus ; ce germe devient enfuite une femence fimple, renfermée dans un réceptacle commun & charnu.

Ce genre de Plante eft rangé dans la premiere feΘion de la quatrieme claffe de LINNÉE, intitulée *Tetrandria monogynia*, avec celles dont les fleurs ont quatre étamines & un ftyle.

Les efpeces font :

1°. *Dorftenia Contrayerva, acaulis, foliis pinnati-fido-palmatis, ferratis, floribus quadrangulis. Lin. Sp. 176 ;* Dorftenia nain & fans tige, ayant des feuilles découpées en plufieurs pointes fciées & en forme de main, & des fleurs placées fur un réceptacle quadrangulaire.

Dorftenia Sphondylii folio, Dentariæ radice. Plum. nov. Gen. 29. ic. 119 ; Dorftenia avec une feuille de Panacée & une racine de Dentaire.

Drakena radix. Cluf. Exot. 83. Cyperus longus odoratus Peruanus. Bauh. Pin. 14.

Tuzpatliz. Hern. Mex. 147.

2°. *Dorftenia Houftoni, acaulis, foliis cordatis acuminatis, floribus quadrangulis. Lin. Sp. 176 ;* Dorftenia nain, avec des feuilles angulaires, en forme de cœur & pointues, & des réceptacles quadrangulaires aux fleurs.

Dorftenia Dentariæ radice, *folio minùs laciniato, placentâ quadrangulari & undulatâ. Houft. MSS. Aδ. Angl. 421. f. 2.* Contrayerva, avec une racine de Dentaire, une feuille moins découpée, & un placenta quadrangulaire & ondé.

3°. *Dorftenia drakena, acaulis, foliis pinnati-fido-palmatis integerrimis, floribus ovalibus. Lin. Sp. 176 ;* Dorftenia nain, ayant des feuilles ailées à plufieurs pointes, en forme de main & entieres, & des fleurs dans un réceptacle ovale.

Contrayerva. La premiere de ces Plantes a été découverte par le Doδteur HOUSTOUN, près de l'ancienne Véra Cruz, dans la nouvelle Efpagne ; la feconde a été trouvée par le même aux environs de Campêche, fur une terre couverte de rochers ; & la troifieme, en grande abondance dans l'Ifle de Tabago, par ROBERT MILLAR, Chirurgien. Les racines de toutes ces efpeces, qui font apportées pêle-mêle en Angleterre, font employées pour les ufages de la Médecine & de la teinture.

Les racines de la premiere pouffent plufieurs feuilles longues, d'environ quatre pouces, fur une largeur égale, unies, d'un vert foncé, profondément découpées en cinq ou fept fegmens obtus, & fupportées par des petioles de de près de quatre pouces de longueur : fa tige, qui foutient le placenta, fort de la racine, & s'éleve à la hauteur d'environ quatre pouces ; le placenta eft charnu, & placé verticalement ; fa forme eft ovale, fa longueur d'environ un pouce, & fa largeur de trois quarts de pouce : fes fleurs font placées fort ferrément fur la furface fupérieure du placenta, dont la partie charnue leur fert d'enveloppe ; elles font petites, à peine vifibles à une certaine diftance, & d'une couleur herbacée.

Houftoni. La feconde pouffe de fa racine plufieurs feuilles angulaires en forme de cœur, & fupportées par des pétioles fort minces de huit ou dix pouces de longueur : fes feuilles ont environ trois pouces & demi de longueur, fur quatre à-peu-près de largeur à leur bâfe ; elles font unies, & d'un vert luifant ; leurs deux oreilles ont deux ou trois angles aigus, & leur centre eft terminé en une pointe aiguë comme celle d'une hallebarde ; le pétiole qui foutient le placenta, a neuf pouces de longueur fur fix lignes quarrées dans fes autres dimenfions ; & fa furface fupérieure eft fort garnie de petites fleurs, comme celles de la premiere efpece.

Drakena. La troifieme, pouffe des feuilles de différentes formes ; quelques-unes du bas font en forme de cœur, légerement dentelées fur leurs bords, & terminées en pointe aiguë ; mais les plus grandes font profondément découpées, comme les doigts d'une main, en fix ou fept fegmens aigus ; les autres feuilles ont cinq pouces de longueur, fur fix de largeur au milieu ; elles font d'un vert foncé, & fupportées par de longs pétioles ; le placenta eft fort épais, charnu, long d'un pouce & demi, large de neuf lignes, & a quatre angles aigus ; il a un grand nombre de petites fleurs placées fur fa furface fupérieure, comme dans les autres efpeces.

Culture. Ces Plantes font à préfent fort rares en Europe, & on ne les connoît que depuis peu, quoiqu'on nous apporte depuis long-tems leurs racines pour les ufages de la Médecine : c'eft au Doćteur HOUSTOUN à qui nous devons cette connoiffance ; car, quoique le Pere PLUMIER en ait découvert une efpece, & qu'il lui ait donné le nom de *Dorftenia*, cependant il paroît avoir ignoré que le *Contrayerva* fût fa racine.

Il fera difficile de fe procurer ces Plantes, parce que leurs femences ne font plus fufceptibles de végétation lorfqu'on les a tenues long-tems hors de terre ; on ne peut donc parvenir à les avoir, qu'en enlevant leurs racines, lorfque leurs feuilles commencent à fe flétrir, & en les plantant fort près les unes des autres, dans des caiffes remplies de terre, qu'on garantit avec foin de l'eau falée dans le paffage, & qu'on arrofe peu.

Quand on reçoit ces Plantes, on les met chacune féparément dans de petits pots remplis de terre fraiche, & on les plonge dans une couche de tan de chaleur modérée : pendant l'Été, on les arrofe fouvent ; mais en Hiver, quand les feuilles font détruites, on leur donne moins d'eau : par ce traitement, non-feulement on peut conferver ces Plantes, mais on les multiplie auffi en divifant leurs racines au Printems, avant qu'elles pouffent de nouvelles feuilles. (1)

***

(1) Si on compare les effets que produit cette racine dans les différentes maladies pour lefquelles elle eft recommandée, avec les pompeux éloges qui lui ont été donnés par certains Auteurs, on ne pourra qu'être furpris de la trouver auffi inférieure à fa réputation : en effet, fi on en croit HERNANDEZ, cette racine préferve non-feulement de la pefte, mais elle prévient encore les fuites funeftes de la morfure des animaux venimeux ; elle guérit les maux de tête & d'eftomac, & les douleurs de fciatique ; elle préferve de toute efpece de contagion ; diffipe les affections hypochondriaques, aide les digeftions & fortifie l'eftomac ; enfin elle poffede elle feule toutes les propriétés brillantes qui font attribuées à la Thériaque & à toutes les autres faftueufes compofitions qui lui reffemblent.

Mais fi l'on confulte la vérité, on trouvera que cette racine a une odeur foible aromatique, & une faveur un peu âcre ; qu'elle agit doucement, provoque légèrement les fueurs, & qu'elle peut par conféquent être de quelque utilité dans la petite véro e, la rougeole, les fievres malignes exanthematiques, les fluxions catharrales, etc. ; mais qu'on poffede une infinité d'autres remedes qui lui font préferables à tous égards, & qu'il eft par conféquent inutile d'aller chercher dans un autre hémifphère, un remede inférieur en vertus à ceux que produit notre climat.

On donne cette racine en poudre, depuis un gros jufqu'à deux, & en infufion vineufe, depuis trois

DORYCNIUM. *Voyez* LOTUS DORYCNIUM. L.

DOUBLE FEUILLE. *Voyez* OPHRYS.

DOUCETTE, MACHE, BLANCHETTE, POULE GRASSE ; *ou* SALADE DE CHANOINE. *Voyez* VALERIANA, LOCUSTA-OLITORIA.

DRABA. *Dillen. Gen. Lin. Gen. Plant.* 714. *Alyffon. Tourn. Inft. R. H.* 216. [*Draba*] Drave.

Caractères. Le calice de la fleur a quatre feuilles qui tombent ; la corolle eft compofée de quatre pétales placés en forme de croix ; la fleur a fix étamines, dont quatre font auffi longues que le calice, & les deux autres beaucoup plus courtes & courbées ; elles font toutes terminées par des fommets ronds : dans leur centre eft placé un germe divifé en deux parties, qui foutient un ftyle perfiftant, & couronné par un ftigmat oblong : ce germe fe change dans la fuite en une courte capfule à deux cellules féparées par un ftyle gonflé, oblique, & plus long que la capfule ; les valvules font paralleles au milieu, & divifent la partie baffe de la cellule de la partie haute, qui eft ronde, concave & ouverte obliquement : chaque cellule renferme une feule femence.

Ce genre de Plantes eft rangé dans la premiere fection de la quinzieme claffe de

***

gros jufqu'à fix ; elle entre dans la poudre de la *Comteffe de Kent*, & dans quelques autres compofitions cordiales.

LINNÉE, intitulée, *Tetradynamia siliculosa*, qui comprend celles dont les fleurs ont quatre étamines longues & deux courtes, & dont les semences sont renfermées dans une capsule courte.

Les especes sont :

1°. *Draba Alpina, scapo nudo simplici, foliis lanceolatis, integerrimis. Fl. Lapp.* 255. 570. *Gouan. Illust.* 39. *Not. Fl. Suec.* 524. *Hort. Cliff.* 333 ; Drave avec une tige simple & nue, & des feuilles fort entieres & en forme de lance.

Alysson Alpinum, hirsutum, luteum. Tourn. Inst. 217 ; *Madwort* ou Alisson des Alpes jaune & velu.

2°. *Draba verna, scapis nudis, foliis lanceolatis, subincisis. Hort. Cliff.* 333. *Fl. Suec.* 523, 567. *Roy. Lugd.-B.* 333. *Gron. Virg.* 76. *Crantz. Austr. p.* 11. *Kniph. Cent.* 1. *n.* 26 ; Drave avec des tiges nues & des feuilles découpées, & en forme de lance.

Bursa Pastoris minor loculo oblongo. Bauh. Pin. 108.

Alysson vulgare, Polygoni-folio, caule nudo. Tourn. Inst. 217 ; Alysson commun avec une feuille de Polygonum. Petite bourse à Pasteur.

Pilosella minor. Thal. Harc. 84. *t.* 7. *f. E.*

Alsine minima. Tabern. 708.

3°. *Draba Pyrenaica, scapo nudo, foliis cunei - formibus, trilobis. Læst. Lin. Sp. Plant.* 642 ; Drave avec une tige nue & des feuilles en forme de coin, & à trois lobes.

C'est l'*Alysson Pyrenaicum perenne minimum, foliis trifidis. Tourn. Inst.* 217 ; le plus petit

Alysson vivace des Pyrénées, avec une feuille divisée en trois parties.

4°. *Draba muralis, caule ramoso, foliis cordatis dentatis, amplexicaulibus. Prod. Leyd.* 33 ; Drave avec une tige branchue, & des feuilles dentelées en forme de cœur, & amplexicaules.

Myagroides subrotundis serratisque foliis, flore albo. Barrel. Ic. 816.

Alysson Veronicæ folio, Tourn. Inst. 217 ; Alysson à feuilles de Véronique.

Bursa Pastoris major, loculo oblongo. Bauh. Pin. 108.

Draba nemorosa. Sp. Plant. 1. *p.* 643.

Draba minima muralis discoides. Col. Ecphr. 1. *p.* 274. *f.* 272.

5°. *Draba Polygoni - folio, caule ramoso, foliis ovatis, sessilibus, dentatis. Lin. Sp. Plant.* 643 ; Drave avec une tige branchue & des feuilles ovales, dentelées & sessiles.

Draba hirta. Lin. Sp. Plant. 897. *Edit.* 3.

Alysson Alpinum, Polygoni folio incano. Tour. Inst. R. H. 217 ; Alysson des Alpes, avec une feuille velue de Polygonum.

Bursa Pastoris Alpina hirsuta. Bauh. Pin. 108. *Prodr.* 51. *t.* 51.

6°. *Draba incana, foliis caulinis numerosis incanis, siliculis oblongis. Flor. Suec.* 526 ; Drave avec plusieurs feuilles velues sur les tiges, & des légumes oblongs.

Lunaria siliquá oblongá intortá. Tourn. Inst. 219. Lunaire avec un légume oblong & tordu.

Leucoium sivè Lunaria vasculo

oblongo intorto. **Pluk.** *Alm.* 215. *t.* 42. *f.* 1.

La premiere efpece croît naturellement fur les Alpes, & dans quelques autres contrées montagneufes de l'Europe : cette Plante eft fort baffe, & fe divife en petites têtes, comme quelques efpeces de *Joubarbe ;* d'où lui vient le nom de *Sedum Alpinum,* ou *Joubarbe des Alpes ;* fes feuilles font courtes, étroites & fort velues; de chacune de ces têtes fort une tige de fleurs lonue, d'un pouce & demi de hauteur, & terminée par des épis clairs de fleurs jaunes, dont chacune a quatre pétales obtus, placés en forme de croix; quand elles font fanées, on voit paroître des légumes triangulaires ou en forme de cœur, & comprimés, qui renferment trois ou quatre femences rondes. Cette plante fleurit en Mars, & fes femences mûriffent au commencement de Juin.

On la multiplie aifément en divifant fes têtes; le meilleur tems pour cette opération eft l'automne, parce qu'elle monte en fleur dès le commencement du printem ; elle exige un fol humide & une fituation ombragée, où elle profitera & fleurira annuellement; elle n'exige d'autre culture que d'être tenue nette de mauvaifes herbes.

Verna. La feconde eft une plante annuelle qui croît naturellement en Angleterre, fur de vielles murailles & dans quelques autres endroits fecs; auffi ne la cultive-t-on guere dans les jardins; elle fleurit en Avril, & fes femences mûriffent dans le mois de Mai.

Pyrenaica. La troifieme qu'on rencontre fur les Alpes et dans quelques autres cantons montagneux de l'Europe, eft une plante baffe & vivace, qui s'éleve rarement au-deffus de la hauteur de deux pouces : elle a une tige d'arbriffeau qui fe divife en plufieurs petites têtes, comme la premiere efpece ; fes feuilles font petites, quelques-unes d'entr'elles font aîlées & formées par cinq lobes courts, étroits & placés fur une côte moyenne ; & d'autres n'en ont que trois : fes fleurs fortent en grappes, & font feffiles aux feuilles; elles font d'un pourpre brillant, & paroiffent dans le commencement du printems. Comme cette plante eft vivace, on peut la multiplier en divifant les têtes comme celles de la premiere efpece, & elle exige le même traitement.

Muralis. La quatrieme naît fpontanément à l'ombre des bois dans plufieurs parties de l'Europe ; mais on l'admet rarement dans les jardins, à moins que ce ne foit pour la variété : cette plante eft annuelle, & s'éleve à la hauteur d'environ dix pouces, avec une tige droite, branchue, & garnie de feuilles en forme de cœur, dentelées & amplexicaules : ces tiges font terminées par des épis clairs de fleurs blanches, qui paroiffent au commencement du mois de Mai; fes femences mûriffent en Juin, & les plantes periffent bientôt après : fi on lui laiffe écarter ſes graines, les plantes pouſſeront ſans peine, & réuſſiront fort bien, pourvu qu'elles ſe trouvent à l'ombre & dans un ſol humide.

Polygoni folia. La cinquieme eſt une plante annuelle qui croît dans les forêts des parties Septentrionales de l'Europe; elle reſſemble à l'eſpece précédente; mais ſes feuilles ſont velues, plus larges, plus rondes, & n'embraſſent pas les tiges; & ſes fleurs ſont jaunes: ſi on lui donne le tems de répandre ſes graines, elle ſe multipliera d'elle même, & proſpèrera, ſi elle eſt placée à l'ombre.

Incana. La ſixieme a une tige droite, dont la hauteur eſt d'environ un pied; ſes parties baſſes ſont fortement garnies de feuilles oblongues, velues & dentelées ſur leurs bords; & ſon ſommet, qui eſt preſque ſans feuilles, pouſſe deux ou trois branches également nues: ſes fleurs, qui ſont formées par quatre petits pétales blancs, & placées en forme de croix, ſortent éloignées les unes des autres à l'extrémité de la tige, & ſont remplacées par des légumes oblongs & tordus, qui renferment trois ou quatre ſemences rondes & comprimées. Cette plante fleurit en Juin, & ſes ſemences mûriſſent en Juillet: elle croît ſans culture au nord de l'Angleterre & dans le pays de Galles.

Elle ſubſiſte rarement plus de deux ans; mais ſi on ſème ſes graines en automne dans une plate-bande à l'ombre, les plantes pouſſeront au printems ſuivant, & ſe ſuccèderont annuellement ſans aucun ſoin ni culture.

DRACO ARBOR. *V.* PALMA DRACO.

DRACO HERBA; herbe de Dragon. *Tarragon vulgò.* Voye ARTEMISIA DRACUNCULUS.

DRACOCEPHALUM. *Lin. Gen. Plant.* 648; Dracocephalon. *Tourn. Inſt. R. H.* 181. *tab.* 83. de δραϰων un *Dragon* & de ϰεφαλη, *une tête;* c'eſt-à dire, *tête de Dragon.* [*Dragon's Head.*] La Moldavique, *ou* Méliſſe des Moldaves, *ou* fauſſe Digitale.

Caraƈteres. Le calice de la fleur eſt court, perſiſtant, & formé par une feuille tubulée. La corolle eſt en guoule; elle a un tube auſſi long que le calice, & ſes levres ſont oblongues & gonflées; la levre ſupérieure eſt obtuſe & voûtée; l'inférieure eſt diviſée en trois parties, dont les deux ſegmens latéraux ſont érigés, & celui du milieu eſt penché vers le bas & dentelé: la fleur a quatre étamines placées près de la levre ſupérieure, dont deux ſont plus courtes que les autres, & elles ſont toutes terminées par des ſommets en forme de cœur: ſon germe a quatre parties, & ſoutient un ſtyle mince, ſitué avec les étamines, & couronné par un ſtigmat réfléchi, & diviſé en deux portions: ce germe ſe change, quand la fleur eſt paſſée, en quatre ſemences renfermées dans le calice.

Ce genre de plantes eſt rangé dans la premiere ſection de la quatorzieme claſſe

de LINNÉE , intitulée *Didyna-*
mia gymnospermia, dans laquelle
se trouvent comprises les plantes dont les fleurs ont deux
étamines longues & deux
courtes , & dont les semences
sont nues.

Les especes sont :

1°. *Dracocephalum Virginia-*
num , floribus spicatis , foliis lan-
ceolatis , serratis. Lin. Sp. 826 ;
Dracocephale à feuilles sciées
& en forme de lance , avec
des fleurs en épi.

Dracocephalus angusti-folius ;
folio glabro serrato. Moris. Hist. 3.
p. 407. s. 11. t. 4. f. 1.

Dracocephalon Americanum.
Breyn. Prodr. 1. 34 ; Dracocephalon d'Amérique.

Pseudo-Digitalis Persicæ fo-
liis. Bocc. Sic. 12. t. 6. f. 3.

Digitalis Americana purpurea ,
foliis serratis. Dodart. Mem. 272.

Lysimachia galericulata , spi-
cata , purpurea , Canadensis. Barr.
Ic. 1152.

2°. *Dracocephalum Canarien-*
se , floribus spicatis , foliis com-
positis. Lin. Hort. Cliff. 308 ;
Dracocephale à fleurs en épi ,
avec des feuilles composées.

Moldavica Americana , trifo-
lia , odore gravi. Tourn. inst. 184 ;
Moldavique ou Baume d'Amé-
rique à trois feuilles , & à
odeur forte , ordinairement appellé Baume de Gilead.

Dracocephalo affinis America-
na , trifoliata , Terebenthinæ odore.
Volk. Norib. 145. t. 145.

Camphorosma , Moris. Hist. 3.
p. 366. s. 11. t. 11. f. ult.

Melissa fortè Canariana triphyl-
los , odorem camphoræ spirans pe-

netrantissimum. *Pluk. Alm. 401.*
t. 325. f. 5.

Cedronella Canariensis viscosa ,
foliis plerùmque ex eodem pedicello
ternis. Comm. Hort. 2. p. 81.
t. 41.

3°. *Dracocephalum Moldavi-*
ca , floribus verticillatis , bracteis
lanceolatis , serraturis capillaceis.
Lin. Hort. Cliff. 308 ; La Moldavique , ou Mélisse des Moldaves à fleurs verticillées , ayant
des bractées en forme de lance , & sciées.

Moldavica Betonicæ folio , flo-
re cærulæo. Tourn. Inst. R. H.
184 ; Moldavique , ou Mélisse
des Moldaves à feuilles de
Bétoine , avec une fleur bleue.

Melissa peregrina , folio oblon-
go. Bauh. Pin. 229.

Melissa Moldavica. Cam. Epit.
576.

4°. *Dracocephalum , Ocymi-*
folia , floribus verticillatis , foliis
floralibus orbiculatis. Lin. Hort.
Cliff. 308 ; Dracocephalum à
fleurs verticillées , & à feuilles florales orbiculaires.

Moldavica Orientalis minima ,
Ocymi folio , flore purpurascente.
Tourn. Cor. 11. La plus petite
Mélisse des Moldaves à feuil-
les de Basilic , avec une fleur
tirant vers le pourpre.

5°. *Dracocephalum canescens ,*
floribus verticillatis , bracteis oblon-
gis , serraturis spinosis , foliis to-
mentosis. Hort. Upsal 66. Kniph.
Cent. 9. n. 31. ; Dracocephale
à fleurs verticillées , ayant des
bractées oblongues , sciées ,
épineuses & cotonneuses.

Moldavica Orientalis , Beto-
nicæ folio , flore magno violaceo

Tourn. Cor. 11. *Comm. Rar.* 28. *t.* 28 ; Moldavique du Levant, à feuilles de Bétoine, & à groffe fleur bleue.

Sideritis annua, flore luteo, utriculis, & foliis longioribus. Moris. Hift. 3. *p.* 389. *s. 11. 8. f. 18.*

6°. *Dracocephalum nutans, floribus verticillatis, brafteis oblongis ovatis integerrimis, corollis majufculis nutantibus. Hort. Upfal.* 167 ; Moldavique à fleurs verticillées, dont les braftées font oblongues, ovales & entieres les corolles beaucoup plus grandes que les calices.

Moldavica Betonicæ folio, floribus minoribus cæruleis pendulis. Amœn. Rhut. 44 ; Moldavique à feuilles de Bétoine, avec de plus petites fleurs fufpendues.

7°. *Dracocephalum Thymi-florum, floribus verticillatis, brafteis oblongis integerrimis, corollis vix calyce majoribus. Hort. Upfal.* 167. *Kniph. Cent.* 9. *n.* 34 ; Moldavique à fleurs verticillées, dont les braftées font oblongues & entieres, & les corolles à peine plus grandes que les calices.

Moldavica Betonicæ folio, floribus minimis pallide cæruleis. Amman. Rhut. 46 ; Moldavique à feuilles de Bétoine, & à très-petites fleurs d'un bleu pâle.

Cedronella Tartarica perennis, Urticæ foliis, flofculis minoribus, ex cæruleo rubentibus. Roy. Lugd.-B. 537.

8°. *Dracocephalum peltatum, floribus verticillatis, brafteis orbiculatis ferrato-ciliatis. Hort. Up-*

fal. 166. *Kniph. Cent.* 8. *n.* 38 ; Moldavique d'Orient à fleurs verticillées, dont les braftées font ovales & fciées.

Moldavica Orientalis, Salicis folio, flore parvo cæruleo. Tourn. Cor. 11 ; Moldavique d'Orient à feuilles de Saule & à petites fleurs bleues.

9°. *Dracocephalum grandi-florum, floribus verticillatis, foliis ovatis incifo-crenatis, brafteis lanceolatis integerrimis. Lin. Sp. Plant.* 595 ; Moldavique à fleurs verticillées, & à feuilles ovales, découpées & crenelées, dont les braftées font en forme de lance & entieres.

Virginianum. La premiere efpece eft orginaire de l'Amérique Septentrionale, où elle croît fpontanément dans les bois, & fur les bords des rivieres ; elle s'éleve à la hauteur de trois pieds, avec une tige droite & garnie de feuilles en forme de lance, de trois pouces environ de longueur, fur un demi-pouce de largeur, feffiles, fciées fur leurs bords, & oppofées à chaque nœud, fur chacun defquels on voit quelquefois trois feuilles rondes : fes fleurs font de couleur pourpre, & difpofées en épis aux extrémités des tiges ; elles font une belle variété parmi les autres plantes dures, fur-tout quand les pieds font très-vigoureux. Cette efpece eft vivace, & réfifte en plein air ; mais elle exige un fol humide, ou d'être bien arrofée dans les tems fecs, car fans cela fes feuilles fe rétréciffent, & fes fleurs ont peu d'apparence ; elle mérite d'être placée à l'ombre dans les plates-bandes d'un jardin, parce qu'elle ne rampe pas, & qu'elle ne tient pas beaucoup de place ; elle fleurit en Juillet, & continue à donner des fleurs jufqu'au milieu d'Août, & même jufqu'à la fin de ce mois ; on peut la multiplier en divifant fes racines en automne.

Canarienfe. La feconde, qui nous a été apportée, il y a long tems, des Ifles Canaries, eft connue par les Jardiniers fous le nom de *Baumier de Giléad* : fes feuilles, quand elles font froiffées, répandent une odeur fort réfineufe ; cette plante eft vivace, & s'éleve à la hauteur de plus de trois pieds, avec plufieurs tiges quarrées qui deviennent ligneufes par le bas, & font garnies à chaque nœud de feuilles oppofées, & compofées de trois ou de cinq lobes oblongs, pointus & fciés fur leurs bords : fes fleurs, qui font d'un bleu pâle, naiffent en épis courts & épais aux extrémités des tiges, & font remplacées par des femences qui mûriffent très-bien en Angleterre. Cette plante continue à produire des fleurs durant la plus grande partie de l'été : on la tient ordinairement dans une ferre ; mais dans les hivers doux elle réfifte en plein air, quand elle eft placée dans une plate-bande de chaude : les plantes qu'on a mife en pots, profitent beaucoup mieux fous un châffis que dans une ferre, où elles font fujettes à filer, car

elles ont befoin de beaucoup d'air dans les tems doux, & elles n'exigent que d'être mifes à l'abri des fortes gelées. On peut multiplier cette efpece par fes graines, qui réuffiffent plus certainement quand elles font mifes en terre en automne, que fi on les confervoit jufqu'au printems : fi on les feme dans des pots, il faut les abriter fous un châffis en hiver, & fi les plantes ne paroiffent pas dans la même faifon, elles leveront au printems fuivant ; quand on les met en pleine terre, il faut que ce foit fur une plate-bande chaude, & on doit les garantir des fortes gelées ; car fans cela les jeunes plantes périroient. On peut auffi propager cette efpece par boutures, qui prennent bientôt racine, quand elles font plantées en été, & dans un lieu ombragé.

Moldavica. La troifieme, que les curieux cultivent depuis long-tems dans leurs jardins, eft originaire de la Moldavie : cette plante eft annuelle, & s'éleve à la hauteur d'un pied & demi, avec des tiges branchues & garnies de feuilles oblongues, oppofées, & profondément fciées fur leurs bords.

Les fleurs, qui font bleues & recueillies en têtes rondes à chaque nœud des tiges, paroiffent en Juillet, & continuent à fe montrer jufqu'au milieu du mois d'Août ; leurs femences mûriffent en Septembre : ces plantes répandent une odeur balfamique, qui paroît très-agréable à plufieurs perfonnes. On fème les graines de cette efpece au printems, dans des compartimens en plate-bande, où elles doivent ref-ter ; lorfque les plantes pouf-fent, on les éclaircit, & on les tient nettes de mauvaifes herbes ; c'eft en cela que con-fifte toute la culture qu'elles exigent. Il y a une variété de cette efpece, à fleurs blanches, qui eft affez commune dans les jardins, mais qui ne dif-fère de l'autre que par fa cou-leur ; cependant les plantes de femences retiennent conf-tamment cette différence.

Ocymi-folia. La quatrieme a été découverte dans l'Archi-pel, par M. DE TOURNEFORT, qui a envoyé fes femences au Jardin Royal à Paris, d'où la plupart des curieux de l'Eu-rope les ont tirées : elle s'é-leve à la haureur d'environ un pied ; fes tiges font droites, rarement divifées en branches, & garnies de feuilles longues, étroites, entieres & oppofées à chaque nœud : de ces mê-mes nœuds, dans prefque toute la longueur des tiges, fortent des fleurs difpofées en têtes, & d'un bleu pâle ; elles pa-roiffent dans le même tems que celles de la précédente ; mais comme elles font fort petites & peu remarquables, on ne cultive guere cette plante que dans les jardins de Botanique.

Canefcens. La cinquieme, que M. TOURNEFORT a également trouvée dans le levant, a une tige blanche & quarrée qui s'éleve à la hauteur d'un pied & demi, & produit deux ou trois branches latérales, gar-nies de feuilles blanches, de deux pouces environ de lon-gueur fur fix lignes de lar-geur, un peu dentelées fur leurs bords, oppofées fur les nœuds, & placées au-deffous des têtes de fleurs, qui font feffiles à la tige ; ces fleurs, qui font plus groffes que cel-les des autres efpeces, font d'un beau bleu, & font un effet très-agréable parmi les feuilles blanches de la plante : les fleurs de celle-ci fe mon-trent, & fes femences mûrif-fent dans le même tems que celles des précédentes : on traite généralement ces diffé-rentes efpeces comme des plan-tes annuelles ; cependant leurs racines fubfiftent deux ans quand elles fe trouvent placées dans un fol fec ; il y a dans celle-ci une variété à fleurs blanches qui fe perpétue par femences.

Nutans. La fixieme, dont le Docteur AMMAN, Profef-feur de Botanique à Péters-bourg, m'a envoyé les fe-mences, a été originairement apportée de la Sibérie dans le jardin Impérial de cette Ville. Cette plante eft annuelle, & fes racines produifent plufieurs tiges foibles, quarrées, de neuf pouces de longueur, & gar-nies par le bas de feuilles ova-vales, en forme de lance, lon-gues de deux pouces fur un pouce trois lignes de largeur, oppofées, fupportées par de longs pétioles, & entaillées fur leurs bords : la partie fu-périeure des tiges eft garnie de feuilles plus petites & fef-files aux nœuds : des mêmes

nœuds fortent des fleurs en têtes rondes, d'un bleu foncé
& pendantes; elles paroiffent
dans le même tems que celles de l'efpece précédente,
& leurs femences mûriffent
en automne.

Thymi-florum. J'ai reçu, avec
la précédente, les femences
de la feptieme, qui eft auffi
originaire de la *Sibérie ;* fes
tiges font quarrées & s'é-
levent à la hauteur d'un pied
& demi ; fes feuilles inférieures reffemblent à celles de la
Bétoine, & font portées fur de
fort longs pétioles ; celles
qui couvrent les extrémités
des tiges font petites & feffiles; fes fleurs, qui fortent en
têtes rondes à chaque nœud,
font fort petites & d'un pourpre pâle ou bleu; mais comme
elles font peu d'effet, on ne
conferve cette plante, dans
quelques jardins, que pour la
variété.

Peltatum. M. De Tourne-
fort a encore envoyé la huitieme du Levant dans le Jardin Royal de Paris : cette plante eft annuelle, & s'éleve avec
une tige quarrée, à la hauteur
d'environ un pied, & produit
deux petites branches latérales près de fa bâfe ; fes feuilles font en forme de cœur,
entaillées fur leurs bords, oppofées, & fupportées par des
pétioles : fes fleurs font petites, de couleur pourpre, &
fortent des tiges, en têtes rondes ; immédiatement au-deffous
d'elles, font placées deux bractées rondes, petites, & découpées fur leurs bords en dentelures, dont chacune eft ter-

minée, par un poil long : cette
plante fleurit & produit fes
femences dans le même tems
que la précédente.

Toutes ces efpeces fe multiplient par leurs graines, qui
peuvent être femées, ou au
printems, ou en automne, dans
les places où les plantes doivent refter : elles n'exigent
pas un traitement différent de
celui de la troifieme efpece.

DRACOCEPHALUM. *Voy.*
Ruyschiana.

DRACONTIUM. *Lin. Gen.*
Plant. 916. Dracunculus. Tourn.
Inft. R. H. 160. [*Dragon.*] la
Serpentaire.

Caracteres. Le fpadix eft fimple & cylindrique ; les parties
de la fruchification font difpofées fur le haut d'une maniere
finguliere. Les fleurs n'ont
point de calice, mais feulement
cinq pétales ovales, concaves
& égaux, avec fept étamines
étroites & enfoncées de la longueur des pétales, & terminées par des fommets oblongs,
jumeaux, quarrés & érigés, &
un germe ovale, qui foutient
un ftyle conique & couronné
par un ftigmat à trois angles :
ce germe devient enfuite une
baie ronde, dans laquelle font
renfermées plufieurs femences
en une fpathe, qui s'ouvre en
une valve.

Les plantes de ce genre,
ayant des fleurs mâles &
femelles réunies dans le même épi, & les fleurs mâles
ayant plufieurs étamines, font
comprifes dans la feptieme fection de la vingtieme claffe de
Linnée, qui a pour titre *Gy-*
nandria polyandria.

Les efpeces font :

1°. *Dracontium pertufum , foliis pertufis , caule fcandente. Lin. Sp. Plant.* 968 ; Serpentaire à feuilles percées & à tige grimpante.

Arum hederaceum , amplis foliis perforatis. Plum. Amer. 40. *tab.* 56 ; Arum grimpant à larges feuilles perforées.

2°. *Dracontium polyphyllum , fcapo breviffimo , petiolo radicato lacero , foliolis tripartitis ; laciniis pinnatifidis. Hort. Cliff.* 434. *Roy. Lugd.-B.* 6 ; Serpentaire avec une tige fort courte, des pétioles découpés, & des folioles divifées en trois parties , terminées en plufieurs pointes.

Arum polyphyllum Surinamenfe, caule atrorubente glabro , & eleganter variegato. Pluk. Alm. 52. *t.* 149. *f. I.*

Arum polyphyllum , caule fcabro punicante. Par. Bat. 93. *t.* 93 ; Arum à plufieurs feuilles avec une tige rude & de couleur poupre.

3°. *Dracontium fpinofum , foliis fagittatis , pedunculis petiolifque aculeatis. Flor. Zeyl.* 328 ; Serpentaire à feuilles en forme de flèche, dont les pétioles & les pédoncules font épineux.

Arum Zeylanicum fpinofum, fagittæ foliis. Par. Bat. 75 ; Arum épineux de Ceylan, à feuilles en forme de flèche.

Arum minus Zeylanicum, Sagittariæ foliis. Raii. Suppl. 575.

4°. *Dracontium Camfchatcenfe. foliis lanceolatis. Amœn. Acad.* 2. *p.* 360 ; Serpentaire à feuilles en forme de lance.

Pertufum. La premiere efpece, qui croît naturellement dans la plupart des Ifles de l'Amérique, a des tiges minces & noueufes qui pouffent, à chacun de leurs nœuds, des racines, au moyen defquelles elles s'attachent aux troncs des arbres , aux murailles , & à tous les corps voifins , & qui lui fervent à s'élever à la hauteur de vingt-cinq ou trente pieds : fes feuilles , alternes & fupportées par de longs pétioles, ont quatre ou cinq pouces de longueur fur deux & demi de largeur : toutes ces feuilles font percées de plufieurs trous oblongs, qui, au premier afpect, paroiffent être l'ouvrage des infectes , mais qui font cependant naturels à cette efpece de plante : fes fleurs naiffent au fommet de la tige qui eft très-gonflée dans cet endroit ; elles font couvertes d'une fpathe oblongue d'un vert blanchâtre, qui s'ouvre longitudinalement fur un côté , & laiffe voir un fpadix tout couvert de fleurs très-rapprochées, & d'un jaune pâle tirant fur le blanc. Quand cette plante a une fois montré fes fleurs, elle ne croît plus ordinairement ; mais fes feuilles font bien plus larges que celles des plantes qui rampent beaucoup plus loin.

Cette efpece fe multiplie aifément par boutures, qui pouffent bientôt des racines, fi elles n'en avoient pas auparavant, en les plantant dans des pots remplis d'une terre fablonneufe & de mauvaife qualité, qu'on plonge dans une couche chaude ; mais elle a

peu de nœuds qui foient dé-
pourvus de racines. Comme
ces plantes font tendres & ne
fubfiftent point en plein air
dans notre climat, il faut placer les pots qui les contiennent
près des murailles de la ferre
chaude, contre lefquelles elles grimperont. On leur donne très-peu d'eau en hiver;
mais dans les tems chauds,
on les arrofe trois ou quatre
fois par femaine, & en été
on leur donne beaucoup d'air.
Elles n'ont point de faifon fixe
pour fleurir; car elles produifent quelquefois leurs fleurs
en automne & fouvent au printems; mais leurs femences ne
mûriffent point en Angleterre.

Polyphyllum. La feconde,
dont les femences m'ont été
envoyées de la Barbade, fe
trouve auffi dans plufieurs autres ifles de l'Amérique : fa
racine, qui eft couverte d'u-
ne écorce brune & rude, eft
très-irréguliere & remplie de
gros nœuds : fa tige s'éleve à
la hauteur d'environ un pied;
elle eft nue au fommet, où
elle porte feulement une touffe de feuilles divifées en plufieurs parties : fa tige eft
unie, de couleur pourpre,
mais remplie de protubérances aiguës, de différentes couleurs, qui jettent un éclat
pareil à celui du corps d'un
ferpent; fa tige de fleurs fort
immédiatement de la racine,
& s'éleve tout au plus à la
hauteur de trois pouces; fon
fommet eft terminé par un
chaperon oblong & gonflé,
qui s'ouvre en longueur, &
laiffe voir en-dedans un fpa-

dix court, épais & pointu;
fur lequel les fleurs font ferrément rangées.

Cette efpece eft tendre, &
ne peut être confervée en Angleterre qu'au moyen d'une
ferre chaude ; on plante fes
racines dans des pots remplis
de terre légere prife dans un
jardin potager, qu'on plonge
dans la couche de tan de la
ferre chaude, où on les tient
conftamment : en hiver on les
arrofe fort légèrement ; mais
dans les tems chauds, & lorfque les plantes font en vigueur, on leur donne de l'eau
plus fouvent, & toujours peu
à la fois : par ce traitement
elles fleuriront; mais leurs racines ne fe multiplient pas ici.

Spinofum. La troifieme eft
originaire de l'Ifle de Céylan
& de plufieurs autres parties
des Indes Orientales : elle a
une racine oblongue, épaiffe
& remplie de nœuds, de laquelle naiffent plufieurs feuilles femblables à celles de l'*A-
rum commun*, & dont les pétioles font couverts de protubérances rudes. La tige qui
foutient la fleur, eft courte
& garnie de pareilles protubérances; elle fe termine par
une fpathe de quatre pouces
de longueur, & auffi épaiffes
que le doigt, qui s'ouvre longitudinalement, & laiffe voir
le fpadix garni de fleurs. Cette plante eft tendre, & exige
le même traitement que la précédente.

Camtfchatcenfe. La quatrieme
a des racines femblables à celles de l'*Arum commun*, defquelles fortent plufieurs feuilles

en forme de lance, dont chacune eft fupportée par un pétiole féparé qui s'éleve immédiatement de la racine, comme ceux de l'*Arum commun.* Cette efpece n'a pas encore fleuri en Angleterre, ainfi je ne puis en donner une plus ample defcription : elle croît naturellement en Sibérie ; elle veut être placée à l'ombre, & elle fupporte les plus grands froids de notre climat.

Les curieux de l'Angleterre & de la Hollande, confervent ces plantes dans leurs jardins, plutôt pour la variété que pour la beauté ; car, excepté la premiere, il n'y en a aucune qui ait quelque apparence : la premiere peut être placée contre la muraille de la ferre chaude, à laquelle elle s'attachera & qu'elle couvrira entierement ; fes feuilles fe confervent pendant toute l'année, & font fi extraordinairement percées, qu'elles font un effet fingulier.

Toutes les autres efpeces de *Serpentaires* font des plantes tendres, qu'on ne peut conferver dans notre climat fans le fecours des ferres les plus chaudes : celles qui viennent de l'Amérique, naiffent fpontanément dans les bois de la Jamaïque & des autres parties chaudes de cet hémifphere : les efpeces grimpantes fe roulent autour des troncs d'arbres dans lefquels leurs racines pénetrent, & elles s'élevent ainfi à la hauteur de trente ou quarante pieds.

Ces plantes grimpantes fe multiplient aifément par bou-

tures ; comme elles font fort fucculentes, on peut les porter en Angleterre dans une boëte remplie de foin fec, en les emballant féparément, de maniere qu'elles ne puiffent s'endommager l'une l'autre par l'humidité qui découle ordinairement des parties coupées, & dont la fermentation les feroit pourrir. Lorfqu'on les reçoit, on les plante dans de petits pots remplis de terre fraiche & légere, & on les plonge dans une couche de tan ; mais on ne doit leur donner que très-peu d'eau jufqu'à ce qu'elles aient pris racine, de peur qu'elles ne pourriffent : quand elles font bien enracinées, on les arrofe fouvent, & lorfqu'elles ont acquis un certain volume, on les place dans la couche de tan de la ferre chaude, de maniere qu'elles fe trouvent voifines de quelques plantes fortes auxquelles elles puiffent s'attacher, fans quoi elles ne profiteroient pas ; car, quoiqu'elles pouffent de chacun de leurs nœuds des racines qui pénetrent dans le mortier de la muraille de la ferre, cependant elles ne font pas autant de progrès dans cette fituation, que lorfqu'elles font appuyées contre une plante forte qui leur fournit de la nourriture.

On multiplie les autres efpeces par les rejettons que leurs racines produifent ; mais il faut les tirer de leur pays natal, & les planter dans des caiffes remplies de terre un mois avant de les porter à

bord du vaisseau : on les tient
à l'ombre jusqu'à ce qu'elles
aient pris racine , & dans la
traverſée il faut avoir grand
ſoin que l'eau ſalée ne les
touche pas, & de ne pas trop
les arroſer ; car il ſuffit de
leur donner un peu d'eau , tout
au plus une ou deux fois par
ſemaine , tant qu'elles ſont
dans un climat chaud ; quand
elles ſont arrivées dans un plus
froid , on ne les arroſe plus
qu'une fois dans quinze jours ,
encore cet arroſement doit-il
être très-léger ; car malgré que
le ſommet des plantes ſoit détruit dans le paſſage faute
d'eau , & parce que les racines n'ont pas repris , cependant elles ſe rétabliront facilement dans la ſuite en les traitant d'une manicre convenable.

Auſſitôt qu'on les reçoit,
on les tranſplante dans des
pots remplis de terre fraiche
& légere , on les plonge dans
une couche chaude de tan ,
& on les arroſe légèrement
juſqu'à ce qu'elles aient formé de bonnes racines ; dans
la ſuite on leur donnera un
peu plus d'eau : mais comme
leurs tiges ſont fort ſucculentes , cet arroſement doit être
toujours fait avec beaucoup
de prudence.

Ces plantes veulent être tenues conſtamment dans la ſerre chaude ; elles ont beſoin
de beaucoup d'air en été , &
d'une grande chaleur en hiver, ſans quoi on ne peut pas
les conſerver dans ce pays.

Elles s'élevent à la hauteur
de trois , quatre ou cinq pieds ,
& font une variété fort agréa-

ble dans la ſerre chaude , parmi les autres plantes exotiques.

DRACUNCULUS. *Voyez*
ARUM.

DRACUNCULUS PRA-
TENSIS. *V.* ACHILLEA PTAR-
MICA. L.

DRAGON. *V.* DRACON-
TIUM ET ARUM DRACUNCU-
LUS. L.

DRAVE. *Voyez* DRABA.

DROSERA , *Ros ſolis.* [*Sun-
dew.*] Roſée du ſoleil , *ou* Roſ-
ſollis.

Nous avons deux ou trois
eſpeces de ce genre qui croiſſent naturellement dans des
endroits marécageux de pluſieurs parties de l'Angleterre ;
on en trouve auſſi trois ou
quatre autres dans les pays
chauds. Mais comme on ne
peut les cultiver dans les jardins, à moins que ce ne ſoit
dans des lieux humides & pleins
d'eau , il eſt inutile d'en donner la deſcription.

L'eſpece commune à feuil-
les rondes eſt d'uſage en médecine ; les marchands d'herbes la recueillent pour en fournir les marchés.

DRYAS. [*Cinquefoil Avens.*]
Quinte-feuille. Le Druas.

On rencontre dans les parties montagneuſes & humides
de l'Ecoſſe & de l'Irlande deux
eſpeces de ce genre, dont l'u-
ne a cinq pétales & des feuilles ailées ; mais comme aucune de ces plantes n'a beaucoup
d'apparence, on ne les conſerve guère que dans quelques jardins de botanique.

DULCAMARA. *Voyez* SO-
LANUM.

DURANTIA. *Lin. Gen. Plant.*
704.

704. Castorea. *Plum. nov. Gen.*
30. tab. 17. [*Durantia. Castorea.*]

Caracteres. Les fleurs de ce genre ont un calice persistant, & formé par une feuille érigée, placée sur le germe, & découpée sur ses bords en cinq segmens aigus; une corolle monopétale & labiée; un long tube qui s'ouvre en deux levres, dont la supérieure est ovale, érigée & concave, & l'inférieure, divisée en quatre segmens égaux & ronds; quatre étamines courtes, situées dans le fond du tube, dont les deux du centre sont un peu plus courtes que les autres, & qui sont toutes terminées par des sommets courbés : le germe, qui est placé sous la fleur, soutient un style long, mince & couronné par un stigmat à tête; il se change, quand la fleur est passée, en une baie globulaire, terminée par trois pointes aiguës, & a une cellule dans laquelle sont renfermées quatre semences angulaires.

Les plantes de ce genre, ayant deux étamines longues & deux courtes, & des semences renfermées dans une capsule, sont rangées dans la seconde section de la quatorzieme classe de LINNÉE, qui a pour titre *Didynamia angiospermia.*

Ce genre avoit d'abord été nommé *Castorea* par le Pere PLUMIER, en l'honneur de CASTOR DURANTI, médecin de Rome, qui a fait imprimer dans cette Ville, en 1585, une *Histoire des Plantes*; mais LINNÉE a changé ce nom en celui de *Durantia*, qui est

le surnom du même Médecin.
Les especes sont :

1°. DURANTIA *Plumieri spinosa. Lin. Sp. Plant. 637. Jacq. Amer. 26;* La Durante épineuse.

Castorea repens spinosa. Plum. Nov. Gen. Plant. 30. Ic. 79; Castorea grimpante & épineuse.

2°. *Durantia racemosa inermis. Lin. Sp. Plant. 637;* La Durante sans épines.

Castorea racemosa, flore cæruleo, fructu croceo. Plum. Nov. Gen. 30; Castorea branchue, avec une fleur bleue, & un fruit couleur de safran.

3°. *Durantia erecta, caule erecto spinoso, foliis ovatis integerrimis, floribus racemosis;* La Durante à tige droite & épineuse, avec des feuilles ovales & entieres, & des fleurs en paquets longs.

Durantia ellisia, calycibus frutescentibus erectis. Jacq. Amer. 26. Lin. Sp. Plant. 888. Richard Weston. p. 91. v. 1. Jacq. Hort. 3. t. 99.

Ellisia acuta. Amœn. Acad. 5. p. 400. Læfl. It. 194.

Ellisia frutescens quandòque spinosa, foliis ovatis utrinque acutis ad apicem serratis, spicis alaribus. Brown. Jam. 262. t. 29. f. 1.

Jasminum folio integro, obtuso, flore cæruleo racemoso, fructu flavo. Sloan. Cat. Jam. 169; Jasmin à feuilles entieres & obtuses, avec des fleurs bleues disposées en paquets, & un fruit jaune.

Plumieri. La premiere espece a plusieurs branches traînantes, armées à chaque nœud d'épines crochues & garnies de feuilles oblongues, placées sans ordre & légèrement sciées sur leurs bords; ses fleurs,

de couleur bleue pâle , naiſſent en paquets longs ſur les
côtés des tiges, comme celles
du *groſellier ordinaire* , & ſont
remplacées par des baies brunes ſemblables aux fruits de
l'*épine blanche* , & à une cellule qui renferme quatre ſemences angulaires.

Racemoſa. La ſeconde eſpece a une tige branchue &
ligneuſe qui s'éleve à la hauteur de ſept ou huit pieds ;
ſes branches ſont garnies de
feuilles ovales, en forme de
lance , de trois pouces de longueur ſur un pouce & demi
de largeur au milieu , ſciées
ſur leurs bords, d'un vert luiſant, & oppoſées : ſes fleurs
ſortent en grappes longues
aux extrémités des branches ;
elles ſont bleues , & ſont ſuivies par de groſſes baies rondes & jaunes , qui renferment
quatre ſemences angulaires (1).

Erecta. La troiſieme eſpece
s'éleve à la hauteur de dix ou
douze pieds , avec une tige
forte, ligneuſe, couverte d'une
écorce blanche , & diviſée en
pluſieurs branches armées d'é-
pines aiguës , & garnies de
feuilles ovales & fermes , d'un
pouce de longeur ſur neuf lignes de largeur : les fleurs,
qui ſont de couleur bleue ,
naiſſent en grappes longues
aux extrémités des branches,
& ſont remplacées par de petites baies rondes & jaunes
qui renferment quatre ſemences angulaires. Cette eſpece
m'a été envoyée de la Jamaï-

---

(1) LINNÉE ne conſidére cette
ſeconde eſpece , que comme une
variété de la premiere.

que par le Docteur HOUSTOUN.

Culture. Toutes ces plantes
étant originaires des climats
méridionaux , ne peuvent ſe
conſerver en Angleterre ſans
le ſecours d'une ſerre chaude ;
on les multiplie par leurs graines , qu'on ſeme dans de petits pots , & qu'on plonge dans
une couche chaude de tan :
lorſque les plantes ſont en
état d'être enlevées , on les
met chacune ſéparément dans
de petits pots remplis de terre légere ; on les replonge
dans la couche , & on les
tient à l'ombre , juſqu'à ce
qu'elles aient formé de nouvelles racines , après quoi on
les traite comme les autres
plantes qui viennent des mêmes contrées.

La ſeconde eſpece peut être
multipliée par boutures pendant tous les mois de l'été ;
mais il faut les plonger dans
une couche de chaleur tempérée , les tenir à l'ombre
juſqu'à ce qu'elles aient pris
racine, & les traiter enſuite
de la même maniere que les
plantes de ſemence : cette eſpece n'étant pas auſſi tendre
que les deux autres , on peut
la placer en plein air pendant
l'été ; & , ſi elle eſt tenue à
une température douce en
hiver , elle profitera mieux
qu'à une plus grande chaleur.
J'ai conſervé quelques plantes
de cette eſpece pendant trois
hivers dans une caiſſe de vitrage ſeche & chaude ſans
feu , où elles ont très - bien
réuſſi ; l'hiver de 1762 étant
trop rude , fit tomber leurs
feuilles ; mais depuis elles ont
fort bien repouſſé.

E A U. L'eau eſt ſans contredit une des choſes les plus
néceſſaires dans un jardin ;
car on ne peut prévenir les
mauvais eﬀets des grandes ſè-
chereſſes que par les arroſemens , qui empêchent les
plantes d'être brûlées , & les
préſervent des maladies conta-
gieuſes, auxquelles les grandes chaleurs les expoſent :
d'ailleurs , rien ne contribue
davantage à l'agrément des
jardins, que des eaux bien
diſtribuées, ſoit en jets d'eau,
ſoit en caſcades , &c. Je vais
d'abord rapporter les opinions
des meilleurs Phyſiciens ſur
la nature & les propriétés de
l'eau, avant de parler de la
maniere d'en tirer parti, pour
orner les maiſons de campagne.

NEWTON définit l'eau pu-
re , une matiere très-fluide ,
volatile & dépourvue de toute
ſaveur & d'odeur, qui ſemble
être compoſée de petites particules dures, poreuſes, ſphériques, égales en diametre &
en gravité ſpécifique , & ſéparées par des intervalles ſi
larges, & tellement diſpoſées,
qu'elles peuvent être pénétrées
de toute part.

L'égalité de leur ſurface ſert
à expliquer pourquoi elles gliſ-
ſent ſi aiſément les unes ſur
les autres ; leur figure ſphérique les empêche de ſe toucher mutuellement en plus
d'un point, & par ces deux
raiſons, leur frottement, en
gliſſant l'une ſur l'autre eſt le
moindre poſſible.

Leur dureté donne la rai-
ſon de l'incompreſſibilité de
l'eau, lorſqu'elle n'eſt pas mêlée avec l'air. Sa poroſité eſt
ſi grande, qu'il y a au moins
quarante fois autant d'eſpace
entre ſes parties , qu'elle contient de matiere ; car l'eau eſt
dix - neuf fois ſpécifiquement
plus légere que l'or , & par
conſequent plus rare en même raiſon ; cependant l'or, par
la preſſion, laiſſe paſſer l'eau
à travers ſes pores : on peut
donc ſuppoſer avec raiſon que
l'or a autant, au moins , de
pores que de parties ſolides.

M. LE CLERC dit , que l'on
obſerve dans l'eau les qualités ſuivantes : les Phyſiciens
cherchent à les expliquer, &
à en découvrir les cauſes.

1°. Elle eſt tranſparente ,
parce que, ſuivant l'opinion
de quelques-uns, elle eſt compoſée de particules flexibles,
comme des cordes qui ne ſont
pas aſſez ſerrées pour n'avoir
point de pores , ni aſſez entrelacées pour qu'il ne reſte
pas entr'elles des intervalles
en ligne droite , propres à
fournir paſſage à la lumiere.
Comme ces particules ne ſont
pas jointes étroitement enſemble , & qu'elles ne ſont pas
dans un mouvement continuel,
les rayons de la lumiere tra-
verſent aiſément ces eſpaces
directs, à moins que l'eau ne
ſoit très - profonde , ou miſe
en mouvement par quelque
cauſe extérieure ; car alors ſa
tranſparence eſt fort diminuée,

& elle prend une couleur obf-
cure, comme on peut l'obferver dans une mer agitée, dont
le mouvement rapide dérange
& change continuellement la
direction de fes parties.

2°. L'eau eft liquide, mais
capable d'être fixée. L'eau femble être liquide par la même
raifon que les autres corps qui
le font : fes particules étant
flexibles comme des cordes,
& laiffant entr'elles des pores
qui font remplis par une matiere plus déliée, lorfque cette matiere eft mife dans un
mouvement violent, ces particules font aifément écartées
de côté & d'autre : cependant, lorfque le mouvement
de cette matiere eft empêché,
comme il arrive par un grand
froid, l'eau devient glace,
foit que cet effet ne provienne que du froid, foit qu'il y
ait outre cela des particules
nitreufes qui tombent de l'air
par un tems de gelée, & qui,
par leur rigidité, fixent les
parties de l'eau.

3°. L'eau peut être ou chaude ou froide : fes particules
étant fixées, comme nous venons de le dire, font bientôt
défunies par le mouvement de
la matiere du feu, qui, pénétrant dans fes pores, l'agite fortement jufques dans fes
derniers élémens, & lui rend
fa premiere fluidité.

Mais fi on expofe de nou-
veau cette eau à l'air froid,
le feu dont elle eft pénétrée
fe diffipera, & elle redevien-
dra bientôt auffi froide qu'auparavant.

4°. L'eau s'évaporé aifé-
ment par la chaleur du feu ou
de l'air : cet effet eft dû à la
féparation fubite de fes parties, caufée par la dilatation
de l'air, qui entraine avec lui
les particules d'eau.

5°. L'eau eft fort pefante en
comparaifon de l'air, & de
beaucoup d'autres corps. On
a démontré, par plufieurs expériences, que la gravité de
l'air que nous refpirons, eft
à celle de l'eau comme un à
huit cent ou un peu plus;
ainfi, l'eau eft huit cent fois
plus pefante que l'air : c'eft
pour cette raifon qu'une veffie,
ou quelqu'autre chofe femblable, remplie d'air, ne peut
être enfoncée dans l'eau,
qu'au moyen d'un poids qui
excède la pefanteur de l'eau,
autant & un peu plus que celle de l'eau excède celle de l'air.

De-là vient que l'eau fupporte aifément du bois, &
des vaiffeaux énormes chargés de groffes cargaifons, qui
ne peuvent jamais être fub-
mergés, à moins que leur
poids n'excède celui d'un pareil volume d'eau; & comme
l'eau falée eft plus pefante
que l'eau de riviere, elle fupporte un plus grand poids.

Les corps plus pefans que
l'eau, comme les pierres, les
métaux, &c. fe précipitent fur
le champ au fond de l'eau,
avec une viteffe proportionnée
à leur pefanteur, tandis que
d'autres matieres, dont le poids
eft égal à celui de l'eau, ne
flottent point fur la furface,
& ne defcendent pas au fond;
ils reftent fufpendus à une
certaine hauteur, comme on

peut l'obferver fur les cadavres des animaux.

6°. L'eau eft infipide & fans odeur, parce que fes parties flexibles gliffent légèrement fur la langue, & ne font pas affez dures pour affecter les nerfs & produire la fenfation du goût : mais ceci ne peut s'entendre que de l'eau pure, dépourvue de toute efpece de matiere étrangere, telle que l'eau diftillée, & celle de pluie ; car l'eau la plus faine des fontaines, contracte ordinairement une falure que la terre lui fournit : je ne parle pas ici des fources minérales, dont le goût eft plus piquant, mais des eaux qui font la boiffon ordinaire.

Elle eft également fans odeur, par la même raifon qu'elle n'a point de faveur ; fa flexibilité & l'égalité de fes parties conftituantes font telles qu'elle ne peut pas agir fur les nerfs olfacteurs ; car quand il en eft autrement, c'eft une preuve qu'elle tient en diffolution quelque fubftance étrangere.

7°. L'eau eft fujette à fe corrompre fuivant la nature du lieu où elle fe trouve renfermée. L'eau devient épaiffe & puante par la ftagnation, comme nous le voyons dans les étangs, les marais & les vâfes fermés ; mais il faut fe rappeller ici que c'eft de la matiere terreftre & végétale dont nous parlons ; car l'eau pure ne peut pas fe putréfier. Cela fe prouve, premierement, par l'eau diftillée, qu'on peut conferver très-long-tems

fans putréfaction : & en fecond lieu, par l'eau de pluie que l'on recueille dans des vâfes qu'on ferme hermétiquement fur le champ, & qu'on enterre enfuite ; cette eau fe conferve plufieurs années dans les contrées dépourvues de fontaines, d'où il refulte que la caufe de la putréfaction n'eft pas dans l'eau même, mais dans une autre matiere qui y eft mêlée. L'eau pure, telle que l'eau diftillée ou l'eau de pluie, fe conferve douce pendant très-long-tems, pourvu que les vâfes qui la contiennent foient affez bien fermés pour qu'aucun infecte ne puiffe s'y introduire, & qu'ils foient faits avec une matiere incorruptible, telle que le verre, ou la terre argilleufe.

Pour ce qui eft de l'eau ftagnante des étangs & des marais, elle fe corrompt de deux manieres : premierement, par la nature du fol, dans lequel fe trouve fouvent une grande quantité de foufre nuifible, qui impregne l'eau & la rend puante dans les tems chauds, ainfi qu'on l'obferve dans la ville d'Amfterdam, non feulement dans les canaux exiftants, mais par-tout où l'on creufe pour les fondations des maifons ; cette putréfaction vient du terroir & non pas de l'eau : fecondement, par les corps fufceptibles de putréfaction, qui y font répandus, tels que les cadavres des infectes, les œufs qui engendrent des vers, &c. L'eau fe corrompt auffi dans les vâfes de bois, comme on l'obferve

fur mer, par les parties fulphureufes que le bois fournit,
& par les chofes mal propres,
comme les mouches, & leurs
œufs qui y tombent.

L'eau pénetre les corps dont
les pores font affez larges pour
lui donner paffage ; c'eft ainfi
qu'elle s'infinue entre les particules du fucre & du fel, de
maniere qu'elle les fépare &
les diffout entierement : mais
elle ne peut entrer que très-
peu dans le tiffu des pierres,
dont elle ne fait qu'humecter
la furface fans les détremper ;
elle s'y attache, parce que
cette furface eft rude, & que
les pores qu'elle préfente font
un peu ouverts : mais de pareils corps humectés fe deffe-
chent bientôt par l'agitation
de l'air voifin, dont les particules feches fe chargent aifément de toute l'humidité qu'elles rencontrent (1).

---

(1) Il ne faut point regarder
la diffolution des fels comme une
fimple féparation de leurs parties,
mais plutôt comme un compofé
nouveau formé par l'union intime des particules de l'eau & du
fel qui y a été mêlé ; ce qui eft
aifé à prouver par la tranfparence
que l'eau conferve étant faturée
par une fubftance faline, & par la
cryftallifation de ce fel, qui, en
fe raffemblant, rétrécit une très
grande quantité d'eau fous forme
folide.

L'eau peut également diffoudre
les pierres les plus dures, telles
que les jafpes, les agathes, les
marbres, etc., qui fe criftallifent
à la maniere des fels, & qui retiennent auffi beaucoup d'eau fo-
lidifiée, on reconnoit encore cet
effet dans les ftalactites, qui n'ont

Les corps frottés d'huile ou
de graiffe, contractent fort peu
d'humidité, parce que la ru-
deffe & l'inégalité de leur furface, contre laquelle l'eau s'at-
tachoit, eft nivelée par la
graiffe, & que fes pores font
fermés de maniere qu'il ne
refte aucun paffage pour les
particules d'eau qui n'y font
que gliffer.

La plupart des liqueurs font
formées par l'affemblage de
plufieurs particules différentes,
en grandeur, gravité, ou propriété attractive, fufpendues
dans l'eau pure, ou plutôt dans
l'eau élémentaire, qui femble
être la bafe générale de tous
les autres fluides : & fi l'on connoît un fi grand nombre d'eaux
différentes, elles ne doivent
leurs propriétés qu'à la nature
diverfe des matieres falines, fulphureufes, ou minérales qu'elles contiennent.

Le vin n'eft autre chofe que
l'eau impregnée de la fubftance
des raifins ; & la biere, que
l'eau chargée des principes de
l'orge : tous les efprits fem-

---

pu être formées que par une diffolution complette des particules
pierreufes, & encore mieux dans
certaines fontaines dont les eaux,
quoique fort diaphanes, dépofent
cependant fur tous les corps
qu'on leur préfente, une grande
quantité de matiere pierreufe qui
les incrufte ; mais cette diffolution
eft-elle opérée par l'eau feule,
ou ne doit-elle cette propriété dif-
folvante qu'à l'acide méphitique
qui s'y trouve mêle ? C'eft ce qu'on
n'eft point encore parvenu à découvrir.

blent être de l'eau faturée de particules falines & fulphureufes.

Toutes les liqueurs font plus ou moins fluides, fuivant que les matieres hétérogenes que l'eau tient en diffolution ont plus ou moins de cohéfion entr'elles; il n'y a aucun fluide dont les parties n'aient quelqu'adhérence les unes avec les autres, comme on le voit par les bulles qui paroiffent, & fe tiennent quelquefois à la furface de l'eau la plus pure, auffi-bien que fur celle des efprits & des autres liqueurs.

L'eau contribue beaucoup à l'accroiffement des corps, en ce qu'elle rend fluides & tient féparés leurs principes actifs; de forte qu'ils peuvent être conduits par la circulation dans leurs vaiffeaux.

Le favant Docteur HALLEY a démontré que, fi un atôme d'eau s'étend en une bulle dont le diametre foit dix fois plus grand qu'il n'étoit, cet atôme fera par fa fuperficie plus léger que l'air, & s'élevera auffi long-tems que le fluide expanfible qu'elle renferme, confervera le même dégré de dilatation; mais que, fi la chaleur diminue ou qu'elle fe trouve dans un air plus froid, elle fera forcée de s'arrêter ou même de defcendre.

Ainfi, fi l'on fuppofoit que toute la terre fut entierement couverte d'eau, & que le foleil décrivît tous les jours un cercle autour d'elle, comme il le fait maintenant, ce Docteur croit que l'air feroit impregné d'une certaine quantité de vapeurs aqueufes qu'il retiendroit avec lui, comme le fel refte diffout dans l'eau; & que le foleil échauffant l'air pendant le jour, cette partie de l'atmofphère fupporteroit une plus grande proportion de vapeurs, (comme l'eau chaude contient plus de fel diffout que l'eau froide;) mais dont une partie retomberoit en rofée pendant la nuit.

Dans cette fuppofition, le même favant conclut, que l'air ne feroit chargé que de parties aqueufes, & que les changemens de l'atmofphère feroient alors périodiques & réguliers, & toutes les années les mêmes : l'air ne contiendroit plus ces différentes parties terreftres, falines, & enfin toutes ces vapeurs hétérogenes, dont les différens mélanges portés par les vents caufent felon lui, la variété de température & de faifons dans nos climats.

Mais, au-lieu de fuppofer une terre entierement couverte d'eau, confiderons la mer difperfée autour des grandes & vaftes étendues de terre, & divifée par de hautes & longues chaînes de montagnes, comme les Alpes, les Apennins & les Pyrénées en Europe; le mont Taurus, le Caucafe, les chaines Altaïque & Poyenne en Afie; le mont Atlas & les Montagnes de la Lune en Afrique; les Andes & les Monts Apalaches en Amérique; dont chacune excede la hauteur ordinaire à laquelle les vapeurs aqueufes s'élevent, & fur le fommet defquelles l'air eſt ſi froid & ſi raréfié, qu'il ne retient qu'une petite quantité de ces vapeurs que les vents élevent juſques-là.

Les vapeurs donc élevées de la mer, & apportées par les vents ſur les plaines juſqu'à ces grandes chaînes de montagnes, y ſont entaſſées par leurs efforts, & forcées à monter juſqu'à leur ſommet, d'où l'eau ſe précipite d'abord, ſuinte à travers les crevaſſes des rochers, & entre dans les cavernes formées dans leur ſein; les baſſins qui ſe trouvent étant remplis, l'eau qu'ils contiennent, cherche à s'ouvrir un paſſage, parvient enfin à ſe frayer une iſſue vers leurs parties baſſes, & s'échappe par le côté de la montagne ſous la forme de ſimples ſources qui coulent dans les vallons étroits, & qui, venant à s'unir, forment des ruiſſeaux & enſuite des rivieres, &, par la jonction de pluſieurs de celles-ci, des grands fleuves.

L'eau eſt-elle originairement fluide? C'eſt une grande queſtion parmi les Philoſophes qui n'ont pas encore décidé, ſi la fluidité eſt ſon état naturel, ou plutôt un état forcé.

Nous la trouvons quelquefois fluide, & quelquefois ſolide; & comme le premier état eſt le plus ordinaire dans notre climat, nous ſommes portés à penſer que cet état lui eſt naturel, & nous croyons que l'autre vient de l'action extérieure du froid. Mais le ſavant BOERHAAVE eſt d'une opinion contraire; il prétend que l'eau eſt un cryſ-

tal, parce que par-tout où il n'y a pas aſſez de chaleur pour l'entretenir dans ſa fluidité elle devient un corps ſolide que nous appellons glace.

M. BOYLE penſe à-peu-près de même. Il obſerve que la glace eſt regardée communément comme de l'eau miſe en un état contre nature par le froid; mais qu'en conſidérant les choſes ſous leur vrai point de vue, & en mettant à part toutes les idées reçues, on pourroit dire avec autant de juſteſſe que l'eau eſt la glace fondue par la chaleur, & dans un état violent & accidentel : ſi on veut avancer que la glace laiſſée à elle-même retourne à l'état d'eau, auſſitôt que la cauſe qui l'a rendu ſolide n'exiſte plus, on peut répondre que, ſans faire mention de la neige & de la glace qui reſte tout l'Été ſur les Alpes & ſur d'autres montagnes élevées, même dans la Zône Torride, nous ſommes aſſurés qu'en certains endroits de la Sibérie, la ſurface de la terre eſt gelée durant plus de mois de l'année par la température naturelle du climat, qu'elle n'eſt fondue par la chaleur du ſoleil, & que le dégel n'a même lieu qu'à la ſurface, puiſqu'en creuſant pendant l'Été dans des campagnes cultivées & couvertes de moiſſons, on trouve un ſol glacé à trois ou quatre pieds de profondeur.

BOERHAAVE penſe que, ſi l'on pouvoit ſe procurer de l'eau parfaitement pure & dépouillée de toute ſubſtance étrangere, elle auroit toutes les propriétés d'un élément, & seroit aussi simple que le feu; mais que jusqu'ici on n'a encore trouvé aucun expédient pour la rendre telle.

L'eau de pluie, qui semble être la plus pure de toutes celles que nous connoissons, est remplie d'une infinité d'exhalaisons de toutes especes que l'air lui fournit; de sorte que, quoiqu'elle soit filtrée & distillée autant de fois qu'on voudra, elle contiendra toujours des parties d'une nature différente.

La plus pure de toutes les eaux, est celle qu'on obtient par la distillation de la neige ramassée pendant une nuit claire, sereine & froide, sur quelque lieu bien élevé, & prise à la surface : lorsque cette neige a été distillée plusieurs fois, elle donne de l'eau aussi pure qu'il soit possible de l'obtenir.

M. BOYLE rapporte qu'un de ses amis, après avoir distillé cent fois une certaine quantité d'eau, trouva qu'elle avoit déposé de la terre dans la proportion de six dixiemes de son poids; d'où il conclut que toute eau, en poussant l'opération encore plus loin, pourroit être convertie en terre.

Mais il faut considérer que, comme on ne peut pas remuer & verser de l'eau dans un vaisseau sans y mêler en même tems de la poussiere, & qu'il est également impossible de la distiller sans qu'elle dissolve une partie de la com-position qui sert à luter le vaisseau, BOERHAAVE a raison de penser que l'eau ainsi souvent distillée, pourroit acquerir plutôt de la nouvelle terre, au moyen de la poussiere qui flotte en l'air, & de celle qui couvre les instrumens employés dans l'opération [c].

Le même Auteur nous assure qu'après avoir distillé de l'eau simple par un feu lent pendant quatre mois, elle a paru être parfaitement pure; mais qu'après l'avoir laissée dans un vase hermétiquement fermé, elle engendra une espece de matiere herbacée semblable aux étamines des plantes, ou à de petits pelotons de mucilage; cependant on rapporte que GASPAR SCHOTT a vu de l'eau dans le muséum de KIRCHER qui avoit été conservée dans un vase hermétiquement fermé pendant plus de cinquante ans, que cette eau étoit toujours restée

---

[c] La question de la conversibilité de l'Eau en Terre a été agitée entre les anciens Philosophes, dont la plùpart, avec *Thalès*, ont cru l'affirmative : les plus distingués d'entre les modernes ont été du même sentiment, nommément *Boyle, Newton, Geoffroy, Eller, Margraaf, Wallerius, Priestley*, &c. En effet, la quantité d'eau qui est convertie en substance fixe & solide par la Végétation & puis réduite en terre par la destruction de l'Organization de ces corps, semble prouver la verité de cette opinion; quoique MM *Le Roy, Macquer, De Machy, Lavoisier*, & d'autres pensent différemment à cet égard.

claire & pure, & qu'elle fe tenoit à la même hauteur dans le vâfe fans le moindre fédiment fenfible.

Boerhaave ajoûte, qu'il eft très-certain qu'aucune perfonne n'a jamais vu une goutte d'eau pure, & que fa plus grande pureté connue, n'eft que le dégagement d'une certaine efpece de matiere ; que jamais elle ne peut être entierement dépouillée de fes fels, puifque l'air qui l'accompagne toujours en renferme beaucoup. L'eau femble être répandue par-tout, & préfente dans tous les lieux où il y a de la matiere, puifqu'il n'y a aucun corps dans la nature qui ne puiffe en fournir, fans en excepter même le feu, qui, à ce qu'on prétend, en contient auffi. Un fimple grain du fel le plus actif, qui dans un moment pénètre à travers la main d'un homme, fe charge auffi, dans un tems très-court, de la moitié de fon poids d'eau, & fe fond même dans l'air le plus fec ; ainfi le fel de tartre placé très-près d'un grand feu, attire l'eau & s'en imbibe, & par-là augmente en peu de temps confidérablement fa pefanteur ; de même, fi pendant le jour le plus fec de l'Été, on tire d'un fouterrain bien frais un vafe d'étain rempli de glace, & qu'on le porte dans une chambre bien échauffée, il fera couvert auffitôt de petites gouttes d'eau fournie par l'air & condenfée par le froid de la glace.

Les corps fecs fourniffent auffi une quantité d'eau con-

fidérable. Boerhaave dit que l'huile de vitriol étant expofée long-tems à un feu violent pour en féparer autant d'eau qu'il eft poffible, en attirera, après quelques minutes, autant qu'elle en contenoit avant.

De la corne de cerf confervée pendant quarante ans, auffi dure & auffi fèche qu'aucun métal, de maniere qu'étant frappée avec un briquet, elle donnoit des étincelles, après avoir été mife dans un vâfe de verre, & diftillée, fournit un huitieme de fon volume d'eau. Le même Auteur ajoûte que des os de morts defféchés pendant vingt-cinq ans, & devenus prefqu'auffi durs que le fer, ont rendu par la diftillation la moitié de leur poids d'eau ; & que les pierres les plus dures réduites en poudre, en ont fourni une certaine quantité.

M. Boyle a trouvé que les anguilles donnoient par la diftillation de l'huile, des efprits, & des fels volatils, outre le *Caput mortuum* ; & que cependant toutes ces différentes matieres étoient fi peu de chofe en comparaifon de l'eau, que ces animaux ne fembloient être autre chofe que de l'eau coagulée.

Le même Auteur ajoûte, que du fang humain, qu'on regarde comme une liqueur très-fpiritueufe & très-élaborée, a rendu par la diftillation à-peu-près fix onces de phlegme, de fept onces & demie de fang qui avoient été foumifes à l'opération, avant qu'aucun des autres principes commençât à monter.

Les viperes, quoique regardées comme très-chaudes, puisqu'elles vivent encore quelques jours après avoir perdu la tête & le cœur, fourniſſent une grande quantité d'eau par la diſtillation.

Pluſieurs phyſiciens ont cru que l'eau étoit la matiere commune de tous les corps ; & THALÈS, avec quelques Philoſophes, ont ſoutenu que tout étoit fait d'eau. Cette opinion a tiré probablement ſon origine des livres de MOYSE, où il parle de l'eſprit de Dieu qui ſe mouvoit ſur la ſurface des eaux.

Mais M. BOYLE ne convient pas que l'eau dont MOYSE parle ici comme la matiere univerſelle, ſoit notre eau élémentaire ; car, quoique nous regardions cette matiere comme un aſſemblage formé par un nombre infini de particules ſéminales, & d'autres corpuſcules de diverſe nature , elle pourroit avoir été cependant un corps fluide comme l'eau , ſi les principes dont elle étoit compoſée euſſent été faits par le Créateur aſſez petits & mis dans un tel mouvement , qu'ils euſſent pu changer de place , & gliſſer les uns ſur les autres.

Cependant BASILE VALENTIN , PARACELSE , VAN HELMONT , BENTIVOGLIO , &c. ont ſoutenu que l'eau eſt la matiere élémentaire de toutes choſes , & qu'elle ſuffit à leur production ; ſyſtème que VAN HELMONT a cherché à prou-

ver par l'expérience ſuivante.

Il a brûlé une quantité de terre dans un vâſe de potier , juſqu'à ce que l'huile qui y étoit renfermée fût abſolument conſumée ; en la leſſivant après avec de l'eau , il a tiré tous les ſels ; il a mis enſuite cette terre ainſi préparée dans un pot ſemblable à ceux dont les Jardiniers ſe ſervent , & l'a placée de maniere , que l'eau de pluie ſeule pût s'y introduire ; après quoi il y a planté un *Saule* qui eſt parvenu à une grande hauteur : ce qui lui a fait conclure que l'eau eſt la ſeule nourriture des végétaux , comme les végétaux ſont la nourriture des animaux.

M. BOYLE , d'apres une ſemblable expérience , ſoutient la même choſe ; ce qui a été auſſi confirmé par NEWTON , qui obſerve que l'eau expoſée durant peu de jours en plein air , prend une couleur ſemblable à celle de la drêche ; qu'en y reſtant plus long-tems , elle donne un ſédiment & un eſprit qui , avant ſa putréfaction , eſt propre à nourrir les animaux & les végétaux.

Mais le Docteur WOODWARD tâche de montrer qu'ils ſont tous deux dans l'erreur , en leur prouvant que l'eau contient différens corpuſcules étrangers , & que quelques-uns de ces corpuſcules ſont la matiere propre de la nutrition ; en effet , on trouve que l'eau eſt d'autant moins nourriſſante , qu'elle eſt plus pure ; car la *Menthe* placée dans l'eau diſtillée , pouſſe moins fortement

que dans celle qui n'a pas été
foumife à cette opération, &
fi on la diftille deux ou trois
fois, la plante ne fera prefque point de progrès , &
ne recevra que peu de nourriture.

Ainfi l'eau feule, & déga-
gée de tous corps étrangers,
n'eft pas la nourriture des végétaux , mais feulement fon
véhicule ; elle renferme les
parties nutritives , & les dif-
tribue dans toutes les parties
de la plante ; de forte qu'une
plante de *Creffon* mife dans un
vâfe de verre rempli d'eau,
contiendra moins de fel &
d'huile que celles qui croiffent
dans les fontaines, parce que
l'eau nourrit moins à mefure
qu'elle eft plus dépouillée de
fes parties favonneufes ; &
que , fi elle fuffit pour étendre , gonfler & développer le
tiffu des plantes, elle ne peut
cependant leur fournir aucune
nouvelle matiere végétale.

La fluidité de l'eau.

L'eau, dit BOERHAAVE, eft
fluide, mais fa fluidité n'eft
qu'accidentelle, car elle eft
naturellement du genre des
cryftaux ; ainfi toutes les fois
qu'elle ne fera pas échauffée
au dégré où elle doit l'être
pour entretenir fa fluidité,
elle fe transformera en une
maffe folide : que cette glace
foit l'effet propre du défaut de chaleur, & non d'aucunes pointes figeantes introduites dans l'eau, comme MA-
RIOTTE & d'autres le penfent,
cela eft affez évident, puifque dans cette fuppofition fes

parties ne pourroient pas pénétrer les corps les plus durs
comme elle fait , même les métaux.

Cette eau, dans fon état de
fluidité , ne demeure jamais
tranquille ; fes parties éprouvent une agitation continuelle,
que les François ont d'abord
découverte par le moyen des
microfcopes, & qui eft encore
mieux confirmée par l'expérience fuivante. Si l'on fufpend
un peu de fafran au milieu
d'un vâfe rempli d'eau , le fafran formera en très-peu de
tems autour de lui une efpece
d'atmofphère colorée, qui fe
répandra à la fin dans toute
l'eau ; or, cela ne pourroit
point arriver , fi les particules d'eau n'étoient continuellement mûes les unes fur les
autres : ajoutez à cela que fi
vous jetez, pendant l'hiver le
plus froid, une quantité de
fel bien fec dans un vâfe rempli d'eau , il fera bientôt fondu ; ce qui prouve d'une maniere evidente l'état de vibration où font conftamment les
derniers atômes de cet élément.

Le même Auteur dit encore,
qu'il a rempli d'eau un large
vâfe , & qu'ayant obfervé plufieurs fois fa furface avec un
microfcope, il a toujours remarqué une efpece de mou-
vement ondulatoire.

L'eau ne garde pas non plus
deux minutes de fuite le même
poids ; fa gravité varie continuellement, à caufe de l'air
& du feu qui font interpofés
entre fes parties. Placez un
morceau de glace limpide &

pure dans une balance exacte, vous verrez qu'elle ne confervera pas fon équilibre : l'expanfion de l'eau bouillante fait voir quel effet les différens dégrés de chaleur produifent fur la pefanteur de l'eau.

Cette propriété rend très-difficile à déterminer la gravité fpécifique de l'eau pour pouvoir fixer fon dégré de pureté; mais nous pouvons dire en général que l'eau la plus pure qu'il foit poffible de fe procurer, eft celle qui pefe huit cent quatre-vingt fois plus que le même volume d'air.

Cependant, nous n'avons aucun point fixe duquel on puiffe tirer parti pour mefurer la gravité de l'air; car ce fluide ne devant la plus grande partie de fon poids qu'à l'eau qui y eft mêlée, fa pefanteur doit varier en proportion de la quantité d'eau qu'il contient.

De toutes les eaux, la plus pure eft celle de la pluie qui tombe dans une faifon froide & pendant un jour tranquille; il eft certain que la pluie qui tombe en Été, lorfque l'atmofphère eft fort agitée, doit contenir un nombre infini de différentes efpeces de matieres hétérogenes; ainfi, fi vous ramaffez l'eau qui eft tombée après un coup de tonnerre durant un jour chaud de l'Été, & que vous la laiffiez en repos, elle dépofera du vrai fel; mais en hiver, fur-tout quand il gèle, & que la terre produit peu d'exhalaifons, la pluie qui tombe alors, contient beaucoup moins de principes étran-

gers : de-là vient que l'eau qu'on ramaffe le matin, a la propriété d'enlever les taches du vifage, & que celle qu'on retire de la neige, peut guérir les inflammations des yeux; cependant cette eau, toute pure qu'elle eft, laiffera encore du fédiment après avoir été filtrée & diftillée un grand nombre de fois. L'eau la plus pure eft donc celle qu'on recueille en hiver dans une grande plaine, lorfque la terre eft couverte de neige, & que tous fes pores font fermés par la gelée. Après celle-ci vient l'eau de fontaine, qui, fuivant le Docteur HALLEY, eft le produit de l'air faturé d'eau, qui étant condenfée par le froid du foir, & chaffée contre les fommets froids des montagnes, fe raffemble en gouttes, & fe diftille dans la terre, comme dans un alambic.

L'eau de fontaine devient meilleure à mefure qu'elle s'éloigne de fa fource, parce qu'elle dépofe dans fon cours les parties hétérogenes qu'elle renferme. Une riviere qui coule avec rapidité, fait tomber, au fond de fon lit, ou rejette fur fes bords toutes les matieres végétales & animales que fes eaux entraînent, ainfi que tous les fels qu'elles reçoivent de l'afmofphère, ou qu'elles diffolvent dans les différentes efpeces de terres à travers lefquelles elles paffent.

Mais l'eau qui fe précipite du fommet des montagnes, eft ordinairement dépouillée de toutes ces matieres étrangeres.

Du pouvoir diffolvant de l'eau.

L'eau confidérée comme menftrue, diffout :

1°. Tous les fels, comme le fucre, le borax, &c. que l'air ne peut diffoudre qu'au moyen de l'eau qu'il contient, que le feu rend liquide, & que la terre laiffe dans le même état : ainfi l'eau feule eft le diffolvant naturel de toutes les efpeces de fels. Les particules de fel, comme nous l'avons déja obfervé, s'infinuent dans les interftices des parties de l'eau ; mais lorfque cette eau en eft entiérement faturée, elle pourra diffoudre encore une autre efpece de fel, parce que les élémens de ce dernier étant d'une forme différente, peuvent occuper les vuides dans lefquels les premiers n'ont pu fe loger ; cette eau attaquera ainfi fucceffivement trois ou quatre efpeces de fels : par exemple, l'eau faturée de fel commun, diffoudra encore du nitre & du fel ammoniac.

2°. L'eau diffout non feulement les fels dont la propriété effentielle eft d'être folubles dans ce menftrue, mais encore les corps les plus lourds & les plus compacts, tels que les métaux, lorfque, par certains procédés, ils font réduits à l'état falin, & alors ils peuvent être fi intimement diffous par l'eau, qu'ils y reftent fufpendus.

3°. Elle diffout également tous les corps favonneux formés par la combinaifon des fels alkalins & des corps gras ; ces compofés font bien des fubftances falines, mais non de vrais fels. L'huile par elle même n'eft pas diffolvable dans l'eau, mais elle le devient par l'intermede du fel qui lui eft intimement uni.

Toutes les humeurs des corps animés ont également des propriétés falines, quoiqu'aucune ne foit un véritable fel ; on peut en dire autant des fucs des végétaux, qui tous fe diffolvent dans l'eau, les huiles exceptées.

4°. L'eau attaque le verre même, car il eft fondu avec le fel de tartre, il peut être diffout dans l'eau.

Les fels font les inftrumens actifs de la nature ; mais ils n'agiffent qu'autant que leurs parties font complettement divifées par l'eau ou par le feu.

5°. L'eau diffout tous les corps gommeux, qui différent effentiellement des réfines par cette propriété ; mais non-feulement l'eau n'attaque point les corps gras & huileux, elle femble encore les rejetter & les repouffer avec violence : fi on jette cent gouttes d'huile dans l'eau, toutes ces gouttes, qui d'abord étoient entierement féparées les unes des autres, fe réuniffent bientôt, & fe dégagent entierement de l'eau ; de maniere qu'il femble qu'il y ait quelque répulfion entre l'eau & l'huile, & quelqu'attraction entre les particules d'eau, auffi bien qu'entrecelles de l'huile.

Ajoutez que l'eau femble rejetter tous les corps oléagineux, gras, & dans lefquels l'huile domine, & que c'eft pour cela auſſi que les parties graſſes des corps des animaux ne ſont pas diſſoutes, & qu'elles ſe raſſemblent dans le tiſſu cellulaire de la peau.

L'eau ne diſſout pas non plus le ſoufre, qui n'éprouve aucune altération en le faiſant bouillir long-tems dans l'eau.

Elle n'a également aucune action ſur les corps terreux, comme nous le voyons dans les tuiles, &c.

Cependant l'eau mêlée avec des ſels alkalins diſſout l'huile ; ainſi, quoique l'eau pure verſée ſur de la laine graſſe la repouſſe, & ne contribue pas du tout à la nétoyer, cependant faites - y diſſoudre un ſel lixiviel un peu actif, elle ſe chargera facilement de toutes les parties graſſes qu'elle rencontrera ; c'eſt par ce moyen qu'on lave les draps de laine, car l'eau ſeule ne produiroit aucun effet. L'eau de mer, avec tous ſes ſels, n'effacera jamais une tache d'huile ou de graiſſe ; mais comme l'urine putréfiée contient une grande quantité de ſels alkalins, on s'en ſert avec ſuccès pour laver & fouler les draps. Enfin, l'eau ne diſſout pas la réſine, parce que les réſines ne ſont autre choſe qu'une huile concentrée & épaiſſie.

De l'uſage de l'eau dans les jardins.

Après avoir traité ainſi phyſiquement des propriétés de l'eau, je vais la conſidérer ſous un autre point de vue, c'eſt-à-dire, relativement à l'agriculture & à l'agrément qu'elle peut procurer dans les jardins, lorſqu'elle s'y trouve abondamment, & qu'elle eſt diſtribuée avec goût.

L'eau eſt abſolument néceſſaire dans les jardins potagers ; car ſans elle il n'y a aucune production à eſpérer ; c'eſt pourquoi, dans les lieux où l'on ne peut avoir aſſez d'eau pour y former des baſſins ou des réſervoirs, il faut y creuſer des puits ; & lorſque l'eau ſe trouve à une profondeur trop conſidérable pour qu'on puiſſe la faire monter avec des pompes, on invente quelqu'autre machine, ou on la tire à bras ; mais dans des endroits ſi mal ſitués, & qui exigent trop d'art pour ſe procurer de l'eau, il n'eſt guere poſſible d'y établir des jardins potagers ; car alors la néceſſité d'y avoir ſans ceſſe de l'eau, exigeroit une grande dépenſe, & le produit ſeroit peu de choſe, ſur-tout ſi le terrein eſt ſec, & par conſéquent de mauvaiſe qualité.

Quand les jardins potagers n'ont point d'autre eau que l'eau de puits, il faut y pratiquer de grandes citernes, dans leſquelles on jettera cette eau pour l'expoſer au ſoleil & à l'air avant de s'en ſervir ; car ſa crudité, lorſqu'elle vient d'être tirée, eſt très-nuiſible aux végétaux. S'il y a dans le voiſinage des jardins, quelqu'étang d'où l'on puiſſe tirer l'eau, elle ſera de beaucoup préférable à toute autre ; après celle-ci vient l'eau de riviere ; ſur-tout de celles qui coulent près ou à travers de quelques grandes villes , qui sera engraissée par les immondices qu'on y jette : mais l'eau de quelques rivieres claires & limpides est aussi dure que 'celle des sources les plus profondes qui passent sur le gravier & le sable ; les sources qui sortent de la craie sont généralement plus douces.

Si on peut avoir de la bonne eau en quantité dans le voisinage , on creusera plusieurs bassins dans les différentes parties du jardin, pour que l'eau y soit par - tout à portée ; car lorsqu'on est obligé de la transporter à une distance considérable, cette opération devient très - pénible, & les plantes en souffrent ordinairement , à moins qu'on ne veille de près les ouvriers, qui sont habitués à faire leur ouvrage avec négligence , lorsqu'il leur donne un peu de peine. La largeur des bassins doit être proportionnée à la quantité d'eau qu'on peut se procurer, ou dont on a besoin ; mais il ne faut pas qu'ils aient plus de quatre pieds de profondeur ; car , s'ils sont plus profonds, il y a à craindre que quelques personnes ne s'y noyent ; d'ailleurs , la trop grande profondeur de l'eau l'empêche d'être aussi aisément échauffée par le soleil.

La maniere de construire ces bassins differe suivant la nature du sol : dans un terrein léger & sablonneux, on doit les revêtir de terre argilleuse , de maniere qu'ils puissent contenir l'eau ; mais

si le sol est d'une nature forte, ces bassins sont très - faciles à faire , & ils n'exigent qu'un pavement de terre glaise très-mince ; dans les terres légeres on donne à ce revêtement au moins deux pieds d'épaisseur au fond , & un pied & demi sur les côtés ; la terre qu'on emploie pour cela doit être bien travaillée auparavant , & exactement paitrie. Cette terre n'est bonne qu'autant qu'elle est bien serrée, tenace & grasse, sans aucun melange de sable ; quant à sa couleur , il est indifférent qu'elle soit verte, bleue ou rouge : mais avant de la préparer, il faut que le bassin soit creusé, & qu'on lui ait donné sa forme ; car si elle reste trop long - tems exposée au soleil ou à l'air, elle ne vaudra plus rien, sur-tout si elle n'a pas été mise en un seul monceau.

La meilleure saison de l'année pour faire ces bassins, est l'automne, lorsque le soleil commence à baisser & que la chaleur est tempérée : au printems les vents d'est & de nord - est soufflent généralement, & sont trop desséchans ; en sorte que , si on n'a pas soin de couvrir les murailles à mesure qu'on avance , il se forme des crevasses qui s'élargissent peu-à-peu, & donnent passage à l'eau : le même inconvénient a lieu pendant les chaleurs de l'été ; car lorsque la terre forte se desseche trop vite , il est difficile & même impossible de prévenir ces gerçures : si cette muraille

raille de terre eſt mal faite dès le commencement, on ne peut la réparer dans la ſuite, parce qu'il eſt très-difficile de trouver l'endroit défectueux, à moins d'examiner avec attention toutes les parties du revêtement.

Quand on a creuſé le baſſin, qu'on a nivelé le fond, & qu'on l'a nétoyé de maniere qu'il n'y reſte ni boue ni petites pierres, on y jette la terre forte, on l'arrange avec beaucoup de ſoin, & on l'arroſe à meſure qu'on la preſſe avec les pieds nuds ; on la ſerre enſuite fortement avec une dame, & auſſi également qu'il eſt poſſible ; car s'il reſtoit quelqu'endroit foible, il ſeroit à craindre que l'eau ne ſe forçât un paſſage à travers. Quand le fond eſt ainſi couvert, on y place un lit de gros gravier de quatre ou cinq pouces d'épaiſſeur, pour conſerver l'eau claire ; mais quand les baſſins ſont grands, & qu'il faut beaucoup de tems pour les revêtir de terre graſſe, on les couvre à meſure avec de la litiere humide, pour les empêcher de ſe deſſécher ; on ôte cette litiere quand tout eſt fini, on y répand le gravier, & on y fait entrer l'eau auſſi-tôt, pour empêcher la terre de ſe gercer : les murs de côté doivent être conſtruits avec le même ſoin que le fond, & en employant les mêmes précautions.

On couvre enſuite de gazon le ſommet des murs de côté, pour les empêcher de ſe détériorer, & les garantir des rayons pénetrans du ſoleil ; mais avant le gazon on met deſſus quatre à cinq pouces de ſable, & ſur ce ſable un peu de bonne terre, afin que l'herbe puiſſe pouſſer plus facilement des racines : cette couche de ſable empêche l'herbe de pénétrer juſqu'à la terre forte, & la met auſſi à l'abri de la gelée : ſans cette précaution, elle eſt ſujette à ſe fendre en pluſieurs endroits. Le gazon doit ſe trouver à fleur d'eau, afin qu'aucune partie de la glaiſe ne ſoit expoſée aux injures du tems.

Il ne faut point planter d'arbres dans le voiſinage de ces baſſins ; car leurs racines pénétreroient à travers la terre forte, & y formeroient des ouvertures à travers leſquelles l'eau s'échapperoit ; d'ailleurs les ſecouſſes que les vents leur donnent, dérangent ordinairement la terre & y produiſent des fentes.

Dans les pays où la terre glaiſe eſt rare, on conſtruit ces murailles de revêtement, avec de la craie pulvériſée, dont on fait une eſpece de mortier, qu'on travaille juſqu'à ce qu'il ſoit dur & très-ferme. Ces baſſins contiennent fort bien l'eau, quand on peut avoir une quantité ſuffiſante de craie pour les conſtruire aſſez promptement pour qu'ils ne ſoient pas trop long-tems expoſés au ſoleil & au vent ; car les fentes qui s'y forment, pénetrent ordinairement toute l'épaiſſeur de la muraille.

D'autres bâtiffent leurs murs en briques pofées dans du ciment : cette méthode eft très-bonne pour les endroits où la terre eft légere & fablonneufe, parce que les murailles, une fois élevées, retiennent la terre & l'empêchent de tomber. Lorfqu'on fait ces murailles, il faut les achever le plutôt poffible, & y faire entrer l'eau tout de fuite ; car fi on les laiffe expofées long-tems à l'air, la chaleur & la fechereffe les font crever.

On fait encore un ciment avec deux tiers de tuile pulvérifée, & un tiers de chaux; mais il faut avoir attention de ne pas y mettre trop d'eau, & de le bien battre : on forme avec ce ciment un enduit de deux pouces d'épaiffeur fur la muraille, on l'unit bien, & on fait en forte qu'il ne contienne ni paille, ni pierres ni fragmens de bois : on fait cette opération dans un tems fec ; & lorfqu'elle eft achevée, on frotte cet enduit avec de l'huile ou du fang de bœuf, & on y fait auffi-tôt entrer l'eau, qui a la propriété de durcir ce ciment, au point qu'il devient auffi folide que la pierre, & qu'il dure auffi long-tems.

Quels que foient les maté riaux qu'on emploie dans la conftruction de ces baffins, il faut donner affez de force aux murailles pour foutenir le poids de l'eau ; ainfi, quand la terre dans laquelle ces baffins font creufés n'a pas beaucoup de folidité, les murailles doivent être plus

épaiffes & foutenues par des arcboutants conftruits avec les mêmes matériaux & placés de diftance en diftance : ou fi ces murs font bâtis en terre forte, on fe fert de fortes planches qu'on foutient par des piquets pour appuyer la terre, fans quoi il feroit à craindre qu'elle ne s'éboulât, fur-tout quand les baffins font grands, que le vent agite la furface de l'eau & la chaffe en vagues contre les bords; on prévient auffi cet accident, en donnant une pente douce aux murailles de revêtement.

Ces inftructions n'ont rapport qu'aux baffins deftinés à contenir l'eau néceffaire pour les arrofemens ; mais elles ne peuvent convenir aux grandes pieces d'eau creufées pour l'ornement des jardins, fi la terre eft légere & fablonneufe, parce que la dépenfe que cette conftruction occafionneroit, feroit très-confidérable : on ne peut gueres pratiquer de ces fortes de baffins, que dans des lieux où la terre eft affez forte pour contenir l'eau fans aucun revêtement, & où l'eau eft très-abondante. Comme ces baffins font très-agréables, & qu'ils forment un des plus grands ornemens des habitations de la campagne, je vais donner quelques préceptes fur la maniere de les conftruire.

Dans les endroits où l'on a des eaux courantes en abondance, les amas qu'on en forme font toujours plus agréables, parce qu'elles font plus claires & plus limpides que les eaux stagnantes ; d'ailleurs si elles coulent avec quelques dégrés de vitesse, on peut ménager deux ou trois chûtes ou cascades qui augmenteront l'agrément : en conduisant cette eau, il faut prendre exactement le niveau du terrein ; car le grand art est de s'épargner la dépense de creuser. Quand le terrein est naturellement bas, il faut y conduire l'eau, & jamais n'entreprendre d'en élever les bords, parce qu'alor on ne pourroit plus voir l'eau d'une certaine distance, à moins que le bassin ne soit très-large : il faut donc donner à ces bords une pente aussi douce qu'il est possible, & éviter avec soin de les tailler à angles réguliers, comme on le pratique ordinairement ; car ces pentes régulieres sont beaucoup moins agréables que celles qui sont à peine sensibles, & sur lesquelles l'œil glisse jusqu'à l'eau, sans rencontrer aucun obstacle qui arrête la vue ; de maniere que dans un petit éloignement, ces pentes douces ne paroissent point. Comme l'habileté de l'Artiste consiste à faire paroître la masse d'eau plus étendue qu'elle n'est réellement, en ménageant ses contours avec intelligence, on doit éviter de donner à ces bassins une forme réguliere, comme ceux qu'on voit dans quelques anciens jardins, qui sont en quarrés longs, ronds, ou de figure polygone, parce qu'on en voit tous les bords d'un seul coup d'œil, & qu'ils sont bien moins agréables,

quelque grands qu'ils soient, que ceux qui sont conduits de façon qu'ils ne peuvent pas être apperçus en entier sous un seul point de vue, mais dont les contours aisés & doux, font imaginer facilement que ce qui ne paroît point, s'étend à une grande distance : c'est ainsi que des pieces d'eau assez petites, mais ménagées avec art, peuvent paroître très-considérables.

On formoit autrefois des bassins réguliers pour répondre à des allées droites ou à des arbres plantés symmétriquement ; mais cette méthode est aujourd'hui abandonnée, & on cherche dans la disposition d'un jardin à se rapprocher, autant qu'il est possible, de la nature ; en suivant cette marche dans la distribution des eaux, on forme de grands bassins irréguliers dans les lieux les plus bas, & on les y conduits par des pentes naturelles ; non seulement on évite par-là des dépenses considérables, mais on gagne beaucoup du côté de l'agrément : on peut laisser à ces eaux la liberté de s'étendre encore plus loin dans des lieux étroits & profonds, plutôt que de les contenir par des digues dispendieuses à élever : on peut remarquer que, lorsqu'on fait de grandes dépenses pour construire de grands talus, l'effet que tout cela produit, est infiniment moins agréable que lorsqu'on s'est attaché à copier la nature : il n'y a rien d'ailleurs de si ridicule que ces bords qui s'élevent

quelquefois à la hauteur de
fix ou huit pieds, & qui ôtent
la vue de l'eau à ceux qui
fe trouvent de ce côté-là.
Ces digues font encore plus
abfurdes, lorfqu'elles font face
à la maifon ou à quelqu'endroit
principal du jardin, comme
on le voit quelquefois.

Depuis que le goût a changé
dans l'arrangement des jardins,
& qu'on a adopté une méthode
plus naturelle, on a fait de
grands progrès dans la diftribution des eaux deftinées à orner les maifons de campagne;
mais bien des perfonnes, vou-
lant imiter ces ouvrages, fe
font fouvent trompées autant
en faifant faire des tours &
des détours forcés à leurs eaux,
qu'autrefois en les conduifant
par des lignes droites & régulieres; c'eft ce qu'on voit
fouvent dans les jardins où
l'on a voulu imiter une riviere:
on apperçoit avec furprife un
petit courant d'eau décrire une
multitude de détours & de
cercles d'un air fi gêné & fi
étudié, que l'effet en eft défagréable à toute perfonne de
bon goût, & il en eft de même
de toutes les autres figures
tracées & étudiées: d'ailleurs,
toutes ces pieces d'eau régulieres péchent en ce qu'elles ont par-tout la même largeur, tandis que le principal
agrément de ces fortes de
baffins, confifte à voir l'eau
s'étendre en quelques endroits,
& à fe refferrer dans d'autres : en général, on exécute
ces pieces avec bien moins
de dépenfe que les autres,
quand on s'eft bien mis au fait

de la pofition naturelle du
terrein; ce qu'il faut faire avec
le plus grand foin avant d'entreprendre aucun ouvrage de
cette efpece, faute de quoi
on eft dans le cas de fe re-
pentir d'avoir fait à tort beaucoup de dépenfe.

Il y a encore une chofe effentielle à remarquer en creufant ces pieces d'eau, c'eft de
ne pas les faire trop voifines
des habitations, parce qu'elles pourroient les rendre mal
faines, & caufer beaucoup de
dommages aux meubles, par
l'humidité que les vapeurs qui
s'en élevent pourroient occafionner, fur-tout lorfque les
vents les chaffent directement
contre la maifon : il vaut donc
mieux aller chercher l'eau un
peu plus loin, que de s'expofer à cet inconvénient. Il
faut auffi avoir foin que l'eau ne
foit pas de niveau avec la
maifon, parce qu'elle filtre
toujours affez à travers les
couches de terre, pour occafionner une moiteur perni-
cieufe dans le bas de l'habitation, & même dans les éta-
ges fupérieurs.

Quand le jardin n'eft pas
affez heureufement fitué pour
qu'on y ait toujours des eaux
vives & courantes, & qu'on
ne peut s'en procurer qu'en
les tirant d'un étang ou de
quelque réfervoir voifin, il
eft encore poffible d'avoir de
belles eaux, foit pour l'ufage, foit pour l'ornement, fur-
tout quand elles font abondantes; mais fi elles font rares, il vaut mieux diminuer
le plan des jardins, que de

creuser de larges baffins qui reftent vuides pendant les féchereffes, qui eft le tems où l'eau eft le plus néceffaire pour l'ufage & pour l'agrément.

Dans les endroits où il y a peu d'eau, il faut pratiquer de grands réfervoirs, dans lefquels l'eau des collines & des élévations des environs puiffe fe raffembler & fervir de fupplément dans les tems de féchereffe. Lorfque ces réfervoirs font confidérables, ils contiennent affez d'eau pour l'ufage de la maifon & du jardin, mais ils en fourniffent trop peu pour l'ornement; ainfi il ne faut pas effayer de faire des pieces d'eau dans de pareilles fituations.

Comme l'eau ne paroit jamais avec plus d'avantage que dans le voifinage des bois, en deffinant une piece d'eau, il faut la conduire auprès des plantations, afin que le contrafte des arbres & de l'eau paroiffe auffi parfaitement qu'il eft poffible, & qu'on puiffe appercevoir l'eau à travers la verdure. Si on veut terminer ces baffins, & empêcher que l'eau ne fe répande plus loin, il faut, autant qu'on le peut, mafquer fes digues par des plantations ferrées d'arbres toujours verds : on peut garnir le devant de ces plantations avec des *Saules de Babylone*, ou des *Aulnes* placés très-près les uns des autres fur les bords de la piece, de maniere que leurs branches pendent fur l'eau, la

conduifent à travers ces arbres par des détours aifés, & qu'elle paroiffe s'étendre encore plus loin, & aller fe jeter à quelque diftance dans un plus gros volume d'eau. Le grand art confifte donc à rendre ces pieces auffi naturelles qu'il eft poffible ; mais plus l'art fera caché, plus elles feront agréables & eftimées par les perfonnes de bon goût.

ÉBÉNIER. *Voyez* EBENUS.

ÉBÉNIER DE MONTAGNE. *Voyez* BAUHINIA.

ÉBÉNIER faux, *ou* CYTISE. *Voyez* CYTISUS LABURNUM.

EBENUS. *Lin. Gen. Nov. Barba Jovis. Tourn. Inft. R. H. t. 419.* [*Ebony.*] Ébénier.

Caractères. Le calice de la fleur eft formé par une feuille divifée fur fes bords en cinq fegmens aigus : la fleur eft papilionnacée ; l'étendard eft obtus & réfléchi ; les ailes font égales, auffi longues que l'étendard, larges & rondes ; la caréne eft plus courte & fe tourne vers le haut : cette fleur a dix étamines, dont neuf font jointes & l'autre féparée, & qui font toutes terminées par des fommets fimples. Dans fon fond eft fitué un germe oblong, qui foutient un ftyle érigé & furmonté par un ftigmat fimple ; il fe change enfuite en un légume oblong & gonflé, qui s'ouvre en deux valves, & renferme trois ou quatre femences en forme de rein.

Cette efpece differe des *Trifolium* par les brachtées qui font placées entre les fleurs & l'épi.

Ce genre de plante est rangé dans la troisieme section de la dix-septieme classe de LIN-NÉE, intitulée *Diadelphia décandria*, qui comprend celles dont les fleurs ont dix étamines séparées en deux corps.

Nous n'avons qu'une espece de ce genre, qui est:

L'Ebenus Cretica. Lin. Sp. Plant. 1076. *Ed.* 3; Ébénier.

Barba Jovis Lagopoides, Cretica, frutescens, incana, flore spicato purpureo amplo. Breyn. Prod. 2; Barbe de Jupiter, Pied de lievre de l'isle de Candie, en arbrisseau, à feuilles velues & à grosses fleurs pourpre, disposées en épis.

Trifolium spicis ovatis villosis, caule fruticoso. Roy. Lug.-B. 380.

Anthillis fruticosa, foliolis ternatis ac quinatis, lanceolatis, tomentosis. Sauv. Meth. 237.

Cytisus incanus Creticus. Bauh. Pin. 390.

Barba Jovis Cytisi folio, flore rubello. Barr. rar. 1389. *t.* 377. & 913.

Loto affinis alata, folio & facie pentaphylloidis fruticosi, floribus in spicam longiorem positis. Pluk. Alm. 227. *t.* 67. *f.* 5.

Cette plante croit naturellement en Candie & dans quelques Isles de l'Achipel; elle s'éleve à la hauteur de trois ou quatre pieds, avec une tige d'arbrisseau qui pousse à chaque nœud plusieurs branches garnies de feuilles blanches, composées de cinq lobes étroits, en forme de lance, joints par leur bâle au pétiole, & étendus en dehors comme les doigts d'une main:

ces branches sont terminées par des épis de grosses fleurs pourpres papilionnacées, & semblables à celles des *Pois;* ces épis, dont la longueur est de deux ou trois pouces, ont une très-belle apparence, surtout quand les plantes sont fortes, & qu'il s'en trouve plusieurs sur la même : cette espece fleurit en Juin & en Juillet, & dans les années très-chaudes elle perfectionne ses semences en Angleterre.

On multiplie cette plante par ses graines, qu'on seme dans des pots en automne, parce qu'elles manquent souvent quand elles ne sont mises en terre qu'au printems; on place ces pots en hiver, sous un châssis où elles puissent être à l'abri de la gelée: au printems, les plantes pousseront: alors on les tiendra nettes, & on les arrosera de tems en temps : quand elles auront acquis assez de force pour être enlevées, on les plantera séparément dans de petits pots remplis de terre légere, on les plongera dans une couche de chaleur modérée, pour leur faire pousser de nouvelles racines, & on les accoutumera ensuite par degrés à supporter le plein air, auquel on doit les exposer tout-à-fait à la fin du mois de Mai, en les plaçant dans un lieu abrité, où on les laissera jusqu'en automne, pour les remettre alors à couvert, parce qu'elles ne supportent pas le plein air pendant l'hiver; mais il ne faut cependant pas les traiter trop délicatement, de peur qu'elles ne filent & ne s'af-foibliffent : l'expérience m'a prouvé qu'elles réuffiffent mieux en hiver, dans une caiffe de vitrages, airée & fans feu, que dans la ferre ; parce que dans cette fituation elles jouiffent davantage du foleil & de l'air ; on les ar-rofe légerement durant cette faifon, mais fouvent en été : quant aux autres foins que cette plante exige, ils font les mèmes que ceux qu'on donne aux autres efpeces exo-tiques dures, parmi lefquelles celle-ci fera une belle variété.

EBULUS. *Voyez* SAMBUCUS EBULUS.

ÉCHALOTTE. *Voyez* CEPA ASCALONICA.

ÉCHELLE DE JACOB, *ou* VALERIANE GRECQUE. *V.* POLEMONIUM. L.

ECHINOMELOCACTUS. *Voy.* CACTUS MELOCACTUS. L.

ÉCHINOPE, *ou la* BOU-LETTE. *Voyez* ECHINOPS SPHŒROCEPHALUS. L.

ECHINOPHORA. *Lin. Gen. Plant.* 292. *Tourn. Inft. R, H.* 656. *t.* 423 ; (de Εχῖνος, hérif-fon, & φιρω, gr. porter). [*Prickly Parfnep.*] Panais épineux.

Caractere s. La plante a des fleurs en ombelle ; l'ombelle générale eft compofée de plu-fieurs petites, dont l'intermé-diaire eft la plus courte ; l'en-veloppe de l'ombelle générale eft terminée par des épines aiguës ; celles des rayons font turbinées, & formées par une feuille découpée en fix parties égales, avec des pointes ai-guës ; le périanthe eft divifé en cinq parties, & pofé fur

le germe ; l'ombelle générale eft uniforme : les fleurs ont cinq petales inégaux & entièrement ouverts, & cinq étamines terminées par des fommets ronds : fous le pé-rianthe eft placé, en-dedans du calice, un germe oblong & furmonté par un ftigmat fimple ; ce germe fe change dans la fuite en deux femen-ces renfermées dans le calice.

Les plantes de ce genre font rangées dans la feconde fection de la cinquieme claffe de LINNÉE, qui a pour titre *Pentandria digynia*, les fleurs ayant cinq étamines & deux ftyles.

Les efpeces font :

1°. *Echinophora fpinofa, fo-liolis fubulato-fpinofis, integerri-mis. Lin. Sp. Plant.* 344 ; Pa-nais à tête piquante & à feuil-les épineufes, entieres & en forme d'alène.

Caucalis caule lignofo, folio-lis fubulato-fpinofis, integerrimis. Roy. Lugd.-B. 96. *Sauv. Monfp.* 258.

Echinophora maritima fpinofa. Tourn. Inft. 656 ; Panais mari-time épineux, ou Porte-hérif-fon.

Crithmum fpinofum. Dod Pempt. 705.

2°. *Echinophora tenui-folia, foliolis incifis incrmibus. Lin. Sp. Plant.* 344 ; Panais à tête épi-neufe, dont les petites feuil-les font découpées & fans épines.

Caucalis caule lignofo, foliis incifis. Roy. Lugd.-B. 96.

Echinophora Paftinaca folio Tourn. Inft. 656 ; Panais à tête épineufe & a feuilles de Carotte.

Paſtinaca Echinophora Apula. Colomn. Ecphr. 1. p. 98. t. 101.

Les deux eſpeces croiſſent naturellement ſur les côtes de la Méditerranée ; on les conſerve dans les jardins de Botanique pour la variété ; toutes deux ont des racines vivaces & rampantes.

Spinoſa. La premiere a des tiges branchues, longues de cinq ou ſix pouces, & garnies de feuilles courtes, épaiſſes, terminées en deux ou trois épines aiguës, & placées par paires oppoſées : ſes fleurs croiſſent placées en ombelle, ſoutenues ſur des pédoncules nuds qui s'élevent ſur le côté de la tige : elle ſont blanches, & ſous l'ombelle ſe trouve une enveloppe compoſée de pluſieurs feuilles terminées par des épines aiguës. Cette plante fleurit en Juin ; mais ſes ſemences mûriſſent rarement dans ce pays.

Tenui-folia. La ſeconde eſpece s'éleve à la hauteur d'un pied & demi : de chaque nœud de ſa tige principale, ſortent deux branches latérales oppoſées ; ſa partie baſſe eſt garnie de feuilles joliment diviſées comme celles des *Carottes* ; les fleurs qui croiſſent en petites ombelles aux extrémités des branches, ont une enveloppe courte & épineuſe : elles paroiſſent en Juillet ; mais leurs ſemences ne mûriſſent point en Angleterre.

On multiplie ces plantes au moyen de leurs racines rampantes, parce qu'elles ne produiſent point de graines

dans notre climat ; on les tranſplante vers le commencement de Mars, un peu avant qu'elles ne pouſſent, dans un ſol graveleux ou ſablonneux, & à une expoſition chaude, ſans quoi il ſeroit néceſſaire de les couvrir en hiver pour empêcher la gelée de les détruire.

ECHINOPS. *Lin. Gen. Plant.* 829 ; *Echinopus. Tourn. Inſt. R. H. t. 463.* [*Globe Thiſtle.*] Chardon globulaire ; la Boulette, ou l'Echinope.

Caracteres. Les plantes de ce genre, ont un périanthe perſiſtant, oblong, angulaire & imbriqué ; un pétale en forme d'entonnoir, diviſé ſur ſes bords en cinq parties entièrement ouvertes & réfléchies ; cinq étamines courtes, velues, & terminées par des ſommets cylindriques, & dans le fond du tube, un germe oblong qui ſoutient un ſtyle mince auſſi long que le tube, & couronné par deux ſtigmats oblongs, enfoncés, & tournés en arriere : ce germe ſe change enſuite en une ſemence oblongue & ovale, rétrécie à la bâſe, mais obtuſe & velue au ſommet.

Ce genre de plante eſt rangé dans la premiere ſection de la dix-neuvieme claſſe de LINNÉE, intitulée *Syngeneſia Polygamia æqualis.* Cette ſection renferme les plantes qui ont ſeulement des fleurettes hermaphrodites fructueuſes.

Les eſpeces ſont :

1°. *Echinops ſphærocephalus, capitulis globoſis, foliis pubeſcentibus. Lin. Sp. Plant. 1314. Scop. Cain. Ed. 2. n. 933 ;* Echinope à tête globulaire & à feuilles velues.

Echinopus major. J. B. 3. p. 69; l'Echinope ou la Boulette.

Carduus sphærocephalus, latifolius vulgaris. Bauh. Pin. 381.

Chalcepos. Dalech. hist. 1480.

2°. *Echinops Ritro, capitulo globoso, foliis suprà glabris. Lin. Sp. Plant. 1314. Scop. Carn. 2. n. 994*; Echinope à tête globulaire, & dont les feuilles sont unies en-dessus.

Carduus sphærocephalus, cæruleus minor. Bauh. Pin. 381.

Ritro floribus cæruleis. Lob. Ic. 2. p. 8.

Crocodylium Monspeliensium. Dalech. Hist. 1476.

Echinopus minor. J. B. 3. p. 72.

3°. *Echinops strigosus, capitulis fasciculatis, calycibus lateralibus sterilibus, foliis suprà strigosis. Lin. Sp. Plant. 1315. Lœfl. Hisp. 159*; Echinope avec des têtes globulaires en paquets, des calices steriles, & des feuilles aîlées & pointues.

Echinopus minor annuus, magno capite. Tourn. Inst. 463.

Carduus tomentosus, capitulo majori. Bauh. Pin. 382.

Scabiosa Cardui-folia annua. Herm. Par. 224. t. 224.

Spina alba. Lob. Ic. 2 p. 9.

4°. *Echinops Græcus, caule unicapitato, foliis spinosis, omnibus pinnati-fidis villosis, radice reptatrice*; Echinope ayant une tête sur chaque tige, des feuilles piquantes, dont les ailes sont pointues & velues, & une racine rampante.

Echinopus Græcus tenuissimè divisus & lanuginosus, capite minori cæruleo. Tourn. Cor. 34;

Chardon globulaire de Grèce, dont les feuilles sont divisées en segmens étroits & laineux, avec une petite tête bleue.

Sphærocephalus. La premiere espece est l'Echinope commune, qui a été long-temps cultivée dans quelques jardins pour la variété; elle croit naturellement en Italie & en Espagne; de sa racine vivace sortent plusieurs tiges qui s'elevent à '. hauteur de quatre ou cinq pieds, & sont garnies de feuilles longues, dentelées & divisées en plusieurs segmens, presque jusqu'à la côte du milieu; ces feuilles sont d'un vert foncé en-dessus, laineuses en-dessous, & chacune de leurs dentelures est terminée par une épine: ses fleurs sont rassemblées en têtes globulaires, dont plusieurs sortent sur chaque tige; l'espece commune a des fleurs bleues; mais on en connoit aussi une variété à fleurs blanches: elle fleurit en Juillet, & ses semences mûrissent en Août.

On multiplie facilement cette espece par ses graines, qui produiront un grand nombre de plantes, si on leur permet de s'écarter; on peut en placer quelques-unes dans le lieu où elles doivent fleurir, & elles n'exigeront aucune autre culture que d'être tenues constamment nettes; elles fleuriront dans la seconde année, & produiront des semences; leurs racines peuvent subsister encore deux ou trois ans après: si l'on donne à leurs graines le tems de se répandre, ces plantes se multiplieront beaucoup , & deviendront fort embarraſſantes ; mais on pourra aiſément prévenir cet inconvénient, en coupant leurs têtes auſſi-tôt que leurs ſemences ſont mûres.

Ritro. La seconde, qui ſe trouve dans la France méridionale & en Italie, a une racine vivace & rampante, de laquelle ſortent pluſieurs tiges fortes, hautes de deux pieds, & garnies de feuilles découpées, juſqu'à la côte du milieu, en pluſieurs beaux ſegmens armés de piquants, & blancs endeſſous : ces tiges pouſſent vers leur ſommet quelques branches : dont chacune eſt terminée par une tête globulaire de fleurs plus petites que celles de la premiere, & d'un bleu plus foncé ; cette eſpece offre auſſi une variété à fleurs blanches ; elle fleurit vers le même tems que la premiere, & on la multiplie de la même maniere. Ces deux eſpeces croiſſent dans tous les ſols & à toutes les expoſitions.

Strigoſus. La troiſieme eſt originaire de l'Eſpagne & du Portugal : cette plante eſt annuelle & s'élève à la hauteur de deux pieds avec une tige roide, blanche, & garnie de feuilles diviſées & terminées en pluſieurs pointes armées d'épines ; la ſurface ſupérieure de ces feuilles eſt verte & couverte de poils bruns, & leur deſſous eſt blanc & laineux ; la tige eſt terminée par une groſſe tête de fleurs d'un bleu pâle, qui paroiſſent dans le mois de Juillet, & qui donnent des ſemences mûres en automne dans les années chaudes ; mais quand elles ſont froides & humides, elles parviennent rarement en maturité.

On ſeme cette eſpece au printems ſur une plate-bande chaude de terre légere, où les plantes doivent reſter ; elles n'auront beſoin que d'être éclaircies lorſqu'elles ſeront trop ſerrées.

Græcus. La quatrieme croît naturellement dans la Grèce, d'où M. TOURNEFORT a envoyé les ſemences au Jardin Royal de Paris, a une racine vivace & rampante, par laquelle elle ſe multiplie aſſez fort ; ſes tiges s'élèvent à la hauteur d'environ un pied, & ſont fortement garnies de feuilles plus courtes & plus joliment diviſées qu'aucune des eſpeces précédentes ; elles ſont blanches, & armées à chaque côté d'épines aiguës : ces tiges ſont terminées par une tête globulaire d'une groſſeur médiocre, & formée par des fleurs bleues dans quelques plantes, & blanches dans d'autres ; elles paroiſſent à la fin de Juin, & dans les années chaudes, leurs ſemences mûriſſent bien en Angleterre. On multiplie aiſément cette eſpece par ſes racines rampantes ou par ſes ſemences ; il lui faut un ſol ſec, & une ſituation chaude.

ECHINUS. On nomme ainſi une tête épineuſe, une enveloppe de ſemences, ou le ſommet de quelque plante qui a quelque reſſemblance avec un *hériſſon.*

ECHIUM, *Lin. Gen. Plant.*

157. Tourn. Inst. R. H. 135. tab. 54. de Εχις, gr. *Vipere*, parce que la semence mûre de cette plante ressemble à la tête d'une Vipere : on la nomme aussi *herba Viperaria*, parce que les Anciens croyoient que cette plante tuoit les Viperes [*Viper's Buglofs.*] La Viperine, herbe aux Viperes.

Caracteres. Dans ce genre la fleur a un calice persistant & divisé en cinq segmens, un pétale avec un tube court, dont une extrémité est érigée, large, obtuse, & découpée en cinq parties, desquelles les deux supérieures sont plus longues que celles du bas, qui sont aiguës & réfléchies ; cinq étamines en forme d'alène, & terminées par des sommets oblongs & penchés : dans son fond sont placés quatre germes avec un style mince, couronné par un stigmat obtus & divisé en deux parties ; les germes se changent ensuite en une grande quantité de semences renfermées dans un calice rude.

Les plantes de ce genre ayant cinq étamines & un style, sont rangées dans la première section de la cinquieme classe de Linnée, qui a pour titre *Pentandria monogynia.*

Les especes sont :

1°. *Echium Anglicum, caule simplici, erecto, foliis lanceolatis floribus spicatis lateralibus, staminibus corollam æquantibus.* Viperine avec une tige simple & érigée, des feuilles rudes en forme de lance, des fleurs en épis sortant de côté, & des étamines de même longueur que le pétale.

Echium vulgare. C. B. p. 254; Viperine ordinaire.

2°. *Echium Vulgare, caule simplici, erecto, foliis caulinis, lanceolatis, hifpidis ; floribus spicatis, lateralibus ; staminibus corolla longioribus ;* Viperine avec une tige simple & érigée, des feuilles rudes, étroites & en forme de lance, des fleurs croissant en épis courts sur les côtés, & des étamines plus longues que le pétale.

Lycopsis Anglica. Lob. Viperine ou herbe aux Viperes.

3°. *Echium Italicum, corollis vix calycem excedentibus, margine villosis. Hort. Upsal.* 35. Viperine dont le pétale excède à peine le calice, & dont les bords sont velus.

Echium majus & afperius, flore albo. C. B. p. 254 ; grande Viperine rude à fleurs blanches.

Echium flore albo. Cam. Epit. 738.

Lycopsis. Bauh. Pin. 255.

4°. *Echium Lufitanicum, corollis flamine longioribus. Lin. Sp.* 200 ; Viperine avec des corolles plus longues que les étamines.

Echium, ampliffimo folio, Lufitanicum. Tourn. Inst. 135 ; Viperine de Portugal à larges feuilles.

5°. *Echium Creticum, calycibus fructefcentibus diftantibus, caule procumbente. Lin. Hort. Upsal.* 35. *Kniph. Cent.* 10. *n.* 39 ; Viperine dont les calices sont fructueux, & placés à une certaine distance les uns des autres, & dont les tiges sont inclinées vers la terre.

Echium Creticum, lati-folium

rubrum. C. B. p .254; Viperine de Candie à larges feuilles & à fleurs rouges.

Echium Creticum. 1 , 2 , Clus. Hift. 2. p. 165.

6°. *Echium angufti-folium, caule ramofo afpero , foliis calloso verrucofis , ftaminibus corollâ longioribus ;* Viperine avec une tige rude & branchue, des feuilles brodées , & des étamines plus longues que le pétale.

Echium caule fimplici , foliis caulinis linearibus , floribus fpicatis ex alis. Hort. Cliff. 43.

Echium Creticum, angufti-folium , rubrum. C. B. p. 254 ; Viperine de Candie à feuilles étroites & à fleurs rouges.

7°. *Echium fruticofum , caule fruticofo. Hort. Cliff. 43. Roy. Lugd.-B. 407 ;* Viperine avec une tige d'arbriffeau.

Echium Africanum , fruticans, foliis pilofis. Hort. Amft. 2. p. 107. t. 54 ; Viperine d'Afrique en arbriffeau & à feuilles velues.

Bugloffum Africanum , Echii folio , flore pupureo. Pluk. Mant. 33. t. 341. f. 7.

Anglicum. La premiere efpece croît naturellement en Allemagne & en Autriche, d'où fes femences m'ont été envoyées : ceile-ci & la *Viperine commune ,* qui eft la feconde , ont été confondues par la plupart des Botaniftes, qui les ont regardées comme ne formant qu'une feule efpece, tandis qu'elles font fort différentes l'une de l'autre ; car les feuilles de la premiere font courtes & beaucoup plus larges que celles de la fecon-

de ; fes épis de fleurs font auffi beaucoup plus longs, & fes étamines de la même longueur que le péale ; au-lieu que celles de la feconde s'étendent au-delà ; ce qui fait une différence effentielle (1).

Vulgare. La feconde , qu'on rencontre en Angleterre , dans les terres de craie, eft celle que LOBEL appelle *Lycopfis Anglica,* qui a été générale-ment prife pour l'*Echium commun.*

Italicum. La troifieme fe trouve dans la France méridionale, & dans l'Ifle de Jerfey ; fa tige eft droite & velue , fes fleurs font produites en petits épis fur les parties latérales des branches ; elles font petites, & paroiffent à peine au-deffus des calices : quelques plantes ont des fleurs blanches, & d'autres pourpre ; & leurs calices font fort velus, & découpés en fegmens aigus.

Lufitanicum. La quatrieme nait fpontanément en Portugal & en Efpagne ; fes feuilles baffes ont plus d'un pied de longueur fur deux pouces de largeur au milieu, mais étroi-

____

(1) Les anciens Médecins regardoient cette plante comme un puiffant remede pour guérir la morfure de la Vipere : ils en écrafoient les racines & les feuilles , & les faifoient infufer dans du vin blanc, qu'ils donnoient aux malades ; mais cette propriété eft au moins fort douteufe, & on ne doit point perdre fon tems à effayer de pareils remedes dans une maladie grave qui exige de prompts fecours.

tes vers les deux extrémités, & couvertes d'un poil doux : ses tiges s'élevent à la hauteur de deux pieds ; ses fleurs naissent en petits épis sur les côtés des tiges , & leurs pétales sont plus longs que les étamines.

Creticum. La cinquieme, qui est originaire de l'Isle de Candie , a des tiges traînantes , velues , & longues d'environ deux pieds desquelles sortent plusieurs branches latérales , garnies de feuilles velues en forme de lance, d'environ trois pouces de longueur sur neuf lignes de largeur, & sessilles aux tiges; ses fleurs larges & d'un pourpre rougeâtre, qui se change en bleu lorsqu'elles sont sèches, sortent en épis minces sur de courts pédoncules aux aîles des feuilles , & sont plàcées à une certaine distance les unes des autres sur les épis. Cette plante est annuelle; elle fleurit dans le mois de Juin , & périt en automne.

Angusti-folium. La sixieme a des tiges branchues qui croissent à la longueur d'un pied & demi; elles sont inclinées vers la terre, & couvertes de poils luisans ; ses feuilles, larges d'un demi pouce & longues de quatre, sont fort brodées & velues : ses fleurs croissent en épis clairs sur les côtés des tiges & aux extrémités des branches; elles sont d'une couleur de pourpre rougeâtre , & moins larges que celles de l'espece précédente ; leurs étamines sont plus longues que le pétale. Cette plante est annuelle comme la cinquieme , & se trouve aussi dans l'isle de Candie.

La plupart de ces plantes sont bis-annuelles , à l'exception de la cinquieme & de la sixieme , qui sont annuelles & les plus belles de toutes : les graines de cette derniere doivent être semées annuellement, dans le lieu même où les plantes doivent rester; elles ne demandent aucuns soins, si ce n'est qu'on doit les tenir constamment nettes, & les éclaircir lorsqu'elles sont trop serrées : elles fleurissent en Juillet, & leurs semences mûrissent cinq ou six semaines après.

Les semences des autres especes étant mises en terre au printems, produiront des fleurs & des graines dans le second été, après quoi elles périssent ordinairement : elles se plaisent toutes dans un sol graveleux & rempli de décombres, & elles croissent volontiers sur les vieilles murailles & les anciens bâtimens , où, lorsqu'elles sont une fois établies, elles répandent leurs semences, & se perpétuent par-là sans aucuns soins; elles ont une très-belle apparence dans ces sortes de lieux.

Fruticosum. La septieme a été apportée du Cap de Bonne - Espérance en Hollande, où on la conserve aujourd'hui dans quelques jardins curieux: elle s'éleve avec une tige d'arbrisseau à la hauteur de deux ou trois pieds, & se divise vers son sommet en plusieurs branches garnies de feuilles ovales, velues, d'un vert clair, alternes, & dont les bàfes font feffiles aux tiges : fes fleurs, de couleur pourpre, & fort femblables à celles de la cinquieme efpece, naiffent fimples du milieu des feuilles qui garniffent les extrémités des branches : elles paroiffent en Mai & en Juin; mais leurs femences ne mûriffent point en Angleterre.

On multiplie cette plante par fes graines, quand on peut s'en procurer; on les feme dans des pots remplis de terre légere & fablonneufe auffi-tôt qu'on les reçoit, & on les laiffe en plein air jufqu'au commencement d'Octobre : alors on place les pots fous un châffis pour les mettre à couvert de la gelée, & dans les tems doux on ôte les vitrages pour leur donner de l'air & empêcher les femences de pouffer avant la fin de l'hiver ; car fi les plantes paroiffoient dans cette faifon, leurs tiges feroient foibles, remplies de féve, & difpofées à être attaquées de pourriture ; il faut donc les empêcher de pouffer avant le mois de Mars, qui eft le temps ordinaire où elles germent lorfqu'elles ne font pas forcées par la chaleur : quand les plantes font affez fortes pour être enlevées, on les met chacune féparément dans de petits pots remplis de terre légere, & on les place fous un châffis, pour leur faire pouffer de nouvelles racines, après quoi on les accoutume par dégrés à

l'air ouvert, auquel on les expofe tout-à-fait à la fin de Mai, dans une fituation abritée, où elles peuvent refter jufqu'au commencement d'Octobre ; alors on les tranfporte dans une caiffe de vitrage airée, où elles puiffent jouir du foleil & avoir de l'air dans les tems doux. Pendant l'hiver on doit les arrofer légèrement, car leurs tiges étant fort fucculentes, l'humidité les feroit aifément pourrir : en été on les expofe en plein air dans une fituation abritée, & on les traite comme les autres plantes qui viennent des mêmes contrées.

ECLAIR *ou* **CHÉLIDOINE.** *Voyez* CHELIDONIUM.

ÉCUELLE D'EAU. *Voyez* HYDROCOTYLE.

EDERA QUINQUE-FOLIA. *Voyez* HEDERA QUINQUE-FOLIA.

EFFLORESCENCE ; l'épanouiffement d'une fleur.

EGLANTIER. *Voyez* ROSA.

EGUILLE *ou* **PEIGNE DE VÉNUS.** *Voyez* SCANDIX.

EHRETIA. *Trew.* *tab.* 25. [*Ehretia.*]

Caractères. Le caractere des fleurs de ce genre, eft d'avoir un calice gonflé, perfiftant, formé par une feuille & divifé en cinq pointes; une corolle monopétale, dont le tube eft plus long que le calice, & partagé en cinq fegmens; cinq étamines en forme d'alène, étendues auffi longues que la corolle, & terminées par des fommets ronds & inclinés; & un germe rond qui foutient un ftyle mince de la longueur des étamines , & surmonté par un ftigmat ob- tus & dentelé ; ce germe fe change enfuite en une baie ronde , & a une cellule qui renferme quatre femences angulaires.

Ce genre de plante eft rangé dans le premier ordre de la cinquieme claffe de Linnée intitulée *Pentandria monogynia* qui comprend celles dont les fleurs ont cinq étamines & un ftyle.

Les efpeces font :

1°. *Ehretia Tini-folia , foliis oblongo ovatis , integerrimis , glabris ; floribus paniculatis. Amœn. Acad. 5. p. 395 ;* Ehrétia à feuilles oblongues , ovales , entieres & unies , & à fleurs en panicules.

Ehretia , Tini-folia inermis. Jacq. Amer. 45. R.

2°. *Ehretia Bourreria , foliis ovatis integerrimis , lævibus ; floribus fub-corymbofis , calycibus glabris. Lin. Sp. 275 ;* Ehrétia avec des feuilles ovales & entieres , des fleurs difpofées en efpeces de corymbes , & des calices unis.

Bourreria fructibus fucculentis. Jacq. Amer. 14. Obs. 2. p. 2. t. 26.

Cordia Bourreria. Amœn. Acad. 5. p. 395.

Bourreria arborea , foliis ovatis alternis , racemis rarioribus terminalibus. Brown. Jam. 168. t. 15 f. 2.

Mefpilus Americana , Laurifolia , glabra ; fructu rubro mucaginofo. Com. Hort. 1. p. 153.

Jafminum Pereclimini folio , flore albo , fructu flavo rotundo tetrapyreno. Sloan. Jam. 169.

Hift. 2. p. 96. t. 204. f. t. Raii Dend. 63.

Tini folia. Les femences de la premiere efpece, qui m'ont été envoyées de la Jamaïque en 1734, ont réuffi dans les jardins de Chelféa , où les plantes fe font élevées à la hauteur de huit ou neuf pieds, avec des tiges fortes & ligneufes , & ont plufieurs fois produit leurs fleurs , mais qui n'ont point été encore fuivies de femences en Angleterre. Celle-ci eft regardée par Linnée comme la même dont fait mention le Chevalier fir Hans Sloane fous le titre de *Cerafo affinis arbor baccifera racemofa , flore albo pentapetalo , fructu flavo monopyreno , eduli , dulci. Hift. Jam. 2. p. 94.* Mais je fuis d'une opinion contraire ; car les feuilles de notre plante font plus unies, plus longues & plus pointues , & le corymbe des fleurs eft beaucoup plus long que celui de celle du Chevalier Sloane.

Celle-ci a une tige rude & ligneufe qui fe divife en plufieurs branches irrégulieres , garnies de feuilles oblongues , ovales & unies , de neuf pouces de longueur fur trois de largeur au milieu , & terminées en pointes aiguës ; fes fleurs font blanches , & produites en un corymbe oblong vers les extrémités des branches ; elles ont chacune un pétale découpé au fommet en cinq fegmens réfléchis. Elles paroiffent vers la fin de Juillet ; mais elles tombent fans être fuivies de femences.

Bourreria. La feconde , dont

les graines m'ont été envoyées de Surinam, a réuffi dans les jardins de Chelséa ; elle a une tige droite, ligneufe, & couverte d'une écorce brune, de laquelle fortent des branches placées régulièrement vers fon fommet, & garnies de feuilles unies, ovales, alternes, foutenues par de coùrts pétioles, longues d'environ fix pouces fur plus de deux de largeur, & terminées en pointe ovale & émouffée. Comme cette efpece n'a point produit de fleurs ici, je n'en puis donner une plus ample defcription. LINNÉE regarde cette efpece comme étant la même que célle dont CATESBY a donné la figure fous le titre de *Pittoniæ fimilis, Laureolæ foliis, floribus albis, baccis rubris.* Mais en cela il s'eft auffi trompé, car on voit, dans le jardin de Chelséa, des plantes qui ont été élevées avec des femences envoyées des Ifles de Bahama, & qui font fort différentes des précédentes.

Comme ces plantes font trop tendres pour profiter en plein air en Angleterre, on les tient en hiver dans une ferre chaude tempérée ; mais lorfqu'elles ont acquis de la force, on peut les placer au-dehors pendant les chaleurs de l'été, dans une fituation abritée ; & lorfqu'en automne les foirées commencent à devenir froides, on les met à l'abri.

On les multiplie toutes deux par leurs graines, quand on peut s'en procurer ; on les feme dans de petits pots qu'on plonge dans une couche chau-

de ; elles fe multiplient auffi par marcottes ; mais elles font long-temps en terre avant de pouffer des racines.

ELÆAGNUS. *Lin. Gen. Plant. 148. Tourn. Cor.* 53. *tab.* 489. (de d'Ελαία, une Olive, & d'Αγνὸς, *Vitex* parce que cette plante a des feuilles femblables à celles du *Vitex Agnus caftus,* & que fon fruit reffemble à une Olive. [*Oleafter, or Wild Olive.*] Olivier fauvage ou Olivier de Bohéme.

Caractères. Dans ce genre, la fleur a un calice en cloche, & formé par une feuille divifée en quatre parties, rude au-dehors & colorée en-dedans ; elle n'a point de pétale, mais feulement quatre étamines courtes, inferées dans les divifions du calice, & terminées par des fommets oblongs & courbés ; dans fon fond eft fitué un germe rond qui foutient un ftyle fimple, & furmonté d'un ftigmat fimple ; ce germe fe change enfuite en un fruit obtus, ovale, & ponctué au fommet, qui renferme un noyau obtus.

Ce genre de plante eft rangé dans la premiere fection de la quatrieme claffe de LINNÉE, intitulée *Tetrandria monogynia,* parce que fes fleurs ont quatre étamines & un ftyle.

Les efpèces font :

1°. *Elæagnus fpinofa, aculeata, foliis lanceolatis ;* Olivier fauvage épineux, avec des feuilles en formè de lance.

Elæagnus Orientalis, lati-folius, fruêtu maximo. Tour. Cor. App. 52 ; Olivier fauvage du Levant à larges feuilles & à gros fruit.

Elæa-

Elæagnus Matthioli incolis Sei-sefum, Rauw. It. 112, 276.

Elæagnus foliis ellipticis. Amœn. Acad. 4. p. 305. Med. in Obs. Soc. Œcon. Lutr. P. A. 1774. p. 196.

Elæagnus spinosa. Medic. in Soc. Obs. Œc. Lutr. Ad. ann. 1777. p. 30.

Elæagnus Orientalis. System. Plant. J. Reichard. t. 1. Sp. 2. p. 343.

2°. *Elæagnus inermis, foliis lineari-lanceolatis;* Olivier sauvage sans épines, ayant des feuilles étroites & en forme de lance.

Elæagnus, angusti-folia, foliis lanceolatis. Lin. Sp. Plant. 176. Edit. 3.

Elæagnus Orientalis, angustifolius, fructu parvo, olivæ-formi, subdulci. Tourn. Cor. App. 52; Olivier sauvage Oriental, ayant des feuilles étroites & un petit fruit doux & en forme d'olive.

Olea sylvestris, folio molli, incano. Bauh. Pin. 472.

3°. *Elæagnus lati-folia, foliis ovatis. Prod. Leyd. 250. Fl. Zeyl. 58;* Olivier sauvage à feuilles ovales.

Elæagnus foliis rotundis, maculatis. Burm. Pl. Zeyl. 92. t. 39. f. 2. Olivier sauvage avec des feuilles rondes & tachetées.

Spinosus. La premiere & seconde especes ont été trouvées dans le Levant par TOURNE-FORT : la premiere espece me paroît être celle qui est originaire de Bohême, & dont on voyoit quelques arbres dans le curieux jardin de BOERHAAVE, situé près de Leyde en Hol-

lande : les feuilles de celle-ci, dont la longueur est d'environ deux pouces, & la largeur, de neuf lignes au milieu, sont blanches & couvertes en-dessus d'un duvet cotonneux & doux; du pétiole de chaque feuille sort une épine longue & aiguë; ses feuilles sont alternes, & les épines qui sortent aussi de chaque côté des branches, précisément au-dessous des petioles, sont alternativement plus longues & plus courtes; les fleurs sont petites, & l'intérieur de leur calice est jaune, & répand une odeur forte quand il est entièrement ouvert (1).

2°. *Inermis.* La seconde n'a point d'épines sur ses branches; ses feuilles ont plus de quatre pouces de longueur & moins d'un demi-pouce de largeur; elles sont molles, & paroissent luisantes comme du satin : ses fleurs qui sortent des pétioles des feuilles, sont quelquefois simples, quelquefois doubles, & souvent au nombre de trois ensemble; l'extérieur du calice est argenté, & garni de boutons ou de protubérances; son intérieur est d'un jaune pâle, & répand une très-forte odeur. Cette espece fleurit en Juillet, & produit quelquefois des fruits; elle est très-commune dans les jardins Anglois.

On peut multiplier ces plantes en marcottant leurs jeunes

(1) MILLER a compris dans cette espece, un autre que l'on a distingué depuis, à cause que son fruit est plus gros & les feuilles plus larges.

I

branches, qui prendront facilement racine, fi elles font mifes en terre en automne; au bout d'un an on les fépare de l'arbre, on les met en pépiniere pour deux années, ou on les place tout de fuite à demeure. On tranfplante ces arbres à la fin de Février ou au commencement de Mars; mais on peut auffi faire cette opération à la *Saint-Michel*, pouvu qu'on couvre leurs racines avec du terreau, pour les garantir de l'impreffion des gelées. Comme ils font fort fujets à être rompus par les vents, il eft bon de les placer dans des endroits où ils foient à l'abri de leurs efforts.

Ces deux efpeces s'élevent ordinairement à la hauteur de douze ou quatorze pieds, & quand elles font mêlees avec d'autres du même crû, elles font une belle variété; car leurs feuilles argentées fe font remarquer aifément d'une certaine diftance.

Lati folia. La troifieme, qui naît fans culture dans l'Ifle de Ceylan, & dans quelques autres parties des Indes Orientales, eft fort rare à préfent dans les jardins Anglois; mais depuis quelques années on voit plufieurs belles & groffes plantes de cette efpece dans les jardins de Hampton-Court; elle s'éleve avec une tige ligneufe à la hauteur de huit à neuf pieds, & fe divife en plufieurs branches garnies de feuilles ovales, argentées, & dont la furface eft marquée par plufieurs taches irrégulieres de couleur très-

foncée; elles font alternes & fubfiftent toute l'année. Je n'ai jamais été dans le cas de voir les fleurs, quoique plufieurs des plantes qui font à Hampton-Court en aient déja donné.

Celle-ci ne peut être confervée en Angleterre, qu'au moyen d'une ferre chaude; elle peut cependant être expofée en plein air pendant les grandes chaleurs de l'été.

Les deux premieres font extrémement dures, & ne font jamais endommagées par les gelées; mais comme ces arbres n'ont qu'une très-courte durée, il faut en'élever de jeunes, chaque trois ou quatre ans, pour en conferver l'efpece.

ELAGUAGE.

On obferve que la plupart des vieux arbres font creux, ce qui ne leur arrive pas naturellement, mais par la faute de ceux qui en ont foin, qui laiffent trop élargir leur cîme avant de les élaguer; ils fe perfuadent que les arbres en s'étendant donneront plus de bois; mais ils ne penfent pas qu'en en coupant alors l'extrémité ou les branches, ils les expofent à périr, ou du moins ils les bleffent de façon qu'ils perdent davantage par leur dépériffement, qu'ils ne peuvent gagner par le bois qu'ils fe procurent. Le *Frêne*, le *Charme* & l'*Orme* font dans ce cas; ces deux derniers portent quelquefois de grandes têtes tandis que le corps de l'arbre n'eft plus qu'une écorce; mais fi le *Frêne* reçoit de l'humidité, il pouffera rarement des branches après le dépériſſement de ſon tronc : quand une fois ces arbres commencent à ſe gâter dans le centre, ils ne ſont plus bons qu'à brûler ; ainſi dès qu'un arbre de charpente dépérit, il faut le couper à tems, pour n'en pas perdre le bois.

En élaguant les jeunes arbres à dix ou douze ans, on les conſervera plus long-tems, & on leur fera pouſſer dans un an plus de bois que les autres n'en donneroient dans deux ou trois : mais ſi on coupe mal les grandes branches, on gâte par là bien des arbres ; c'eſt pourquoi, à moins qu'il n'y ait une néceſſité abſolue, il faut les épargner autant qu'il eſt poſſible. Les branches qu'on retranche ne doivent point être coupées tranverſalement, mais tout près du tronc & d'une maniere uniforme ; on couvre enſuite les bleſſures avec de la terre glaiſe, à laquelle on a mêlé du crotin de cheval, pour empêcher l'humidité de pénétrer dans le corps de l'arbre.

Quand les arbres ſont parvenus à leur entier accroiſſement, on découvre pluſieurs ſignes de leur dépériſſement, comme l'état de langueur ou la perte abſolue de pluſieurs branches de leurs têtes ; on voit l'humidité pénétrer dans quelques-uns de leurs nœuds, ils deviennent creux & défigurés, ils ne pouſſent plus que de foibles rejettons, & les pics-vers y font des trous.

Tout ce que nous venons de dire ne doit s'entendre que des arbres qui ont été étêtés de tems en tems ; car quant aux arbres qui doivent ſervir pour bois de charpente, cette opération leur cauſe un dommage infini, comme il eſt facile à chacun d'en faire l'épreuve. Qu'on choiſiſſe deux arbres voiſins l'un de l'autre, de grandeur & de force égales, qu'on coupe les branches de l'un, & qu'on laiſſe l'autre entier, on verra qu'en peu d'années le dernier ſurpaſſera l'autre de toute maniere, & qu'il ſubſiſtera bien plus long-tems. Toutes les eſpeces d'arbres réſineux, & ceux qui ſont remplis de ſève laiteuſe, doivent être taillés très-rarement ; car ils ſont très ſujets à dépérir lorſqu'on y met ſouvent la ſerpe ; la meilleure ſaiſon pour en retrancher quelquefois des branches, eſt vers la fin du mois d'Août, tems auquel ces plantes ſuintent très-peu ; les bleſſures qu'on leur fait alors peuvent être cicatriſées avant les gelées.

ELATERIUM. *Voyez* MOMORDICA ELATERIUM.

ELATINE. *Voyez* LINARIA ELATINA.

ELEPHANTOPUS. *Lin. Gen. Plant. 827. Vaill. Act. Par. 1719. Dill. Hort. Elth. 104 ; (de ἐλέφας un Eléphant, & πους un pied) Pied d'Eléphant* ainſi appellé par M. VAILLANT, parce qu'il prétend que les feuilles baſſes de la premiere eſpece ont quelque reſſemblance avec un pied d'Eléphant. [*Eléphant's foot*].

Caracteres. Ce genre produit pluſieurs fleurs réunies dans une enveloppe commune &

perſiſtante, & chaque calice renferme quatre ou cinq fleurettes; les fleurettes ſont tubulées & hermaphrodites; elles ont un pétale en forme de langue, dont le bord eſt étroit & diviſé en cinq parties égales, & cinq étamines fort courtes, velues, & terminées par des ſommets cylindriques : dans le fond eſt ſitué un germe ovale, qui ſoutient un ſtyle mince & ſurmonté de deux ſtigmats minces ; ce germe ſe change quand la fleur eſt paſſée en une ſemence ſimple, comprimée, & couronnée par une aigrette hériſſe, placée ſur un placenta, & renfermée dans le calice.

Ce genre de plante eſt rangé dans la premiere Section de la dix-neuvieme claſſe de LINNÉE, qui renferme les plantes à fleurs floſculeuſes, dont les fleurettes ſont toutes hermaphrodites & fructueuſes.

Les eſpeces ſont:

2°.' *Elephantopus ſcaber, foliis oblongis, ſcabris. Hort. Cliff. 390. Hort. Ups. 147. Gron. Virg. 176. Roy. Lugd.-B. 131*; Pied d'Eléphant à feuilles oblongues & rudes.

Elephantopus Conyzæ folio. Vaill. Mem. Acad. Scien. 1719. Dill. Elth. 126. t. 106. f. 126; Pied d'Eléphant avec une feuille d'Herbe aux puces.

Elephantopus erectus, foliis oblongo-ovatis, rugoſis, ſerratis; floralibus cordiformibus ternatis, capitulis remotis terminalibus. Brown. Jam. 312.

Bidens fruteſcens, foliis oblongis, utrinque acuminatis, venoſis & lanuginoſis. Breyn. Ic. 32. t. 34.

Echinophoræ Indicæ affinis,

femine & floribus in capitulis lævibus, in caulium cymis. Pluk. Alm. 132. t. 388. f. 6.

Anaſchovadi. Rheed. Mal. 10. p. 13. t. 7. Burm. Ind. 185.

2°. *Elephantopus tomentoſus, foliis ovatis, tomentoſis. Gron. Virg. 115*; Pied d'Eléphant à feuilles ovales & cotonneuſes.

Elephantopus, Helenii folio, purpuraſcente flore. Houſt. Mss.; Pied d'Elephant à feuilles d'Ele campane, à fleurs pourpres.

Scaber. La premiere eſpece, qui m'a été envoyée de pluſieurs parties de l'Amérique, croît naturellement dans les deux Indes : elles pouſſe pluſieurs feuilles rudes & oblongues qui s'étendent ſur la terre, & du centre deſquelles s'éleve, au Printems, une tige branchue, & d'environ un pied de hauteur, dont les branches latérales ſont courtes & généralement terminées par deux têtes de fleurs, placées chacune ſur un court pédoncule : ces têtes renferment un grand nombre de fleurons hermaphrodites, contenus dans une enveloppe commune, & compoſés de quatre feuilles ovales, & terminés en pointe aiguë : ces fleurs ſont d'une couleur pourpre pâle; elles paroiſſent en Juillet, mais elles produiſent rarement des ſemences en Angleterre.

Tomentoſus. La ſeconde naît ſans culture dans la Caroline méridionale : elle s'eſt beaucoup multipliée ici au moyen des ſemences qui ſe ſont trouvées dans la terre envoyée de l'Amérique avec d'autres plantes; ſa racine produit pluſieurs feuilles ovales, cotonneufes, de quatre pouces de longueur fur trois de largeur, & traverfées par des nervures qui s'étendent depuis la côte du milieu jufqu'à leurs bords : ces feuilles s'étendent à plat fur la terre, & de leur centre s'élevent des tiges droites, d'un pied environ de hauteur, qui fe divifent en plufieurs branches, terminées chacune par deux fleurs compofées de plufieurs fleurons renfermés dans une enveloppe de quatre feuilles, dont deux font alternes & plus larges que les autres ; l'enveloppe étant plus longue que les fleurettes, elles paroiffent feulement au milieu de deux larges feuilles : ces fleurs n'ont aucune apparence ; elles fe montrent en Juillet, & ne donnent jamais de femences mûres dans notre climat.

La premiere a une racine vivace, & fa tige eft annuelle ; fi on la plante dans des pots, & qu'on la mette à l'abri des gelées pendant l'hiver, on la confervera plufieurs années, & elle fleurira annuellement (1).

La feconde efpece dure rarement plus de deux ans.

On les multiplie toutes deux par leurs graines, qu'il faut répandre au printems fur une couche chaude : lorfque les plantes paroiffent, on les tranfplante dans des pots remplis de terre fraîche & légere, & on les plonge dans des couches chaudes de tan, on les arrofe & on les tient à l'abri jufqu'à ce qu'elles aient formé de nouvelles racines ; il faut leur donner beaucoup d'air, & les arrofer fréquemment pendant les chaleurs de l'été.

ELEPHAS. *Voy.* RHINANTHUS ORIENTALIS-ELEPHAS.

ELICHRYSUM. *Voyez* GNAPHALIUM.

ELLEBORE *blanc. Voyez* VERATRUM.

ELLEBORE *noir. Voyez* HELLEBORUS.

ELLEBORINE. *Voyez* HELLEBORINE *ou* HELLEBORE *bâtard,* SERAPIAS L. & LIMODORUM.

ELLISIA. [*Ellifia*].

Caractetes. La fleur a un calice perfiftant & formé par cinq petites feuilles érigées & étendues ; elle eft monopétale, en forme d'entonnoir, auffi longue que le calice, & découpée au fommet en cinq fegmens obtus ; elle a cinq étamines de la longueur du tube, & terminées par des fommets ronds, & un germe rond qui foutient un ftyle court, mince, & couronné par un ftigmat oblong & divifé en deux parties ; ce germe fe change dans la fuite en une baie ronde, charnue, & a deux cellules qui renferment deux femences rondes.

Ce genre de plante eft rangé dans la premiere fection de la cinquieme claffe de LINNÉE, intitulée *Pentandria monogynia,* dans laquelle fe trouvent comprifes les fleurs qui ont cinq étamines & un ftyle.

____

(1) Cette efpece fe multiplie auffi en divifant fes racines.

Nous n'avons qu'une espece de ce genre, qui est

Ellisia Nyctelea. Lin. Sp. 1662 ; Ellisia à feuilles de Thé.

Polemonium Nyctelea, foliis pinnatifidis, acutis, dentatis, caule diffuso. Nov. Act. Upsal. 1. p. 97. t. 5. f. 5.

Planta Lithospermo affinis. Act. A. N. C. 1761. p. 330. t. 7. f. 1.

Scorpiurus humilis Virginianus, foliis Rutaceis. Moris. Hist. 3. p. 451. s. 11. t. 28. f. 3.

Cette plante croît naturellement à la Jamaïque, où elle forme un buisson en arbrisseau de six ou sept pieds de hauteur : j'ai élevé de semences plusieurs de ces plantes, dont quelques-unes ont à présent quatre à cinq pieds de hauteur ; mais elles n'ont point encore produit de fleurs : sa tige pousse plusieurs branches qui forment un buisson épais : ces branches sont généralement couvertes d'une écorce teinte en pourpre foncé ; ses feuilles acquièrent aussi une couleur semblable lorsqu'elles sont exposées en plein air pendant l'été ; mais quand on les remet dans la serre chaude, elles reprennent leur verdure : ces feuilles, dont la longueur est d'un pouce & demi, sont en forme de lance, dentelées sur leurs bords, & opposées sur les branches : elles ont ordinairement deux ou trois petites feuilles sessiles aux branches : des pétioles des plus larges feuilles, sortent des épines longues, noires, & toujours placées vers la partie basse des branches ;

celles qui se trouvent plus hautes, sont alternes : mais les extrémités des branches en sont dépourvues. Comme cette plante n'a point encore produit de fleurs en Angleterre, je ne puis en donner une plus ample description.

On peut la multiplier par boutures, qui pousseront des racines en deux mois, si elles sont plantées dans de petits pots remplis de terre légere, mises dans une couche de chaleur modérée, & couvertes de cloches pendant le mois de Juillet ; mais après ce temps elles seront en état d'être séparées & transplantées dans de petits pots qu'on replonge dans une couche chaude, pour leur faire pousser de nouvelles racines, après quoi on les accoutumera par degrés au plein air, & au commencement d'Octobre on les renfermera dans la serre chaude, où on ne leur donnera que très-peu de chaleur en hiver.

Quand on peut se procurer les semences de cette plante de son pays originaire, on les répand sur la couche chaude, & lorsque les jeunes plantes paroissent, on les traite comme celles qui ont été élevées de boutures.

EMERUS. *Tourn. Inst. R. H.* 650. *Coronilla. Lin. Gen. Plant.* 789. *Scorpionides.* Ce nom lui a été donné par THÉOPHRASTE, & conservé par CÉSALPIN. [*Scorpion Sena.*] Sené de Scorpion. Baguenaudier des Jardiniers.

Caractères. Les fleurs de ce

genre font papilionnacées ; elles on un calice fort court, perfiftant, & formé par une feuille divifée en cinq parties ; les onglets du pétale font beaucoup plus longs que le calice ; l'étendard eft étroit & plus court que les aîles fur lefquelles il eft arqué ; les aîles font larges & concaves, & la carène en forme de cœur & réfléchie : ces fleurs ont dix étamines placées dans l'étendard, dont l'une eft féparée & les neuf autres font jointes : dans le calice fe trouve un germe oblong & mince qui foutient un ftyle mince & couronné par un ftigmat conique ; ce germe devient enfuite un légume cylindrique, & gonflé dans les parties où les femences font renfermées : ces graines font auffi cylindriques.

Ce genre de plante eft rangé dans la troifieme fection de la vingt-deuxieme claffe de TOURNEFORT, qui renferme les arbres & les arbriffeaux à fleurs papilionnacées, dont les feuilles font placées par paires dans la longueur de la côte du milieu. LINNÉE a joint ce genre, ainfi que le *Securidaca* de TOURNEFORT, au *Coronilla*, ce qui augmente le nombre des efpeces ; mais je penfe qu'il eft beaucoup mieux de les tenir féparés, parce qu'il y a plus de différences effentielles entr'elles qu'entre quelques autres de cette claffe, dont il a fait des genres particuliers.

Les efpeces font :

1°. *Emerus major, caule fru-*

ticofo, pedunculis longioribus, caule angulato ; Séné de fcorpion, à tige d'arbriffeau, ayant de plus longs pédoncules aux fleurs, & des tiges angulaires.

Colutea Scorpioïdes. Cam. Epit. 541.

Colutea filiquofa. S. Scorpioïdes major. Bauh. Pin. 397.

Emerus. Cæfalp ; Le Sécuridaca des Jardiniers.

Coronilla Emerus. Lin. Sp. Plant. 1046. Sp. 1. Edit. 3.

2°. *Emerus minor, foliolis obcordatis, pedunculis brevioribus, caule fruticofo ;* Séné de fcorpion, avec des feuilles longues & en forme de cœur, de plus courts pédoncules aux fleurs, & une tige d'arbriffeau.

Emerus minor. Tourn. Inft. R. H. 650.

Colutea filiquofa minor. Bauh. Pin. 397.

3°. *Emerus herbacea, caule erecto, herbaceo, foliolis multijugatis, floribus fingularibus alaribus, filiquis longiffimis erectis ;* Séné de fcorpion, avec une tige érigée & herbacée, les feuilles compofées de plufieurs paires de lobes, des fleurs fimples fortant fur les côtés des tiges, & des filiques fort longues & érigées.

Emerus filiquis longiffimis & anguftiffimis. Plum. Cat. 19.

Major. La premiere de ces efpeces eft fort commune dans toutes les pépinieres des environs de Londres ; elle s'éleve à la hauteur de huit ou dix pieds, fous la forme d'un arbriffeau, avec des tiges minces, qui fe divifent en plufieurs branches minces & garnies de feuilles ailées, composées de trois paires de lobes, & terminées par un lobe impair ; des côtés de ces branches sortent de longs pédoncules réunis au nombre de deux ou trois sur chaque point, & qui soutiennent chacun deux, trois ou quatre fleurs jaunes & papilionnacées ; elles paroissent en Mai, & sont souvent suivies de longues siliques coniques gonflées dans les parties où les semences sont renfermées & penchées vers le bas. Ces arbrisseaux sont très-agréables, parce qu'ils restent long-tems en fleurs, sur-tout dans les années fraîches, & qu'ils fleurissent souvent une seconde fois en automne.

Minor. La seconde espece s'eleve comme la premiere, avec plusieurs tiges d'arbrisseaux ; mais elle n'atteint que la moitié de sa hauteur ; ses feuilles sont plus larges, en forme de cœur & oblongues ; ses fleurs sont plus grosses, & portées sur de plus courts pédoncules : comme ces différences se perpétuent dans les plantes élevées de semences, je crois qu'elles peuvent être regardées comme des especes distinctes, quoiqu'il y ait entr'elles une grande ressemblance à la premiere vue.

Lorsqu'on fait fermenter les feuilles de ces arbrisseaux comme celles de l'*Indigo*, on obtient une matiere colorante, à-peu-près semblable ; mais on n'est pas encore assuré qu'elle puisse être employée aux mêmes usages ; si cela étoit, ces plantes vaudroient la peine

d'être cultivées : il y a cependant une si grande affinité entr'elles, que TOURNEFORT & plusieurs autres Botanistes les ont rangées sous le même genre.

Ces arbrisseaux se multiplient aisément par leurs graines, qui produiront un grand nombre de plantes, si elles sont semées en Mars, sur une planche de terre legere & sablonneuse ; on tient la terre nette de mauvaises herbes, & & dans un tems fort sec, on les arrose souvent, mais avec précaution, pour ne pas les déterrer : quand les plantes ont poussé, on les traite de même, pour avancer leur accroissement. A la St. Michel on enleve les plus fortes, pour les transplanter dans une pépiniere, à trois pieds de distance de rang en rang, & à un pied dans chaque rang ; ce qui donnera de l'espace à celles qu'on a laissées dans la planche, de maniere qu'elles pourront y rester jusqu'à ce qu'elles soient en état d'être transplantées : au bout de deux ans de séjour dans cette pépiniere, elles seront en état d'être placées à demeure dans les endroits qui leur sont destinés ; mais en les enlevant, il faut avoir soin de ne pas blesser ni casser leurs racines : on ne doit pas les tenir plus long-tems dans cette pépiniere, parce que leurs racines s'enfonçant à une grande profondeur dans la terre, on ne pourroit plus les enlever sans les couper, ce qui entraineroit la perte de l'arbre : on les traite d'ailleurs comme les autres arbriſſeaux à fleurs , avec leſquels on les vend ordinairement dans les pépinieres. On les multiplie auſſi par marcottes, qui prennent racine dans] une année, & qu'on tranſplante enſuite dans une pépiniere, où on les traite de la même maniere que les plantes de ſemences.

Herbacea. La troiſieme eſpece eſt originaire des Iſles des Indes Occidentales, où le Pere PLUMIER l'a découverte d'abord dans les poſſeſſions françoiſes ; mais depuis elle a été trouvée en abondance à la Vera-Cruz, dans la nouvelle Eſpagne , par le Docteur HOUSTOUN , qui m'en a envoyé les ſemences : ſes graines ont réuſſi dans le jardin de Chelſéa, où les plantes ont fleuri ; mais elles n'y ont pas perfectionné leurs graines; & comme ces plantes ſont annuelles , l'eſpece a été perdue en Europe : elle s'éleve avec une tige ronde & herbacée à la hauteur de trois pieds, & elle eſt garnie à chaque nœud d'une feuille longue , aîlée & compoſée d'environ vingt paires de lobes , terminées par un impair ; ils ſont obtus & pointus , & d'un vert foncé : ſes fleurs ſortent ſimples ſur les parties latérales de la tige, immédiatement au - deſſus des pétioles des feuilles , ſur des pédoncules minces & de deux pouces de longueur : elles ſont plus groſſes que celles de toutes les eſpeces précédentes , & d'une couleur jaune pâle, & ſont remplacées par des lé-

gumes minces , comprimés , longs de plus de ſix pouces , garnis de chaque côté d'une bordure , & renflés vis-à-vis chaque ſemence.

Cette eſpece eſt annuelle, & veut être ſemée au printems , ſur une couche chaude ; quand les plantes ſont en état d'être enlevées , on les met , chacune ſéparément , dans de petits pots remplis d'une bonne terre légere , priſe dans un jardin potager ; on les plonge dans une couche de tan de chaleur modérée ; on les tient à l'abri du ſoleil, juſqu'à ce qu'elles aient pouſſé des racines nouvelles , & on les traite enſuite de la même maniere que les autres plantes exotiques qui viennent des mêmes contrées. Si ces plantes ſont avancées au printems , & ſi on les tient ſous un châſſis profond d'une couche de tan , ou qu'on les plonge dans la couche de tan de la ſerre chaude, quand elles ſont trop élevées pour pouvoir être contenues ſous des châſſis de couches ordinaires, leurs ſemences mûriront en Angleterre ; car celles que j'ai reçues, ne ſont arrivées qu'au mois de Mai, & cependant leurs plantes ont bien fleuri en Août : mais l'automne qui eſt ſurvenu bientôt après, a empêché leurs graines de ſe perfectionner , & celles que j'avois conſervées pour l'année ſuivante , n'ont point germé.

EMPETRUM. *Lin. Gen. Plant.* 977. *Town. Inſt. R. H.* 579. *Tab.* 421 (Ἐμπέτρω , de ἐν, en, & πέτρα, gr., un rocher, une pierre, à cause que cet arbre croît dans des endroits pierreux). [*Black - berried Heath.*] Bruyere à baies noires. Camarigne.

Caracteres. Ce genre a des fleurs mâles & femelles sur de différentes plantes ; les mâles ont un calice persistant & à trois pointes, trois pétales oblongs & étroits à leur base, & trois étamines longues, penchées, velues & terminées par des sommets courts & érigés. Les fleurs femelles ont des calices semblables à ceux des mâles, mais elles n'ont point d'étamines : dans leur centre est placé un germe applati, qui soutient neuf stigmats réfléchis & étendus : ce germe devient ensuite une baie ronde, applatie, & a une cellule qui contient neuf semences placées circulairement.

Ce genre de plante est rangé dans la troisieme section de la vingt-deuxieme classe de LINNÉE, qui renferme celles dont les fleurs mâles & les femelles croissent sur des pieds séparés, & dont les mâles ont trois étamines.

Nous n'avons qu'une espece de ce genre en Angleterre, qui est

l'*Empetrum nigrum procumbens. Hort. Cliff.* 472. *Flor. Suec.* 832. 924. *Roy. Lugd - B.* 206. *Hall. H. n.* 162. *Leg. Vind.* 298. *Gmel. Sib. 3. p. 16 ;* Bruyere rampante, produisant des baies.

Empetrum montanum, fructu nigro. Tourn. Inst. 579 ; Bruyere à baies noires.

Erica baccifera. Clus. Pan. 29.

Erica baccifera procumbens nigra. Bauh. Pin. 436.

Ce petit arbrisseau croît sauvage sur les montagnes des Provinces de Stafford, de Derby & d'Yorck ; on le multiplie rarement dans les jardins, si ce n'est pour la variété ; on peut le cultiver à l'ombre & dans une terre ferme, où il profitera fort bien.

Il faut se procurer ces plantes en les enlevant dans les lieux où elles naissent, parce que leurs semences restent une année dans la terre avant de pousser, & que les plantes sont ensuite très-lentes à croître : en les plantant en automne, dans un sol humide & marécageux, elles pousseront des racines en hiver, & n'exigeront aucun autre soin, que d'être debarrassées des mauvaises herbes, pourvu que le terrein soit humide ; sans quoi il faudra les arroser souvent, parce que ces arbrisseaux croissent ordinairement sur le sommet des montagnes, dont le sol est marécageux. Les coqs de bruyere aiment beaucoup les baies de cette plante ; de maniere que partout où elle croît en abondance, on peut être assuré d'y rencontrer un grand nombre de ces oiseaux.

ENDIVE commune. *Voyez* CICHORIUM ENDIVIA.

ENDIVE frisée. *Voyez* CICHORIUM CRISPUM.

ENDORMIE, *ou la* POMME ÉPINEUSE. *Voyez* DATURA STRAMONIUM. L.

ENGRAIS.

On fait usage de plusieurs

especes d'Engrais en Angleterre, pour améliorer les différens fols ; mais comme il
conviendra de faire mention
de quelques-uns à l'article
FUMIER, je ne répéterai point
ici ce que j'en dirai ailleurs ;
& je me contenterai de parler de quelques matieres qu'on
néglige, quoiqu'elles puissent
être employées dans différens
fols avec un succès égal, &
peut-être plus grand qu'en se
servant des engrais ordinaires.

L'*écorce de chêne*, que les
Tanneurs rejettent après l'a-
voir employée à la préparation des cuirs, lorsqu'elle a
été mise en monceaux, &
qu'elle est bien pourrie, forme un excellent engrais pour
les terreins rudes, durs &
froids ; une seule voiture de
cette matiere forme un meilleur engrais, & dure plus
long-tems que deux voitures
de fumier ; cependant il est
ordinaire de voir de gros tas
de tan rester inutiles pendant
plusieurs années dans quelques
endroits d'Angleterre, où d'autres especes d'engrais sont fort
rares, & qu'on est obligé de
transporter d'une grande diftance. Depuis quelque tems on
se fert de ce tan pour faire
des couches chaudes, & on le
trouve bien préférable au meilleur crottin de cheval, parce
que fa fermentation est plus
tempérée, & beaucoup plus
durable ; que ces couches conservent une chaleur tempérée
pendant trois ou quatre mois,
& qu'on peut la renouveler
lorsqu'elle diminue, & la faire
durer encore quelques mois

en remuant le tan avec une
fourche, & en y en ajoutant
un peu de nouveau : ces couches font par conséquent bien
préférables aux autres pour
les plantes exotiques ; & toutes celles qu'on y plonge
croissent plus dans un mois
qu'elles ne feroient dans quatre, lorsque leurs racines pénètrent par les trous des pots,
& s'enfoncent dans la couche.
J'ai observé souvent plusieurs
jeunes plantes de différentes
especes qui avoient poussé,
dans l'espace de trois mois,
par les trous des pots, des racines qui s'étendoient à douze
pieds de distance. & les plantes elles-mêmes avoient fait
des progrès proportionnés ; ce
qui prouve que le tan pourri
leur a fourni une nourriture
abondante. Après m'être servi de tan pour une couche,
je l'ai employé comme en-
grais, en le répandant sur la
terre, & j'ai observé que cette terre avoit acquis un degré
considérable d'amélioration,
mais le tan est plus propre
aux terres froides & fortes,
qu'a celles qui font légeres &
chaudes, parce qu'il est naturellement chaud, & qu'il divise & sépare la terre, de maniere qu'après l'avoir employé
trois ou quatre fois dans une
terre forte & difficile à labourer, le sol se trouve changé & devient très-léger. On
répand ce tan sur la terre un
peu après la St. Michel, afin
que les pluies de l'hiver puissent le faire pénétrer également partout : mais si on
l'emploie au printems, il brû-

le l'herbe, & devient très-nui-
fible. Lorſqu'on ſe ſert de cette
eſpece d'engrais pour les terres deſtinées à produire du
grain, on le répand avant de
donner la derniere culture,
afin qu'il ſoit bien enterré, &
que les fibres des plantes qu'on
y ſeme puiſſent l'atteindre au
primtems ; car ſi le tan ſe
trouve trop près de la ſurface, il fera pouſſer le grain
en hiver, & comme il ſera
conſommé au printems, il ne
pourra plus lui fournir aucune nourriture. Il ne faut cependant pas que cet engrais
ſoit trop voiſin des racines des
plantes ; car j'ai remarqué que
de cette maniere il leur eſt
fort nuiſible. Les plantes qui
ont des racines bulbeuſes &
tubéreuſes, peuvent être placées plus près du tan que les
autres ; car, quoiqu'elles ſoient
ſujettes à être attaquées de
pourriture, cependant, lorſque le tan ſe trouve à une
profondeur raiſonnable, & de
maniere que leurs racines
puiſſent l'atteindre au printems, elles donnent des fleurs
beaucoup plus belles : on a
obſervé dans quelques endroits,
où l'on s'eſt ſervi de cet engrais pour les jardins, que les
plantes potageres qu'on y a
ſemées y ont acquis un dégré
de perfection très-marqué ; de
maniere qu'il eſt étonnant
qu'on n'emploie pas à cet uſage le tan qu'on rejette des
tanneries, par-tout où l'on
peut s'en procurer.

Les *herbes pourries*, telles
que celles qu'on rejette des
jardins, celles qui croiſſent

dans les étangs, les lacs ou
foſſés, peuvent auſſi fournir
un très-bon engrais : il faut
couper ou arracher ces herbes auſſi-tôt qu'elles commencent à fleurir, parce que c'eſt
dans ce moment qu'elles contiennent le plus de ſéve &
de ſels, & que, ſi l'on atten-
doit plus tard, leurs graines
produiroient dans les terres
où cet engrais ſeroit employé,
une grande quantité de mauvaiſes herbes, qu'il ſeroit
très-difficile de détruire par la
ſuite. Il y a même quelques
plantes auxquelles il ne faut
pas donner le tems de former leurs ſemences, parce
qu'elles les perfectionneroient
encore après avoir été coupées : on met toutes ces herbes en tas, pour les faire
pourrir avant de les employer;
mais il eſt prudent d'y mêler
de la terre, de la boue, ou
quelqu'autre matiere ſemblable, parce que la fermentation qu'elles doivent ſubir eſt
ſouvent aſſez forte pour qu'elles finiſſent par s'enflammer.
Quand on les met en tas ſans
y mêler de la terre, il faut
les couvrir avec de la boue
ou du ' fumier, pour arrêter
l'évaporation des ſels & des
autres particules volatiles, que
la fermentation dégage : lorſque ces plantes ſont entièrement conſommées, elles forment une maſſe ſolide & graſſe, qu'on coupe en morceaux,
& qu'on emploie avec le plus
grand ſuccès pour fertiliſer
les terres.

Dans les endroits où l'on
n'a ni étangs, ni lacs, ni foſ-

ſes qui fourniſſent de ces herbes, & qui ſont trop éloignés
de la mer, d'où l'on pourroit
tirer pluſieurs eſpeces de plantes, on peut ſemer différentes graines ; &, lorſque les
plantes qu'elles ont produites
ſeront dans leur plus haut dégré d'accroiſſement & de vigueur, on les enterrera, par
le moyen d'un labour, pour
fertiliſer le ſol.

On emploie communément
pour cela le *blé ſarraſin*, les *lentilles*, les *veſces*, l'*Arenaria* ou
Alſine ; & dans de certains
pays étrangers, on ſeme des
Lupins dans les terres que l'on
veut améliorer : quand ces
plantes ſont parvenues à toute
leur grandeur, on les fauche,
& on les enterre avec la charrue, comme un excellent engrais ; on ſuit cette méthode,
principalement dans les pays
méridionaux de la France &
en Italie, où croiſſent naturellement quelques eſpeces de
Lupins ; mais ils ne ſont pas
propres à notre climat, parce que ſi la ſaiſon ſe trouve
froide & humide après qu'ils
ſont ſemés, ils pourriſſent dans
la terre ; on doit donc préférer en Angleterre quelques
autres plantes moins délicates,
qui, dans notre climat, deviennent beaucoup plus fortes
que les *Lupins*.

J'ai vu ſemer des *févottes*
dans quelques eſpeces de terreins ; on les fauchoit lorſqu'elles étoient en fleurs, &
on les enterroit avec la charrue ; on y ſemoit enſuite du
froment, dont la récolte dédommageoit amplement le pro-

priétaire de ſes premiers frais.
Preſque tous les légumes qui
acquierent un peu de hauteur,
ſont propres à être ſemés pour
cet uſage. La *moutarde*, la *na-
vette*, & d'autres groſſes plantes, forment auſſi d'excellens
engrais qui enrichiſſent beaucoup la terre, ſi on les coupe avant qu'elles aient perfectionné leurs graines.

Le rebut des jardins potagers, lorſqu'il a été mis en
tas pour pourrir, donne auſſi
une bonne eſpece d'engrais
pour le grain ; mais quoique
cette reſſource ſoit peu abondante, on ne la néglige cependant pas, à moins que ce
ne ſoit dans le voiſinage des
grandes villes, où le fumier
eſt fort commun.

J'ai été inſtruit depuis peu
d'un autre moyen de fertiliſer
les terres, qui peut être très-
utile dans pluſieurs parties de
l'Angleterre ; il conſiſte à faucher la *fougere*, quand elle eſt
verte & tendre, & à la faire
pourrir en tas, comme les
autres herbes : comme cette
plante eſt extrêmement commune & fort embarraſſante
dans pluſieurs cantons, en la
fauchant ſouvent, on peut parvenir à la détruire : quand elle
eſt entièrement pourrie, elle
donne une aſſez grande quantité de fumier, pour dédom-
mager le propriétaire de ſes
frais. Dans quelques endroits
où l'on ne peut ſe procurer
ni tan, ni crottin de cheval,
on hache la fougere, & on
la met en tas pour la faire
fermenter, & on s'en ſert enſuite pour des couches : ce

moyen , que M. SAMUEL
BREWER , Gentilhomme
très-curieux en fait de jardinage , m'a fait connoître le
premier, peut-être très-utile ;
le même Gentilhomme m'a
affuré que les couches faites
de cette maniere, confervent
leur chaleur pendant quelques
mois ; & il préfere la fougere au fumier , lorfqu'on a
befoin d'une chaleur tempérée
& durable.

Il y a en Angleterre plu-
fieurs autres herbes qui infec-
tent les campagnes , & dont
on pourroit tirer le même
parti pour fertilifer les terres ;
par ce moyen, on parvien-
droit, avec le tems, à détruire ces plantes , & on fe procureroit un engrais qui rapporteroit au-delà des dépenfes
qu'il occafionneroit. Mais peu
de ceux qui s'appliquent à la
culture , veulent abandonner
leur routine , pour éprouver
des moyens nouveaux , quand
même il y auroit peu de dépenfes à faire, & de hafards
à courir. Il y a cependant
beaucoup à gagner, en faifant ces fortes d'expériences ,
fur-tout dans les contrées où
le fumier & les autres engrais
font très-rares, & les particuliers ne tarderoient point à
reconnoître les grands avantages qu'ils pourroient retirer
de tous les végétaux inutiles
qui croiffent dans leur voifinage.

Les *cendres* de toutes les efpeces de plantes font aufli
très-bonnes pour améliorer la
terre : ainfi par-tout où il y a
des buiffons, des ronces , &

d'autres plantes femblables devenues ligneufes , il faut les arracher pendant l'été, les étendre fur la terre pour les def-
fécher, les brûler lentement,
& en répandre enfuite les
cendres fur le terrein, ce qui
lui fournira un bon engrais.
Je donnerai à l'article TER-
RES, la maniere de brûler ces
buiffons.

Le *bois pourri* & la *fciûre de
bois* bien confommée , font
aufli de très-bons engrais pour
les terres fortes, parce qu'ils
en divifent les parties, & les
rendent plus légeres.

Les *os*, les *cornes*, les *on-
gles*, & les autres parties des
animaux , ainfi que les *poif-
fons* , enrichiffent beaucoup
la terre.

Le *fable de mer* & les *coquilles* , font employés avec
fuccès dans plufieurs cantons
de l'Angleterre, fur-tout en
Devonshire, où l'on fait la
dépenfe d'aller chercher ce
fable & ces coquilles, à dos
de cheval , à douze ou quatorze milles ; la terre fur laquelle on répand ces matieres
eft graffe & forte comme l'argile ; elles en divifent les
parties , & les fels qu'elles
contiennent, les rendent très-
propres à la végétation. Les
coraux & les autres efpeces
de *plantes pierreufes* qui croiffent dans les rochers, font
remplis de fels utiles à la terre : mais comme ces corps
font fort durs, le bien qu'ils
produifent, n'eft pas fort fenfible dans la premiere & la
feconde année , parce qu'il
faut qu'ils aient le tems de fe

pulvérifer, avant que leurs fels puiffent fe mêler avec la terre ; auffi les fermiers ou tenanciers ne fe fervent-ils que très-rarement de cette efpece d'engrais, parce qu'ils ne cherchent qu'à recueillir le fruit de leur travail le plus tôt qu'il eft poffible. Ces engrais font bien meilleurs pour les terres froides & fortes, que pour les terreins légers & fablonneux. Dans quelques pays on a découvert, à une grande diftance de la mer, une quantité confidérable de *coquilles foffiles*, que l'on a tirées de la terre, & qu'on a employées comme engrais dans les terres fortes ; mais comme elles ne contiennent que peu de fels, en les comparant à celles de la mer, on doit préférer ces dernieres, lorfqu'on peut s'en procurer.

Quand on fe trouve dans le voifinage de la mer, & qu'on peut avoir aifément & à peu de frais du *fable*, des *coquilles*, des *coraux*, du *limon*, du *varech* & autres herbes marines, on peut employer ces fubftances, qui enrichiront la terre pour plufieurs années ; parce que leurs fels ne fe communiquent que par dégrés, & à mefure que le chaud & le froid pulvérifent les corps qui les contiennent. Le fable & les herbes de la mer, répandus comme engrais en quantité convenable, fertilifent le fol pour fix ou fept ans ; mais les coquilles, les coraux, & les autres corps durs, fe confervent bien plus longtems.

J'ai fouvent remarqué en Angleterre, mais fur-tout à Cambridge, une fort mauvaife pratique, qu'il feroit à defirer qu'on rectifiât : on transporte le fumier dans les campagnes, vers la St. Jean, & on le répand fur la terre un mois ou fix femaines avant de l'enterrer en labourant ; pendant cet efpace de tems, la chaleur diffipe toutes les parties volatiles du fumier, de maniere que ce qui refte, n'a, pour ainfi dire, aucune vertu. On ne devroit voiturer le fumier & les autres engrais qu'un peu avant le dernier labour, & l'enterrer enfuite, fans perdre de tems, pour prévenir l'évaporation de leurs fels : il eft vrai, cependant, qu'en employant pour engrais des coquilles, des coraux, & d'autres fubftances dures, fi on les dépofe dans le champ plufieurs mois avant de labourer, l'action de l'air & du foleil les réduira plutôt en pouffiere, que fi elles avoient été enterrées dans le moment du transport. On fait affez communément la même faute, en répandant du fumier dans les prairies avant la St. Michel ; de maniere qu'elles n'en retirent qu'un très-foible avantage, parce que l'activité du foleil diffipe les fels de cet engrais, & ne leur laiffe pas le tems de pénétrer la terre.

ENULA CAMPANA, ou AUNÉE. *Voyez* HELENIUM. L. INULA HELENIUM. L.

EPATIQUE. *Voyez* HÉPATIQUE.

EPHEDRA. *Lin. Sp. Plant.*
1472. Edit. 3. Tourn. Inst. 663.
tab. 477. [*Shrubby Horse - tail.*]
Queue de cheval en arbrisseau.
Raisin de mer.

Caractères. Les plantes de ce
genre ont des fleurs mâles &
femelles sur différens pieds ;
les mâles sont recueillies dans
des chatons écailleux ; sous
chaque écaille est une fleur
simple sans pétale, mais pourvue de sept étamines jointes en
forme de colonne, & terminées par des sommets ronds :
les fleurs femelles ont un périanthe ovale, composé de cinq
rangées de feuilles, qui sont
alternes sur les divisions de la
rangée inférieure ; elles sont
également privées de pétales :
mais elles ont deux germes ovales placés sur le périanthe, qui
soutiennent des styles courts
& couronnés par des stigmats
simples : ces germes se changent, quand la fleur est passée,
en autant de baies ovales, qui
renferment chacune deux semences.

Ce genre de plante est rangé
dans la douzieme section de la
vingt-deuxieme classe de Linnée, intitulée, *Diœcia monadelphia.* Les plantes de cette classe
& de cette section, ont des
fleurs mâles & femelles sur différens pieds, & leurs étamines
sont jointes en forme de colonne.

Nous n'avons encore en Angleterre qu'une espece de ce
genre, qui est

l'*Ephedra distachia, pedunculis
oppositis ; amentis geminis. Hort.
Cliff. 465. Gouan. Monsp. 510 ;*

Raisins de Mer avec des pédoncules opposés & des chatons
jumeaux.

Ephedra maritima minor. Tour.
Raisin de Mer.

*Polygonum bacciferum mariti-
mum minus. Bauh. Pin. 15.*

Tragum. Cam. Hort. 171. t. 46.

Ce petit arbrisseau croît naturellement sur les rochers qui
bordent la mer dans la France
méridionale, en Espagne & en
Italie ; on le conserve aussi dans
plusieurs jardins pour la variété ; mais il a peu de beauté : sa
tige pousse quelques branches,
de deux pieds de longueur, qui
ont plusieurs nœuds gonflés,
d'où sortent des feuilles étroites & semblables à celles du
Jonc ou à celles de la plante
appelée *Queue de Cheval*, & qui
se conservent vertes toute l'année.

On multiplie cette plante au
printems par les rejettons que
ses racines rampantes produisent en abondance ; elle se plaît
dans un sol humide & fort, &
résiste fort bien en plein air
aux froids de nos hivers ordinaires. On mettoit autrefois
ces plantes dans des pots,
qu'on tenoit à l'abri en hiver ;
mais on a remarqué depuis
qu'elles profitent beaucoup
mieux en pleine terre.

EPHEMERE *ou* EPHEME-
RUM. *Voyez* Tradescantia.

EPICE, *les quatre Epices.*
Voyez Basteria.

ÉPICIA, PESSE, PECE,
PICEA *ou* FAUX SAPIN. *Voy.*
Abies Picea.

EPIDENDRUM. *Lin. Gen.*
1016. [*Vanilla.*] Vanillier.

Il y a près de trente efpeces de ce genre qui naiffent fpontanément fur les arbres en Afrique & dans les deux Indes ; mais comme ces plantes ne peuvent être confervées dans la terre par quelque moyen que ce foit, il feroit inutile d'en faire mention ici. Si on pouvoit les faire profiter par culture, plufieurs produiroient de très-belles fleurs de forme peu commune : on m'a envoyé de l'Amérique trois de ces efpeces qui ont été prifes fur des arbres, je les ai plantées avec foin dans des pots, qui ont été placés dans une ferre chaude ; elles ont réuffi affez pour montrer leurs fleurs, mais elles ont péri bientôt après. *Voyez l'article* VANILLA.

EPI FLEURI. *V.* STACHYS.

EPIGÆA. *Lin. Gen. Plant.* 486. *Memecyllum. M·ch. 13.* [*Trailing Arbutus.*] Arboufier rampant.

Caraderes. La fleur a un calice double & perfiftant ; l'extérieur eft compofé de trois feuilles, & l'intérieur, d'une feule divifée en cinq parties : cette feuille eft en forme de fouscoupe, monopétale, & pourvue d'un tube cylindrique plus long que le calice, velu en-dedans, & dont les bords font divifés en cinq parties entièrement ouvertes : elle a dix étamines auffi longues que le tube, fixées à la bâfe du pétale, & terminées par des fommets oblongs : dans fon centre eft placé un germe globulaire, velu, & couronné par un ftigmat obtus & découpé en cinq parties : ce germe fe change en Angleterre.

dans la fuite en un fruit applati, à moitié rond, à cinq angles, & à cinq cellules qui s'ouvrent en cinq valves, & qui renferment plufieurs femences.

Ce genre de plante eft rangé dans la première fection de la dixieme claffe de LINNÉE, intitulée *Decandria monogynia*, qui comprend les plantes dont les fleurs ont dix étamines & un ftyle.

Nous ne connoiffons qu'une efpece de ce genre, qui eft

L'Epigæa. Lin. Gen. Plant. 565. Edit. 3. Amœn. Acad. p. 17. Arboufier rampant.

Memecyllum. Mich. Gen. 13. Arbutus foliis ovatis integris, petiolis laxis longitudine foliorum. Gron. Virg. 49.

Pyrola affinis repens fruticofa ; foliis rigidis fcabritie exafperatis, flore pentapetaloide fiftulofo. Pluk. Alm. 309. t. f. 1. Raj. Suppl. 596.

Cette plante croît naturellement dans l'Amerique Septentrionale, d'où elle a été envoyée dans les jardins Anglois ; fa tige d'arbriffeau, baffe & traînante, pouffe de chacun de fes nœuds des racines, au moyen defquelles elle fe multiplie confidérablement quand elle fe trouve dans un fol & à une expofition qui lui foient propres : fes tiges font garnies de feuilles ovales, rudes, & ondées fur leurs bords : fes fleurs, blanches & divifées en cinq fegmens aigus entièrement ouverts en forme d'étoile, naiffent en paquets clairs aux extrémités des branches dans le mois de Juillet ; mais elles ne produifent point de fruits

On multiplie facilement cette plante au moyen des racines que les tiges traînantes produisent à chacun de leurs nœuds ; on les sépare de la vieille plante, on les place à l'ombre dans un sol humide : cette opération doit être faite en automne, afin que les plantes puissent être bien enracinées avant le printems. Si l'hiver est rude, on les couvre avec des feuilles séches ou quelqu'autre couverture légére, pour empêcher la gelée de les endommager : lorsqu'elles sont bien reprises, elles ne demandent plus aucun autre soin que d'être tenues nettes de mauvaises herbes.

EPILOBIUM. *Lin. Gen. Plant.* 426. *Chamænerion. Tourn. R. H.* 302. *tab.* 157. [*Willow Herb, or French Willow.*] Lierre herbacé ou Lierre François, l'Epilobe ou herbe de Saint-Antoine.

Caractéres. Les fleurs de ce genre ont un calice composé de quatre feuilles oblongues, pointues & corollées ; quatre pétales bordés, entiérement ouverts, & huit étamines alternativement plus longues & plus courtes, & terminées par des sommets ovales & comprimés : au dessous de la fleur est placé un germe long & cylindrique qui soutient un style mince, couronné par un stigmat obtus, & divisé en quatre parties ; ce germe devient dans la suite une capsule longue, cylindrique, sillonnée, & à cinq cellules remplies de semences oblongues & couronnées de duvet.

Ce genre de plante est rangé dans la premiere section de la huitieme classe de LINNÉE, intitulée *Octandria monogynia*, dans laquelle sont comprises les fleurs qui ont huit étamines & un style.

Les especes sont :

1°. *Epilobium angusti-folium, foliis sparsis, lineari-lanceolatis, floribus inæqualibus. Lin. Sp.* 493. *Œd. Dan.* 289. *Gmel. Sib.* 3 *p.* 164. *Pollich. Pal. n.* 369. *Kniph. Cent.* 11. *n.* 41 ; Epilobe à feuilles linéaires, en forme de lance, & placées clairement avec des fleurs inégales.

Epilobium floribus difformibus, pistillo declinato. Fl. Suec. 304. 327.

Epilobium foliis lanceolatis, integerrimis. Fl. Lapp. 146. *Hort. Cliff.* 154. *Roy. Lugd.-B.* 250.

Lysimachia, Chamænerion dicta, angusti-folia. Bauh. Pin. 245.

Lysimachia, Chamænerion dicta, lati folia. Bauh. Pin. 245.

Lysimachia, Chamænerion dicta, Alpina. Bauh. Pin. 245. Deux variétés.

Chamænerion lati-folium, vulgare Tourn. Inst. R. H. 302 ; Lierre commun à larges feuilles ; Herbe de Saint-Antoine, ou le petit Laurier-Rose, ou Laurier de Saint-Antoine.

29. *Epilobium hirsutum, foliis oppositis, lanceolatis, serratis decurrenti - amplexicaulibus. Lin. Hort. Cliff.* 145. *Fl. Suec.* 3 5. 328. *Gron. virg.* 154. *Roy. Lugd.-B.* 251. *Œd. Dan.* 326. *Pollich. Pal. n.* 3 0 *Kniph. Cent.* 5. *n.* 28 ; Epilobe à feuil-

les oppofées, en forme de lance & fciées fur leurs bords.

Chamænerion villofum, magno flore purpureo. Tourn. Hift. R. H. 303 ; Lierre velu à groffes fleurs, ordinairement appelé en Anglois *Codlins and Cream.*

Lyfimachia filiquofa hirfuta, parvo flore. Bauh. Pin. 245 ; l'Epilobe velu.

Il y a plufieurs autres efpeces de ce genre, dont quelques-unes croiffent naturellement dans des bois couverts & dans les lieux humides de plufieurs parties de l'Angleterre ; mais comme elles deviennent fort embarraffantes, & que pour cette raifon on les admet rarement dans les jardins, je n'en ferai aucune mention.

Angufti-folium. On cultivoit autrefois la premiere efpece dans les jardins à caufe de la beauté de fes fleurs ; mais comme fes racines rampantes s'étendent ordinairement fort loin, & qu'elles gênent les autres plantes, on l'a prefque généralement rejettée ; cependant lorfqu'elle eft en fleurs, & qu'elle fe trouve placée dans un lieu bas, humide & à l'ombre, elle a une très-belle apparence ; fes fleurs font d'ailleurs très-propres à orner les appartemens en été : elle s'éleve à la hauteur d'environ quatre pieds avec des branches minces, rudes, & garnies de feuilles femblables à celles du Lierre, d'où lui vient le nom d'*Herbe de Lierre* ou *Lierre François* ; fes fleurs, de couleur de pêche, naiffent en longs épis ou thyrfes,

& fi la faifon n'eft pas trop chaude, elles confervent leur beauté pendant près d'un mois : on rencontre ces efpeces dans plufieurs parties de l'Angleterre ; mais quelques Botaniftes ont prétendu que celle-ci n'y croît pas naturellement, & que les plantes qu'on y trouve ont été rejettées des jardins ; cependant je penfe qu'on doit la regarder comme originaire de notre Ifle, parce qu'on la trouve en grande quantité dans les bois fort écartés des habitations, furtout dans la forêt de Charleton, & dans plufieurs autres en Suffex. Cette plante rampe fort par fa racine & fe multiplie aifément.

Il y a dans cette efpece une variété à fleurs blanches, qui d'ailleurs ne diffère en rien de la premiere ; j'en fais ici mention, parce que beaucoup de perfonnes fe plaifent à multiplier ces variétés.

Hirfutum. La feconde, qu'on rencontre en Angleterre fur les bords des foffés & des rivieres, s'éleve à la hauteur d'environ trois pieds, & produit aux extrémités de fes tiges, des fleurs beaucoup moins belles que celles de la premiere efpece ; comme fes racines rampent & s'étendent beaucoup, on l'admet rarement dans les jardins, fes feuilles répandent une odeur de pommes cuites quand elles font froiffées, d'où quelques-uns lui ont donné le nom de *Codlins and Cream*, c'eft-à-dire, Pomme de Codlins cuite dans de la crème.

EPIMEDIUM. *Lin. Sp. Plant.*
138. *Tourn. Inst. R. H.* 232.
tab. 117. *Raji. Meth. Plant.* 129.
[*Barrenwort.*) le Chapeau d'E-
vêque.

Caractères. Dans ce genre la
fleur a un calice à trois feuilles qui tombe ; une corolle
composée de quatre pétales
obtus, ovales, concaves, &
entièrement ouverts ; quatre
nectaires en forme de coupes,
obtus au fond, & aussi larges que les pétales ; quatre
étamines terminées par des
sommets oblongs, érigés & bilo-
culaires , & un germe oblong &
placé dans le fond qui soutient
un style court & couronné par
un stigmat simple : ce germe
devient ensuite une silique
oblongue, pointue, & à une
cellule qui s'ouvre en deux
valves, & renferme plusieurs
semences oblongues.

Ce genre de plante est rangé dans la premiere section
de la quatrieme classe de Linnée, intitulée *Tetrandria monogynia*, dont les fleurs ont quatre étamines & un style.

Nous ne connoissons qu'u-
ne espece de ce genre, qui est
*Epimedium alpinum. Hort.
Cliff.* 37. *Hort. Ups.* 29. *Roy.
Lugd.-B.* 402. Chapeau d'Evê-
que des Alpes.

Cette plante a une racine
rampante de laquelle sortent
plusieurs tiges de neuf pouces environ de longueur, &
divisées au sommet en trois
parties qui se sous-divisent
encore en trois autres plus
petites, sur chacune desquelles est une feuille ferme, en
forme de cœur, & terminée

en pointe, d'un vert pâle en-
dessus & grise en-dessous :
ses pédoncules sortent au-dessus de la premiere division de
la tige ; ils ont près de six
pouces de longueur, & se
partagent en plusieurs autres
plus petits, dont chacun supporte trois fleurs ; ces fleurs
ont quatre pétales de couleur
rougeâtre, rayés de jaune sur
leurs bords, & placés en forme de croix ; du centre de
chacune s'éleve un style placé
sur le germe, qui se change
ensuite en un légume mince
& rempli de semences oblongues. Cette espece fleurit dans
le mois de Mai, & ses feuilles périssent en automne : si
ses racines sont plantées dans
une plate-bande à l'ombre,
on est forcé de les retrancher
tous les ans pour les empêcher de s'étendre trop, & de
se mêler avec celles des plantes voisines. Elle croît naturellement sur les Alpes ; mais
j'en ai reçu quelques-unes qui
ont été trouvées dans une forêt du nord de l'Angleterre.

EPINARD. *Voyez* Spinacia.

EPINARD FRAISE. *Voyez*
Blitum Capitatum.

EPINE. *Voyez* Cratægus.

EPINE *blanche. Voy.* Mespilus, Cratægus, Oxyacan-
tha.

EPINE *de Chevre* ou ADRA-
GANT. *Voyez* Tragacan-
tha.

EPINE *jaune. V.* Seolimus.

EPINE *de Lys. Voyez* Ca-
tesbæa.

EPINE *luisante*, ou AZERO-
LIER *de Virginie. Voy.* Cratægus crus galli.

EPINE *de Pinchaw. Voyez* CRATÆGUS TOMENTOSA.

EPINE *toujours verte*, ou BUISSON ARDENT. *Voyez* MESPILUS PYRACANTHA.

EPINE *de Chrift*, ou PALIURE. *Voyez* PALIURUS.

EPINE VINETTE. *Voyez* BERBERIS.

EPINETTE, *ou* SAPINETTE *du Canada. Voy.* ABIES CANADENSIS.

EPIPHYLLOSPERMATIQUES ; (de ἐπὶ, *fur* φυλλον, *feuille*, & σπέρμα, *femence.*) On nomme ainfi les plantes qui portent leur femence fur le dos des feuilles : ce font les mêmes que les CAPILLAIRES.

EPURGE. *Voy.* TITHYMALUS.

EQUINOXIAL ; de *æquus*, égal & *nox*, nuit;) on nomme ainfi un grand cercle de la fphère fous lequel l'équateur fe meut dans fon mouvement journalier.

On confond ordinairement *la ligne équinoxiale* avec *l'équateur;* mais ces deux cercles font cependant différens dans un certain fens : l'équateur eft tracé autour de la furface convexe de la fphère, mais l'équinoxiale l'eft fur la furface concave du *magnus orbis*. On conçoit la ligne équinoxiale en fuppofant un demi-diamètre de la fphère, pris d'un point de l'équateur, & de-là, décrivant un cercle fur la furface immobile du *primum mobile*, par la rotation de la fphère autour de fon axe.

Quand le Soleil parvient à ce cercle, dans fon avancement à travers l'écliptique, il rend égaux les jours & les nuits dans toute la circonférence du globe, parce que alors il fe leve au vrai point de l'Orient & fe couche à celui de l'Occident ; ce qui n'arrive dans aucun autre tems de l'année.

Les Peuples qui habitent fous ce cercle, ont conftamment les nuits & jours égaux, & chaque fois que le foleil fe trouve dans cette ligne, il eft en même tems dans leur zénith à midi, & ne fait point d'ombre.

EQUINOXES (les) font les deux tems de l'année où le Soleil entre dans les points équinoxiaux, qui font ceux où l'équateur & l'écliptique fe coupent : le premier, ou l'équinoxe du printems, fe trouve dans le figne du *Bélier*, & l'autre, qui eft l'équinoxe d'automne, eft placé dans le figne de la *Balance*. Ainfi les équinoxes arrivent quand le Soleil eft dans le cercle équinoxial, & alors les jours font égaux aux nuits dans tout le monde ; ce qui arrive deux fois l'année, vers le vingt-un de Mars, & le vingt-deux de Septembre.

EQUISETUM ; de *Equus*, Cheval & *Seta*, Poil, parce que plufieurs feuilles & quelques branches de cette plante ont quelque reffemblance avec la queue d'un Cheval. Les Grecs l'appelloit Ἱππουρίς, de Ἵππος, un Cheval, & οὐρα, une queue, & *Hippofeta*, de Ἵππος & *feta*.) [*Horfe tail*.] Queue de Cheval ; Prèle.

On trouve en Angleterre

plufieurs efpeces de cette plante fur les bords des foffés & dans les bois ombragés, mais comme elles ne font jamais admifes dans les jardins, je n'en parlerai point ici.

ÉRABLE. *Voyez* ACER.

ERICA. *Lin. Gen. Plant.* 435. *Tourn. Inft. R. H.* 602. *tab.* 373. (Ἐρείκη, de ἐρείκω, ou ἐρίκω, *grec,* brifer ou caffer); parce qu'on dit que cette plante a la vertu de rompre la pierre dans la veffie. [*Heath.*] Bruyere.

Caractères. Les fleurs de ce genre ont un calice perfiftant & formé par quatre feuilles ovales, érigées & colorées; une corolle compofée d'un pétale gonflé, érigé & divifé en quatre parties, & huit étamines velues fixées au réceptacle, & terminées par des fommets divifés en deux parties : dans leur fond, eft placé un germe rond, qui foutient un ftyle incliné, plus long que les étamines, & couronné par un ftigmat à quatre angles; ce germe fe change, quand la fleur eft paffée, en une capfule ronde & à quatre cellules remplies de petites femences.

Ce genre de plante eft rangé dans la premiere fection de la huitieme claffe de LINNÉE, intitulée *Octandria monogynia,* dans laquelle fe trouvent comprifes les fleurs qui ont huit étamines & un ftyle.

Les efpeces font :

1°. *Erica vulgaris, antheris bicornibus inclufis; corollis inæqualibus, campanulatis, mediocribus; foliis oppofitis, fagitta-* tis. *Lin. Sp. Pl.* 352; Bruyere à deux cornes renfermant des antheres, à pétales inégaux & en forme de cloche, & à petites feuilles en forme de flèche & oppofées.

Erica, foliis quadrifariàm imbricatis, triquetris, glabris, erectis; corollis inæqualibus, calyce brevioribus. Hort. Cliff. 146. *Fl. Suec.* 306. 336. *Roy. Lugd.-B.* 442.

Erica vulgaris, glabra. Bauh. Pin. 485. *Fl. Lapp.* 141; Bruyere commune.

Erica Myricæ folio hirfuto. Bauh. Pin. 485; Variété.

Erica vulgaris, hirfuta. Raj. Angl. 3. *p.* 471; Bruyere commune, hériffée.

2°. *Erica herbacea, antheris bicornibus inclufis, campanulatis, mediocribus, fecundis; foliis ternis, triquetris patulis. Lin. Sp. Pl.* 500; Bruyere avec des antheres à cornes, un pétale campanulé, & cinq feuilles étroites & étendues.

Erica foliis Coridis, multi-flora. J. B. Vol. 1. *p.* 356; Bruyere avec plufieurs fleurs à feuilles de pin.

Erica procumbens, herbacea. Bauh. Pin. 486.

Erica Coris folio. 8. *Clus. Hift.* 1. *p.* 44.

3°. *Erica cinerea, antheris bicornibus inclufis; corollis ovatis, racemofis; foliis ternis glabris linearibus. Lin. Sp. Plant.* 352; Bruyere avec des antheres renfermées dans deux cornes, des pétales ovales & branchus, & trois feuilles longues étroites, & unies.

Erica Coris folio 6. *Clus. Hift.* 1. *p.* 47. *Oed. Dan. t.* 38.

Erica humilis, cortice cinereo

'Arbuti flore. C. B. P. 486;
Bruyere baſſe, à écorce cendrée & à fleur d'Arboulier. La
petite Bruyere.

4°. *Erica ciliaris, antheris
ſimplicibus incluſis; corollis ovatis, irregularibus; floribus terno-
racemoſis; foliis ternis ciliatis.
Læſl. Epiſl. 2. p. 9. Lin. Sp.
Plant.* 354; Bruyere avec des
antheres ſimples, des pétales
ovales & irréguliers, des tri-
ples fleurs branchues, & des
feuilles velues, placées par
trois.

Erica XII. Clus. Hiſl. 1. p. 46.

*Erica hirsuta, Anglica. Bauh.
Pin.* 602.

5°. *Erica arborea, antheris bicornibus incluſis, corollis campanulatis longioribus, foliis quaternis patentiſſimis; caule ſubar-
boreo, tomentoſo. Lin. Sp.* 502;
Bruyere en arbre, avec des
antheres renfermées dans deux
cornes, une plus longue fleur
en forme de cloche, & quatre feuilles étendues à chaque
nœud.

*Erica Coris folio 1. Clus.
Hiſl. 1. p.* 4.

*Erica maxima alba. Bauh.
Pin.* 485.

Les quatres premieres eſpeces croiſſent ſauvages ſur des
terreins ſtériles & incultes,
dans différentes parties de
l'Angleterre; mais quoiqu'elles ſoient communes, cependant elles méritent d'être placées avec les bas arbriſſeaux
à fleurs dans les boſquets, où
elles feront une variété agréable, par la beauté de leurs
fleurs, qui ſe ſuccèdent continuellement, & par la diverſité de leurs feuillages.

Elles ſe multiplient rarement
& difficilement dans les jardins, parce qu'on ne les éleve
point en pépiniere; mais on
peut les enlever en mottes,
pendant l'automne, dans les
lieux où elles croiſſent naturellement, pour les tranſplanter dans les jardins.

Il ne faut pas les placer
dans des terreins gras & remplis de fumier: on évite d'arracher les mauvaiſes herbes
qui les entourent; car moins
la terre eſt remuée, & plus
ces plantes profitent; parce
que leurs racines ſont ordinairement fort près de la ſurface, & qu'elles peuvent être
endommagées & même dé-
truites par les labours & les
houages: on peut auſſi les
multiplier par ſemences; mais
comme cette méthode eſt trop
lente, il vaut mieux ſuivre
la premiere. (1).

Arborea. La cinquieme eſpece croît ſans culture au
Cap-de-Bonne Eſpérance, &
dans le Portugal où elle s'é-
leve avec une tige forte &
ligneuſe, à la hauteur de huit
ou dix pieds, & pouſſe, dans
toute ſa longueur, pluſieurs

____

(1) On attribue quelques propriétés médicinales à la Bruyere commune; mais on s'en ſert très-rarement; ſon eau diſtillée paſſe pour
être propre à diſſiper l'inflammation des yeux & à calmer les
douleurs de colique; l'huile de
ſes fleurs a, dit-on, la vertu d'enlever les tâches de la peau, de
guérir les dartres, & de ſoulager
les perſonnes attaquées de la
goutte: mais on doit peu compter ſur ce remede.

branches garnies de feuilles étroites, qui fortent quatre enfemble du même point. Ses fleurs blanches & teintes d'un rouge pâle extérieurement, naiffent entre les feuilles, aux extrémités des branches ; elles paroiffent dans le mois de Mai. Elles ne font pas fuivies de femences en Angleterre.

Cette plante fubfifte en plein air dans notre climat, pourvu qu'elle foit placée dans un fol fec, & à une expofition chaude ; mais on la tient ordinairement dans des pots, & on la met à l'abri de l'hiver ; cependant celles qui font ainfi traitées, ne profitent & ne fleuriffent pas auffi bien que celles de pleine terre. C'eft pourquoi il vaut beaucoup mieux les y placer, & fe donner la peine de les abriter en hiver, que de les conferver dans des pots.

On la multiplie dans ce pays avec difficulté, en marcottant fes jeunes rejettons, qui font fouvent deux ans avant de prendre racine ; d'autres détachent de tendres boutures, qu'ils mettent dans des pots remplis de terre légere, qu'ils couvrent exactement avec des cloches, & qu'ils tiennent à l'abri du foleil : quand cette opération eft faite avec intelligence, les boutures prennent facilement racine, & deviennent de meilleures plantes que les marcottes.

ERICA BACCIFERA. *Voy.* EMPETRUM.

ERIGERON. *Lin. Gen. Plant.* 855. *Senecionis fpecies ; Conyzella. Dill. Elth.* 257. [*Ground-*

fel.] Efpece de Séneçon. Herbe aux puces.

Caractères. La fleur eft compofée & radiée ; plufieurs fleurettes hermaphrodites forment fon difque ; & les demi-fleurettes femelles, les rayons ; celles-ci font renfermées dans un calice oblong & écailleux : les fleurettes hermaphrodites font en forme d'entonnoir, & découpées au fommet en cinq parties ; elles ont chacune cinq étamines courtes, velues, & terminées par des fommets cylindriques ; elle renferme un petit germe couronné de duvet, & plus long que le pétale : fur ce germe eft placé un ftyle mince, auffi long que le duvet, & furmonté de deux ftigmats oblongs ; le germe fe change dans la fuite en une petite femence oblongue, & ornée d'un long duvet. Les demi-fleurettes femelles, qui compofent les rayons, ont un côté de leur pétale étendu en-dehors, en forme de langue ; elles n'ont point d'étamines ; mais elles font pourvues d'un petit germe velu, qui foutient un ftyle mince, velu, & terminé par deux ftigmats minces. Ce germe forme, quand la fleur eft paffée, une femence femblable à celles des fleurettes hermaphrodites.

Ce genre de plantes eft rangé dans la feconde fection de la dix-neuvieme claffe de LINNÉE, qui renferme les plantes dont les fleurs font compofées de fleurettes hermaphrodites & femelles, toutes deux fructueufes. LINNÉE a ajouté à ce genre plufieurs efpeces de *Conyzes* & d'*Asters* des anciens Botanistes.

Les especes sont :

1°. *Erigeron viscosum, pedunculis uni-floris lateralibus ; foliis lanceolatis, denticulatis, basi reflexis ; calycibus squarrosis ; corollis radiatis. Hort. Ups. 258 ;* Érigéron avec une fleur supportée par un pédoncule placé sur le côté, des feuilles en forme de lance, un calice rude & des corolles à rayons.

Aster foliis serratis, pedunculis simplicibus lateralibus uni-floris, longitudine folii, foliosis. Hort. Cliff. 409.

Virga aurea major, foliis glutinosis, graveolentibus. Tourn. Inst. 580. Vaill. Act.

Conyza mas Theophrasti ; major Dioscoridis. C. B. p. 265 ; Conyze mâle de Théophraste, & la plus grande Conyze de Dioscoride.

Conyza major. Dod. Pempt. 51.

2°. *Erigeron acre, pedunculis alternis, uni-floris. Hort. Cliff. 407. Fl. Suec. 691, 741. Roy. Lugd.-B. 165. Pollich. Pal n. 790 ;* Érigéron avec des pédoncules alternes, qui soutiennent chacun une seule fleur.

Erigeron vulgare. Fl. Lapp. 308.

Conyza cœrulea acris. C. B. p. 265 ; Herbe aux puces âcre.

Conyzoides. Dill. Giss. p. 154.

Amellus montanus. Col. Ecphr. 2. p. 25.

3°. *Erigeron Bonariense, foliis basi revolutis. Lin. Sp. Plant. 863. Murray. Prodr. 179 ;* Érigéron dont les feuilles sont roulées à leur base.

Senecio Bonariensis purpurascens, foliis imis Coronopi. Hort. Elth. 344. T. 257. F. 334 ; Éri-

géron pourpre de Buenos-Ayres, ayant ses feuilles basses comme celles de la Corne de cerf. Plantain.

4°. *Erigeron Canadense, caule floribusque paniculatis. Hort. Cliff. 407. Hort. Ups. 258. Gron. Virg. 122* Érigéron avec une tige & des fleurs disposées en panicules.

Virga aurea Virginiana annua. Zan. Hist. 205 ; Verge d'or annuelle de Virginie.

Conyzella. Dill. Cat. App. 142.

Conyza annua, acris, alba, elatior, Linariæ foliis. Moris. Hist. 3. p. 115. s. 7. T. 20. F. 29.

5°. *Erigeron Alpinum, caule sub-bi-floro, calyce sub-hirsuto. Lin. Sp. Plant 864 ;* Érigéron avec deux fleurs sur une tige, & des calices velus.

Conyza cœrulea Alpina, major & minor. C. B. p. 265 ; Herbe aux puces bleue des Alpes.

Asteri montano purpureo similis, sivè Globulariæ. Bauh. Hist. 2. p. 107.

6°. *Erigeron graveolens, ramis lateralibus multi-floris ; foliis lanceolatis, integerrimis ; calycibus squarrosis. Amœn. Acad. 4. p. 290. Gouan. Monsp. 437 ;* Érigéron avec plusieurs fleurs sur les côtés des tiges, des feuilles entieres & en forme de lance, & des calices rudes.

Virga aurea minor, foliis glutinosis & graveolentibus. Tourn. Inst. 484.

Conyza femina Theophrasti ; minor Dioscoridis. Bauh. Pin. 261.

Conyza minor vera. Lob. Ic. 346.

7°. *Erigeron fœtidum, foliis lanceolato-linearibus, retusis ; flo-*

ribus corymbosis. Lin. Sp. Plant. 1213 ; Erigéron avec des feuilles linéaires & en forme de lance, & des fleurs en corimbes.

Senecio Africanus, folio retuso. Herm. 661.

Conyza Africana , Senecionis flore, retusis foliis. Herm. Lugd.-B. 661. T. 662.

Pseudo-Helichrysum frutescens Africanum , retusis foliis viridibus ; flore luteo, nudo. Moris. Hist. 3. p. 90. n. 1.

Viscosum. La premiere espece croît naturellement dans la France Méridionale & en Italie ; elle a une racine vivace, de laquelle sortent plusieurs tiges droites de trois pieds de hauteur, & garnies de feuilles oblongues, ovales, velues, sessiles à la tige, alternes, & longues de quatre pouces sur deux de largeur au milieu : cette plante est couverte, dans les tems chauds, d'une sève gluante ; ses fleurs naissent simples sur de longs pédoncules, desquelles quelques-unes sortent des parties latérales de la tige, & les autres, de son extrémité ; elles sont jaunes & d'une odeur agréable ; elles paroissent en Juillet, & leurs semences mûrissent en automne.

On multiplie cette espece par ses graines, qui réussissent plus certainement lorsqu'elles sont mises en terre en automne, que quand on attend jusqu'au printems pour les semer : on éclaircit les plantes qui en proviennent, on les tient nettes de mauvaises herbes, & en automne, on les transplante à demeure. Elles se plaisent dans un sol sec & exposé au soleil ; elles fleuriront & donneront des semences mûres dans la seconde année ; leurs racines durent plusieurs années , & continuent à produire des fleurs & des graines.

Acre. Bonariense. Canadense. Alpinum. Les quatre especes suivantes sont conservées dans les jardins de Botanique, pour la variété ; mais on les admet rarement dans ceux d'agrément. La cinquieme est une plante vivace, qui croît naturellement sur les Alpes ; on la multiplie par semences, comme la premiere espece , mais elle exige un sol humide & une situation ombragée.

Les autres sont annuelles, & se multiplient au point de devenir fort embarrassantes , lorsqu'elles sont une fois établies dans les jardins, & qu'on leur permet d'écarter leurs graines.

Graveolens. La sixieme s'éleve à la hauteur de trois pieds , avec des tiges fermes & garnies de feuilles étroites & en forme de lance ; les fleurs sont jaunes & sortent en paquets serrés sur les parties latérales de l'extrémité de la tige ; elles paroissent en Juillet, & dans les années chaudes, elles sont remplacées par des semences en Angleterre.

On peut multiplier cette espece, en coupant la tige en morceaux, dont on forme des boutures qui pousseront des racines, si elles sont plantées dans une plate-bande à l'ombre, & arrosées à propos : dès l'automne suivant, on peut les enlever & les planter dans les plates-bandes du jardin à fleurs.

Fœtidum. La septieme, qui est originaire d'Afrique, produit cinq ou six tiges droites, hautes d'environ quatre pieds, & fortement garnies de feuilles linéaires, en forme de lance, & velues ; ses tiges sont terminées par de gros paquets de fleurs jaunes & en forme de corymbe, qui paroissent en Octobre, & se succedent souvent pendant plus de deux mois ; ce qui donne un nouveau mérite à cette plante.

Comme cette espece est trop tendre pour profiter en plein air dans notre climat, on doit tenir les plantes dans des pots ; & si pendant l'hiver elles sont placées sous un châssis ordinaire, où elles puissent avoir beaucoup d'air dans les tems doux, & être abritées des fortes gelées, elles réussiront mieux qu'en les traitant plus délicatement. On la multiplie aisément par boutures, qui prendront promptement racine, si elles sont plantées dans le mois de Mai ; ces jeunes plantes fleuriront dès l'automne suivant.

ERINUS. *Lin. Gen. Plant.* 689. *Ageratum. Tourn. Inst. R. H.* 651. *tab.* 422. [Ce genre n'a point de nom Anglois.] Eupatoire.

Caracteres. La fleur a un calice persistant, & composé de cinq feuilles égales ; un pétale tubulé, de l'espece des labiées, & découpé en cinq segmens égaux, & entièrement ouverts, dont trois sont placés sur le haut de la levre su-

périeure, & les deux autres tournés en arriere, & quatre étamines situées au-dedans du tube, dont deux sont un peu plus longues que les autres, & qui sont toutes terminées par de petits sommets ; dans le fond du tube, est placé un germe ovale, qui soutient un style court & surmonté par un stigmat en forme de tête : ce germe se change, quand la fleur est passée, en une capsule ovale, couverte par le calice, & à deux cellules remplies de petites semences.

Ce genre de plante est rangé dans la seconde section de la quatorzieme classe de LINNÉE, qui renferme les plantes dont les fleurs ont deux étamines longues & deux courtes, & dont les semences sont renfermées dans une capsule. TOURNEFORT l'a placée dans son Appendix ; mais elle devroit se trouver dans sa troisieme classe, qui contient les plantes avec une fleur anomale, tubulée, & d'une seule feuille.

Les especes sont :

1°. *Erinus Alpinus, floribus racemosis. Lin. Sp. Plant.* 630 ; Érinus à fleurs branchues, des Alpes.

Erinus, Sauv. Monsp. 116.

Ageratum serratum, Alpinum, glabrum, flore purpurascente. Tourn. R. H. 651 ; Ageratum ou Eupatoire des Alpes, unie & sciée, avec une fleur pourpre.

Ageratum minus, saxatile, flore albo. Barr. Rar. 23. *t.* 1192 ; Variété.

2°. *Erinus tomentosus, caulibus procumbentibus, floribus sessilibus, axillaribus ;* Érinus cotoneux , dont les tiges font traînantes , & les fleurs feffiles à leurs côtés.

Ageratum Americanum , procumbens , Gnaphalii facie , floribus ad foliorum nodos. Houft. Mss. ; Eupatoire d'Amérique , traînante , qui a l'apparence du *Gnaphalium maritimum*, avec des fleurs croiffantes fur les nœuds.

3°. *Erinus Americanus , caule erecto , foliis lanceolatis , oppofitis , floribus laxè fpicatis , terminalibus* ; Érinus à tige érigée , à feuilles en forme de lance & oppofées , & à fleurs difpofées en épis clairs , fur les extrémités des tiges.

Ageratum Americanum , erectum , fpicatum , flore purpureo. Houft. Mss. ; Eupatoire d'Amérique érigée , avec un épi de fleurs pourpres.

4°. *Erinus frutefcens , caule erecto , fruticofo , foliis ovato-lanceolatis , ferratis , alternis , floribus axillaribus* ; Eupatoire avec une tige d'arbriffeau , érigée , des feuilles ovales en forme de lance & alternes , produifant des fleurs fur les côtés de la tige.

Ageratum frutefcens , foliis dentatis , latioribus . villofum. Houft. Mss. ; Eupatoire en arbriffeau & velue d'Amérique , avec des feuilles larges & demelées.

5°. *Erinus verticillatus , caule ramofo procumbente ; foliis ovatis , ferratis , glabris , oppofitis : floribus verticillatis* : Érinus avec une tige branchue & traînante , des feuilles ovales , unies , fciées & oppofées , & des fleurs verticillées , placées autour des tiges.

Ageratum Americanum procumbens , foliis fubrotundis , ferratis ,

glabris. *Houft. Mss.* ; Eupatoire d'Amérique traînante , à feuilles rondes , unies & fciées.

6°. *Erinus procumbens , caulibus procumbentibus , foliis ovatis , glabris , floribus fingulis alaribus , pedunculis longioribus* ; Érinus à tiges traînantes , à feuilles ovales & liffes , & à fleurs folitaires fur les côtés des tiges , & foutenues par de longs pédoncules.

Ageratum Americanum glabrum , floribus luteis , longis pediculis incidentibus. Houft. Mss. ; Eupatoire d'Amérique unie & traînante , avec des fleurs jaunes fur de longs pédoncules.

Alpinus. La premiere efpece, qui croît naturellement fur les Alpes & fur les autres montagnes de la Suiffe , eft une plante fort baffe , dont les feuilles, couchées tout près de la terre, & difpofées en paquets , ont environ un demi-pouce de longueur fur une ligne & demie de largeur ; elles font d'un vert foncé , fciées fur leurs bords : du milieu de ces feuilles , fort une tige qui atteint à peine à la hauteur de deux pouces , & qui foutient un paquet clair de fleurs pourpre & érigées; elles paroiffent dans le mois de Mai , & font quelquefois fuivies de femences mûres en Juillet.

On multiplie cette plante en divifant fes racines en automne; elle fe plaît à l'ombre dans un fol marneux & fans fumier , parce qu'elle pourrit aifément dans les terres trop graffes.

Tomentofus. La feconde efpece , que le Docteur HOUSTOUN m'a envoyée de la Vera-cruz , pouffe plufieurs tiges traînan-

tes de six pouces de longueur ,
& fortement garnies à chaque
côté de petites feuilles ovales,
fort blanches & cotoneuses ;
ses fleurs sortent aux nœuds,
précisément au-dessus des feuilles ; elles sont sessiles aux tiges,
& blanches; des capsules rondes , à deux cellules , & remplies de petites semences, les
remplacent : cette plante , vue
d'une certaine distance , ressemble fort au *Gnaphalium maritimum.*

Americanus. La troisieme a
été aussi découverte par le Docteur HOUSTOUN , dans le même
pays que la précédente ; elle a
une tige droite, haute de deux
pieds , & garnie de feuilles en
forme de lance, & opposées ;
vers le sommet de cette tige ,
naissent deux petites branches
opposées , érigées , & terminées , ainsi que la tige , par des
épis clairs de fleurs pourpre,
qui produisent des capsules
ovales, remplies de petites semences.

Frutescens. La quatrieme s'é-
leve en tige d'arbrisseau , à la
hauteur d'environ quatre pieds,
& se divise en plusieurs petites
branches velues & garnies de
feuilles ovales, en forme de
lance, profondément sciées sur
leurs bords, alternes & supportées par de longs pétioles : ses
fleurs sortent sur les côtés des
tiges, quelquefois simples, &
souvent au nombre de deux ou
de trois sur chaque nœud ; elles sont blanches & sessiles aux
tiges , & sont remplacées par
des capsules rondes & remplies
de petites semences.

Verticillatus. La cinquieme

produit plusieurs tiges unies &
trainantes, qui poussent sur les
côtés une grande quantité de
branches ; elles ont environ
sept ou huit pouces de longueur , & sont garnies de petites feuilles ovales & opposées :
ses fleurs verticillées , sessiles
aux tiges , blanches & peu apparentes , sont suivies par des
capsules rondes , & remplies de
petites semences.

Procumbens. La sixieme pousse plusieurs tiges trainantes , de
six pouces environ de longueur, divisées en plusieurs petites branches , & garnies de
petites feuilles ovales & opposées : ses fleurs , qui sortent
simples sur les côtés de la tige,
sont d'un jaune brillant, supportées par des pédoncules
longs & minces , & produisent
des capsules ovales , remplies
de petites semences.

La quatrieme est une espece
d'arbrisseau vivace, qui peut
durer plusieurs années , en le
tenant dans une serre chaude ;
mais les seconde , troisieme ,
cinquieme & sixieme , sont annuelles , & périssent bientôt
après la maturité de leurs semences.

Culture. On les multiplie toutes par leurs graines, qu'il faut
semer dans des pots remplis de
terre légere, & les plonger dans
une couche de chaleur modérée , où les plantes paroitront
quelquefois en cinq ou six semaines, & quelquefois au printems suivant , sur-tout si ces
graines ont été conservées long-
tems : quand les plantes sont
en état d'être enlevées, on les
met chacune séparément dans

de petits pots remplis de terre
légere & peu chargée de fumier, & on les plonge dans
une couche chaude de tan :
lorfqu'elles font enracinées ,
on les traite de la même maniere que les autres plantes des
mêmes pays , en leur donnant
de l'air dans les tems chauds &
en les arrofant fouvent : de
cette maniere les efpeces annuelles fleuriront en Juillet &
en Août , & leurs femences
mûriront fouvent en automne
fi les plantes font un peu pouffées dans le printems , fans
quoi l'niver les furprendra
avant leur maturité.

L'efpece en arbriffeau doit
être placée dans la couche de
tan de la ferre chaude en automne , & arrofée fouvent ;
mais légèrement en hiver, fur-
tout dans les tems froids , parce que l'humidité la détruiroit:
elle fleurit & perfectionne fes
graines dans la feconde année.

ERIOCEPHALUS *Dill.
Hort. Elth.* 110. *Lin. Sp. Plant.*
890. [*Eriocephalus.*] Eftragon
du cap : Eriocéphale.

Caraćteres. Cette plante a une
fleur radiée & compofée de demi fleurettes femelles, qui forment les rayons, & de fleurettes hermaphrodites , qui compofent le difque ; celles ci font
renfermées dans un calice commun & écailleux. Les fleurettes
hermaphrodites font en forme
d'entonnoir, & découpées fur
leurs bords en cinq parties entièrement ouvertes ; elles ont
cinq étamines courtes, velues,
& terminées par des fommets
cylindriques, & un petit germe
nud qui foutient un ftyle fim-

ple, couronné par un ftigmat
pointu ; ces dernieres font ftériles : les fleurettes femelles
ont un côté de leur pétale étendu en-dehors, en forme de langue , & divifé en trois lobes à
fon extrémité : elles n'ont point
d'étamines, mais feulement un
germe ovale & nud avec un
fimple ftyle couronné d'un ftigmat réfléchi , & une femence
nue placée fur un réceptacle
nud & uni.

Ce genre de plante eft rangé
dans la quatrieme fećtion de la
dix-neuvieme claffe de LINNÉE,
qui renferme les plantes à
fleurs compofées, dont les fleurettes hermaphrodites font ftériles , & les demi-fleurettes femelles, fructueufes.

Nous ne connoiffons qu'une
efpece de ce genre, qui eft :

*Eriocephalus Africanus. Lin. Sp.
Plant.* 926 ; Eftragon du Cap.

*Eriocephalus , foliis integris di-
vififque , floribus corymbofis. Hort.
Cliff.* 424. *Roy. Lugd.-B.* 1781.

*Eriocephalus femper virens ,
foliis fafciculatis & digitatis. Hort.
Elth.* 132. *t.* 110. *f.* 134 Eriocéphale toujours vert, à feuilles
digitées & réunies en paquets.

*Abrotanum Africanum, folio te-
reti , tridentato. Walth. Hort.* 1.
t. 1.

Cette plante a une tige d'Arbriffeau qui s'éleve à quatre ou
fix pieds de hauteur, & produit, dans toute fa longueur,
plufieurs branches latérales ,
fort garnies de feuilles laineufes qui fortent en grappes :
quelques-unes de ces feuilles
font entieres & de forme conique, & d'autres font divifées
en trois ou cinq parties qui

s'ouvrent en forme de main ; elles répandent, quand on les froisse, une odeur pénétrante, semblable à celle de la *Lavande cotonneuse*, mais un peu moins forte. Ses fleurs, qui naissent en petites grappes aux extrémités des branches, sont érigées & tubulées : les petites fleurettes qui composent les rayons, forment un creux, dans le centre duquel sortent les fleurettes hermaphrodites qui composent le disque ; la bordure est blanche, un peu rougeâtre en-dedans, & le disque est pourpre : ces fleurs paroissent en automne, mais elles ne produisent point de semences dans notre climat.

Culture. On multiplie cette plante par boutures, qu'on peut mettre en terre en tout tems depuis le mois de Mai jusqu'au milieu d'Août ; mais si on les plante plus tard, elles n'auront pas le tems d'acquérir de bonnes racines avant l'hiver ; on les met dans de petits pots remplis de terre légere, on les plonge dans une couche de chaleur fort modérée, on les tient à l'abri du soleil jusqu'à ce qu'elles aient produit des racines, & on les arrose légèrement deux ou trois fois par semaine, parce que trop d'humidité leur seroit très-contraire. Quand ces boutures ont pris racine, on les accoutume par dégré au plein air pour les empêcher de filer, & on les y expose ensuite tout-à-fait, en les tenant dans une situation abritée ; au mois d'Octobre on les place sous un châssis airé, afin qu'elles puissent jouir du soleil autant qu'il est possible, & de l'air dans les tems doux ; mais il faut les mettre à couvert des gelées & de l'humidité, qui les détruiroient bientôt : on les arrose peu en hiver ; mais en été, lorsque les plantes sont en plein air, on leur donne de l'eau très-souvent.

Comme ces plantes conservent leurs feuilles toute l'année, elles font une variété agréable en hiver parmi les autres especes exotiques.

ERS. *Voyez* **ERVUM, ERVILIA. L.**

ERUCA. *Tourn. Inst. R. H.* 226. *tab.* 111. *Brassica. Lin. Gen.* 734. [*Rocket.*] la Roquette.

Caracteres. Les fleurs de ce genre ont un calice composé de quatre feuilles oblongues & érigées, qui forment un tube ; quatre pétales oblongs, placés en forme de croix, ronds, & larges à leur extrémité, étroits à leur bâse, & beaucoup plus longs que le calice ; six étamines, dont quatre sont un peu plus longues que le calice, & les deux autres plus courtes, & qui sont toutes terminées par des sommets aigus, & un germe oblong & conique qui soutient un style court & couronné par un stigmat obtus & divisé en deux parties : ce germe se change ensuite en un légume quarré, conique, & à deux cellules remplies de semences rondes.

Ce genre de plante est rangé dans la seconde section de la quinzieme classe de LINNÉE, qui comprend les plantes dont les fleurs ont quatre étamines longues & deux courtes , & dont les femences font renfermées dans de longs légumes.

LINNÉE a joint la *Roquette* commune au genre de *Braſſica* , & il a diſtribué quelques unes des autres eſpeces dans ſes autres genres. Mais comme la *Roquette* commune a été longtems une plante des boutiques , je lui conſerverai ſon ancienne dénomination.

Les eſpeces ſont :

1°. *Eruca ſativa , foliis pinnato-laciniatis , laciniis exterioribus majoribus* ; Roquette à feuilles dentelées & aîlées , dont les ſegmens extérieurs ſont les plus larges.

Siſymbrium , foliis pinnato-dentatis. Hort. Cliff. 337. *Roy. Lugd. - B.* 341. *Dalib. Paris.* 205. *ſub Siſymbrio.*

Erica ſativa major annua , flore albo ſtriato. J. B. 2. 859 ; la plus grande Roquette de jardin annuelle , à fleurs blanches & rayées.

Braſſica Erucaſtrum. Lin. Sp. Plant. 932. *Edit.* 3.

2°. *Eruca Bellidis-folia , foliis lanceolatis , pinnato-dentatis , caule nudo ſimplici* ; Roquette à feuilles dentelées & en forme de lance , avec une tige ſimple & nue.

Eruca Bellidis folio. Mor. Hiſt. 2. 231 ; Roquette à feuilles de Marguerite.

Arabis Canadenſis. Lin. Sp. Plant. 929. *Edit.* 3.

3°. *Eruca perennis , foliis pinnatis glabris , caule ramoſo , floribus terminalibus* ; Roquette à feuilles aîlées & unies , & à tige branchue, terminée par des fleurs.

Eruca tenui-folia perennis , flore luteo , J. B. 2. 861. *Vaill. Paris* ; Roquette vivace à feuilles étroites & à fleur jaune.

Siſymbrium tenui-folium , foliis integerrimis ; infimis tripinnatifidis ; ſupremis integerrimis. Guett. Stamp. 150. *Dalib. Paris.* 204. *Lin. Sp. Plant.* 917. *Edit.* 3.

Sinapi Erucæ folio. Bauh. Pin. 99.

Sinapi ſylveſtris. Dodon. 707.

4°. *Eruca aſpera , foliis dentato-pinnatifidis hirſutis , caule hiſpido , ſiliquis lævibus* ; Roquette à feuilles dentelées , ayant des aîles pointues & velues , une tige rude , & une ſilique unie.

Eruca ſylveſtris major , lutea , caule aſpero. C. B. p. 98 ; la plus grande Roquette ſauvage , couleur de ſafran , avec une tige rude.

5°. *Eruca Tanaceti-folia , foliis pinnatis , foliolis lanceolatis , pinnatifidis. Prod. Leyd.* 342 ; Roquette à feuilles aîlées , dont les lobes ſont en forme de lance & à pointes aîlées.

Eruca Tanaceti-folia. H. R. Par. Roquette à feuilles de Tanéſie.

Siſymbrium Tanaceti-folium. Lin. Sp. Plant. 916. *Edit.* 3.

6°. *Eruca viminea , foliis ſinuato-pinnatis , ſeſſilibus , caule ramoſo* ; Roquette à feuilles ſinuées , en forme d'ailes & ſeſſiles aux tiges , & à tiges branchues.

Eruca Sicula , Burſæ paſtoris folio. C. B. p. 98 ; Roquette de Sicile , à feuilles de Bourſe à Paſteur.

Sativa. La premiere eſpece eſt une plante annuelle qui a été autrefois fort cultivée comme

me une herbe de salade ; cependant on la connoît peu
aujourd'hui, parce qu'on l'a rejettée des jardins, à cause de
son odeur forte & désagréable :
elle est aussi au nombre des
plantes médicinales ; mais on
en fait peu usage à présent,
quoiqu'on la regarde comme
diurétique & aphrodisiaque.
Quand on la multiplie pour la
table, on la seme en rigole
comme les autres petites salades ; mais il faut la manger jeune, parce qu'elle prend un
goût fort en vieillissant. On en
fait usage en hiver & au printems ; car celle qui est plantée
en été, monte bientôt en semence & ne peut plus servir dans
la cuisine. Lorsqu'on la cultive
pour ses graines, qu'on emploie quelquefois en médecine,
on la seme en Mars sur une
piece de terre ouverte, &
quand les plantes ont poussé
quatre feuilles, on les houe
pour détruire les mauvaises
herbes, & les éclaircir de maniere qu'il reste entr'elles trois
ou quatre pouces de distance :
environ cinq ou six semaines
après, on nettoie la terre pour
la seconde fois, afin que les
plantes puissent bien fleurir.
Lorsque les semences sont parfaitement mûres, on les arrache, on les expose au soleil
pendant trois ou quatre jours,
on les bat ensuite, & on en tire les graines, que l'on conserve pour l'usage (1).

Bellidis-folia. La seconde espece croît naturellement dans
la France méridionale & en
Italie, où on la mange aussi
quelquefois en salade ; plusieurs
feuilles en forme de lance, de
quatre à cinq pouces de longueur sur un de largeur au milieu, & régulièrement dentelées sur leurs bords, sortent de
sa racine & s'étendent sur la
terre : ses tiges simples s'élevent à la hauteur d'environ un
pied : elles sont nues, & ont
rarement plus d'une feuille à
leur base : ses fleurs croissent
en paquets clairs aux extrémités des tiges, & sont remplacées par des légumes de deux
pouces de longueur, & à deux
cellules remplies de petites semences rondes : cette plante
est annuelle, & doit être multipliée par ses graines comme la
précédente.

Perennis. La troisieme se trouve aux environs de Paris & dans
plusieurs autres endroits de
l'Europe ; ses feuilles sont étroites & régulièrement découpées
comme des feuilles ailées ; ses
tiges se divisent en-dehors vers

---

(1) La *Roquette*, tant celle qu'on
multiplie dans les jardins, que celle
qui croît sans culture dans les campagnes, est un excellent antiscorbutique, qu'on peut substituer sans inconvénient au *Cochléaria* & au *Cresson*; elle est diurétique, emménagogue
& apéritive, & peut être employée
avec succès dans l'hydropisie, l'obstruction des viscères, les affections
glaireuses des reins & de la vessie,
&c. Les graines de cette plante sont
beaucoup plus âcres que ses feuilles
& ses racines, & doivent être employées de préférence dans les maladies scorbutiques ; elles entrent
dans la composition de l'electuaire
de *satyrio*, & dans celui de *magnani-
mité,*

le haut, & font terminées par des épis |clairs de fleurs jaunes. Elle a une racine vivace & une tige annuelle.

Aspera. On rencontre la quatrieme en Angleterre, fur les vieilles murailles & les anciens bâtimens, où elle fleurit pendant tout l'été ; mais on l'admet rarement dans les jardins : j'en ai fait mention ici, parce qu'on s'en fert quelquefois en médecine.

Tanaceti-folia. La cinquieme, qui croît fpontanément dans les environs de Turin, d'où fes femences m'ont été envoyées, a de belles feuilles divifées, & à-peu-près femblables à celle de la *Tanéfie*, mais d'un vert blanchâtre ; fes tiges s'élevent à la hauteur d'un pied & demi, & font entièrement garnies de feuilles de la même forme, mais qui deviennent plus étroites par dégrés à mefure qu'elles font plus voifines du fommet : fes fleurs, petites & d'un jaune pâle, naiffent en paquet aux extrémités des tiges, & font remplacées par des légumes minces & coniques, de deux pouces de longueur, qui renferment deux rangs de petites femences rondes.

Viminea. La fixieme eft originaire de l'Italie & de l'Efpagne ; elle eft annuelle ; fes feuilles font oblongues, unies, régulièrement finuées à leurs bords, d'une forme aîlée, longues de cinq ou fix pouces fur un pouce & demi de largeur, d'un vert clair, & d'un goût chaud & piquant : fes tiges, fortes & divifées en plufieurs branches, s'élevent à la hauteur d'envi-

ron un pied, & font garnies à chaque nœud d'une feuille fimple & de la même forme que celles du bas, mais plus petites ; fes fleurs, qui fortent en paquet clair aux extrémités des branches, font blanches, prefque auffi groffes que celles de la *Roquette de jardin*, & produifent des légumes coniques de trois pouces de longueur, qui renferment deux rangs de femences rondes.

J'ai fait mention de ces plantes, parce qu'on les conferve dans quelques jardins pour la variété ; on peut les multiplier en femant leurs graines fur une piece de terre légere, dans une fituation ouverte ; quand les plantes pouffent, on les éclaircit & on les tient nettes : elles fleuriffent dans les mois de Juin & de Juillet, & leurs femences mûriffent en Août.

ERUCAGO. *Voyez* **Bunias Erucago.**

ERVUM. *Lin. Gen. Plant.* 1039. *Edit.* 3. *Tourn. Infl. R. H.* 398. *tab.* 221. [*Bitter vetch.*] Vefce amère. Lentille. Ers.

*Caractere*s. Les fleurs de ce genre font papilionnacées ; elles ont un calice divifé en cinq parties égales, & terminées en pointe aiguë ; un étendard large, rond & uni ; deux aîles obtufes de moitié moins longues que l'étendard ; une carène courte & pointue ; dix étamines, dont neuf font jointes & l'autre féparée, & qui font toutes terminées par des fommets fimples, & un germe oblong qui foutient un ftyle élevé, & furmonté d'un ftigmat obtus : ce germe devient enfuite un légume oblong , conique & noueux à chaque femence.

Ce genre de plante eft rangé dans la troifieme fection de la dix-feptieme claffe de LINNÉE, qui renferme les plantes à fleurs papilionnacées & pourvues de dix étamines féparées en deux corps. LINNÉE a joint à ce genre le *Lens* de TOURNEFORT , & quelques efpeces de *Vicia*. La différence qu'il met entre les *Vicia* & l'*Ervum*, confifte feulement dans leurs ftigmats ; celui du *Vicia* eft obtus & barbu en-deffous , & celui de l'*Ervum* eft uni.

Les efpeces font :

1°. *Ervum Ervilia*, *germinibus undato-plicatis, foliis impari-pinnatis. Hort. Upfal. 224. Mat. Med.* 173. *Sauv. Monfp.* 237 ; Ers dont les germes font ondés & pliffés , & les feuilles inégales & aîlées.

Orobus filiquis articulatis, flore majore. Bauh. Pin. 346.

Ervum verum. Camer. Hort. la véritable Vefce amère; l'*Ers* ou l'*Orobe* des boutiques.

Lens minor. Camer. Epit. p. 211.

2°. *Ervum lens, pedunculis fub-bifloris, feminibus compreffis, convexis. Lin. Sp. Plant.* 1039. *Edit.* 3. *Mat. Med.* 172. *Scop. Carn. Ed.* 2. *n.* 900. *Kniph. Cent.* 9. *n.* 35 ; Ers avec des pédoncules terminés par des fleurs , & des femences comprimées & convexes.

Lens. Dod. Pempt. 526. *Hall. Helv. n.* 421.

Lens vulgaris. C. B. p. 346 ; la Lentille commune.

Cicer pedunculis bi-floris , feminibus compreffis. Hort. Cliff. 70. *Dalib. Paris.* 346.

3°. *Ervum monanthos , pedunculis uni-floris. Lin. Sp. Plant.* 738 ; Ers ayant une fleur fur chaque pédoncule.

Lens monanthos. H. L. 360 ; Lentille à fleurs.

Vicia pedunculis uni-floris , foliolis integerrimis , ftipulis alternis dentatis. Hort. Ups. 219.

4°. *Ervum tetrafpermum , pedunculis fub-bi-floris, feminibus globofis quaternis. Flor. Suec.* 606 , 655. *Dalib. Paris.* 227. *Scop. Carn.* 2. *n.* 902. *Pollich. Pal. n°* 689 ; Ers ayant deux fleurs fur chaque pédoncule, & quatre femences globulaires dans chaque légume.

Cracca minor cum filiquis gemellis. Riv. Tetr. 167.

Vicia fegetum , fingularibus filiquis , glabris. C. B. p. 345 ; Ers des bleds à filiques fimples & unies.

Vicia minor fegetum ; cum filiquis paucis glabris. Moris. Hift. 2. *p.* 64. *s.* 2. *t.* 4. *f.* 16.

5°. *Ervum hirfutum , pedunculis multi-floris , feminibus globofis binis. Lin. Sp. Plant.* 1039. *Edit.* 3. *Crantz. Auft. p.* 403. *Pollich. Pal. n.* 690. *Scop. Carn. Ed.* 2. *n.* 901. *Fl. Dan. t.* 639 ; Ers avec plufieurs fleurs fur un pédoncule, & deux femences globulaires dans chaque légume.

Vicia fegetum , cum filiquis , plurimis hirfutis. C. B. p. 345 ; Vefce des bleds à plufieurs filiques velues.

Cicer pedunculis multi-floris , feminibus globofis. Hort. Cliff. 370.

Cracca minor. Tabern. Ic. 507.

Ervilia. La première efpece, qui croît naturellement en Italie & en Efpagne , eft annuelle

& s'éleve à un pied & demi
de hauteur avec des tiges foibles, angulaires, & garnies à
chaque nœud d'une feuille ailée & compofée de quatorze
ou quinze paires de lobes fort
femblables à ceux de la *Vefce*,
mais plus étroits : fes fleurs,
de couleur pâle, fortent des
parties latérales des tiges deux
à deux fur des pédoncules d'un
pouce de longueur, & produifent des légumes courts & un
peu comprimés, dont chacun
contient trois ou quatre femences rondes : comme ces
légumes font gonflés vis-à-vis
chaque femence, on leur donne
le nom de *légumes noueux* : on
fait quelquefois moudre ces
femences pour les ufages de
la médecine, & l'herbe fert
de nourriture aux beftiaux
dans quelques pays ; mais elle
ne vaut pas la peine d'être
cultivée pour cet ufage en Angleterre (1).

Lens. La feconde eft la *Lentille* commune, qu'on cultive
dans plufieurs parties de l'Angleterre pour fervir de fourage aux beftiaux, & pour
les graines qui fervent à faire
des foupes maigres. Cette Plante eft annuelle, & s'éleve à
la hauteur d'un pied & demi
avec des tiges foibles & garnies à chaque nœud de feuilles ailées & compofées de

---

(1) On peut fubftituer la farine qu'on prépare avec les graines
de *Vefce*, à celle de *l'Orobe* ; on
les emploie auffi quelquefois en décoction dans les cours de ventre,
parce qu'elles font incraffantes &
aftringentes.

plufieurs paires de lobes étroits,
& terminés par une vrille qui
s'attache à toutes les plantes
voifines : fes fleurs fortent fur
de courts pédoncules aux côtés des branches ; elles font
petites & de couleur pourpre pâle, chaque pédoncule
en foutient trois ou quatre,
& elles font remplacées par
des légumes courts & plats,
qui renferment deux ou trois
femences plates, rondes, &
un peu convexes au milieu :
ces fleurs paroiffent dans le
mois de Mai, & leurs graines mûriffent en Juillet. On
feme ordinairement les *Lentilles* dans le mois de Mars ; mais
fi la terre eft humide, il faut
différer cette opération jufqu'au
mois d'Avril.

On emploie ordinairement
depuis un boiffeau & demi
jufqu'à deux boiffeaux de *Lentilles* pour un âcre de terre ; fi elles font mifes en rigole comme
les *Pois*, elles réuffiront mieux
que fi elles étoient femées &
éparfes à pleine main : il faut
laiffer un pied & demi d'intervalle entre ces rigoles, afin
qu'on puiffe paffer facilement
pour nettoyer la terre ; car fi
on laiffe pouffer les mauvaifes
herbes, elles furmonteront les
lentilles & les priveront de leur
nourriture. Les graines mûriront en Juillet ; on coupe alors
les plantes, on les fait fécher, & on les bat enfuite pour
en tirer les femences, que l'on
conferve pour l'ufage.

Les *Lentilles* forment la bâfe
de la nourriture des gens du Peuple dans quelques Ifles de l'Archipel & autres pays chauds ;

mais cela feulement quand ils ne peuvent fe procurer rien de mieux : d'où vient le proverbe, *Dives factus jam defit gaudere Lente*, qu'on applique à ceux qui, quand ils parviennent à un état d'aifance, méprifent les chofes viles dont ils fe fervoient avec joie dans la baffeffe de leur premiere condition.

Il y a une autre efpece de *Lentille* qu'on cultive depuis peu en Angleterre fous le nom de *Lentille de France*; c'eft le *Lens major* de GASPAR BAUHIN, qui eft certainement une efpece différente de la commune, parce que fes plantes & fes graines font deux fois plus fortes, & qu'elles confervent cette diftinction fans altération ; quoique du refte elles ne différent pas beaucoup l'une de l'autre dans leurs autres caractères. Celle-ci mérite d'être cultivée de préférence à la précédente. On donne fouvent à ce légume le nom de *Tills*, dans plufieurs parties de l'Angleterre.

Monanthos. La troifieme ne diffère de la *Lentille ordinaire*, qu'en ce qu'elle n'a qu'une fleur fur chaque pédoncule, au lieu que la commune en a trois ou quatre ; mais fes autres caractères font les mêmes, & elle n'exige pas une culture différente.

Tetrafpermum. Hirfutum. Les quatrieme & cinquieme font de petites *Vefces* annuelles qui croiffent naturellement en Angleterre dans les campagnes femées en froment & en feigle ; mais on ne les admet pas dans les jardins : j'en fais feulement mention ici comme des herbes fauvages, qu'on peut aifément détruire dans les champs en les arrachant en fleurs, pour ne pas laiffer mûrir leurs femences ; car leurs racines étant annuelles, on s'en débarraffe bientôt en ne leur laiffant pas le tems de répandre leurs graines.

ERVUM ORIENTALE. *V.* SOPHORA ALOPECUROIDES. L.

ERYNGIUM. *Lin. Gen. Plant.* 287. *Tourn. Inft. R. H.* 327. *tab. 173.* [*Sea Holly, or Eryngo.*] Houx maritime, Panicaud marin, Chardon Roland.

Caractères. Les plantes de ce genre ont plufieurs petites fleurs placées fur un réceptacle commun & conique, dont l'enveloppe eft compofée de plufieurs feuilles unies ; elles ont un calice à cinq feuilles érigées, colorées en-deffus, & portées fur le germe, & elles forment une ombelle générale, ronde & uniforme : ces fleurs ont cinq pétales oblongs, tournés en-dedans à leur extrémité & à leur bâfe ; cinq étamines érigées, velues au-deffus des fleurs, & terminées par des fommets oblongs: fous le calice eft fitué un germe piquant, qui foutient deux ftyles minces, & furmontés par des ftigmats fimples ; ce germe devient enfuite un fruit ovale & divifé en deux parties, qui renferment chacune une femence oblongue & conique.

Ce genre de plantes eft rangé dans la feconde fection de la cinquieme claffe de LINNÉ, qui comprend les plantes dont les fleurs ont cinq étamines & deux ſtyles.

Les eſpeces ſont :

1°. *Eryngium maritimum , foliis radicalibus ſubrotundis , plicatis , ſpinoſis ; capitulis pedunculatis. Hort. Cliff. 87. Fl. Suec. 220. 223. Roy Lugd.-B. 93. Scop Carn. Ed. 2. n. 302. Kniph. Cent. 9. n. 136 ;* Houx maritime , dont les feuilles baſſes ſont pliſſées , rondes & piquantes , avec des têtes de fleurs ſur des pédoncules.

Eryngium maritimum. C. B. p. 386 ; Panicaud de mer.

Eryngium marinum. Clus. Hiſt. 2. p. 169. Cam. Epit. 448.

2°. *Eryngium campeſtre , foliis radicalibus amplexi-caulibus , pinnatolanceolatis. Hort. Cliff. 87, Mat. Med. 96. Roy. Lugd.-B. 93. Polich. Pal. n. 263. Jacq. Auſtr. . 155. Crantz. Auſtr. p. 229. Flor. Dan. t. 554 ;* Houx maritime , dont les feuilles embraſſent les tiges , & ſont découpées comme des feuilles aîlées.

Eryngium campeſtre vulgare. Clus. Hiſt. 2. p. 157.

Eryngium vulgare. C. B. p. 386 ; Chardon Roland , ou Chardon à cent têtes. Panicaud.

3°. *Eryngium planum , foliis radicalibus ovalibus , planis crenatis, capitulis pedunculatis. Hort. Cliff. 87. Hort. Ups. 37. Roy. Lugd.-B. 92. Dalib. Paris. 83. Gmel. Sib. t. p 185. Crantz. Auſtr. Part. 1. p. 229. Jacq. Auſtr. t. 391. Kniph. Cent. 5. n. 29 ;* Houx maritime, dont les feuilles du bas ſont unies , ovales & crenelées , avec des têtes de fleurs ſur des pédoncules.

Eryngium lati-folium planum. C. B. p. 87.

Eryngium Pannonicum lati-folium. Clus. Hiſt. 2. p. 158.

4°. *Eryngium amethyſtinum , foliis trifidis , baſi ſubpinnatis. Lin. Sp. Plant. 337 ;* Houx maritime , Chardon Roland , avec des feuilles diviſées en trois parties , & des feuilles baſſes , aîlées.

Eryngium montanum amethyſtinum. C. B. p. 386 ; Éryngo de montagne, de couleur pourpre , tirant ſur le violet.

Eryngium minus trifidum Hiſpanicum. Barr. Ic. 36. Bocc. Mus. t. 71 ; Variété.

5°. *Eryngium flore palleſcente , foliis radicalibus rotundato-multifidis, capitulis pedunculatis;* Éryngium dont les feuilles du bas ſont rondes & découpées en pluſieurs parties , ayant des têtes de fleurs ſur des pédoncules.

Eryngium Alpinum amethyſtinum, capitulo majori palleſcente. Tourn. Inſt. 328 ; Éryngo des Alpes , avec une groſſe tête de fleurs de couleur pâle.

6°. *Eryngium orientale , foliis radicalibus pinnatis , ſerrato-ſpinoſis , foliolis trifidis ;* Chardon Roland , dont les feuilles radicales ſont aîlées , épineuſes & dentelées, & les plus petites , diviſées en trois parties.

Eryngium orientale , foliis trifidis. T. Cor. 23 ; Chardon Roland oriental , à feuilles diviſées en trois parties.

7°. *Eryngium aquaticum , foliis gladiatis , ſerrato ſpinoſis , floralibus indiviſis , caule ſimplici. Lin. Sp. Plant. 336 ;* Chardon Roland , avec des feuil-

les en forme d'épée, épineufes & dentelées, dont celles
du haut font entieres.

Eryngium foliis gladiatis, utrin-
que laxè ferratis, fummis tantùm
dentatis, fubulatis. Gron. Virg.
146.

Eryngium Americanum, Yuc-
cæ folio, fpinis ad oras molliuf-
culis. Pluk. Alm. 13. t. 175.
f. 4. Raj. Suppl. 239. Moris.
Hift. 3. p. 167. s. 7. t. 37.
f. 21.

Scorpii fpina. Hern. Mex. 222.

Eryngium foliis gladiolatis,
utrinque ferratis, denticulis fubu-
latis. Linn. Hort. Cliff. 88. Roy.
Lugd.-B. 529; Houx maritime d'Amérique, avec des feuilles d'Aloës légèrement liffées,
ordinairement appelé en Amérique, *Herbe de ferpent à fon-*
nettes.

8°. *Eryngium pufillum, foliis*
radicalibus oblongis incifis, caule
dichotomo, capitulis feffilibus.
Hort. Cliff. 87. Roy. Lugd.-B.
93; Chardon Roland, avec
des feuilles radicales, oblongues & découpées, une tige
divifée par paires, & des têtes de fleurs feffiles.

Eryngium planum minus. C.
B. p. 386.

Eryngium pufillum planum Mou-
toni. Clus. Hift. 2. p. 158.

9°. *Eryngium Alpinum, fo-*
liis radicalibus cordatis oblongis,
caulinis pinnati-fidis, capitulo fub-
cylindrico. Lin. Sp. Plant. 337.
Edit. 3; Chardon Roland, avec
des feuilles radicales oblongues & en forme de cœur,
& celles des tiges, en pointes
ailées, produifant des têtes cylindriques.

Spina alba. Dalech. Hift. 1462.

Eryngium Alpinum cæruleum,
capitulis Dipfaci. C. B. p. 386;
Chardon Roland bleu des Alpes, avec des têtes de Chardon.

Eryngium cæruleum Geneven-
fe. Lob. Ic. 2. p. 23.

10°. *Eryngium fœtidum, foliis*
radicalibus fub-enfi-formibus fer-
ratis, floralibus multifidis, caule
dichotomo. Lin. Sp. Plant. 336;
Chardon Roland, dont les
feuilles radicales font en forme d'épée, avec des échancrures épineufes, & dont les feuilles du haut fe terminent en
plufieurs pointes.

Eryngium foliis anguftis ferra-
tis fœtidum. Sloan. Cat. Jam. 127;
Chardon puant, à feuilles étroites & fciées, connu fous le nom
de *Fever-Weed.* Herbe à la fie-
vre.

Eryngium Americanum fœti-
dum. Herm. Lugd.-B. 236. t. 237.

Maritimum. La premiere de
ces efpeces croit en grande
abondance fur les rivages graveleux & fablonneux de plufieurs parties de l'Angleterre;
fes racines, étant confites, font
apportées à Londres pour l'u-
fage de la médecine, comme
le véritable *Eryngo;* ces racines rampent & pénetrent profondément dans la terre; fes
feuilles font rondes, fermes &
de couleur grife, garnies d'é-
pines & aiguës fur leurs bords;
fes tiges s'élèvent à la hauteur
d'un pied, & fe divifent vers
leur extrémité, en deux ou
trois petites branches unies,
& garnies à chaque nœud de
feuilles de la même forme que
celles du bas, mais plus petites, & qui embraffent les ti-

ges de leur bâse : des extrémités de leurs branches, sortent des fleurs à tête ronde & épineuse, sous chacune desquelles est placé un rang de feuilles étroites, fermes, épineuses, & disposées en rayons divergents : ses fleurs sont de couleur bleue blanchâtre; elles paroissent dans le mois de Juillet, & les tiges de la plante périssent en automne.

Cette espece prospérera dans les jardins, si ses racines sont plantées dans un sol graveleux, & elle produira des fleurs annuellement; mais ses racines ne deviendront pas aussi grosses ni aussi charnues que celles qui naissent sur les bords de la mer, où elles sont souvent inondées d'eau salée : on les transplante en automne, lorsque leurs fleurs sont flétries; on préfere pour cela les jeunes racines aux vieilles, parce qu'elles sont remplies de fibres qui reprennent aisément: quand elles sont fixées dans la terre, il ne faut plus les remuer, & elles n'exigent que d'être tenues constamment nettes (1).

Campestre. La seconde, qu'on rencontre dans plusieurs parties de l'Angleterre, est une herbe fort embarrassante, parce que ses racines coulent si profondément dans la terre, qu'on ne peut les détruire que difficilement avec la charrue; elles s'étendent & se multiplient considérablement, au préjudice de tout ce qui est semé & planté sur la terre; aussi n'admet-on jamais cette plante dans les jardins.

Planum. La troisieme a une très-belle apparence quand elle est en fleur, sur-tout celle à tiges & à fleurs bleues; car on en connoît une variété dont les tiges & les fleurs sont blanches : comme cette plante n'étend point trop ses racines, & qu'elle se tient plus rapprochée, on peut la placer dans les parterres. On la multiplie par ses graines, qui réussissent mieux. lorsqu'elles sont semées en automne, que quand on attend jusqu'au printems pour les mettre en terre, par la raison qu'elles ne poussent ordinairement qu'une année après : si on les seme dans le lieu même où elles doivent rester, elles fleuriront beaucoup mieux qu'en les transplantant, parce qu'on ne peut guere faire cette operation sans rompre leurs longues racines, qui s'enfoncent profondément dans la terre; ce qui

---

(1) On fait entrer fréquemment les racines de *Chardon Roland* dans les ptisannes aperitives; elles conviennent dans les obstructions des viscères, & sur-tout dans les retentions d'urine; on rend plus actives les boissons qu'on en prépare, en y mélant une certaine quantité de limaille de fer : on fait aussi confire ces racines, & on les administre sous cette forme dans la plupart des maladies chroniques. On prépare avec les graines de *Chardon Roland*, une émul-

sion qui est très propre à purifier le sang. Les racines de cette plante entrent dans la composition du syrop hydragogue & du syrop antiscorbutique de *Charas.*

affoiblit confidérablement les plantes. La feule culture qu'el- les exigent, eft de les éclair- cir où elles font trop ferrées, de les tenir nettes de mau- vaifes herbes, & de labourer la terre autour, au printems, avant qu'elles commencent à poufler.

Les tiges de cette efpece s'élevent à deux ou trois pieds de hauteur; fes feuilles radi- cales font ovales & unies, mais celles à tiges blanches font d'un vert plus clair que celles à tiges bleues : la par- tie haute des tiges de la blan- che, eft de même couleur; celles de la bleue font d'une couleur d'améthyfte : ces ti- ges fe divifent vers le haut, où elles font garnies de feuil- les divifées en plufieurs poin- tes terminées par des épines : fes fleurs fortent en têtes ova- les de l'extrémité de la tige, fur des pédoncules féparés; el- les paroiffent en Juillet, & leurs femences mûriffent en Septembre.

Amethyftinum. La quatrieme naît fpontanément fur les mon- tagnes de la Syrie, & fur l'A- pennin; fes feuilles radicales font divifées en forme de main, en cinq ou fix fegmens for- tement découpés à leurs ex- trémités en plufieurs parties, garnies de petites épines : fa tige, dont la hauteur eft d'en- viron deux pieds, eft garnie de feuilles plus petites & plus divifées; fon extrémité, ainfi que fes fleurs, font d'une belle couleur d'améthyfte, & pro- duifent le plus bel effet. Cette efpece fleurit dans le mois de

Juillet; & quand l'automne eft fec, fes femences mûriffent en Septembre; mais fi cette faifon eft humide, elles ne fe perfectionnent point en Angle- terre. On multiplie cette plante par fes graines, comme l'ef- pece précédente.

Pallefcens. Quoique la cin- quieme ait été regardée par plufieurs Botaniftes comme une variété de la quatrieme, ce- pendant je ne puis douter qu'elle ne foit parfaitement diftincte, parce que je l'ai mul- tipliée par femences pendant plus de trente ans, fans qu'elle ait éprouvé la moindre altéra- tion. Les feuilles radicales de cette efpece font fortement divifées, & l'extrémité de cha- cun de leurs fegmens forme un ovale; ces extrémités font encore découpées en plufieurs parties terminées par des épi- nes; elles font d'un gris blan- chaire au milieu & vertes fur leurs bords : fes tiges, dont la hauteur eft d'environ deux pieds, font garnies à chaque nœud de feuilles plus petites & agréablement divifées, & font terminées par des fleurs d'un bleu clair, & réunies en tê- tes beaucoup plus groffes que celles d'aucune des efpeces pré- cédentes : celle-ci fleurit en Juin & en Juillet, & fes fe- mences mûriffent en automne. Elle eft vivace, & croit na- turellement fur les Alpes : on peut la multiplier par fes grai- nes, comme la précédente.

Orientale. La fixieme, que M. de TOURNEFORT a décou- verte dans le Levant, & dont il a envoyé les femences au jardin royal de Paris, a une racine vivace & des feuilles radicales, régulièrement divi- fées jufqu'à la côte du milieu, en fept ou neuf parties, com- me les autres feuilles ailées ; les fegmens font fciés fur leurs bords, & terminés par des épines aiguës : fes tiges s'é- lèvent à la hauteur de deux pieds, & pouffent plufieursbran- ches latérales, garnies de feuil- les fermes, divifées en fe- gmens plus étroits que celles du bas, & terminés par trois poin- tes : fes fleurs naiffent aux ex- trèmités des tiges, entremêlées avec beaucoup de feuilles, ce qui lui donne une très-belle ap- parence : elle fleurit en Juillet, mais fes femences mûriffent rarement en Angleterre : on la multiplie comme les trois ef- peces précédentes, & elle exige le mème traitement.

Aquaticum. La feptieme, qu'on rencontre dans la Virginie & la Caroline, où elle eft con- nue fous le nom d'*Herbe de ferpent à fonnette*, à caufe de fes propriétés pour guérir les morfures de ce reptile veni- meux, a une racine vivace, de laquelle fortent plufieurs feuilles longues, fciées à leurs bords, terminées par des épi- nes difpofées autour de la ra- cine, comme celles de l'*Aloës* ou *Yucca*, de couleur grife, d'un pied de longueur fur un pouce & demi de largeur, fer- mes & terminées par des épi- nes ; fa tige eft forte, haute d'un pied, & divifée vers fon extrémité en plufieurs pédon- cules, dont chacun fupporte une tête de fleurs ovale, de

la même forme que celle des efpeces précédentes, & d'un blanc tirant un peu fur le bleu pâle. Cette efpece fleurit en Juillet, & fes femences ne mûriffent en Angleterre que dans les années très-chaudes.

On multiplie cette efpece par fes graines, qui poufferont beaucoup plutôt & feront beau- coup plus de progrès avant l'hiver, fi elles font mifes dans des pots, & plongées dans une couche de chaleur modé- rée, que fi elles étoient femées en pleine terre : lorfqu'elles fe- ront affez fortes pour pouvoir être enlevées, on les plante chacune féparément dans de petits pots remplis de terre légere, qu'on plonge dans une nouvelle couche médiocrement chaude, pour les avancer & leur faire pouffer des raci- nes ; on les accoutume enfuite par dégrés à fupporter le plein air auquel on les expofe à la fin du mois de Mai, en les plaçant avec les autres plan- tes dures & exotiques. Lorf- que leurs racines ont rempli les pots qui les contiennent, on en met quelques-unes en pleine terre, dans une plate- bande chaude, & on donne aux autres de plus gros pots, que l'on place en automne fous un châffis ordinaire, où elles puiffent être expofées à l'air dans les tems doux, & abritées des fortes gelées : au printems fuivant, on les tire des pots pour les planter à une expofition chaude, où el- les fupporteront affez bien le froid de nos hivers ordinai- res ; mais il faut avoir la précaution de les couvrir avec de la paille ou du chaume de pois, lorfque les gelées deviennent plus fortes, pour empêcher qu'elles n'en foient endommagées.

Pufillum. La huitieme, qui eft originaire de l'Efpagne & de l'Italie, pouffe de fa racine des feuilles oblongues, unies & découpées fur leurs bords ; fes tiges s'élevent à la hauteur d'environ un pied, & s'étendent en-dehors en plufieurs divifions fourchues & régulieres, fur chacune defquelles eft placée une petite tête de fleurs très-ferrées entre les branches, mais peu apparentes ; auffi ne cultive-t-on guere cette efpece dans les jardins, à moins que ce ne foit pour la variété.

Alpinum. La neuvieme croît naturellement fur les montagnes de la Suiffe & de l'Italie ; fa racine eft vivace ; fes feuilles radicales ! font oblongues, en forme de cœur, & unies ; fes tiges s'élevent à la hauteur de deux ou trois pieds, & pouffent vers leurs fommets plufieurs branches garnies de feuilles fermes, profondément divifées, & terminées par plufieurs pointes armées d'épines aiguës ; fes fleurs naiffent aux extrémités des tiges, réunies en têtes coniques ; elles font d'une couleur bleue légere, ainfi que les parties hautes des tiges : cette plante fleurit dans le mois de Juillet, & fes femences mûriffent en Septembre : on la multiplie de la même maniere que les autres efpeces.

Fœtidum. La dixieme fe trou-

ve dans les Ifles de l'Amérique, où on l'emploie fréquemment comme fébrifuge ; ce qui lui a fait donner par les habitans de ces contrées, le nom d'*Herbe aux fievres* : fes racines font compofées de plufieurs petites fibres qui s'étendent près de la furface ; fes feuilles radicales, dont la longueur eft d'environ fix ou fept pouces, font étroites à leur bâfe, plus larges vers le haut, à un pouce du fommet, arrondies fur un côté en forme de cimeterre, joliment découpées fur leurs bords, & d'un vert léger ; fa tige s'éleve à-peu-près à la hauteur d'un pied, & produit plufieurs branches garnies de petites feuilles terminées en plufieurs pointes ; les fleurs fortent en petites têtes très-ferrées de chaque divifion & des extrémités des branches ; elles font d'un blanc fale & peu apparentes : elles paroiffent en Juin & en Juillet, & leurs femences mûriffent en automne. Comme cette plante eft originaire des climats méridionaux, on ne peut la conferver en Angleterre qu'au moyen d'une ferre chaude : on la multiplie par fes graines, qu'on répand fur une couche chaude ; quand les plantes font affez fortes, on les met féparément dans de petits pots qu'on plonge dans une couche de tan, & on les traite enfuite comme les autres tendres plantes du même pays ; elles fleuriffent & produifent des femences dans la feconde année, & périffent bientôt après.

ÉRYNGO *de montagne, pourpre*. Voyéz ERYNGIUM AMETHYSTINUM. L.

ERYSIMUM. *Lin. Gen. Plant.* 729. *Tourn. Inft. R. H.* 228. *tab.* 111 ; Ἐρύσιμον, de ἐρύω, *gr.* tirer dehors, parce que cette plante, par fa qualité chaude, a la propriété de tirer du corps les humeurs qui y font renfermées. [*Hedge-Muftard.*] Moutarde de haie. Vélar. Tortelle. Herbe au Chantre.

Caractères. Le calice de la fleur eft compofé de quatre feuilles oblongues, ovales & colorées ; la fleur a quatre pétales placés en forme de croix, oblongs, unis & obtus, deux nectaires glanduleux placés entre les étamines, & fix étamines, dont quatre ont la même longueur que le calice, & les deux autres font un peu plus courtes ; elles font toutes terminées par des fommets fimples : fon germe linéaire & à quatre angles, eft auffi long que les étamines, & porte un ftyle furmonté d'un petit ftigmat perfiftant ; il fe change dans la fuite en une filique longue, étroite, à quatre angles, & à deux cellules remplies de femences rondes & petites.

Ce genre de plante eft rangé dans la feconde fection de la quinzieme claffe de LINNÉE, qui renferme les plantes dont les fleurs ont quatre étamines longues & deux courtes, & dont les femences font renfermées dans de longues filiques.

Les efpeces font :

1°. *Eryfimum officinale, filiquis fpicæ adpreffis, & foliis runcinatis. Hort. Cliff.* 337. *Fl. Suec.*

554, 598. *Mat. Med. Ed.* 2. *n.* 824. *Pollich. Pal. n.* 631. *Flor. Dan. t.* 560 ; Vélar dont les filiques font ferrées tout près des épis.

Syfimbrium, officinarum Eryfimum, filiquis conicis, multangulis, fpicæ adpreffis. Crantz. Auftr. p. 54. *n.* 10.

Eryfimum vulgare. C. B. p. 100 ; Vélar *ou* Tortelle.

Verbena mas. Fufchs. Hift. 592.

2°. *Eryfimum, Barbarea, foliis lyratis, extimo fub-rotundo. Flor. Suec.* 557. *Crantz. Auftr. p.* 54. *n.* 11. *fub Syfimbrio* ; Vélar à feuilles en forme de lyre, & dont le fegment extérieur eft un peu arrondi.

Eryfimum foliis bafi pinnato-dentatis, apice fub-rotundis. Fl. Lapp. 264. *Hort. Cliff.* 338. *Roy. Lugd-B.* 342. *Dalib. Paris.* 202.

Barbaræa fœmina. Tabernam. 452. R.

Eruca lutea, latifolia fivè Barbaræa. Bauh. Pin. 98.

Syfimbrium Erucæ folio, glabro flore. Tourn. Inft. 226 ; Creffon d'hiver à feuilles de roquette & à fleurs jaunes. Herbe de Sainte Barbe.

3°. *Eryfimum vernum, foliis radicalibus lyratis ; & caulinis, pinnato - finuatis ; floribus laxè fpicatis* ; Vélar dont les feuilles radicales font en forme de lyre, & celles des tiges, finuées & aîlées ; produifant des fleurs en épis clairs.

Syfimbrium Erucæ folio glabro, minus & procerius. Tourn. Inft. 226 ; Le plus petit Creffon d'hiver printanier, à feuilles de roquette unies.

4°. *Erysimum Orientale, foliis radicalibus ovatis, integerrimis, petiolis decurrentibus; caulinis, oblongis, dentatis, sessilibus;* Vélar dont les feuilles radicales sont ovales & entieres, la tige ailée, & les feuilles des tiges oblongues, dentelées & sessiles.

Sysimbrium Orientale, Barbaræa facie, Plantaginis folio. Tourn. Cor. 16; Cresson Oriental, ayant l'apparence de Cresson d'eau, & une feuille de Plantin.

5°. *Erysimum minus, foliis inferioribus pinnato-sinuatis; superioribus oblongis, dentatis; floribus solitariis alaribus;* Vélar dont les feuilles basses sont aîlées & sinuées, celles du haut, oblongues & dentelées; produisant de simples fleurs sur les côtés des tiges.

Sysimbrium minus, Erucæ folio, glabro, nigro, crasso, lucido. Boerh. Ind. Alt. 2, 16; Le plus petit Cresson d'hiver, à feuilles de roquette, unies, foncées, luisantes & épaisses.

6°. *Erysimum Alliaria, foliis cordatis. Hort. Cliff.* 338. *Fl. Suec.* 558, 600. *Mat. Med.* 162. *Roy. Lugd.-B.* 342. *Dalib. Paris.* 201. *Crantz. Austr. p.* 27. *Hall. Helv. n.* 480; Vélar à feuilles en forme de cœur.

Alliaria. Bauh. Pin. 110. *Fuchs. Hist.* 104. *Cam. Epit.* 589.

Hesperis allium redolens. Mor. Hist. 2, 252; Violette des Dames, à odeur d'ail, communément appelée *Alliaire.*

7°. *Erysimum Cheiranthoïdes, foliis lanceolatis integerrimis. Flor. Lapp.* 263. *Hort. Cliff.* 337. *Jacq. Austr. t.* 23. *Flor. Dan.* 731. *Fl. Suec.* 555, 601. *Roy. Lugd.-B.*

342. *Dalib. Paris.* 202. *Scop. Carn.* 2. *n.* 831. *Hall. Helv. n.* 477; Vélar à feuilles entieres, en forme de lance.

Leucoïum Hesperidis folio. Tourn. Inst. 221; Giroflier à feuilles de Violette des Dames.

Turritis foliis integris lanceolatis. Guett. Stamp. 2. *p.* 165.

Myagrum siliquâ longâ. Bauh. Pin. 109.

Myagro similis planta, siliquis longis. Bauh. Hist. 2. *p.* 894. *R.*

Erysimum 3. *Tabernam. p.* 449. *R.*

Camelina, Myagrum alterum Thlaspi effigie. Lob. Ic. 225.

Officinale. La premiere espece, qui est d'usage en médecine, croît naturellement à côté des sentiers & sur de vieilles murailles dans la plupart de l'Angleterre; mais on la cultive rarement dans les jardins, où elle deviendroit bientôt une herbe embarrassante si on l'y admettoit (1).

Barbaræa. Vernum. Les seconde & troisieme naissent aussi spontanément en Angleterre, sur les bords des chemins & dans d'autres endroits; on les mangeoit autrefois en salade d'hiver, avant que les jardins Anglois fussent fournis de meilleures plantes; mais depuis on les a rejetées, à cause

---

(1) Cette plante est un excellent remede pectoral, qu'on emploie avec succès dans les roux opiniatres, dans les ulcères du poumon, & dans les embarras de ce viscère occasionnés par des matieres glaireuses.

La *Tourelle* entre dans le fameux syrop du Chantre, si estimé pour rétablir la voix & guérir l'enrouement.

de leur odeur forte & défagréable.

Orientale. Minus. Les quatrieme & cinquieme font également
originaires de l'Angleterre ; on
les a introduites depuis quelque
tems dans les jardins, où elles
fe font tellement multipliées
par leurs femences , qu'elles
font devenues des herbes embarraffantes ; elles reffemblent
affez au *Creffon d'hiver commun* ;
mais les feuilles baffes de la
quatrieme efpece font entieres
& de forme oblongues ; celles
du haut font oblongues & dentelées ; c'eft en cela qu'elle differe des autres.

La cinquieme a des feuilles
plus épaiffes d'un vert foncé &
luifant , & fes fleurs fortent
fimples des aiffelles de la tige
dans toute fa longueur ; ces différences font ftables & ne s'al-
terent jamais.

Alliaria. La fixieme , qu'on
rencontre encore en Angleterre , fur les bords des chemins ,
n'eft pas admife dans les jardins . les gens du peuple la
mangeoient autrefois en falade , & ils lui donnoient le nom
de *Sauce feule* ; elle a une odeur
forte & un goût d'ail, chaud &
piquant : on s'en fert fouvent
en médecine.

Cheiranthoïdes. La feptieme fe
trouve quelquefois en Angleterre, fur les anciens bâtimens,
& principalement à Cambridge
& à Ely ; fa racine produit une
feuille longue, velue & molle ;
fes tiges, dont la hauteur eft
d'environ un pied , ont leurs
fommets garnis de fleurs blanches, petites, verdâtres , &
difpofées en petits épis clairs ;

elles font remplacées par des
légumes longs, comprimés &
inclinés vers le bas : cette plante fleurit en Mai , & fes femences mûriffent en Juillet & Août ;
fes racines durent plufieurs années , lorfqu'elles font dans un
fol fec & maigre , ou fur de
vieilles murailles ; mais quand
elles fe trouvent dans une terre
riche , elles périffent bientôt.

On conferve quelquefois les
autres efpeces dans les jardins
de Botanique, pour la variété ;
elles font bis-annuelles , & périffent après avoir produit des
femences.

On les multiplie en femant
leurs graines en autômne dans
les places où elles doivent refter ; elles n'exigent aucune autre culture que d'être éclaircies
& tenues nettes de mauvaifes
herbes.

ERYTHRINA. *Lin. Gen.
Plant.* 762. *Corallodendron. Tourn.
Inft. R. H.* 661. *t.* 446. [*Coral-
tree.*] Arbre de corail.

Caractéres. La fleur, qui eft
papilionnacée , & compofée de
cinq pétales, a un calice tubulé
& formé par une feuille entiere & découpée fur fes bords ;
un étendard , en forme de lance, & penché fur un ftyle fort
long & élevé ; deux aîles à peine plus longues que le calice ,
& ovales ; une carène compofée de deux pétales qui ne font
pas plus longs que les aîles , &
dentelés à leurs extrémités ; &
dix étamines, dont neuf font
jointes vers le bas, un peu
courbées dans la moitié de l'é-
tendard, d'inégale longueur ,
& terminées par des fommets
en forme de flèche : fon germe

eſt en forme d'alène , & ſon ſtyle eſt auſſi long que les étamines , & terminé par un ſtigmat ſimple ; le germe ſe change dans la ſuite en un légume long , gonflé , terminé en pointe aiguë , & a une cellule remplie de ſemences en forme de rein.

Ce genre de plante eſt rangé dans la troiſieme ſection de la dix-ſeptieme claſſe de LINNÉE, qui renferme les plantes à fleurs papilionnacées , & pourvues de dix étamines jointes en deux corps.

Les eſpeces ſont :

1°. *Erythrina herbacea, foliis ternatis , caule-ſimpliciſſimo inermi. Hort. Cliff.* 354. *Roy. Lugd.-B.* 373. *Trew. Ehret. t.* 58. *ſub Corallodendrum* ; Erythrina à feuilles à trois lobes , avec une tige ſimple & unie.

Corallodendron humile, ſpicâ florum longiſſimâ, radice craſſiſſimâ. Catesb. Car. 49. *t.* 49 ; Arbre de Corail bas , avec un fort long épi de fleurs , & une racine épaiſſe , ordinairement appelé *Arbre de Corail de la Caroline.*

Coral Carolinienſis , haſtato folio. Dill. Elth. 107. *t.* 90. *f.* 106.

2°. *Erythrina Corallodendrum inermis , foliis ternatis , caule arboreo* ; Arbre de Corail uni , avec des feuilles à trois lobes & une tige en arbre.

Coral arbor Americana. Hort. Amſt. 1. *p.* 211. *t.* 108 ; Arbre de Corail uni d'Amérique , *ou* Bois immortel.

3°. *Erythrina ſpinoſa , foliis ternatis , caule arboreo aculeato. Hort. Cliff.* 354. *Hort. Ups.* 207. *Flor. Zeyl.* 275. *Roy. Lugd.-B.* 373. *Fabric. Hemlſt.* 423 ; Erythrina avec des feuilles à trois

lobes , & une tige en arbre & épineuſe.

Ceratia ſive ſiliqua ſylveſtris , ſpinoſa arbor Indicæ. Bauh. Pin. 402.

Corallodendron triphyllum Americanum , ſpinoſum , flore ruberrimo. Tourn. Inſt. R. H. 661 ; Arbre de Corail d'Amérique , à trois feuilles piquantes , avec une fleur très-rouge.

Mouricou. Rheed. Mal. 6. *p.* 13. *t.* 7. *Gelala litorea. Rumph. Amb.* 2. *p.* 230. *t.* 76.

4°. *Erythrina picta , foliis ternatis aculeatis , caule arboreo aculeato. Lin. Sp.* 993 ; Erythrina avec des feuilles à trois lobes & piquantes , & une tige épineuſe & en arbre.

Corallodendron triphyllum Americanum minus , ſpinis & ſeminibus nigricantibus. Tourn. Inſt. R. H. 661 ; Le plus petit arbre de Corail d'Amérique , à trois feuilles , & armé d'épines , avec des ſemences plus noires.

Gelala alba. Rumph. Amb. 2. *p.* 234. *t.* 77.

5°. *Erythrina Americana, foliis ternatis acutis , caule arboreo aculeato, floribus ſpicatis longiſſimis* ; Erythrina à feuilles à trois lobes , armées de pointes aiguës , ayant une tige en arbre & épineuſe , & de fort longs épis de fleurs.

Corallodendron triphyllum Americanum , foliis mucronatis , ſeminibus coccineis. Houſt. Mſs. ; Arbre de Corail d'Amérique , à trois feuilles à pointes aiguës , & à ſemences écarlate.

6°. *Erythrina inermis , foliis ternatis acutis , caule fruticoſo inermi , corollis longioribus clauſis;* Arbre de Corail avec des feuilles aiguës à trois lobes, une tige d'arbrisseau sans épines, & de plus longues fleurs qui ne s'ouvrent point.

Coral arbor, non spinosa, flore longiore & magis clauso. Sloan. Cat. Jam. 142 ; Arbre de Corail, sans épines, ayant une fleur plus longue & plus fermée.

Herbacea. La premiere espece croît naturellement dans la Caroline méridionale, d'où M. CATESBY a envoyé en 1724 ses semences, qui ont bien réussi dans plusieurs jardins curieux ; elle a une racine forte & ligneuse, qui s'étend rarement à plus d'un pied & demi, & de laquelle sortent au printems plusieurs nouveaux rejettons qui s'élevent à la hauteur d'environ deux pieds : la partie basse des tiges est couverte de feuilles à trois lobes & d'un vert foncé, qui ont la forme de pointes de flèche ; leurs extrémités sont terminées par de longs épis de fleurs écarlate, composées de cinq pétales, dont le supérieur est plus long que les autres, de sorte qu'elles paroissent à une certaine distance n'avoir qu'un pétale : lorsque la fleur est passée, on voit croître un légume conique de cinq à six pouces de longueur, gonflé aux endroits où sont placées les semences, & qui s'ouvre en une cellule qui contient cinq ou six graines de couleur écarlate, & en forme de rein. Cette espece fleurit en Angleterre ; mais elle n'y donne jamais de graines.

Corallodendron. La seconde a une tige ligneuse, qui, dans

notre climat, n'a guere que dix à douze pieds d'élévation, mais qui, dans son pays originaire, parvient à une hauteur double ; elle pousse des branches fortes, irrégulieres, couvertes d'une écorce brune, & garnies de feuilles en forme de cœur, unies, d'un vert foncé, à trois lobes, dont celui du centre est le plus long, & supportées par de longs pétioles : ses fleurs, qui sont teintes d'une couleur écarlate foncée, & qui ont une très-belle apparence, sortent en épis courts, épais & serrés des extrémités des branches ; elles sont ordinairement dans toute leur beauté dans les mois de Mai & de Juin ; mais elles ne donnent point de graines dans notre climat : en Amérique, où cet arbre croît naturellement, ses fleurs sont remplacées par des légumes épais, gonflés & courbés, qui renferment de grosses semences en forme de rein, & de couleur de pourpre rougeâtre. Les feuilles de cette espece se flétrissent & tombent au printems, de sorte qu'en été elle paroît morte ; mais en automne elle en pousse de nouvelles, qui se conservent vertes pendant tout l'hiver : ses fleurs paroissent rarement avant que les feuilles tombent, & les branches sont encore nues & dépouillées quand les fleurs sont épanouies.

Spinosa. La troisieme differe de la seconde en ce que sa tige, ses branches & ses pétioles sont armés d'épines courtes & courbées, mais ses feuilles & ses fleurs ressemblent beaucoup à celles de la précédente.

Pista.

Picta. La quatrieme a des tiges d'arbrisseau qui se divisent
en plusieurs branches, & s'élevent rarement au-dessus de la
hauteur de huit ou neuf pieds ;
elles sont armées de tous côtés
d'épines fortes, noires & courbées ; ses feuilles sont plus petites que celles des deux especes précédentes, & ont quelque ressemblance avec celles
de la premiere ; ses pétioles sont
également armées d'épines ,
ainsi que les côtes des feuilles ;
mais ces dernieres sont plus petites & moins noires : ses fleurs
sont de couleur écarlate pâle ,
& croissent en épis clairs ; ses
semences sont aussi grosses que
celles de la seconde espece ,
mais d'une couleur pourpre
plus foncée. On plante généralement cet arbre dans les Indes
Orientales, pour soutenir les
plantes de *Poivre* qui se tortillent autour de sa tige & de ses
branches, au lieu de se trainer
par terre, comme elles feroient
sans un soutien : d'ailleurs cet
arbre pousse des rejettons qui
servent à la même fin , & par ce
moyen il est beaucoup préférable à des soutiens faits de branches mortes, qui se pourrissent
bientôt dans des climats chauds
& humides.

Americana. Les semences de
la cinquieme m'ont été d'abord
envoyées de la Vera-Cruz, où
cette plante croit naturellement : mais depuis j'en ai reçues du Cap-de-Bonne-Espérance ; de sorte qu'il est certain
que cette espece se trouve également en Afrique & en Amé-
que : ses graines sont de moitié moins grosses que celles de

la seconde & de la troisieme,
& d'une belle couleur écarlate ;
ses feuilles sont aussi beaucoup
plus petites & ont des pointes
longues & aiguës ; ses branches
sont fortement armées d'épines
verdâtres & courbées , ainsi
que les côtes du milieu & les
pétioles des feuilles : ses fleurs
croissent en épis très longs &
serrés , & sont d'une belle couleur écarlate.

J'ai aussi élevé une variété de
celle-ci , à fleurs & semences
plus pâles , & dont les plantes
étoient moins armées d'épines ;
mais comme j'ignore si elle est
vraiment distincte de la précédente , je me contente d'en faire une simple mention.

Inermis. La sixieme est originaire de la Jamaïque & de quelques autres Isles des Indes Occidentales , d'où ses semences
m'ont été envoyées ; les légumes sont plus longs & de
moitié moins épais que ceux
de la seconde ; ses semences
sont d'une couleur vive écarlate , plus longues & plus minces que celles des autres especes ; ses feuilles sont petites
& en pointes aiguës ; ses tiges
minces , unies & sans épines , se
divisent , à peu de distance de
la terre , en branches qui s'élevent droites , en formant un
arbrisseau touffu : ses fleurs ,
qui sortent en épis courts aux
extrémités des branches, sont
plus serrées que celles des autres ; elles ont un étendard fort
long , dont les parties latérales
sont inclinées sur les ailes , qui
sont plus longues que celles
des autres especes.

J'ai aussi reçu de l'Isle de Bar-

M

bude [*d*] des échantillons d'une variété de la troifieme efpece, qui a des fleurs & des légumes très-courts ; elle m'a été envoyée fous le titre d'*Arbre à Feves*, qui eft le terme vulgaire dont on fe fert pour défigner ces arbres en Amérique ; mais comme dans ces échantillons les fleurs étoient féparées des tiges , je ne puis dire comment elles croiffent , & fi c'eft en épis longs ou courts ; les étamines de celles-ci font plus longues que les pétales , & en cela elle differe réellement de toutes les autres; fes légumes font fort courts, courbés & plus épais que ceux de la troifieme efpece ; fes feuilles ont la même apparence & font armées d'épines , ainfi que les tiges & les branches : mais cette plante n'a pas encore produit de fleurs ici.

J'ai reçu, il y a quelques années , du Cap de Bonne-Efpérance, de très-petites femences d'un *arbre de Corail*; elles étoient d'une couleur écarlate brillante ; les plantes qu'elles ont produites , n'ont point d'épines ; leurs feuilles font beaucoup plus larges que celles des autres efpeces , & leurs tiges font fortes, & paroiffent être fufceptibles de devenir auffi

groffes que celles des plus gros arbres : mais comme ces plantes font encore jeunes , on ne peut déterminer en quoi elles different des autres efpeces.

Le Chevalier Sir HANS SLOANE fait mention de deux autres efpeces d'arbres de Corail, dans fon *Hiftoire de la Jamaïque*, dont l'un a les caracteres des *Sophora* , avec lefquelles nous le placerons, & l'autre fera décrit dans l'article *Robinia*, parce qu'il appartient naturellement à ce genre.

Lorfque ces plantes font en fleurs , plufieurs d'entr'elles font un fuperbe effet dans les ferres chaudes, à caufe de leurs gros épis de fleurs, qui font teintes d'une belle couleur écarlate; mais elles fleuriffent rarement ici , ainfi que dans plufieurs autres parties feptentrionales de l'Europe ; cependant elles fe couvrent de fleurs annuellement dans leur pays natal, où l'on voit fréquemment ces arbres chargés d'épis, quoiqu'ils foient entièrement dépouillés de leurs feuilles.

La premiere, qui croît dans la Caroline, y produit auffi beaucoup de fleurs, quoiqu'elle n'en donne ici qu'une fois dans deux ou trois ans, & les autres efpeces encore plus rarement. J'ai effayé plufieurs méthodes pour les faire fleurir; j'en ai traité quelques-unes durement , en les expofant en plein air pendant l'été , & en ne les tenant en hiver qu'à un dégré de chaleur fort modéré ; d'autres ont été plongées pendant toute l'année dans la couche de tan de la ferre chaude,

---

[*d*] Les traducteurs de Paris confondent ici , & ailleurs, l'Ifle de *Barbude* du texte de MILLER , avec l'Ifle de *Barbade* : or la *Barbude* eft au Nord de la Guadeloupe & d'Antigoa , au lieu que la *Barbade* eft au S. E. de la Martinique, & a plus de 100 lieues au Sud $\frac{1}{4}$ à l'Eft de la Barbude.

& quelques-unes font reſtées dans une ſerre ſeche , où on leur a procuré beaucoup d'air dans les tems doux , & un dé-gré de chaleur tempéré en hi-ver : ces dernieres ont mieux réuſſi que toutes les autres , & cependant elles ont fleuri très-rarement. Aucun des amateurs qui cultivent ces plantes, tant en Angleterre qu'en France & en Hollande , n'a été plus heu-reux.

La premiere eſpece peut être conſervée pendant l'hiver dans une ſerre chaude ; mais elle fleurit rarement lorſqu'elle eſt ainſi traitée : les deux que j'ai reçues du Cap de Bonne-Eſpé-rance , ont ſubſiſté pendant l'hiver dans une caiſſe de vitra-ges ſans feu , mais dans une ex-poſition chaude : elles n'ont pas fait autant de progrès que cel-les qui ont été tenues à une chaleur tempérée : de ſorte que la meilleure méthode de traiter ces plantes dans notre climat, eſt de les conſerver dans une ſerre de chaleur modérée , qui leur eſt d'autant plus néceſſai-re , qu'elles ſont plus jeunes.

On multiplie facilement ces plantes au moyen de leurs ſe-mences , qu'on apporte ici an-nuellement, parce qu'elles n'en produiſent point en Europe : on les répand dans de petits pots , & on les plonge dans une couche médiocrement chaude ; ſi ces graines ſont bonnes , les plantes paroîtront au bout d'un mois ou de cinq ſemaines : lorſ-qu'elles auront atteint la hau-teur de deux pouces , on les enlevera avec précaution , & on les plantera chacune ſépa-

rément dans de petits pots rem-plis de terre légére, qu'on plon-gera dans une couche de tan de chaleur modérée , & qu'on tiendra à l'abri du ſoleil juſqu'à ce qu'elles aient produit de nou-velles racines , après quoi on leur donnera beaucoup d'air dans les tems chauds pour les empêcher de filer, & on leur en procurera encore davantage à meſure qu'elles acquerront de la force ; on les rafraîchira ſou-vent , mais légèrement ; car une humidité trop abondante , fe-roit facilement pourrir les fi-bres de leurs racines. Comme ces plantes ont beſoin d'un cer-tain dégré de chaleur dans leur jeuneſſe , on les enferme en automne dans la ſerre chaude, dans les deux premieres an-nées , pour les y laiſſer paſſer l'hiver : quand leurs feuilles ſont en pleine vigueur, on les arroſe deux ou trois fois par ſemaine ; mais lorſqu'elles ſont dépouillées , les arroſemens doivent être plus modérés : on les traite plus durement à me-ſure qu'elles deviennent plus fortes , & on parvient ainſi à les faire fleurir.

On cultive fréquemment la troiſieme eſpece dans les jar-dins de Lisbonne, où elle fleu-rit & donne tous les ans des ſe-mences mûres : pluſieurs per-ſonnes qui avoient elles-mê-mes recueilli ces légumes ſur les arbres , m'en ont apporté quelques-uns. Ces plantes peu-vent auſſi être multipliées par boutures , qui prennent aiſé-ment racine, ſi on les plante dans des pots , & qu'on les plonge dans une couche chaude ; mais celles qui proviennent de femences font toujours meilleures.

ERYTHRONIUM. *Lin. Gen. Plant.* 375. *Dens Canis. Tourn. Infl. R. H.* 378. *tab.* 202. [*Dog's Tooth*, or *Dog's Tooth Violet.*] Dent de Chien, *ou* Violette en dent de Chien.

Caraêteres. Les fleurs de ce genre n'ont point de calice; elles font en cloche, ont fix pétales oblongs & entièrement ouverts, & fix étamines jointes au ftyle, & terminées par des fommets oblongs, érigés & quadrangulaires. Dans leur centre eft placé un germe oblong, obtus & triangulaire, qui foutient un ftyle fimple, plus large que les étamines, & terminé par un ftigmat triple, obtus & étendu : ce germe devient, quand la fleur eft flétrie, une capfule oblongue, obtufe, & à trois cellules remplies de femences plates.

Linnée a placé ce genre dans la premiere feêtion de fa fixieme claffe, avec les plantes dont les fleurs ont fix étamines & un ftyle.

Les efpeces font :

1°. *Erythronium, Dens Canis, foliis ovatis;* Dent de Chien à feuilles ovales.

Erythronium. Hort. Cliff. 119. *Hall. Helv. n.* 1234. *Gmel. Sib.* I. *p.* 39. *t.* 7. *Roy. Lugd.-B.* 30. *Scop. Carn. Ed.* 2. *n.* 406. *Gouan. Illuftr.* 25. *Kniph. Cent.* 6. *n.* 39.

Dens Canis, latiori rotundiorique folio, flore ex purpurá rubente. C. B. p. 87; Dent de Chien avec des feuilles plus larges & plus rondes, & des fleurs d'un rouge pourpre.

Dens Caninus. Dod. Pempt. 203.

2°. *Erythronium longi-folium, foliis lanceolatis;* Dent de Chien à feuilles en forme de lance.

Dens Canis anguftiori, longiorique folio, flore ex albo purpurafcente. C. B. p. 87; Dent de Chien à feuilles plus longues & plus étroites, & à fleurs d'un blanc tirant fur le pourpre.

Erythronium foliis ovato-oblongis, glabris, nigro maculatis. Gron. Virg. 151; Erythronium à fleurs jaunes. Variété.

Ces deux efpeces font les feules diftinêtes que je connoiffe ; mais les curieux en confervent quelques variétés dans leurs jardins : la premiere donne une variété à fleurs blanches qui eft affez commune ; une feconde à fleurs de couleur pourpre pâle; & une troifieme à fleurs jaunes, qui eft rare en Angleterre: la feconde efpece fournit une variété à fleurs blanches, & une autre à fleurs d'un rouge léger ; mais elles font aujourd'hui fort rares l'une & l'autre dans nos jardins.

Dens Canis. La premiere efpece produit deux feuilles ovales jointes à leur bâfe, longues de trois pouces fur un pouce & demi de largeur au milieu, mais graduellement plus étroites vers leur extrémité : ces feuilles font d'abord roulées les unes fur les autres, & elles renferment la fleur dans leur centre ; mais elles s'étendent enfuite & fe couchent fur la terre : toute leur furface eft marquée de taches blanches & pourpre : du centre de ces feuilles fort une tige fimple, nue, unie & de couleur pourpre, qui s'éleve à la hauteur de quatre pouces, & foutient une fleur compofée de fix pétales en forme de lance, qui, dans cette efpece, eft pourpre, & blanche dans quelques autres : cette fleur pend vers le bas, & fes pétales font réfléchis & entièrement ouverts ; dans fon centre eft placé un germe oblong & à trois angles, qui foutient un ftyle fimple plus long que les étamines, & furmonté par un triple ftigmat ; fes étamines font de couleur pourpre, & très-ferrées autour du ftyle, & fon ftigmat s'étend plus en-dehors. Cette plante fleurit dans le commencement du mois d'Avril, mais elle produit rarement des femences en Angleterre ; fa racine eft blanche, oblongue, charnue, & en forme de dent d'où lui vient fon nom de *Dent de Chien.*

Longi-folium. La feconde diffère de la premiere par la forme de fes feuilles, qui font plus longues & plus étroites ; fes fleurs font auffi un peu plus larges, mais pas auffi bien colorées. Cette plante croît naturellement en Hongrie & dans quelques parties de l'Italie ; on la multiplie par fes rejettons ; mais comme elle en donne peu, cette efpece n'eft pas auffi commune dans les jardins que beaucoup d'autres fleurs de la même faifon : elle fe plaît à l'ombre & dans un fol léger & marneux ; mais il ne faut pas le remuer trop fouvent. On peut la tranfplanter lorfque fes feuilles font tout-à-fait flétries, depuis le commencement du mois de Juin, jufqu'au milieu de Septembre : mais fes racines ne doivent pas être tenues fort long tems hors de la terre ; car lorfqu'elles font une fois rétrécies, elles font fort fujettes à être attaquées de pourriture : on plante ces racines en paquets dans les plates-bandes du jardin, où leurs fleurs produiront un très-bel effet.

ESCAROLE, SCARIOLE, *ou* **ENDIVE**, *Voyez* CICHORIUM ENDIVIA. L.

ESCHYNOMENE. *Voyez* ÆSCHINOMENE.

ESCHYNOMENEUSES, plantes ; (de Αισχυνόμενοι, qui vient de αισχύνομαι, gr. être honteux). On donne ce nom aux plantes fenfitives qui, lorfqu'on les touche, fe rétréciffent ou laiffent tomber leurs feuilles.

ESCOURGEON, Orge quarré *ou* d'automne. *V.* HORDEUM HEXASTICHON.

ESCULENTES, plantes, de *Efculentus*, bon à manger : ces fortes de plantes font celles dont on mange les racines, comme les Panais, les Carottes, les Poreaux, les Oignons, les Pommes-de-Terre, les Raves, les Raiforts, les Scorfonnaires, &c.

ESPALIERS (les) font des rangs d'arbres plantés, foit contre les murailles d'un jardin, foit en haies à l'entour d'un jardin entier ou de quelques parties d'un jardin, de maniere qu'ils fervent de clôture, & qu'on taille en haies ferrées pour défendre les légumes contre la violence des vents.

Les *Espaliers* les plus communs , sont des arbres fruitiers plantés en haies, & dont les branches sont régulièrement étendues sur des treillages de bois de Frêne, de Sapin, &c.; & c'est de cette espece d'*Espaliers* dont je vais parler ici.

Les *espaliers* d'arbres fruitiers sont ordinairement plantés tout autour des carreaux d'un jardin , où ils sont aussi utiles qu'agréables ; car ils mettent non-seulement les légumes à l'abri des vents & du froid , mais ils produisent encore un très-bon effet lorsqu'ils bordent des allées régulièrement tracées , & rendent un jardin potager aussi agréable qu'un parterre.

Les principaux arbres qu'on emploie pour *Espaliers*, sont les *Pommiers* , les *Poiriers* , & quelques especes de *Pruniers* ; mais les deux premiers sont plus en usage : quelques personnes disposent en *Espaliers*, des *Pommiers* greffés sur des tiges de *Paradis* ou tiges naines; mais ils ne sont propres qu'aux petits jardins, parce qu'ils sont d'un crû trop bas & de peu de durée ; je conseille donc de se servir d'arbres greffés sur *Sauvageons*, pour les grands jardins , & de ceux qui sont entés sur ce que les jardiniers appellent *tiges Hollandoises*, pour les petits; ces derniers conserveront leur vigueur pendant plusieurs années ; ils donneront du fruit plus tôt que les autres , & pousseront moins de bois.

Dans le choix qu'on fait des arbres destinés à être mis en *Espaliers* , il faut , autant qu'il est possible, réunir les especes du même crû , pour les planter sur une même ligne , afin que chaque rang soit d'une hauteur égale , ce qui ajoûte beaucoup à leur beauté ; car si on plante ensemble des arbres qui poussent inégalement, il ne sera jamais possible de rendre l'*Espalier* régulier. La distance qu'on laisse entre chaque arbre doit être proportionnée à l'étendue de leur accroissement; ceux qui poussent le plus vigoureusement , doivent être éloignés de trente à trente cinq pieds les uns des autres, & ceux qui sont d'un crû médiocre, n'ont besoin que d'un intervalle de vingt-cinq pieds.

La largeur des allées & des plates bandes qui regnent entre ces *Espaliers* dans les grands jardins , doit être de quatorze ou seize pieds au moins; & si les arbres doivent s'élever fort haut, il est nécessaire que la distance soit encore plus grande , afin que chaque côté puisse jouir également de l'air & du soleil , dont l'influence est absolument nécessaire pour procurer aux fruits le dégré de perfection dont ils sont susceptibles. Lorsqu'on n'est pas contrarié par la disposition du lieu, & qu'on peut placer les arbres comme on le juge à propos , je conseillerai de diriger les alignemens au levant, en les inclinant un peu au midi, & à l'ouest , en les tournant un peu au nord, afin que les rayons du soleil puissent pénétrer entre les rangs dans la matinée & le soir quand il est peu élevé au-dessus de l'horizon ; car dans

le milieu du jour ſes rayons ſur-
paſſeront les ſommets des *Eſpaliers* de maniere à échauffer
le ſol qui entoure les racines
de ceux des rangs en arriere :
choſe qui eſt de plus de conſé-
quence que la plupart du monde ne penſe.

Les eſpeces de *Pommiers* propres à former des *Eſpaliers*, ſont
le *Pepin d'or*, la *Non-pareille*,
la *Reinette griſe*, le *Pepin aromatique*, le *Pepin d'Hollande*, le
Pepin de France, la *Rouſſette de
Wheeler*, la *Rouſſette de Pile*, &c.
Les inſtructions néceſſaires ſur
le choix de la ſaiſon pour planter, & ſur la maniere de tailler
& de paliſſer ces arbres, ſe
trouveront dans les Articles
POMMIER & TAILLE.

Les eſpeces de *Poiriers* qu'on
peut mettre en eſpaliers, ſont
principalement les fruits d'été
& d'automne, car ceux d'hiver y réuſſiſſent rarement. Si le
ſol eſt fort & humide, ces arbres doivent être greffés ſur des
tiges de *Cognaſſier*; mais pour
un ſol ſec il faut les enter ſur
des *Sauvageons*. La diſtance
qu'on leur donne doit auſſi être
réglée ſur le crû des arbres,
qui eſt plus inégal dans les *Poiriers* que dans les *Pommiers*.
Quant aux *Poiriers* greffés ſur
Sauvageons, ils doivent être
éloignés au moins de trente
pieds les uns des autres, s'ils
ne croiſſent que médiocrement;
mais il faut au moins quarante
pieds aux plus vigoureux; ſi le
ſol eſt en même tems fort &
fécond, la diſtance doit être encore plus grande.

Les eſpeces de *Poiriers* les
plus propres à être mis en *Eſ-*

paliers, ſont les *Jargonelles*, la
Blanquette, la *Poire ſans peau*, le
Bon Chrétien d'été, la *Bergamotte
de Hamden*, la *Bergamotte d'automne*, l'*Ambrette*, le *Gros Rouſ-
ſelet*, la *Chaumontelle*, le *Beurré-
Royal*, le *Marquis*, la *Craſſane*,
& quelques autres de moindre
qualité. On doit toujours ſe
reſſouvenir que les Poires fondantes réuſſiſſent mieux en *Eſpaliers* que les Poires caſſantes,
qui mûriſſent rarement bien en
haie; & auſſi que pluſieurs eſpeces de Poires mûriront bien
ſur un *Eſpalier* planté dans un
ſol & une expoſition chauds,
qui ſans ces conditions ne le
feroient pas, à moins que d'être
placées contre une muraille.
On doit auſſi examiner ſur
quelles tiges ces fruits ſont
greffés; car ſi les Poires caſſantes ſont entées ſur *Cognaſſiers*,
elles deviendront pierreuſes;
tandis que les Poires fondantes
ſe perfectionneront. Quant à la
maniere de les planter, *voyez
l'Article* PYRUS, & pour la taille & le traitement, *voyez* TAIL-
LE DES ARBRES.

Je vais à préſent donner quelques inſtructions ſur la maniere de conſtruire les treillages
contre leſquels ces arbres doivent être paliſſés; ce qui ne
doit être fait que trois ans après
qu'ils ſont plantés; car ſi on les
diſpoſoit plutôt, ils ſeroient
en partie pourris avant que les
arbres aient fait aſſez de progrès pour les couvrir : pendant
ces trois premieres années, il
ſuffit d'aſſujettir leurs branches
contre des échalas fichés en terre à une diſtance plus ou moins
grande les uns des autres, ſui-

vant la longueur de ces branches , qui doivent être dirigées le plus horifontalement qu'il eft poffible , afin que l'*Efpalier* prenne de bonne-heure la forme qu'il doit avoir par la fuite.

On peut confíruire ces treillages à peu de frais , en employant des lattes de frêne de deux efpeces , les unes très-groffes , à treize dans un paquet , les autres à cinquante dans chacun. On coupe les premieres à fept pieds de longueur , & on appointe celles qui font deftinées à fervir de piquets par le plus gros bout , afin de pouvoir les enfoncer dans la terre avec plus de facilité ; & pour les faire durer plus long-tems , il fera bon de les enduire d'un Ciment. On place ces piquets fur une ligne droite à un pied de diftance les uns des autres , & à la hauteur d'environ fix pieds ; on les fixe dans cette fituation au moyen d'une latte de traverfe , qu'on cloue à leurs extrémités , & on continue à placer de pareilles traverfes jufqu'au bas, en les fixant avec du fil de fer. Si ces lattes font en bois de fapin , l'enduit dont on les couvre durera plus long-tems ; on les applatit par leur plus gros bout , afin de pouvoir les clouer contre les poteaux qui terminent le treillage , & lui donner ainfi plus de folidité & le rendre propre à réfifter aux efforts des vents.

Quand ce treillage eft fini & bien conditionné , on y attache les branches des arbres avec des ofiers ou d'autres liens , en obfervant de les placer bien horifontalement & à des diftan-

ces égales , mais de maniere qu'elles ne fe croîfent point , & qu'elles ne foient pas trop ferrées : la diftance qu'on laiffe entr'elles doit être proportionnée à la groffeur de leurs fruits ; les *Bons-Chrétiens d'été* , *Meffire-Jean* , *Beurré-Royal* , les *Reinettes grifes* , les *Pepins de Hollande* , les *Pepins de France* , & autres groffes Pommes exigent au moins fix ou huit pouces entre chacune de leurs branches ; mais les fruits plus petits n'ont befoin que de quatre ou cinq pouces. Pour ce qui concerne les autres inftructions relatives à leur traitement , je renvoie le Lecteur aux Articles de ces fruits , ainfi qu'à celui de la TAILLE , où il trouvera tout ce qui concerne leur culture.

On conftruit auffi d'autres treillages de diverfes façons , plus ou moins chers ; mais comme la beauté d'un *Efpalier* confifte à être bien couvert par les arbres qui le compofent , les dépenfes extraordinaires qu'on pourroit faire pour le rendre plus beau , deviendroient inutiles , d'autant plus que la beauté du treillage ne contribuera en rien à la durée du bois dont il eft conftruit.

Les arbres ainfi plantés & bien conduits , font préférables à ceux qui font dreffés en d'autres formes , par plufieurs raifons ; 1°. parce qu'ils tiennent peu de place dans les Jardins , & ne caufent aucun préjudice aux légumes des carreaux.

2°. Parce que les fruits qu'ils donnent , font préférables à ceux des arbres nains ; comme ils font entièrement expofés au foleil , & que l'air qui circule librement autour, diffipe promptement toute l'humidité qui s'éleve de la terre, ils acquièrent un nouveau dégré de perfection, ainfi que nous l'avons déja obfervé : d'ailleurs ces arbres étant fermement attachés aux échalas & peu élevés , leurs fruits fouffrent beaucoup moins de l'action des vents : ainfi pour toutes ces raifons les *Efpaliers* ont certainement autant d'utilité que de beauté.

ESQUINE , SQUINE , ou RACINE CHINOISE. *V.* Smilax China.

ESTRAGON. *V.* Artemisia dracunculus.

ESTRAGON DU CAP. *V.* Eriocephalus.

ESULE. *V.* Tithymalus, Euphorbia.

ÉTAMINES. *V.* Stamina.

ÉTOILE DE BÉTHLÉEM , ou HYACINTHE DU PÉROU. *Voyez* Ornithogalum.

ÉTOILE DE BÉTHLÉEM bâtarde, *ou* **FLEUR ÉTOILÉE.** *Voyez* Albuca.

EUPHRAISE. *Voy.* Euphrasia.

EUGENIA. *Michel.* 108. [*Eugenia.*] le Jambolier.

Caractères. La fleur a un calice perfiftant & formé par une feuille divifée en quatre fegmens ; quatre pétales oblongs, obtus , & deux fois plus grands que le calice ; plufieurs étamines inférées dans le calice , & terminées par de petits fommers ; & un petit germe turbiné & placé fous la fleur, qui foutient un ftyle fimple auffi long que les étamines, & furmonté par un ftigmat fimple : ce germe fe change dans la fuite en un fruit à quatre angles en forme de prune , couronné & à une cellule, dans laquelle eft renfermée une noix ronde & unie.

Ce genre de plante eft rangé dans la premiere fection de la douzieme claffe de Linnée, intitulée , *Icofandria monogynia*, qui comprend celles dont les fleurs ont plufieurs étamines inférées dans le calice , & un ftyle.

Les efpeces font :

1ᵛ. *Eugenia Malaccenfis , foliis integerrimis, pedunculis racemofis lateralibus. Flor. Zeyl.* 187 ; le Jambolier à feuilles entieres & à pédoncules branchus.

Perfici officulo fructus Malaccenfis rubens. Bauh. Pin. 441.

Jambofa domeftica. Rumph. Amb. 1. *p.* 121. *t.* 37. 38.

Nati-fchambu. Rheed. Mal. 1. *p.* 29. *t.* 18. *Raii Hift.* 1748.

2º. *Eugenia Jamboo , foliis integerrimis, pedunculis ramofis terminalibus. Flor. Zeyl.* 188 ; le Jambolier à feuilles entieres , avec des pédoncules de fleurs branchus qui terminent les branches.

Perfici officulo fructus Malaccenfis ex candido rubefcens. Bauh. Pin. 441.

Jambofa fylveftris alba. Rumph. Amb. 1. *p.* 127. *t.* 39.

Malacca Schambu. Rheed. Mal. 1. *p.* 27. *t.* 17. *Raii Hift.* 1478.

Il y a quelques autres efpeces de ce genre qui croiffent naturellement dans les Indes ;

mais celles-ci font les feules
que j'aie vues dans les jardins
Anglois. Le Docteur HEBER-
DEN m'a donné quelques plantes de la premiere efpece, qui
lui avoient été envoyées par
fon frere, du Bréfil, où on la
cultive pour la table, de forte
que cette efpece eft très-commune dans la plus grande partie des Indes.

Elle s'éleve, dans fon pays
originaire, à la hauteur de vingt
à trente pieds, avec une tige
d'arbre couverte d'une écorce
brune, de laquelle fortent plufieurs branches garnies de feuilles entieres, oblongues, oppofées, terminées en pointe aiguë, & teintes dans leur jeuneffe d'un pourpre brillant,
qui fe change en vert clair à
mefure qu'elles vieilliffent; fes
fleurs naiffent fur les côtés des
branches, quelquefois fimples, & quelquefois au nombre de trois, ou de quatre fur
chaque pédoncule, & font
remplacées par un fruit fucculent & de forme irréguliere qui
renferme une noix.

Jamboo. La feconde efpece
s'éleve à la même hauteur que
la premiere, & lui reffemble
beaucoup, mais fes feuilles
font plus longues & plus étroites; la plus grande partie de fes
fleurs termine les branches, &
les autres fortent latéralement :
fon fruit eft plus petit & plus
rond, mais moins eftimé que
celui de la premiere.

On conferve ces plantes dans
les jardins des curieux pour la
variété, quoiqu'on ait peu d'ef-
poir de leur voir produire du

fruit en Angleterre. On les multiplie par leurs noyaux, quand
on peut en obtenir de frais de
leur pays natal; on les plante
dans de petits pots remplis de
terre légere, qu'on plonge dans
une couche chaude, en obfervant de tenir la terre humide
fans être mouillée : quand les
plantes ont atteint la hauteur
de quatre pouces, on les fépare avec précaution, & on les
met chacune dans un petit pot,
qu'on replonge dans la couche
chaude, où elles doivent être
tenues à l'ombre jufqu'à ce
qu'elles aient formé de nouvelles racines; après quoi on les
traite comme les autres plantes
délicates qui viennent des mêmes contrées, en les tenant
conftamment dans la couche de
tan de la ferre chaude, & en les
arrofant fort légérement en hiver.

EVONYMUS. *Lin. Gen.
Plant.* 240. *Tourn. Inft. R. H.*
617. *t.* 388; Εὐώνυμος, de εὖ, bon
& ὄνομα, nom; ainfi appellée
par antiphrafe, à caufe qu'elle
eft nuifible aux animaux. [*The
Spindle - tree*, or *Prick - wood.*]
Fufain. Bonnet de Prêtre. Bois
de Chien.

Caracteres. La fleur a un calice court, formé par une feuille, & divifée en quatre ou
cinq fegmens; quatre ou cinq
pétales entièrement ouverts,
& cinq étamines courtes, jointes au germe par leur bâfe,
& terminées par des fommets
jumeaux : dans fon centre eft
placé un gros germe ovale, qui
foutient un ftyle court, & furmonté par un ftigmat obtus :

ce germe devient ensuite une capsule succulente, colorée, à quatre angles & à quatre cellules, dont chacune renferme une semence ovale.

Ce genre de plantes est rangé dans la premiere section de la cinquieme classe de Linnée, qui renferme les plantes dont la fleur a cinq étamines & un style.

Les especes sont :

1°. *Evonymus vulgaris, foliis lanceolatis, floribus tetrandriis, fructu tetragono ;* Fusain à feuilles en forme de lance, avec des fleurs à quatre étamines, & un fruit quadrangulaire.

Carpinus Theophrasti. Trag. 983. R.

Evonymus vulgaris, granis rubentibus. C. B. p. 428 ; Fusain ordinaire. Bonnet de Prêtre.

Evonymus floribus plerisque quadrifidis Europæus. Lin. Sp. Plant. 286. *Edit.* 3.

2°. *Evonymus lati-folius, foliis ovato-lanceolatis, floribus pentandriis, fructu pentagono, pedunculis longissimis ;* Fusain à feuilles ovales & en forme de lance, produisant des fleurs à cinq étamines & un fruit à cinq angles, sur de très longs pédoncules.

Evonymus lati-folius. C. B. p. 428. *Jacq. Austr. t.* 289. *Medic. obs. Soc. Œcon. Lut. p. a.* 1777. *p.* 38 ; Fusain à larges feuilles.

3°. *Evonymus Americanus, floribus omnibus quinque-fidis. Lin. Sp. Plant.* 197 ; Fusain dont les fleurs sont toutes divisées en cinq pointes.

Evonymus Virginianus, Pyracanthæ foliis, semper virens,

capsulâ verrucarum instar asperatâ rubente. Pluck. Phyt. 115. *f.* 5 ; Fusain de Virginie, toujours vert & en arbre, avec des capsules rudes, rouges & couvertes de verrues.

Evonymus foliis lato-lanceolatis, serratis. Lin. Hort. Ups. 30.

Evonymus foliis lanceolatis. Gron. Virg. 17.

Celastrus foliis oppositis, ovatis, integerrimis ; floribus sub-solitariis. Lin. Hort. Cliff. 32.

Rhus Virginianum, folio Myrti. Comm. Hort. I. p. 157. *t.* 81. *Raii. Dendr.* 57.

4°. *Evonymus pinnatus, foliis pinnatis, fructu racemoso trigono ;* Fusain à feuilles ailées, dont les fruits sont à trois angles & croissent en paquets.

Evonymus caudice non ramoso, folio alato, fructu rotundo tripyreno. Sloan. Cat. Jam. 171 ; Fusain à tiges sans branches, avec une feuille ailée & un fruit rond, renfermant trois semences.

Vulgaris. La premiere espece est tres-commune en Angleterre, dans les haies & dans les bois ; les plantes qui croissent dans les haies sont rarement d'une grosseur considérable, & ne ressemblent guere qu'à un arbrisseau ; mais si on les plante seules, & qu'on les dresse en arbres, elles acquierent une tige forte & ligneuse, qui s'éleve à plus de vingt pieds de haut, & se divise en plusieurs branches garnies de feuilles en forme de lance, de trois pouces de longueur sur quinze lignes de largeur au milieu, mais qui deviennent plus étroites par

dégrés vers les deux extrémités ; elles font entieres, d'un
vert foncé, & oppofées ; fes
fleurs, qui fortent en petits
paquets des parties latérales
des tiges, fur des pédoncules
minces, font compofées de
quatre pétales blancs, qui s'ouvrent en forme de croix, d'un
calice divifé en quatre parties,
& de quatre étamines : les
fruits qui leur fuccedent ont
quatre angles, & s'ouvrent
en quatre cellules. Cet arbre
fleurit à la fin de Mai & au
commencement de Juin, &
fon fruit mûrit en Octobre ;
fes capfules s'ouvrent alors,
& laiffent voir les femences,
qui, étant d'une belle couleur rouge, font un très-bel
effet dans cette faifon, quand les
arbres en font bien chargés,
& qu'ils font entremêlés avec
d'autres efpeces. Le bois de
cet arbre eft employé par les
Lutiers ; fes branches fervent
à faire des cure-dents, des vis
& des fufeaux, ce qui lui
a fait donner le nom de *Fufain*; mais dans quelque pays
on l'appelle *Bois ae Chien*.

Lati-folius. La feconde, qui
croît naturellement en Autriche & en Hongrie, n'eft connue que depuis peu de temps
en Angleterre, où elle eft cependant déja très-commune
dans les pépinieres des environs de Londres ; je l'ai tirée
de la France, où on la multiplie par femences.

Cette efpece a une tige plus
forte que celle de la premiere, & s'éleve à une plus grande
hauteur ; fes feuilles font ovales, en forme de lance, lon-

gues d'environ quatre pouces
fur deux de largeur au milieu,
d'un vert clair & entieres ;
elles font oppofées fur les branches, & fupportées par de
courts pétioles : fes fleurs ont
cinq pétales, d'abord blancs,
mais qui prennent enfuite une
couleur pourpre ; leur calice
eft divifé en cinq parties ; elles ont cinq étamines, & elles produifent un fruit à cinq
angles, beaucoup plus gros
que celui de l'efpece commune, & toujours incliné vers
le bas, parce que fon pédoncule eft foible.

LINNÉE a regardé ces deux
plantes comme ne formant
qu'une feule & même efpece,
à laquelle il a donné le caractere de la feconde, dont les
fleurs ont cinq étamines &
cinq pétales, & le fruit, cinq
angles ; mais toutes celles de
l'efpece commune que j'ai examinées, n'en ont que quatre,
& ces différences fe font confervées fans altération dans
les plantes que j'ai élevées plufieurs fois de femences.

americanus. La troifieme,
qui croît naturellement en Virginie, dans la Caroline & dans
d'autres parties de l'Amérique
feptentrionale, s'éleve en tige
d'arbriffeau à la hauteur de
huit ou dix pieds, & fe divife en plufieurs branches oppofées & garnies de feuilles
en forme de lance, de deux
pouces de longueur fur neuf
lignes de largeur au milieu,
terminées en pointes aiguës,
oppofées & toujours vertes :
fes fleurs naiffent en petits
paquets aux extrémités & fur

les côtés des branches, & font remplacées par des capfules rondes & fortement couvertes de protubérances rudes ; elles paroiffent en Juillet ; mais leurs fruits mûriffent rarement en Angleterre.

Comme cet arbriffeau eft toujours vert, il mérite d'être admis dans les jardins des curieux, & fur-tout dans les plantations d'arbres & d'arbriffeaux toujours verts ; on conferve auffi dans les pépinieres une variété de cette efpece, à feuilles panachées.

Pinnatus. La quatrieme, qu'on trouve à la Jamaïque & dans quelques autres Ifles des Indes occidentales, s'éleve avec une tige droite & ligneufe à la hauteur de dix à douze pieds, & fe divife vers fon extrémité en deux ou trois branches courtes & garnies de feuilles aîlées, & compofées de fix ou fept paires de lobes de deux pouces environ de longueur fur un de largeur ; fes feuilles fortent fans ordre fur de longs pétioles : fes fleurs naiffent latéralement fur les parties hautes des branches, & font remplacées par des capfules rondes, recouvertes d'une enveloppe épaiffe & brune, & qui s'ouvrent en trois cellules, dans chacune defquelles eft renfermée une fimple femence dure.

Culture. Les deux premieres efpeces peuvent être multipliées par femences ou par marcottes ; on feme ces graines en automne, auffi-tôt qu'elles font mûres, & les plantes pouffent au printems fuivant ; mais fi on ne les met en terre qu'au printems, elles ne pousseront qu'au bout d'une année : on les répand fur des plates-bandes à l'ombre, où elles réuffiront mieux que fi elles étoient plus expofées au foleil : quand les plantes auront pouffé, on les tiendra nettes jufqu'en automne, & auffi-tôt que leurs feuilles feront flétries, on les tranfplantera dans une pépiniere, en laiffant entr'elles un pied d'intervalle, & deux pieds entre chaque rang ; on les laiffera ainfi pendant deux années, & au bout de ce tems on les placera à demeure. Lorfqu'on veut les multiplier par marcottes, on couche en terre leurs jeunes rejetons en automne, & ils pousseront beaucoup plutôt fi on fend le nœud qui fe trouve dans la courbure, comme on le pratique pour les œillets. Après une année, ces marcottes auront pouffé d'affez fortes racines pour pouvoir être tranfplantées : alors on les féparera des vieilles plantes, & on les traitera comme celles qu'on obtient de femences. Si l'on plante les boutures de ces efpeces dans une plate-bande à l'ombre, elles prendront bientôt racine, fur-tout fi on les met en terre en automne, auffi-tôt que leurs feuilles commencent à tomber, & fi l'on conferve à ces rejetons de la même année, un nœud de l'année précédente.

La troifieme, qui croît fans culture dans l'Amérique feptentrionale , est si dure qu'elle est rarement endommagée par le froid en Angleterre, pourvu qu'elle ne soit pas plantée dans des endroits trop exposés ; on peut la multiplier en marcottant ses jeunes branches en automne, en observant de les fendre comme celles des œillets : ces marcottes pousseront de bonnes racines dans une année ; après ce temps on les séparera de la vieille plante , & on les plantera en pépiniere, où on les laissera deux années , afin de leur donner le temps d'acquérir de la force, après quoi on les placera à demeure.

La quatrieme étant originaire des pays chauds, on ne peut la conserver en Angleterre qu'en la tenant en hiver dans une serre chaude ; on la multiplie toujours par ses graines, qu'on met dans des pots , & qu'on plonge dans une couche chaude ; lorsque les plantes sont assez fortes, on les met chacune séparément dans de petits pots , & on les replonge dans la couche chaude, avec l'attention de les tenir à l'ombre jusqu'à ce qu'elles aient produit de nouvelles fibres, après quoi on les traite comme les autres plantes délicates qui viennent des mêmes contrées. Cette espece peut être aussi multipliée par boutures dans tous les mois de l'été.

EUPATOIRE. *Voyez* EUPATORIUM , ou ACHILLEA AGERATUM. L. Erinus.

EUPATOIRE DE MESNÉ. *Voyez* ACHILLEA PTARMICA.

EUPATORIUM. *Lin. Gen. Plant. 842. Tourn. Inst. R. H. 455. t. 259* ; (Ἐυπατώριον , *gr.* du Roi Eupator, qui, le premier, a mis cette plante en usage.) [*Henp Agrimony.*] Eupatoire. Chanvre d'Aigremoine.

Caracteres. Les fleurs de ce genre sont composées de plusieurs fleurettes hermaphrodites, en forme d'entonnoir , & découpées sur leurs bords en cinq parties tout-à-fait ouvertes ; ces fleurettes sont renfermées dans un calice commun & couvert d'écailles étroites , érigées & inégales ; elles ont chacune cinq étamines courtes , velues & terminées par des sommets cylindriques ; dans leur fond est placé un petit germe qui soutient un style long , mince , divisé en deux parties , & terminé par un stigmat étroit : ce germe devient dans la suite une semence oblongue, couronnée de duvet , & placée dans le calice.

Ce genre de plante est rangé dans la premiere section de la dix-neuvieme classe de LINNÉE, qui renferme celles à fleurs, composées seulement de fleurettes hermaphrodites & fructueuses.

Les especes sont :

1°. *Eupatorium Cannabinum , foliis digitatis. Hort. Cliff. 396. Fl. Suec. 665, 728. Mat. Med. 181. Roy. Lugd.-B. 155. Scop. Carn. 2. n. 1054. Pollich. Pal. n. 777. Flor. Dan. t. 745* ; Eupatoire à feuilles digitées.

Eupatorium Cannabinum. C. B. p. 320 ; Chanvre d'Aigremoine.

Eupatorium adulterinum. Fuchs. Hist. 265.

2°, *Eupatorium maculatum, foliis lanceolato-ovatis, serratis, petiolatis, caule erecto. Hort. Cliff.* 396. *Roy. Lugd.-B.* 155; Eupatoire à feuilles ovales, en forme de lance, sciées & supportées par des pétioles, avec une tige érigée.

Eupatorium Novæ-Angliæ, Urticæ foliis, floribus purpurascentibus, caule maculato. Herm. Par. 158. *t.* 158. *Moris. Hist.* 3. *p.* 97. *s.* 7. *t.* 18. *f.* 3. *Raj. Suppl.* 187; Chanvre d'Aigremoine de la Nouvelle-Angleterre, avec des feuilles d'orties, des fleurs pourpre, & des tiges tachetées.

Eupatorium foliis quinis, sub-tomentosis, lanceolatis, æqualiter serratis, venosis, petiolatis. Amœn. Acad. 4. *p.* 288.

3°. *Eupatorium purpureum, foliis sub-verticillatis, lanceolatis, serratis, petiolatis, rugosis; Lin. Sp. Plant.* 1173. *ed.* 3; Eupatoire à feuilles verticillées, en forme de lance, sciées, pétiolées & rudes.

Eupatorium Enulæ folio. Corn. Canad. 72. *t.* 72.

Eupatorium, folio oblongo, rugoso, caule purpurascente. Tourn. Inst. 456; Chanvre d'Aigremoine du Canada, avec des feuilles longues & rudes, & une tige pourpre.

4°. *Eupatorium scandens, caule volubili, foliis cordatis, dentatis, acutis. Hort. Cliff.* 396. *Hort. Ups.* 253. *Roy. Lugd.-B.* 156. *Gron. Virg.* 120. *Cold. Noveb.* 182; Eupatoire à tige tortillante & à feuilles en forme de cœur, découpées en dents & aiguës.

Conyza scandens, Solani folio anguloso. Plum. Ic. 99.

Clematitis novum genus, Cucumeris folio, Virginianum. Pluk. Alm. 109. *t.* 163. *f.* 3.

Eupatorium Americanum scandens, hastato magis acuminato folio. Vaill. Mem. 1719; Aigremoine grimpante d'Amérique, avec une feuille à pointe aiguë, en forme de lance.

5°. *Eupatorium rotundi folium, foliis sessilibus distinctis, sub-rotundo-cordatis. Lin. Sp. Plant.* 1173. *edit.* 3; Eupatoire à feuilles rondes, en forme de cœur, sessiles aux tiges & distinctes.

Eupatorium Americanum, foliis rotundioribus absque pediculis. Vaill. Mem. 1719; Aigremoine d'Amérique, à feuilles rondes, sans pétioles.

Eupatoria Valerianoïdes Virginiensis, Trissaginis folio absque pediculis. Pluk. Alm. 141. *t.* 88. *f.* 4. *Raj. Suppl.* 189.

Cacalia foliis rotundioribus ad caulem sessilibus. Moris. Hist. 3. *p.* 94.

6°. *Eupatorium fruticosum, foliis oblongo-cordatis, floribus paniculatis, caule fruticoso scandente;* Eupatoire à feuilles oblongues, en forme de cœur, à fleurs en panicules & à tige d'arbrisseau grimpante.

Eupatorium scandens, foliis sub-rotundis lucidis, floribus spicatis albis. Houst. Mss.; Aigremoine grimpante, à feuilles rondes & luisantes, dont les fleurs sont blanches & en épis.

7°. *Eupatorium odoratum, foliis ovatis, obtusi-serratis, petiolatis, trinerviis, calycibus simplicibus. Lin. Sp. Plant.* 839; Eupatoire à feuilles ovales,

obtufes, fciées, & à trois vei-
res, avec des pétioles & de
fimples calices aux fleurs.

*Eupatorium Americanum, Teu-
crii folio, flore niveo. Vaill. Mem.
Acad. Scien* ; Aigremoine d'A-
mérique, à feuilles de Germandrée & à fleurs blanches.

*Eupatoria Valerianoïdes, flore
niveo, Teucrii foliis cum pediculis, Virginiana. Pluk. Alm. 141.
t. 88. f. 3. Moris Hift. 3. p. 98.
Eupatorium aromaticum. Lin.
Sp. Plant. 1175.*

8°. *Eupatorium perfoliatum,
foliis connatis tomentofis. Hort.
Cliff. 396. Hort. Ups. 253. Roy.
Lugd.-B. 156. Gron. Virg. 119.
Cold. Noveb. 181* ; Eupatoire à
feuilles cotonneufes jointes à
leur bafe.

*Eupatorium Virginianum, Sal-
viæ foliis longiffimis acuminatis, perfoliatum. Pluck. Alm.
140. t. 87. f. 6. Raj. Suppl.
189* ; Aigremoine perfeuillée
de Virginie, avec de longues
feuilles de Sauge qui environnent de très-près la tige.

9°. *Eupatorium Betonici-folium, foliis oblongis, obtufis,
crenatis, glabris, calycibus fimplicibus* ; Eupatoire à feuilles
oblongues, obtufes, unies &
cannelées, avec de fimples
calices aux fleurs.

*Eupatorium Betonicæ folio gla-
bro & ramofo, flore cæruleo. Houft.
Mss.* Aigremoine à feuilles de
Bétoine, charnues & unies,
& à fleurs bleues.

10°. *Eupatorium Mori-folium,
foliis cordatis ferratis, caule erecto
arboreo* ; Eupatoire à feuilles
en forme de cœur, & fciées,
avec une tige d'arbre érigée.

Eupatorium Americanum ar-

*borefcens, Mori folio, floribus
albicantibus. Houft. Mss.* ; Aigremoine d'Amérique, en arbre, à feuilles de Mûrier & à
fleurs blanches.

11°. *Eupatorium punctatum,
foliis ovatis, petiolatis, integris,
caule fruticofo ramofo, calycibus fimplicibus* ; Eupatoire à
feuilles ovales & entieres, placées fur des pétioles, avec une
tige d'arbriffeau branchue, &
de fimples calices aux fleurs.

*Eupatorium Americanum fru-
tefcens, Balfaminæ luteæ foliis,
nigris maculis punctatis. Houft.
Mss* ; Aigremoine d'Amérique,
en arbriffeau, à feuilles de
Balfamine jaune, & tachetées
de noir.

12°. *Eupatorium Hyffopi-fo-
lium, foliis lanceolato-linearibus
trinerviis fub-integerrimis. Lin. S.
Plant. 836* ; Eupatoire avec des
feuilles étroites, en forme de
lance, entieres & à trois nerfs.

*Eupatorium Virginianum, fo-
lio angufto, floribus albis. Hort.
Elth. 141. tab. 115. f. 140* ; Aigremoine de Virginie, à feuilles étroites & à fleurs blanches.

*Eupatoria hirfuta, Hyffopi
foliorum æmula Virginiana. Pluk.
Alm. 141. t. 88. f. 2. Raj.
Suppl. 189.*

13°. *Eupatorium ramofum,
foliis lanceolato-linearibus acutis,
fupernè ferratis, caule ramofo* ;
Chanvre d'Aigremoine, à feuilles étroites, en forme de lance,
pointues & fciées à leurs parties fupérieures, avec une tige
branchue.

14°. *Eupatorium Conyzoïdes,
foliis cordatis acutis, dentatis,
trinerviis, caule fruticofo ramo-*

fo ; Eupatoire à feuilles pointues, en forme de cœur,
fciées, avec trois veines &
une tige d'arbriffeau branchue.

*Conyza fruticofa, folio haflato,
flore pallidè purpureo.* Sloan.
Cat. Jam. 124 ; Herbe aux Puces en arbriffeau, avec des
feuilles en forme de lan-
ce, & une fleur de couleur
pourpre pâle.

15°. *Eupatorium paniculatum,
foliis cordatis, rugofis, crenatis,
caule paniculato ;* Eupatoire à
feuilles rudes, en forme de
cœur & crénelées, & à tige
en panicule.

*Conyza Salviæ foliis conjuga-
tis, floribus fpicatis rubentibus.
Houft. Mss. ;* Herbe aux Puces,
avec des feuilles de Sauge oppofées, & des fleurs rouges
difpofées en épis.

16°. *Eupatorium Houftonis,
foliis cordatis acuminatis, caule
volubili, floribus fpicatis, racemofis ;* Eupatoire à feuilles en
forme de cœur, & pointues,
avec une tige tortillante & des
fleurs branchues en épis.

*Eupatorium Americanum, fcan-
dens, folio haflato glabro, floribus fpicatis. Houft. Mss;* Aigremoine d'Amérique, grimpante, à feuilles unies & en
forme de lance, avec des fleurs
en épis.

*Conyza Americana, fcandens,
foliis fub-rotundis mucronatis, floribus fpicatis, fingulis quatuor flofculis conftantibus. Amm. Herb.* 451.

17°. *Eupatorium trifoliatum;
foliis ternis. Flor. Virg.* 119.
Lin. Sp. Plant. 1173. *edit.* 3;
Aigremoine à feuilles à trois
lobes.

Eupatorium Cannabinum, fo-
Tome III.

liis *in caule ad genicula ternis,
Marilandicum. Raj. Suppl.* 189.

18°. *Eupatorium altiffimum,
foliis lanceolatis nervofis, inferioribus extimò fub-ferratis, caule
fruticofo. Hort. Ups.* 253. *Gron.
Virg.* 118. *Jacq. Hort. t.* 164.
Kniph. Cent. 2. *n.* 23 ; Eupatoire à feuilles étroites & en
forme de lance, dont celles
du bas font fciées fur leurs
bords, & verticillées autour
des tiges.

*Eupatorium folio oblongo, ru-
gofo, ampliori, caule virefcente.
Tourn. Inft. R. H.* 456 ; Aigremoine à feuilles larges, oblongues & rudes, & à tige verte.

19°. *Eupatorium cœleftinum,
foliis cordato-ovatis, obtufè ferratis, petiolatis, calycibus multi-floris. Gron. Virg.* 119 ; Eupatoire à feuilles ovales, en
forme de lance, dont les dentelures font obtufes, avec des
pétioles & plufieurs fleurs dans
le calice.

*Eupatorium foliis cordatis, fer-
ratis, petiolatis. Gron. Virg.* 1,
p. 94.

*Eupatorium Marianum, Scro-
phulariæ foliis, capitulis globofis,
colore cœleftino. Pluk. Mant.* 71.
t. 394. *f.* 4.

*Eupatorium Scorodoniæ folio,
flore cæruleo. Hort. Elth.* 140.
tab. 114. *f.* 139 ; Aigremoine à
feuilles de Sauge fauvage &
à fleurs bleues.

Cœleftinum. Cette derniere
croit naturellement dans la Caroline, d'où le feu Docteur
DALE m'a envoyé fes femences : les plantes qu'elles ont
produites ont très-bien fleuri
dans l'année fuivante ; mais
elles n'ont plus donné de fleurs

depuis, parce que leurs racines rampent fortement dans la terre, & ne pouffent jamais de tiges.

Cannabinum. La premiere, qui eft la feule efpece de ce genre qui foit naturelle à l'Europe, fe trouve en Angleterre, fur les bords des rivières & des foffés ; elle eft regardée comme un bon vulnéraire, & elle eft mife au nombre des plantes médicinales : on la cultive rarement dans les jardins, parce qu'elle fe répand à une grande diftance, lorfqu'on lui permet d'écarter fes femences (1).

Maculatum. La feconde, qu'on rencontre dans plufieurs parties de l'Amérique feptentrionale, d'où elle a été envoyée dans les jardins de l'Europe, a une racine vivace & une tige annuelle, de couleur pourpre, tachetée de noir, qui s'éleve à la hauteur d'environ un pied & demi : fes feuilles

____

(1) Cette plante, qu'on regarde comme l'*Eupatoire d'Avicène*, doit être mife au nombre des meilleures efpeces apéritives, hépatiques, béchiques & vulnéraires ; on l'emploie avec fuccès contre la toux opiniâtre, les rétentions d'urine, les obftructions des vifcères, l'hydropifie, la cachexie, les maladies de la peau, &c, en la faifant infufer dans du vin blanc ou du petit lait : on l'applique auffi en forme de cataplafme fur les tumeurs, & particulièrement fur celles des bourfes, dont elle a quelquefois opéré la réfolution. *Gefner* affûre que les fibres de fa racine, infufées dans du vin blanc, purgent plus fûrement que l'*Ellebore*.

font rudes, ovales, en forme de lance, pétiolées, placées par trois autour de la partie baffe de la tige, & par paires oppofées à chaque nœud vers le haut ; ces tiges font terminées par des paquets de fleurs pourpre, difpofées en efpece de corymbes ; elles paroiffent en Juillet & en Août, & dans les années chaudes, leurs femences mûriffent en automne.

Purpureum. La troifieme eft auffi originaire de l'Amérique feptentrionale ; elle s'éleve à la hauteur d'environ quatre pieds, avec une tige droite & garnie à chaque nœud de feuilles longues, étroites, en forme de lance, d'un vert foncé, profondément fciées fur leurs bords, traverfées dans leur milieu par une côte oblique au pétiole, verticillées, & difpofées par quatre autour des tiges : fes tiges font terminées par des paquets de fleurs pourpres comme celles de la précédente, & qui paroiffent en même-tems : elle a une racine vivace & une tige annuelle.

Scandens. La quatrieme, qui naît fpontanément dans la Virginie & dans la Caroline, a une racine vivace, qui produit au printems plufieurs tiges tortillantes, qui fe roulent autour des plantes & des arbres voifins, & s'éleve ainfi à la hauteur de cinq ou fix pieds ; ces tiges pouffent à chaque nœud deux feuilles en forme de cœur, dentelées fur leurs bords, & terminées par des pointes aiguës, & deux petites branches terminées par des paquets de fleurs blanches, de sorte que les tiges en paroissent couvertes dans presque toute leur longueur ; mais comme ces fleurs se montrent fort tard en Angleterre, elles n'ont pas le tems de se bien épanouïr, à moins que la saison ne soit chaude.

Il y a une autre de ces plantes à fleurs pourpre, portées sur des plus longs pédoncules, qui m'a été envoyée de Campêche ; mais comme ses tiges & ses feuilles ont beaucoup de ressemblance avec celles de cette espece, je doute si on doit l'en distinguer.

Rotundi-folium. La cinquieme, dont les semences m'ont été envoyées de la Nouvelle-Angleterre & de la Virginie, a une racine vivace & une tige annuelle ; ces tiges, dont la hauteur est d'environ un pied, sont droites & chargées de nœuds très-voisins les uns des autres, & garnis de feuilles rondes, en forme de cœur, sessiles aux tiges, sciées sur leurs bords, & teintes d'un vert clair ; ses feuilles naissent en petits panicules clairs aux extrémités des tiges ; elles sont blanches, & ont au-dessous d'elles deux petites feuilles vertes ; elles paroissent à la fin de Juin ; mais leurs semences mûrissent rarement en Angleterre.

Fruticosum. La sixieme croît naturellement à la Véra-Cruz, dans l'Amérique, d'où le Docteur HOUSTOUN m'a envoyé ses graines ; elle a une tige grimpante, d'arbrisseau, qui s'éleve à la hauteur de dix ou douze pieds, & s'attache à tout ce qui l'environne ; elle est garnie de feuilles en forme de lance, opposées, de trois pouces de longueur sur un pouce & demi de largeur, & d'un vert luisant : ses fleurs, blanches, sortent en longs panicules branchus sur les côtés & aux extrémités des tiges : cette espece est tendre, & ne peut subsister dans notre climat sans chaleur artificielle.

Odoratum. La septieme a des tiges droites, hautes de trois pieds, & garnies à chaque nœud de feuilles ovales, opposées, placées sur de fort courts pétioles, & sciées sur leurs bords : de chacun des nœuds qui se trouvent sur les parties latérales de la tige, sortent deux branches minces, érigées, & terminées, ainsi que la tige principale, par des grappes de fleurs blanches, qui paroissent en Août & en Septembre ; ces tiges périssent en hiver ; mais sa racine est vivace : cette espece croît naturellement en Pensylvanie & dans quelques autres parties de l'Amérique.

Perfoliatum. La huitieme, qui est aussi originaire de la Pensylvanie & de la Virginie, a une racine vivace & une tige annuelle ; ses tiges s'élevent à deux ou trois pieds de hauteur ; elles sont velues, & garnies à chaque nœud de feuilles rudes de trois ou quatre pouces de longueur, & d'environ un pouce de largeur à leur bâse, mais plus étroites par dégrés vers leurs extrémités, & terminées en pointe fort aiguë : les deux feuilles oppofées font jointes par leurs bafes, de maniere que les tiges paroiffent paffer à travers ; elles font d'un vert foncé, & couvertes de poils courts : l'extrémité de la tige fe divife en plufieurs pédoncules minces, dont chacun foutient une grappe ferrée de fleurs blanches, qui paroiffent en Juillet, & qui, dans les années chaudes, donnent quelquefois de bonnes femences en Angleterre.

Betonici-folium. La neuvieme m'a été envoyée de la Véra-Cruz par le Docteur Houstoun : elle s'éleve à la hauteur de deux pieds, avec une tige droite, dont les parties baffes font garnies de feuilles oblongues, obtufes, épaiffes & dentelées fur leurs bords : l'extrémité de cette tige eft nue, & fon fommet eft terminé par des fleurs bleues avec des calices fimples, & difpofées en panicule épais : cette efpece fleurit fur la fin de l'automne, & fes femences ne mûriffent jamais ici : fes racines font bis-annuelles, & périffent auffi-tôt que la fleur eft fanée.

Mori-folium. La dixieme, que le Docteur Houstoun a également découverte à la Véra-Cruz, & dont il m'a envoyé les graines, a une tige épaiffe & ligneufe, qui s'éleve à la hauteur de douze ou quatorze pieds, & pouffe plufieurs branches cannelées, couvertes d'une écorce brune, & gar-

nies de feuilles régulieres, en forme de cœur, auffi larges que celles du *Mûrier*, teintes d'un vert clair, fciées fur leurs bords, oppofées & placées fur des pétioles de deux pouces de longueur ; l'extrémité de chaque branche eft occupée par quatre ou cinq paires de pédoncules, qui fortent en oppofition fur les nœuds, & qui font terminés par un pédoncule impair ; ils foutiennent des panicules branchus de fleurs blanches, qui, toutes enfemble, ont la forme d'un long thyrfe pyramidal, & ont une très-belle apparence, car il n'y a point de feuilles entremêlées avec les fleurs, & les tiges font nues entre les épis : cette efpece a fleuri dans les jardins de Chelfea, mais elle n'y a point produit de femences.

Punctatum. La onzieme m'a encore été envoyée de la Vera-Cruz, par le Docteur Houstoun ; elle s'éleve, avec plufieurs tiges d'arbriffeau, à la hauteur d'environ cinq pieds, & fe divife en plufieurs branches minces, dont les nœuds font à trois ou quatre pouces de diftance les uns des autres, & portent chacun deux feuilles ovales, longues d'environ neuf lignes fur fix de largeur, placées fur des pétioles longs & minces, & marquées de plufieurs taches noires : fes branches fortent horifontalement, & font terminées par de petits paquets de fleurs blanches, dont les calices font fimples & compofés de fept feuilles étroites en forme de lance, & divifées au bas.

Hyſſopi folium. La douzieme a une tige droite & ronde, qui s'éleve à la hauteur de trois pieds, & pouſſe pluſieurs branches diſpoſées réguliérement par paires vers ſon ſommet ; ſes feuilles, qui ſont d'un vert clair & entieres, ont environ deux pouces & demi de longueur ſur quatre lignes de largeur, & ſont traverſées par trois veines longitudinales : ſes fleurs naiſſent ſur de longs pédoncules, aux extrémités des branches ; quelques pédoncules ne portent qu'une fleur, quelques-uns en ont deux, & d'autres trois ou quatre ; elles ſont blanches, & paroiſſent ſur la fin de l'automne. Cette eſpece croît naturellement dans la Caroline.

Ramoſum. La treizieme, qui eſt originaire du Maryland, a une racine vivace & une tige annuelle, qui s'éleve à trois pieds de hauteur, & ſe diviſe vers ſon ſommet en pluſieurs branches fortement garnies de feuilles étroites en forme de lance, de deux ou trois pouces de longueur ſur trois lignes de largeur, d'un vert foncé, ſeſſiles aux branches, ſillonnées par trois veines longitudinales, fort ſciées vers leurs extremités, & terminées en pointes aiguës. Les ſommets de ſes branches ſont occupés par des paquets ronds de fleurs blanches, qui paroiſſent en Août, & continuent à ſe montrer juſqu'en Octobre, & qui, dans les années chaudes, produiſent des ſemences mûres en Angleterre.

Conyzoïdes. La quatorzieme croît naturellement dans la Ja-maïque & dans la plupart des autres Iſles des Indes Occidentales : ſa tige d'arbriſſeau s'éleve à la hauteur de ſix à ſept pieds, & ſe diviſe en pluſieurs branches garnies de feuilles en forme de cœur, terminées en pointes aiguës, dentelées ſur leurs bords, & marquées de trois veines longitudinales ; les extrémités de ſes branches, ſont terminées par des pédoncules minces, dont chaſun ſoutient un petit paquet de fleurs blanches, renfermées dans des calices oblongs, écailleux & argentés.

Paniculatum. La quinzieme, que le Docteur HOUSTOUN m'a envoyée de la Vera Cruz, s'éleve, avec une tige droite & branchue, à la hauteur de trois pieds, & pouſſe à chaque nœud, dans preſque toute ſa longueur, deux branches latérales, terminées, ainſi que la tige principale, par des épis clairs de fleurs rouges : ſes feuilles ſont en forme de cœur, rudes, crenelées ſur leurs bords, ſeſſiles aux branches, & teintes d'un vert clair & un peu blanchâtre.

Houſtonis. La ſeizieme m'a encore été envoyée de la Ja-maïque, par le Docteur HOUS-TOUN ; ſa tige, mince & tortillante, s'attache à tout ce qui l'avoiſine, & s'éleve ainſi à huit ou dix pieds de hauteur ; elle pouſſe de petites branches oppoſées ſur la plupart des nœuds de ſa partie haute : les feuilles qui occupent le bas de la plante ſont en forme de cœur, & terminées en pointes aiguës ; ſes feuilles ſupérieures ſont presque triangulaires , unies, & d'un vert luisant ; les extrémités de ces tiges sont chargées d'épis longs & branchus de fleurs blanches, petites, & placées très-près les unes des autres sur les pédoncules.

Trifoliatum. La dix-septieme , qui naît sans culture dans la Pensylvanie , a une racine vivace, de laquelle sortent plusieurs tiges droites, qui s'élevent à la hauteur de sept ou huit pieds , dans un sol humide ou dans tout autre terrein, lorsqu'on se donne la peine de les arroser souvent ; ces tiges sont garnies de feuilles ovales , rudes , en forme de cœur , un peu sciées sur leurs bords, longues d'environ trois pouces sur deux de largeur, verticillées autour des tiges , & placées au nombre de quatre, cinq ou sept sur chaque nœud ; ses tiges sont terminées par un corymbe clair de fleurs pourpre , qui paroissent depuis le commencement du mois d'Août, jusqu'en Octobre , mais qui ne produisent point de semences en Angleterre.

Altissimum. La dix-huitieme a une tige simple, droite, verte , haute d'environ quatre pieds , & garnies à chaque nœud de quatre feuilles en forme de cœur , verticillées autour des tiges , de six pouces de longueur sur deux de largeur au milieu , plus étroites vers les deux extrémités , terminées en pointes aiguës , rudes, sciées sur leurs bords , & supportées par de courts pétioles ; sa tige est terminée par un corymbe serré de fleurs pourpre , qui pa-

roissent en Juillet , & continuent à se montrer jusqu'au mois de Septembre ; sa racine est vivace, mais ses tiges périssent chaque hiver ; elle croît naturellement dans l'Amérique septentrionale.

Cœlestinum. La dix-neuvieme , qui est originaire de la Caroline , a une racine rampante , qui s'étend & se multiplie fortement ; ses tiges s'élevent à la hauteur d'environ deux pieds, & sont garnies de feuilles oblongues , placées sur des pétioles , & sciées sur leurs bords : ses fleurs, qui sont teintes d'une belle couleur bleue , naissent dans des especes de corymbes , aux extremités des tiges ; mais ses racines s'étendent si fort , qu'elles rendent ces fleurs stériles après la premiere année.

Culture. On multiplie toutes ces especes par leurs graines , dont quelques-unes se perfectionnent en Angleterre : en les semant en automne aussi-tôt qu'elles sont mûres , leurs plantes paroîtront au printems; mais si on ne les met en terre qu'au printems , elles ne pousseront pas avant l'année suivante : les graines qu'on reçoit de l'Amérique , doivent être semées aussitôt qu'elles arrivent, quoiqu'on soit presque assuré qu'elles ne croîtront point dans la premiere année ; mais de cette maniere elles réussiront plus sûrement que si elles étoient gardées plus long-tems hors de terre.

Les seconde , troisieme , cinquieme , septieme , huitieme, douzieme , treizieme, dix-septieme, dix-huitieme & dix-neuvieme especes , étant fort dures , on peut femer leurs graines en pleine terre , en féparant les efpeces ; mais comme ces graines font ornées de duvet, & qu'elles font aifément déplacées par le moindre vent, il vaut mieux les femer dans des rigoles peu profondes , & ne pas trop les enterrer, parce qu'elles ne germeroient pas : la planche fur laquelle on les met , ne doit pas être trop au foleil, mais plutôt à l'expofition du levant, où elles puiffent feulement jouïr du foleil du matin ; fi cette planche eft plus expofée , il faut la mettre à l'abri durant la chaleur du jour, mais tenir toujours la terre humide. Comme ces plantes croiffent dans leur pays natal dans des fituations humides & à l'ombre, elles réuffiront mieux en les plaçant dans des fols & à des expofitions à-peu-près femblables ; & ,quoique notre climat foit bien moins favorable que leur pays natal, elles n'en réuffiront pas moins bien en les expofant au foleil, pourvu qu'elles foient dans un fol humide , ou arrofées dans les tems fecs.

Quand les jeunes plantes commencent à pouffer , on doit les tenir nettes de mauvaifes herbes , & en retrancher quelques-unes où elles font trop ferrées ; on tranfporte celles-ci , fi l'on en a befoin, dans une autre couche , où elles réprendront bientôt racine , en les tenant à l'ombre & en les arrofant ; après quoi elles n'exigeront plus aucun foin, que d'être tenues conftamment nettes, jufqu'à l'automne , qui eft le tems de les tranfplanter dans

les places qui leur font deftinées. Comme les racines de ces plantes s'étendent à une diftance confidérable , il eft néceffaire de laiffer entr'elles au moins trois pieds de diftance, & même quatre pieds entre celles qui croiffent plus vigoureufement : fi le fol où elles font plantées eft une marne douce & molle, elles profiteront beaucoup mieux, & leurs fleurs feront plus fortes que dans une terre légere & feche, où leurs feuilles fe rétréciroient, & dans laquelle leurs tiges ne parviendroient pas à la moitié de leur hauteur ordinaire , à moins qu'on ne les arrofe beaucoup dans les étés fecs.

Toutes ces efpeces ont une racine vivace, qu'on peut divifer ; & comme plufieurs d'entr'elles ne perfectionnent pas leurs femences en Angleterre , on peut les multiplier par ce moyen : quelques - unes ont des racines rampantes , qui pouffent des rejettons en grande abondance, & qui, par-là, fe multiplient aifément : on divife les autres chaque deux années ; mais cette opération doit être faite avec précaution, afin de ne pas endommager les vieilles plantes , ce qui affoibliroit leurs fleurs pour l'année fuivante : on enleve ces plantes en automne, auffi-tôt que leur féve eft arrétée, afin qu'elles aient le tems de former de nouvelles racines avant les gelées ; mais s'il furvient des tems durs après qu'elles viennent d'être tranfplantées, il faut couvrir la terre avec du tan ou des feuilles feches, pour les préferver de

l'impreſſion des gelées : on emploiera auſſi la même précaution pour les vieilles plantes
dans les hivers durs, ſi on veut
les conſerver long-tems ; cependant la dix-neuvieme eſpece
eſt la ſeule que j'aie vu être détruite par les hivers rigoureux ;
néanmoins il eſt toujours prudent d'uſer de ce moyen pour
les jeunes plantes de ſemences
qui n'ont point encore de bonnes racines , & pour celles qui
ne ſont pas encore bien établies : après quoi il ſuffira de
labourer la terre chaque printems , autour des plantes , & de
les tenir nettes de mauvaiſes
herbes.

Comme la quatrieme eſpece
pouſſe pluſieurs tiges foibles
& tortillantes , qui exigent un
ſoutien , il faut enfoncer contre leurs racines une perche ,
lorſqu'elles commencent à
pouſſer au printems , & y fixer
les jeunes tiges , qui ſe roule-
ront enſuite d'elles-mêmes autour de ces perches , s'éleveront ainſi à la hauteur de quatre
ou cinq pieds , ſi elles ſont bien
arroſées , & produiront une
grande quantité de fleurs blanches en Août , ſi l'année eſt
chaude.

Cette eſpece eſt quelquefois
détruite dans les hivers fort rudes ; mais on prévient cet accident en couvrant la terre où
elles ſont placées avec du vieux
tan en automne : elle ſe multiplie fortement par ſes racines
rampantes , qui peuvent être ſéparées chaques deux ans.

Les ſixieme & ſeizieme ont
des tiges minces & tortillantes ,
qui ont beſoin d'être ſoutenues

comme la précédente ; mais
comme elles ſont originaires
des pays méridionaux , on ne
peut les conſerver en Angleterre que par le moyen d'une
ſerre chaude ; il faut donc les
planter dans des pots , & les
plonger dans la couche de tan
de la ſerre chaude , où elles
profiteront & produiront des
fleurs, ſi elles ſont arroſées dans
les tems chauds.

La ſixieme a des tiges d'arbriſſeau , & ne ſe multiplie pas
par ſes racines ; mais on peut
marcotter ſes jeunes branches ,
qui pouſſeront toujours des racines ſi on les arroſe à propos :
la ſeizieme peut être multipliée
en diviſant les racines de la
même maniere que la quatrieme eſpece.

Les neuvieme & quinzieme
ont des racines vivaces, & leurs
tiges périſſent chaque hiver ;
ces plantes ſont tendres , & doivent être miſes dans des pots ,
& tenues conſtamment dans la
couche de tan de la ſerre chaude , où elles profiteront & fleuriront bien ; on peut les multiplier par boutures , en coupant
leurs jeunes branches vers le
milieu du mois de Juin , & en
les plantant dans des pots remplis de terre légere, qu'on plonge dans une couche de chaleur
modérée , où elles prendront
racine en ſix ſemaines , ſi elles
ſont tenues à l'ombre & légèrement arroſées toutes les fois
qu'elles en ont beſoin , après
quoi on les tranſplante chacune
dans un petit pot, & on les traite comme les vieilles plantes.

Les dixieme, onzieme & quatorzieme eſpeces ont des tiges

vivaces d'arbrisseau : comme elles sont originaires des pays chauds, elles ont besoin d'être tenues constamment dans la serre chaude : on les plante dans des pots, on les plonge dans la couche de tan de la serre, & on les traite comme les especes précedentes : on peut les multiplier par boutures ; mais comme il est assez difficile de leur faire pousser des racines, il vaut mieux se servir de leurs semences toutes les fois qu'on peut s'en procurer.

Quand on peut avoir des semences de ces especes délicates de leur pays natal, les plantes qui en proviennent sont bien préférables à celles qu'on obtient par toute autre méthode, & donnent beaucoup plus de fleurs ; mais comme elles germent rarement dans la premiere année, peu de personnes ont assez de patience pour attendre que les plantes paroissent. On les seme dans des pots aussi-tòt qu'on les reçoit, afin qu'on puisse les transporter en tout tems ; on les plonge dans une couche de chaleur modérée, on en tient la terre humide, & on les couvre de vitrages, qu'on met à l'abri du soleil pendant la chaleur du jour, pour empêcher la terre de se dessécher : les pots peuvent rester dans cette couche jusqu'en automne : si alors elles n'ont point encore poussé, on les plonge dans la couche de tan de la serre chaude, entre les autres plantes ; & au printems suivant on les remet sur une couche de chaleur légere, qui les fera pousser bientôt après : lorsqu'elles se-

ront assez fortes pour être enlevées, on les transplantera chacune séparément dans de petits pots qu'on replongera dans la couche chaude ; on les tiendra à l'ombre jusqu'à ce qu'elles aient formé de nouvelles racines ; après quoi on leur donnera beaucoup d'air dans les temps chauds, & on les arrosera souvent en hiver : on leur donnera beaucoup moins d'eau ; sur-tout à celles dont les tiges périssent : au moyen de ce traitement, elles profiteront bien, & produiront une grande quantité de fleurs.

EUPHORBIA. *Lin. Gen. Plant. 536. Euphorbium. Boerh. Ind. Alt. 1. 258. Tithymalus. Tourn. Inst. R. H. 85. tab. 18.* [*The Burning Thorny Plant.*] Plante épineuse, brûlante. Euphorbe, *ou* Tithymale. Epurge. Esule.

Cette plante a été nommée Euphorbia par le Roi JUBA, pere de PTOLEMÉE, qui gouvernoit les deux Mauritanies, & dont le Médecin se nommoit EUPHORBUS : on prétend que son frere, ANTOINE MUSA, avoit guéri AUGUSTE avec cette plante.

Caracteres. Dans ce genre la fleur a un calice persistant, & formé par une feuille gonflée, rude & divisée en cinq parties sur ses bords : quatre ou cinq pétales épais & déchiquetés ; & douze étamines insérées dans le réceptacle, plus longues que les pétales, & terminées par des sommets globulaires : dans le centre est placé un germe à trois angles, qui soutient trois styles divisés en deux parties, & couronnés par des ſtigmats obtus : ce germe devient enſuite une capſule ronde, à trois cellules, qui renferment chacune une ſemence ronde.

Ce genre de plante eſt rangé dans la troiſieme ſection de la onzieme claſſe de LINNÉE, qui renferme celles dont les fleurs ont douze étamines & trois ſtyles : cet Auteur a ajouté à ce genre le *Tithymalus*, le *Tithymaloïdes* de TOURNEFORT, & quelques autres : comme les différences qui diſtinguent l'*Euphorbe* & le *Tithymale* conſiſtent plus dans leur forme extérieure que dans les caracteres de la fleur ou du fruit, elles peuvent être réunies dans le même genre. Cependant, comme la fleur du *Tithymaloïdes* eſt fort différente par ſa forme, & qu'elle ſemble en devoir être ſéparée, je la placerai ſous le titre de *Tithymalus*; & comme le nombre des *Tithymalus* eſt fort conſidérable, & que pluſieurs de ces plantes ſont des herbes communes, je choiſirai les plus rares & celles qui ſont le plus en uſage, pour en faire mention ici.

Les eſpeces ſont :

1°. *Euphorbia antiquorum, aculeata, triangularis, ſubnuda, articulata, ramis patentibus.* Lin. Hort. Cliff. 196. Hort. Ups. 138. Fl. Zeyl. 199. Mat. Med. 154. Roy. Lugd.-B. 194. Amœn. Acad. 3. p. 106; Euphorbe à tiges triangulaires, noueuſes, nues, épineuſes & à branches étendues.

Euphorbium verum antiquorum. Hort. Amſt. 1. p. 23 ; Euphorbe piquant, en pointes triangulai-

res, avec des branches étendues, ordinairement appelé *le véritable Euphorbe des anciens.*

Schadidacalli. Rheed. Mal. 2. p. 81. t. 42.

2°. *Euphorbia Canarienſis, aculeata, nuda, ſub-quadrangularis, aculeis geminatis.* Lin. Hort. Cliff. 196. Hort. Ups. 138. Roy. Lugd.-B. 194. Amœn. Acad. 3. p. 107; Euphorbe avec des tiges nues & à quatre angles, & de doubles épines.

Euphorbium tetragonum & pentagonum, ſpinoſum, Canarinum. Boerh. Ind. Alt. 1. 258 ; Euphorbe des Canaries, avec quatre ou cinq angles armés d'épines.

Tithymalus Aizoïdes lacti-fluus. s. Euphorbia Canarienſis, quadrilatera & quinque-latera, Cerei effigie. Pluk. Alm. 370. t. 380. f. 2.

3°. *Euphorbia trigona, aculeata, nuda, articulata, ramis erectis ;* Euphorbe triangulaire, ayant des nœuds armés d'épines, & des branches droites & nues.

Euphorbium trigonum & tetragonum ſpinoſum, ramis compreſſis. Iſnard. Act. Par. 1720; Euphorbe épineux, à trois & quatre angles, avec des branches comprimées.

Tithymalus Aizoïdes, triangularis & quadrangularis, articuloſus & ſpinoſus, ramis compreſſis. Comm. Præl. 55. t. 5.

4°. *Euphorbia officinarum, aculeata, nuda, multangularis, aculeis geminatis.* Lin. Hort. Cliff. 196. Hort. Ups. 138. Roy. Lugd.-B. 195. Amœn. Acad. 3. p. 107 ; Euphorbe épineux, à pluſieurs angles, & armé d'épines diſpoſées par paires.

Euphorbium Cerei effigie, caulibus craſſioribus, ſpinis validiori-

bus armatum. Comm. Hort. Amst. 1. *p.* 21. *t.* 11 ; Euphorbe en Cierge, à tiges épaisses & armées de fortes épines. Euphorbe des boutiques.

Euphorbium polygonum spinosum , Cerei effigie. Isnard. Act. 1720. *p.* 500. *t.* 10.

Euphorbium. Bauh. Pin. 387.

5°. *Euphorbia Nerii-folia , aculeata , seminuda , angulis obliquè tuberculatis. Lin. Hort. Cliff.* 196. *Hort. Ups.* 139. *Fl. Zeyl.* 20. *Roy. Lugd.-B.* 194. *Amœn. Acad.* 3. *p.* 109 ; Euphorbe épineux , à moitié nud, avec des angles obliques, couverts de tubercules, & connu ordinairement sous le nom d'*Euphorbe à feuilles de Laurier-Rose.*

Euphorbium angulosum , foliis Nerii latioribus. Boerh. Ind. Alt. 1. *p.* 258 ; Euphorbe angulaire, ayant une large feuille de Laurier Rose.

Euphorbium Afrum spinosum , foliis latioribus non spinosis. Seb. Thes. 1. *p.* 18. *t.* 9. *f.* 1.

Tithymalus Aizoïdes arborescens spinosus, caudice angulari, Nerii folio. Comm. Præl. 22. 56. *t.* 6. *Bradl. Suec.* 3. *p.* 10. *t.* 28.

Tithymalus Indicus spinosus, Nerii folio. Comm. Hort. 1. *p.* 25. *t.* 13.

Ligularia. Rumph. Amb. 4. *p.* 88. *t.* 40.

Ela Calli. Rheed. Mal. 2. *p.* 83. *t.* 43.

6°. *Euphorbia heptagona , aculeata , nuda , spinis solitariis, subulatis, floriferis. Lin. Hort. Cliff.* 196. *Roy. Lugd.-B.* 194. *Amœn. Acad.* 3. *pag.* 109 ; Euphorbe nud, septangulaire, épineux, armé d'épines simples en forme d'alêne, & produisant des

fleurs aux extrémités de ses tiges.

Euphorbium heptagonum, spinis longissimis, in apice fructiferis. Boerh. Ind. Alt. 1. 258 ; Euphorbe à sept angles, armé de fort longues épines, & produisant des fruits aux extrémités de ses tiges.

Euphorbium Capense, spinis longis simplicibus. Bradl. Suec. 2. *p.* 4. *t.* 13.

7°. *Euphorbia Caput Medusæ, inermis, tuberculis imbricatis, foliolo lineari instructis. Lin. Hort. Cliff.* 197. *Hort. Ups.* 139. *Roy. Lugd.-B.* 195. *Amœn. Acad.* 3. *p.* 110 ; Euphorbe sans épines, couvert de tubercules imbriquées, avec des feuilles petites & étroites, auquel on donne le nom de *Tête de Méduse.*

Planta lactaria Africana. Comm. Hort. 1. *p.* 33. *t.* 17.

Euphorbium Afrum, caule crasso, squamoso , ramis in Capitis Medusæ speciem cincto. Boerh. Ind. Alt. 258 ; Euphorbe d'Afrique, avec une tige épaisse & écailleuse, & des branches disposées en forme de Tête de Méduse. Euphorbe à Tête de Méduse.

Tithymalus Aizoïdes Africanus , simplici squamato caule , Chamænerii folio. Comm. Præl. 58.

8°. *Euphorbia mamillaris , aculeata , nuda , angulis tuberosis , spinis interstinctis. Lin. Sp. Plant.* 647. *Edit.* 3. *Amœn. Acad.* 3. *p.* 108 ; Euphorbe nud & épineux , avec des angles tubéreux , entre lesquels se trouvent des épines.

Euphorbium polygonum , aculeis longioribus ex tuberculorum internodiis prodeuntibus. Isnard. Act.

Par. 1720. *p.* 386 ; Euphorbe à plufieurs angles armés de longues épines placées entre les nœuds.

Tithymalus Aizoïdes Africanus , validiſſimis ſpinis ex tuberculorum internodiis provenientibus. Comm. Præl. 59.

9°. *Euphorbia Cerei-formis , aculeata , nuda , multangularis , ſpinis ſolitariis ſubulatis. Prod. Leyd.* 195. *Amœn. Acad.* 2. *p.* 108. *Kniph. Cent.* 10. *n.* 41 ; Euphorbe nud & épineux , à plufieurs angles armés d'épines ſolitaires & en forme d'alène.

Euphorbium aphyllum anguloſum , florum coma denſiſſima. Burm. Afr. 19. *t.* 9. *f.* 3.

Tithymalus Africanus ſpinoſus ; Cerei effigie. Moris. Hiſt. 3. *p.* 245. *Pluk. Alm.* 370. *t.* 231. *f.* 1.

Euphorbium Cerei effigie , caulibus gracilioribus. Boërh. Ind. Alt. 1. 258 ; Euphorbe en Cierge , avec des tiges minces.

10°. *Euphorbia fructus Pini , inermis , imbricata tuberculis , foliolo linearii inſtructis. Hort. Cliff.* 197 ; Euphorbe imbriqué , ſans épines , couvert de tubercules , & garni de très-petites feuilles.

Euphorbium Afrum, facie fructus Pini. Boërh. Ind. Alt. 1. 258 ; Euphorbe d'Afrique , dont les fruits reſſemblent à ceux du Pin , & auquel on donne le nom de *petite Tête de Méduſe.*

11°. *Euphorbia patula , inermis , ramis patulis , ſimplicibus , teretibus , foliolis linearibus inſtructis ;* Euphorbe épineux , avec des branches ſimples , étendues , en forme de cierge , & terminées par des feuilles fort étroites.

12°. *Euphorbia procumbens ,* inermis , ramis teretibus , procumbentibus , tuberculis quadragonis ; Euphorbe ſans épines , avec des branches traînantes , couvertes de tubercules , & quadrangulaires.

13°. *Euphorbia inermis , ramis plurimis procumbentibus , ſquamoſis , foliolis deciduis ;* Euphorbe épineux , ayant plufieurs branches traînantes & écailleuſes , avec des feuilles qui tombent.

14°. *Euphorbia Tiraculli , inermis , fruticoſa , ſubnuda , fili-formis , erecta , ramis patulis determinatè confertis. Lin. Hort. Cliff.* 197. *Hort. Ups.* 139. *Flor. Zeyl.* 197. *Roy. Lugd.-B.* 195. *Amœn. Acad.* 3. *p.* 111 ; Euphorbe en arbriſſeau érigé & ſans épines , avec des branches minces , étendues , & terminées en paquets , ordinairement appelé *Epurge en arbre des Indes.*

Tithymalus Indicus , frutefcens. Hort. Ampl. 1. *p.* 27. *t.* 14 ; Epurge en arbriſſeau des Indes.

Offiſraga lactea. Rumph. Amb. 7. *p* 62. *t.* 29.

Tiru Calli. Rheed. Mal. 8. *p...* *t.* 44.

15°. *Euphorbia viminalis , inermis , fructicoſa , nuda , filiformis , volubilis , cicatricibus oppoſitis. Hort. Cliff.* 197 ; Euphorbe en arbriſſeau , nud & ſans épines , avec des branches minces & tortillantes , ordinairement appelé *Epurge grimpante des Indes.*

Tithymalus Indicus , vimineus , penitùs aphyllos ; Epurge des Indes avec des branches minces & dénuées de feuilles.

Felſel Tavil. Alp. Ægypt. 190. *Dill. Elth.* 368.

16°. *Euphorbia Mauritanica , inermis , fruticoſa , ſemi-nuda , fili-formis, flaccida, foliis alternis.* *Lin. Hort. Cliff.* 197. *Hort. Ups.* 140. *Roy. Lugd.-B.* 195. *Amœn. Acad.* 3. *p.* 111. *Gron. Orient.* 160 ; Euphorbe en arbrisseau nud & sans épines, avec des branches molles, en forme de cierge, & des feuilles alternes.

Tithymalus aphyllus Mauritaniæ. Hort. Elth. 384. *t.* 289. *f.* 373 ; Epurge de Mauritanie sans feuilles.

17°. *Euphorbia Cotini-folia, foliis oppositis, sub-cordatis, petiolatis, emarginatis, integerrimis, caule fruticoso. Lin. Sp. Pl.* 650. *Edit.* 3. *Amœn. Acad.* 3. *p.* 112. *Kniph. Cent.* 2. *n.* 24 ; Euphorbe à feuilles en forme de cœur, opposées, pétiolées, découpées au sommet & entieres, avec une tige d'arbrisseau.

Tithymalus arboreus, Americanus, Cotini folio. Hort. Amst. 1. *p.* 29. *t.* 15 ; Epurge en arbre d'Amérique, à feuilles de Sumach de Venise.

18°. *Euphorbia Lathyris, umbellâ quadrifidâ ; dichotoma, foliis oppositis integerrimis. Lin. Amœn. Acad.* 3. *p.* 120. *Mat. Med.* 121. *Gmel. Sib.* 2. *p.* 230 ; Euphorbe produisant une ombelle divisée en quatre parties, une tige fourchue, & des feuilles entieres & opposées.

Tithymalus lati-folius, Cataputia dictus. H. L. Epurge à larges feuilles, appelée *Cataputia.* Epurge à feuilles en ombelle.

Lathyris major. Bauh. Pin. 293.

19°. *Euphorbia Myrsinites, umbellâ sub-octi-fidâ, bifida, involucellis sub-ovatis, foliis spathulatis, patentibus, carnosis, mucronatis, margine scabris. Lin. Sp. Plant.* 661. *Edit.* 3. *Amœn. Acad.* 3. *p.*

128 ; Euphorbe avec une ombelle divisée en huit pointes, dont les petites enveloppes sont ovales, & les feuilles branchues, à pointes charnues, en forme de spatule, & avec des bords rudes.

Tithymalus Myrsinites, lati-folius. C. B. p. 290 ; Epurge à larges feuilles de Myrthe.

20°. *Euphorbia Dendroïdes, umbellâ multi-fidâ ; dichotoma, involucellis sub-cordatis ; primariis triphyllis, caule arboreo. Lin. Sp. Plant.* 662. *Edit.* 3. *Amœn. Acad.* 3. *p.* 128 ; Euphorbe avec des ombelles fourchues & divisées en plusieurs segmens, & de petites enveloppes en forme de cœur, la premiere avec trois feuilles & une tige en arbre.

Tithymalus Myrti-folius, arboreus. C. B. p. 290 ; Epurge en arbre à feuilles de Myrthe.

Tithymalus Dendroïdes. Cam. Epit. 965.

21°. *Euphorbia Amygdaloïdes, umbellâ multifidâ, dichotoma, involucellis perfoliatis, emarginatis, orbiculatis, foliis obtusis. Lin. Sp. Plant.* 662. *Amœn. Acad.* 3. *p.* 226 ; Euphorbe avec une ombelle divisée en plusieurs parties, & par paires, des enveloppes orbiculaires & perfeuillées, & des feuilles obtuses.

Tithymalus Characias, Amygdaloïdes. C. B. p. 290 ; Epurge sauvage.

22°. *Euphorbia palustris, umbellâ multi-fidâ, sub-trifidâ, bifidâ, involucellis ovatis, foliis lanceolatis, ramis sterilibus. Lin. Sp. Plant.* 662. *Amœn. Acad.* 3. *p.* 126. *Mat. Med.* 121. *Pall. It.* 1. *p.* 35. *Pollich. Pal. n.* 462 ; Euphorbe avec une ombelle divi-

fée en plusieurs parties, subdi-
visées en deux & en trois, ayant
de petites enveloppes ovales ,
des feuilles en forme de lance ,
& des branches stériles.

Tithymalus palustris fruticosus.
C. B. p. 292 ; Epurge de marais
en arbrisseau.

Esula major. Dalech. Hist.
1653.

Esula palustris. Riv. Tetr. 230.

23°. *Euphorbia Orientalis* , *um-*
bellâ quinque-fidâ , quadri-fidâ ;
dichotoma , involucellis sub-rotun-
dis , acutis , foliis lanceolatis. Lin.
Sp. Plant. 660. *Edit.* 3. *Amœn.*
Acad. 3. *p.* 123 ; Euphorbe dont
l'ombelle est divisée en quatre
& cinq parties , & fourchue ,
avec une enveloppe ronde &
pointue , & des feuilles en forme de lance.

Tithymalus Orientalis , *Salicis*
folio , caule purpureo , flore magno.
Tourn. Cor. 2 ; Epurge du Levant
à feuilles de Saule , ayant une
tige pourpre & une grosse fleur.

24°. *Euphorbia Characias ,*
umbellâ quinque-fidâ , tri-fidâ ;
dichotoma , involucellis ovatis ,
foliis lanceolatis , capsulis lanatis.
Lin. Sp. Plant. 662. *Edit.* 3.
Amœn. Acad. 3. *p.* 126 ; Euphorbe avec une ombelle divisée en
trois & cinq parties , & par
paires , ayant une enveloppe
ovale , des feuilles en forme de
lance & des capsules laineuses.

Tithymalus arboreus , caule co-
rallino , folio Hyperici , pericar-
pio barbato. Boerh. Ind. Alt. 1. *p.*
256 ; Epurge en arbre avec
une tige rouge , une feuille
de Mille-Pertuis , & un péricarpe barbu.

Tithymalus Characias , rubens ,
peregrinus. Bauh. Pin. 290.

Tithymalus Characias. 1. *Clus.*
Hist. 2. *p.* 188.

25°. *Euphorbia Hiberna , um-*
bellâ sexti-fidâ ; dichotoma , involu-
cellis ovalibus , foliis integerrimis ,
ramis nullis , capsulis verrucosis.
Lin. Sp. Plant. 662. *Edit.* 3.
Amœn. Acad. 3. *p.* 128. *Huds.*
Angl. 185. *Kniph. Cent.* 9. *n.* 37 ;
Euphorbe avec une ombelle à
six pointes & fourchue , des
enveloppes ovales , des feuilles entieres , sans branches ,
& des capsules couvertes de
verrues.

Tithymalus Hibernicus Ma-
chingboy dictus. Epurge Irlandois , appellé *Machingboy.*

Tithymalus lati-folius , Hispa-
nicus. Bauh. Pin. 291. *Tabern.*
Hist. 987.

26°. *Euphorbia Apios , umbel-*
lâ quinque-fidâ , bifidâ , involucel-
lis obcordatis. Lin. Sp. Plant. 656.
Edit. 3. *Amœn. Acad.* 3. *p.* 120 ;
Euphorbe avec une ombelle divisée en deux & cinq parties ,
& des enveloppes en forme de
cœur.

Tithymalus tuberosa , pyriformi
radice. C. B. p. 292 ; Epurge
avec une racine tubéreuse en
forme de poire.

Tithymalus tuberosâ radice.
Clus. Hist. 2. *p.* 190.

27°. *Euphorbia Aleppica , um-*
bellâ quinque fidâ ; dichotoma , in-
volucellis ovato-lanceolatis , mu-
cronatis , foliis inferioribus seta-
ceis. Lin. Sp. Plant. 657. *Edit.* 3.
Amœn. Acad. 3. *p.* 122 ; Euphorbe dont l'ombelle est divisée en
cinq parties , & fourchue , avec
des enveloppes ovales , en forme de lance & pointues , &
des feuilles basses garnies de
poils hérissés.

Tithymalus Cyparissius. Alp. Exot. 65. *t.* 64 ; Epurge de Cyprès.

Tithymalus, foliis inferioribus capillaceis ; superioribus Myrto similibus Moris. Hist. 3. *p.* 338.

28°. *Euphorbia Cretica, umbellâ multi-fidâ, bifidâ ; involucellis orbiculatis, foliis lineari-lanceolatis, villosis ;* Euphorbe avec une ombelle divisée en plusieurs parties & en deux, ayant des enveloppes orbiculaires, des feuilles étroites, velues, & en forme de lance.

Tithymalus Creticus, Characias, angusti-folius, villosus & incanus. Tourn. Cor. 1. Epurge sauvage de Crète à feuilles étroites, blanches & velues.

29°. *Euphorbia Sylvatica, umbellâ multi-fidâ ; dichotoma, involucellis perfoliatis, sub-cordatis, foliis lanceolatis, integerrimis. Lin. Sp. Plant.* 663. *Edit.* 3. *Jacq. Austr. t.* 375. *Pollich. Pal. n.* 463. *Scap. Carn. Ed.* 2. *n.* 572. *sub Tithymalo ;* Euphorbe avec une ombelle divisée en plusieurs parties & fourchue, des enveloppes en forme de cœur & perfeuillées, & des feuilles entieres en forme de lance.

Tithymalus sylvaticus, lunato flore. C. B. p. 290. *Moris. Hist.* 3. *p.* 335. *s.* 10. *t.* 1. *f.* 3 ; Epurge sauvage avec une fleur en forme de lune. La Grande Esule.

Tithymalus lunato flore. Col. Ecphr. 2. *p.* 56. *t.* 57.

Esula caule crasso. Riv. Tetr. 227.

30°. *Euphorbia Heterophylla, inermis, foliis serratis, petiolatis, difformibus, ovatis, lanceolatis, pandi-formibus. Lin. Sp. Plant.* 649. *Edit.* 3. *Amœn. Acad.* 3. *p.* 112 ; Euphorbe sans épines à feuilles sciées, petiolées, difformes, ovales, en forme de lance & de violon.

Tithymalus Curassavicus, Salicis & Atriplicis foliis variis, calycibus viridantibus. Pluck. Alm. 369. *t.* 12. *f.* 6 ; Epurge de Curaçao avec des feuilles différentes de Saule & d'Atriplex, ou Arroche, & des calices verts.

31°. *Euphorbia Hyperici-folia, dichotoma, foliis serratis, ovati-oblongis, glabris, corymbis terminalibus, ramis divaricatis. Lin. Sp. Plant.* 650. *Edit.* 3. *Amœn. Acad.* 3. *p.* 113 ; Euphorbe fourchu avec des feuilles oblongues, ovales, unies, & sciées, & des branches écartées & terminées en corymbes.

Tithymalus erectus, acris, Parietariæ foliis glabris, floribus ad caulium nodos conglomeratis. Sloan. Cat. Jam. 82. *Hist.* 1. *p.* 197. *t.* 126 ; Epurge droite & âcre avec des feuilles de Pariétaire unies, & des fleurs disposées en paquets sur les nœuds de la tige.

Tithymalus Americanus, flosculis albis. Comm. Præl. 60. *t.* 60.

32°. *Euphorbia Ocymoïdea, inermis, herbacea, ramosa, foliis sub-cordatis, integerrimis, petiolatis, floribus solitariis. Lin. Sp. Plant.* 650. *Edit.* 3. *Amœn. Acad.* 3. *p.* 112 ; Euphorbe branchu, herbacé & sans épines, à feuilles entieres, en forme de cœur & pétiolées, & à fleurs simples.

Tithymalus Americanus, erectus, annuus, ramosissimus Ocymi caryophyllati foliis. Houst. Mss. Epurge droite annuelle & branchue d'Amérique, avec des feuilles de petit Basilic.

Antiquorum. La premiere espece a toujours été regardée comme le véritable *Euphorbe des Anciens*, & employée comme tel à l'usage de la médecine ; mais c'est de la seconde dont on se sert aujourd'hui en Angleterre : cependant LINNÉE pense que la quatrieme devroit seule être mise en usage : au reste, comme elles ont toutes à-peu-près les mêmes propriétés, il paroît indifférent d'employer l'une plutôt que l'autre. C'est le jus épaissi de cette plante dont on se sert (1).

La premiere a une tige triangulaire, comprimée, noueuse & succulente, qui s'éleve à la hauteur de huit ou dix pieds, & pousse plusieurs branches irrégulieres, tordues, la plupart triangulaires, quelquefois à deux, souvent à quatre angles, comprimées & disposées sur chaque côté de la tige ; l'extrémité de ces branches est garnie de quelques feuilles courtes & rondes qui tombent bientôt, & entre lesquelles sortent de tems en tems quelques fleurs formées par cinq pétales épais & blanchâtres, dont le centre est occupé par un gros germe triangulaire qui se détache peu de tems après sans produire de semences : cette espece a été apportée des Indes, son pays natal, en Hollande, d'où elle s'est répandue dans la plupart des jardins des Curieux de l'Europe.

Canariensis. La seconde, qui croît naturellement dans les Isles Canaries, est celle dont le suc épaissi forme l'*Euphorbe* qu'on apporte aujourd'hui en Angleterre : elle s'éleve dans son pays natal au-dessus de la hauteur de vingt pieds ; mais en Angleterre elle croît rarement au-dessus de celle de six ou sept pieds, & il ne seroit pas avantageux d'en avoir ici d'une si grande hauteur, parce qu'elle pousse plusieurs grosses branches succulentes qui la ren-

---

(1) L'*Euphorbe des boutiques* est une gomme réfine extrémement âcre & mordicante, dont les propriétés résident principalement dans sa partie résineuse : cette substance, qui purge avec une violence extrême, & qui est capable de produire même à petite dose des inflammations & des érosions funestes dans les premieres voies, ne peut jamais être donnée avec sûreté, intérieurement, si ce n'est dans quelques cas désespérés ; mais on peut l'employer dans la médecine vétérinaire, pour guérir les maladies de peau auxquelles les chevaux sont sujets : on la fait d'ailleurs entrer avec succès dans les poudres sternutatoires qu'on souffle dans les narines pour réveiller les malades attaqués de léthargie ; dans les cas d'obstruction invétérées des glandes du nez, pour diviser les mucosités trop visqueuses, & dans les affections pituiteuses, chroniques & opiniâtres de la tête. On s'en sert aussi extérieurement dans les emplâtres vésicatoires qu'on applique quelquefois sur les membres paralytiques, & dans les poudres qu'on répand sur les os cariés, & sur les tumeurs schirrheuses ulcérées ; mais sans vice carcinomateux.

L'*Euphorbe* entre dans la composition des pillules d'*Euphorbe*, de *Quercetan*, dans les trochisques *Alhandal*, dans les pillules de nitre de *Trallian*, dans le *Philonium Romain*, &c.

droient

droit trop lourde pour pouvoir la transporter d'un endroit à un autre : sa tige est fort épaisse, verte & succulente, & a quatre ou cinq gros angles, fortement armés d'épines noires & crochues qui sortent par paires à chaque dentelure ; elle pousse à chaque côté de grosses branches succulentes de la même forme, qui s'étendent à la distance de deux ou trois pieds en-dehors, & tournent ensuite leur extrémité vers le haut, de sorte que ces plantes ont quelque ressemblance avec un chandelier branchu quand elles ont bien poussé ; ces branches n'ont point de feuilles ; mais elles sont fortement armées d'épines noires comme les tiges ; & leurs fleurs, qui sortent de leurs extrémités, sont de la même forme que celles de la premiere espece.

Trigonum. La troisieme a une tige nue, triangulaire & compacte, qui produit un grand nombre de branches érigées, noueuses, armées d'épines courtes & courbées, & généralement triangulaires, mais parmi lesquelles on en voit quelques-unes à quatre angles ; elles n'ont point de feuilles, & elles ne produisent point de fleurs en Angleterre : cette espece est originaire des Indes.

Officinarum. La quatrieme pousse plusieurs tiges épaisses, succulentes, à huit ou dix angles lorsqu'elles sont jeunes, mais qui deviennent rondes à mesure qu'elles vieillissent : ces branches sont d'abord dirigées horisontalement dans une partie de leur longueur ; mais el-

les prennent ensuite une direction perpendiculaire ; elles sont armées de petites épines courbées sur leurs angles ; & ses fleurs, qui sont petites, d'un blanc verdâtre, & semblables à celles de la seconde espece, sortent vers leurs extrémités : cette plante croît naturellement dans l'Inde.

Nerii-folia. La cinquieme, qui est aussi originaire des grandes Indes, s'éleve encore à la hauteur de cinq ou six pieds, avec une tige forte, droite, à angles irréguliers, & chargée de protubérances obliques aux angles ; la partie basse de la tige est nue, & sa partie haute est branchue ; ses branches sont armées d'épines courbées à chaque protubérance, & leurs extrémités sont garnies de feuilles oblongues, d'un vert luisant, fort unies, entieres & arrondies à leur pointe : ces feuilles se détachent bientôt, & les plantes restent nues pendant plusieurs mois ; ses fleurs sortent ensuite : elles sont sessiles aux branches, & d'un blanc verdâtre : ses feuilles poussent en automne & tombent au printems.

Heptagona. La sixieme s'éleve, avec une tige ronde, droite & succulente, à la hauteur d'environ trois pieds, & pousse plusieurs branches latérales de la même forme & a sept angles ou sillons armés d'épines simples, longues & noires ; les extrémités de ces branches produisent de petites fleurs de la même forme que celles des autres especes, qui sont quelquefois remplacées par de petits fruits.

Caput Medufæ. La feptieme a des tiges épaiffes, rondes, fucculentes & écailleufes, qui pouffent plufieurs branches latérales de la même forme, qui fe tortillent & coulent les unes fur les autres, de maniere qu'elles paroiffent comme une foule de ferpents qui fortent des tiges, d'où elle a pris le nom de *Tête de Médufe.* Les extrémités de fes branches font garnies de feuilles étroites, épaiffes & fucculentes qui tombent ; fes fleurs fortent autour de la partie haute des branches, elles font blanches & de la même forme que celles des autres efpeces, mais plus groffes, & elles produifent fouvent des capfules rondes, unies, & à trois cellules, dont chacune renferme une fimple femence ronde.

Mamillaris. La huitieme a des tiges rondes de deux pieds de hauteur, gonflées en forme de ventre, & à angles noueux ; les intervalles qui féparent ces nœuds, font armés d'épines longues & droites ; ces tiges pouffent quelques branches latérales de la même forme, dont les extrémités produifent des fleurs feffiles, petites, d'un vert jaunâtre, & de la même forme que celles des autres efpeces.

Cerei-formis. La neuvieme a des tiges & des branches fort femblables à celles de la quatrieme, mais beaucoup plus minces ; fes épines font fimples, & celles des autres doubles ; les extrémités de fes branches font fort garnies de fleurs à chaque angle ; en

quoi elle diffère de la quatrieme efpece.

Fructus Pini. La dixieme a une tige épaiffe & courte qui s'éleve rarement au-deffus de huit à dix pouces, & de laquelle fortent un grand nombre de branches minces, traînantes, & d'un pied de longueur, qui font entre-mêlées les unes avec les autres, comme celles de la feptieme efpece, mais beaucoup plus petites & moins longues, quoique avec la même apparence, ce qui lui a fait donner le nom de *Petite Tête de Médufe.* Les extrémités de fes branches font garnies de feuilles étroites, du milieu defquelles fortent des fleurs blanches, & de la même forme que celles des autres efpeces.

Patula. La onzieme s'éleve à la hauteur de fix à fept pouces, avec une tige en forme de cierge, dont le fommet produit quelques branches femblables, qui s'étendent en-dehors de chaque côté, mais qui ne font pas écailleufes comme celles de la derniere ; les extrémités de ces branches font garnies de feuilles étroites qui tombent : cette efpece n'a pas encore fleuri en Angleterre, parce qu'elle n'y a été apportée que depuis peu de tems.

Procumbens. La douzieme a une tige courte & épaiffe qui ne s'éleve jamais au-deffus de trois pouces de hauteur ; de forte que fes branches, dont la longueur eft au plus de fix pouces, font couchées fur la furface de la terre ; leurs écailles se gonflent & deviennent des protubérances quarrées ; elles n'ont point de feuilles , & ne donnent que très-rarement des fleurs en Angleterre, quoique cette plante soit depuis long tems dans nos jardins.

Inermis. La treizieme ressemble beaucoup à la septieme ; mais ses tiges ne s'élevent jamais au-dessus d'un pied ou de quinze pouces ; en sorte que ses branches s'étendent au-dehors près de la terre ; celles-ci sont aussi plus courtes que celles de la septieme ; mais elles ont cependant la même apparence , & leurs extrémités sont garnies de feuilles étroites qui tombent à mesure que les branches s'étendent en longueur, ainsi que de fleurs blanches & petites, qui ont la même forme que celles des autres especes , & qui produisent souvent des capsules rondes, unies & à trois cellules , dans lesquelles sont renfermées une ou deux semences rondes qui mûrissent ici.

Ces especes ont été rangées par la plupart des Botanistes modernes, sous le titre d'*Euphorbium* , & distinguées des *Tithymales* , plus à cause de leur forme extérieure, que par quelques différences réelles dans leurs caracteres, ainsi qu'on l'a déja observé ; mais comme le nombre des especes d'*Epurge* étoit plus grand , plusieurs Écrivains ont jugé à propos d'en séparer l'*Euphorbe*, pour en diminuer le nombre.

On conserve ces plantes dans plusieurs jardins , plutôt à cause de leur singularité , que pour leur beauté ; car elles sont toutes fort différentes des autres plantes de l'Europe.

Toutes ces especes contiennent une sève âcre & laiteuse qui découle de leurs parties blessées : comme ce jus est assez caustique pour produire des ampoules sur la peau lorsqu'il y séjourne quelque tems , & pour brûler le linge à-peu près comme l'eau-forte, il faut manier ces plantes avec beaucoup de précaution , & ne pas froisser ni endommager leurs branches ; ce qui d'ailleurs les fait quelquefois pourrir jusqu'au premier nœud, & souvent périr tout-à-fait, si les branches endommagées ne sont pas coupées à tems : ainsi toutes les fois qu'une branche paroît maltraitée, il faut la retrancher sur le champ , pour prévenir tout accident ; par la même raison on doit éviter de les couper entre les nœuds.

La plus grande partie de ces especes a été primitivement apportée par les Hollandois , qui ont toujours été fort empressés à introduire en Europe un grand nombre de végétaux des Indes & du Cap de Bonne-Esperance , d'où l'on a eu depuis peu une très-grande variété de plantes curieuses, qui produisent des fleurs fort élégantes, & font le plus grand ornement des serres en hiver & au printems. Celles-ci ont été élevées de semences dans nos jardins ; mais la plupart des especes d'*Euphorbe* sont venues en plantes ou en boutures , parce qu'elles peuvent

aifément être tranfportées , fi
elles font mifes dans des caiffes , avec quelque emballage
fec & mou , pour empêcher
qu'elles ne fe froiffent ou ne
fe bleffent avec leurs épines,
& qu'elles ne foient endommagées par l'humidité & par
le froid : on peut les tenir
fix mois hors de la terre avec
cette attention; & fi après ce
tems elles font plantées avec
foin , elles prendront racine
& profiteront auffi bien que
fi elles étoient nouvellement
prifes fur les vieilles plantes:
cette méthode eft beaucoup
plus prompte que de les élever de femences.

Comme la plupart de ces
plantes fucculentes croiffent
naturellement dans des lieux
ftériles & remplis de rochers,
& dans des terreins fecs &
fablonneux, où peu d'autres
pourroient profiter, on ne
doit jamais les planter ici dans
une terre riche & marneufe,
ni les expofer à beaucoup d'humidité : le fol qui leur convient le mieux, eft un mélange
formé par un quart de décombres criblées, un quart de fable de mer, & une moitié de
terre légere & fraîche prife
dans un pâturage; on mêle
exactement toutes ces matieres enfemble, & on les retourne fouvent avant de les mettre en œuvre, afin que leurs
parties puiffent s'incorporer,
& s'adoucir à l'air. Ce mélange
fera encore meilleur fi on le
laiffe expofé pendant une année à l'action de la gelée &
& de la chaleur, en obfervant
de le tenir en petits monceaux,

& de le retourner fouvent, afin
que l'air y puiffe mieux pénétrer.

Ces efpeces fe multiplient
aifément par boutures, qu'on
détache des vieilles plantes dans
le mois de Juin, en les coupant à un nœud, fans quoi
elles fe pourriroient; quand
ces boutures font féparées, la
fève laiteufe des vieilles plantes s'écoule en abondance par
les parties bleffées, qu'il faut
couvrir auffi tôt avec de la
terre ou du fable, qui l'arrête bientôt en fe durciffant :
on en fait autant aux boutures, & on les place dans un
endroit fec de la ferre chaude, où on les laiffe pendant
douze ou quinze jours avant
de les planter, & même trois
femaines, fi elles font fort
groffes, afin que leurs parties
bleffées aient le tems de fe
cicatrifer, fans quoi elles feroient facilement attaquées de
pourriture ; on les place enfuite féparément dans des pots
de la valeur d'un fou, dont
on garnit le fond avec des
pierres & des décombres, &
qu'on remplit avec le mélange dont on vient de parler;
on plonge enfuite ces pots
dans une couche de chaleur
modérée ; on les tient à l'ombre au milieu du jour fi le
tems eft très-chaud, & on les
arrofe légèrement une ou deux
fois par femaine, en propor-
tionnant toujours l'humidité
qu'on leur donne à la féchereffe de la terre : fix femaines ou deux mois après, elles
auront pouffé des racines : on
pourra les laiffer dans cette

couche, si elle n'est pas trop chaude, en leur donnant de l'air tous les jours ; mais il vaut encore mieux les placer tout de suite dans la serre chaude, où elles pourront s'endurcir avant l'hiver : car si elles viennent à filer pendant l'été, elles périssent presque toujours dans la mauvaise saison, à moins qu'elles ne soient traitées avec le plus grand soin : il faut les arroser en été deux ou trois fois par semaine, mais en hiver on ne leur donne de l'eau qu'une seule fois pendant le même espace de tems, & toujours fort légèrement, sur-tout si la serre n'est pas fort chaude : la premiere espece exige plus de chaleur en hiver qu'aucune des autres, & moins d'arrosement dans cette saison : si elle est bien traitée elle s'elevera à la hauteur de sept à huit pieds ; mais il faut la tenir constamment dans la serre, lui donner beaucoup d'air en été, & une chaleur tempérée en hiver.

La sixieme est à présent la plus rare en Angleterre ; ses plantes, qui avoient été tirées des jardins Hollandois, ont presque toutes péri, parce qu'on les avoit placées dans la serre chaude, où la chaleur les a noircies dans un jour, & fait pourrir immédiatement après : cette espece profitera bien en hiver si elle est tenue sous un vitrage airé & sec, avec les *Ficoïdes* & d'autres plantes succulentes, où elle puisse avoir de l'air dans les tems doux, & abritée des ge-

lées ; en été elle peut être exposée en plein air dans une situation chaude, pourvu qu'on la garantisse de trop d'humidité : elle réussira beaucoup mieux par cette méthode qu'en la traitant plus délicatement.

Les septieme, huitieme, dixieme, onzieme, douze & treizieme especes sont aussi assez dures pour subsister en hiver dans une caisse de vitrage sans feu, pourvu qu'on les préserve entièrement de la gelée ; en été, on peut les exposer en plein air dans une situation chaude. Comme ces plantes sont fort succulentes, & qu'elles craignent par conséquent beaucoup l'humidité, il faut les tenir sous des abris où elles puissent jouir de l'air & être à couvert de la pluie, sans quoi elles seroient exposées à être attaquées de pourriture pendant l'hiver suivant.

La septieme, ayant des branches fort lourdes, a besoin d'un soutien pour l'empêcher de tomber sur les pots ; elle s'elevera ainsi à la hauteur de quatre ou cinq pieds, & produira un grand nombre de branches latérales, qui, étant elles-mêmes fort lourdes & succulentes, entraîneroient la plante si elle n'étoit pas soutenue.

Les especes suivantes ont été classées par tous les Botanistes avec les *Tithymales* ; mais les quatorzieme & quinzieme devroient être mises dans le genre des *Euphorbes*, parce qu'elles sont aussi destituées de feuilles que la plupart de celles qu'ils y ont placées.

Tiraculli. La quatorzieme s'é-
leve, avec une tige en cierge
& fucculente, à la hauteur de
dix-huit ou vingt pieds, &
produit plufieurs branches de
la même forme qui fe fous-
divifent en d'autres plus petites, féparées par des nœuds
placés à une grande diftance
les uns des autres, unies, d'un
vert foncé, & ornées à leur
extrémité de quelques petites
feuilles qui tombent en peu
de tems : à mefure que les
plantes vieilliffent, leurs tiges
deviennent plus fortes & moins
fucculentes, fur-tout vers le
bas, où elles font un peu ligneufes, & prennent une couleur brune : fes branches font
touffues, & entremêlées les
unes avec les autres, de forte
qu'elles forment une efpece
de buiffon vers leur fommet.
Cette efpece ne produit point
de fleurs en Angleterre.

Viminalis. La quinzieme pouffe un grand nombre de tiges
minces, coniques, d'un vert
foncé, & unies, qui fe roulent les unes fur les autres,
ou autour de quelque fupport
voifin, au moyen duquel elles s'élevent à la hauteur de
dix à douze pieds ; elles produifent vers le haut des branches plus petites, qui fe tortillent de même & s'entremêlent avec les autres tiges ; elles font nues & fans feuilles :
cette efpece, qui croît naturellement dans les Indes, ne
fleurit point dans notre climat.

Mauritanica. La feizieme pouffe de fa racine plufieurs tiges coniques, fucculentes,
hautes d'environ quatre pieds,

minces, & trop foibles pour
fe foutenir fans appui ; elles
font couvertes d'une écorce
teinte d'un vert léger ; leurs
parties baffes font nues, &
leurs fommets font garnis de
feuilles oblongues, unies, entieres & alternes fur chaque
côté des tiges ; leurs fleurs,
d'un vert jaunâtre, naiffent
en petits paquets aux extrémités des branches, & font
quelquefois fuivies par un fruit
uni & rond, mais leurs femences mûriffent rarement en
Angleterre. Cette efpece eft
originaire des côtes d'Afrique
qui bordent la Méditerranée.

Cotini-folia. La dix-feptieme
fe trouve dans quelques Ifles
des Indes occidentales, ainfi
que dans le continent de l'A-
mérique ; j'en ai reçu des
échantillons de l'Ifle de Tabago
& de Carthagene, où elle eft
très-commune : les plantes de
cette efpece qu'on voit dans
les jardins de la Hollande, ont
été envoyés de Curaçao : elle
s'éleve à la hauteur de fix ou
huit pieds, avec une tige droite
& couverte d'une écorce d'un
brun clair, qui fe divife vers
fon fommet en plufieurs branches garnies de feuilles rondes, dentelées à leur extrémité, pétiolées, unies & d'un
beau vert, mais qui tombent
en hiver, de forte qu'au printems ces plantes font prefque
nues ; leurs fleurs fortent des
extrémités des branches ; elles font jaunes & petites, &
tombent bientôt fans produire
de fruits dans notre climat.

Ces efpeces fe multiplient
par boutures, de la même ma-

niere que les *Euphorbes* ; & on les traite comme il a été dit ci-deſſus.

Les quatorzieme, quinzieme & dix-ſeptieme étant fort tendres, exigent la ſerre chaude, & doivent être traitées comme les eſpeces les plus délicates de ce genre ; mais la ſeizieme ſubſiſte en hiver dans une ſerre ordinaire , & peut être expoſée en plein air pendant l'été.

Lathyris. La dix-huitieme eſt compriſe dans le nombre des plantes médicinales, mais on s'en ſert peu aujourd'hui en Angleterre : elle eſt bis-annuelle, & périt après avoir perfectionné ſes graines. Elle s'éleve à la hauteur de trois ou quatre pieds, avec une tige droite, ſucculente, & garnie de feuilles oblongues, unies, oppoſées & ſeſſiles ; l'extrémité de ſa tige ſe partage en petites branches fourchues, diſpoſées par paires, & dont les diviſions donnent naiſſance à des ombelles de fleurs, qui ſortent ſimples de chaque fourche ; celles qui ſont ſituées dans la premiere diviſion ſont les plus groſſes, & celles du haut ſont plus petites : ſes fleurs, teintes d'un jaune verdâtre, paroiſſent en Juin & en Juillet, & produiſent un fruit diviſé en trois lobes, dont chacun forme une cellule qui renferme une ſemence ronde, & qui, lorſqu'elle eſt mûre, eſt lancée à une certaine diſtance par l'élaſticité des légumes : cette eſpece ſe multiplie aſſez fort quand elle eſt une fois intro-

duite dans les jardins, & n'exige d'autre ſoin que d'être tenue nette de mauvaiſes herbes (1).

Mirſinites. La dix-neuvieme, qui croît naturellement dans la France méridionale, en Eſpagne & en Italie, pouſſe de ſa racine pluſieurs branches longues d'environ un pied, couchées ſur la terre, & très-garnies de feuilles épaiſſes, ſucculentes, plates, courtes, pointues, entièrement ouvertes, placées alternativement ſur chaque côté des branches, & ſeſſiles aux tiges : les fleurs naiſſent aux extrémités des branches, en larges ombelles, dont l'enveloppe principale eſt compoſée de pluſieurs feuilles ovales & pointues, mais dont les petites n'ont que deux feuilles en forme de cœur, concaves, & rudes ſur leurs bords :

---

(1) Toutes les parties de cette plante ſont très-purgatives, & produiſent des effets ſemblables à ceux de la *Scammonée.* On l'adminiſtre avec ſuccès dans l'hydropiſie, la jauniſſe, les obſtructions des viſcères, etc. On la prépare en faiſant macérer ſes racines, & ſurtout leur écorce, dans du vinaigre pendant vingt-quatre heures, & on la fait prendre enſuite en ſubſtance depuis un ſcrupule juſqu'à un gros, ou en infuſion depuis un gros juſqu'à deux. On en prépare auſſi un extrait avec le vin blanc & le vinaigre, dont l'effet eſt le même, mais dont la doſe doit être plus foible.

Cette eſpece entre dans la compoſition des pillules d'*Eſula* de *Fernel,* dans celle de la *Benedicte Laxative,* dans l'extrait *Catholique,* etc.

ces fleurs font jaunes, & produifent trois femences renfermées dans une capfule ronde & à trois cellules : cette plante dure deux ou trois ans dans un terrein fec & chaud, & perfectionne fes femences annuellement ; fi l'on donne à ces graines le tems de fe répandre, elles produiront des plantes qui n'exigeront aucun autre foin que d'être tenues nettes de mauvaifes herbes.

Dendroides. La vingtieme eft originaire de l'Ifle de Candie & de plufieurs Ifles de l'Archipel ; elle s'éleve, avec une tige droite & branchue, à la hauteur de quatre pieds ; fes feuilles font oblongues, pointues & alternes ; fes fleurs, petites & jaunes, fortent en ombelles de chaque bifurcation des branches ; mais ne donnent que très-rarement des graines en Angleterre : on multiplie facilement cette efpece par boutures dans tous les mois de l'été ; mais elle a befoin d'être mife à l'abri des gelées de l'hiver.

Amygdaloïdes. La vingt-unieme, qu'on rencontre dans les forêts de l'Angleterre, s'éleve en tige d'arbriffeau à la hauteur de trois pieds : fes fleurs naiffent en ombelles, feffiles aux branches, & forment un long épi ; elles ont des calices teints d'un jaune verdâtre & des pétales noirs, ce qui leur donne une apparence finguliere : en répandant fes graines fous des arbres, en automne, elles produifent au printems fuivant, des plantes qui n'auront befoin d'aucune culture.

Paluftris. La vingt-deuxieme eft comprife dans la lifte des plantes médicinales, fous le titre d'*Efula major* ; mais on s'en fert peu aujourd'hui : elle croît naturellement en France & en Allemagne, dans des endroits marécageux, où elle s'éleve à la hauteur de trois ou quatre pieds ; elle a une racine vivace, au moyen de laquelle on la multiplie plus aifément que par fes femences, qui pouffent rarement, à moins qu'on ne les feme auffi-tôt qu'on vient de les recueillir.

Orientalis. La vingt-troifieme ; que M. de TOURNEFORT a envoyée du Levant au Jardin royal de Paris, a une racine vivace, de laquelle fortent plufieurs tiges fucculentes, hautes de trois pieds, couvertes d'une écorce de couleur pourpre, & garnies de feuilles oblongues, unies, de la même forme que celles de *Saule*, & d'un vert foncé. Les extrémités de fes tiges fe divifent, & dans chaque bifurcation eft placée une ombelle de fleurs d'un jaune verdâtre, qui font remplacées par des capfules rondes & à trois cellules, dont chacune renferme une fimple femence : cette efpece fleurit en Juin, & fes graines mûriffent en Août ; on peut la multiplier en divifant fes racines, ou en femant fes graines en automne : cette plante eft dure, & réfifte au plus grand froid de nos hivers, quand elle eft placée dans un fol fec.

Characias. La vingt-quatrieme se trouve en Sicile & sur les rivages de la Mer Méditerranée ; elle s'éleve à la hauteur de cinq ou six pieds, avec plusieurs tiges d'arbrisseau, couvertes d'une écorce rouge, & garnies de feuilles oblongues, unies, émoussées & alternes ; ses fleurs naissent en petites ombelles, entre les divisions des branches ; elles sont jaunes, & produisent des capsules rondes, rudes & à trois cellules, comme celles de la précédente : on la multiplie facilement par boutures pendant tous les mois de l'été ; mais elle a besoin d'être mise à l'abri des gelées.

Hiberna. La vingt-cinquieme, qui naît spontanément en Irlande, d'où ses racines ont été portées en Angleterre, a des racines épaisses & fibreuses, qui poussent plusieurs tiges simples & sans branches, d'un pied environ de hauteur, & garnies de feuilles oblongues & alternes sur chaque côté : ses fleurs sortent en petites ombelles aux extrémités des tiges, elles sont jaunes, & produisent des capsules rudes, brodées & à trois cellules : cette plante fleurit en Juin, & ses semences mûrissent en Août ; on la multiplie par ses racines, qui doivent être plantées à l'ombre dans un sol humide.

Celle-ci a été autrefois presque la seule dont les Irlandois faisoient usage en médecine ; mais depuis qu'ils ont appris à se servir du mercure, ils l'ont absolument abandonnée.

Apios. La vingt-sixieme naît spontanément dans le Levant ; elle a une racine noüeuse & en forme de poire, de laquelle sortent deux ou trois tiges qui s'élevent à la hauteur d'environ un pied & demi, & sont garnies de feuilles oblongues, velues & alternes ; ses fleurs paroissent en petites ombelles dans les divisions des tiges ; elles sont petites & d'un jaune verdâtre ; mais elles donnent rarement des semences en Angleterre : on peut multiplier cette espece par les rejettons que sa racine principale produit, en les enlevant en automne, pour les planter à l'ombre, où ils profiteront mieux qu'en plein soleil.

Aleppica. La vingt-septieme se trouve dans les environs d'Alep, & dans d'autres parties du Levant ; elle a une racine vivace & rampante, par laquelle elle se multiplie fortement dans les lieux où elle est une fois établie ; ses tiges s'élevent à la hauteur d'un pied & demi ; ses feuilles basses sont étroites, fermes & garnies de poils hérissés ; mais celles qui couvrent la partie haute de la tige, sont de la même forme que celles du *Myrthe à feuilles étroites* : ses fleurs, qui sont de couleur jaune, sortent en larges ombelles aux divisions de la tige ; elles paroissent dans le mois de Juin ; mais elles donnent rarement des semences dans notre climat : il faut resserrer ses racines en la plantant dans des pots, parce qu'elles s'étendent trop loin quand elles sont en pleine terre.

Cretica. La vingt-huitieme espece croît naturellement dans plusieurs parties du Levant, ainsi qu'en Espagne & en Portugal : ses semences m'ont été apportées d'Alexandrette par M. Robert Millar, qui l'a trouvée en très-grande abondance dans les environs de cet endroit. Ce Voyageur m'a assuré avoir vu les habitans de ce pays blesser ces plantes pour en recueillir le suc laiteux qu'ils mêloient avec la *Scammonée* qu'ils préparent pour l'envoyer chez l'étranger. Les semences de cette espece m'ont été depuis envoyées du Portugal par Robert More, Ecuyer ; mais on la cultivoit déja depuis plusieurs années dans les jardins Anglois : elle s'éleve à la hauteur d'eviron trois pieds, avec une tige d'arbrisseau, teinte de couleur pourpre, & garnie de feuilles étroites, en forme de lance, velues, sessiles & alternes ; le sommet de cette tige est terminé par des ombelles de fleurs, qui forment une espece d'épi ; les grandes ombelles sont divisées en plusieurs parties, & les petites n'ont que deux feuilles. Les enveloppes des fleurs sont jaunes & les pétales blancs ; elles paroissent dans le mois de Mai, & produisent des semences qui mûrissent en Juillet : les jeunes plantes de cette espece, qui ont été depuis peu élevées de semences, sont généralement très-fructueuses ; mais les vieilles, & celles qui proviennent de boutures, sont stériles : on peut la multiplier par semen-

ces ou par boutures, & elle réussit en plein air, si elle est plantée dans un sol rempli de décombres secs & à une exposition chaude, sans quoi elle est souvent détruite par les fortes gelées.

Sylvatica. La vingt-neuvieme, qu'on rencontre dans la France méridionale, en Espagne & en Italie, est une plante bis-annuelle, dont la racine produit deux ou trois tiges, hautes de deux ou trois pieds, & garnies de feuilles en forme de lance, & entieres ; ses ombelles de fleurs sortent des divisions des branches ; leurs enveloppes sont en forme de cœur, & environnent les pédicules de leurs bâses ; ses fleurs sont jaunes & paroissent en Juin. Leurs semences mûrissent en Août ; & si on leur permet de se répandre d'elles-mêmes, elles produiront des plantes qui n'exigeront aucun autre soin que d'être tenues nettes de mauvaises herbes & mises à l'abri du soleil.

Heterophylla. La trentieme, dont le Docteur Houstoun m'a envoyé les semences de la Vera-Cruz, est une plante annuelle, qui s'éleve à la hauteur de deux ou trois pieds ; ses feuilles sont quelquefois étroites & entieres, & d'autres fois ovales & divisées au milieu presque jusqu'à la côte, en forme de violon ; elles varient aussi dans leur couleur ; les unes tirent sur le pourpre, & d'autres sont d'un vert clair ; elles sont sciées sur leurs bords, & portées sur de courts pétioles : ses fleurs sortent en petites ombelles aux extrémités des branches ; elles font d'un blanc verdâtre, & produisent de petites capsules rondes & à trois cellules.

Hyperici-folia. La trente-unieme se trouve dans la plupart des Isles des Indes Occidentales, & s'éleve à la hauteur d'environ deux pieds, avec une tige branchue & garnie de feuilles oblongues, ovales, unies & sciées sur leurs bords : ses fleurs croissent en petites ombelles aux pétioles des feuilles, & recueillies en paquets serrés ; elles font blanches, & font remplacées par de petites capsules rondes, qui renferment trois femences.

Ocymoïdes. La trente-deuxieme, dont les graines m'ont encore été envoyées de la Vera-Cruz, par le Docteur HOUSTOUN, est une plante annuelle, qui s'éleve, avec une tige droite, à la hauteur d'environ un pied, & se divise en un grand nombre de branches fort étendues, & garnies de feuilles rondes, en forme de cœur, entieres, & placées sur de longs pétioles ; ses fleurs, qui font petites & de couleur herbacée, font remplacées par des capsules rondes & petites, qui renferment trois femences.

Les trois dernieres especes font annuelles ; on les seme au printems, sur une couche chaude, & quand les plantes font bonnes à être enlevées, on les met chacune féparément dans de petits pots remplis de terre légere, qu'on replonge dans la couche chaude ; on les traite ensuite comme les autres plantes délicates qui viennent des mêmes contrées.

EUPHORBE, *ou* **TITHYMALE**. *Voyez* EUPHORBIA.

EUPHRASIA. [*Eyebright.*] Eufraise.

C'est une plante médicinale qui croît naturellement dans les campagnes & dans les pâturages de la plus grande partie de l'Angleterre, & toujours parmi les herbes, les bruyeres, les genêts épineux, &c. Comme elle ne réussiroit pas si elle étoit cultivée à découvert, & que ses femences ne germeroient pas dans un jardin, il feroit inutile d'en donner une plus ample description ; j'obferverai feulement qu'on la vend fur les marchés pour les ufages de la médecine (1).

EXCORTICATION, *d'Excorticatio*, opération par laquelle on enleve l'écorce extérieure des arbres, ou la premiere peau des racines.

EXOTIQUES, *d'Exotica*. Les plantes exotiques font celles qui font originaires des pays étrangers.

---

(1) Quelques Auteurs recommandent cette plante comme un remede très-efficace pour rétablir la vue ; mais ses effets ne répondent point à fa réputation : si on juge à propos de l'employer, on peut la donner en poudre, depuis un gros jufqu'à trois dans un verre d'eau de *fenouil* ; mais on doit en continuer l'ufage pendant quelques mois.

F

FABA. *Tourn. Inft. R. H.* 391. *tab.* 212. *Vicia. Linn. Gen. Plant.* 782. [*The Bean.*] Féves de jardin. Féves de marais. Féverolles.

Caraēteres. La fleur a un calice tubulé & fermé par une feuille découpée fur les bords en cinq fegmens, dont les trois inférieurs font longs, & les deux fupérieurs fort courts : elle eft papilionnacée ; fon étendard eft large, ovale & dentelé au bord, & les deux côtés fe tournent en arriere après quelque tems ; les deux aîles, oblongues & érigées, enveloppent la carène, qui eft beaucoup plus longue & gonflée, & fous laquelle fe trouvent les parties de la génération, réunies en une colonne prefque jufqu'au fommet, où elles font divifées ; neuf de fes étamines font jointes en trois parties, & la dixieme eft féparée ; elles font toutes terminées par des fommets ronds & inclinés : dans le fond de cette fleur eft placé un germe oblong & comprimé, qui foutient un ftyle court & terminé par un ftigmat obtus : ce germe fe change dans la fuite en un légume long, applati, flexible comme du cuir, & a une cellule remplie de femences comprimées & en forme de rein.

TOURNEFORT a rangé ce genre dans la feconde feētion de fa dixieme claffe, qui renferme les plantes à fleurs papilionnacées, dont le pointal fe change

en un légume long, & à une cellule ; & LINNÉE, l'a placé dans la troifieme feēlion de la dix-feptieme claffe, intitulée *Diadelphia Decandria*, dans laquelle fe trouvent comprifes celles dont les fleurs ont dix étamines jointes en deux corps ; il l'a réuni en même tems au *Vicia*, en n'admettant entre ces deux genres qu'une feule différence fpécifique : cependant comme la *Féve* a un légume comprimé & flexible comme des cuirs, & des femences, en forme de rein, & que les *Vefces* ont des légumes gonflés avec des femences rondes, ces deux plantes doivent être féparées.

Vicia Faba, caule ereēlo, petiolis abfque cirrhis. Lin. Hort. Cliff. 369. *Hort. Ups.* 218. *Mat. Med.* 353. *Roy. Lugd.-B.* 366. *Dalib. Paris.* 220.

Faba. Bauhin. Pin. 338. *Blackw. t.* 19.

Bona fivè Phafeolus. Dod. Pempt. 513.

Bona Faba minor, fivè Equina. Bauh. Pin. 338. Féverolles, ou Féves de Cheval.

La *Féve de jardin* offre plufieurs variétés qui font connues & diftinguées par les Jardiniers, quoiqu'elles ne différent pas effentiellement les unes des autres : je ne les décrirai point comme des efpeces diftinēles, & ne les joindrai point aux *Féves de marais*, comme l'ont fait quelques Botaniftes, qui ont penfé qu'elles ne faifoient qu'une feule & même efpece ;

parce qu'après les avoir culti-vées pendant près de quarante ans, je n'ai jamais remarqué que les *Féves* de jardin aient dé-généré en *Féves* de marais, & que celles de marais aient paru se rapprocher de celles de jar-din, ce qui m'autorise à les re-garder comme des especes par-faitement distinctes.

On cultive en Angleterre un grand nombre de variétés de *Féves* de jardin, qui different entr'elles par leur grosseur & leur forme; quelques - unes produisent leurs légumes beau-coup plutôt que les autres, ce qui les fait préférer par les Jar-diniers, parce qu'en général les récoltes printanieres leur don-nent un bénéfice plus considé-rable; c'est aussi ce qui les en-gage à apporter tout le soin possible pour améliorer celles qui sont d'un meilleur débit sur les marchés. Comme plusieurs especes de semences sont sujet-tes à dégénérer quand elles ont été long-tems cultivées dans la même terre, on doit s'en pro-curer tous les ans de nouvel-les, soit des pays étrangers, soit de quelqu'endroit éloigné, dont le sol soit d'une nature différente; c'est le seul moyen de conserver plusieurs variétés dans leur perfection.

Je commencerai par la *Féve de jardin*, appelée par les Bota-nistes, *Faba major*, pour la distin-guer de celle *de cheval*, qu'ils ont nommée, *Faba minor, seu equina*, & je ne leur donnerai que les noms sous lesquels elles sont connues des Jardiniers, en les plaçant suivant l'ordre du tems où elles mûrissent.

La *Féve Mazagane* est la pre-miere & la meilleure de toutes les especes de *Féves* printanieres que nous connoissons; on l'ap-porte des Etablissemens Portu-gais, sur la côte d'Afrique, près du détroit de Gibraltar; ses semences sont plus petites que celles des *Féves* de chevaux; mais comme les Jardiniers Por-tugais ne sont pas fort soi-gneux, il s'en trouve ordinai-rement un grand nombre de mauvaises dans la quantité qu'ils envoient. Lorsqu'on seme cette espece en Octobre, dans des endroits abrités par des haies, des palissades ou des mu-railles, & qu'on a soin de don-ner de la terre aux plantes les plus avancées, elles sont bon-nes à être mangées vers le mi-lieu du mois de Mai : comme les tiges de cette espece sont fort minces, il est nécessaire de les soutenir avec des ficelles fixées contre la haie ou la palis-sade, ce qui les garantira enco-re des gelées du matin, qui sont quelquefois assez fortes au prin-tems, & qui retardent leur ac-croissement. Ces *Féves* se multi-plient abondamment; mais com-me elles mûrissent toutes en-semble de très-bonne heure, on ne peut jamais faire plus de deux récoltes sur les mêmes plantes. En conservant les se-mences de cette espece deux années en Angleterre, les *Féves* deviennent beaucoup plus gros-ses, & ne mûrissent pas aussi-tôt; c'est ce qu'on nomme abâ-tardissement (1).

____

(1) On fait entrer la farine de *Fèves de Marais* dans les cataplasmes

La suivante est *la Féve printa-niere de Portugal*, qui paroît être l'espece *Mazagane* cueillie en Portugal, car elle ressemble fort à celle qu'on cueille la premiere année en Angleterre; c'est celle dont les Jardiniers font le plus d'usage pour leur premiere récolte, mais elle n'a pas un goût aussi agréable que la *Mazagane*; ainsi cette derniere doit toujours être préférée quand on peut s'en procurer.

Celles qui viennent après font *les petites Féves d'Espagne*, qui mûrissent peu après les précédentes, leur font préférables par le goût, & doivent par conséquent être préférées.

La *large Féve d'Espagne* est un peu plus tardive, mais elle précede cependant les especes communes; comme elle produit beaucoup, on la cultive volontiers.

La *Féve de Sandwich* vient bientôt après celle d'Espagne; elle est presque aussi large que la *Féve de Windsor*; comme elle est plus dure, on la seme ordinairement un mois plutôt; elle produit en abondance, mais elle n'est pas aussi délicate.

La *Féve de Toker* mûrit à-peu-près dans le même tems que celle de Sandwich; elle produit beaucoup, & on la plante en grande quantité, quoiqu'elle soit une grosse *Féve*.

Celles *à fleurs blanches & noires* font fort estimées; les *Féves*

qu'on applique fur les tumeurs, pour les faire résoudre ou suppurer.

On s'en est quelquefois servi encore en forme de bouillie, pour arrêter les cours de ventre.

de la premiere de ces especes font presqu'aussi vertes que les pois, quand elles font bouillies, & font assez douces; ce qui les rend plus recommandables. Ces especes font fort sujettes à dégénérer, si leurs semences ne font pas conservées avec grand soin.

La *Féve de Windsor* est regardée comme la meilleure de toutes pour la table: quand elle est plantée dans un bon sol, & qu'elle a assez de place, elle produit beaucoup & devient très-grosse: si on la mange jeune, elle est plus douce & de meilleur goût que les autres especes: mais il faut la conserver avec soin, en arrachant les plantes qui ne font pas parfaites, & choisir ensuite les plus belles pour semences.

On ne plante guere cette espece avant Noël, parce qu'elle ne résiste pas à la gelée aussi bien que plusieurs autres; mais la grande récolte s'en fait en Juin & en Juillet.

Culture. On cultive généralement les *Féves* printanieres fur des plates-bandes chaudes, contre des murailles, des palissades ou des haies, & l'on observe que celles qui font les plus voisines de cet abri mûrissent les premieres. Je ne puis m'empêcher de blâmer ici une très-mauvaise méthode qu'on pratique généralement dans les potagers des Gentilshommes; elle consiste à planter des *Féves* contre les murailles les mieux exposées, au-devant des arbres fruitiers, auxquels elles nuisent plus qu'elles ne peuvent rapporter: on feroit beaucoup mieux d'élever quelques haies baffes de rofeaux au milieu des carreaux du jardin potager, pour fervir d'abri aux *Féves* & aux *Pois* printaniers ; on pourra alors les couvrir plus aifément pendant les fortes gelées, & fixer leurs branches à mefure qu'elles croiffent, que fi elles étoient placées contre une muraille, où elles endommageroient confidérablement les arbres, en les ombrageant & en les privant de leur nourriture.

Les *Féves* qui ont été plantées dans le commencement du mois d'Octobre, poufferont dans les premiers jours de Novembre ; quand elles auront atteint la hauteur d'un pouce, on amoncellera la terre autour de leurs racines avec une houe, & on réitérera cette opération deux ou trois fois, à mefure qu'elles feront des progrès, pour fortifier leurs tiges & les garantir de la gelée ; fi l'hiver eft fort rigoureux, il fera prudent de les couvrir avec une litiere légere qu'on ôtera toujours dans les tems doux, pour qu'elles ne filent point ; on peut auffi préferver leurs racines de la gelée, en couvrant la terre des plates-bandes avec du vieux tan.

Au printems, lorfque les *Féves* ont acquis un pied de hauteur, on les attache auffi près de la haie qu'il eft poffible, pour empêcher que les gelées qui fe font fentir encore affez fortement dans les mois de Mars & d'Avril ne les faffent périr, ou ne les couchent fur la terre. Les rejettons qui pouffent des racines en cette faifon, doivent

être bien confervés, parce que ces gelées retardent l'accroiffement des plantes, & les empêchent de produire de bonne heure. Lorfque les fleurs commencent à s'ouvrir vers le bas des tiges, on en retranche les fommets en les pinçant, pour faire avancer les premiers légumes : en obfervant ces regles, & en tenant la terre nette de mauvaifes herbes, on fera prefque toujours affuré de la réuffite.

Mais dans la crainte que cette premiere récolte ne foit détruite par la gelée, il eft abfolument néceffaire de planter de nouvelles *Féves* environ trois femaines après les premieres, & de répéter cette opération chaque trois femaines ou chaque mois, jufqu'en Février : on peut en placer quelques-unes vers le mois de Novembre ou au commencement de Decembre, fur des élévations ou pentes, à une petite diftance des haies ; celles-ci ne paroîtront point avant Noël, & ne feront pas auffi expofées que celles de la premiere & de la feconde plantation, qui auront alors une hauteur affez confidérable, furtout fi l'on a foin de couvrir les dernieres avec du tan, pour empêcher la gelée d'y pénétrer : ce qui a été dit en premier lieu, fuffira pour le traitement de celles-ci, en obfervant feulement que les plus groffes *Féves* doivent être féparées par de plus grands intervalles que les petites, & que les premieres plantées ont befoin d'être placées plus près les unes des autres, en cas que quelques-unes viennent à manquer : ainsi dans un rang simple, on les plante à deux pouces de distance, & celles des troisieme & quatrieme plantations, à trois pouces: celles qu'on a placées sur des élévations, doivent être éloignees d'un pied & demi, & celles de Windsor, d'un pied entre les rangs, & de cinq ou six pouces entr'elles. On trouvera peut-être que ces distances sont trop considérables ; mais plusieurs années d'expérience m'ont prouvé que la même piece de terre, plantée suivant ces dimensions, produira beaucoup plus de *Féves* que si elles étoient rapprochées au double. Le soin principal qu'exigent ces légumes, est de les débarrasser constamment de toutes les herbes inutiles qui les priveroient de leur nourriture, de continuer toujours à tirer la terre autour des tiges, & de pincer leurs sommets lorsqu'elles font en fleurs ; parce qu'ils attireroient toute la féve, & qu'ils empêcheroient les légumes de se former au bas de la plante. Il faut aussi avoir attention de choisir pour les dernieres récoltes une terre humide & forte, car elles seroient médiocres dans une terre seche & legere.

Ces dernieres plantations doivent être faites à quinze jours d'intervalle, depuis le milieu de Février jusqu'au milieu du mois de Mai ; mais après ce tems il n'en faut plus planter, à moins que la terre ne soit très-forte & humide, car dans un sol sec & léger, les *Féves* des dernieres récoltes font ordinairement attaquées

par des insectes noirs qui couvrent toutes les parties hautes des tiges, & les font bientôt périr.

Les *Féves* destinées à servir de semences, doivent être plantées à part, en rang, & en quantité proportionnée au besoin qu'on en a : elles exigent le même traitement que les autres ; mais il faut avoir attention de conserver toujours pour semences les premieres qui mûrissent ; car les dernieres ne font jamais ni aussi grosses ni aussi belles ; de sorte que si on destinoit la derniere récolte à être vendue, elle ne rapporteroit pas autant que les premieres, & ce qu'on gagneroit sur les autres seroit perdu sur celle de semences. Ceux qui désirent conserver les différentes variétés dans toute leur perfection, ne doivent jamais laisser croître trop près les unes des autres deux especes destinées à fournir des graines, afin que leurs poussieres féminales ne se mêlent point ; mais comme elles font sujettes à varier, pour conserver les especes printanieres dans leur perfection, on doit garder pour semences celles qui mûrissent de bonne heure ; ce qui n'est pas ordinairement pratiqué, parce qu'alors elles font plus cheres.

Quand les semences font mûres, il faut arracher les tiges, & les dresser contre une haie, pour les faire sécher, en observant de les retourner tous les trois jours ; après quoi on peut les battre & les nettoyer, en ôtant toutes celles qui ne font pas belles.

La

La méthode de changer de tems en tems les semences de toutes les especes de *Féves*, & de ne pas les semer trop long-tems dans la même terre, est très-bonne ; car sans cela elles ne réussissent pas aussi bien : ainsi quand la terre où elles doivent être plantées est forte, il sera bon de se procurer des semences d'un sol plus léger, & *vice versa*. Par ce moyen les récoltes seront plus abondantes & les *Féves* plus belles, & moins sujettes à dégénérer.

Après avoir dit ce qui convient pour la culture des *Féves* de jardins, je vais donner des instructions pour les *Féves* de chevaux, qu'on cultive dans les champs.

Féves de chevaux, ou *la Féverolle*.

On en connoît deux ou trois variétés, qui différent dans leur grosseur & leur couleur : celles qui sont les plus estimées, & qu'on nomme *Feves de Tic*, *Tick Beans*, ne croissent pas aussi hautes que les autres, mais elles produisent plus abondamment, & réussissent mieux sur une terre légere que les *Féves* de chevaux communes ; ce qui les fait préférer.

Les *Féves* de chevaux se plaisent dans une terre forte & humide, & à une exposition ouverte, car elles ne profitent jamais bien dans une terre seche & chaude, ni dans de petits enclos, où elles sont souvent attaquées de la nielle, & par les insectes noirs, que les Fermiers appellent *Dauphins noirs*, qui, presque toujours, sont en si grande quantité, qu'ils cou-

vrent la totalité des tiges, & sur-tout les parties hautes. Toutes les fois que cet accident arrive, les *Féves* sont rarement bonnes ; au lieu que dans les champs ouverts, & où le sol est fort, elles sont à l'abri de ce fléau.

On seme ordinairement ces *Féves* sur une terre nouvellement labourée, parce qu'elles ont la propriété de l'ameublir & de détruire les mauvaises herbes ; en sorte qu'après une récolte de *Féves*, le sol est beaucoup plus propre à recevoir du froment, sur-tout si ces légumes ont été semés & traités suivant la nouvelle méthode du labourage, avec une charrue à rigoles, & une houe à cheval, pour nettoyer la terre entre les rangs, empêcher l'accroissement des mauvaises herbes, & ameublir la terre; par ce moyen on se procure une récolte de *Féves* beaucoup plus abondante, & la terre se trouve mieux préparée pour y semer quelques graines que ce soient.

La saison la plus propre pour semer ces *Féves*, est depuis le milieu de Février jusqu'à la fin de Mars, suivant la nature du sol ; le plus fort & le plus humide doit toujours être ensemencé le dernier : la quantité ordinaire de *Feves* pour un âcre de terre, est d'environ trois boisseaux; mais on n'en emploie que la moitié par la nouvelle méthode : je commencerai d'abord par l'ancienne, & je donnerai ensuite des instructions nécessaires pour mettre en pratique ce qui est prescrit par la nouvelle. L'ufage ordinaire eft de femer après la charrue, dans le fond des fillons, qui ne doivent avoir que cinq ou fix pouces de profondeur ; pour cet effet on laboure la terre en automne, & on la laiffe en rigoles juf-qu'après Noël ; alors on lui donne un fecond labour en pe-tits fillons, & on la herfe pour la mettre de niveau : la terre étant ameublie par ces deux premieres cultures, on la la-boure pour la troifieme fois en rigoles peu profondes, dans lefquelles on feme les Féves.

On feme ordinairement ces légumes trop drû, car les uns les répandent fur les rigoles, & d'autres avant le dernier la-bour, pour les enterrer avec la charrue ; les femences fe trouvent par ces deux méthodes trop ferrées, de forte que fi el-les font dans une terre riche & forte, les plantes filent prefque toujours à une très - grande hauteur, & ne produifent pas autant de légumes que fi elles avoient plus de place & étoient d'un crû plus bas ; c'eft pour-quoi je fuis convaincu, par plufieurs effais, que la meilleu-re méthode eft de les mettre en fillons éloignés de plus de deux pieds & demi, ce qui les fait brancher & les oblige à pouf-fer plufieurs tiges, qui produi-fent une plus grande quantité de Féves que fi elles étoient plus ferrées : on épargne ainfi la moitié de la femence, & les Féves mûriffent beaucoup plu-tôt & plus également, parce que l'air & la chaleur du foleil circulent plus librement entre

les rangs que dans la méthode ordinaire.

Ce qu'on vient de dire ne concerne que l'ancienne prati-que d'Agriculture ; mais quand on veut femer les Féves fuivant la nouvelle méthode, il eft né-ceffaire de donner quatre la-bours avant de planter, afin que les mottes foient mieux brifées, & que la terre foit plus meuble ; après quoi avec une charrue à rigoles, à laquelle on fixe une fautille, on creufe des fillons à trois pieds de dif-tance, & on attache le reffort de la fautille de maniere que les Féves fe trouvent plantées à trois pouces de diftance dans les rigoles ; par ce moyen un boiffeau de graines fera plus que fuffifant pour planter un âcre entier : quand les Féves ont pouffé, on laboure la terre entre les rangs, avec une houe à cheval, pour détruire les mauvaifes herbes ; & lorfque les plantes ont trois ou quatre pouces de hauteur, on nettoie encore une fois la terre entre les rangs, & on en garnit les tiges ; cinq ou fix femaines après on recommence cette opération pour la troifieme fois ; alors la terre fera nette, & les plantes jetteront une gran-de quantité de branches, qui donneront une récolte plus abondante que par la méthode ordinaire.

Quand les Féves font mûres, on les arrache avec un cro-chet, comme on le pratique ordinairement pour les Pois ; & après qu'elles ont été quel-ques jours fur la terre, & re-tournées plufieurs fois, jufqu'à ce qu'elles foient feches, on en forme des paquets, que l'on dreffe pour en diffiper toute l'humidité, & qu'on met enfuite à couvert. Le produit ordinaire d'un âcre de terre planté en *Féves*, eft de vingt, vingt-cinq, & quelquefois trente boiffeaux.

Il faut mettre les bottes de *Féves* en monceaux, pour les faire fuer avant de les battre; car leur chaume étant fort gros & fucculent, il eft fujet à devenir humide; mais cette humidité ne peut jamais endommager les *Féves* quand elles ont été d'abord bien fechées avant d'être mifes à couvert, parce qu'alors les coffes les préfervent de tout accident : elles feront plus aifées à battre lorfqu'elles auront fué en monceaux; cette humidité étant une fois defféchée, elles demeureront toujours feches par la fuite.

Par la nouvelle méthode d'Agriculture, le produit a furpaffé celui de l'ancienne de plus de dix boiffeaux par âcre : fi l'on examinoit les plantes cultivées fuivant l'ancien ufage, on trouveroit plus de la moitié de leurs tiges fans légumes, parce qu'ayant été femées trop ferrées, elles ont filé, & fe font affoiblies de façon que les fommets feuls ont produit quelques graines, pendant que le bas des tiges eft refté nud; par la nouvelle méthode, au contraire, les plantes produifent des *Féves* dans prefque toute leur longueur; & comme leurs nœuds font plus rapprochés, les légumes croiffent auffi plus près les uns des autres.

En 1745 j'ai fait l'expérience fuivante, en plantant une piece de terre de onze âcres en *Féves*, dans le Comté de Berk.

L'Homme d'affaires d'un Gentilhomme, entêté de fes anciens ufages, avoit perfuadé à fon maitre, qu'il fervoit depuis long-tems, de n'en point changer; cependant j'obtins que la moitié d'une piece de terre, qui lui appartenoit, feroit plantée fuivant l'ancien ufage, en lui laiffant le choix de fa moitié, & que l'autre me feroit abandonnée pour y mettre en pratique les nouvelles méthodes du labourage; l'été ayant été humide, les plantes de fa partie devinrent hautes & fortes, mais ne produifirent des légumes qu'aux extrémités de leurs tiges; & quand elles furent battues, on n'en recueillit que vingt-deux boiffeaux par âcre, au lieu que l'autre moitié fut du rapport de quarante boiffeaux, fur une même étendue de terre.

FABA ÆGYPTIACA. ARUM ÆGYPTIACUM, *ou* ARUM COLOCASIA.

FABA CRASSA, *ou* SEDUM ANACAMPSEROS.

FABAGO. *V.* Zygophyllum Fabago. L.

FAGARA. *Brown. Hift. Jam,* t. 5. f. 1. [*Ironwood.*] Bois de fer.

Caracteres. Les plantes de ce genre ont des fleurs mâles & hermaphrodites fur différens pieds; les mâles, qui font ftériles, ont de petits calices légerement découpés en quatre fegmens; elles n'ont point de pétales, mais feulement fix étamines terminées par des fommets ronds : les fleurs femelles ont des calices perſiſtans, plus gros, & formés par une feuille concave , quatre pétales entièrement ouverts , quatre étamines couronnées de ſommets ovales & un germe oval, qui ſoutient un ſtyle mince & ſurmonté par un ſtigmat obtus ; ce germe devient enſuite une capſule globulaire à deux lobes, qui renferment deux ſemences.

Ce genre de plantes eſt rangé dans la premiere ſection de la quatrieme claſſe de LINNÉE, qui a pour titre, *Tetrandria monogynia*; mais elles devroient être placées dans la ſixieme ſection de ſa vingt-deuxieme claſſe, parce que leurs fleurs mâles & hermaphrodites ſont portées par des pieds différents, & qu'elles ont ſix étamines ; il a été entraîné dans cette erreur par JACQUIN, qui n'a vu & décrit que les fleurs hermaphrodites.

Les eſpeces ſont :

1°. *Fagara pterota, foliolis emarginatis. Amœn. Acad.* 5. *p.* 393. *Mat. Med. p.* 52 ; Fagara dont les lobes ſont échancrés au ſommet.

Lauro affinis, Jaſmini alato folio, coſtâ mediâ membranulis utrinque extantibus alatâ, ligno duritie ferro vix cedens. Sloan. Hiſt. Jam. 137. *Hiſt.* 2. *p.* 25. *t.* 162. *f.* 1 ; Bois de fer.

Schinus foliis pinnatis, foliolis oblongis, petiolo marginato, articulato, inermi. Lin. Mat. Med. 533. *Sp. Pl.* 1. *p.* 389. *Edit.* 3.

Pterota ſub-ſpinoſa, foliis minoribus per pinnas marginato-alatas diſpoſitis, ſpicis geminatis ala-

ribus. Brown. Jam. 146. *t.* 5. *f.* 1.

2°. *Fagara Tragodes, articulis pinnarum ſubtùs aculeatis. Jacq. Amer.* 21. *t.* 14; Fagara dont les feuilles & les nœuds ſont armés d'épines.

Schinus tragodes. Lin. Sp. Plant. 1. *p.* 369. *Edit.* 3.

Schinoïdes petiolis ſubtùs aculeatis. Hort. Cliff. 489.

Rhus obſoniorum ſimilis, leptophyllos Tragodes, Americana, ſpinoſa, rachi medio appendiculis aucto Pluk. Alm. 319. *t.* 107. *f.* 4.

Pterota. La premiere eſpece croît naturellement dans les parties les plus chaudes de l'Amérique ; le feu Docteur HOUSTOUN l'a trouvée à Campêche, d'où il m'en a envoyé quelques échantillons en fleurs, mais deſſéchés, qui m'ont convaincu qu'il y a dans cette eſpece des arbres à fleurs mâles ſtériles : elle s'éleve, avec une tige ligneuſe, à la hauteur de vingt-pieds, & pouſſe, dans la plus grande partie de ſa longueur, des branches garnies de petites feuilles aîlées, qui ont chacune quatre ou cinq lobes : ſes fleurs ſortent des côtés des branches quatre ou cinq enſemble, ſur de courts pétioles.

Tragodes. J'ai placé ici la ſeconde eſpece, d'après LINNÉE, quoique je ne ſois pas aſſuré qu'elle doive y être unie, parce que ſes plantes, qu'on voit dans les jardins de Chelſea, quoiqu'aſſez fortes, n'ont point encore fleuri ; elle paroît cependant s'accorder avec la premiere par ſon apparence extérieure.

Ces deux eſpeces ſont tendres, & doivent être tenues

conſtamment dans la couche de tan de la ſerre chaude ; on les multiplie par ſemences & par boutures.

FAGONIA. *Tourn. Inſt. R. H.* 265. *t.* 141. *Lin. Gen. Plant.* 475.

Cette plante a été ainſi nommée par TOURNEFORT , en l'honneur de M. F A G O N , Sur Intendant du Jardin Royal à Paris. [*Fagonia.*] La Fagon.

Caractères. La fleur a un calice étendu & compoſé de cinq petites feuilles, une corolle à cinq pétales en forme de cœur, entièrement ouverts, & étroits à leur bâſe où ils ſont inſérés dans le calice , & dix étamines érigées & terminées par des ſommets ronds, dont le centre est occupé par un germe à cinq angles, qui ſoutient un ſtyle en forme d'alène , ſurmonté d'un ſtigmat ſimple ; ce germe ſe change dans la ſuite en une capſule ronde , à cinq lobes , terminée en une pointe, & à cinq cellules , dont chacune contient une ſemence ronde.

LINNÉE range ce genre dans la premiere ſection de ſa dixieme claſſe , intitulée, *Decandria Monogynia,* qui comprend les plantes dont les fleurs ont dix étamines & un ſtyle.

Les eſpeces ſont :

1°. *Fagonia Cretica ſpinoſa , foliolis lanceolatis , planis , Lævibus. Hort. Upſal.* 103. *Kniph. Cent.* 8. *n* 41 ; La Fagon épineuſe , dont les feuilles ſont unies , en forme de lance , & planes.

Fagonia Cretica ſpinoſa. Tourn. ; Treffle épineux de Candie.

Trifolium ſpinoſum Creticum.

Bauh. Pin. 330. *Prodr.* 142. *Cluſ. Hiſt.* 2. *p.* 24. 2.

2°. *Fagonia Hiſpanica, inermis. Lin. Sp. Plant.* 553. *Edit.* 3 ; La Fagon ſans épines.

Fagonia Hiſpanica , non ſpinoſa. Tourn. Inſt. 265 ; Fagon d'Eſpagne ſans épines.

3°. *Fagonia Arabica , ſpinoſa , foliolis linearibus convexis. Lin. Sp. Plant.* 553. *Edit.* 3 ; Fagon épineuſe , à feuilles étroites & convexes.

Fagonia Arabica , longiſſimis aculeis armata. Shaw. Pl. Afr. 229; Fagon d'Arabie, armée de très-longues épines.

Cretica. La premiere eſpece , qui ſe trouve dans l'Iſle de Candie , a été décrite par quelques Botaniſtes ſous le titre de *Trifolium ſpinoſum Creticum ,* ce qui m'a engagé à lui donner le nom de *Treffle épineux de Crète ,* quoique ces plantes n'aient d'autres rapports que d'avoir trois feuilles ou lobes ſur le même pétiole.

Cette plante eſt baſſe , & étend ſes branches tout près de la terre ; elles ſont longues d'environ un pied , & garnies de petites feuilles à trois lobes, ovales & oppoſées ; de chacun de leurs nœuds , immédiatement au-deſſous des feuilles , ſortent deux paires d'épines , placées ſur chaque côté de la tige : aux mêmes endroits naît une fleur ſimple & bleue, portée par un court pédoncule , & compoſée de cinq petales en forme de lance , étroits à leur bâſe & inſérés dans le calice : lorſque ces pétales ſont tombés, le germe ſe change en une capſule ronde , à cinq lobes, terminés en pointes aiguës , &

à cinq cellules, dont chacune renferme une femence ronde : cette plante fleurit en Juillet & en Août, mais fes femences ne mûriffent en Angleterre que dans les années fort chaudes.

Hifpanica. La feconde eft originaire d'Efpagne ; elle differe de la premiere en ce qu'elle eft unie, & que fes branches n'ont point d'épines ; elle fubfifte d'ailleurs pendant deux ans, au lieu que la précédente eft annuelle.

Arabica. La troifieme, qui a été découverte en Arabie, par le feu Docteur SHAW, eft une plante baffe, à tige d'arbriffeau, de laquelle fortent plufieurs branches foibles & armées de longues épines ; fes feuilles font épaiffes, étroites & convexes en-deffous, & & fes fleurs naiffent de la même maniere que celles de la premiere.

Ces plantes fe multiplient par leurs graines, qu'il faut femer fur une plate-bande de terre fraiche & légere, où elles doivent refter, parce qu'elles ne fouffrent pas volontiers la tranfplantation ; quand elles pouffent, on les éclaircit à la diftance de dix pouces ou d'un pied, & on les tient nettes de mauvaifes herbes. C'eft toute la culture qu'elles exigent.

La premiere efpece eft annuelle, & perfectionne rarement fes femences en Angleterre, à moins que la faifon ne foit très-chaude ; c'eft pourquoi la meilleure méthode eft de répandre fes graines fur une plate-bande chaude, en automne, & de les te-

nir à l'abri des gelées avec des nattes, ou quelqu'autre couverture ; on peut également les femer dans des pots, les placer fous un châffis en hiver, les enlever hors des pots au printems fuivant, & les planter dans une plate-bande chaude, où elles fleuriront de bonne heure, & pourront produire des femences mûres : on peut traiter de même les deux autres efpeces ; comme elles ne fleuriffent que dans la feconde année, il faut les tenir dans des pots qu'on couvre d'un châffis en hiver : on les placera dans un lieu chaud, où elles puiffent être mifes à couvert avec des nattes, pour les préferver de la gêlée : la feconde efpece fleurira dans le fecond été, & produira des femences mûres ; mais la troifieme n'a point encore perfectionné fes graines en Angleterre.

FAGUS. *Tourn. Inft. R. H.* *584. tab. 351. Lin. Gen. Plant.* *1416. Edit. 3,* ainfi appellée de φαλω, gr. *manger ;* parce que cet arbre eft fuppofé avoir été la nourriture de la premiere race du genre humain. [*The Beech tree.*] Hêtre. Fau, *ou* Fayard.

Le même arbre porte des fleurs mâles & des fleurs femelles ; les mâles font recueillies en têtes globulaires ; elles n'ont point de pétales, mais feulement plufieurs étamines renfermées dans un calice formé par une feuille, & terminées par des fommets oblongs ; les fleurs femelles, qui font également fans pétales, ont un calice divifé en quatre parties; leur germe eſt fixé au calice & ſoutient trois ſtyles couronnés par des ſtigmats réfléchis; ce germe devient, quand la fleur eſt paſſée, une capſule rondè, armée d'épines mâles, qui s'ouvre en trois cellules, dont chacune renferme une noix triangulaire.

Ce genre de plantes eſt rangé dans la huitieme ſection de la vingt-unieme claſſe de LINNÉE, qui comprend celles qui ont des fleurs mâles & femelles ſur le même pied, & dont les fleurs mâles ont pluſieurs étamines; le même Auteur a joint à ce genre celui du *Châtaignier*; mais comme les fleurs mâles de ce dernier ſont recueillies dans de longs chatons, & que celles du *Hétre* ſont globulaires & produiſent un fruit triangulaire, ils doivent être ſéparés.

Nous n'avons qu'une eſpece de ce genre, qui eſt le

Fagus ſylvatica, foliis ovatis obſoletè ſerratis. Hort. Cliff. 447. *Fl. Suec.* 785. 871. *Roy. Lugd.-B.* 79. *Mat. Med.* 428. *Dalib. Paris.* 294. *Neck. Gallob. p.* 391.

Fagus. Dod. Pempt. 832. *Bauh. Pin.* 419. *Cam. Epit.* 12; Hétre à feuilles ovales & ſciées à dents uſées.

Fagus foliis ovato - lanceolatis, ovis undulatis. Hall. Helv. n. 1622.

Caſtanea Fagus. Scop. Carn. Ed. n. 1188.

Quelques Cultivateurs ſont dans l'opinion qu'il y a deux eſpeces de *Hétre*, l'une qu'ils appellent *Hétre de montagne*, qu'ils diſent être d'un bois plus blanc que l'autre, qu'ils diſtinguent ſous le titre de *Hétre ſauvage*; mais il eſt certain que cette différence dans la couleur du bois, n'eſt occaſionnée que par la diverſité des ſols où ils croiſſent, & que du reſte ils s'accordent parfaitement par leurs caracteres ſpécifiques. On nous a apporté de l'Amérique ſeptentrionale des graines de *Hétre*, ſous le nom de *Hétre à larges feuilles*; mais les plantes qu'elles ont produites, ſe ſont trouvées exactement les mêmes que celles de l'eſpece commune: cet arbre ne produit aucune autre variété que celles à feuilles panachées, qui n'eſt qu'accidentelle, puiſqu'elles reprennent leur teinte unie lorſque les plantes ſont en pleine vigueur.

On multiplie facilement cet arbre en ſemant ſes fruits depuis le mois d'Octobre juſqu'en Février; mais la meilleure méthode eſt de les mettre en terre auſſi-tôt qu'ils ſont mûrs, en les abritant, autant qu'il eſt poſſible, des inſectes deſtructeurs. Une petite piece de terre ſuffira pour élever un grand nombre d'arbres par ſemences; mais il faut avoir grande attention de les tenir nets de mauvaiſes herbes; & ſi les plantes pouſſent fort ſerrées, on ne doit pas manquer d'arracher les plus fortes dès l'automne ſuivant, afin de donner aux autres aſſez de place pour ſe développer: ſi l'on cultive avec ſoin une couche de ſemences, elle produira au bout de trois années de très-beaux sujets, qu'on pourra mettre alors en pépiniere, en laissant entr'eux dix-huit pouces de distance, s'ils sont destinés à donner du bois de charpente, & trois pieds entre chaque rang.

Si l'on destine ces arbres à être mis en haies, pour lesquelles ils sont très-propres, il suffira de leur donner un pied d'intervalle entr'eux, & deux pieds entre chaque rang; on les laissera deux ou trois ans dans cette pépiniere, on les tiendra constamment nets, & on labourera la terre entre les rangs au moins une fois chaque année, afin que leurs tendres fibres puissent mieux s'étendre à chaque côté; mais en faisant cette opération, on doit éviter de froisser ou de couper leurs racines, parce que la moindre blessure qu'elles reçoivent, leur est très-nuisible : on ne doit point non plus labourer la terre en été; car on s'exposeroit à tout perdre en donnant passage aux rayons du soleil, qui desse-cheroient bientôt les racines délicates de ces jeunes plantes.

Cet arbre s'éleve à une hauteur considérable, même dans des sols pierreux & stériles, ainsi que sur les pentes des collines & sur les montagnes de craie, où il résiste au vent mieux que la plupart des autres arbres. Mais lorsqu'on se propose de le planter dans de pareils terreins, il faut établir des pépinieres sur un sol semblable; car si ces arbres sont élevés dans une bonne terre

& à une exposition chaude, & transplantés ensuite dans un lieu froid & stérile; ils auront beaucoup de peine à profiter; ce qui arrive aussi à toutes les autres plantes : c'est pourquoi je conseille de former des pépinieres sur les mêmes sols où la plantation doit être faite; mais je traiterai cette matiere en détail dans l'article PÉPINIERE.

Cet arbre est propre à former des haies pour entourer des plantations ou de grands endroits déserts; on peut lui donner une forme réguliere en le taillant deux fois l'année, sur-tout si ses branches sont fortes; mais s'il est négligé seulement pendant une saison ou deux, il sera difficile de le rapprocher & lui rendre sa forme. L'ombre de cet arbre est fort nuisible à la plupart des plantes; mais elle est généralement regardée comme très-salutaire aux hommes.

Le bois du *Hêtre* sert à faire des assiettes, des plats, des baquets, etc. les Menuisiers l'emploient aussi dans la construction des chaises, des lits & des cercueils. Ses fruits, qu'on nomme faînes ou fouesnes, sont très-propres à nourrir les porcs & les bêtes fauves; on en tire une huile douce & saine, & les pauvres en font du pain dans les années de disette.

Le *Hêtre* se plaît dans un sol de pierres & de craie, où il fait en peu de tems de très-grands progrès; dans ces sortes de terreins son écorce est unie & luisante; & quoique son bois ne soit pas aussi estimé que celui de plusieurs autres especes d'arbres, cependant comme il profite dans des terreins où peu d'autres réussiroient, on ne peut trop encourager cette plantation ; il donne d'ailleurs un ombrage agréable, & son beau feuillage se conserve aussi long-tems que celui d'aucune autre espece d'arbre dont les feuilles tombent : aussi mérite-t-il d'être cultivé parmi ceux de la premiere classe dans les parcs & autres plantations d'agrément, surtout si le sol lui est favorable.

Les deux variétés *à feuilles panachées* peuvent être multipliées en les greffant sur des *Hêtres* communs ; mais il faut avoir l'attention de ne pas les planter dans une bonne terre, parce qu'elles pousseroient alors trop vigoureusement, & que leurs feuilles deviendroient bientôt unies ; ce qui arrive aussi à la plupart des autres plantes panachées.

FARINA FŒCUNDANS. On nomme ainsi la *farine* ou *poussiere* que les sommets des étamines des fleurs répandent sur le *vasculum seminale* des Plantes, pour y féconder dans l'ovaire les rudimens des semences, qui, sans cela, périroient. *Voyez l'Article de la* Génération des Plantes.

FAINE ou **FOUESNE** ; fruit du Hêtre. *Voyez* Fagus.

FASEOLE. *Voyez* Faseolus.

FAUSSE BRANC-URSINE, ou la BERCE. *V.* Heracleum sphondylium.

FAUSSE RHUBARBE, ou RUE *des Prés. Voyez* Thalictrum flavum.

FAUX ACACIA. *Voy.* Robinia pseudo acacia.

FAUX ACORUS, ou IRIS jaune. *V.* Iris pseudo-acorus.

FAUX BAUME DU PÉROU, ou LOTIER ODORANT. *Voyez* Trifolium melilotus cærulea.

FAUX CAPRIER. *Voyez* Zygophyllum fabago.

FAUX DICTAME. *Voyez* Marrubium pseudo-dictamnus.

FAUX IPÉCACUANA. *Voyez* Triosteum.

FAUX PISTACHIER, ou NEZ COUPE *Voyez* Staphillea pinnata.

FAUX SCORDIUM, ou SAUGE SAUVAGE. *V.* Teucrium scorodonia.

FAUX SENE, ou BAGNAUDIER. *Voyez* Colutea.

FAUX TURBITH. *Voyez* Thapsia villosa.

FAUSSE GUIMAUVE, ou MAUVE DES INDES. *Voyez* Sida.

FÉLOUGNE, GRANDE CHÉLIDOINE, ou ÉCLAIRE. *Voyez* Chelidonium.

FENOUIL. *V.* Fœniculum.

FENOUIL MARIN, PERCEPIERRE, CRISTE-MARINE, BACILLE, ou HERBE DE SAINT-PIERRE. *Voyez* Crithmum.

FENOUIL SAUVAGE. *V.* Seseli.

FENOUIL (Fleur de.) *Voy.* Nigella.

FENOUIL BRULANT, ou THAPSIE. *Voyez* Thapsia.

FENU-GREC. *V.* Trigonella, Fœnum græcum.

FER

FER A CHEVAL. *Voy.* Hip-
pocrepis.

FERRARIA. *Burman. Lin.*
Gen. Plant. Ed. Nov. n. 1104.
Jacq. Hort t. 63 ; Plante bul-
beufe & liliacée.

Caractleres. Ce genre a une
fleur à deux gaines en forme
de carène, qui font placées
alternativement & renferment
chacune une fleur à fix pétales oblongs, pointus, frifés
fur leurs bords, roulés, & alternativement plus larges ; elle
renferme trois étamines placées fur le ftyle, & terminées
par des fommets jumaux &
ronds ; fon germe eft rond,
à trois angles, & pofté fous
la fleur ; il foutient un ftyle
fimple , érigé , & couronné par
trois ftigmats divifés en deux
parties, couverts d'un chaperon
& frifés ; ce germe prend dans
la fuite la forme d'une capfule
oblongue , à trois angles , &
trois cellules remplies de femences rondes.

Ce genre de plante eft rangé
dans la feconde fection de la
vingtieme ciafle de LINNÉE ,
intitulée , *Gynandria Triandria*
qui comprend les fleurs pourvues de trois étamines placées fur le ftyle.

Les efpeces font :

1°. *Ferraria undulata, foliis*
lanceolatis. Burm. Icon. Ferraria
à feuilles en forme de lance.

Ferraria. Jacq. Hort. t. 63.

Iris ftellata , Cyclaminis radice ,
pullo flore. Barrel. Icon. 1216 ;
Iris étoilée à racine de Pain
de Pourceaux , & à fleur de
couleur tannée.

Narciffus Indicus, flore faturatè
purpureo. Rud. Elys. 2. p. 49. f. 9.

Flos Indicus è violaceo fufcus ,
radice tuberofâ. Ferr. Cult. 168.
t. 171.

2°. *Ferraria enfi-formis , fo-*
liis nervofis , enfi-formibus , va-
ginantibus; petalis fimbriatis. Burm.
in. Nov. Act. 1761. p. 109. t. 3.
f. 1. Ferraria à feuilles en forme d'épée.

Undulata. Ces plantes croiffent naturellement au Cap de
Bonne-Efpérance : les racines
de la premiere efpecè m'ont
été envoyées par le Docteur
JOB BASTER , de Zirickzée ,
qui les avoit reçues du Cap ;
elles reffemblent à celles du
Cyclamen , & font couvertes
d'une peau brune & luifante ;
leur partie haute eft creufée
en forme de nombril , & donne naiffance à la tige de
fleurs , qui eft de la groffeur
du doigt , élevée d'un pied &
demi , & garnie , dans toute fa
longueur, de feuilles , dont
les bâfes l'embraffent étroitement. Le fommet de cette tige
fe divife en deux ou trois branches , garnies de feuilles de
la même forme que les premieres, mais plus petites ; &
chaque branche eft termi-
née par une groffe gaine de
la même couleur que les
feuilles , qui fe fane bientôt ,
& tombe enfuite ; elles font
doubles , & fe fendent à leur
extrémité pour laiffer paffer
une fleur à fix pétales, dont
trois font plus larges que les
autres, qui font tous joliment
frangés fur leurs bords, d'un
blanc verdâtre en-dehors , &
d'un pourpre bafané en dedans:
ces fleurs, dont la durée eft
courte , ont, dans leur cen-

tre , un ftyle, fur les côtés duquel font fixées trois étamines terminées par des ftigmats jumaux ; le germe qui eft placé fur la fleur , fe change dans la fuite en une capfule oblongue , unie , & à trois cellules remplies de femences rondes.

Enfi-formis. La feconde efpece, qui eft très-rare en Angleterre , differe de la précédente , en ce que fes racines font plus petites , fes feuilles plus longues , & en forme d'épée , & fes veines plus profondes ; fa tige ne fe divife pas autant , fes fleurs font auffi plus petites, & leurs bords moins frangés.

On les multiplie l'une & l'autre au moyen des rejettons que leurs racines produifent, comme celles de l'*Ixia*, & on les traite comme le *Gladiole* d'Afrique ; car elles font trop tendres pour profiter en plein air dans notre climat, ainfi que dans une ferre : la meilleure méthode pour les faire profpérer , eft de les planter dans une plate bande de quatre pieds de largeur , au-devant d'une ferre commune ou d'une ferre chaude , & de les couvrir d'un châffis , afin qu'elles puiffent jouir de l'air dans les tems doux, & être à l'abri des gelées. La plupart des plantes à racines bulbeufes & tubéreufes d'Afrique , peuvent être portées à une grande perfection fous de pareils vitrages.

Il y a une fingularité dans la racine de la premiere efpece, c'eft qu'elle ne pouffe que tous les deux ans , & qu'elle fe re-

pofe dans les années intermédiaires.

FERULA. *Lin. Gen. Plant. 355. Tourn. Inft. R. H. 321. tab. 170.* Elle prend fon nom de *Ferendo. Lat.* parce qu'on fait ufage de fes tiges pour foutenir les branches des arbres ; ou de *Feriendo*, parce qu'anciennement on en faifoit des ferules , avec lefquelles les maitres avoient coutume de corriger leurs écoliers. [*Fennel Giant.*] Ferule. Grand Fenouil.

Caracteres. Dans ce genre la fleur eft à ombelles ; la principale eft globulaire & compofée de plufieurs petites dont la forme eft femblable ; l'enveloppe a plufieurs feuilles qui tombent , & l'ombelle principale eft uniforme : La corolle eft compofée de cinq pétales oblongs , érigés & égaux ; elle renferme cinq étamines d'égale longueur , & terminées par des fommets fimples : fous la fleur eft fitué un germe turbiné qui foutient deux ftyles réfléchis , & couronnés de ftigmats obtus : ce germe devient enfuite un fruit elliptique , comprimé , uni , & divifé en deux parties , dont chacune forme une groffe femence également elliptique , unie , & fillonnée par trois lignes à chaque côté.

LINNÉE a rangé ce genre de plante dans la feconde fection de fa cinquieme claffe, intitulée , *Pentandria digynia* , qui renferme celles dont les fleurs ont cinq étamines & deux ftyles.

Les efpeces font :

1°. *Ferula communis , foliolis*

linearibus, longissimis, simplicibus. *Hort. Cliff. 95. Hort. Ups.*61.
Roy. Lugd.-B. 99. Sauv. Monsp.
257. Férule dont les folioles
sont fort étroites, longues &
simples.

*Ferula major, s. fœmina Pli-
nii. Mor. Umb.* Grand Fenouil
femelle de Pline.

Ferula. Dod. Pempt. 321.

2°. *Ferula Galbanifera, foliolis multi-partitis, laciniis linearibus, planis. Hort. Cliff.* 95 ;
Férule dont les petites feuilles
sont divisées en plusieurs parties étroites & unies.

Ferula Galbanifera. Lob. Obs.
Grand Fenouil produisant le
Galbanum.

3°. *Ferula Tingitana, foliolis
laciniatis; lacinulis tridentatis inæqualibus, nitidis. Hort. Cliff.* 95.
Hort. Ups. 61. *Roy. Lugd.B.* 99.
Férule dont les plus petites
feuilles sont découpées en segmens terminés en trois parties inégales & luisantes.

*Ferula Tingitana, folio latis-
simo lucido. Herm. Par.*165.*t.*165.

4°. *Ferula Ferulago, foliis
pinnati-fidis ; pinnis linearibus,
planis, trifidis. Hort. Cliff.* 95.
Roy. Lugd.-B. 99. *Fabric. Helmst.*
68 ; Férule à feuilles ailées,
& à lobes étroits, planes,
& divisés en trois parties.

Ferula latiori folio. Moris. Hist.
3. *p.* 309. *s.* 9. *t.* 15. *f.* 1 ;
Grand Fenouil à plus larges
feuilles.

*Ferulago latiori folio. Bauh.
Pin.* 148.

5°. *Ferula Orientalis, foliorum pinnis basi nudis, foliolis
setaceis. Hort. Cliff.* 95. *Roy.
Lugd.-B.* 100. Férule ayant les
feuilles de la bâse nues, &

les folioles couvertes de poils.

*Ferula Orientalis, folio & fa-
cie Cachryos Tourn. Cor.* 22.
Itin. 3. *p.* 239. *t.* 239. Grand
Fenouil du Levant avec des
feuilles & l'apparence de Ca-
chrys ou Armarinthe.

6°. *Ferula Meoïdes, foliorum
pinnis utrinque appendiculatis, foliolis setaceis. Hort. Cliff.* 95.
Roy. Lugd.-B. 100. Férule dont
les aîles des feuilles sont pointues à leur bâse sur chaque
côté, & les lobes couverts
de poils.

*Laserpitium Orientale, Mei
folio, flore luteo. Tourn. Cor.* 23.
Laser du Levant à feuilles de
Méum, & à fleurs jaunes.

7°. *Ferula nodi-flora, foliolis appendiculatis, umbellis sub-
sessilibus. Lin. Sp. Plant.* 356.
Edit. 3. *Jacq. Aust. Append.
t.* 5. Férule ayant des appen-
dices ou oreilles aux plus petites feuilles, & des ombelles
sessiles aux tiges.

*Libanotis, Ferulæ folio & se-
mine. C. B p.* 158. Férule qui
fleurit aux nœuds.

*Panax Asclepeium, Ferulæ fa-
cie. Lob. Ic.* 783.

8°. *Ferula glauca, foliis suprà compositis; foliolis lanceolato-
linearibus planis. Hort. Cliff.* 95.
Roy. Lugd.-B ; 99. Grand Fenouil à feuilles surcomposées,
dont les lobes sont en forme de
lance, linéaires, & planes.

*Ferula folio glauco, semine
lato, oblongo. J. B.* 3. *p.* 45.

Communis. La premiere de
ces plantes, qui est assez commune dans les jardins Anglois,
s'éleve à une grande hauteur,
& se divise en plusieurs branches, quand elle est plan-

tée dans un bon fol ; fes feuil-les baffes s'étendent à plus de deux pieds de chaque côté , & fe partagent en plufieurs parties, qui fe fous - divifent en d'autres plus petites , garnies de folioles fort longues, étroites & fimples; elles font d'un vert luifant , & s'étendent près de la terre : fa tige de fleurs , qui fort du centre de la plante , eft prefque auffi groffe qu'un manche à ballet ordinaire , quand elle eft en pleine vigueur, féparée par plufieurs nœuds, & s'éleve à la hauteur de dix ou douze pieds. Si l'on coupe fes tiges, il en fort une liqueur fétide & jaunâtre, qui fe durcit fur la bleffure : ces tiges font terminées par de larges ombelles de fleurs jaunes, qui paroiffent à la fin de Juin ou au commencement de Juillet, & font remplacées par des femences ovales , comprimées & fillonnées par trois lignes longitudinales à chaque côté; elles mûriffent en Septembre, & les tiges périffent bientôt après. Quand elles font defféchées, elles font remplies d'une moëlle légere qui s'enflamme aifément.

M. RAY dit que les Siciliens font ufage de cette moëlle, au lieu d'amadou, pour allumer leurs feux ; & fi les Anciens ont eu connoiffance de cette propriété, nous pourrons aifément comprendre pourquoi les Poëtes ont dit que Promethée, ayant volé le feu du ciel, l'avoit caché fur la terre dans l'intérieur d'une branche de *Férule.*

Les feuilles de cette plante périffent auffi-tôt après que fes femences font formées, de forte qu'avant leur maturité, elle eft ordinairement dépouillée ; fes tiges fe deffèchent, & deviennent alors fort dures : ce qui les a fait prendre pour fervir de férules aux Maîtres d'Ecole, d'autant mieux qu'étant légères, elles ne peuvent faire grand mal : les racines de cette efpece fubfiftent plufieurs années, fur-tout dans un terrein fec, & produifent annuellement des fleurs & des graines.

Galbanifera. La feconde n'eft pas tout-à-fait auffi forte que la premiere ; mais fes tiges s'élevent à la hauteur de fept à huit pieds ; fes feuilles baffes font larges, fort divifées en lobes plats, moins longs que ceux de la premiere, & d'un vert luifant ; fes ombelles de fleurs & fes femences font plus petites : elle fleurit & perfectionne fes graines à peu-près dans le même tems que l'efpece précédente.

Tingitana. La troifieme a des feuilles radicales, larges ,étendues, divifées & fous-divifées en plufieurs parties, fes plus petites feuilles font beaucoup plus larges qu'aucunes de celles des autres efpeces ; elles font divifées à leur extrémité en trois fegmens inégaux, & font toutes d'un vert fort luifant : fes tiges font fortes, élevées à la hauteur de huit à dix pieds, & terminées par de larges ombelles de fleurs jaunes, qui produifent des femences larges, ovales & plates, comme celles de la pre-

miere espece : elle fleurit &
perfectionne ses graines en même tems que la précedente :
elle croît naturellement en Espagne & dans la Barbarie.

Ferulago. La quatrieme s'é-
leve à la même hauteur que
la seconde; ses feuilles sont
divisées , & s'étendent assez
loin en-dehors; leurs lobes sont
plus larges que ceux des autres especes , en exceptant cependant ceux de la troisieme;
mais ils sont plus longs que
ces derniers , d'un vert plus
foncé , & terminés en trois
pointes : ses fleurs , jaunes,
forment de larges ombelles ,
& sont remplacées par des semences ovales & applaties comme celles des autres especes :
cette plante croît naturellement
en Sicile.

Orientalis. La cinquieme est
plus basse qu'aucune des précédentes ; ses tiges ne s'élevent
guère qu'à trois pieds de hauteur , & ses feuilles basses se
branchent en plusieurs divisions
très-garnies de fort belles feuilles velues : l'ombelle de ses
fleurs est petite, en la comparant aux autres , & ses graines sont aussi beaucoup moins
fortes : cette espece est originaire du Levant.

Meoïdes. La sixieme a des
feuilles fort branchues , dont
les pétioles sont angulaires &
cannelés ; elle pousse à chaque nœud, deux branches latérales & opposées , dont les
plus inférieures ont neuf ou
dix pouces de longueur , &
les autres deviennent plus
courtes à mesure qu'elles approchent du sommet : ces bran-

ches latérales en poussent de
plus petites à chaque nœud ,
qui sont garnies de très-belles feuilles semblables à celles
du *Meum*, & verticillées autour
des branches ; les tiges de
fleurs, dont la hauteur est d'environ trois pieds, sont terminées par de larges ombelles
de fleurs jaunes, qui produisent
des semences ovales & plates,
qui mûrissent en automne :
cette plante se trouve aussi
dans le Levant.

Nodi-flora. La septieme s'é-
leve à la hauteur d'environ trois
pieds ; ses feuilles sont fort
divisées , & les folioles de ses
divisions sont fort étroites &
entieres : ses ombelles sont
petites, & sessiles aux tiges,
entre les feuilles des nœuds ;
elles ressemblent à celles des
autres especes : cette plante
croît sans culture en Istrie &
dans la Carniole.

Glauca. La huitieme, qu'on
rencontre en Italie & dans la
Sicile, a des feuilles composées
de plusieurs segmens étroits,
applatis, de couleur grise, &
divisées en plusieurs parties :
sa tige, dont la hauteur est
de trois ou quatre pieds, est
terminée par une ombelle de
fleurs jaunes qui paroissent en
Juillet, & sont suivies par des
semences ovales & plates, qui
mûrissent en automne.

Toutes ces especes ont des
racines vivaces qui subsistent
plusieurs années ; elles ont des
fibres épaisses & fortes, qui
s'enfoncent profondément dans
la terre, & se divisent en plusieurs plus petites, qui s'étendent à une distance considé-

rable : leurs tiges annuelles périssent auffi tôt après qu'elles ont perfectionné leurs femences. Comme ces plantes s'étendent fort loin, il leur faut au moins à chacune quatre ou cinq pieds de terrein ; & l'on doit prendre garde de ne pas les placer trop près des autres plantes, parce qu'elles les priveroient de leur nourriture.

On les multiplie toutes par leurs graines, qu'on met en terre en automne, parce qu'elles manquent fouvent fi on les conferve jufqu'au printems ; & celles qui réuffiffent, reftent toujours une année dans la terre avant de pouffer : on les feme dans des rigoles, afin de pouvoir mieux les nettoyer, en laiffant un pied d'intervalle entre chaque rigole, & deux ou trois pouces entre elles dans les rangs ; lorfqu'elles ont pouffé, on arrache avec foin toutes les mauvaifes herbes qui croiffent parmi elles, & fi elles font trop ferrées, on les éclaircit ; car elles ne peuvent être tranfplantéesqu'au bout de deux ans : on fait cette opération en automne, auffi tôt que leurs feuilles font fanées, en les enlevant avec beaucoup de précaution pour ne pas bleffer leurs racines, & on les plante dans les places qui leur font deftinées, parce qu'il ne faut plus les remuer : elles fe plaifent dans un fol mou, léger, marneux, & pas trop humide, où elles font rarement endommagées par les gelées les plus fortes.

FÉRULE, *ou* GRAND FENOUIL. *Voyez* FERULA.

FÉRULE, *qui produit le Galbanum.* V. RUBON GALBANUM, FERULA GALBANIFERA.

FEU. Quoique cet article puiffe paroître étranger à cet Ouvrage, il eft cependant certain que la connoiffance de la Nature & des effets du Feu, peut contribuer beaucoup à l'avancement & à l'amélioration de tout ce qui regarde la végétation. La théorie du Feu eft entièrement philofophique ; mais la confidération de fes effets & de fon action fur les végétaux eft très-utile dans la culture des plantes.

Comme la chaleur eft, de toutes les propriétés du Feu, celle qui le diftingue le mieux de toute autre matiere, on peut le définir, *une fubftance ayant la propriété d'échauffer les corps.*

C'eft la dilatation de l'air, ou d'un fluide expanfible contenu dans un Thermomètre, qui nous fait appercevoir le mieux les degrés de la chaleur : donc, le Feu eft un corps & un corps en mouvement ; la dilatation de l'air prouve fon mouvement, l'expérience prouve qu'il eft un corps (1).

----

(1) Il eft néceffaire de faire ici une diftinction entre le Feu libre & en activité, & le phlogiftique ou Feu élémentaire : le dernier, que le célebre STAHL nous a fait connoître, entre comme principe conftituant, dans la compofition des corps, auxquels il donne la propriété d'être combuftibles ; lorfqu'il en eft dégagé par un mouvement rapide, ou par quelqu'autre caufe; il fe montre alors par des effets nouveaux, & devient fen-

Renfermez du Mercure purifié dans une fiole à long cou, tenez-le dans une chaleur douce pendant une année ; il fe réduira en une maſſe ſolide, & ſon poids ſera conſidérablement augmenté ; ce qui ne peut provenir que des particules de Feu qui ſe ſont combinées avec lui (1).

ſible à nos organes. Le Feu en activité n'eſt-il qu'une modification du phlogiſtique ? ou bien eſt-il un mixte dans lequel le phlogiſtique entre néceſſairement comme principe ? Ces deux opinions ont leurs partiſans, & toutes deux ſont appuyées ſur le raiſonnement & l'expérience ; mais cette matiere eſt extrêmement obſcure, & il n'y a qu'une connoiſſance plus parfaite de la nature du phlogiſtique, qui puiſſe nous donner quelques lumières [e].

[e] D'après le ſyſtème de M, CRAWFORD & de pluſieurs autres modernes, l'action de la chaleur & celle du phlogiſtique ſont toujours en oppoſition l'une à l'autre : ſelon eux, la chaleur & la flamme qui ſont produites dans l'embraſement des corps combuſtibles, viennent de l'Atmoſphere & non du Phlogiſtique que ces corps contiennent.

(1) Ce n'eſt point le Feu qui ſe combine avec les chaux métalliques pendant leur calcination. Lorſqu'on réduit ſans addition la chaux de Mercure, connue ſous le nom de Précipite *per ſe*, il s'en dégage un véritable air, beaucoup plus parfait que l'air atmoſphérique, plus favorable aux animaux qui le reſpirent, qui entretient cinq ou ſix fois plus long-tems la combuſtion des corps inflammables, & les fait brûler avec une activité ſinguliere. D'autres chaux métalliques, en ſe régénérant, ne donnent qu'un gaz méphitique, dont les propriétés ſont tout-à-fait contraires ; on

La nature du Feu eſt ſi obſcure & ſi étonnante, qu'il a été regardé par les Anciens, comme une Divinité ; pluſieurs Auteurs célèbres, après avoir pris bien de la peine pour parvenir à le connoître, n'ont pas pu expliquer pluſieurs de ſes principaux effets. Le ſavant BOERHAAVE a fait un grand nombre d'expériences très-ingénieuſes, d'après leſquelles il a donné un nouveau ſyſtême ſur cet élément, dans un cours public, dont je vais extraire les Articles les plus utiles.

Le Feu, dit-il, paroît être le principe général de tout mouvement dans l'univers. La ſuite conſtante d'un grand nombre d'expériences, ne nous donne point lieu d'en douter, & nous prouve au contraire que, ſi le feu étoit anéanti, dans l'inſtant tous les corps ſeroient fixes & immobiles ; on en voit un foible échantillon pendant l'hiver, dont le froid rend ſolides les particules d'eau, en leur enlevant la chaleur qui les tenoit déſunies, & la convertit en glace. Elle reſte dans cet état juſqu'à ce que la chaleur ou le Feu lui rende

---

découvrira facilement la raiſon de cette différence, ſi, avec M. SAGE & ſes Sectateurs, on regarde le Feu comme un véritable phoſphore dont l'acide ſe combine avec les chaux métalliques durant leur calcination, & peut ſe montrer, en ſe dégageant, ſous la forme d'air reſpirable ou de gaz méphitique, puiſque l'un ne diffère de l'autre (d'après leur théorie) que par la différente proportion de leurs principes.

fa premiere fluidité. Ainfi, un homme dénué de toute chaleur, feroit fur le champ gelé, & deviendroit roide : l'air, lui-même qui eft dans un mouve-ment continuel, s'il en étoit privé, perdroit la faculté de s'étendre & de fe condenfer, & formeroit une maffe folide & compacte : il en feroit de même de tous les animaux, des végétaux, des huiles, des fels, etc.

Quoique cette doctrine de BOERHAAVE paroiffe nouvelle & extraordinaire, au moins à ceux qui font accoutumés à confidérer le Feu comme il a été repréfenté par le Lord BA-CON, M. BOYLE & Sir ISAAC NEWTON; cependant, malgré tout le refpect que nous devons avoir pour ces illuftres Au-teurs, nous ferions inexcufa-bles, felon eux-mêmes, de croire aveuglément tout ce qu'ils ont dit, & de nous refu-fer à l'évidence des obferva-tions faites depuis eux, par des hommes également célebres. On peut raifonnablement pen-fer que BOERHAAVE a pu aller plus loin qu'eux; car, outre les obfervations & les expériences fur lefquelles ils fe fondoient, ce Savant avoit fur eux l'avan-tage d'une multitude d'expérien-ces qui leur étoient inconnues.

Quant à la nature du Feu, il fe préfente une queftion effen-tielle, qui eft de favoir fi cet élément a été créé tel qu'il exifte; ou s'il fe produit mé-chaniquement fous nos yeux par les autres corps dont les parties fubiffent quelque chan-gement d'état. Les Écrivains

Tome III.

modernes, tels que HOMBERG, BOERHAAVE, s'GRAVESANDE, & LEMERI le jeune, font pour le premier fentiment, & les Au-teurs Anglois, pour le fecond.

M. HOMBERG foutient que le principe chymique ou élé-ment, le *foufre*, qui eft regar-dé comme un des premiers & fimples ingrédiens préexiftans de tous les corps naturels, eft le Feu réel, & que par confé-quent le Feu eft auffi ancien que tous les autres corps. *Effai fur le Soufre principe. Mémoires de l'Acad. Année* 1705 (1).

s'GRAVESANDE part des mê-mes principes : fuivant lui, le Feu entre dans la compofition de tous les corps; il eft renfer-mé dans tous, & peut en être féparé par le frottement, qui le dégage; & il ajoûte, qu'il ne peut, en aucune maniere, être créé par ce mouvement. *Elém. Phys. Tom.* 2. *Chap.* 1.

---

(1) Il regne, dans les Ouvrages des anciens Chymiftes & Phyfi-ciens, une finguliere obfcurité à l'é-gard de ce mot *Soufre.* ils admet-toient une infinité de foufres parti-culiers dans les differens corps, dont ils le regardoient comme un principe conftituant; c'eft ainfi qu'ils parlent des foufres des métaux, des animaux, des végétaux, des huiles, des réfines, des efprits ardens, &c. Mais cette maniere de s'exprimer n'eft plus reçue, depuis que l'illuf-tre STAHL a démontré, par des ex-périences décifives, que le principe inflammable ou phlogiftique que contiennent les corps combuftibles, eft parfaitement identique, & qu'en le combinant avec l'acide vitrioli-que, on obtient un feul & même foufre, de quelque matiere qu'il ait été tiré.

LéMERI foutient que le Feu
ne peut fe former méchanique-
ment; qu'il n'entre point feulement dans la compofition des
corps comme fubftance élémentaire, mais qu'il eft encore également répandu dans tous les
efpaces & préfent par-tout,
dans les vuides qui font entre
les corps, auffi bien que dans
tous les interftices infenfibles
de leurs parties. *Mémoires de
l'Académie. Année* 1713 (1).

Ce dernier fentiment fe rapporte à celui de BOERHAAVE.

Le Lord BACON établit l'opinion contraire dans fon traité
de formâ calidi. Il conclut, d'a-
près un grand nombre d'expériences, que, la chaleur dans
les corps n'eft autre chofe que
le mouvement modifié d'une
certaine manière; de forte que,
pour produire de la chaleur
dans un corps, il ne faut qu'exciter tel ou tel mouvement dans
fes parties.

____

(1) Il eft difficile de concevoir
comment le Feu, ou plutôt le phlogiftique, peut entrer comme principe dans la compofition des corps;
comment cet être fi volatil, fi mobile, dont les parties font dans un
mouvement continuel, & n'ont aucune liaifon les unes avec les autres,
peut cependant fe combiner, fe fixer, & contraçter une union affez
forte avec d'autres corps d'une nature différente; cependant les phénomènes de la combuftion, & un
grand nombre d'expériences chymi-
ques, ne nous laiffent aucun doute
fur cette propriété fingulière: nous
ne pouvons à la vérité rien obtenir
du phlogiftique libre & dégagé de
toute combinaifon; mais nous pouvons décompofer les mixtes qui le
contiennent, & le fixer de nouveau,
en lui préfentant une fubftance avec
laquelle il ait de l'affinité.

Cette opinion eft appuyée par
M. BOYLE, dans fon *traité de
l'origine méchanique de la chaleur
& du froid*, où il foutient cette
doçtrine par de nouvelles expériences; je vais en rapporter
deux.

« Dans la produçtion de la
» chaleur, dit-il, on ne voit
» que du mouvement, foit de
» la part de *l'agent*, foit de la
» part du *patient*: qu'un Maré-
» chal frappe avec vigueur un
» petit morceau de fer, le mé-
» tal s'échauffera fortement,
» & pour lui donner ce dégré
» de chaleur, il n'y a ici que le
» mouvement du marteau qui
» imprime une agitation vio-
» lente & diverfement déter-
» minée fur les petites parties
» du fer; ce métal étoit aupa-
» ravant un corps froid, mais
» par le mouvement qui a été
» communiqé à fes parties, il
» devient chaud; cette chaleur
» ne fe fait cependant fentir
» que par comparaifon avec l'é-
» tat précédent du corps frappé,
» & n'eft apperçue que parce
» que l'agitation excitée dans
» fes parties, furpaffe celle du
» doigt qui le touche. Dans
» l'exemple cité, le marteau &
» l'enclume reftent fouvent
» froids après l'opération, ce
» qui démontre que la chaleur
» acquife par le fer, ne lui a
» pas été communiquée par
» aucun de ces inftrumens
» comme chaleur, mais qu'elle
» a été produite par un mouve-
» ment affez grand pour agiter
» fortement les parties d'une
» petite quantité de métal, mais
» incapable de produire le mé-
» me effet fur des maffes auffi

» confidérables que le marteau
» & l'enclume, quoique fi les
» percuffions étoient fouvent
» & brufquement renouvelées,
» & que le marteau fût petit,
» il pourroit être auffi échauf-
» fé : de-là il faut conclure
» qu'il n'eft pas néceffaire
» qu'un corps doive être chaud
» pour donner de la chaleur.

» Si l'on enfonce un gros
» clou dans une planche avec
» un marteau, ce clou rece-
» vra plufieurs coups avant de
» s'échauffer ; mais quand il eft
» une fois chaffé jufqu'à la tête,
» peu de coups fuffifent pour
» lui donner une chaleur con-
» fidérable : la raifon eft que,
» tant que le clou pénetre dans
» le bois, tout le mouvement
» qu'il éprouve eft employé à
» le faire avancer plus loin ;
» mais que, quand le mouve-
» ment progreffif ceffe, les
» nouveaux coups qu'il reçoit
» communiquent à fes parties
» une vibration plus confidé-
» rable, qui produit la cha-
» leur (1) «.

---

(1) Il femble en effet qu'on devroit diftinguer la chaleur, du Feu,
& ne la regarder que comme une
modification dont les corps font
fufceptibles, & que le Feu, ainfi
que toutes les caufes capables d'é-
branler fortement leurs parties, peuvent également produire. Le Feu a
certainement une fubftance maté-
rielle ; il eft foumis à des loix géné-
rales qui lui font communes avec
d'autres corps, tandis que la chaleur n'en fuit aucune : la lumiere elle
même, qu'on peut regarder comme
le plus fubtil de tous les êtres, eft
cependant arrêtée par les corps opa-
ques ; elle fe courbe en traverfant
certains milieux, & fe réfléchit fur

Que le Feu foit la caufe réelle de tous les changemens qui

---

les furfaces qu'elle frappe obliquement ; au-lieu que la chaleur les
pénètre tous également, & ne fe réfléchit fur aucun : le phlogiftique ne
peut être apperçu par nos fens ; on
ne le connoit que par fes effets ; il
ne peut donc être identique avec la
chaleur qui excite en nous une vive
fenfation ; cependant le Feu produit
la chaleur, & cette propriété lui eft
tellement effentielle, que par-tout
où il y a du Feu en activité, la chaleur exifte auffi : mais, comme on
peut en dire autant du mouvement
excité par une caufe quelconque, on
eft porté à conclure que le Feu ne
devient le principe de la chaleur,
que parce que le mouvement eft effentiel à fa nature, & qu'il eft le
plus actif de tous les êtres. La chaleur ne feroit donc que le mouvement lui-même, qu'une vibration
rapide, excitée dans les parties les
plus intimes des corps, mais comment ce mouvement, pouffé jufqu'à un certain point, peut-il produire du Feu vifible, qui détruira le
corps où il eft produit, fi ce corps
eft de nature combuftible ? Ce phénomène ne peut s'expliquer qu'en
fuppofant que le mouvement dégage
le phlogiftique qui entre dans la
compofition de tous les mixtes, &
le modifie de maniere qu'il fe montre fous la forme du Feu actif ; mais
en quoi confifte cette modification ?
Nous favons que le phlogiftique ne
brûle point par lui-même, mais
qu'il acquiert cette propriété lorfqu'il fe combine avec un acide particulier ; or, cet acide fe trouve
abondamment dans tous les corps
inflammables, & l'air lui-même en
eft rempli : on peut donc penfer que
le mouvement dégage le phlogiftique, qui s'unit alors à l'acide qu'il
rencontre, & forme un véritable
phofphore ; ce qui revient à l'opinion de M. SAGE, qui penfe que le
Feu actif n'eft autre chofe qu'un

arrivent dans la nature, cela paroîtra évident par les considérations suivantes. Tous les corps sont ou solides ou fluides; on suppose ordinairement que les solides sont dans l'inaction ou sans mouvement, & que les fluides seuls jouissent d'un mouvement qu'ils peuvent communiquer.

Tous les solides sont d'autant plus fermes & plus compactes qu'ils contiennent moins de Feu : le fer en offre un exemple; car, lorsqu'il est échauffé, il occupe un plus grand espace que lorsqu'il est froid ; ensorte que tout corps solide & dur, s'il étoit privé du Feu qu'il contient, se réduiroit en une masse plus petite , & ses parties se rapprocheroient plus près & avec une plus grande force qu'auparavant (1).

Quant aux fluides, l'absence du Feu les durcit d'une maniere sensible ; l'eau , par le froid de l'hiver , devient une masse solide , quoiqu'elle contienne encore beaucoup de matiere ignée, comme on peut le voir en y appliquant un thermome-

phosphore , qui se décompose en brûlant , & dont l'acide, le plus fixe de tous , se combine avec la terre qui entre dans la composition des corps combustibles, & avec celle des substances métalliques , & augmente ainsi leur pesanteur.

(1) Cet effet n'est dû qu'à la chaleur, qui dilate tous les corps ; car le fer qu'on vient de citer pour exemple, contient une très-grande quantité de phlogistique combiné, ainsi qu'on peut s'en convaincre en dégageant son principe inflammable, au moyen de l'acide vitriolique.

tre, dont la liqueur peut descendre à vingt dégrés plus bas avant d'arriver au point du plus grand froid ; delà vient que l'esprit-de-vin ne gèle pas dans le thermometre , parce qu'il contient une plus grande quantité de Feu que beaucoup d'autres corps fluides (1).

L'air même se dilate lorsqu'il est plus échauffé , & se condense en se refroidissant ; mais il contient toujours une grande quantité de Feu , lors même qu'il est condensé autant qu'il peut l'être (2).

Si l'air pouvoit être dépouillé tout-à-fait du Feu qu'il contient , il deviendroit également solide & incapable d'éprouver aucun mouvement.

« Le Feu, dit s'GRAVESAN-
» DE , s'unit naturellement
» avec les corps ; de-là vient
» qu'un corps placé près du
» feu devient chaud, & au-
» gmente en volume : on ob-
» serve cette expansion, non-
» seulement dans les corps fort
» solides , mais encore dans
» ceux dont les parties ne sont
» point si cohérentes ; ces der-
» niers acquierent alors un

(1) L'esprit-de-vin se gèle comme l'eau ; il ne faut pour cela qu'un froid plus vif, tel que celui qu'on éprouve aux environs des Pôles, ou qu'on produit artificiellement, en répandant un acide concentré sur de la glace pilée.

(2) J'ai dit déjà ailleurs que l'air ne se réduiroit point en une masse solide , par l'absence de la matiere ignée, mais qu'il se détruiroit entièrement, parce que cette matiere est essentielle à sa composition. *Voy. les Notes de l'Article* AIR.

» grand dégré d'élasticité com-
» me on l'observe dans l'air &
» dans les vapeurs (1) ».

Quoique le Feu soit regardé comme le principe de tout mouvement, il reste cependant en repos lorsqu'il n'est point excité ; le mouvement lui est sans doute plus naturel qu'à aucun autre corps ; & de-là vient que quelques-uns ont hasardé d'attribuer un mouvement essentiel au Feu ; mais comme ceci ne peut s'accorder avec les propriétés connues de la matiere, dont la nature est d'être inerte & passive, & qu'on peut prouver que le Feu est matériel, nous devons plutôt convenir que le mouvement du Feu même vient de quelque cause plus éloignée & métaphysique ; quoiqu'on puisse penser que le Feu, outre les propriétés qu'on lui connoît, jouit encore de la faculté d'être continuellement en action, cependant cette faculté n'a aucune relation naturelle & nécessaire avec les autres, & ne peut exister que par l'action d'une cause supérieure.

Il est néanmoins évident que c'est par le mouvement que le Feu produit ses effets, mais qu'il ne peut causer aucune altération dans la substance élémentaire des corps ; car il est nécessaire que ce qui agit sur un objet, soit en-dehors de cet objet, c'est-à-dire, que le Feu ne doit pas pénétrer les parties élémentaires, mais seulement

(1) C'est encore là un effet de la chaleur, & non du Feu, qui ne pénetre point les corps qu'on en approche.

entrer dans les pores & dans les intervalles qu'elles laissent entr'elles ; de sorte qu'il ne paroît pas capable d'opérer ces transmutations que l'illustre NEWTON lui attribue.

D'après ce que nous venons de dire, on peut dire que quant à nos sens, le Feu est toujours en mouvement : on peut s'en convaincre en prenant six thermometres différens, qu'on plonge dans deux vases qui contiennent une dissolution de sel ammoniac ; l'air, condensé par le froid que le sel produit, fera descendre l'esprit-de-vin contenu dans tous ces thermometres ; ôtez ensuite ces thermometres, l'air qui se trouve renfermé dans l'esprit-de-vin, s'échauffera au dégré de l'atmosphere, & la liqueur remontera ; ce qui prouve que cette force active de l'air, qui produit tant d'effets, naît du Feu qui y est contenu.

D'ailleurs, tous les corps placés dans un air fort froid, deviennent eux-mêmes par dégrés, froids, immobiles & roides, quoiqu'ils conservent toujours une certaine quantité de Feu : il suit de-là que le froid, qui n'est autre chose qu'un moindre dégré de chaleur, n'existe que parce que le Feu n'exerce plus que foiblement son action.

Comme la présence du Feu peut rendre fluide les corps les plus solides, tels que les pierres, les métaux, &c. ainsi qu'on peut s'en convaincre en les exposant au foyer des grands verres ardens qui peuvent calciner l'or lui-même ;

l'abfence de cet élément convertit en maffes folides les liqueurs les plus fubtiles , telles
que l'efprit-de-vin , &c.

On diftingue le Feu en deux
manieres d'être différentes : la
premiere eft le feu élémentaire
ou pur , & tel qu'il exifte naturellement ; la feconde eft le
Feu dans l'état d'ignition , & tel
qu'on l'apperçoit dans les corps
embrafés , dont les particules ,
qui s'elevent par le mouvement
rapide qui leur eft communi-
qué , conftituent ce qu'on appelle la flamme.

L'on appelle improprement
Feu , les matieres combuftibles
dans l'état d'ignition , parce
qu'elles ne contiennent qu'une
petite quantité de Feu réel, la
flamme , la fumée , &c. que
donne un corps embrafé , n'é-
tant pas le feu élémentaire : ce
dernier , tel qu'on l'obferve
dans le verre ardent , ne donne
ni flamme, ni fumée, ni cendres.

Le Feu peut être raffemblé
en très-grande abondance , fans
cependant produire aucune
chaleur; c'eft ce qu'on obferve
fur le fommet des plus hautes
montagnes éclairées par le foleil , où le froid eft toujours
extrémement fenfible : on voit
même fous l'équateur des montagnes qui font perpétuelle-
ment couvertes de neige , quoique la lumiere y foit très-vive ,
& qu'elles foient expofées aux
rayons perpendiculaires du foleil.

Ainfi un grand verre ardent
n'a aucun effet , & ne fait fentir aucune chaleur dans fon
foyer , fi le foleil eft caché par
un nuage ; mais auffi-tôt qu'il

reparoît, on peut y voir fondre
un morceau de métal.

Le Feu , quoiqu'en petite
quantité dans les corps , peut
néanmoins brûler avec une
grande violence : ainfi quand
l'efprit-de-vin eft mis en Feu,
il ne brûle que très-légèrement
la main qui y eft expofée ; &
quoiqu'on le répande fur un
morceau de fer rouge , il ne
s'enflamme point ; de forte que
la matiere ignée qu'il contient,
ne fe manifefte pas par de
grands effets : cependant s'il
rencontre quelques corps plus
durs lorfqu'il brûle , il eft capable d'agiter leurs parties par l'attrition de fes propres particules , & de produire une flamme
furieufe , qui peut brûler un
corps plus dur que la main.

De-là il paroît que le Feu
produit de plus grands effets par
rapport à la chaleur , en mettant en jeu des parties étrangeres , que par fa propre action :
l'explication méchanique de ce
phénomene eft facile à trouver ;
car les particules de Feu étant
toutes égales & fphériques ,
doivent être d'elles-mêmes fans
effet ; mais fi elles portent avec
elles certaines pointes ou quelques particules d'un autre
corps, il peut, par leur moyen,
opérer de grands changemens.

Ainfi quoique la flamme que
produit un morceau de bois
embrafé puiffe exciter une vive
fenfation de chaleur , & brûler
les corps combuftibles qu'elle
frappe , on ne peut cependant
pas conclure que cette flamme
contienne du Feu pur ou élémentaire , de forte que la diftinction de Feu pur avec le Feu

qui tombe fous nos fens, eft abfolument néceffaire , quoiqu’elle n’ait point été faite par la plupart des Auteurs qui ont écrit fur cette matiere avant BOERHAAVE : cet oubli les a conduits dans des erreurs grof-fieres , en forte que la plupart d’entr’eux ont foutenu que la flamme d’un morceau de bois eft toute de Feu ; ce qui paroît être faux d’après ce qui a été avancé ci - deffus , & ce qui nous refte à dire.

Le Feu élémentaire ou pur eft imperceptible par lui-même ; il n’eft fenfible que par certains effets qu’il produit dans les corps , & ces effets ne s’apperçoivent que par des changemens qui s’y opérent : ces effets font au nombre de trois ; premierement la chaleur , fecondement la dilatation dans les corps folides , la raréfaction dans tous les fluides ; & troifiemement le mouvement (1).

Le premier effet du Feu élémentaire fur les corps, eft la chaleur : la chaleur provient entièrement du Feu , & de maniere que la mefure de la chaleur eft toujours celle du Feu ; & celle du Feu , celle de la chaleur : ainfi la chaleur eft inféparable du Feu (2).

Le fecond effet du feu élé-mentaire eft la dilatation dans tous les corps folides, & la raréfaction dans tous les fluides (1).

Beaucoup d’expériences font voir clairement que ces deux effets font inféparables de la chaleur ; le Feu augmente le volume d’une verge de fer dans toutes fes dimenfions, de maniere que plus elle fera échauffée , plus cet effet fera confidérable : cette verge de fer étant expofée de nouveau au froid , fe rétrécira , & retournera fucceffivement par tous les dégrés de dilatation qu’elle a fubis , jufqu’à ce qu’elle arrive à fon premier état , fans conferver deux minutes de fuite le même volume.

On peut obferver la même chofe dans l’or, qui eft le plus péfant de tous les corps folides, & qui occupe un efpace plus confidérable lorfqu’il eft en fufion , que quand il eft froid ; ainfi que dans le mercure le plus péfant de tous les fluides , qui monte à plus de trente-fois fa hauteur quand il eft placé fur le Feu , dans un tube. Voici les regles de cette expanfion.

1°. Le même dégré de Feu raréfie les fluides plutôt & d’une maniere plus marquée qu’il ne fait les folides : fans cela les thermometres ne feroient d’aucun ufage , puifque, s’il en étoit autrement, la cavité du tuyau feroit dilatée dans la même proportion que le fluide eft raréfié.

---

(1) D’après les principes que nous avons etablis dans les notes précédentes , tout ceci ne peut convenir au Feu élémentaire ou phlogiftique , mais feulement au Feu dans l’état d’ignition.

(2) La mefure de la chaleur eft toujours celle du mouvement , & elle n’eft celle du Feu, qu’autant que ce Feu eft lui-même en activité.

---

(1) Cet effet eft encore celui de la chaleur ou du mouvement , & non du Feu élémentaire.

2°. Plus la liqueur est légere, plus son expansion est considérable ; aussi l'air, qui est le plus léger de tous les fluides, se dilate plus qu'aucun autre, & l'esprit-de-vin rectifié est celui qui jouit après lui de cette propriété au plus haut dégré.

Le troisieme effet du Feu est le mouvement; car cet agent, en échauffant & en dilatant les corps, doit nécessairement mouvoir leurs parties : d'ailleurs, tout mouvement qu'on observe dans la nature, ne reconnoît d'autre cause que le Feu lui-même, de maniere que la souftraction de cet élement, & même sa diminution jusqu'à un certain point, produiroit un repos général, & rendroit solides toutes especes de liqueurs.

Ainsi, si le Feu étoit absolument anéanti, & le froid porté à son plus haut dégré, toute la nature deviendroit une masse inerte, compacte comme l'or, & dure comme le diamant ; mais sa restitution lui rendroit sa premiere mobilité.

Par conséquent, toute diminution de Feu est accompagnée d'une diminution proportionnée de mouvement.

On trouve le Feu pur de deux différentes manieres, libre & répandu dans tout l'espace, ou combiné dans les corps, mais de maniere à ne leur causer aucune altération.

Que le Feu existe en même quantité dans tous les lieux, cela paroîtra un étrange paradoxe ; cependant cette proposition peut être démontrée par des expériences innombrables.

Le Feu élémentaire est pré-

sent par-tout, dans tous les corps & dans tout l'espace, en quantité égale : sur le sommet des plus hautes montagnes, ou dans la caverne la plus profonde, lorsque le soleil luit, ou quand il disparoît sous l'horison, dans l'été le plus brûlant, & pendant l'hiver le plus severe : on peut recueillir le Feu par plusieurs méthodes, par attraction ou autrement; en un mot, le plus petit point physique contient du Feu, & il n'y a aucun lieu dans l'univers où le frottement de deux corps ne le rende sensible.

Les Cartésiens, comme Ma-RIOTTE, PERRAULT, &c. soutiennent qu'il y a beaucoup de Feu dans un vuide parfait ou dans un espace absolument purgé d'air ; ils supposent que le vuide absolu est impossible : le vuide le plus parfait que nous puissions parvenir à opérer, est celui qu'on obtient par la méthode de M. HUYGHENS, qui se fait ainsi : échauffez une certaine quantité de mercure bien purifié jusqu'au dégré de l'eau bouillante, versez ce mercure dans un tuyau échauffé, de quarante pouces de longueur ; & quand il sera entièrement rempli, appliquez un doigt sur son orifice, & renversez-le ainsi dans un bassin plein de mercure ; le mercure restera de cette maniere suspendu dans toute la longueur du tuyau, mais alors si on lui donne seulement une petite secousse, il descendra jusqu'à ce qu'il ne soit plus qu'à la hauteur d'environ vingt-neuf pouces Anglois, il laissera ainsi un vuide de onze pouces.

Cependant les Philosophes que nous venons de citer, nient qu'il y ait ici aucun vuide; ils prétendent qu'alors il est entré autant de Feu dans l'espace purgé d'air, qu'il contenoit auparavant d'autre matiere; mais ceci est contraire à l'expérience, ou au moins le Feu qui y étoit renfermé n'y est pas plus chaud que le mercure même : car si on verse une goutte ou deux d'eau dans un tems de gelée sur la partie haute du tuyau qu'on suppose être remplie de Feu, & sur la partie basse qui est pleine de mercure, elles géleront également dans les deux endroits, de sorte qu'il n'y a pas plus de Feu pur dans un vuide parfait que dans tout autre endroit.

Mais comme nous avons déja dit que le Feu existe par-tout, on peut s'en convaincre en mettant de l'or près du vuide, & en y appliquant le thermomètre, qui n'indiquera pas un dégré de chaleur plus considerable que celui que donnera le vuide de Huyghens.

Mais le Feu qui existe dans l'or échauffé, jusqu'à ce qu'il soit rouge & prêt à entrer en fusion, est du Feu pur; ce métal peut retenir ainsi cette matiere ignée pendant trois jours : LE PRINCE DE LA MIRANDOLE, & d'autres curieux, ont tenu de l'or en fusion pendant deux mois, sans qu'il ait éprouvé aucune diminution de poids.

M. s'GRAVESANDE, (*Phys. élément.*) dit que les corps, de quelqu'espece qu'ils soient, étant violemment frottés l'un contre l'autre, acquerront un

dégré de chaleur considérable, ce qui démontre que tous les corps contiennent du Feu; car le Feu peut être mis en mouvement & séparé d'un corps par le frotement; mais il ne peut jamais être produit de cette maniere.

M. BOYLE, (*Mech. Prod.*) dit, en parlant de la chaleur, que, quoique le vif-argent soit regardé comme le plus froid de tous les fluides, de maniere que plusieurs nient qu'il puisse produire de la chaleur par son action immédiate sur quelqu'autre corps, & particulièrement sur l'or; cependant plusieurs essais ont fait voir que du mercure préparé d'une maniere particuliere peut être soudainement en état de s'insinuer dans la substance de l'or, calciné ou crú, & de devenir manifestement chaud avec lui en moins de deux ou trois minutes.

Selon M. s'GRAVESANDE, le vif-argent contient du Feu; ce qu'il prouve par la lumiere qu'il répand lorsqu'on secoue un tube purgé d'air, dans lequel il est renfermé (1).

Le Feu élémentaire ne se découvre point de lui-même, & il peut être parfaitement caché dans le lieu où il existe en plus grande quantité, comme on

---

(1) Cet effet est dû à la lumiere que le mercure a retenue. C'est ainsi qu'un diamant qui aura été exposé pendant le jour aux vifs rayons du soleil, brillera dans les ténèbres, tandis qu'un autre qui n'y aura point été placé, ne sera pas apperçu. Les yeux de certains animaux nous offrent encore une preuve de la vérité de cette assertion.

l'obferve fur les montagnes de la zône torride, où la neige ne fond jamais, malgré la grande abondance de Feu.

On peut s'affurer de la préfence de ce Feu caché, par cinq effets, 1°. parce qu'il raréfie les corps, & particulièrement l'air; 2°. par la lumiere; 3°. par la couleur; 4°. par la chaleur; 5°. enfin par l'inflammation ou l'embrafement qu'il occafionne.

L'expérience fuivante confirme qu'il y a une bonne quantité de Feu, même dans les climats les plus feptentrionaux & dans les corps les plus froids : fi l'on prend deux grands morceaux de fer, & qu'on les frotte l'un contre l'autre avec viteffe, en Iflande, qui n'eft qu'à vingt-cinq dégrés du pole, pendant la faifon la plus froide & à minuit, ce fer deviendra chaud, ardent, lumineux, & s'échauffera à un tel dégré, qu'il pourra raréfier non-feulement l'efprit-de-vin du thermomètre, mais brûler enfin les corps combuftibles, & entrer lui-même en fufion.

Or, ce Feu eft produit de nouveau par le frottement dans cette opération, ou il fe trouvoit tout formé dans ces corps; mais perfonne ne foutiendra la premiere propofition : d'ailleurs à moins que les corps mis en mouvement ne continffent des matieres combuftibles, propres à l'entretenir, il fe diffipera bientôt : il exiftoit donc primitivement dans ces corps, & il n'eft point douteux qu'il ne foit du véritable Feu, puifqu'il raréfie la liqueur du thermomètre.

On peut conclure, d'après

ce qui vient d'être dit, qu'il y a du Feu dans toutes les parties de l'efpace, & dans tous les corps, & qu'il eft également répandu fur le fommet des plus hautes montagnes, dans les vallées, dans les cavernes les plus profondes, dans tous les climats, & en toutes faifons.

La diftribution égale du Feu dans tous les endroits étant prouvée, il devroit fuivre qu'il eft également abondant partout; ce qui feroit réellement, fi, par différentes circonftances, il ne fe trouvoit pas raffemblé en plus grande quantité dans quelques endroits que dans d'autres. Mais la diftribution égale du Feu dans tout l'efpace, n'empêche pas que, fuivant le rapport de nos fens, il ne paroiffe fort inégal dans différens lieux : nous avons deux fources régulieres du Feu, le foleil & le centre de la terre.

Les Philofophes de tous les fiècles, à l'exception d'un feul, ont regardé le foleil comme un foyer inépuifable de Feu; quant au Feu central, nous fommes forcés à convenir de fon exiftence, car la chaleur eft beaucoup plus forte dans le fein de la terre qu'à fa furface.

Ceux qui creufent des mines & des puits, obfervent toujours que, lorfqu'ils font un peu au-deffous de la furface, ils trouvent l'air plus froid, & qu'à mefure qu'ils avancent plus bas, il le devient encore davantage, parce qu'il eft alors hors de la portée de l'action du foleil.

Mais fi l'on s'enfonce encore davantage, c'eft-à-dire, jufqu'à quarante ou cinquante pieds, on commence à éprouver que l'air devient plus chaud, de maniere que la glace ne pourroit y rester long-tems sans se fondre ; la chaleur augmente de plus en plus à mesure qu'on avance, jusqu'à ce qu'enfin la respiration soit interceptée, & que la lumiere s'éteigne ; s'ils se hasardent encore plus loin avec une chandelle allumée, l'air s'enflammera d'une maniere terrible, comme on l'a vu une fois en Ecosse, dans les mines de charbon, où un ouvrier hardi, descendant dans une profondeur extraordinaire, avec une lumiere à sa main, les vapeurs qui s'y trouverent en quantité, prirent feu, & brûlerent la montagne entiere.

Ainsi il paroit que la Nature a caché comme un autre soleil dans le centre de la terre, pour contribuer de son côté au mouvement général, dont dépend la génération, la nutrition, la végétation & l'accroissement des animaux, des végétaux & des fossilles.

Quant à la formation de ce foyer souterrain, on ne peut savoir s'il a été créé au commencement, comme le soleil dans le firmament, ou s'il a été produit par dégrés par l'amas du Feu vague (1).

Ce qui prouve en faveur de la premiere opinion, ce sont les volcans ou montagnes brûlantes qui paroissent avoir existé dès les premiers tems ; car on a vu sortir des flammes du Mont Ethna dans la plus haute antiquité, & il existe de ces montagnes dans les régions les plus froides, comme dans la Nouvelle-Zemble, l'Islande, ainsi que dans les plus chaudes, comme dans l'Isle de Borneo, &c. (1).

On ne peut raisonnablement penser, dit M. Boyle, que la chaleur souterraine procède des rayons du soleil ; car l'action de cet astre n'échauffe pas la terre à plus de six ou sept pieds de profondeur, même dans les pays méridionaux ; de maniere que, si notre terre étoit froide de sa nature, & qu'elle ne reçût d'autre chaleur que celle qui émane du soleil & des étoiles, on éprouveroit un froid d'autant plus vif, qu'on pénétreroit plus profondément dans son sein.

Le soleil contribue beaucoup à faire allumer le Feu par son mouvement rapide autour de son axe ; par ce moyen ses particules agitées violemment s'étendent par-tout, & sont dirigées & determinées en lignes paralleles vers certains endroits où ses effets deviennent apparens.

---

(1) Cette rêverie du Feu central, établie par M. DE MAIRAN, & si agréablement présentée par M. DE BUFFON, a été victorieusement combattue par M. DE ROME DE LILLE, dont les observations ne laisseront aucuns doutes sur l'absurdité de ce merveilleux systême, à ceux qui prendront la peine de consulter son Ouvrage.

---

(1) Les Volcans ne prouvent rien en faveur du Feu central ; il seroit facile de faire connoitre le peu de fondement de l'assertion de notre Auteur, si c'étoit ici le lieu de rapporter ce que l'observation nous a appris sur la nature de cet important phénomène.

De-là vient que le Feu eſt apperçu lorſque le ſoleil eſt au-deſſus de nous ; mais que quand il diſparoît , & que ſon impreſ-ſion ceſſe , le Feu ſe diſperſe dans l'eſpace éthéré.

Il n'y a pas, en effet, moins de Feu dans notre hémiſphere , pendant la nuit que pendant le jour ; il ne lui manque que la détermination pour être ap-perçu.

Les effets du Feu élémentai-re peuvent être augmentés de différentes manieres : premie-rement , par l'attrition ou le frottement rapide d'un corps contre un autre , ce qui eſt fort ſenſible dans les corps ſolides : le frottement d'un caillou con-tre un acier, produit des étin-celles de Feu : le même phéno-mène a lieu dans les fluides lorſqu'ils ſont agités par un mouvement violent, comme on l'obſerve dans une opération fort commune , par laquelle on ſépare le beurre du lait ; la crê-me , fouettée avec force, ac-quiert une chaleur ſenſible , qu'on reconnoît encore plus fa-cilement en y appliquant un thermomètre.

La chaleur des corps des ani-maux eſt attribuée à la vibra-tion continuelle de leurs fibres, & au mouvement non inter-rompu de leurs humeurs [f].

La ſeconde maniere d'au-

---

[f] Cette opinion eſt formelle-ment contredite par le nouveau ſyſ-tême de M. CRAWFORD, aſſez géné-ralement adopté de nos jours. Voy. *Experiments and Obſervations on Animal Heat, and the inflammation of Combuſtible Bodies, by Adair Craw-ford, Lond. 1779. in 8vo.*

gmenter l'effet du Feu élémen-taire , eſt d'entaſſer une certai-ne quantité de végétaux humi-des , verts & remplis de ſéve , & de les preſſer fortement ; ces végétaux ainſi accumulés fer-menteront, s'échaufferont, & finiront par s'enflammer.

Une troiſieme maniere eſt de mêler enſemble certains corps naturellement froids , mais échauffés juſqu'à un certain dé-gré , tels que l'eau & l'eſprit-de-vin , qui , étant réunis, don-neront un dégré de chaleur plus conſidérable ; l'effet eſt en-core plus marqué , lorſqu'on mêle de l'huile de gérofle ou de cinnamomum avec de l'eſprit-de-vin ; ce mélange s'échauffe ſpontanément , & pouſſe même des flammes comme un vol-can.

On peut produire les mêmes effets au moyen de pluſieurs corps durs & ſecs, comme le ſoufre & la limaille d'acier.

Pour finir cet article du Feu & de ſes effets , nous dirons que cet élément eſt le principe de la fluidité des humeurs , de la végétation , de la putréfac-tion , de la fermentation , de la chaleur animale , &c.

Comme les quatre élémens, l'eau , l'air , la terre & le Feu , ſont les agens de la végétation , & que ce dernier y joue le plus grand rôle, ce que je viens de dire ſur ſa nature & ſes proprié-tés , d'après les meilleurs Au-teurs qui ont traité cette matie-re , ne peut déplaire aux per-ſonnes inſtruites qui s'occupent par goût de l'agriculture.

FEVE DE JARDIN, *ou* FÉVEROLLE, *ou* FEVE

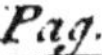

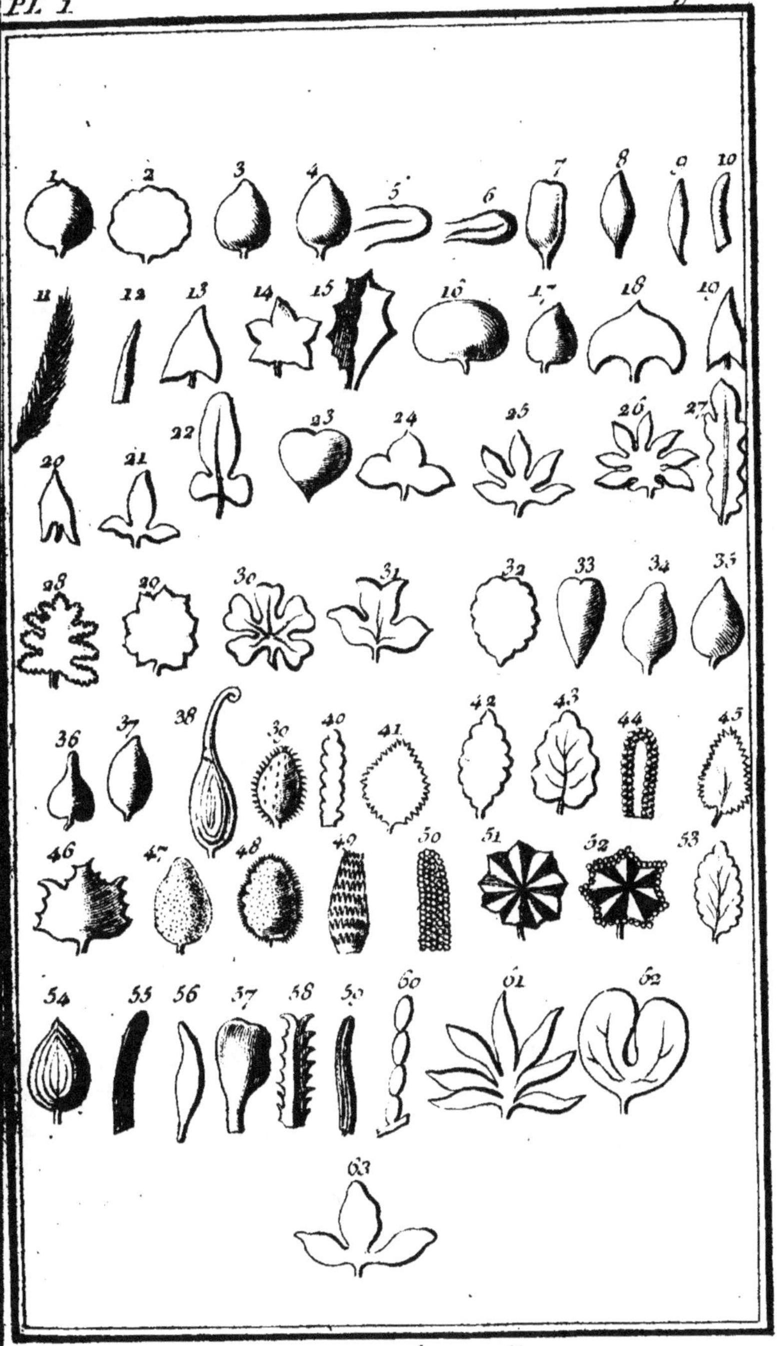

Explication des Feuilles.

DE MARAIS. *Voyez* FABA.

FEUILLES. On définit une feuille, la partie d'une plante étendue en longueur & en largeur, de maniere qu'elle a un côté distingué de l'autre. Elles sont proprement la partie la plus externe des branches, & l'ornement des petits rejettons; les feuilles sont composées d'une matiere glutineuse, mélée de veines & de fibres : leur principal usage est de perfectionner la séve nourriciere destinée au développement des boutons & des fruits.

Nous considérerons d'abord comment les Botanistes ont distingué les feuilles, par rapport à leur forme, & nous parlerons ensuite de leur usage dans la végétation.

La feuille d'une plante ou d'un arbre differe de celle de sa fleur; la premiere est nommée simplement *feuille*, & la seconde *pétale* : il n'est donc question ici que des feuilles qui ornent les branches & les tiges des plantes, & non des pétales de leurs fleurs.

Les feuilles sont ou simples ou composées.

Les feuilles simples sont celles dont les pétioles n'en supportent qu'une ; & les composées sont celles dont les pétioles soutiennent plusieurs feuilles ou folioles.

Les feuilles simples different dans la forme de leurs contours, de leurs angles, de leurs pointes, de leur surface, & dans leur substance : les feuilles qui n'ont ni angles rentrans, ni prolongement, sont orbiculaires ou rondes ; elles

sont conformées de maniere que leur longueur est égale à leur largeur, & que tous les points de leur circonférence sont également éloignés du centre. *Voyez Pl.* 1. *fig.* 1.

Une feuille presque ronde, *subrotundum*, est un peu inégale dans ses dimensions. *Pl.* 1. *fig.* 2.

Une feuille ovale, *ovatum*, est celle dont la longueur excede la largeur, & dont la bâse ou partie inférieure forme un segment de cercle, mais dont la partie supérieure est plus étroite. *Pl.* 1. *fig.* 3.

Une feuille ovale renversée, *obversum*, est celle dont la partie la plus étroite est attachée au pétiole.

Une feuille ovale ou elliptique, *ovale, sivè ellipticum*, est celle dont la longueur excede la largeur, & dont les deux extrémités sont plus étroites que les deux segmens d'un cercle. *Pl.* 1. *fig.* 4.

Une feuille en parabole, *parabolicum*, est celle dont la longueur excede la largeur, & qui va en diminuant depuis la bâse jusqu'à l'extrémité; elle a la forme d'un demi-ovale. *Pl.* 1. *fig.* 5.

Une feuille spatulée, ou en spatule, *spatulatum*, est presque ronde, mais étroite à sa bâse, & allongée linéalement. *Pl.* 1. *fig.* 6.

Une feuille en forme de coin, *cunei-forme*, est celle dont la longueur excede la largeur, & qui va en diminuant jusqu'à la bâse. *Pl.* 1. *fig.* 7.

Une feuille oblongue est celle dont la longueur excede de beaucoup sa largeur, & dont chaque extrémité est plus étroite que le segment d'un cercle. *Pl.* 1. *fig.* 8.

Une feuille en forme de lance , *lanceolatum* , est oblongue , plus étroite vers chaque extrémité , & terminée en pointe. *Pl.* 1. *fig.* 9.

Une feuille linéaire , *lineare* , est celle dont les deux côtés sont presque parallèles l'un à l'autre ; elle est ordinairement étroite , & un peu plus large au milieu qu'à chaque extrémité. *Pl.* 1. *fig.* 10.

Une feuille en lame ou en paille , *acero/um* , est celle qui est linéaire , qui reste sur l'arbre , & qui se conserve toujours verte , comme celle du Pin , de l'If , &c. *Pl.* 1. *fig.* 11.

La feuille en forme d'alêne , *subulatum* , est celle qui est linéaire en bas , & resserrée vers l'extrémité supérieure. *Pl.* 1. *fig.* 12.

La feuille triangulaire , *triangulare* , est celle dont le disque est entouré de trois angles saillans. *Pl.* 1. *fig.* 13.

La feuille quadrangulaire & celle à cinq angles , ne diffèrent de la précédente que par le nombre de leurs angles. *Pl.* 1. *fig.* 14.

La feuille deltoïde est celle qui a quatre angles , dont ceux des extrémités sont plus éloignés du centre que les deux latéraux. *Pl.* 1. *fig.* 15.

La feuille ronde , *rotundum* , est celle qui n'a point d'angle.

(*Sinus.*) Le mot *sinus* est employé pour exprimer les ouvertures ou coupures qui se trouvent dans les feuilles , & les divisent en différentes parties.

La feuille en forme de rein ,

reniforme , est d'une figure presque ronde , un peu creuse à la bâse , mais sans angles. *Pl.* 1. *fig.* 16.

Une feuille en forme de cœur , *cordatum* , est un peu ovale & creuse à sa bâse , mais sans angles. *Pl.* 1. *fig.* 17.

La feuille en croissant , *lunulatum* , est presque ronde & creuse à sa bâse , avec deux angles courbés en forme de seil. *Pl.* 1. *fig.* 18.

La feuille en flèche , *sagittatum* , est triangulaire & creuse à sa bâse , pour faire place au pétiole. *Pl.* 1. *fig.* 19.

La feuille en forme de cœur & de flèche , *cordatum-sagittatum* , ressemble à la précédente , mais ses côtés sont convexes. *Pl.* 1. *fig.* 20.

La feuille en pointe de lance , *hastatum* , est d'une forme triangulaire ; les côtés & la bâse en sont creusés , & ses angles étendus lui donnent la forme d'une feuille composée de trois parties. *Pl.* 1. *fig.* 21.

La feuille en forme de violon , *pandurœ forme* , est oblongue , plus large aux deux extrémités qu'au milieu , qui est rétréci comme le corps d'un violon. *Pl.* 1. *fig.* 22.

La feuille fendue ou divisée , *fissum* , est séparée par des sinuosités linéaires & des marques droites , suivant le nombre de ses divisions ; elles sont appelées feuilles à deux , trois ou plusieurs pointes. *Pl.* 1. *fig.* 23. *bifidum . trifidum* , &c.

La feuille en lobe , *lobatum* , est divisée presque jusqu'à la côte du milieu , en deux parties éloignées l'une de l'autre , &

pourvues de marges convexes, suivant le nombre de leurs parties ; on les appelle à deux, à trois ou à quatre lobes, *bilobatum*, *trilobatum*, &c. *Pl.* 1. *fig.* 24.

La feuille en forme de main, *palmatum*, est divisée jusqu'à sa bâse en plusieurs segmens longitudinaux, où ils sont réunis, ce qui lui donne l'apparence d'une main ouverte. *Pl.* 1. *fig.* 25.

La feuille en pointes ailées, *pinnati-fidum*, est séparée en travers par des divisions oblongues & horisontales. *Pl.* 1. *fig.* 26.

La feuille en forme de lyre, *lyratum*, est divisée transversalement en plusieurs segmens, dont les supérieurs sont plus larges que les inférieurs, qui sont aussi un peu plus éloignés les uns des autres. *Pl.* 1. *fig.* 27.

La feuille festonnée ou laciniée, *laciniatum*, a les côtés diversement divisés en franges irrégulieres. *Pl.* 1. *fig.* 28.

La feuille sinuée, *sinuatum*, a plusieurs sinuosités sur ses bords ; mais elle n'est point dentelée ni entaillée. *Pl.* 1. *fig.* 29.

La feuille dentelée & sinuée, *dentato-sinuatum*, est semblable à la précédente, mais ses lobes latéraux sont linéaires.

La feuille divisée, *partitum*, est celle qui est séparée en plusieurs parties jusqu'à la bâse, de maniere que ces divisions paroissent être autant de feuilles, si on ne les examine pas de près ; on l'appelle *bipartitum*, ou *tripartitum*, suivant le nombre de ses parties. *Pl.* 1. *fig.* 30.

La feuille entiere, *integrum*, n'est point divisée, & a les bords unis.

Sommet. Apex. L'extrémité supérieure est celle qui termine la feuille & que l'on nomme sommet ; quand on considere les feuilles par rapport à cette extrémité, on appelle

Feuille tronquée, *truncatum*, celle dont le sommet paroit comme coupé transversalement.

Feuille mordue, *præmorsum*, celle qui est terminée par des découpures très-inégales & émoussées. *Pl.* 1. *fig.* 31.

Feuille émoussée, *retusum*, dont l'extrémité est terminée par un sinus obtus. *Planc.* 1. *fig.* 32.

Feuille échancrée, *emarginatum*, celle dont l'extrémité est un peu découpée. *Pl.* 1. *fig.* 33.

Feuille obtuse, *obtusum*, dont la pointe est émoussée ou terminée par un segment de cercle. *Pl.* 1. *fig.* 34.

Feuille aiguë, *acutum*, celle dont l'extrémité supérieure est terminée en angle aigu. *Pl.* 1. *fig.* 35.

Feuille acuminée ou pointue, *acuminatum*, celle qui est terminée en pointe d'alène. *Pl.* 1. *fig.* 36.

Feuille en pointe obtuse, *obtusum acumine*, celle dont la partie supérieure est arrondie, mais qui forme ensuite une pointe aiguë. *Pl.* 1. *fig.* 37.

Feuille à tendon, ou vrille, ou main, *cirrosum*, celle qui se termine par un tendon. *Pl.* 1. *fig.* 38, comme dans les plantes *Gloriosa*, *Flagellaria*, &c.

Côtés. Latera. La marge, la bordure, ou le timbre, étant diversement figuré dans les différentes especes de feuilles, forme aussi un caractere distinctif.

Ainsi, à l'égard de ses marges, la feuille est :

Épineuse, *spinosum*; c'est celle dont la marge ou le bord finit en piquants roides & durs. *Pl. 1. fig. 39.*

Dentelée, *dentatum*, dont les bords ont des pointes horizontales, de la même substance que la feuille, mais séparées les unes des autres. *Pl. 1. fig. 40.*

Sciée, *serratum*, dont les bords, taillés & aigus comme les dents d'une scie, forment des angles aigus vers le haut. *Pl. 1. fig. 41.*

Sciée en arriere, *retrorso-serratum*, dont les dents sont recourbées vers la base de la feuille.

Doublement sciée, *duplicato-serratum*, sciée à plus grandes dents dont les bords sont encore découpés en dentelures plus petites.

Une feuille crènelée, *crenatum*, est celle dont les bords sont dentelés, mais dont les angles ne tendent, ni vers le haut, ni vers le bas : quand ces dentelures sont obtuses, on nomme la feuille crénelée obtuse ; lorsqu'elles sont aiguës, on la nomme crènelée aiguë, & si elles-mêmes sont encore crénelées on l'appelle doublement crenelée. *duplicato-crenatum. Pl. 1. fig. 42.*

Une feuille arquée ou serpentine, *repandum*, est celle dont la marge a plusieurs sinus obtus, formés par des segmens de cercle. *Pl. 1. fig. 43.*

Une feuille cartilagineuse, *cartilagineum*, a ses bords garnis d'un cartilage ferme, dont la substance est différente de celle de la feuille. *Pl. 1. fig. 44.*

Une feuille cillée, *ciliatum*, est celle dont les bords sont garnis de poils parallèles, & semblables à ceux des paupieres. *Pl. 1. fig. 45.*

Une feuille déchirée, *laceratum*, est celle dont les bords sont coupés en segmens irréguliers.

Une feuille rongée, *erosum*, est celle qui est sinuée, & dont les sinus sont encore dentelés sur leurs bords, par plusieurs autres sinus obtus. *Pl. 1. fig. 46.*

Une feuille très-entiere, *integerrimum*, a ses marges entièrement exemptes d'entaillures.

Surface. La surface, *superficies*, est le dehors ou le plan de la feuille, soit par dessus, soit par-dessous : on distingue les feuilles par leur surface, en

Feuille visqueuse, *viscidum*, quand ses surfaces sont couvertes d'une humeur gluante.

Feuille couverte de duvet, ou cotonneuse, *tomentosum*, quand la surface est hérissée de poils si courts & si fins, que l'œil ne peut les distinguer l'un de l'autre, quoique ce duvet soit très-apparent à la vue & au tact. *Pl. 1. fig. 47.*

Feuille laineuse, *lanatum*, est celle dont la surface est couverte d'une substance laineuse, semblable à une toile d'araignée, comme dans les plantes *Salvia, Sideritis, &c.*

Feuille velue, *pilosum*, est celle

celle dont la furface eſt couverte de poils longs , qu'on apperçoit diſtinctement. *Pl. 1. fig. 48.*

Feuille rude , *hiſpidum* , dont la furface eſt couverte de poils roides , qui piquent lorſqu'on les touche. *Pl. 1. fig. 49.*

Feuille raboteuſe , *ſcabrum* , eſt celle dont la ſurface a pluſieurs petites éminences irrégulieres.

Feuille piquante , *aculeatum* , dont la furface eſt couverte de pointes ou d'épines fortes & aiguës, qui adhérent, ou ſont attachées légérement à ſa furface.

Feuille ſillonnée ou cannelée , *ſtriatum* ; c'eſt celle dont la ſurface eſt ſillonnée par un certain nombre de lignes parallèles & longitudinales.

Feuille bouillonnée , *papilloſum* , eſt celle dont la furface a pluſieurs petites protubérances rondes , ſemblables à des veſſies. *Pl. 1. fig. 50.*

Feuille ponctuée , *punctatum* , eſt celle dont la furface eſt marquée par un grand nombre de points.

Feuille brillante , *nitidum* , eſt celle dont la furface eſt liſſe , luiſante & polie.

Feuille pliſſée , *plicatum* , qui a pluſieurs élévations & cavités angulaires vers ſon extrémité , comme ſi elle étoit pliſſée , ainſi qu'on le voit dans l'*Alchimilla. Pl. 1. fig. 51.*

Feuille ondée , *undulatum* , dont la furface vers le bord s'éleve & tombe d'une maniere convexe , comme les vagues de la mer.

Feuille friſée , *criſpum* , dont la circonférence eſt plus grande

que le diſque , de maniere que la ſurface s'éleve en onde. *Pl. 1. fig. 52.*

Feuille inégale , *rugoſum* , eſt celle dont les nervures ſont contractées & rétrécies de maniere que le tiſſu de la feuille , qui a plus de furface , forme entre chaque maſſe une éminence irréguliere. *Pl. 1. fig. 53.*

Feuille creuſe ou concave , *concavum* , dont la marge eſt contractée de maniere que le milieu eſt creux ou enfoncé.

Feuille veinée , *venoſum* , dont les veines ſont diviſées & très-faciles à diſtinguer.

Feuille convexe , *convexum* , dont le milieu s'éleve en protubérance.

Feuille nerveuſe , *nervoſum* , dont les veines s'étendent en longueur de la bâſe à la pointe , ſans ſe ſéparer en branches. *Pl. 1. fig. 54.*

Feuille colorée , *coloratum* , dont la furface a d'autres couleurs que le vert.

Feuille unie , *glabrum* , dont la furface eſt liſſe & ſans aucune inégalité.

Subſtance. La ſubſtance d'une feuille ſe reconnoit par ſes bords ; on les diſtingue ſous ce rapport en feuilles.

Conique , *teres* , dont la ſubſtance eſt épaiſſe. Cette feuille eſt ordinairement de la forme d'un cierge.

Demi-conique , *ſemi-pyramidatum* , qui eſt de la forme d'un cierge , mais applatie d'un côté.

Tubulée ou creuſe , *tubuloſum* , qui eſt creuſe comme une flûte , comme celle des Oignons.

Charnue, *carnofum*, eft celle qui eft fucculente & remplie de pulpe.

Comprimée, *compreffum*, c'eft celle dont les côtés font comprimés de maniere que la fubftance de la feuille eft plus large que le difque.

Unie, *planum*, dont la furface eft par-tout parallèle.

Boffue ou convexe, *gibbum*, qui eft convexe fur les deux côtés, le milieu étant plus rempli de pulpe.

Applatie, *depreffum*, dont le difque eft plus applati que les bords.

Sillonnée, *canaliculatum*, dont le milieu eft traverfé dans fa longueur par un fillon profond, & prefque cylindrique. *Pl. 1. fig. 55.*

A double face, *anceps*, dont le difque eft convexe, & qui a deux angles faillans & longitudinaux.

En forme d'épée, *enfi-forme* dont les bords font minces, avec un côté faillant, qui les traverfe dans le milieu, depuis la bâfe jufqu'à la pointe.

En forme de glaive ou de cimeterre, *acinaci-forme*, qui eft charnue & comprimée, ayant un de fes bords convexe & mince, & l'autre droit & épais. *Pl. 1. fig. 56.*

En forme de hâche, *dolabriforme*. Cette feuille eft celle qui eft prefque ronde, obtufe, comprimée, boffue, convexe par derriere, aiguifée & conique vers le bas. *Pl. 1. fig. 57.*

En forme de langue, *lingui-forme*, quand elle eft linéaire, charnue & obtufe, con-

vexe en-deffous, & quelquefois avec des bords cartilagineux. *Pl. 1. fig. 58.*

A deux tranchans, *anceps*, quand elle a deux angles faillans qui vont en longueur fur un difque convexe.

A trois côtés, *triquetrum*; quand elle a trois côtés unis & longitudinaux, pareils à ceux des feuilles en forme d'alène.

A trois bords, *trigonale*; celle-ci reffemble fort aux précédentes, mais elle a fes côtés aigus & membraneux, & fes furfaces font cannelées; fi elle a quatre ou cinq angles, on la nomme tétragonale ou pentagonale.

Sillonnée, *fulcatum*, quand elle a plufieurs fillons dans fa longueur, avec des finus obtus. *Pl. 1. fig. 59.*

En forme de carène ou de quille de bateau, *carinatum*, quand la partie inférieure du difque eft faillante dans toute fa longueur, & fa partie fupérieure concave comme la quille d'un bateau.

Membraneufe, *membranaceum*, quand elle eft entièrement compofée de membranes, fans qu'il y ait entr'elles aucune pulpe apparente.

Feuilles compofées. Une feuille compofée, *compofitum*, fignifie en général une feuille formée de plufieurs autres, réunies & foutenues par un même pétiole. Ces feuilles fe diftinguent encore fuivant la figure ou la pofition de leurs petites feuilles; 1°. on les divife en celles qui font proprement & diftinctement appellées feuilles compofées; 2°. en

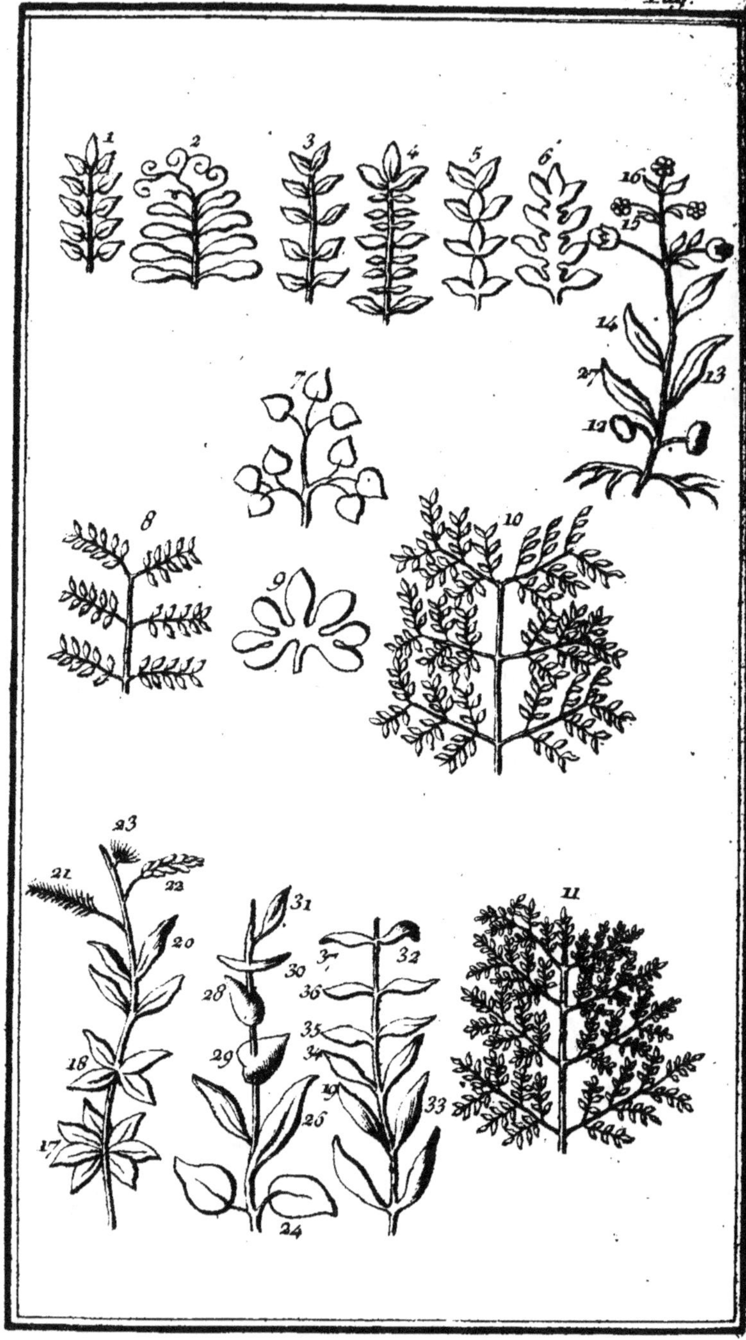

Explication des Feuilles.

feuilles décompofées; 3°. en feuilles fur-décompofées : nous parlerons de chacune à leur place.

La feuille entiere, qui eft l'affemblage de toutes les autres, eft confidérée comme une feule feuille, *folium*. Les petites, qui, toutes enfemble compofent cette premiere, font appelées *foliola*, lobes ou folioles.

Une feuille fimple, compofée, eft celle dont le pétiole foutient plufieurs feuilles.

La feuille noueufe, *articulatum*, eft celle dont la pointe foutient une autre feuille. *Pl. 1. fig.* 60.

Une feuille digitée, *digitatum*, eft celle qui eft compofée de plufieurs petites feuilles jointes par leur bâfe au même pétiole, & qui s'étendent & s'ouvrent comme les doigts de la main. *Pl. 1. fig.* 61.

La feuille à deux lobes, *binatum*, a deux petites feuilles fur un pétiole. *Pl. 1. fig.* 62.

Une feuille à trois lobes, *ternatum*, eft celle qui a trois petits lobes : fouvent on l'appelle auffi *Trifolium*, Trefle. *Pl. 1. fig.* 63.

Une feuille à cinq lobes, *quinatum*, eft celle qui a cinq petites feuilles fur le même pétiole.

Une feuille aîlée, empennée ou pinnée, *pinnatum*, eft celle qui a plufieurs petites feuilles rangées fur chaque côté du même pétiole, comme autant d'aîles. Il y en a plufieurs genres.

Une feuille aîlée inégalement, *pinnatum cum impari*, eft une feuille aîlée, terminée par un lobe impair. *Pl. 2. fig.* 1.

Une feuille aîlée, avec des mains ou vrilles, *pinnatum cum cirrho*, eft une feuille aîlée, terminée par une vrille. *Pl. 2. fig.* 2.

Une feuille aîlée, & par paires, *abruptum*, eft une feuille aîlée, qui fe termine en lobes pairs & fans vrilles.

Une feuille dont les aîles font oppofées, *oppofitè pinnatum*, eft celle dont les petites feuilles ou lobes font placés fur la côte du milieu, de maniere qu'elles font oppofées l'une à l'autre. *Pl. 2. fig.* 3.

Une feuille dont les aîles font alternes, *alternatum pinnatum*, a fes lobes placés alternativement.

Une feuille dont les aîles font interrompues, *interruptè pinnatum*, eft celle dont la côte mitoyenne foutient de petits lobes entremêlés avec de plus grands. *Pl. 2. fig.* 4.

Une feuille à aîles articulées, *articulatè pinnatum*, eft celle dont le pétiole commun a des nœuds. *Pl. 2. fig.* 5.

Une feuille à aîles courantes, *decurfivè pinnatum*, eft celle dont les petites feuilles coulent le long de la tige de l'une à l'autre. *Pl. 2. fig.* 6.

Une feuille conjuguée, *conjugatum*, eft celle qui n'a que deux petites feuilles fur le même pétiole.

Feuilles décompofées. Une feuille décompofée, *decompofitum*, eft celle dont le pétiole a une divifion, & qui réunit enfemble plufieurs petites feuilles.

Une feuille doublement con-

juguée, *biceminatum*, est celle
dont le pétiole se divise en
fourche, & réunit quatre petites feuilles sur son extrémité,
ou qui est composée de deux
conjugaisons

Une feuille doublement tri-
foliée, *biternatum*, est celle
dont le pétiole est divisé, &
dont chaque division supporte trois petites feuilles. *Pl. 2.
fig. 7.*

Une feuille à doubles ailes,
bipinnatum, est celle dont le
pétiole est divisé, & dont chaque division soutient de petites feuilles rangées comme de
petites ailes. *Planc. 2. fig. 8.*

Une feuille branchue en
forme de pied, *pedatum*, est
celle qui a plusieurs folioles
réunies à leur bâse sur un pétiole commun, ou dont le pétiole est divisé, & soutient
quelques petites feuilles placées sur le côté intérieur,
comme dans le *Passiflora* &
l'*Arum. Planc. 2. fig. 9.*

Une feuille sur-décomposée,
suprà - decompositum, est celle
dont le pétiole est plusieurs
fois divisé, & dont chaque division est garnie de petites
feuilles.

Une feuille triternée, *triter-
natum*, est celle dont le pétiole réunit trois feuilles doubles trifoliées.

Une feuille triplement ailée,
tripinnatum, est une feuille
composée de plusieurs autres
doublement ailées ; si elle se
termine par deux petites feuilles, on les appelle abruptes
ou par paires. *Pl. 2 fig. 10.*

Si elles se terminent par une
feuille, on les nomme feuil-

les irrégulieres triplement ailées. *Pl. 2. fig. 11.*

Nous allons considérer maintenant les feuilles suivant le
lieu qu'elles occupent, leur
position, leur insertion, ou
leur direction, quand elles sont
jointes aux autres parties de
la plante.

Une feuille séminale, *seminale*, est la premiere feuille
d'une plante.

Les Anciens Auteurs l'ap-
peloient *Cotyledon* ; celle-ci diffère des autres par sa forme
& par sa substance. *Pl. 2. fig. 12.*

Une feuille radicale, *radicale*, est celle dont le pétiole
sort immédiatement de la racine.

Une feuille supérieure ou
de la tige, *caulinum*, est celle
qui sort de la tige de la plante. *Pl. 2. fig. 13.*

Une feuille axillaire, *axil-
lare*, est celle qui sort des in-
sertions des branches. *Pl. 2.
fig. 14.*

Une feuille florale ou à
fleur, *florale*, est celle qui se
trouve au près de la fleur, &
ne paroît jamais qu'avec elle.
Pl. 2. fig. 15.

Une feuille étoilée, *stella-
tum*, *Pl. 2. fig. 16*, ou feuille verticillée, *verticillatum*. On
appelle ainsi celles qui sont
rangées circulairement ou en
forme d'anneau autour des
branches. *Pl. 2. fig. 17.*

Les feuilles opposées, *oppo-
sita*, sont celles qui sortent par
paires, opposées l'une à l'autre, sur chaque côté des branches. *Pl. 2. fig. 18.*

Les feuilles alternes, *alter-
na*, sont ainsi appellées quand

on les trouve placées alternativement l'une sur l'autre. *Pl. 2. fig.* 19.

Les feuilles éparses, *sparsa*, sont placées sans ordre sur toute la longueur de la plante.

Les feuilles rapprochées. *conferta*, sont celles qui sortent des côtés des branches si près les unes des autres, qu'il n'est pas aisé de distinguer exactement leur situation. *Pl.* 2. *fig.* 20.

Les feuilles imbriquées, *imbricata*, sont celles qui se trouvent placées les unes sur les autres comme des tuiles ou des écailles de poisson. *Pl.* 2. *fig.* 21.

Les feuilles en faisceau, *fasciculata*, sont celles qui sortent du même bouton. *Pl.* 2. *fig.* 22.

Disticha, quand les feuilles sont rangées le long des côtés des branches, comme dans le Pin.

Une feuille en forme de bouclier, *peltatum*, est celle dont le pétiole est attaché au disque, & non à la bâse ou au bord de la feuille. *Planc.* 2. *fig.* 23.

Petiolatum, c'est quand le pétiole est inséré dans la bâse de la marge, *Pl.* 2. *fig.* 24, ou quand une feuille est supportée par un pétiole.

La feuille est dite sessile, *sessile*, quand elle naît de la branche même, sans en être séparée par un pétiole. *Pl.* 2. *fig.* 25.

Une feuille courante, *decurrens*, est celle qui adhère à la branche ou à la tige, & qui s'étend dans toute sa longueur depuis sa bâse, de maniere qu'elle forme une bordure de feuille de chaque côté. *Pl.* 2. *fig.* 26.

La feuille amplexicaule est celle dont la bâse entoure ou embrasse entièrement la tige. *Pl.* 2. *fig.* 27.

Semi - amplexicaule, quand sa bâse n'embrasse que la moitié de la tige.

Une feuille perfoliée, *perfoliatum*, est celle qui est traversée par la tige ou par la branche qui ne touche pas à la marge. *Pl.* 2. *fig.* 28.

Connatum : on s'exprime ainsi lorsque deux feuilles opposées sont réunies par leurs bâses, de maniere qu'elles composent un corps qui embrasse la tige. *Pl.* 2. *fig.* 29.

Vaginans, en gaîne; c'est quand la bâse de la feuille forme une espece de cylindre qui embrasse la tige comme un étui, comme on le voit dans le *Gramen*. *Pl.* 2. *fig.* 30.

Direction des feuilles. Par rapport à leur direction on les distingue ainsi : une feuille adverse, *adversum*, est celle dont les bords sont horizontaux & non perpendiculaires, comme dans le *Gingembre*.

Une feuille oblique, *obliquum*, est celle dont la bâse est tournée vers le ciel, & dont le sommet est horizontal.

Une feuille recourbée, *inflexum*, croît en forme d'arc, de maniere que sa pointe retourne vers la tige. *Pl.* 2. *fig.* 31.

Adpressum, se dit quand le disque de la feuille approche de la tige.

Une feuille érigée, *erectum*, est celle qui est placée de maniere qu'elle forme un angle très-aigu avec la tige. *Pl.* 2. *fig.* 32.

On l'appelle étendue, quand elle ne forme pas avec la tige un angle aussi aigu que la précédente, mais elle n'est cependant pas horizontale. *Pl.* 2. *fig.* 33.

Une feuille horizontale, *horizontale*, est celle qui forme un angle droit, parfait avec la tige *Pl.* 2. *fig.* 34.

Une feuille couchée, *declinatum*, est celle dont le sommet est plus bas que la bâse. *Pl.* 2. *fig.* 35.

Une feuille roulée, *revolutum*, est celle dont la partie supérieure est roulée en bas. *Pl.* 2. *fig.* 36.

Une feuille pendante, *dependens*, est celle dont le sommet est dirigé vers la terre.

Une feuille à racines, *radicans*, est celle qui pousse des racines comme celles de quelques plantes grasses, *Cotyledon* ou autres.

Une feuille flottant sur l'eau, *natans*, est celle qui se développe sur la surface de l'eau, comme le *Lys aquatique*.

Demersum s'emploie pour exprimer une feuille qui est immédiatement au-dessous de la surface de l'eau.

Après avoir indiqué les différentes formes & les positions des feuilles par lesquelles les Botanistes les distinguent, il est tems d'entrer dans quelques détails au sujet de leur structure & de leur usage ; car les feuilles n'ont point été formées par la Nature comme un simple objet d'ornement, mais elles ont un usage plus impor-

tant dans la végétation, & les différences qu'on remarque entr'elles, sont annexées à leur nature & à leurs besoins.

Quelques plantes ont des feuilles très-épaisses & charnues, dont la substance pulpeuse est remplie d'une abondante humidité : ces plantes croissent ordinairement sur des terreins secs, stériles & pierreux, & sont la plupart originaires des pays chauds : elles transpirent très-peu en comparaison des autres : presque toutes les parties des feuilles de ces plantes sont recouvertes d'une peau mince, serrée, & percée de petits pores, par lesquels elles se débarrassent d'une humidité superflue, qui, si elle étoit retenue dans la substance de la plante, la feroit bientôt tomber en pourriture.

Les feuilles de tous les arbres & arbrisseaux qui conservent leur verdure pendant toute l'année, ont aussi une peau mince & serrée qui couvre leur surface ; on la découvre en les faisant macérer dans l'eau, afin de séparer le parenchyme des vaisseaux des feuilles ; ce qu'on ne peut pas faire sur les feuilles des arbres toujours verts, que cette peau ne soit enlevée.

L'expérience prouve que ces arbres ne reçoivent & ne rendent que très-peu d'humidité dans le même espace de tems, lorsqu'on les compare aux arbres & aux arbrisseaux de peu de durée : c'est principalement à cette enveloppe serrée, ainsi qu'à la petite portion d'humi-

dité renfermée dans leurs vaiſſeaux, que ces arbres doivent
leur verdure continuelle, &
la conſervation de leurs feuilles; d'ailleurs, leurs ſucs nour-
riciers ſont toujours mêlés d'une
quantité plus ou moins grande de thérébentine, qui les
préſerve des injures de la gelée; de maniere que ces arbres, toujours verts, peuvent
proſpérer dans les parties les
plus froides du monde habi-
table.

Dans toutes les feuilles des
arbres & des plantes que j'ai
examinées, j'ai reconnu deux
ordres de veines ou de fibres,
dont chacun aboutit à une ſurface différente; j'ai obſervé
généralement que la partie inférieure des feuilles, avoit des
ramifications plus larges, qui
pouvoient donner paſſage à
une liqueur que les veines de
la ſurface ſupérieure n'auroient
pu admettre.

Ces deux ſortes de veines
ſont jointes dans pluſieurs endroits; mais cependant elles
ne ſont pas tellement unies,
qu'on ne puiſſe les ſéparer aiſément, après les avoir fait
macérer dans l'eau pendant un
certain tems : il y a des feuilles qui ont beſoin de ſéjour-
ner dans l'eau plus long-tems
que d'autres, pour qu'on puiſſe
ſéparer leurs fibres ſans les
déchirer.

On ſuppoſe que ces deux ordres de veines ont différentes
deſtinations ; on croit que les
lames ſupérieures ſont les tra-
chées à travers leſquelles la
matiere de la tranſpiration eſt
pouſſée, & par leſquelles l'air

eſt inſpiré : il eſt aſſez évident que c'eſt par les pores
que ſe déchargent encore les
ſubſtances qui ſortent des plantes, car la matière glutineuſe,
appelée communément *roſée
miel leuſe*, ſe trouve toujours
attachée ſur la ſurface ſupérieure de la feuille, d'où pluſieurs perſonnes ont cru que
cette ſubſtance tomboit d'en-
haut, & étoit reçue ſur la
feuille pendant la nuit : la
Manne qu'on ramaſſe ſur les
Frênes, dans la Calabre, &
ſur *l'Alhagi*, en Perſe, n'eſt autre choſe que le ſuc nourricier, ou une ſubſtance qui en
eſt ſéparée, qui ſort des pores de la feuille, & qui s'é-
paiſſit ſur leur ſurface par le
froid de l'air : toutes les fois
qu'on trouve cette ſubſtance
en grande abondance ſur les
feuilles, on peut être aſſuré
que la plante eſt malade.

On ſuppoſe que l'ordre inférieur des veines eſt deſtiné
à recevoir, à preparer & à
conduire les vapeurs qui s'é-
levent de la terre, & qui con-
tribuent beaucoup à la nourriture des plantes : d'ailleurs
ces deux ſurfaces paroiſſent
conformées pour ces deux uſages différens; la ſupérieure eſt
preſque toujours liſſe & luiſante, & l'inférieure eſt ordinairement couverte de poils
ou d'un duvet doux; ce qui
la rend plus propre à retenir
les vapeurs, & à les tranſmet-
tre aux vaiſſeaux intérieurs :
dans toutes les feuilles dont
la ſtructure eſt différente, on
trouve, par des expériences
que leurs fonctions changen

aussi : car dans celles dont la
surface supérieure est garnie
de duvet ou de poils, c'est
alors cette surface qui est destinée à être le réservoir & le
conducteur de l'humidité, &
non pas l'inférieure.

Si l'on change la direction
de ces surfaces, en retournant les branches qui portent
les feuilles, les plantes sont
arrêtées dans leur accroissement jusqu'à ce que les pétioles se soient retournés, & que
les feuilles aient repris leur
premiere position; ce qui prouve combien il est nécessaire de
soutenir les foibles branches
des plantes, dont le naturel
est de croître érigées, qui se
roulent, pour s'appuyer, autour des arbres voisins, ou qui
poussent des vrilles, par le
moyen desquelles elles s'attachent aux plantes & aux arbres qui se trouvent à leur
portée, pour se contenir dans
leur véritable position ; & combien au contraire il est absurde d'attacher les rejettons &
les branches des plantes qui
sont disposées naturellement à
ramper sur la terre : dans ces
deux circonstances la nature est
renversée, & par conséquent
l'accroissement de ces plantes
est beaucoup retardé.

Telle est la principale fonc-
tion à laquelle les feuilles des
arbres & des plantes sont destinées ; mais elle n'est point la
seule, il en est d'autres encore
également importantes à la perfection des végétaux & de leurs
fruits ; comme celle de nourrir
les pétioles, à la bâse desquels
naissent toujours les rejettons

de l'année suivante : tant que
les feuilles sont en bon état,
ces boutons augmentent en
grosseur, & dans les arbres de
peu de durée, ils parviennent à
leur maturité avant que les
feuilles se séparent de leurs pétioles en automne : si par quelqu'accident les feuilles se
brouissent, ou si elles viennent
à être coupées, quoique les pétioles restent, les boutons se
flétrissent ou n'arrivent pas au
dégré de grosseur qu'ils doivent avoir, faute de cette nourriture qu'ils recevroient des
feuilles : ainsi toutes les fois
que les arbres sont dépouillés
de leurs feuilles, ou que ces
feuilles sont coupées, ou dimi-
nuées par quelqu'autre accident, quand le bouton est presque formé, si cela arrive avant
que le pétiole se sépare naturellement des branches, les rejettons en seront plus ou moins
affoiblis, selon que cet accident sera arrivé plus tôt ou plus
tard : ainsi, d'après plusieurs
expériences faites pour consta-
ter de quelle utilité les feuilles
doivent être aux plantes, on
a reconnu que, quand leurs
feuilles ont été arrachées,
mangées ou coupées pendant
leur accroissement, ces plantes en ont été sensiblement affoiblies ; ce qui nous doit ap-
prendre à ne pas couper les
feuilles des arbres dans quelque cas que ce puisse être, tandis qu'elles sont en vigueur &
qu'elles conservent leur verdure : cela nous fait voir encore
combien il est absurde de faire
ronger l'herbe du bled, comme
on le pratique ordinairement,

en y conduifant, pendant l'hiver & au printems, des troupeaux de moutons; car il arrive de-là que les tiges s'affoibliffent, & produifent des épis beaucoup plus courts, & des grains beaucoup moins forts& moins nourris que ceux d'un champ voifin, dont l'herbe n'aura pas été mangée: l'expérience & l'obfervation m'ont d'ailleurs prouvé que, quand l'herbe du froment a été mangée jufqu'auprès de la racine, les brins qui pouffent enfuite font beaucoup plus foibles que fi l'on eût laiffé les premieres feuilles : on peut obferver l'effet de cette méthode, dans tous les pâturages deftinés aux moutons, où l'herbe eft beaucoup plus fine & plus courte que dans les autres endroits, ainfi que dans les boulingrins & autres pieces vertes, dont l'herbe devient d'autant plus fine, qu'elle eft plus fouvent fauchée ; cette herbe eft cependant la même que celle qui fe trouve dans les plus riches pâturages ; & quoique fa fineffe foit à défirer pour ces pieces vertes & les boulingrins, on doit l'éviter dans les lieux deftinés au produit plutôt qu'à l'agrément.

Outre ces ufages, les feuilles fervent encore à mettre à l'abri du foleil les boutons qui doivent fournir les rejettons de l'année fuivante, & à procurer de l'ombre aux jeunes fruits, ce qui leur eft abfolument néceffaire pendant leur accroiffement. J'ai fufpendu plufieurs fois les feuilles d'un arbre placé contre une muraille, en expofant les fruits au foleil, fans en arracher aucune, & j'ai obfervé que ces fruits ont été beaucoup retardés dans leur accroiffement, & ne font jamais parvenus à la groffeur des fruits voifins, quoiqu'ils fuffent placés fur la même branche ; ils n'avoient pas non plus un goût auffi agréable, & étoient moins remplis de jus.

En faifant cette expérience, j'ai pris toutes les précautions poffibles pour que les feuilles ne fuffent pas renverfées, & j'ai été convaincu, d'après beaucoup d'effais, que cette opération eft nuifible à toutes les efpeces de plantes.

Les feuilles fervent encore à débarraffer la plante de fes fucs fuperflus ; cette tranfpiration a beaucoup de rapport avec celle des animaux ; & comme les plantes reçoivent & tranfpirent dans le même efpace de tems beaucoup plus que ces derniers, il eft évident que les feuilles font très - néceffaires pour conferver les plantes en parfaite vigueur : on a reconnu par les calculs les plus exacts, faits d'après plufieurs expériences, qu'une feule plante de *Tournefol* pompe & tranfpire en vingt-quatre heures dix-fept fois plus qu'un homme.

Comme les Naturaliftes ont affigné quatre fonctions aux feuilles, je vais les rapporter ici, ainfi que les expériences qu'ils ont faites pour vérifier leurs hypothèfes.

1°. Les feuilles reçoivent, principalement au printems, des humeurs crûes ; elles les atténuent, les mettent en mouvement dans les utricules , & les diftribuent à la plante, après les avoir rendu propres à lui fervir de nourriture.

2°. Elles peuvent éprouver une tranfpiration qui réponde à la même évacuation dans les animaux ; car quelquefois les vaiffeaux excrétoires des feuilles font fi furchargés & fi gonflés de fucs, qu'ils fe crevent au milieu , & fourniffent une iffue aux parties les plus fubtiles ; auffi dans les faifons chaudes, il n'eft pas fort rare de voir fur les arbres une grande quantité de ces fucs extravâfés ; telle eft la manne qui couvre les feuilles de certains arbres, lorfqu'une nuit froide fuccède à un jour chaud ; la même chofe arrive fouvent à différentes autres plantes, comme on s'en apperçoit en examinant les manœuvres des abeilles, qui vont fur les tilleuls recueillir la fubftance gommeufe dont leurs feuilles font couvertes ; c'eft ainfi , fur la furface des feuilles , comme fur les fleurs, que ces infectes ramaffent leur miel : fi la chaleur diminue, tous ces fucs fuperflus, excepté peutêtre ceux qui s'exhalent par les orifices des vaiffeaux artériels , rentrent dans la maffe commune ; & retournent dans le tronc.

3°. Les vaiffeaux des feuilles, qu'on peut comparer aux veines des animaux, defféchés par la chaleur du jour, peuvent abforber pendant la nuit l'humidité que l'air leur fournit fous la forme d'une rofée trèsfine , & réparer ainfi la perte que la plante a foufferte par fes vaiffeaux artériels pendant le jour précédent.

4°. Enfin la feuille fert principalement à fournir la nourriture au bouton qui fe trouve au-deffous , lequel, devenant plus gros par dégrés , comprime les vaiffeaux du pétiole , qui, ne pouvant bientôt plus donner paffage aux fucs qui lui viennent de la feuille , s'altère , fe pourrit , & entraîne la feuille avec lui : telle eft la caufe de la chûte des feuilles en automne.

Le Docteur HALES , dans fon excellent *Traité de la ftatique des végétaux* , en parlant de la tranfpiration des plantes, donne un détail des expériences fuivantes.

Au mois de Juillet & d'Août, il avoit coupé plufieurs branches de *Cerifier* , de *Pommier* , de *Poirier* , d'*Abricotier* , deux de chaque efpece ; ces branches étoient de différente longueur depuis trois jufqu'à fix pieds , & garnies de branches latérales en proportion ; la coupe tranfverfale du côté de la tige , étoit à-peu près d'un pouce de diamètre.

Il dépouilla de fes feuilles une branche de chaque efpece, il plaça enfuite leur tige dans différens vâfes de verre , avec une quantité d'eau déterminée.

Les branches garnies de leurs feuilles abforberent dans l'efpace de douze heures , les unes quinze onces d'eau , d'autres vingt cinq & trente , plus ou moins, fuivant la quantité de feuilles dont elles étoient chargées ; & le foir , en les pefant, il les trouva plus légeres que le matin. Les branches dépouillées de leurs feuilles n'abforberent qu'une once, & le soir elles se trouverent plus pesantes que le matin.

La quantité d'eau absorbée par celles qui avoient des feuilles, diminua beaucoup tous les jours, les vaisseaux de la seve étant probablement resserrés par la coupe transversale, & trop saturés d'eau pour en laisser passer encore ; les feuilles se flétrirent beaucoup en quatre ou cinq jours.

Il ajoute qu'il répéta les mêmes expériences avec les branches d'*Orme*, de *Chêne*, d'*Osier*, de *Saule*, de *Tremble*, de *Groseiller*, & de *Noisetier* ; mais qu'aucune de ces especes n'imbiba autant que les précédentes, & que plusieurs especes d'arbres toujours verts, imbiberent encore moins.

Il parle encore d'une autre expérience : le 5 du mois d'Août il coupa une petite branche de *Pommier*, de deux pouces de longueur, garnie de douze feuilles & d'une grosse Reinette ; il plaça la tige dans une phiole pleine d'eau, & il observa qu'en trois jours le fruit avec ses feuilles, avoit absorbé un tiers d'once.

Il détacha du même arbre une autre branche de la même longueur, avec douze feuilles, mais sans fruit ; cette branche, dans le même espace de tems que la précédente, absorba presque trois quarts d'once.

Dans le même tems il plaça dans une phiole pleine d'eau une branche du même arbre, sans feuilles, & chargée de deux grosses Pommes ; en deux jours cette branche absorba presque trois quarts d'once.

Dans cette expérience, les Pommes & les feuilles pomperent quatre cinquiemes d'une once d'eau, & les feuilles seules presque trois cinquiemes ; les deux grosses Pommes n'absorberent & ne transpirerent qu'une troisieme partie de ce que les douze feuilles transpiroient ; or une Pomme se chargea d'une sixieme partie de ce qui étoit imbibé par les douze feuilles ; ainsi deux feuilles imbibent & transpirent autant qu'une Pomme, d'où il paroît que leur transpiration est proportionnée à leur surface, la surface de la Pomme étant à-peu-près égale aux surfaces supérieures & inférieures de deux feuilles.

D'où il est probable que l'usage de ces feuilles qui se trouvent placées à côté du fruit, est de lui fournir sa nourriture.

En conséquence le même Auteur observe que les feuilles qui sont jointes aux fleurs, sont fort étendues au printems, tandis que les feuilles des rejettons stériles ne font que commencer à pousser, & que toutes les feuilles du *Pêcher* sont très-larges avant la chûte de la fleur.

Dans les *Pommiers* & les *Poiriers*, les feuilles sont au tiers, ou même à la moitié de leur grandeur avant que la fleur s'épanouisse ; la nature est si pourvoyante qu'elle fait d'avance des provisions pour la nourriture du fruit.

Le même Docteur HAITS parle encore d'une autre expérience ; il dépouilla de ses feuilles une branche de *Pommier*, &

plaça enfuite le plus gros bout de cette branche dans la jaûge à mercure ; le mercure s'éleva d'abord à la hauteur de deux pouces & demi, mais il s'abbaiffa bientôt faute d'une tranfpiration des feuilles affez abondante, de maniere que l'air entra prefqu'auffi vîte que la branche s'imbiba d'eau.

Et pour prouver d'une maniere plus frappante que les feuilles fervent à élever la féve, il fit auffi l'expérience fuivante.

Le 6 d'Août il coupa la tige d'une groffe *Reinette brune*, garnie de douze feuilles & d'un fruit ; il affermit folidement cette tige, dont la longueur étoit d'un pouce & demi, dans la partie fupérieure d'un tube de fix pouces de longueur, fur un quart de pouce de diamètre, & il obferva qu'à mefure que la tige s'imbiboit d'eau, elle éleva le mercure à quatre pouces.

Il attacha de la même maniere une autre tige de Pomme, auffi grande que la premiere, & il en arracha les feuilles ; cette tige ne fit monter le mercure qu'à un pouce : il pofa une pareille branche encore de même ; elle avoit douze feuilles, mais point de fruit ; cette derniere éleva le mercure à trois pouces.

Il prit enfuite une branche de la même grandeur que la précédente, mais fans fruit & fans feuilles ; elle fit monter le mercure à un quart de pouce.

Ainfi un rejetton avec une Pomme & des feuilles, éleva le mercure à quatre pouces ; une branche avec des feuilles

ne le fit monter qu'à trois pouces ; & une troifieme avec une Pomme & fans feuilles, ne l'éleva qu'à un pouce.

Un *Coing* garni de deux feuilles tout auprès de l'infertion du rejetton, éleva le mercure à deux pouces & demi, & le tint à cette hauteur pendant un tems confidérable.

Une tige de *Menthe*, fixée dans un tube, fit monter le mercure à trois pouces & demi, ce qui eft égal à quatre pieds cinq pouces d'eau.

Ces expériences & plufieurs autres du Docteur H A L E S, montrent évidemment combien eft abondante la tranfpiration des feuilles dans les plantes, & leur grande utilité pour y faire monter la féve, ainfi que pour d'autres fonctions fur lefquelles le Lecteur trouvera d'amples éclairciffemens dans le Traité de cet Auteur.

J'ajouterai que la Nature nous a preicrit la vraie diftance que nous devons donner aux branches des arbres plantés en efpalier, ainfi qu'à tous ceux qu'on place contre les murailles, puifque cette diftance doit être toujours proportionnée à la grandeur de leurs feuilles ; car fi nous examinons le progrès de la tranfpiration dans la grande variété d'arbres offerts à nos obfervations, nous trouverons que leurs branches laiffent toujours entr'elles une diftance plus ou moins grande, fuivant que leurs feuilles font plus grandes ou plus petites.

C'eft par cette raifon que les Romains aimoient tant les *Platanes*, dont les larges feuilles leur fourniſſoient beaucoup d'ombrage en été, mais dont les branches, dépouillées en hiver, n'interceptoient point les rayons du ſoleil.

Qu'il me ſoit permis à préſent de rapporter quelques-unes des expériences qu'à faites M. Bonnet de Genève, pour prouver que la plupart des feuilles abſorbent l'humidité de l'air par leur ſurface inférieure : & non par leur ſurface ſupérieure ; voici ces expériences.

Cet Auteur ramaſſa les feuilles de ſeize eſpeces de plantes herbacées, parvenues à toute leur grandeur ; il en mit pluſieurs de chaque eſpece ſur la ſurface de l'eau, dans des vâſes de verre ; quelques-unes de ces feuilles étoient placées ſur leur face ſupérieure, & d'autres ſur le côté oppoſé ; toutes furent ainſi diſpoſées, avec l'attention de ne pas mouiller la partie oppoſée, non plus que leurs pétioles. Ces vâſes furent dépoſés dans un cabinet dont l'air étoit tempéré ; à meſure que l'eau qu'ils contenoient, ſe diſſipoit par l'évaporation, on y en remettoit de la nouvelle par le moyen d'une ſeringue, afin que les feuilles ne fuſſent pas dérangées ; les feuilles étoient celles des plantes ſuivantes : du *Plantain*, du *Bouillon blanc*, de l'*Arum*, du *grand Saule*, de l'*Ortie*, du *Marrube du Pérou*, de *la Féve*, du *Tourneſol*, du *Chou*, de la *Méliſſe*, de la *Créte de Coq*, de l'*Amaranthe à feuilles pourpre*, de l'*Epinar*, & du *petit Saule*.

Parmi ces eſpeces il s'en trouva ſix qui conſerverent long-tems leur verdure, étant placées les unes ſur une face, les autres ſur l'autre ; ces premieres étoient,

L'*Arum*, la *Féve*, le *Tourneſol*, le *Chou*, l'*Epinar* & le *petit Saule* ; les autres eſpeces abſorbérent mieux l'humidité par leur ſurface ſupérieure que par leur inférieure ; de ce nombre étoient le *Plantain*, le *Bouillon blanc*, le *grand Saule*, l'*Ortie*, la *Créte de Coq*, l'*Amaranthe pourpre*.

Les feuilles de l'*Ortie*, dont la ſurface inférieure touchoit l'eau, furent flétries en trois ſemaines ; celles dont la ſurface ſupérieure touchoit l'eau, conſerverent leur verdure l'eſpace de deux mois.

Les feuilles du *Bouillon blanc*, dont la ſurface inférieure touchoit l'eau, ne conſerverent leur verdure que cinq ou ſix jours ; celles dont la ſurface ſupérieure touchoit l'eau, conſerverent leur verdure l'eſpace de cinq ſemaines.

Les feuilles de l'*Amaranthe pourpre*, dont la ſurface ſupérieure touchoit l'eau, conſerverent leur verdure pendant trois mois ; celles dont la ſurface inférieure touchoit l'eau, ne reſterent vertes qu'une ſemaine.

Les feuilles de *Marrube du Pérou* & de *Méliſſe*, dont la ſurface inférieure touchoit l'eau, paroiſſoient avoir l'avantage ſur celles qui étoient en ſens contraire.

Les feuilles de l'*Arum* & de la *Créte de Coq*, dont les pétioles étoient plongés dans l'eau, conſerverent leur fraîcheur plus long-tems que celles dont la ſurface étoit couchée ſur l'eau,

Les feuilles du *grand Saule*, de l'*Ortie*, du *Tournefol*, du *Marrube du Pérou* & de l'*Epinar*, dont les pétioles furent plongés dans l'eau, ne conserverent pas leur verdure aussi long-tems que celles dont l'une ou l'autre surface touchoit l'eau.

Les feuilles du *Bouillon blanc*, du *Plantain* & de l'*Amaranthe*, qui recevoient l'eau par leurs pétioles, conserverent leur verdure plus long-tems que celles dont la surface inférieure touchoit l'eau.

Il n'est pas difficile de donner la raison de ce dernier fait; les orifices des vaisseaux à séve dans les pétioles, étant beaucoup plus larges que sur les surfaces des feuilles, l'humidité s'insinue en plus grande quantité & avec plus d'aisance par la premiere que par la seconde de ces voies.

M. BONNET fit ensuite des expériences sur les feuilles de *Poirier*, de la *Vigne*, du *Lilas*, du *Tremble*, du *Laurier*, du *Cerisier*, du *Prunier*, du *Maronier d'Inde*, du *Mûrier blanc*, du *Tilleul*, du *Peuplier*, de l'*Abricotier*, du *Noyer*, du *Noisetier*, du *Chéne* & du *Lierre*.

Parmi ces especes il trouva que celles du *Lilas* & du *Tremble* s'imbiboient d'eau par leur surface supérieure, comme par l'inférieure; dans toutes les autres especes, la surface inférieure absorboit une plus grande quantité d'eau que la face opposée : cette différence fut sur-tout remarquable dans les feuilles du *Mûrier blanc*, car celles dont la surface supérieure touchoit l'eau, se flétrirent en cinq jours, tandis que celles

qui étoient placées dans un sens opposé, conserverent leur verdure pendant six mois.

La *Vigne*, le *Peuplier*, le *Noyer*, prouvent sur-tout combien la surface supérieure des feuilles des plantes ligneuses, est peu propre à recevoir l'humidité; les feuilles de ces arbres, dont la surface supérieure fut appliquée à l'eau, se flétrirent presqu'aussi-tôt que celles qui étoient simplement exposées à l'air.

Dans toutes les expériences faites par ce Savant, sur les différentes feuilles des arbres & des herbes, il faut observer que les plantes qui s'imbiboient de l'humidité par leur surface supérieure, étoient celles qui avoient cette même surface couverte de poils ou de duvet, & qu'au contraire celles dont la surface inférieure étoit garnie de poils ou de duvet, s'imbiboient aussi de l'humidité par ce côté.

M. BONNET fait aussi mention de plusieurs expériences qu'il a faites lui même, & de celles qui ont été faites par M. DUHAMEL DU MONCEAU, de l'Académie royale des Sciences de Paris, en frottant les feuilles d'huile, de vernis, de cire ou de miel, pour en voir l'effet : les unes furent enduites des deux côtés, & d'autres sur un seul; les unes avoient une partie de leur surface frottée, d'autres leurs bords, & d'autres leurs pétioles seulement : ils mirent aussi un enduit sur les troncs de quelques arbres ou arbrisseaux, en laissant les feuilles & les branches dans leur état naturel.

Voici le réfultat de ces expériences : les feuilles frottées de vernis fur les deux furfaces, fe flétrirent auffi-tôt ; celles qui étoient couvertes des autres fubftances dont nous venons de parler, conferverent leur verdure plus ou moins de temps, felon que l'enduit étoit plus ou moins pénétrant. Les feuilles dont une feule furface fut frottée, durerent plus long-tems que celles qui le furent des deux côtés : les feuilles dont le pétiole feul fut couvert, durerent plus long-tems encore ; mais l'enduit qu'on appliqua fur le tronc des arbres, n'opéra aucun changement fenfible, excepté dans les tems très-chauds, & ces deux Savans croient qu'il fut très-avantageux à ces arbres d'avoir eu leur tronc ainfi frotté ; cette opération empêcha la trop grande tranfpiration qui les auroit affoiblis ; ils obferverent que les arbres couverts des fubftances dont nous avons parlé, fouffrirent moins des chaleurs exceffives que les autres arbres dans leur état naturel.

M. Bonnet obferve encore que les parties délicates des feuilles vernies furent détruites, & qu'il ne refta que les fibres dures.

Cet Ouvrage s'étendroit au-delà des bornes que je me fuis prefcrites, fi je rapportois toutes les expériences de ce curieux Obfervateur ; ainfi je renvoie à fes Ouvrages, où le Lecteur trouvera un grand nombre d'expériences très-exactes, & très-bien dirigées, qui toutes tendent à découvrir quel eft l'ufage des feuilles dans la végétation.

Le Docteur Hales, dans fon *Traité de la végétation*, dit qu'il eft évident, d'après plufieurs expériences que nous avons déjà rapportées, que les feuilles font d'une grande utilité dans la végétation, puifqu'elles fervent à conduire la nourriture des parties inférieures de la plante jufques dans le cercle d'attraction du fruit croiffant, qui, comme dans les jeunes animaux, eft pourvu des inftrumens propres à la fucer. Les feuilles paroiffent encore deftinées à plufieurs autres ufages importans ; car la Nature adapte fi admirablement fes inftrumens, qu'elle les fait fervir en même tems à plufieurs fins.

Ainfi les feuilles dans lefquelles on trouve beaucoup de vaiffeaux excrétoires, féparent & déchargent les fluides aqueux & inutiles qui, s'ils étoient retenus, s'altéreroient & nuiroient aux plantes ; ces fluides, en fe féparant, laiffent les parties nourricieres fe coaguler enfemble. Nous avons beaucoup de raifons de croire qu'une partie de cette nourriture eft conduite dans les végétaux à travers des feuilles qui s'imbibent abondamment de la rofée, qui renferme beaucoup de fels & de foufre.

L'air eft rempli de beaucoup de parties acides & fulphureufes, qui, lorfqu'elles font en très-grande quantité, occafionnent cette chaleur étouffante qui fe termine ordinairement par des éclairs & du tonnere. Ces nouvelles combinaifons de

foufre & d'acides, qui fe forment conftamment dans l'air,
font fans doute très-utiles &
avantageufes à la végétation :
quand les feuilles en font imbi-
bées, il eft poffible qu'ils deviennent les matériaux qui fervent à former les parties les
plus fubtiles & les plus raré-
fiées des végétaux ; car un fluide auffi fin que l'air paroît être
un *medium* plus propre à préparer & à combiner les principes
les plus exaltés des végétaux,
que le fluide plus groffier &
aqueux de la féve. Il eft vraifemblable, par la même raifon,
que les principes les plus raf-
finés & les plus actifs des animaux, font auffi préparés dans
l'air, & conduits dans le fang à
travers les poulmons : il eft évident, par l'exfudation fulphureufe qu'on trouve au bord des
feuilles, qu'elles contiennent
une grande quantité de particules de ce foufre aërien. On obferve que les abeilles en forment leurs rayons, auffi-bien
que de la pouffiere des fleurs ;
perfonne ne doutera que la cire ne renferme du foufre, fi
l'on fait attention à la facilité avec laquelle elle s'enflamme.

Nous pouvons donc raifon-
nablement conclure qu'un des
grands ufages des feuilles, eft
celui que plufieurs perfonnes
ont foupçonné, qui eft de faire
en quelque maniere les mêmes
fonctions, pour entretenir la
végétation des plantes, que les
poulmons pour conferver la
vie des animaux.

FEUILLE D'EAU. *Voyez*
HYDROPHYLLUM.

FICOIDES. *Voyez* MESAM-
BRIANTHEMUM. L.

FICUS. *Lin. Gen. Plant.* 1513.
*Edit. 3. Tourn. Inft. R. H. 662.
tab.* 420. [*Fig-tree.*] Figuier.

Caracteres. Les fleurs mâles &
les femelles font renfermées
dans la peau du fruit ; ainfi elles ne paroiffent point, à moins
que cette peau ne foit ouverte.
Les fleurs mâles font en petite
quantité, & fituées dans la partie haute du fruit ; les femelles
font nombreufes & placées
dans la partie baffe ; les mâles
font portées chacune fur un pédoncule féparé, & ont un calice
divifé en trois parties ; elles
n'ont point de pétales mais feulement trois étamines velues,
auffi longues que le calice, &
terminées par des fommets jumeaux : les femelles naiffent
fur des pédoncules diftincts ;
leurs calices font divifés en cinq
parties, & n'ont point de pétales ; leurs germes, qui foutiennent un ftyle réfléchi & couronné par deux ftigmats de même forme & pointus, deviennent dans la fuite une groffe femence, portée fur le calice.

Ce genre de plantes eft rangé
dans la troifieme fection de la
vingt-troifieme claffe de LIN-
NÉE, intitulée *Polygamia polyœ-
cia*, qui comprend celles dont
les fleurs mâles & les femelles
font renfermées fous une couverture commune ; mais dans
le Figuier fauvage, elles font
fur des plantes diftinctes.

Les efpeces font :

1°. *Ficus Carica, foliis palmatis. Hort. Cliff.* 471. *Hort. Ups.*
305. *Mat. Med.* 223. *Amœn.
Acad,* 1. *p.* 24. *Roy. Lugd.-B.*

211. *Gouan. Monfp.* 521. *Hall.*
Helv. n. 1607 ; Figuier à feuilles
en forme de main.

   Ficus. Dod. Pempt. 812.

   Ficus communis. C. B. p. 457 ;
Le Figuier ordinaire.

   Caprificus. Bauh. Hift. 1. *p.*
134. *Ficus humilis. Bauh. Pin.*
457. variétés.

   2°. *Ficus Sycomorus, foliis*
cordatis fub-rotundis integerrimis.
Hort. Cliff. 471. *Roy. Lugd.-B.*
212. *Amœn. Acad.* 1. *p.* 26. *Haf-*
felq. it. 495. *Gron. orient.* 329 ;
Figuier à feuilles rondes, en
forme de cœur, & entieres.

   Ficus folio Mori, fruĉtum in
caudice ferens. C. B. p. 459 ; Figuier à feuilles de Mûrier, portant du fruit fur les tiges, communément appelé Figuier à
feuilles de Mûrier, ou Figuier
Sycomore.

   Sycomorus. Bauh. Hift. 1. *p.*
124. *f.* 1. 2. *Sycomorus, Ficus*
Pharaonis. Cam. Math. 103. *f.* 3 ;
Figuier de Pharaon.

   3°. *Ficus religiofa, foliis cor-*
datis, oblongis, integerrimis, acu-
minatiffimis. Hort. Cliff. 471. *Fl.*
Zeyl. 372. *Amœn. Acad.* 1. *p.* 30 ;
Figuier à feuilles entieres, en
forme de cœur, & terminées en
pointes très-aiguës.

   Ficus Malabarienfis, folio cuf-
pidato, fruĉtu rotundo, parvo,
gemino. Pluk. Alm. 144 ; Figuier
du Malabare, avec des feuilles
à longues pointes, & un petit
fruit double & rond. Figuier des
Pagodes.

   Arealu. Rheed. Mal. 1. *p.* 47.

   4°. *Ficus Bengalenfis, foliis*
ovatis, integerrimis, obtufis,
caule infernè radicato. Hort.
Cliff. 471. *Amœn. Acad.* 1. *p.* 29.
Roy. Lugd.-B. 212. *Trew. Ehret.*

   Tome III.

50 ; Figuier à feuilles ovales,
obtufes & entieres, dont les
parties baffes de la tige pouffent des racines.

   Ficus Americana, latiori folio
venofo. Pluk. Phyt. 178. *f.* 1.

   Ficus Bengalenfis, folio fub-
rotundo, fruĉtu orbiculato. Hort.
Amft. 1. *p.* 119 ; Figuier du Bengale, à feuilles rondes & à fruit
orbiculaire. Pipal du Bengale.

   Peralu. Rheed. Mal. 1. *p.* 49. *t.*
28,

   5°. *Ficus Indica, foliis lanceo-*
latis integerrimis petiolatis, pedun-
culis aggregatis, ramis radicanti-
bus. Lin. Sp. Plant. 1514. *Edit.* 3 ;
Figuier à feuilles en forme de
lance, & pétiolées, dont les
pédicules des fruits croiffent en
paquets, & dont les branches
pouffent des racines.

   Ficus Indica Theophrafti. Ta-
bern. Hift. 1370. *Amœn. Acad.* 1.
p. 2 ; Figuier des Indes de Théo-
phrafte.

   Kahou-alou. Rheed. Mal. 3. *p.*
73. *t.* 57. *Raj. Hift.* 1437.

   6°. *Ficus maxima, foliis lan-*
ceolatis integerrimis. Hort. Cliff.
471. *Roy. Lugd.-B.* 212 ; Figuier
à feuilles entieres & en forme
de lance.

   Ficus Indica maxima, folio
oblongo, funiculis è fummis ramis
dimiffis radices agentibus fe propa-
gans, fruĉtu minori fphærico fan-
guineo. Sloan. Cat. Jam. 189. *Hift.*
2. *p.* 140. *t.* 223. *Raj. Dendr.* 16 ;
Le plus grand Figuier des In-
des, à feuilles oblongues, dont
les branches pouffent des racines, & qui produit un petit fruit
fphérique & de couleur de fang
à leur extrémité.

   Varinga lati-folia. Rumph. Amb.
3. *p.* 127. *t.* 84.

S

*Tfiela. Rheed. Mal. 3. p. 85. t.
63.*

7°. *Ficus racemofa , foliis ovatis, acutis integerrimis , caule arboreo , fructu racemofo. Lin. Sp. Plant.* 1060. *Amœn. Acad. 1. p. 30* ; Figuier à feuilles ovales, entieres & aiguës, ayant une tige d'arbre & des fruits branchus.

Groffularia domeftica. Rumph. Amb. 3. p. 136 t. 87. 88.

Alty-alu. Hort. Mal. 1. p. 43. t. 25. Raj. Hift. 1434.

8°. *Ficus pumila, foliis ovatis, acutis, integerrimis , caule repente. Lin. Sp. Plant.* 1060. *Amœn. Acad. 1. p 30* ; Figuier à feuilles ovales, aiguës & entieres, avec une tige rampante.

Ficus fylveftris procumbens , folio fimplici. Kæmpf. Amœn. 803. t. 804 ; Figuier rampant & fauvage, ayant des feuilles fimples.

Varinga repens. Rumph. Amb. 3. p. 134. t. 85.

9°. *Ficus Nymphæa folia , foliis ovato-cordatis , integerrimis , glabris* ; Figuier à feuilles ovales en forme de cœur, entieres & unies, ordinairement appelé Figuier à feuilles de Nénuphar.

10°. *Ficus Citri-folia , foliis oblongo-cordatis, acuminatis, petiolis longiffimis* ; Figuier à feuilles de Citronier, oblongues, en forme de cœur, & pointues, & à fort longs pétioles.

Ficus Citri folio , fructu parvo purpureo. Catesb. Hift. Carol. 3. p. 18. t. 18 ; Figuier produifant un petit fruit pourpre.

11°. *Ficus calyculata , foliis, ovatis, integerrimis . obtufis , oppofitis, fructu globofo calyculato* ; Figuier à feuilles ovales, obtu-fes , entieres & oppofées, qui produit un fruit globulaire pourvu d'un calice.

Ficus folio lato , fub-rotundo, fructu globofo , magnitudine Nucis mofchatæ. Houft. Mss. ; Figuier à feuilles larges & rondes, dont le fruit eft globulaire & de la groffeur d'une Noix mufcade.

Carica. La premiere efpece, qu'on cultive dans la plus grande partie de l'Europe, produit un fruit très-agréable au goût; on en connoît un grand nombre de variétés dans les pays chauds, qu'on a obtenues par femences, & on peut en acquérir encore de nouvelles en femant avec foin les graines des bonnes efpeces : on ne connoiffoit en Angleterre, il y a quelques années, que quatre ou cinq de ces variétés, parce que les Anglois, qui ne font pas beaucoup de cas de ce fruit , ne fe donnent guère de peine touchant fa culture.

Cependant le Chevalier RATHGEB m'a envoyé, il y a quelque tems, de Venife, une nombreufe collection de ces arbres . que j'ai plantés pour en goûter le fruit; plufieurs ont été trouvés excellens, & j'ai multiplié ces efpeces : mais j'ai négligé celles dont le fruit étoit d'une qualité inférieure. Comme fes variétés font fort nombreufes, je ne parlerai ici que de celles qui méritent d'être cultivées, & je les décrirai fuivant l'ordre dans lequel leurs fruits mûriffent.

Variétés. 1°. *La Figue Ifchia, de couleur brune ou chataigne.*

Ce fruit eft le plus gros de

tous ceux que j'ai vus jusqu'à présent ; il est court, rond , & a un œil assez large ; il est un peu pincé vers le pédicule, de couleur brune ou de chataigne au-dehors, & pourpre en-dedans ; ses graines sont grosses , & sa chair est douce & très-agréable, quoique de haut gout. Ces fruits s'ouvrent souvent lorsqu'ils sont mûrs ; ce qui a lieu vers la fin de Juillet ou au commencement d'Août. Des arbres de cette espece, à plein vent, mais plantés dans un sol chaud, m'ont donné des fruits bien mûrs. Et si cette espece est placée contre un mur, à une exposition chaude, elle peut produire deux abondantes récoltes chaque année.

2°. *La Figue noire de Génes.*

C'est un fruit long , qui se gonfle beaucoup au sommet, où il est obtus ; mais sa partie basse , vers le pédicule , est très-mince ; sa peau est d'une couleur pourpre foncée & presque noire ; elle est recouverte d'une poussiere pourpre, presque semblable à celle de certaines Prunes ; sa pulpe est d'un rouge brillant, & très-agréable au goût : elle mûrit au commencement d'Août.

3°. *La petite Figue blanche & printaniere.*

Cet arbre produit un fruit rond, un peu applati à la couronne, & supporté par un très-court pédicule ; lorsqu'il est entièrement mûr, sa peau prend une couleur jaune pâle & blanchâtre ; elle est mince, & sa chair est blanche & douce ; mais elle n'a pas une grande

saveur. Cette espece mûrit en Août.

4°. *Le grand Figuier blanc de Génes.*

Cet arbre produit un gros fruit rond , un peu allongé vers le pédicule ; sa peau est mince, de couleur jaunâtre, lorsqu'il est tout-à-fait mûr , & sa chair est rouge. Ce fruit est très-bon, mais les arbres qui le produisent sont peu féconds.

5°. *Le Figuier noir d'Ischia.*

Il produit un fruit court, d'une grosseur médiocre, & un peu applati à la couronne ; sa peau est presque noire lorsqu'il est mûr , & sa chair , d'un rouge foncé, a beaucoup de saveur : ce fruit est très-abondant ; il mûrit dans le mois d'Août ; mais les oiseaux, qui en sont très-friands, le dévorent aussi-tôt, si on ne parvient pas à le garantir de leurs attaques.

6°. *Le Figuier de Malte.*

Cet arbre produit un petit fruit brun, fort serré, applati au sommet, & fortement pincé vers le pédicule ; sa peau est de couleur brune pâle à l'extérieur ainsi qu'en-dedans ; la chair en est douce & savoureuse. Si on laisse ses fruits sur l'arbre jusqu'à ce qu'ils se soient ridés, alors ils deviennent sucrés comme des confitures sèches.

7°. *Le Murrey, ou le Figuier brun de Naples.*

Cet arbre produit un bon fruit, gros, rond, d'un brun clair au-dehors, avec des taches d'un blanc sale ; l'intérieur est presque de la même couleur; ſes grains ſont aſſez gros, & ſa chair eſt bien ſavoureu-ſe. Il mûrit ſur la fin d'Août.

8°. *Le Figuier vert d'Iſchia.*

Il produit un fruit oblong, & preſque rond à la couronne ; ſa peau eſt mince & verte ; mais lorſqu'il eſt tout-à-fait mur , on apperçoit au travers , de la chair qui eſt d'une couleur brunâtre ; mais ſon centre tache le linge & le papier en couleur pourpre : ce fruit a beaucoup de ſaveur , ſur-tout dans les étés chauds ; il mûrit vers la fin d'Août.

9°. *Le Figuier de Madonna*, qu'on appelle ici *Brunſwick*, ou *Figuier de Hanovre.*

Son fruit eſt long, pyramidal , & d'une groſſeur conſidérable ; ſa peau eſt brune ; ſa chair eſt d'un brun plus clair, d'un gros grain, & de peu de ſaveur ; il mûrit à la fin d'Août & au commencement de Septembre ; les feuilles de cette eſpece ſont beaucoup plus diviſées que celles de la plupart des autres.

10°. *Le bleu commun* , ou *la Figue pourpre*, eſt ſi bien connue, qu'elle n'a pas beſoin de deſcription.

11°. *La Figue longue & brune de Naples.*

Les feuilles de cet arbre ſont profondément découpées; ſon fruit eſt long , & un peu comprimé à la couronne ; ſes pédicules ſont aſſez longs ; ſa peau eſt d'un brun foncé, lorſqu'il eſt tout à-fait mûr ; ſa chair eſt rougeâtre & très-agréable ; ſes grains ſont gros : il mûrit en Septembre.

12°. *Le Figuier jaune d'Iſchia.*

Il produit un gros fruit de forme pyramidale , dont la peau eſt jaune quand il eſt mûr , & la chair , de couleur pourpre , & très-ſavoureuſe ; mais cet arbre eſt peu fécond dans notre climat ; il pouſſe beaucoup de branches , & ſes feuilles ſont très-larges & non fort découpées : ſon fruit mûrit en Septembre.

13°. *Le petit Figuier brun d'Iſchia.*

Celui-ci produit un petit fruit pyramidal , ſupporté par un très-court pédicule ; ſa peau eſt d'un brun clair ; ſa chair, preſque pourpre , eſt d'un très-bon goût ; il mûrit ſur la fin de Septembre : les feuilles de cet arbre ſont moins découpées que celles d'aucune autre eſpece ; il donne peu de fruits.

14°. *Le Figuier gentil.*

Son fruit eſt rond & de groſſeur médiocre ; la peau en eſt jaune quand il eſt mûr , ſa chair eſt preſque de la même couleur ; ſes grains ſont gros , & ſon goût eſt très agréable : mais il mûrit très-tard, & il eſt peu abondant ; de ſorte qu'on le cultive peu en Angleterre.

On a auſſi envoyé de l'Italie pluſieurs autres eſpeces ; mais comme elles méritent peu d'être multipliées , parce qu'elles ſont d'une qualité médiocre, peu abondantes , & qu'elles mûriſſent rarement ici , je n'en ferai aucune mention. Les quatorze eſpeces dont je viens de parler, méritent la préférence ſur toutes les autres , parce qu'elles produiſent une grande quantité d'excellens fruits qui fe fuccedent pendant tout l'été ; d'ailleurs , comme ces arbres exigent beaucoup de place & de bons abris contre des murailles , les perfonnes qui les cultivent ne veulent admettre dans leurs jardins que des efpeces choifies.

Les premiere , feconde , troifieme , neuvieme & dixieme variétés , donneront des fruits mûrs fur des arbres à plein vent , fi on les place à des expofitions chaudes ; mais les autres ont befoin d'être appuyées contre des murailles bien expofées , fans quoi leurs fruits ne mûriffent point en Angleterre.

Les Figuiers réuffiffent généralement dans tous les fols & à toutes les expofitions, mais ils donnent une plus grande quantité de fruits dans une terre forte & marneufe , que dans un terrein aride ; car fi les mois de Mai & de Juin font fort fecs , les arbres qui fe trouveront placés dans un pareil terrein , courront rifque de perdre leurs fruits ; auffi , lorfqu'on craint cet accident , on doit les arrofer copieufement , & couvrir leurs racines avec de la terre douce ; alors leurs fruits fe foutiendront & feront beaucoup meilleurs que ceux qui croitront dans un terrein froid & humide. J'ai toujours obfervé que les Figuiers plantés dans des terres blanches & crayonneufes , fur lefquelles il y avoit un pied au plus de terre douce & marneufe , produifoient de

meilleurs fruits & en plus grande quantité que les autres.

Ils aiment auffi d'être expofés à un air libre & ouvert ; car , quoiqu'ils pouffent affez bien dans les jardins clos, cependant ils produifent rarement autant de fruits , & tous ceux qui fe trouvent dans de petits jardins à l'ombre , donnent beaucoup de feuilles & très-peu de fruits mûrs.

Ces arbres font toujours à plein vent dans les pays chauds; mais en Angleterre on les place communément contre des murailles ; cependant depuis qu'on a trouvé quelques efpeces dont les fruits mûriffent bien en plein air , & dont la récolte eft plus abondante que fur les efpaliers , ils méritent que nous les cultivions , foit à plein vent , foit contre des murs. Je crois que les efpaliers réuffiroient mieux en Angleterre , fi on les traitoit comme on les fait en Allemagne , en les couchant en hiver , & en les couvrant avec de la paille ou quelqu'autre litiere , pour mettre leurs rejettons à l'abri des gelées ; mais en les découvrant par dégrés au printems , & en ne les expofant tout-à-fait à l'air que lorfqu'il n'y a plus rien à craindre ; c'eft de cette maniere que les Allemands fe procurent de très-grandes récoltes de Figues. Comme en Angleterre on plante ces arbres contre des murailles , à des expofitions chaudes , il arrive que leurs fruits pouffent de très-bonne heure lorfque le printems eft favorable ; mais alors s'il furvient quelques gelées en Avril ou en Mai , comme cela arrive souvent , ils éprouvent des dommages considérables & la plupart même tombent des arbres ; de maniere que la récolte de cette espece de fruits est toujours plus incertaine que celle de la plupart des autres : il arrive souvent que des arbres plantés contre des murs à l'exposition du nord & du levant, produisent une plus grande quantité de fruits en Angleterre, que ceux qui se trouvent au midi & au couchant.

En Italie & dans d'autres pays chauds , on estime peu cette premiere récolte , trop peu abondante : mais la seconde , qui vient sur les rejettons de la même année , est la principale & la meilleure ; celle-ci mûrit rarement en Angleterre , où il n'y a que trois ou quatre especes dont la seconde récolte puisse parvenir à maturité même dans les étés les plus chauds : ainsi nous ne devons nous attacher ici qu'à la premiere ; de sorte que , quand ces arbres croissent contre des murailles dans une bonne exposition , il faut les détacher, & après avoir ôté tous les petits fruits qui restent sur les branches, les rassembler avec des liens, & les coucher de façon qu'ils ne touchent point à terre, dont les vapeurs pourroient les faire moisir : de cette maniere on peut les couvrir aisément avec du chaume ou de la paille & les garantir des fortes gelées. Le but de ce traitement est de les retarder autant qu'il est possible ; & lors-

que les Figues commencent à pousser dans le printems, on remet les arbres contre la muraille : par cette méthode, j'ai vu faire de grandes récoltes en deux ou trois endroits : j'en ai vu aussi de pareilles dans quelques jardins particuliers après des hivers fort rudes qui avoient fait manquer les Figues dans beaucoup d'endroits ; on y avoit couvert les arbres avec des paillassons, après les avoir attachés contre la muraille.

On ne doit jamais tailler les branches de ces arbres , parce que les fruits poussent toujours au sommet des rejettons de l'année précédente ; de maniere que, si on vient à les couper, on ne peut plus espérer de récolte : d'ailleurs les branches qui ont été taillées , sont fort sujettes à périr. Lors donc qu'un arbre est trop chargé de bois , la meilleure méthode est de couper en entier toutes celles qui sont nues , & de ne laisser que celles qui sont le mieux garnies sur les côtés : on fait en sorte en les taillant ainsi , qu'il reste entre chaque branche un intervalle d'aumoins un pied, & même de quatre ou cinq pouces de plus, si elles sont fort garnies.

L'automne est la saison la plus favorable pour cette opération, parce que les branches étant alors moins remplies de sève, elles perdent beaucoup moins par leurs blessures qu'en les taillant au printems : d'ailleurs les arbres sont dépouillés dans ce tems des fruits de la derniere récolte; plutôt cette opération sera faite lorsque les feuilles commencent à tomber, & mieux les jeunes rejettons réfifteront aux froids de l'hiver. Il y a des années fi froides & fi humides, que les jeunes rejettons des Figuiers ne peuvent devenir ligneux, & qu'ils reftent tendres & remplis de féve : dans ce cas on ne peut guère efpérer une bonne récolte pour l'année fuivante ; car les premieres gelées de l'automne détruifent ordinairement les fommets de ces branches dans une longueur confidérable. Lorfque cet accident arrive, il faut couper toutes les parties flétries pour garantir tout ce qui fe trouve au-deffous : c'eft ainfi que j'ai vu fouvent quelques fruits pouffer fur les parties baffes des branches, qui n'en auroient point donné, fi leurs rejettons n'avoient point été endommagés, parce que les fruits fortent généralement des quatre ou cinq nœuds qui garniffent les extrémités des rejettons : c'eft pour cela qu'on doit conferver, autant qu'il eft poffible, les branches courtes & latérales, qui produifent le plus de fruits, parce qu'il n'y en a ordinairement qu'aux extrémités des branches longues & droites, en forte que les parties baffes des arbres font nues, fi l'on n'a pas la plus grande attention de conferver de jeunes branches dans toute leur longueur.

Les arbres en efpaliers qu'on abbaiffe pendant l'hiver, ne doivent être remis au treillage qu'à la fin du mois de Mars, par la raifon que nous avons donnée plus haut, & les efpaliers peuvent alors refter plus long tems : lorfque les groffes branches font attachées, on pouffe les petites latérales derriere pour les tenir près de la muraille, & garantir par-là les jeunes Figues des gelées du matin ; & lorfqu'il n'y a plus rien à craindre, on les remet dans leur pofition naturelle. Pendant l'été ces arbres n'exigent aucune taille ; on arrête feulement leurs rejettons au printems, dans les endroits qui n'ont point pouffé de branches latérales : fi ces branches viennent à être dérangées par le vent, ce qui arrive fouvent, il faut les rattacher auffi promptement qu'il eft poffible ; car fans cette précaution, elles feroient expofées à être brifées par l'effort des vents, auxquels leurs larges feuilles offrent beaucoup de prife.

Les arbres en efpaliers peuvent être aifément mis à l'abri des gelées du printems, en difpofant des paillaffons de maniere qu'on puiffe les ôter le matin & les remettre tous les foirs ; ce qu'il ne faut faire cependant que lorfque le tems eft encore froid & difpofé à la gelée. Quoique cette méthode occafionne quelques peines & des dépenfes, cependant on en fera amplement dédommagé par l'abondance de la récolte. La meilleure maniere de faire ces couvertures, eft d'attacher les rofeaux avec des ficelles, de façon qu'on puiffe les rouler comme une natte, ce qui donnera la plus grande aifance pour les ôter & les remettre : fi l'on roule ces rofeaux avec foin lorfqu'ils ne font plus néceffaires, & fi on les conferve dans un lieu fec, ils dureront plufieurs années.

Quelques perfonnes ont depuis peu effayé de planter des Figuiers en plein vent, qui ont très-bien réuffi; cette pratique a été renouvelée, parcequ'on a vu plufieurs vieux arbres de cette efpece ainfi difpofés, qui produifoient plus de fruits que les efpaliers : je crois que ces arbres à haut vent font plus en danger de perdre leurs branches par les fortes gelées : mais après les hivers doux, ils font toujours en meilleur état que les autres, en forte que l'on auroit plus de fruits fur ces arbres, fi on pouvoit les mettre à couvert pendant les hivers; ce qui feroit cependant facile, fi on réuniffoit leurs branches avec des liens de paille, & fi on les couvroit enfuite, ainfi que leurs racines, avec du chaume : mais, lorfqu'on prend ce parti, il faut avoir foin de les découvrir au printems par dégrés, & de maniere que leurs rejettons ne foient pas expofés fubitement aux injures de l'air; il faut auffi empêcher, autant qu'il eft poffible, que les fouris & les rats ne fe réfugient pas, en hiver, dans cette paille, parce qu'ils mangeroient l'écorce des rejettons & les détruiroient : j'ai fouvent remarqué que les Figuiers en efpaliers avoient tellement été maltraités par ces animaux,

que leurs groffes branches fe trouvoient dépouillées de leur écorce jufques fur la terre ; il faut par conféquent y veiller foigneufement durant cette faifon.

Les Figues bleues & blanches communes, font celles qu'on cultive le plus en Angleterre; mais elles ne peuvent être plantées en plein vent, comme quelqu'autres efpeces nouvellement connues ; car étant beaucoup plus tendres, elles font fouvent détruites jufqu'à la racine, pendant que d'autres à plein vent réfiftent aux gelées : l'efpece à Figues blanches eft la plus féconde, & fes fruits font très-doux ; mais les amateurs n'eftiment pas beaucoup cette efpece, à caufe de fon peu de faveur.

Les efpeces qui m'ont réuffi le mieux, font les premiere & troifieme : leurs branches font rarement endommagées par les gelées, & leurs fruits mûriffent toujours très-bien : les efpeces en efpaliers m'ont fouvent donné une feconde récolte affez mûre : j'en ai auffi planté plufieurs en efpaliers à l'expofition du nord-eft & du nord-oueft, dont quelques-unes m'ont donné une grande quantité de fruits de bon goût, qui ont cependant mûri plus tard, ce qui m'a encouragé à en planter davantage aux mêmes afpects, & à les planter à plein vent.

Bien des gens condamneront peut être ce que j'ai dit fur la taille de ces arbres, fans examiner mes raifons, & fans en faire l'effai ; ils penferont toujours d'après le préjugé reçu parmi les Jardiniers, qu'on ne doit jamais tailler les Figuiers, & qu'ils deviennent plus forts & plus durs lorsqu'ils sont éloignés de la muraille : j'avoue que j'ai vu produire beaucoup de fruits à des arbres ainsi placés ; mais ce n'étoit qu'après des hivers très-doux ; car il est certain que les fortes gelées endommagent considérablement ces Figuiers, tandis que ceux qui sont en espaliers souffrent beaucoup moins, & montrent leurs fruits quinze jours plus tôt que les autres.

La saison que j'indique pour tailler ces arbres, est différente de celle que choisissent la plupart des Jardiniers ; mais la simple expérience prouvera l'avantage de cette méthode, dont j'ai déja donné les raisons.

La principale est que la séve étant moins abondante en automne, les arbres perdent moins par les blessures qu'ils reçoivent, ainsi que l'expérience le démontre, puisque dans la saison que j'indique, l'écoulement du suc laiteux ne dure qu'un jour, au-lieu qu'au printems il continue pendant une semaine entiere.

Depuis quelques années on a planté contre une muraille à fourneaux, plusieurs de ces arbres, qui ont très-bien réussi au moyen d'un traitement convenable : mais comme ils filent & produisent peu de fruits lorsqu'on les tient trop renfermés par des vitrages, il faut avoir soin que la chaleur qu'ils éprou-

vent ne soit pas trop forte, & que les vitrages ne soient pas trop exactement fermés ; lorsque le tems est doux, il faut leur donner beaucoup d'air, & si les arbres sont jeunes & que leurs racines ne s'étendent pas au-delà de leurs couvertures, on les arrose fréquemment quand ils sont prêts à montrer leurs fruits, sans quoi ils se détacheroient avant que d'être mûrs : mais les vieux arbres, dont les racines s'étendent à une grande distance, n'exigeront que d'avoir leurs branches arrosées légèrement de tems en tems : s'ils sont traités convenablement, leur premiere récolte sera beaucoup plus abondante que sur les Figuiers exposés en plein air ; leurs fruits mûriront six semaines ou deux mois plus-tôt, & ils seront remplacés par une seconde récolte qui mûrira dans le commencement du mois de Septembre, & quelquefois en Août, qui est la saison où ils mûrissent dans les parties les plus chaudes de l'Europe : mais on ne doit point faire usage de feu avant le commencement de Février, parce que, si ces arbres étoient forcés plutôt, on ne pourroit pas introduire sous les vitrages l'air qui est nécessaire pour faire nouer le fruit quand il commence à paroître, à cause qu'il est encore trop froid dans cette saison : on pose les vitrages un mois avant, pour empêcher le froid d'endommager les rejettons de ces arbres.

Caprification. Il est à propos de parler ici de la méthode qu'emploient les peuples du Levant dans la culture de ces arbres, pour faire parvenir ces fruits à leur maturité, fans laquelle ils tomberoient & ne feroient bons à rien, comme on peut le voir dans les ouvrages des Voyageurs, ainfi que dans ceux de Pline & d'autres anciens Naturaliftes.

Je vais rapporter ce qu'en a dit M. de Tournefort, premier Botanifte de Louis XIV, dans fon *voyage du Levant*, (*tom. 2. let. 8. p. 23. & 24.*).

" Pline, dit-il, a obfervé "que dans l'Ifle de Zia les Habitans cultivent les Figuiers "avec beaucoup de foin : ils "emploient encore aujourd'hui "la même méthode, appellée "*Caprification*. Nous devons "obferver que dans la plu - "part des Ifles de l'Archipel ils "ont deux efpeces de Figuiers "à foigner. La premiere fe "nomme *Ornos*, de l'ancien "mot grec *Erinos*, c'eft-à-dire, "*Figuier fauvage*, ou *Caprificus* "chez les Latins. La feconde "eft le Figuier de Jardin ; le "Sauvage porte trois fortes de "fruits, *Fornites*, *Cratitires* & "*Ornis*, qui font abfolument "néceffaires pour faire mûrir "les fruits du Figuier cultivé.

"Les *Fornites* paroiffent en "Août, & durent jufqu'en Novembre fans mûrir ; dans ces "fruits s'engendrent de petits "vers qui fe changent en une ef- "pece de moucherons qu'on ne "voit voltiger qu'autour de ces "arbres. En Octobre & en Novembre ces infectes piquent "d'eux-mêmes les feconds "fruits, appelés *Cratitires*, qui

"ne fe montrent qu'à la fin de "Septembre ; & les *Fornites* "tombent peu de tems après "que les moucherons les ont "quittés ; les *Cratitires* au contraire reftent fur l'arbre jufqu'en Mai, & renferment les "œufs dépofés par ces infectes. Dans le mois de Mai la "troifieme efpece de fruits "commence à pouffer fur les "mêmes Figuiers Sauvages "qui ont produit les deux autres ; ces dernieres Figues "font beaucoup plus groffes, "& s'appellent *Ornis* ; quand "elles font parvenues à une "certaine groffeur, & que les "yeux commencent à s'ouvrir, "elles font piquées dans cette "partie par les moucherons "des *Cratitires*, qui fe trouvent "en état de paffer d'un fruit à "l'autre pour y dépofer leurs "œufs.

"Il arrive quelquefois que "les moucherons des *Cratitires* "tardent à fortir dans certains "cantons où les *Ornis* font difpofés à les recevoir ; dans ce "cas le cultivateur eft obligé "d'aller chercher des *Cratitires* "dans un autre endroit, pour "les ficher aux extrémités des "branches de ces Figuiers "dont les *Ornis* font en état "d'être piqués ; s'il manque ce "tems, les *Ornis* tombent, & "les moucherons des *Cratitires* s'envolent. Il n'y a que "ceux qui entendent bien cette pratique, qui connoiffent "ce moment critique ; pour y "réuffir, ils ont continuellement la vue fixée fur l'œil de "la Figue, parce que cette "partie indique non-feulement

„ le tems où les infectes doi-
„ vent fortir, mais encore ce-
„ lui où les Figues doivent être
„ piquées avec fuccès : fi l'œil
„ eft trop dur ou trop ferré, les
„ moucherons ne peuvent y
„ dépofer leurs œufs, & la Fi-
„ gue tombe quand cet œil eft
„ trop ouvert. .

„ Ces trois efpeces de fruits
„ ne font pas bons à manger;
„ ils ne fervent qu'à hâter la
„ maturité des *Figues de jardin* :
„ pendant les mois de Juin &
„ de Juillet, lorfque les mou-
„ cherons font prêts à fortir,
„ les Payfans détachent les *Or-*
„ *nis*, les enfilent dans des ba-
„ guettes minces, & les pla-
„ cent fur les Figuiers de jar-
„ din ; mais s'ils ne faififfent
„ pas l'inftant favorable, les
„ *Ornis* tombent & les Figues
„ de jardin ne mûriffent pas,
„ & fe détachent bientôt auffi.
„ Les Habitans de la campagne
„ connoiffent fi bien ces mo-
„ mens précieux, que tous les
„ matins, en faifant leur tour-
„ née, ils ne tranfportent fur
„ les Figuiers que des *Ornis*
„ bien conditionnés : fans ce
„ moyen ils n'obtiendroient
„ aucune récolte. Il eft vrai
„ qu'il leur refte encore une
„ foible reffource, qui eft de
„ répandre fur leurs Figuiers
„ de jardin, l'*Afcolimbros*,
„ plante fort commune dans
„ les Ifles, & dont le fruit con-
„ tient une efpece de mou-
„ cherons qui ont la même
„ propriété, & qui font peut-
„ être ceux de l'*Orni*, qui vont
„ voltiger fur ces fleurs pour y
„ chercher leur nourriture.

„ Enfin les Payfans ména-

„ gent fi bien les *Ornis*, que les
„ moucherons font mûrir les Fi-
„ gues de jardin dans l'efpace
„ de quarante jours : ces Fi-
„ gues font très-bonnes quand
„ elles font fraîches : lorfqu'ils
„ veulent les fécher, ils les
„ expofent au foleil pendant
„ quelque tems, & les paffent
„ enfuite au four pour les con-
„ ferver le refte de l'année. Le
„ pain d'Orge & des Figues fè-
„ ches, font la principale nour-
„ riture des Payfans & des
„ Moines de l'Archipel : mais
„ ces fruits, ainfi préparés,
„ font bien inférieurs aux Fi-
„ gues fèches de Provence, de
„ l'Italie & de l'Efpagne. La
„ chaleur du four leur fait per-
„ dre leur délicateffe & leur
„ bon goût ; mais d'un autre
„ côté cette chaleur eft nécef-
„ faire pour détruire les œufs
„ que les mouches de l'*Orni* y
„ ont dépofés, & qui, fans ce-
„ la, donneroient naiffance à
„ de petits vers qui feroient
„ beaucoup de tort à ces fruits.

„ Quelle peine & quel tra-
„ vail pour fe procurer un
„ mauvais fruit ! Je ne puis
„ trop admirer la patience des
„ Grecs, qui s'occupent pen-
„ dant plus de deux mois à
„ tranfporter ces moucherons
„ d'un arbre à l'autre : cepen-
„ dant la raifon en eft toute
„ fimple ; un de leurs Figuiers
„ produit ordinairement de-
„ puis deux jufqu'à trois cens
„ livres de fruits ; tandis que
„ les nôtres & ceux de Proven-
„ ce n'en donnent guère plus
„ de vingt-cinq.

„ Les moucherons contri-
„ buent peut-être à la maturité

„· des Figues de jardin , en fai-
„ fant extravafer le fuc nourri-
„ cier dont ils rompent les
„ tuyaux en y dépofant leurs
„ œufs ; peut-être auffi , qu'ou-
„ tre leurs œufs , ils laiffent
„ encore échapper une liqueur
„ propre à exciter , par fon
„ mélange avec le fuc de la Fi-
„ gue , une fermentation qui
„ attendrit fa chair. Nos Figues
„ de Provence , & même de
„ Paris , mûriffent beaucoup
„ plutôt lorfqu'on pique leurs
„ yeux avec une paille trem-
„ pée dans l'huile d'Olive.

„ Les *Prunes* & *Poires* qui
„ font piquées par quelques in-
„ fectes , mûriffent de même
„ auffi beaucoup plus vîte ; &
„ la chair la plus voifine de ces
„ piquûres eft auffi d'un meil-
„ leur goût que le refte : on ne
„ peut douter qu'il ne s'opère
„ un changement confidérable
„ dans la fubftance de ces
„ fruits , de même qu'il arrive
„ aux parties des animaux per-
„ cées avec quelque inftrument
„ aigu.

„ Il eft prefque impoffible de
„ bien entendre les anciens
„ Auteurs qui ont traité de la
„ *Caprification* , ou de la cultu-
„ re & du traitement des *Fi-*
„ *guiers Sauvages* , fi l'on n'eft
„ pas bien inftruit des circonf-
„ tances qui fervent à la faire
„ réuffir : non - feulement ce
„ détail nous a été confirmé à
„ Zia , à Tino , à Mycône & à
„ Scio , mais auffi dans la plu-
„ part des autres Ifles ''.

Culture. On multiplie les Figuiers en Angleterre, au moyen
des rejettons qu'ils produifent ,
ou en couchant leurs branches ,

qui pouffent affez de racines
pour pouvoir être tranfplantées
au bout d'une année ; ou par
boutures , qui réuffiffent aifément , lorfqu'elles font bien
traitées.

La premiere maniere eft mauvaife , parce que tous les arbres
qui viennent de rejettons , font
fort fujets à en pouffer eux-
mêmes une grande quantité , &
que leurs branches font moins
fermes que celles des marcottes
& plus remplies de féve ; ce qui
les expofe à être plus facilement endommagées par les gelées. Les marcottes font préférables , quand elles font faites
avec des branches fructueufes ,
car celles qu'on prend fur de
vieux tocs , font fort molles &
pleines de féve ; ce qui les fait
pouffer fortement en bois , fans
donner beaucoup de fruits ,
quand elles ont échappé aux gelées. Comme ces arbres , lorfqu'ils ont pris une habitude vicieufe dans leur jeuneffe , portent difficilement du fruit , on
ne doit employer pour marcottes que des branches ligneufes ,
dures & bien mûres , & non pas
de jeunes rejettons remplis de
féve , & dont les pores font larges & ouverts.

Le meilleur tems pour coucher les branches , eft l'automne ;
ne ; fi l'hiver eft rude , on les
couvre avec du vieux tan ou
avec du terreau léger , pour
les conferver & les mettre à
l'abri de la gelée : dès l'automn-
ne fuivant , elles auront pouffé
d'affez fortes racines pour pouvoir être enlevées ; alors on les
détachera des vieilles plantes ,
parce que dans cette faifon ,

leurs branches ne font pas auffi remplies de féve qu'au printems , & qu'elles perdent par conféquent moins par les bleffures qu'elles reçoivent : on peut les tranfplanter tout de fuite à demeure , ou les laiffer en place jufqu'au printems ; mais comme ces arbres ne peuvent être déplacés fans rifque , lorfqu'ils font déja gros , il eft à propos de les mettre tout de fuite où ils doivent refter , & de couvrir leurs racines avec du terreau. Si l'hiver eft très-rude , on enveloppe leurs branches avec de la paille , ou quelqu'autre efpece de chaume léger , afin que leurs tendres extrémités ne foient point détruites par les gelées ; ce qui arrive fouvent lorfqu'on n'a pas employé cette précaution.

Lorfqu'on veut multiplier ces arbres par boutures , on choifit en automne quelques branches dures & ligneufes , dont les nœuds foient rapprochés les uns des autres , & on les fépare en confervant à leur bâfe une partie du bois de l'année précédente ; mais on ne retranche point leurs extrémités , comme on le pratique communément pour les autres efpèces de boutures : on les plante enfuite à huit ou neuf pouces de profondeur , dans une planche de terre marneufe , à une expofition chaude , & l'on en couvre toute la furface de trois ou quatre pouces de vieux tan , pour empêcher la gelée d'y pénétrer Si l'hiver devient rude , on couvre également ment les boutures avec de la paille qu'on enleve au printems; mais on laiffe le vieux tan qui empêchera le hâle du printems , & la chaleur de foleil de l'été , de pénétrer dans la terre: ces boutures auront pouffé d'affez fortes racines dès l'automne fuivant , pour pouvoir être tranfplantées & traitées comme les marcottes.

Si on coupe des branches à fruits, qu'on les plante dans des pots ou caiffes remplies de bonne terre , & qu'on les plonge dans une bonne couche chaude de tan de la ferre ; elles produiront dans le commencement du printems , des fruits qui mûriront au mois de Mai.

Il eft tems de parler à préfent des autres efpeces de *Figuiers* qui croiffent naturellement dans les pays chauds , & que l'on conferve dans les collections de plantes rares & exotiques ; la plupart de ces efpeces ne produifent point de fruits bons à manger , même dans leur pays natal : mais comme leurs feuilles font larges & belles , elles forment dans les ferres une variété agréable.

Sycomorus. La feconde efpece eft originaire du Levant , où elle s'éleve en un grand arbre divifé en plufieurs branches , garnies de feuilles femblables à celles du *Mûrier* , qui procurent un ombrage agréable dans ces pays chauds : fon fruit croit fur le tronc & fur les plus groffes branches , & jamais fur les foibles rejettons , comme dans la plupart des autres arbres; il eft de la forme de la Figue ordinaire , mais peu eftimé. Cette efpece eft connue fous le nom de *Sycomore* ou *de Figuier de Pharaon*.

Religiofa. La troifieme, qui croît naturellement dans les Indes Orientales, eft regardée comme un arbre facré que perfonne n'ôfe détruire : quelques - uns l'appellent l'*Arbre-Dieu Indien*. Il s'éleve en une tige ligneufe , à une grande hauteur, & pouffe plufieurs branches minces, & garnies de feuilles unies en forme de cœur, terminées en une longue queue ou pointe, entieres, unies, d'un vert clair, & portées fur des pétioles affez longs : elles ont fix à fept pouces de longueur & trois pouces & demi de largeur vers leur bâfe ; mais elles deviennent graduellement plus étroites vers leurs extrémités, où elles fe terminent en une queue ou pointe étroite d'un pouce & demi de longueur : fes fruits fortent des branches, ils font petits , ronds, & n'ont aucune valeur.

Bengalenfis. La quatrieme s'éleve en plufieurs tiges, à la hauteur de trente ou quarante pieds , & fe divife en un grand nombre de branches qui pouffent en - deffous des racines, dont plufieurs s'étendent jufqu'à terre ; en forte que dans les lieux où ces arbres croiffent , leurs racines & leurs branches font tellement entrelacées qu'elles rendent les paffages impraticables. Dans les Indes , les Banians dirigent les branches de ces arbres en berceaux réguliers, & placent au deffous leurs Pagodes ou Idoles ; ce qui forme leurs Oratoires. En Amérique , où ces arbres font très-multipliés , on trouve des plaines qui en font fi couvertes , que ni les hommes , ni aucun animal ne peuvent y pénétrer : leurs feuilles font épaiffes , unies, ovales, de fix pouces de longueur fur quatre pouces de largeur , & obtufes à leurs extrémités ; leurs fruits font ronds & de la groffeur d'une chique ; mais on ne les emploie à aucun ufage.

Indica. La cinquième , qu'on rencontre également en Amérique & dans l'Inde , s'éleve en tige ligneufe , à la hauteur de trente pieds , & pouffe plufieurs branches garnies de feuilles oblongues , & portées fur des pétioles affez longs ; elles ont environ fix à huit pouces de longueur , fur deux & demi de largeur , & fe terminent en pointe obtufe : elles font d'un vert foncé & unies en deffus , & d'un vert clair & veinées en-deffous ; fon fruit eft petit & n'a aucune valeur : les branches de ces arbres pouffent auffi des racines, qui s'étendent quelquefois jufqu'à terre.

Maxima. La fixieme eft originaire de l'Amérique , où elle s'éleve à la hauteur de trente à quarante pieds , & produit plufieurs branches minces qui pouffent des racines comme les précédentes ; fes feuilles ont huit à neuf pouces de longueur fur deux de largeur , & font terminées en pointe ; fon fruit eft petit , rond , & de couleur de fang , lorfqu'il eft mûr : mais il n'eft pas bon à manger.

Racemosa. La septieme se trouve dans les Indes, où elle s'éleve à la hauteur de vingt-cinq pieds, & se divise en plusieurs branches, garnies de feuilles ovales, pointues, unies, & d'un vert luisant; son fruit est petit, & sort en grappes sur les côtés des branches : mais il n'est pas bon à manger.

Pumila. La huitieme, qui est aussi originaire des Indes, est un arbrisseau bas & rampant, dont les tiges poussent de chacun de leurs nœuds des racines qui pénetrent dans la terre, & au moyen desquelles il se multiplie en abondance ; ses feuilles ont deux pouces & demi de longueur, sur près de deux pouces de largeur, & sont terminées en pointe ; elles sont d'un vert luisant & placées sans ordre sur les branches : son fruit est petit & n'est bon à rien.

Nymphæa-folia. La neuvieme a une tige forte, droite & ligneuse, qui s'éleve à la hauteur de vingt pieds, & pousse latéralement plusieurs branches, garnies de feuilles larges, ovales & fermes, de quatorze pouces environ de longueur sur près d'un pied de largeur, & arrondies à leur extrémité : elles ont plusieurs veines transversales, qui s'étendent depuis la côte du milieu jusqu'aux bords ; leurs pétioles sont longs, & ordinairement inclinés vers les branches ; la surface supérieure de ces feuilles est d'un vert luisant, & l'inférieure est de couleur de vert de mer ; elles sont épaisses & très-unies : cette espece croît naturellement dans les Indes,

d'où elle a été apportée dans les jardins Hollandois.

Citri-folia. La dixieme est originaire de l'Amérique, où elle s'éleve à la hauteur de vingt pieds, & produit plusieurs branches couvertes d'une écorce blanche, & garnies de feuilles oblongues, en forme de cœur, d'un vert luisant en dessus, d'un vert pâle en-dessous, terminées en pointe aiguë, d'environ trois pouces de longueur sur un pouce & demi de largeur à leur bâse, & portées sur des pétioles fort longs ; ses fruits, qui sortent latéralement vers les extrémités des branches, sont de la grosseur d'un pois & de couleur pourpre foncée : ils naissent très-serrés les uns contre les autres, & ne sont pas bons à manger.

Calyculata. La onzieme croît naturellement à la Vera-Cruz, d'où elle m'a été envoyée par le Docteur HOUSTOUN ; elle s'éleve à la hauteur de douze ou quatorze pieds, avec des tiges d'arbrisseau qui se divisent en plusieurs petites branches, garnies de feuilles ovales, fermes, obtuses, de quatre pouces de longueur sur trois de largeur, d'un vert clair, & portées sur des pétioles fort courts, qui partent d'un creux dans lequel le fruit prend aussi naissance ; il est rond, de la grosseur d'une muscade médiocre, & d'un jaune foncé lorsqu'il est mûr : il n'est pas bon à manger.

Culture. Je crois que la seconde espece ne se trouve pas à présent en Angleterre ; j'en ai élevé deux ou trois plantes de semence en 1736, qui ont été détruites par les fortes gelées de 1740 ; mais depuis ce tems, je n'ai pu réuffir à m'en procurer d'autres.

Les autres efpeces que l'on conferve dans plufieurs jardins curieux, fe multiplient aifément par boutures : après les avoir féparées des vieilles plantes, on les tient pendant deux ou trois jours dans un lieu fec & à l'ombre pour guérir leurs bleffures ; car ces plantes étant remplies d'une féve abondante, feroient en danger d'être attaquées de pourriture, fi l'on ne prenoit pas cette précaution : on les place enfuite dans des pots remplis de terre légere & fablonneufe, on les plonge dans une couche de chaleur modérée, on les met à l'abri du foleil, & on les arrofe deux ou trois fois par femaine, fi la faifon eft chaude : cependant il ne faut point leur donner trop d'humidité, qui les détruit infailliblement.

Lorfque ces boutures ont pouffé d'affez fortes racines pour pouvoir être tranfplantées, on les met chacune féparément dans de petits pots remplis d'une terre légere & fans fumier, & on les replonge dans la couche chaude, en obfervant de les tenir à l'abri du foleil, jufqu'à ce qu'elles aient produit de nouvelles fibres, & on leur donne de l'air, lorfque le tems eft favorable, pour les empêcher de filer, & les fortifier avant les premiers froids de l'automne : on les plonge enfuite dans la couche de tan de la ferre chaude, où elles doivent refter conftamment, & on

les traite comme les autres plantes qui viennent des mêmes contrées : car, quoiqu'on puiffe élever plus durement deux ou trois de ces efpeces, cependant elles ne feront pas beaucoup de progrès, fi l'on ne prend pas toutes les précautions que nous venons d'indiquer. (1).

FIGUE D'INDE, *ou* FICOIDES, RAQUETTE *ou* CARDASSE. *Voyez* MESAMBRYANTHEMUM. L. OPUNTIA.

FIEL DE TERRE, *ou* LA FUME-TERRE. *V.* FUMARIA.

FIGUIER. *Voyez* FICUS.

FIGUIER D'ADAM, *ou* BANANIER. *Voyez* MUSA.

FILAGO. Il y a plufieurs efpeces de ce genre, dont quelques-unes croiffent naturellement fur des terres ftériles de quelques cantons de l'Angleterre ; plufieurs perfonnes leur

____

(1) Les Figues font non-feulement un aliment fain & agréable, mais on les emploie encore comme médicament dans quelques cireonftances ; la grande quantité de fubftance mucilagineufe fucrée qu'elles contiennent, les rend très-adouciffantes, lubréfiantes & antiputrides ; c'eft-pourquoi on les fait entrer avec les Raifins, les Jujubes, les Sébeftes, les Dattes, &c., dans les ptifanes pectorales, & dans les boiffons qu'on prépare pour calmer la toux opiniàtre.

On applique auffi les Figues en cataplafme fur différentes tumeurs, comme réfolutives & émollientes, & l'on en prépare des gargarifmes qu'on emploie avec fuccès dans les fluxions de la luette & de la gorge. Le fuc de toutes les efpeces de Figuiers eft très-cauftique & dangereux.

don-

donnent le nom de *Cotton weed*, herbe à coton ; & d'autres, celui de *Cudweed*, ou *Gnaphalium*: leurs feuilles font blanches, & lorfqu'elles font rompues, on y obferve des filamens cotonneux. Ces plantes ont été rangées fous le genre des *Gnaphalium* par la plupart des Botaniftes ; mais je n'en donnerai aucune défcription, parce qu'elles ne font point admifes dans les jardins : une d'elles eft cependant comprife dans la lifte des plantes médicinales (1).

FILARIA. *Voyez* PHILLYREA LATI-FOLIA.

FILIPENDULE. *V.* SPIRÆA FILIPENDULA.

FILIPENDULE *aquatique. V.* ŒNANTHE PIMPINELLOIDES.

FILIUS ANTE PATREM, *le Fils avant le Pere ;* expreffion que les Botaniftes emploient pour défigner les plantes dont les fleurs fortent avant les feuilles , ou celles qui pouffent des branches de fleurs latérales plus élevées que celles du centre.

____

(1) L'efpece de ce genre qui eft employée en médecine , eft le *Gnaphalium vulgare majus. C. B. 269, Gnaphalium Germanicum. J. B. tom. 3 , pag. 158. Filago feu Impia , Dod. 66.* On la regarde comme vulnéraire & aftringente, & quelques Médecins la recommandent dans les crachemens de fang , la dyffenterie, & les autres efpeces d'hémorragies : mais dans ces différentes circonftances , fon ufage doit être dirigé avec prudence ; car ces fortes de remedes font fouvent plus nuifibles qu'utiles , lorfqu'ils font employés par des mains ignorantes. Les Anglois font bouillir cette plante dans l'huile , & l'appliquent fur toutes les efpeces de contufions.

Tome III.

FILIX. [*Fern.*] Fougere. Ce genre offre une multitude d'efpeces diverfes dans tous les pays , mais particulièrement en Amérique , comme on peut le voir dans l'*Hiftoire Naturelle de la Jamaïque* , publiée par le Chevalier - Baronet Sir HANS-SLOANE , & dans *la Defcription des Fougeres d'Amérique* , par PLUMIER ; mais comme on cultive rarement ces plantes dans les jardins, je n'en dirai rien ici.

FISTULAIRES - FLEURS , *flores fiftulares,* de *fiftula , pipe ,* font celles qui font compofées de plufieurs petites fleurs longues & creufes comme des tuyaux de pipe.

FLAMME , *ou* IRIS. *V.* IRIS GERMANICA. L.

FLAMBEAU , CIERGE. *V.* CACTUS , CEREUS.

FLAMMULA JOVIS. *Voyez* CLEMATIS.

FLEUR , (*la*) eft cette partie d'une plante qui précede le fruit, & qui l'enveloppe ordinairement. Quoique cette partie foit bien connue , cependant les définitions qu'en ont donné les Auteurs de Botanique , font toutes différentes : JUNGIUS la définit la partie la plus délicate de la plante , remarquable par fa couleur & par fa forme, & cohérente au fruit. Cependant cet Auteur lui - même avoue que cette définition eft eft trop refferrée ; car quelques-uns de ces corps , qu'il regarde comme des fleurs , font éloignés du fruit.

RAY dit, que la plus grande partie des fleurs eft cohérente aux rudimens du fruit ; mais prefque tout ce qu'il ajoûte mé-

T

rite à peine d'être regardé comme une définition.

Tournefort définit la fleur une partie remarquable par fes couleurs, qui eft le plus fouvent adhérente au jeune fruit, auquel elle paroît fournir une nourriture propre à développer fon tiffu délicat. Cette définition eft encore plus imparfaite & plus vague que les précédentes.

Pontedera, Profeffeur de Botanique à Padoue, dit que la fleur eft une partie qui ne reffemble point au refte de la plante par fa forme & fa nature : que, fi la fleur a un tube, elle eft toujours cohérente à l'embrion, ou au moins très-voifine de lui ; mais que fi elle n'a point de tube, elle n'a point d'embryon.

Cette définition eft bien éloignée d'être claire ; car à peine eft-elle intelligible : elle peut d'ailleurs convenir à toute autre partie de la plante ; telle que la racine, la tige, ou la feuille, qui diffèrent les unes des autres par leur forme & leur nature.

M. de Jussieu, Démonftrateur de Botanique à Paris, ne paroît pas avoir mieux réuffi : Il dit qu'on appelle proprement *fleur*, cette partie compofée d'étamines, de filamens & de piftiles, qui fert à la génération : mais cette définition eft défectueufe ; car il y a plufieurs plantes dans lefquelles le ftyle eft placé à une diftance confidérable des étamines, & on voit quelques fleurs qui n'ont point de ftyle, & d'autres qui font privées d'étamines.

M. Vaillant eft celui qui paroît avoir été plus heureux ; en donnant une idée plus claire de cette partie des plantes. Nous trouvons dans *les leçons* qu'il donnoit au jardin Royal à Paris, que les fleurs ftrictement dites, doivent être regardées comme les organes qui caractérifent le fexe des plantes, qu'elles font quelquefois fans calice, & que les pétales qui les entourent immédiatement, ne fervent qu'à les couvrir & à les abriter : mais, dit-il, comme la corolle eft la partie la plus vifible & la plus belle de cet organe qu'on appelle *fleur*, c'eft le nom que je donne à la corolle, de quelque ftructure ou couleur quelle puiffe être, foit qu'elle entoure les organes des deux fexes raffemblés, foit qu'elle n'en renferme qu'un, ou feulement quelques parties qui en dépendent, pourvu qu'elle n'ait pas la même forme que les feuilles de la plante.

Mais, fuivant mon opinion, le Docteur Martyn a mieux réuffi dans fa définition de la Fleur que tous ceux dont je viens de parler ; il repréfente la Fleur comme l'affemblage des organes de la génération des deux fexes, adhérents enfemble au placenta commun dans les mêmes enveloppes, ou féparément dans des enveloppes particulieres lorfque ces Fleurs en font pourvues.

Les parties de la Fleur font, 1°. l'*ovaire*, qui eft le rudiment du fruit, & proprement l'organe femelle de la génération.

2°. Le *ftyle* qui accompagne l'ovaire, foit en s'élevant de fon fommet, foit qu'il fe trouve placé fur un axe central , & entouré par les embrions des femences.

3°. Les *fommets* ou *apices* font des corps qui renferment la pouffiere prolifique analogue au fperme des animaux mâles ; ils font généralement foutenus par des fils minces qu'on appelle *étamines*.

Les *pétales* font des feuilles délicates & colorées , qui forment en général la partie la plus vifible de la Fleur.

Le *calice* eft compofé des feuilles délicates qui couvrent & enveloppent les autres parties de la Fleur.

Les Fleurs , fuivant le nombre de leurs pétales , font appelées *Monopétales* , *Dipétales* , *Tripétales* , *Tétrapétales* , &c.

La ftructure des Fleurs differe beaucoup dans les différentes efpeces ; mais , fuivant le Docteur GREW , elles ont généralement toutes ces trois parties communes , le *calice* , la *foliation* & *un certain ornement*.

M. RAY prétend qu'une Fleur , pour être parfaite , doit avoir des pétales , des étamines, des fommets & un ftyle , & que celles qui manquent de quelques-unes de ces parties font imparfaites.

Dans la plupart des plantes il y a un *périanthe* d'une confiftance plus forte que celle de la Fleur même , qui fert à la fortifier ou à la préferver : les Fleurs font diftinguées en mâles , en femelles , & en hermaphrodites. Les Fleurs *mâles* renferment les étamines ; mais elles n'ont point de germe ni de ftyle , & elles ne produifent

point de fruits : les Botaniftes les nomment *Fleurs à étamines*.

Les Fleurs *femelles* font celles qui renferment le germe & le ftyle , & qui font remplacées par des fruits : on les appelle *Fleurs fructueufes* ou *noueufes*.

Les Fleurs *hermaphrodites* contiennent les organes des deux fexes , & ce font les plus communes ; telles font l'*Afphodele* , le *Lys* , la *Tulipe* , l'*Althœa* , le *Geranium* , le *Romarin* , la *Sauge* , le *Thim* , &c.

La ftructure des Fleurs dans lefquelles les deux fexes font divifés , ne differe qu'en ce que les organes mâles font féparés des parties femelles ; quelquefois ces deux efpeces de Fleurs font réunies fur les mêmes plantes , & d'autres fois elles fe trouvent fur des pieds féparés.

Parmi les plantes qui portent en même-tems les Fleurs mâles & les Fleurs femelles , on diftingue le *Concombre* , le *Melon* ; la *Courge* , le *Bled de Turquie* , le *Noyer* , le *Chêne* , le *Hêtre* , &c.

Les Fleurs compofées font formées de plufieurs fleurettes ou demi-fleurettes , ou de toutes les deux réunies dans un même calice , de maniere qu'elles ne font qu'une feule Fleur.

FLEUR DE CRAPEAU. *V.* STAPELIA.

FLEUR DE GLOBE , *ou efpece de* CENTAURÉE. *Voyez* SPHÆRANTHUS.

FLEUR DORÉE. *V.* CHRYSANTHEMUM.

FLEUR DE LA PASSION. *V.* PASSIFLORA.

FLEUR DE PAON, POINCILLADE , *ou* HAYE FLEURIE. *Voyez* POINCIANA.

FLEUR DU GRAND SEI-GNEUR , *ou* LAMBRETTE. *Voyez* CYANUS.

FLEUR DE SANG, *ou* TU-LIPE *du Cap de Bonne-Espérance. Voyez* HÆMANTHUS.

FLEUR DU SOLEIL *Voyez* HELIANTHUS , TETRAGONO-THECA.

FLEUR DE NOEL, PIED DE GRIFFON *ou* HELLEBO-RE NOIR. *Voyez* HELLEBORUS NIGER.

FLEUR DE PASQUES , *ou* HERBE AU VENT , *ou* CO-QUE LOURDE. *Voyez* PULSA-TILLA.

FLEUR ÉTOILÉE *V.* AMEL-LUS , MELANTHIUM.

FLEUR A TROMPETTE , *ou* JASMIN ÉCARLATE. *V.* BIGNONIA.

FLEURISTES , (les) font ceux qui font leur amufement de la culture des Fleurs.

FLOCON , *ou* TOUFFE D'OR , *ou* CHEVEUX DO-RÉS. *V.* CHRYSOCOMA.

FLORENTULUS , *ou* FLO-RULUS. Plante couverte de fleurs, & floriffante.

FLORIFER , fe dit des plan-tes qui produifent des fleurs.

FLUIDITÉ. *Fluiditas* , *de Fluere* , Lat. couler.

Comme j'ai fait mention des fluides en parlant des *Elémens* , j'ai cru qu'il étoit néceffaire de rapporter leurs propriétés géné-rales d'après ce qu'en ont dit les meilleurs Auteurs. Ils définif-fent un fluide , un corps dont les particules font foiblement unies , & dont la cohéfion eft en grande partie empêchée par quelques caufes extérieures : d'après ce principe, un fluide

eft en quelque forte l'oppofé d'un folide. Le célèbre NEWTON dit qu'un fluide eft un corps dont les parties cèdent à la moindre impreffion des autres, & fe meuvent aifément l'une fur l'autre. Cette définition eft préférable à celle de DESCAR-TES , qui prétend qu'un fluide eft un corps dont les parties font dans un mouvement conti-nuel , parce qu'il ne paroît pas que les parties de tous les flui-des foient ainfi , & que celles de quelques corps folides ne foient pas telles.

La Fluidité eft un état pro-pre à certains corps , qui les rend l'oppofé de ceux qui font fermes & folides. On la diftingue de *l'humidité*, en ce que l'idée de la Fluidité eft abfolue , & que cette propriété renferme la chofe en elle-même ; au lieu que celle de l'humidité eft re-lative , & n'a rapport qu'à l'action d'humecter ou à ce qui nous donne la fenfation de l'humidité , & qui n'a d'exif-tence que par nos fens.

Ainfi les métaux fondus , l'air, l'éther & même la fumée & la flamme font des corps fluides & non liquides ; leurs parties font réellement sèches, & ne laiffent point la moin-dre trace d'humidité.

La Fluidité des corps paroît confifter en ce que leurs par-ties fines & déliées font telle-ment difpofées, qu'elles peu-vent aifément fe mouvoir en tous fens les unes fur les au-tres. M. BOYLE obferve qu'el-les doivent être agitées dif-féremment & féparément pour pouvoir fe tourner ainfi de côté & d'autre , & qu'elles ne doivent fe frotter que dans quelques parties de leur furface; il dit auffi dans fon *Hiftoire de la Fluidité*, que les conditions requifes pour conftituer un corps fluide , font principalement les trois fuivantes :

1°. La fineffe de fes parties; auffi voyons-nous que le feu, pour fondre les métaux , les divife en particules extrêmement petites , & les rend fluides en s'interpofant entr'elles ; les acides qui les diffolvent, agiffent auffi de la même maniere : on peut en dire autant de la diffolution du fel commun, & de beaucoup d'autres corps.

2°. Il paroît néceffaire, pour que la Fluidité ait lieu , qu'il y ait entre les parties de ces corps, des efpaces vuides dans lefquelles elles puiffent fe mouvoir ; car

3°. La principale condition pour conftituer un corps fluide, eft que fes particules puiffent être agitées différemment & féparément , foit par leur propre émotion , ou mouvement ou par l'action des corps voifins qui les preffent en tous fens.

Pour prouver que ces différentes qualités font principalement néceffaires pour conftituer la Fluidité , on peut avoir recours à l'expérience commune, de mettre un peu de poudre d'albâtre ou de plâtre finement criblé , dans un vâfe à fond plat fur le feu : peu de tems après on verra cette poudre s'agiter & imiter le mouvement de l'eau bouillante ; fi on la remue avec un bâton , elle n'oppofera pas plus de réfiftance qu'un fluide ; mais fi dans le moment où elle eft le plus agitée , on en répand un peu fur un papier, on ne verra qu'une poudre fèche.

De-là il eft évident qu'il y a une différence réelle entre un corps fluide & une liqueur humide; car cette poudre bouillante , ainfi que les métaux fondus, l'air , l'éther , & la flamme elle-même , font proprement des corps fluides, mais non pas des liqueurs humides.

Boyle, cet ingénieux auteur, a auffi remarqué que , fi , on introduit de la fumée de *Romarin* dans un tuyau de verre , cette fumée fe mettra de niveau , quelle que foit la fituation qu'on donne à ce tuyau, & s'écoulera enfin comme de l'eau , lorfqu'il fera affez incliné. D'où il conclut qu'un corps pour être fluide n'a pas befoin que fes parties foient fort condenfées, comme celles de l'eau.

Et le Docteur Hook, dans fa *Micrographie*, (pag. 12.) nous préfente encore une ou deux très-belles expériences , pour prouver cet état de la Fluidité : fi l'on place un vâfe rempli de fable fur un tambour qu'on frappe avec des baguettes , ou fur la meule fupérieure d'un moulin mue avec viteffe , ce fable imitera parfaitement l'agitation d'un corps fluide, & s'écoulera même comme de l'eau, fi le vâfe qui le contient fe trouve percé fur le côté.

Avant que Newton eût per-

fectionné la philosophie cor-
pusculaire, on n'approfondif-
foit pas autant cette matiere,
& on ne connoiffoit point les
conditions néceffaires pour
conftituer un corps fluide; cependant l'agitation & la défu-
nion de fes particules, peuvent être regardées comme les
effets d'une loi primitive de
la Nature : car, de même que
les particules de la matiere s'at-
tirent les unes les autres, lorfqu'elles fe trouvent dans la
fphère de leur activité réciproque, elles fe repouffent & s'é-
vitent auffi dans de certaines
circonftances.

Parce qu'alors, quoique leur
propre gravité, jointe à la preffion des autre corps, puiffe
les réunir en une maffe, cependant les efforts continuels
qu'elles font pour s'éviter, &
les impulfions étrangeres de la
lumiere, de la chaleur & des
autres caufes, peuvent les faire mouvoir les unes fur les
autres, & produire ainfi la
Fluidité.

Il exifte cependant une difficulté qui n'eft point aifée à
furmonter, qui eft de favoir
comment les particules des fluides fe tiennent à une certaine
diftance les unes des autres,
fans fe confondre par leur attraction.

La ftructure & la conftitu-
tion de l'eau font furprenantes;
on ne peut comprendre comment un fluide auffi dilaté, &
qui contient tant de pores,
puiffe réfifter, fans être comprimé, à la plus forte preffion,
& fe changer en une maffe folide, tranfparente & friable,

lorfqu'il eft expofé à un certain dégré de froid.

Quoique les particules de
l'eau ne puiffent fe rapprocher
affez pour s'unir, il eft cependant vraifemblable qu'elles peuvent fe joindre, s'accrocher
les unes aux autres, & devenir un corps folide lorfque le
froid porte dans leurs pores
une certaine matiere qui leur
fert de lien; mais cette matiere étant chaffée par la chaleur, l'eau reprend fa premiere Fluidité. Peut-être eft-ce
ainfi que le mercure fe trouve fixé par les vapeurs du
plomb.

Quand un corps ferme &
folide, tel qu'un métal, eft réduit par la chaleur en un fluide, le feu ne disjoint-il & ne
fépare-t-il pas les particules
qu'une attraction mutuelle avoit
unies enfemble auparavant, &
ne les tient-il pas à une telle
diftance les unes des autres,
qu'elles font hors de la fphère de leur attraction mutuelle,
tant que ce mouvement violent continue, & lorfque ce
mouvement eft paffé, & la chaleur diffipée, ne fe rappro-
chent-elles pas, ne s'allient-el-
les pas pour ne compofer qu'un
feul corps ?

Ainfi, comme la caufe de
la cohérence des parties des
corps folides paroît être l'attraction mutuelle, la principale
caufe de la Fluidité doit être
une émotion contraire, imprimée fur les particules des fluides, par laquelle elles s'évitent
& s'échappent auffitôt qu'elles
s'approchent, & auffi long-
tems qu'elles fe tiennent à une

certaine diftance les unes des autres.

On obferve auffi dans les fluides, que la direction de leur poids contre' les vâfes qui les contiennent, eft en ligne perpendiculaire fur les côtés ; cette propriété eft le réfultat néceffaire des particules fphériques de quelque fluide que ce foit, ce qui prouve que toutes les parties des fluides font conformées de cette maniere, ou d'une forme à-peu-près femblable.

Le Docteur CLARKE dit que, fi les parties d'un corps ne fe touchent point, ou fi elles gliffent aifément les unes fur les autres, ou fi leur furface eft telle qu'elles puiffent aifément être agitées par la chaleur, & que cette chaleur foit affez forte pour les mouvoir, & pas affez pour les empêcher de fe réunir par le froid, quoiqu'elles ne foient pas mifes en mouvement dans l'inftant même, cependant fi ces parties font petites, unies, gliffantes, & d'une forme qui les rend propres à être agitées, ce corps fera néceffairement fluide.

Et cependant les particules de ces corps fluides s'accrochent en quelque maniere, comme on le voit dans le mercure lorfqu'il eft bien purgé d'air, qui fe foutient dans le baromètre à la hauteur de foixante ou foixante & dix pouces ; dans l'eau, qui monte dans des tubes capillaires ; & dans les différentes efpeces de liqueurs qui, dans le vuide même, forment de gouttes fphériques & polies.

On peut ajouter que, fi ces corps confiftent en particules légèrement entremêlées comme celles de l'huile, capables d'être refferrées ou durcies par le froid, & réunies par l'interpofition de certains coins, comme celles de l'eau, ils deviennent aifément folides; mais que, fi leurs particules font telles qu'elles ne puiffent fe mêler comme celles de l'air, ni fe durcir par le froid comme celles du vif-argent, elles ne deviendront jamais dures & ne fe fixeront point.

Enfin, les Cartéfiens regardent un fluide comme un corps dont les parties inteftines font dans une agitation continuelle. Le Docteur HOOK, M. BOYLE, & le Docteur BOERHAAVE, quoiqu'ils foient bien oppofés d'ailleurs à l'opinion des Cartéfiens, foufcrivent néanmoins à cette définition, & donnent des argumens pour prouver que les parties des fluides, ne font jamais en repos, & que c'eft cette émotion qui conftitue la Fluidité. BOERHAAVE attribue cette propriété à l'action du feu. *Voy.* FEU.

Les fluides font, ou naturels, comme l'*eau*, le *mercure*, &c., ou produits dans les corps des animaux, comme la *bile*, le *fang*, la *lymphe*, l'*urine*, &c., ou factices, comme le *vin*, les *efprits ardens*, l'*huile*, &c.

FŒNICULUM. *Fœniculum.* *Tourn. Inft. R. H.* 311. *tab.* 164. *Anethum. Lin. Gen. Plant.* 377. *Edit.* 3. [*Fennel.*] Fenouil.

Caracteres. La fleur eft ombellée ; la grande ombelle eft compofée, de plufieurs plus petites

qui n'ont point d'enveloppe ;
l'ombelle eſt uniforme; les fleurs
ont cinq pétales courbés en-dedans , & cinq étamines terminées par des ſommets ronds : le
germe , qui eſt ſitué ſous la
fleur , ſoutient deux petits ſtyles couronnés par des ſtigmats
ronds ; le germe ſe change enſuite en un fruit oblong , profondément cannelé , & diviſé
en deux parties , dont chacune
forme une ſimple ſemence , plate ſur un côté , convexe & cannelée ſur l'autre.

Ce genre de plantes eſt rangé
dans la ſeconde ſection de la
ſeptieme claſſe de TOURNE-
FORT , qui renferme les herbes
à fleurs ombellées , & diſpoſées circulairement , dont le
calice ſe change en deux ſemences étroites , oblongues &
épaiſſes. LINNÉE a réuni ce genre à celui de l'*Anethum* , qui eſt
placé dans la ſeconde ſection de
ſa cinquieme claſſe , & qui comprend les plantes dont les fleurs
ont cinq étamines & deux ſtyles ; mais comme les ſemences
du *Fenouil* ſont oblongues ,
épaiſſes , & cannelées , & que
celles de l'*Anet* ſont plates &
bordées , il vaut beaucoup
mieux les tenir ſéparées que
de les réunir dans un même
genre.

Les eſpeces ſont :

1°. *Fœniculum vulgare , foliis
decompoſitis , foliolis brevioribus multifidis , ſemine breviori*;
Fenouil à feuilles décompoſées , dont les folioles ſont plus
courtes & terminées en pluſieurs pointes , & qui produit
une ſemence courte.

Fœniculum vulgare , Germani-
cum. C. B. p. 147 ; Fenouil commun.

Anethum Fœniculum. Lin. Gen.
Plant. 377. Syſt. Plant. tom. 1.
pag. 722. Sp. 3.

2°. *Fœniculum dulce , foliis decompoſitis , foliolis longioribus ,
ſemine longiori* ; Fenouil à feuilles décompoſées , dont les folioles ſont fort longues , & les
ſemences plus longues.

Fœniculum dulce , majori & al-
bo ſemine. J. B. 3. p. 2. & 4 ; Fenouil doux , qui produit une
ſemence plus groſſe & blanche.

Anethum Fœniculum fructibus
ovatis. Lin. Hort. Cliff. 106. Hort.
Ups. 66. Mat. Med. 147. Roy.
Lugd.-B. 106. Lin. Gen. Plant.
377. Edit. 3. Syſt. Plant. tom. I.
pag. 722. Sp. 3.

3°. *Fœniculum Azoricum , humilius , codice cauleſcente carnoſo ,
ſeminibus recurvis , radice annuâ* ;
Fenouil nain , avec une tige
charnue , des ſemences recourbées , & une racine annuelle.

Fœniculum dulce Azoricum.
Pluk. Alm. ; Fenouil doux des
Açores , appelé *Finochio*.

Vulgare. La premiere eſpece
eſt le Fenouil commun qu'on
cultive dans les jardins ; il ſe
ſeme lui-même naturellement
dans pluſieurs endroits , & ſe
multiplie ſi conſidérablement ,
qu'on le croiroit originaire d'Angleterre : mais comme on ne
le trouve jamais à une grande
diſtance des jardins , on ne peut
douter qu'il n'ait été apporté
dans ce pays : on en connoît
deux variétés , l'une à feuilles
d'un vert clair , & l'autre à
feuilles très-foncées : mais je
crois que ce ne ſont que des variétés qui proviennent des mê-

mes femences ; ce qu'on ne peut pas trop affurer , à moins qu'on ne feme ces graines féparément dans des places où il n'y ait point eu encore de ces plantes ; parce que les femences de cette efpece fubfiftent plufieurs années dans la terre , & croiffent lorfqu'en cultivant , on les rapproche de la furface ; de forte que la plante devient une herbe embarraffante , quand une fois fes femences fe font répandues d'elles-mêmes.

Le Fenouil commun eft fi bien connu, qu'il n'eft pas néceffaire d'en donner une defcription. Sa racine, forte & charnue , pénètre profondément dans la terre & fubfifte plufieurs années. Cette efpece fleurit en Juillet , & fes femences mûriffent en automne. Si on les met en terre auffi - tôt qu'elles font mûres, leurs plantes paroîtront en automne ou au printems fuivant ; elles n'exigent aucune autre culture que d'être tenues nettes de mauvaifes herbes , & d'être éclaircies dans les places où elles font trop ferrées ; elles croiffent dans tous les fols , & à toutes fituations : les feuilles , les femences & les racines de cette plante font employées en Médecine ; fa racine eft une des cinq racines apéritives , & fes femences font mifes au nombre des plus carminatives. On fait avec fes feuilles une eau fimple , & l'on tire de fes graines une huile effentielle par la diftillation.

Dulce. Le Fenouil doux a été regardé par quelques-uns comme une variété de l'efpece com-mune, mais je les ai cultivés enfemble dans la même terre, & celui-ci a toujours confervé fa différence : les feuilles du Fenouil doux font fort longues, minces , irrégulierement éparfes , & n'ont pas autant de pointes que celles de l'efpece commune; fes tiges ne s'élevent pas à une hauteur auffi confidérable , & fes femences font plus longues, plus étroites & d'une couleur plus claire : fes graines, qu'on nous apporte annuellement de l'Allemagne ou d'Italie , font préférées par quelques perfonnes , à celles de l'efpece commune pour l'ufage de la Médecine , parce qu'elles font beaucoup plus douces. Le Fenouil doux peut être multiplié de la même maniere que l'efpece commune; il eft fort dur; mais fes racines ne font pas d'une auffi longue durée. (1).

(1) On emploie en médecine les graines, les feuilles & les racines du Fenouil doux ou romain ; toutes les parties de cette plante ont un goût doux & un peu âcre , & une odeur aromatique ; mais comme fes graines ont beaucoup plus d'activité , on les emploie de préférence dans le plus grand nombre de cas ; ces graines fourniffent , par la diftillation , une grande quantité d'huile effentielle , dans laquelle réfident toutes les propriétés de la plante : la partie réfineufe eft beaucoup moins active , & le principe gommeux eft prefque fans force.

Le Fenouil , pris intérieurement , agite , remue & adoucit un peu ; il produit de bons effets dans les affections venteufes, le vertige ftomachal , le choryfa , les affections pituiteufes & catharrales , l'afthme humide , la néphrétique pituiteu-

Azoricum. On croit que la troisieme espece a été apportée des Isles Açores ; elle a été long-tems cultivée en Italie, comme bonne à manger en salade , sous le nom de *Finochio* ; on la conserve à présent dans quelques jardins Anglois ; mais en petite quantité, non-seulement parce qu'on trouve son goût désagréable, mais parce qu'elle produit peu de bonnes semences, & que celles qu'on apporte de l'Italie sont rarement fécondes ; & l'on conserve difficilement cette plante en Angleterre , parce que l'hiver détruit souvent celles qui sont destinées à produire des semences , & lorsqu'on a laissé quelques bonnes plantes printanieres pour cela, elles ne mûris-

---

se, &c. On l'emploie confit ou en infusion vineuse : on le donne aussi en infusion aqueuse , lorsqu'on se propose de procurer aux nourrices une plus grande quantité de lait.

Quelques Auteurs recommandent cette plante comme un excellent sudorifique dans les maladies exanthématiques , telles que la petite vérole , la rougeole , les fievres pétéchiales & malignes. On a aussi vanté son eau distillée comme un excellent collyre pour affermir & conserver la vue , & on applique fréquemment ses graines écrasées sur les contusions violentes, pour dissiper le sang extravasé.

Les graines du Fenouil entrent dans la composition du sirop de chicorée, dans le mithridate , la thériaque , dans le looch des poumons de renard , de Mesuë , &c. Ses feuilles servent à faire l'eau vulnéraire , & ses racines sont employées dans les sirops d'*Armoise*, des *cinq racines* , de *Bétoine*, d'*Eupatoire* , d'*Hyssope* , &c.

sent point , à moins que l'hiver ne soit très-favorable.

Cette espece a des tiges fort courtes , tendres & charnues qui se gonflent au-dessus de la surface de la terre dans la longueur de quatre ou cinq pouces , & qui acquièrent par ce renflement environ deux pouces de diametre : c'est cette partie qui est bonne à manger en salade lorsqu'elle est blanchie. Quand on laisse monter ces plantes en semences, leurs tiges ne s'élevent qu'à la hauteur d'un pied & demi, & portent une large ombelle à leur extrémité : les semences de cette espece sont étroites, courbées & d'un jaune brillant ; elles répandent une odeur forte d'*Anis* , & sont fort douces au goût.

Si l'on veut cultiver cette plante , on doit d'abord se procurer de bonnes semences par quelques personnes fort soigneuses dans le choix des plantes , sans quoi l'on ne pourroit espérer de les avoir bonnes , & les plantes qu'elles produiroient, monteroient en graines avant d'avoir acquis une certaine grosseur , & ne pourroient être d'aucun usage : lorsqu'on est pourvu de bonnes graines , on fait choix d'une pièce de terre dont le sol soit riche & léger, mais pas trop sec ni trop humide. Celles qu'on destine à une première récolte , peuvent être mises en terre vers le 15 de Mars, elles seront propres à être enlevées en Juillet : en les semant ainsi en différens tems , elles se succederont sans interruption jusqu'aux premieres gelées : lorfque la terre eft bien labourée & dreffée, on creufe des fillons peu profonds à dix-huit pouces de diftance les uns des autres, afin qu'on ait affez de place pour nettoyer les plantes, & pour amonceler la terre fur leurs tiges, lorfqu'elles font en pleine croiffance : on répand les graines dans ces fillons, de maniere que les plantes qu'elles doivent produire, fe trouvent éloignées de fix pouces les unes des autres : mais comme quelques unes de ces graines peuvent manquer, on les met à deux pouces les unes des autres, fauf à les éclaircir par la fuite. Quand les plantes ont pouffé, ce qui arrive environ trois femaines ou un mois après, on coupe toutes les mauvaifes herbes avec une petite houe, & lorfqu'elles font trop ferrées, on les éclaircit à trois pouces de diftance ; à mefure qu'elles avancent & que d'autres femences pouffent encore, on les houe de tems en tems, & lorfqu'on les éclaircit pour la derniere fois, on leur donne au moins fept à huit pouces de diftance : fi l'on a employé une bonne efpece, les tiges parviendront à une groffeur confidérable : il faudra les recouvrir de terre quinze jours avant de les arracher, comme on le pratique pour le Céleri ; ce qui les rendra tendres, caffantes & très-blanches.

La feconde récolte fe feme environ trois femaines après la premiere, & l'on continue toujours à en femer de nouvelles tous les mois jufqu'à la fin de Juillet ; mais celles qu'on met-troit en terre après ce terme, n'auroient plus affez de tems pour fe perfectionner.

Les graines qu'on met en terre en Avril, en Mai & en Juin, exigent un fol plus humide que celles des premiers femis, & celles qu'on feme vers la fin de Juillet, doivent être fur une terre plus feche & à une expofition plus chaude ; parce que cette récolte ne pouvant être bonne que fur la fin de l'automne, pourroit être endommagée par le froid, fi elle fe trouvoit dans un fol humide ; mais comme la terre eft fouvent fort feche en Juin & en Juillet, & que les femences manquent plus aifément dans cette faifon, on doit avoir attention de les arrofer alors, jufqu'à ce que les plantes aient pouffé ; fi la faifon eft feche, les plantes exigeront beaucoup d'eau, fans quoi elles poufferoient leurs tiges de femence avant d'avoir acquis une certaine groffeur. Pour éviter cet inconvénient, on creufe une rigole fur chaque rang, pour y faire couler l'eau au-deffus & la retenir fur le plant. S'il furvient en automne quelques fortes gelées, il fera prudent de les couvrir avec du chaume de Pois, ou quelqu'autre litiere légère pour les en garantir : on peut par cette méthode les conferver jufqu'au milieu de l'hiver.

Une petite planche de cette plante, fuffira pour la provifion d'une famille médiocre ; & pour celle d'une grande, une de quatre pieds de largeur fur vingt pieds de longueur fera fuffifante pour une récolte.

FŒNUM BURGUNDIA-
CUM. *V.* MEDICA SATIVA.

FŒNUGREC *ou* FŒNUM
GRŒCUM. *V.* TRIGONELLA.

FOLETTE , ARROCHE *ou*
BONNE-DAME. *Voyez* ATRI-
PLEX.

FONTAINES. (*les*) Sont
des fources d'eau vive qui fortent de la terre : quant à l'origine des Fontaines , *voyez l'article*
SOURCES.

Je ne parlerai point du méchanifme des Fontaines artificielles , qui font fort utiles &
produifent un très-agréable effet dans les jardins ; j'obferverai feulement à cette occafion ,
que ces Fontaines ne doivent
pas être trop voifines des habitations , à caufe des vapeurs
mal faines qu'elles répandent ,
& de l'humidité qu'elles occafionnent , fans compter qu'elles
font incommodes par le bruit
pendant la nuit.

Les Fontaines doivent être
diftribuées dans les jardins , de
maniere qu'on puiffe les appercevoir d'un feul coup-d'œil , &
que les jets d'eau foient dans le
même alignement ; ce qui en
fait la beauté , parce qu'ils forment alors une confufion
agréable , & paroiffent plus
nombreux. *Voyez les articles*
JETS D'EAU , SOURCES , VA-
PEURS , EAU , &c.

FOUGERE. *Voyez* FILIX ,
*nom générique qui comprend beau-
coup de plantes différentes.*

FOUGERE FLORISSANTE
ou OSMONDE. *V.* OSMUNDA.

FRAGARIA. *Lin. Gen.
Plant.* 558. *Tourn. Inft. R. H.*
295. *tab.* 152. ainfi nommé de
fragrare , fentir bon , à caufe de
fon odeur aromatique. [*Straw-
berries.*] Fraifier.

Caraćteres. Le calice de la fleur
eft formé par une feuille découpée au fommet en dix parties ; la corolle eft compofée de
cinq pétales ronds , inférés
dans le calice & entièrement
ouverts ; elle renferme vingt
étamines terminées par des
fommets en forme de croiffans ,
& un grand nombre de germes
recueillis en une tête, dont chacun a un ftyle fimple , inféré
dans le côté du germe , & couronné par des ftigmats fimples :
cette tête fe change par la fuite
en un fruit ovale , gros , mou
& charnu, qui tombe , fi on ne
le recueille pas , & qui laiffe
dans le calice plufieurs petites
femences angulaires.

Ce genre de plantes eft rangé dans la cinquieme fe&tion de
la douzieme claffe de LINNÉE ,
qui renferme celles dont les
fleurs ont au moins vingt étamines & plufieurs ftyles inférés
dans le calice.

Les efpeces font :

1°. *Fragaria vefca , foliis ovatis ferratis , calycibus brevibus ,
fruĉtu parvo ;* Fraifier à feuilles
ovales & fciées, ayant des calices courts & un petit fruit.

Fragaria vulgaris. *C. B. p.*
226 ; le Fraifier ordinaire des
bois.

*Fragaria flagellis reptans. Lin.
Hort. Cliff.* 192.

*Fragaria fruĉtu albo. Bauh.
Pin.* 326.

2°. *Fragaria Virginiana , foliis
oblongo-ovatis ferratis infernè incanis , calycibus longioribus , fructu fub-rotundo ;* Fraifier à feuilles oblongues, ovales, fciées

& blanches en-deſſous, ayant de plus longs calices & un fruit rond.

Fragaria Virginiana fructu coccineo. Hiſt. Ox. 2. p. 186. ; Fraiſier de Virginie avec un fruit écarlate, ordinairement appelé *Fraiſe écarlate* ou *Fraiſe printaniere.*

3°. *Fragaria muricata, foliis ovato-lanceolatis rugoſis, fructu ovato* ; Fraiſier à feuilles ovales, en forme de lance & rudes, & à fruit ovale.

Fragaria fructu parvi Pruni magnitudine. C. B. p. 327 ; Fraiſier avec des fruits auſſi gros que de petites prunes, ordinairement appelé *Fraiſe de Haut-boy, Capiton* ou *Capron.*

4°. *Fragaria Chiloenſis, foliis ovatis, carnoſis, hirſutis, fructu maximo* ; Fraiſier à feuilles ovales, charnues & velues, & à très gros fruit.

Fragaria Chiloenſis, fructu maximo, foliis carnoſis, hirſutis. Hort. Elth. 145. tab. 120. ; Fraiſier du Chili, avec un fruit très-gros, & des feuilles charnues & velues, connu en Amérique ſous le nom de *Frutilla.*

Quoiqu'on cultive aujourd'hui en Angleterre pluſieurs autres variétés de ce fruit, je ne connois que celles-ci qui puiſſent être regardées comme des eſpeces diſtinctes ; ces dernieres ne varient jamais, quelque traitement qu'on emploie, quoique leur fruit puiſſe devenir plus gros, & s'améliorer par la culture : ainſi ceux qui n'en reconnoiſſent qu'une eſpece, ont adopté une erreur ; je rapporterai les différentes variétés de ce fruit qu'on cultive dans les jardins, avec les eſpeces auxquelles elles paroiſſent appartenir.

Veſca. La premiere eſpece eſt le Fraiſier commun, qui croît naturellement dans les bois de pluſieurs parties de l'Angleterre ; elle eſt ſi bien connue, qu'il n'eſt pas néceſſaire d'en donner une deſcription ; il y a trois variétés de celle-ci.

1°. L'eſpece commune *à fruit rouge.*

2°. *Le Fraiſier blanc ſauvage* qui mûrit ſon fruit un peu plus tard, & qui eſt préféré par pluſieurs perſonnes, à cauſe de ſon goût vif, mais qu'on ne cultive pas auſſi généralement que l'eſpece rouge, parce qu'il ne produit pas autant.

3°. *La Fraiſe verte,* appelée par quelques-uns *Fraiſe Ananas,* à cauſe de ſa ſaveur douce. Ce fruit eſt verdâtre quand il eſt mûr, ferme & très-agréable au goût ; il mûrit tard : cette eſpece produit peu, à moins qu'elle ne ſoit plantée dans un ſol humide & marneux ; mais ſi on la place dans un terrein qui lui ſoit propre, elle mérite d'être cultivée autant qu'une autre eſpece. (1).

____

(1) Les Fraiſes ſont auſſi ſaines qu'agréables ; ſi on les permet aux perſonnes attaquées d'ardeurs d'entrailles, & dont la bile eſt très-âcre, elles éprouveront un ſoulagement marqué : l'eau diſtilée des Fraiſes eſt regardée comme un excellent coſmétique.

La racine de Fraiſier entre dans les ptiſanes rafraichiſſantes & apéritives ; on les emploie ſur-tout lorſqu'après les longues maladies, on ſoupçonne quelqu'embarras au foie.

Les feuilles de cette plante en-

Virginiana. Fraise printaniere.
Le Fraisier écarlate est l'espece
qui mûrit la premiere ; ce qui
doit la faire estimer , quand
même elle ne seroit pas recom-
mandable d'ailleurs ; mais son
fruit est si agréable , qu'il est
préferé à toutes les autres especes par les personnes de bon
goût : celle-ci , qui a été apportée de la Virginie , où elle
croît naturellement dans les
bois , est si différente de la Fraise sauvage , par ses feuilles , ses
fleurs & ses fruits , qu'on ne
peut douter qu'elle ne soit une
espece distincte.

Cette plante offre une variété
qui a été depuis quelques années apportée de l'Amérique
Septentrionale , & qui paroît
être une espece distincte ; ses
feuilles sont plus rondes , moins
profondément veinées , & les
échancrures de leurs bords
sont plus larges & plus obtuses :
les feuilles qui composent le
calice sont beaucoup plus longues & velues , & son fruit est
plus gros ; mais d'ailleurs elle
ressemble beaucoup au Fraisier
écarlate. J'ai jugé à propos de
la joindre à celle-ci plutôt que
d'en faire une espece particuliere : j'ai appris depuis qu'elle
se trouve dans la Louisiane.

Fraise de tous mois. Il y a aussi
une autre variété de celle-ci , si
elle n'est pas une espece distincte , qu'on a introduite depuis
peu dans nos jardins , sous le
nom de *Fraisier des Alpes* : cette
plante ressemble beaucoup au

Fraisier écarlate ; mais son
fruit , qui est plus pointu , continue à mûrir quand la saison
des Fraises est passée , de maniere qu'on la recueille jusqu'aux
premieres gelées de l'automne ,
ce qui rend cette espece très-
précieuse. J'ai souvent cueilli
ce fruit dans le commencement
du mois de Novembre. Les Jardiniers Hollandois donnent à
cette plante le nom de *Fraisier
perpétuel* ou *de tous mois.*

Muricata. Le *Fraisier de Haut-
boy,* que les François appellent
Capiton ou *Capron ,* est originaire de l'Amérique ; mais on le
cultive depuis long-tems dans
les jardins Anglois : comme
cette plante est fort différente
des autres especes , par ses
feuilles , ses fleurs & ses fruits ,
on ne peut douter qu'elle ne soit
une espece particuliere ; elle
fournit une variété plus parfaite , à laquelle on donne le nom
de *Haut-boy Globe ,* & dont le
fruit est gros , & d'une forme
ronde ; mais cette différence
n'est certainement dûe qu'à la
culture ; car lorsqu'elle est négligée pendant une ou deux
années , son fruit dégénere en
Haut-boy commun ; quand la
terre convient à cette plante &
qu'elle est bien cultivée , elle
produit une grande quantité de
fruits gros & très-agréables ,
qu'on préfére souvent aux autres especes.

Chiloensis. Le *Fraisier du Chili*
a été apporté en Europe par M.
F R A Z I E R , Ingénieur , qui
avoit été envoyé en Amérique
par LOUIS XIV ; cette plante a
d'abord été cultivée dans le
Jardin Royal de Paris , d'où

---

trent dans la composition de l'onguent mondificatif d'*Ache ,* & dans
celle du *Martiatum.*

elle s'eſt repandue dans plu-ſieurs jardins curieux de Hol-lande. En 1727, j'en ai apporté en Angleterre un paquet qui m'avoit été donné par M. GEOR-GE CLIFFORD, d'Amſterdam, qui en avoit de grandes plan-ches dans ſes jardins curieux de Hartecamp : cette eſpece a des feuilles velues, ovales, d'une ſubſtance beaucoup plus épaiſſe que celle d'aucune autre, & ſupportées par des pétioles très-forts, & velus : ſes coulans ſont fort gros & velus, ils s'é-tendent fort loin, & produiſent de nouvelles plantes à une grande diſtance : les pédoncu-les de ſes fleurs ſont très-forts ; les feuilles du calice ſont lon-gues & velues, & ſes fleurs ſont groſſes & ſouvent diffor-mes, de même que le fruit qui eſt très-gros, très-abondant, ferme & agréable, lorſqu'il croît dans une terre forte ; mais comme cette eſpece a peu pro-duit dans les endroits où elle a été cultivée, on l'a générale-ment négligée.

Culture. Les Fraiſiers ſe plai-ſent généralement dans une ter-re douce & marneuſe, telle qu'on la trouve dans les bois, dans laquelle ils profitent & produiſent une plus grande quantité de fruits que dans un ſol riche & léger : ce terrein doit auſſi être humide ; car lorſ-qu'il eſt trop ſec, tous les arro-ſemens qu'on donne ordinaire-ment dans une ſaiſon chaude & ſèche, ne ſuffiront jamais pour procurer beaucoup de fruits : il ne doit pas non plus être fort riche, car il feroit couler les plantes en rejettons, & les

rendroit luxurieuſes & moins fécondes.

Le meilleur tems pour enle-ver ces plantes, eſt en Octo-bre, afin qu'elles puiſſent ac-quérir de bonnes racines avant les fortes gelées, qui ſoulèvent la terre, de manière que, ſi elles ne ſont pas aſſez bien éta-blies, elles ſont ſouvent déraci-nées par les premiers dégels ; c'eſt pourquoi plutôt elles ſe-ront plantées dans la ſaiſon des pluies de l'autonne, mieux leurs racines ſeront établies : d'ailleurs celles qui ſont enra-cinées de bonne heure, produi-ſent quelquefois du fruit dans la premiere année.

Quelques perſonnes les tranſplantent au printems ; mais dans ce cas il faut les ar-roſer ſouvent lorſqu'il fait ſec, ſans quoi elles ne réuſſiroient pas.

La terre dans laquelle on veut placer les Fraiſiers, ne doit contenir ni herbes ni raci-nes étrangères ; parce que, comme ils doivent reſter trois ans en place, ils ſeroient expo-ſés à être étouffés, ou au moins fort incommodés par ces plan-tes inutiles. Cette terre étant bien labourée & nivelée, on la diviſe en planches de quatre pieds de largeur, & on laiſſe entr'elles un ſentier de deux pieds ou de deux pieds & demi, afin de pouvoir recueillir les fruits, nettoyer les planches & arroſer les plantes ; on trace enſuite quatre rangs dans cha-cune à un pied de diſtance, ce qui laiſſera ſix pouces de cha-que côté entre les rangs exte-rieurs & les ſentiers : on y pla-

ce les plantes à un pied environ
de diftance entr'elles , & en
quinconce ; on preffe la terre
contre leurs racines , & s'il ne
furvient point de pluie bientôt
après , on les arrofera pour les
bien établir.

La diftance qu'on vient de
prefcrire n'eft que pour les
Fraifiers Sauvages ; car les autres efpeces s'étendant beaucoup plus , exigent une place
proportionnée : ainfi les *Ecar-
lates* & *Capitons* ne doivent
avoir que trois rangs dans chaque planche , & être éloignés
de quinze pouces les uns des
autres en tous fens. Le *Fraifier
du Chili* ne doit avoir que deux
rangs dans chaque planche , &
deux pieds dans les rangs de
l'une à l'autre ; car cette efpece
devenant très - forte , ne produira pas beaucoup de fruits fi
elle n'a pas affez de place pour
s'etendre.

Tout le fuccès de cette culture dépend du choix des plantes dans chaque efpece ; car fi
elles font prifes confufément &
fans aucun foin, la plus grande
partie deviendra ftérile , & ne
donnera qu'uné grande quantité de fleurs , mais point de
fruit : fi on examine bien ces
fleurs , on s'appercevra que la
plupart d'entr'elles n'ont point
les organes femelles de la génération ; elles abondent en étamines , mais avec peu ou point
de ftyles : il arrive fouvent
que quelques-unes de ces plantes ftériles produifent des fruits
imparfaits qui mûriffent quelquefois.

Cette ftérilité n'eft pas particuliere aux Fraifiers, mais elle

eft générale à toutes les plantes
qui ont des racines & des tiges
rampantes ; plus elles fe multiplient l'une par l'autre , & plutôt elles deviennent ftériles, &
fujettes à s'étendre encore davantage : on peut en dire autant des arbres & des arbriffeaux multipliés par boutures ,
qui deviennent ordinairement
ftériles & ne produifent plus de
femences après deux générations ; c'eft-à dire , quand elles
ont été prifes fur des plantes
élevées de boutures, ainfi que
je l'ai éprouvé conftamment fur
un grand nombre d'efpeces. Il
arrive fouvent auffi que les
fruits des arbres fruitiers fouvent greffés, n'ont plus de graines ni d'amandes.

Mais , pour revenir au choix
des Fraifiers, on ne doit jamais
les prendre fur de vieilles planches négligées, où l'on a laiffé
les plantes s'étendre & couler
en une multitude de rejettons :
non plus que fur des pieds qui
ne foient pas fort fruétueux ;
on doit toujours préférer les
rejettons qui approchent le
plus des vieilles plantes , à ceux
qui font plus éloignés : les
Fraifiers fauvages qui croiffent
dans les bois , étant moins fujets à s'étendre que ceux qui
font cultivés depuis-long-tems
dans les jardins, doivent être
préférés ; mais il faut toujours
choifir les plants les plus fructueux.

Quand ces plantes ont formé de nouvelles racines , &
que l'hiver fuivant eft rude, il
faut mettre du vieux tan fur la
terre, entre les plantes, pour
empêcher la gelée d'y pénétrer ;

ce qui est absolument nécessaire aux Fraisiers du Chili, qui sont souvent détruits dans les hivers durs, quand ils y sont exposés sans aucunes couvertures : si l'on a de la peine à se procurer du tan, on peut y suppléer par de la sciûre de bois, ou des cendres de charbon de terre, ou des feuilles séches, &c.

Pendant l'été suivant ces plantes doivent être tenues constamment nettes de mauvaises herbes, & il faut retrancher tous les coulans à mesure qu'ils poussent : si cela est exactement pratiqué, les plantes deviendront très-fortes pour l'automne suivant; au lieu que, si on les néglige, comme il arrive très-souvent, qu'on laisse croître tous les coulans en été, & qu'on ne les ôte qu'en automne, les plantes ne seront pas à moitié aussi fortes que celles qui auront été soignées : elles ne produiront pas non plus la moitié autant de fruits au printems suivant, & ceux qu'elles donneront, ne seront ni aussi gros ni aussi beaux : si dans le premier été on traite ces plantes avec tout le soin nécessaire, elles donneront, au second printems, une abondante récolte.

Comme ce fruit est fort commun, peu de personnes se donnent la peine de le cultiver avec assez de soin ; c'est pourquoi je vais donner à ce sujet quelques instructions, qui, si elles sont exactement suivies, dédommageront les Cultivateurs de leurs peines par un très-grand succès. Comme les vieilles plantes sont celles qui donnent du fruit, & que les rejettons en portent rarement avant qu'ils aient une année d'accroissement, il faut retrancher exactement ces derniers à mesure qu'ils paroissent, parce que quand on les laisse, ils diminuent la nourriture des vieilles plantes en proportion de leur nombre, & chacun d'eux pousse une si grande quantité de racines, & ils s'entremêlent de façon qu'ils appauvrissent la terre, & rendent les vieilles plantes stériles.

J'ai vu des plantes constamment débarrassées de leurs coulans, qui ont continué pendant quatre à cinq années à produire beaucoup de fruit, sans avoir été transplantées ; cependant la meilleure méthode est d'avoir une suite de planches, sur lesquelles on puisse transplanter annuellement une partie des Fraisiers, de maniere qu'ils n'aient jamais plus de trois ans ; car au bout de ce tems, la terre est entièrement épuisée de la nourriture qui leur convient, & on a constamment éprouvé que ces plantes étant placées sur un terrein nouveau, donnent toujours une plus grande quantité de fruits.

Pendant l'automne suivant, on débarrasse ces plantes des coulans qui peuvent avoir été produits, ainsi que de toutes les feuilles mortes & des mauvaises herbes ; on laboure ensuite les sentiers, on y enterre toutes ces herbes inutiles, & on répand de la terre sur la surface des planches entre les plantes, ce qui les fortifiera & les préparera pour le printems suivant : si l'on met encore par-dessus un peu de vieux tan, elles n'en seront que mieux.

Au printems & lorsque le danger des fortes gelées est passé, on souleve la terre entre les plantes avec une fourche étroite à trois dents, pour la desserrer, casser les mottes, & enterrer le tan, qui sera un bon engrais pour les Fraisiers, sur tout si la terre est forte : vers la fin du mois de Mars ou au commencement d'Avril, on couvre la terre avec de la mousse pour la tenir humide & empêcher le hâle d'y pénétrer : on s'assurera par-là une bonne récolte ; la mousse tiendra d'ailleurs le fruit net, & empêchera les fortes pluies de le coucher sur la terre ; ce qui le salit ordinairement, & lui ôte beaucoup de sa saveur.

Le sol dans lequel le *Fraisier du Chili* réussit le mieux, est une terre forte à briques & approchante de l'Argile. J'en ai vu qui ont produit dans un pareil terrein, une bonne quantité d'excellens fruits ; & je suis persuadé que cette espece sera aussi fructueuse que le Haut-boy commun, si l'on prend soin de retrancher tous ses coulans à mesure qu'ils paroissent : je me fonde, non sur la théorie, mais sur les deux ou trois expériences faites sous ma direction.

Quelques personnes qui aiment tant les Fraises, qu'ils n'épargnent rien pour s'en procurer de bonne heure & aussi long-tems qu'il est possible, accuseroient mon ouvrage d'imperfection, si je manquois de leur fournir des instructions pour ces deux especes de cultures. C'est pourquoi je vais donner la méthode de quelques Jardiniers qui ont le mieux réussi dans le traitement de ces fruits : je commencerai par dire comment on peut en obtenir de très-bonne heure au printems. Lorsqu'il y a dans les jardins quelques murailles chaudes destinées à faire mûrir des fruits printanniers, on plante ordinairement des Fraisiers dans les plates-bandes, afin que la chaleur des fourneaux qui y sont adaptés pour faire mûrir les fruits en espaliers, puisse aussi servir à avancer les Fraises ; mais dans ces sortes de places les Fraisiers doivent être renouvelés chaque année, & être enlevés aussitôt que leurs fruits sont passés : on ôte aussi de la terre jusqu'à la profondeur de deux pieds, & on y en remet de la nouvelle, qui sera également bonne pour les arbres en espaliers : mais comme les vieilles plantes de Fraisiers produisent seules du fruit, ainsi que nous l'avons déja observé, on doit en tenir en pots une quantité suffisante pour garnir les plates-bandes annuellement ; ce que l'on pratique aussi quand on veut élever des Fraises dans une couche ou dans une serre chaude.

Les especes les plus propres à être forcées, sont *l'Ecarlate*, *l'Alpine* & les *Fraisiers de bois* ; mais le *Haut-boy* devient trop gros pour cela : il faut toujours choisir les pieds les plus féconds, & ne prendre jamais que les rejettons qui croissent immédiatement contre les vieilles plantes ; on les enleve en automne , on les met chacun féparèment dans de petits pots remplis de terre marneufe , & on les tient à l'ombre jufqu'à ce qu'ils aient formé de nouvelles racines : on les expofe enfuite en plein air , & on les y laiffe jufqu'à la fin de Novembre ; alors on plonge les pots dans la terre jufqu'à leurs bords , pour empêcher la gelée d'y pénétrer par les côtés : fi elles font placées contre une muraille , une paliffade ou une haie , à l'expofition de l'eft ou du nord-eft , elles réuffiront mieux que dans une fituation plus chaude , parce qu'elles ne pousseront pas autant : le feul foin qu'elles exigent , eft d'empêcher que les gelées ne les déterrent : au printems fuivant , lorfque ces plantes auront rempli les pots de leurs racines , on les enlevera , on taillera leurs racines , on les remettra dans d'autres pots de la valeur de deux fous , qu'on remplira avec la même terre marneufe , & on les plongera dans la terre à l'ombre , où on les laiffera pendant tout l'été fuivant : mais il faut avoir foin de les tenir toujours nettes de mauvaifes herbes , & de retrancher tous les coulans à mefure qu'ils pouffent , ainfi que toutes les fleurs qui viendroient à paroitre , pour les empêcher de porter du fruit , ce qui les affoibliroit ; car on ne peut prendre trop de précautions pour avoir ces plantes auffi fortes qu'il eft poffible , afin qu'elles puiffent produire une grande quantité de fruits , fans quoi elles ne

vaudroient pas la peine d'être forcées.

Vers le milieu du mois d'Octobre , ou plutôt fi l'automne eft froid , on doit placer ces plantes à une expofition plus chaude , & les préparer à être forcées ; car il faut éviter de les tranfporter fubitement d'une place fort froide , dans une ferre ou couche chaude , mais on doit les y difpofer par dégrés.

Quand elles font deftinées pour une bordure de muraille chaude , on peut alors les tirer des pots & les planter en pleine terre , afin qu'elles aient le tems de former de nouvelles racines avant que l'on faffe du feu pour échauffer les murailles : on peut les placer trèsprès les unes des autres ; car comme elles ne doivent refter en place qu'autant de tems qu'il leur en faut pour mûrir leurs fruits , elles n'ont pas befoin de beaucoup d'efpace ; elles trouveront affez de nourriture au fond & dans la terre mife entre les mottes : il eft d'ailleurs intéreffant de fe procurer autant de fruits qu'il eft poffible dans un petit efpace qui occafionne de la dépenfe. Si l'on commence à allumer les fourneaux vers Noël , ces fraifes mûriront vers la fin de Mars ; mais fi la faifon eft très-froide , elles ne mûriront que vers le milieu d'Avril.

Il faut avoir foin d'arrofer ces plantes quand elles commencent à montrer leurs fleurs, fans quoi elles tomberoient fans produire de fruits ; & de leur donner de l'air chaque jour dans les tems doux : mais, comme les arbres fruitiers en espaliers doivent être traités de même , les mêmes foins conviendront aux Fraifiers.

Lorfqu'on veut forcer les Fraifiers dans une ferre chaude à *Ananas* , & qu'il ne refte point de place dans la couche de tan pour les y plonger , on les tranfplante dans de gros pots en Septembre, afin qu'ils puiffent être bien enracinés avant d'être placés dans la ferre, ce que l'on ne fait qu'en Décembre ; mais pour les bien préparer à être forcés , il fera à propos de les mettre , au commencement de Novembre , fous un châffis où ils puiffent être à l'abri des gelées : ceux qui veulent avoir de ces fruits de très-bonne heure , doivent faire une couche chaude fous des châffis , & y placer leurs Fraifiers à la fin d'Octobre. Lorfque ces plantes auront produit des fleurs, on les placera dans la ferre chaude tout près des vitrages , afin qu'elles puiffent jouir du plein foleil & de l'air ; car fi elles étoient dans le fond, elles fileroient & leurs fleurs tomberoient fans produire de fruits. Comme la terre des pots fe deffèche affez vîte lorfqu'ils font fur les tablettes ou fur le fourneau , il faut les arrofer fouvent, mais toujours légèrement, parce qu'une humidité trop abondante ne manqueroit pas de leur être nuifible. Si ces plantes font bien traitées , elles produiront du fruit dans le mois de Février, qui eft le tems où l'on defire le plus d'en avoir : lorfqu'on en fait la récolte , on jette les plantes , parce qu'elles

ne peuvent plus fervir à rien ; on arrache de même celles des plates - bandes lorfqu'on en a cueilli le fruit , parce qu'elles retrancheroient la nourriture des arbres à fruits.

Quand on n'a point de ferres ni de murailles chaudes , on peut faire croître ces fruits fur des couches chaudes ordinaires ; & quoiqu'ils n'y mûriffent pas auffi-tôt, j'ai cependant vu obtenir de grandes récoltes fur de pareilles couches couvertes de châffis ; on les traite de la manière fuivante à peu de frais.

Ces plantes doivent être d'abord préparées dans des pots , comme on l'a déja dit ci-deffus ; on les place à une expofition chaude au commencement d'Octobre , & vers Noël on fait une couche chaude comme pour les Concombres , mais moins forte : auffitôt que les premieres vapeurs de cette couche font diffipées, on y met du fumier pourri pour en conferver la chaleur, ou du fumier de vaches , qui eft préférable, quand on peut s'en procurer aifément : on enleve enfuite les plantes des pots , on les place fur la couche auffi près les unes des autres qu'il eft poffible, & l'on remplit les intervalles avec de la terre ; après quoi on leur donne de l'air chaque jour ; &, fi la chaleur de la couche eft trop forte, on fouleve les plantes pour empêcher que leurs racines ne foient brûlées : lorfque cette couche fe refroidit , on en garnit les côtés avec du fumier chaud : cette premiere couche fait fleurir les Fraifiers vers la fin de Février & au commencement de Mars ; comme alors toute sa chaleur est dissipée, on en prépare une autre moins forte que la premiere, sur laquelle on répand également du fumier de vaches jusqu'à l'épaisseur de deux pouces, pour garantir les racines des plantes de l'impression d'une chaleur trop vive, & par-dessus ce fumier on place deux pouces de terre marneuse : deux jours après, lorsque la couche commence à s'échauffer, on enleve les plantes de la premiere avec leurs mottes, on les arrange tout près les unes des autres sur la nouvelle, & on remplit les vuides avec de la terre marneuse : les racines de Fraisiers pénetrent bientôt dans cette nouvelle terre, ce qui renforce leurs fleurs, & leur fait produire beaucoup de fruit: si l'on apporte pour cette culture tout le soin nécessaire, que l'on donne de l'air à ces plantes, & qu'on les arrose à propos, on pourra avoir une bonne récolte de Fraises en Avril, c'est-à-dire, deux mois avant celles qui croissent naturellement.

La méthode ordinaire de traiter ces plantes, est de les planter d'abord dans les parties les plus froides du jardin, & le plus à l'ombre qu'il est possible, dans une terre forte & froide ; au moyen de quoi leurs fruits mûriront deux mois plus tard que dans une situation chaude : on coupe toutes les premieres fleurs à mesure qu'elles paroissent ; &, si la saison est sèche, on les arrose beaucoup pour leur en faire pousser de nouvelles : en continuant à les arroser ainsi, on se procure une récolte tardive : mais ces fruits ne sont pas aussi bons que ceux qui mûrissent dans la saison ordinaire.

Depuis que les *Fraisiers des Alpes* ou *de tous mois* ont été introduits dans les jardins Anglois, cette méthode n'est plus en usage, parce que cette espece peut fournir la table pendant tout l'été, sur-tout quand on prend soin de retrancher tous les coulans, & d'arroser les plantes dans les tems secs, sans quoi les fleurs tomberoient sans produire de fruits.

Quelques curieux, qui ont élevé ces plantes par semences, ont par ce moyen beaucoup amélioré quelques especes ; si cette pratique étoit plus en usage, je suis assuré qu'on en tireroit un grand avantage, & qu'on se procureroit par-là de plus beaux fruits. Il faudroit les semer dans des pots aussi - tôt que les fruits sont mûrs, & les placer à l'ombre.

Dans l'année 1724, on n'avoit presque point eu de pluie depuis le mois de Février jusqu'au milieu de Juillet ; de sorte que les *Fraisiers* & les *Framboisiers* des jardins de Londres s'étoient trouvés brûlés, & n'avoient acquis aucune perfection ; mais comme il survint de grandes pluies en Juillet, ces plantes se rétablirent, & produisirent des fleurs, qui furent remplacées en Septembre par une grande quantité de fruits, dont les marchés de Londres furent remplis.

FRAISIER. *V.* FRAGARIA.

FRAISIER DES ALPES *en tige & stérile. Voyez* POTENTIL-LA MONSPELIENSIS ET GRANDI-FLORA. L

FRAISIER EN ARBRE *ou* ARBOUSIER. *V.* ARBUTUS.

FRAMBOISIER. *V.* RUBUS IDÆUS. L.

FRANGE, en latin, *Fimbria*; terme relatif à toutes feuilles des plantes, lorsqu'elles sont découpées sur leurs bords en forme de franges, ce qui leur donne le nom de *Frangées*.

FRANGIPANIER. *V.* PLU-MERIA *&* XANTHOXYLON, CLAVA HERCULIS. L.

FRANGULA. *Tourn. Inst. R. H. 612. tab. 383. Rhamnus. Lin. Gen. Pl. 235.* Cette plante est ainsi appelée de *Frangere*, casser, à cause de la fragilité de son bois. [*Berry-bearing Alder.*] L'Aune noir, Bourgene portant des baies *ou* Bourdaine.

Caractères. Le calice de la fleur est formé par une feuille divisée en cinq segmens érigés; la corolle est monopétale, découpée en cinq segmens aigus, placés entre ceux du calice, dans lequel ils sont insérés, mais ils sont plus courts & érigés : la fleur a cinq étamines aussi longues que la corolle, & terminées par des sommets obtus ; dans son centre est placé un germe globulaire, qui soutient un style mince, couronné par un stigmat obtus : ce germe se change ensuite en une baie ronde, qui renferme deux semences unies & de même forme.

Ce genre de plantes est rangé dans la seconde section de la vingt-unieme classe de TOUR-NEFORT, qui renferme les ar-

bres & arbrisseaux à fleurs en rose, dont le pointal se change en une baie. LINNÉE a joint ce genre avec les *Palinurus*, *Alaternus & Ziziphus*, ou *Rhamnus*, en les faisant des especes d'un même genre: mais suivant son propre systême, il est bien éloigné de pouvoir être uni au *Rhamnus*, & devroit être placé dans sa vingt-deuxieme classe, parce que ces plantes ont des fleurs mâles & des femelles sur différens pieds ; au-lieu que celles de la premiere section de la cinquieme classe, ont dans leurs fleurs cinq étamines & un style.

Les especes sont :

1°. *Frangula Alnus, foliis ovato-lanceolatis glabris*; l'Aune à feuilles ovales, unies & en forme de lance.

Frangula. Dod. Pempt. 784. Camer. Epit. 978.

Frangula, sive Alnus, nigra baccifera. Park. Theatr.; L'Aune à baies noires. L'Aune noir, Bourgene *ou* Bourdaine.

Alnus nigra baccifera. Bauh. Pin. 428.

Rhamnus Frangula, inermis, floribus monogynis hermaphroditis, foliis integerrimis. Lin. Sp. Plant. 280. Edit. 3. Hort. Cliff. 70. Fl. Suec. 194. 203. Mat. Med. 73. Roy. Lugd.-B. 224.

Rhamnus inermis, foliis annuis. Fl. Lapp. 60.

2°. *Frangula lati-folia, foliis lanceolatis rugosis*; l'Aune à feuilles rudes & en forme de lance.

Frangula orâ folii serratâ. Hall. Helv. 164.

Frangula altera polycarpos. Bauh. Prodr. 160.

Frangula rugosiori & ampliori

folio. Tourn. ; l'Aune à baies, avec une feuille plus large & plus rude.

Alnus nigra polycarpos. Bauh. Pin. 428.

Alnus nigra baccifera, rugosiori folio, sivè major. Bauh. Hist. 1. p. 562.

Rhamnus Alpinus, inermis, floribus dioicis, foliis duplicato-crenatis. Lin. Sp. Plant. 280. *Edit. 3.*

3°. *Frangula rotundi-folia, foliis ovatis, nervosis ;* l'Aune à feuilles ovales & veinées.

Frangula montana, pumila, saxatilis, folio sub-rotundo. Tourn. l'Aune bas de montagne, qui croît dans les rochers, & produit des baies & des feuilles rondes.

4°. *Frangula Americana, foliis oblongo-ovatis, nervosis glabris ;* l'Aune à feuilles ovales, oblongues, ayant des veines unies.

Frangula Americana, foliis glabris. Dale ; l'Aune d'Amérique à feuilles unies, portant des baies.

Frangula oblongo folio viridi Americana. Richard. IV. vol. 1. pag. 22. Sp. 10.

Alnus. La premiere espece croît naturellement dans les bois de plusieurs parties de l'Angleterre, ce qui fait qu'on la cultive rarement dans les jardins ; elle s'éleve en une tige ligneuse à la hauteur de dix à douze pieds, & pousse plusieurs branches irrégulieres, couvertes d'une écorce foncée, & garnies de feuilles ovales, en forme de lance, de deux pouces de longueur sur un de largeur, traversées par plusieurs veines qui s'étendent depuis la côte du milieu jusqu'à leurs bords, & portées par de courts pétioles : ses fleurs naissent en grappes aux extrémités des rejettons de l'année précédente, ainsi que sur les deux premiers nœuds des mêmes branches ; elles sont portées chacune sur un pédoncule placé sur les parties latérales des branches ; ces fleurs sont fort petites, de couleur herbacée, & ne s'ouvrent pas ; elles produisent des baies rondes, petites, & d'abord rouges, mais qui deviennent noires en mûrissant. Ces fleurs paroissent en Juin, & leurs baies mûrissent en Septembre : cette plante se trouve dans les Pharmacopées, au nombre des especes médicinales ; mais on s'en sert peu à présent (1).

______

(1) L'écorce moyenne de cette plante, & sur-tout celle qui couvre les racines, est un purgatif violent qui évacue par haut & par bas ; mais elle est d'autant plus émetique, qu'elle est plus fraiche ; on la sépare au printems, & on la fait sécher à l'ombre. Ce purgatif, qui ne convient qu'à des personnes d'un tempérament robuste, peut être administré en substance à la dose d'un gros, & en infusion dans du vin blanc, depuis un gros & demi jusqu'à deux gros, en y ajoutant quelques correctifs, tels que la Cannelle, l'Anis, ou plutôt l'Alkali fixe que l'on retire de l'Absynthe. Les gens de la campagne font souvent usage de ce remede, dans quelques contrées, pour se guérir des fievres intermittentes. Ils se servent aussi de cette écorce, broyée dans du vinaigre, pour guérir la gale, en s'en frottant deux ou trois fois par jour ; mais ce moyen est dangereux si l'on n'a pas fait usage auparavant des secours internes que la Médecine prescrit.

Lati-folia. La seconde a des feuilles rudes & plus larges que celles de la premiere ; elle croît naturellement sur les Alpes & dans d'autres parties montagneuses de l'Europe : on la conserve dans quelques jardins pour la variété.

Rotundi-folia. La troisieme, qui s'éleve rarement au-dessus de deux pieds de hauteur, se trouve sur les montagnes des Pyrénées ; mais on ne la cultive guere que dans les jardins de Botanique pour la variété : on peut la multiplier en marcottant ses branches ; elle exige un sol fort.

Americana. La quatrieme espece croît naturellement dans l'Amérique Septentrionale, d'où ses semences m'ont été envoyées : elle ressemble à la premiere, mais ses feuilles sont plus longues & plus larges ; elles sont unies, d'un vert luisant, & ont plusieurs veines : les fleurs sont aussi fort semblables à celles de la premiere.

Ces arbrisseaux se multiplient aisément par leurs graines, qu'il faut mettre en terre aussi-tôt qu'elles sont mûres ; parce qu'en suivant cette méthode, elles pousseront au printems suivant : au-lieu que, si l'on ne les seme que dans ce tems, elles ne paroîtront que dans la seconde année ; on les tiendra alors constamment nettes, & en automne on les enleve pour les planter dans des pépinieres, à deux pieds de distance de rang en rang, & à un pied entr'elles : elles peuvent rester ainsi pendant deux ans ; mais au bout de ce tems, on les place à demeu-

re : on les multiplie aussi par marcottes & par boutures ; mais les plantes qui proviennent de semences sont préférables aux autres.

On porte souvent les fruits de la premiere espece sur les marchés de Londres, où on les vend pour des baies de *Nerprun*; mais on peut aisément distinguer ces especes les unes des autres en en rompant quelques-unes : car les baies du *Frangula* n'ont que deux semences, & celles du *Nerprun* en renferment ordinairement quatre ; d'ailleurs le suc de ces dernieres teint le papier en vert.

FRAXINELLE. *Voyez* DICTAMNUS.

FRAXINUS. *Lin. Gen. Plant.* 1026. *Tourn. Inst. R. H. 577. tab. 343.* [*The Ash-tree.*] Frêne.

Caracteres. Dans ce genre il y a des fleurs hermaphrodites & des fleurs femelles sur le même arbre, & quelquefois sur différens pieds : les fleurs hermaphrodites n'ont point de pétales, mais seulement un petit calice à quatre angles, qui renferme des étamines érigées, & terminées par des sommets oblongs & à quatre sillons. Dans le centre est placé un germe ovale & applati, qui soutient un style cylindrique, couronné par un stigmat divisé en deux parties : ce germe devient ensuite un fruit comprimé & bordé, en forme de langue d'oiseau, & a une cellule qui renferme une semence de même forme. Les fleurs femelles sont conformées de même, mais elles n'ont point d'étamines.

Ce genre de plante eſt rangé dans la ſeconde ſection de la vingt-troiſieme claſſe de LIN-NÉE, qui comprend celles dont les fleurs de différens ſexes naiſſent ſur les mêmes tiges ou ſur des pieds différens, & qui ſont toutes fructueuſes.

Les eſpeces ſont :

1º. *Fraxinus excelſior, foliolis ſerratis, floribus apetalis. Lin. Sp. Pl. 1057. Mat. Med. 222* ; Frêne dont les lobes ſont ſciés, & les fleurs apétales.

Fraxinus floribus nudis. Hort. Cliff. 469. Fl. Suec. 830. 926. Roy. Lugd.-B. 396. Dalib. Paris. 306.

Fraxinus excelſior. C. B. p. 416 ; Frêne commun.

Fraxinus. Dod. Pempt. 771.

2º. *Fraxinus rotundi - folia, foliis ovato - lanceolatis ſerratis, floribus coloratis* ; Frêne dont les lobes ſont de forme ovale & de lance, & ſciés, & les fleurs colorées.

Fraxinus rotundiori folio. C. B. pag. 416 ; Frêne à feuilles plus rondes, ordinairement appelé *Frêne à manne.*

3º. *Fraxinus Ornus, foliolis ſerratis, floribus corollatis. Lin. Sp. Pl. 1057* ; Frêne dont les feuilles ſont ſciées, & dont les fleurs ont des pétales.

Fraxinus floribus completis. Hort. Ups. 304. Hort. Cliff. 470. Roy. Lugd.- B. 396.

Fraxinus humilior, ſive altera Theophraſti, minori & tenuiori folio. C. B. p. 416 ; Frêne nain de Théophraſte, avec des feuilles plus petites & plus étroites.

4º. *Fraxinus paniculata, foliolis lanceolatis glabris, floribus paniculatis terminatricibus* ; Frêne à feuilles unies & en forme de lance, & à fleurs en panicules, placées aux extrémités des branches.

Fraxinus florifera botryoïdes. Mor. Præl. 265 ; Frêne à fleurs.

5º. *Fraxinus ex Nová-Angliâ, foliolis integerrimis, petiolis teretibus. Flor. Virg. 122. Roy. Lugd.-B. 533* ; Frêne à lobes entiers, ayant des pétioles en forme cylindrique.

Fraxinus ex Nová - Angliâ, pinnis foliorum in mucronem productioribus. Rand. Cat. Hort. Chels. ; Frêne de la Nouvelle Angleterre à feuilles longues, à pointes aiguës & ailées.

6º. *Fraxinus Caroliniana, foliolis integerrimis, petiolis teretibus, fructu latiore. Prod. Leyd. 533. Gron. Virg. 122. Roy. Lugd.-B. 533* ; Frêne à feuilles entieres, ayant des pétioles cylindriques.

Fraxinus Caroliniana, latiore fructu. Rand. Cat. H. Chel. Frêne de la Caroline avec des fruits plus larges.

Fraxinus Carolinienſis, foliis anguſtioribus utrinque acuminatis pendulis. Catesb. Car. 1. p. 80. t. 80.

Excelſior. La premiere eſpece eſt le *Frêne commun*, qui croît naturellement dans la plus grande partie de l'Angleterre ; il eſt ſi bien connu, qu'il n'eſt pas néceſſaire d'en donner une deſcription : les feuilles de cet arbre ont généralement cinq paires de lobes, & ſont terminées par un lobe impair ; elles ſont d'un vert très-foncé, & leurs bords ſont légèrement ſciés : ſes fleurs naiſſent en épis clairs ſur les côtés des branches, & produiſent des ſemences plates qui mûriffent en automne. On conferve dans quelques jardins une variété de cet arbre à feuilles panachées. (1).

Rotundi-folia. La feconde, qu'on trouve dans la Calabre, eft regardée généralement comme l'arbre fur lequel on recueille la manne : les branches de cette efpece font beaucoup plus courtes que celles de la premiere, & leurs nœuds font auffi plus voifins les uns des autres ; les lobes des feuilles font plus courts & plus profondément fciés fur leurs bords ; elles font d'un vert plus clair ; fes fleurs, teintes de couleur pourpre, fortent des parties latérales des branches, & paroiffent au printems avant que les feuilles commencent à pouffer. Cet arbre eft d'un crû bas, & ne s'éleve guère qu'à quinze ou feize pieds de hauteur en Angleterre.

____

(1) On a beaucoup vanté les propriétés médicinales du *Frêne*, mais on doit peu y compter, malgré le témoignage de CÉSALPIN & de LOBBEI ; cependant l'écorce & le bois de cet arbre peuvent être mis au nombre des apéritifs & des diaphorétiques légers, & employés comme tels dans les fievres, les obftructions du foie & de la ratte, les maladies cutanées, &c. Le fel fixe que l'on tire de fes cendres, ne différe point de celui des autres végétaux, & c'eft une erreur de lui attribuer des vertus particulieres. La propriété de guérir la furdité qu'on fuppofe à la féve qui s'écoule par les deux extrémités de ce bois, lorfqu'on le met en travers fur le feu, eft tout-à-fait imaginaire ; car cette féve n'eft que de l'eau toute fimple, & ne contient aucun principe actif.

Ornus. La troifieme ne s'éleve pas plus que la précédente ; fes feuilles font plus petites & plus étroites, mais elles font également fciées fur leurs bords, & teintes de la même couleur foncée ; fes fleurs ont des pétales, au-lieu que celles du *Frêne commun* n'en ont point.

Paniculata. La quatrieme a été élevée par le feu Docteur UVEDALE à Enfield, avec des femences apportées de l'Italie par le Docteur GUILLAUME SHÉRARD ; mais on la regarde comme une efpece différente de celles dont MORRISON fait mention dans fon *Prœludia Botanica* : cependant lorfqu'on les compare, on n'apperçoit aucune différence entr'elles.

Les feuilles de cette efpece n'ont que trois ou quatre paires de lobes, courts, larges, unis, d'un vert luifant & irrégulièrement fciés fur leurs bords ; la côte du milieu de la grande feuille eft noueufe, & gonflée dans les endroits où les feuilles fortent : fes fleurs naiffent en panicules clairs aux extrémités des branches ; elles font la plupart mâles, & ont chacune deux étamines, mais point de germe ni de ftyle ; elles font d'une couleur blanche, herbacée, & paroiffent en Mai. Comme cette efpece ne produit pas toujours des femences en Angleterre, on la multiplie en la greffant fur le *Frêne commun.*

Nova-Anglica. La cinquieme a été élevée de femences qui ont été envoyées de la Nouvelle-Angleterre en 1724, par M. MOORE : fes feuilles n'ont que trois, ou tout au plus quatre paires de lobes, placés à une grande diſtance les uns des autres, & terminés par un lobe impair qui s'étend en-dehors, & forme une très-grande pointe ; ces lobes ſont entiers, d'un vert clair, & ſans dentelures ſur leurs bords. Cet arbre pouſſe des branches fortes & irrégulieres ; mais ſon tronc ne devient pas gros : on le multiplie en le greffant ſur le *Frêne commun*.

Caroliniana. La ſixieme, dont les ſemences ont été envoyées de la Caroline en 1724, par M. CATESBY, a des feuilles compoſées de trois paires de lobes, dont ceux du bas ſont les plus petits ; ils ont environ cinq pouces de longueur ſur deux de largeur, & ſont d'un vert clair, & légèrement ſciés ſur leurs bords ; le pétiole ou plutôt la côte du milieu des feuilles, eſt conique, & couvert d'un duvet court & velu ; ſes ſemences ſont plus larges que celles du *Frêne commun* & d'une couleur fort claire. Comme cette eſpece n'a pas encore produit de graines en Angleterre, on l'y multiplie en la greffant ſur le *Frêne commun*.

Culture. On multiplie beaucoup ces arbres aujourd'hui dans les pépinieres pour en faire commerce, parce qu'on recherche depuis peu les arbres & arbriſſeaux durs qui peuvent ſubſiſter en plein air ; mais tous ceux qui ſont greffés ſur des *Frênes* communs, ne ſont pas auſſi bons que ceux que l'on éleve de ſemences, parce que les tiges croiſſent plus vîte que les greffes, & que les troncs ſur leſquels on les a greffés, ſont ſouvent deux fois plus gros que la partie haute ; d'ailleurs, ſi on les place dans des lieux expoſés au vent, les greffes ſont expoſées à être rompues juſques ſur le tronc, lorſqu'ils ſont parvenus à une grande hauteur ; en outre le bois des arbres greffés, n'eſt pas d'un auſſi bon uſage que celui des arbres de ſemence.

On plante généralement la quatrieme eſpece pour ſervir d'ornement, parce que ſes fleurs ont une très-belle apparence quand elles ſont toutes épanouies. Comme toutes les branches de cet arbre ſont terminées par un panicule large & clair, ils produiſent alors un très-agréable effet, & ſont apperçus de fort loin.

Toutes les autres eſpeces ſervent à faire variété dans les plantations : mais elles ont peu de beauté ; & comme leur bois eſt très-inférieur à celui du *Frêne commun*, il n'en faut pas planter beaucoup, parce qu'elles tiendroient la place de meilleurs arbres.

Le *Frêne commun* ſe multiplie en abondance par ſes graines, qui s'écartent en automne ; de ſorte que, ſi les beſtiaux n'approchent point de ces endroits, les plantes pouſſeront en quantité au printems ſuivant. Quand on veut ſe procurer un nombre conſidérable de ces arbres, il faut ſemer leurs graines auſſitôt qu'elles ſont mûres, afin que leurs plantes paroiſſent au printems ſuivant ; mais ſi l'on ne les met en terre que dans cette ſaiſon, elles ne paroîtront que dans la feconde année. Comme la même chofe a lieu pour la plupart des autres efpeces, il ne faut pas s'attendre à voir germer, avant l'année fuivante, les graines que l'on reçoit des pays étrangers, parce qu'elles arrivent rarement ici avant le printems : c'eft pourquoi l'on doit tenir nettes de mauvaifes herbes, pendant tout l'été, la terre où elles font femées, & ne pas la remuer, de peur de les déterrer ou de les trop enfoncer, ce qui les empêcheroit de croître. Comme beaucoup de perfonnes font trop impatientes pour attendre pendant une année, elles labourent la terre fi elles ne voient pas bientôt paroître les plantes, & détruifent ainfi les femences.

Lorfque les plantes pouffent, on arrache conftamment pendant l'été les mauvaifes herbes qui naiffent avec elles ; & fi elles font de grands progrès dans la planche de femences, elles feront en état d'être tranfplantées vers l'automne ; alors on prépare un nouveau terrein pour les recevoir, & auffitôt que leurs feuilles commencent à tomber, on peut les tranfplanter. On doit avoir grand foin, en les enlevant, de ne pas caffer ni déchirer leurs racines ; pour prévenir cet accident. il eft à propos de fe fervir de la bêche, au-lieu de les arracher, comme on le fait fouvent : comme parmi ces plantes élevées de femence, il s'en trouve quelques-unes plus grandes que les autres, on les arrache ordinairement les premieres, &

on laiffe croître les plus foibles encore pendant une année ; mais pour ne pas déraciner ces dernieres, on enleve les autres avec la main, ce qu'on ne peut faire fans rompre quelques-unes de leurs racines. Je confeille donc, pour éviter cet accident, de les enlever toutes groffes & petites, & de les tranfplanter, en plaçant les plus fortes dans les mêmes rangs, & les plus foibles à part : on laiffe entr'elles un pied & demi de diftance ; & trois pieds entre chaque rang : on peut les laiffer deux ans dans cette pépiniere : mais après ce tems elles auront acquis affez de force pour être placées à demeure ; car plus on les tranfplante jeunes, plus elles deviennent groffes. La terre de la pépiniere ne doit pas être meilleure que celle qui leur eft deftinée ; parce que, fi elles étoient élevées dans un bon terrein, & qu'on les tranfportât enfuite dans un autre d'une moindre qualité, elles ne feroient que peu de progrès ; il eft par conféquent très-utile d'établir la pépiniere dans le lieu même où doit être la plantation, & l'on réferve alors dans cette pépiniere un nombre fuffifant de ces arbres, qui parviendront à une hauteur beaucoup plus confidérable que ceux qui auront été enlevés.

Quand on a dans fon voifinage quelques-uns de ces arbres, on peut bientôt en avoir une grande quantité, en confervant ceux qui proviennent de leurs femences tombées ; mais il eft néceffaire d'en écarter les beftiaux, qui les détruiroient dans un instant : lorsque quelques-unes de ces graines tombent dans des haies, où elles sont à l'abri du soleil & de l'inclémence de l'air, les plantes qu'elles produisent font de grands progrés, & détruisent bientôt tous les arbrisseaux voisins; car aucun arbre n'est plus nuisible aux autres végétaux que le Frêné; il les prive de leur nourriture dans toute la longueur de ses racines : il ne faut donc jamais planter de frênes dans des alignemens de haies, parce qu'ils les feroient périr, ainsi que le bled & tout ce qu'on pourroit semer dans leur voisinage. On ne doit pas non plus en souffrir aucun près des pâturages ; car si les vaches viennent à brouter ses feuilles ou ses rejettons, tout le beurre qu'on fera avec leur lait aura un goût fort, & ne sera d'aucune valeur, comme on le remarque dans celui qui vient des environs de Guilford, de Godalmin, & de quelques autres parties du comté de Surry, où les *Frênes* se trouvent voisins de tous les pâturages ; de sorte qu'on ne trouve guère dans ce pays de beurre bon à manger : dans toutes les bonnes laiteries de la campagne, on ne souffre jamais de *Frêne* dans les environs.

Si cet arbre est bien traité, son bois sera très-utile aux propriétaires, non-seulement parce que ses branches basses, qu'on peut couper tous les sept ou huit ans pour en faire des piquets ou des cercles, pro-

duiront plus que le revenu de la terre, toutes dépenses prélevées, mais encore parce que leurs troncs vaudront 40 ou 50 livres Tournois la piece lorsqu'ils seront assez gros pour fournir du bois de charpente.

Ce bois est très-bon pour le charronnage & pour plusieurs autres ouvrages. La meilleure saison pour le couper est depuis le mois de Novembre jusqu'en Février ; car si l'on s'y prend trop tôt en automne, ou trop tard au printems, il sera en danger d'être attaqué par les vers : mais on l'émonde au printems, ainsi que tous les bois tendres.

FRENE. *Voyez* FRAXINUS.

FRENE ÉPINEUX. *Voyez* XANTHOXYLUM. L.

FRITILLARIA. *Lin. Gen. Plant. 372. Tourn. Inst. R. H. 376. tab. 197, 198.* [*Fritillary, or Chequered Tulip, & Crown Imperial.*] Fritillaire, Tulippe *ou* Couronne Impériale. *Lilio-Fritillaria.*

Caractères. Dans ce genre, la fleur n'a point de calice ; la corolle est composée de six pétales oblongs en forme de cloche, qui s'étendent à la base : dans le creux de la base de chaque pétale est situé un nectaire ; six étamines, terminées par des sommets oblongs & à quatre angles environnent le style; son centre est occupé par un germe oblong & triangulaire qui soutient un style simple, plus long que les étamines, & couronné par un stigmat obtus & étendu ; ce germe devient dans la suite une capsule oblongue à trois lobes

& à trois cellules remplies de femences plates & placées en double rang.

La capfule de la *Fritillaire* eft oblongue & unie ; mais celle de *la Couronne Impériale* a des bords aigus ou des aîles membraneufes.

Ce genre de plantes eft rangé dans la premiere fection de la fixieme claffe de LINNÉE, qui renferme celles dont les fleurs ont fix étamines & un ftyle.

Ces deux genres (la *Fritillaire* & la *Couronne Impériale*) ont toujours été féparés jufqu'à ce que LINNÉE les ait réunis : fi on ne confidere que la fleur, on peut les joindre enfemble ; mais comme leurs fruits ont chacun une marque caractériftique, il femble qu'ils devroient être féparés : cependant comme ce nouveau fyftême eft généralement reçu, je m'y conformerai en les laiffant unis.

Les efpeces font :

1°. *Fritillaria Meleagris, foliis linearibus alternis, floribus terminalibus* ; Fritillaire à feuilles étroites & alternes, dont la tige eft terminée par les fleurs.

Fritillaria radice depreffâ. Roy. Lugd.-B. 30.

Fritillaria præcox purpurea variegata. C. B. p. 64 ; Tulippe printaniere panachée en pourpre, *ou* la Fritillaire.

Meleagris. Reneal. Spec. 147. t. 146.

2°. *Fritillaria Aquitanica, foliis infimis oppofitis. Hort. Cliff. 81* ; Fritillaire dont les feuilles baffes font oppofées.

Fritillaria Aquitanica, flore luteo obfeuro. Swert. Floril. ; Tu-

lippe d'Aquitaine panachée ; dont la fleur eft de couleur jaune foncé.

3°. *Fritillaria nigra, floribus adfcendentibus* ; Fritillaire à fleurs placées les unes au-deffus des autres.

Fritillaria nigra. Lob. Adver. 2, 496 ; Tulippe noire panachée.

4°. *Fritillaria lutea, foliis lanceolatis, caule uniftoro maximo* ; Fritillaire à feuilles en forme de lance, ayant une groffe fleur fur chaque tige.

Fritillaria lutea maxima Italica. Park. Parad. 43 ; la plus grande Fritillaire jaune d'Italie.

5°. *Fritillaria umbellata, floribus umbellatis* ; Fritillaire à fleurs en ombelles.

Fritillaria umbellifera. C. B. p. 64 ; Tulippe ombellée & panachée.

6°. *Fritillaria Perfica, racemo nudiufculo, foliis obliquis. Hort. Upfal. 82* ; Fritillaire avec un épi de fleurs nud & des feuilles obliques.

Fritillaria radice rotundâ. Roy. Lugd.-B. 30.

Fritillaria racemo nudo terminali. Hort. Cliff. 119.

Lilium Perficum. Dod. Pempt. 220 ; le Lys de Perfe.

Lilium Fufianum. Clus. Hift. 1. p. 130.

7°. *Fritillaria racemofa, floribus racemofis* ; Fritillaire à fleurs en paquets.

Fritillaria ramofa, feu Lilium Perficum minus. Mor. Hort. Reg. Bles. Fritillaire branchue, ou le plus petit Lys de Perfe.

8°. *Fritillaria Imperialis, racemo comofo infernè nudo, foliis integerrimis. Hort. Upfal. 82. Kniph.*

Cent. 3. n. 39. Knon. Del. 1. Fritillaire couronnée d'un paquet de feuilles touffu au-dessus des fleurs, nud au-dessous, ayant des feuilles entières.

Corona Imperialis. Dod. Pempt. 202 ; la Couronne Impériale.

Petilium foliis caulinis. Hort. Cliff. 119. Roy. Lugd.-B. 30.

Lilium sivè Corona Imperialis Bauh. Pin. 79.

Tusai. Clus. Hist. 1. p. 127, 128.

9°. *Fritillaria regia racemo comoso infernè nudo, foliis crenatis Lin. Sp. Plant. 303* ; Fritillaire avec un paquet de feuilles touffu sur les fleurs, nud au-dessous, & des feuilles crenelées.

Corona Regalis, Lilii folio crenato. Hort. Elth. 110. t. 93. f. 109 ; Couronne Royale à feuilles de lys & crenelées.

10°. *Fritillaria Autumnalis racemo infernè nudo, foliis oblongis mucronatis* ; Fritillaire à tige nue & à feuilles oblongues & pointues.

Meleagris. La premiere croît naturellement en Italie & dans quelques autres parties chaudes de l'Europe. On voit dans les jardins des Fleuristes un grand nombre de variétés de cette espece, qui ont été obtenues de semence, & qui different entr'elles par leur grosseur & leur couleur ; mais comme il en paroît tous les jours de nouvelles, il seroit inutile de nommer celles qu'on trouve dans les jardins de l'Angleterre & de la Hollande ; on peut d'ailleurs consulter à ce sujet les Catalogues des Hollandois, qui aiment beaucoup à découvrir quelques nouvelles différences pour augmenter leurs listes.

Les especes dont on fait ici mention peuvent, à mon avis, être regardées comme distinctes, quoique LINNÉE les ait réduites à cinq ; car j'en ai élevé plusieurs par semence de toutes les especes, qui ont constamment été les mêmes que celles sur lesquelles les semences avoient été prises, & n'ont paru différentes que par la couleur & la grosseur de leurs fleurs ; celles à feuilles larges ont donné des fleurs à larges feuilles, & celles qui étoient ombellées & tachetées, ont aussi reproduit les mêmes especes, quoiqu'elles fussent toutes différentes par leurs couleurs.

La premiere a une racine ronde, applatie & semblable à celle du *Gladiole* ou *Glayeul*, mais d'un blanc jaunâtre ; sa tige, dont la hauteur est d'environ quinze pouces, est garnie de trois ou quatre feuilles étroites, longues & alternes, & son sommet se divise en deux pedoncules minces & inclinés vers le bas, qui soutiennent chacun une fleur en forme de cloche, tournée en dedans, & composée de six pétales tachetés de pourpre & de blanc en manière d'échiquier : dans son centre est placé un germe qui supporte un style couronné par un stigmat divisé en trois parties, & environné par six étamines plus courtes. A la bâse de chaque pétale il y a une cavité qui forme un nectaire rempli d'une liqueur douce ; lorsque la fleur est tombée, le germe se gonfle & devient une capsule assez grosse, émoussée & triangulaire ; son pédoncule se retourne ensuite, & se tient érige : quand cette capsule est mûre, elle s'ouvre en trois parties, & laisse sortir des semences plates qui étoient arrangées en double rang : les fleurs de cette espece paroissent à la fin de Mars ou au commencement d'Avril, & ses semences mûrissent en Juillet. On en connoît une variété à fleurs doubles.

Aquitanica. La seconde est originaire de France ; ses feuilles sont plus larges & d'un verd plus foncé que celles de la précédente ; ses feuilles basses sont opposées, mais celles du haut sont alternes : sa tige s'éleve à la hauteur d'un pied & demi, & supporte deux fleurs d'un jaune sombre, qui s'étendent plus au bord que celles de la premiere espece, mais qui ne sont pas tournées vers le bas de la même maniere : celle-ci fleurit trois semaines après la premiere. Il y en a une variété à fleurs verdâtres qui croit naturellement dans quelques parties de l'Angleterre.

Nigra. La troisieme, qui ne s'éleve guere au-dessus d'un pied de hauteur, a des feuilles étroites comme celles de la premiere, mais plus courtes ; chaque tige est terminée par trois ou quatre fleurs qui s'élevent les unes au-dessus des autres ; elles sont d'un pourpre très-foncé, & marquées de taches jaunâtres : cette espece fleurit en Avril, à peu-près dans le même tems que la seconde.

Lutea. La quatrieme s'éleve à la hauteur d'environ un pied : sa tige est garnie de feuilles en forme de lance, de quatre pouces de longueur sur un de largeur, & d'une couleur herbacée ; elles sont quelquefois opposées, mais ordinairement alternes : sa tige est terminée par une grosse fleur en forme de cloche, de couleur jaunâtre & marquetée de pourpre clair. Cette espece fleurit vers le même tems que la premiere ; elle donne deux ou trois variétés, qui different dans la grosseur & dans la couleur de leurs fleurs, ainsi que dans la largeur de leurs feuilles, mais qui conservent leurs différences spécifiques, de sorte qu'elles sont aisément distinguées des autres especes.

Umbellata. La cinquieme s'éleve à un pied & demi de hauteur ; sa tige est garnie de feuilles de couleur grisâtre, & plus courtes & plus larges que celles de la premiere ; ses fleurs, qui naissent autour des tiges comme celles de la Couronne Impériale, sont d'un pourpre foncé, & tachetées d'un vert jaunâtre ; elles paroissent à-peu-près dans le même tems que celles de la seconde espece.

Persica. La sixieme, que l'on connoît généralement sous le nom de *Lys de Perse*, d'où on la croit originaire, est depuis long tems cultivée dans les jardins Anglois ; sa racine est grosse & ronde, & sa tige, dont la hauteur est d'environ trois pieds, a sa partie basse fortement garnie de feuilles grises, de trois pouces de longueur sur un demi de largeur, placées sur chaque côté des tiges, & tortillées obliquement ; ses fleurs croissent en épis clairs au sommet de la tige, & forment une pyramide de la même figure que celle des autres especes, mais beaucoup plus courte ; ces fleurs, qui sont teintes d'une couleur pourpre foncée, s'étendent davantage sur leurs bords, & ne sont pas courbées vers le bas comme celles des précédentes ; elles paroissent dans le mois de Mai ; mais comme elles produisent rarement des graines en Angleterre, on ne peut les multiplier ici que par leurs rejettons.

Racemosa. La septieme a une tige beaucoup plus courte que celle de la précédente, & garnie de feuilles semblables, mais plus petites ; cette tige se divise à son extrémité en plusieurs petits pédoncules, dont chacun soutient une fleur sombre & colorée : on donne ordinairement à cette espece le nom de *petit Lys de Perse*, à cause de sa ressemblance avec la sixieme. On multiplie ces plantes par leurs semences ou par leurs rejettons qu'on détache des vieilles racines. En employant la premiere méthode, on obtient souvent des variétés nouvelles, & l'on récolte plus de racines en trois années, qu'on n'en obtiendroit en vingt ou trente ans en se servant des rejettons : c'est pourquoi je vais commencer par la premiere de ces deux méthodes.

Quand on s'est pourvu de bonnes semences, recueillies sur les plus belles fleurs, on prépare des terrines basses, ou des caisses percées dans le fond pour l'écoulement de l'humidité, & on les remplit de terre

fraîche & légere, après avoir mis quelques débris de pots cassés sur les trous pour empêcher la terre de les boucher ; lorsque cette terre est bien nivelée, on y répand les semences fort épaisses, & on les couvre de trois lignes de terre fine & criblée : le tems le plus propre pour ce semis, est le commencement du mois d'Août ; car si l'on tenoit ces graines plus long-tems hors de la terre, elles ne germeroient point ; on place ensuite ces caisses de maniere qu'elles puissent jouir du soleil depuis son lever jusqu'à onze heures ; & si la saison est sèche, on les arrose légerement : on a soin aussi d'ôter toutes les mauvaises herbes aussi-tôt qu'elles paroissent ; car, si on leur donnoit le tems de pousser profondément leurs racines, on ne pourroit plus les arracher sans déterrer les semences. Vers la fin de Septembre on transporte ces caisses ou terrines dans une situation plus chaude, en les plaçant contre une haie ou une muraille exposée au midi. Si les graines sont semées dans des pots, il faut les plonger dans la terre ; mais elles sont mieux dans des caisses, que l'on couvre pendant les fortes gelées : ces caisses peuvent rester ainsi jusqu'au milieu du mois de Mars suivant : quelques plantes auront déja dans ce tems atteint la hauteur d'un pouce ; alors on les transportera à l'ombre, & on les y tiendra encore davantage à mesure que la chaleur deviendra plus forte : car, tandis que ces plantes sont jeunes, elles

F R I

iouffrent toujours lorfqu'on les expofe au foleil : on les laiffe à l'ombre pendant tout l'été, on les tient conftamment nettes, & on les arrofe de tems en tems ; mais il faut avoir attention de ne pas leur donner trop d'eau , fur-tout lorfque leurs feuilles font flétries, parce que l'on feroit pourrir leurs racines : vers le commencement du mois d'Août, fi ces racines font trop ferrées dans les caiffes, on prépare une bonne planche de terre fraîche & légere , on la nivelle exactement, on répand par-deffus toute la terre des caiffes qui contiennent les petites racines, & on les recouvre enfuite également avec la même terre fraîche & légère jufqu'à l'épaiffeur de trois lignes. Cette planche doit être à une expofition chaude, mais pas trop près de quelque haie, d'une muraille ou d'une paliffade , dont le voifinage rendroit leurs feuilles longues & minces , & affoibliroit leurs racines.

Elles peuvent refter dans cette planche jufqu'à ce qu'elles fleuriffent, ce qui a lieu ordinairement au bout de trois ans ; alors on remarque les racines qui produifent de belles fleurs, afin qu'en les tirant de la terre auffi-tôt après que leurs feuilles font détruites , on puiffe les diftinguer & les féparer des autres ; mais celles qui font d'une moindre valeur , peuvent être plantées dans les plates-bandes des parterres pour concourir à la variété, où, étant entremêlées avec d'autres fleurs de différentes faifons , elles

produiront un très-bel effet.

Les belles efpeces doivent refter pendant trois ans fans être remuées ; au bout de ce tems elles auront produit plufieurs rejettons : alors , fi leurs feuilles font flétries , on les enleve, & on les plante dans une nouvelle couche, après avoir détaché les rejettons qui font affez gros pour produire des fleurs ; on place ces derniers dans les plates-bandes des parterres , & l'on met de côté les plus petits, que l'on tient dans une planche en pépiniere jufqu'à ce qu'ils aient acquis affez de force pour fleurir ; mais lorfqu'on les enleve hors de la terre , il faut les replanter fur le champ , fans quoi ils périroient.

Pendant les trois années que je confeille de laiffer les racines dans les planches, on remue la terre chaque automne avec une truelle , mais légèrement , pour ne pas les froiffer ; l'on met enfuite fur ces planches une couche mince de fumier pourri ou du vieux tan , qui, en s'enfonçant dans la terre, rendra les fleurs plus groffes , & fortifiera beaucoup les racines ; on doit auffi les tenir conftamment nettes. Mais il ne faut pas laiffer monter en graines celles que l'on veut conferver dans toute leur perfection.

Quand on s'eft procuré une provifion de bonnes fleurs, on peut les conferver & les multiplier de la même maniere que les autres fleurs bulbeufes & à racines , qui pouffent des rejettons , qu'on enleve chaque deux ans fur les plus belles efpeces ; mais les fleurs ordinaires doivent refter trois ans fans être remuées : après ce tems on les trouvera extrêmement multipliées, & chaque racine en fournira une multitude ; mais fi on les laiffe plus long-tems fans les féparer, elles fe multiplieront à l'infini, & ne donneront que des fleurs très-foibles : c'eft pourquoi il faut les enlever chaque deux ans, fi l'on veut les avoir plus fortes. On peut traiter ces plantes comme les *Tulipes* & autres fleurs bulbeufes ; avec cette différence feulement, que les racines de cette efpece ne peuvent pas refter hors de terre auffi long-tems : ainfi, s'il eft néceffaire de les garder quelque tems avant de les planter, il faudra les mettre dans du fable pour les empêcher de fe rétrécir & fe flétrir.

Comme ces fleurs paroiffent de bonne heure au printems, elles font un très-bon effet dans les plates-bandes des parterres, lorfqu'on les plante en petits paquets ; mais fi on les tient ifolées & détachées, elles n'ont qu'une très-mince apparence.

Imperialis. La huitieme eft la *Couronne Impériale*, qui eft à préfent fort commune dans les jardins Anglois : elle croît naturellement dans la Perfe, d'où elle a d'abord été portée à Conftantinople, & enfuite vers l'an 1570 dans ces parties de l'Europe. Cette fleur a un grand nombre de variétés, que les Fleuriftes confervent dans leurs jardins ; mais comme elles ont toutes été produites accidentellement de femences, elles ne forment qu'une efpece ; cependant pour la fatisfaction des Curieux, je vais indiquer ici toutes celles qui font parvenues à ma connoiffance.

1°. La Couronne Impériale commune, d'une couleur rouge fale.

2°. La Couronne Impériale jaune, d'un jaune brillant.

3°. La Couronne Impériale brillante & rouge, appelée *Fufai.*

4°. La Couronne Impériale jaune pâle.

5°. La Couronne Impériale jaune rayé.

6°. La Couronne Impériale à groffes fleurs.

7°. La Couronne Impériale rouge & à larges feuilles.

8°. La Couronne Impériale triplement couronnée.

9°. La double Couronne Impériale rouge.

10°. La double Couronne Impériale jaune.

11°. La double Couronne Impériale à feuilles panachées en argent.

12°. La double Couronne Impériale à feuilles panachées en jaune.

Il y a quelques autres variétés rapportées dans les Catalogues des Fleuriftes Hollandois ; mais comme leurs différences font fi foibles, que l'on peut à peine les diftinguer, je n'en dirai rien : j'ai vu croître, dans les jardins Anglois ou Hollandois, celles que je viens de nommer, & ce font les feules qui méritent d'être diftinguées.

La *Couronne Impériale* a une racine groffe, ronde, écailleuse, de couleur jaune, & d'une odeur forte de Renard ; sa tige s'éleve à la hauteur d'environ quatre pieds ; elle est forte , succulente , & garnie à chaque côté, dans les deux tiers de sa longueur, de feuilles longues, étroites, unies, entieres, & terminées en pointes ; le sommet de cette tige est nud dans la longueur d'un pied, & son extrémité est garnie tout autour de pédoncules courts & penchés vers le bas, dont chacun porte une grosse fleur ouverte comme une cloche, & composée de six pétales en forme de lance ; à la base de chaque pétale est une large cavité dans laquelle est situé un gros nectaire blanc, rempli d'une liqueur miellée. Le centre de la fleur est occupé par un germe oblong & triangulaire , sur lequel est placé un style simple aussi long que les pétales , & couronné par un stigmat étendu & obtus ; ce style est entouré par six étamines plus courtes , en forme d'alène, & terminées par des sommets oblongs à quatre angles. Ces fleurs penchent vers le bas, & leurs pédoncules sortent entre des feuilles vertes & érigées qui forment une touffe au sommet de la tige.

Quand ces fleurs sont flétries , les germes deviennent de grosses capsules à six angles, qui ressemblent à la roue d'un moulin à eau, & qui ont six cellules remplies de semences plates. Cette plante fleurit au commencement d'Avril , & ses semences mûrissent en Juillet.

L'espece à fleurs jaunes , celle à grosses fleurs , & celles à fleurs doubles, sont les plus estimées : mais celles qui ont deux ou trois rangées de fleurs les unes au-dessus des autres , ont la plus belle apparence, quoiqu'elles produisent rarement leurs fleurs de cette maniere dans la premiere année après qu'elles ont été transplantées ; mais dans la seconde & dans la troisieme année leurs tiges deviendront plus hautes , & auront souvent trois rangs de fleurs ; c'est à celles-ci que l'on donne le nom de *triple Couronne* : les tiges de cette espece sont ordinairement plates & larges quand elle produit un plus grand nombre de fleurs qu'à l'ordinaire ; cet effet n'est dû qu'à une abondance accidentelle de séve, quoique plusieurs Auteurs l'aient annoncée comme une variété particuliere.

Comme cette fleur est une des premieres d'une certaine grandeur qui paroisse au printems, elle produit un très-bel effet au milieu d'une grande plate bande, dans un tems où l'on desire beaucoup de pareilles fleurs pour décorer les parterres ; mais l'odeur forte de renard qu'elle répand, lui ôte de son mérite ; c'est ce qui est cause qu'on la cultive moins dans les jardins d'agrément, que l'on ne feroit sans ce defaut.

On peut la multiplier par semences ou par les rejettons de sa racine ; la premiere méthode est trop lente & ennuyeuse pour la plupart des

Fleuriftes Anglois, parce que les plantes qui proviennent de femences, font fix ou fept ans avant de fleurir ; mais les Jardiniers Hollandois & Flamands, qui ont plus de patience, les élevent fouvent de femences pour fe procurer de nouvelles variétés, qui les récompenfent de leurs travaux. La maniere de les multiplier par femences étant à-peu-près la même que celle qui eft en ufage pour les *Tulipes*, je renvoie le Lecteur à cet Article, où il trouvera d'amples inftructions à ce fujet.

On multiplie cette plante en Angleterre par les rejettons qui pouffent fur fes racines ; ces rejettons fleuriffent deux ans après ; mais pour en avoir une grande quantité, on ne transplante les racines que chaque trois ans : alors chacune en aura produit plufieurs, dont quelques-uns feront affez gros pour fleurir dès l'année fuivante, & pourront être plantés à demeure dans les plates-bandes du parterre ; on met les plus petites dans une planche en pépiniere, où on les laiffe croître pendant un ou deux ans, fuivant leur groffeur : c'eft pourquoi il faut les affortir, en mettant à part les plus foibles, qui doivent refter deux années dans la planche, & les plus groffes d'un autre côté, pour ne les y laiffer qu'un an : lorfque les unes & les autres auront acquis affez de force pour fleurir, on les tranfplantera dans le parterre.

On enleve ces racines dans le commencement du mois de Juillet, lorfque leurs tiges font flétries : on peut les garder hors de terre pendant deux mois, en les tenant dans une chambre féche & à l'ombre, mais fans être en monceaux ; & à l'abri de l'humidité : les rejettons doivent être plantés tout de fuite, parce qu'étant très-petits ils rétréciroient & fe deffécheroient bientôt fi on les gardoit hors de terre.

Comme ces racines font groffes, on ne doit pas les planter trop près des autres fleurs, & quand elles font dans des planches féparées, on laiffe entr'elles un pied & demi de diftance, & deux pieds entre chaque rang, & on les enfonce au moins de fix pouces, fur tout les plus groffes: ces plantes fe plaifent dans un fol léger, & pas trop humide, ni trop rempli de fumier ; fi l'on juge à propos d'y mettre quelqu'engrais, il faut l'enterrer de façon qu'il fe trouve à deux ou trois pouces au deffous des racines.

Regia. Autumnalis. Les neuvieme & dixieme efpeces font originaires du Cap de Bonne-Efperance, d'où elles ont été envoyées en Europe ; on y cultive la neuvieme, depuis quelques années, fous le nom de *Corona Regalis* ; elle a une racine tubéreufe, de laquelle fortent, en automne, fix ou huit feuilles obtufes, de cinq pouces environ de longueur fur deux de largeur vers leur extrémité, mais plus étroites à leur bâfe, crenelées fur leurs bords, & couchées fur la terre : elles fubfiftent pendant tout l'hiver. La tige de la fleur naît du centre de ces feuilles au printems , & s'éleve à la hauteur d'environ fix pouces ; elle eft nue vers le bas , mais fa partie haute eft environnée de fleurs en forme de cloche , & compofées de fix pétales verdâtres , dont le centre eft occupé par un germe ovale, entouré de fix étamines ; ce germe foutient un ftyle triangulaire , couronné par un ftigmat divifé en trois parties ; il fe change enfuite en une capfule ronde ; mais fes femences fe perfectionnent rarement en Angleterre : cette plante fleurit en Avril, & fes feuilles périffent en Juin.

Autumnalis. J'ai élevé la dixieme efpece par femences, qui m'ont été envoyées du Cap de Bonne-Efpérance : fa racine reffemble à celle de la précédente , mais fes feuilles ont plus d'un pied de longueur ; elles font larges à leur bâte , & étroites au fommet, où elles fe terminent en pointe aiguë : fa tige de fleurs s'éleve plus haut que celle de la neuvieme, mais fes fleurs, qui font de la même couleur, paroiffent rarement avant le mois d'Août. Les racines de cette efpece ont été volées dans le jardin de Chelféa au printems fuivant, après qu'elles avoient fleuri, & ont été vendues à des perfonnes qui préfèrent les plantes rares à l'honnêteté.

FRITILLARIA CRASSA. *Voyez* ASCLEPIAS.

FROID (*le*) eft l'état d'un corps privé de chaleur, ou qui ne contient aucune particule de feu : fuivant cette définition le Froid eft un terme négatif, & ceci eft conforme au fentiment de la plupart des Philofophes modernes , qui fuppofent que le Froid confifte feulement dans une privation ou diminution de chaleur.

D'autres, d'après le même principe, définiffent le Froid, cet état où les plus petites parties des corps font agitées plus lentement ou plus foiblement que celles des organes deftinés à la fenfation ; dans ce fens le Froid n'eft que relatif, & le même corps devient chaud ou froid, fuivant que fes parties les plus intimes font plus ou moins agitées que celles des organes de la fenfation.

On fuppofe que la chaleur eft produite par un mouvement particulier des parties du corps ; ce principe pofé, il eft aifé d'affigner en quoi confifte le Froid, qui eft l'oppofé du chaud. L'expérience apprend que le Froid éteint & détruit la chaleur ; on peut conclure de-là, que tout corps qui produira cet effet, eft un corps Froid.

Trois fortes de corps peuvent remplir cet objet : 1°. ceux dont les particules font parfaitement tranquilles : 2°. ceux dont les particules font agitées avec moins de violence que celles du corps chaud auquel elles font appliquées : 3°. enfin ceux dont les particules mifes en mouvement, font propres à exciter la fenſation du chaud , mais dont le mouvement déterminé différemment , retarde & change l'ébranlement des particules de l'organe.

De là procèdent trois différentes ſortes de Froids , ou de corps Froids.

La premiere eſt commune à tous les corps durs , puiſque le Froid qui leur eſt propre , conſiſte dans le repos de leurs parties.

La ſeconde eſt le Froid que l'on éprouve lorſque l'on plonge une partie du corps dans l'eau ; il conſiſte en ce que les particules intérieures, qui entretiennent la chaleur naturelle , ſont agitées plus ſenſiblement que celles du fluide , & lui communiquent une partie de leur mouvement.

La troiſieme eſpece de Froid , eſt celui que l'on reſſent lorſqu'en ſoufflant avec les lèvres ſerrées , l'on fait ſortir de la bouche de l'air Froid; ce Froid a lieu parce que le mouvement direct des particules de l'air interrompt la vibration , & change la détermination des particules de chaleur qui ſont contenues dans le corps : il réſulte de-là , qu'un corps Froid ne peut en refroidir un autre ſans s'échauffer lui-même.

Il s'en ſuit auſſi que plus les parties d'un corps Froid ſont tranquilles, plus les particules du corps chaud qui doit l'échauffer , perdent de leur mouvement , & conſéquemment de leur chaleur.

Ainſi , comme il y a plus de parties immobiles dans le marbre que dans le bois, qui eſt rempli de pores & d'interſtices , le marbre eſt au toucher , plus Froid que le bois ; ce qui ſert auſſi à nous faire comprendre pourquoi , près du marbre & d'autres corps denſes , l'air paroit & eſt effectivement plus Froid que dans d'autres endroits.

D'après ces principes , il paroit que les deux dernieres eſpeces de Froid , ſont quelque choſe de plus que des privations : les particules qui introduiſent le Froid, peuvent être regardées comme des corpuſcules frigorifiques très réels, & le Froid comme une qualité auſſi réelle que la chaleur.

Ces particules répriment non ſeulement l'agitation de celles qui s'élevent des parties intérieures d'un animal , aux parties extérieures ; mais ayant encore un pouvoir élaſtique , elles s'attachent aux filamens du corps, les pincent, les ſerrent, & produiſent cette ſenſation violente & piquante que l'on appelle *Froid*.

Qu'un Froid ſoit plus qu'une modification relative , cela paroît démontré par des effets réels & poſitifs , tels que la congélation, la condenſation , &c.

Le Docteur CLARKE attribue le Froid à de certaines particules nitreuſes & ſalines, figurées de maniere à produire cet effet; de-là , le *ſel Ammoniac* , le *Salpêtre* , le *ſel d'Urine* , & pluſieurs autres ſels alkalins , tant fixes que volatils , étant mêlés avec la glace , augmentent fort ſenſiblement le Froid.

De-là vient auſſi cette obfervation populaire , que le Froid arrête la putréfaction , ce qui cependant ne doit pas être admis fans exception, puifque fi un corps dur & poreux a fes interftices remplis d'eau , ce corps crévera s'il eft expofé à une forte gelée ; & cela prouve que le Froid peut détruire les parties des plantes , comme il eft arrivé à plufieurs arbres pendant les hivers de 1728 , & de 1739 à 1740. Les troncs de ces arbres étant fort expofés au fudoueft , la féve fut raréfiée par la chaleur du foleil , qui , pendant plufieurs jours, fut plus forte au commencement de la gelée , qu'elle ne l'eft communément en hiver ; les nuits donnant enfuite un Froid extrême , la féve raréfiée fe trouva fi foudainement condenfée, que les vaiffeaux qui la contenoient fe fendirent ainfi que l'écorce de plufieurs arbres , qui creva depuis le fommet jufqu'à la racine , fur-tout du côté du fudoueft : cet accident eft arrivé à quelques gros arbres dans le jardin de Botanique de Chelféa, à plufieurs Poiriers & à d'autres arbres fruitiers dans les pépinieres de M. FRANÇOIS HUNT , à Putney, &c. Une grande quantité d'arbres ont été ébranlés, & leurs bois fe font trouvés de peu de valeur quand ils ont été coupés. C'eft toujours ce qui arrive dans les hivers fort rudes ; la forte gelée de celui de 1739 à 1740 , caufa un grand dommage aux Chênes dans la plupart des cantons de l'Angleterre; elle pé-

nétra les vaiffeaux qui contiennent la féve , & , en gelant la liqueur qui y étoit renfermée , fit crever ces vaiffeaux avec éclat , en produifant un bruit dont les forêts retentiffoient , & qui reffembloit à celui qu'on cauferoit en rompant des branches avec violence.

BOERHAAVE dit qu'aucune chofe dans la Nature n'eft d'un Froid abfolu ; que le plus violent qu'il ait jamais fenti , fut celui de l'année 1728 , qu'alors l'eau gela en coulant de fes mains , & que cependant même alors le Froid n'étoit pas fi complet qu'il ne pût artificiellement en produire un de douze dégrés plus fort.

Quoiqu'on puiffe dire beaucoup de chofes fur les effets du Froid fur les plantes , je conclurrai feulement, par une obfervation que le Docteur HALES rapporte vers la fin de fon excellent *traité de la Statique des Végétaux*, où il dit : La quantité confidérable d'humidité que les plantes exhalent pendant le Froid de l'hiver , démontre pleinement la raifon pourquoi les vents Froids du nord-eft qui fe font fentir pendant long - tems , fletriffent fitôt au printems les fleurs, les feuilles & les jeunes fruits; c'eft que dans ces circonftances les plantes perdent plus qu'elles ne reçoivent ; car il eft certain que l'humidité s'éleve d'autant plus lentement de la racine , que la faifon eft plus froide : il ne laiffe pas , cependant de s'en élever un peu pendant tout l'hiver, comme il le prouve par la feizieme expérience rapportée dans fon livre.

C'eft par la même raifon que les feuilles du bled fe fannent & jauniffent lorfqu'elles font expofées aux vents defféchans ; ce qui fait que le laboureur défire plutôt de la néige, qui, quoique très-froide garantit cependant les racines de la gelée, met encore le froment à l'abri de ces vents pernicieux, & le tient dans un état d'humidité & de foupleffe.

La méthode donnée par quelques Auteurs fur l'Agriculture & le Jardinage, paroît affez raifonnable : elle confifte à arrofer les arbres dans les terres fèches, lorfqu'ils font en fleurs, dans le moment où ces vents defféchans règnent & qu'il tombe peu de rofée ; fur-tout lorfque les jeunes fruits nouvellement formés font encore tendres, pourvu néanmoins qu'il n'y ait point d'apparence de gelée : ils recommandent auffi, s'il furvient une gelée continue, de bien couvrir les arbres & de les arrofer en même-tems dans toutes leurs parties, pour imiter en quelque forte les procédés de la Nature.

Quant aux abris en pente que l'on pratique contre les murailles au-deffus des arbres, ils ont fouvent obfervé que, s'ils font trop larges, ils privent les plantes des pluies & des rofées, & que cette privation leur fait plus de tort que de bien, lorfque ces vents d'Orient font d'une longue du-

rée, parce qu'ils arrêtent les rofées & l'humidité qui pourroit les rafraichir & entretenir leur foupleffe ; mais lorfqu'il furvient une forte gelée après des pluies, ces abris & autres couvertures font très-utiles pour prévenir la deftruction totale des parties les plus délicates des végétaux, qui y font d'autant plus expofées, qu'elles font plus abreuvées d'humidité.

FROMAGER, ou *Arbre à coton de foie. Voyez* BOMBAX PENTANDRUM. JACQ.

FROMENT. *Voyez* TRITICUM.

FRONDOSUS, fe dit d'une plante très-garnie de feuilles ou de branches.

FRUCTIFER, qui porte du fruit.

FRUITS PRÉCOCES *ou* PRINTANIERS, maniere de s'en procurer. *Jardin Printanier.*

Pour avoir des Fruits précoces, il faut conftruire une muraille de dix pieds de hauteur & d'une longueur proportionnée au nombre d'arbres que l'on deftine à porter des Fruits pendant trois ans : on trouvera à l'article M U R toutes les inftructions relatives à leur conftruction.

La muraille étant difpofée comme elle doit l'être, on trace une plate-bande de quatre pieds de largeur à l'expofition méridionale de ce mur ; on enfonce dans la terre en ligne droite des madriers de quatre pouces d'épaiffeur fur les bords de la plate bande, afin de pouvoir pofer un vitra-

ge par deſſus ; ce vitrage doit
pencher ſur le mur pour abriter les Fruits ſuivant qu'il eſt
néceſſaire. On coupe enſuite
des ſolives de ſapin de quatre
pouces de largeur, pour les
placer entre deux vitrages, &
les poſer deſſus, & l'on ména-
ge à chaque extrémité des cadres, une porte qu'on puiſſe
ouvrir pour introduire de l'air
lorſque la direction du vent
le permet.

On conſtruit ces cadres de
maniere que, quand la premiere partie des arbres a été
forcée, on puiſſe les avancer
ſur ceux qui ſont deſtinés pour
l'année ſuivante, & enſuite
ſur ceux de la troiſieme année ;
car ces arbres ne doivent être
forcés qu'une fois chaque trois
ans ; ils auront ainſi deux années pour ſe rétablir, & con-
ſerveront par ce moyen très-
long-tems leur vigueur. On
ne peut forcer que les arbres
qui ont atteint toute leur vigueur, parce que ceux qui
ſont nouvellement plantés, n'y
réſiſteroient point ; d'ailleurs
ces premiers donneront des
Fruits beaucoup plus beaux
& de meilleur goût.

Les Fruits qu'on peut planter ſous ces vitrages ſont :

La *Pêche hâtive*, l'*Albemar-
le*, la *Pêche précoce de Newin-
gton*, & la *Pêche brune muſcade*.

Les *Brugnons précoces de M.
Fairchild*, le *Rouge de Newin-
gton*.

L'*Abricotier mâle*, le *Cériſier
Duc de Mai*, & le *Cériſier de Mai*.

Le *Chaſſelas*, & la *Grappe
noire*.

Le *Groſeiller blanc de Hol-*

lande, le *Groſeiller Verd précoce
Hollandois* & les *Groſeillers de
Noyer*. Les *Groſeillers en grappes*, le *Gros Blanc Hollandois*,
le *Gros Rouge Hollandois*.

On a obſervé que ces ar-
bres ſouffrent beaucoup ſi on
leur applique la chaleur avant
le milieu ou la fin de Janvier.
Le temps le plus propre pour
avancer les *Cériſes-Duc* & les
Abricots, eſt vers le milieu de
ce mois ; le Fruit de l'Abricotier mâle ſera auſſi gros
qu'une Cériſe-Duc au com-
mencement de Mars, & on
l'aura mûr au commencement
du mois de Mai.

Les Ceriſiers forcés par cette
méthode, ne réuſſiſſent pas
auſſi bien que les Abricotiers,
quoique les Ceriſiers durent
quelquefois pendant ſept ans
dans un aſſez bon état ; mais
les Abricotiers porteront &
proſpéreront pluſieurs années.

Le *Brugnon précoce de M. Fairchild* mûrit ordinairement vers
la fin de Mai, s'il eſt forcé
en même tems, & le *Brugnon
Nectarine* le ſuivra. Les différentes *Prunes printanieres* mûriſſent vers la fin de Mai : les
Groſeilles ſont propres à faire
des tourtes dans le mois de
Mars, & mûriſſent à-peu-près
vers le milieu d'Avril.

Les *Groſeillers à grappes*, au
moyen de la même chaleur qui
mûrit les *Ceriſes* en Avril, donneront des Fruits mûrs en mê-
me-temps, & peut-être plutôt.
Il eſt inutile de laiſſer entre
ces arbres une diſtance auſſi
grande que s'ils étoient en plein
air : huit ou neuf pieds d'intervalle ſuffiſent, parce qu'ils

re pouffent jamais avec autant de vigueur, & ne durent pas auffi long tems.

Les parties fupérieures de la muraille étant garnies d'*Abricotiers*, de *Brugnons*, de *Pêchers* & de *Pruniers*, les parties inférieures doivent être remplies par des *Grofeillers à grappes*, des *Grofeillers ordinaires* & des *Rofiers*. Les arbres deftinés à être forcés, doivent être taillés auffi-tôt que leurs feuilles commencent à fe flétrir, afin que les boutons laiffés fur les branches puiffent recevoir toute la nourriture de ces branches, ce qui les fera gonfler & les rendra déja fort pour le tems où l'on commencera à les échauffer.

Maniere d'attacher ces Arbres.

Chaque branche doit être fixée auffi près du mur qu'il eft poffible, parce que le Fruit qui y touche parvient à fa perfection un mois avant celui qui en eft à quatre pouces.

Il arrive quelquefois que le haut de ces arbres produit des fleurs plus d'un mois ou fix femaines avant les branches inférieures, & fouvent on voit une branche couverte de fleurs & même de Fruits prefque à leur groffeur, tandis que dix ou douze branches du même arbre n'ont point encore pouffé ; cependant l'arbre réuffit, & il n'eft pas extraordinaire de voir du Fruit mûrir fucceffivement fur ces arbres pendant trois mois de fuite.

Pour ce qui regarde les Grofeillers en efpaliers que l'on met fous ces vitrages, il faut en attacher au mur le plus de branches qu'il eft poffible, & laiffer les autres à une certaine diftance pour fuccéder aux premieres.

Si on les tranfplante en automne, & qu'on en ait un foin convenable, ils porteront du Fruit dès la premiere année, comme s'ils n'avoient pas été tranfplantés ; mais ces plantes durent rarement plus de deux ou trois ans. On peut traiter les Grofeillers à grappes & les Rofiers de la même maniere, & la meilleure efpece de Rofe pour être forcée, eft la *Rofe de tous mois* ; on doit toujours tailler fa tête vers la fin de Juillet ou au commencement d'Août pour lui faire pouffer un grand nombre de boutons à fleurs.

Maniere de mettre le Fumier.

Avant d'employer le fumier, il faut le mettre en tas pendant huit jours derriere la muraille, & on le retourne enfuite, afin que fa chaleur foit par-tout égale & conftante.

Après cette préparation, on le met à quatre pieds d'épaiffeur au bas du mur, & l'on continue à l'amonceler de maniere qu'il n'ait que deux pieds d'épaiffeur au haut de la muraille.

Lorfque ce tas de fumier, qui doit être de quatre pouces moins élevé que le mur, fera affaiffé de deux pieds dans fix femaines, on en ajoutera du nouveau, parce que cette premiere chaleur n'aura fait que gonfler les boutons des arbres ou fortir quelques fleurs.

A proportion que la gelée

aura plus ou moins d'influence
fur les boutons , ils donneront
des fleurs & des Fruits plutôt
ou plus tard.

Si ces arbres font couverts
de vitrage un mois avant qu'on
ait mis le fumier, les fleurs paroîtront plutôt ; car quoique
les boutons ne foient pas détruits par les gelées, cependant
le plus ou moins de froid qu'ils
fupporteroient , les rendroit
plus ou moins fecs & plus difficiles à s'ouvrir.

Si le tems eft doux , il ne
faut jamais les priver de la
pluie , jufqu'à ce que les boutons commencent à pouffer ;
après ce tems on tient toujours
les vitrages fermés en attendant
que la chaleur du foleil commence à être un peu forte.

Quand le foleil fe fait fentir,
on ouvre les portes qui font à
chaque extrémité des chaffis fi
le vent n'eft pas trop froid ; & fi
dans l'efpace de quinze jours
ce tems n'arrive pas , il ne faut
pas moins ouvrir les deux portes & boucher leur ouverture
avec des nattes pour corriger
le froid de l'air qui doit circuler
fous les vitrages.

Il fuffit de changer deux fois
le fumier pour faire mûrir les
Cerifes , on pourra en avoir au
mois d'Avril dans la fuppofition
que chaque quantité de fumier
reftera fix femaines derriere le
mur.

Pour ce qui concerne les
Abricots , les *Raifins* , les *Brugnons*, les *Pêches* , & les *Prunes* , il faut continuer la chaleur
jufqu'au mois de Mai ; mais on
ouvre quelques châffis le matin
aux mois de Mars & d'Avril

lorfque le vent ne fouffle pas ,
& que le foleil eft chaud ; on
les laiffe jouir de la pluie tandis que ces Fruits ont encore
à croître : mais il faut en garantir les arbres lorfqu'ils ne
font encore qu'en fleurs ; car
fi l'humidité féjournoit dans le
centre de la fleur , & qu'elles
fuffent enfuite expofées aux
rayons du foleil qui pénétre à
travers les vitrages, elles feroient en danger d'être attaquées de pourriture.

Quand le fumier qui eft placé derriere le mur a perdu toute fa chaleur, on le met en tas ,
& lorfqu'il eft tout-à-fait pourri, on l'emploie pour engraiffer
les mauvaifes terres , ou bien
l'on ranime fa chaleur avec du
nouveau fumier que l'on y mêle , & l'on s'en fert pour des
couches.

En plantant des arbres fous
ces vitrages, il faut obferver
encore de placer les Fruits précoces enfemble , & les tardifs à
part ; car on nuiroit beaucoup
aux arbres printaniers en leur
donnant de la chaleur après que
leurs fruits font paffés , tandis
que les autres en demandent
encore ; quelques-uns exigeant
même cette chaleur artificielle
jufqu'au mois de Mai.

On peut planter auffi , près
du fond des châffis , un rang ou
deux de *Fraifes écarlates* , qui
donneront du fruit à la fin de
Mars ou au commencement
d'Avril.

On aura peut-être dans le
mois d'Avril *la Vigne* en fleurs,
qui donnera des fruits mûrs
dans le mois de Juin.

On peut auffi planter çà & là

des *Rosiers de tous mois*, des *Ja-
cinthes*, des *Jonquilles*, des *Nar-
cisses*, des *Tubéreuses*, & des *Tulipes printanieres*.

La méthode de forcer les arbres fruitiers par le moyen des
murs à fourneaux, est amplement détaillée sous l'Art. Mu-
RAILLES A FEU.

FRUIT (*un*) est la production d'un arbre ou d'une plante
qui sert à multiplier son espece : suivant cette définition,
le mot *Fruit* comprend toutes
sortes de semences avec ce qui
les accompagne, & les Botanistes s'en servent pour désigner
proprement cette partie d'une
plante qui renferme les graines
que les Latins appellent *Fructus*, & les Grecs Καρπός.

Les Fruits de quelques plantes sont produits simples comme
leurs fleurs ; d'autres sont en
grappes comme la plupart des
arbres fruitiers : il y en a de
charnus & de secs.

Le mot *Fruit* exprime aussi
un assemblage de semences
dans une plante, comme dans
les *Pois*, les *Feves*, les *Renon-
cules*, &c. de maniere que cette
signification est générale pour
toutes sortes de graines, soit
nues, soit renfermées dans une
enveloppe, une capsule ou un
légume, qu'elle soit osseuse,
charnue, couverte d'une simple
peau ou membraneuse, &c.

Le Fruit est le résultat du développement du germe de la
fleur. La structure des Fruits
differe dans les différentes especes ; mais leurs parties essen-
tielles paroissent n'être qu'une
expansion de ce qu'on voit dans
les autres parties de l'arbre.

Le Docteur BEALE prouve
par de bonnes raisons, que les
parties les plus éloignées de
l'arbre communiquent avec les
Fruits, & qu'ils ne sont qu'un
prolongement des mêmes fibres.

Ainsi, en coupant une *Pomme* transversalement, on la trouvera composée de quatre parties : savoir. 1º. L'écorce ou
la peau, *cortex*, qui n'est qu'une
continuation de l'écorce de l'arbre. 2º. Une pulpe, qui est
l'extension & une modification
particuliere de l'écorce intérieure. 3º. Les fibres ou ramifications de la partie ligneuse
de l'arbre. 4º. Le cœur, qui
est une production de la moëlle de la plante. renforcée par
les rameaux du bois & des fibres
qui sont entremêlés, & forment la cellule par laquelle les
pepins puisent le jus de la
chair pour en former l'amande.

Les Auteurs comptent gé-
néralement quinze branches de
fibres, dont dix pénètrent dans
la chair & s'inclinent à la bâse
de la fleur ; les cinq autres rampent sur le pédoncule, se mêlent avec les précédentes à la
bâse de la fleur, & servent de
points d'appui aux capsules de
l'amande.

Ces branches s'étendent d'a-
bord à travers la partie charnue de la fleur, & lui fournissent la matiere nécessaire à
son accroissement ; mais à mesure que le Fruit augmente,
il intercepte la séve nourriciere, & alors la fleur se fanne
& se détache.

On distingue cinq parties dans
une *Poire*, qui sont la peau,

la chair, les ramifications, le pepin & l'*acetarium*.

Les trois premieres parties se trouvent également dans la *Pomme*; l'amande, observée principalement dans des Poires âcres & cassantes, est composée de corpuscules forts, dispersés dans tout le parenchyme, mais en plus grande quantité & plus rapprochés vers le centre ou *Acetarium*; elle est formée de la partie pierreuse du suc nutritif. L'*Acetarium* est une substance d'un goût acide & de forme globulaire, rassemblée dans les parties pierreuses dont il vient d'être question.

Il y a quatre parties dans les *Prunes*, les *Cerises*, &c.; savoir une enveloppe, un parenchyme, une ramification & des pierres. La pierre consiste en deux parties fort différentes; l'extérieure ou la partie la plus dure, appelée *Pierre*, *Noyau* ou *Coque*, est une concrétion pierreuse, formée par les calculs de la séve, comme les amandes ou pepins dans les Poires. L'intérieur, qu'on nomme *Amande*, est mou, tendre, leger, & produit par la moëlle de l'arbre qui pénètre sa bâse, par le moyen des branches séminales.

La *Noix* & le *Gland* sont composés d'une coque & d'une substance médullaire: la coque consiste en une couverture & un parenchyme, qui sont produits, la premiere par le bois, & le second par l'écorce de l'arbre.

Le Cortex a une partie intérieure & extérieure; la premiere est un doublement ou

pli de la tunique intérieure de la coque; la seconde est une substance mousseuse, dérivée de la même source que le parenchyme de la coque; mais les Auteurs ne sont pas d'accord si le medulla ou la chair de l'amande provient de la moëlle ou de la partie corticale.

Les *Baies*, les *Raisins*, &c. outre les trois parties générales, qui sont l'enveloppe, le parenchyme & les ramifications, contiennent encore des graines d'une nature pierreuse, qui servent de semences.

Les fruits servent en général pour préserver & nourrir les semences qui y sont renfermées, en séparant des sucs nutritifs de la plante, les matieres terrestres & grossieres qu'ils retiennent pour eux-mêmes, & en ne fournissant que les parties les plus pures & les plus élaborées pour nourrir les semences, ainsi que l'embryon tendre & délicat qui y est contenu.

FRUIT SOLAIRE. *Voyez* HELIOCARPOS. *L.*

FRUMENTACÉES ou **FROMENTACÉES**. terme qui s'applique par les Botanistes à toutes les plantes qui ont quelque ressemblance avec le Froment, nommé en Latin *Frumentum*, soit par leurs fruits, leurs feuilles, leurs épis, &c.

FRUMENTUM INDICUM. *V.* ZEA.

FRUTEX, signifie *un arbrisseau*, un végétal, qui tient le milieu entre l'arbre & la plante herbacée, mais d'une substance ligneuse. Il est assez difficile de déterminer quelle est la vraie limite qui fépare les arbres des arbriffeaux, & le véritable point où l'on peut placer la ligne de démarcation , pour connoi- tre précifément où les uns finif- fent & les autres commencent: comme on ne peut rien ftatuer d'après le plus ou le moins de hauteur, la meilleure définition qu'on puiffe donner d'un ar- briffeau pour le diftinguer d'un arbre, eft qu'il pouffe plufieurs tiges des mêmes racines , au lieu que l'arbre n'a qu'un feul tronc.

FRUTEX PAVONIUS. *V.* POINCIANA.

FRUTICOSUS , fe dit des plantes qui ont une fubftance dure & ligneufe, & ne s'éle- vent pas à la hauteur des arbres.

FUCHSIA. *Plum. Nov. Gen.* 14. *Lin. Gen. Plant.* 1097.

Cette plante a été ainfi nommée par le Pere PLUMIER , qui l'a découverte en Améri- que , en l'honneur de LÉONARD FUCHSIUS , favant Botanifte Allemand.

Caracteres. La fleur n'a point de calice; la corolle n'a qu'un pétale avec un tube fermé , dont le limbe eft légerement découpé en huit parties , ter- minées en pointes aiguës; la fleur a huit étamines auffi longues que le tube, & termi- nées par des fommets obtus. Sous la fleur eft placé un ger- me ovale, qui foutient un ftyle fimple, couronné par un fti- gmat obtus : ce germe fe chan- ge enfuite en une baie fuccu- lente, marquée de quatre fil- lons , à quatre cellules, dont chacune contient plufieurs fe- mences petites & ovales.

Ce genre de plantes eft ran- gé dans la premiere fection de la huitieme claffe de LINNÉE, intitulée , *Octandria Monogynia*, qui comprend celles dont les fleurs ont huit étamines & un ftyle.

Nous ne connoiffons à pré- fent qu'une efpece de ce genre.

Fuchfia triphylla. Lin. Sp. Plant. 1191 ; Fuchfia à trois feuilles.

Fuchfia triphylla , flore coccineo. Plum. Nov. Gen. 14. *t. 133. f. 13.* Fuchfia à trois feuilles & à fleur écarlate.

Fuchfia pedunculis uni-floris. Lin. Syft. Plant. vol. 2. *p. 160.*

Cette plante, qui eft origi- naire des parties les plus chau- des de l'Amérique, a été dé- couverte par le Pere PLUMIER , dans quelques unes des Ifles Françoifes ; mais depuis, le Docteur WILLIAM HOUSTOUN l'a rencontrée à Carthagène dans la nouvelle Efpagne, d'où il a envoyé fes femences en Angleterre.

On la multiplie par fes grai- nes, qu'on feme dans des pots remplis de terre riche & lége- re , & qu'on plonge dans une couche chaude de tan, en les traitant comme les femences des autres plantes des pays chauds : un mois ou fix femai- nes après qu'elles ont été mi- fes en terre, les plantes com- menceront à paroître ; alors il faut les débarraffer avec foin de toutes les mauvaifes her- bes, & les arrofer fouvent pour avancer leur accroiffement : lorfqu'elles ont atteint la hau- teur d'environ deux pouces, on les enleve, on les fépare avec précaution , & on les plante enfuite chacune dans un petit pot rempli de terre riche & légere, qu'on replonge dans une couche chaude de tan, & qu'on tient à l'ombre jufqu'à ce qu'elles aient formé de nouvelles racines, après quoi il faut leur donner tous les jours de l'air frais à proportion de la chaleur, & les arrofer fouvent. A mefure que la faifon avance & devient chaude, on donne plus d'élévation aux vitrages de la couche, pour donner plus d'air aux plantes & les empêcher de filer ; quand elles font devenues aflez hautes pour atteindre les vitrages, on les tranfporte dans la ferre chaude, & on les plonge dans la couche de tan.

Ces plantes exigent d'être tenues très-chaudement en hiver : on ne leur donne que très-peu d'eau dans cette faifon ; mais en été on les arrofe fouvent.

Comme elles font trop tendres pour profiter en plein air dans notre climat, même pendant la faifon la plus chaude de l'année, il faut les garder conftamment dans la ferre, leur donner beaucoup d'air frais en été, & les tenir très-chaudement en hiver; au moyen de ce traitement, elles produiront leurs fleurs, & feront un très-bel effet parmi les autres plantes exotiques.

FUMARIA. *Lin. Gen. Plant.* 760. *Tourn. Inft. R. H.* 421. *tab.* 237. [*Fumatory.*] Fumeterre, Fiel de-terre.

Caractères. Le calice de la fleur eft compofé de deux feuilles égales & oppofées; la fleur

eft de l'efpece des Perfonnées, & approche des Papilionnacées : fa lévre fupérieure eft unie, obtufe, dentelée au fommet & réfléchie; le neftaire qui occupe fa bâfe, eft obtus & déborde un peu ; fa lévre inférieure eft femblable à celle du haut dans toutes fes parties; mais fa bâfe eft en forme de carène; le neftaire de fa bâfe déborde un peu moins ; l'ouverture de la corolle eft quarrée, obtufe, & parfaitement divifée en deux parties ; elle a fix étamines égales & larges dans chaque fleur, divifées en deux corps, renfermées dans les deux lévres, & terminées chacune par trois fommets : dans fon centre eft placé un germe oblong qui foutient un ftyle court & couronné par un ftigmat orbiculaire & comprimé; ce germe fe change dans la fuite en une filique courte, & a une cellule qui renferme des femences rondes.

Ce genre de plante eft rangé dans la premiere feftion de la dix-feptieme claffe de LINNÉE, qui a pour titre, *Diadelphia Hexandria*, & dans laquelle fe trouvent comprifes celles dont les fleurs ont fix étamines en deux corps. Cet Auteur a joint à ce genre le *Capnoïdes* de TOURNEFORT, le *Cyfticapnos* de BOERHAAVE, le *Corydalis* de DILLEN, & le *Cucullaria* de JUSSIEU, dont il n'a fait que des efpeces.

Les efpeces font :

1°. *Fumaria officinalis, pericarpis monofpermis racemofis, caule diffufo. Lin. Sp. Plant.* 700. *Mat. Med.* 168. *Neck. Gallob. p. 298. Scop.*

Scop. Carn. n. 866. *Regn. Bot. Pollich. Pal. n.* 663. *Mattufch. Sil. n.* 515. *Blackw. t.* 237. *Kniph. Cent. 1. n.* 33. Fumeterre avec un péricarpe à plufieurs branches, une fimple femence, & une tige diffufe.

Fumaria pericarpiis monofpermis. Hort. Cliff. 252. *Fl. Suec.* 584, 630. *Roy. Lugd.-B.* 594.

Fumaria officinarum & Diofcoridis, flore purpureo. C. B. 343. Fumeterre à fleurs pourpre.

Fumaria. Fufch. Hift. 338. *Cam. Epit.* 890.

2°. *Fumaria fpicata pericarpiis monofpermis fpicatis, caule erecto, foliolis fili-formibus. Sauv. Monfp.* 263. Fumeterre avec un péricarpe en épi, une feule femence, une tige droite, & des feuilles filiformes.

Fumaria tenui-folia, erecta, Hifpanica, purpurea. Barr. Ic. 41.

Fumaria minor, tenui-folia, præcox, femine lini. Moris. Hift. 2. *p.* 262. *s.* 3. *tit. 12. f.* 13.

Fumaria minor tenui-folia. C. B. 194; la plus petite Fumeterre à feuilles étroites.

Capnos tenui-folia. Clus. Hift. 2. *p.* 208.

3°. *Fumaria alba filiquis linearibus, tetragonis, caulibus diffufis acutangulis. Lin. Sp. Plant.* 700; Fumeterre à filiques étroites & à quatre angles, ayant des tiges diffufes & des angles aigus.

Fumaria femper virens, & florens, flore albo. Flor. Bat. Fumeterre toujours verte, ayant une fleur blanche.

Fumaria Capnoïdes. Syft. Plant. tom. 3. *p.* 379. *Sp.* 7.

4°. *Fumaria Capnoïdes filiquis teretibus, caulibus diffufis, angu-*

Tome III.

lis obtufis ; Fumeterre avec des filiques cylindriques, & des tiges diffufes à angles obtus.

Fumaria lutea. C. B. 143 ; Fumeterre jaune.

Fumaria lutea montana. Dalech. Hift. 1294.

Fumaria Tingitana, radice fibrofâ, perennis, flore ex albo flavefcente, filiquis curtis. Pluk. Alm. 262. *t.* 90. *f.* 2.

Fumaria lutea. Syft. Plant. tom. 3. *p.* 379. *Sp.* 6.

5°. *Fumaria claviculata filiquis linearibus, foliis cirriferis. Lin. Sp. Plant.* 701. *Flor. Dan. t.* 340 ; Fumeterre avec une filique étroite, & des vrilles aux feuilles.

Fumaria claviculis donata. C. B. p. 143. *Moris. Hift.* 2. *p.* 266 *s.* 3. *t.* 12. *f.* 3. Fumeterre avec des vrilles.

Fumaria alba lati-folia. Raj. Angl. 3. *p.* 335.

6°. *Fumaria capreolata pericarpiis monofpermis racemofis, foliis fcandentibus, fub-cirrofis. Lin. Sp. Plant.* 701. Fumeterre avec des péricarpes difpofés en grappes, ayant une feule femence, & des feuilles grimpantes garnies de courtes vrilles.

Fumaria major fcandens, flore pallidiore. Raj. Hift. 405 ; la plus grande Fumeterre grimpante à fleur pius pâle.

Fumaria viliculis & capreolis plantis vicinis adhærens. Bauh. Pin. 143.

7°. *Fumaria cava caule fimplici, bracteis longitudine florum. Lin. Sp. Plant.* 699. Fumeterre avec une tige fimple, & des bractées auffi longues que les fleurs.

Fumaria bulbofa, radice cavâ, major. C. B. p. 143 ; la plus grande Fumeterre bulbeuse à racine creuse.

Pistolochia. Fuchs. Hist. 91.

8°. *Fumaria bulbosa caule simplici, bracteis brevioribus, multifidis, radice solidâ ;* Fumeterre avec une tige simple, ayant des bractées plus courtes & à plusieurs pointes, & une racine solide.

Fumaria bulbosa, radice non cavâ, major. C. B. p. 144. Knorr. Del. 1. t. H. 9 ; la plus grande Fumeterre bulbeuse avec une racine solide.

9°. *Fumaria cucullaria scapo nudo. Hort. Cliff. 351. Gron. Virg. 103. Roy. Lugd. B. 393.* Fumeterre à tige nue.

Capnorchis Americana, Boërh. Ind. Alt. 1. p. 309 ; & la *Fumaria tuberosa insipida. Cornut. Canad. 127.* Fumeterre tubereuse & insipide, Fumeterre à capuchon.

Bicucullata Canadensis, radice tuberosâ squamatâ. Act. Paris. 1733.

10'. *Fumaria vesicaria siliquis globosis, inflatis. Hort. Upsal. 207.* Fumeterre avec des siliques globulaires & gonflées.

Fumaria, foliis cirriferis, siliquis ovatis inflatis pendulis. Hort. Cliff. 351. Roy. Lugd.-B. 394.

Fumaria alba vesicaria, capreolis donata, sub exitum autumni florens, Æthiopica. Pluk. Alm. 400. t. 335. f. 3.

Cysticapnos Africana scandens. Boërh. Ind. Alt. 1. p. 310. t. 310. Cysticapnos grimpant d'Afrique.

11°. *Fumaria enneaphylla, foliis triternatis, foliolis cordatis. Lin. Sp. Plant. 700.* Fumeterre

à feuilles à trois lobes tournés en forme de cœur.

Fumaria enneaphyllos Hispanica saxatilis. Bocc. Mus. 2. p. 83. t. 73. Raj. Suppl. 475. Barr. Ic. 42. Fumeterre d'Espagne à neuf feuilles, qui croît dans les rochers.

Fumaria radice fibrosâ, foliis ad petiolum sinuatis, crassioribus. Pluk. Alm. 162.

12°. *Fumaria semper virens siliquis linearibus, paniculatis, caule erecto. Hort. Upsal. 207. Kniph. Cent. 11. n. 47.* Fumeterre à siliques linéaires, disposées en panicules, & à tige droite.

Capnoïdes. Tourn. Inst. R. H. 423. Fumeterre bâtarde.

Fumaria caule erecto ramoso, siliquis filiformibus corymbosis. Hort. Cliff. 352. Roy. Lugd.-B. 394.

Officinalis. La premiere espece est la Fumeterre commune dont on se sert en médecine : elle croit naturellement dans les terres labourées de la plus grande partie de l'Angleterre ; elle est basse & annuelle, & fleurit en Avril, en Mai & en Juin : quelques-unes de ces plantes poussent fort tard en été, & fournissent une seconde récolte en automne. Le suc de cette espece est fort recommandé pour les coliques bilieuses ; on ne la cultive point dans les jardins. (1).

---

(1) la *Fumeterre* contient beaucoup plus de parties résineuses que la *Centaurée* ; aussi est-elle plus amère, plus chaude & plus active. Cette plante est détersive, incisive, échauffante, stomachique, an-

Spicata. La seconde est originaire de la France méridionale, de l'Espagne & du Portugal ; on la conserve dans les jardins Botaniques pour la variété. Cette plante annuelle se reproduit d'elle-même beaucoup mieux que si ses graines étoient semées avec soin ; ses tiges sont plus érigées ; ses feuilles sont joliment divisées, & ses fleurs, qui croissent en épis serrés, sont d'un rouge foncé, & paroissent à-peu près dans le même tems que celles de l'espece commune.

Alba. La troisieme, qui se trouve sur les rivages de la Méditerranée, a d'abord été apportée de Tanger en Angleterre. Cette plante est vivace, & sa racine produit plusieurs tiges branchues & disposées en paquets, qui s'élevent à la hauteur de six ou huit pouces ;

___

telmintique, anti-putride, fébrifuge, apéritive, fortifiante, &c. On l'emploie fréquemment dans la plupart des maladies chroniques, les vices de digestion, les fievres intermittentes, l'inertie de la bile, les suppressions des évacuations habituelles, les fleurs blanches, le chlorosis, les diarrhées opiniâtres, la cachexie, le scorbut, &c.

On en fait aussi des teintures & des extraits que l'on administre dans les mêmes circonstances. La meilleure maniere de préparer cette plante, est en infusion froide vineuse ; on la prépare aussi avec le petit lait ou du bouillon de veau.

La *Fumeterre* entre dans la composition du sirop qui porte son nom, dans l'électuaire de *Psyllio*, dans celui de Sené, dans la confection *Hasnel*, dans le syrop de chicorée composé, &c.

ses feuilles sont très-divisées, les tiges angulaires ; & ses fleurs, placées en panicules clairs sur des pédoncules nuds qui sortent des divisions des branches, sont d'un jaune blanchâtre, & se succedent pendant la plus grande partie de l'année.

Capnoïdes. La quatrieme ressemble si fort à la troisieme, que plusieurs personnes pensent qu'elle n'en est qu'une variété ; elle en est cependant tout-à-fait distincte ; car je les ai cultivées toutes deux pendant plus de quarante années, & je ne les ai jamais vu varier. Les tiges de cette espece ont des angles émoussés, au-lieu que ceux de la troisieme sont aigus ; elles sont de couleur pourpre ; & ses fleurs, qui croissent en panicules plus clairs, sont portées par de plus longs pédoncules ; elles sont d'un jaune brillant, & se succedent pendant une grande partie de l'année.

Ces deux especes conservent constamment leur verdure, excepté dans les fortes gelées ; elles sont toujours en fleurs, & ont une belle apparence ; elles se plaisent sur les murailles & les rochers, & sont fort propres à garnir les grottes & les ouvrages en rocailles, où elles se multiplieront assez de semences écartées par l'élasticité de leurs valvules, qui les lancent, quand elles sont mûres, à une distance considérable. Comme ces plantes n'exigent aucun soin, on devroit en avoir dans tous les jardins.

Claviculata. La cinquieme, qui croit dans les endroits pierreux & fablonneux de la plus grande partie de l'Angleterre, eft une plante annuelle dont les tiges font traînantes, & les feuilles armées de vrilles, au moyen defquelles elles s'attachent aux plantes voifines; elle fleurit en Mai & en Juin; mais on ne la cultive jamais dans les jardins.

Capreolata. La fixieme eft auffi annuelle; fes tiges font traînantes, d'un pied de longueur, & pourvues de vrilles par lefquelles elle s'accroche à tous les objets qui font à fa portée; fes fleurs, d'une couleur herbacée, blanchâtres & marquées d'une tache pourpre fur leur levre fupérieure, fortent en paquets clairs fur les parties latérales des tiges, dans les mois de Mai & de Juin; elle croît à l'ombre dans des lieux pierreux de la France méridionale & de l'Italie.

Cava. La feptieme, qui eft auffi originaire de la France méridionale & de l'Italie, a été pendant quelques années l'ornement de nos jardins; mais elle eft à préfent fort rare en Angleterre. On lui a donné le nom de *Radix Cava* ou *de Racine creufe*, parce qu'elle a de groffes bulbes dont le centre eft vuide; fa tige s'éleve à la hauteur d'environ fix pouces; elle ne fe divife pas, & fa bâfe eft garnie d'une feuille divifée qui reffemble à-peu-près à celles de la Fumeterre commune, mais dont les lobes font plus larges: fes fleurs naiffent en épis au fommet de la tige; elles font d'une couleur pâle herbacée, & paroiffent en Avril. Cette plante fe plaît à l'ombre, & fe multiplie par fes rejettons, parce que fes femences mûriffent rarement en Angleterre.

Bulbofa. La huitieme eft affez commune dans plufieurs anciens jardins de l'Angleterre; elle croît fans culture dans la France méridionale, en Allemagne & en Italie: fa racine eft groffe, ronde, folide, de couleur jaunâtre, & produit des feuilles branchues comme celles de l'efpece précédente, mais dont les lobes font plus longs: fes fleurs croiffent en épis aux extrémités des tiges; elles font de couleur pourpre, & paroiffent dans le commencement du printems: les tiges de cette efpece font fimples, & s'élevent à la hauteur d'environ quatre ou cinq pouces. La plus grande partie des Auteurs de Botanique font mention d'une variété de cette efpece à fleurs vertes; mais toutes celles que j'ai vues jufqu'à préfent, font abortives, & n'ont point de fleurs réelles, mais feulement des bractées vertes qui ont été généralement prifes pour des fleurs: on fait auffi mention d'une plus groffe efpece; mais fi elle exifte, & qu'elle foit réellement différente de l'efpece commune, je ne la connois point, non plus que les efpeces à fleurs jaunes & blanches, qui font auffi décrites dans plufieurs Livres.

Cucullaria. La neuvieme, qui fe trouve dans l'Amérique Septentrionale, a une racine écailleufe & de la groffeur d'une noifette, de laquelle fortent trois ou quatre feuilles fur de minces pétioles ; elles font divifées en trois parties, dont chacune eft encore découpée en plufieurs fegmens plus petits, qui ont des lobes étroits & féparés en trois parties prefque jufqu'au bas : la tige de fleurs eft nue, longue de huit à neuf pouces, & terminée par quatre ou cinq fleurs difpofées en épi clair, & formées par deux pétales réfléchis en arriere, par une efpece de fourche placée à leur bâfe près du pédoncule, & par deux nectaires cornés & horifontalement placés. Ces fleurs font d'un blanc fale ; elles paroiffent en Mai, mais elles produifent rarement des femences en Angleterre.

On multiplie cette plante par les rejettons de fa racine ; elle fe plait à l'ombre & dans un fol léger : on tranfplante ces racines en automne quand leurs feuilles font flétries ; car il ne feroit pas prudent de le faire au printems, parce qu'elles pouffent de très-bonne heure.

Veficaria. La dixieme, qui croît fpontanément au Cap de Bonne-Efpérance, eft une plante annuelle dont les tiges font traînantes, de deux ou trois pieds de longueur, divifées en plufieurs branches, & garnies de petites feuilles branchues comme celles de la Fumeterre commune, mais terminées par des vrilles qui s'attachent à tout ce qui les avoifine, & qui fervent à fupporter les tiges ; fes fleurs font pro-

duites en panicules clairs fur les côtés des tiges ; elles font d'un jaune blanchâtre, & font remplacées par des filiques globulaires & gonflées, dans lefquelles eft renfermé un rang de petites femences luifantes.

On multiplie cette efpece par fes graines, qu'il faut répandre au printems fur une couche de chaleur modérée. Lorfque les plantes font affez fortes, on les met chacune féparément dans de petits pots remplis de terre légere, & on les replonge dans la couche chaude, où on les tient à l'ombre jufqu'à ce qu'elles aient formé de nouvelles racines, après quoi on leur donne beaucoup d'air dans les tems doux pour les empêcher de filer ; & auffi-tôt que la faifon eft favorable, on les accoutume à fupporter le plein air, auquel on peut les expofer tout-à-fait au commencement de Juin : alors on les tire des pots avec leurs mottes, & on les place dans des plates-bandes chaudes, où l'on foutient leurs tiges pour les empêcher de traîner fur la terre : ces plantes fleuriffent en Juillet, & leurs fleurs fe fuccedent jufqu'à ce que les gelées les détruifent ; leurs femences mûriffent en automne.

Enneaphylla. La onzieme nait fur de vieilles murailles & dans des lieux pierreux en Efpagne & en Italie ; elle a des branches foibles, traînantes, fort divifées, & garnies de petites feuilles découpées en trois parties, dont chacune a trois lobes en forme de cœur ; fes fleurs font produites en petits panicules clairs fur les côtés des tiges ; elles font d'un blanc verdâtre , & paroiffent dans la plus grande partie de l'été : cette efpece eft vivace , & fe multiplie d'elle-même par fes femences écartées ; elie fe plaît à l'ombre fur de vieilles murailles ou des décombres.

Semper virens. La douzieme eft annuelle ; fa tige eft droite , d'un pied & demi de hauteur , ronde, fort unie , & divifée vers le haut en plufieurs branches garnies de feuilles unies , branchues , de couleur pâle , & partagées comme celles de l'efpece commune ; mais les petites feuilles font plus larges & plus obtufes : fes fleurs , de couleur pourpre pâle , avec des lèvres jaunes , fortent en panicules clairs fur les côtés des tiges & aux extrémités des branches , & font remplacées par des filiques étroites, coniques , & d'un pouce & demi de longueur , qui renferment plufieurs femences petites, noires & luifantes : cette efpece fleurit pendant prefque tout l'été, & fes graines mûriffent en Juillet, en Août & en Septembre.

Quand on lui donne le tems d'écarter fes femences , les plantes pouffent fans foin, & n'exigent d'autre culture que d'être éclaircies quand elles font trop ferrées , & tenues nettes de mauvaifes herbes.

On peut les laiffer croitre fur des murailles , ou dans quelqu'endroit du jardin où le fol eft de mauvaife qualité ; car fi on les met dans les plates-ban-

des du parterre , elles y répandront leurs femences & deviendront fort embarraffantes. Elles font très-propres à orner les ruines , les grottes, & autres ouvrages en rocailles , où elles produiront un trèsbel effet , par la fuite non interrompue de leurs fleurs.

Les cinquieme, fixieme, feptieme & huitieme efpeces fe multiplient par leurs rejettons, comme les autres plantes à racines bulbeufes ; elles produifent leurs fleurs au commencement d'Avril, & ornent beaucoup les plates-bandes des petits parterres : elles font extrêmement dures ; mais elles ne fe multiplient pas beaucoup , parce qu'elles produifent rarement des femences dans notre climat, & que leurs bulbes ne pouffent que très-peu de rejettons, fur-tout quand on les tranfplante fouvent : elles fe plaifent dans un fol léger & fablonneux, où il faut les laiffer pendant trois ans fans les remuer, pour leur faire produire plufieurs rejettons.

La meilleure faifon pour les tranfplanter, eft depuis le mois de Mai jufqu'en Août, quand leurs feuilles commencent à périr & à tomber ; car fi on les enleve lorfqu'elles font encore fraiches, on affoiblit beaucoup leurs racines.

FUMETERRE. *V.* FUMARIA.

FUMETERRE BULBEUSE, *Voy.* FUMARIA BULBOSA.

FUMIERS. Ce font des engrais deftinés à réparer l'épuifement des terres ufées, & à fertilifer les champs, dont le

fol varie autant que les quali-
lités des Fumiers.

Quelques cantons font trop
froids , humides & compofés
de parties trop ferrées ; d'autres font de nature trop légere
& fèche , &c. Quelques Fumiers font également chauds &
légers, comme ceux de brebis , de chevaux, de pigeons,
&c.; d'autres font gras & froids,
comme ceux de bœufs , de vaches , de cochons , &c. ; &
comme certaines qualités font
changées par des qualités contraires , on emploie pour les
terres fèches, les Fumiers de
vaches & de pourceaux , afin
de leur donner plus de confiftance ; & ceux de qualité
chaude & fèche , font réfervés
pour les terres médiocres, humides & lourdes.

Les Fumiers ont deux pro-
priétés particulieres; l'une d'exciter une certaine chaleur fenfible , & capable de produire
quelque effet confidérable ; ce
qui ne fe trouve guere que dans
ceux de chevaux & de mu-
lets, lorfqu'ils font nouveaux &
humides : la feconde eft d'en
graiffer la terre & de la rendre plus fertile.

Les Fumiers de chevaux &
de mulets font extrêmement
utiles en hiver , parce que la
chaleur qu'ils produifent, fupplée en quelque forte à celle
du foleil , & qu'ils fervent à
nous procurer au printems des
légumes précoces , tels que
des *Afperges* , des *Concombres*,
des *Raves* , des *Salades* . &c.

Le Fumier de cheval eft le
meilleur de tous pour réchauf-
fer des terres froides quand on

peut s'en procurer ; mais s'il
eft employé feul ou qu'il foit
trop nouveau , il devient fouvent nuifible à beaucoup de
plantes : quand on le répand
fur les champs pendant l'été,
il procure peu d'avantage , parce qu'alors l'activité du foleil
détruit tous fes fucs fertilifans,
& le rend, à peu de chofe
près , femblable à du chaume
ou à de la paille fèche ; & quoique l'on ne puiffe pas en employer trop dans les potagers
pour la production des *Choux* ,
des *Choux-fleurs* & d'autres légumes qui exigent beaucoup
de nourriture , il eft cependant
dangereux d'en répandre une
trop grande quantité fur les
champs à grains , parce qu'il
produit une trop grande abondance de paille.

J'ai vu fouvent répandre fur
des terres très-froides & humides, de nouveaux Fumiers
de chevaux que l'on tiroit de
l'écurie , & j'ai toujours obfervé qu'ils ont produit des récoltes plus abondantes que ceux
qui étoient fort pourris.

Le Fumier de cheval eft donc
préférable pour les terres froides , & celui de vaches pour
celles qui font naturellement
chaudes ; & quand ces deux
efpeces de Fumiers font mêlés , ils forment un excellent
engrais pour la plupart des terres , fur-tout fi l'on y joint de
la boue.

Ceux de brebis & de bêtes
fauves, ne différent pas beaucoup dans leurs qualités , &
font regardés par plufieurs perfonnes comme les meilleurs
pour les terres de glaife ; on

exige qu'ils foient réduits en poudre, afin de pouvoir les répandre légèrement fur les femences d'automne ou de printems, dans la proportion de quatre ou cinq charges pour un âcre, de la même maniere qu'on répand les cendres, la poufliere de Drefche, &c.

J'ai vu quelquefois employer cette méthode fur les bleds & les prairies, qui en ont reçu un très-grand avantage pendant la premiere année ; mais ces engrais légers ne durent pas longtems & exigent d'être fouvent renouvelés.

En Flandres & dans d'autres pays où l'on retire les brebis pendant la nuit dans les étables, on y répand du fable net jufqu'à l'épaifleur de cinq ou fix pouces, ce qu'on renouvelle journellement, & chaque femaine on l'enleve : ce mélange de fable, de crotins & d'urine, eft un excellent engrais pour toutes les terres compactes & froides; & M. de LA QUINTINIE penfe que c'eft le plus grand moteur de la fertilité dans toute efpece de terre.

D'autres qui recommandent le Fumier de porcs comme le plus gras & le meilleur de tous, prétendent qu'une feule charge, ou tombereau, de cet engrais, vaut mieux que deux des autres ; qu'il doit être préféré pour les arbres fruitiers, fur tout les *Poiriers* & les *Pommiers* dans les terres légères, & qu'il fertilife beaucoup, principalement les prairies : j'en ai fouvent fait ufage pour les arbres fruitiers, après l'avoir laiflé bien confumer, & je l'ai

toujours trouvé préférable à tous les autres.

Les Fumiers d'oies, de poules & de pigeons font excellens dans les prairies ou dans les terres enfemencées : celui de pigeons eft préférable aux deux autres ; mais avant de l'employer, il faut le laifler en plein air pendant quelque tems pour lui donner le tems de fe confumer, de s'adoucir & de perdre une partie de fa chaleur. Il eft principalement propre aux terres froides, humides & glaifeufes ; mais il doit être fec avant de le répandre, parce qu'il eft fujet à prendre le froid & l'humidité : il convient aufli d'y mêler de la terre & du fable pour mieux le divifer, & le répandre plus légèrement, parce qu'il eft naturellement fort & très-chaud.

Quelques perfonnes recommandent le Fumier de Pigeons & d'autres volailles comme le meilleur engrais pour les *Afperges*, les *Fraifiers* & toutes fortes de fleurs ; mais il eft néceflaire de le laifler bien pourrir avant de l'employer à cet ufage.

M. GENTIL approuve le Fumier de pigeons pour rétablir les arbres dont le feuillage eft devenu jaune, quand ils croiffent dans des terreins froids, pourvu qu'on lui ait fait perdre une partie de fa chaleur en le tenant en monceaux pendant deux ou trois années; mais malgré cette précaution, il ne faut l'employer qu'en très-petite quantité, & en automne.

Un pouce d'épaifleur de ce Fumier repandu fur le pied

d'un arbre dont les feuilles font jaunes, & laiſſé juſqu'en Mars, eſt très-propre à le rétablir s'il ſe trouve dans une terre froide & humide.

Le Fumier de volailles étant très-chaud & rempli de ſels, facilite beaucoup la végétation, & produit un effet plus prompt que celui des animaux qui ſe nourriſſent d'herbes.

Le Chevalier HUGH PLAT prétend qu'une charge de graines enrichit plus la terre que dix de Fumier ordinaire; ſi cela eſt vrai, on pourroit raiſonnablement croire qu'une mixtion de graines infuſées, produiroit encore un meilleur effet en paſſant par le corps des animaux.

L'excrément des hommes convient aux ſols froids & aigres, ſur-tout s'il eſt mêlé avec d'autres Fumiers ou terres pour le mettre en fermentation.

Mais il n'y a point d'engrais préférable aux boues de Villes pour les terreins forts & glaiſeux, dont les parties ſe diviſeront mieux & en moins de tems avec cette eſpece de Fumier qu'avec toute autre quelconque ; il convient ſur-tout aux terres à grains, aux prairies & aux jardins.

FUSAIN, *ou* BONNET DE PRÊTRE. *Voyez* EVONYMUS.

FUSTEL. *Voyez* RHUS COTINUS.

GAINIER, *ou* ARBRE DE JUDÉE. *Voyez* CERCIS.

GALANTHUS. *Lin. Gen. Plant.* 362. *Narcisso-Leucoïum. Tourn. Inst. R. H.* 387. *tab.* 208. [*The Snow-drop.*] Perce-neige.

Caracteres. Les fleurs de ce genre ont une spathe oblongue, émoussée & serrée, qui s'ouvre latéralement & devient un peu sèche ; une corolle composée de trois pétales égaux, oblongs, concaves, étendus & ouverts ; & un nectaire obtus, cylindrique & découpé au sommet, qui en occupe le fond : sous la fleur est placé un germe ovale qui soutient un style mince, plus long que les étamines, couronné par un stigmat simple, & accompagné de six étamines courtes, velues & terminées par des sommets oblongs, pointus, & très-rapprochés : ce germe se change ensuite en une capsule ovale, obtuse & à trois angles, qui s'ouvre en trois cellules remplies de semences rondes.

Ce genre de plante est rangé dans la premiere section de la sixieme classe de LINNÉE, intitulée, *Hexandria*, *monogynia*, qui renferme celles dont les fleurs ont six étamines & un style.

Cette plante, ainsi que *le grand Perce-neige* ont été comprises par le savant Tournefort dans le même genre, sous le titre de *Narcisso-Leucoïum* ; lequel étant un nom composé, LINNÉE l'a changé en celui de *Galanthus*, & en a séparé le *grand Perce-neige*, à qui il a donné celui de *Leucoïum*.

Nous n'avons qu'une espece de ce genre, qui est le

Galanthus Nivalis. Lin. Hort. Cliff. 134. *Hort. Ups.* 73. *Roy. Lugd.- B.* 35 ; le Perce-neige commun.

Leucoïum præcox minus. Clus. Pann. 181, 182.

Leucoïum bulbosum, trifolium minus. C. B. p. 56 ; le plus petit Perce-neige bulbeux à trois feuilles.

Erangelia. Reneal. Spec. 97. *t.* 96.

Il y a une variété de cette plante à doubles fleurs.

Ces fleurs sont estimées parce qu'elles sortent de très-bonne heure au printems ; on les voit souvent paroître dans le mois de Février, lorsque la terre est couverte de neige. L'espece simple se montre la premiere ; & quoique ses fleurs soient petites, cependant quand elles sont rassemblées en paquet elles ont une très-belle apparence ; c'est pourquoi il ne faut pas planter les racines seules & séparées, comme on fait quelquefois pour border les plates-bandes ; car de cette maniere elles font peu d'effet : & comme ces fleurs profitent bien sous les arbres & contre les haies, on peut les placer à côté des bois, dans les allées, & dans des endroits à l'écart, où leurs racines se multiplieront considérablement si on ne les remue point : on peut les enlever à la fin de Juin, lorsque leurs feuilles sont flétries, & les garder hors de terre jusqu'à la fin d'Août ; mais il ne faut les transplanter que tous les trois ans.

GALBANUM. *Voyez* EUBON

GALBANUM, BUBON GUMMI-FERUM, FERULA GALBANI-FERA.

GALE, *ou* PIMENT ROYAL. *Voyez* MYRICA.

GALEGA. *Lin. Gen. Plant.* 770. *Tourn. Inst. R. H.* 398. *tab.* 222. [*Goats-Rue*] Galega *ou* Rue-de-Chèvre.

Caractères La fleur est papilionnacée ; son calice est court, tubuleux, & formé par une feuille découpée en cinq parties ; son étendard est ovale, large & réfléchi, & les ailes sont à peu-près de la même longueur que l'étendard ; la carène est érigée, oblongue & comprimée ; le dessous, vers la pointe, est arrondi, mais le dessus est aigu : la fleur a dix étamines qui se joignent au-dessus de leur milieu, & sont terminées par des petits sommets. Dans le centre est placé un germe étroit, cylindrique & oblong, qui soutient un style mince, couronné par un stigmat, & terminé par un point : ce germe devient dans la suite un légume long & pointu, qui renferme plusieurs semences oblongues & en forme de rein.

Ce genre de plante est rangé dans la troisieme section de la dix-septieme classe de LINNÉE, intitulée, *Diadelphia decandria*, qui renferme celles dont les fleurs ont dix étamines jointes en deux corps.

Les especes sont :

1°. *Galega officinalis, leguminibus strictis, erectis ; foliolis lanceolatis, strictis, nudis. Lin. Sp. Plant.* 1062. *Mat. Med.* 172. *Mill. Ic. t.* 137. *Regn. Bot.* Galéga avec des légumes érigés & approchés, & des lobes nuds en forme de lance & rapprochés.

Gagela vulgaris, floribus cæruleis. C. B. p. 352. *Moris. Hist.* 2. *p* 91 *f.* 2. *t.* 7. *f.* 9. Galéga commun à fleurs bleues, Rue-de-Chèvre.

Galega. Hort. Cliff. 362. *Hort. Ups.* 208. *Mat. Med.* 349.

2°. *Galega Africana, foliolis lanceolatis, obtusis ; floribus spicatis longioribus, siliquis crassioribus ;* Galéga avec des lobes obtus & en forme de lance, de longs épis de fleurs, & des légumes plus épais.

Galega Africana, floribus majoribus, siliquis crassioribus. Tourn. Inst. R. H. 399. Galéga d'Afrique à plus longues fleurs, & à siliques plus épaisses.

3°. *Galega frutescens, foliis ovatis, floribus paniculatis alaribus, caule fruticoso ;* Galéga à feuilles ovales, ayant des fleurs en panicule sur les côtés des branches, & des tiges d'arbrisseau.

Galega Americana, floribus coccineis. Houst. Mss. Galéga d'Amérique à feuilles rondes & à fleurs écarlate.

4°. *Galega Virginiana, leguminibus retro-falcatis, compressis, villosis, spicatis ; calycibus lanatis ; foliolis ovali-oblongis, acuminatis. Amœn. Acad.* 3. *p.* 18. Galéga avec des légumes velus, comprimés & en forme de faulx ; des lobes oblongs, ovales, & terminés en pointes.

Orobus Virginianus, foliis fulvâ lanugine incanis, foliorum nervo in spinam abeunte. Pluk. Mant. 142.

Clitoria, foliis pinnatis, caule decumbente. Hort. Cliff. 498. *Gron Virg.* 111.

Erebinthus. Mich. Gen. 210.

Cicer Aftragaloïdes Virginianus, hirfutie pubefcens, floribus amplis fub-rubentibus. Pluk. Alm. 103. *t.* 23. *f.* 2.

5°. *Galega purpurea, leguminibus ftriÉis, adfcendentibus, glabris, racemofis terminalibus; ftipulis fubulatis; foliis oblongis, glabris. Flor. Zeyl.* 301. *Amœn. Acad.* 3. *p.* 19. Galéga avec des légumes rapprochés, unis, élevés, & produits en paquets aux extrémités des branches, des ftipules en forme de lance, & des feuilles oblongues & unies.

Coronilla Zeylanica herbacea, flore purpurafcente. Burm. Zeyl. 77. *t.* 32.

Officinalis. La premiere efpece croît naturellement en Italie & en Efpagne, & on la cultive dans les jardins Anglois pour l'ufage de la médecine; elle a une racine vivace compofée de plufieurs fibres fortes & fouvent noueufes, d'où s'élevent plufieurs tiges creufes & canelées, de deux à trois pieds de hauteur, & garnies de feuilles aîlées, & compofées de fix à fept paires de lobes étroits, en forme de lance, unis, entiers, & terminés par un lobe impair : fes fleurs, qui croiffent en épis aux extrémités des tiges, font femblables à celles des *Pois*, d'une couleur bleue pâle, & difpofées en épis clairs : elles paroiffent en Juin, & produifent des légumes coniques, d'un pouce & demi de longueur, qui renferment un rang de femences en forme de rein,

qui mûriffent vers la fin d'Août. Il y a une variété de cette efpece à fleurs blanches & une autre à fleurs panachées, qui ont été produites accidentellement de femences; mais comme elles ne font pas conftantes, je ne les indique que comme des variétés (1).

Africana. La feconde, qui eft originaire de l'Afrique, différe de la précédente en ce que fes feuilles font plus larges, & compofées de huit ou dix paires de lobes plus larges & plus émouffés à leur extrémité que ceux de l'efpece commune; fes fleurs font plus groffes, fes épis plus longs, & fes légumes beaucoup plus épais que ceux de la précédente; mais en toutes autres chofes elles fe reffemblent beaucoup.

On multiplie ces plantes en femant leurs graines au printems ou en automne fur une planche de terre à une expofition découverte, quand elles ont pouffé, on les nétoie avec foin; & lorfqu'elles ont acquis une certaine force, on prépare un nouveau terrein d'une étendue proportionnée à leur nom-

---

(1) Quoique cette plante foit au nombre des efpeces médicinales, on en fait cependant fort peu d'ufage : quelques Auteurs regardent l'eau qu'on en retire par la diftillation, après avoir écrafé & fait macérer la plante dans du vin blanc, comme un antidote excellent contre la pefte, les fievres malignes, l'épilepfie & les autres maladies du cerveau; c'eft à l'expérience à confirmer ces propriétés.

On mange cette plante en falade en Italie & en Efpagne.

bre ; on le laboure bien, on en ôte toutes les mauvaises racines & les herbes inutiles : après quoi on enleve ces plantes avec précaution, on les place à un pied de distance entr'elles, & à un pied & & demi entre chaque rang, & on les arrose jusqu'à ce qu'elles aient formé de nouvelles racines : elles n'exigeront plus ensuite aucun autre soin que d'être tenues nettes de mauvaises herbes, ce qu'on exécute en houant souvent la terre entr'elles : au printems on laboure entre les rangs pour faire pousser aux racines des branches vigoureuses ; & en coupant tous les ans les tiges avant que les semences soient formées, les racines subsisteront plus long-tems, sur-tout si elles se trouvent dans une terre légere & seche : les semences de cette espece croissent par-tout où elles s'écartent, & poussent un grand nombre de plantes qui n'exigent aucun soin, & qu'on peut transplanter & traiter comme il vient d'être dit.

La premiere est d'usage en Médecine ; on la regarde comme un remede cordial, sudorifique & alexipharmaque propre à combattre le venin dans les maladies pestilentielles, & à l'expulser par les pores de la peau : on en fait aussi usage dans toutes sortes de fievres. M. BOYLE, dans son *Traité de l'Air sain & malsain*, emploie trois ou quatre pages pour faire le détail des effets de la *Rue de Chèvre* ou *Galéga* dans les maladies pestilentielles & mali-

gnes, d'après ses propres observations (1).

Frutescens. La troisieme a été découverte par le Docteur HOUSTOUN à Campêche, d'où il a envoyé les semences en Europe. Cette plante se multiplie par ses graines, qu'il faut répandre sur une couche chaude dans le commencement du printems. Lorsque les jeunes plantes qui en proviennent sont assez fortes pour être transplantées, on les place chacune séparément dans de petits pots qu'on plonge dans une couche chaude de tan, & qu'on tient à l'ombre jusqu'à ce qu'elles aient poussé de nouvelles racines ; après quoi on les traite suivant la methode qu'on emploie pour les plantes délicates que l'on conserve dans la couche de tan de la serre chaude ; de cette maniere on les fera fleurir en Juillet, & leurs semences mûriront en Septembre ; on peut tenir ces plantes pendant tout l'hiver dans la couche de tan.

Virginiana. La quatrieme, qui est originaire de la Virginie &

---

(1) Cette plante est regardée comme un excellent remède sudorifique, céphalique & alexitère ; quelques Médecins prétendent qu'elle a eu de très-grands succès dans les maladies pestilentielles, les fievres malignes, l'épilepsie, &c.

Il est certain que ses principes sont très-actifs ; ainsi on peut lui accorder quelque confiance ; mais on ne doit pas croire, sans preuves plus convainquantes, à toutes les merveilleuses propriétés que lui attribue M. BOYLE.

de la Caroline, a une racine vivace, & une tige annuelle qui s'éleve à la hauteur de trois pieds; les lobes des feuilles font oblongs, ovales, & au nombre de fept ou de neuf fur chacune; la plante entiere eft couverte d'un duvet argenté; fes fleurs font rouges & produites en épis aux extrémités des branches; elles font remplacées par des légumes comprimés en forme de faulx, & de couleur argentée, qui contiennent chacun un rang de femences en forme de rein.

Quoique cette plante foit affez dure, on la conferve néanmoins difficilement dans les jardins, parce que fes femences mûriffent rarement en Angleterre, & qu'elle eft fouvent détruite par les gelées: la feule méthode qui m'ait réuffi pour la conferver, a été de la planter dans des pots, & de la tenir en hiver fous un châffis ordinaire pour pouvoir lui procurer de l'air dans les tems doux, & la garantir des gelées : par cette méthode je l'ai confervée trois ans ; mais fes femences n'ont point mûri ici.

Purpurea. La cinquieme fe trouve dans l'Ifle de Céylan & dans plufieurs parties des Indes, d'où fes femences m'ont été envoyées : cette efpece étoit ici annuelle, & périffoit avant la maturité des femences; elle a une tige herbacée, haute de deux pieds, & garnie de feuilles aîlées, & compofées de huit ou neuf paires de lobes ovales terminés par un lobe

impair ; les pédoncules de fes fleurs font oppofés aux feuilles, & foutiennent des épis longs & clairs ou thyrfes de petites fleurs pourpre qui produifent des légumes minces & érigés.

On peut multiplier cette efpece comme la troifieme ; fi fes plantes font avancées de bonne heure au printems, & que l'été foit chaud, leurs femences pourront mûrir.

GALENGA ou ZODOAIRE. *Voyez* KŒMPFERIA. L.

GALENIA. *Lin. Gen. Plant.* 443. *Sherardia. Ponted. Epift.* 14. LINNÉE lui a donné ce titre en l'honneur de Galien, fameux Médecin. [*Galenia.*]

Caracteres. Dans ce genre la fleur n'a point de pétales, & fon calice eft divifé en quatre parties; elle a huit étamines velues auffi longues que le calice, & terminées par des fommets doubles : dans fon centre eft placé un germe rond qui foutient deux ftyles réfléchis, & couronnés par des ftigmats fimples ; le calice fe change enfuite en une capfule ronde à deux cellules, dans lesquelles font renfermées deux femences oblongues & angulaires.

Ce genre de plante eft rangé dans la feconde fection de la huitieme claffe de LINNÉE, intitulée, *Octandria digynia,* qui renferme celles dont les fleurs ont huit étamines & deux ftyles.

Nous n'avons qu'une efpece de ce genre, qui eft

Galenia Africana. Hort. Cliff. 150. *Roy. Lugd.-B.* 209. *Fabr.*

Helmst. p. 432 ; Galénia en arbrisseau, originaire de l'Afrique.

Sherardia. Ponted. Epist. 14, & *Atriplex Africana, lignosa, frutescens, Rosmarini foliis. I ill. Pis.* 20. *t.* 15 ; Atriplex en arbrisseau, & ligneux d'Afrique à feuilles de Romarin.

Kali lignosum, flore muscoso, Rosmarini folio. Bocc. mus. 150. *t.* 110.

Frutex Africanus, folio Rosmarini tenuiori, flore & fructu Chenopodii. Boërh. Lugd. - B. 2. p. 267.

Cet arbrisseau croît naturellement au Cap de Bonne-Espérance & dans d'autres parties de l'Afrique ; il s'éleve à la hauteur de quatre ou cinq pieds, & produit plusieurs branches foibles & garnies de feuilles fort étroites, vertes, sillonnées longitudinalement par une rainure, & placées irrégulièrement sur chaque côté des branches : ses fleurs naissent en panicules clairs sur les côtés & aux extrémités des branches ; elles sont fort petites, sans pétales, & peu apparentes ; ces fleurs paroissent en Juillet & en Août, & ne sont point suivies de semences en Angleterre. Comme cette plante ne peut subsister ici en plein air pendant l'hiver, il faut la placer dans une serre ou sous un châssis, avec d'autres especes exotiques dures, de maniere qu'elle puisse jouir de l'air dans les tems doux, & être seulement à couvert du froid. On peut en été l'exposer en plein air avec les autres espèces du même pays ; mais on doit avoir soin de l'arroser souvent dans les tems secs. On la multiplie par boutures, qui prendront racine en cinq ou six semaines en les plantant en été, & en les arrosant souvent ; après quoi on peut les traiter comme les vieilles plantes.

GALEOPSIS. *Lin. Gen. Plant.* 637. *Tourn. Inst. R. H.* 185. *t.* 86. [*stinking dead Nettle.*] Ortie morte & puante.

Caractères. Le calice de la fleur est tubulé, & formé par une feuille decoupée en cinq segmens terminés en pointe aiguë ; la fleur est labiée, son tube est court, ses levres sont un peu plus larges que le calice, mais de la même longueur ; de la bâse jusqu'à la lèvre inférieure, elle est fortement découpée aux deux côtés ; la lèvre supérieure est concave, ronde, & sciée au sommet ; la lèvre inférieure est divisée en trois parties, dont celle du milieu est plus large & crenelée : dans son centre est placé un germe divisé en quatre parties, qui soutient un style mince couronné par un stigmat aigu & fendu en deux ; ce germe se change dans la suite en quatre semences nues portées sur un calice roide.

Ce genre de plante est rangé dans la premiere section de la quatorzieme classe de LINNÉE, intitulée, *Didynamia gymnospermia*, qui renferme celles dont les fleurs ont deux longues étamines & deux courtes, & dont les semences sont nues.

Les especes sont :

1°. *Galeopsis Ladanum, internodiis caulinis æqualibus, ver-*

ticillis omnibus remotis. Lin. Sp. Plant. 579. *Pollich. Pal. n.* 558. *Scop. Carn. Ed.* 2. *n.* 727. *Neck. Gallob.* 253. *Mattusch. Sil. n.* 436. *Kniph. cent.* 12. Galéopsis, ou Ortie de haies puante, dont les nœuds sont placés à une distance égale les uns des autres, & dont les têtes sont verticillées & éloignées.

Galeopsis ramis summis pubescentibus. Hort. Cliff. 314. *Flor. Suec.* 492, 524. *Roy. Lugd.-B.* 319.

Sideritis arvensis, angusti-folia, rubra. C. B. p. 233 ; Herbe de Fer des Champs à feuilles rouges & étroites.

Lamium ladanum. Crantz. Austr. p. 260.

Ladanum segetum folio latiori. Riv. Mon. 24.

2°. *Galeopsis Tetrahit, internodiis supernè incrassatis, verticillis summis sub-contiguis. Lin. Sp. Plant.* 579 ; Ortie de haies puante dont les entre-nœuds sont plus épais vers le haut ; & dont les têtes verticillées au sommet, croissent l'une près de l'autre.

Lamium Cannabino folio vulgare. Raj. Syn. Ed. 3. *p.* 240 ; Ortie morte commune, à feuilles de Chanvre.

Galeopsis ramis summis strigosis. Hort. Cliff. 314. *Flor. Suec.* 491, 523. *Roy. Lugd.-B.* 319. *Dalib. Paris.* 181.

Galeopsis corollâ rubrâ aut albâ. Fl. Lapp. 237.

Urtica aculeata, foliis serratis. Bauh. Pin. 232.

Cannabis spuria. Riv. Mon. 44.

3°. *Galeopsis speciosa, corollâ flavâ, labio inferiori maculato. Flor. Lapp.* 192 ; Ortie de haies

puante avec une fleur jaune, dont la lèvre inférieure est tachetée.

Lamium Cannabinum aculeatum, flore specioso luteo, labiis purpureis. Pluk. Alm. 204. *t.* 41. *f.* 4 ; Ortie morte de Chanvre & piquante, ayant une belle fleur jaune & des lèvres de couleur pourpre.

Cannabis spuria, flore majore. Riv. Mon. 45.

4°. *Galeopsis Galeobdolon, verticillis sex-floris, involucro tetraphyllo. Lin. Sp. Plant.* 780. *Pollich. Pal. n.* 561. *Mattusch. Sil. n.* 438. *Kniph. Cent.* 3. *n.* 40 ; Ortie de haies puante ayant six fleurs verticillées dans chaque tête, & une enveloppe à quatre feuilles.

Leonurus foliis ovatis, serratis, acutis. Hort. Cliff. 313. *Roy. Lugd.-B.* 310. *Flor. Suec.* 497, 525. *Dalib. Paris.* 182. *It. Sem.* 64.

Lamium folio oblongo, luteum. Bauh. Pin. 231.

Urtica iners tertia, sivè Lamium flore luteo. Dod. Pempt. 153.

Cardiaca foliis petiolatis, cordatis, verticillis foliosis. Hall. Helv. n. 274.

Galeopsis sivè Urtica iners, flore luteo. J. B. 3. *p.* 323 ; Ortie morte puante à fleur jaune.

5°. *Galeopsis Orientalis, verticillis bifloris, foliis oblongo-cordatis ;* Ortie de haies puante avec des fleurs dans chaque tête verticillée, & des feuilles oblongues & en forme de cœur.

Galeopsis Orientalis Ocymastri folio, flore majore flavescente. H. R. Par. Ortie de haies puante d'Orient, ayant une plus grande fleur jaune.

6°. *Galeopsis Hispanica, caule piloso*

pilofo , calicibus labio corollæ fu-
periore longioribus. Lin. Sp. Plant.
580; Ortie de haies puante avec
une tige velue & un calice, plus
long que la lèvre fupérieure
du pétale.

Galeopfis annua Hifpanica, ro-
tundiori fol. Inft. R. H. 186; Ortie de haies puante annuelle
d'Efpagne , à feuilles plus
rondes.

. Toutes ces plantes font annuelles , à l'exception de la quatrieme efpece : les trois premieres croiffent naturellement
en Angleterre. La premiere fe
trouve dans les champs labourés; la feconde naît fur les tas
de fumiers & le long des fentiers ; & la troifieme croît principalement dans les pays feptentrionaux ; mais je l'ai trouvée
fauvage dans la province d'Ef-
fex , à dix milles (trois lieues
& demi) de Londres.

On cultive rarement ces plantes dans les jardins, parce que
leurs femences s'écartent & produifent une grande quantité
d'herbes embarraffantes.

Galeobdolon. La quatrieme eft
une plante vivace à racine rampante, qui croît dans les bois
& fous les haies de la plus
grande partie de l'Angleterre.

Orientalis. La cinquieme, qui
eft originaire du Levant, & bis-
annuelle , périt auffitôt que
fes femences font mûres ; on
la conferve dans les jardins de
Botanique pour la variété ; mais
elle n'a rien de remarquable.

GALEOPSIS FRUTESCENS.
Voy. PRASIUM.

GALERIES, (*les*) Sont des
ornemens faits avec des arbres
de différentes efpeces : elles

font fort communes dans tous
les jardins François , mais on
n'en voit guère dans les jardins Anglois , fur-tout depuis
que l'on a rejetté les arbres taillés : cependant comme il peut
fe trouver quelqu'un à qui ce
goût hors d'ufage plaife encore, je vais, en leur faveur,
indiquer la maniere de les conftruire.

Pour faire, dans les jardins,
des Galeries en portiques, il
faut d'abord tracer une ligne
de la longueur qu'elles doivent
avoir, & les planter en *Char-*
mille, comme il eft dit dans l'article CHARMILLE; ce qui figu-
rera la Galerie.

La maniere de l'élever n'eft
pas fort difficile , elle n'exige
que d'être labourée & taillée
quand elle en a befoin.

L'effentiel eft de figurer les
façades de la Galerie en formant les portiques.

Les piliers doivent être à
quatre pieds de diftance les uns
des autres, & la Galerie doit
avoir douze pieds de hauteur
fur dix pieds de largeur, de maniere que trois perfonnes puiffent s'y promener de front.

Quand les charmilles font
parvenues à la hauteur de trois
pieds, la diftance des piliers
étant bien réglée, & le terrein
de la Galerie bien dreffé, on
figure les portiques en arrêtant la charmille entre les deux
piliers, à la hauteur qu'elle doit
avoir, & l'on élève des treillages en arcade.

A mefure que les charmil-
les s'élevent, on taille les branches qui fe jettent au-dehors :
ne peu de tems elles devien-

dront fortes & pourront être tenues en forme réguliere par le ciſeau. Les galeries en portiques ſe couvrent avec des *Tilleuls.*

GALIOT, RECIZE *ou* BENOITE. *V.* GEUM URBANUM.

GALIUM. *Lin. Gen. Plant.* 117. *Tourn. Inſt. R. H.* 114. *tab.* 39. [*Ladies Bed-ſtraw, or Cheeſe-Rennet.*] Caille-lait, *ou* Petit Muguet.

Caracteres. La fleur a un petit calice placé ſous le germe & découpé en quatre parties; elle a un pétale diviſé preſque juſqu'au fond en quatre ſegmens , & quatre étamines en forme d'alène, plus courtes que le pétale , & terminées par des ſommets ſimples : ſon germe tortillé & placé ſous la fleur, ſoutient un ſtyle mince, diviſé à moitié en deux parties, & couronné par un ſtigmat globulaire; ce germe ſe change enſuite en deux baies ſèches & jointes enſemble, qui renferment chacune une groſſe ſemence en forme de rein.

Ce genre de plante eſt rangé dans la premiere ſection de la quatrieme claſſe de LINNÉE, intitulée , *Tetrandria monogynia,* qui comprend celles dont les fleurs ont quatre étamines & un ſtyle.

Les eſpeces ſont :

1°. *Galium verum, foliis octonis linearibus, ſulcatis ; ramis flori-feris brevibus. Hort. Cliff.* 34. *Fl. Suec.* 116 122. *Mat. Med.* 50. *Roy. Lugd.-B.* 256. *Pollich. Pal. n.* 142. *de Necker. Gallob. p.* 85. *Mattuſch. Sil.* 1. *n.* 94. *Pal. It.* 1. *p.* 66 ; Caille-lait, avec huit feuilles étroites & ſil-

lonnées , & de courtes branches chargées de fleurs.

Galium caule erecto , foliis plurimis verticillatis linearibus. Fl. Lapp. 61.

Galium luteum. C. B. p. 335 ; Caille-lait jaune.

Galium. Dod. Pempt. 335. *Camer. Epit.* 368.

2°. *Galium mollugo , foliis octonis ovato-linearibus , ſubſerratis, patentiſſimis , mucronatis , caule flaccido , ramis patentibus. Lin. Sp. Plant.* 107. *Œd. Dan. t.* 455. *Pollich. Pal. n.* 154. *de Necker. Gallob. p.* 84. *Pal. It.* 1. *p.* 62 ; Caille-lait ayant huit feuilles ovales, étroites, tout-à-fait ouvertes , ſciées & pointues, une tige foible & des branches étendues.

Mollugo montana, anguſti-folia, ramoſa , ſeu Galium album latifolium. C. B. p. 334 ; Mollugo de montagne branchu & à feuilles étroites, ou Caille-lait blanc à larges feuilles.

Rubia ſylveſtris lævis. Bauh. Pin. 333.

Mollugo Belgarum. Lob. Ic. 802.

3°. *Galium purpureum , foliis verticillatis, lineari-ſetaceis, pedunculis capillaribus folio longioribus. Hort. Cliff.* 34. *Roy. Lugd.-B.* 256 ; Caille-lait à feuilles étroites , garnies de poils hériſſés, verticillées, avec des pédoncules de fleurs plus longs que les feuilles, & capillaires.

Galium caule erecto ramoſiſſimo , foliis linearibus peranguſtis , petiolis confertis ramoſis. Hall. Helv. n. 721.

Galium nigro-purpureum , montanum , tenui-folium. Col. Ecphr. 1 *p.* 298. *C. B. p.* 335 ; Caille-lait de montagne à feuilles étroites, & à fleurs de couleur pourpre noirâtre.

4°. *Galium glaucum, foliis verticillatis linearibus, pedunculis dichotomis summo caule floriferis, caule lævi. Prod. Leyd.* 256. *Roy. Lugd.-B.* 156. *Hort. Ups.* 27. *Sauv. Monsp.* 161. *Jacq. Austr. t.* 81. *Scop. Carn. ed.* 2. *n.* 142. *Gmel. Tub. p.* 40 ; Caille-lait à feuilles étroites & verticillées, ayant des pédoncules divisés par paires, & des fleurs disposées au sommet de la tige, qui est lisse.

Galium saxatile, glauco folio. Bocc. Mus. 2. *p.* 172. *t* 116 ; Caille-lait de rochers, à feuilles de couleur vert-de-mer.

Rubia montana angusti-folia. Bauh. Pin. 333. *Prodr.* 145.

5°. *Galium rubrum, foliis verticillatis, linearibus, patulis, pedunculis brevissimis. Hort. Cliff.* 34. *Roy. Lugd.-B.* 256. *Scop. Carn.* 341. *Pollich. Pal. n.* 156 ; Caille-lait à feuilles étroites & verticillées, & à courts pédoncules aux fleurs.

Galium rubrum. C. B. p. 335. *Moris. Hist.* 3. *p.* 332 ; Caille-lait rouge.

Galium rubro flore. Clus. Hist. 2. *p.* 175.

6°. *Galium Boreale, foliis quaternis, lanceolatis, trinerviis, glabris, caule erecto, seminibus hispidis. Flor. Lappon.* 60. *Fl. Suec.* 118. 124. *Hort. Cliff.* 64. *Roy. Lugd.-B.* 257. *Hall. Hel.* 450. *Jacq. Vind.* 24 ; Caille-lait à quatre feuilles unies, en forme de lance, & traversées par trois nervures, avec une tige droite & de semences rudes.

Rubia pratensis, lævis, acuto folio. C. B. p. 333. *Prodr.* 145. *Burs.* XIX. 15 ; Garance de prai-

rie lisse, avec une feuille rude.

7°. *Galium album, foliis verticillatis, lineari-lanceolatis, ramis flori-feris, longioribus* ; Caille-lait à feuilles étroites, en forme de lance & verticillées, ayant des branches de fleurs plus longues.

Galium album vulgare. Tourn. Inst. R. H. 113 ; Caille-lait blanc commun.

8°. *Galium Lini-folium, foliis lineari-lanceolatis, glabris, caule erecto, ramosissimo* ; Caille-lait à sept feuilles étroites, unies & en forme de lance, & à tige droite & branchue.

Galium album, Lini-folium. Barrel. Observ. 99 ; Caille-lait blanc, à feuilles de lin.

9°. *Galium palustre, foliis quaternis, obovatis, inæqualibus, caulibus diffusis. Flor. Suec.* 119. 126. *Æd. Dan. t.* 423. *Pollich. Pal. n.* 149. *Leers. Herborn. n.* 110. *de Necker. Gallob.* 34. *Dœrr. Naff. pag.* 115 ; Caille-lait à quatre feuilles ovales & inégales.

Galium caule radicato, diffuso, foliis quaternis, ovatis, obtusis. Hall. Helv. n. 719.

Cruciata palustris, alba. Tourn. Inst. 115. *R.* Caille-lait à quatre feuilles ovales & inégales.

Galium palustre album. C. B. p. 335 ; Caille-lait blanc de marais.

Galium caulibus diffusis, foliis quaternis, verticillatis Fl. Lapp. 52.

La premiere de ces plantes, qui est d'usage en Médecine, est fort commune dans les prairies humides, et dans les pâturages de plusieurs parties de l'Angleterre. On conserve les autres dans plusieurs collections de Botanique ; mais comme el-

les ont peu de beauté, qu'elles s'étendent fort loin & in-
commodent beaucoup les plantes voisines, on les admet rarement dans d'autres jardins.

Quelques unes de ces espèces peuvent être multipliées en
divisant leurs racines qui s'é-
tendent considérablement, soit
au printems soit en automne ;
elles croissent dans tous les sols
& à toutes les expositions, sur-
tout la premiere : les autres exigent un terrein plus sec ; mais
elles se plaisent généralement
dans toutes les situations (1).

____

(1) Le nom de *Caille-lait*, que
l'on donne vulgairement à cette
plante, annonce une de ses principales propriétés : cette facilité avec
laquelle elle coagule le lait, a fait
penser qu'elle contient un esprit acide
tout développé; & cet acide étant
regardé comme calmant, & comme
propre à remédier aux mouvemens
irréguliers du système nerveux, on
a administré cette plante avec confiance dans les maladies convulsi-
ves, & sur-tout dans l'épilepsie.

Ceux qui ont observé cette terrible maladie, & qui ont reconnu
qu'elle dépend d'un nombre presque
infini de causes toutes différentes
les unes des autres, auront peine
à se persuader de l'étonnante efficacité de ce remède ; si en effet
il a guéri quelques épilepsies, les
Observateurs qui nous ont trans-
mis ces cures, auroient bien dû faire
quelques recherches sur l'espece
d'épilepsie qu'ils ont eue à combattre, & sur la cause qui l'avoit
produite.

On regarde aussi cette plante
comme apéritive, emmenagogue,
vulnéraire, détersive, &c. On en
fait un sirop que l'on croit propre
à rappeler l'écoulement des règles
supprimées.

GAND DE NOTRE-DAME,
ou CAMPANULE GANTE-
LÉE. *V.* CAMPANULA TRACHE-
LIUM. *L.*

GANTELÉE. *V.* TRACHE-
LIUM.

GARANCE. *Voyez* RUBIA.

GARANCE (*petite*) *des
champs*, ou HERBE A L'ES-
QUINANCIE. *Voyez* SHERAR-
DIA ARVENSIS. *L.*

GARANCE (*petite*) *Voyez*
CRUCIANELLA. *L.*

GARANCE *de prairie.* Voyez
GALIUM BOREALE.

GARCINIA. *Lin. Gen. Plant.*
526. [*Mangosteen.*] Mangoustan.

Caractères. La fleur a un calice persistant & formé par une
feuille ; sa corolle est composée
de quatre pétales ronds, concaves, entièrement ouverts,
& plus larges que le calice ;
elle a seize étamines érigées,
cylindriques & terminées par
des sommets ronds : dans son
centre est placé un germe ovale
qui n'a presque point de style,
mais qui est couronné par un
stigmat uni, en forme de rondache, divisé en huit parties
& persistant : ce germe se change
dans la suite en une baie épaisse,
globulaire & à une cellule qui
renferme huit semences velues,
charnues, convexes & angulaires.

Ce genre de plante est rangé
dans la premiere section de l'onzieme classe de LINNÉE, intitulée, *Dodecandria monogynia,* qui
renferme celles dont les fleurs
ont douze étamines & un style.

Nous n'avons qu'une espece
de ce genre, qui est

*Garcinia Mangostana. Hort.
Cliff.* 182 ; le Mangoustan.

Mangoſtana. Garc. Act. Angl. 431. *t.* 1. *Bont. Jam.* 115.

Mangoſtana. Rumph. Amb. 1. *p.* 132 *t.* 43.

Arbor peregrina Aurantio ſimili fructu. Cluſ. Exot. 12 ; Arbre étranger ayant un fruit ſemblable à l'Orange.

Lauri-folia Javanenſis. Bauh. Pin. 461. *Raj. Hiſt.* 1662.

Cet arbre croît naturellement aux Iſles Moluques, ainſi que dans quelques contrées de l'Amérique Eſpagnole, d'où M. Robert Millar m'en a envoyé des échantillons qu'il avoit recueillis près de Tolu ſans connoître l'arbre. Il s'éleve avec une tige droite à la hauteur d'environ vingt pieds, & pouſſe de chaque côté pluſieurs branches oppoſées & obliques l'une à l'autre : l'écorce de ces branches eſt unie, griſe, & verte ſur les tendres rejettons ; mais celle du tronc eſt plus foncée & remplie de crevaſſes ; ſes feuilles ſont en forme de lance, entieres, de ſept ou huit pouces de longueur ſur un de largeur, moindres de moitié & plus étroites par dégré vers les deux extrémités ; elles ſont d'un vert luiſant en deſſus & de couleur olive en deſſous : leur côte mitoyenne eſt ſaillante, & donne naiſſance à pluſieurs petites nervures qui s'étendent juſqu'à leurs bords ; ſa fleur, qui reſſemble à la *Roſe* commune, eſt compoſée de quatre pétales ronds, épais à leur bàſe, plus minces vers leur extrémité, & d'un rouge foncé ; ſon fruit, rond, & auſſi gros qu'une orange médiocre, eſt couronné par une eſpece de cape qui étoit le

ſtigmat ou ſommet du ſtile, diviſée en pluſieurs pointes obtuſes, au nombre de ſix ou ſept, qui répondent à autant de rayons ; la coque du fruit reſſemble à celle de la *Grenade*, mais elle eſt plus molle, plus épaiſſe & plus remplie de jus ; il eſt d'abord vert, il prend enſuite une couleur plus ſombre, & ſe marque de quelques taches jaunes : l'intérieur du fruit eſt de couleur de roſe, & diviſé, comme dans les *Oranges*, en pluſieurs partitions qui contiennent des ſemences enveloppées dans une chair molle, ſucculente & d'une ſaveur délicieuſe, qui approche de celle de la *Fraiſe* & du *Raiſin*. Ce fruit eſt regardé comme un des meilleurs du monde ; les arbres qui le produiſent ont une forme parabolique, & leurs branches ſont fort garnies de feuilles larges, vertes & luiſantes, ce qui les rend très beaux. Comme d'ailleurs leur ombrage eſt très-agréable dans les pays méridionaux, ils méritent d'être cultivés dans ceux qui ſont aſſez chauds pour faire mûrir leurs fruits. Peu de leurs ſemences parviennent à une entiere perfection, parce que la plupart ſont abortives, & la plus grande partie de celles qui ont été apportées en Europe, ont manqué : c'eſt pourquoi la méthode la plus ſûre pour obtenir des plantes, eſt de les ſemer dans des caiſſes au pays même, & de ne les envoyer en Europe, que quand elles ont acquis de la force ; mais il faut avoir grand ſoin pendant la traverſée, de les mettre à l'abri de l'eau ſalée, & des vapeurs de la mer, & ne pas trop les arrofer, fur-tout lorfqu'elles arrivent dans un climat froid ou tempéré, car l'humidité leur eft très·con-traire. Quand on les reçoit, on les tranfplante avec précaution chacune dans un pot féparé & rempli de terre légère de jar-din potager, & on les plonge dans une couche de tan, en obfervant de les tenir à l'om-bre jufqu'à ce qu'elles aient formé de nouvelles racines; après quoi on les traite comme les autres plantes délicates des pays chauds.

GARDENIA. *Voyez* JASMI-NUM CAPENSE.

GARDEROBE, AURONE FEMELLE *ou* PETIT CYPRÈS. *Voyez* SANTOLINA.

GARIDELLA. *Tourn. Inft. R. H.* 655. *tab.* 430. *Lin. Gen. Plant.* 507.

Cette plante a été ainfi nom-mée par TOURNEFORT, en l'honneur de M. GARIDEL, Profeffeur de Médecine à Aix en Provence.

Caractères. La fleur a un pe-tit calice oblong, érigé & à cinq feuilles; elle n'a point de pétales mais feulement cinq nec-taires oblongs, égaux & bila-biés. La partie externe de la lèvre inférieure, eft unie & divifée en deux parties; & l'in-terne de la lèvre fupérieure, eft courte & fimple. La fleur a huit ou dix étamines en forme d'alène, plus courtes que le ca-lice, & terminées par des fom-mets obtus & érigés : dans fon centre font fitués trois germes oblongs, comprimés, à poin-tes aiguës & fans ftyles, mais

couronnés par des ftigmats fim-ples; ces germes fe changent en trois capfules oblongues, comprimées & à deux valves, qui renferment plufieurs peti-tes femences.

Ce genre de plante eft rangé dans la troifieme fection de la dixieme claffe de LINNÉE, qui renferme celles dont les fleurs ont dix étamines & trois germes.

Nous n'avons qu'une efpece de ce genre.

Garidella Nigellaftrum. Hort. Cliff. 170. *Hort. Ups.* 108. *Roy. Lugd.-B.* 481. *Kniph. cent.* 10. *n.* 45.

Garidella, foliis tenuiffimè di-vifis. Tourn. Garid. Prov. 203. *t.* 39; Garidella à feuilles fort étroites & divifées, & le *Ni-gella Cretica, folio Fœniculi. C. B. p.* 146. *Moris. Hift.* 3. *p.* 516. *f.* 12. *t.* 18. *f.* 6; Nielle ou fleurs de Fenouil de Crète à feuilles de Fenouil.

Nigellaftrum rarts & fœnicu-laceis foliis. Magn. Hort. 143. *t.* 143.

Cette plante reffemble fort à la *Nielle, Nigella,* ou *fleur de Fenouil,* à laquelle elle étoit unie par les Botaniftes avant TOURNEFORT, qui l'en a fépa-rée comme étant différente par la forme de fa fleur. Elle croît fauvage en Candie & fur le mont Baldus, en Italie, ainfi dans la Provence, où elle que a été découverte par M. GARIDEL, qui a envoyé fes femences à TOURNEFORT pour le Jardin Royal de Paris.

Cette plante eft annuelle, & s'éleve à la hauteur d'un pied, avec une tige droite & divifée en plufieurs branches minces,

garnies à chaque nœud de feuilles fort minces & femblables à
celles du *Fenouil :* fes tiges font
terminées par une petite fleur
herbacée & de couleur pâle,
à laquelle fuccèdent trois capfules, dont chacune renferme
deux ou trois petites femences ;
elle fleurit en Juin & en Juillet, & fes graines mûriffent en
Septembre : on la multiplie par
fes femences, qu'on répand en
automne fur une planche ou
une plate-bande de terre fraiche & légere, où les plantes
doivent refter ; car elles réuffiffent rarement quand elles font
tranfplantées : lorfqu'elles ont
pouffé, on les nettoie foigneufement, & on les éclaircit où
elles font trop ferrées, en laiffant entr'elles environ quatre
ou cinq pouces de diftance :
c'eft en cela que confifte toute
leur culture ; fi on leur permet d'écarter leurs femences,
elles fe multiplieront fans aucun autre foin.

GAROU *ou* SAINT-BOIS.
Voy. Daphné gnidium. L.

GAUDE *ou* HERBE A JAU-
NIR *Voyez* Reseda Luteo-
la. L.

GAULTHERIA *ou* GUAL-
THERIA. *Syft. Plant. tom.* 2.
p. 297.

Caraĉteres. Les fleurs de ce genre ont un calice double & perfiftant, dont l'extérieur a deux
feuilles courtes, ovales & concaves, & l'intérieur une feuille
en forme de cloche, & découpée en cinq fegmens, un pétale ovale & divifé à moitié
en cinq fegmens réfléchis &
dix neĉtaires en forme d'a-
lène, courts & placés au-

tour du germe & des étamines, qui font au nombre de
dix en forme d'alène, courbées
en dedans, inférées au réceptâ-
cle, & terminées par des fommets cornés & divifés en deux
parties : fon germe, rond &
comprimé, foutient un ftyle
cylindrique couronné par un
ftigmat obtus ; il devient, quand
la fleur eft paffée, une capfule
obtufe à cinq angles & à cinq
cellules, qui eft fixée dans l'intérieur du calice, & qui fe change en une baie ouverte au
fommet, & remplie de femences dures & angulaires.

Ce genre de plantes eft rangé
dans la première feĉtion de la
dixieme claffe de Linnée, intitulée, *Decandria monogynia ,*
qui comprend toutes celles dont
les fleurs ont dix étamines & un
ftyle.

Nous n'avons qu'une efpece
de ce genre qui eft

*Gaultheria procumbens. Amœn.
acad.* 3. *p.* 14. *Duham. Arb.* 1.
p. 286. *t.* 113 ; Gaultheria courbé vers la terre.

*Vitis Idœa Canadenfis , Pyro-
læ folio. Tourn. Inft.* 608 ; Myr-
tille ou Airelle du Canada à
feuilles de Pyrole toujours
vertes.

*Anonyma pedunculis armatis.
Cold. Noveb.* 98.

Comme cette plante croît
naturellement dans plufieurs
parties de l'Amérique Septentrionale, fur des terres maré-
cageufes, on la conferve difficilement dans les jardins ; fes
branches traînent fur la terre,
& deviennent ligneufes ; mais
elles ne s'élevent jamais en
hauteur ; elles font garnies de

feuilles ovales, entieres & alternes : les fleurs qui naiſſent ſur les parties latérales des branches, ſont d'une couleur herbacée, peu apparentes, & ſont rarement ſuivies de fruits en Angleterre.

Je n'ai pu réuſſir à conſerver cette plante qu'en la plantant dans un pot rempli de terre meuble & ſans fumier, que j'ai placé à l'ombre, & arroſé ſouvent ; elle a ſubſiſté ainſi pendant trois ans, & a donné des fleurs, mais point de fruits.

GÁURA.

Caraſteres. Le calice de la fleur eſt formé par une feuille ; il a un tube cylindrique avec quatre glandes, & tombe ; ſa partie ſupérieure eſt découpée en quatre ſegmens oblongs & réfléchis : la corolle eſt compoſée de quatre pétales oblongs & érigés, larges au ſommet, étroits à leur bâſe, & fixés ſur le tube du calice ; la fleur a huit étamines droites, minces & plus courtes que la corolle : elles ont chacune une glande de neſtaire à leur bâſe, & ſont couronnés par des ſommets oblongs & mouvans : le germe eſt oblong & placé ſous la fleur ; il ſourient un ſtyle mince auſſi long que les étamines, & ſurmonté par quatre ſtigmats oblongs & étendus : la fleur eſt remplacée par une capſule ovale, comprimée & à quatre angles, qui renferme une ſemence oblongue & angulaire.

Ce genre de plante eſt rangé dans la premiere ſeſtion de la huitieme claſſe de LINNÉE, intitulée, *Oſtandria monogynia*, qui comprend celles dont les fleurs ont huit étamines & un ſtyle.

Nous n'avons qu'une eſpece de ce genre.

Gaura Biennis. Amœn. acad. 3. *p.* 26. *Aſt. Halmens.* 1756. *p.* 222. *t.* 8. *Giſeck. Ic. Faſc.* 1. *n.* 8.

Lyſimachia Chamænerio ſimilis Floridana, foliis nigris punſtis, capſulis carinatis in ramulorum cymis. Pluk. Amalth. 139. *tab.* 428. *f.* 2.

Cette plante bis-annuelle eſt originaire de la Virginie & de la Penſylvanie ; ſes tiges s'élevent à la hauteur de quatre ou cinq pieds, & pouſſent pluſieurs branches garnies de feuilles oblongues, unies, d'un vert pâle, & fort rapprochées ; ſes fleurs naiſſent en touffes ſerrées aux extrémités des branches & ſont compoſées de quatre pétales oblongs d'une couleur de roſe pâle, placées irrégulierement, & dans leſquelles on obſerve huit étamines qui environnent le ſtyle : elles paroiſſent en Septembre, & quand l'automne eſt favorable, leurs ſemences mûriſſent vers la fin d'Oſtobre.

En ſemant les graines de cette plante ſur des plates - bandes ouvertes auſſitôt qu'elles ſont mûres, elles réuſſiſſent plus ſûrement que ſi l'on différoit de les ſemer juſqu'au printems : lorſque les plantes pouſſent, on les nettoie avec précaution ; & ſi elles ſont trop ſerrées, on en ôte quelques-unes, que l'on place dans une planche, afin que les autres aient aſſez de place pour croître : en au-

tomne, on les transplante toutes dans les endroits où elles
doivent fleurir & perfectionner
leurs semences ; alors elles
n'exigeront aucun autre soin
que d'être soutenues pour empêcher les vents de l'automne
de casser leurs branches.

GAYAC *ou* BOIS SAINT.
Voy. GUAJACUM.

GAYC DU JAPON. *Voyez*
DIOSPYROS LOTUS.

GAZON *d*'ESPAGNE *ou*
d'OLYMPE , STATICE *ou*
HERBE A SEPT TIGES. *Voy.*
STATICE ARMERIA.

GELÉE. La Gelée est l'action
ou plutôt l'effet du froid qui
fixe les fluides, les prive de
leur mouvement naturel, & les
convertit en une substance solide & cohérente, que l'on nomme *glace*.

Les principaux phénomènes
de la Gelée sont :

1°. De dilater & de raréfier
l'eau ainsi que tous les fluides,
à l'exception des huiles, de maniere qu'ils occupent plus de
place, & sont spécifiquement
plus légers qu'ils n'étoient avant:
cet effet de la Gelée est prouvé
par plusieurs expériences, dont
il n'est pas inutile d'observer
ici les gradations que suit la
Nature dans la formation de la
glace.

Un Tube de verre, I A,
rempli d'eau jusqu'en D, étant
plongé dans un vâse plein d'eau
salée, G H K L, l'eau monte
bientôt du D au C, ce qui
paroît provenir de ce que le
Tube se resserre promptement
quand il est plongé dans un
milieu plus froid ; & bientôt

après du point C,
elle descend con-
tinuellement, en se
condensant jusqu'à
ce qu'elle soit par-
venue au point F,
où elle paroît res-
ter en repos pen-
dant quelque tems;
mais ensuite elle
reprend son mou-
vement, & recom-
mence à s'étendre
en s'élevant de l'F
à l'E ; & de-là bien-
tôt après, par un
grand mouvement
violent, elle monte
au point B ; alors l'eau du vâse
I paroît épaisse & trouble, &
dans l'instant du mouvement
violent, elle se convertit en
glace : ajoutez que lorsque la
glace devient plus dure, & que
quelques parties de l'eau près
du cou du Tube I se gèlent,
elle continue à monter jusqu'en
A, & s'écoule enfin hors du
Tube.

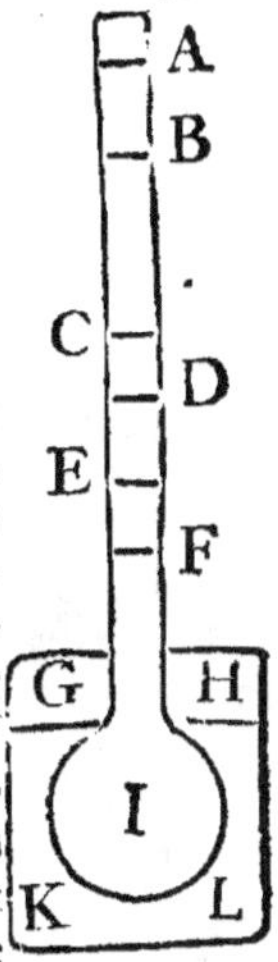

2°. Que les fluides ne perdent pas seulement de leur gravité spécifique, mais aussi une
partie de leur gravité absolue
en se gelant, de maniere que
lorsqu'ils sont dégelés ensuite,
on les trouve considérablement
plus légers qu'auparavant.

3°. Que l'eau gelée n'est pas
tout-à-fait si transparente que
lorsqu'elle est liquide, & que
les corps ne transpirent pas
aussi librement à travers l'eau
glacée.

4°. Que l'eau, étant gelée,
s'évapore presqu'aussi promptement que l'eau fluide.

5°. Que l'eau ne gèle jamais

dans le vuide , mais feulement lorfqu'elle eft en contact avec l'air.

6°. Que l'eau qui a bouilli ne gèle pas auffi aifément que celle qui n'a pas été au feu.

7°. Que l'eau couverte d'une furface d'huile d'olive , ne gèle pas auffi aifément qu'elle le fait fans cela , & que l'huile de noix l'empêche d'être faifie par les plus fortes gelées , ce que ne fait pas l'huile d'olive.

8°. Que l'efprit - de - vin, l'huile de noix & celle de thérébentine ne gèlent point du tout.

9°. Que la furface de l'eau en fe gelant , eft toute couverte de rides , qui font quelquefois en lignes paralelles , & fouvent en rayons divergens.

Les *théories de la Gelée* , ou les principes dont on s'eft fervi pour expliquer ces phénomènes , font fort nombreux.

Les principes généraux fur lefquels les différens Auteurs fe font fondés , font, ou qu'il s'eft introduit dans les pores des fluides quelque matiere étrangere qui les a fixés, en a augmenté le volume , &c.

Ou que quelque matiere contenue naturellement dans les fluides , en eft alors exclue , & que par fon abfence le fluide fe fixe.

Ou bien qu'il furvient quelque altération dans la forme des particules, des fluides , ou de quelques corps qui y font renfermés.

Tous les fyftèmes fur la Gelée font fondés fur l'un ou l'autre de ces principes.

Les *Cartefiens* expliquent la gelée par l'exclufion de la matiere éthérée des pores de l'eau & des autres liqueurs , parce qu'alors les parties les plus fines font trop déliés & trop flexibles pour retenir les particules longues , minces & femblables à des anguilles de l'eau en état de fluidité.

Mais les Philofophes corpufculaires ou *Gaffendifles* , l'attribuent , avec plus de probabilité , à l'incorporation ou entrée d'une mulritude de particules frigorifiques , ainfi qu'ils les appellent , dans les liqueurs, où elles fe difperfent dans toute leur fubftance , s'infinuent dans tous leurs pores , & , en arrêtant leur agitation naturelle , les rendent folides , & leur donnent la confiftance de la glace : de-là auffi procède fon augmentation de volume & de froid.

Que la glace foit fpécifiquement plus légère que l'eau dans laquelle elle s'eft formée, c'eft une chofe certaine, puifqu'elle furnage ; & que cette légéreté provienne de la quantité de bulles qui s'y font produites pendant fa congélation , c'eft une obfervation très-facile à faire ; mais il feroit intéreffant de découvrir comment fe forment ces bulles , quelle fubftance elles renferment, & même fi elles ne font pas tout-à-fait vuides ; cette recherche feroit très-importante , & contribueroit peut-être beaucoup à la connoiffance de la nature du froid.

M. HOBBES prétend que l'air commun qui s'infinue dans l'eau lors de fa congélation , fe mêle avec les particules du fluide, empêche leur mouvement , &

produit cette quantité de bulles qui en étendent le volume, & la rendent spécifiquement plus légere. Cependant l'air ne paroit pas se mêler à l'eau pendant sa congélation, & il est clair qu'il n'entre point dans l'huile figée, puisque ce corps se condense en perdant sa fluidité.

M. BOYLE a aussi démontré, par des expériences convaincantes, que l'eau se gèle dans des vaisseaux fermés hermétiquement, & que celle qui étoit contenue dans des vâses d'airain & d'autres matieres, exactement scellés, & où l'air ne pouvoit avoir aucun accès, a cependant formé de la glace aussi remplie de bulles que celle qui s'étoit gelée en plein air.

Il a aussi prouvé, par des expériences, que l'eau, tenue pendant quelque tems dans un récipient vuide, & purgée d'air elle-même autant qu'il étoit possible, ayant été gelée artificiellement, n'offroit presque point de bulles, ce qui prouve que ces bulles sont remplies de quelque matiere contenue dans l'eau, si toutefois elles ne sont pas vuides; mais il démontre aussi, par des expériences, qu'elles ne renferment que peu, ou peut-être même point du tout, de véritable air élastique.

D'autres, & même le plus grand nombre, pensent que la matiere de la Gelée est un sel, & ils prétendent que l'excès du froid engourdit l'eau, mais qu'elle ne se congèle jamais sans sel; que les principales causes de la Gelée, sont les parties salines mêlées en proportion requise, & que la congélation ressemble beaucoup aux crystallisations.

Ils regardent ce sel comme une substance nitreuse fournie par l'air, qui en contient toujours une grande quantité.

Il n'est pas difficile d'expliquer comment les particules nitreuses empêchent la fluidité de l'eau ; ces particules sont regardées comme autant d'aiguilles roides & pointues qui pénetrent aisément les globules de l'eau, s'entrelacent avec elle de différentes manieres, affoiblissent par dégrés & détruisent son mouvement.

Pourquoi cela n'arrive-t-il que dans les grands froids de l'hiver ? C'est qu'alors seulement la contraction des aiguilles nitreuses est supérieure au principe qui meut le liquide ou le dispose à se mouvoir.

Plusieurs expériences fortifient cette opinion. Mêlez une certaine quantité de salpêtre avec de la neige ou de la glace pulvérisée ; dissolvez ce mélange sur le feu ; plongez-y un Tube rempli d'eau, & vous verrez l'eau qui occupe la partie basse de ce Tube, se geler aussi-tôt, même dans un air chaud.

De là ils prétendent que les pointes du sel sont chassées à travers des pores du verre, & mêlées avec l'eau par le poids combiné de ce mélange & de l'air ambiant : car dans ce cas, il faut que ce soit le sel qui produise cet effet, pour autant qu'il est très-certain que les particules de l'eau ne peuvent pas paffer à travers les pores du verre.

Dans ces congélations artificielles, en quelque partie que ce mélange foit appliqué, il fe forme d'abord une peau ou lame de glace , foit au fommet, au fond ou aux côtés, parce qu'il y a toujours affez de corpufcules falins pour vaincre ou furmonter le feu ; mais les congélations naturelles font confinées à la couche fupérieure de l'eau , où les corpufcules falins font plus abondans.

Cependant, ce fyftême eft conrredit par l'Auteur de la *Nouvelle Conjecture fur la Nature de la glace* : il objecte qu'il ne paroît pas que le nitre entre toujours dans la compofition de la glace : car en fuppofant qu'il y entrât, cela ne fuffiroit pas pour expliquer quelques effets principaux que ce phénomène préfente.

Comment les particules de nitre, en pénétrant les pores de l'eau & en fixant fes parties, peuvent-elles la dilater, & la rendre fpécifiquement plus légère, puifqu'elles devroient au contraire augmenter naturellement fon poids ?

Ceci, & quelques autres difficultés, démontrent la néceffité d'une nouvelle théorie ; c'eft pourquoi cet ingénieux Auteur donne un nouveau fyftême qui paroît expliquer ces phénomènes d'une maniere plus aifée & plus fimple, qu'on ne peut le faire par celui de l'admiffion ou expulfion de quelque matiere hétérogène.

L'eau gèle feulement en hiver, parce que fes parties font

alors plus ferrées , & que s'embarraffant mutuellement, elles perdent tout leur mouvement. L'air ou plutôt une certaine altération dans le reffort & la force de l'air, eft la caufe de l'union plus intime des parties de l'eau.

Il eft démontré par l'expérience que les globules d'eau contiennent dans leurs intervalles un nombre infini de particules d'air, & l'on convient que chaque particule d'air fait l'office d'un reffort. Ce principe établi, l'Auteur raifonne ainfi: les petits refforts d'air groffier mêlé avec l'eau ont plus de force dans les tems froids de l'hiver , & agiffent alors avec plus d'énergie que dans d'autres faifons ; de maniere qu'ils compriment en tous fens les molécules aqueufes , tandis que l'air extérieur en preffe la furface, ce qui leur fait perdre leur mouvement & leur fluidité, & en forme un corps dur & folide qui perfifte dans cet état, jufqu'à ce qu'une augmentation de chaleur vienne à relâcher le reffort de l'air , & à le rétablir ainfi dans fes premieres dimenfions, ce qui rend à l'eau fa fluidité.

Mais ce fyftême paroît être fondé fur un faux principe, car le reffort ou l'élafticité de l'air, au lieu d'être augmenté par le froid, eft au contraire diminué ; l'air fe condenfe par le froid & fe dilate par la chaleur ; & l'on peut démontrer par le moyen de la machine Pneumatique, que la force élaftique de l'air dilaté, eft à celle du même air condenfé, comme fos volume, quand il eſt raréfié, eſt à ſon volume quand il eſt condenſé.

A la vérité, quelques Auteurs, pour expliquer l'accroiſſement de la maſſe & la diminution du poids ſpécifique de l'eau gelée, ont avancé :

Que les particules aqueuſes dans leur état naturel, étoient comme des cubes qui rempliſſent leur eſpace ſans l'interruption de beaucoup de pores ; mais que leur forme cubique étoit changée en ſphérique par la congélation : de-là il ſuit néceſſairement qu'il faut qu'il y ait entr'elles beaucoup d'eſpaces vuides.

Mais ce qui contredit cette hypothèſe, c'eſt qu'il eſt facile de voir par la nature de la fluidité & de la ſolidité, que les particules ſphériques ſont beaucoup plus propres à conſtituer un fluide que les cubes, & qu'elles ſont moins diſpoſées à ſe fixer que celles dont la forme eſt cubique.

Après tout, pour établir une théorie ſur la Gelée, il faut avoir recours ſoit à la matiere frigorifique des Philoſophes corpuſculaires, conſidérée d'après les nouveaux principes de la philoſophie *Newtonienne*, ou à la matiere éthérée des *Cartéſiens*, d'après les nouvelles découvertes de M. GAUTERON.

La vraie cauſe de la gelée, ou congélation de l'eau, diſent les *Newtoniens*, paroît clairement n'être que l'introduction des particules frigorifiques dans les pores ou interſtices qui ſéparent les particules aqueuſes, au moyen de quoi elles s'approchent au point d'être dans la

ſphère d'activité les unes des autres, & doivent, par conſéquent, s'attirer réciproquement, & devenir en s'uniſſant un corps ferme & ſolide : la chaleur les ſépare enſuite, & leur imprime un mouvevement qui rompt leur union, les éloigne au point de les remettre hors de la ſphère d'activité réciproque, ce qui doit diminuer la force attractive pour augmenter la force repulſive, & rendre ainſi à l'eau ſa premiere fluidité.

Or, il paroît probable que le froid & la Gelée procédent de quelque ſubſtance ſaline flottante dans l'air, parce que touſ les ſels, & plus éminemment quelques-uns en particulier, augmentent prodigieuſement l'intenſité & les effets du froid, lorſqu'ils ſont mêlés avec de la neige ou de la glace, & que tous les corps ſalins produiſent une roideur & rigidité dans les parties des corps dans leſquels ils entrent.

Il paroît, par des obſervations microſcopiques ſur des ſels, que quelques-uns, avant qu'ils ſe forment en maſſe ſont minces, & préſentent une pointe de chaque côté, comme des particules qui ont beaucoup de ſurface relativement à leur ſolidité, & c'eſt la raiſon pour laquelle ils nagent dans l'eau quand ils y ſont une fois élevés, quoique ſpécifiquement plus lourds.

Ces pointes déliées entrent dans les petits pores de l'eau, où elles reſtent ſuſpendues pendant l'hiver, parce que la chaleur du ſoleil n'eſt pas ordi nairement assez forte pour dissoudre ces sels, pour rompre leurs pointes, & pour les tenir dans un mouvement perpétuel; étant moins agitées, elles peuvent se réunir plus aisément, & en se formant en cryftaux, comme on vient de le dire, elles fixent avec elles les particules de l'eau, & la changent ainsi en une masse solide.

Il est clair qu'alors le volume d'eau doit être augmenté, parce que les particules qui la composent sont plus éloignées les unes des autres, par l'interposition de la matiere frigorifique.

Mais outre cela, il existe entre les particules sphériques de l'eau, un grand nombre de petites bulles d'air, qui étant déplacées par les petits cryftaux de la matiere frigorifique, se réunissent en masses plus considérables, qui jouissent d'une élasticité plus grande que les petites bulles dispersées, & qui, par leur ressort, augmentent le volume de l'eau lorsqu'elles se changent en glace, & diminuent sa gravité spécifique.

D'après cela, dit le Docteur *Cheyne*, dont nous venons de rapporter l'opinion, nous pouvons deviner comment l'eau imprégnée de certains sels, de soufre ou de terre, qui ne se dissolvent pas aisément peut en former des métaux, des minéraux, des bitumes & autres fossiles; les parties de ces mélanges devenant un ciment avec les particules de l'eau qui entre dans leurs pores, se changent en ces substances différentes.

Pour venir au systême des *Cartéfiens* : ceux-ci soutiennent qu'une certaine matiere éthérée est la cause du mouvement des fluides, & que l'air même lui doit sa mobilité; il suit de-là que tous les fluides doivent rester dans un état de repos ou de fixité quand cette matiere perd une partie de sa force : ainsi l'air étant moins échauffé en hiver, à raison de l'obliquité des rayons du soleil, se trouve plus dense & plus fixe pendant cette saison que dans toute autre.

Différentes expériences prouvent encore que l'air contient un sel qu'on suppose être de la nature du nitre; si ce systême est reçu, ainsi que celui de la densité de l'air, il s'en suivra que les particules de ce nitre doivent aussi être rapprochées & épaissies par la condensation de l'air; & qu'au contraire la raréfaction de cet élément, & & une augmentation de sa fluidité, doivent les diviser & les séparer.

Et si la même chose arrive à toutes les liqueurs qui sont imprégnées de quelque sel; si la chaleur d'un liquide tient ce sel exactement divisé, & si la fraîcheur d'une cave, ou le froid de la glace forcent les particules de ce sel à se rapprocher & à former des cryftaux, pourquoi l'air, qui est regardé lui-même comme un fluide, seroit-il exempt de la loi générale ?

Il est vrai que le nitre de l'air étant en plus grande masse lorsqu'il est plus froid, que dans les temps chauds, il doit avoir moins de mobilité; mais cette masse, multipliée par la vitesse qui lui reste, donne encore plus d'énergie à son mouvement. Est-il nécessaire d'autre chose pour faire agir ce sel avec une plus grande force contre les parties des fluides ? Et ceci est probablement la cause de la grande évaporation qui a lieu dans le tems de Gelée.

Le nitre aërien doit nécessairement avancer la concrétion des liquides, parce que ce n'est pas l'air ni le nitre qu'il contient qui leur donnent le mouvement, mais la matiere éthérée qui s'y trouve répandue : ainsi la diminution du mouvement ou le repos, vient de la diminution de cette force. Or, la matiere éthérée, qui pendant l'hiver, est assez foible, doit encore perdre de sa force, par son action contre l'air condensé & chargé des grosses particules de sel, & être ainsi moins disposée à entretenir le mouvement des fluides.

Enfin l'air, durant la Gelée, peut être comparé à la glace imprégnée de sel, avec laquelle on fait geler les liqueurs en été. Il est très-probable que ces liqueurs gelent, à cause de la diminution du mouvement de la matiere éthérée, par son action contre la glace mêlée avec le sel ; & l'air, par sa chaleur, ne peut en empêcher la concrétion.

L'air, dit M. Boyle, étant un fluide aussi bien que l'eau, & étant imprégné de sels de différentes especes, il est vraisemblable que ce qui arrive à l'eau dans laquelle on a fait dissoudre des sels, peut aussi arriver à l'air. Deux quantités

convenables de différens sels, étant tenues en dissolution dans dans de l'eau chaude, y flotteront indistinctement & s'y mêleront ; mais lorsque l'eau vient à se refroidir , les particules salines d'une espece n'étant plus agitées par un dégré de chaleur convenable, se précipiteront en crystaux, perdront leur fluidité & leur mouvement, & se sépareront visiblement des autres, qui resteront toujours suspendues dans la liqueur.

On trouve dans les *Transactions Philosophiques*, l'histoire d'une pluie gelée qui tomba dans l'ouest de l'Angleterre, en Décembre 1672 : cette pluie, dès qu'elle étoit reçue sur quelques corps, comme une branche, &c. se fixoit immédiatement en glace, & ces gouttes de glace, en se multipliant, formoient un plus gros volume, qui cassoit & brisoit tout par sa pesanteur : cette pluie se geloit immédiatement sur la neige sans la pénétrer.

Cet évènement, dont on ne trouve aucun exemple dans l'Histoire, occasionna un dommage incroyable aux arbres : il est rapporté qu'un particulier trouva qu'une jeune branche de Frêne, du poids de trois quarts de livre, fut couverte de seize livres de glace : quelques personnes qui furent effrayées du grand bruit qu'elles entendoient, reconnurent bientôt qu'il étoit occasionné par le choc des branches glacées les unes contre les autres.

Le Docteur Beale observe qu'on ne voyoit point de Gelée considérable sur la terre pendant tout ce tems ; & de-là il conclut que la Gelée peut être fort violente fur les fommets de quelques montagnes & fur des plaines élevées, tandis que dans d'autres endroits elle fe tient à deux, trois ou quatre pieds au-deſſus de la terre, des rivieres, des lacs, &c. & peut errer ça & là, étant exceſſive dans quelques lieux, & modérée dans d'autres, quoique très voiſins des premiers. Cette Gelée fut fuivie de chaleurs vives & d'une végétation extrêmement précoce. Les effets de la Gelée fur les végétaux feront expliqués dans l'article fuivant.

GELÉE. En la conſidérant par rapport aux effets qu'elle produit fur les corps, on peut la définir une température qui fuſpend le mouvement & la fluidité des liqueurs, & les change en glace.

Le froid reſſerre les métaux & les raccourcit; M. AUZOUT a remarqué, d'après une expérience qu'il a faite, qu'un tube de fer long de douze pieds, expoſé au froid pendant une nuit, a perdu deux lignes de fa longueur; on peut fuppoſer que cette diminution eſt l'effet du froid.

Le froid ne contracte point les fluides, il les dilate au contraire; & cette augmentation va juſqu'à un dixieme de leur volume.

M. BOYLE rapporte pluſieurs expérience faites fur des vâfes de métal très-épais & très-forts, qui, ayant été remplis d'eau, fermés hermétiquement, & expoſés au froid, fe briſèrent par l'effort de l'eau, qui, étant tranformée en glace, avoit befoin d'un plus grand efpace.

Un canon de fuſil fort épais, rempli d'eau & bien fermé, s'eſt fendu dans toute fa longueur par l'action du froid : un petit vâfe d'airain, de cinq pouces de profondeur, & de deux de diamettre, rempli d'eau, & expoſé au froid, a enlevé fon couvercle fur lequel on avoit mis un poids de cinquante-fix livres.

On rapporte auſſi pluſieurs effets remarquables du froid fur les végétaux. Quelques Auteurs diſent, qu'en France les arbres font deſſéchés & brûlés par la Gelée, autant que par la chaleur exceſſive ; ce qui arrive même dans des climats auſſi chauds que celui de la Provence.

M. BOBART rapporte que dans le grand froid de 1683, des *Chênes*, des *Ormes*, des *Noyers* fe fendirent, de maniere qu'on voyoit le jour à travers, & que ces fentes, en fe formant, faiſoient autant de bruit que l'exploſion d'une arme à feu : cet accident arrivoit non-feulement aux troncs des arbres, mais encore à leurs branches principales & aux racines. *Voy. les Tranſactions Philoſophiques*, n°. 105.

Le Docteur DERHAM dit que la Gelée de 1709 a été remarquable dans toute l'Europe : c'eſt la plus forte, & on peut même dire que c'eſt la plus univerfelle dont il foit fait mention : elle s'étendoit en Angleterre, en France, dans l'Allemagne, le Danemark, l'Italie, &c. cependant on ne l'a preſque

presque pas ressentie dans l'Ecosse ni dans l'Irlande. Tous les *Orangers* & les *Oliviers* d'Italie, de la Provence, &c. les *Noyers* dans toute la France, & une infinité d'autres arbres ont été détruits par ce froid.

M. GOUTERON dit que les arbres détruits par la Gelée étoient gangrenés ; ce qui, selon lui, est l'effet d'un sel corrosif qui a altéré leur texture : il ajoûte qu'il y a tant de ressemblance entre la gangrene que le froid occasionne aux végétaux, & celle qui infecte les parties des animaux, que toutes deux doivent avoir quelque cause analogue : des humeurs corrosives brûlent les parties des animaux, & le nitre aërien condensé produit les mêmes effets sur les plantes. *Voyez les Mémoires de l'Académie des Sciences*, année 1709.

Les especes du règne animal qui ont le plus souffert, dit le Docteur DERHAM, sont les Oiseaux & les Insectes ; mais les végétaux ont encore souffert davantage : peu de leurs especes sont échappées à la rigueur du froid de cette année ; le *Laurier*, le *Laurier-Rose*, le *Romarin*, le *Cyprès*, les *Alaternes*, les *Phillyria*, les *Arbutus*, le *Laurier-Thym*, & la plus grande partie des sous-arbrisseaux, comme la *Lavende*, l'*Aurône*, la *Rhue*, le *Thym*, &c. ont été universellement détruits ; il ajoûte que la séve des plus beaux arbres à noyaux a été si congelée, qu'elle s'est arrêtée dans les branches & les tiges, & qu'elle y a engendré des ulcères semblables aux engelures

Tome III.

qui attaquent les hommes : ces ulcères paroissoient dans plusieurs parties des arbres ; les boutons mêmes des feuilles & des fleurs ont peri entièrement, & se sont changés en une matiere farineuse.

Le Docteur DERHAM rapporte, comme une remarque commune, que les végétaux pendant l'hiver souffrent beaucoup plus du soleil que du froid, parce que les rayons du soleil fondant la neige & ouvrant la terre, laissent les plantes plus exposées au froid de la nuit : on a observé, dans une assemblée de la *Société Royale*, que les maladies auxquelles les arbres sont sujets, ne proviennent pas seulement de ce qu'ils ont été gelés, mais principalement du vent qui les agitoit pendant ce tems, ce qui déchiroit leurs fibres. *Voyez Transactions Philosophiques*, Nᵒ. 324.

La Gelée blanche est la rosée congelée au commencement des matinées, sur-tout en automne. Suivant M. Régis, c'est un assemblage de petits faisceaux de cryftaux, de glace, qui ont différentes figures, selon l'arrangement des vapeurs condensées par le froid ; la rosée paroît être la matiere de la Gelée blanche, quoique plusieurs Cartésiens la croyent formée d'une nue qui tombe toute gelée, ou toute prête à l'être dès qu'elle arrive sur la terre.

Le froid de 1728 à 1729, fut remarquable ; il dura quelques mois, & fit périr un grand nombre d'arbres & de plantes dans plusieurs parties de l'Europe ; il ne sera pas hors de propos d'en faire ici une courte narration. L'automne commença avec des vents du nord & de l'eſt ; dans les premiers jours de Novembre il geloit pendant les nuits, quoique la glace ne pénétrât point la terre plus avant que le ſoleil ne pouvoit la fondre pendant le jour : vers la fin de Novembre il régna des vents très-froids venant du nord, qui furent ſuivis de beaucoup de neige ; elle tomboit dans une ſeule nuit en ſi grande quantité, que ſon poids fit caſſer pluſieurs groſſes branches, & les extrémités des arbres toujours verts : après cette grande neige, la Gelée recommença ; les vents du nord continuant à ſe faire ſentir, les jours furent obſcurs pendant quelque tems ; ils devinrent clairs enſuite, & le ſoleil paroiſſoit preſque tous les jours ; la neige fondoit dans les endroits où elle étoit expoſée aux rayons du ſoleil, & par-là la Gelée pénétroit plus avant dans la terre. Il faut remarquer qu'à la fin de ces jours clairs, on voyoit des brouillards épais ou des vapeurs à peu de diſtance de la ſurface de la terre : ces brouillards duroient juſqu'à ce que le froid de la nuit commençât à ſe faire ſentir ; alors ils ſe condenſoient & diſparoiſſoient. Vers le huitieme jour de Décembre les nuits étoient extrémement froides, & l'eſprit-de-vin du Thermomètre, tomba à dix-huit dégrés audeſſous du point de congélation. Le dix du même mois, la Gelée fut auſſi forte qu'on eût jamais vu ; l'eſprit-de-vin tomba

à vingt dégrés au-deſſous du point de congélation ; alors un grand nombre de *Laurier-Thyms*, de *Phillyrea*, d'*Alaternes*, de *Romarins*, d'*Arbouſiers* & d'autres arbres & arbriſſeaux toujours verts, commencerent à ſouffrir, ſur-tout ceux formés en têtes & dont les tiges étoient nues, ou que l'on avoit taillés tard en automne : dans ce même tems auſſi, un grand nombre d'arbres de peu de durée perdirent leur écorce ; c'eſt ce qui arriva aux *Poiriers*, aux *Platanes*, aux *Noyers*, ainſi qu'à pluſieurs autres eſpeces ; c'étoit principalement à la partie expoſée à l'oueſt & au ſud-oueſt, que l'écorce tomboit d'abord.

Vers le milieu de Décembre la rigueur du froid diminua, & ſembla ſe fixer dans le même état juſqu'au vingt-trois du même mois ; alors un vent froid & pénétrant ſouffla de l'eſt, & la Gelée redoubla ; elle ſe ſoutint ainſi juſqu'au vingt-huit, qu'elle diminua une ſeconde fois & ſembla ceſſer tout-à-fait : mais le vent qui ſouffloit alors du midi, s'étant tourné une troiſieme fois à l'eſt, le froid recommença de nouveau, mais avec moins d'intenſité qu'auparavant.

Le tems reſta à la Gelée juſqu'au milieu du mois de Mars, avec quelques intervalles d'un tems plus doux ; ce qui avança les fleurs précoces : le froid, revenant enſuite, les fit périr tout-à-fait : celles qui fleuriſſent ordinairement en Janvier & en Février, ne parurent point avant le mois de Mars, & le froid les détruiſit avant leur parfait épanouïssement : de ce nombre étoient tous les *Crocus*, les *Hépatiques*, les *Iris de Perse*, les *Ellebores noirs*, les *Meséreans*, & d'autres fleurs printanieres.

Les *Choux-fleurs*, qu'on avoit transplantés de dessus les couches en pleine terre pendant ces intervalles doux, furent perdus en grande partie, ou si endommagés qu'ils se dépouillerent d'une partie de leurs feuilles ; les *Féves* & les *Pois* précoces périrent presque tous, & plusieurs arbres fruitiers & sauvages, que l'on avoit transplantés depuis peu, furent totalement détruits : la perte fut considérable pour plusieurs curieux, qui avoient employé un grand nombre d'années à naturaliser des arbres & des arbrisseaux exotiques. Beaucoup de ces derniers périrent entièrement ou furent détruits jusqu'à la racine ; ceux mêmes qui avoient subsisté plusieurs années en plein air sans avoir essuyé le moindre dommage du froid, ne résisterent point à celui-ci : tels étoient les *fleurs de Passion*, les *Arbres de Neige*, le *Cistus*, le *Romarin*, le *Sthœchas*, la *Sauge*, le *Lentisque*, & quelques autres. Dans quelques endroits les jeunes *Frênes* & les *Noyers* périrent aussi ; & après la Gelée, le dommage qu'elle avoit occasionné dans les jardins, parut plus considérable qu'il ne l'étoit réellement : ce qui fut cause que plusieurs personnes détruisirent une grande quantité d'arbres & d'arbrisseaux qu'elles croyoient morts ; tandis que ceux qui eurent plus de pa-

tience, & qui les laisserent, n'éprouverent point cette perte : beaucoup de ces arbres gelés repousserent dans l'été suivant, les uns de leurs tiges & de leurs branches, & les autres de leurs racines.

En Angleterre, la Gelée n'étoit pas plus rigoureuse que dans les autres pays de l'Europe ; & même, eu égard au climat, elle étoit plus tempérée : car dans les pays méridionaux de la France, les *Oliviers*, les *Myrtes*, les *Alaternes*, & autres arbres & arbrisseaux qui y croissent naturellement, furent entièrement détruits ou périrent jusqu'à la racine ; & dans les environs de Paris & les parties septentrionales de la France, les boutons des arbres fruitiers furent tous gelés, quoiqu'ils n'eussent point été ouverts : de sorte qu'au printems de cette année, on vit peu de fleurs sur les arbres : les *Figuiers* ont péri dans plusieurs parties de la France, & en Angleterre ils n'ont perdu que leurs branches les plus tendres ; il y eut peu de fruits pendant l'été suivant, excepté dans les endroits qui se trouverent à l'abri de ce froid excessif.

En Hollande, les *Pins* & les *Sapins*, ainsi que plusieurs autres arbres originaires des pays froids, ont beaucoup souffert de la gelée ; & la plus grande partie des arbres & arbrisseaux apportés de l'Italie, de l'Espagne & des parties méridionale de la France, qui y étoient en pleine terre, a péri entièrement, tandis que d'autres arbres originaires de la Virginie & de la Caroline, ont échappé au froid dans les mêmes jardins. Celui à qui ce froid a fait le plus de tort dans ce pays, a été le favant BOERHAAVE, qui avoit tâché, pendant plufieurs années, de naturalifer de ces arbres exotiques autant qu'il en pouvoit raffembler de toutes les parties du monde.

En quelques parties de l'Ecoffe, on a perdu non-feulement des plantes & des arbres curieux, mais auffi beaucoup de Moutons & d'autres animaux qui ont été enfevelis fous les neiges. Dans la même contrée beaucoup de pauvres gens qui alloient chercher leurs beftiaux, ont fubi le même fort, & ont péri comme eux fous la neige ; elle tomboit en fi grande quantité, que dans une feule nuit elle couvroit la terre de huit ou neuf pieds de hauteur.

On a obfervé par le Thermomètre que, lorfque cette efpece de brouillard qui plane fur la terre s'élevoit, foit le matin ou le foir, (ce qui annonce ordinairement le beau tems), l'air, qui étoit le jour précédent plus chaud, devenoit, par l'abfence du foleil, de plufieurs dégrés plus froid que la furface de la terre, laquelle étant quinze cents fois plus denfe que l'air, ne peut être auffi-tôt affectée par le changement du chaud ou du froid ; d'où il eft probable que ces vapeurs ainfi élevées par la chaleur de la terre, deviennent bientôt vifibles étant con-

denfées par un air plus froid, lors même que ce brouillard s'éleve en été.

On a remarqué la même différence entre le froid de l'air & celui de l'eau d'un étang, en y enfonçant un Thermomètre qui avoit été fufpendu pendant toute la nuit en plein air jufqu'à un peu avant le lever du foleil.

Nous avons eu en 1739 à 1740, un autre hiver rigoureux qui a fait auffi beaucoup de dégât dans les jardins, les champs & les bois ; on s'appercevra encore long-tems de fes effets en Europe. Le Lecteur ne fera pas fâché peut-être que j'ajoûte ici quelques détails fur ce fâcheux évènement.

Le vent commença à fouffler du nord & du nord-eft, vers l'équinoxe d'automne, & & continua ainfi plus de fix mois de fuite avec peu de variation. Il y eut au commencement de Novembre un Gelée forte & vigoureufe qui dura neuf jours ; pendant ce tems la glace qui fe forma fur les étangs & autres eaux ftagnantes, étoit affez épaiffe pour foutenir ceux qui y alloient en patins. Vers la fin du même mois, le froid diminua, & jufqu'à Noël il n'y eut que de petites Gelées tous les matins. Le jour de Noël il gela affez fort dans la matinée, & la Gelée continua. Le vingt-huit Décembre, un vent du nord-eft fe fit fentir avec beaucoup de violence, & occafionna un très-grand froid ; le même foir la Gelée pénétra fort avant dans la terre ; & le jour d'après, c'eſt-à-dire le vingt-neuf, le vent tourna au ſud-eſt & ſouffla avec furie : le même jour le Thermomètre tomba à vingt cinq dégrés au-deſſous du point de congélation ; il y eut le matin un peu de neige qui fut emportée par la violence du vent. Le froid augmentant toujours, les eaux ſe gelerent généralement partout, & le même jour le froid devint ſi violent, qu'il gela les vagues que le vent élevoit, avant qu'elles retombaſſent dans les rivieres. Dans la journée du trente, le vent continua à ſouffler avec la même violence, & le froid devint ſi vif que la Gelée pénétra dans la plus grande partie des ſerres de l'Angleterre, ſur-tout dans celles dont les façades étoient expoſées à l'eſt : il n'en fut pas de même de toutes celles qui étoient tournées au ſud-eſt, & dont les murs du derriere étoient aſſez épais pour arrêter la Gelée. Pendant la nuit ſuivante, l'eſprit-de-vin du Thermomètre tomba à trente-deux degrés au-deſſous du point de congélation, qui eſt le point le plus bas où on l'ait jamais vu en Angleterre ; les perſonnes du tempérament le plus fort ne pouvoient ſortir qu'avec danger, à cauſe de la violence du vent. C'eſt ce vent impétueux qui faiſoit pénétrer la Gelée à travers les murs les plus épais, & qui, dans l'eſpace de deux jours, affecta tellement les arbres & arbriſ-ſeaux toujours verts, qu'ils parurent comme s'ils avoient été

brûlés, de maniere qu'ils ſembloient être abſolument ſans vie ; le *Laurier de Portugal*, le *Savignier* & l'*Ariſtoloche*, furent les eſpeces d'arbriſſeaux toujours verts qui conſerverent leurs feuilles, & qui ne ſouffrirent point pendant ce froid exceſſif ; tandis que tous les autres devinrent bruns, comme s'ils étoient morts depuis un an, & ne reprirent leur verdure ordinaire que fort tard dans le printems : il n'y eut que peu de neige pendant ces jours froids ; ce qui fit pénétrer la Gelée fort avant dans la terre, & fit périr les racines d'une grande quantité de végétaux qui n'avoient aucun abri. Dans tous les potagers, très-peu de racines d'*artichauds* échapperent ; il n'y eut que celles qu'on n'avoit pas eu deſſein de conſerver qui ſe trouverent bonnes. Un rang de ces plantes qu'on avoit foulé avec la roue de la brouette en allant couvrir les autres de fumier, fut préſervé ; le paſſage de la brouette avoit tellement durci la terre, que la Gelée ne pénétra point, & ce rang ſi fort négligé, qui n'avoit point été couvert, fut le ſeul qui réuſſit. Un autre rang, qui par haſard ſe trouva à côté d'une tannerie, fut auſſi garanti du froid par un peu de tan qu'on y jeta ſans aucun deſſein. Quelques pareils évènemens, dûs ſeulement au haſard, ſervirent à nous faire récupérer la bonne eſpece d'*artichauds* qui avoit rendu les jardins Anglois ſi fameux.

Les vents froids & pénétrans avoient presque entièrement brûlé l'herbe, de maniere qu'on ne voyoit aucune verdure dans les champs, & que dans plusieurs cantons, les meilleures herbes furent totalement détruites : comme il n'est resté que les plus grosses & les plus fortes, ces pâturages ont perdu beaucoup de leur valeur.

Le 31 Décembre, le vent baissa considérablement, & la rigueur de la Gelée diminua : il y avoit apparence de dégel le 1 & le 2 Janvier : le 3 au soir, la Gelée reprit avec rigueur ; & le 4 au matin, le Thermomètre étoit à un dégré plus bas qu'il n'étoit auparavant. Dans la même matinée, il y eut une Gelée blanche, plus forte qu'on en ait jamais vu ; de maniere que les bois, les arbres & les haies paroissoient être couverts de neige : &, quoiqu'il n'y eût point de vent, l'air étoit d'un froid si pénétrant, que le travail le plus rude ne pouvoit même le faire supporter.

Le froid de cette matinée fit beaucoup souffrir les grands arbres des forêts ; les *Chênes* se fendoient avec un fracas qui ressembloit à celui qu'on produiroit en rompant leurs branches avec violence, & qui, d'une certaine distance, faisoit le même effet qu'une décharge de mousqueterie : on n'y fit pas beaucoup d'attention dans le moment ; mais par la suite, en coupant ce bois, on reconnut toute l'étendue du dommage qu'il avoit éprouvé.

Le dégât ne se borna point-là ; les feuilles des *Chênes* endommagées par la Gelée, furent dévorées au printems suivant par une multitude d'insectes, de maniere qu'à la Saint-Jean, tous ces arbres étoient aussi dépouillés qu'ils le sont au commencement du mois d'Avril : cette maladie continua pendant deux ans avec la même violence ; mais après ce tems elle diminua par dégrés, & les arbres recouvrerent peu-à-peu leur ancienne force, à l'exception de ceux qui étoient vieux ou foibles, qui n'ont pu encore se rétablir.

Les herbes ont été aussi tellement endommagées par cette Gelée qu'elles n'ont pu résister aux insectes ; on en découvrit une multitude innombrable dans plusieurs cantons de l'Europe, qui commencerent à se montrer dans les pays septentrionaux, s'étendirent ensuite vers le sud, & se multiplierent si extraordinairement dans certains pays, qu'ils y dévorerent toute la verdure de la terre. On croit que ce fut là la cause de la maladie qui régna si long-tems parmi les bestiaux ; car par-tout où ces insectes se logeoient, on en observoit un grand nombre couchés autour de la racine de l'herbe : ce qui donne encore à cette opinion une probabilité plus forte, c'est qu'on a remarqué constamment que, quand ces vers se changent en une espece d'escarbots, & qu'ils s'envôlent vers le commencement du mois de Mai, la maladie cesse, & qu'elle

recommence lorfque ces infectes dépofent leurs œufs en automne. On a encore obfervé que
ces Efcarbots choififfent les endroits voifins des rivieres & des
pièces d'eau pour y dépofer
leurs œufs, & que c'eft auffi dans
ces lieux que les beftiaux fouffrent davantage. A toutes ces
particularités on pourroit encore en ajouter d'autres, pour
appuyer cette opinion, ainfi
que plufieurs expériences qui
ont été faites par des membres
de l'*Académie des Sciences de
Paris*; mais ce qui vient d'être
dit fuffit pour prouver que
cette maladie n'eft point con-
tagieufe, & qu'elle ne fe com-
munique point d'un animal à
un autre, quoiqu'on l'ait traitée comme telle dans plufieurs
contrées, où le public à fouf-
fert un grand dommage par la
perte des animaux & de leurs
peaux. Mais comme une plus
grande difcuffion feroit dépla-
cée dans cet ouvrage, je n'en
dirai pas davantage fur cet objet, qui mériteroit un traité
particulier.

La Gelée continua encore
fortement jufqu'à la fin de
Janvier, mais avec moins de
rigueur qu'au commencement;
fi le vent eût foufflé pendant
long-tems avec autant de violence que dans les trois premiers jours de ce froid, peu
de végétaux auroient été capable de lui réfifter; les animaux eux-mêmes n'auroient
pu échapper; le froid étoit
fi rigoureux pendant ces jours,
qu'il fit périr des beftiaux trop
expofés à l'air ou au vent.

Les *Noyers*, les *Frênes* & plu-

fieurs autres arbres perdirent
leurs branches de l'année précédente, ce qui gêna beaucoup la végétation; car les
nouveaux rejettons ne purent
fortir au printems fuivant que
fur le bois de deux ou trois
ans. Dans plufieurs endroits
les *Figuiers* périrent jufqu'à la
racine, ceux fur-tout qui étoient
placés contre des murailles
bien expofées; car ceux qui
fe trouvoient au nord & au
nord-oueft, & ceux qui n'é-
toient point en paliffade, fouffrirent beaucoup moins; toutes les marcottes de ces arbres en pépinieres, effuyerent
un dommage fi confidérable,
qu'elles ne purent fe rétablir
avant trois ans, & jufqu'à ce
moment on n'en trouvoit guère à acheter: le provin des
vignes & les *platanes*, dans les
pépinieres, périrent jufques
fur la terre; & les vieilles
marcottes fouffrirent fi confidérablement, que l'on eût
mieux fait de les jetter que
de les conferver; car dix ans
après elles n'étoient pas encore
entièrement rétablies; elles
pouffoient des branches fi tard
en été, que le bois, qui n'a-
voit pas affez de tems pour
acquérir toute fa folidité, fe
trouvoit deffeché dans la moitié de fa longueur par les premieres Gelées de l'automne.

Les autres arbres de peu
de durée fouffrirent auffi beaucoup par la rigueur de cette
Gelée; les arbres toujours verts
furent plus généralement endommagés, & plufieurs d'entr'eux périrent tout-à-fait. Les
Pins & *Pinaftres* perdirent leurs

feuilles, & dans quelques endroits, les jeunes plantes de
la premiere efpece furent entièrement détruites.

Le *Romarin*, la *Lavande*, le
Stœchas, la *Sauge* & plufieurs
autres plantes aromatiques dif-
parurent en différentes contrées; en forte qu'il fe paffa
deux ou trois ans avant qu'on
en trouvât fur les marchés :
en général, on perdit la plus
grande partie des efpeces potageres, & les parterres furent auffi fort endommagés;
car les hivers ayant été fort
doux pendant plufieurs années
précédentes, peu de perfonnes prirent des précautions contre la rigueur de celui ci ; &
comme le froid fe fit fentir
très-brufquement, on ne put
fe pourvoir affez vîte des chofes néceffaires pour abriter les
plantes.

Dans plufieurs parties de
l'Angleterre le *Bled* fut fort
endommagé dans les endroits
qui n'étoient point clos, fur-
tout dans le haut des fillons,
où l'on voyoit au printems de
grandes places dépouillées qui
paroiffoient comme autant de
tranchées : le printems fut fec,
& le vent du Nord & de l'Eft
qui regnerent dans cette faifon, pénétrèrent la terre, qui
avoit été ameublie par la Gelée, deffecherent les racines
tendres des graines, & cau-
ferent un grand dommage :
quelques Fermiers inftruits qui
pafferent le rouleau fur leurs
bleds après la Gelée, furent
bien dédommagés de leurs peines par la récolte abondante
qu'ils produifirent.

Si je voulois détailler tous
les dommages que cet hiver
occafionna dans les jardins
& dans les campagnes, je
donnerois à cet Ouvrage une
étendue au-delà des bornes
que je me fuis prefcrites :
j'efpere auffi qu'on ne me
blâmera point de ce que j'ai
inféré ici, parce que ces obfervations peuvent fervir à
faire diftinguer les efpeces
les plus fufceptibles des im-
preffions du froid, & engager
quelques perfonnes à employer
des précautions pour les en
garantir dans les hivers rigoureux.

GÉNÉRATION. Les Natu-
raliftes définiffent la Génération
la procréation ou la production d'une chofe qui n'exiftoit
pas auparavant; ou, fuivant
les Scholaftiques, c'eft le changement ou la converfion totale d'un corps en un nouveau corps, qui ne retient aucunes marques fenfibles de fon
état primitif.

Comme fi nous difions le
feu eft engendré, quand nous
l'appercevons où il n'y avoit
auparavant que du bois ou
quelqu'autre matiere combuftible; ou quand le bois eft changé de maniere à ne pas retenir fon caractere fenfible de
bois : on dit de même qu'un
poulet eft produit ou généré,
lorfque nous appercevons un
poulet au lieu d'un œuf que
nous voyions auparavant, ou
qu'un œuf eft changé en poulet.

Dans une Génération il n'y
a proprement aucune production, mais feulement une nouvelle modification de ce qui

exiftoit auparavant ; ainfi la Génération eft différente de la création.

La Génération differe auffi de l'altération, en ce que dans l'altération le fujet refte en apparence le même, & qu'il eft feulement changé dans fes accidens ou affections ; comme un morceau de fer à qui on a donné une forme ronde au lieu d'une quarrée qu'il avoit auparavant, ou quand un corps qui eft aujourd'hui fain & en bon état, devient malade le lendemain. En outre, la Génération eft oppofée à la corruption, qui eft l'extinction totale de la forme d'une chofe qui exiftoit : cependant la deftruction d'un corps tel qu'un œuf, un morceau de bois, donne naiffance à un autre, de maniere que la Génération eft le produit de la corruption.

Les *Péripatéticiens* expliquent la Génération par un changement ou paffage d'une privation, ou défaut de *Forme fubftantielle*, en un corps doué de cette forme : mais les Modernes n'admettent aucun autre changement dans la Génération que ce qui eft local ; de maniere que, fuivant leurs principes, la Génération n'eft qu'une fimple tranfpofition, ou un nouvel arrangement de parties ; & dans ce fens, la même portion de matiere eft capable de fubir un nombre infini de Générations.

Par exemple, une graine de *Froment* jetée, dans la terre s'imbibe de l'humidité du fol, fe gonfle & fe dilate de maniere qu'elle devient une plan-te, & par une acceffion continuelle de matiere, elle mûrit par dégrés en un épi , qui produit à la fin des femences ; ces femences étant moulues, paroiffent fous la forme d'une farine, qui étant mêlée avec de l'eau & du levain, & modifiée par l'action du feu, devient du pain : ce pain étant lui même trituré par les dents & digéré dans l'eftomach, s'affimile à la fubftance animale, & fe change en chair.

La feule chofe effectuée par cet enchaînement de Générations fucceffives, n'eft qu'un mouvement des parties de la matiere qui fe fixent dans un ordre différent ; ainfi par tout où il y a un nouvel arrangement ou compofition d'élémens, il y a réellement une nouvelle Génération ; de maniere que la Génération confidérée fous fon vrai point de vue, n'eft autre chofe qu'un produit du mouvement.

On applique plus fpécialement le terme de Génération, au développement de la femence des animaux & des végétaux par le concours des deux fexes dans les mêmes efpeces.

M. PERRAULT, & quelques Naturaliftes modernes après lui, foutiennent qu'il n'y a proprement aucunes nouvelles Générations ; que Dieu a créé d'abord toutes chofes, & que ce que nous appelons Génération, n'eft qu'une augmentation & expanfion des molécules de la femence ; de forte que les efpeces entieres qui en proviennent, exiftoient réellement depuis la premiere créa-tion des chofes, & étoient ren-fermées & emboîtées dans cette femence pour être produites & expofées à la vûe dans le tems, & dans un certain ordre.

D'après cette opinion le Docteur GARDEN dit qu'il eft très-probable que les Ger-mes de toutes les plantes & de tous les animaux font préexif-tans, & ont été formés dès l'origine du Monde par le Créa-teur Tout-puiffant, dans le premier de chaque efpece : en effet, celui qui examine la na-ture du fens de la vûe, con-çoit facilement qu'il ne nous donne pas une idée véritable de la grandeur abfolue des corps ; mais feulement leur rapport refpectif : car ce qui ne paroît qu'un point prefqu'in-vifible à l'œil, peut contenir autant de parties différentes que l'Univers entier : d'après cette réflexion on peut fe for-mer une idée de la prodi-gieufe divifibilité de la matiere que fuppofe le fyftême de M. PERRAULT.

Le Docteur BLAIR, traitant de la Génération des plantes, dit : Quand Dieu a créé le Monde, il a difpofé la matiere de façon que chaque chofe puiffe continuer tant que le Monde fubfiftera ; ce n'eft point que les mêmes individus doi-vent toujours exifter, car la loi conftante & immuable de la Nature entraîne la deftruc-tion des êtres, dont les élé-mens retournent à la maffe générale de la matiere ; mais chaque individu doit produire

continuellement fon fembla-ble, qui le repréfente pour-prolonger l'exiftence des efpe-ces jufqu'au terme de la durée des fiecles.

Pour parvenir à ce but, l'Au-teur de toutes chofes a établi certaines loix par lefquelles chaque efpéce doit fe multi-plier, fe conferver & fe fou-tenir pendant un certain tems, & fe détruire enfin par le même méchanifme : il n'a pas jugé à propos que ces mêmes êtres créés dans l'origine, fubfiftaf-fent jufqu'à la diffolution de toutes chofes.

Mais il a fait éclater encore davantage fa toute-puiffance en établiffant que chaque chofe produifit fon femblable par cer-taines loix qu'il a ordonnées pour la multiplication & la confervation de toutes les ef-peces. Cette divine Providen-ce, à laquelle on donne le nom de Nature, ayant établi des regles conftantes & auffi immuables que fon effence, tout ce qui paroît s'en écarter eft regardé comme furnaturel, miraculeux, ou monftrueux.

MOYSE, dans l'Hiftoire de la création, nous dit que les plan-tes renferment leurs femences en elles-mêmes, & il s'exprime ainfi : Dieu dit que la terre produife de l'herbe, & l'herbe fa femence, & que tout arbre fruitier donne fon fruit fui-vant fon efpece, & renferme fa graine.

Les Anciens diftinguent deux efpeces de Générations dans les animaux, l'une réguliere, ap-pellée univoque, & l'autre ano-male, équivoque ou fpontanée.

La premiere eſt effectuée par le concours des deux ſexes dans les différentes eſpeces, comme dans les hommes, les quadrupèdes, les oiſeaux, &c. ; & ils regardent la ſeconde comme étant l'effet de la corruption & de l'action du ſoleil, comme dans les inſectes, les grenouilles, &c. mais cette derniere Génération n'eſt point admiſe aujourd'hui.

Pluſieurs perſonnes ont entrepris d'expliquer le myſtère de la Génération des animaux ; mais aucune n'a réuſſi à en donner une ſolution auſſi ſatisfaiſante qu'on l'auroit ſouhaité. On a fait encore bien moins de progrès dans la connoiſſance de la Génération des plantes. La cauſe en eſt, 1°. parce que l'on n'avoit pas même ſoupçonné que les végétaux puſſent être de différens ſexes, en ſuivant l'Analogie des animaux.

2°. Quoiqu'il paroiſſe certain que les animaux ſoient uniquement produits par la Génération univoque, & non par corruption, &c., comme la plupart des Anciens l'avoient imaginé à l'égard des inſectes, cependant il y a encore des gens qui ſoutiennent que les genres des plantes qu'ils appellent *imparfaites*, ſont une production de la pourriture de la terre.

La Génération des plantes a une grande analogie avec celle de certains animaux, qui ne peuvent quitter le point ſur lequel la Nature les a fait naitre ; tels que les Moules & pluſieurs autres poiſſons à coquilles, qui, pour cela, ſont

hermaphrodites, & contiennent les organes mâles & femelles de la Génération.

La fleur de la plante eſt regardée comme l'organe principal de la Génération ; mais l'uſage & le méchaniſme de toutes ces parties, n'eſt connu que depuis quelques années.

La fleur d'un *Lys* eſt compoſée de ſix *pétales*, du milieu deſquels s'élève une eſpece de tube, auquel TOURNEFORT a donné le nom de *piſtil*, & LINNÉE celui de *ſtyle* ; ce tube eſt fixé ſur le germe, qui eſt l'organe femelle de la Génération, & autour de lui ſont placés d'aſſez beaux filets, appelés *étamines* ou *filamens*, qui s'élevent auſſi du fond de la fleur, & dont chacun eſt terminé par un petit ſommet rempli d'une pouſſiere fine : ces dernieres parties ſont les organes mâles de la plante.

Telle eſt la ſtructure générale des fleurs ; mais elle varie d'une infinité de manieres, & à un tel point que pluſieurs n'ont point de piſtils ſenſibles & que d'autres ſont ſans étamines ; quelques-unes ont des étamines, mais point de ſommets, & certaines plantes même n'ont point de fleurs viſibles ; mais ſi la ſtructure que nous venons d'indiquer, eſt la plus générale dans les fleurs, il s'enſuit que les fleurs qui paroiſſent manquer de certaines parties, les ont moins apparentes, ou qu'elles ſont placées dans différentes plantes ou dans différentes parties des mêmes plantes.

Le fruit étant ordinairement

à la bâſe du piſtil, quand le piſtil vient à tomber avec le reſte de la fleur, le fruit paroît à ſa place : ſouvent le piſtil eſt le fruit même ; mais il ſe trouve toujours dans le centre de la fleur & au milieu des pétales qui ſont diſpoſés autour du petit embrion ; & ne paroiſſent deſtinés qu'à préparer une bonne féve dans leurs petits vaiſſeaux pour la nourriture dont le jeune fruit a beſoin. Quelques-uns prétendent que le principal uſage des pétales, eſt de protéger le piſtil & les autres parties du centre de la fleur.

Les ſommets des étamines ſont de petites capſules ou de petits ſachets remplis de pouſſiere qui ſe répand au-dehors quand les capſules s'ouvrent à leur maturité.

TOURNEFORT a prétendu que cette pouſſiere n'eſt qu'un excrément de la nourriture du fruit, & que les étamines ſont des conduits excrétoires, par leſquels filtre cette matiere inutile pour en débarraſſer l'embrion.

Mais MM. MORLAND, GEOFFROY & d'autres, attribuent des uſages plus nobles à cette pouſſiere : ils regardent les étamines, leurs ſommets, & la pouſſiere qu'ils contiennent, comme les organes mâles, & le piſtil, comme l'organe femelle de la plante.

MORLAND dit, que l'on a obſervé depuis long-tems qu'il y a dans chaque ſemence une plante ſéminale, placée commodément entre les deux lobes qui forment le corps de la ſemence, leſquels ſont deſtinés

à fournir aux jeunes plantes leur premiere nourriture.

Mais le ſavant Docteur GREW, à l'induſtrie & à la ſagacité duquel nous ſommes redevables des principales connoiſſances que nous avons ſur cette partie, eſt le premier Auteur qui ait obſervé que la pouſſiere fine, dans ſa maturité, tombant des ſachets ou ſommets des étamines, faiſoit l'office du ſperme mâle : cependant, à un autre égard, il me ſemble qu'il manque en ce qu'il ſuppoſe que cette pouſſiere tombe ſeulement ſur l'extérieur de l'utérus ou *vaſculum ſeminale*, & qu'elle imprégne ainſi la ſemence qui y eſt renfermée, par quelqu'eſprit pénétrant qui en émane, ou par quelqu'impreſſion énergique.

La queſtion qui eſt aujourd'hui l'objet des recherches de ceux dont la ſcience profonde les rend juges de cette matiere, eſt de ſavoir s'il n'eſt pas plus naturel de ſuppoſer que les ſemences renfermées dans leur propre enveloppe, ſont d'abord imprégnées comme les œufs des animaux ; que la farine eſt un aſſemblage de plantes ſéminales, dont chacune doit être conduite dans chaque œuf pour le rendre prolifique ; que le ſtyle, ſuivant le langage de M. RAY, ou la partie ſupérieure du piſtil, ſuivant celui de TOURNEFORT, eſt un tube deſtiné à conduire ces plantes ſéminales dans l'ovaire, & que ces plantes ſéminales ſont en aſſez grand nombre pour qu'il en parvienne quelques-unes à leur deſtination, malgré le peu de largeur du canal qui doit les y conduire.

Pour rendre cette fuppofition plus plaufible, je vais indiquer les obfervations que j'ai faites fur la fituation de ces étamines & du ftyle, dans quelques efpeces de plantes.

1°. Dans la fleur de la *Couronne-Imperiale*, l'utérus ou *vafculum feminale*, & le ftyle qui le furmonte, forment un piftil autour duquel font placées fix étamines, dont chaque extrémité porte un fommet fi ingénieufement fixé, qu'il peut fe tourner de tout côté par le moindre effort du vent : ces fommets font prefque à la hauteur des ftyles, autour desquels ils fe jouent, & ces ftyles font évidemment ouverts à leur extrémité, & creux dans toute leur longueur. Il faut ajouter que fur le fommet des ftyles, il y a une efpece de touffe remplie d'un fuc gluant, dont la deftination paroit être de fixer la pouffiere à mefure quelle tombe des fommets : je fuppofe qu'elle pénétre enfuite jufqu'au *vafculum feminale*, au moyen des fecouffes que les ftyles reçoivent de l'agitation de l'air.

2°. Dans le *Caprifolium* ou *Chévre-feuille*, on voit un ftyle inferé dans les rudimens de la baie, au fommet d'une fleur monopétale, du centre de laquelle s'élevent plufieurs étamines qui répandent leur pouffiere fur l'orifice du ftyle, qui, dans cette plante, eft velu & touffu, pour la même raifon que dans la plante précédente.

3°. Dans l'*allium* ou *Ail* commun, on obferve un *uterus tri-*

coccus ou une capfule, dans le centre de laquelle eft inferé un ftyle moins élevé que les fommets des étamines, qui, par leur fituation, répandent plus aifément leurs globules dans fon orifice, ce qui fait que cet orifice n'a pas befoin d'être garni de touffes.

J'efpere que l'on me pardonnera quelques obfervations, fondées fur la théorie précédente, que je vais faire, & que les perfonnes de bonne-foi conviendront que j'ai attribué à chaque partie des fleurs, leur réel & véritable ufage.

D'après les foins que la nature a pris pour ne pas laiffer perdre cette pouffiere, & pour la retenir lorfque le piftil n'eft pas difpofé de maniere à la recevoir avec facilité, ceux qui font accoutumés à obferver ces loix remplies de fageffe, ne pourront jamais s'imaginer qu'elle ait prodigué en pure perte un appareil auffi ingénieux & auffi compliqué.

Si ces étamines n'étoient que des vaiffeaux excrétoires, comme on le fuppofoit ci-devant, pour féparer les parties les plus groffieres, & garder les fucs deftinés à la nourriture de la femence, quelle néceffité y auroit-il que ces excremens fuffent dépofés dans des conduits faits avec autant de foins ? ils pouvoient être jettés partout ailleurs, plutot que de courir les rifques de les voir retomber dans la capfule : de plus, le tube fur l'ouverture duquel ces excrémens font repandus, & dans lequel ils entrent, les conduit toujours directement dans la capiule.

A quoi il faut ajouter que le tube commence toujours à fe faner quand les fommets font vuidés ; fi quelquefois il dure plus long-tems , ce n'eft que jufqu'à ce que l'orifice ait terminé le tranfport de la pouffiere ; de-là on peut concevoir aifément que ce tube eft deftiné à diriger & à conduire ces globules , puifqu'il périt quand il n'y a plus de pouffiere.

Si je pouvois à préfent prouver que l'ovaire ou les femences qui ne font pas imprégnées de la pouffiere féminale , ne parviennent jamais à leur perfection , nous aurions une démonftration complette ; mais comme je n'ai pas été affez heureux pour faire cette obfervation , je me contenterai de fuggérer que de-là on peut plutôt couclure que les pétales de la fleur font deftinés à féparer les fucs fuperflus de ceux qui font deftinés à monter dans les étamines , que d'attribuer cet office à ces derniers , foit pour eux-mêmes , foit pour les femences inimprégnées. Quant à l'analogie qui peut exifter entre la Génération animale & végétale , j'en laiffe la connoiffance à ceux qui font pourvus de bons Microfcopes , & je leur recommande d'en faire ufage : j'ai effayé moi-même à faire une pareille découverte & j'ai apperçu des chofes qui me font efpérer d'être bientôt en état de donner des éclairciffemens fatisfaifans : j'ai remarqué que la plante feminale fe trouve toujours dans la par-

tie de la femence qui eft la plus voifine de l'infertion du ftyle , & j'ai reconnu , au moyen d'une Loupe , dans les *Féves* , les *Pois* & les *Haricots* , précifément à une extremité de ce que l'on appelle *aîle* , un paffage diftinct qui conduit immédiatement à la plante féminale , & par lequel je fuppofe qu'elle eft entrée ; & je fuis porté à croire que les *Féves* & les *Pois* qui ne réuffiffent pas bien , en font privés.

Je vais à préfent décrire quelques autres plantes , dans lesquelles on apperçoit aifément que cette pouffiere féminale eft conduite dans le tube pour être charriée à l'ovaire. Si l'on détache avec foin les pétales des fleurs légumineufes , on remarquera que les légumes ou filiques , font exactement couverts de membranes , qui fe féparent vers le fommet en neuf étamines chargées chacune d'une quantité de pouffiere , & qu'elles adhérent au ftyle que l'on voit à l'extremité , en forme de tube , qui conduit directement au légume ; ce ftyle , au lieu d'être droit , fe recourbe , & forme un angle droit avec le légume.

Dans les *Rofes* , on voit une colonne compofée de plufieurs tubes réunis , mais faciles à féparer , dont chacun aboutit à une cellule particuliere ; les étamines font en grand nombre & placées tout autour.

On remarque dans le *Tithymale* ou *Epurge* , une capfule à trois cellules placée au fond de la fleur ; elle eft fort petite avant d'être fécondée , mais par la suite elle se gonfle, & s'éleve si haut sur son propre pédoncule, que l'on seroit tenté de croire qu'il n'y a aucune communication entr'elle & les sommets.

Et ce qui étonnera plusieurs de mes Lecteurs, c'est que ces poils dont sont hérissés les fruits du *Fraisier* & du *Framboisier*, sont autant de petits tubes, dont chacun sert de conduit à une semence particuliere. Nous pouvons observer dans les fleurs de ces plantes, un nombre d'étamines en-dedans des pétales, dont l'intérieur paroit être comme une petite forêt de ces poils ; mais après qu'ils ont reçu & conduit leurs globules, les semences se gonflent & s'enveloppent d'une pulpe charnue. Tout ceci est extrait de M. MORLAND.

En observant au bas d'un pistil de *Lys*, une capsule, que l'on peut appeller *uterus* ou *matrice*, on y remarque trois ovaires remplis de petits œufs ou rudimens de la semence, qui se flétrissent & périssent bientôt, s'ils ne sont pas imprégnés de la poussiere de la même plante, ou de quelqu'autre de la même espece : on y voit aussi des étamines qui servent à conduire la semence mâle de la plante, pour être perfectionnée dans les sommets, qui, lorsqu'ils sont mûrs, s'ouvrent & répandent leur poussiere sur l'orifice du pistil, d'où une partie pénètre dans le petit utricule, pour féconder l'ovaire, & le reste demeure attaché au pistil, où elle attire, par sa vertu magnétique, la

substance des autres parties de la plante, pour nourrir l'embrion du fruit & hâter son développement.

Les pistils des fleurs qui se renversent, comme dans les *Cyclamens* & les *Couronnes-Impériales*, sont beaucoup plus longs que les étamines, afin qu'ils puissent recevoir aisément & en quantité suffisante, la poussiere qui tombe de leurs sommets.

M. GEOFFROY nous assûre, d'après l'expérience, qu'en coupant le pistil avant qu'il soit imprégné par la poussiere séminale, on rend la fleur stérile & on fait avorter le fruit.

Suivant le même Auteur, les fleurs de plusieurs especes d'arbres, telles que celles du *Chéne*, du *Pin*, du *Saule*, &c. répandent une poussiere qui peut aisément féconder les rudimens des fruits qui n'en sont pas éloignés; mais il est difficile de concilier ce systême avec certaines especes de plantes qui portent des fleurs, sans fruit, & d'autres du même genre & nom qui portent du fruit sans fleurs, tel que le *Palmier*, le *Chanvre*, le *Houblon*, le *Peuplier*, &c., & que l'on distingue en mâle & en femelle ; comment se peut-il faire que la poussiere du mâle, dans ces plantes, puisse venir féconder l'ovaire de la femelle ?

M. GEOFFROY résout cette difficulté en supposant que le vent transporte cette poussiere mâle à l'utérus ou matrice de la femelle ; ce qui est confirmé par JOVIANUS PONTANUS, d'après l'exemple d'un palmier femelle qui, étant planté dans une forêt, n'a jamais donné du fruit qu'après avoir acquis affez de hauteur pour s'élever au-deffus des autres arbres ; alors feulement il eft devenu fécond, parce qu'il s'eft trouvé à portée de recevoir la pouffiere du mâle par le moyen du vent.

Quant à la maniere dont la pouffiere féminale féconde les germes, M. GEOFFROY avance deux opinions.

La premiere, eft que cette pouffiere, que l'on a reconnu être toujours de nature fulphureufe ; [g] contient une grande quantité de parties fubtiles, comme il paroit par fon odeur vive, qui pénètrent la fubftance du piftil, & y excitent une fermentation qui met en jeu les fucs intérieurs du jeune fruit, & développe les jeunes plantes renfermées dans l'embrion de la femence. Dans cette hypothèfe, la plante eft fuppofée être renfermée en raccourci dans la femence, & n'avoir befoin que d'un véhicule ou d'un fuc particulier, pour développer fes parties & la faire croître.

La feconde, eft que la pouffiere de la plante mâle, eft le premier germe de la nouvelle plante, qui n'a befoin d'autres fecours, pour fe développer &

être en état de croître, que d'un lieu qui lui foit propre, & de fucs convenables, tels qu'il les trouve dans l'embryon de la femence où il vient fe placer.

Ces deux théories de la Génération végétale, ont une parfaite analogie avec celles de la Génération animale : c'eft-à-dire, ou que le jeune animal exifte dans la femence du mâle, & n'a befoin que d'être placé dans la matrice propre pour le développer & aider à fon accroiffement, ou que l'œuf de la femelle le renferme, & exige feulement le concours de la femence du mâle, qui doit y exciter la fermentation qui en produit le développement.

M. GEOFFROY eft porté à croire que la femence propre fe trouve dans la pouffiere du mâle, parce qu'avec les meilleurs Microfcopes on ne peut découvrir la moindre apparence de bourgeons ou germes, dans les petits embrions des graines, lorfqu'elles fontexaminées avant que les fommets aient répandu leur pouffiere.

Dans les plantes légumineufes, fi l'on en ôte les pétales, les étamines & les piftils des fleurs avant qu'elles foient ouvertes, & que l'on examine avec un Microfcope cette partie qui devient légume, les petites véficules deftinées à devenir graines, paroîtront dans leur ordre naturel & comme une fimple couverture de la graine.

Si l'on continue d'obferver les fleurs à mefure qu'elles avancent; pendant plufieurs jours de

fuite,

(g) M. l'Abbé NEEDHAM, le Baron de HALLER, & plufieurs autres Phyficiens modernes, ont trouvé que cette *pouffiere féminale* ou *farine fécondante* des plantes eft toujours plus ou moins imprégnée du *fluide électrique.*

fuite, on les trouvera gonflées & remplies par dégrés, d'une liqueur limpide, dans laquelle, lorfque la pouffiere fe répand, & que les pétales de la fleur tombent, on pourra voir une petite tache verdâtre ou globule, flottant de côté & d'autre.

Il n'y a d'abord aucune apparence d'organifation dans ce petit corps ; mais à mefure qu'il croît, on commence à y diftinguer deux petites feuilles femblables à deux cornes ; fa liqueur diminue enfuite fenfiblement, & à la fin la graine devient opaque ; fi on l'ouvre, on trouve fa cavité remplie par une jeune plante en raccourci, qui confifte en un petit germe ou *plantula*, une petite racine, & les lobes de la *Féve* ou du *Pois*.

La maniere dont ce germe pénètre du fommet du piftil jufques dans les véficules de la graine, n'eft pas fort difficile à déterminer ; car outre que la cavité du piftil s'étend jufqu'aux embrions, ces véficules ont une petite ouverture correfpondante à l'extrémité de la cavité du piftil, de forte que la pouffiere peut aifément trouver un paffage pour arriver à l'ouverture des véficules qui renferment l'embrion de la plante.

L'ouverture ou la cicatricule, eft la même dans les deux efpeces de graines que nous venons de citer, & on l'y obferve facilement fans Microfcope.

Le Docteur PATRICE BLAIR, traitant de la Génération des

Tome III.

plantes, dit qu'elles ont une vie végétative commune avec les animaux, & que la production des efpeces eft, dans les animaux, de même que dans les plantes, l'effet de cette vie végétative, & non pas de la vie fenfitive ; & que, s'il eft néceffaire que les deux fexes concourent dans la Génération des animaux, leur réunion n'eft pas moins indifpenfable dans les plantes ; car, comme une *Vache*, une *Jument*, une *Poule*, un *Reptile femelle*, un *Infecte*, &c., ne peuvent produire fans le fecours du mâle, on ne peut pas non plus fuppofer qu'une plante puiffe donner une femence fertile fans le concours d'une plante mâle, ou des parties mâles de la plante.

M. RAY dit qu'il ne nie pas que les arbres & les herbes puiffent produire du fruit, qui parvienne même à fa maturité, fans que la femence mâle y ait été répandue ; comme on voit les oifeaux, & furtout les poules, pondre des œufs fans avoir eu commerce avec les mâles : mais alors ces œufs font ftériles & ne contiennent point de germe ; c'eft ce qui arrive auffi aux plantes femelles qui, par elles-mêmes, peuvent produire des femences, mais qui ne font jamais fertiles. En voici les raifons :

Premierement, comme l'ouvrage de la Génération, dans les animaux, ne procède pas de leur vie animale ou fenfitive, mais de leur vie végétative qui eft analogue à celle des plantes, cette opération doit être exécutée auffi de la même maniere dans tous les deux ; ainfi , comme le concours des deux fexes eft indifpenfable dans les animaux pour que la Généra-tion ait lieu , il doit être égale-ment néceffaire dans les plantes.

Secondement, comme la ma-tiere féminale, paffive dans les animaux femelles, ne peut pas être productive ou fertile d'elle-même , fans être imprégnée, animée , mife en mouvement & dilatée par les principes ac-tifs de la matiere féminale du mâle ; de même la femence fe-melle ne peut être rendue fer-tile dans les plantes , tant qu'elle n'a pas été imprégnée de la pouffiere fécondante des par-ties mâles.

Quant aux fleurs , fi elles n'étoient pas de quelque ufa-ge indifpenfable pour la perfec-tion des femences, on n'en ver-roit pas autant fur les plantes ; mais puifqu'il n'y a ni fruit ni femence qui n'ait d'abord été précédé par une fleur ; que, quand la femence eft affez groffe pour être apperçue à l'œil nud, la fleur eft également vifible ; & qu'au contraire , lorfque la graine eft fi petite, que l'on ne peut la diftinguer qu'au moyen d'un Mifcrofcope , on ne peut non plus reconnoître la fleur fans ce fecours ; puifque, dis-je, les fleurs & les fruits gardent conftamment cette proportion , on ne peut douter qu'il n'y ait entre eux un très - grand rapport.

Il eft vrai qu'il peut y avoir des fleurs fur une plante fans que les fruits paroiffent ; ce que l'on obferve fur-tout dans les climats feptentrionaux , fur cer-taines efpeces, telles que la *Pervinca* , la *Nymphea alba mi-nima* , & plufieurs autres , dans lefquelles la plante épuife le fuc nourricier en pouffant des racines rampantes, qui l'affoi-bliffent fi confidérablement , qu'elle n'eft pas en état de por-ter fon fruit à fa perfection ; mais on n'y voit ni fruit ni femence, fi auparavant il ne paroît une fleur qui annonce, pour ainfi dire , fon arrivée ; quoique ce ne foit pas toujours fur la même plante, cependant elle fe trouve néceffairement fur quelqu'autre de la même efpece ; car on voit les fleurs fur des plantes diftinctes, ou des branches féparées, ou fur différentes parties de la bran-che qui produit le fruit, dans les *Abies* , le *Corylus* , le *Nux Juglans* , les *Mercurialis* , le *Spi-nacia* , &c.

Mais comme le fruit ne pa-roît jamais, ou ne commence jamais à groffir que la fleur ne foit fanée, cette fleur a né-ceffairement une autre defti-nation que celle de fervir d'or-nement ; d'ailleurs, fi c'étoit-là fon feul ufage , elle feroit toujours vifible ; ce qui n'a pas lieu pour l'ordinaire dans les fleurs apétales, comme on peut le remarquer dans l'*Afa-rum* , l'*Hydrocotyle* , &c., dont les fleurs , quoiqu'affez groffes en proportion du fruit , ne peuvent cependant être apper-çues , fi l'on ne relève pas les feuilles , & fi l'on n'y regarde pas de très-près.

Le *froment* & les autres *gra-mens* ont des fleurs à étamines qui paroiffent rarement , à moins que l'on ne fecoue l'épi pour faire fortir leurs fommets.

Le *Polypodium* & les autres plantes *Capillaires*, ont des fleurs régulieres qui précédent les petites capfules, mais dont aucune n'eft vifible fans le fecours du Microfcope.

Ce qui prouve que les fleurs ne font pas toujours deftinées à préferver les tendres embryons des injures de l'air, c'eft qu'elles ne font pas conftamment placées avec le fruit fur le même pédoncule.

Ainfi, puifque la naiffance de la fleur eft le premier pas qui conduit à la production de la femence, foit que toutes deux fe trouvent fur le même pédoncule ou qu'elles foient féparées, il s'enfuit néceffairement que l'une doit contribuer à la perfection de l'autre.

Les Anciens obfervent que plufieurs plantes ont produit des fleurs fans femences, & que d'autres de la même efpece & élevées des mêmes femences, ont donné des fruits & des graines fans avoir été précédées par des fleurs; ils étoient difpofés à donner aux unes le titre de mâles, & aux autres celui de femelles, fans cependant être perfuadés que l'une de ces fleurs fût néceffaire à l'autre ; ils ont regardé les premieres comme des fleurs ftériles, & ils les ont appelées *femelles*, tandis qu'ils ont donné le nom de *mâles* à celles qui produifent du fruit : telle eft, par exemple, la *Mercuriale*, qu'ils ont appelée *fpicata femina*, & *tefliculata mas* ;

mais le *fpicata* eft néceffairement le mâle, & le *tefliculata* la femelle ; car dans les plantes comme dans les animaux, celle qui produit le fœtus, doit être réputée femelle.

Dans les plantes annuelles, celles qui produifent des fleurs, font toujours voifines de celles qui portent la femence ; mais cette difpofition eft différente dans les plantes vivaces, qui fe multiplient plus par leurs racines que par leurs graines ; car comme la femence n'eft pas néceffaire pour multiplier la plante, il eft auffi moins néceffaire que la fleur foit plus près de la plante qui produit la graine.

Ainfi on voit fouvent le *Spinacia* & le *Lupulus*, croître & donner des femences mûres, malgré que les plantes qui produifent les fleurs mâles de l'une ou de l'autre efpece, foient à quelque diftance des femelles ; & cela eft fi peu une objection contre la néceffité des deux fexes, dans les plantes ainfi que dans les animaux, que cette difpofition fournit plutôt un argument qui la confirme ; car elle démontre une reffource merveilleufe de la Nature, pour conferver les efpeces, lorfque les moyens ordinaires de les multiplier ne peuvent être aifément employés.

Celles-ci, ainfi que beaucoup d'autres qu'on pourroit alleguer, font des preuves évidentes de la réalité des deux fexes dans les plantes, auffi bien que dans les animaux. J'indiquerai à préfent quelques expériences qui ont été faites pour

confirmer cette théorie néga-
tivement , comme on vient de
le faire positivement.

Quand les plantes ont été
privées de leur fleurs mâles ou
des parties mâles de leurs
fleurs , elles ne produisent
point de semences ; ou si elles
en donnent, elles sont vuides
& desséchées ; ou enfin, quoiqu'elles paroissent, être parvenues à leur perfection , elles
sont stériles , & incapables de
rien produire.

Premiere expérience. M. Geoffroy ayant coupé toutes les
étamines des fleurs mâles du
sommet de la tige, dans le
Bled d'*Inde* , aussitôt qu'elles
paroissoient , & avant que l'é-
pi , chargé des embrions de semences, eût poussé des ailes
des feuilles, plusieurs de ces
embrions périssoient & dessé-
choient après qu'ils étoient devenus passablement gros ; mais
quelques graines placées dans la
longueur de l'épi , se gonfloient
considérablement , & paroissoient être remplies de germes,
& par conséquent fertiles , tandis que toutes les autres man-
quoient, & il n'y avoit pas un
épi dont toutes les semences
devinssent tout-à-fait mûres.

Cette expérience est une
preuve suffisante de l'usage des
fleurs mâles dans cette plante ;
car tout ce qui coule de la
grappe de ces fleurs, paroît contribuer non·seulement à l'imprégnation de la semence , mais
aussi à l'accroissement & à l'imprégnation du fruit.

Il s'agit à présent de prouver que la nourriture fournie
par le pédoncule aux embrions

ne paroît pas être capa-
ble de les dilater, de les étendre & de les porter à leur perfection , à moins que les embrions ne soient animés par
l'esprit vivifiant qui émane des
fleurs mâles : ce suc nutritif
de la plante , ne pouvant, donc
fournir au développement de
tous les embrions, se borne
à en nourrir quelques·uns,
qui parviennent ainsi à une entiere maturité; mais quoique
M. Geoffroy ait pu avoir imaginé que ces graines fussent
fertiles , parce qu'elle étoient
pleines & bien nourries , cependant on ne pourroit adopter son opinion avant d'avoir
essayé de les mettre en terre ,
pour voir si elles seroient susceptibles de germer ou non.

Les Jardiniers qui achètent
des semences d'*Oignons* & de
Porreaux , apportées de Stras-
bourg , les essayent par l'expérience suivante : ils mettent
quelques-unes de ces semences
dans un pot rempli d'eau & de
terre , & s'ils voient qu'elles
commencent à germer quel-
ques jours après, en poussant
une feuille séminale ou quelques fibres radicales , ils les
regardent comme bonnes ; &
quoique toutes les semences
puissent paroître fécondes sans
cet essai, étant également fermes , dures & solides , cependant il ne s'en trouveroit peut-
étre pas plus d'un tiers qui
seroient susceptibles de produire.

Cette stérilité peut venir de
plusieurs causes ; de ce qu'elles n'ont pas été imprégnées
de la poussiere séminale de la

fleur mâle ; de ce qu'elles ont été trop expofées à l'air, de ce qu'elles n'ont pas été féchées avec foin après avoir été mouillées, ou enfin de ce qu'elles ont perdu la faculté de végéter, pour avoir été confervées trop long-tems.

D'après cela, fi la quantité, la folidité & la fermeté des femences n'eft pas un figne certain de leur fertilité, M. Geoffroy peut s'être trompé en regardant fes graines de *Bled d'Inde* comme fécondes, puifqu'il ne s'étoit point affuré de leur fécondité en les mettant en terre.

Il en eft de même pour la feconde expérience, faite fur le *Mercurialis Diofcoridis* : il avoit élevé quelques plantes, dont les unes devoient porter le fruit, & les autres les fleurs étamineufes ; il arracha les plantes à fleurs avant qu'elles fuffent épanouïes, & les femences des plantes à fruits manquerent, à l'exception de cinq ou fix, qui étoient fi chargées de graines, qu'il fut perfuadé qu'elles étoient capables de produire de nouvelles plantes : la même chofe fut obfervée par Camerarius, fur le *Cannabis* ; cependant, quoique tous deux aient fait la même expérience, ils ne pouvoient s'affurer de la vérité de leur opinion, qu'en mettant en terre ces femences l'année fuivante.

M. Bobart, Infpecteur du Jardin de Botanique à Oxford, trouva, il y a plufieurs années, tems où la doctrine des différens fexes des plantes n'é-

toit pas bien connue, une plante de *Lychnis fylveftris fimplex*, fans fommets ; & obfervant que toutes les fleurs de la même plante étoient femblables, il imagina que c'étoit une nouvelle efpece ; dans cette idée il marqua la plante, & prit foin de la mettre à l'abri jufqu'à ce que fes femences fuffent mûres ; alors ils les trouva pleines, dures, fermes, & ayant l'apparence d'être remplies de germes : il les fema l'année fuivante dans un bon endroit du jardin ; mais elles ne produifirent aucunes plantes.

C'eft d'après ces obfervations, & beaucoup d'autres encore, que l'opinion des différens fexes dans les plantes s'eft établie ; opinion qui a été reçue par la plupart des Auteurs modernes : de-là il fuit que ce n'eft pas la nourriture que reçoit la femence, ni l'augmentation de la capfule, qui porte cette femence à fa perfection ; car, comme il a déja été obfervé, une poule peut pondre un œuf fans s'être jointe au Coq, & cet œuf nouvellement pondu, a la même groffeur, la même couleur, le même goût & la même odeur qu'un autre qui a été fécondé par le mâle : mais on s'appercevra bientôt que ces œufs diffèrent l'un de l'autre, en les faifant couver par une poule ; le premier fe pourrit & répand une odeur infecte, & le fecond produit un poulet.

La même chofe arrive précifement dans les femences des plantes ; elles peuvent fe former, parvenir à leur groffeur, devenir fermes, dures & folides, acquérir tous les fignes d'une maturité parfaite, être logées dans des capfules bien dilatées, fe couvrir d'une chair fucculente, &c. fans être pour cela capables de germer & de produire une nouvelle plante, fi elles n'ont pas été fécondées par les particules actives de la fleur mâle ou des parties mâles de la même fleur.

Pour confirmer la néceffité du concours des deux fexes dans les plantes ainfi que dans les animaux, on peut ajouter cette confidération naturelle : que la fertilité ou la ftérilité de quelques arbres, dans les années plus ou moins fructueufes, peut être connue des perfonnes les moins inftruites, par la quantité de fleurs qui paroiffent au printems, & cela non feulement dans les arbres où la fleur & le fruit font fur la même tige & fur le même pédoncule, mais auffi dans tous ceux où les fleurs font fur des arbres diftincts ou féparément fur le même ; car il eft aifé de déterminer par les chatons des *Noyers*, des *Aveliniers*, &c. fi ces arbres feront fructueux ou ftériles, dans la faifon prochaine, avant que les embrions commencent à fe montrer.

Après avoir traité des parties mâles & femelles des fleurs, nous confidérerons à préfent leur ufage.

A cet égard, nous diftinguerons d'abord les fleurs mâles, qui, comme il a été obfervé ci-devant, étoient autrefois réputées ftériles, & les

plantes qui les produifoient étoient appelées *plantes femelles*, parce que dans ce tems on n'avoit aucune connoiffance des différens fexes dans les plantes, & on ne les appeloit *femelles* qu'à caufe de leur foibleffe ; ou, fi l'on avoit alors quelques idées des fexes, elles n'étoient encore que bien vagues & indéterminées.

Les anciens ne connoiffoient point non plus la conftruction de celles qu'on nomme aujourd'hui *fleurs Hermaphrodites*, parce qu'ils n'avoient pas une vraie notion des différens fexes des plantes, & qu'ils ne pouvoient s'imaginer que les parties des deux fexes puffent fe trouver dans une même fleur, & fur un feul pédoncule.

Quoique les efpeces hermaphrodites foient en petit nombre parmi les animaux, elles forment cependant la claffe la plus nombreufe des végétaux ; ces dernieres font cependant moins communes qu'on ne le croit communément ; car, après un examen attentif, on trouvera qu'il y a une plus grande quantité de plantes à fleurs mâles & femelles diftinctes, qu'on n'en comptoit anciennement.

L'exiftence des différens fexes dans les plantes étant reconnue, & la néceffité qu'une plante femelle foit imprégnée de la pouffiere du mâle, pour devenir féconde, étant démontrée, je vais expofer la conftruction des organes de la génération dans les deux fexes.

Dans l'économie animale, outre les conduits deftinés pour la nourriture & à la fécrétion des différentes humeurs , on observe encore des vaisseaux spermatiques , dont les uns servent à préparer la semence , d'autres à lui servir de conduits , & les derniers à la contenir. Les conduits spermatiques dans les mâles, sont les vaisseaux sanguins & les testicules ; les premiers apportent le sang, & les seconds en séparent la liqueur spermatique, à laquelle d'autres couloirs donnent enfin le dernier degré d'élaboration.

De même dans les plantes, il y a des vaisseaux qui reçoivent les particules nutritives que leur fournit la terre, & les conduisent les uns aux feuilles, & les autres aux fleurs.

Ceux qui répondent au pédoncule de la fleur, peuvent être proprement appelés *vaisseaux spermatiques* ; car c'est par eux que les particules séminales sont séparées, non-seulement dans les fleurs mâles, mais encore dans les femelles & les hermaphrodites. Aussi les pédoncules des fleurs hermaphrodites sont-ils à proportion plus gros que ceux des fleurs mâles & des femelles, parce qu'ils contiennent les vaisseaux qui se distribuent aux deux sexes.

Dans les fleurs dont le calice devient le fruit, la plus grand partie de la nourriture y est d'abord portée, & de là distribuée dans ses parties corticales, comme on le voit dans la *Rose*, dont le pédoncule est d'abord si gros qu'il devient de la même grosseur que le jet ou bouton.

Lorsque le calice est ainsi formé, la distribution des sucs se fait ensuite dans la partie intérieure ou centrale de la fleur, que le Docteur GREW appelle *Parure*, & où le pistil devient le fruit ; le pistil & le style sont formées en même-tems que les étamines & les sommets.

Le style prend d'abord toute sa longueur & sa grosseur, car les particules nutritives en montant directement dans le centre, ne se détournent point que le style n'ait acquis son entier développement ; & dans les fleurs qui sont pourvues d'un sommet particulier, ce sommet est d'abord formé, le cou du style ou la partie qui en est voisine est la plus grosse ; ensuite, il diminue en grosseur jusqu'à ce qu'il arrive au pistil : tout ceci est aisément apperçu par ceux qui veulent se donner la peine d'ouvrir un bouton de *Lys* , de *Tulipe* , &c. avant qu'il soit à moitié épanoui.

L'étamine se forme ensuite par un supplément de nourriture , avant que la fleur ne s'ouvre : celle-ci se développe après, se remplit de séve, & acquiert toute sa grandeur en très-peu de tems.

Le sommet est la troisieme partie de la fleur qui reçoit après les deux premieres un supplément de nourriture ; car lorsque le style est formé de maniere à pouvoir se soutenir, que les vaisseaux des étamines & de leurs sommets sont parvenus à leur entiere longueur, alors ces sommets reçoivent une nourriture surabondante,

& s'élargiffent confidérablement.

Si l'on ouvre une fleur de *Lys* avant qu'elle foit épa-nouïe, on trouve le fommet auffi long que l'étamine ; & comme une moitié de ce fommet couvre l'étamine fixée à fon centre, l'autre moitié s'é-tend fi loin au deffus, qu'elle cache l'étamine jufques vers le pédoncule.

Les pétales font la quatrieme partie de la fleur, qui reçoi-vent ce fupplément de nourri-ture avant de s'épanouïr; ils commencent d'abord à s'élar-gir vers le pédoncule, ils s'é-tendent enfuite fuivant leurs proportions ordinaires ; mais ils font tous plus gros & plus fucculens vers le bas & aux onglets, & déviennent par dé-grés plus minces & plus larges. Les étamines des fleurs mo-nopétales s'élevent pour la plu-part en partie du pétale même, & en partie du calice; fur-tout fi le nombre des étamines eft proportionné à celui des péta-les, comme dans les *Hexape-talæ*, ou *Polypetalæ Liliaceæ* de TOURNEFORT, dans lefquelles chaque étamine répond au mi-lieu du pétale. Ce que nous venons de dire fur la maniere dont font nourries les fleurs, prouve la grande analogie des organes de la génération dans les plantes avec ceux des ani-maux.

Dans les animaux, la liqueur féminale eft féparée par des vaiffeaux particuliers du même fang, qui eft la matiere des autres fécrétions, de forte que le fang des animaux eft comme la féve des plantes ; ces deux fluides étant conduits de la même maniere à travers la fub-ftance des plantes & des ani-maux, il doit y avoir dans les végétaux comme dans le regne animal, des vaiffeaux particu-liers deftinés à la fécrétion de la matiere féminale.

Si l'on confidere donc que la féve ou le fuc nourricier des plantes monte au pédon-cule de la fleur, comme le fang coule par l'aorte defcendant; que cette féve, parvenue au fond du calice, fe porte des deux côtés de la fleur, comme l'aorte donne d'une part ori-gine aux vaiffeaux fpermati-ques, & fe fépare enfuite en d'autres branches, pour fervir à d'autres fonctions ; que dans les animaux, les vaiffeaux fper-matiques vont directement aux tefticules dans les mâles, & aux ovaires dans les femelles, comme on voit ceux des plan-tes fe diftribuer au piftil, au calice s'il doit devenir le fruit, au périanthe, aux étamines & aux pétales : fi l'on réfléchit, dis-je, à cette reffemblance de ftructure, on doit néceffaire-ment conclure :

1°. Que les particules les plus fubtiles des fucs nourri-ciers des plantes, font travail-lées & préparées avec le même foin que le fang des animaux.

2°. Que cette fubftance ainfi préparée, doit être deftinée à quelque ufage principal, qui ne peut être que celui de fécon-der la femence, comme la li-queur fpermatique dans les ani-maux, fert à féconder l'ovaire des femelles.

Si l'on prend une fleur tout-à-fait épanouïe, & qu'on en ôte une étamine jusques sur le pédoncule, on y verra une liqueur visqueuse, semblable au sperme, qui doit y rester jusqu'à ce que ses parties les plus déliées soient pompées par l'étamine ; ou peut-être cette liqueur n'est-elle que le résidu d'une humeur plus fine qui a pénétré dans l'étamine avant que la fleur soit épanouïe, ce qu'on peut voir très-distinctement dans le *Lys*, sur-tout dans le *Lys Orange* & la plupart des *Lys Martagon*.

Cette liqueur visqueuse montant au sommet à travers des vaisseaux parallèles, la matiere subtile y est retenue jusqu'à ce qu'elle soit élaborée, & qu'elle ait perdu son humidité surabondante que la chaleur du soleil doit dissiper ; après quoi elle devient plus subtile, plus fine, & se change en une poussiere impalpable, que l'on dit alors être mûre, & qu'on appelle *farine* ou *poussiere fécondante*.

Le docteur BLAIR, après avoir donné le sentiment de sept Auteurs différens sur ce sujet, présente le sien propre, sans adopter celui d'aucun des autres ; il s'efforce, par un examen exact des fleurs, à découvrir laquelle des deux opinions si diamétralement opposées, est la plus conforme à la vérité.

Mais avant de commencer, il donne pour certain cette maxime générale, que la Nature est uniforme dans toutes ses opérations, qu'elle ne s'é-carte jamais des regles établies par le sage Arbitre de toutes choses, & qu'elle n'exécute point la même opération de deux manieres différentes & contraires ; après quoi, il conclut que si la poussiere est un assemblage de plantes séminales dans une espece, elle doit l'être aussi dans toutes les autres.

Si la Nature a ménagé dans une seule plante un conduit par lequel la poussiere fécondante puisse s'introduire dans chacune des semences, il en sera de même dans toutes les autres ; mais il prétend au contraire pouvoir démontrer, même sans le secours du microscope, que dans les plantes citées par MM. MORLAND, GEOFFROY & BRADLEY, cette poussiere ne peut pas s'introduire dans les vaisseaux séminaux, ou même, qu'en supposant qu'elle le fît, elle ne pourroit pénétrer dans chaque semence particuliere ; il croit pouvoir par cette expérience détruire le système que nous avons cherché à prouver.

Quant à la *Corona Imperialis*, premier exemple donné par M. MORLAND, dont la fleur pend vers le bas, quoiqu'il ne nie pas que son style puisse être creux dans toute sa longueur, & avoir une ouverture à son extrémité, cependant, par sa situation & d'après plusieurs autres circonstances, elle ne lui paroit pas devoir favoriser cette opinion.

Car, 1°. comme les humeurs des animaux s'échappent continuellement de leur corps, à travers le tissu de leur peau,

il en eſt de même des végétaux, dont les fleurs & quelques autres parties étant ſéparées de leur tige, ſe flétriſſent
bientôt, parce qu'elles perdent
ſans interruption, & qu'elles
ne reçoivent aucune ſubſtance.

Il lui paroît raiſonnable de
ſuppoſer que ces émanations
s'écoulent au-dehors par la
cavité du ſtyle, comme par
toutes autres parties, & même
en plus grande quantité par
cette voie, parce qu'elles y
ſont concentrées dans des limites plus étroites ; en admettant donc que ces humeurs
deſcendent par le ſtyle qui pen-
che vers le bas, on concevra
qu'il eſt impoſſible à la pouſſiere ſéminale de remonter par
le même chemin.

2°. Si l'on convenoit que
cette pouſſiere peut s'introduire dans le ſtyle, on n'en
ſeroit pas moins embarraſſé à
expliquer comment elle peut
pénétrer dans le vâſe ſéminal
qui eſt exactement fermé.

3°. Que cela eſt d'autant
plus difficile, que M. MORLAND
ſuppoſe que la pluie détache
cette pouſſiere, ou que le
vent la ſecoue en bas du tube, & la porte au vâſe ſéminal. Le Docteur BLAIR ob-
ſerve que l'extrémité du ſtyle
qui eſt la partie ſupérieure
dans une fleur érigée, doit
être l'inférieure dans une tige
pendante ; de ſorte que le vent
ou la pluie y ont un accès
facile, & doivent néceſſairement enlever ou ſecouer cette
pouſſiere du vâſe ſéminal qui
eſt alors le ſtyle.

Mais ici le Docteur prête

à la Nature d'autres moyens
pour remplir le but de la
Génération ; il regarde comme
propre à cet uſage la cavité à
laquelle LINNÉE a donné le
nom de *Nectarium*, qui eſt placée à la naiſſance de chaque
pétale, & remplie d'une liqueur viſqueuſe qui y reſte
toujours & n'excède jamais
ſes limites, tant que le pétale
eſt ſain : car, puiſque les ſommets ſont fixés ſi ingénieuſe-
ment qu'ils peuvent ſe tourner
de tous côtés par le moindre effort du vent, comme M. MOR-
LAND l'a bien obſervé ; lorſqu'ils crevent, & que la *farine*
eſt chaſſée çà & là, quoiqu'elle
ne puiſſe aiſément s'élever vers
l'orifice des pétales qui environnent le ſtyle, elle y
reſte fixée par cette viſcoſité,
juſqu'à ce qu'elle ait exécuté
l'ouvrage de la Génération.

Pour confirmer ceci, il
cite en exemple ce qu'a fait M.
FAIRCHILD, qui, étant per-
ſuadé que cette liqueur viſqueuſe contribuoit d'une manière ou d'autre à la fructifi-
cation de la plante, & ne ſa-
chant comment cela pouvoit
s'opérer, eſſaya d'ôter cette
liqueur auſſi-tôt qu'elle parut
dans le nectaire ; & la fleur
ainſi traitée ne produiſit point
de fruit.

La raiſon qu'il en donne,
eſt que cette humidité viſqueuſe étant enlevée, la pouſſiere ſéminale n'étoit pas plutôt
portée vers le haut, qu'elle
retomboit ſur le champ, faute
d'avoir pu y être retenue, &
ne produiſoit aucun effet ; &
ce qu'il regarde comme une

confirmation de ce qu'il avance, c'eſt que les *Tulipes* qui ſont érigées, ont leurs nectaires ſecs & vuides, parce qu'elles n'ont pas beſoin de ce ſecours pour retenir la pouſſiere, & que la pluie y tombant perpendiculairement, la porte vers la naiſſance des pétales, où elle peut reſter juſqu'à ce qu'elle ait rempli ſon office ; au lieu que la pluie ne pouvant entrer ni pénétrer dans la *Corona Imperialis*, elle ſe trouve naturellement garnie de cette humidité qui y eſt dépoſée par pluſieurs conduits excrétoires pour la rendre propre à cet effet ; & MALPIGHI lui-même obſerve cette ſingularité dans cette fleur, mais ſans lui attribuer aucun uſage.

L'exemple ſuivant eſt pris ſur le *Lys jaune*, que M. MOR-LAND repréſente comme ayant les ſommets auſſi élevés que le ſtyle, & des pétales de grandeur inégale ; tandis, dit-il, que par l'examen le plus exact, j'ai reconnu que les ſommets, qui étoient alors perpendiculaires, ne s'élevoient pas au-deſſus du cou du bouton de l'extrémité du ſtyle, avant que les ſommets commençaſſent à s'ouvrir & à répandre leur pouſſiere ; mais qu'auſſi tôt que la fleur s'épanouït, ils s'écartent du ſtyle, & forcent les pétales à ſe développer vers le haut par une certaine élaſticité, & que bientôt après ils prennent une ſituation oblique & horiſontale & ne répandent jamais leur pouſſiere, qu'ils ne ſoient placés de ma-

niere à pouvoir la verſer aiſément ſur le fond de la fleur & vers la racine du piſtil.

Mais dans cette ſuppoſition, le Docteur, en parlant du fond, qui eſt l'oppoſé des ſommets des étamines, prétend qu'il eſt ſi compact & d'une ſubſtance ſi ferme, qu'il eſt preſqu'impoſſible que la ſubſtance ou les parties intégrantes de la pouſſiere puiſſent le pénétrer.

Si les parties intégrantes, les graines complettes, les petits globules dans leſquels la plante ſéminale entiere eſt contenue ne peuvent pénétrer, la compoſition entiere doit ſe diſſoudre, & les petites particules ſéminales dont chaque graine de pouſſiere eſt compoſée, doivent ſe déſunir ; alors comment pourront-elles ſe rejoindre de maniere à former un corps continue ? ou comment ce petit corps ainſi uni, pénètrera-t-il une ſeconde fois la diviſion entre le ſtyle & le piſtil ? & encore, comment trouvera-t-il un chemin qui le conduiſe dans la cellule qui contient l'embrion de la ſemence ?

Le Docteur cite le *Lys blanc*, le *Lys Orange*, le *Lys Martagon*, &c. comme des fleurs dont la conſtruction contrarie les opinions de MM. MOR-LAND, BRADLEY, &c. ; il fait auſſi mention de l'*Iris*, pour prouver que la pouſſiere ne peut point arriver au piſtil ; car, cette plante ayant dans ſa fleur ſix pétales, trois étamines avec de longs ſommets cachés entre les trois pétales qui pendent vers le bas, trois

larges expanfions du ftyle divifées en deux parties , & la
partie fupérieure du pétale inclinée , la poufiere ne peut
jamais atteindre le centre du
ftyle , même en le fuppofant
creux, ce qui , felon lui , n'eft
pas même vrai.

D'après ces exemples , & de
quelques autres qu'il cite, il
conclut qu'il eft fuffifamment
prouvé que la poufiere ne peut
s'introduire dans le ftyle , &
pénétrer dans le piftil, ou la
partie intérieure du vâfe fémi-
nal , ni avoir le moindre accès
vers l'embrion de la femence.

Quant à l'objection qu'il n'y
a point de paffage fuffifant pour
admettre la femence mâle dans
l'utérus, ou même dans les ovaires , on y répond ainfi :

Si l'on confidere comment
chaque fleur , lorfqu'elle eft
préparée à recevoir la femence
mâle , eft fi fujette aux in-
fluences du foleil , que les pétales s'ouvrent lorfqu'ils font
frappés par fes rayons , & fe
ferment quand il eft caché ; on
reconnoîtra très-bien comment
le piftil ou les parties mâles de
la Génération , font plus rela-
chés dans un tems que dans un
autre, & on fera convaincu que
les parties femelles font plus
dilatées lorfque la fleur eft ouverte que quand elle eft fermée ;
car , comme les pétales adhérent au fond du piftil, ils doivent, lorfqu'ils fe penchent en
arriere, mettre chaque partie
du piftil dans une fituation
différente de celle dans laquelle
elles étoient , lorfque les pétales étoient rapprochés.

Il eft certain que le foleil

par fa chaleur mûrit la pouffiere mâle dans les fommets ,
qu'il ouvre les petits fachets
dans lefquels elle eft contenue , & leur procure cette élafticité qui leur fait lancer ,
à une diftance confidérable ,
cette poufiere, lorfqu'elle eft
parvenue à fa perfection ; dans
le moment de l'éjaculation ,
les parties femelles font dilatées par l'écartement des pétales , & la Génération s'opere
par le concours des deux fexes,
comme dans les animaux.

Après tous ces raifonne-
mens & argumens de différens
Auteurs , qui fe font appliqués à faire une recherche
exacte fur la Génération des
végétaux, pour favoir fi léur
imprégnation procède de la
poufiere fécondante du mâle qui
entre en fubftance dans l'utérus des plantes , ou par une
émanation de cette poufiere,
je ne prétends pas décider la
queftion , fur-tout après que
M. BOYLE a prouvé que toutes
les émanations font des particules fubtiles de la matiere ,
& qu'il importe peu que ces
petites parties foient plus ou
moins divifées, puifqu'un corps,
dans fon premier état , peut
être affez petit pour être à
peine apperçu.

Je me contenterai de rap-
porter quelques-unes des expériences que j'ai faites moi-
même , & que j'ai communi-
quées au Docteur PATRICE
BLAIR, qui les a adoptées comme une preuve de fon opi-
nion en faveur de l'émanation,
ainfi que ,M. BRADLEY, qui
s'en eft fervi, pour prouver que

la pouffiere entre en fubftance dans l'utérus ; je laifferai aux Curieux à prendre un parti fur cette queftion, fuivant qu'ils y feront déterminés par les raifonnemens & les expérien- ces.

J'ai féparé dans une plan- che d'*Epinars*, les plantes mâ- les des femelles ; ces dernie- res ont produit des graines auffi groffes qu'à l'ordinaire ; mais ces graines n'avoient point de germes, & en les femant elles n'ont point pouffé.

J'ai planté douze *Tulipes* à part, & à fix ou fept verges les unes des autres ; auffi-tôt qu'elles ont été épanouïes, j'en ai ôté les étamines avec leurs fommets, avec tant de foin, qu'aucune partie de la pouf- fiere mâle n'a pu fe répandre ; deux ou trois jours après j'ai vu des abeilles travailler fur les *Tulippes* dont je n'avois pas ôté les étamines, & de-là, ayant le corps & les pattes chargées de la pouffiere, je les ai vu fe repofer dans les *Tulippes* dé- pouillées de leurs étamines, & à leur fortie je me fuis ap- perçu qu'elles avoient dépofé fuffifamment de pouffiere pour imprégner ces fleurs ; auffi ont-elles donné de bonnes fe- mences.

Des graines de *Choux de Sa- voie*, qui avoient été plantées pour femence, dans le voifinage d'autres *Choux blancs & rouges*, ont produit moitié *Choux rou- ges*, quelques *Choux blancs*, & des *Choux de Savoie* avec leurs côtes du milieu rouges, & d'au- tres qui ne tenoient ni des uns

ni des autres, mais qui pré- fentoient un compofé de tou- tes les efpeces dans la même plante : je fuppofe que cela n'eft arrivé que par le mélange de la pouffiere féminale des dif- férentes efpeces.

Dans une Lettre communi- quée par PAUL DUDLEY, Écuyer, à la Société Royale, écrite de la Nouvelle Angle- terre, il eft fait mention d'un changement de couleur dans du *Bled* d'Inde, qui avoit été planté en rangs avec d'autres efpeces de couleurs différen- tes ; mais quand ces différen- tes efpeces font plantées fépa- rément, elles confervent conf- tamment leurs teintes particu- lieres, fans jamais varier : ces mélanges de couleurs & ce changement avoit été obfervés dans des rangs de *Bled* à plu- fieurs verges de diftance ; mais cependant fi l'on met entre ces rangs une paliffade élevée, on préviendra aifément toute altération.

C'eft par le mélange des dif- férentes pouffieres féminales, que les diverfes variétés ont été produites ; c'eft ainfi que les Fleuriftes, pour multiplier ces variétés, plantent, les unes près des autres, des fleurs de couleurs différentes, afin que dans le moment où elles s'épa- nouïffent, leurs pouffieres puif- fent fe mêler & fe féconder réciproquement : les graines qui en proviennent produifent enfuite des fleurs panachées & & de toutes couleurs. Il faut obferver que les fleurs de dif- férens genres ne s'imprégnent point les unes les autres ; mais que cet effet n'a lieu que dans les efpeces très-voifines.

Les *Concombres* & les *Melons* produifent toujours des fleurs mâles & des fleurs femelles fur différentes parties de la même plante ; la fleur mâle, qui paroît fur un pédoncule mince, & qui porte dans fon centre un gros ftyle, couvert d'une pouffiere de couleur d'orange, eft ordinairement appelée, par les Jardiniers, *fauffe fleur* : les perfonnes ignorantes retranchent quelquefois toutes ces fauffes fleurs auffi-tôt qu'elles paroiffent, dans l'idée qu'en les laiffant, elles affoibliroient la plante ; mais c'eft une grande erreur : cependant j'ai voulu répéter cette expérience, & pour cela j'ai planté quatre pieds de *Melon* dans un endroit affez éloigné de tous les autres, & quand les fleurs ont commencé à paroitre, j'ai ôté conftamment toutes les mâles à mefure qu'elles fe montroient : le réfultat de cette opération a été que tous les jeunes fruits fe font détachés auffi tôt qu'ils ont paru, & qu'aucun n'eft parvenu à une certaine groffeur, quoique leurs branches fuffent auffi fortes que celles des autres fur lefquelles j'avois laiffé toutes les fleurs mâles, & qui m'ont donné une abondante récolte ; mais les Jardiniers connoiffent fi bien aujourd'hui l'utilité de ces fleurs, qu'ils portent toujours les fleurs mâles des *Concombres* & des *Melons*, aux fleurs femelles, quand il ne s'en trouve point d'affez proches, ils fecouent

légèrement la pouffiere du mâle dans le centre des femelles, & par-là ils font arrêter les jeunes fruits, qui, fans ce fecours, ne réuffiroient point & tomberoient bientôt.

Quelques perfonnes objectent toujours à cette théorie de la Génération des végétaux, l'obfervation de certaines plantes, appelées *femelles*, qui, croiffant feules & à une très-grande diftance des mâles de la même efpece, produifent cependant, plufieurs années de fuite, des femences parfaites & fertiles : j'avoue que cela m'avoit un peu ébranlé dans mon opinion, furtout ayant vu une plante femelle de *Bryone blanche*, qui, placée feule dans un jardin où il n'y avoit point d'autres plantes de la même efpece, produifoit cependant, depuis plufieurs années, des baies mûres, parfaites & fertiles : cela me fit examiner la plante plus foigneufement que je ne l'avois fait auparavant, & je trouvai qu'outre les fleurs femelles, elle portoit encore un très-grand nombre de fleurs mâles ; ce que j'ai remarqué depuis dans plufieurs autres, qui quelquefois font mâles & femelles fur différentes plantes, & ont auffi fouvent les deux fexes réunies fur le même pied ; de forte que cette objection, faite à la doctrine de la Génération des plantes, eft fondée fur des obfervations fort équivoques.

Il eft certain que les plantes femelles peuvent produire du fruit fans l'imprégnation du mâle ; mais il n'eft pas fûr que ce fruit puiffe produire une autre plante. Ce que les Voyageurs ont raconté, de la néceffité de planter des *Palmiers mâles*, dans le voifinage des *Palmiers femelles*, pour les rendre féconds, a été pleinement confirmé par le Pere LABAT, dans fa defcription de l'Afrique, où il parle de plufieurs efpeces de *Palmiers* : il dit avoir obfervé à la Martinique un grand *Palmier*, placé près d'un Couvent, qui produifoit du fruit en abondance, quoiqu'il n'y eût aucun autre arbre de cette efpece à plus de deux lieues de diftance ; mais qu'aucun de ces fruits ne pouvoit germer, quoiqu'on l'eût tenté plufieurs fois ; de maniere que l'on ne put multiplier cette efpece, qu'en faifant venir quelques fruits de la Barbarie ; il affûre encore que le fruit de cet arbre femelle, ne mûriffoit pas auffi parfaitement & n'étoit pas fi agréable au goût, que ceux que produifoient d'autres arbres placés dans le voifinage des plantes mâles.

Nous pouvons conclure, d'après ce qui vient d'être dit, que dans la plupart des efpeces, les plantes femelles peuvent produire des fruits & des graines fans le concours du fperme mâle ; que ce fruit paroît même quelquefois parfait à la vue & en état de germer ; mais qu'en examinant fes femences, on trouve qu'elles n'ont point de germe, & que par conféquent elles font incapables de rien produire.

Ces expériences, & un grand nombre d'autres, prouvent clairement qu'il eft néceffaire que l'embrion de la fleur femelle foit imprégné de la pouffiere mâle, pour produire un fruit parfait ; mais, comment & de quelle maniere cela s'exécute-t-il ? C'eft ce que nous ne pouvons même deviner, puifque le myftère de la Génération des animaux, nous eft auffi caché, & que les plus favans Naturaliftes qui s'en font occupés, different tous dans leurs opinions : je vais cependant terminer cet Article, en rapportant ce que dit le Docteur HALES, qui a donné le fommaire le plus ingénieux de la doctrine entiere de la Génération des plantes.

« S'il m'étoit permis, dit-il,
» de faire des conjectures dans
» un cas où les perfonnes les
» plus intelligentes, après les
» recherches les plus exactes,
» font elles-mêmes réduites à
» ne pouvoir tirer aucune
» conféquence, je foumettrois
» à leur examen mes idées
» fur cette matiere. De ce que
» le Soufre attire fortement
» l'air, ne peut-on pas con-
« clure que la pouffiere fé-
» condante a également la pro-
» priété d'attirer à elle les par-
» ticules actives & élaftiques,
» auxquelles elle s'unit ? L'huile
» fubtile que les Chymiftes
» tirent des filamens du fafran,
» rend très-probable l'opinion
» que cette pouffiere abonde
» en foufre, & même d'une
» efpece fort élaborée : c'eft-là
» l'ufage de cette pouffiere ;
» pouvoit-elle être placée plus
» favorablement que fur des
» fommets mobiles, fixée fur

» les pointes foibles des éta-
» mines, de maniere que le
» moindre foufle de l'air peut
» aifément la difperfer, & en
» former un atmofphère de
» foufre-fublimé qui environne
» la plante: nous voyons cette
» poudre en abondance fur un
» grand nombre d'arbres &
» de plantes, dont plufieurs
» parties, & fur-tout les pif-
» tils, peuvent la recevoir,
» lorfqu'elle eft unie aux par-
» ticules de l'air, pour la con-
» duire aux capfules féminaf-
» les ; ce qui arrive princi-
» palement vers le foir & pen-
» dant la nuit, lorfque les
» petales de la fleur font fer-
» més, & que toutes les par-
» ties des plantes font, comme
» les pétales eux-mêmes, dif-
» pofées à s'imbiber fortement:
» fi nous fuppofons enfuite,
» qu'à ces particules fulfu-
» reufes & aëriennes, eft join-
» te une portion de lumiere ;
» car Sir Isaac Newton a
» trouvé qu'une propriété du
» foufre, étoit d'attirer forte-
» ment la lumiere, le réful-
» tat de ces trois principes
» réunis, qui font les plus ac-
» tifs de la Nature, fera un
» *punctum faliens*, pour forti-
» fier la plante féminale. Ain-
» fi, par l'analyfe exacte de
» la nature des végétaux,
» nous fommes conduits aux
» premiers principes de leur
» origine ».

GÉNEPI *ou* ABSINTHE DES ALPES. *Voyez* ARTE-MISIA GLACIALIS.

GENÊT. *Voyez* GENISTA, SPARTIUM.

GENEST COMMUN *ou*

GENÊT A BALLET. *Voyez* SPARTIUM SCOPARIUM.

GENÊT D'AFRIQUE. *Voy.* ASPALATHUS.

GENÊT ÉPINEUX, PETIT HOUX, A JONC *ou* BRUS-QUE. *Voyez* ULEX.

GENÊT ÉPINEUX CARAI-BE. *Voyez* PARKINSONIA ACULEATA.

GÊNÈT D'ESPAGNE *Voy.* GENISTA FLORIDA, *ou* SPARTIUM JUNCEUM.

GENESTROLE. *Voy.* GE-NISTA TINCTORIA.

GENEVRIER. *Voyez.* JUNI-PERUS.

GENISTA. *Lin. Gen. Plant.* 766. *Tourn. Inft. R. H.* 643. *tab.* 412. [*Broom.*] Geneft.

Caracteres. Le calice de la fleur eft formé par une feuille tubulée & divifée en deux lè-vres; la lèvre fupérieure eft pro-fondément découpée en deux parties, & l'inférieure en trois portions égales. La corolle eft papilionnacée, l'étendard eft ovale, aigu, éloigné de la carè-ne, & entiérement réfléchi ; les aîles font un peu plus cour-tes que l'étendard, & détachées; la carène eft érigée, plus longue que l'étendard, & dé-coupée au fommet. La fleur a dix étamines jointes en deux corps, placées dans la carène, & terminées par des fommets fimples. Dans le centre eft un germe oblong qui foutient un ftyle droit, élevé, & couronné par un ftigmat aigu & tortillé: le germe devient enfuite un lé-gume rond, gonflé, & a une cel-lule qui s'ouvre en deux valves, & qui renferme des femences en forme de rein.

Ce

Ce genre de plante eſt rangé dans la troiſieme ſection de
la dix-ſeptieme claſſe de LIN-
NÉE, qui comprend celles dont
les fleurs ont dix étamines jointes en deux corps. Il a ajouté
à celle-ci le *Spartium* & le
Geniſtella de TOURNEFORT.

Les eſpeces ſont :

1°. *Geniſta ſagittalis, ramis
ancipitibus, membranaceis, articulatis, foliis ovato-lanceolatis.*
Hort. Cliff. 355. Roy. Lugd-B.
371. Crantz. Auſtr. p. 367. Jacq.
Auſtr. t. 200. Scop. Carn. Ed. 2.
n. 872. Pollich. Pal. n. 666.
Dœrr. Naſſ. p. 259. Genêt avec
des branches à deux tranchans,
membraneuſes & articulées, &
des feuilles ovales & en forme
de lance.

*Geniſta herbacea ſivè Chamæ-
ſpartium. Bauh. Hiſt. 1. p. 393.*

*Chamæ-Geniſta ſagittalis. C. B.
p. 395.* Genêt nain à feuilles
& branches en forme de flé-
che, ou petite Geniſtelle.

*Chamæ-Geniſta ſagittalis, Pan-
nonica. Cam. Hort. t. 13.*

2°. *Geniſta florida, foliis lanceolatis, ſericeis, ramis ſtriatis,
teretibus, racemis ſecundis;* Genêt à feuilles en forme de lance
& ſoyeuſes, à branches érigées & cylindriques, & à grappes fort chargées de fleurs.

*Geniſta tinctoria Hiſpanica.
Cluſ. Hiſt. 1. p. 101.* Genêt
d'Eſpagne des Teinturiers.

*Geniſta tinctoria, fruteſcens,
foliis incanis Bauh. Pin. 395.*

3°. *Geniſta Tinctoria, foliis,
lanceolatis, glabris, ramis ſtriatis,
teretibus erectis. Hort. Cliff. 355.
Fl. Suec. 587, 634. Mat. Med.
347. Roy. Lugd.-B. 371. Gort.
Gelr. 416. Crantz. Auſtr. 366. de*

Tome III.

*Neck. Gallob. p. 301. Scop Carn.
Ed. 2. n. 873.* Genêt à feuilles
aiguës & en forme de lance,
ayant des branches cylindriques, cannelées, érigées &
placées ſur les parties latérales
des tiges.

*Geniſta tinctoria, Germanica.
C. B. p. 395.* Genêt ordinaire
des Teinturiers, herbe aux
Teintures, Geneſtrole.

*Geniſta tinctoria, vulgaris.
Cluſ. Hiſt. 1. p. 101.*

Geniſtella. Riv. t. 67. R.

4°. *Geniſta purgans ſpinis terminalibus, ramis teretibus, ſtriatis, foliis lanceolatis, ſimplicibus, pubeſcentibus. Lin. Sp. 999.*
Genêt avec des branches coniques, cannelées, & terminées par des épines & des
feuilles ſimples, en forme de
lance & veluës.

*Spartium purgans. Linn. Syſt.
Plant. tom. 3. p. 402. Sp. 6.*

*Geniſta ſivè Spartium purgans. I.
B. 1. p. 404.* Genêt purgatif,
ou le Genêt griot.

5°. *Geniſta candicans, foliis
ternatis, ſubtùs villoſis, pedunculis lateralibus ſub-quinque-floris
foliatis, leguminibus hirſutis.
Amæn. Acad. 4. p. 284.* Genêt à trois lobes, avec des
feuilles velues, des pédoncules ſur les côtés des branches
qui ſupportent cinq fleurs,
& des légumes velus.

*Cytiſus Monſpeſſulanus, Me-
dicæ folio, ſiliquis denſè congeſtis
& villoſis. Tourn. Inſt. 648.*

*Cytiſus floribus lateralibus,
foliis hirſutis, caule erecto ſtriato.
Sauv. Monſp. 191.*

*Cytiſus ſylveſtris candicans.
Cæſalp. Plant. 113.*

6°. *Geniſta tridentata ramis*

triquetris , membranaceis , sub-articulatis, foliis tricuspidatis. Lin. Sp. Plant. 710 ; Genêt avec des branches noueuses , triangulaires & membraneuses, & des feuilles terminées en trois pointes.

Genistella fruticosa Lusitania , lati-folia. Tourn. Inst. 646 ; Genêt des Teinturiers en arbrisseau, de Portugal, à larges feuilles.

Chamæ-Genista caule foliato. Bauh. Pin. 396.

7°. *Genista pilosa , foliis lanceolatis , obtusis, caule tuberculato decumbente. Hort. Cliff.* 355. *Fl. Suec.* 588 , 635. *Roy. Lugd-B.* 371. *Crantz. Austr. p.* 365. *Jacq. Austr. t.* 208. *Scop. Carn.* 2. n. 874. *Pollich. Pal. n.* 668. *Dœrr. Nass. p.* 259. *Kniph. Cent.* 5. n. 33 ; Genêt à feuilles obtuses & en forme de lance , avec des tiges traînantes couvertes de tubercules.

Chamæ-Genista , foliis Genistæ vulgaris. Bauh. Pin. 395.

Chamæ-Genista montana, hispida. Bauh. Pin. 396.

Chamæ-Genista prima. Clus. Hist. 1. *p.* 103.

Genistella pilosa. Bauh. Hist. 1. *P.* 2. *p.* 393.

C'est le *Genista ramosa, foliis Hyperici. C. B. p.* 395. Genêt branchu à feuilles de Mille-pertuis.

8°. *Genista Anglica spinis simplicibus, ramis flori-feris , inermibus , foliis lanceolatis. Hort. Clif.* 355. *Roy. Lugd-B.* 371. *Flor. Dan. t.* 619. Genêt avec des épines simples , des branches à fleurs sans épines, & des feuilles en forme de lance.

Genista , Spartium minus Anglicum. Tourn. Inst. R. H. 645.

Genista minor Asphaltoïdes. Bauh. Pin. 395. *Prodr.* 157; Petit Genêt d'Angleterre , nommé [*Petty Whin,*] petit Houx , ou le *Guayapin.*

Genista aculeata. Lob. Ic. 2. *t.* 93.

Genistella. Dod. Pempt. 670.

9°. *Genista Hispanica spinis decompositis , ramis flori-feris , inermibus , foliis linearibus , pilosis. Lin. Sp. Plant.* 711. *Ger. Prov.* 483. *Gouan. Monsp.* 35;. Genêt avec des épines décomposées , des branches de fleurs sans épines, & des feuilles étroites & velues.

Genista spinosa , minor, Hispanica , villosissima. C. B. p. 395 ; le petit Genêt d'Espagne épineux & très-velu.

Genistella Montis-ventosi , spinosa. Bauh. Hist. 1. *p.* 400.

Sagittalis. La premiere espece croît naturellement en France, en Italie & en Allemagne. Cette plante pousse de sa racine plusieurs tiges couchées sur la terre, & divisées en plusieurs branches applaties, noueuses, en forme de sabre sur les deux côtés , vertes & herbacées , mais vivaces ; à chacun de leurs nœuds est placée une petite feuille en forme de lance & sans pétiole ; ses fleurs, qui naissent en épis serrés aux extrémités des branches , font jaunes, semblables à celles des *Pois* , & sont remplacées par des légumes courts & velus, qui renferment trois ou quatre semences en forme de rein. Cette plante fleurit en Juin, & ses semences mûrissent en Septembre.

On multiplie cette espece par ses graines, qui pousseront au printems suivant ; si elles sont semées en automne ; mais quand on les garde jusqu'au printems, les plantes paroissent rarement dans la même année ; elles n'exigent aucune autre culture que d'être tenues nettes de mauvaises herbes, & d'être éclaircies où elles sont trop serrées : on peut les transplanter à la Saint-Michel dans les places qui leur sont destinées, après quoi elles n'auront plus besoin que d'être débarrassées des mauvaises herbes ; car elles sont fort dures & subsistent plusieurs années.

Florida. La seconde s'éleve, avec des tiges ligneuses, à la hauteur de deux ou trois pieds, & pousse plusieurs branches coniques, cannelées, érigées, & garnies de petites feuilles en forme de lance, alternes, & terminées par plusieurs épis de fleurs jaunes, & semblables à celles des *Pois* ; ces fleurs produisent des légumes courts, qui deviennent noirs en mûrissant, & qui renferment quatre ou cinq semences en forme de rein. Cette plante fleurit en Juin & Juillet, & ses semences mûrissent en automne.

Tinctoria. La troisieme, qui est originaire de l'Angleterre, a des tiges d'arbrisseau hautes d'environ trois pieds, & garnies de feuilles en forme de lance, plus larges & terminées en pointe, plus aiguës que celles de la premiere espece ; ses branches moins droites que celles de la seconde, sortent des parties latérales des tiges, dans presque toute leur longueur, & sont terminées par des épis clairs de fleurs jaunes, qui sont suivies par des légumes semblables à ceux de la seconde espece. Cette plante fleurit, & ses semences mûrissent vers le même tems que la précédente. Les Teinturiers se servent de ses branches pour se procurer une couleur jaune, d'où lui vient le nom de *Genêt de Teinturier* ; on le nomme aussi *Bois vert*, *Bois de cire*.

Purgans. La quatrieme, que l'on rencontre dans les environs de Montpellier, s'éleve avec des tiges d'arbrisseau coniques & cannelées, à la hauteur de quatre pieds, & pousse plusieurs branches terminées par des épines ; ses feuilles sont en forme de lance, simples & velues ; ses fleurs sortent en épis aux extrémités des branches ; elles sont plus larges que celles des autres especes, & d'un jaune plus pâle ; elles paroissent en Juin & en Juillet, & produisent des légumes semblables à ceux des précédentes. Comme cette espece est tendre, les fortes gelées la détruisent souvent en Angleterre, lorsque l'on n'a pas soin de les mettre à l'abri (1).

---

(1) Le *Genêt*, tant vulgaire que d'Espagne, est regardé comme un très-bon remède apéritif & diurétique, lorsqu'on fait prendre en infusion les sommités de ses jeunes branches, en dose modérée ; mais à plus forte dose il est purgatif & même émétique. On emploie

Candicans. La cinquieme , qui vient du même pays que la quatrieme , s'éleve , avec une tige ligneufe , à la hautcur de fept ou huit pieds , & pouffe plufieurs branches minces , garnies de feuilles à trois lobes , & velues en-deffous ; la partie haute de ces branches produit latéralement, dans la longueur d'un pied , d'autres petites branches qui foutiennent cinq fleurs jaunes ; elles paroiffent en Juin & en Juillet , & leurs femences mûriffent en automne.

Tridentata. La fixieme a une tige baffe d'arbriffeau, qui s'é-

cette plante avec quelques fuccès contre les obftrućtions des vifcéres , & particulièrement contre l'hydropifie : on vante, fur-tout dans ce dernier cas, l'infufion de fes cendres dans du vin blanc ; ce remède eft bon , mais l'alkali-fixe que l'on en retire par cette leffive , ne diffère en rien de celui que peut fournir tout autre végétal.

Le fuc exprimé des jeunes branches de *Genêt* , purge par haut & par bas à la dofe d'une once ; on ordonne fa conferve dans la même vue , à une demi·once , & fes femences réduites en poudre , comme apéritives , depuis un jufqu'à deux gros.

Lorfque l'on donne l'infufion des fommités de *Genêt* , comme diurétique, dans l'hydropifie, il eft bon d'y ajouter un peu de fel d'abfynthe , pour la rendre plus aćtive ; c'étoit la méthode de *Clodius*, qui en faifoit un fecret, & qui s'en eft fervi avec beaucoup de fuccès.

On fait entrer les fleurs de Genêt dans les décoćtions apéritives , & dans le fyrop hydragogue de *Charas*,

leve rarement au-deffus de la hauteur d'un pied , & qui pouffe plufieurs branches foibles , noueufes , & garnies de petites feuilles terminées en trois parties aiguës ; fes fleurs , d'un jaune pâle , fortent en épis clairs aux extrémités des branches , & paroiffent à la fin de Juin & en Juillet ; leurs femences mûriffent en Septembre. Cette plante croît naturellement en Portugal.

Pilofa. La feptieme a une tige d'arbriffeau inclinée vers la terre , couverte de tubercules , & divifée en quelques petites branches , garnies de petites feuilles obtufes ; fes fleurs qui font petites & d'un jaune pâle , font difpofées en épis clairs aux extrémités des branches , & font remplacées par des légumes courts & remplis de femences en forme de rein. Cette plante fleurit en Juin , & fes femences mûriffent en automne ; elle naît fpontanément en Allemagne & en France.

Anglica. La huitieme , qui croît fans culture dans les bruyeres ouvertes de plufieurs parties de l'Angleterre , s'éleve à la hauteur de deux pieds , avec une tige d'arbriffeau, de laquelle fortent plufieurs branches minces , armées d'épines longues & fimples , & garnies de très-petites feuilles en forme de lance , & alternes fur chaque côté des branches ; fes tiges de fleurs font courtes , dépourvues , & terminées par cinq ou fix fleurs jaunes , difpofées en grappes. Ces fleurs paroiffent en Avril & en Mai ;

& font remplacées par des légumes courts & gonflés, renfermant quatre ou cinq petites
femences en forme de rein,
qui mûriffent en Juillet.

Hifpanica. La neuvieme croît
naturellement en Efpagne ; elle
a une tige baffe d'arbriffeau,
qui pouffe plufieurs branches
ligneufes, & armées d'épines
branchues, compofées de plufieurs épines aiguës qui fortent
l'une de l'autre ; mais les courtes branches à fleurs n'en ont
point : ces branches font garnies de petites feuilles velues
de différentes formes, dont quelques-unes font très-étroites,
& les autres en forme de lance. Les branches font terminées par des grappes de fleurs
jaunes, auxquelles fuccedent
des légumes courts, ferrés,
velus, & remplis de femences
en forme de rein : cette plante
reffemble beaucoup au Genêt
épineux commun ; mais elle en
differe en ce qu'elle eft fort
velue, & en ce que fes
branches à fleurs font fans
épines.

Culture. Toutes ces efpeces
de Genêt fe multiplient par leurs
graines, qui, fi elles font mifes en terre en automne, réuffiffent mieux que quand on ne
les feme qu'au printems ; on
gagne d'ailleurs par-là une année entiere. Comme ces plantes pouffent des racines longues, filandreufes & dures qui
coulent profondément dans la
terre, elles ne peuvent être
aifément tranfplantées, fur-
tout lorfqu'on ne les enleve
pas pendant leur jeuneffe ; c'eft
pourquoi il eft bon de les femer dans le lieu même ou elles doivent refter, & lorfqu'elles font hors de danger, d'arracher toutes celles qu'on ne
veut pas conferver, en réfer-
vant celles qui ont la meilleure
apparence : elles ne demanderont plus enfuite aucuns foins,
fi ce n'eft qu'on doit les tenir
conftamment nettes de mauvaifes herbes. Quand on ne
peut fuivre cette méthode, on
feme ces graines fur une planche de terre légere ; on nettoie exactement les plantes qui
en proviennent, & dès l'automne fuivant, on les enleve
avec précaution pour les planter dans les places qu'on leur
deftine.

Toutes ces plantes font dures, à l'exception des quatrieme, cinquieme & neuvieme efpeces, qui doivent être placées dans une fituation chaude
& abritée, & dans un ter-
rein fec, fans quoi elles ne
réfifteroient point au froid de
nos hivers ; mais les autres
croiffent dans prefque tous les
fols, & à toutes les expofitions.

GENISTA SPINOSA, GE-
NÊT ÉPINEUX. *Voyez* ULEX.

GENOUILLETTE. *Voyez*
RANUNCULUS REPENS.

GENTIANA. *Lin. Gen. Plant.*
285. *Tourn. Inft. R. H.* 80. *t.*
40. Cette plante a pris fon nom
de *Gentius,* Roi d'Illyrie, qui
le premier a reconnu fes propriétés. [*Gentianor Fellwort.*]
Gentiane, petite Centaurée.

Caractères. Les fleurs de ce
genre ont un calice perfiftant,
& découpé en cinq fegmens
aigus ; une corolle monopéta-

le, tubulée, & divisée sur ses bords en cinq parties entièrement ouvertes ; cinq étamines en forme d'alène, plus courtes que la corolle, & terminées par des sommets simples : dans le centre est placé un germe oblong, cylindrique & sans style, mais couronné par deux stigmats ovales, qui devient, quand la fleur est passée, une capsule oblongue, cylindrique, pointue, & a une cellule qui renferme plusieurs semences attachées à ses valves.

Ce genre de plantes est rangé dans la seconde section de la cinquieme classe de LINNÉE, intitulée, *Pentandria digynia*, qui renferme celles dont les fleurs ont cinq étamines & deux stigmats.

Les especes sont :

1°. *Gentiana Lutea, corollis quinque-fidis, rotatis, verticillatis, calycibus spathaceis. Mat. Med. p. 75. Scop. Carn. ed. 2. n. 293. Mattusch. Sil. n. 772. Sabbat. Hort. 1. t. 13.* Gentiane avec une corolle divisée en cinq parties, en forme de roue & verticillée, & un calice en forme de spathe.

Gentiana floribus lateralibus, confertis, pedunculatis, corollis rotatis. Hort. Cliff. 80. Fl. Suec. 201. 227. Mat. Med. 110. Roy. Lugd.-B. 432 Sauv. Monsp. 136.

Gentiana. Cam. Epit. 415.

Gentiana caule folioso, foliis ovatis, nervosis, floribus verticillatis, rotatis. Hall. Helv. n. 637.

Gentiana major, lutea. C. B. pag. 187. Fl. Lapp. 96. La plus grande Gentiane jaune.

Asterias. Reneal. Spec. 64. t. 63.

2°. *Gentiana Pneumonanthe, corollis quinque-fidis, campanulatis, oppositis, pedunculatis, foliis linearibus. Lin. Sp. Plant. 228. Gmel. Sib. t. 51. Scop. Carn. ed. 2. n. 295. Pollich. Pal. n. 256. Mattusch. Sil. n. 175. Kniph. Cent. 8. n. 45.* Gentiane avec des corolles en forme de cloches, divisées en cinq parties opposées, & supportées par des pédoncules, & à feuilles linéaires.

Gentiana floribus terminalibus raris, corollis erectis plicatis, foliis linearibus. Hort. Cliff. 80 Fl. Suec. 202. 228. Roy. Lugd.-B. 432. Dalib. Paris 81.

Gentiana angusti-folia, autumnalis major. C. B. p. 188. La plus grande Gentiane automnale, à feuilles étroites.

Gentiana palustris angusti-folia. Bauh. Pin. 188.

Cyana. Reneal. Spec. 69. t. 63.

3°. *Gentiana Asclepiadea, corollis quinque-fidis, campanulatis, oppositis, sessilibus, foliis amplexicaulibus. Lin. Sp. Plant. 227. Jacq. Austr. t. 328.* Gentiane ayant une corolle divisée en cinq parties, en forme de lance, sessiles à la tige & opposées avec des feuilles amplexicaules.

Gentiana foliis ovato-lanceolatis, floribus campanulatis, in alis sessilibus. Hall. Helv. 478.

Gentiana Asclepiadis folio. C. B. p. 187. Gentiane à feuilles d'Asclépias.

Gentiana floribus lateralibus, solitariis, sessilibus, corollis erectis. Hort. Cliff. 80. Roy. Lugd.-B. 432.

Dasystephana. Reneal. Spec. 67. t. 68.

4°. *Gentiana acaulis, corollâ quinque-fidâ, campanulatâ, caulem excedente.* Lin. Sp. Plant. 228. Jacq. *Auſtr. t.* 135. Scop. Carn. 2. n. 294. Gentiane avec une corolle en forme de cloche, diviſée en cinq parties, & plus haute que la tige.

Gentiana corollâ campanulatâ, caulem longitudine excedente. Hort. Cliff. 81. Roy. Lugd.-B. 432. Hall. Helv. 477. Sauv. Mor. ſp. 136.

Gentiana Alpina, lati-folia, magno flore. C. B. p. 187. Prodr. 97. Gentiane des Alpes à larges feuilles, ayant une groſſe fleur, ordinairement appelée *Gentionella.* Icones Barrel. n. 47. 105. 106. 110. Hall. R. B.

Gentiana Alpina, anguſti folia, magno flore. Bauh. Pin. 187.

Thylacitis. Reneal. Spec. 70. t. 68.

5°. *Gentiana nivalis, corollis quinque-fidis, infundibuli-formibus, ramis unifloris alternis.* Lin. Sp. Plant. 229. Jacq. Vind. 215. Gentiane avec des corolles en forme d'entonnoir, & diviſées en cinq parties, ayant des branches alternes, qui ſoutiennent une ſeule fleur.

Gentiana annua, foliis Centaurii minoris. Tourn. Inſt. 81. Gentiane annuelle avec de plus petites feuilles ſemblables à celles de la Centaurée.

Gentiana Alpina, æſtiva Centaureæ minoris folio. Bauh. Pin. 188.

Gentiana corollis infundibuli-formibus, quinque-dentatis, ramis alternis uni-floris. Fl. Suec. 204. 231.

Gentiana corollâ infundibuli-

formi, denticulo laciniis interpoſito. Fl. Lapp. 95.

Gentiana humillima, caule ramoſo, tubo floris longiſſimo. Hall. Helv. 475. t. 7. ſ. 5.

Gentiana IX. Cluſ. Pann. 291.

6°. *Gentiana cruciata corollis quadri-fidis, imberbibus, floribus verticillatis, feſſilibus.* Lin. Sp. Plant. 231. Jacq. Auſtr. t. 372. Gmel. Sib. 4. p. 104. n. 71. Scop. Carn. 2. n. 288. Pollich. Pal. n. 261. Mattuſch. n. 178. Gentiane avec des corolles ſans barbes, diviſées en quatre parties verticillées, & ſeſſiles aux branches.

Gentiana floribus confertis, terminalibus, corollis quadri-fidis, imberbibus, interjecto denticulo. Hort. Cliff. 81. Roy. Lugd.-B. 432. Dalib. Paris. 80.

Gentiana cruciata. C. B. p. 188. Gentiane en forme de croix.

Gentiana minor. Cam. Epit. 417.

Tretorrhiza. Renealm. Spec. 74. t. 73.

7°. *Gentiana ciliata, corollis quadri-fidis, margine ciliatis.* Lin. Sp. Plant. 231. Œd. Dan. 317. Pollich. Pal. n. 260. Gmel. Sib. 4. pag. 105. n. 73. Scop. Carn. 2. n. 287. Jacq. Auſtr. t. 113. Gentiane avec des corolles à quatre pointes, dont les bords ſont velus.

Gentiana corollis Hypocrateriformibus, laciniis margine barbatis. Hort. Cliff. 81.

Gentianella cærulea oris piloſi. C. B. p. 188. Gentiane bleue avec des bords velus.

Gentianella cærulea fimbriata, anguſti-folia, autumnalis. Column. Ecph. 1. p. 222. t. 221. ſ. 1.

8°. *Gentiana utriculosa corollis quinque-fidis , Hypocrateri-for-
mibus , calycibus plicato-carinatis.
Lin. Sp. Plant. 229. Pollich. Pal.*
257. Gentiane avec des corolles en forme de sous-coupes,
& divisées en cinq parties, &
des calices plissés en forme de
carêne.

*Gentiana utriculis ventricosis.
C. B. p. 18s.* Gentiane avec
un tube gonflé.

*Gentianella annua, azureo flore.
Bar. Rar. 18. t. 48.*

9° *Gentiana Centaurium, corollis quinque-fidis , infundibuli-
formibus , caule dichotomo. Lin.
Sp. Plant. 229. Mat. Med. 75.
Pollich. Pal. n. 258. De Neck.
Gallob. 133. Scop. Carn. ed. 2.
n. 293. Mattusch. Sil. n. 176. Œd.
Dan. t. 617. Kniph. Cent. 8. n.*
44. Gentiane avec des corolles
en forme d'entonnoir & à cinq
pointes, ayant une tige fourchue.

*Gentiana foliis lineari-lanceo-
latis , caule dichotomo , corollis
infundibuli-formibus , quinque-fidis. Hort. Clif. 81.*

Centaurium minus C. B. p.
278. La plus petite Centaurée.

*Erithræa. Renealm. Spec. 77.
t. 76.*

10°. *Gentiana perfoliata, corollis octi-fidis , foliis perfoliatis.
Lin. Sp. Plant. 232.* Gentiane
avec des corolles à huit pointes, & des feuilles perfoliées.

*Gentiana caule dichotomo , fo-
liis connatis , corollis octi-fidis.
Hort. Cliff. 81. & 496. Roy.
Lugd.-B. 433. Dalib. Paris. 82.
Sauv. Monsp. 136. Læst. It. 133.*

*Centaurium luteum perfoliatum.
C. B. p. 278.* Centaurée jaune
perfoliée.

*Centaurium parvum flore lu-
teo. Cluf. Hift. 2. p. 180.*

Blackstonia. Hudson. Angl.
146.

*Chlora. Reneal. Spec. 80. t.
76. Murray. p. 299. n. 1258.
Sp. 1. Syft. Plant. 1. t. p. 161.
Spec. 1.*

11°. *Gentiana spicata, corollis
quinque-fidis , infundibuli-formibus, floribus alternis, sessilibus. Lin.
Sp. Plant. 230.* Gentiane avec
des corolles en forme d'entonnoir, & à cinq pointes, &
dont les fleurs sont alternes
& sessiles.

*Gentiana corollis infundibuli-
formibus , quinque-fidis laxè spicatis , foliis lanceolatis. Sauv.
Monsp. 132.*

*Centaurium minus , spicatum
album. C. B. p. 278. Prod. 130.
t. 130. Bauh. Hift. 3. p. 353.*
Petite Centaurée à fleurs blanches & en épis.

*Centaurium minus album. Ta-
bern. Ic. 780.*

*Centaurium minus spicatum,
flore rubello. Tourn. Inft. 122.*
Variété.

1°. *Gentiana exaltata, corollis quinque-fidis , coronatis , crenatis , pedunculo terminali , lon-
gissimo dichotomo. Lin. Sp. Plant.*
331. Gentiane avec des corolles à cinq pointes, de fort
longs pédoncules, & des branches fourchues.

*Centaurium minus maritimum ,
amplo flore cæruleo. Plum. Cat.*
3. Ic. 81. f. 1. La plus petite
Centaurée maritime, avec une
grosse fleur bleue.

Lutea. La premiere espece
est la *Gentiane commune* des boutiques; sa racine est un des
principaux ingrédiens dont on

se sert pour composer les boissons ameres.

Cette plante a une racine grosse, épaisse, de couleur brune jaunâtre, & d'un goût fort amer; ses feuilles basses sont oblongues, ovales, un peu pointues à leur extrémité, fermes, d'un vert jaunâtre, plissées & marquées de cinq grosses nervures. Sa tige, dont la hauteur est de trois ou quatre pieds, est garnie de feuilles, disposées par paire sur chaque nœud, qui embrassent presque la tige de leur bâse; ces feuilles sont de la même forme que celles du bas : mais elles deviennent plus courtes à mesure qu'elles s'approchent du sommet; ses fleurs sont verticillées aux nœuds, vers le haut des tiges, & supportées par de courts pédoncules qui sortent des ailes des feuilles; elles sont d'un jaune pâle, & n'ont qu'un pétale divisé presque jusqu'au fond, & un germe oblong & cylindrique qui se gonfle quand la fleur est passée, & devient une capsule oblongue, conique, divisée en deux parties à la pointe, & qui s'ouvre en deux cellules remplies de petites semences.

Cette plante croît naturellement dans les pâturages de la Suisse, & dans les parties montagneuses de l'Allemagne, d'où ses racines sont apportées en Angleterre pour l'usage de la médecine : on en fait une eau compotée, & on la fait entrer comme principal ingrédient dans les liqueurs ameres que l'on ordonne dans plusieurs maladies. (1)

On a apporté, il y a quelques années, en Angleterre, des racines de *Gentiane* mêlées avec celles de la Jusquiame, dont on a malheureusement fait usage, & qui ont occa-

---

(1) La racine de Gentiane, que l'on emploie plus fréquemment en médecine que les autres parties de la plante, est sans odeur, mais d'une faveur fort amère.

Ses principes actifs sont la gomme & la résine, cette derniere en quantité beaucoup moindre, mais si étroitement unie à l'autre, qu'il est presque impossible de les separer entièrement.

Cette racine, à raison de son amertume considérable, est regardée, avec justice, comme un excellent remede contre les vers intestinaux, la foiblesse ou le relâchement de l'estomach, les fievres intermittentes, la cachexie, le scorbut, la diarrhée opiniâtre, les obstructions des viscères, les affections catharales, & presque toutes les maladies chroniques.

La Gentiane, que l'on regardoit autrefois comme un des meilleurs fébrifuges, a beaucoup perdu de sa réputation depuis la découverte du *Quinquina* : il arrive cependant quelquefois que des Plantes ameres, telles que celle-ci, emportent des fievres opiniâtres, qui ont résisté a l'action de tout autre remede.

On administre cette racine en infusion aqueuse ou vineuse, sous la forme d'extrait & de teinture, en poudre, en opiat, &c., mais rarement en décoction, à cause de son extrême amertume.

Elle entre dans la composition du vinaigre thériacal, de la thériaque, du mithridat, de l'orviétan, du diascordium, du syrop de longuevie, de l'opiat de Salomon, &c.

fionné beaucoup de mal aux perfonnes qui s'en font fervies : les accidens que cette falfification a occafionnés, ayant fait faire des recherches, les uns ont penfé que ces racines étoient celles de la Morelle, poifon mortel ; & d'autres ont cru qu'elles étoient celles de quelque plante umbellifere & venimeufe ; mais en les comparant avec des racines fèches de la *Jufquiame*, j'ai reconnu qu'elles étoient abfolument les mèmes. Nous avons une relation des qualités nuifibles de cette racine, imprimée dans le *Synopfis Stirpium Hibernicarum* qui a été communiquée à l'Auteur par le Docteur THOMAS MOLYNEUX, Médecin. Voici le réfumé de cette obfervation.

Le *Doyen de Clonfert*, faifant quelques changemens dans fon jardin, obferva que fes ouvriers déterroient des racines qu'ils regardoient comme des *Charvis* ; en confequence il les fit porter à fa maifon, afin qu'on les apprêtât pour le diner, ce qui fut fait ; mais tous ceux qui en mangerent furent faifis en peu de tems de vertiges & d'étourdiffemens, avec un grand mal d'eftomach, fuivi d'une chaleur & d'une féchereffe extraordinaires à la gorge. Deux perfonnes qui en avoient plus mangé que les autres, perdirent l'ufage de la raifon, & tomberent dans un délire qui continua pendant quelques jours : comme il étoit évident que ces défordres n'étoient occafionnés que par ces racines, le Doyen en

fit planter quelques-unes, pour favoir quelle étoit cette plante de mauvaife qualité, & au printems fuivant, lorfqu'elles eurent pouffé des feuilles, on reconnut que c'étoient des *Jufquiames*, qui font repréfentées, par les anciens Ecrivains, comme produifant les effets que l'on vient de décrire ; & ces accidens furent auffi ceux que produifirent les racines étrangères mêlées avec celles de la *Gentiane*. 'J'ai rapporté cette obfervation, afin que mes Lecteurs s'abftiennent de manger des racines qu'ils ne connoiffent pas.

La *Gentiane* jaune fe plaît à l'ombre & dans un fol léger & marneux, où elle profite beaucoup mieux que dans un terrein léger & fec, & à une expofition ouverte ; elle fe multiplie par fes femences, qu'il faut femer dans des pots auffitôt qu'elles font mûres ; car fi on les conferve jufqu'au printems, elles ne réuffiffent pas ; on place ces pots à l'ombre, & on les tient nets de mauvaifes herbes ; les plantes paroiffent au printems ; alors on les arrofe dans les tems fecs, on les nettoie exactement, & en automne on les retire des pots avec précaution pour ne caufer aucun dommage à leurs racines, & on les place dans une plate-bande de terre marneufe bien préparée, à fix pouces de diftance entr'elles, en obfervant que le haut des racines foit près de la furface, & que la terre foit preffée tout au-tour ; après quoi elles n'exigeront plus d'autres foins que d'être tenues conſtamment nettes, & d'être arroſées copieuſcment, ſi le printems ſuivant eſt ſec; ce qui avancera beaucoup leur accroiſſement. Ces racines peuvent reſter deux ans dans cette plate bande, & après ce tems on les tranſplantera dans les places qui leur ſont deſtinées; on les enleve en automne auſſitôt que leurs feuilles ſont flétries; mais comme elles s'enfoncent profondément dans la terre, ainſi que les *Carottes*, on doit avoir grand ſoin, en les déterrant, de ne pas les couper ni les rompre, ce qui les affoibliroit beaucoup ou les détruiroit tout-à-fait. Quand ces plantes ſont fixées & bien établies, on laboure la terre tout-au-tour dès le commencement du printems, avant qu'elles ne pouſſent; & en été, on arrache toutes les mauvaiſes herbes qui croiſſent dans les environs: ces racines ſubſiſtent pluſieurs années; mais leurs tiges périſſent chaque automne: les mêmes racines ne fleuriſſent pas deux années de ſuite; & pour l'ordinaire elles ne donnent des fleurs que tous les trois ans; mais quand elles fleuriſſent bien, elles ont une belle apparence; & comme elles ſe plaiſent à l'ombre & dans une terre humide, où peu de belles plantes d'ornement pourroient profiter, elles méritent d'être cultivées dans les plus beaux jardins.

Pneumonanthe. La ſeconde eſpece croît naturellement dans des pâturages humides de pluſieurs parties de l'Angleterre, & particulièrement dans les provinces ſeptentrionales; elle s'éleve à la hauteur d'un pied, avec une tige droite, garnie de feuilles unies d'un pouce & demi de long, & un peu moins de trois lignes de large, oppoſées & ſans pétioles: ſes fleurs ſortent, au nombre de trois ou quatre enſemble, du ſommet de la tige, ſur des pédoncules alternes les uns aux autres; elles ſont groſſes, de belle apparence, en forme de cloche, d'un bleu foncé, & diviſées en cinq pointes ſur leurs bords; elles paroiſſent à la fin de Juillet dans les parties chaudes de l'Angleterre; mais dans le nord, elles ne ſe montrent qu'un mois plus tard.

On la multiplie par ſes graines comme la premiere eſpece, & on la traite de la même maniere: mais comme celle-ci ne pouſſe pas des racines auſſi profondes, on la tranſplante plus aiſément & avec moins de riſques; cependant ſi on l'enleve en motte, elle reuſſira beaucoup mieux. Cette plante doit être placée dans un ſol fort, humide & marneux, où elle profitera & fleurira annuellement; mais dans un terrein ſec & chaud, elle ne fera aucun progrès & ne produira point de fleurs.

Aſclepiadea. La troiſieme, que l'on rencontre ſur les montagnes de la Suiſſe, s'éleve à la hauteur d'un pied: ſa tige eſt droite & garnie de feuilles unies de deux pouces environ de longueur, de neuf lignes de largeur à leur bâſe, où elles embraſſent la tige, termi-

nées en pointes aiguës, opposées & d'un beau vert ; ces
feuilles, qui sont plus petites
à mesure qu'elles sont plus
voisines du sommet de la tige,
ont cinq veines longitudinales
qui se réunissent à chaque extrémité, & sont écartées l'une
de l'autre au milieu : ses fleurs
sortent, par paires opposées, des
ailes des feuilles sur de courts
pédoncules ; elles sont longues,
en forme de cloches, d'une
belle couleur bleue, & ont
une belle apparence quand elles
sont épanouïes. Cette espece
fleurit en Juin & en Juillet.

On multiplie aussi cette espece par semence, & on la
traite comme la premiere ; mais
elle ne profite que dans un
sol humide & marneux : on
peut aussi la propager par ses
rejettons, que l'on sépare des
racines ; on les enleve en automne, qui est la saison la plus
favorable pour transplanter toutes ces especes de plantes :
mais il ne faut prendre ces
rejettons que tous les trois
ans, quand on veut avoir de
fortes fleurs.

Acaulis. La quatrieme, qui
croît naturellement sur les Alpes & autres montagnes de la
Suisse, est depuis long-tems
cultivée dans la plupart des
jardins curieux de l'Europe,
où on la connoit sous le nom
de *Gentianella.* Cette plante,
dont les tiges ne s'élevent qu'à
trois ou quatre pouces de hauteur, est garnie de feuilles unies,
opposées, de deux pouces de
long sur six lignes de large, &
sessiles à la tige : ses fleurs, qui
naissent souvent simples, &

quelquefois au nombre de trois
ou quatre, au sommet de chaque tige, sont grosses, en forme de cloche, d'une couleur
d'azur foncé, & sont les plus
belles de toutes celles de ce
genre. Cette plante fleurit ordinairement dans le mois de
Mai, & quelquefois donne de
nouvelles fleurs en automne.

On la multiplie ordinairement en divisant ses racines,
comme on le pratique pour
la troisieme espece ; mais celle-ci ne doit pas être souvent
transplantée ni divisée, si l'on
veut qu'elle fleurisse beaucoup ;
elle exige un sol mou & marneux, & une situation ombragée, au moyen de quoi elle
profitera & fleurira chaque
année. On la multiplie aussi par
ses graines, que cette plante
produit en abondance, si elle
se trouve dans un bon terrein ;
on les seme en automne, comme celles de la troisieme espece, & les plantes qui en proviennent, fleurissent dans la seconde année, si elles sont bien
soignées ; leurs fleurs sont aussi
plus belles que celles des plantes obtenues de boutures.

Nivalis. Utriculosa. La cinquieme & la huitieme sont des
plantes basses, & annuelles qui
naissent spontanément sur les
Alpes & dans d'autres pays
montagneux de l'Europe ; mais
on les cultive peu dans les jardins. La cinquieme ne s'éleve
guère qu'à deux pouces de
hauteur, & se divise en plusieurs tiges minces, garnies
de très-petites feuilles, placées par paires ; & chaque
tige est terminée par une pe-

tite fleur bleue & érigée. La huitieme, dont la hauteur eft d'environ quatre pouces, a une tige fimple, droite & de couleur pourpre ; les feuilles radicales font ovales, & celles de la tige font étroites & oppofées : la tige eft terminée par une fleur bleue, qui a un gros calice gonflé & pliffé ; le pétale de la fleur s'éleve feulement au - deffus du calice, & n'a pas grande apparence. Quand la fleur principale eft paffée, il en fort fouvent deux autres plus petites fur les côtés de la tige, aux deux nœuds fupérieurs, qui fleuriffent l'une après l'autre ; celle du haut fe montre la premiere, de forte qu'elles fe fuccèdent jufqu'en automne.

Comme ces plantes croiffent naturellement dans une terre humide & fpongieufe, il eft très-difficile de les conferver dans les jardins ; car elles ne ne profitent point à moins qu'on ne les place dans un fol pareil.

La feule méthode par laquelle on puiffe les faire naître & les conferver, eft de les femer en automne dans des pots ou fur une terre humide, marécageufe & ombragée. Quand les plantes pouffent, on les éclaircit & on les entoure avec de la terre & de la mouffe, que l'on doit continuellement tenir humide ; de cette maniere j'ai vu des plantes profiter & fleurir très-bien.

Cruciata. La fixieme eft une plante vivace qui croit naturellement fur l'Apennin & fur les montagnes de la Suiffe ; elle s'éleve à la hauteur d'environ fix pouces, en une tige droite, garnie de feuilles unies, en forme de lance, de deux pouces à-peu près de longueur fur un de largeur au milieu, & feffiles à la tige ; elles font oppofées & croifées, d'où vient le nom de *Gentiane en forme de croix*, que l'on donne à cette plante : fes fleurs, feffiles aux tiges, font produites en têtes verticillées, fur les nœuds qui entourent leur extrémité fupérieure, & leur fommet eft occupé par une grappe de même forme : ces fleurs font d'un bleu clair, & paroiffent en Mai. On peut la multiplier par femences ou par rejettons, comme les troifieme & quatrieme efpeces, & elle exige le même traitement.

Ciliata. La feptieme fe trouve fur les Alpes & dans d'autres cantons montagneux de l'Europe ; cette plante eft baffe & vivace, & fes tiges, minces, s'élevent rarement à plus de trois ou quatre pouces de hauteur ; elles font garnies de feuilles étroites, petites, terminées en pointe aiguë, & placées par paires ; le fommet de chaque tige eft occupé par une groffe fleur bleue & velue dans le bord intérieur. Elle fleurit en Juillet & en Août, & peut être multipliée & traitée de la même maniere que les troifieme & quatrieme efpeces.

Centaurium. La neuvieme ou la *petite Centaurée* des boutiques, naît fans culture dans des pâturages fecs de la plus grande partie de l'Angleterre ; elle s'éleve plus ou moins, fuivant que le fol eft plus ou moins fertile ; car dans une bonne terre elle croît fouvent jufqu'à la hauteur d'un pied, & dans une mauvaife, elle atteint tout au plus celle de trois ou quatre pouces : cette plante, qui eft annuelle, pouffe des tiges droites, branchues, & garnies de petites feuilles placées par paires ; fes fleurs croiffent au fommet en ombelle, & font d'un pourpre brillant ; elles paroiffent en Juillet, & leurs femences mûriffent en automne : cette efpece ne peut pas être cultivée dans les jardins (1).

Perfoliata. La dixieme croît fpontanément fur des terres de craie dans plufieurs parties de l'Angleterre ; elle eft annuelle & s'éleve à la hauteur d'un pied avec une tige droite, garnie de feuilles à pointes ovales, dont la bâfe environne la tige : elles font de

---

(1). La *petite Centaurée* contient à-peu-près les mêmes principes que la *Gentiane*, & peut lui être fubftituée fans inconvénient ; elle eft néanmoins plus incifive, & fes propriétés fébrifuges font encore fi bien établies, qu'on la joint fouvent au Quinquina pour guérir des fievres opiniâtres, que cette écorce feule n'a pu emporter.

Toutes les parties de cette plante font fort ameres, mais on préfére communément fes fommités ; on les emploie en infufion aqueufe ou en fubftance, ou fous forme d'extrait.

On s'en fert pour compofer la Theriaque, le vinaigre thériacal, le fyrop d'Armoife, & quelques autres compofitions pharmaceutiques.

couleur grife, & difpofées par paires ; fes tiges & fes feuilles font fort unies : fes fleurs d'un jaune brillant, fortent en ombelle fur le fommet de la tige, & font découpées en huit portions fur leurs bords. Elles paroiffent en Juillet, & leurs femences mûriffent en automne.

Spicata. La onzieme eft une plante annuelle que l'on trouve dans la France méridionale & en Italie ; elle s'éleve à la hauteur d'un pied ; fa tige eft droite, & produit vers fon fommet plufieurs branches garnies de petites feuilles oppofées : fes fleurs fortent fur les côtés & à l'extrémité de la tige, en forme d'ombelle claire & irréguliere ; elles font blanches, & à-peu-près de la même groffeur de celles de la *Centaurée commune.*

Exaltata. La douzieme a été découverte en Amérique par le Pere PLUMIER, & le Docteur HOUSTOUN l'a trouvée en abondance à la Véra-Cruz, dans les lieux bas & humides où l'eau croupiffoit, mais à une diftance confidérable de la mer. Il envoya de fes femences en Angleterre, qui ont bien réuffi dans le jardin de Chelféa. Cette plante s'éleve à la hauteur d'environ deux pieds, avec une tige droite, branchue, & garnie de feuilles oblongues, unies, à pointes aiguës & oppofées : la partie haute de fa tige fe divife en plufieurs fourches, entre lefquelles fortent fix ou fept pédoncules longs & nuds, qui foutiennent chacun une groffe fleur bleue divifée en cinq fegmens fur fes bords ; ces fleurs font remplacées par des capfules oblongues & à une cellule remplie de petites femences.

On la multiplie par fes graines, que l'on feme fur une couche chaude auffi-tôt qu'elles font mûres, & on traite enfuite les plantes qui en proviennent, comme les autres plantes tendres & annuelles des pays chauds; parce qu'elles font trop délicates pour profiter en plein air dans notre climat.

Si l'on feme ces graines en automne dans des pots plongés dans la couche de tan de la ferre chaude, elles réuffiront mieux que fi l'on différoit de les mettre en terre jufqu'au printems; d'ailleurs, par cette méthode, les plantes fleuriront de bonne heure & produiront de bonnes femences.

GENTIANE *Voy.* GENTIANA.

GENTIANELLA. *Voyez* GENTIANA.

GERANIUM. *Lin. Gen. Plant.* 346. *Tourn. Inft. R. H.* 256. *Tab.* 142. Cette plante prend fon nom de τέρανος, *Gr.* Grue ou Cicogne, parce que fon fruit reffemble au bec d'une Grue. (*Cranes-bill.*) *Bec - de-Grue, Herbe de la Squinancie,* ou *Herbe à Robert.*

Caractères. La fleur a un calice perfiftant, & formé par cinq petites feuilles ovales; la corolle eft compofée de cinq pétales en forme de cœur & tout-à-fait ouverts; ces pétales font égaux dans quelques efpeces, mais dans d'autres,

les deux fupérieurs font beaucoup plus grands que les trois du bas, cette fleur a dix étamines alternativement plus longues, mais plus courtes que la corolle, & terminées par des fommets oblongs. Dans fon centre eft placé un germe à cinq angles, qui foutient un ftyle en forme d'alène, plus long que les étamines, perfiftant, & furmonté par cinq ftigmats réfléchis : à cette fleur fuccédent cinq femences en forme de bec de Grue, dont chacune eft enveloppée dans un légume auffi long que le ftyle, autour duquel elles font tortillées à la pointe.

Ce genre de plantes eft rangé dans la feconde fection de la feizieme claffe de LINNÉE, qui renferme celles dont les fleurs ont dix étamines, & dont les parties mâles & femelles font jointes en un corps. TOURNEFORT la place dans la fixieme fection de la fixieme claffe, où il range les efpeces à fleurs en Rofe, dont le pointal devient un fruit à plufieurs capfules.

Les efpeces font :

1°. *Geranium pratenfe pedunculis bi-floris, foliis fub-peltatis multi-partitis, pinnato-laciniatis, rugofis, acutis, petalis integris.* *Hort. Cliff.* 344. *Fl. Suec.* 573. 618. *Roy. Lugd.-B.* 350. *Burm. Germ.* 16. *Gmel. Sib. p.* 3. 274. *Scap. Carn. ed.* 2. *n.* 852. *Neck. Gallob.* 291. *Gmel. It.* 1. *p.* 8. *Pollich. Pal. u.* 648. *Gmel. Tub. p.* 208. *Kniph. Cent.* 5. *n.* 36.; Bec-de-Grue avec deux fleurs fur chaque pédoncule, des feuilles en forme de bouclier, découpées en plusieurs segmens aigus , & des pétales entiers.

Geranium Batrachioïdes , Gratia dei Germanorum. C. B. p. 518. Bec-de-Grue avec une feuille à pied de corbeau, & une grosse fleur bleue.

Geranium 3. Batrachioïdes majus. Cluf. Hift. 2. p. 100.

2°. *Geranium Macrorrhizum, pedunculis bi-floris, calycibus inflatis , piftilo longiffimo. Hort. Cliff.* 343. *Roy. Lugd.-B.* 350. *Burn. Ger.* 10. *Kniph. Cent.* 11. *n.* 52. Bec-de-Grue avec deux fleurs sur chaque pédoncule , des calices gonflés , & de fort longs piftiles.

Geranium Batrachioïdes odoratum. Bauh. Fin. 318. *Moris. Hift. 2. p.* 514. *f. 4. t.* 16. *f.* 15.

Geranium Batrachioïdes , longiùs radicatum , odoratum. J. B. Hift. 3. p. 477. Bec-de-Grue qui répand une odeur agréable , & dont les racines font longues & les feuilles en forme de pied de Corbeau.

3°. *Geranium fanguineum , pedunculis uni-floris , foliis quinque-partitis , trifidis , orbiculatis. Lin. Sp. Plant* 685. *Burm. Ger.* 3. *Pollich- Pal. n.* 655. *Mattufch. Sil. n.* 510. *Kniph. Cent.* 7. *n.* 28. Bec-de-Grue avec une fleur sur chaque pédoncule , & des feuilles orbiculaires divisées en trois parties , & sous-divisées en cinq.

Geranium VII. hœmatodes. Cluf. Hift. 2. p. 202.

Geranium fanguineum , maximo flore. H. Ox. Bauh. Pin. 318. Bec-de-Grue couleur de fang , ayant une très-grosse fleur fanguine.

Geranium pedunculis fimplicibus uni-floris. Hort. Cliff. 343. *Fl. Suec.* 571 , 616.

4°. *Geranium Lancaftrenfe , pedunculis uni-floris, foliis quinque-partitis , laciniis obtufis , brevibus , caulibus decumbentibus ;* Bec-de-Grue avec une fleur sur chaque pédoncule , des feuilles divisées en cinq parties , dont les fegmens font courts & émouffés , & les tiges penchées.

Geranium hœmatodes Lancaftrenfe , flore eleganter ftriato. Dill. Elth. t. 163. *f.* 163. Bec-de-Grue couleur de fang , avec une fleur élégamment rayée.

5°. *Geranium nodofum , pedunculis bifloris , foliis caulinis , trilobis , integris , ferratis ; fummis fub-feffilibus. Hort. Cliff.* 343. *Roy. Lugd.-B.* 350. *Burm. Ger.* 7. Bec-de-Grue avec deux fleurs sur chaque pédoncule , des feuilles sur les tiges , à trois lobes entiers & fciés , & des feuilles supérieures feffiles.

Geranium 5. 6. nodofum. Plateau. Cluf. Hift. 2. p. 101. Bec-de-Grue noueux.

Geranium nodofum. Bauh. Pin. 318.

6°. *Geranium Phœum , pedunculis bifloris foliifque alternis , calycibus fub-ariftatis , caule erecto, petalis undulatis. Lin. Sp. Plant.* 681. *Burm. Germ.* 11. *Jacq. Vind.* 122. *Mattufch. Sil. n.* 505. *Kniph. Cent. 5. n.* 35. Bec-de-Grue avec deux fleurs sur chaque pédoncule , des feuilles alternes , des calices barbus , une tige érigée , & des pétales ondés.

Geranium pedunculis bifloris , alternatim caule integro fupernè nudiufculo infidentibus. Hort. Cliff. 343.

343. *Hort. Upfal.* 198. *Roy. Lugd.-B.* 350.

Geranium Batrachioïdes hirfutum, flore atro-rubente. Bauh. Pin. 318.

Geranium I. pullo flore. Cluf. Hift. 2. *p.* 99.

Geranium Phæum fivè fufcum, petalis reflexis, folio non maculofo. H. L. Bec-de-Grue brun avec des petales réfléchis, & des feuilles fans taches.

7°. *Geranium fufcum, pedunculis bi-floris, foliis quinque-lobatis, incifis, petalis reflexis.* Bec-de-Grue avec deux fleurs fur chaque pédoncule, des feuilles divifées en cinq lobes, & découpées, & des pétales réfléchis.

Geranium pedunculis bifloris, oppofitis foliis geminis, caule patulo, petalis integerrimis. Mant. 97.

Geranium Phæum fivè fufcum, petalis rectis feu planis, folio maculato. H. L. Bec-de-Grue brun, avec des pétales unis & des feuilles tachetées.

Geranium montanum fufcum. Bauh. Pin. 318.

8°. *Geranium ftriatum, pedunculis bifloris, altero breviore, foliis quinque-lobis, medio dilatatis, petalis bilobis venofo-reticulatis. Burm. Ger.* 6. *Lin. Amœn. Acad.* 4. *p.* 282. Bec-de-Grue avec deux fleurs fur chaque pédoncule, l'une plus groffe que l'autre, ayant des feuilles à cinq lobes, & des fleurs à deux lobes.

Geranium Romanum, verficolor fivè ftriatum. Park. Parad. 229. *Moris. Hift.* 2. *p.* 516. *f.* 5. *t.* 10. *f.* 24. *Raj. Hift.* 1063. Bec-de-Grue Romain avec deux fleurs rayées.

Tom. III.

9°. *Geranium Sylvaticum, pedunculis bifloris, foliis fub-peltatis, quinque-lobis, incifo ferratis, caule erecto, petalis emarginatis. Flor. Lapp.* 266. *Flor. Suec.* 572, 617. *Hort. Cliff.* 344. *Roy. Lugd.-B.* 351. *Burm. Ger.* 12. *Scop. Carn. ed.* 2. *n.* 851 *Neck. Gallob.* 290. Bec-de-Grue avec deux fleurs fur chaque pédoncule, des feuilles en forme de lance, à cinq lobes & profondément fciées, une tige erigée, & des pétales échancrés.

Geranium Batrachioïdes montanum noftras. Ger. Bec-de-Grue de montagne avec des feuilles à pied de Corbeau.

Geranium atrachioïdes, folio Aconiti. Bauh. Pin. 317.

10°. *Geranium Orientale, pedunculis bifloris, foliifque oppofitis, petalis integris calycibus brevioribus.* Bec-de-Grue du Levant, à pied de Pigeon, avec des feuilles oppofées, deux fleurs fur chaque pédoncule, & de très-courts calices.

Geranium Orientale, columbinum, flore maximo, Afphodeli radice. E. Cor. Bec-de-Grue Oriental à pied de pigeon avec une racine d'Afphodele & une groffe fleur.

11°. *Geranium perenne, pedunculis bifloris, foliis inferioribus quinque-partito-multi-fidis rotundis; fuperioribus trilobis, caule erecto. Huds. Flor. Ang.* 265. Bec-de-Grue avec deux fleurs fur chaque pédoncule, des feuilles baffes à cinq lobes & à plufieurs pointes, des feuilles hautes à trois lobes, & une tige érigée.

Geranium columbinum, perenn-

D d

ne , *Pyrenaïcum, maximum. Tourn.
Inft. R. H.* 268 ; le plus grand
Bec-de-Grue vivace , à pied
de pigeon, des Pyrénées.

*Geranium Pyrenaïcum. Lin.
Syft. Plant. tom.* 3. *p.* 320.
Sp. 41.

12°. *Geranium Alpinum, pedunculis longiffimis , multi floris , calycibus ariftatis , foliis bipinnatis.* Bec-de-Grue avec de fort longs pédoncules qui foutiennent plufieurs fleurs ; des calices barbus , & des feuilles à pointes doublement aîlées.

Geranium Alpinum Coriandri folio , longiùs radicatum , flore majore purpureo. Michel. Bec-de-Grue des Alpes à feuilles de Coriande , ayant une longue racine & une groffe fleur pourpre.

13°. *Geranium argenteum , pedunculis bifloris , foliis fub - peltatis , feptem-partitis , trifidis , tomentofo-fericeis , petalis emarginatis. Amœn. Acad.* 4. *p.* 324. *Burm. Ger.* 8. Bec-de-Grue avec deux fleurs fur chaque pédoncule , des feuilles en forme de bouclier , divifées en fept parties & argentées , & des pétales échancrés.

Geranium argenteum montis Baldi. Bauh. Hift. 3. *p.* 474.

Geranium argenteum Alpinum. C. B. p. 318. Bec-de-Grue des Alpes argenté.

14°. *Geranium maculatum , pedunculis bifloris ; caule dichotomo , erefto ; foliis quinque-partitis , incifis ; fummis feffilibus. Flor. Virg.* 78. *Burm. Ger.* 17. Bec-de-Grue avec deux fleurs fur chaque pédoncule , des tiges droites & divifées par paires , & des feuilles divifées en

cinq fegmens , dont les fupérieures font feffiles à la tige.

Geranium Batrachioïdes , Americanum , maculatum , floribus obfoletè cæruleis. Hort. Elth. 158. *t.* 131. *f.* 159. Bec-de-Grue tacheté d'Amérique , avec des fleurs d'un bleu ufé.

15°. *Geranium Bohemicum ; pedunculis bifloris , petalis emarginatis , arillis hirtis , cotyledonibus trifidis ; medio truncato. Burm. Ger.* 24. *Lin. Amœn. Acad.* 4. *p.* 323. Bec-de-Grue avec deux fleurs fur chaque pédoncule , des pétales dentelés , des barbes velues , & des feuilles divifées en trois parties.

Geranium annuum , minus , Batrachioïdes , Bohemicum , purpureo-violaceum. Mor. Hift. 2, 511. *Præl.* 267 ; le plus petit Bec de-Grue annuel de Bohème , à fleurs d'un pourpre violet.

Geranium Batrachioïdes , Bohemicum , capfulis nigris , hirfutis. Dill. Elth. 159. *t.* 133. *f.* 160.

Geranium Bohemicum , Batrachioïdes , annuum. Raj. Hift. 1063.

16°. *Geranium Sibericum , pedunculis fub-uni-floris , foliis quinque-partitis , acutis ; foliolis pinnati-fidis. Lin. Sp. Plant.* 683. *Burm. Ger.* 3. *Gmel. Sib.* 3. *t.* 67. *Jacq. Hort. t.* 19. *Kniph. Cent.* 10. *n.* 48. Bec-de-Grue avec une fleur fur un pédoncule , des feuilles divifées en cinq parties , & de petites feuilles en pointes aîlées.

17°. *Geranium mofchatum , pedunculis multi-floris , floribus pentandriis , foliis pinnatis , incifis ; cotyledonibus pinnati-fidis. Burm. Ger.* 29. *Jacq. Hort. t.* 55. *Pall. It.* 3. *p.* 588. *Scop. Carn. ed.* 2.

n. 854. Bec-de-Grue à feuilles découpées & aîlées, & ayant sur chaque pédoncule plusieurs fleurs à cinq étamines.

Geranium, Cicutæ folio, moschatum. C. B. p. 319. Bec-de-Grue à odeur de musc, communément appelé *musqué.*

Geranium moschatum. Riv. Pent. Irreg. t. 110. *R.*

18°. *Geranium Gruinum, pedunculis sub-multi-floris, floribus pentandriis, foliis ternatis, lobatis. Burm. Ger.* 32. *Kniph. Cent.* 7. *n.* 26. Bec-de-Grue avec plusieurs fleurs sur un pédoncule, cinq étamines à chaque fleur, & des feuilles à lobes découpées en trois segmens.

Geranium pedunculis bifloris pentandriis, radice annuâ. Virg. Cliff. 66. *Roy. Lugd.-B.* 352.

Geranium lati-folium annuum, cæruleo flore, acu longissimâ. H. Ox. Bec-de-Grue annuel à larges feuilles, avec des fleurs bleues, & de fort longs becs.

Geranium speciosum annuum, longissimis rostris, Creticum. Bauh. Hist. 3. *p.* 479.

19°. *Geranium Ciconium, pedunculis-multi floris, calycibus pentaphyllis, floribus pentandriis, foliis pinnatis, acutis, sinuatis, Lin. Sp. Plant.* 680. Bec-de-Grue avec plusieurs fleurs sur chaque pédoncule, ayant des calices à cinq feuilles, cinq étamines aux fleurs, & des feuilles aîlées, découpées & aiguës.

Geranium Cicutæ folio, acu longissimâ. C. B. p. 319. Bec-de-Grue à feuilles de *Ciguë,* ayant de fort longs becs aux semences.

Geranium Apulum Coriandrifolium. Col. Ecphr. 1. p. 136. *t.* 135.

20°. *Geranium viscosum, pedunculis multi-floris, calycibus pentaphyllis, floribus pentandriis, foliis bipinnatis, multi-fidis, caule erecto;* Bec-de-Grue avec plusieurs fleurs sur chaque pédoncule, des calices à cinq feuilles, des fleurs avec cinq étamines, & plusieurs feuilles pointues & aîlées.

Geranium Cicutæ folio, viscosum, erectum, acu longissimâ. Jussieu. Bec-de-Grue érigé & visqueux à feuilles de *Ciguë* & à fort longs becs.

21°. *Geranium cucullatum, calycibus monophyllis, foliis cucullatis, dentatis; caule fruticoso. Hort. Cliff.* 345. *Hort. Upsal.* 196. *Roy. Lugd.-B.* 353. *Burm. Ger.* 42. Bec-de-Gruë en arbrisseau avec un calice d'une feuille, & des feuilles dentelées en chaperon.

Geranium Africanum arborescens, Hibisci folio rotundo, Carlinæ odore. H. L. 274. *t.* 275. Bec-de-Grue d'Afrique en arbre, à feuilles rondes de *Mauve,* & à odeur de *Carline.*

Geranium Africanum maximum. Riv. Pent. 325.

22°. *Geranium angulosum, calycibus monophyllis, foliis cucullatis, angulosis, acutè dentatis.* Bec-de-Grue avec un calice d'une feuille, & des feuilles angulaires en chaperon, & fortement dentelées.

Geranium Africanum, arborescens, Hibisci folio anguloso, floribus amplis purpureis. Phil. Transf. 388. Bec-de-Grue en arbre, d'Afrique, avec une feuille

de *Mauve* angulaire, & de groffes fleurs pourpre.

23°. *Geranium zonale, calycibus monophyllis, foliis cordato-
orbiculatis, incifis, ζond nota-
tis, caule fruticofo. Hort.Upfal.*
196. *Burm. Ger.* 43. Bec-de-
Grue avec un calice d'une feuille, & des feuilles rondes en forme de cœur & découpées,
ayant une marque en cercle.

*Geranium Africanum, arbo-
refcens, Alchimillæ hirfuto folio,
floribus rubicundis. Com. Prœl.*
51. *t.* 1. Bec-de-Grue en arbre, d'Afrique, avec une feuille velue de pied de Lion, &
des fleurs rouges.

24°. *Geranium inquinans, calycibus monophyllis, foliis orbi-
culato-reni-formibus, tomentofis,
crenatis, integriufculis, caule fruticofo. Hort.* 195. *Burm. Ger.*
46. *Kniph. Upfal. Cent.* 3. *n.*
42. Bec-de-Grue avec un calice d'une feuille, & des feuilles rondes en forme de rein,
cotonneufes, crenelées & entieres, & une tige d'arbriffeau.

*Geranium calycibus monophyl-
lis, foliis florentibus, erectis,
fub-cordatis. Hort. Cliff.* 345.
Roy. Lugd.-B. 353.

*Geranium Africanum, arbore-
cens, Malvæ folio plano, lucido,
flore elegantiffimè kermefino. Di-
van. Leur. Boërh. Ind.* Bec-de-
Grue en arbre, d'Afrique, avec
une feuille de *Mauve* unie &
luifante, & une fleur écarlate
élégante.

*Geranium Africanum arbore-
cens, Malvæ folio pingui, flore
coccineo. Dill. Elth.* 151. *t.* 125.
f. 151, 152.

25°. *Geranium capitatum, ca-*

*lycibus monophyllis, foliis loba-
tis, undatis; villofis, capitatis,
caule fruticofo. Hort. Upfal.*196.
Burm. Ger. 41. Bec-de-Grue
avec des calices d'une feuille,
des feuilles en lobes, ondées,
rapprochées en tête, velues,
& une tige d'arbriffeau.

*Geranium calycibus monophyl-
lis, floribus capitatis, foliis cordatis, lobatis, crenatis, pilofis.
Hort. Cliff.* 345. *Roy. Lugd.-B.*
353.

*Geranium Africanum, frutef-
cens, Malvæ folio odorato, laciniato. H. L.* 277. *t.* 278. Bec-
de-Grue en arbriffeau, d'Afrique, à feuilles de *Mauve*
découpées, & d'une odeur
agréable.

26°. *Geranium Viti-folium,
calycibus monophyllis, foliis adfcendentibus, lobatis, pubefcentibus, caule fruticofo. Hort. Upfal.*
196. *Burm. Ger.* 40. Bec-de-
Grue avec des calices d'une
feuille, des feuilles montantes,
à trois lobes, & couvertes
d'un poil mou, & une tige
d'arbriffeau.

*Geranium Africanum arboref-
cens, Vitis folio, odore Meliffæ.
Dill. Elth.* 152. *t.* 126. *f.* 153.

*Geranium Africanum, frutef-
cens, Malvæ folio laciniato, odorato inftar Meliffæ, flore purpurafcente. Boërh. Ind.* Bec-de-
Grue en arbriffeau d'Afrique,
avec une feuille de *Mauve* dentelée, à odeur de *Meliffe*, produifant une fleur pourpre.

27°. *Geranium papilionaceum,
calicybus monophyllis, corollis
papilionaceis, alis carináque mi-
nutis, foliis angulatis, caule fruticofo. Hort. Cliff.* 345. *Hort.
Upfal.* 197. *Roy. Lugd.-B.*

353. *Burm. Ger.* 49. *Kniph. Cent.* 7. *n.* 27. Bec-de-Grue avec un calice d'une feuille, une fleur papilionacée, dont les aîles & la carène sont fort petites, & une tige d'arbrisseau.

Geranium Africanum arborescens, flore veluti dipetalo, eleganter variegato. Dill. Elth. 124. *t.* 128. *f.* 155.

Geranium Africanum arborescens, Malvæ folio mucronato, petalis florum inferioribus vix conspicuis. Phil. Transf. Mart. Cent. 15. *t.* 15. Bec-de-Grue d'Afrique en arbre, avec une feuille de *Mauve* pointue, & dont les pétales inférieurs de la fleur sont à peine visibles.

28. *Geranium Acetosum, calycibus monophyllis, foliis glabris, obovatis, carnosis, crenatis, caule fruticoso laxo. Hort. Cliff.* 345. *Roy. Lugd.-B.* 352. *Burm. Ger.* 47. *Kniph. Cent.* 11. *n.* 28. Bec-de-Grue avec des calices d'une feuille, des feuilles unies, ovales, charnues & crenelées, & une tige d'arbrisseau.

Geranium Africanum, frutescens, folio crasso & glauco, Acetosæ sapore. Com. Prœl. 54. *t.* 4. Bec-de-Grue en arbrisseau d'Afrique, à feuilles épaisses, de couleur vert-de-mer, ayant un goût acide.

29°. *Geranium carnosum calycibus, monophyllis, caule fruticoso, articulis carnoso-gibbosis, foliis pinnati-fidis, laciniatis, petalis linearibus. Lin. Sp. Plant.* 67. *Amæn. Acad.* 281. *Burm. Gre.* 51. Bec-de-Grue avec un calice d'une feuille, une tige d'arbrisseau, des feuilles charnues, articulées à pointes aî-

lées, & des pétales fort étroits.

Geranium Africanum, carnosum, petalis angustis, albicantibus. Dill. Elth. 153. *t.* 127. *f.* 154.

Geranium Africanum, frutescens, Chelidonii folio, petalis florum angustis, albidis, carnoso caudice. Phil. Trans.

Geranium Africanum, folio Alceæ, flore albo. Boërh. Ind. Alt. Bec-de-Grue en arbrisseau, d'Afrique, à feuilles de *Mauve*, ayant des pétales blancs & étroits, & une tige charnue.

30°. *Geranium gibbosum, calycibus monophyllis, caule fruticoso, geniculis carnosis gibbosis, foliis sub-pinnatis, oppositis. Lin. Sp. Plant.* 677. *Burm. Ger.* 50. *Kniph. Cent.* 8. *n.* 46. Bec-de-Grue, avec un calice d'une feuille, une tige d'arbrisseau articulée & charnue, & des feuilles aîlées & opposées.

Geranium calycibus monophyllis, geniculis nodosis, internodiis fili-formibus. Roy. Lugd.-B. 354.

Geranium Africanum noctù olens, tuberosum & nodosum, Aquilegiæ foliis. H. L. 284. *t.* 285. *Stiff. Bot.* 111. *t.* 111. *Burm. Afric. t.* 37. *f.* 2. Bec-de-Grue d'Afrique, ayant une douce odeur pendant la nuit, avec des tiges noueuses & tubéreuses, & des feuilles d'Ancolie.

31°. *Geranium fulgidum, calycibus monophyllis, foliis tripartitis, incisis, parte intermediâ majore, umbellis geminis, caule fruticoso, carnoso. Lin. Virg.* 67. *Hort. Cliff.* 498. *Roy. Lugd.-B.* 353. *Burm. Ger.* 52. Bec-de-Grue avec des calices d'une feuille, des feuilles découpées en trois fegmens, dont celui du milieu eft le plus large, des doubles pédoncules de fleurs en ombelles, & une tige d'arbriffeau charnue.

Geranium Africanum, folio Alceæ, flore coccineo, fulgidiffimo. Boërh. Ind. Alt. I. p. 264. Dill. Elth. 156. t. 130. f. 137. Bec-de-Grue d'Afrique à feuilles de *Mauve* & de *Verveine*, ayant une fleur de couleur écarlate brillante.

Geranium Surinamenfe, Chelidonii folio, flore coccineo, petalis, æqualibus. Till. Pif. 68. t. 26.

32°. *Geranium peltatum calycibus monophyllis, foliis quinquelobis, integerrimis, glabris, peltatis, caule fruticofo.* Hort. Cliff. 345. Roy. Lugd.-B. 352. Burm. Ger. 48. Kniph. Cent. 6. n. 43. Bec-de-Grue avec des calices d'une feuille, & des feuilles unies, en forme de bouclier, & à cinq lobes entiers.

Geranium Africanum, foliis inferioribus Afari, fuperioribus Staphifagriæ, maculatis, fplendentibus, & Acetofæ fapore. Com. Prol. 52. t. 2. Bec-de-Grue d'Afrique, dont les feuilles baffes reffemblent à celles de l'*Afarum*, & les fupérieures à celles du *Staphifaigre*, & qui font en même-tems tachetées, luifantes, & d'un goût acide.

33°. *Geranium alchimilloïdes, calycibus monophyllis, foliis orbiculatis, palmatis, incifis, pilofis, caule herbaceo decumbente.* Vir. Cliff. 345. Hort. Upf. 197. Roy. Lugd.-B. 354. Burm. Ger. 55. Bec-de-Grue avec des ca-

lices d'une feuille, des feuilles rondes en forme de main, dentelées & velues, & une tige herbacée tombante.

Geranium Africanum Alchimillæ hirfuto folio, floribus albidis. H. L. 282. 283. Stiff. Bot. 107. t. 107. Bec-de-Grue d'Afrique, avec une feuille de *Pied de Lion* velue, & une fleur blanche.

Geranium calycibus monophyllis, longiffimis, feffilibus, fructu affurgente, foliis palmatis, crenatis. Hort. Cliff. 245.

34°. *Geranium odoratiffimum calycibus monophyllis, caule carnofo, breviffimo, ramis herbaceis, longis, foliis cordatis, molliffimis.* Hort. Cliff. 345. Roy. Lugd.-B. 454. Burm. Ger. 55. Kniph. Cent. 5. n. 34. Bec-de-Grue avec des calices d'une feuille, une tige fort courte & charnue, des branches longues & herbacées, & des feuilles en forme de cœur & molles.

Geranium Africanum humile, folio fragantiffimo molli. Dill. Elth. 157. t. 131. f. 138.

Geranium Africanum, folio Malvæ craffo, molli, odoratiffimo, flofculo pentapetalo, albo. Boërh. Ind. Alt. Bec-de-Grue d'Afrique avec une feuille épaiffe, molle, & d'une douce odeur de *Mauve*, ayant une petite fleur blanche compofée de cinq pétales.

35°. *Geranium trifte, calycibus monophyllis, feffilibus, fcapis bifidis, monophyllis.* Lin. Sp. 950. Knorr. Dell. Hort. 1. t. 5. 19. Kniph. Cent. 7. n. 29. Bec-de-Grue avec des calices d'une feuille & feffiles, ayant une tige divifée en deux parties ; & une racine ronde.

Geranium calycibus monophyllis, tubis longiffimis, fub-feffilibus, radice fub-rotundâ. Hort Cliff. 344.

Geranium Americanum, noctù olens, radice tuberofâ, trifte. Corn. H. Ox. Bec-de-Grue d'Amérique, à racines bulbeufes, qui répandent une odeur agréable pendant la nuit.

Geranium trifte. Corn. Can. 109. t. 110.

36°. *Geranium Myrrhi-folium, calycibus monophyllis, foliis bipinnatis, inferioribus cordatis, lobatis, caule herbaceo, ftrigofis.* Burm. Ger. 59. Berg. Cap. 178. Kniph. Cent. 10. n. 47. Bec-de-Grue avec des calices d'une feuille, des feuilles pointues doublement ailées, dont les lobes inférieurs font en forme de cœur, & une tige herbacée.

Geranium Africanum tuberofum, Anemones folio, incarnato flore. Herm. Par. 179. t. 281. Bec-de-Grue d'Afrique à racines tubéreufes, avec une feuille d'*Anémone*, & une fleur de couleur de chair-pâle.

Geranium Africanum, Betonicæ folio laciniato & maculato, floribus incarnatis. Herm. Lugd.-B. 279. t. 281.

Geranium Æthiopicum, Myrrhidis folio, flore magno, ftriato. Breyn. Cent. 129. t. 59.

37°. *Geranium Paftinacæ-folium, calycibus monophyllis, foliis decompofitis, pinnati-fidis, acutis, pedunculis longiffimis;* Bec-de-Grue avec des calices à une feuille, des feuilles décompofées, & terminées en pointes aiguës & ailées, & de fort longs pédoncules aux fleurs.

Geranium Africanum, noctù olens, radice tuberofâ, foliis Paftinacæ incarnatis, lanuginofis, latioribus, flore pallidè flavefcente, H. L. B. Bec-de-Grue à odeur agréable pendant la nuit, avec une racine bulbeufe, des feuilles larges, laineufes, velues & en forme de *Panais*, & une fleur d'un jaune-pâle.

38°. *Geranium villofum, calycibus monophyllis, foliis pinnatifidis, villofis, laciniis linearibus;* Bec-de-Grue avec des calices d'une feuille, des feuilles velues & à pointes ailées ayant des fegmens fort étroits.

Geranium Æthiopium, noctù olens, radice tuberofâ, foliis Myrrhidis anguftioribus. Breyn. Cent. 126. t. 58. Bec-de-Grue d'Ethiopie à odeur agréable pendant la nuit, avec une racine bulbeufe, & des feuilles de Séféli très-étroites.

39°. *Geranium lobatum, calycibus, monophyllis, caule truncato, fcapis fub-radicalibus, umbellâ compofitâ.* Lin. Sp. 950. Bec-de-Grue avec des calices d'une feuille, une tige tronquée, des pédoncules qui s'élevent de la racine, & des fleurs en ombelle compofée.

Geranium calycibus monophyllis, tubis longiffimis, fub-feffilibus, radice fub-rotunda, foliis lobatis, crenatis, hirfutis, Roy. Lugd. B. 352. Burm. Ger. 58.

Geranium Africanum, noctù olens, folio Vitis hirfuto, tuberofum. H. L. Comm. Hort. 2. p. 123. t. 62. Bec-de-Grue d'Afrique à odeur douce pendant la nuit, avec une feuille de *Vigne* velue , & une racine tubéreuſe.

40° *Geranium Coriandri - folium, calycibus monophyllis, foliis bipinnaṭis , linearibus , ſquarroſis , caule herbaceo læviuſculo. Lin. Sp.* 949. Bec - de - Grue avec des calices d'une feuille, des feuilles rudes doublement ailées, & une tige fort unie.

Geranium Africanum , folio Coriandri , floribus incarnatis , minus. H. L. 279. *t.* 280. Le plus petit Bec de-Grue d'A-frique , à feuilles de *Coriandre,* ayant une fleur couleur de chair.

Geranium foliis Coriandri. Riv. Pent. t. 106.

41°. *Geranium Romanum , pedunculis, multi-floris, floribus pen tandriis , foliis pinnatis , incifis , ſcapis radicalibus , Burm. Ger.* 30. Bec-de-Grue avec pluſieurs fleurs à chaque pédoncule , des feuilles découpées & ailées, & des pédoncules qui s'élevent de la racine.

Geranium Myrrhinum , tenuifolium , amplo flore purpureo. Barrel. Cur. 568. *t.* 1245.

42°. *Geranium Groſſularioïdes calycibus monophyllis , foliis cordatis , ſub - rotundis , lobatis , crenatis , caule herbaceo lævi. Burm. Ger.* 53. Bec - de - Grue avec des calices d'une feuille, des feuilles rondes en forme de cœur & crénelées, & des tiges unies & herbacées.

Geranium Africanum , Uvæ criſpæ folio , calycibus procumbentibus , floribus exiguis , H. L. 287. *t.* 289. Bec de-Grue à feuilles de *Groſeiller* avec des calices tombans, & de petites fleurs rougeâtres.

Geranium pedunculis bifloris, foliis cordatis , incifis , glabris , caulibus fili-formibus , procumbentibus. Roy. Lugd-B. 351.

43°. *Geranium Betulinum , calycibus monophyllis , foliis ovatis , inæqualiter ſerratis , planis , caule fruticoſo. Lin. Sp. plant.* 669. *Burm. Ger.* 38. *Berg. Cap.* 175. Bec - de - Grue avec des calices à une feuille, des feuilles ovales , unies & inégalement ſciées , & une tige d'arbriſſeau.

Geranium frutefcens , folio ſubrotundo , dentato , flore purpureo. Burm. Afr. 92. *t.* 33. *f.* 2.

Geranium frutefcens , folio lato , dentato , flore magno , rubente. Burm. Afr. 92. *tab.* 33. *f.* 1. Bec-de-Grue en arbriſſeau , ayant une feuille large & dentelée , & une groſſe fleur rougeâtre.

Geranium fruticofum , Betulæ folio Africanum. Raj. Suppl. 513.

44°. *Geranium Chium pedunculis multi - floris , floribus pentandriis , foliis inferioribus cordatis , incifis , ſuperioribus lyrato-pinnati-fidis. Burm. Ger.* 25. Bec - de - Grue avec pluſieurs fleurs ſur chaque pédoncule , des feuilles baſſes en forme de cœur & découpées , & des feuilles hautes en forme de lyre & ailées.

Geranium Chium , vernum , Caryophyllatæ folio. Tourn. Cor. 20. *Mart. Cent.* 4. *t.* 4.

45°. *Geranium Malacoïdes, pedunculis multi-floris, floribus pentandriis, foliis cordatis , ſublobatis. Hort. Cliff.* 344. *Hort. Upf.* 198. *Roy. Lugd.-B.* 352. *Sauv. Monſp.* 154. *Burm. Ger.*

34. *Fabric. Helmf.* 264. *Kniph. Cent.* 11. *n.* 53. Bec-de-Grue avec plufieurs fleurs fur chaque pédoncule, & des feuilles en forme de cœur, & un peu divifées en lobes.

Geranium folio Althææ. C. B. pag. 318.

Geranium Malacoïdes. Lob. Ic. 662.

Geranium pedunculis bifloris, foliis ovatis, hirfutis, crenato-incifis, obtufis, caulibus procumbentibus. Roy. Lugd. B. 391.

46°. *Geranium glauco-phyllum, pedunculis multifloris, floribus pentandriis, foliis ovatis, ferratis, incanis lineatis. Lin. Sp.* 952. Bec-de-Grue avec plufieurs fleurs fur chaque pédoncule, ayant des feuilles ovales, fciées, blanches & marquées de plufieurs fignes.

Geranium Ægyptiacum glaucophyllon, roftris longiffimis, plumofis. Dill. Elth. 150. *t.* 124. *f.* 150.

Geranium pufillum argenteum, Heliotropii minoris folio. Shaw. Afr. 260. *t.* 260.

47°. *Geranium Carolinianum, pedunculis bifloris, calycibus ariftatis, foliis multi-fidis, arillis hirfutis, petalis emarginatis. Prod. Leyd.* 351. *Gron. Virg.* 100. *Burm. Ger.* 24. *Kniph. Cent.* 10. *n.* 46. Bec-de-Grue avec deux fleurs fur chaque pédoncule, des calices barbus, plufieurs feuilles pointues, des becs velus & des pétales échancrés.

Geranium columbinum Carolinum, capfulis nigris hirfutis. Hort. Elth. 162. *t.* 135. *f.* 162.

48°. *Geranium Althæoïdes, calycibus monophyllis, foliis cordato-ovatis, plicatis, finuatis, crenatis, caule herbaceo proftrato. Hort. Cliff.* 345. *Roy. Lugd.-B.* 354. *Burm. Ger.* 54. Bec-de-Grue ayant des calices d'une feuille, des feuilles ovales, pliffées, en forme de cœur & dentelées, & une tige couchée & herbacée.

Geranium folio Althææ, Africanum, odore Meliffæ. Boërh. Ind. 1. *p.* 263.

Pratenfe. La premiere efpece qui croît naturellement dans les prairies humides de plufieurs cantons de l'Angleterre, eft fouvent cultivée dans les jardins pour la beauté de fes groffes fleurs bleues; on en connoit une variété à fleurs blanches, & une autre à fleurs panachées, qui font fujettes à dégénérer en efpece commune, fi on les éleve de femences; mais en divifant leurs racines, on peut les conferver. La racine eft vivace & produit plufieurs tiges, hautes d'environ trois pieds, & garnies de feuilles en forme de rondache, divifées en fix ou fept lobes, découpées en plufieurs fegmens aigus, de même que fes feuilles âîlées, & terminées en plufieurs pointes : fes fleurs naiffent aux extrémités des tiges, au nombre de deux fur chaque pédoncule, leurs pétales font larges & égaux; elles font d'un beau bleu, & paroiffent dans les mois de Mai & de Juin.

Les variétés de cette efpece peuvent fe conferver, en divifant leurs racines en automne, elles réuffiffent dans prefque tous les fols & à toutes

les expofitions , & elles n'exigent aucune autre culture que
d'être tenues nettes de mauvaifes herbes , elles fe multiplient
aufli par femences ; mais par
cette méthode leurs fleurs changent fouvent de couleur. Si
on leur donne le tems de répandre leurs graines , elle fe
multiplieront fans aucun foin.

Macrorrhizum. La feconde eft
originaire de l'Allemagne &
de la Suiffe , elle a une racine épaiffe , charnue & vivace , de laquelle fortent plufieurs tiges branchues , hautes
d'environ un pied , & garnies
à chaque nœud de feuilles d'un
vert clair unies , divifées en
cinq lobes , fous-divifées encore à leur extrémité , en plufieurs fegmens courts , & crénelées fur leurs bords ; les
fleurs réunies en paquets , &
placées deux à deux fur chaque pedoncule , font produites
aux extrémités des branches ;
elles ont des calices gonflés ,
femblables à des veffies enflées ; leurs pétales font affez
larges , égaux & d'un beau
pourpre brillant ; leurs étamines & leurs ftyles font beaucoup plus longs que la corolle : toutes les parties de
cette plante , lorfqu'on les froiffe , répandent une odeur agréable ; elle fleurit dans le même-tems , à peu-près , que la
précédente ; & comme elle eft
également dure , elle peut être
multipliée & traitée de la même maniere.

Sanguineum. La troifieme
qu'on rencontre dans plufieurs
parties de l'Angleterre , eft
fouvent admife dans les jar-

dins; fes racines épaiffes , charnues , fibreufes , & difpofées
en groffe tête , produifent plufieurs tiges , garnies de feuilles divifées en cinq lobes , &
fous-divifées prefque jufqu'à
la côte du milieu ; fes fleurs
naiffent chacune fur un pédoncule féparé , long & velu , qui
fort des parties latérales de la
tige ; elles ont cinq pétales
larges , réguliers , & teints en
pourpre foncé. Cette efpece
fleurit en Juin & en Juillet ;
elle donne deux variétés, qu'on
regarde comme des efpeces
diftinctes ; les tiges de l'une
font plus érigées , & l'autre a
des feuilles plus profondément
divifées ; mais comme les plantes de cette derniere que j'ai
élevées des femences ne ref-
fembloient point aux plantes
meres , je penfe qu'elles ne
font que des variétés féminales.

On multiplie cette efpece en
automne , en divifant fa racine
vivace , ou bien par fes femences , qu'on traite de la
même maniere que celles de la
premiere efpece (1).

------

(1) Ce *Geranium* , & quelques
autres efpeces communes , font employées en médecine , comme af-
tringeantes , dans les cours de ventre & les diffenteries. opiniâtres ,
on les donne alors en décoction ;
mais on adminiftre le fuc que l'on
en exprime , dans les pertes de fang
& les hémorrhagies.
On fe fert plus fréquemment de
ces plantes extérieurement , dans
les fluxions & les maux de gorge ,
après les avoir écrâfées dans du
vin ou du vinaigre : leur décoction a auffi la réputation de cal-

Lancaſtrenſe. La quatrieme a été regardée par pluſieurs Botaniſtes comme une variété de la troiſieme ; mais après les avoir multipliées l'une & l'autre pour leurs graines, je les ai vu conſtamment ſe reproduire ſans altération, je les regarde comme des eſpèces diſtinctes. Les tiges de celles-ci ſont plus courtes que celles de la troiſieme, & tout à fait couchées ſur la terre ; ſes feuilles ſont beaucoup plus petites & moins profondément diviſées ; ſes fleurs ſont auſſi beaucoup moins grandes, & d'une couleur pâle, marquée de pourpre, cette eſpece croît naturellement en Lancashire & Weſtmoreland, où je l'ai vue en abondance : on la multiplie, & on la traite de la même maniere que les précédentes.

Nodoſum. La cinquieme eſt une plante vivace qui s'éleve beaucoup moins qu'aucune des précédentes ; ſes tiges, dont la hauteur eſt d'environ ſix pouces, ſont garnies de feuilles à trois lobes, aſſez larges, ſous-diviſées & crénelées ſur leurs bords ; celles du bas de la tige ſont oppoſées, & portées ſur des pétioles aſſez longs, mais celles du ſommet ſont ſimples & ſeſſiles ; les fleurs, de couleur pourpre ſale, ſont produites aux extrémités des tiges, deux à deux, ſur des pédoncules courts, & paroiſſent en Juin. Cette plante, qui eſt

originaire de la France, peut être multipliée & traitée de la même maniere que la premiere.

Phœum. La ſixieme, qui ſe trouve ſur les Alpes & les montagnes de la Suiſſe, & dans quelques parties du Nord de l'Angleterre, a une racine vivace, de laquelle ſortent pluſieurs tiges qui s'élevent à la hauteur d'environ un pied, & ſont garnies de feuilles, diviſées en cinq ou ſix lobes, & dentelées ſur leurs bords ; celles qui croiſſent près de la racine, ont de longs pétioles, & celles du haut ſont ſeſſiles ; les tiges ſe partagent au ſommet en trois ou quatre diviſions, dont chacune eſt terminée par deux ou trois pédoncules, ſur chacun deſquels ſont placées deux fleurs d'un pourpre foncé, avec des pétales érigés, qui paroiſſent dans le mois de Juin : on peut multiplier cette plante par ſes graines, ou en diviſant ſes racines, comme on le pratique pour la premiere eſpece.

Fuſcum. La ſeptieme reſſemble beaucoup à la ſixieme ; mais ſes feuilles ſont plus larges, ſes lobes plus courts, plus larges, moins découpés, & rayés de noir ; ſes tiges ſont plus hautes, ſes fleurs ſont plus groſſes & ſes pétales plus réfléchis : & comme ces différences ſont conſtantes, elles ſuffiront pour conſtituer une eſpece : on peut la multiplier & la traiter comme la premiere. Elle croît naturellement ſur les Alpes.

Striatum. La huitieme a une racine vivace, de laquelle ſor-

---

mer les douleurs qu'excitent les tumeurs carcinomateuſes, & de faire couler les urines des hydropiques, lorſqu'on l'applique en fomentation ſur la région de la veſſie.

tent plufieurs tiges branchues d'un pied & demi de hauteur, & garnies de feuilles d'un vert clair. Celles du bas de la tige ont cinq lobes, & celles du haut n'en ont que trois, mais elles font plus rapprochées, & fortement dentelées fur leurs bords ; les fleurs, d'un blanc fale, & compofées de cinq pétales obtus profondément découpés à leurs extrémités, & marqués longitudinalement fur leurs parties latérales par plufieurs rayons de couleur pourpre, fortent deux à deux fur des pédoncules longs & minces ; elles paroiffent en Juin, & dans les années humides, elles fe fuccederont durant une grande partie de Juillet. Cette efpece eft fort dure, & peut être multipliée par la divifion de fes racines, ou par fes graines, comme la premiere.

Sylvaticum. La neuvieme croît en abondance dans les prairies de Lancashire & en Weftmoreland : elle a une racine vivace qui pouffe trois ou quatre tiges droites, hautes d'environ neuf pouces, & garnies de feuilles à cinq lobes, fciées fur leurs bords, & oppofées fur les tiges ; celles du bas ont des pétioles affez longs, & celles du haut font plus rapprochées des tiges ; fes fleurs naiffent aux fommets des tiges, fur de courts pédoncules, dont chacun en fupporte deux ; elles font affez groffes, & ont des pétales entiers : cette plante fleurit en Mai & Juin, & peut être multipliée & traitée comme la premiere.

Orientale. La dixieme, qui a

été découverte par M. de TOURNEFORT dans le Levant, d'où il a envoyé fes femences au Jardin Royal de Paris, a une racine vivace, de laquelle fortent quelques foibles tiges, longues d'environ neuf pouces, & garnies de feuilles rondes, divifées en cinq lobes, dentelées à leur extrémité, & oppofées fur les tiges ; fes fleurs font portées par des pédoncules affez longs, qui fortent fimples des nœuds des tiges, & qui foutiennent chacun deux fleurs pourpre avec des pétales entiers & des calices fort courts : cette efpece fleurit en Juin, & peut être multipliée par femences, ou en divifant fes racines comme la premiere ; mais elle exige un fol plus fec & une fituation plus chaude ; car, quoiqu'elle puiffe fubfifter en plein air dans les hivers ordinaires, cependant elle eft fouvent détruite par les fortes gelées, fur-tout lorfqu'elle fe trouve placée dans une terre humide & froide.

Perenne. La onzieme croît naturellement fur les Pyrénées. Elle a une racine vivace, de laquelle fortent plufieurs tiges branchues qui s'élevent à la hauteur d'un pied & demi, & font garnies de feuilles rondes, & divifées au fommet en plufieurs fegmens obtus & oppofés ; fes fleurs font produites fur de courts pédoncules qui fortent des divifions de côté, & au fommet des tiges ; elles font dans quelques-unes d'un pourpre pâle, & blanches dans d'autres ; leurs pétales font divifés en deux parties, comme ceux du *Bec-de-grue* commun à pied de pigeon , avec lequel la plante entiere a quelque reſſemblance ; mais ſes tiges ſont érigées, ſes feuilles & ſes fleurs beaucoup plus lar- ges , & ſa racine eſt vivace : cette eſpece ſe multiplie aſſez quand elle eſt une fois établie par ſes ſemences, qui s'écar- tent : elle profite dans tous les ſols & à toutes les expoſitions.

Alpinum. La douzieme, dont les ſemences m'ont été en- voyées par le Signor MICHELI de Florence , a une racine vi- vace qui s'enfonce très-pro- fondément dans la terre ; ſes feuilles baſſes ont de fort longs pétioles, & ſont doublement aîlées & unies ; ſes tiges s'é- levent à la hauteur d'un pied & demi , & ſont garnies de feuilles de la même forme que celles du bas , mais plus pe- tites & oppoſées ; ſes fleurs pourpre croiſſent pluſieurs en- ſemble ſur de longs pédon- cules : elles paroiſſent en Juin ; mais elles n'ont jamais pro- duit de bonnes ſemences en Angleterre. Cette plante eſt dure & ſubſiſte en plein air ; mais comme ſa racine ne pouſſe point de rejettons, & que ſes ſemences ne ſe perfectionnent point ici , nous n'avons pu réuſſir à la multiplier.

Argenteum. La treizieme eſt originaire des Alpes : ſa ra- cine , épaiſſe & vivace, pro- duit des feuilles rondes, di- viſées en pluſieurs parties , portées par des pétioles aſſez longs, fort argentées , & cou- vertes d'un duvet luiſant ; ſes tiges de fleurs, dont la hau-

teur eſt d'environ quatre ou cinq pouces , ſont garnies d'une ou de deux petites feuilles ſemblables à celles du bas, & ſeſſiles aux tiges , & elles ſont terminées par deux groſſes fleurs pâles , dont les pétales ſont entièrement ouverts & applatis. Cette plante fleurit en Juin ; mais ſes ſemences mûriſſent rarement ici : on peut la multiplier en diviſant ſes ra- cines , comme on le pratique pour la premiere ; mais elle veut être placée à l'ombre.

Maculatum. La quatorzieme croît ſans culture dans l'Amé- rique ſeptentrionale , d'où l'on en a envoyé les ſemences en Angleterre : elle a une racine vivace , de laquelle s'élevent pluſieurs tiges, hautes d'envi- ron un pied, & diviſées par paires ; du milieu de ces divi- ſions ſortent des pédoncules nuds & aſſez longs, qui ſou- tiennent chacun des fleurs d'un pourpre pâle , avec des pétales entiers ; ſes feuilles ſont divi- ſées en cinq parties découpées ſur leurs bords & oppoſées ; celles du bas ont de longs pé- tioles , & celles du haut ſont ſeſſiles aux tiges : cette plante fleurit en Juin ; & comme ſes ſemences mûriſſent ſouvent , on peut s'en ſervir pour la multiplier ; elle profite très- bien en plein air, & ne de- mande aucune autre culture que d'ètre tenue nette de mau- vaiſes herbes.

Bohemicum. La quinzieme , qu'on rencontre en Bohème , eſt une plante annuelle qui pouſſe pluſieurs branches , di- viſées en d'autres plus petites,

& garnies de feuilles découpées en cinq lobes, crénelées fur leurs bords, placées fur de longs pétioles, & pour la plupart opofées ; fes fleurs naiffent par paires fur des pédoncules longs & minces, qui fortent des parties latérales de la tige ; elles font d'un beau bleu, & font remplacées par des femences dont les capfules & les becs font noirs. Cette plante fleurit durant la plus grande partie de l'été, & fes femences mûriffent bientôt après, lorfqu'elles s'écartent, elles produifent une grande quantité de plantes, qui ne demandent aucun autre foin, que d'être tenues nettes de mauvaifes herbes.

Sibericum. La feizieme eft originaire de la Sibérie ; fes femences m'ont été envoyées par le Chevalier de LINNÉE, Profeffeur de Botanique à Upfal. Cette efpece a une racine vivace, & des feuilles divifées en cinq lobes aigus, découpées fur leurs bords en plufieurs fegmens allongés & en forme d'ailes ; elles font oppofées & ont des pétioles longs & minces. Les pédoncules fortent des aiffelles de la tige ; ils font longs, minces, & foutiennent chacun une fleur de couleur pourpre. Cette efpece fleurit en Juin ; & comme fes femences mûriffent très-bien, on peut s'en fervir pour la multiplier : elle croît dans tous les fols & à toutes les expofitions.

Mofchatum. La dix-feptieme eft une plante annuelle qui croît fpontanément en Angle-

terre ; on la cultive auffi dans les Jardins à caufe de l'odeur de mufc que répandent fes feuilles ; odeur qui fe fait fentir fortement dans les tems fecs ; ces feuilles font ailées irrégulièrement ; leurs lobes font alternes, & découpés à leur pointe en plufieurs fegmens obtus ; fes tiges, qui ont plufieurs divifions, font fouvent inclinées vers la terre. Ses fleurs naiffent en ombelles fur de longs pédoncules qui fortent des aiffelles des tiges ; elles font petites, de couleur bleue, & n'ont que cinq étamines ; leurs calices font compofés de cinq feuilles : cette efpece fleurit dans les mois de Mai, Juin & Juillet, & fes femences mûriffent bientôt après ; fi on leur permet de s'écarter, elles procureront une grande quantité de plantes qui poufferont fans foins, & n'exigeront d'autre culture que d'être tenues nettes & éclaircies où elles feront trop ferrées ; elles profitent dans tous les fols & dans toutes les fituations.

Gruinum. La dix-huitieme naît fpontanément dans l'Ifle de Candie ; elle eft annuelle ; fes feuilles font très-larges, découpées régulièrement fur leurs bords, elles font auffi ailées & crénelées ; fes fleurs font produites fur de longs pédoncules, qui fortent des aiffelles de la tige ; elles ont des calices à cinq feuilles, & font compofées de cinq pétales bleus & entiers ; ces fleurs font remplacées par des becs plus longs & plus gros qu'aucuns de ce genre : cette efpece fleurit en

Juin & en Juillet, & ſes ſemences mûriſſent très-bien :
ſi on leur donne le tems de
ſe répandre, les plantes pouſſeront ſans ſoins; mais ſi on
les recueille, il faut les mettre en terre au printems, dans
les places qui leur ſont deſtinées, & l'on nettoie avec ſoin
les plantes qui en proviennent.

Ciconium. La dix-neuvieme,
qui croît naturellement en Allemagne & en Italie, eſt une
plante annuelle, dont les tiges, longues d'environ un
pied, ſont inclinées & garnies de feuilles ailées, découpées en pluſieurs parties aiguës, & oppoſées; ſes fleurs
ſortent des aiſſelles de la tige,
ſur des pédoncules de près de
trois pouces de long, dont
quelques-uns ſoutiennent pluſieurs fleurs, & d'autres ſeulement deux; elles ſont de couleur bleue pâle, & ſont ſuivies par des becs un peu moins
longs & moins gros que ceux
de l'eſpece précédente : ſes
ſemences ſervent ſouvent d'Hy-
gromètre pour montrer l'humidité de l'air. Si on laiſſe
écarter ſes ſemences, les plantes pouſſeront & profiteront
ſans autre ſoin que celui de
les tenir nettes de mauvaiſes
herbes; celles qui pouſſent en
automne, fleuriſſent dans le
commencement du mois de
Mai; mai celles du printems,
ne donnent point de fleurs
avant le mois de Juillet. LIN-
NÉE regarde celle-ci & la précédente, comme une ſeule &
même eſpece; mais quand on
a examiné avec attention ces
deux plantes, on ne peut dou-

ter qu'elles ne ſoient diſtinctes.

Viſcoſum. Les ſemences de
la vingtieme ont été envoyées
au jardin de Chleſéa par M.
de Juſſieu, Profeſſeur de Botanique à Paris : cette plante,
annuelle, a des tiges droites,
hautes d'environ deux pieds,
& garnies de feuilles doublement ailées, terminées en pluſieurs pointes, fort viſqueuſes,
& oppoſées; ſes fleurs, de
couleur bleue pâle, naiſſent
pluſieurs enſemble ſur des pédoncules longs & nuds; elles n'ont point d'étamines,
& leurs calices ſont compoſés
de cinq feuilles qui ſe changent
en légumes : cette eſpece fleurit dans les mois de Mai,
Juin & Juillet, ſuivant qu'elle
a été ſemée plutôt ou plus
tard, & ſes graines mûriſſent
un mois après; on la traite
commes les deux eſpeces précédentes.

On connoît pluſieurs autres
eſpeces de *Geranium* annuelles, dont quelques-unes croiſſent naturellement en Angleterre, & d'autres en France,
en Eſpagne, en Italie, & en
Allemagne, où on les con-
ſerve dans les jardins de botanique; mais comme elles ont
peu de beauté, & qu'on les
admet rarement dans les jardins d'agrément, je n'en parlerai point ici, ce que je pour-
rois en dire ne feroit qu'augmenter cet article, qui eſt
déja fort conſidérable : il va
être queſtion des *Geranium* d'A-
frique, que la plupart des curieux conſervent dans les jardins, lorſqu'ils ont la facilité

de les mettre à couvert des gelées, pendant l'hiver.

Cucullatum. La vingt-unieme, croit naturellement près du Cap de Bonne-Efpérance. Elle s'éleve avec une tige d'arbrifleau, à la hauteur de huit ou dix pieds, & pouffe plufieurs branches irrégulieres, garnies de feuilles rondes, dont les côtés font érigés, & forment une efpece de chaperon par la difpofition de leurs cavités; ces feuilles ont leur bâfe figurée en cœur, & de leurs pétioles partent plufieurs nerfs, qui débordent fur les côtés; les bords des feuilles font fortement dentelés; celles qui occupent les parties inférieures des branches, ont de longs pétioles & font placées fans ordre à chaque côté; mais celles du haut ont des pétioles plus courts & font oppofées : fes fleurs naiffent en gros panicules fur le fommet des branches; leurs calices font formés par une feuille profondement découpée en cinq fegmens, & très couverte de poils mous ; les pétales font larges, entiers & d'un bleu pourpre : cette plante fleurit en Juin, Juillet, Aout & Septembre, & produit des femences dont les becs font courts & velus.

Angulofum. La vingt-deuxieme reffemble un peu à la précédente; mais fes feuilles font d'une fubftance plus épaiffe, divifées en plufieurs angles aigus, & ont des bords de couleur pourpre, avec des dentelures aiguës ; fes tiges & fes feuilles font fort velues, fes branches font moins irré-

gulieres que celles de la précédente, & fes paquets de fleurs font moins gros ; comme ces différences font perfiftantes dans les plantes élevées de femences, cette efpece doit être regardée comme diftincte, quoique LINNÉE l'ait confondue avec la vingt-unieme.

Zonale. La vingt-troifieme, qui eft originaire du Cap de Bonne-Efpérance, eft l'efpéce la plus commune dans les jardins Anglois, & la plus anciennement connue; elle s'éleve, avec une tige d'arbrifeau, à la hauteur de quatre ou cinq pieds, & fe divife en un grand nombre de branches irrégulieres, qui forment une groffe tête, qui a fouvent huit ou dix pieds d'élévation; fes branches font garnies de feuilles rondes en forme de cœur, découpées fur leurs bords en plufieurs fegmens obtus, & divifées en dentelures fort courtes à leur extrémité, & marquées d'un cercle de couleur pourpre en forme de fer-à-cheval, qui correfpond avec la bordure, & s'étend des deux côtés de la feuille depuis fa bâfe. Lorfqu'on froiffe légèrement ces feuilles, elles répandent une odeur de pommes échaudées : fes fleurs font produites en bouquets affez ferrés, fur des pédoncules de cinq ou fix pouces de longueur, qui fortent des aiffelles de la tige, & vers les extrémités des branches; elles font d'une couleur pourpre rougeâtre, & continuent à fe montrer durant une grande partie de l'été; on conferve dans la pluplûpart des jardins Anglois une variété de cette efpéce, à feuilles panachées : je ne la donne pas pour une efpece diftinête, parce qu'elle n'eft qu'un produit accidentel.

Inquinans. La vingt-quatrieme fe trouve auffi dans le voifinage du Cap de Bonne-Efpérance ; elle s'éleve à la hauteur de huit ou dix pieds, avec une tige molle d'arbriffeau, de laquelle fortent plufieurs branches érigées & garnies de feuilles rondes en forme de rein, & d'une fubftance épaiffe, d'un vert luifant, poftées fur des pétioles affez longs, couvertes d'un poil mou en deffous, placées fans aucun ordre ; fes fleurs croiffent en bouquets clairs, fur des pédoncules longs & fermes, qui fortent des aiffelles de la tige ; elles font d'une couleur vive écarlate, d'une très-belle apparence, & fe fuccedent dans tous les mois de l'été.

Capitatum. La vingt-cinquieme, que l'on cultive depuis long-tems dans les jardins Anglois, a été également apportée du Cap de Bonne - Efpérance ; elle a une tige d'arbriffeau, haute de quatre ou cinq pieds, qui fe divife en plufieurs branches foibles, irrégulieres & garnies de feuilles divifées en trois lobes inégaux, velues, ondées fur leurs bords, alternes fur les branches, & fupportées par des pétioles velus : fes fleurs naiffent, en têtes ferrées & rondes, fur le fommet des pédoncules ; & forment une efpece de corymbe ; elles font d'un bleu pourpâtre, & conti-

nuent à fe montrer durant une grande partie de l'été. Lorfqu'on froiffe les feuilles de cette efpece, elles répandent une odeur de *Rofes* fèches : d'où vient le nom de *Geranium Rofeum*, qui lui a été donné.

Viti-folium. La vingt-fixieme, qu'on rencontre au Cap de Bonne-Efpérance, s'éleve, avec une tige droite d'arbriffeau, à la hauteur de fept à huit pieds, & pouffe plufieurs branches affez fortes, garnies de feuilles de la même forme que celles de la *Vigne* ; celles du bas font portées par de longs pétioles, & celles du haut en ont de plus courts : lorfqu'on les froiffe, elles exhalent une odeur de baume ; fes fleurs font difperfées en grappes ferrées fur des pédoncules longs & nuds, qui fortent des aiffelles de la tige, & s'élevent beaucoup plus haut que les branches ; elles font petites, de couleur bleue pâle, peu apparentes, & fe fuccedent durant la plus grande partie de l'été.

Papilionaceum. La vingt-feptieme, s'éleve avec une tige droite d'arbriffeau, à la hauteur de fept ou huit pieds, & produit plufieurs branches latérales, garnies de feuilles larges, angulaires, rudes, & portées fur de longs pétioles : fes fleurs naiffent en larges panicules aux extrémités des branches ; elles ont la forme des fleurs papilionacées, & font agréablement panachées : leurs deux pétales fupérieurs, qui font affez larges, fe tournent vers le haut comme l'étendard des fleurs légumineuses ; mais les trois inférieurs font réfléchis vers le bas , & li petits qu'on ne les apperçoit que de très-près. Cette plante fleurit en Mai, alors elle fait un bel effet ; mais elle ne produit plus de nouvelles fleurs, comme la plupart des autres especes : elle croît naturellement au Cap de Bonne-Espérance.

Acetosum. La vingt-huitieme , qui est originaire du même pays que les précédentes, s'éleve , en tige d'arbriffeau , à la hauteur de six ou sept pieds, & pousse plusieurs branches latérales garnies de feuilles oblongues , ovales , charnues , unies , de couleur grise , crénelées fur les bords , & d'une faveur acide comme l'ofeille : ses fleurs font d'un rouge pâle , avec quelques raies d'un rouge clair , & formées par des pétales étroits & inégaux ; elles naissent trois ou quatre ensemble, fur de longs pédoncules , qui fortént des aisselles des tiges , & elles fe succedent durant une grande partie de l'été. Il y a une variété à fleurs écarlate, qu'on prétend avoir été élevée des femences de cette espèce; les feuilles font plus larges , & paroissent être une espece intermédiaire entre celle-ci & la vingt-quatrieme ; car fes fleurs font plus grosses que celles de la vingt-huitieme , & font d'une couleur pâle écarlate.

Carnosum. La vingt-neuvieme, a une tige épaisse , charnue & noucuse, qui s'éleve à la hauteur d'environ deux pieds ; & qui pousse quelques branches minces , charnues & légèrement garnies de feuilles à doubles aîles, qui, au bas de la tige , font portées fur des pédoncules, & vers le haut font sessiles aux branches : ses fleurs naissent en petites grappes aux extrémités des branches ; elles ont cinq pétales blancs , étroits & peu apparens , & fe succedent pendant la plus grande partie de l'été : cette espece croît naturellement au Cap de Bonne-Espérance.

Gibbosum. La trentieme a une tige ronde & charnue, dont les nœuds font garnis de boutons gonflés ; elle s'éleve presque à la hauteur de trois pieds, & pousse plusieurs branches irrégulieres, unies & légèrement garnies de feuilles unies, charnues, aîlées, terminées en pointes aiguës, de couleur grise, & postées fur de courts pétioles; chaque pédoncule qui s'éleve des aissel-les de la tige, foutient quatre ou cinq fleurs d'un pourpre foncé, dont les pétales font plus larges que ceux de l'espece précédente, & ont une odeur agréable dans la foirée, quand le soleil ne les frappe plus. LINNÉE regarde cette plante comme étant la même que la vingt-neuvieme ; mais elle en différe par des caracteres constans, qui fe reproduisent par femences.

Fulgidum. La trente-unieme a une tige charnue, qui s'éleve rarement au-dessus d'un pied de hauteur , & de laquelle fort un petit nombre de branches garnies de feuilles unies, claires, vertes, & divisées en trois lobes, dont celui du milieu est plus large que les autres : ses fleurs, formées par des pétales inégaux & teints de couleur écarlate très-foncée, naissent réunies au nombre de deux ou de trois, sur des pédoncules courts : cette espece ne fleurit pas régulièrement dans la même saison; car ses fleurs paroissent quelquefois au printems, d'autres fois en été, & souvent en automne : ses feuilles tombent annuellement, de sorte que ses tiges sont souvent dépouillées pendant trois ou quatre mois dans l'été, & qu'elles paroissent comme mortes; mais il en repousse de nouvelles en automne.

Peltatum. La trente-deuxieme a plusieurs tiges foibles d'arbrisseau, qui exigent un soutien pour les empêcher de tomber sur la terre; elles s'étendent à la longueur de deux ou trois pieds, & sont garnies de feuilles charnues, entieres, divisées en cinq lobes obtus, & fixées par leur centre à des pétioles minces, comme les brassieres d'un bouclier; ces feuilles sont unies, d'un vert luisant, marquées dans leur milieu de taches circulaires, d'une saveur acide, & alternes sur les branches : ses fleurs, de couleur pourpre, & composées de cinq pétales inégaux, sont réunies au nombre de quatre ou cinq, sur des pédoncules assez longs : les fleurs de cette espece se succedent pendant la plus gran

de partie de l'été, & leurs semences mûrissent souvent ici.

Alchimilloïdes. La trente-troisieme pousse plusieurs tiges herbacées, & longues d'environ un pied, qui traînent sur la terre, si on ne leur fournit pas un appui; ces tiges sont garnies de feuilles rondes, en forme de main, découpées en plusieurs parties, & sont fort velues : ses fleurs, d'une couleur rouge pâle, & placées plusieurs ensemble sur de forts longs pédoncules, se succedent pendant tous les mois de l'été, & leurs semences mûrissent un mois après qu'elles sont tombées : cette espece offre une variété qui a un cercle foncé en couleur au milieu de ses feuilles : elle a été regardée comme une espece distincte ; mais elle est sujette à varier quand on la multiplie par semences.

Odoratissimum. La trente-quatrieme a une tige fort courte & charnue, qui se divise, près de la terre, en plusieurs têtes, dont chacune porte plusieurs feuilles placées sur des pétioles séparés ; ces feuilles sont en forme de cœur, molles, garnies de duvet, & elles répandent une odeur forte comme celle de l'Anis ; de ces têtes sortent plusieurs tiges minces, longues d'environ un pied, couchées sur la terre, & garnies de feuilles plus rondes que celles de la racine, mais de la même texture & de la même couleur : ses fleurs sortent des parties latérales des tiges au nombre de trois, quatre ou cinq ensemble, sur des pédoncules minces; elles sont fort petites, blanches, & par conféquent peu apparentes : auffi ne conferve-t-on cette efpece dans les jardins, que pour l'odeur des fes feuilles.

Trifte. La trente-cinquieme a une racine épaiffe, ronde & tubéreufe, de laquelle fortent plufieurs feuilles velues agréablement divifées, prefque comme celles des *Carottes* de jardin, & étendues près de la terre ; du milieu de ces feuilles naiffent les tiges qui s'élevent à la hauteur d'environ un pied, & font garnies de deux ou trois feuilles de la même forme que celles du bas, mais plus petites & plus rapprochées : ces tiges produifent deux ou trois pédoncules nuds & terminés par des bouquets de fleurs jaunes, marquées de taches de couleur pourpre foncé, & qui répandent une odeur agréable lorf-qu'elles ne font plus expofées au foleil : à ces fleurs fuccedent des femences qui mûriffent en automne : cette efpece qu'on cultive depuis long-tems dans les jardins, eft connue fous le titre de *Geranium noctu olens,* ou *Bec-de-Grue odorant pendant la nuit.*

Myrrhi-folium. La trente-fixieme a une racine noueufe & tubéreufe comme la précédente, qui produit quelques feuilles affez larges, compofées de plufieurs lobes, poftées dans la longueur de la côte du milieu, en forme d'une feuille aîlée ; elles font étroites à leur bâfe ; mais elles s'élargiffent beaucoup à leur extrémité ; où elles font arron-

dies & découpées fur les bords, en plufieurs pointes aiguës : fes tiges s'élevent immédiatement de la racine, & ont quelquefois une ou deux petites feuilles vers le bas, où elles fe divifent fouvent en deux pédoncules nuds, & terminés chacun par un bouquet de fleurs d'un rouge pâle, qui répandent une odeur agréable pendant la nuit.

Paftinacæ-folium. La trente-feptieme a des racines oblongues & tubéreufes, defquelles fortent plufieurs feuilles fort velues, décompofées, aîlées, terminées en plufieurs pointes aiguës, & dont les fegmens font plus larges que ceux de la trente-cinquieme ; fes tiges s'élevent à la hauteur d'un pied & demi, & font garnies d'une feuille fimple aux deux nœuds du bas ; fes feuilles font fimplement aîlées, leurs lobes font étroits, & poftés à une plus grande diftance, & leurs fegmens font plus aigus que ceux des feuilles radicales : des deux nœuds qui occupent les parties les plus baffes de cette tige, s'élevent des pédoncules longs & nuds, qui foutiennent chacun un bouquet de fleurs jaunâtres qui ont de longs tubes, & qui repandent une odeur agréable après le coucher du foleil. Cette efpece croît naturellement au Cap de Bonne-Efpérance.

Villofum. La trente-huitieme a, comme la précédente, une racine tubéreufe, de laquelle fortent plufieurs feuilles velues, joliment divifées, comme celles de la *Pulfatilla* ou Co-

à-pelourde, qui paroiffent blanches, s'élevent immédiatement de la racine, & s'étendent à chaque côté près de la terre : le pédoncule de la fleur eft nud, & s'éleve de la racine ; il a environ neuf pouces de haut, & eft terminé par un paquet clair de fleurs teintes en pourpre foncé, & d'une odeur agréable dans la foirée.

Lobatum. La trente-neuvieme a des racines charnues & tubéreufes, comme celles des efpeces précédentes, qui produifent trois ou quatre feuilles larges, divifées fur les bords en plufieurs lobes, comme celles de la *Vigne*, étendues à plat fur la terre, velues, crénelées fur leurs bords & poftées fur de courts pétioles ; les pédoncules des fleurs s'élevent immédiatement de la racine, jufqu'à la hauteur d'environ un pied ; ils font nuds, & terminés par un paquet de fleurs de couleur pourpre foncé, qui ont de longs tubes très-rapprochés des pédoncules, & qui répandent une odeur agréable dans la foirée.

Les quatre premieres efpèces de *Geranium* à racine tubéreufe, font regardées par LIN-NÉE comme étant les mêmes ; mais comme, après les avoir élevées plufieurs fois de femences, je n'ai jamais obfervé qu'elles fuffent de celles dont les graines avoient été tirées, je les regarde toutes comme parfaitement diftinctes & féparées ; avec d'autant plus de raifon qu'on remarque dans leurs feuilles autant de diffé-

rences qu'on en obferve entre celles des autres efpeces.

Coriandri-folium. La quarantieme eft une plante qui croît naturellement au Cap de Bonne-Efpérance : elle s'éleve à la hauteur d'environ un pied, avec des tiges herbacées, branchues & garnies de feuilles doublement ailées à chaque nœud : les feuilles baffes font fur de longs pétioles ; mais celles du haut font feffiles aux branches : fes fleurs font fur des pédoncules nuds qui fortent des côtés des tiges, oppofés aux feuilles ; elles croiffent trois ou quatre enfemble fur des pédoncules courts & féparés, & reffemblent un peu aux fleurs papilionacées ; les deux pétales fupérieurs font larges & forment une efpece d'étendard, & les trois autres font étroits & réfléchis vers le bas : elles font d'une couleur de chair pâle : elles paroiffent en Juillet, leurs femences mûriffent en Septembre, & bientôt après les plantes périffent.

Romanum. La quarante-unieme a une racine affez épaiffe & tubéreufe, de laquelle fortent plufieurs tiges irrégulieres, divifées en branches diffufes, qui ont des nœuds gonflés, & font un peu ligneufes : elles font garnies à chaque nœud d'une feuille doublement ailée, & les pédoncules des fleurs leur font oppofés ; ceux du bas font nuds & fort longs, & ceux qui terminent les branches font plus courts & ont une ou deux petites feuilles à leur bâfe ; ces pédoncules font terminés par un petit paquet de fleurs de la même forme que celles de l'espece précédente ; mais elles font plus groffes & d'une couleur plus pâle, & fe fuccedent durant la plus grande partie de l'été. Cette espece & la précédente font fuppofées par LINNÉE, n'en former qu'une feule espece ; mais la quarantieme est une plante annuelle qui, dans tous les pays, périt bientôt après avoir perfectionné fes femences, au lieu que la derniere est vivace & a des tiges ligneufes.

Groffularoïdes. La quarantedeuxieme est une plante bisannuelle, qui croît naturellement au Cap de Bonne-Efpérance ; elle pouffe un grand nombre des tiges fort minces & traînantes, qui penchent fur la terre, s'étendent à la longueur d'un pied & demi, & font garnies de petites feuilles rondes en forme de main & crénelées fur leurs bords ; fes fleurs font placées fur des pédoncules courts & minces, qui fortent de chaque nœud fur les côtés des tiges ; elles font fort petites, de couleur rougeâtre, quelquefois fimples & d'autres fois au nombre de deux ou de trois fur chaque pédoncule, & elles fe fuccedent continuellement pendant tout l'été ; leurs femences mûriffent environ cinq femaines après qu'elles font fanées.

Betulinum. La quarante-troifieme, a une tige d'arbriffeau, qui s'éleve à la hauteur de quatre à cinq pieds, & pouffe plufieurs branches garnies de feuilles oblongues, dentelées

& inégalement fciées fur leurs bords : fes fleurs naiffent fur de longs pédoncules, qui fortent fur les côtés des branches ; elles font groffes, de couleur rouge, & les deux pétales fupérieurs font plus larges que les autres : cette espece fleurit en Juin & en Juillet.

Chium. La quarante-quatrieme, qui croît naturellement dans l'Ifle de Chio, est une plante annuelle de laquelle fortent plufieurs branches, d'un pied de longueur : fes feuilles baffes font prefqu'en forme de cœur ; mais celles qui couvrent les branches font figurées comme une lyre antique, & placées alternes : fes pédoncules, dont la longueur est de fix pouces, font produits fur les côtés des branches, & foutiennent plufieurs fleurs d'un pourpre brillant, à chacune defquelles fuccedent cinq femences, avec des becs longs & minces, qui mûriffent cinq ou fix femaines après que les fleurs font tombées. Si l'on donne à fes graines le tems de s'écarter, les plantes poufferont en automne, fubfifteront en en plein air dans les hivers favorables ; & fleuriront de bonne heure au printems fuivant ; fi ces plantes viennent à être détruites par les froids de l'hiver, il faudra en femer de nouvelles au printems, fur une plate-bande de terre légère ; lorfqu'elles poufferont on les tiendra nettes & on les éclaircira : ces dernieres fleuriront dans le mois de Juillet, & leurs femences mûriront en Août.

Malacoïdes. La quarante-cinquieme eſt originaire du Portugal & de l'Eſpagne : elle eſt annuelle, & ſes feuilles ſont en forme de cœur, & diviſées en trois lobes ; ſes pédoncules, qui ſont placés ſur les parties latérales des branches, s'étendent de chaque côté à un pied & demi de diſtance, & ſont inclinés vers la terre ; ils ſoutiennent chacun pluſieurs fleurs d'un rouge brillant, qui ſont remplacées par cinq ſemences, avec des becs aſſez longs : cette eſpece fleurit & produit ſes graines vers le même tems que la précédente, & elle exige la même culture.

Glaucophyllum. La quarante-ſixieme eſt une plante annuelle qui a été apportée de l'Egypte ; ſes feuilles ſont ovales, ſciées, & de couleur griſe, ſes branches dont la longueur eſt d'environ un pied, ſont ornées de petites feuilles alternes, & ſleurs extrémités produiſent latéralement trois ou quatre pédoncules, qui ſoutiennent pluſieurs fleurs d'un bleu pâle, à chacune deſquelles ſuccedent cinq ſemences armées de becs longs & plumacés. Cette eſpece étant beaucoup plus tendre que les deux précédentes, il faut répandre ſes ſemences ſur une couche chaude au printems ; &, lorſque le tems devient chaud, tranſplanter les jeunes plantes qui en proviennent, dans des plates-bandes bien expoſées, afin de forcer leurs ſemences à mûrir.

Carolinianum. La quarante-ſeptieme, qui croît ſans culture dans la Caroline, eſt une plante annuelle, fort ſemblable à notre *Bec-de-Grue commun, à pied de pigeon* ; mais plus petite & dont les branches ſont plus courtes, ſes fleurs, fort petites & de couleur bleue pâle, produiſent cinq ſemences armées de becs courts, érigés & noirs : en abandonnant cette plante à elle-même, elle ſe reproduira ſans aucuns ſoins, & donnera annuellement des fleurs & des graines.

Althæoïdes. La quarante-huitieme a quelque reſſemblance avec la quarante - cinquieme ; mais ſes feuilles ſont plus ovales & en forme de cœur, & ſes fleurs ſont auſſi d'un rouge brillant : elle croît naturellement au Cap de Bonne-Eſpérance : comme cette plante eſt plus tendre que la quarante - cinquieme, il faut la traiter comme la précédente elle produira auſſi tous les ans des fleurs & des ſemences, & périra bientôt après.

Culture. Toutes les eſpeces de *Geranium d'Afrique* peuvent être multipliées par ſemences : on répand ſes graines ſur une planche de terre légere vers la fin de Mars ; les plantes paroiſſent un mois ou cinq ſemaines après, & au commencement de Juin elles ſont aſſez fortes pour être enlevées ; on les met alors chacune ſéparement dans des pots remplis de terre légere de jardin potager, on les tient à l'ombre juſqu'à ce qu'elles aient pouſſé des racines nouvelles, & on les met après dans une situation abritée avec les autres plantes dures de la serre, où on peut les laisser jusqu'en automne, qui est le tems de les transporter dans la serre, pour les y traiter de la même maniere que les autres plantes dures.

Mais ceux qui veulent avoir de grosses plantes qui fleurissent de bonne heure, répandent leurs graines au printems sur une couche de chaleur modérée, qui les fait pousser beaucoup plutôt, & les rend propres à être enlevées long-tems avant celles qui sont semées en plein air. Quand ces plantes poussent, il faut avoir grand de soin de les empêcher de filer; &, après les avoir transplantées, on doit plonger les pots dans une autre couche de chaleur modérée, en observant de les tenir à l'abri du soleil, jusqu'à ce qu'elles aient poussé de nouvelles racines : après quoi on les accoutume par dégrés à supporter le plein air; on les y expose tout-à-fait au commencement du mois de Juin, & on les place dans une situation abritée avec les autres plantes exotiques. Si on les pousse au printems, la plupart d'entr'elles fleuriront dès le premier été, elles seront très-fortes avant l'hiver, & produiront un meilleur effet dans la serre.

Les *Geranium en arbrisseau d'Afrique*, depuis la vingt-unieme, jusques & y compris la trente-deuxieme, ainsi que la quarante-unieme & quarante-troisieme especes, sont ordi-

nairement élevés de boutures qui produisent de bonnes racines en cinq ou six semaines, si on les place dans une plate-bande à l'ombre, dans les mois de Juin & de Juillet. Elles pourront être enlevées au bout de ce temps, & plantées dans des pots séparés qu'on tiendra à l'ombre jusqu'à ce qu'elles aient formé de nouvelles racines; mais on les placera ensuite dans une situation abritée, & on les traitera de la même maniere que les plantes de semences. Les vingt-neuvieme, trentieme, trente-unieme & trente-deuxieme espèces ayant des tiges plus succulentes qu'aucune des autres, leurs boutures doivent être mises dans des pots remplis de terre légére de jardins potagers, qu'on plongera dans une couche de chaleur fort modérée, où on les mettra à couvert des rayons du soleil dans le milieu du jour, & on ne leur donnera que très-peu d'eau, parce qu'elles sont sujettes à être attaqués de pourriture, lorsqu'elles sont exposées à une humidité trop abondante : quand elles sont bien enracinées, on peut les séparer, les planter dans des pots remplis de la même espèce de terre, & les tenir jusqu'en automne dans une situation abritée. Ces quatre especes doivent être arrosées légèrement dans tous les tems; mais surtout en hiver, parce qu'elles moisissent aisément dans l'humidité, & même quand l'atmosphère qui les environne n'est pas suffisamment sec; elles profiteront

beaucoup mieux sous un châffis vitré que dans une serre ,
parce qu'elles y seront plus
exposées à l'air & au soleil.

Toutes les autres especes de
Geranium en arbrisseau , peuvent être placées dans la serre , où elles n'auront besoin
que d'être mises à couvert des
gelées ; mais il faut leur donner
beaucoup d'air dans les tems
doux , & les arroser une ou
deux fois par semaine , selon
le tems ; mais toujours légèrement , sur-tout pendant les
gelées. Ces plantes veulent
être accoutumées à l'air par
dégrés ; au printems , & vers
le milieu ou à la fin du mois
de Mai , on peut les sortir de
la serre , & les placer d'a-
bord à l'abri de quelques arbres , où on ne les laisse que
quinze jours ou trois semaines
pour les endurcir ; mais on
les met ensuite dans une situation où elles soient à couvert des vents forts , & où
elles puissent jouïr de l'aspect
du soleil depuis son lever jusqu'à onze heures ; au moyen
de quoi elles feront plus de
progrès qu'à une exposition
plus chaude.

Comme ces especes en ar-
brisseau croissent fort vite , &
remplissent bientôt les pots de
leurs racines, lorsqu'on les laisse
pendant tout l'été , sans les
changer , il arrive que leurs
fibres passent à travers les trous
des pots , & pénétrent ainsi
dans la terre , ce qui fait croître les plantes vigoureusement ;
mais si , en enlevant ces pots ,
on vient à déchirer les racines ,
ce qu'on ne peut guere évi-

ter ; ces plantes perdent une
partie de leurs branches , &
souvent même périssent entièrement : pour prévenir cet inconvénient , il faut transporter les pots d'un lieu à l'autre , chaques quinze jours ou
trois semaines , pendant tout
l'été , & couper toutes les racines qui sortent par les trous :
on leur donnera aussi de nouveaux pots deux fois par an ;
la première , quinze jours ou
trois semaines aprés qu'elles
sont sorties de la terre , &
la seconde vers la fin du
mois d'Août , ou au commencement de Septembre , afin
qu'elles puissent avoir assez de
temps pour s'établir avant d'ê-
tre renfermées dans le lieu où
elles doivent passer l'hiver.

Quand on les change de
pots , il faut retrancher avec
soin toutes les racines autour
de la motte & autant qu'il est
possible toute la vieille terre ,
sans cependant nuire aux plantes : si les nouveaux pots qu'on
leur fournit sont plus grands
que les premiers , on met de
la nouvelle terre dans le fond ,
& on place la plante de manière que la surface de la
motte ne s'éleve pas jusqu'au
niveau des bords du pot , mais
qu'il reste un espace suffisant
pour contenir l'eau des arrosemens ; on remplit ensuite le
vuide autour des racines avec
de la nouvelle terre , qu'on
presse légèrement pour l'établir , on arrose bien cette terre ,
& on fixe la plante avec des
baguettes, pour empêcher que le
vent ne dérange ses racines avant
qu'elles soient bien établies.

La compofition de terre dans laquelle j'ai toujours vu les plantes profiter le mieux, quand on n'a pas la facilité de fe procurer de la bonne terre de jardin potager, eft une marne fraîche prife dans un pâturage, & mêlée avec un quart ou un cinquieme de fumier pourri : fi la terre a de la ténacité, on emploie du tan pourri de préférence au fumier ; mais fi elle eft chaude & légère, on fe fert de fumier de vaches : cette compofition doit être préparée trois ou quatre mois avant d'en faire ufage ; pendant ce tems on la remue plufieurs fois, afin que le mélange puiffe être parfait ; mais fi l'on peut fe procurer une bonne quantité de terre de jardin potager, bien labourée, & nette de toute efpece de racines, on ne doit pas en employer d'autre ; car ces plantes profiteront dans celle-ci auffi bien que dans tel mélange que ce puiffe être, furtout fi la terre a été mife en monceaux pendant quelque tems, & qu'elle ait été retournée plufieurs fois pour en brifer toutes les mottes & l'ameublir : on doit éviter de donner à ces plantes une terre trop riche, parce qu'elles poufferoient avec trop de force, & donneroient beaucoup moins de fleurs.

La trente-troifieme efpece ayant des tiges herbacées, fe multiplie mieux par femences, qui d'ailleurs font très-abondantes, que par-tout autre moyen ; fes boutures ne prennent pas auffi facilement racine

que celles des autres efpeces ; & les plantes qu'on obtient par cette méthode, font bien moins bonnes que celles des femences : fi on permet aux graines de cette efpèce, & à celles des autres Africaines, de s'écarter, elles produiront une provifion de jeunes plantes au printems fuivant, pourvu que ces femences ne foient pas trop profondément enfevelies dans la terre.

La trente-quatrieme peut être multipliée par femences ou par fes rejettons qu'on détache, fur fa tige courte & charnue ; on retranche les feuilles baffes de ces rejettons, de manière que la portion de la tige qui entre dans la terre foit abfolument nue ; on les plante enfuite dans de de petits pots féparément, ou deux ou trois enfemble, fi les têtes font petites ; & on les plonge dans une couche de chaleur fort modérée, qui leur fera pouffer des racines dans l'efpace d'un mois ou de cinq femaines, en les tenant à l'ombre, & en les rafraîchiffant légèrement : on les endurcit enfuite par dégrés, & on les expofe enfin tout-à-fait en plein air, où elles pourront refter jufqu'en automne, pour être mifes alors à couvert.

Les trente-cinquieme, trente-fixieme, trente-feptieme, trente-huitieme & trente-neuvieme efpeces, font généralement multipliées par la divifion de leurs racines ; le tems le plus favorable pour cette opération eft le mois d'Août, parce qu'alors les jeunes racines ont le tems de s'établir avant les premiers froids : chaque bulbe de ces racines pouſſera, pourvu qu'elles aient un œil ou un bouton : elles peuvent être plantées dans la même eſpèce de terre dont il vient d'être queſtion ; & ſi on les plonge dans une vieille couche de tan couverte d'un châſſis, pour y paſſer l'hiver, elles profiteront mieux que dans une ſerre : on doit ôter les vitrages chaque jour dans les tems doux, pour introduire un nouvel air, & les fermer exactement dans les fortes gelées, pour empêcher le froid d'y pénétrer : comme dans cet emplacement elles auront peu beſoin d'humidité en hiver, on les laiſſera ſous les vitrages pendant les fortes pluies, afin de les tenir ſeches & dans les tems doux on ſoulévera ces vitrages pour introduire l'air, & diſſiper l'humidité : de cette maniere ces racines profiteront & produiront beaucoup de fleurs annuellement. Ces eſpeces peuvent auſſi être multipliées par ſemences.

La quarantieme eſt une plante annuelle, qu'on multiplie ſeulement par ſemences : on répand ſes graines au printems ſur une couche chaude légère, pour les avancer, parce que, ſi l'année n'étoit pas fort chaude, elles n'auroient pas le tems de perfectionner leurs ſemences dans notre climat. Quand elles ont pouſſé & qu'elles ſont aſſez fortes pour être enlevées, on les plante chacune ſéparément dans de petits pots, qu'on replonge dans une couche de chaleur modérée, en obſervant de les tenir à l'ombre juſqu'à ce qu'elles aient formé de nouvelles racines ; alors on les endurcit par dégrés, & on les habitue à ſupporter le grand air, auquel on les expoſera tout-à-fait au mois de Juin. Quand les plantes ont rempli les petits pots de leurs racines, on les enleve, en conſervant leurs mottes entieres, & on les place dans de plus grands pots, où elles fleuriront, donneront des ſemences, & périront bientôt après.

On multiplie auſſi la quarante-deuxieme, en répandant ſes graines au printems ſur une couche médiocrement chaude, ou ſur une planche de terre légère en plein air, dans laquelle les plantes pouſſeront très-bien, quoiqu'elles ne puiſſent y croître auſſi promptement que celles qui ſont ſemées ſur une couche chaude : celles qui ſont en plein air n'exigeront d'autres ſoins que d'être tenues nettes de mauvaiſes herbes, & d'être éclaircies où elles ſeront trop ſerrées. Elles fleuriront en Juillet & en Août, & ſi l'automne eſt favorable, leurs graines mûriront en Septembre ; mais ſi ces dernieres viennent à manquer, celles qui ſont élevées ſur la couche chaude fleuriront plutôt, & auront le tems de perfectionner leur ſemences : en les mettant dans des pots, on pourra les conſerver pendant tout l'hiver, pourvu qu'elles ſoient plongées dans une vieille couche de tan, & traitées de la même maniere que les racines tubéreuses dont il a été queftion plus haut.

On doit vifiter fouvent les efpeces en arbriffeau, pendant l'hiver, lorfquelles font dans la ferre, pour en retrancher toutes les feuilles flétries, qui, fi on les laiffoit, ne rendroient pas feulement ces plantes défagréables à la vue, mais feroient bientôt une litière laquelle, en fe pourriffant, produiroit des exhalaifons malfaines & humides, qui feroient très nuifibles aux autres plantes. Pour éviter cet inconvénient, il faut les nettoyer conftamment chaque femaine; & pendant l'été, on ôtera tous les quinze jours les feuilles mortes, afin de les entretenir conftamment nettes; car à mefure que les branches pouffent, & qu'elles produifent de nouvelles feuilles à leur fommet, celles du bas fe flétriffent, & produifent un effet défagréable lorfqu'on n'a pas foin de les enlever.

GERMANDRÉE, *Voyez* TEUCRIUM.

GERMANDRÉE AQUATIQUE *ou le* SCORDIUM. *Voyez* TEUCRIUM SCORDIUM.

GERMANDRÉE EN ARBRE. *Voyez* TEUCRIUM FLAVUM.

GÉROFLE *ou* GIROFLE, *ou* CLOUS DE GIROFLE, ARBRE DE TOUTES ÉPICES. *Voyez* CARYOPHYLLUS.

GÉROFLIER *ou* GIROFLIER, *ou* VIOLIER, *ou* GIROFLÉE. *Voyez*

CHEIRANTUS CHEIRI. GÉROFLIER A FEUILES D'ALLIAIRE. *Voyez* ERYSIMUM CHEIRANTHOIDES.

GÉROFLIER D'AFRIQUE. *Voyez* HELIOPHILA.

GÉROPOGON. [*Goat's-beard.*] Barbe de Bouc.

Caraĉteres. Le calice eft fimple, & confifte de plufieurs feuilles en forme de carêne, plus longues que la corolle : la fleur eft compofée de plufieurs fleurettes hermaphrodites imbriquées & plus courtes que le calice, qui n'ont qu'un pétale divifé en cinq fegmens à fon extrémité, cinq étamines courtes & terminées par des fommets cylindriques, un germe oblong & un ftyle mince, qui foutient deux ftigmats filiformes & recourbés : les femences font renfermées dans le calice, & couronnées par cinq rayons barbus & étendus.

Ce genre eft rangé dans la première feĉtion de la dix-neuvieme claffe de LINNÉE, qui a pour titre, *Syngenefia Polygamia æqualis*, & dans laquelle fe trouvent comprifes les plantes dont les fleurettes font fruĉtueufes, & ont cinq étamines réunies.

Les efpeces font :

1°. *Geropogon glabrum, foliis glabris.* Lin. Sp. 1109. Jacq. Hort. t. 33. Barbe-de-Bouc à feuilles unies.

Tragopogon gramineo folio, glabrum, flore dilutè incarnato. Raj. Suppl. 149.

Tragopogon calycibus c ollæ radio longioribus, foliis integris, feminibus lævibus : difci plumofi radiis fetaceis. Hort. Upf. 243.

2°. *Geropogon hirfutum , foliis pilofis. Lin. Sp.* 1109. Barbe-
de-Bouc à feuilles velues.

*Tragopogon, gramineo folio,
fuave rubente flore. Col. Ecphr.* 1.
p. 232. *t.* 231.

*Tragopogon gramineis foliis hir-
futis. Bauh. Pin.* 275.

Glabrum. La première efpece
croît naturellement en Italie ;
elle a une tige érigée de plus
d'un pied de hauteur, & garnie de feuilles longues, unies
& femblables à de l'herbe :
la tige fe partage en deux ou
trois divifions, dont chacune
eft terminée par une fleur couleur de chair, compofée de
plufieurs fleurettes.

Hirfutum. La feconde, qui
fe trouve auffi en Italie & en
Sicile , s'éleve à la hauteur d'un
pied , avec une tige droite, &
garnie de feuilles velues &
étroites; cette tige fe divife
rarement en branches ; mais
elle eft terminée par une fleur
compofée de quatre ou cinq
fleurettes hermaphrodites, que
remplacent plufieurs femences
barbues.

Ces plantes exigent le même
traitement que le *Tragopogon*,
auquel je renvoie le lecteur
pour ce qui concerne leur
culture.

GESNERIA. *Plumier. Nov.
Gen.* 27. *Tabl.* 9. *Lin. Gen.
Plant.* 667. Cette plante a été
ainfi nommée par le Pere
PLUMIER , qui l'a découverte
en Amérique , en l'honneur
de CONRAD GESNER, très-fa-
vant Botanifte, qui a donné
plufieurs grands ouvrages fur
l'hiftoire naturelle.

Caracteres. Le calice de la
fleur eft perfiftant, formé par
une feuille découpée au fommet en cinq parties aiguës, &
& fon fond eft occupé par
le germe : la corolle eft monopétale, tubulée, penchée d'a-
bord en-dedans , & reffortant enfuite comme un cor-de-chaffe;
fon extrémité eft divifée en
cinq fegmens obtus & égaux ;
la fleur a quatre étamines plus
courtes que la corolle , & terminées par des fommets fimples ; le germe qui eft placé
fous la corolle, foutient un
ftyle fimple, courbé & couronné par un ftigmat à tête :
le germe fe change enfuite en
une capfule ronde & à deux
cellules, remplies de petites
femences fixées fur chaque côté
de la partition.

Ce genre de plante eft rangé
dans la feconde fection de la
quatorzieme claffe de LINNÉE ,
intitulée *Didynamia Angiofper-
mia* , qui renferme celles dont
les fleurs ont deux étamines
longues & deux plus courtes,
& dont les femences font renfermées dans une capfule.

Les efpeces font :

1°. *Gefneria tomentofa , foliis ovato - lanceolatis, crenatis ,
hirfutis , pedunculis lateralibus
longiffimis , corymbi - feris. Hort.
Cliff.* 318. *Jacq. Amer.* 179. *t.*
175. *f.* 64. Gefneria à feuilles
ovales, velues & crenelées ,
& à fleurs en corimbes, placées fur de longs pédoncules,
qui fortent des parties latérales des tiges.

*Gefneria amplo Digitalis fo-
lio, tomentofo. Plum. Gen.* 27.
Ic. 134.

2°. *Gefneria humilis ; foliis*

lanceolatis , serratis , sessilibus ; pedunculis ramosis , multi floris. Lin. *Sp. plant.* 612. Gesneria avec des feuilles en forme de lance , sciées & sessiles , & des pédoncules branchus, qui supportent plusieurs fleurs.

Gesneria humilis , flore flavescente. Plum. *Nov. Gen.* 27. *Ic.* 133. *f.* 2. Gesneria bas, ayant une fleur jaunâtre.

Gesneria Digitalis folio oblongo serrato, ad foliorum alas florida. Sloan. *Jam.* 60. *Hist.* 1. *p.* 162. *t.* 104. *f.* 2. Raj. *Suppl.* 396.

Tomentosa. La première espece croît naturellement dans les Indes Occidentales ; ses semences, qui m'ont été envoyées de la Jamaïque , ont réussi dans les jardins de Chelséa : elle s'éleve à la hauteur de six ou sept pieds, avec une tige d'arbrisseau qui se divise en deux ou trois branches régulieres , couvertes d'une laine brune, & garnies de feuilles velues , de sept ou huit pouces de long sur deux & demi de large au milieu, avec une côte dans le milieu couverte de duvet brun, & des bords crenelés ; ces feuilles, dont les pétioles sont courts, sont placées sans ordre sur les côtés des branches ; ses pédoncules sortent des extrémités de ces branches, & de chaque nœud des aisselles de la tige ; ils sont nuds, longs de neuf pouces , & se divisent à leur extrémité en plusieurs autres plus petits, dont chacun soutient une fleur de couleur pourpre usé, dont le tube est court, courbé & découpé à son extrémité en cinq

parties obtuses : ces fleurs sont suivies par des capsules rondes & sessiles dans le calice, que Linnée, sur la figure de Plumier, a pris pour le calice posté sur la capsule ; au-lieu que la capsule est distincte du calice, & y est renfermée : cette capsule est divisée en deux cellules remplies de petites semences. Cette plante fleurit ici en Juillet & Août ; mais ses semences n'y ont point mûri.

Humilis. La seconde espece s'éleve rarement au-dessus de trois pieds de hauteur ; ses feuilles sont beaucoup plus petites , sciées sur leurs bords , & sessiles à la tige ; ses fleurs sont placées sur des pédoncules branchus, dont chacun soutient plusieurs fleurs jaunâtres, découpées plus profondément sur leurs bords que celles de la première : elle a été trouvée par le feu Docteur Houstoun , à Carthagene dans l'Amérique méridionale.

Plumier fait mention d'une troisieme espece de ce genre, qui devient un arbre, & qui produit des fleurs tachetées & frangées ; mais je ne l'ai jamais vue dans aucun jardin Anglois. On multiplie ces plantes par leurs semences, qu'il faut se procurer des pays où elles croissent naturellement : elles doivent être apportées en Angleterre dans leurs capsules, parce qu'elles se conservent beaucoup mieux de cette maniere ; car comme elles sont fort petites & légères, si elles sont séparées des partitions auxquelles elles adhèrent, elles perdent bientôt leur qualité végétative : l'expérience m'a d'ailleurs confirmé cette obſer-vation ; car toutes les graines détachées que j'ai reçues de l'Amérique, n'ont point germé, & celles qui étoient ren-fermées dans leurs capſules ont très-bien réuſſi.

Culture. On ſeme ces graines dans des pots remplis de terre légère, qu'on plonge dans une couche chaude de tan auſſi-tôt qu'elles arrivent, car elles reſ-tent long-tems dans la terre : comme celles que j'ai ſemées en automne, ont pouſſé au printems ſuivant, il faut, ſi on les reçoit dans cette ſai-ſon, les ſemer dans des pots & les plonger dans la couche de tan de la ſerre chaude : pen-dant l'hiver, on les arroſe lé-gèrement de tems en tems ; mais il ne faut pas leur don-ner trop d'humidité : au prin-tems ſuivant, on tire les pots de la ſerre, & on les plonge dans une couche chaude, qui fera pouſſer les plantes bien-tôt après : quand elles ſont bon-nes à être enlevées, on les met chacune ſéparément dans des pots, qu'on enfonce dans une bonne couche chaude de tan, on les tient à l'ombre juſ-qu'à ce qu'elles ſoient bien en-racinées ; après quoi on les traite comme les autres plan-te s délicates qui viennent des mêmes contrees.

En automne, on les plonge dans la couche de tan de la ſerre chaude, & pendant l'hiver on leur donne très-peu d'eau ; car une trop grande humidité les feroit périr. On

laiſſe ces plantes conſtamment dans la ſerre chaude, parce qu'elles ne profiteroient pas hors du tan, même en été ; on leur donne de l'air libre toutes les fois que le tems le permet, & on les arroſe ſou-vent, mais toujours légerement pendant les chaleurs. A meſure que ces plantes font des pro-grès, il eſt néceſſaire de ſubſ-tituer de plus grands pots aux premiers, ſans quoi leur ac-croiſſement ſeroit arrêté. Au moyen de ce traitement, ces plantes fleuriront dans la ſe-conde année ; mais elles ne ſub-ſiſteront pas plus de trois ou quatre ans, parce qu'elles ne ſont pas d'une longue durée, même dans leur pays natal.

GESSE. *Voyez* LATHYRUS SATIVUS.

GEUM. *Lin. Gen. Plant.* 561. *Caryophyllata. Tourn. Inſti R. H.* 294. *tab.* 151. [*Avens,* or *Herb-Bennet.*] Benoîte *ou* Herbe de St. Benoît. Galiot *ou* Récife.

Caracteres. Les fleurs ont un calice formé par une feuille découpée à ſon extrémité en dix ſegmens, alternativement plus longs & plus petits, une corolle compoſée de cinq pé-tales ronds & étroits à leurs bâſes, où ils ſont inſérés dans le calice, un grand nombre d'étamines en forme d'alênes auſſi longues que le calice, dans lequel elles ſont inférées, & terminées par des ſommets larges & obtus : dans le cen-tre de la fleur eſt ſitué un grand nombre de germes réunis en une tête, & dans les côtés deſ-quels ſont implantés des ſty-les longs, velus & couronnés par des ſtigmats ſimples : ces germes ſe changent, quand la fleur eſt paſſée, en une grande quantité de ſemences, plates, rondes, velues, fixées dans le calice commun, & à chacune deſquelles adhère un ſtyle courbé en forme de genou.

Ce genre de plantes eſt rangé dans la cinquieme ſection de la douzieme claſſe de LINNÉE, intitulée, *Icoſandria Polygynia*, dans laquelle ſont placées celles dont les fleurs ont plus de vingt étamines, & pluſieurs ſtyles inſérés dans le calice.

Les eſpeces ſont :

1º. *Geum urbanum, floribus erectis, fructu globoſo, villoſo; ariſtis uncinatis, nudis, foliis lyratis. Hort. Cliff.* 195. *Fl. Suec.* 423, 460. *Mat. Med.* 132. *Roy. Lugd-B.* 276. *Gmel. Sib.* 3. *p.* 189. *Crantz. Auſtr* p. 69. *Mattuſch. Sil. n.* 370. *Pollich. Pal. n.* 501. Benoîte avec des fleurs érigées, un fruit globulaire, des barbes nues & crochues, & des feuilles en forme de lyre.

Caryophyllata. Dod. Pempt. 137.

Caryophyllata vulgaris. C. B. pag. 321. Benoîte commune, Galiot *ou* Récife, Herbe de St. Benoît.

2º. *Geum rivale, floribus nutantibus, fructu oblongo, ariſtis plumoſis. Hort. Cliff.* 195. *Fl. Suec.* 424, 461. *Roy. Lug. B.* 276. *Mat. Med.* 132. *Fl. Lapp.* 216. *Fl. Dan. t.* 722. *Mattuſch. Sil. n.* 371. *Kniph. Cent.* I. *n.* 36. Benoîte avec des fleurs penchées, un fruit oblong, & des barbes plumacées.

Caryophyllata Septentrionalium Lob. Ic. 694.

Caryophyllata aquatica, nutante flore. C. B. p. 321. Benoîte aquatique, à fleur penchée.

B. *Caryophyllata aquatica altera. Bauh. Pin.* 322. Variété.

3º. *Geum Pyrenaïcum, floribus nutantibus, fructu globoſo; ariſtis nudis, foliis lyratis, foliolis rotundioribus;* Benoîte avec des fleurs penchées, un fruit globulaire, des barbes nues, des feuilles en forme de lyre, & des lobes ronds.

Caryophyllata Pyrenaïca, ampliſſimo & rotundiori folio, nutante flore. Tourn. Inſt. R. H. 295. Benoîte des Pyrénées, avec une feuille plus ronde & fort large, & une fleur penchée.

4º. *Geum montanum, flore inclinato, ſolitario, fructu oblongo, ariſtis plumoſis, rectis. Lin. Sp. Plant.* 501. *Crantz. Auſtr. p.* 70. *n.* 2. *Jacq. Anſtr. t.* 373. *Mattuſch. Sil. n.* 372. Benoîte avec une fleur inclinée & ſolitaire, un fruit oblong, & des barbes plumacées & droites.

Caryophyllata pinnis confertioribus, extremâ ſub-rotundâ, tubis rectis. Hall. Helv. 336.

Caryophyllata montana, flore luteo magno. J. B. 2. *p.* 398. Benoîte de montagne, avec une groſſe fleur jaune.

Caryophyllata Alpina. Pon. Bald. 342.

Caryophyllata montana. Cam. Epit. 727.

5º. *Geum Alpinum, flore ſolitario, erecto, fructu globoſo, ariſtis tenuioribus, nudis;* Benoîte avec une fleur ſimple & érigée, un fruit

fruit globulaire, & des barbes étroites & nues.

Caryophyllata Alpina minor. C. B. p. 322; la plus petite Benoîte des Alpes.

Caryophyllata Alpina minima, flore aureo. Barr. Rar. 588. t. 399.

6°. G *eum Virginianum, floribus erectis, fructu globoso, aristis uncinatis, nudis, foliis ternatis.* Hort. Cliff. 195. Gron. Virg. 56. Benoîte avec des fleurs droites, un fruit globulaire, des barbes nues, & des feuilles à trois lobes.

Caryophyllata Virginiana, albo flore minore, radice inodora. H. L. III. t. III. Benoîte de Virginie, avec des plus petites fleurs blanches, & une racine sans odeur.

Urbanum. La premiere espece croît en abondance dans les haies & sur les bords des bois de la plus grande partie de l'Angleterre, aussi on ne la cultive pas beaucoup dans les jardins : elle est au nombre des plantes médicinales, & sa racine, qui est la seule partie dont on fasse usage, est regardée comme céphalique, alexipharmaque & astringente ; aussi s'en sert on dans les diarrhées, &c. (1).

Rivale. La seconde, que l'on rencontre dans les prairies humides des parties septentrionales de l'Angleterre, est une plante d'un crû plus bas que la premiere : ses feuilles inférieures ont deux paires de petits lobes à leurs bâses, & trois à leurs extrémités, dont celui qui forme la pointe, est le plus grand ; celles qui garnissent les tiges, sont composées de trois lobes aigus & sessiles à la tige ; ses fleurs sont de couleur pourpre & inclinées sur un côté : elles paroissent en Mai, & leurs semences mûrissent en Juillet.

Pyrenaïcum. La troisieme se trouve sur les Pyrénées, ainsi que sur les montagnes du nord : elle ressemble un peu à la seconde, mais ses feuilles sont beaucoup plus larges plus rondes, & dentelées sur leurs bords : ses fleurs sont plus grosses & de couleur

---

(1) La racine de cette plante, que l'on emploie de préférence à toutes ses autres parties, pour les usages de la médecine, a une odeur assez forte de *Girofle* lorsqu'elle est fraichement écrasée : elle fournit, par l'analyse, un principe subtil spiritueux peu abondant, une substance gommeuse & résineuse, & une terre astringente & austere. C'est à cette derniere partie que l'on doit attribuer toutes les vertus de cette plante : elle agit sur les corps en resserrant & en fortifiant ; elle est par conséquent très-propre à combattre les maladies qui proviennent du relâchement des solides ; à consolider les plaies & les ulcères, & à arrêter les écoulemens séreux & les hémorragies : on l'emploie aussi contre les fievres intermittentes, dans lesquelles elle peut produire d'heureux effets, en la donnant dans le frisson, à la dose d'une poignée en infusion dans un demi-septier de vin, ainsi que dans les fluxions catharrales, la diarrhée, les dyssenteries, le crachement de sang, les palpitations de cœur, &c.

d'or ; elle fleurit dans le même tems que la précédente.

Montanum. La quatrieme, qui est originaire des Alpes, a des feuilles beaucoup plus larges qu'aucune des autres especes : ses feuilles basses sont composées de trois ou quatre paires de petits lobes irrégu- liers, placés sur la longueur de la côte du milieu, qui est terminée par un lobe fort lar- ge, rond & crénelé sur ses bords : ses fleurs sont grosses, d'un jaune brillant, & simples sur le sommet de la tige, qui s'éleve à cinq ou six pouces plus haut : elle fleurit dans le mois de Mai & de Juin.

Alpinum. La cinquieme croît naturellement sur les Alpes : c'est une plante fort basse, dont les tiges de la fleur ont environ trois pouces de long, sont inclinés sur un côté, & sont terminées chacune par une fleur d'un jaune brillant, & à-peu-près aussi grosses que celles de l'espece commune : celle-ci fleurit vers le même tems que la précédente.

Virginianum. La sixieme naît spontanément dans l'Amérique septentrionale : ses tiges s'é- levent à deux pieds ou deux pieds & demi de haut; elles se divisent au sommet en petits pédoncules, terminés chacun par une petite fleur blanche : les feuilles sont à trois lobes, & sa racine est sans odeur.

Toutes ces plantes sont fort dures, & réussissent dans tous les sols; mais elles veulent être placées à l'ombre : on peut les multiplier aisément par leurs graines, qu'il faut semer en

automne ; car lorsqu'on les garde jusqu'au printems, elles ne poussent pas dans la même année.

GINGEMBRE *Voyez* AMO- MUM ZINGIBER.

GINGEMBRE SAUVAGE, (*le plus grand.*) *Voy.* COSTUS ARABICUS.

GINGEOLE *ou* JUJUBIER. *Voyez* ZIZIPHUS.

GINGIDIUM. *Voyez* ARTE- DIA.

GINSENG & NINZING. *V.* PANAX. L.

GIROFLE. *Voy.* GEROFLE.

GIROFLÉE JAUNE, GE- ROFLIER. *Voy.* CHEIRANTUS CHEIRI.

GLACE (*la*) est un corps dur & transparent, formé de quelque liqueur congelée ou fixée par le froid.

On dit que la Glace est l'é- tat naturel de l'eau, parce qu'elle reste ferme & non li- quide, lorsqu'elle n'est agi- tée par aucune cause ex- terne.

La vrai cause de la congé- lation de l'eau, semble être l'introduction des particules frigorifiques dans les pores ou interstices de ses particu- les, ce qui leur fournit un contact dans tous leurs points, & leur donne la facilité de se réunir en un corps ferme & solide.

On peut s'étonner de ce que la Glace nage sur l'eau; on pourroit croire qu'étant plus froide que l'eau, en état de fluidité, elle devroit être plus condensée & plus pesante; mais il faut observer que l'eau en se gelant, retient une grande quantité d'air qui y forme des bulles, & la rend par conséquent spécifiquement plus légère que n'étoit la masse d'eau dont elle est formée.

Lorsque l'eau est gelée, elle occupe plus de place que dans son état de fluidité ; parce que les particules frigorifiques qui s'y sont introduites, augmentent nécessairement son volume en éloignant ses parties.

Outre les particules frigorifiques, la Glace contient encore une certaine quantité d'air, comme nous l'avons déja observé ; cet air, qui existoit dans l'eau & qui étoit logé dans les petits vuides formés par la forme globulaire de ses parties élémentaires, étant chassé par l'introduction de la matiere du froid, se rassemble en plus grand volume, & acquiert alors une élasticité suffisante pour dilater la masse de l'eau, augmenter son volume, & diminuer ainsi sa pesanteur spécifique.

Il est probable que le froid, la gelée & la Glace, sont produits par quelque substance d'une nature saline dispersée dans l'air : ce qui le fait croire, c'est que les sels en général, & sur tout quelques-uns en particulier, étant mêlés avec de la Glace ou de la neige, augmentent beaucoup l'intensité du froid.

Il est certain que toutes les substances salines occasionnent une dureté, une tension & une roideur dans les corps où ils sont introduits.

Il est certain encore que, lorsque l'on observe quelques sels avec le microscope avant qu'ils ne soient réduits en masses, leur figure paroit être celle d'un double coin qui a beaucoup de surface en proportion de son volume ; c'est pourquoi les particules de ces sels, étant posées sur l'eau, surnagent, quoiqu'elles soient spécifiquement plus pesantes : ces petites pointes de sels, en s'introduisant dans les pores de l'eau, y restent en quelque sorte suspendues sous leur forme spécifique en hiver, parce que le soleil n'a pas alors assez d'activité pour les dissoudre, émousser leurs pointes, & les entretenir dans un mouvement continuel : l'eau étant moins agitée, ces particules se réunissent plus facilement, forment des concrétions qui retiennent les particules d'eau à travers lesquelles elles s'insinuent, & lui donnent ainsi les propriétés de ce corps solide & transparent, auquel on donne le nom de *Glace*.

Cette théorie est celle qui a été donnée par M. MARIOTTE, dans son *Traité de l'Hydrostatique*, & cet Auteur la confirme par l'expérience suivante.

Après avoir rempli d'eau froide, jusqu'à deux pouces de son extrémité, un vase cylindrique, haut de sept à huit pouces sur six de diamètre, il l'a exposé en plein air pendant la gelée, & a examiné avec attention les progrès de la congélation de l'eau.

La premiere Glace s'est formée à la surface en petits dards ou lames, dentelées comme

une fcie ; l'eau qui étoit entre ces petits dards confervoit
encore fa fluidité, quoique la
partie glacée eût déja plus de
deux lignes d'épaiffeur. M. Ma-
riotte a obfervé que plu-
fieurs bulles d'air avoient paru
dans la Glace qui commen-
çoit à fe former au fond & à
chaque côté du vâfe : quelques-unes de ces bulles s'élevoient, & d'autres reftoient
enfermées dans la Glace ; ce
qui lui a fait croire que les
bulles d'air occupant plus d'efpace en fe développant, que
lorfqu'elles étoient intimement
mêlées avec l'eau, elles en-
trainoient avec elles quelques
particules d'eau, comme font
les vapeurs du vin nouveau
en fermentation, qui fortent
par l'ouverture du bondon.

La petite quantité d'eau qui
s'échappoit ainfi, fe répandant
fur les petits glaçons qui fe
trouvoient déja fur la partie
fupérieure de l'eau, fe chan-
geoit elle-même en Glace, &
commençoit à former fur ces
petits glaçons une efpece de
colline, au milieu de laquelle
il y avoit toujours une ouverture, que le paffage de l'eau
& de l'air entretenoit ; les
bords de ce trou s'élevoient
toujours par de nouvelles bulles, produites par la Glace
qui fe formoit fur les côtés
& dans le fond du vâfe.

Il a obfervé que la furface
fupérieure de l'eau, étoit congelée à plus d'un pouce d'é-
paiffeur, dans la circonférence, & à plus d'un pouce &
demi, au bord du trou, avant
que l'eau qui y étoit conte-

nue ; comme dans un tuyau,
fût gelée ; mais à la fin cette
eau devint Glace, & alors le
centre reftant encore liquide,
& l'eau qui étoit comprimée
par les nouvelles bulles qui
fe formèrent pendant deux ou
trois heures, ne trouvant aucune iffue, la glace fe creva
tout d'un coup vers le haut.

Le froid agit de la même
maniere fur les végétaux, par
les particules frigorifiques qui
entrent dans les rejettons &
les branches tendres des plantes ; ces particules s'infinuent
dans les pores de la féve,
augmentent fon volume, &
déchirent ainfi les vaiffeaux délicats des végétaux, qui bientôt périffent tout-à-fait. Plus
les plantes contiennent d'humidité, plus elles font en danger d'être détruites ; c'eft ainfi
qu'on voit fouvent celles qui
croiffent au haut des murs,
& dans des fols fecs & pierreux, échapper à l'action des
plus fortes gelées, tandis que
toutes celles de la même efpece qui font en pleine terre
périffent. On doit attribuer
cette différence à ce que les
vaiffeaux des premieres font
plus forts & moins remplis
d'humidité : ainfi, quand l'automne fe trouve froid & humide, ce qui empêche les vaiffeaux des plantes d'acquérir
toute leur confiftance, le moindre froid les endommage : au-
lieu que, quand l'automne
eft fec & chaud, les rejettons
tendres des arbres & arbriffeaux deviennent entièrement
ligneux, perdent ainfi une
partie de leur humidité, &

deviennent moins fujets à de pareils accidens.

GLACIALE. *Voyez* Mesam-bryanthemum Crystalli-num. *L.*

GLACIERES , (*les*) font des bâtimens dans lefquels on conferve la glace, afin de s'en fervir pendant l'été.

Les Glacieres font plus com-munes dans les pays chauds qu'en Angleterre ; elles font fort en ufage en Italie, où les plus pauvres ne voudroient pas louer une maifon dans la-quelle il n'y auroit point de cave pour y conferver de la glace ; cependant comme on emploie aujourd'hui en Angle-terre beaucoup plus de glace qu'on ne le faifoit autrefois, le nombre des Glacieres y eft confidérablement augmenté ; & quoique ce que je vais dire de ces fortes de bâtimens pa-roiffe d'abord étranger à mon fujet, cependant fi l'on confi-dere que les glacieres font or-dinairement conftruites dans les jardins , & confiées aux foins des Jardiniers, on avouera qu'il n'eft pas hors de propos de donner quelques préceptes généraux, tant fur le choix de la pofition qui leur con-vient, que fur leur conftruc-tion , & la maniere d'y con-ferver la glace.

Lorfqu'on veut conftruire une Glaciere, il faut choifir un terrein fec ; car la glace fe fond par-tout où il y a de l'humidité : ainfi dans les ter-res fortes , on ne peut pren-dre trop de précautions pour faciliter l'écoulement des eaux, & prévenir l'humidité , foit en creufant des tranchées tout autour des Glacieres , ou par quelqu'autre moyen.

On doit choifir encore un endroit affez élevé, & qui ait affez de pente pour laiffer écouler toutes les eaux qui pourroient fe rencontrer dans les environs. Il faut auffi que cet édifice foit expofé au foleil & à l'air autant qu'il eft poffi-ble & ne point le placer à l'ombre des arbres, ni à l'é-goût des eaux qui en tom-bent ; ce qu'on ne fait que trop fouvent, dans la fauffe idée que fi la Glaciere étoit expofée au foleil, la glace y fondroit en été : cependant cela n'arrivera jamais, quand on aura le foin de fermer tout accès à l'air extérieur, ce qu'il faut toujours obferver dans la conftruction de ces bâti-mens ; car la chaleur du fo-leil n'aura jamais affez d'ac-tivité pour pénétrer à travers la double voûte de ce bati-ment ; pour fe communiquer à l'air intérieur. Quand une Glaciere eft bien expofée au foleil & au vent, toutes les vapeurs humides qui peuvent l'entourer font aifément diffi-pées ; quant à la forme du bâ-timent, elle dépend du goût de celui qui le fait conftruire ; mais pour le puits où la glace doit être dépofée, on lui don-ne ordinairement une figure ronde ; fa profondeur & fon diamètre doivent être propor-tionnés à la quantité de glace qu'on y veut conferver ; mais il vaut toujours mieux que ces proportions foient plus gran-des que plus petites ; car fi la Glaciere eſt bien conſtruite la glace pourra s'y conſerver deux ou trois ans, & on n'en manquera jamais, quand l'hiver ſuivant ſeroit aſſez modéré pour qu'on ne pût pas trouver aiſément de la glace.

Si l'on ne veut pas avoir une grande quantité de glace, un puits de ſix pieds de diametre ſur huit de profondeur ſuffira; pour une conſommation plus conſidérable, il faut lui donner neuf ou dix pieds de diamètre ſur une profondeur égale. Dans les endroits ou le terrein eſt gypſeux, graveleux ou ſablonneux, on peut faire le puits tout-à-fait ſous terre; mais dans une terre forte & argileuſe ou humide, on fera mieux de l'élever audeſſus de la ſurface de la terre, à proportion de ce qu'on aura à craindre de l'humidité.

On laiſſera au fond du puits un eſpace d'environ deux pieds de profondeur, pour recevoir l'humidité que la glace pourra fournir, & on pratiquera une petite tranchée ſouterraine, pour faciliter l'écoulement de cette eau : ſur cet eſpace vuide, on placera une forte grille de bois, à travers laquelle l'eau provenant de la fonte de la glace, pourra s'échapper. Ce puits ſera revêtu de briques, & on donnera à cette muraille au moins l'épaiſſeur de deux briques & demie & même davantage; car plus elle ſera épaiſſe, & moins la glace ſera expoſée à éprouver aucun dommage. Dès que cette muraille ſera élevée juſqu'à trois pieds audeſſous de

la ſurface, on commencera à conſtruire un autre mur extérieur, qu'on élevera juſqu'à la hauteur qu'on veut donner à la voûte du puits. Si on veut faire la dépenſe d'une ſeconde voûte pardeſſus la premiere, l'ouvrage n'en ſera que meilleur; mais ſi des raiſons d'économie empêchent de prendre ce parti, on placera l'aſſiette du toit ſur le mur extérieur, & on l'élevera aſſez, afin de pouvoir pratiquer une porte dans la voûte : avant de couvrir le toit d'ardoiſes ou de tuiles, on doit y mettre un lit de roſeaux pour empêcher le ſoleil & l'air extérieur d'y pénétrer; on donnera à ces roſeaux deux pieds d'épaiſſeur, & on les couvrira de mortier mêlé de poils; au moyen de cela on n'aura rien à craindre de l'action du ſoleil ni de la chaleur de l'air extérieur.

Le mur extérieur n'a pas beſoin d'être circulaire, il peut être quarré, ou avoir ſix ou huit angles; & ſi la Glaciere eſt expoſée à la vue, on peut lui donner une forme agréable, telle que celle d'un ſiége en alcove, derriere lequel on ménagera un paſſage pour pouvoir y mettre la glace & la retirer.

Outre ce petit paſſage par lequel une perſonne peut entrer, la Glaciere doit avoir encore une autre ouverture au nord, auquel aboutira un veſtibule ſpacieux, terminé par une porte aſſez large pour qu'on puiſſe y introduire une voiture en la reculant; de maniere que l'on puiſſe décharger la glace à l'entrée du puits, où on la caffe en morceaux avant de l'y jeter : cette ouverture ne doit pas avoir plus de deux pieds & demi de diametre; car fi elle étoit plus large, elle deviendroit incommode lorfque l'on y introduit la glace; on la ferme exactement avec une pierre qui y entre jufte, & on remplit l'efpace qui fe trouve entr'elle & la porte extérieure, avec de la paille d'orge, pour empêcher que l'air extérieur ne puiffe s'y introduire : ainfi le paffage par lequel on entre pour prendre de la glace, doit être oppofé à la grande porte, & pratiqué immédiatement derriere le fiége en forme d'alcove, comme nous l'avons dit : cette porte ne doit pas avoir plus de largeur qu'il n'eft abfolument néceffaire pour pouvoir retirer la glace; elle doit être forte & bien jointe, afin que l'air ne paffe pas à travers : à cinq ou fix pieds de cette porte, on en conftruit une autre, qu'on doit toujours fermer exactement avant d'ouvrir la feconde, toutes les fois qu'on retire la glace.

Avant de mettre la glace dans une Glaciere, il faut donner à la maçonnerie le temps de fécher, fans quoi l'humidité qui y refteroit, la feroit fondre; on place fur la grille qui occupe le fond du puits, quelques branches de bois fec, fur lefquelles on étend également un lit de rofeaux, qui font plus propres à cet ufage, que la paille dont on fe fert communément. Pour ce qui regarde le choix de la glace, plus elle eft mince, & plus elle eft aifée à pulvérifer; plus elle eft menue, & mieux elle s'entaffe dans le puits; il faut avoir foin de la bien ferrer en l'y mettant, & de laiffer tout-au-tour un vuide d'environ deux pouces, pour donner paffage à l'humidité qui peut-être occafionnée par la fonte de quelques morceaux de glace de la partie fupérieure; car fi cette eau féjournoit, elle fondroit la glace jufqu'en bas; mais on fera bien, en mettant la glace dans le puits, de répandre entre chaque épaiffeur de dix à douze pouces, un peu de falpêtre, qui les fera joindre exactement enfemble.

Cet expofé fuccint de la maniere de conftruire les Glacieres, fuffira pour diriger les perfonnes mêmes qui n'ont aucune connoiffance fur la difpofition de ces bâtimens.

GLADIOLUS. *Lin. Gen. Plant* 55. *Tourn. Inft. R. H.* 365. *Tab.* 190. Cette plante prend fon nom de *Gladius*, une épée, à laquelle fes feuilles reffemblent. [*Corn-flag.*] Glayeul. Gladiole.

Caracteres. Les fleurs de ce genre font renfermées dans des gaines éloignées les unes des autres; le pétale de la corolle eft découpé en fix parties, dont les trois fupérieures font très-rapprochées, & les trois inférieures entierement ouvertes; mais elles forment toutes un tube court &

courbé à la bâfe ; la fleur a trois étamines en forme d'a-léne , inférées dans chaque partie du pétale , jufqu'à l'ex-trémité duquel elles s'élevent, & terminées par des antheres oblongues ; le germe , qui eft placé au-deffous de la fleur, foutient un ftyle fimple , auffi long que les étamines , & cou-ronné par un fegment con-cave , & divifé en trois par-ties : ce germe fe change, quand la fleur eft paffée, en une capfule oblongue , gon-flée , à trois angles & à trois cellules , qui s'ouvrent en trois valves, & font remplies de femences rondes.

Ce genre de plante eft ran-gé dans la premiere fection de la troifieme claffe de LINNÉE, intitulée *Triandria monogynia*, qui renferme celles dont les fleurs ont trois étamines & un ftyle.

Les efpeces font :

1°. *Gladiolus communis, foliis enfi-formibus, floribus diftantibus.* Lin. Gen. Plant. 36. Hort. Cliff. 20. Hort. Ufp. 16. Halv. Hev. n. 1262. Scop. Carn. ed. 2. n. 48. Mattufch. Sil. 1. n. 31. Knorr. Del. Hort. 1. t. A. 5. Kniph. Orig. Cent. 2. n. 26 ; Glayeul avec des feuilles en forme d'épée , & des fleurs éloignées les unes des autres.

Gladiolus. Riv. Mon. 163. Dodon. Coron. p. 162.

Gladiolus, floribus uno verfu difpofitis. C. B. p. 41 ; Glayeul dont les fleurs font difpofées d'un côté de la tige.

Gladiolus caule fimpliciffimo, foliis enfi-formibus. Roy. Lugd.-B. 19.

2°. *Gladiolus Italicus, foliis enfi-formibus, floribus ancipiti-bus* ; Glayeul avec des feuil-les en forme d'épée , & des fleurs aux deux côtés de la tige.

Gladiolus utrinque floribus. C. B. p. 41.

3°. *Gladiolus Byzantinus, fo-liis enfi-formibus, fpathis longio-ribus* ; Glayeul avec des feuil-les en forme d'épée , & de plus longues fpathes aux fleurs.

Gladiolus major Byzantinus. C. B. p. 14 ; Le plus grand Glayeul de Byzance.

4°. *Gladiolus Indicus, foliis enfi-formibus, floribus maximis incarnatis* ; Glayeul avec des feuilles en forme d'épée , & de fort groffes fleurs couleur de chair.

Gladiolus maximus Indicus. C. B. p. 41.

5°. *Gladiolus anguftus, foliis linearibus, floribus diftantibus, corollarum tubo limbis longiore.* Lin. Sp. Plant. 37 ; Glayeul avec des feuilles fort étroites, des fleurs éloignées, & un tu-be plus long que les limbes du pétale.

Gladiolus caule fimpliffimo, foliis linearibus, floribus alternis. Roy. Lugd.-B. 19.

Gladiolus Africanus, folio gra-mineo, floribus carneis, macu-lam rhomboïdeam infcriptis, uno verfu pofitis. Boerh. Ind. Alt. 2. p. 127 ; Glayeul d'Afrique, avec une feuille d'herbe, & des fleurs couleur de chair, mar-quées d'une tache rhomboïde pourpre , & rangées fur un côté de la tige.

Gladiolus, foliis linearibus. Hort. Cliff. 20. t. 6.

6º. *Gladiolus triftis, foliis li-
nearicruciatis, corollis campanulatis. Linn. Sp. Plant. 37*; Glayeul
avec des feuilles fort étroites
& cannelées, & une tige portant des fleurs en forme de
cloche.

*Lilio - Gladiolus, bi-folius &
bi-florus foliis quadrangulis. Trew.
Tabl.* 39. Glayeul en forme
de Lys, avec deux fleurs, &
deux feuilles à quatre angles.

Communis. La premiere efpece croît naturellement dans
les terres labourées de la plupart des contrées méridionales de l'Europe ; on la cultive
depuis peu dans les jardins
Anglois, où fes racines fe font
fi fort multipliées qu'on a beaucoup de peine à les extirper :
elle a une racine ronde, comprimée, tubéreufe, de couleur jaunâtre, couverte d'une
peau brune, & femblable à
celle du grand *Crocus* jaune
vernal ; elle produit deux feuille plates en forme d'épée, qui
s'embraffent l'une l'autre à leur
bâfe ; la tige qui fort du milieu de cette racine, s'éleve
à la hauteur d'environ deux
pieds, & a deux feuilles étroites qui l'environnent comme
une efpece de gaine : les tiges font terminées par cinq
ou fix fleurs pourpre, placées
les unes au deffus des autres,
à quelque diftance, & rangées
fur un coté de la tige ; elles
ont chacune une fpathe qui
enveloppe chaque bouton de
fleurs avant qu'il s'épanouiffe,
qui fe fend dans fa longueur
lorfque les fleurs commencent
à groffir, fe feche enfuite, &
refte autour de la capfule juf-

qu'à fa maturité. La fleur a un
pétale divifé jufqu'au fond en
fix parties : de forte que la
corolle paroit être compofée
de fix pétales : les trois fegmens fupérieurs font très-
rapprochés, & s'élevent en
forme de fleur labiée : l'inférieur
fe tourne vers le bas, & les deux
latéraux s'ouvrent en s'étendant
au fommet, & fe replient vers le
fond : ces fleurs, qui font
placées fur un coté de la tige,
font d'une couleur de pourpre
rouge : elles paroiffent à la
fin de Mai & en Juin, & leurs
femences mûriffent au commencement d'Août. Cette plante n'exige aucun foin, elle devient même fort embarraffante
par la facilité avec laquelle
elle fe multiplie, lorfqu'elle
eft une fois introduite dans
un jardin.

Il y a deux variétés de cette
efpece, l'une à fleurs blanches, & l'autre à fleurs couleur de chair, qu'on s'eft pro-
curées accidentellement par femence.

Italicus. La feconde efpece
differe de la premiere, en ce
qu'elle a fes fleurs placées aux
deux côtés de la tige ; mais
d'ailleurs elle lui reffemble en
tout : elle offre une variété
à fleurs blanches, qui n'eft
pas auffi commune dans nos
jardins que les premieres.

Byzantinus. La troifieme a
des racines plus groffes que
celles d'aucune des précédentes, & de la même forme ; fes
feuilles font plus larges, plus
longues, & plus profondément
veinées ; fes tiges font plus
élevées, & les fleurs qui les

terminent font plus groſſes & d'un rouge plus foncé que celles des eſpeces précédentes ; leurs ſpathes font auſſi plus longues. Cette plante produit un bel effet quand elle eſt en fleur, ainſi elle mérite d'être placée dans les beaux jardins, où ſes racines ne feront pas autant d'embarras.

On la multiplie par les rejettons que ſa racine produit, comme celles des *Tulipes* : on peut les enlever à la fin de Juillet, lorſque les tiges font flétries, & les conſerver juſqu'à la fin de Septembre ou au commencement d'Octobre, pour les planter alors dans une plate-bande de parterre, où elles profiteront, dans quelque ſituation que ce ſoit, & feront un très-bel effet, par leur mélange avec les autres fleurs.

Indicus. La quatrieme eſpece croît naturellement au Cap de Bonne-Eſpérance, d'où ſes ſemences m'ont été pluſieurs fois envoyées ; elle a été cultivée long-tems dans les jardins Anglois ; mais elle fleurit très-rarement ici, car pendant près de trente années je ne l'ai vue qu'une ſeule fois en fleur, quoique je l'aie miſe à toutes les expoſitions, & plantée dans différens ſols : ſes racines ſe multiplient promptement, mais elles ne réſiſtent pas en pleine terre au froid de nos hivers : elles font plus groſſes, plus plates qu'aucune des autres, & font couvertes d'une peau en filets : ſes feuilles ſortent comme celles des eſpeces précédentes, & s'embraſſent de

même ; elles font plus longues plus unies, d'un vert plus brillant, paroiſſent en Septembre, continuent à croître juſqu'à Noël, commencent à ſe flétrir en Mars, & font tout-à-fait déſéchées à la fin de Juin ; alors on peut enlever les racines & les garder hors de terre juſqu'au mois d'Août.

Cette eſpece fleurit en Janvier ; ſes fleurs font rangées à chaque côté de la tige, & fort rapprochées, comme les grains de l'*Orge plat* ; ſes ſpathes font moins longues que celles des autres eſpeces, & forment comme une enveloppe écailleuſe ; ſes fleurs font d'un rouge pâle au-dehors ; mais les trois ſegmens inférieurs font jaunes en-dedans vers leur bâſe, & marquées de quelques raies rouges. Quoique ſes fleurs ne s'ouvrent pas toutes en même tems, puiſque celles du bas font flétries avant que celles du haut de l'épi ſoient dans leur beauté, elles font cependant un bel effet dans une ſaiſon où les autres fleurs font rares.

Cette eſpece ſe multiplie très-promptement par ſes rejettons, qu'on plante dans une plate-bande chaude d'une terre de jardin potager ; mais il faut les couvrir de vitrages ou de nattes pendant l'hiver, pour les garantir de la gelée : j'en ai conſervé quelques-uns dans des pots ſous des châſſis vitrés ordinaires, qu'on couvroit légerement ; & d'autres ont été plantés en pleine terre lorſque les gelées n'étoient pas trop fortes ;

j'ai toujours vu que les plantes qui étoient élevées durement, devenoient beaucoup
plus fortes que celles qui
étoient placées à un degré de
chaleur modérée ; de manière
qu'on eſt plus aſſuré de les
voir fleurir en les tenant en
pleine terre, & en les abritant
des froids de l'hiver, que dans
des plates-bandes couvertes de
vitrages.

Anguſtus. Les ſemences de
la cinquieme, qui m'ont été
envoyées du Cap de Bonne-
Eſpérance, ont réuſſi dans les
jardins de Chelſéa, où ces
plantes produiſent annuellement de belles fleurs.

Elle a une racine ronde,
unie, bulbeuſe, & couverte
d'une peau mince de couleur
foncée, de laquelle ſortent
en automne deux ou trois
feuilles fortes, étroites, herbacées, pliſſées l'une ſur l'autre à leur bâſe, mais ouvertes, plates au-deſſus, & élevées à la hauteur de deux pieds;
du milieu de ces feuilles ſort
une tige ſimple, haute d'environ deux pieds, & toujours
inclinée ſur un côté; vers le
ſommet de cette tige, naiſſent
deux ou trois fleurs rangées
ſur un côté, droites, & ayant
chacune une ſpathe étroite &
un tube long & mince qui
ſe gonfle vers le haut, & ſe
diviſe en ſix parties preſqu'é-
gales. La fleur eſt d'une couleur de chair foncée, & chaque ſegment du pétale a une
marque rhomboïdale d'un rouge
foncé ou pourpre, lorſque le
tube eſt ouvert, on apperçoit les profondes diviſions du

pétale, ainſi que les trois étamines & leurs ſommets, ac-
compagnées du ſtyle, avec ſon
ſtigmat découpé en trois parties, & elevé au-deſſus du
germe.

Cette plante fleurit dans le
mois de Mai & au commen-
cement de Juin ; comme elle
eſt originaire des pays chauds,
il faut la mettre à l'abri des
froids, en plantant ſes bulbes
dans des pots remplis de terre
légere, qu'on tient pendant
l'hiver dans une ſerre : ſi on
n'a pas cette facilité, on peut
les enfermer durant la mauvaiſe ſaiſon, ſous un châſſis
de couche, leur donner beaucoup d'air dans les temps
doux, & les abriter de la gelée. J'ai vu pluſieurs de ces
plantes qui ont très-bien profité & fleuri avec ce traitement.

On multiplie cette eſpece
par les rejettons de ſa racine
comme la précédente, ainſi
que par ſes graines, qui mûriſſent ſouvent en Angleterre ;
on les ſème à la fin d'Août,
dans de petits pots remplis de
terre légere qu'on tient à l'ombre juſqu'au milieu de Septembre, pour les expoſer alors
plus au ſoleil ; & en automne
on les tranſporte ſous les châſſis d'une couche où elles puiſſent être à couvert des gelées
& des grandes pluies, & jouïr
de l'air libre dans les tems doux :
les jeunes plantes paroîtront
au printems ſuivant, & alors
elles n'auront beſoin que d'ê-
tre légerement arroſées une
fois tous les huit ou dix jours,
parce que trop d'humidité
pourriroit leurs tendres bul-

bes : au mois de Mai , & lorfque le danger des gelées eft
paffé , on place les pots dans
une fituation abritée, où ils
puiffent joüir de l'afpect du
foleil depuis fon lever jufqu'à
midi ; & fi la faifon eft feche,
on les arrofe de tems en tems :
vers la fin de Juin , lorfque
les feuilles de cette plante font
fletries, on enleve les racines,
on les met dans du fable, on
les conferve dans une chambre feche , & on les remet
en terre vers la fin d'Août ;
comme ces racines font petites , on peut en mettre quatre ou cinq dans un pot de
la valeur d'un fou , rempli de
terre légere, les placer à l'expofition du foleil du matin ,
jufqu'au milieu de Septembre ,
les tranfporter enfuite dans
une fituation plus chaude ,
les enfermer au mois d'Octobre fous des vitrages de couche , les traiter pendant l'hiver comme il a été prefcrit
ci-deffus, les remettre au printems en plein air ; lorfque leurs
feuilles font flétries , on peut
les tirer de la terre , & les
conferver dans du fable , comme il a été dit ci-deffus ;
comme après ce tems, ces racines feront devenues affez
groffes pour fleurir , on les
plantera féparément dans des
pots d'un fou , & on les traitera comme les anciennes plantes.

Triflis. La fixieme efpece m'a
été auffi envoyée plufieurs fois
du Cap de Bonne-Efpérance ;
fa racine eft ovale & moins
comprimée que celle des autres;
fes feuilles font très-longues,

étroites & fillonnées par deux
rainures profondes qui regnent dans toute leur longueur ;
& comme la côte du milieu
eft très-élevée , elles paroiffent
être quarrées au premier coup
d'œil : ces feuilles font fimples , & elles embraffent fortement la bâfe des tiges dans
une longueur confidérable, &
chaque racine en pouffe rarement plus de deux ; la tige
eft mince, ronde, haute d'environ deux pieds, & ornée à
fon extrémité de deux fleurs,
placées à deux pouces & demi
de diftance l'une de l'autre,
fur le même côté : chacune de
ces fleurs a une courte fpathe qui embraffe le germe,
ainfi que la bâfe du tube,
qui eft long, étroît, recourbé,
& qui s'élargit beaucoup avant
de fe divifer : le haut de
cette fleur eft découpé en fix
fegmens égaux , terminés en
pointes aiguës & de couleur de
pourpre ; mais elle devient de
couleur de foufre avant de fe flétrir : cette plante fleurit en Juin,
& fes femences mûriffent quelquefois très - bien en Angleterre.

Elle fe multiplie par les rejettons de fa racine , ou par
femences , de la même ma-
niere que la cinquieme efpece , & elle exige le même
traitement.

GLADIOLE *V.* GLADIOLUS.
GLAYEUL AQUATIQUE,
ou JONC FLEURISSANT. *V.*
BUTOMUS.
GLAYEUL. *V.* GLADIOLUS.
GLAYEUL PUANT. *Voyez*
IRIS FOETIDISSIMA.
GLANDIFER, fe dit des ar-

bres qui produifent des Glands.

GLANDULUS, terme qui fert à exprimer les racines figurées en glandes ou tubercules.

GLANDS (*les*) font des fruits couverts d'une écorce unie & dure, qui renferme une femence, dont la partie baffe eft logée dans une efpece de coupe, & le haut eft nud : mais on entend plus proprement par ce mot, le fruit feul fans la coupe.

GLAUCIUM *Voy.* CHELIDONIUM.

GLAUX. *Maritima. Hort. Cliff.* 43. *Fl. Suec.* 199. 210. *Roy Lugd.-B.* 417. [*Sea Chikweed*, or *Milkwort*, & *black faltwort.*] Mouron maritime, ou Herbe à lait.

Glaux, foliis elliptico-oblongis. Fl. Lapp. 72.

Glaux Maritima. Bauh. Pin. 215.

Alfine bi-folia, fructu Coriandri, radice geniculatâ. Lœfel. Pruff. 13. *t.* 13.

Cette plante eft baffe, trainante & vivace : fes feuilles reffemblent à celles du Mouron ; mais elles font d'une confiftance plus épaiffe, & feffiles aux tiges : comme on la cultive rarement dans les jardins, je n'en donnerai point d'autre defcription ; elle croît fpontanément fur les rivages de la mer, dans la plus grande partie de l'Angleterre.

Nota. LINNÉE l'a placée dans la *Pentandria monogynia* : le calice de fa fleur eft monophylle ; elle n'a point de corolle ; la capfule eft à une cellule qui s'ouvre en cinq valves, & renferme cinq femences :

il y a trois variétés, l'une à fleurs blanches, la feconde à fleurs herbacées, & la troifieme à fleurs panachées de rouge & de blanc.

GLECHOMA. *Hederacea, foliis reni-formibus crenatis. Hort. Cliff.* 307. *Suec.* 483. 518. *Roy. Lugd.-B.* 320. *Mat. Med.* 303. (*Ground-Svy*, *Gill - go - by - theground*, *Ale - hoof*, or *Turnhoof.*) Lierre rampant.

Hedera terreftris vulgaris. Bauh. Pin. 306.

Chamæ - Ciffus. Fufch. Hift. 876.

Le calice de la fleur eft divifé en cinq parties, & les fommets des étamines font joints en forme de croix.

LINNÉE a placé cette plante dans fa *Didynamia gymno-fpermia*, premier ordre de fa quatorzieme Claffe.

Cette plante croît naturellement en Angleterre, fous des haies & fur les bords des chemins ; mais comme on ne l'admet pas dans les jardins, je me contente d'en faire une fimple mention : on en connoît quatre variétés, la premiere à fleurs blanches, la deuxieme à fleurs bleues, la troifieme petite & très-élégante, & la quatrieme à fleurs pourpre.

GLEDITSIA. *Lin. Gen. Plant.* 1025. *Acacia. Raii. Meth.* 161. [*Honey - locuft*, or *threethorned Acacia.*] Carouge à miel, ou Acacia à trois épines.

Caractères. Ce genre a des fleurs mâles & des hermaphrodites dans le même chaton, & des fleurs femelles fur différentes plantes ; les chatons mâles font longs, ferrés, cylindriques, & ont chacun un petit calice à trois feuilles, & trois pétales ronds qui s'étendent & s'ouvrent en forme de coupe : les fleurs mâles ont un nectaire turbiné, dont l'ouverture se change ensuite en fruit; & six étamines minces, plus longues que les pétales, & terminées par des sommets oblongs & comprimés : les fleurs hermaphrodites qui sont placées à l'extrémité du même chaton, ont des calices, des pétales & des étamines comme les fleurs mâles, & de plus un germe, un style, & des semences comme les fleurs femelles : celles - ci naissent sur des arbres différens, & sont disposées dans un chaton clair; elles ont un calice à cinq pétales oblongs, deux nectaires courts & déliés, & un germe plus long que les pétales, qui soutient un style court, réfléchi, & couronné par un stigmat épais : ce germe devient ensuite un gros légume plat, divisé intérieurement en plusieurs partitions transversales, remplies d'une pulpe ou chair, qui environne une semence dure, ronde & renfermée dans chaque cellule.

Ce genre de plantes est rangé dans le second ordre de la vingt - troisieme Classe de LINNÉE, intitulée, *Polygamia diœcia*, dans lequel se trouvent comprises toutes celles qui ont des fleurs mâles & hermaphrodites sur la même plante, & des fleurs femelles sur des pieds séparés.

Les espèces sont :

1º. *Gleditsia triacanthos, spinis triplicibus axillaribus. Lin. Sp.* 1500. Gléditsia à trois epines, placées sur les côtés des branches.

Gleditsia spinosa. Duham. Arb. t. p. 266. t. 105.

Acacia Americana, Abruæ folio, triacanthos, sivè ad axillas foliorum spinâ triplici donata. Pluk. Mant. 1. i. 352. f. 1. Hort. Angl. t. 21. Acacia d'Amerique à trois épines.

Melilobus. Mitch. Gen. 15.

Cæsalpinoïdes, foliis pinnatis ac duplicato-pinnatis. Hort Cliff. 489.

2º. *Gleditsia inermis, spinis paucioribus, foliis bi-pinnatis, siliquis ovalibus;* Gléditsia avec moins d'épines, des feuilles ailées & de légumes ovales.

Acacia Abruæ folio, triacanthos, capsulâ ovali, unicum femen claudente. Catesb. Car. 1. p. 43. t. 43. Acacia à trois épines, & à feuilles d'Abruse, avec un légume ovale qui renferme une femence.

Triacanthos. Ces arbres sont originaires de l'Amérique; la première espece est fort commune dans la plupart des parties de l'Amérique septentrionale, où elle est connue sous le nom de *Carouge à miel*; comme elle a été cultivée pendant plusieurs années dans les jardins Anglois, les Jardiniers lui ont donné le nom d'*Acacia à trois épines;* elle s'éleve à la hauteur de trente ou quarante pieds, avec une tige armée d'épines longues, qui en ont deux ou trois plus petites qui sortent de leurs côtés, & sont souvent produites en grappes, sur les nœuds des tiges : ces épines ont quelquefois trois ou quatre pouces de long : les branches font auffi armées d'épines femblables, & garnies de feuilles ailées, compofées de dix paires de lobes, feffiles à la côte du milieu, & d'un vert luifant. Les fleurs, qui fortent fur les côtés des jeunes branches, en chatons font d'une couleur herbacée, & n'ont point d'apparence : les fleurs hermaphrodites font remplacées par des légumes d'environ un pied & demi de long, deux pouces de large, & divifées en plufieurs cellules par des partitions tranfverfales, dont chacune renferme une femence unie, dure, oblongue, entourée d'une chair douce.

Les feuilles de cet arbre paroiffent rarement dans notre climat avant le mois de Juin, & fes fleurs naiffent à la fin de Juillet ; mais il ne fleurit que lorfqu'il eft parvenu à une groffeur confidérable : il y en avoit un dans le jardin de Chelféa, qui a produit des fleurs pendant plufieurs années, & l'on en voit encore aujourd'hui un dans le jardin de l'Evêque de Londres à Fulham, qui a produit des légumes en 1728, qui font parvenus à leur entiere groffeur, mais dont les femences n'ont point mûri.

Inermis. La feconde reffemble beaucoup à la premiere, mais elle a moins d'épines : fes feuilles font plus petites fes légumes font ovales, & ne renferment qu'une femence : celle-ci a été découverte par M. Catesby, dans la Caroline, d'où il a envoyé fes femences en Angleterre, fous le nom d'*Acacia aquatique*, qu'on lui donne encore dans les jardins.

Culture. On multiplie ces arbres au moyen de leurs graines, qu'il faut fe procurer de l'Amérique : on envoie annuellement en Angleterre celles de la premiere efpece, fous le nom de *Carouge*, ou *Carouge à miel*, pour les diftinguer de celles du *faux Acacia* qu'on appelle fouvent en Amérique *Carougier* : on peut les femer au printems fur une planche de terre légere, en les enterrant d'un demi pouce de profondeur : fi le printems eft fec, il faut les arrofer fouvent, car fans cette précaution elles ne poufferoient pas la premiere année ; & je les ai même vu quelque-fois refter deux ans dans la terre avant de germer.

Ainfi, quand on veut gagner du tems, on les feme auffi-tôt qu'elles arrivent, on plonge les pots qui les contiennent dans une couche de chaleur modérée, & on les arrofe fouvent : par cette méthode, la plupart des plantes poufferont dans la même faifon. Lorfqu'elles auront fait quelques progrès, on les accoutumera par dégrés à fupporter le plein air ; car fi on les laiffoit dans la couche chaude, elles fileroient & s'affoibliroient beaucoup : on arrofe fouvent pendant l'été celles de ces plantes qu'on a mifes dans des pots ; mais celles de pleine terre n'ont pas

befoin d'autant d'eau , à moins
que la faifon ne foit fort feche :
comme ces plantes continuent
à pouffer jufqu'à la fin de l'é-
té , leurs derniers rejettons
font fujets à être détruits par
les premieres gelées de l'automn-
ne ; pour prévenir cet accident, on place dans cette derniere faifon celles qui font en
pots, fous un châffis de couche , & on couvre de nattes
celles de pleine terre , aux
premieres apparences de gelée ; car une petite gelée d'automne fait plus de tort aux
jeunes rejettons qui font remplis de féve , que les plus fortes de l'hiver n'en pourroient
occafionner aux branches ligneufes.

Au printems fuivant, on
peut placer ces plantes dans
des planches en pépiniere, à
un pied de diftance de rang
en rang, & à fix pouces entr'elles ; mais cette opération
ne doit être faite que dans
le mois d'Avril, lorfque le
danger de fortes gelées eft
paffé ; car comme elles ne
pouffent que fort tard, on
peut fans rifque ne les tranfplanter qu'au mois de Mai :
fi la faifon eft feche, il faut
les arrofer, & on fera bien
auffi de couvrir la terre avec
de la mouffe ou du terreau,
pour l'empêcher de trop fe
defécher : ces plantes peuvent
refter deux ans dans cette pépiniere ; pendant ce tems on
les tient conftamment nettes,
& en hiver on couvre la terre
avec du vieux tan, pour les
garantir des effets de la gelés : fi ces plantes profitent

bien , elles feront en état d'ê-
tre placées à demeure au bout
de deux ans ; car il eft dangereux de les tranfplanter lorfqu'elles font plus groffes : la
meilleure faifon pour les enlever, eft fur la fin du printems : elles profitent mieux
dans un fol léger & profond,
que dans une terre forte &
peu profonde , où elles fe
fe couvrent de mouffe, & ne
deviennent jamais groffes : elles exigent auffi une fituation
abritée, parce que leurs branches font fort fujettes à être
rompues par l'effort des vents,
lorfqu'elles font entièrement
couvertes de leurs feuilles en été.

GLOBULAIRE. *Voyez*
GLOBULARIA. L.

GLOBULARIA. *Lin. Gen.
Plant.* 106. *Tourn. Infl. R. H.*
466. *Tab.* 206. [*Blue-Daify.*]
La Globulaire , Marguerite
Bleue.

Caracteres. Ce genre à des
fleurs compofées de plufieurs
fleurettes, renfermées dans un
calice commun & écailleux ;
chaque fleurette a un calice
fourni par une feuille tubulée
& découpée en cinq fegmens
à fon extrémité ; elles ont un
pétale à bâfe tubulée, mais
dont l'extrémité eft divifée en
cinq parties, dont la fupérieure, qui eft la plus petite,
eft réfléchie ; elles ont auffi
quatre étamines de la longueur
du pétale, & terminées par
des fommets diftinéts : dans
le fond du tube eft placé un
germe ovale, qui foutient un
ftyle mince, couronné par un
ftigmat obtus ; ce germe fe
change enfuite en une femence
ovale,

ovale , située dans le calice commun.

Ce genre de plantes eſt rangé dans le premier ordre de la quatrième Claſſe de LINNÉE, qui a pour titre, *Tetrandria monogynia* , & qui renferme celles dont les fleurs ont quatre étamines & un ſtyle.

Les eſpeces ſont :

1°. *Globularia vulgaris, caule herbaceo , foliis radicalibus tridentatis, caulinis lanceolatis. Flor. Suec.* 109. 116. *It. Æl.* 65. *Dalib. Paris.* 43. *Pollich. Pal. n.* 136. *Scop. Carn. ed.* 2. *n.* 132. Globulaire avec une tige herbacée , des feuilles radicales , diviſées en trois pointes, & celles des tiges en forme de lance.

Globularia vulgaris. Tour. 467. La Globulaire.

Globularia caule folioſo , foliis ovatis , integerrimis. Hort. Cliff. 490. *Roy. Lugd.-B.* 190. *Hall. Helv.* 667.

Aphyllanthes anguillare. Cam. Hort. 18. *t.* 7.

Bellis cærulea , caule folioſo. Bauh. Pin. 262. Marguerite bleue.

B. *Bellis cærulea Apula. Tabern. Hiſt.* 2. *p.* 709. Variété.

Y. *Bellis cærulea Monſpeliaca. Tabernar. Hiſt.* 2. *p.* 709. *Lob. Adv.* 200. *Ic. p.* 478. 2. Variété.

2°. *Globularia nudi-caulis , caule nudo , foliis integerrimis , lanceolatis. Lin. Sp. Plant.* 97. *Jacq. Auſtr. t.* 230. *Scop. Carn.* 2. *n.* 134. Globulaire avec une tige nue , & des feuilles entieres & en forme de lance.

Globularia Pyrenaïca , folio oblongo , caule nudo. Tourn. 467.

Globulaire des Pyrénées , avec une feuille oblongue & une tige nue.

Scabioſa Bellidis folio, humilis , caule nudo , radice non repente. Moris. Hiſt. 3. *p.* 50. *S.* 6. *t.* 15. *f.* 4.

Bellis cærulea , caule nudo. Bauh. Pin. 262. *Raj. Hiſt.* 381.

3°. *Globularia Alypum , caule fruticoſo , foliis lanceolatis , tridentatis integriſque. Prod. Leyd.* 190. Globulaire avec une tige d'arbriſſeau , & des feuilles en forme de lance , dont quelques-unes ſe terminent en trois pointes , & d'autres ſont entieres.

Globularia fruticoſa , Myrti folio tridentato. Tourn. 467. *T. Garid. Aix.* 210. Globulaire en arbriſſeau , avec des feuilles de Myrte, diviſées en trois parties, communément appelée Turbith blanc , ou *Sené des Provençaux*.

Alypum Monſpelienſium ſivè frutex terribilis. Bauh. Hiſt. 1. *p.* 598. *Mſſ. Act.* 1712. *p.* 336. *t.* 18.

Thymelæa , foliis acutis, capitulo Succiſæ. Bauh. Pin. 463.

4°. *Globularia ſpinoſa , foliis radicalibus crenato-aculeatis; caulinis integerrimis , mucronatis. Lin. Sp. Plant.* 96. Globulaire dont les feuilles radicales ſont crenelées & épineuſes, & celles des tiges entieres , & terminées en une pointe.

Globularia ſpinoſa. Tourn. 476.

Bellis cærulea ſpinoſa. Bauh. Pin. 262.

Bellis ſpinoſa , flore globoſo. Bauh. Prod. 121.

5°. *Globularia cordi-folia ;*

caule sub-nudo foliis cunei - formibus tri - cuspidatis , intermedio minimo. Lin. Sp. Plant. 96. Jacq. Austr. 245. Scop. Carn. ed. 2. n. 133. Globulaire avec une tige nue , & des feuilles en forme de coin , & terminées en trois pointes , dont celle du milieu est la plus petite.

Globularia, foliis radicalibus cunei-formibus , retusis, dentatis, denticulo intermedio minimo. Hort. Cliff. 491. Roy. Lugd. B. 190.

Scabiosa Bellidis folio , humilis , caule nudo , radice repente , folio cordato. Moris. Hist. 3. p. 50. f. 6. t. 15. f. ult.

Bellis cærulea montana frutescens. Bauh. Pin. 262.

Globularia Alpina minima , Origani folio. Tourn. Inst. 467. La plus petite Globulaire des Alpes , à feuilles de Marjolaine.

Scabiosa, Bellidis folio, Pyrenaica minima. Moris. Hist. 3. p. 51.

6ᵛ. *Globularia Orientalis, caule sub-nudo , capitulis alternis , sessilibus , foliis lanceolato-ovatis, integris. Sp. Plant. Lin. 97.* Globulaire avec une tige nue , des têtes de fleurs alternes & sessiles , & des feuilles ovales en forme de lance & entieres.

Globularia Orientalis , floribus per caulem sparsis. Tourn. Cor. 35. Globulaire du Levant , à fleurs eparses dans la longueur des tiges.

Vulgaris. La premiere de ces plantes croît en abondance aux environs de Montpellier, ainsi qu'au pied des montagnes du Jura & du Saléva , & dans plusieurs parties de l'Italie & de l'Allemagne ; elle a des feuilles presque semblables à celles de la *Marguerite*, mais plus épaisses & plus unies ; ses tiges s'élevent à la hauteur d'environ six pouces , & soutiennent une tête globulaire de fleurs , composées de plusieurs fleurettes , renfermées dans un calice commun & écailleux ; ces fleurs sont d'un beau bleu, elles paroissent dans le mois de Juin , & produisent des semences situées dans le calice , & qui mûrissent en automne.

Nudi-caulis. La seconde espece , qui est fort commune dans les bois qui environnent la Grande-Chartreuse en Dauphiné , & sur les montagnes des Pyrénées , est beaucoup plus grosse que la précédente ; elle a une tige d'arbrisseau d'un pied & demi de hauteur, ses pétioles sont tout - à - fait nuds , & ses feuilles sont plus étroites , & beaucoup plus longues.

On peut multiplier la premiere , en divisant ses racines , comme on le pratique pour les *Marguerites* : on préfere pour cette opération le mois de Septembre à toute autre saison , afin que ces racines aient le tems de pousser de nouvelles fibres avant les premieres gelées : on les place à l'ombre dans un sol humide & marneux, où elles profitent beaucoup mieux que dans une terre légere & à une exposition ouverte : mais elles ne doivent être transplantées que chaques deux ans , si on veut les voir bien fleurir.

Alypum. La troisieme croît en France , dans les environs

de Montpellier, à Valence & dans plusieurs autres parties de l'Espagne : elle a une tige dure & ligneuse, qui s'éleve a la hauteur d'environ deux pieds, & produit plusieurs branches ligneuses, garnies de feuilles semblables à celles du *Myrte*; ses fleurs, qui naissent aux extrémités des branches, sont bleues & en forme de globe : cette plante peut être multipliée par boutures, qu'on doit séparer en Avril, précisément avant qu'elle commence à pousser : on plante ces boutures dans des pots remplis de terre fraîche & légere, on les plonge dans une couche de chaleur fort modérée ; on les arrose, & on les tient à l'ombre jusqu'à ce qu'elles aient pris racine; après quoi on les ôte de la couche, & on les habitue par dégrés à supporter le plein air : en été, on peut les placer avec les autres plantes exotiques dures, & les mettre en hiver sous un châssis de couche, où elles puissent jouïr de beaucoup d'air dans les tems doux, & être abritées des fortes gelées, qui les détruiroient si elles y restoient exposées ; mais dans les hivers doux, elles résistent au-dehors. Cette plante ne produit jamais de bonnes semences dans notre climat.

Spinosa. Cordi-folia. La quatrieme, qui a été trouvée sur les montagnes de Grenade par le Docteur ALBINUS, est une plante d'un crû bas, que l'on peut multiplier comme la premiere espece : il en est de même de la cinquieme, qui est la plus petite & la plus dure de toutes ; mais elles veulent être placées à l'ombre, & dans un sol frais & humide.

Orientalis. La sixieme a été decouverte dans le Levant, par M. de TOURNEFORT : elle est un peu plus tendre, & doit être mise à l'abri des gelées sous un châssis ; mais il faut l'exposer en été avec les autres plantes exotiques dures, & l'arroser souvent dans les tems secs : on peut la multiplier par semences, ou en divisant ses racines, comme on le pratique pour la premiere espece.

GLORIOSA. *Lin. Gen. Plant.* 374. *Methonica. Tourn. Acad. R. Scien.* 1706. [*The superb Lily.*] Le Lys superbe.

Caracteres. La fleur n'a point de calice ; sa corolle est composée de six pétales longs en forme de lance, ondés & réfléchis sur le pédoncule ; elle a six étamines qui s'étendent de chaque côté, & qui font terminées par des sommets penchés : dans son centre est placé un germe globulaire qu soutient un style mince, incliné, & couronné par un triple stigmat obtus ; ce germe devient ensuite une capsule ovale, mince & à trois cellules remplies de semences globulaires, disposées en double rang.

Ce genre de plante est rangé dans la premiere section de la sixieme classe de LINNÉE, intitulée *Hexandria monogynia*, qui renferme celles dont les fleurs ont fix étamines & un ftyle.

Les efpeces font :

1° *Gloriofa fuperba* , *foliis longioribus* , *capreolis terminalibus*; Lys fuperbe, avec de très-longues feuilles terminées par des vrilles.

Methonica Malabarorum , *Hort. Lugd.* 688. *Pluk. Alm.* 249. *t.* 116. *f.* 3. le Méthonica du Malabar.

Et le *Lilium Ceylanicum fuperbum. Hort. Amft.* 1. *p.* 69. *t.* 35. *Rudb. Elys.* 2. *p.* 178. *f.* 7. Lys fuperbe de Ceylan.

Mendoni. Rheed. Mal. 7. *t.* 107. *f.* 57.

2°. *Gloriofa cærulea* , *foliis ovato - lanceolatis* , *acutis.* Lys fuperbe, à feuilles ovales, en forme de lance, & aiguës.

Gloriofa fimplex , *foliis acuminatis. Mant.* 62. *Syft. Plant. tom.* 2. *p.* 49.

Superba. La premiere efpece croît naturellement fur la côte de Malabar & dans l'Ifle de Céylan , d'où elle a d'abord été portée dans les Jardins Hollandois , où on l'a cultivée pendant plufieurs années : elle a une racine longue, charnue, de couleur blanchâtre , & d'un goût amer & défagréable ; de fon centre fort une tige foible & ronde, qui traîne fur la terre fi l'on ne lui fournit pas un fupport ; cette tige , dont la longueur eft de huit à dix pieds , eft garnie de feuilles placées alternativement à chaque côté , unies, de huit pouces de long fur environ un pouce & demi de large à leur bafe , rétrécies dans la longueur de deux pouces vers leur extré-

mité, qui forme une pointe étroite , prolongée en une vrille, au moyen de laquelle cette plante s'attache à tous les corps voifins pour fe foutenir ; les fleurs naiffent fur des pédoncules minces aux côtés & aux extrémités des tiges ; leur corolle eft formée par fix pétales oblongs & terminés en pointes aiguës ; ces pétales, lorfqu'ils commencent à s'ouvrir, font d'abord d'une couleur herbacée , & les fleurs font inclinées en bas, comme celles des *Couronnes Impériales* & des *Fritillaires* , mais enfuite leurs pétales fe retournent en arriere , & prennent une belle couleur rouge-de-flamme; leurs pointes aiguës fe rencontren au fommet, & ils font agréablement ondés fur leurs bords ; les fix étamines s'étendent en-dehors, à chaque côté, prefque horizontalement , & font terminées par des fommets renverfés. Dans le centre de la fleur eft placé un germe rond qui foutient un ftyle incliné & couronné par un ftigmat à trois côtés.

Cette plante fleurit en Juin & en Juillet; mais elle perfectionne rarement fes femences en Angleterre ; les tiges fe flétriffent en automne, & fes racines reftent dans l'inaction pendant tout l'hiver, jufqu'à ce qu'elles en repouffent de nouvelles en Mars : les racines, ainfi que toutes les parties de la plante, font très-venimeufes; ainfi il ne faut pas les laiffer à la portée des enfans.

Cærulea. Les femences de la feconde efpece, qui m'ont été

envoyées par M. Richard, Jardinier du Roi de France à Trianon, ont été apportées du Sénégal par M. Adanson. On dit que la fleur de cette plante est bleue ; mais celles du jardin de Chelséa n'ont point encore fleuri : elle a une tige grimpante, garnie de feuilles unies, de trois pouces environ de longueur sur deux de large, & terminées en pointes aiguës, mais sans vrilles.

Les tiges de cette espece ne se sont encore élevées ici qu'à la hauteur de deux pieds ; mais elles paroissent devoir grimper comme celles de la précédente ; lorsque l'on manie ses feuilles, elles exhalent une odeur fort désagréable, qui occasionne des maux de tête lorsqu'on en approche de trop près.

Comme ces plantes produisent rarement des semences en Europe, on les multiplie généralement par leurs racines ; celles de la premiere espece rampent & se multiplient assez ; mais la seconde n'a point encore poussé de rejettons ; & comme les plantes de cette espece, qui se trouvent au jardin de Chelséa, sont encore jeunes, je ne puis savoir si leurs racines se multiplieront dans un âge plus avancé. Ces racines peuvent être tirées de la terre lorsque leurs tiges sont flétries, & conservées dans du sable pendant l'hiver ; mais il faut les tenir dans une serre ou dans une chambre chaude, où elles soient à l'abri du froid : on les plante au printems suivant, dans des pots remplis de terre légere, que l'on plonge dans la couche de tan de la serre chaude. Plusieurs personnes laissent cependant ces racines dans la terre pendant tout l'hiver ; mais elles les tiennent constamment plongées dans la couche de tan ; lorsque l'on adopte cette méthode, on ne doit les arroser que très-peu tandis qu'elles sont dans l'inaction, parce que l'humidité les dispose à la pourriture.

Vers la fin du mois de Mars ou au commencement d'Avril, lorsque leurs tiges paroissent, il faut les soutenir avec de longues baguettes, pour les empêcher de ramper sur les plantes voisines, auxquelles la premiere espece s'attacheroit par ses vrilles, qu'elle porte aux extrémités de ses feuilles. Les tiges de celle-ci s'élevent à la hauteur de dix ou douze pieds, si leurs racines sont fortes ; & quelques-unes de ces tiges produiront deux ou trois fleurs, qui sortent de leurs aisselles vers leur extrémité ; alors ces plantes font un beau coup d'œil dans la serre, mais les fleurs durent rarement plus de douze à quinze jours. Lorsqu'elles poussent en été on les arrose fréquemment, mais cependant toujours avec modération, parce qu'elles sont fort sujettes à se pourrir par l'humidité en quelque saison que ce soit. Les racines qui n'ont point été tirées des pots pendant l'hiver, doivent être transplantées & divisées au commencement du mois de Mars, avant qu'elles poussent des tiges & des fibres nouvelles ; les plus grosses racines peuvent être plantées dans des pots de la valeur de quatre fous, & les plus petites dans des pots de cinq ou six pouces de largeur fur les bords.

GLOUTERON *ou la* BARDANE. *Voyez* ARETIUM LAPPA.

GLYCINE. *Lin. Gen. Plant.* 797. *Apios. Boerh. Ind. Alt.* [*Knobbed-rooted Liquorice Vetch.*] Regliffe à racine noueufe.

Caractères. Le calice eft formé par une feuille divifée à fon extrémité en deux lèvres, dont la fupérieure eft obtufe & dentelée, & l'inférieure plus longue & fous - divifée en trois parties aiguës, dont celle du milieu s'étend au delà des autres : la fleur eft papilionnacée ; l'étendard eft en forme de cœur, réfléchi fur les côtés, gonflé fur le dos, & découpé aux pointes ; les ailes font petites, oblongues, ovales vers leur extrémité, & inclinées en arriere ; la carène eft étroite, & en forme de faulx, fa pointe eft tournée vers le haut, & dirigée du côté de l'étendard : cette fleur a dix étamines, dont neuf font jointes en un corps, & l'autre eft féparée, & qui font toutes terminées par des fommets fimples ; dans fon centre eft placé un germe oblong, qui foutient un ftyle fpirale, cylindrique, & couronné par un ftigmat obtus : ce germe fe change enfuite en un légume oblong & à deux cellules remplies de femences en forme de rein.

Ce genre de plantes eft rangé dans la troifieme fection de la dix-feptieme claffe de LINNÉE, qui renferme celles dont les fleurs ont dix étamines jointes en deux corps. TOURNEFORT place la premiere efpece avec l'*Aftragalus*, qui fe trouve dans la cinquieme fection de fa dixieme claffe, qui comprend les herbes à fleurs papilionnacées, dont le pointal fe change en légume à deux cellules.

Les efpeces font :

1°. *Glycine Apios, foliis impari-pinnatis, ovato-lanceolatis. Hort. Upfal.* 227. Glycine avec des feuilles ovales, en forme de lance, aîlées & terminées par un lobe impair.

Aftragalus tuberofus fcandens, Fraxini folio. Tourn. Inft. 415. Vefce laiteufe, grimpante & bulbeufe, à feuilles de Frêne.

Et l'*Apios Americana. Cornut.* 200. *t.* 201. *Stiff. Bot.* 29. *t.* 29. *Glycine radice tuberofá. Hort. Cliff.* 365. *Gron. Virg.* 107. *Roy. Lugd.-B.* 391.

Aftragalus perennis, fpicatus, Americanus, fcandens caulibus, radice tuberofá. Moris. Hift. 2. *p.* 102. *f.* 2. *t.* 9. *f. 1.*

2°. *Glycine frutefcens, foliis impari - pinnatis, caule perenni. Hort. Cliff.* 361. *Roy. Lug.-B.* 391. Glycine à feuilles aîlées, terminée par un lobe impair, & ayant une tige vivace.

Phafeoloïdes frutefcens Caroliniana, foliis pinnatis, floribus cæruleis conglomeratis. Hort. Angl. 55. *t.* 15. Haricots en arbre, de la Caroline, à feuilles aîlées, produifant des fleurs bleues en paquets.

3°. *Glycine Abrus, foliis abrupto - pinnatis ; pinnis numerofis, obtufis. Lin. Sp.* 1025. Glycine à feuilles aîlées, & placées fans ordre, dont les lobes font obtus & nombreux.

Glycine foliis pinnatis gemi-nis ; pinnis ovatis, oblongis, ob-tufis. Fl. Zeyl. 284. Hort. Upf. 228.

Orobus Americanus, fructu coc-cineo, nigrá maculá notato. Tourn. Inft. 393. Orobe d'Amérique avec un fruit écarlate, mar-qué d'une tache noire, ordi-nairement appelée *Réglisse fau-vage des Indes Occidentales.*

Phaseolus Glycyrrhizites fo-lio alato, pifo coccineo atrá ma-culá notato. Sloan. Jam. 70. *Hift.* 1. *p.* 180. *t.* 112. *f. 4,* 5, 6.

Phaseolus arborescens alatus & volubilis major Orientalis, fructu coccineo hirto, nigro notato. Pluk. Alm. 294. *t.* 214. *f. 5.*

Pifum Indicum minus, cocci-neum. Bauh. Pin. 212.

Abrus. Veft. Ægypt. 25. *Hort. Cliff.* 488. *Hill. Anat.* 21. *Rumph. Amb.* 5. *p.* 57. *t.* 32.

Konni. Rheed. Mal. 8. p. 71. *t.* 39.

Abrus Precatorius. Lin. Syft. Plant. tom. 3. *p.* 393.

4°. *Glycine comofa, foliis ter-natis hirfutis, racemis lateralibus. Lin. Sp. Plant.* 754. *Gron. Virg.* 107. Glycine avec des feuil-les velues & à trois lobes, & des fleurs difposées en longs paquets fur les côtés des tiges.

Glycine foliis ternatis. Gron. Virg. 1. *p.* 85.

Phaseolus Marianus fcandens, floribus comofis. Pet. Muf. 453. Haricot grimpant du Mary-land, avec des fleurs en pa-quets touffus.

5°. *Glycine tomentofa, foliis ternatis tomentofis, racemis axil-laribus breviffimis, leguminibus*

difpermis. Lin. Sp. Plant. 754. *Gron. Virg.* 106. Glycine à feuilles cotonneufes & à trois lobes, avec des épis de fleurs fort cours, qui fortent des aiffelles des tiges, & des lé-gumes renfermant deux fe-mences.

Ononis caule volubili. Gron. Virg. 1. *p.* 81.

Ononis Phafeoloïdes fcandens, floribus flavis, feffilibus. Hort. Elth. 30. *t.* 26. Arrête - bœuf grimpant comme les haricots, avec des fleurs jaunes & fef-files.

Apios. La premiere efpece, qui croit, naturellement en Virginie ; a des racines com-pofées de plufieurs nœuds ou bulbes, fixées à de petites fi-bres, & defquelles fortent des tiges minces qui fe tortillent, s'élevent à la hauteur de huit à dix pieds, & font garnies de feuilles compofées de trois paires de lobes, ovales, en forme de lance, & terminées par un impair ; fes fleurs for-tent en petits épis fur les cô-tés des tiges : elles reffemblent à celles de *Fois*, ont un peu d'odeur, & font d'une cou-leur de chair fale. Elles pa-roiffent en Août ; mais elles ne produifent point de femen-mences en Angleterre : fes tiges fe flétriffent en automne ; mais fes racines font vivaces ; & on la multiplie en les di-vifant : chaque bulbe détachée produira une plante : le meil-leur tems pour cette opéra-tion, eft vers la fin du mois de Mars, ou au commence-ment d'Avril, avant qu'elles commencent à pouffer : on

plante ces bulbes à une expofition chaude , & on les
couvre avec du vieux tan ou
de la terre fine , pour les
préferver des fortes gelées qui,
fans cette précaution , les feroient périr. Cette efpece
réuffit & fleurit très - bien ,
lorfqu'elle eft placée contre
une muraille expofée au midi ; mais il eft rare qu'elle
profite à une expofition différente : fi on la tient en
pots elle fleurit difficilement,
& fes tiges ne deviennent pas
auffi hautes que celles de pleine
terre.

Frutefcens. La feconde , qu'on
a d'abord apportée de la
Caroline , a été découverte
depuis à la Virginie , &
dans quelques autres en-
droits de l'Amérique Septentrionale ; cette efpece a des
tiges ligneufes , qui s'entremêlent les unes avec les autres , s'accrochent à tous les
arbres qui les avoifinent , &
s'élevent à la hauteur de quinze pieds , & plus ; fes feuilles
font ailées , & reffemblent prefque à celles du *Frêne* ; mais
elles ont un plus grand nombre de lobes ; fes fleurs, qui
font de couleur pourpre , fortent en grappes des aîles des
feuilles, produifent des légumes, longs , cylindriques, femblables à ceux des Féves rouges , & dans lefquels font rem-
fermées plufieurs femences en
forme de rein , qui ne parviennent jamais à leur maturité en Angleterre.

Cet arbriffeau grimpant eft
fort commun dans plufieurs pépinieres des environs de Lon-

dres , où il eft connu fous le
nom d'*Arbre à Féves* ou *à Haricots , de la Caroline ;* on le multiplie en marcottant fes jeunes
branches dans le mois d'Octobre ; elles prendront de bonnes racines dans l'efpace d'un
an , fur-tout fi elles font bien
arrofées dans les tems fecs ,
& pourront être enfuite tranfplantées dans une pépiniere ,
où on les laiffera une année
pour leur faire acquérir de la
force, ou dans les places qui
leur font deftinées : elles ex-
gent un fol léger & chaud,
& une fituation abritée , où
elles fupporteront bien le froid
de nos hivers ordinaires , &
elles n'auront rien à craindre
des plus fortes gelées, fi l'on
couvre leurs racines avec de
la paille , du chaume de pois,
ou quelqu'autre litière légère.

Abrus. La troifieme efpece
fe trouve également dans les
deux Indes & en Egypte : cette
plante vivace, pouffe des tiges
minces & tortillantes , qui
s'accrochent à ce qui les environne , s'élevent ainfi à la
hauteur de huit à dix pieds ,
& font garnies de feuilles aîlées , compofées de feize paires de petits lobes oblongs ,
émouffés & portés fort près
les uns des autres : cette plante
a un goût de *Réglife*, d'où
lui vient le nom de *Réglife fauvage*, qui lui a été donné par
les habitans de l'Amérique,
qui l'emploient aux mêmes ufages auxquels nous faifons fervir notre *Réglife* en Europe :
fes fleurs font de couleur pourpre pâle ; elles fortent en épis
courts fur les côtés des bran-

ches, & font remplacées par des légumes courts, qui renferment trois ou quatre femences, dures, rondes, & de couleur écarlate qui ont chacune une tache noire fur le côté, & font fixées au légume.

Les naturels du pays les enfilent & les portent comme des ornemens; on les envoie fouvent en Angleterre fous différentes formes, & mêlées avec des coquilles & d'autres femences dures.

On multiplie cette plante par fes graines, qu'il faut répandre au printems fur une bonne couche chaude; mais comme elles font fort dures, elles reftent ordinairement une année en terre avant de germer, à moins qu'on ne les ait fait tremper pendant douze ou quatorze heures avant de les mettre en terre; car au moyen de cette précaution, elles pouffent douze ou quinze jours après, fi elles font bonnes, & fi la couche a le dégré de chaleur qui leur eft néceffaire : lorfque ces plantes ont atteint la hauteur de deux pouces, on les tranfplante féparément dans des pots remplis de terre légère, qu'on plonge dans une couche chaude de tan, en obfervant de les tenir à l'ombre jufqu'à ce qu'elles aient formé de nouvelles racines; après quoi on les traite de la même maniere que les autres plantes du même pays, & on les tient conftamment dans la couche de tan de la ferre chaude; car elles font trop délicates pour profiter fans ce fecours dans notre climat. Cette efpece fleurit dans la feconde année, & fes femences mûriffent quelquefois ici.

Elle offre deux variétés, l'une à femences blanches, & l'autre à femences jaunes; leurs feuilles & leurs tiges font abfolument femblables; mais comme elles n'ont point encore montré leurs fleurs en Angleterre, je ne puis favoir s'il exifte quelque différence entr'elles.

Comofa. La quatrieme a une racine vivace, & une tige annuelle, qui périt en automne; elle s'éleve à la hauteur de deux ou trois pieds, avec des tiges minces, herbacées & garnies de feuilles velues, feffiles & à trois lobes ovales, en forme de lance, & terminées en pointes aiguës; fes fleurs fortent fur les côtés des tiges, aux périoles des feuilles : la partie nue des périoles a environ deux pouces, & les épis des fleurs font à peuprès de la même longueur & recourbés; ces fleurs qui font petites, de couleur bleue, & femblables à celles des *Pois*, font poftées très-près les unes des autres; elles paroiffent au commencement de Juin, & produifent quelquefois en Angleterre, des femences qui mûriffent dans le mois d'Août. Cette efpece étant originaire de l'Amérique Septentrionale, eft affez dure pour fubfifter en plein air dans ce pays; on peut la multiplier par femence, ou en divifant fes racines; la premiere méthode eft préférable à la seconde : lorfqu'on peut le procurer de bonnes graines, on l.s feme au printems, fur une planche de terre légère, & fi la faifon eft féche on les arrofe fréquemment, fans quoi elles refteroient long-tems en terre avant que de germer : lorfque les plantes ont pouffé, on les tient nettes de mauvaifes herbes, & en automne, lorfque leurs tiges font flétries, on les couvre avec du vieux tan, pour les préferver des fortes gelées. Au printems fuivant, on tranf-plante ces racines dans les places qui leur font deftinées, elles exigent une expofition chaude & abritée; mais pas trop expofée au foleil, & un fol léger, où elles profiteront & produiront des fleurs an-nuellement.

On divife leurs racines au printems, avant qu'elles com-mencent à pouffer; mais il ne faut les tranfplanter que tous les trois ans; car fi on les enlevoit trop fouvent, elles ne fleuriroient pas auffi bien.

Tomentofa. La cinquieme ef-pece a une racine vivace & une tige grimpante, haute de quatre pieds, & garnie de feuil-les cotonneufes & à trois lo-bes; fes fleurs fortent en pe-tits paquets fur les côtés des tiges; elles font petites & jau-nes, & elles produifent des légumes courts, qui renferment chacun deux femences rondes: cette plante fleurit en Juin, & fes graines mûriffent en au-tomne : elle croit naturelle-ment en Amérique; mais elle eft trop délicate pour pouvoir être

placée en plein air dans notre climat : on la multiplie comme la troifieme efpece, & elle exige le même traitement.

GLYCYRRHIZA. *Lin. Gen. Plant. 788. Tourn. Inft. R. H. 389. Tab. 210;* ainfi appelée de γλυκὺς, douce, & de ῥίζα, racine; racine douce : les an-ciens lui donnoient le nom de *racine Scythienne;* parce que les Scythes ont été les premiers à en faire ufage. [*Liquorice*] Ré-gliffe.

Caractleres. La fleur a un ca-lice perfiftant, tubulé, & formé par une feuille divifée en deux lèvres; la fupérieure eft dé-coupée en trois parties, dont celle du centre eft large & fous-divifée en deux fegmens; & la lèvre inférieure eft fim-ple; la corolle eft compofée de quatre pétales, papilion-nacés; elle a un long éten-dard érigé, avec deux aîles oblongues, & une carène à deux feuilles aiguës : la fleur a dix étamines, dont neuf font jointes & l'autre eft féparée; elles font plus longues que la carène, & terminées par des fommets ronds : dans le fond eft placé un germe court, qui foutient un ftyle en forme d'a-lêne couronné par un ftigmat montant & obtus : ce germe dévient enfuite un légume ob-long ou ovale, comprimé, & à une cellule, qui renferme deux ou trois femences en forme de rein.

Ce genre de plantes eft rangé dans la troifieme fection de la dix-feptieme claffe de LINNÉE, intitulée *Diadelphia de-candria,* qui renferme celles dont les fleurs ont dix étamines, jointes en deux corps.

Les especes font :

1°. *Glycyrrhiza glabra, leguminibus glabris, stipulis nullis.* Hort. Cliff. 490. Mat. Med. 173. Roy. Lugd.-B. 386. Sauv. Monsp. 232. Kniph. Cent. 4. n. 29. Regn. Bot. Réglisse avec des légumes unis & sans stipules.

Glycyrrhiza siliquosa & Germanica. C. B. p. 352.

Glycyrrhiza vulgaris. Dod. Pempt. 341 ; Réglisse commune.

2°. *Glycyrrhiza echinata, leguminibus echinatis, foliis stipulatis.* Prod. Leyd. 386. Hort. Upf. 230. Jacq. Hort. t. 95. Pal. It. 1. App. n. 118. Kniph. Cent. 5. n. 37 ; Réglisse avec des légumes épineux, & des stipules aux feuilles.

Dulcis radix. Cam. Epit. 423 ; Racine douce. Réglisse sauvage.

Glycyrrhiza capite echinato. C. B. P. Réglisse avec des légumes rudes échinés. Réglisse de Dioscoride. Réglisse échinée ou sauvage.

3°. *Glycyrrhiza hirsuta, leguminibus hirsutis, foliolo impari, petiolato.* Roy. Lugd. B. 386 ; Réglisse avec des légumes velus, & des feuilles terminées par un lobe impair, pétiolé.

Glycyrrhiza Orientalis, siliquis hirsutissimis. Tourn. Cor. 26 ; Réglisse du Levant, avec des légumes très-velus.

Glabra. La premiere espece est celle qu'on cultive ordinairement en Angleterre, pour les usages de la médecine : les deux autres sont conservées dans les jardins de botanique pour la variété ; mais leurs racines ne sont pas aussi remplies de suc que celles de la premiere, ni aussi douces. Quoique la seconde paroisse être celle que DIOSCORIDE recommande, cependant les propriétés que la premiere possede à un plus haut degré, l'ont fait cultiver de préférence en Europe. Les racines de celle-ci coulent très-profondément dans la terre, & rampent à une distance considérable, sur-tout si on les laisse long-tems sans les enlever : de ces racines sortent des tiges fortes & herbacées, de quatre ou cinq pieds de hauteur, & garnies de feuilles ailées, composées de quatre ou cinq paires de lobes ovales, terminées par un lobe impair ; ces feuilles & ces tiges sont gluantes, & d'un vert foncé : ses fleurs sortent en épis érigés des aisselles des tiges ; elles sont d'une couleur bleue pâle, & sont remplacées par des légumes courts & comprimés, qui renferment chacun deux ou trois semences en forme de rein. Cette plante fleurit à la fin de Juillet ; mais ses semences ne mûrissent point en Angleterre (1).

---

(1) La racine de Réglisse est si commune, qu'il y a peu de personnes qui n'en connoisse l'usage & les propriétés : elle contient une très-grande quantité de substance gommeuse, douce & sucrée, & une petite quantité d'une résine tendre, & beaucoup plus douce encore que la gomme : cette racine est légèrement laxative ; mais elle est sur tout très-adoucissante, détersive, lubrifiante & pectorale : on s'en sert avec succès

Cette plante se plaît dans un sol léger & sablonneux, qui doit avoir au moins trois pieds de profondeur, parce que sa bonté consiste dans la longueur de ses racines : on en cultive une grande quantité aux environs de Pontefract, dans le comté d'Yorck, & à Godalmin en Surrey : on en a beaucoup planté aussi depuis quelques années dans les jardins près de Londres. La terre dans laquelle on la plante doit être bien labourée à trois fers de bêche de profondeur, & engraissée une année avant, afin que le fumier puisse être parfaitement consommé & mêlé ; car sans cela il deviendroit un obstacle, qui empêcheroit les racines de couler vers le bas. Quand la terre est ainsi bien préparée, on se procure des plantes fraîches, prises sur les côtés ou sur les têtes des vieilles racines ; elles doivent avoir un bon bourgeon ou œil : sans quoi elles courroient risque de manquer ; il faut aussi les choisir

dans les maladies de poitrine occasionnées par quelque matiere âcre, dans les érosions de gosier, la strangurie, les ardeurs d'urine, la néphrétique sablonneuse, la toux, l'enrouement, la pleurésie, &c.

On fait entrer cette racine dans la plupart des ptisanes pour corriger, par sa douceur, l'amertume des autres ingrédiens ; ainsi que dans un grand nombre de compositions pharmaceutiques.

Son suc ou extrait épaissi, a les mêmes propriétés que la racine, & peut-être employé dans les mêmes circonstances.

parfaitement saines, & d'environ dix pouces de longueur.

La meilleure saison pour les planter, est le commencement ou le milieu du mois de Mars ; & l'on s'y prend de la maniere suivante : on trace d'abord une ligne au cordeau, & ensuite avec une houe plate & faite exprès, on y place les rejettons, perpendiculairement, & de maniere que leurs têtes soient élevées d'environ un pouce au-dessus de la surface, & qu'elles soient éloignées les unes des autres d'un pied dans les rangs, & de deux pieds entre chaque rang. Quand la piece de terre est remplie, on peut y semer légèrement des *Oignons*, parce que les racines de cette plante ne s'enfoncent pas beaucoup, & ne peuvent pas endommager celles des Réglisses, qui ne font que peu de progrès dans la premiere année : en houant les *Oignons*, on tiendra la terre nette de mauvaises herbes ; mais en faisant cette opération, il faut bien prendre garde de ne pas couper les principaux rejettons des plantes de Réglisse, quand ils paroissent au-dessus de la terre, ce qui les endommageroit beaucoup, & l'on doit aussi retrancher tous les *Oignons* qui en font trop voisins : lorsque les *Oignons* font enlevés, on houe soigneusement la terre, & on la nettoie exactement : en Octobre lorsque les rejettons de Réglisse font péris, on répand un peu de fumier fort pourri sur la surface de la terre, pour empêcher les mauvaises herbes de croître pendant l'hiver, & pour la fertiliſer au moyen de ces particules graſſes que l'eau des pluies fait pénétrer & entraîne avec elle.

Au commencement du mois de Mars ſuivant, on laboure légèrement entre les rangs de Régliſſe, & on enterre le fumier qui reſte toujours, avec la précaution de ne point endommager les plantes, ni couper leurs racines. Ce labour non-ſeulement conſervera la terre nette de mauvaiſes herbes pendant long-tems, mais renforcera auſſi les plantes.

La diſtance que je preſcris de laiſſer entre ces plantes, paroîtra peut-être trop grande ; mais on doit faire attention que le principal avantage qu'on en retire conſiſtant dans leurs racines, il faut qu'elles aient aſſez de place pour s'étendre, & qu'il eſt d'ailleurs néceſſaire de pouvoir paſſer librement entr'elles pour les nettoyer, puiſque cette opération eſt une des plus eſſentielles de leur culture. Si la plantation de Régliſſe doit être conſidérable, je conſeille même de laiſſer trois pieds d'intervalle entre chaque rang, afin de pouvoir labourer avec la charrue, ce qui diminue beaucoup les frais de culture.

Ces plantes doivent reſter trois ans en terre ; mais après ce tems, on peut les enlever, en choiſiſſant pour cela la ſaiſon où leurs tiges ſont tout à-fait détruites ; car lorſqu'elles ſont arrachées trop-tôt, elles ſe rétréciſſent conſidérablement, & perdent de leur poids & de leurs qualités.

Comme la terre des environs de Londres eſt très-riche, ces racines y font des progrès conſidérables en fort peu de tems ; mais elles ſont d'une couleur fort ſombre, & moins agréable à la vue, que celles qui croiſſent dans une terre ſablonneuſe, & dans un pays découvert.

Echinata. La ſeconde eſpece croît naturellement dans quelques parties de l'Italie, & dans le Levant ; ſes tiges & ſes feuilles ſont ſemblables à celles de la premiere ; mais ſes fleurs naiſſent en épis plus courts, & ſont remplacées par des légumes fort courts, larges à leur bâſe, terminés en pointe, & armés d'épines fort aiguës. Cette eſpece fleurit à-peu-près dans le même tems que la premiere, & dans les années chaudes elle perfectionne ſes ſemences en Angleterre.

Hirſuta. La troiſieme, dont les graines ont été envoyées du Levant, au Jardin Royal de Paris, par M. de TOURNEFORT, a beaucoup de reſſemblance avec les deux autres ; mais ſes légumes ſont velus, & plus longs que ceux des précédentes. Ces deux eſpeces peuvent être multipliées de la même maniere que la premiere, ou au moyen de leurs graines, qu'on ſeme au printems dans une planche de terre légère ; mais comme on ne fait aucun uſage de ces deux dernieres plantes, on les cultive rarement, à moins que ce ne ſoit pour la variété.

GNAPHALIUM. *Lin. Gen.*

Plant. 850. *Elichryfum. Tourn.*
Inft. R. H. 452. *Tab.* 259.
[*Goldilocks, or Eternal Flower.*]
Immortelle.

Caractères. La fleur eft compoſée de fleurettes femelles &
hermaphrodites, renfermées
dans un calice écailleux; les
fleurettes hermaphrodites font
tubuleuſes, en forme d'entonnoir,
& découpées ſur leurs bords
en cinq parties réfléchies; elles ont cinq étamines courtes,
velues, & terminées par des
ſommets cylindriques : dans le
centre eft fitué un germe qui
foutient un ftyle mince de la
longueur des étamines, & couronné par un ftigmat diviſé en
deux parties : ce germe ſe change, quand la fleur eft flétrie,
en une ſemence fimple, qui,
dans quelque eſpèce, eft couronnée d'un duvet velu, &
dans d'autres d'un duvet plu-
macé : les fleurettes femelles
qui font entremêlées avec les
premieres, n'ont point d'étamines, mais feulement un germe qui foutient un ftyle mince, couronné par un ftigmat
réfléchi, & diviſé en deux parties. Dans quelques eſpeces ces
dernieres font fructueuſes, &
ftériles dans d'autres. Le calice de la fleur eft perfiftant &
luiſant.

Ce genre de plantes eft rangé dans la feconde fection de
la dix-neuvieme claffe de Linnée, qui renferme celles qui
ont des fleurs hermaphrodites
& femelles, toutes deux fructueuſes, & renfermées dans un
calice commun.

Les eſpeces font :

1°. *Gnaphalium Stœchas*,
*fruticofum, foliis linearibus, ra-
mis virgatis, corymbo compofito.*
Hort. Cliff. 401. *Hort. Upf.*
256. *Gouan. Monfp.* 435. *Scop.*
Carn. ed. 2. *n.* 152. *Mattufch.*
Sil. n. 603. *Pal. It.* 1. *p.* 207.
Balckw. t. 438 *Kniph. Cent.*
6. *n.* 45 ; Gnaphalium avec
une tige d'arbriffeau, garnie
de feuilles fort étroites, & de
fleurs en corymbe compofé.

Elichryfum, fivè Stœchas,
Citrina angufti-folia. C. B. p.
264 ; Caffidony ou Immortelle
à feuilles étroites. Immortelle
jaune, ou Stœchas Citrin.

Elichryfum, fivè Chryfocome
angufti-folia vulgaris. Moris. Hift.
3. *p.* 401. *f.* 7. *t.* 11. *f.* 7.

Chryfocome, fivè Stœchas Ci-
trina minor. Barr. Ic. 410, 409.
278.

Stœchas Citrina. Dod. Pemp:
268.

2°. *Gnaphalium anguftiffimum,*
foliis linearibus, caule fruticofo,
ramofo, corymbo compofito. Hort.
Cliff. 401 ; Gnaphalium avec
une tige d'arbriffeau branchue,
des feuilles fort étroites, &
des fleurs en corymbe compofé.

Elychryfum anguftiffimo folio.
Tourn. Inft. R. H. 452 ; Immortelle à feuilles fort étroites.

3°. *Gnaphalium uni-florum,*
foliis alternis, acutè dentatis,
fubtùs villofis, pedunculis lon-
giffimis, uni-floris ; Gnaphalium à feuilles alternes fortement dentelées & velues en-
deffous, avec des fleurs portées chacune fur un pédoncule fort long.

Elichryfum fylveftre lati-fo-
lium, flore parvo fingulari. Tourn.
Inft. R. H. 452 ; Immortelle

sauvage à larges feuilles, avec une petite fleur simple.

4°. *Gnaphalium luteo-album, foliis semi-amplexicaulibus, ensiformibus, repandis, obtusis, utrinque pubescentibus, floribus conglomeratis. Prod. Leyd.* 149. *Gouan. Monsp.* 434; Gnaphalium avec des feuilles en forme d'épée, obtuses, réfléchies, & couvertes d'un duvet sur les deux côtés, qui embrassent les tiges à moitié, & des fleurs en grappes.

Chrysocome Citrina supina, lati-folia, italica. Barrel. Ic. 367.

Elichrysum sylvestre lati-folium, capitulis conglobatis. C. B. p. 264; Immortelle sauvage à larges feuilles, ayant des têtes en grappes.

Filago foliis mollissimis, tomentosis, obtusis, umbellis convexis, electrinis. Hall. Helv. 147.

Gnaphalium majus, lato folio oblongo. Bauh. Pin. 263. *Pluk. Alm.* 171. *Moris. Hist.* 3. *p.* 88.

5°. *Gnaphalium aquaticum, caule ramoso, diffuso, floribus confertis. Flor. Lap.* 300; Gnaphalium avec une tige branchue & diffuse, dont le sommet est garni de fleurs disposées en paquets.

Elichrysum aquaticum, ramosum, minus, capitulis foliaceis. Tourn. Inst. 452; Petite Immortelle branchue & aquatique, avec des feuilles rapprochées en têtes.

6°. *Gnaphalium sylvaticum, caule simplicissimo, floribus sparsis. Flor. Lap.* 298. *Flor. Suec.* 675, 739. *Hort. Cliff.* 402.

Roy. Lugd.-B. 148. *Gmel. Sib.* 2. *p.* 106; Gnaphalium avec une tige simple, & des feuilles éparses.

Filago foliis linearibus, alis spici-feris. Hall. Helv. n. 148.

Elichrysum spicatum. Tourn. Inst. R. H. 453; Immortelle en épis.

Gnaphalium majus, angusto oblongo folio, alterum. Bauh. Pin. 263.

Gnaphalium rectum. Bauh. Hist. 3. *p.* 160.

7°. *Gnaphalium dioïcum, caule simplissimo, corymbo simplici terminali, sarmentis procumbentibus. Hort. Cliff.* 400. *Fl. Suec.* 662, 736. *Mat. Med.* 388. *Roy. Lugd.-B.* 741. *Gmel. Sib.* 2. *p.* 105. *Kniph. Cent.* 3. *n.* 44; Gnaphalium avec une tige simple, terminée par un simple corymbe, & des branches traînantes. Cette plante est appelée *Pes Cati*, ou Pied-de-Chat.

Filago flagellis reptans, sexu distincta, flosculis omnibus androgynis. Hall. Helv. n. 157.

Elichrysum montanum, flore rotundiore, candido. Tourn. Inst. R. H. 453; Immortelle de montagne, avec une fleur plus ronde & plus blanche. Pied-de-chat.

Gnaphalium mas, montanum flore rotundiore. Bauh. Pin. 263.

Pilosella minor. Dod. Pempt. 68. *f. Exterior.*

Gnaphalium femina, montanum, longiori folio & flore albo. Bauh. Pin. 263.

Pilosella minor. Dod. Pemp. 68. *f. Interior.*

8°. *Gnaphalium montanum, foliis radicalibus cunei-formibus, caulinis acutis feffilibus ; caule fimpliciffimo , capitulo terminali aphyllo , floribus oblongis* ; Gnaphalium dont les feuilles radicales font en forme de coin, & celle des tiges aiguës & feffiles , avec une tige fimple, & terminée par des fleurs oblongues.

Elichryfum montanum , longiori folio , & flore albo. Tourn. Inft. 453 ; Immortelle de montagne , avec de plus longues feuilles , & une fleur blanche.

9°. *Gnaphalium chryfocomum , humile , caule fruticofo , foliis linearibus , fubtùs argenteis , fquamis calycinis longioribus , acuminatis* ; Gnaphalium bas , à tige d'arbriffeau , & à feuilles fort étroites & argentées endeffous , & dont les écailles qui couvrent le calice font plus longues & aiguës.

Chamæ - chryfocome prælongis purpurafcentibufque Jacææ capitulis. Barrel. Icon. 406; Immortelle naine , à têtes plus longues, pourpre & femblables à celles de la Jacée.

10°. *Gnaphalium Orientale, fub-herbaceum , foliis lineari-lanceolatis , feffilibus , corymbo compofito , pedunculis elongatis. Lin. Sp.* 1195 ; Gnaphalium herbacée , avec des feuilles étroites, en forme de lance, & un corymbe compofé.

Elichryfum frutefcens lati - folium , flore corymbi-fero , toto aureo. Moris. Hift. 3. *p.* 86.

Elichryfum Orientale. C. B. p. 264. *Prod.* 123 ; Immortelle du Levant. Le Bouton d'Or.

11°. *Gnaphalium ignefcens, fruticofum , foliis fub-lanceolatis ,* tomentofis , feffilibus , corymbis alternis , conglobatis , floribus globofis. *Prod. Leyd.* 149 ; Gnaphalium en arbriffeau , avec des feuilles cotonneufes , en forme de lance , & feffiles aux tiges , & des paquets de fleurs globulaires & alternes.

Elichryfum Germanicum , cályce ex aureo rutilante. Tourn. Inft. R. H. 452 ; Immortelle d'Allemagne , avec un calice rougeâtre en couleur d'or.

Elichryfum flore fuave rubente Boërh. Lugd.-B. 1. *p.* 120.

12°. *Gnaphalium Margaritaceum , herbaceum , foliis lineari-lanceolatis , acuminatis , alternis , caule fupernè ramofo , corymbis faftigiatis. Hort. Cliff.* 401. *Hort. Upf.* 255. *Gmel. Sib.* 2. *p.* 107. *Kalm. It.* 2. *p.* 257. *Kniph. Cent.* 12. *n.* 50 ; Gnaphalium herbacée avec des feuilles étroites en forme de lance , pointues & alternes , avec une tige dont le fommet eft branchu , & un corymbe de fleurs dont les bouquets font horifontalement applatis.

Filago foliis lanceolatis , fubtùs tomentofis , floribus umbellatis. Hall. Helv. n. 146.

Elichryfum Americanum latifolium. Tourn. Inft. R. H. 453; Immortelle d'Amérique à larges feuilles.

Gnaphalium Americanum. Cluf. Hift. 1. *p.* 327.

13°. *Gnaphalium fœtidum , herbaceum , foliis amplexicaulibus, integerrimis , acutis , fubtùs tomentofis , caule ramofo. Hort. Cliff.* 402. *Lin. Sp. Pl.* 850. *Hort. Upf.* 246. *Kniph. Cent.* 2. *n.* 28 ; Gnaphalium herbacée , à feuilles entieres & cotonneufes tonneuses en-deſſous , qui em-braſſent les tiges, & à tiges bran-chues.

Elichryſum Africanum fœtidiſ-ſimum , ampliſſimo folio. Tourn. Inſt. R. H. 454 ; Immortelle d'Afrique fétide , à feuilles très-larges.

14. *Gnaphalium argenteum , foliis amplexicaulibus , integerri-mis , ovatis , nervoſis , utrinque tomentoſis , caule ramoſo. Hort. Cliff.* 402 ; Gnaphalium avec des feuilles amplexicaules , en-tieres, ovales, garnies de ner-vures , & cotonneuſes des deux côtés , & une tige branchue.

Gnaphalium Africanum lati-fo-lium , fœtidum , capitulo argen-teo. Comm. Hort. 2. *p.* 111. *t.* 56.

Conyza Africana graveolens , capitulis argenteis. Pluk. Alm. 117. *t.* 243. *f.* 1. *Moris. Hiſt.* 3. *p.* 115. *S.* 7. *t.* 20. *f.* 32.

Elichryſum Africanum fœtidiſ-ſimum. ampliſſimo folio , calyce argenteo. Tourn. Inſt. 454 ; Im-mortelle d'Afrique très-fétide , ayant une feuille fort lar-ge , & un calice argenté à la fleur.

15°. *Gnaphalium undulatum , herbaceum , foliis decurrentibus , lanceolatis , acutis , undulatis , ſubtùs tomentoſis , caule ramoſo. Hort. Cliff.* 402 ; Gnaphalium avec des feuilles aiguës, coulan-tes, ondées & cotonneuſes en-deſſous , & une tige branchue.

Elichryſum graveolens acuti-folium , caule alato. Hort. Elth. 130. *t.* 108. *f.* 130 ; Immor-telle puante, à feuilles aiguës , & à une tige ailée.

16°. *Gnaphalium cymoſum , herbaceum , foliis lanceolatis , trinerviis , ſuprà glabris , caule*

infernè ramoſo , racemo terminali. Hort. Cliff. 401 ; Gnaphalium à feuilles en forme de lance , marquées de trois veines & unies en-deſſus , avec des fleurs placées aux extrémités des bran-ches baſſes.

Elichryſum Africanum , folio oblongo , ſubtùs incano , ſuprà viridi , flore luteo. Boërh. Ind. Alt. 1 , 121 ; Immortelle d'A-frique , à feuilles oblongues , blanches en-deſſous , & ver-tes en-deſſus , & à fleurs jau-nes.

17°. *Gnaphalium Americanum , caule herbaceo ſimpliciſſimo , fo-liis lanceolatis , obtuſis , tomen-toſis , floribus ſpicatis lateralibuſ-que ;* Gnaphalium avec une ti-ge ſimple & herbacée , des feuilles obtuſes en forme de lance & cotonneuſes , & des fleurs diſpoſées en épis ſur les côtés des tiges.

Gnaphalium ad Stœchadem Citrinam accedens. Sloan. Cat. Jam. 125 : Gnaphalium doré.

18°. *Gnaphalium rutilans , herbaceum , foliis lineari-lanceo-latis , caule infernè ramoſo , co-rymbo decompoſito terminali. Hort. Cliff.* 401 ; Gnaphalium her-bacée, avec des feuilles étroi-tes & en forme de lance , ayant le bas de la tige branchu , & un corymbe décompoſé , qui termine les branches.

Elichryſum Africanum , folio oblongo anguſto , flore rubello , poſteà aureo. Boërh. Ind. Alt. 121 ; Immortelle d'Afrique , à feuilles oblongues & étroi-tes , avec une fleur d'abord rougeâtre , & qui devient jaune dans la ſuite.

19°. *Gnaphalium ſanguineum ,*

herbaceum, foliis decurrentibus, lanceolatis, tomentofis, planis, apiculo nudo terminatis. Amœn. Acad. *p.* 78 ; Gnaphalium herbacée, à feuilles en forme de lance, cotonneufes, coulantes, & terminées par une petite pointe nue.

Gnaphalio montano affinis Ægyptiaca. Bauh. Pin. 264.

Chryfocoma Syriaca, flore atrorubente. Breyn. Cent. 146.

Baccharis Diofcoridis Rauw. *It.* 285. *t.* 285.

20°. *Gnaphalium fruticofum, frutefcens, foliis infernè lanceolatis, caulinis lineari-lanceolatis, utrinque tomentofis, corymbo compofito terminali ;* Gnaphalium en arbriffeau, avec les feuilles du bas en forme de lance, celles fur les tiges étroites, en forme de lance, & cotonneufes fur les deux côtés, & des tiges terminées par des fleurs en corymbe compofé.

Elichryfum Africanum frutefcens, anguftis & longioribus foliis incanis. Hort. Amft. 2. *p.* 109. *t.* 55 ; Immortelle d'Afrique en arbriffeau, avec des feuilles plus longues, plus étroites & blanches.

21°. *Gnaphalium odoratiffimum, foliis decurrentibus, obtufis, infernè villofis, corymbis conglobatis terminalibus ;* Gnaphalium à feuilles obtufes, coulantes, & velues en-deffous, ayant un corymbe de fleurs en grappe qui termine la tige.

Elichryfum, foliis linearibus, decurrentibus, fubtùs incanis ; floribus corymbofis. Fig. Plant. Tab. 131. *f.* 2. Immortelle à feuilles étroites, coulantes,

& blanches en-deffous, ayant des fleurs en corymbe.

Elichryfum lati folium villofum, alato caule, odoratiffimum. Pluk. Alm. 134. *t.* 173. *f.* 6.

22°. *Gnaphalium Plantagini-folium, farmentis procumbentibus, caule fimpliciffimo, foliis radicalibus ovatis, maximis.* Lin. Sp. Plant. 850. Gron. Virg. 121. Gnaphalium avec une tige fimple, les feuilles radicales ovales, & très-grandes, & des coulans traînans.

Gnaphalium, Plantaginis folio, Virginianum. Pluk. Alm. 171. *t.* 348. *f.* 9. Immortelle de Virginie à feuilles de Plantin.

23°. *Gnaphalium obtufi-folium, herbaceum, foliis lanceolatis, caule tomentofo, paniculato, floribus terminalibus glomeratis conicis.* Lin. Sp. Plant. 851. Gron. Virg. 121. Gnaphalium avec des feuilles en forme de lance, & une tige cotonneufe, terminée par des paquets coniques de fleurs.

Gnaphalium foliis lanceolatis, caule tomentofo, corymbis fuprà decompofitis, floribus feffilibus confertis. Gron. Virg. 1. *p.* 95.

Elichryfum Chryfocoma Gnaphaloïdes Virginiana annua, foliis obtufioribus, capitulis argenteis conglobatis. Moris. Hift. 3. *p.* 88. S. 7. *t.* 10. *f.* 19.

Elichryfum obtufi-folium, capitulis argenteis conglobatis. Hort. Elth. 130. *t.* 108. *f.* 131. Immortelle à feuilles émouffées, & à têtes de fleurs argentées & difpofées en paquets.

24°. *Gnaphalium fpicatum, foliis lanceolatis, decurrentibus, tomentofis, floribus fpicatis terminalibus lateralibufque.* Gnaphalium à feuilles en forme de lance ; cotonneufes & coulantes, avec des fleurs en épis, placées aux extrémités & fur les côtés des tiges.

Elichryfum caule alato, floribus fpicatis. Sloan. Cat. Jam. 125. Immortelle avec une tige ailée, & des fleurs en épis.

Stœchas. La premiere efpece a une tige d'arbrifseau qui s'éleve à la hauteur d'environ trois pieds, & fe divife en branches longues, minces & irrégulieres, dont les inférieures font garnies de feuilles obtufes, de deux pouces & demi de long fur une ligne & demie de large à la pointe ; mais les feuilles qui ornent la tige, font fort étroites, & terminées en pointe aiguë : toutes les parties de cette plante font fort cotonneufes : fes fleurs naiffent aux extrémités des tiges, en corymbe compofé ; leurs calices font d'abord argentés & fort nets, & ils prennent enfuite une couleur de foufre jaunâtre. On conferve ces têtes de fleurs dans toute leur beauté pendant plufieurs années, en les cueillant avant qu'elles foient fort ouvertes, fur-tout en les garantiffant de l'air & de la poufsiere. Ces fleurs commencent à paroître dans le mois de Juin, fe fuccèdent pendant tout l'été ; & plufieurs fe confervent belles durant la plus grande partie de l'hiver. On regarde cette efpece comme étant le vrai *Caffidony d'or* des boutiques ; mais on lui fubftitue ordinairement la feconde en Angleterre.

On la multiplie par boutures, qui peuvent être plantées en Juin ou en Juillet, dans des planches de terre légère ; on les couvre avec des cloches, on les met à l'abri du foleil avec des nattes, & on les arrofe fouvent, mais légèrement : après fix ou huit femaines ces boutures feront bien enracinées, alors on les enlèvera, on les plantera dans des pots remplis de terre légère, on les tiendra à l'ombre jufqu'à ce qu'elles aient pouffé de nouvelles fibres, & on les mettra enfuite dans une fituation ouverte avec d'autres plantes exotiques, endurcies, où elles doivent refter jufqu'au milieu ou à la fin d'octobre, pour être placées alors fous un châffis ordinaire, où elles puiffent être à l'abri des gelées ; mais dans les tems doux, on doit les expofer en plein air : au moyen de ce traitement, ces plantes deviendront plus fortes que celles qui font tenues dans la ferre, où elles filent toujours & deviennent trop foibles ; car cette efpece n'a befoin que d'être mife à l'abri des fortes gelées ; elle eft fi dure, qu'elle fubfifteroit en plein air dans les hivers doux, fi on la plaçoit dans des plates-bandes chaudes & contre des murailles avec peu de couvertures.

Anguftiffimum. La feconde a une tige d'arbrifseau divifée en plufieurs branches minces, couvertes d'une écorce blanche ; elle forme un arbrifseau bas, épais & en buiffon, qui s'éleve à la hauteur d'environ trois pieds, & elle eft garnie de feuilles fort étroites, blanches en-deffous, vertes en deffus, placées sans ordre sur chaque côté des tiges : ses fleurs naiffent aux extrémités des branches en un corymbe compofé ; elles forment des têtes petites & jaunes quand elles font entièrement épanouïes, & elles fe fuccèdent durant la plus grande partie de l'été. Cette plante, qui croit naturellement en France & en Allemagne, eft affez dure pour fubfifter en plein air dans notre climat ; elle fe multiplie par boutures, que l'on peut placer dans des plates-bandes, à l'ombre, pendant tous les mois de l'été, & tranf-planter à demeure en automne : elle exige une terre fans fumier, dans laquelle elle eft rarement endommagée, fi ce n'eft par des gelées très-fortes.

Uni-florum. La troifieme eft une plante annuelle que l'on rencontre en Italie & en Sicile ; elle a une tige herbacée, d'un pied de hauteur, & garnie de feuilles aigués, dentelées & blanches en-deffous : fes fleurs font placées fur de longs pédoncules qui s'élevent beaucoup au-deffus des branches, & dont chacun foutient une petite fleur blanchâtre. On la multiplie par fes graines, qui doivent être femées à demeure, en automne, fur une planche de terre légère ; lorfqu'elles commencent à pouffer au printems, on les éclaircit où elles font trop ferrées, & on les tient nettes de mauvaifes herbes ; c'eft en cela que confifte toute leur culture.

Luteo-album. La quatrieme eft auffi annuelle ; fes feuilles font cotonneufes, & fes tiges ve-

lues, s'élevent à la hauteur d'environ huit pouces, & font garnies de feuilles oblongues & amplexicaules ; fes fleurs fortent en paquets ferrés aux extrémités & fur les côtés des tiges ; elles font renfermées dans des calices fecs & argentés.

Il y a une autre efpece de celle-ci à feuilles plus étroites, mais moins cotonneufes ; fes tiges font plus élevées & plus branchues ; fes fleurs, de couleur jaune-pâle, naiffent en paquets ferrés aux extrémités des tiges. Ces deux efpeces réuffiffent mieux lorfque leurs fémences s'écartent naturellement, que quand on les fème avec méthode ; mais fi l'on prend ce dernier parti, il faut les mettre en terre auffitôt qu'elles font mûres, fans quoi elles ne germent pas. Ces plantes ne demandent que d'être tenues nettes de mauvaifes herbes, & éclaircies où elles font trop ferrées ; elles fleuriffent en Juillet, & leurs graines mûriffent en automne.

Aquaticum. La cinquieme eft une plante annuelle qui naît fpontanément en Angleterre dans des lieux que l'eau couvre en hiver ; elle eft baffe, branchue, & garnie de feuilles argentées, & de têtes de fleurs d'une couleur foncée ; mais comme elle n'eft d'aucun ufage, on ne la cultive point dans les jardins.

Sylvaticum. La fixieme, qui eft également annuelle, a des feuilles étroites & blanches en-deffous ; fes tiges font érigées & hautes d'environ un pied : de chacun de leurs nœuds fort un épi court de fleurs blanches, dont les calices font de couleur foncée. Comme cette plante naît fans culture dans quelques parties de l'Angleterre , on la cultive peu dans les jardins : fi les graines fe répandent d'elles - mêmes , elles pousseront plus fûrement qu'étant femées à la main. Cette efpece exige peu de culture; elle fleurit en Juillet, & elle périt bientôt après avoir perfectionné fes femences.

Dioïcum. La feptieme croît naturellement fur les fommets des collines & des montagnes dans le nord de l'Angleterre : fes rejettons de côté pouffent des racines, au moyen defquelles elle fe multiplie confidérablement: fes feuilles croiffent près de la terre ; elles font étroites à leur bâfe , mais arrondies & larges à leur extrémité, d'environ un pouce de longueur, & blanches en-deffous : fes tiges, fimples & hautes de quatre pouces, font terminées par un corymbe de fleurs fimples , qui paroiffent dans les mois de Mai & de Juin.

Il y a deux variétés dans cette efpece, l'une à fleurs pourpre, & l'autre à fleurs panachées, qui proviennent des mêmes femences, mais qui confervent cependant leurs différences dans les jardins : on les multiplie aifément par leurs rejettons, qu'il faut planter en automne dans une fituation ombrée, où elles n'exigeront d'autres foins que d'être tenues nettes de mauvaifes herbes. Cette plante eft appelée *Pes*

Cati , ou *Pied de Chat* (1).

Montanum. La huitieme, que l'on trouve fur les Alpes , eft une plante baffe, dont les feuilles radicales reffemblent à celles de la précédente ; fes tiges font fimples , hautes d'environ fix pouces , & garnies de très-petites feuilles aiguës , & terminées par quatre ou cinq fleurs oblongues, qui, dans quelques plantes font blanches, & pourpre dans d'autres : fes fleurs paroiffent vers le même tems que celles de l'efpece précédente, & les plantes peuvent être multipliées & traitées de la même maniere.

Chryfocomum. La neuvieme eft une plante baffe, qui croît naturellement en Efpagne & en Italie ; fa tige ligneufe ne s'eleve guères qu'à la hauteur de fix pouces : elle eft garnie de feuilles fort étroites & blanches en-deffous : fes fleurs, dont la couleur tire fur le pourpre , fortent des côtés des tiges , chacune fur un pédoncule féparé ; leurs calices font longs, écailleux & terminés par des pointes roides & aiguës. Cette efpece fleurit en Juillet, mais elle perfectionne rarement fes femences dans ce pays.

———— ————————

(1) Cette plante eft un bèchique incifif que l'on fait entrer dans les ptifanes pectorales : elle divife & atténue les matieres glaireufes, & facilite l'expectoration. On prépare dans les boutiques, une conferve de fes fleurs, que l'on adminiftre , depuis un gros jufqu'à quatre, dans les maladies de poitrine.

Orientale. On croit que la dixieme a été apportée des Indes en Portugal , où on la cultive depuis pour fes fleurs dorées , qui confervent leur beauté pendant plufieurs années , fi elles ont été cueillies avant qu'elles fuffent ouvertes : les Portugais en ornent leurs églifes en hiver , & ils nous en envoient annuellement pour fervir à la parure de nos dames. Ces plantes ont des tiges courtes d'arbriffeau , qui s'élevent rarement à plus de trois ou quatre pouces de haut , & qui pouffent plufieurs têtes ; fes feuilles , étroites & cotonneufes fur les deux côtés , fortent fans aucun ordre : fes tiges de fleurs s'élevent de ces têtes , & croiffent jufqu'à la hauteur de huit ou dix pouces ; elles font garnies à chaque côté de feuilles étroites & blanches , & font terminées par un corymbe de fleurs d'un jaune brillant , compofé de groffes têtes ; elles paroiffent dans le mois de Mai , & fe fuccedent durant la plus grande partie de l'été. On multiplie cette plante par fes têtes , que l'on détache dans quelque tems de l'été que ce foit , dont on ôte les feuilles , & que l'on plante dans une terre légere : on les couvre avec des cloches , on les tient à l'ombre pendant la chaleur du jour , & on les arrofe fouvent & légèrement : lorfqu'elles ont pris racine , on les plante dans des pots , & on les traite de la même maniere que celles de la premiere efpece. Dans les hivers doux , ces plantes peuvent réfifter en plein air , avec peu d'abri , fi elles font placées dans des plates-bandes chaudes : plus elles font traitées durement , plus elles produifent de fleurs ; car lorfqu'elles filent dans la ferre , leurs fleurs font toujours foibles.

Ignefcens. La onzieme a des tiges & des feuilles fort cotonneufes , & beaucoup plus longues que celles de la précédente ; fes tiges s'élevent à la hauteur d'un pied , & pouffent quelques branches latérales , terminées par des fleurs en corymbe compofé , dont les têtes font petites & de couleur d'or , qui prend une teinte un peu rougeâtre à mefure qu'elles fe fannent. On la multiplie par boutures , comme la précédente ; mais elle ne fupporte pas le plein air , à moins qu'elle ne foit plantée dans un fol fec.

Margaritaceum. La douzieme , qui croît naturellement dans l'Amérique Septentrionale , eft depuis long-tems cultivée dans les jardins Anglois : elle a une racine rampante , qui s'étend au loin dans la terre , de maniere qu'elle devient fouvent une herbe embarraffante , à moins qu'on ne la retienne dans de juftes bornes : fes tiges font cotonneufes , hautes d'un pied & demi , & garnies de feuilles longues , terminées en pointes aiguës , & cotonneufes en-deffus : le haut de la tige fe partage en deux ou trois divifions , dont chacune eft terminée par un corymbe ferré , les fleurs ont des calices affez larges & argentés ,

& conservent leur beauté pendant plusieurs années, si elles sont cueillies de bonne heure & bien séchées. Cette espece profite dans presque tous les sols & à toutes expositions : on la multiplie aisément par ses racines rampantes : elle fleurit en Juin & en Juillet, & ses tiges périssent en automne.

Fœtidum. La treizieme est originaire du Cap de Bonne-Espérance ; elle est annuelle, & pousse plusieurs feuilles oblongues & émoussées près de la racine : ses tiges s'élevent à la hauteur d'un pied & demi, & sont garnies de feuilles alternes, larges à leur bâse, où elles embrassent les tiges terminées en pointes aiguës, cotonneuses, & d'une odeur très-forte quand elles sont maniées : ses tiges sont couronnées par un corymbe de fleurs qui conservent leur beauté pendant plusieurs années, & dont les calices sont larges & argentés.

Argenteum. La quatorzieme se trouve également au Cap de Bonne-Espérance : elle est annuelle, & fort semblable à la précédente ; mais ses feuilles sont d'un vert jaunâtre en-dessus, & cotonneuses en-dessous ; ses tiges se divisent, & ses têtes de fleurs sont d'un jaune brillant ; ses différences sont persistantes. On multiplie ces deux plantes par semences, qui réussissent plus sûrement lorsqu'on les seme en automne sur une plate-bande chaude, que lorsqu'elles ne sont mises en terre qu'au printems ; mais si on les livre à elles-mêmes, elles se multiplieront sans aucun soin, & on pourra les transplanter jeunes dans les endroits qu'on leur destine : quand ces plantes ont pris racine, elles n'ont besoin que d'être tenues nettes de mauvaises herbes ; elles fleurissent en Juillet, & leurs graines mûrissent en automne.

Undulatum. La quinzieme se trouve en Afrique, ainsi que dans l'Amérique Septentrionale ; car ses semences m'ont été envoyées de ces deux contrées. Cette plante est annuelle ; ses feuilles radicales sont oblongues, un peu ondées & blanches en-dessous ; ses tiges s'élevent à la hauteur d'environ un pied, & sont garnies de feuilles à pointes aiguës : de leur bâse sort une bordure ou aile, qui s'étend dans la longueur de la tige : la plante entiere a une odeur désagréable ; ses fleurs naissent en corymbe aux extrémités des tiges ; elles sont blanches & paroissent en Juillet ; les semences, qui mûrissent en automne, produisent de nouvelles plantes sans aucun soin, lorsqu'on leur permet de s'écarter, comme les deux especes précédentes.

Gnaosum. La seizieme s'éleve à la hauteur de trois ou quatre pieds, en une tige d'arbrisseau, garnie de feuilles étroites & en forme de lance, qui embrassent les tiges à moitié avec leur bâse : elles sont d'un vert foncé en-dessus, & blanches en-dessous : les tiges sont terminées par des corymbes de fleurs jaunes composés, &

en petites têtes ; elles fe fuccedent pendant une grande
partie de l'été, mais elles produifent rarement des femences en Angleterre. On multiplie aifément cette efpece par
boutures dans tous les mois
de l'année ; on les plante dans
une plate-bande à l'ombre, &
on les arrofe conftamment ;
par cette méthode, elles prendront racine en quatre ou cinq
femaines : alors on pourra les
enlever, les planter dans des
pots, & les placer à l'ombre
jufqu'à ce qu'elles aient formé
de nouvelles racines ; après
quoi on les mettra dans une
fituation abritée avec d'autres
plantes exotiques dures : mais
en automne on les renfermera
dans la ferre où on leur donnera autant d'air libre qu'il fera
poffible pendant l'hiver, dans
les tems doux ; car elles n'ont
befoin que d'être mifes à l'a-
bri des gelées : elles exigent
par conféquent le même traitement que les autres plantes
dures de la ferre.

Americanum. La dix-feptieme
eft une plante annuelle qui
naît fpontanément dans la France, en Italie & en Efpagne ;
elle a une tige cotonneufe &
herbacée, de fix ou huit pouces de hauteur, & garnie de
feuilles obtufes en forme de
lance, & cotonneufes : fes fleurs
fortent en épis courts fur les
côtés, & aux extrémités des
tiges ; elles font d'une couleur argentée, & paroiffent en
Juin & en Juillet : fes femences mûriffent en automne ; &
fi on leur permet de s'écarter,
elles produifent des plantes qui

n'exigent aucune autre culture
que d'être tenues nettes de
mauvaifes herbes.

Rutilans. La dix-huitieme
croît fans culture au Cap de
Bonne-Efpérance : elle s'éleve
avec une tige mince d'arbriffeau, dont la partie baffe produit plufieurs branches latérales, garnies de feuilles fort
étroites, & blanches en-deffous : fes fleurs font produites
en un corymbe compofé aux
extrémités des branches ; elles
font d'abord d'une couleur
rouge-pâle, mais dans la fuite
elles prennent une teinte dorée : leurs calices font petits
& fecs, comme ceux des autres efpeces de ce genre. Cette
plante fe multiplie par boutures comme la feizieme, & elle
exige le même traitement.

Sanguineum. La dix-neuvieme, qu'on rencontre en Egypte
& dans la Paleftine, eft une
plante vivace, dont les feuilles radicales font cotonneufes
en-deffous, & s'étendent fur
la terre : fes tiges s'élevent à
la hauteur d'environ fix pouces, & font ornées de feuilles
en forme de lance & cotonneufes : ces mêmes tiges, qui
font également couvertes de
duvet, font terminées par un
large corymbe de fleurs très-
rapprochées, teintes d'un beau
rouge tendre, & d'une très-
belle apparence dans le mois
de Juin, lorfqu'elles font tout-
à-fait épanouïes. Cette efpece
fe multiplie par fes rejettons,
comme la feizieme & la dix-huitieme ; mais comme elle n'en
produit pas beaucoup, elle n'eft
pas commune à préfent dans

les jardins Anglois : elle exige un sol plus sec & une situation plus chaude que la dix-septieme ; mais elle ne doit pas être trop exposée au soleil du midi, & il faut la planter à l'exposition du sud-est.

Fruticosum. La vingtieme, qui a été apportée du Cap de Bonne - Espérance, est depuis long-tems conservée dans plusieurs jardins curieux de l'Europe : sa tige s'éleve à la hauteur de trois ou quatre pieds, & produit plusieurs branches longues, irrégulieres, & terminées par des fleurs en corymbe composé : les têtes de cette espece sont garnies de feuilles beaucoup plus longues que celles des autres, & ses fleurs sont d'une couleur brillante argentée. On la multiplie par boutures comme la dixieme espece, & on la traite de même.

Odoratissimum. La vingt-unieme a été élevée dans les jardins de Chelséa, avec des semences envoyées du Cap de Bonne Espérance : ses feuilles radicales sont oblongues & émoussées : ses tiges, qui se montrent sous la forme d'un arbrisseau, se partagent en plusieurs branches irrégulieres, d'environ trois pieds de hauteur, & garnies de feuilles oblongues à pointes émoussées, blanches en dessous, mais d'un vert foncé en-dessus, & dont la bâse se prolonge en bordure dans la longueur de la tige, comme une aile de la même consistance que les feuilles, ce qui forme ce que les anciens Botanistes appeloient *tige ailée*: mais LIN-

NÉE donne aux feuilles ainsi disposées, le nom de *feuilles coulantes* : ses tiges sont terminées par des fleurs en corymbe composé, fort rapprochées, & d'une couleur d'or brillante ; mais petites, & qui deviennent d'une couleur plus foncée à mesure qu'elles se desséchent : elles se succèdent durant une grande partie de l'été, & celles qui se montrent les premieres, produisent souvent des semences en Angleterre. Cette espece peut être multipliée par boutures comme la dixieme, & elle exige le même traitement: elle est gravée dans la cent trente-unieme planche de mes *figures des Plantes.*

Plantagini - folium. La vingt-deuxieme dont les semences ont été apportées en Angleterre de l'Amérique Septentrionale, sa patrie, est une plante vivace qui a des feuilles radicales, larges & ovales : de la tige principale s'élevent des coulans qui prennent racine dans la terre, & ont des jeunes plantes à leur extrémité: ses tiges sont simples & garnies de feuilles plus étroites, velues & alternes : ses fleurs paroissent en Juin & en Juillet, & produisent quelquefois des semences dans notre climat ; mais cette plante se multiplie si fort par ses rejettons, qu'on emploie rarement ses graines. Cette espece réussit en plein air : on la plante dans un sol sec & une situation chaude.

Obtusifolium. La vingt-troisieme est aussi originaire de l'Amérique Septentrionale ; elle est annuelle : ses feuilles sont cotonneuses & obtuses : ses tiges sont simples, & s'élevent à la hauteur d'environ neuf pouces : ses fleurs, qui sont d'un blanc sale & peu apparentes, croissent en épis sur les côtés des tiges. Lorsque ses semences s'écartent, elles produisent sans peine une grande quantité de nouvelles plantes, qui n'ont besoin que d'être tenues nettes de mauvaises herbes.

Spicatum. La vingt-quatrieme croît naturellement à la Jamaïque & dans d'autres parties chaudes de l'Amérique ; elle s'éleve à la hauteur d'environ deux pieds, avec une tige d'arbrisseau garnie de feuilles de la même grandeur & de la même forme, à-peu-près, que celles de la *Sauge*, mais cotonneuses en-dessous, & fort veinées : de la bâse de chaque feuille sort une bordure qui coule dans la longueur de la tige : ses fleurs sont produites en épis sur les côtés & aux extrémités de la tige ; elles sont longues & très - rapprochées. Cette plante fleurit en Juillet & en Août, mais elle ne perfectionne jamais ses semences en Angleterre. On la multiplie par ses graines, qu'il faut semer sur une couche chaude dans des pots, parce que souvent les plantes ne lèvent pas dans la même année : lorsque cela arrive, on tient les pots dans la serre chaude pendant l'hiver, & au printems suivant on les place dans une nouvelle couche chaude, pour faire pousser les plantes ; quand elles paroissent, on les trans-

plante dans de nouveaux pots, & on les tient constamment dans la couche chaude, sans quoi elles ne profiteroient point en Angleterre.

GNAPHALODES. *Voy.* Micropus.

GNIDIA.

Caractéres. Dans ce genre le calice est en forme d'entonnoir, & formé par une feuille colorée, & divisée en quatre segmens ; la corolle est composée de quatre pétales unis & plus courts que le calice ; la fleur a huit étamines droites, garnies de poils herissés, & terminées par des sommets simples, & un germe ovale, qui supporte un style mince sur le côté, inséré avec les étamines, & couronné par un stigmat luisant ; ce germe devient ensuite une semence ovale & à pointes obliques, renfermée dans le calice.

Ce genre de plantes est rangé dans le premier ordre de la huitieme classe de Linnée, intitulée, *Octandria Monogynia*, qui renferme celles dont les fleurs ont huit étamines & un style.

Nous n'avons qu'une espece de ce genre, qui est la

Gnidia pinni-folia, foliis sparsis lineari - subulatis, floralibus verticillatis, floribus aggregatis terminalibus. Lin. Sp. 512. Gnidia à feuilles linéaires & en forme d'alène, dont les florales sont verticillées, ayant des fleurs très rapprochées aux extrémités des branches.

Rapunculus foliis nervosis, linearibus, floribus argenteis non galeatis. Burm. Afr. 112. t. 4 f. 3.

Valerianoïdes Æthiopica frutef-cens. Seba. Muf. 2. p. 32. t. 32. f. 5.

Cette plante, qui croît naturellement en Éthiopie, a une tige d'arbriffeau de trois ou quatre pieds de hauteur, de laquelle fortent quelques branches latérales, garnies de feuilles étroites, oblongues, à pointes aiguës, vertes en-deffus, pâles en-deffous, & marquées dans leur longueur par une nervure très-forte, comme dans celles du Romarin : fes fleurs font prefque verticillées, & fortent du milieu des feuilles, aux extrémités des branches, fur de courts pédoncules ; elles ont quatre pétales inférés dans le tube du calice, qui eft long & fort ; ces pétales, qui s'étendent horifontalement, renferment huit étamines fort courtes, inférées dans le fond du tube ; elles renferment un germe ovale, & un ftyle mince attaché aux côtés des étamines : ce germe devient enfuite une femence ovale & garnie de pointes. Cette plante offre deux variétés, l'une à fleurs blanches, & l'autre à fleurs bleues.

On la multiplie ordinairement ici par boutures, qui pouffent des racines dans l'efpace de fix femaines, fi on les plante avec foin, en été, dans des pots remplis de terre légère, fi on les plonge dans une couche de chaleur très-modérée, fi on les couvre avec des cloches pour en exclure l'air, & fi on les met à l'abri du foleil pendant la plus forte chaleur du jour : lorfqu'elles font bien enracinées, on les accoutume par dégrés au plein air, & on les place en hiver dans une caiffe de vitrages fèche & airée, où elles puiffent avoir de l'air dans les tems doux, & être à couvert des gelées & de l'humidité.

GOÊMON, SART *ou* **VARECH.** *Voyez* **FUCUS, SUPPL.**

GOMPHRÉNA. *Lin. Gen. Plant.* 279. *Amaranthoïdes. Tourn. Inft. R. H.* 654. *Tab.* 423. [*Amaranthoïdes, ou Globe Amaranthus.*] Amaranthoïde, Immortelle.

Caractères. La fleur a un large calice à trois feuilles, coloré & perfiftant ; la corolle eft érigée & découpée en cinq parties fur fes bords ; elle a un calice cylindrique, tubulé, de la longueur du pétale, & divifé fur les bords en cinq petites parties entièrement ouvertes : la fleur a cinq étamines prefqu'invifibles, placées dans le bord du nectaire, & terminées par des fommets renfermés dans l'ouverture du nectaire ; dans fon centre eft placé un germe ovale & pointu, avec deux petits ftyles, couronnés par des ftigmats fimples auffi longs que les étamines : ce germe devient enfuite une femence large & ronde, renfermée dans une capfule mince, dure, & à une cellule.

Ce genre de plantes eft rangé dans la feconde fection de la cinquieme claffe de **LINNÉE**, intitulée, *Pentandria Digynia*, qui renferme celles dont les fleurs ont cinq étamines & deux ftyles.

Les efpeces font :

1°. *Gomphrena globofa, caule erecto, foliis ovato-lanceolatis, capitulis solitariis , pedunculis diphyllis.* Hort. Cliff. 86. Hort. *Ups.* 57. *Fl. Zeyl.* 115. *Virg. Cliff.* 22. *Roy. Lugd.-B.* 418. *Fabric. Helmst. p. 164. Kniph. Cent.* 5. *n.* 39. Amaranthoïde avec une tige érigée, des feuilles ovales & en forme de lance , des têtes solitaires, & des pédoncules à deux feuilles.

Amarantho affinis Indiæ Orientalis , floribus conglomeratis , Ocymas trifolio. Breyn. Cent. 109. *t.* 51. *Comm. Hort.* 1. *p.* 85. *t.* 45.

Amaranthoïdes Lychnidis folio, capitulis purpureis. Tourn. Inst. R. H. 654. Amanranthoïde globulaire , avec des têtes de couleur pourpre.

Flos globosus. Rumph. Amb. 5. *p.* 289. *t.* 100. *f.* 2.

Wadapu. Rheed. Mal. 10. *p.* 73. *t.* 37.

2°. *Gomphrena interrupta , caule erecto, spicâ interruptâ. Prod. Leyd.* 419. Gomphréna avec une tige érigée , & un épi de fleurs interrompu, ou dans lequel il y a des vuides.

3°. *Gomphrena perennis, foliis lanceolatis , capitulis diphyllis , flosculis perianthio proprio distinctis. Lin. Sp. Plant.* 224. Amaranthoïde avec des feuilles en forme de lance, deux feuilles aux têtes des fleurs, & dont chaque fleurette a son calice particulier.

Amaranthoïdes perennis , floribus stramineis radiatis. Hort. Elth. 24. *t.* 20. *f.* 22. Amaranthoïde globulaire & vivace , à fleurs radiées de couleur de paille.

Globosa. La premiere espece croît naturellement dans les Indes, d'où ses semences ont été apportées en Europe ; cette plante , annuelle , que l'on cultive depuis plusieurs années dans tous les jardins curieux, s'éleve à la hauteur d'environ deux pieds avec une tige droite , branchue , & garnie de feuilles en forme de lance & opposées : ses branches sont aussi opposées , & ses pédoncules, qui sont longs & nuds , ont deux courtes feuilles placées précisément au-dessous des têtes de fleurs qui sortent des fourches des branches : ces têtes paroissent d'abord globulaires , mais à mesure qu'elles augmentent en grosseur , elles deviennent ovales ; elles sont composées de feuilles sèches & écailleuses , ou de pétales imbriqués l'un sur l'autre , comme les écailles de poisson ; sous chacun est placé une fleur tubulée , qui paroît à peine hors de sa couverture : ces fleurs ne sont pas généralement estimées ; mais le calice écailleux qui les couvre , est beau ; & & si on les cueille avant qu'elles soient trop fanées , elles se conservent dans leur beauté pendant plusieurs années : lorsque la fleur est passée , le germe situé dans le fond , devient une semence large & ovale , renfermée dans une couverture de paille : elle ne mûrit que sur la fin de l'automne , & la plante périt bientôt après.

Il y a deux variétés dans cette espece , l'une avec de belles têtes d'un pourpre brillant , & l'autre à têtes blanches ou argentées , mais ces différences sont constantes , & se perpétuent par semences , quoique d'ailleurs ces deux plantes ne diffèrent en rien. On connoît une autre efpece de couleurs mêlées, mais je ne puis déterminer fi elle eft produite accidentellement des femences de quelque efpece particuliere, parce qu'elle fe reproduit toujours fans altération. J'ai cultivé les deux autres pendant plus de trente ans, & je ne les ai jamais vu varier.

Il y en a auffi deux variétés qui croiffent naturellement dans les Indes Occidentales; l'une à têtes pourpre, & l'autre à têtes blanches; mais beaucoup plus petites & plus rondes que les précédentes : ces plantes font beaucoup plus groffes, & pouffent plus de branches; & comme leurs fleurs paroiffent plus tard, leurs femences mûriffent rarement en Angleterre dans les années froides : les habitans de l'Amérique leur donnent le nom de *Boutons de Bacheliers*; mais je ne puis affurer qu'elles foient fpécifiquement différentes des autres.

Interrupta. Les tiges de la feconde font irrégulieres, beaucoup plus minces & plus hautes que celles de la premiere : fes feuilles font plus petites, mais de la même forme : fes fleurs, qui croiffent en épis aux extrémités des branches, font divifées en trois ou quatre parties, entre chacune defquelles fe trouve un efpace intermédiaire : les épis font petits & de couleur pourpre-pâle. Les femences de cette efpece m'ont été envoyées de Campêche par le Docteur Hou-stoun.

Perennis. La troifieme a des tiges minces, droites, garnies de feuilles en forme de lance, oppofées, velues & feffiles aux branches, qui font auffi velues, & terminées par de petites têtes de fleurs entièrement ouvertes & féparées les unes des autres, de maniere que le calice paroît diftinct; elles font d'une couleur de paille-pâle, & fe montrent en Juillet : leurs femences mûriffent quelquefois en Angleterre; mais les plantes fubfiftent deux ou trois ans lorfqu'on les conferve dans une ferre chaude.

Culture. Les deux premieres efpeces à groffes têtes de fleurs, l'une de couleur de pourpre, & l'autre argentée, font un très-bel effet dans les jardins : on les cultive en Portugal & dans quelques autres pays chauds pour en orner les églifes en hiver; car fi on les cueille lorfqu'elles font en plein accroiffement, & fi on les fait fécher à l'ombre, elles confervent long-tems leur beauté, fur-tout fi elles ne font pas expofées à l'air. Ces plantes font annuelles, & fe multiplient feulement par leurs graines, qui doivent être femées fur une bonne couche chaude, au commencement de Mars; mais fi ces femences, dans le moment que l'on veut les employer, ne font pas prifes dans leurs filiques pleines de paille, il fera néceffaire de les faire tremper pendant douze heures avant de les mettre en terre, pour les aider à pouffer leur germe.

Quand les plantes ont atteint la hauteur d'un demi-pouce,

on les tranfplante fur une nouvelle couche chaude, à quatre pouces de diftance entr'elles ; on les tient à l'ombre jufqu'à ce qu'elles aient formé de
nouvelles racines ; on leur donne enfuite de l'air frais chaque
jour, à proportion de la chaleur de la faifon, & on les arrofe fouvent. Comme environ
un mois après, fi la couche
eft d'une chaleur convenable,
les plantes feront devenues affez groffes pour fe toucher,
elles ne pourront plus refter
dans cette fituation fans être
expofées à filer & à s'affoiblir ;
ainfi, pour éviter cet accident,
on préparera une nouvelle couche chaude, dans laquelle on
les plongera, après les avoir
mifes féparément dans des pots
du prix de fix liards, remplis
d'une terre fèche & légère ;
mais il eft néceffaire pour cela
de les enlever avec toute leur
motte : on les tient à l'ombre
jufqu'à ce qu'elles aient formé
de nouvelles racines ; & on
les traite enfuite de la même
maniere que les autres plantes
tendres & exotiques.

Quand elles ont rempli ces
pots de leurs racines, il faut
les en tirer, tailler les racines
autour de la motte avec foin,
& les remettre dans de plus
grands pots, que l'on plongera
dans une couche de chaleur
modérée, fous un vitrage élevé, au moyen de quoi elles
fleuriront de bonne heure, &
deviendront plus groffes que
celles de plein air : on les accoutume par dégrés, dans le
mois de Juillet, à fupporter le
plein air, auquel on les expo-

fera tout-à-fait vers le milieu
de ce mois, & on les entre-
mêlera avec d'autres plantes
annuelles pour orner les parterres ; mais il fera prudent
d'en conferver une ou deux
de chaque efpece fous un abri,
pour fe procurer des femences, parce que celles qui font
expofées en plein air, en produiront rarement de bonnes, fi
la faifon eft humide.

GORTERIA. [*Gorteria*]
Chardon d'Ethiopie, efpece de
Bardane ou Glouteron.

Caracteres. Le calice eft ferme,
écailleux, & terminé en épines
hériffées ; la fleur eft compofée
de fleurettes hermaphrodites
dans le difque, & de fleurettes femelles dans le rayon ;
les hermaphrodites font en forme d'entonnoir à cinq pointes,
& ont cinq étamines courtes,
& terminées par des fommets
cylindriques, & un germe velu
qui foutient un ftyle mince,
couronné par un ftigmat divifé en deux parties : ce germe
devient enfuite une femence
ronde, environnée par de beaux
poils : les fleurettes femelles
font en forme de langue, ftériles, & n'ont point de ftyle
ni de ftigmat.

Ce genre de plantes eft placé dans la troifieme fection de
la dix-neuvieme claffe de LIN-
NÉE, intitulée, *Syngenefia Polygamia fruftranea*, dans laquelle
fe trouvent comprifes celles
dont les fleurs ont des fleurettes hermaphrodites, fructueufes dans le difque, & des
fleurettes femelles fans ftyle
ni ftigmat, & par conféquent
ftériles, dans la bordure.

Les especes font :

1°. *Gorteria rigens, scapis uni-floris, foliis lanceolatis, pinnati-fidis, caule decresso. Aman. Acad.* 6. *Afr. 86. Schreb. In Nov. Act. Upf. 1. p. 89. Berg. Cav. 304.* Gorteria avec une fleur sur chaque pédoncule, des feuilles en forme de lance & à poin-tes ailées, & une tige abaissée.

Arctotis ramis decumbentibus, foliis lineari-lanceolatis, rigidis, subtùs argenteis. ed. Prior.

Arctotis foliis lanceolatis, sub-tùs tomentosis, integris lacinia-tisque. Leys. Orig. 6.

Arctotheca, foliis rigidis, leniter dissectis. Vail. Act. 1728. n. 9.

Anemono - spermos, foliis rigi-dis, tenuiter divisis, subtùs inca-nis, flore aureo umbone nigricante. Raj. Suppl. 182.

2°. *Gorteria fruticosa, foliis lanceolatis integris, dentato-spi-nosis, subtùs tomentosis, caule fruticoso. Lin. Sp. 1284.* Gorte-ria avec des feuilles entieres en forme de lance laineuses en-dessous, & dont les dente-lures sont terminées par des épines avec une tige d'ar-brisseau.

Carthamus Africanus frutescens, folio Ilicis, flore aureo. Walth. Hort. 13. t. 7.

Atractylis opposti-folia. Lin. Syst. Plant. tom. 3. pag. 697. Sp. 4.

Atractylis foliis oblongo-ovatis, denticulatis, spinosis, calycibus patentibus, caule fruticoso. Linn. Hort. Cliff. 395. Roy. Lugd.-B. 137.

Carlina Africana, foliis inte-gris, tomentosis, & in ambitu spi-nulis aureis exasperata. Pluk. Alm. 86. t. 263. f. 5.

Rigens. La premiere espece, qui croît naturellement au Cap de Bonne-Espérance, est une plante basse, dont les tiges ligneuses ont six ou huit pou-ces de long, traînent sur la terre, & produisent deux ou trois branches latérales, ter-minées chacune par une tête serrée de feuilles étroites, ver-tes en-dessus, argentées en-dessous, & découpées en deux ou trois segmens à leurs ex-trémités. Les pédoncules qui sortent des têtes, ont six pou-ces de long, sont nuds, & soutiennent une grosse fleur couleur d'orange sur ses bords, & composée de plusieurs fleu-rettes hermaphrodites fructueu-ses dans les disques, & dans les rayons de demi-fleurettes femel-les, en forme de langues ouver-tes, & marquées vers leur bâse de deux tâches, l'une brune & l'autre blanche : ses fleurs pa-roissent dans le mois de Mai & de Juin, mais elles produi-sent rarement des semences en Angleterre.

Cette espece se multiplie ai-sément par boutures, que l'on plante dans des plates-bandes à l'ombre pendant tous les mois de l'été, & que l'on traite suivant la méthode qui a été prescrite pour l'*Arctotis.*

Fruticosa. La seconde est aussi originaire du Cap de Bonne-Espérance : elle s'éleve avec une tige mince d'arbrisseau, à la hauteur de trois pieds, & pousse quelques branches foi-bles, garnies de feuilles oblon-gues, sessiles, unies en-dessus, cotonneuses en-dessous, & dé-coupées sur leurs bords par des dentelures, dont chacune est terminée par une épine foible : ses fleurs naissent aux extrémités des tiges ; elles ont des calices feuillés & terminés par des épines ; elles sont jaunes, se montrent dans les mois de l'été, & produisent des semences en Angleterre.

On la multiplie en plantant les extrémités de ses branches dans le mois de Juin & de Juillet : on les couvre avec des cloches, & on les met à l'abri du soleil, sans quoi elles ne réussiroient pas. Quand elles sont bien enracinées, on les met séparément dans de petits pots, que l'on tient en hiver dans une caisse de vitrage airée & sans humidité.

GOSSYPIUM. *Lin. Gen. Plant.* 755 *Xylon. Tourn. Inst. R. H.* 101. *t.* 27. [*Cotton.*] Coton.

Caractéres. La fleur a un double calice, dont l'extérieur est large, & formé par une feuille à moitié découpée en trois segmens, & l'intérieur est figuré en coupe, & formé également par une feuille divisée sur ses bords en cinq segmens aigus : la corolle est composée de cinq pétales en forme de cœur, joints à leur bâse & entièrement ouverts. La fleur a un grand nombre d'étamines, réunies au bas en une colonne, mais séparées par le haut, insérées dans les pétales, terminées par des sommets en forme de rein ; le germe est rond, & soutient quatre styles joints à la colonne, aussi longs que les étamines, & couronnés par quatre stigmats épais. Ce germe se

change dans la suite en une capsule ronde, terminée en pointes, & à quatre cellules remplies de semences ovales, enveloppées dans du coton.

Ce genre de plantes est rangé dans la troisieme section de la seizieme classe de LINNÉE, intitulée, *Monadelphia Polyandria*, qui renferme celles dont les fleurs ont plusieurs étamines jointes ensemble, avec les styles dans un corps.

Les especes sont :

1°. *Gossypium herbaceum, foliis quinque-lobis, caule herbaceo lævi. Hort. Upsal.* 203. *Mat. Med.* 341. *Murray. Prod.* 170. *Blackw. t.* 354. *Kniph. Cent. 8. n.* 47. Coton avec des feuilles à cinq lobes, & une tige lisse & herbacée.

Gossypium caule decumbente. Hort. Cliff. 350.

Gossypium. Camer. Epit. 203. *Rumph. Amb.* 4. *p. 33. t. 12.* Coton commun herbacé.

Gossypium frutescens, semine albo. Bauh. Pin. 430.

2°. *Gossypium Barbadense, foliis tri-lobis, integerrimis, subtùs tri-glandulosis. Hort. Upsal.* 204. Coton en arbre, avec des feuilles entieres à trois lobes garnies de trois glandes endessous.

Gossypium frutescens, annuum, folio tri-lobo, Barbadense. Pluk. Alm. 172. *t.* 188. *f. 1.* Coton en arbrisseau, annuel, des Barbades, avec des feuilles à trois lobes.

3°. *Gossypium Arboreum, foliis palmatis, lobis lanceolatis, caule fruticoso. Lin. Sp. Plant.* 693. Coton avec des feuilles en forme de main, ayant cinq lobes

lobes lanceolés , & une tige d'arbriſſeau.

Goſſypium caule erecto. Hort. Cliff. 350. *Gron. Orient.* 208. *Roy. Lugd.-B.* 359.

Xylon arboreum , flore flavo. Tourn. Inſt. R. H. 101. Coton en arbre , avec une fleur jaune.

Goſſypium arboreum, caule læ-vi. Bauh. Pin. 430.

Goſſypium lati-folium. Rumph. Amb. 4. *p.* 37. *t.* 13.

Goſſypium herbaceum , ſivè Xylon Maderaſpatenſe , rubicundo flore , pentaphylleum. Pluk. Alm. 172. *t.* 188. *ſ.* 3.

Cudupariti. Rheed. Mal. 1. *p.* 55. *t.* 31.

4°. *Goſſypium hirſutum , foliis tri-lobis quinque-lobiſque acutis , caule ramoſo hirſuto ;* Coton avec des feuilles à trois ou cinq lobes , terminés en pointes aiguës , & une tige hériſſée & branchue.

Xylon Americanum præſtantiſ-ſimum , ſemine vireſcente. Tourn. Inſt. R. H. 101. Le plus beau Coton d'Amérique , avec une ſemence verte.

Goſſypium fruteſcens pentaphyllos Barbadenſe. Pluk. Alm. 172. 299. *ſ.* 1.

La premiere eſpece eſt le Coton ordinaire du Levant, que l'on cultive dans pluſieurs Iſles de l'Archipel, ainſi qu'à Malte, en Sicile, & dans le Royaume de Naples : on ſeme ſes graines au printems dans une terre défrichée, & quatre mois après on en fait la récolte de la même maniere que l'on fait celle des graines en Angleterre : les tiges de cette eſpece périſſent auſſi-tôt que ſes ſemences ſont mûres : elle s'éleve à la hauteur d'environ deux pieds, avec des tiges herbacées, garnies de feuilles unies, qui ſe diviſent en cinq lobes ; ces tiges pouſſent vers le haut quelques branches foibles, garnies de feuilles de la même forme, mais plus petites : ſes fleurs naiſſent près de l'extrémité des branches, contre les pétioles des feuilles ; elles ont deux grands calices, dont l'extérieur eſt diviſé en trois ſegmens, & l'intérieur en cinq : leurs pétales ſont d'un jaune pâle, tirant ſur le blanc, & elles ſont remplacées par des capſules ovales qui s'ouvrent en quatre parties, & ont quatre cellules remplies de ſemences, enveloppées dans un duvet que l'on nomme Coton. (1).

Barbadenſe. La ſeconde eſpece croît naturellement dans pluſieurs Iſles de l'Amérique : elle s'éleve en tiges d'arbriſſeau, unies, & de quatre à cinq pieds de haut, qui pouſſent latéralement quelques branches garnies de feuilles unies, & diviſées en trois lobes : ſes fleurs paroiſſent vers les extrémités des branches : elles ont à-peu-près la forme de celles de la précédente ; mais elles ſont plus larges & d'une couleur jaune

____

(1) La graine du *Coton* eſt adouciſſante & un peu aſtringente ; on l'emploie quelquefois, ſous forme d'émulſion, avec d'autres graines, dans les maladies de poitrine, les crachemens de ſang & la dyſſenterie : ſa doſe eſt depuis deux gros juſqu'à une demi-once.

plus foncée : les légumes & capsules qui leur succèdent sont plus gros , & les semences sont noires.

Arboreum. La troisieme a une tige d'arbrisseau vivace, qui s'éleve à la hauteur de six ou huit pieds , & se divise en plusieurs branches unies , garnies de feuilles en forme de main , & divisées en quatre ou cinq lobes ; ses fleurs naissent vers les extrémités des branches : elles sont plus larges & plus foncées en couleur que celles des deux especes précédentes , & leurs légumes sont aussi plus gros.

Hirsutum. La quatrieme , dont les semences ont été apportées de l'Amérique en Europe , est aussi une plante annuelle qui périt aussi-tôt que les semences sont mûres : elle s'éleve au-dessus de la hauteur de trois pieds , & pousse plusieurs branches latérales, qui s'étendent à une grande distance, quand on leur donne une place suffisante : ces branches sont hérissées de poils , & garnies de feuilles composées les unes de trois & d'autres de cinq lobes terminés en pointes aiguës , & garnies de poils courts en-dessus : ses fleurs paroissent latéralement vers les extrémités des branches ; elles sont larges & de couleur pourpre sale , & chaque pétale a une large bâse tachetée de pourpre : ces fleurs sont remplacées par des légumes ovales , qui s'ouvrent en quatre cellules, remplies de semences vertes , oblongues , & enveloppées d'un duvet moëlleux. Lors-

que les branches de cette espece ont la liberté de s'étendre , elles produisent jusqu'à quatre ou cinq gousses de *Coton,* de sorte que chaque plante en peut donner trente & plus dont chacune est aussi grosse qu'une pomme médiocre : comme cette espece est plus abondante que les autres , & qu'elle fournit un *Coton* plus fin, on doit la cultiver de préférence dans les Colonies de l'Amérique , avec d'autant plus de raison qu'elle réussit à la Caroline, où on la cultive avec succès depuis quelques années. Il n'est question que d'imaginer un moyen facile de détacher le *Coton* des semences auxquelles il est uni beaucoup plus fortement que dans aucune des autres especes : ce *Coton* est aussi d'une bien meilleure qualité.

Comme toutes ces especes sont des plantes fort tendres , elles ne peuvent réussir en plein air en Angleterre ; mais on les sème fréquemment dans les jardins des curieux , pour la variété.

Les premiere & quatrieme especes donnent des semences mûres en Angleterre , si elles sont semées dans le commencement du printems sur une couche chaude : lorsqu'elles ont poussé, on les met séparément dans des pots , que l'on plonge dans une couche chaude de tan pour les faire avancer : quand elles sont devenues trop hautes pour pouvoir être contenues sous les châssis, on les transporte dans la couche chaude de la serre , & on leur donne de plus grands pots , lorsque leurs racines ont rempli les premiers : en les traitant ainfi, elles m'ont donné des fleurs dans le mois de Juillet, leurs femences ont parfaitement mûri & à la fin de Septembre, leurs gouffes étoient auffi groffes que celles que l'on apporte des Indes Orientales & Occidentales ; mais fi ces plantes ne font pas avancées de bonne heure dans le printems, leurs fleurs ne paroiffent que fur la fin de l'été, & leurs femences mûriffent difficilement.

L'arbriffeau de *Coton* vient aifément de femences, fi on les met fur de bonnes couches chaudes dans le commencement du printems ; & fi on pouffe les plantes comme on vient de le recommander, elles s'éleveront jufqu'à la hauteur de cinq ou fix pieds, dans le même été : mais il eft très-difficile de les conferver en hiver, à moins que l'on ne les endurciffe par dégrés depuis le mois d'Août ; car fi on les force dans ces tems-là, elles feront trop tendres pour fubfifter pendant l'hiver : cette efpece doit être placée en automne dans la couche de tan de la ferre chaude, & tenue au premier dégré de chaleur ; fans quoi on ne pourra réuffir à la conferver en hiver.

GOURDE ACIDE D'ÉTHIOPIE, *ou* PAIN DE SINGE. *Voyez* ADANSONIA.

GRAINE D'ÉCARLATE, *ou* KERMÈS. *Voyez* QUERCUS COCCIFERA. *L.*

GRAINE D'AVIGNON. *V.* RHAMNUS *minor. Alaternus anguſti-folia.*

GRAMEN. *Tourn. Inſt. R. H.* 516. *Tab.* 297. *Raii Meth. Plant.* 171. [*Graſſ.*] Chiendent.

Si je voulois faire mention de toutes les efpeces de *Gramens* que l'on trouve en Angleterre, cet article deviendroit beaucoup trop confidérable ; c'eft pourquoi je me bornerai à quelques-unes dont on fait ufage comme aliment ou comme remede. Il n'y a pas un pâturage en Angleterre où l'on ne trouve au moins vingt efpeces différentes de *Gramens*, & dans la plupart ce nombre eft deux fois plus grand : toutes ont été autrefois comprifes par les anciens Botaniftes, fous la dénomination commune de *Gramen* ; mais elles étoient divifées en différentes fections. M. RAY les a rangées dans l'ordre fuivant, *Gramen triticum*, herbe à Froment ; *Gramen fecalinum*, herbe à Seigle ; *Gramen loliaceum*, herbe à Ivraie ; *Gramen paniceum*, herbe paniculée ; *Gramen phalaroïdes*, herbe à graines d'oifeaux ; *Gramen alopecuroïdes*, herbe en queue de Renard ; *Gramen typhinum*, herbe à chaton ; *Gramen echinatum*, herbe épineufe ; *Gramen criſtatum*, herbe à crête ; *Gramen avenaceum*, herbe à Avoine ; *Gramen daſtylon*, herbe Daſtylon *ou* pied de coq ; *Gramen arundinaceum*, herbe à Rofeaux ; *Gramen milliaceum*, herbe à millet. Dans chacune de ces fections, il y a plufieurs efpeces. Les anciens Ecrivains ont renfermé fous le titre général des *Gramens*, une grande quantité d'efpeces différentes, dont quelques-unes n'ont aucun rapport avec cette claſſe ; pendant qu'il y en a d'autres qui y ont une relation très prochaine; telles que les *Cyperus* &c. (h)

LINNÉE les a diviſées en genres ; mais par cette maniere de les claſſer, il les a fort éloignées les unes des autres ; car toutes celles dont les fleurs ont trois étamines , ſont rangées dans la troiſieme claſſe , & celles qui ont des fleurs mâles & femelles , ſont renvoyées à la vingt-unieme : cependant il auroit mieux valu les laiſſer enſemble , comme M. VAN ROYEN l'a fait dans ſon *Prodromus* du jardin de Leyde, ſous ce titre général : *Claſſe des* GRAMINEA.

Comme les différens genres ſous leſquels tous les *Gramens* ſont rangés, ont des caracteres particuliers qui les diſtinguent, il ſeroit trop long d'en faire mention dans cet ouvrage ; & comme il n'y a point de caracteres généraux qui ſoient propres à la claſſe enticre, je n'en donnerai point ici ; mais j'indiquerai ſeulement quelques eſpeces ; Sçavoir :

1°. *Gramen ſpicâ triticeâ , repens vulgare , caninum dictum. Raii Syn. 2. p. 247.* Herbe rampante commune , à épis de Froment, appelée Chiendent.

Triticum calycibus ſubulatis , quadri-floris , acuminatis. Lin Sp.

(h) A la fin de la *Bibliotheque Botanique de* SEGUIER & BUMALDI (*La Haye* 1740, in-4°.) l'on trouve des liſtes des eſpeces de *Gramens* , qui ont été données par les principaux Botaniſtes, en commençant par THEOPHRASTE.

Plant. 128. edit. 3. Froment avec un calice en forme d'alêne , pointu, & à quatre fleurs , ordinairement apellée en Anglois, *Couch* ou *Quik-Graſſ.* Chiendent.

2°. *Gramen Loliaceum, anguſtiore folio & ſpicâ. C. B. p. 9. Theatr.* 127 Herbe à Ivraie avec des feuilles & des épis plus étroits ; en Anglois, *Darnel-Graſſ.*

Lolium ſpicâ muticâ. Lin. Sp. Plant. 83. Ivraie avec un épi plein de poils, communément appelée en Anglois. *Rye-Graſſ,* herbe à Seigle. Chiendent.

3°. *Gramen pratenſe , paniculatum majus , anguſtiori folio. C. B. p. 2.* [*Meadow-Graſſ.*] Herbe des prés, avec de larges panicules , & des feuilles étroites.

Poa anguſti-folia. Lin. Sp. Plant. 99. *edit. 3.*

Poa paniculâ diffuſâ , ſpiculis quadri-floris pubeſcentibus , culmo erecto , tereti. Flor. Suec. 77. Poa avec des panicules diffus , dont les plus petits épis ont quatre fleurs velues , & la tige eſt conique & érigée.

4°. *Gramen pratenſe , paniculatum majus , latiori folio. C. B. p. 2.* (*Meadow-Graſſ.*) Herbe de prairie, avec un plus gros panicule, & une feuille plus large.

Poa paniculâ diffuſâ , ſpiculis quinque-floris , glabris , culmo erecto , tereti. Flor. Suec. 76. Poa avec un panicule diffus , ayant de petits épis à cinq fleurs , & un chaume droit & cylindrique.

5°. *Gramen Avenaceum , pratenſe , elatius , paniculâ flaveſcente , locuſtis parvis. Raii Syn.* 407. *Hiſt.* 1284. *Scheuch. Gram.* 223. (*Taller Meadow Oat-Graſſ.*) Grande herbe à Avoine des prairies , ayant un panicule jaunâtre, & des petits légumes.

Avena paniculâ laxâ, calycibus tri-floris brevibus, floſculis omnibus ariſtatis. Prod. Leyd. 66. *Fl. Suec. 2. n.* 103. *Linn. Sp. Plant.* 118. *Sp.* 9. *edit.* 3. Herbe à Avoine, avec un panicule clair ayant trois fleurs dans chaque calice court, & toutes les fleurs étant garnies de paille.

6°. *Gramen ſecalinum. Ger. Emac. Lib. 1. Cap. 22. n.* 4. Herbe à Seigle de prairie, laquelle eſt fort haute. [*Tall Meadow Rye-Graſſ*].

Secale, villoſum. Linn. Sp. Plant. 124. *Sp.* 2. *edit.* 3.

7°. *Gramen tremulum maximum. C. B. p.* 2. *Scheuch. Gram.* 202. La plus grande herbe tremblante. [*Greateſt Quaking-Graſſ, ou Cow-quakes*].

Briza ſpiculis cordatis, floſculis ſeptemdecim. Hort. Cliff. 23. *Hort. Upſ.* 20. *Roy. Lugd.-B.* 63. Briza avec de petits épis en forme de cœur, qui renferment chacun dix-ſept petites fleurs.

Triticeum. La premiere eſpece eſt celle dont on fait uſage en médecine; ſes racines ſont regardées comme apéritives & diurétiques, & comme propres à détruire les obſtructions des reins & de la veſſie, à chaſſer les urines, à guérir la gravelle & à diſſoudre la pierre : le ſuc des feuilles & de la tige étoit fort recommandé par BOERHAAVE, qui l'ordonnoit généralement dans le cas où il ſoupçonnoit quelques obſtructions dans les conduits de la bile. (1).

Comme cette plante a une racine traçante qui s'étend au loin dans la terre, elle devient fort embarraſſante dans les jardins & les terres labourables ; car la moindre portion de cette racine ſuffit pour produire un grand nombre de plantes, de maniere qu'il eſt très-difficile de s'en débarraſſer ; on y parvient cependant, en les enlevant avec des fourches, auſſi-tôt que leurs tiges paroiſſent au-deſſus de la terre, & en répétant cette opération deux ou trois fois : ſi néanmoins toute la ſurface du terrein en eſt couverte, on les détruira plus promptement en le labourant à la profondeur de deux fers de bêche, & en retournant les mottes ; au moyen de quoi ces plantes ſont bientôt attaquées de pourriture, & ne repouſſent plus ; mais cette méthode ne peut être miſe en uſage, que quand le ſol à aſſez de profondeur ; car dans les terres qui n'ont pas aſſez de fond, les racines ne peuvent pas être enterrées aſſez profondément.

Lorſque ces racines ſe trouvent dans des terres labourables, il eſt fort difficile de s'en débarraſſer : le moyen que

---

(1) La ſubſtance mucilagineuſe ſucrée que ce *Gramen* contient, le rend propre à calmer & adoucir : il entre auſſi dans la plupart des ptiſanes & apozèmes apéritifs. au reſte, ſes vertus ſont bien foibles, & on doit peu compter ſur ſes effets.

l'on emploie ordinairement, eſt de laiſſer repoſer les champs pendant un été, & de les herſer ſouvent pour en tirer les racines : ſi l'on répète ſouvent cette opération, la terre peut être ſi bien nettoyée en une ſaiſon, que ces racines ne nuiront point aux grains que l'on y ſemera après ; mais alors il faut mettre dans ces champs des *Fèves*, des *Pois*, ou quelques autres grains qui exigent la culture d'une herſe à cheval : la tige de cette herbe eſt ſi rude, que le bétail ne s'en nourrit point.

Loliaceum. La ſeconde, qu'on cultive ſur-tout dans les terres fortes & froides, où elle réuſſit mieux que dans aucune autre, pouſſe de très-bonne heure au printems ; elle eſt ſi groſſière, que ſi on ne la fauche pas dans ſa premiere jeuneſſe, elle devient aſſez dure, pour qu'aucune ſorte de bétail ne puiſſe s'en nourrir. Comme cette plante, à laquelle on donne le nom de *Jonc* ou de *Bennet* dans certaines provinces, a peu de feuilles, & monte entièrement en tiges, il eſt néceſſaire de la faucher au commencement de Juin, ſans quoi elle ſe deſſèche, & a pendant tout l'été l'apparence d'un chaume, qui non-ſeulement eſt très-déſagréable à la vue ; mais qui incommode encore beaucoup le bétail qui ne peut brouter deſſous ſans ſe piquer les narines ; ce qui le rebute tellement, qu'il n'y a que la diſette abſolue de toute autre nourriture qui puiſſe le forcer à pâturer l'herbe qui

croît entre ces *Joncs* ; mais aucune eſpece de bétail ne touche à ces *Joncs* ſecs.

Ainſi on ſe trompe fort quand on prétend qu'au défaut d'autre nourriture, les beſtiaux peuvent être entretenus avec cette eſpece d'herbes ſeches. J'ai toujours obſervé pendant pluſieurs années, que ces *Joncs* reſtoient ſur la terre ſans être touchés, juſqu'à ce que les gelées, les pluies & les vents les aient pourris en hiver : ſi on les laiſſe ſur la terre, les premieres herbes de l'année ſuivante ſont retardées pour trois ou quatre mois, & on eſt tout ce tems ſans appercevoir aucune verdure. On ne peut prévenir cet inconvénient qu'en fauchant ces plantes tous les ans, avant qu'elles ſoient tout-à-fait deſſéchées, & en les enlevant avec une herſe : ſi on les convertit alors en *Foin*, elles donneront un ſupplément de fourage, qui pourra ſervir en hiver à la nourriture des vaches & des autres animaux de traits, & paiera ainſi les frais du fauchage.

Il y a une autre eſpece de cette herbe qu'on nomme *Ivraie rouge*, dont la nature eſt encore pire que celle de la premiere : ſes tiges ont des feuilles plus étroites, & ſe durciſſent beaucoup plutôt. Cette plante eſt très-commune dans la plupart des pâturages : ſes fleurs paroiſſent plutôt, & ſes ſemences, qui ſont toujours mûres avant qu'on ne coupe le *Foin*, ont le tems de ſe répandre pour l'année ſuivante. Ainſi, quand on veut ſe débarraſſer de cette

herbe, autant qu'il est possible, on doit toujours la faucher avant que les semences
soient mûres.

On seme ordinairement cette
espece avec le *Trefle* sur les
terres qui doivent être labourées après quelques années ;
& la méthode commune est
de mêler ses graines avec quelques autres semences printan-
nieres. D'après plusieurs essais
répétés, j'ai reconnu qu'en les
semant en Août, par un tems
de pluie, elles donnoient une
récolte plus abondante qu'en
toute autre saison : l'herbe étoit
souvent si forte, qu'elle pro-
duisoit une quantité de fourrage
considérable dans le même automne, & de très-bonne heure
dans le printems suivant, une
meule & demie de foin par
âcre, malgré que la terre fût
froide & de mauvaise qualité.
Quoiqu'à mon avis cette méthode soit préférable à l'usage
commun, il sera néanmoins
difficile d'en convaincre ceux
qui sont attachés à leur ancienne routine. Il faut environ deux bichets de semences
pour un âcre de terre, &
huit livres de trefle commun :
ce mélange donnera un aussi
bon fourrage qu'on puisse le
désirer ; mais on ne doit pas
semer cette espece dans les
endroits où l'on veut se procurer une belle verdure : elle
ne doit être employée que par
ceux qui recherchent plutôt le
bénéfice que l'agrement.

Pratense. Les troisieme &
quatrieme especes sont les deux
meilleures pour les pâtures.
Si leurs graines étoient recueillies soigneusement & semées
séparément sans aucun autre
mélange, elles produiroient
non-seulement une plus grande
quantité de graines sur le même espace de terre, mais aussi
un foin plus doux & de meilleure qualité, & une verdure
plus uniforme qu'aucune des
autres especes ; mais, comme
je viens de le dire, on ne
peut y reussir qu'autant que
leurs semences sont exactement
pures & sans mélange. J'ai essayé de conserver les graines
de plusieurs especes d'herbes
séparément, afin de pouvoir
déterminer leurs qualités ; mais
j'ai éprouvé qu'il est très-difficile d'y réussir dans un jardin
où il s'est répandu des semences de quelques autres especes : la seule méthode au moyen
de laquelle j'ai obtenu quelque succès, a été de semer chaque espece dans des pots séparés ; & quand les plantes ont
poussé, d'arracher toutes les
mauvaises herbes qui pou-
voient s'y trouver : par ce
moyen j'ai conservé une grande
quantité d'especes pendant plusieurs années ; mais n'ayant
pas assez de terre pour en
multiplier les plus utiles en
quantité plus considérable, j'ai
été forcé d'abandonner ce projet. Je ne puis donc que recommander ici aux Curieux
qui ont une suffisante quantité
de terrein, de renouveller ces
essais, ils rendront par-là un
service important au Public ;
car nous avons l'exemple des
grands avantages qu'en ont
tiré les habitans des Pays-
Bas, en semant du trefle blanc

ou trefle à feuilles de chevre-feuille, qui eft une plante commune dans la plupart des pâturages Anglois : cependant il y a peu de perfonnes dans ce pays qui fe donnent la peine de recueillir les graines dans les prairies pour les femer ; ils aiment mieux en acheter chaque année en Flandres une grande quantité à un prix confidérable.

Quoique cet objet ne foit pas fort intéreffant pour les Cultivateurs, il mérite néanmoins l'attention de tous ceux qui fe mèlent d'Agriculture ; car un âcre de terre produira des femences de cette efpece de trefle pour la fomme de douze livres fterling s'il eft bien planté, & fi la graine dont on s'eft fervi a été prife fur la récolte printaniere. Quand on feme féparément l'efpece de trefle dont il vient d'être queftion, qu'on la tient nette de toutes mauvaifes herbes, & qu'on laiffe mûrir les femences, elle peut être auffi avantageufe que les autres, fur-tout à préfent où chaque Propriétaire s'efforce à étendre la verdure dans le voifinage de fon habitation.

Avenaceum. Secalinum. Les cinquieme & fixieme efpeces font auffi de fort bonnes herbes pour les pâturages ; elles ont des racines vivaces, & méritent, fuivant moi, la préférence fur toutes les autres : mais comme il eft difficile d'en recueillir une affez grande quantité de graines pour en fournir à tous ceux qui voudroient la multiplier, ces deux efpe-ces peuvent être mêlées avec les autres, parce qu'elles font très-feuillées, que leurs tiges ne font pas auffi fermes ni fi dures, & qu'avec un foin particulier on peut les rendre très-fines : en roulant fouvent cette herbe, fes racines fe joignent enfemble, & font un gazon fort ferré ; ainfi elles peuvent être mifes au nombre de celles qui font propres à être femées.

Tremulum. La feptieme eft rappelée ici pour la variété, & non pour l'ufage ; elle a une racine annuelle qui pouffe plufieurs feuilles larges & velues, du milieu defquelles fortent des tiges minces & fermes, qui s'élevent à la hauteur d'un à deux pieds, & fe divifent vers l'extrémité en panicules larges & clairs, garnis de petits épis en forme de cœur, qui ont chacun environ dix-fept petites fleurettes, que remplace une fimple femence. Les têtes de cette efpece font fufpendues à des pédoncules minces & longs, que le moindre vent agite, de forte qu'elles paroiffent toujours en mouvement, ce qui lui a fait donner le nom d'*Herbe tremblante.* Il y a quatre efpeces de cette herbe, dont deux font originaires de l'Angleterre, & leurs têtes fe forment dans le mois de Mai, ce qui a donné lieu au proverbe Anglois, *que Mai vienne de bonne heure ou tard, la vache en tremble toujours.* (i) La groffe

---

(i) A caufe du double fens du nom de cette plante, *Cow*

espece dont il est ici question croît naturellement dans la France méridionale & en Italie, & n'est conservée dans quelques jardins Anglois que pour la variété.

Si les graines de cette espece sont semées en automne, ou qu'on leur permette de s'écarter, les plantes pousseront plus vigoureusement, & fleuriront plutôt que celles qu'on ne met en terre qu'au printems, & les semences qu'elles donneront seront aussi beaucoup meilleures. Deux ou trois plantes de cette espece suffisent pour la variété : en les plaçant à une certaine distance les unes des autres, leurs racines pousseront un grand nombre de tiges, qui seront plus fortes & produiront des panicules beaucoup plus larges que celles qui sont trop rapprochées.

Dactylon. L'herbe *Dactylon à pied de coq, l'herbe à queue de chapon,* & celles *à Milet,* sont trop grossieres pour mériter d'être cultivées en Angleterre, quoique quelques-unes de ces especes soient fort utiles dans les contrées méridionales de l'Amérique, où elles sont plus propres que les herbes plus fines d'Europe qui y sont aussi fort rares. Plusieurs de ces premieres se couchent sur la terre, & poussent des racines de chacun de leurs nœuds : leurs tiges, étant aussi plus grosses & plus remplies de sève, résistent mieux à la

chaleur, que nos herbes Européennes.

Culture. Les champs qu'on veut ensemencer en herbe, doivent être bien labourés & nettoyés de toutes racines de plantes nuisibles, telles que les *Fougères,* les *Joncs,* les *Genêts,* les *Bruyeres,* &c. qui prendroient bien-tôt le dessus sur les herbes, & finiroient par les couvrir entièrement : c'est-pourquoi, quand ces mauvaises plantes abondent, on fera bien de labourer la terre en Avril, la laisser sécher pendant un certain tems, & de rassembler les racines en petits monceaux avec une herse pour les brûler. Les cendres qui en proviendront étant répandues ensuite sur le terrein, feront un très-bon engrais. On trouvera à l'article CHAMP, toutes les instructions nécessaires relativement à la maniere de brûler ces racines. Quand les mauvaises plantes, dont les racines s'étendent beaucoup, sont très-abondantes, il faut labourer la terre deux ou trois fois assez profondément dans un tems sec, & herser les racines avec soin après chaque labour. Lorsque la terre n'a point de fond, qu'elle est ferme & glaiseuse, & qu'elle retient l'eau en hiver, on fera bien de pratiquer des conduits souterrains pour favoriser l'écoulement de l'humidité qui rendroit l'herbe fort aigre. La méthode de construire ces conduits est décrite dans l'article des CHAMPS.

Avant de répandre ces semences, il faut mettre de niveau & ameublir la terre qui

<hr>

quake qui veut dire en même temps, *Vache tremblante.*

doit les recevoir, sans quoi elles seroient enterrées inégalement. Lorsqu'elles sont semées, on herse légèrement, & on passe pardessus un rouleau de bois pour en rendre la surface unie, & empêcher que les graines ne soient enlevées & mises en paquets. Quand l'herbe commence à pousser, & qu'on apperçoit quelques endroits nuds & sans verdure, on peut y répandre quelques semences, & y passer le rouleau pardessus pour les fixer : ces nouvelles graines pousseront à la premiere pluie, & produiront une herbe fort épaisse. Si les champs sont destinés à rester toujours en pâturages, il faut semer la meilleure espece d'herbe, & y mêler du *Trefle* de Hollande qu'on connoit dans plusieurs parties de l'Angleterre sous le nom de *Trefle à feuilles de Chevrefeuille hollandois* ; mais il est très-difficile de s'en procurer de bonnes semences ; car dans toutes les bonnes prairies des environs de Londres, qui sont remplies des meilleures especes d'herbes, on coupe ordinairement le foin avant que les semences soient mûres ; de sorte que celles qu'on tire des écuries où les chevaux sont nourris de la meilleure espece de foin, ne valent pas mieux que de la petite paille ; à moins que ce ne soient celles des herbes printanieres, qui sont mêlées d'une grande quantité de *Plantains* & d'autres especes, ce qui a dégoûté bien des personnes d'en semer ; & comme il faut beaucoup de foin &

d'attention pour en ramasser une certaine quantité qui soit nette & sans mélange, la plupart des gens de campagne n'y veulent pas mettre le le tems : c'est-pourquoi je conseille d'en recueillir sur les paturages élevés & sans mélange d'aucune espece étrangere, après avoir laissé mûrir les herbes les plus douces. Le foin qui en proviendra sera à la vérité moins estimé ; mais le prix de la vente des semences produira plus de bénéfice aux Propriétaires, qu'ils ne pourroient en retirer du foin le mieux conditionné ; car tous ceux qui veulent améliorer leurs prairies, aimeroient mieux donner six fois la valeur des semences ainsi recueillies, que d'en acheter de communes à un prix modéré ; parce que l'avantage qu'ils en retireroient, compenseroit bien la dépense de ce premier achat. La terre étant une fois bien garnie de bonnes herbes (ce qui peut se faire dans une année, quand elle est préparée & semée d'une maniere convenable) produit toujours davantage d'année à autre, & continue à s'améliorer tant qu'on en prend quelque soin. J'ai vu des champs semés depuis plus de quarante ans, qui forment encore d'aussi bons pâturages qu'on puisse en voir & qui paroissent devoir persister toujours dans le même état.

Ces terres, qui primitivement étoient remplies de mauvaises herbes, ont été améliorées d'après la méthode suirante : on les a d'abord laissé reposer pendant un hiver & un été; durant cet intervalle on les a labourées cinq fois & herfées dix, pour détruire les mauvaises herbes, & ameublir la furface, & dans le mois d'Août fuivant on les a enfemencées avec la meilleure graine d'herbe qu'on a pu fe procurer, dont on a employé trois bichets, & à laquelle on a ajouté neuf livres de femences de *Tréfle blanc de Hollande* par âcre : comme il furvint une pluie auffi-tôt après le femis, l'herbe pouffa promptement, mais il fe trouva encore parmi elle une grande quantité de mauvaifes plantes, qui furent arrachées & enlevées : au commencement d'Octobre on paffa le rouleau par-deffus, & au printems fuivant, on nettoya la terre pour la feconde fois, & on la roula enfuite. Dès l'été fuivant l'on a recueilli de l'excellent foin, dans la proportion de deux meules par âcre; & comme depuis ce tems l'on a eu l'attention de le nettoyer deux fois par an, & d'y paffer le rouleau, l'herbe s'eft tellement améliorée, que ce pâturage eft un des meilleurs de l'Angleterre. Comme plufieurs perfonnes qui, d'après mon avis, ont effayé cette méthode, ont obtenu un plein fuccès, je crois pouvoir la recommander comme étant la plus fûre pour fe procurer de bonnes pâtures; mais je fuis perfuadé que la plus grande partie des Fermiers regretteront la perte de la première année, ainfi que

la dépenfe qu'ils feroient obligés de faire pour nettoyer & rouler le terrein, comme étant trop confidérable pour l'ufage ordinaire; mais je fuis bien perfuadé, par l'expérience, que ceux qui auront le bon efprit de faire cette dépenfe, en feront amplement dédommagés par l'abondance des récoltes, & je puis le prouver par les calculs exacts que j'en ai faits; d'ailleurs la verdure de ces prairies eft infiniment agréable pour ceux qui fe plaifent à contempler les beautés de la Nature.

La maniere de traiter convenablement les terres en pâturages, eft moins connue que les autres parties de l'Agriculture; les Fermiers ne s'y font jamais appliqués; ils aiment mieux tout ce que l'on obtient avec la charrue; quoique les bénéfices qu'ils en ont tirés depuis quelques années, n'aient point été affez confidérables pour les y encourager. Malgré cela ils ne laiffent jamais ces efpeces de pâturages au-delà de trois années fur leurs terres : après ce tems ils les retournent pour y femer des graines.

Herbe ou *Gramen à ruban.* Il y a une efpece d'herbe panachée, que l'on conferve dans quelques jardins pour la beauté de fes feuilles, qui fe confervent fraiches durant la plus grande partie de l'été : cette efpece eft aifément multipliée en divifant fes racines, foit au printems, foit en automne; car chaque rejetton devient une groffe racine en une année. Comme elle croit dans tous les sols & à toutes les expositions, on peut la planter dans la plus mauvaise partie d'un jardin, où elle profitera & produira une agréable variété. Plusieurs personnes donnent à cette plante le nom d'*Herbe à ruban*, à cause des raies blanches & vertes qui coulent dans toute la longueur de ses feuilles, & qui imitent les nuances de certains rubans.

Quant à ce qui regarde le traitement des autres especes d'herbes des champs, on peut recourir aux Articles PATURES & PRAIRIES, & pour l'herbe des jardins, *Voyez l'Article* HERBES.

GRAPPE D'HYACINTHE *ou* MUSC. *Voy.* MUSCARI.

GRASSETTE, HERBE GRASSE *ou* HUILEUSE. *Voy.* PINGUICULA.

GRATE GALE. *Voy.* RANDIA MITIS.

GRATERON *V.* MOLLAGO.

GRATERON, HERBE AUX OIES, *ou* RIEBLE. *Voy.* APARINE.

GRATIOLA. *Lin. Gen. Plant* 27. *Raj. Met. Plant.* 90. *Digitalis. Tourn. Inst. R. H.* 165. [*Hedge Hyssop.*] Hyssope de haie, ou l'herbe à Pauvre-homme, Gratiole.

Caractères. La fleur a un calice persistant & divisé en cinq parties; la corolle est monopétale, labiée, & pourvue d'un tube plus long que le calice, & découpée au sommet en quatre petits segmens, dont le supérieur est plus large & dentelé à son extrémité, où il est réfléchi; les trois autres sont érigés & égaux : cette fleur a cinq étamines en forme d'alène, dont trois sont plus courtes que les pétales & stériles, & les deux autres, qui sont plus longues, adhèrent au tube du pétale, sont chargées de poussiere fécondante, & terminées par des sommets ronds : dans son centre est placé un germe conique qui soutient un style érigé & couronné par un stigmat à deux lèvres, qui se referment lorsqu'il est fécondé : ce germe devient ensuite une capsule ovale, terminée par une pointe, & à deux cellules remplies de petites semences.

Ce genre est rangé dans la première section de la seconde classe de LINNÉE intitulée, *Diandria Monogynia*, qui renferme les plantes dont les fleurs n'ont que deux étamines & un style; car il ne compte pas les trois étamines stériles.

Les especes sont :

1°. *Gratiola Officinalis, floribus pedunculatis, foliis lanceolatis, serratis. Lin. Mat. Med.* 18. *Jacq. Vind.* 4. *Pollich. Pal. n.* 23. *Crantz. Austr. p.* 289. *Scop. Carn. ed.* 2. *n.* 27. *Gmel. It.* 1. *p.* 126. *Mattusch. Sil.* 1. *n.* 21. *Kniph. Orig. Cent.* 5. *n.* 40. Herbe à Pauvre homme, avec des fleurs sur des pédoncules & des feuilles en forme de lance & sciées.

Gratiola. Riv. Mon. 157. *Hort. Cliff.* 9. *Roy. Lugd.-B.* 292. *D.lib. Paris.* 8. *Sauv. Monsp.* 137.

Digitalis minima Gratiola dic-

2. *Mor. Hist.* 2. 479. La plus petite Digitale, appellée *Gratiole*.

Gratiola Centauroïdes. Bauh. Pin. 279.

2°. *Gratiola Virginiana, foliis lanceolatis, obtusis, sub-dentatis. Flor. V.* 6. Herbe à Pauvre-homme à feuilles obtuses & dentelées.

Tsieria Maya Nari. Rheed. Mal. 9. *p.* 165. *t.* 85.

Gratiolæ affinis Chamædryoïdes. Pluk. Alm. 180.

3°. *Gratiola Peruviana, floribus sub-sessilibus. Lin. Sp. Plant.* 17. Gratiole à fleurs sessiles aux branches.

Gratiola latiori folio, flore albo. Fewill. Peruv. 3. *t.* 47.

Officinalis. La premiere espece croît naturellement sur les Alpes & dans d'autres contrées montagneuses de l'Europe ; elle a une racine épaisse, charnue, fibreuse & rempante, qui se multiplie fortement lorsqu'elle se trouve dans un sol & à une exposition convenables : de cette racine sortent plusieurs tiges droites, quarrées, hautes d'environ un pied, & garnies de feuilles étroites, en forme de lance & opposées : ses fleurs qui sont produites à chaque nœud sur les côtés des tiges, sont de la même forme que celles de la *Digitale* ou *Gantelée*, mais petites, & d'une couleur jaune-pâle. Elles paroissent en Juillet, & sont rarement suivies de semences en Angleterre.

On la multiplie aisément en divisant ses racines en automne, quand ses tiges sont flétries : elle veut être placée dans un sol humide & à l'ombre, où elle profitera beau-coup ; mais dans une terre sèche, elle périt souvent en été, à moins qu'elle ne soit bien arrosée.

Cette espece est comprise dans le nombre des plantes médicinales ; mais on en fait très-peu d'usage en Angleterre, quoiqu'elle soit recommandée par quelques bons Auteurs, comme un excellent hydragogue (1).

Virginiana. Les semences de la seconde m'ont été envoyées de l'Amérique Septentrionale, où on la trouve ordinairement dans des endroits humides. Cette plante, qui dans son pays natal s'éleve au-dessus d'un pied de hauteur, n'a guères que huit pouces d'élévation en Angleterre : ses feuilles sont émoussées & découpées à leur extrémité : ses fleurs sont blanches, & sortent sur les côtés des tiges comme celles des autres especes ; mais elles ne donnent point de semences dans ce pays. On peut la multiplier

---

(1) La *Gratiole*, ou Herbe à Pauvre-homme, est un purgatif très-violent, que l'on ne doit employer qu'avec beaucoup de prudence & sur des corps robustes ; car il occasionne toujours des superpurgations dangereuses, & des tranchées violentes aux personnes délicates.

Ce remede peut néanmoins produire de bons effets dans quelques circonstances telles que l'hydropisie invétérée, les fievres intermittentes, opiniâtres, les rhumatismes, anciens, &c.

Sa dose est d'une demi-poignée, en infusion dans un demi-septier d'eau, d'un demi gros en poudre, & de deux ou trois gros en conserve.

comme la premiere efpece, & elle exige le même traitement.

Peruviana. Les femences de la troifieme m'ont été envoyées de Carthagène, où elle a été trouvée dans des lieux autrefois couverts d'eau ftagnante, & alors defféchés. Cette plante dont la hauteur eft d'environ neuf pouces, a une tige foible & des feuilles oppofées & fciées fur leurs bords, qui ont près de trois quarts de pouce de longueur fur un demi-pouce de large; fes fleurs font produites fimples fur chaque côté de la tige; elles font blanches & beaucoup plus petites que celles de la premiere; mais comme elle n'a point donné de femences, cette efpece a été perdue pour nous.

GRATIOLE *ou* **HERBE A PAUVRE - HOMME.** *V.* Gra-TIOLA.

GRAVIER *ou* **SABLE.** Le *Sable* & & le *Gazon* font les ornemens naturels des maifons de campagne : ils font la beauté des jardins Anglois, & leur donnent une fupériorité reconnue fur ceux des autres Nations.

On connoit différentes efpeces de Graviers, mais les perfonnes qui ont la facilité du choix, doivent donner la préférence à celui de Black-Heath fur tous ceux d'Angleterre : il eft compofé de petits cailloux ou rocailles unies, qui fe lient fortement enfemble quand on y mêle une quantité convenable de marne ; il eft très-beau, & dure auffi plus long-tems qu'aucun autre. Quelques perfonnes recom-

mandent une efpece de Gravier ferrugineux, que l'on appelle *terre de fer*, & qui contient un peu de marne liante : on prétend qu'elle fe lie mieux quand elle eft sèche ; mais dans un tems humide elle s'attache aifément aux pieds, & ne peut jamais paroître belle.

On ajoûte quelquefois de la marne au Gravier qui contient trop de cailloux : fi ce mélange eft bien fait, & confervé en tas, il fe liera fortement & deviendra auffi dur qu'un rocher.

Il y a plufieurs efpeces de Graviers qui ne fe lient pas, & donnent continuellement la peine de les rouler fans produire beaucoup d'effet : c'eft ce qui arrive au Gravier luifant & fablonneux. On peut remédier à cet inconvénient en mêlant avec foin une charge de marne forte à deux ou trois charges de Gravier ; au moyen de quoi il prendra de la confiftance, & ne s'attachera plus aux pieds dans les tems humides.

Les opinions font partagées fur le choix du Gravier ; quelques-uns veulent qu'il foit de la plus grande blancheur ; & & pour mieux y réuffir, ils font fouler les allées avec des rouleaux de pierres nouvellement taillées : mais comme cette couleur eft très-éblouïffante & fatigue beaucoup la vue, il faut préférer le Gravier uni, qui réfléchit moins vivement les rayons du foleil.

Quelques perfonnes criblent beaucoup le Gravier & le rendent trop fin ; mais celui dont on s'eſt contenté d'ôter les plus groſſes pierres avec un rateau, eſt bien préférable.

D'autres font leurs allées trop rondes, ce qu'il faut encore éviter, parce que cette ſtructure rend la promenade plus pénible, & les fait encore paroître plus étroites : un pouce d'élévation ſuffit pour une allée de cinq pieds de large, deux pouces pour une de dix pieds, trois pouces pour une de quinze pieds, quatre pouces pour une de vingt, & ainſi de ſuite dans la même proportion. Six ou huit pouces d'épaiſſeur de Gravier ſeront ſuffiſans dans les allées ordinaires, & un pied pour quelque largeur que ce ſoit : mais il eſt néceſſaire de charger le fond avec des décombres ; & ſi le ſol eſt humide, il faudra employer une bonne quantité de groſſes pierres, de cailloux, de décombres de briques, de craies, ou de quelqu'autre matiere qui puiſſe attirer l'humidité du Gravier, & l'empêcher de devenir poiſſant ou glaiſeux par la pluie ; mais comme il eſt quelquefois difficile de ſe procurer de pareils matériaux, on peut y ſuppléer, en employant du *Genét* ou de la *Bruyere*, qu'on trouve en tout temps : ces branches d'arbriſſeaux étant couvertes de Gravier lorſqu'elles ſont encore vertes, le tiennent toujours ſec, l'empêchent de s'enfoncer dans la terre, & durent très-long tems. Quand on ne prend point cette précaution, l'eau qui eſt retenue dans la glaiſe, rend le Gravier poiſſant dans tous les tems de grandes pluies.

Lorſqu'il eſt queſtion de faire des allées de Gravier, on doit commencer par niveler la terre, de maniere à rendre les pentes aiſées vers le bas, & à faciliter l'écoulement de l'humidité ; car ſans cela l'eau qui ſéjourneroit après les grandes pluies, leur occaſionneroit beaucoup de dommage, ſurtout ſi le ſol étoit naturellement humide ; mais ſi le terrein eſt de niveau & ſans aucune pente, on fera bien de pratiquer des cours à côté des allées, à des diſtances convenables, pour recevoir toute l'humidité.

Si la terre eſt de nature ſeche & que l'eau s'y écoule aiſément, ces canaux pourront ſervir à la conduire dans des puits perdus, où elle ſe diſſipera en peu de tems ; mais quand le terrein eſt humide & argilleux, l'eau doit être dirigée dans un étang ou un foſſé voiſin, car ſans ces précautions, les allées ne ſeront jamais belles, ni d'un uſage agréable.

Le mois de Mars eſt le tems le plus propre pour répandre le Gravier ; il n'eſt pas prudent de le faire plutôt, non plus que pendant l'hiver.

Quelques perſonnes retournent le Gravier en rigoles dans les allées au mois de Décembre, pour détruire les mauvaiſes herbes : mais cette méthode eſt fort mal imaginée ; car nonſeulement ils ſe privent du plaiſir de pouvoir ſe promener l'hiver, mais ils facilitent encore l'accroiſſement des herbes au - lieu de les détruire.

Si après avoir foulé conftamment les allées avec le rouleau, après les tems de pluie & de gelées, les mauvaifes herbes ne font point détruites, il faut retourner le Gravier en Mars, & le rétablir tout de fuite.

On recommande d'arrofer beaucoup le Gravier & les Gazons, lorfque les vers les endommagent, & de faire infufer dans l'eau qu'on employe pour cela, des feuilles de Noyer, afin de la rendre amère, ce qui fait fortir ces infectes de la terre, de maniere qu'on peut les ramaffer; mais fi avant de placer le Gravier, on a foin de répandre au fond une bonne couche de décombres de chaux, on réuffira facilement à écarter tous ces infectes.

GREFFE. Greffer, c'eft prendre les rejettons d'un arbre pour les inférer dans un autre, de maniere qu'ils s'uniffent & ne forment plus qu'un même corps. Les anciens ont donné à cette méthode le nom d'*Incifion*, pour la diftinguer de l'inoculation, qu'ils exprimoient par ces deux mots : *Inferere oculos.*

La méthode de greffer, a été imaginée pour multiplier quelques efpeces de fruits curieux, qu'on ne pouvoit propager par aucun autre moyen; tels font la plupart des bons fruits que nous connoiffons, qui n'étant que des variétés accidentelles de femences perfectionnées par la culture, retournent à leur état primitif,

lorfqu'on les multiplie par leurs graines ; au-lieu qu'en les greffant, ils confervent toutes leurs qualités, & fe multiplient fans altération, quels que foient les arbres dans lesquels leurs jeunes branches aient été inférées; quoique la fève que ces arbres leur fournit n'ait point changé de nature, le feul changement que ces fruits éprouvent, eft qu'ils ne font pas auffi précoces ni de fi bonne qualité, lorfque les tiges fur lefquelles ils font greffés, ne croiffent pas auffi vite, & ne fourniffent pas autant de nourriture que celles fur lefquelles les rejettons ont été pris.

Ces rejettons font appelés *Scions* ou *Greffes :* dans le choix qu'on en fait, il faut fe conformer exactement aux obfervations fuivantes. Premierement, ces rejettons doivent être de l'année précédente; car s'ils étoient plus vieux, ils ne réuffiroient jamais bien. Secondement, les arbres fur lefquels on les prend, doivent être fains & fructueux, parce que s'ils avoient quelques défauts, on les retrouveroit dans les Greffes, ou au moins elles les conferveroient quelques années : fi l'on choifit ces Greffes fur de jeunes arbres trop abondans en féve, & dont les vaiffeaux font généralement gros, les Greffes continueront toujours à produire des branches gourmandes, & donneront rarement autant de fruits que celles qu'on a cueillies fur de bons arbres, dont les rejettons font plus ferrés & les

yeux

yeux plus rapprochés ; & il se passeroit un grand nombre d'années avant que ces Greffes gourmandes commençassent à produire du fruit, quand même elles seroient traitées avec toute l'intelligence possible. Troisie-mement, il faut préférer les Greffes prises sur les branches latérales ou horisontales, à celles des rejettons forts & perpendiculaires, pour les mê-mes raisons qu'on vient de rap-porter.

Ces Greffes ou Scions doi-vent être séparés de l'arbre, avant que leurs boutons com-mencent à se gonfler, & trois semaines ou un mois avant de s'en servir : pendant cet intervalle, on les tient en ter-re, où on les enfonce jusqu'à la moitié de leur longueur, & on couvre le reste avec de la litiere, pour les empêcher de se dessecher ; elles se conser-veront mieux si on les coupe avec un bout du bois de deux ans d'âge, que l'on peut re-trancher, quand on pose les Greffes ; car elles ne doivent être coupées de la longueur nécessaire, que lorsqu'on veut les insérer dans les tiges, afin que leurs bouts ne se desse-chent point. Quand on envoie ces Greffes dans quelque au-tre pays, on enveloppe les ex-trémités avec de la glaise, & on les entoure de mousse, qui les tiendra fraîches pendant plus d'un mois ; mais celles-ci doivent être coupées plutôt que celles qu'on emploie sur les lieux.

Après avoir donné ces in-structions pour les Greffes, je vais parler des *Tiges* ou des Sujets sur lesquels on les place : ces sujets sont ou de vieux ar-bres dont on veut changer la nature, ou de jeunes plans élevés dans des pépinières : dans le premier cas, il n'y a point d'autre choix à faire que celui des branches, qui doi-vent être jeunes, saines, bien placées, & couvertes d'une écorce unie ; si ce sont des espaliers, ou qu'ils soient dif-posés contre une muraille, il sera nécessaire de Greffer huit ou dix branches suivant leur grosseur, afin qu'ils soient plus tôt garnis ; mais dans les ar-bres à haut vent, quatre ou au plus six Greffes suffiront.

Dans le choix des jeunes ar-bres, sur lesquels l'on veut Greffer, il faut préférer ceux qui ont été élevés de semen-ces, & qui ont été transplan-tés une fois ou deux : après ceux-ci viennent les sujets éle-vés de marcottes & de bou-tures ; mais on doit toujours rejetter ceux qui proviennent de rejettons pris au pied des vieux arbres, car ils ne sont jamais aussi bien enracinés que les autres, & sont sujets à pous-ser de leurs racines un grand nombre de rejettons, qui gâ-tent les plates-bandes & les allées pendant tout l'été, & retranchent la nourriture des autres arbres.

Si ces sujets ont été placés à une distance convenable dans la pépinière, leur bois sera plus mûr & plus compact que celui des arbres plus rappro-chés, & qui seront élevés a une plus grande hauteur, mais dont la fubſtance ſera molle & les vaiſſeaux plus larges ; de ſorte que les Greffes qui y ſeront appliquées pouſſeront fortement, mais ſeront moins diſpoſées à produire du fruit. Cette obſervation eſt d'autant plus importante à remarquer, que les arbres qui ont pris une fois une mauvaiſe habitude, deviennent rarement meilleurs dans la ſuite.

Après avoir traité des rejettons & des ſujets, il convient de donner la maniere de *Greffer* ; mais je vais indiquer auparavant les inſtrumens dont on a beſoin pour cette opération ; ces inſtrumens ſont :

1°. Une petite ſcie à main pour couper la tête des gros ſujets.

2°. Un couteau fort, dont le dos ſoit épais, pour faire les fentes néceſſaires dans les ſujets.

3°. Un canif bien tranchant pour tailler les Greffes.

4°. Un bon ciſeau à greffe & un petit maillet.

5°. De la laine filée, pour lier les greffes, & quelques autres inſtrumens qu'exigent les différentes eſpeces de Greffes.

6°. Une quantité de terre forte, que l'on doit préparer un mois avant d'en faire uſage, & que l'on compoſe avec une quantité de marne graſſe, proportionnée au nombre d'arbres que l'on doit greffer, quelques crotins nouveaux de cheval-entier, un peu de paille ou de foin haché fort menu, pour mieux la lier, & un peu de ſel, pour empêcher la marne de ſe fendre dans les tems ſecs :

on pétrit exactement ces différentes matières, en y ajoutant un peu d'eau, comme lorſque l'on fait du mortier ; on lui donne la forme d'un plat, que l'on remplit d'eau, & chaque jour on le pétrit de nouveau : il ne faut pas l'expoſer à la gelée ni au hâle : plus il ſera travaillé, plus il ſera propre à ce qu'on le deſtine.

Depuis quelques années pluſieurs perſonnes ont fait uſage d'une autre compoſition pour les Greffes, qu'ils ont trouve préférable à celle que je viens d'indiquer, pour fermer exactement le paſſage à l'air : elle eſt faite avec de la thérébentine, de la cire & de la réſine, que l'on fait fondre enſemble, & que l'on applique ſur la Greffe lorſqu'elle a acquis une conſiſtance convenable. Quoiqu'on ne donne à cette enveloppe qu'un quart de pouce d'épaiſſeur, elle couvre cependant la Greffe plus exactement que la glaiſe ; & comme le froid la durcit, on ne doit pas craindre qu'elle ſoit endommagée par les gelées, qui ſouvent font fendre la glaiſe & la détachent ; quand les chaleurs de l'été commencent à ſe faire ſentir, cette compoſition tombe ſans cauſer aucun dommage. Lorſqu'on en fait uſage, on la tient dans un pot de cuivre ou de fer-blanc, que l'on place ſur des charbons ardens, afin de lui conſerver une certaine molleſſe ; mais il faut avoir grand ſoin de ne pas l'appliquer trop chaude, de peur d'endommager la Greffe ; quand on eſt un peu accoutumé à manier cet enduit, on l'emploie plus facilement que la glaise, fur-tout fi la faifon eft froide.

Il y a plufieurs manieres de Greffer, dont les principales font au nombre de quatre.

1°. La *Greffe dans l'écorce*, que l'on nomme *Greffe de côté;* c'eft la feule qui convienne aux gros arbres; on lui donne auffi le nom de *Greffe en couronne*, parce que les Greffes font placées en forme de cercle ou de couronne : cette maniere de Greffer eft généralement mife en ufage vers la fin du mois de Mars ou au commencement d'Avril.

2°. La *Greffe en fente*, dont on fe fert pour les arbres moins gros, c'eft-à-dire depuis un jufqu'à deux pouces de diamètre, fe fait aux mois de Février & de Mars, & fupplée à celles en écuffon des mois de Juin, Juillet & Août, qui peuvent avoir manqué.

3°. La *Greffe en écuffon*, auffi appelée en *langue*, fert à greffer un petit fujet d'un pouce, d'un demi-pouce, ou d'un diamètre encore moindre : cette méthode eft la meilleure & la plus ufitée.

4°. La *Greffe en approche* fe fait quand la tige que l'on veut Greffer, & l'arbre qui doit fournir la Greffe, font fi voifins l'un de l'autre, que l'on peut le joindre enfemble, ce qui fe fait au mois d'Avril; on l'appelle auffi *Greffe en arc;* on fe fert de cette méthode principalement pour les *Jafmins*, les *Orangers*, & autres arbres exotiques tendres.

Je vais reprendre ces différentes manieres de Greffer.

La premiere, ou la *Greffe en couronne*, n'eft en ufage que pour les gros arbres dont on a coupé la tête & les groffes branches horifontalement, & fur lefquelles on place deux ou quatre Greffes, fuivant leur groffeur; on commence à applatir la bâfe de la Greffe, d'un côté feulement, & on y fait un cran qui doit fervir à l'arrêter fur la couronne de la branche; on infinue enfuite cette extrémité aiguifée entre l'écorce & le bois, jufqu'à la profondeur d'environ deux pouces, où elle doit être arrêtée par le cran qui pofe fur le bois : cette premiere Greffe étant folidement fixée, on place les autres de la même maniere, & on recouvre le tout avec de la glaife, en ne laiffant que deux boutons découverts à chaque Greffe. Cette méthode étoit autrefois beaucoup plus en ufage qu'elle ne l'eft aujourd'hui; on l'a en quelque forte abandonnée, parce qu'on a fouvent remarqué que ces Greffes, après avoir pouffé fortement, & même après cinq ou fix ans, étoient emportées par les vents, auxquels elles n'offroient pas affez de réfiftance; de forte qu'il eft néceffaire de foutenir ces Greffes avec des bâtons, jufqu'à ce que l'arbre foit tout-à-fait couvert.

La feconde maniere, ou la *Greffe en fente*, eft employée pour de plus petits fujets, dont l'écorce n'eft pas trop épaiffe pour fe joindre à celle de la

Greffe ; on l'applique fur des tiges ou des branches dont le diamètre eft depuis un pouce jufqu'à deux ; on coupe ces tiges obliquement, on les fend affez pour recevoir la Greffe, qui doit être taillée à fon extrémité en forme de coin, fuivant la fente de la tige, & de maniere qu'elle joigne exactement par-tout, fans quoi elle ne réuffiroit pas : quand on Greffe ainfi des tiges minces, il eft prudent de contenir leur extrémité avec un lien bien ferré, pour empêcher la fente de s'ouvrir ; on recouvre enfuite le tout avec de la glaife, afin que l'air ne puiffe pénétrer dans l'ouverture, & on ne laiffe que deux boutons fur la Greffe.

La troifieme, ou la *Greffe en écuffon*, [k] eft ordinairement mife en ufage pour tous les fruits à noyaux, & fur-tout les *Péchers*, les *Pavis*, les *Brugnons*, les *Cerifiers*, les *Pruniers*, ainfi que pour les *Orangers* & les *Jafmins* ; elle eft d'ailleurs préférable à toute autre, pour la plupart des arbres fruitiers. Pour faire cette opération, il faut fe pourvoir d'un canif bien aiguifé, dont le manche foit plat, & d'écorce de Tilleul mouillée, pour la rendre plus forte & plus fouple ; après avoir détaché une branche de l'arbre que l'on veut multiplier, on choifit fur la tige qui doit être greffée, un endroit

uni, à cinq ou fix pouces à-peuprès au-deffus de la terre, fi on veut en faire un arbre nain, mais à trois pieds pour les demitiges, & à fix pieds pour les grandes tiges à haut vent ; on coupe enfuite l'écorce de cette tige en travers, & fur cette premiere incifion, on en forme une autre perpendiculaire, ce qui lui donne la figure d'un T ; on prolonge cette derniere coupure de la longueur d'environ deux pouces, mais de maniere qu'elle n'attaque que l'écorce fans toucher au bois. La tige étant ainfi préparée, on difpofe le bouton qui doit y être placé ; on ôte d'abord la feuille qui l'accompagne, en laiffant le pétiole entier ; on coupe l'écorce en travers, à un-demi-pouce au-deffus du bouton ; on donne à cette écorce la forme d'un écuffon, & on la détache avec une partie du bois ; on enleve enfuite cette portion de bois qui eft reftée attachée au bouton, & on examine fi l'œil s'y trouve ou non : car tous les boutons qui perdent l'œil en les détachant, doivent être rejettés. Après avoir foulevé enfuite doucement l'écorce de l'incifion avec le manche plat d'un canif, on y infinue le bouton, en obfervant de le placer de maniere qu'il foit exactement appliqué entre le bois & l'écorce ; & fi fon écorce eft trop longue pour la fente de la tige, on la taille de maniere qu'elle puiffe s'y adapter aifément. Cette Greffe étant ainfi mife en place, on l'affujettit avec l'écorce de Tilleul,

---

[k] Tout cet article de la *Greffe en écuffon*, eft celui qui, dans l'original, eft traité fous le mot *Inoculation*.

dont on l'enveloppe en commençant par le bas de l'incision, & en finiſſant par le haut, mais avec l'attention de ne point couvrir le bouton, qui doit toujours être à nud.

Trois ſemaines ou un mois après on pourra reconnoître ſi les écuſſons ont réuſſi ; ceux qui paroiſſent ridés ou noirs, ſont morts, mais tous ceux qui ſont frais, auront certainement repris ; alors on relâche la ligature, qui pourroit gêner la Greffe, & même la détruire tout-à-fait ſi on la laiſſoit.

Au mois de Mars ſuivant, on coupe la tige à trois pouces au-deſſus de l'écuſſon, obliquement, afin que l'eau puiſſe s'écouler & ne pénetre pas dans le toc : il eſt bon de fixer la Greffe, lorſqu'elle a pouſſé, contre la partie de la tige qu'on a laiſſée, de peur que le vent ne la renverſe : mais il ne faut pas laiſſer ce toc plus d'un an ; après lequel tems on le retranche tout près de l'écuſſon, afin qu'il puiſſe le recouvrir avec ſon écorce.

On peut greffer en écuſſon depuis le mois de Juin juſqu'au milieu d'Août, ſuivant que la ſaiſon eſt avancée, & ſelon les eſpeces particulieres d'arbres que l'on veut multiplier, on trouve aiſément l'inſtant favorable, en eſſayant d'ôter les boutons de deſſus le bois ; mais la méthode la plus générale eſt de ne pratiquer cette opération que lorſqu'on voit les boutons formés aux extrémités des branches de l'année, ce qui marque qu'elles ſont

à la fin de leur accroiſſement du printems. On Greffe ordinairement l'*Abricotier* le premier, & l'*Oranger* le dernier ; mais cette eſpece ne doit pas être greffée avant le milieu du mois d'Août ; & pour bien faire cette opération, on choiſit un tems couvert ; car ſi l'on opéroit à midi, par un tems chaud, les branches tranſpireroient ſi conſidérablement, que les boutons ſeroient ſans ſéve ni humidité : auſſi ne faut-il pas couper les branches à boutons long-tems avant de les employer ; mais ſi l'on eſt forcé de les faire venir de quelqu'autre lieu, comme cela arrive ſouvent, on fera bien de les enfermer dans une boëte de fer-blanc de dix pouces de profondeur, & dont le couvercle ſoit percé en cinq ou ſix endroits ; on verſe dans le fond de cette boëte deux ou trois pouces d'eau, on y place les branches perpendiculairement, de maniere que la partie détachée de l'arbre y ſoit plongée, & on la ferme enſuite, afin que l'air ne puiſſe y pénétrer : les trous pratiqués dans le couvercle, ſuffiront pour laiſſer échapper la tranſpiration des branches, qui leur nuiroit beaucoup ſi elle étoit retenue : il faut avoir ſoin de tranſporter cette boëte ſans l'incliner, afin que l'eau ne mouille pas le bouton ; car on fait très-mal lorſqu'on les tient dans l'eau, parce qu'ils qu'ils ſe rempliſſent tellement d'humidité, qu'ils perdent la force attractive qui leur eſt néceſſaire pour pomper la ſéve de la tige, ce qui souvent les empêche de réussir.

Avant de finir cet article, j'observerai que, malgré que ce soit l'usage de détacher le bois qui reste fixé au bouton, après qu'on l'a enlevé de la branche, cependant, dans plusieurs especes d'arbres délicats, il est bon d'en laisser un peu, sans quoi la Greffe est exposée à ne point réussir. Quelques personnes ont pensé qu'il étoit impossible de multiplier certains arbres par l'écusson, mais si elles s'étoient conformées à cette méthode, elles auroient pu réussir, ainsi que je l'ai souvent éprouvé.

Il y a une espece de Greffe en écusson, à laquelle on donne particulierement le nom de *Greffe en langue*, & dont les jardiniers des environs de Londres, font un très-grand usage, sur-tout pour les petits sujets, parce qu'elle couvre plutôt les tiges qu'aucune autre : lorsque l'on veut se servir de cette méthode, on commence par couper obliquement la tête du sujet, après quoi l'on fait à son sommet une entaille perpendiculaire, d'un demi-pouce de longueur, dans laquelle on place la Greffe ; après l'avoir aiguisée en forme de langue, & de maniere que son écorce puisse se joindre exactement à celle du sujet, l'on attache le scion avec une bonne & forte ligature, pour qu'il ne se déplace pas, & l'on couvre le tout avec de la glaise, comme dans les méthodes précédentes.

La quatrieme maniere, ou la Greffe en arbre ou en ap-

proche, n'est employée que lorsque les sujets destinés à être greffés, & l'arbre duquel la Greffe doit être prise, sont assez voisins l'un de l'autre pour que leurs branches puissent se joindre sans les détacher ; cette méthode de greffer est ordinairement pratiquée sur les plantes exotiques & tendres, & sur quelques autres especes qui ne peuvent réussir d'aucune autre maniere.

Pour faire cette opération, on fait une entaille dans la Greffe d'environ deux pouces de longueur, & de bas en haut, en forme de languette, & dans le sujet, une pareille coupure de haut en bas pour recevoir cette languette : lorsqu'ils sont ainsi réunis, & de maniere que leurs écorces soient parfaitement jointes, on les fixe dans cette position avec une écorce souple, ou quelqu'autre bandage doux ; on les recouvre avec de la terre glaise pour les garantir du contact de l'air & de l'humidité, & on les assujettit avec un gros piquet fixé en terre, pour les assurer contre l'effort des vents.

Par cette maniere de Greffer, le scion n'est séparé de l'arbre que lorsqu'il est fortement réuni à la nouvelle tige, & on ne coupe l'extrémité du sujet ou de la branche, que quand la réussite de la Greffe est absolument assurée. Lorsque les choses sont dans cet état, ce qui a lieu après environ quatre mois, on sépare la Greffe tout près de la tige en onglet, & on la recouvre tout de suite avec de la glaise.

On commence à Greffer en approche au mois d'Avril, quand la séve est en mouvement, parce qu'alors le scion & le sujet se joignent ensemble, & s'unissent beaucoup plutôt que dans aucune autre saison.

On Greffe en approche le *Noyer*, le *Figuier* & le *Mûrier*, parce qu'ils ne réussissent par aucune autre méthode : on se sert aussi de ce moyen pour plusieurs especes d'arbres toujours verts, ainsi que pour les *Jasmins*, & même pour les *Orangers* ; mais comme les arbres ainsi Greffés sont constamment plus foibles, & ne parviennent jamais à la hauteur & à la grosseur des autres, on ne doit faire usage de cette méthode, que pour ceux qui ne réussissent par aucune autre. Quoique j'aie fait mention de cette espece de Greffe pour les *Orangers*, on ne s'en sert cependant jamais que par curiosité, & pour leur faire porter du fruit dès l'âge de deux ou trois ans, en insérant une branche fructueuse dans leur jeune bois.

Tous ceux qui veulent pratiquer cet art, doivent connoître quels sont les arbres qui prennent les uns sur les autres au moyen de la Greffe : comme aucun Écrivain n'a donné sur ce sujet des préceptes certains, ce seroit peut-être ici le lieu de traiter cette matiere en détail ; mais comme cet article est déja assez considérable, je me contenterai d'indiquer quelques regles générales, d'après lesquelles on pourra tirer des inductions particulieres pour se diriger dans la pratique.

Tous les arbres qui sont du même genre, c'est-à-dire, qui s'accordent dans leurs fleurs & dans leurs fruits, prennent les uns sur les autres ; ainsi, par exemple, tous les arbres qui produisent des *Noix*, peuvent être Greffés les uns sur les autres. On peut aussi ranger dans la même classe les *Pruniers*, l'*Amandier*, les *Pêchers*, le *Pavis*, l'*Abricotier*, &c. qui s'accordent exactement dans leurs caracteres généraux, & sont distingués de tous les autres arbres ; mais comme plusieurs de ceux-ci sont fort sujets à perdre une grande quantité de gomme par leurs parties coupées ou blessées, on doit préférer pour les plus tendres d'entr'eux, la Greffe en écusson ci-dessus.

Tous les arbres conifères, peuvent être Greffés entr'eux, quoique les uns restent toujours verts, & que les autres perdent leurs feuilles en hiver, comme on le voit dans le *Cèdre du Liban*, & le *Méleze* ou *Larix*, qui réussissent très-bien l'un sur l'autre : mais il faut les Greffer en approche, parce qu'ils contiennent une très-grande quantité de résine, qui est sujette à s'échapper par la Greffe, si on la sépare de l'arbre avant qu'elle soit jointe au sujet, ce qui la détruit très-souvent ; on se sert aussi de la même méthode pour le *Laurier* sur le *Cerisier*, & pour le *Cerisier* sur le *Laurier*. Tous les arbres qui portent des glands prennent aussi entr'eux : ceux qui ont

un bois tendre & mou , réuffiffent bien par la Greffe ordinaire ; mais ceux qui font
d'une texture plus ferme &
d'un crû lent, doivent être Greffés en approche.

En obfervant ftriɛtement ces
regles , on réuffit prefque toujours , pourvu que l'opération
foit bien exécutée , & dans
une faifon convenable, à moins
que le tems ne foit très mauvais , comme il arrive fouvent,
ce qui fait manquer des cantons entiers d'arbres fruitiers.
C'eft par cette méthode , que
non-feulement on multiplie ,
mais auffi que l'on endurcit &
que l'on acclimate plufieurs efpeces d'arbres exotiques : car
en les Greffant fur des tiges
cures du même genre , on les
rend plus capables de réfifter
au froid , comme on l'a éprouvé pour la plupart des bons
fruits que nous poffédons à
préfent en Angleterre , & qui
ont été autrefois apportés des
climats plus méridionaux : ils
ont d'abord été trop tendres
pour réuffir en plein air , &
réfifter au froid de nos hivers;
mais depuis qu'ils ont été Greffés fur des arbres plus durs ,
ils font devenus eux-mêmes
capables de fupporter les plus
grands froids.

Ces différentes Greffes paroiffent avoir été pratiquées par
les Anciens ; mais ils fe font
certainement trompés au fujet
de plufieurs efpeces d'arbres
à fruits qu'ils prétendent avoir
pris les uns fur les autres ,
comme le *Figuier* fur le *Mûrier* , le *Prunier* fur le *Châtaignier* , &c. J'ai effayé plufieurs

fois la plupart de ces expériences, & aucune ne m'a réuffi :
ainfi je fuis porté à croire que
ce que les Ancienst on dit à
ce fujet n'étoit point fondé fur
la pratique , à moins que la
Nomenclature des plantes qu'ils
indiquent n'ait été changée :
je fuis perfuadé que nous ac-
cordons trop de refpeɛt aux
Ecrits des Anciens, en fuppofant qu'ils n'ont pu fe trom-
per ni avancer des fauffetés ,
avec d'autant plus de raifon ,
qu'en examinant leurs Ouvrages avec attention , on s'apperçoit qu'ils fe font fouvent co-
piés les uns les autres , fans
recourir à de nouvelles expériences pour s'affurer de la
vérité des faits qu'ils avancent.
On n'ignore pas que les plantes,
avant le tems de CESALPIN ,
qui vivoit il y a environ cent
foixante & dix ans, étoient
claffées fuivant leur afpeɛt extérieur , & fuivant leurs propriétés fuppofées : méthode
qui eft à préfent rejettée avec
raifon.

On s'eft affuré , par plufieurs
effais répétés, que quelque reffemblance que les plantes puiffent avoir les unes avec les autres dans la forme de leurs
feuilles, dans leur maniere de
pouffer ou de croître, &c., à
moins qu'elles ne s'accordent
dans leurs fruits & dans leurs
autres caracteres diftinɛtifs ,
elles ne peuvent fe greffer les
unes fur les autres, malgré que
l'opération foit faite avec la plus
grande dextérité.

GRÉMIL *ou* HERBE AUX
PERLES. *Voy.* LITHOSPERMUM
OFFICINALE.

GRENADIER *ou* BALAUS-TIER. *Voyez* PUNICA.

GRENADILLE *ou* FLEUR DE PASSION. *Voyez* PASSIFLORA.

GRENESIENNE *ou* LYS DE GUERNESEY. *Voyez* AMARYLLIS SARNIENSIS.

GREWIA. *Linn. Gen. Plant.* 914. Ce genre a été établi par LINNÉE, qui lui a donné ce nom en l'honneur du Docteur GREW, Auteur d'un Livre curieux fur *l'Anatomie des Plantes.*

Caracteres. Dans ce genre le calice eft épais, coriacé & compofé de cinq feuilles en forme de lance, colorées, étendues & ouvertes : la corolle a cinq pétales de la même forme, mais plus petits, découpés à leur bâfe, & à chacun defquels eft inféré un nectaire écailleux, épais, courbé & incliné au bord, auquel le ftyle eft fixé : la fleur a plufieurs étamines garnies de poils hériffés, auffi longues que les pétales, & terminées par des fommets ronds : dans fon centre eft fitué un germe rond & allongé en forme de colonne, qui foutient un ftyle mince & couronné par un ftigmat quarré & obtus; ce germe fe change enfuite en une baie à quatre angles & à quatre cellules, qui renferment chacune une femence globulaire.

Ce genre de plantes eft rangé dans la Septieme fection de la vingtieme claffe de LINNÉE, qui comprend celles dont les fleurs ont plufieurs étamines unies à un ftyle, & qui forment un corps en colonne.

Les efpeces font :

1°. *Grewia Occidentalis, foliis* *fub-ovatis, crenatis;* Grewia à feuilles ovales & crenelées.

Grewia corollis acutis. Hort. *Cliff.* 433. *Duham. Arb.* 1. *p.* 276. *t.* 108.

Ulmi-folia arbor Africana bacci-fera, floribus purpureis. Pluk. *Alm.* 393. *t.* 237. *f.* 1.

Ulmi facie arbufcula Æthiopica, ramulis alatis, floribus purpurafcentibus. Comm. *Hort.* 1. *p.* 165. *t.* 85. Seb. *Thes* 1. *p.* 46. *t.* 26. *f.* 3. Raj. *Dendr.* 13; arbriffeau d'Ethiopie qui a l'apparence d'un Orme, avec des branches en forme d'ailes & des fleurs pourpres.

2°. *Grewia Africana, foliis ovato-lanceolatis, ferratis;* Grewia à feuilles ovales en forme de lance & fciées.

Occidentalis. La premiere efpece, qu'on a long-tems confervée dans plufieurs jardins curieux de l'Angleterre & de la Hollande, a été deffinée par le Docteur PLUKENET, fous le titre de *Ulmi-folia arbor Africana bacci-fera, floribus purpureis.* BOERHAAVE l'a regardée comme une plante d'Amérique, que le Pere PLUMIER a intitulé : *Guidonia Ulmi foliis, flore rofeo;* mais les caracteres de notre plante ne s'accordent point du tout avec ceux de *Guidonia;* l'efpece particuliere de ce genre qui eft dans le Jardin Royal de Paris eft très-différente de celle - ci : cette plante croît naturellement au Cap de Bonne-Efpérance, d'où l'on m'a envoyé fes femences, qui ont réuffi dans le jardin de Chelféa.

Cette plante, qui s'éleve à la hauteur de dix à douze pieds, a une tige & des branches fort femblables à celles de l'Orme à petites feuilles ; fon écorce, lorfqu'elle eft jeune, eft unie & de la même couleur que celle de l'Orme ; fes feuilles tombent en hiver : fes fleurs naiffent fimples dans la longueur des jeunes branches, aux ailes des feuilles ; elles font d'un pourpre brillant, paroiffent vers la fin de Juillet, & fe fuccedent jufqu'à la fin du mois d'Août & au commencement de Septembre : mais elles ne produifent jamais de fruits dans ce pays.

On peut multiplier cette efpece par boutures ou par marcottes ; on coupe les boutures, & on les plante en Avril avant que les boutons commencent à fe gonfler, car plus tard elles ne réuffiroient pas ; on les met dans de petits pots remplis de terre marneufe, & on les plonge dans une couche de tan de chaleur modérée, où elles prendront racine en deux mois, fi elles font bien arrofées & tenues à l'ombre pendant la chaleur du jour, après quoi il faudra les accoutumer par dégrés à fupporter le plein air, & les y expofer tout-à-fait en Juin en les plaçant dans une fituation abritée, où elles pourront refter jufqu'en automne, qui eft le tems de les mettre dans la ferre. On marcotte auffi cette efpece au printems avant que les boutons s'ouvrent ; ces marcottes, qui auront pouffé des racines au bout d'un an, pourront être alors féparées des vieilles plantes, & mifes cha-

cune à part dans des pots remplis d'une terre molle & marneufe.

On les transplante ou au printemps, précisément avant que les boutons commencent à se gonfler, ou en automne, quand les feuilles tombent ; car en été, lorsque les plantes sont feuillées, il seroit imprudent d'y toucher.

Comme elles sont trop tendres pour réfister en plein air au froid de nos hivers, on les renferme durant cette faison dans une ferre, où on leur donne autant d'air libre qu'il eft poffible dans les tems doux, car elles n'ont befoin que d'être mifes à l'abri des gelées : lorfque leurs feuilles font tombées, on les arrofe peu ; mais en été il faut leur donner de l'eau conftamment trois ou quatre fois la femaine dans les tems fecs, & les placer dans une fituation abritée avec d'autres plantes dures de la ferre, où elles augmenteront la variété.

Africana. Les femences de la feconde efpece m'ont été envoyées par M. RICHARD, Jardinier du Roi de France à Verfailles ; elles ont été apportées du Sénégal par M. ADANSON : cette plante s'éleve dans notre pays en tige d'arbriffeau à la hauteur de cinq ou fix pieds, & pouffe plufieurs branches latérales couvertes d'une écorce brune & velue, & garnies de feuilles ovales en forme de lance, de deux pouces environ de longueur fur un pouce un quart de large au milieu, & traverfées par

pluficurs nervures qui s'étendent depuis la côte du milieu
jufqu'aux bords, où elles font
fciées ; ces feuilles font placées alternativement fur les
branches, & fupportées par de
très-courts pétioles ; elles confervent leur verdure toute l'année : comme ces plantes font
fort jeunes, & qu'elles n'ont
point encore montré leurs fleurs
en Angleterre, je ne puis en
donner aucune defcription.

Cette efpece eft tendre, &
ne peut fupporter l'hiver dans
notre climat, à moins qu'on
ne la tienne dans la couche
de tan de la ferre chaude ; car
celles qui étoient feulement
placées fur les tablettes de la
ferre n'ont point profité du
tout ; mais elles croiffent très-
bien dans la couche de tan.
Ces plantes ont befoin de beaucoup d'air en été, & veulent
être arrofées trois ou quatre
fois par femaine dans les tems
chauds ; mais en hiver il ne
leur faut que très-peu d'eau
& beaucoup de chaleur.

GRIAS. *Linn. Gen.* 659.
[*Anchovy Pear.*] Poire d'Anchois.

Caracteres. Dans ce genre le
calice eft en forme de coupe,
& formé par une feuille découpée en quatre fegmens égaux ;
la corolle eft compofée de quatre pétales coriacés & concaves ; elle renferme plufieurs
étamines velues, inférées au
réceptacle, & terminées par
des fommets ronds & un germe comprimé enfoncé dans le
calice & fans ftyle, mais couronné par un ftigmat quarré
& en forme de croix, qui de-

vient enfuite une baie charnue, dans laquelle eft renfermée une groffe noix à huit
fillons & à une cellule, qui
contient une groffe femence
pointue.

Ce genre de plante eft rangé
dans le premier ordre de la
treizieme claffe de LINNÉE,
intitulée, *Polyandria monogynia*,
qui comprend celles dont les
fleurs ont plufieurs étamines
& un ftyle.

Nous n'en connoiffons qu'u-
ne efpece, qui eft

Grias, cauli-flora. Linn. Sp.
737.; Poire d'Anchois dont les
fleurs font éparfes fur la tige.

*Calophyllum, foliis tripedali-
bus obovatis, floribus per caulem
& ramos fparfis. Brown. Jam.*
245.

*Palmis affinis Malus Perfica
maxima, caudice non ramofo,
foliis longiffimis, flore tetra-pe-
talo pallidè luteo, fructu ex arbo-
ris trunco. Sloan. Jam.* 179. *Hift.*
2. *p.* 123. *t.* 217. *f.* 1. 2.

Cette plante croit naturellement à la Jamaïque & dans
plufieurs parties chaudes de
l'Amérique, où elle s'éleve,
avec une tige droite & entiere, à la hauteur d'environ vingt
pieds ; fon écorce eft grife, &
on y remarque les veftiges des
feuilles tombées : le fommet de
la tige eft garni de feuilles feffiles de deux pieds à-peu-près
de longueur, fur fix pouces
de large ; elles ont une côte
longitudinale dans leur milieu,
& font d'un vert luifant : les
fleurs fortent de la tige au-deffous des feuilles fans pédoncules, fimples en quelques endroits, & en d'autres difpo-

fées en grappes ; elles ont chacune quatre pétales épais &
jaunes, ainfi qu'un grand nombre d'étamines fixées au calice ; le germe renfermé dans le
calice devient dans la fuite
une groffe prune ovale, dans
laquelle fe trouve une noix
groffe & pointue.

Les Efpagnols de l'Améri-
que font mariner ce fruit pour
l'envoyer en préfens à l'ancienne Efpagne, où on le mange
comme des *Mangos* ; quelques
perfonnes prétendent qu'on en
donne auffi dans les defferts.

On multiplie cette plante
par le moyen de fes noyaux,
que l'on met en terre auffi-
tôt qu'ils font détachés de l'arbre, & on les tient conftamment plongés dans la couche
de tan de la ferre chaude, fans
quoi les plantes ne profiteroient pas dans ce pays.

GRONOVIA. *Martyn. Cent.*
4. *Linn. Gen. Plant. 284.*

Ce genre a été ainfi nom-
mé par le Docteur HOUSTOUN,
en l'honneur de GRONOVIUS,
favant Botanifte de Leyde.

Caractères. Le calice eft perfiftant & formé par une feuille
colorée & découpée jufqu'au
milieu en cinq fegmens ; la
corolle, qui eft compofée de
cinq petits pétales fixés aux
incifions du calice, renferme
cinq étamines velues de la longueur des pétales, inférées
dans le calice, placées alternativement avec les pétales,
& terminées par des fommets
jumeaux & érigés. Le germe
eft fitué fous la fleur, & foutient un ftyle mince plus long
que les étamines, & couronné

par un ftigmat obtus ; il fe
change dans la fuite en un
fruit rond, coloré, & a une
cellule qui contient une femence groffe & ronde.

Ce genre de plante fait partie de la première fection de
la cinquieme claffe de LINNÉE,
intitulée, *Pentandria monogynia*,
qui renferme celles dont les
fleurs ont cinq étamines & un
ftyle.

Nous n'avons qu'une efpece
de ce genre, qui eft

Gronovia fcandens. Hort. Cliff.
74.

*Gronovia fcandens lappacea,
pampineâ fronde. Houft. Mart.
Cent. 1. p. 40. t. 40. Amm. Herb.*
346. [*Climbing burry Gronovia.*]
Gronovia grimpant.

Cette plante a été découverte
par le Docteur HOUSTOUN,
à la Véra-Crux : fes femences,
qu'il a envoyées en Europe,
ont réuffi dans quelques jardins : elle eft annuelle, &
produit, comme le *Concombre*,
plufieurs branches traînantes
& fort chargées de feuilles
larges, vertes, & femblables
à celle de la *Vigne* ; mais armées fur les deux faces, de
pointes déliées, qui piquent
comme celles des *Orties* : fes
branches font garnies de vrilles, par le moyen defquelles
elle s'attache aux plantes voifines, & s'éleve à la hauteur
de fix ou huit pieds : fes fleurs
font petites & d'un jaune verdâtre, ainfi elles n'ont pas
beaucoup d'apparence.

Cette plante eft fort tendre,
& doit être élevée fur une
couche chaude dans le commencement du printems : on

la plonge enfuite dans la couche de tan de la ferre, où on la traite comme la *Momordica*, ce qui lui fera produire des femences mûres ; mais comme elle a peu de beauté, & qu'elle n'eſt d'aucun ufage, on ne la cultive guères que dans les jardins de Botanique pour la variété.

GROSEILLER. *Voyez* GROSSULARIA. RIBES.

GROSEILLER *d'Amérique.* Voyez MELASTOMA. PERESKIA.

GROSSULARIA. *Raii. Meth. Plant.* 145. *Tourn. Inſt. R. H.* 639. *t.* 409. *Ribes. Lin. Gen. Plant.* 247. [*Gooſeberry.*] Grofeiller.

Les différentes efpeces de *Grofeillers*, & les *Corinthes* ou *Grofeilles à grappes*, ont été réunies dans la même claſſe par TOURNEFORT, fous le titre de *Groſſularia*, & par LINNÉE fous celui de *Ribes* : elles s'accordent en effet dans leurs caractères principaux, & doivent être ainfi rangées dans les fyſtêmes de Botanique : mais cet ordre ne peut être admis dans un traité de Jardinage ; car ces fruits ayant toujours été connus fous des noms différens, on ne peut les réunir fans occafionner quelque confufion dans l'efprit de ceux qui ne font pas verfés dans les connoiſſances de la Botanique M. RAY les a féparés en différens genres, & a diftingué la *groſſe Groſſeille* de celle *à grappe*, la premiere ayant des branches épineufes & des fruits fimples, au-lieu que celle à grappes a des branches

unies, & des fruits fixés fur une grappe longue : quoique ces différence nes foient pas proprement fcientifiques, cependant elles fuffifent pour les faire diftinguer par les Jardiniers.

Caracteres. Dans ce genre, le calice eft perfiftant, formé par une feuille découpée à fon extrémité en cinq fegmens, gonflé, concave & coloré ; la corolle eft compofée de cinq petits pétales obtus & érigés, qui s'élevent du bord du calice ; la fleur a cinq étamines en forme d'alênes, inférées dans le calice & terminées par des fommets comprimés & tombans : le germe qui eft fitué au-deſſous de la fleur, a un ſtyle divifé en deux parties, & couronné par un ftigmat obtus ; ce germe devient enfuite une baie globulaire avec un nombril, & a une cellule remplie de femences rondes, comprimées et enveloppées de chair.

Ce genre de plantes eft rangé par LINNÉE, dans la premiere feion de fa cinquieme claſſe, intitulée, *Pentandria Monogynia*, qui contient celles dont les fleurs ont cinq étamines & un ſtyle.

Les efpeces font :

1º. *Groſſularia reclinata ; ramis reclinatis aculeatis, pedunculis triphillis* ; Grofeiller avec des branches inclinées et armées d'épines, et un pédoncule garni de trois feuilles.

Ribes ramis fub-aculeatis reclinatis. Lin. Hort. Cliff. 82. *Hort. Ups.* 51. *Roy. Lugd.-B.* 270.

Groſſularia ſpinoſa, fruu obſcurè purpuraſcente. J. B. 1. 48.

Groseiller épineux, avec un fruit de couleur pourpre foncé.

Grossularia spinosa sativa altera, foliis latioribus. Bauh. Pin. 455.

2°. *Grossularia hirsuta, ramis aculeatis, racemis erectis, baccis hirsutis ;* Groseiller avec des branches épineuses, des grappes érigées & des baies velues.

Grossularia fructu maximo, hispido, margaritarum ferè colore. Raii Hist. 1484 ; Groseiller avec un fruit fort gros, rude & presque de couleur de perle.

Ribes Grossularia, ramis aculeatis, petiolorum ciliis pilosis, baccis hirsutis. Lin. Sp. Plant. 291. edit. 3.

Ribes ramis aculeatis erectis, fructu hispido. Vir. Cliff. 21. Roy. Lugd. B. 269.

3°. *Grossularia uvâ crispâ, ramis aculeatis, erectis, baccis glabris ;* Groseiller avec des branches érigées & épineuses, & des baies unies.

Grossularia simplici acino, vel spinosa sylvestris. C. B. p. 455. Duham. arb. I. t. 109 ; Groseiller avec un fruit simple, Groseiller sauvage & épineux, *ou* Groseille à maquereaux.

Ribes ramis aculeatis erectis, fructu glabro. Lin. Hort. Cliff. 82. Fl. Suec. 195, 208.

4°. *Grossularia Oxy-Acanthoïdes, ramis undiquè aculeatis ;* Groseiller dont les branches sont entièrement garnies d'épines.

Grossularia Oxy-Acanthæ foliis amplioribus, è sinu Hudsonis. Pluk. Amalth. 212. Dill. Elth. 166 t. 139. f. 116 ; Groseiller à grandes feuilles d'épines blan-

ches, de la baye d'Hudson.

Ribes, Oxy-Acanthoïdes. Lin. Sp. Plant. 291. edit. 3. Hort. Ups. 51.

5°. *Grossularia Cynosbati, aculeis sub-axillaribus, baccis aculeatis racemosis.* Jacq. Hort. t. 123 ; Groseiller ayant des épines sur la partie basse des branches, & des baies piquantes disposées en paquets.

Ribes aculeis sub-axillaribus, baccis aculeatis racemosis. Lin. Gen. Plant. 292. edit. 3.

Reclinata. Les especes dont il vient d'être question, sont regardées comme distinctes ; mais on trouve encore dans les pépinières plusieurs variétés qu'on a obtenues de semences : ces variétés, auxquelles les personnes qui les ont fait naître, ont donné différens noms, ne seront point décrites ici, parce qu'on en obtient souvent de nouvelles ; je parlerai seulement de leur culture.

On les multiplie ou par les rejettons que produisent les vieilles racines, ou par des boutures, que l'on doit préférer aux rejettons, parce que ces derniers sont sujets à en produire beaucoup d'autres.

La meilleure saison pour planter ces boutures, est l'automne, précisément avant que leurs feuilles commencent à tomber, & on choisit les plus belles branches & les plus fructueuses ; car si l'on prend celles qui se trouvent sur les tiges des vieilles plantes, & qui sont ordinairement fort vigoureuses, elles ne produiront pas autant de fruits que celles des branches fructueuses : ces boutures doivent avoir six ou huit pouces de longueur, & être plantées dans une plate-bande de terre légère exposée au soleil du matin : on les enfonce jusqu'à trois pouces de profondeur, & on les arrose légèrement quand le tems est sec, pour leur faire pousser des racines : on détache en été les branches qu'elles peuvent avoir poussées au bas, & on ne laisse que celles du haut, qui sont les plus fortes, & que l'on dresse pour former une tête régulière. En Octobre on prépare une piece de terre fraîche, & à une exposition ouverte, & lorsqu'elle est bien labourée, exactement nettoyée de toutes mauvaises herbes, & bien dressée, on enleve ces boutures, on taille leurs racines, on retranche toutes leurs branches latérales, on les y plante à trois pieds de distance de rang en rang, & à un pied dans les rangs, & on les assujettit de maniere que leurs tiges soient droites & régulieres : on peut les laisser ainsi pendant une ou deux années ; mais durant cet intervalle, il faut avoir grand soin d'arracher toutes les mauvaises herbes, & de tenir leurs tiges nettes depuis leur base jusqu'à la hauteur d'un pied, où doit commencer la tête. Comme les branches du haut sont ordinairement fort irrégulieres, il faut retrancher celles qui se croisent, & les éclaircir où elles sont trop serrées ; de cette maniere l'air circulera librement entr'elles, & donnera un nouveau dégré de perfection au fruit.

Après deux années de séjour dans la pépiniere, ces plantes pourront être mises dans les places qui leur sont destinées ; car il ne faut pas les laisser devenir trop grosses avant de les transplanter, parce que leurs racines étant devenues ligneuses, elles auroient de la peine à reprendre, & seroient deux ou trois ans avant de bien pousser : le sol qui leur convient le mieux, est une terre riche & légère, quoiqu'elles puissent profiter assez bien dans des terreins médiocres, pourvu qu'ils ne soient ni trop forts ni trop humides, & à toutes expositions ; mais quand on veut que leurs fruits acquierent toute la perfection dont ils sont susceptibles, il ne faut jamais les planter à l'ombre des autres arbres, parce que ces plantes exigent une exposition libre & ouverte : on les place à la distance de huit pieds de rang à rang, & de six pieds dans les rangs. La meilleure saison pour les transplanter est en Octobre, quand leurs feuilles commencent à tomber, en observant de tailler leurs racines, & de retrancher tous les rejettons de côté & les branches qui se croisent, & de raccourcir toutes les longues branches, de maniere qu'elles forment une tête réguliere.

La méthode commune est de tailler ces arbrisseaux au ciseau, pour rendre leurs têtes rondes, comme on le pratique pour

les arbres toujours verts ; mais
de cette maniere les branches
deviennent fort touffues, & leurs
fruits ne font jamais aussi gros
que sur ceux dont les têtes
font éclaircies & taillées avec
art ; ainsi on doit préférer la
serpette , au moyen de laquelle
on réduira les branches trop
longues à dix pouces environ,
on retranchera toutes celles
qui font irrégulieres , & l'on
éclaircira les branches fructueuses, quand elles font trop épaisses , en obfervant de les couper
toujours derriere un bouton à
feuilles : par-là les fruits acquerront une grosseur double
de ceux qui croissent sur des
buissons négligés ; mais il faut
avoir attention de tenir la terre toujours nette , de la labourer au moins une fois l'année ,
& d'y mêler chaque deux ans
un peu de fumier pourri.

Les Jardiniers des environs
de Londres ont l'habitude de
nettoyer ces arbrisseaux aussi-
tôt après la Saint-Michel, de
labourer ensuite la terre entre
les rangs , & d'y planter des
Choux printanniers; par ce moyen
leur terrein est employé pendant tout l'hiver fans causer
aucun préjudice aux *Groseillers* ,
& ces choux résistent souvent
au froid dans les hivers doux ,
pendant que ceux qui font placés à une expofition ouverte ,
font ordinairement détruits ;
& comme on les enleve toujours en Février ou en Mars,
la terre se trouve débarrassée
avant que les *Groseillers* commencent à pousser au printems.
Cette maniere de cultiver doit
être mise en usage quand le

terrein est cher ou peu vaste.

GUAIABARA. *V.* Cocco-
lobe.

GUAJACANA. *V.* Diospyros Virginiana.

GUAJACUM. *Plum. Nov.
Gen. 39. Lin. Gen. Plant. 465.
Lignum vitæ.* [*Pockwood.*]
Gayac *ou* Bois Saint.

Caracteres. Le calice est concave , & formé par une feuille divisée en cinq parties. La
corolle est composée de cinq
pétales oblongs , ovales , concaves , inférés dans le calice ,
étendus & ouverts : la fleur
a dix étamines érigées , inférées dans le calice , & terminées par de petits fommets.
Le style est long & mince ,
le germe ovale & pointu , &
le ftigmat fimple & mince : le
germe devient, quand la fleur
est paffée , une baie ronde ,
avec une pointe oblique & profondément fillonnée , dans laquelle est renfermée une noix
ovale & dure.

Ce genre de plantes est rangé
dans la premiere section de la
dixieme classe de Linnée , intitulée , *Decandria Monogynia* ,
qui renferme celles dont les
fleurs ont dix étamines & un
style.

Les efpeces font :

1°. *Guajacum officinale , foliolis bijugatis obtusis. Lin. Gen.
Plant. 381.* Gayac avec des lobes obtus & placés par paires.

*Guajacum flore cæruleo , fructu
fub-rotundo. Plum. Nov. Gen.
391.* Gayac avec une fleur
bleue & un fruit rond.

*Guajacum foliis pinnatis ; fo-
liolis quaternis obtufis. Hort. Cliff-
187. Mat. Med. 207.*

Guajacum

Guajacum foliis ferè impetiolà-tis, bijugis obovatis & leniter radiatis, pinnis & ramulis dicho-tomis. Brown. Jam. 225.

Guajacum Jamaïcense, foliis velut muriâ conditis, spissiùs vi-rentibus, flore sub-cæruleo. Pluk. Alm. 180.

Guajacum magnâ matrice. Bauh. Pin. 448.

Pruno vel Evonymo affinis arbor, folio alato, buxeo, sub-rotundo. Sloan. Jam. 186. Hist. 2. p. 133. t. 222. f. 3. 4. 5. 6.

Arbor Ligni Sancti vel Guaja-cum. Seb. Thes. 1. p. 86. Bois Saint.

Guajacum. Clus. Exot. 312, 314.

Guajacum Jamaïcense, Lentis-ci sub-rotundis foliis lætè virenti-bus, flore albo. Pluk. Alm. 180. t. 35. f. 3. Variété de la Ja-maïque à feuilles presque ron-des de Lentisque, & d'un vert tendre, produisant une fleur blanche.

2°. *Guajacum Sanctum, folio-lis multi-jugatis, obtusis.* Lin. Sp. Plant. 382. Gayac avec plusieurs paires de lobes obtus.

Guajacum Americanum, Len-tisci folio. Comm. Hort. 1. p. 171. t. 88.

Guajacum flore cæruleo, fim-briato, fructu tetragono. Plum. Nov. Gen. 39. Gayac à fleurs bleues & à franges, avec un fruit à quatre angles.

Jasminum vulgò Americanum sivè Evonymo affinis arbor Occidenta-lis, alatis Rusci foliis, nucifera, cortice ad genicula fungosò. Pluk. Alm. 139. t. 94. f. 4.

Lignum vitæ ex Brasilià. Blackw. t. 350. f. 3. 4.

3°. *Guajacum Afrum, folio-lis* multi-jugatis acutis. Lin. Sp. Plant. 382. Gayac avec plusieurs pai-res de lobes à pointes aigues.

Guilandinoïdes. Hort. Cliff. 489. Et l'*Afra arbor Acaciæ si-milis, foliis Myrti aculeatis splen-dentibus.* Boërh. Ind. Alth. 2. p. 57. Arbre d'Acacia Africain avec des feuilles luisantes, ter-minées en pointe aiguë, com-me celles du Myrte.

Acacia Africana, quæ Acaciæ similis, foliis Myrti, parvis, aculeatis, pinnatis, flore coccineo tetrapeloide. Walth. Hort. 2. t. 2.

Officinale. La première espece est le *Lignum vitæ* commun, ou *Gayac* dont on fait usage en médecine; elle croît natu-rellement dans la plupart des Isles des Indes Occidentales, où elle s'élève sous la forme d'un très-grand arbre, dont l'écorce est dure, cassante, brunâtre & peu épaisse; son bois est ferme, solide, lourd, très-résineux, d'une couleur jaune-noirâtre, & d'un goût chaud & aromatique; les plus petites branches sont couvertes d'une écorce cendrée, & gar-nies de feuilles divisées par paires, dont chacune a deux paires de petites feuilles ova-les, émoussées, d'une substance ferme & d'un vert luisant: ses fleurs sortent en grappes aux extrémités des branches; elles sont composées de cinq pétales ovales, concaves & d'une belle couleur bleue: chaque fleur a, dans son centre, un style avec un germe ovale, couronné d'un stigmat mince, autour du-quel sont placées depuis dix jusqu'à vingt étamines aussi longues que le style, & ter-

minées par des sommets , en forme de scie. LINNÉE prétend que
ces fleurs n'ont que dix étamines ; mais il est certain qu'elles
en ont près de vingt.

L'écorce & le bois de cet
arbre sont de la même nature,
mais on croit que le bois est
plus échauffant ; on en com-
pose une liqueur à laquelle on
attribue la propriété de purifier
le sang & de pousser les sueurs ;
on s'en sert pour guérir la
goutte , les écrouelles , & les
maladies vénériennes : la gomme ou résine que ce bois fournit est noire, luisante & cassante ; lorsqu'elle est en poudre , elle devient d'un blanc
verdâtre : elle a une odeur
aromatique & un goût piquant.
On s'en sert comme d'un bon
purgatif contre les rhumatismes , à la dose de deux scru-
pules mêlés avec un jaune
d'œuf , & donné dans un véhicule doux (1).

---

(1) Le bois de *Gayac* ou *Bois
Saint* , contient une résine abondante qui agite fortement les humeurs & excite les sueurs ; il a
été apporté de l'Amérique comme
un puissant remede pour guérir
les maladies vénériennes ; mais la
découverte des propriétes du Mercure contre cette maladie , en a
beaucoup restreint l'usage , parce
que dans nos climats tempérés de
l'Europe , son efficacité est beaucoup moindre que dans les régions
méridionales : il y a cependant
certaines circonstances où l'usage
des ptisanes sudorifiques , dont le
bois de *Gayac* fait la bâse , peut
emporter des affections vénériennes qui ont résisté au Mercure.
Cette substance est d'ailleurs utile

Le bois de cet arbre est si
dur, qu'il émousse tous les
outils lorsqu'on veut le couper ; on s'en sert rarement pour
brûler , non - seulement parce
qu'il est très-difficile à abattre,
mais aussi parce qu'il brûle avec
peine ; il est très - utile aux
Planteurs, qui s'en servent pour
construire les rouës & les dents
des moulins à sucre : on en
transporte aussi une grande
quantité en Europe pour faire
des boules & d'autres usten-
siles.

On ne peut multiplier cet arbre que par ses semences, que
l'on doit se procurer de son
pays natal ; mais elles ne germent qu'autant qu'elles sont
bien fraîches : lorsqu'on les
reçoit il faut les semer dans
des pots remplis de terre légère , & les plonger dans une
bonne couche chaude. Si ces
graines sont bonnes, & si la
couche a le dégré de chaleur
qui lui est nécessaire , les plantes paroîtront six semaines ou
deux mois après , & seront
assez fortes, au bout d'un pareil tems, pour être transplantées : alors on les tire des
pots , avec l'attention de conserver leurs racines entieres
autant qu'il est possible , & on
les place chacune séparément

---

dans tous les cas où les sudorifiques sont indiqués , & particulièrement dans les maladies de la peau ,
la goutte , l'asthme humide , &c.
Sa dose est d'une once par jour en
décoction dans une pinte d'eau.
La résine de *Gayac* a les mêmes
propriétés que le bois. On la donne
en bols depuis un gros jusqu'à deux,

dans des pots remplis de terre légère, que l'on enfonce dans une nouvelle couche chaude de tan ; on les tient à l'ombre jusqu'à ce qu'elles aient poussé de nouvelles racines ; après quoi on les traite comme les autres plantes exotiques des pays chauds : on leur donne beaucoup d'air, & on les arrose souvent dans les tems chauds, mais toujours avec retenue, parce que la trop grande humidité ne manque jamais de les faire périr.

Tandis que ces plantes sont jeunes, on les tient pendant l'été dans une couche chaude vitrée, & en automne on les plonge dans la couche chaude de tan de la terre, où on les laisse constamment, en les traitant comme toutes les autres plantes délicates ; mais on ne les arrose pas en hiver, & en été, on leur donne tous les jours beaucoup d'air : au moyen de ce traitement, ces plantes profiteront très - bien ; mais comme elles croissent très-lentement dans notre pays, on ne peut pas espérer de leur voir faire de grands progrès en Europe.

Sanctum. La seconde espece a plusieurs petites feuilles placées par paires dans toute la longueur de la côte du milieu ; elles sont longues & obtuses à leur extrémité, étroites à leur bâse, & de la même substance que celles de la précédente, mais d'un vert plus foncé : ses fleurs qui naissent en paquets clairs vers les extrémités des branches, sont de couleur bleu fin, & leurs pétales sont dentelés à leurs bords : cet arbre est nommé dans quelques-unes des Isles, *Lignum vitæ bâtard* ; il m'a été envoyé d'Antigoa sous cette dénomination. Il exige le même traitement que le précédent, & se multiplie de même par semences.

J'ai aussi reçu de la Barbude des échantillons d'une espece qui paroît différente des deux précédentes ; ses branches ressemblent à celles de la premiere, mais ses feuilles sont plus larges, dentelées à leur extrémité, & placées tout autour des branches, sur des pétioles fort courts ; comme les fleurs étoient tombées, je ne puis dire en quoi elles different de celles des autres ; mais il est probable qu'elles sont du même genre.

Afrum. La troisieme espece, qui est depuis long-tems dans les jardins curieux de l'Angleterre & de la Hollande, produit rarement des fleurs en Europe ; elle est originaire du Cap de Bonne-Espérance, d'où les semences ont été apportées en premier lieu en Hollande, où elle a été regardée comme une espece d'*Acacia*, jusqu'à ce qu'elle ait produit des fleurs, qui, suivant la description de Boërhaave, étoient papilionnacées ; j'ignore si LINNÉE les a vûes ; mais il a ôté cette plante de la classe des *Papilionnacées*, pour la placer avec le *Guajacum* ; comme je n'ai jamais vu ces fleurs, je ne puis décider s'il a eu tort ou raison.

Ces plantes gardent leurs feuilles durant toute l'année, & peuvent être conservées en

hiver dans une bonne Serre ;
mais il faut les placer audehors
en été avec les autres efpeces
de la Serre : elles croiffent
très - lentement, & fe multiplient difficilement par boutures.

GUAJERU. *Voyez* CHRY-
SOBALANUS ICACO.

GUALTHERIA. *V.* GAUL-
THERIA.

GUAYAVIER *ou* POIRIER
DES INDES. *Voyez* PSIDIUM.

GUANABANE. *V.* ANNONA
SQUAMMOSA.

GUAZUMA. *Voyez* THEO-
BROMA.

GUÊDE *ou le* PASTEL. *V.*
ISATIS TINCTORIA.

GUI. *Voyez* VISCUM. L.

GUIDONE. *Voyez* LŒTIA.
Suppl.

GUIDONIA. *Voyez* SAMYDA.

GUILANDINA. *Lin. Gen.
Plant. 464. Bonduc. Plum. Nov.
Gen. 25. Tab. 39.* [*The Nickar-
tree.*] Bonduc ou Chicot.

Caracteres. Dans ce genre,
une feuille en forme de cloche ,
& découpée à fon extrémité
en cinq fegmens égaux, forme
le calice de la fleur ; fa corolle eft compofée de cinq pétales
en forme de lance , égaux ,
& inférés dans le calice; elle
a dix étamines en forme d'a-
lène , érigées, inférées dans le
calice , alternativement plus
courtes l'une que l'autre , &
terminées par des fommets obtus; dans fon centre eft placé
un germe oblong , qui foutient
un ftyle mince auffi long que
les étamines , & couronné par
un ftigmat fimple : ce germe
devient enfuite un légume
rhomboïdal, gonflé, comprimé , dont la future fupérieure

eft convexe, & a une cellule,
dans laquelle font renfermées
plufieurs femences ovales ,
dures , & féparées par des
partitions.

Ce genre de plantes eft
rangé dans la premiere fection
de la dixieme claffe de LINNÉE ,
dans laquelle font comprifes
celles dont les fleurs ont dix
étamines & un ftyle.

Les efpeces font :

1°. *Guilandina , Bonduc aculeata , pinnis ovatis , foliolis aculeatis folitariis. Lin. Sp.* 545.
Bonduc épineux avec des feuilles à aîles ovales , dont les
lobes font armés d'épines fimples.

*Bonduc vulgare majus polyphyl-
lum. Plum. Nov. Gen. 25.* Le
plus grand Bonduc commun ,
à feuilles compofées , ordinairement appelé *Nickar jaune ,
Bonduc* ou *Chicot.*

*Guilandina caule fruétuque acu-
leatis. Hort. Cliff.* 158.

*Acacia gloriofa , Lentifci folio ;
fpinofa , flore fpicato luteo , filiquâ magnâ muricatâ Pluk. Alm.
4. t. 2. f. 2.*

*Lobus echinatus , fruétu flavo ;
foliis rotundioribus. Sloan. Jam.
144. Hift. 2. p. 40.*

*Frutex globulorum. Rumph.
Amb. 5. p. 89. t. 48.*

2°. *Guilandina Bonducella aculeata , pinnis oblongo-ovatis , foliolis aculeatis geminis. Lin. Sp.*
545. Bonduc épineux avec des
lobes oblongs , ovales & armés d'épines , placés par paires.

*Bonduc vulgare minus poly-
phyllum. Plum. Nov. Gen. 25.*
Le plus petit Bonduc commun ,
à feuilles compofées , appellé
Nickar gris.

Crista pavonis, Glycyrrhizæ folio, minor, repens, spinosissima, flore luteo spicato minimo, siliqua latissimâ echinatâ, semine rotundo cinereo. Breyn. Prod. 3. App. 33. t. 28.

Globuli majores. Rumph. Amb. 5. p. 92. t. 49. f. 1.

Lobus echinatus fructu cæsio, foliis longioribus. Sloan. Jam. 144. Hist. 2. p. 41.

Caretti. Rheed. Mal. 2. p. 35. t. 22.

3°. *Guilandina glabra inermis, foliis bi-pinnatis, foliolis ovatis, acutis, alternis;* Guilandina sans épines, avec des feuilles à doubles aîles, dont les lobes sont à pointes ovales & alternes.

4°. *Guilandina Moringha, inermis, foliis sub-bipinnatis, foliolis inferioribus ternatis.* Flor. Zeyl. 155. Mat. Med. 112. Guilandina sans épines, avec des feuilles doublement aîlées, dont les lobes inférieurs sont divisés en trois parties.

Lignum peregrinum aquam cæruleam reddens. Bauh. Pin. 416.

Moringha Zeylanica, foliorum pinnis pinnatis, flore majore, fructu anguloso. Burm. Zeyl. 162. Tab. 7. Moringha de Céylan, avec des feuilles à doubles aîles, une grosse fleur, & un fruit angulaire. Noix de Ben.

Morungu. Rheed. Mal. 6. p. 19. t. Rumph. Amb. 1. p. 184. t. 74. 75.

Balanus Myrepsica. Blackw. t. 386.

5°. *Guilandina dioica inermis, foliis bi-pinnatis, basi apiceque simpliciter pinnatis.* Lin. Sp. 546. Bonduc avec des branches sans épines, & des feuilles à doubles aîles, dont la base & les sommets sont à aîles simples.

Bonduc Canadense, polyphyllum non spinosum, mas & fœmina. Duhamel. Arb. 1. p. 108. t. 103. Nickar en arbre du Canada, avec des feuilles divisées en plusieurs parties, & sans épines, & dont les fleurs mâles & femelles sont sur des plantes différentes. Le Chicot ou Févier.

Bonduc. Bonducella. Les premiere & seconde especes croissent naturellement dans la plupart des Isles des Indes - Occidentales, où leurs tiges se roulent autour de tous les corps voisins, & s'élevent ainsi à la hauteur de douze ou quatorze pieds; les feuilles de la premiere ont près d'un pied & demi de long, & sont composées de six ou sept paires d'aîles, dont chacune a plusieurs paires de lobes dans la longueur de la côte du milieu : ces lobes sont ovales & entiers, & le pétiole ou la côte principale de la feuille est armée d'épines courtes, crochues, simples & placées irrégulierement; ses tiges, qui sont aussi fort chargées de pareilles épines, mais plus grosses, croissent d'abord érigées; mais après elles se tortillent autour des arbres voisins, étant trop foibles pour se tenir droites sans aucun soutien : ses fleurs naissent en épis longs, & sont composées de cinq pétales jaunes & égaux, & d'un germe oblong qui en occupe le centre, & qui est environné par dix étamines : lorsque la fleur est passée, le germe devient un légume larg

& épais , de trois pouces environ de longueur fur deux
de large , fortement armé d'é-
pines minces , & qui s'ouvre
en deux valves , dont chacune
renferme deux femences dures,
auffi groffes qu'une chique, &
de couleur jaunâtre.

La feconde efpece diffère de
la premiere en ce qu'elle a des
feuilles beaucoup plus petites
& très-rapprochées; au-deffous
de chaque paire de lobes, fortent deux épines fermes, courtes , courbées & oppofées ;
fes fleurs font d'un jaune plus
foncé, & fes femences de couleur cendrée.

Glabra. La troifieme a été
découverte par le Docteur
Houstoun à Campêche , d'où
il en a envoyé des échantillons
fecs en Angleterre ; mais il n'a
point trouvé alors de fruits fur
cette plante : il dit que cette
efpece a une tige droite & d'une
groffeur confidérable, qui fe
divife en plufieurs branches,
garnies de feuilles à doubles
aîles, & unies ; les aîles font
alternes ; chaque feuille eft
compofée de quatre paires, &
les lobes font oppofés fur la
côte du milieu; ils font ovales, terminés en pointe, & d'un
vert clair.

Moringha. La quatrieme efpece croit naturellement dans
l'Ille de Céylan & dans plufieurs cantons de la côte de
Malabar, d'où les femences
ont été apportées en Angleterre.

Elle s'éleve dans fon pays
natal à la hauteur de vingt-
cinq ou trente pieds , avec une
tige forte, couverte d'une écorce

unie , verte fur les jeunes
branches , & d'une couleur
cendrée fur les plus vieilles ;
fa racine eft fort épaiffe &
noueufe ; les Habitans du pays
la râpent quand elle eft jeune ,
& l'emploient comme nous faifons le Raifort en Europe , auquel elle reffemble par fon
goût âcre; fes branches font
garnies de feuilles décompofées
& aîlées , celles qui font fituées à la bâfe n'ont que trois
feuilles ; mais au-deffus les
feuilles fe partagent en plufieurs.
divifions qui fe fous-divifent
en plus petites , dont chacune
a cinq ou fix paires de lobes
ovales , terminés par un lobe
impair ; elles font d'un vert clair
& un peu blanches en des-
fous : fes fleurs, qui fortent
en paquets clairs fur les côtés
des branches, font compofées
de pétales qui varient pour le
nombre, depuis cinq jufqu'à
dix ; elles ont dix courtes étamines qui environnent le germe;
ce germe devient un légume
long & conique, dans lequel
font renfermées plufieurs femences angulaires , couvertes
d'une membrane mince, qui
ont la même faveur que les
racines.

Culture. Ces quatre efpeces
étant originaires des pays
chauds, ne peuvent réfifter au
froid de nos hivers, à moins
qu'on ne les tienne dans la
couche de tan de la ferre
chaude : on les multiplie par
femences; mais comme celles
des deux premieres font fort dures, elles reftent plufieurs années dans la terre avant de germer, fi on ne les trempe pas

dans l'eau pendant deux ou trois jours, & fi on ne les met pas pendant autant de tems dans la couche de la ferre chaude, au deffous des pots, pour amollir leurs enveloppes. Peu de tems après que ces plantes auront pouffé, on pourra les tranfplanter chacune dans un petit pot rempli de terre fraîche & légere, les plonger dans une couche de tan de chaleur modérée, & les tenir à l'ombre jufqu'à ce qu'elles aient formé de nouvelles racines; après quoi on les traitera comme les autres plantes tendres & exotiques, & on leur donnera beaucoup d'air dans les temps chauds, mais très-peu d'arrofement. Quand ces plantes font devenues trop hautes pour pouvoir être contenues fous les vitrages, on les plonge dans la couche de tan de la ferre chaude, où elles feront de grands progrès, pourvu qu'on ne les arrofe pas trop, fur-tout pendant l'hiver; car elles font fort fenfibles à l'humidité & au froid.

La quatrieme efpece exige le même traitement que les précédentes, mais fes femences germent fans avoir befoin d'être amollies dans l'eau : il eft très-difficile de tranfplanter cette efpece dans de nouveaux pots; car fes racines étant groffes, charnues & très-peu fournies de fibres, laiffent échapper la terre avec la plus grande facilité, lorfqu'on n'y apporte pas beaucoup d'attention. Quand cet accident arrive, les tiges périffent fouvent jufqu'à la racine, & quelquefois même la plante entiere eft détruite : cette efpece veut être arrofée très-légérement, furtout dans les tems froids, parce qu'alors l'humidité les feroit pourrir en peu de tems

Dioïca. La cinquieme efpece eft originaire du Canada, d'où elle a d'abord été apportée à Paris, il y a environ quatorze ans qu'on l'a envoyée en Angleterre : dans fa patrie elle s'élève, avec une tige droite, à la hauteur de plus de trente pieds, & fe divife en plufieurs branches couvertes d'une écorce de couleur cendrée-bleuâtre, & fort unie; fes branches font garnies de feuilles décompofées & ailées, dont les lobes font ovales, fort unis, entiers, & rangés alternativement fur la côte du milieu; elles tombent en automne & les nouvelles ne pouffent que fort tard au printems.

Cette efpece a des fleurs mâles & des fleurs femelles fur différentes plantes. Comme elle n'a point encore fleuri dans aucun jardin Anglois, je ne puis en donner aucune defcription, non plus que de fes fruits, que je n'ai jamais vus. Cette plante fubfifte en plein air, & n'eft jamais endommagée par la gelée : on la multiplie en détachant de l'arbre des racines horifontales, ce qui les fait pouffer vers le haut, & en peut les enlever enfuite, en les feparant des vieilles racines, pour les planter dans des pots. Elle exige un fol léger & pas trop humide.

GUIMAUVE. *V.* ALTHÆA OFFICINALIS.

GUIMAUVE FAUSSE. *V.*
Sida.

GUNDELIA. *Tourn. Cor.* 51.
Tab. 486. *Lin. Gen. Plant.* 826.
Hacub. Vaill. Ac. Reg. Scient. 1718.

Cette plante a été ainsi nommée par Tournefort, en l'honneur de Gundelscheimer, qui l'a trouvée dans le Levant en accompagnant Tournefort dans ses voyages.

Caractères. La fleur est uniforme, tubulée, & composée de plusieurs fleurettes hermaphrodites, entourées de feuilles ; elles n'ont qu'un pétale fixé au fond & gonflé au sommet, où il est légèrement découpé en cinq segmens, & cinq étamines courtes, velues, & terminées par des sommets longs & cylindriques : dans le fond de la fleur est placé un germe ovale & couronné par de petites écailles, qui soutient un style mince plus long que le pétale, & terminé par deux stigmats roulés, ce germe se change dans la suite en une semence ronde & simple, renfermée dans un réceptacle commun & de figure conique ; ses semences sont séparées par un duvet plein de paille.

Ce genre de plantes a été compris par Tournefort dans sa douzieme classe, qui contient les herbes à fleurs flosculeuses ; Linné l'a rangé dans la cinquieme section de sa dix-neuvieme classe, intitulée *Syngenesia Polygamia segregata*, qui renferme celles dont les fleurs ont un calice commun, & dont chaque fleurette

est renfermée dans une autre.

Nous avons une espece distincte de ce genre à présent en Angleterre, qui est.

Gundelia. Lin. Sp. Plant 814, & à laquelle on n'a point donné de nom vulgaire. On en connoît deux variétés décrites par Tournefort, & que l'on croit provenir des mêmes semences, parce qu'on les a trouvées croissant confusément ensemble.

Ces variétés sont :

1°. *Gundelia Tournefortii Orientalis, Acanthi aculeati folio, floribus intensè purpureis, capite araneosâ lanugine obsito. Tourn. Cor.* 51 ; Gundélia du Levant à feuilles épineuses d'Acanthe, ayant des fleurs pourpre foncé, & une tête couverte d'un duvet semblable à une toile d'araignée.

2°. *Gundelia glabra Orientalis, Acanthi aculeati folio, capite glabro. Tourn. Cor.* 51. *Itin.* 2. *p.* 108. *t.* 108 ; Gundélia du Levant avec des feuilles épineuses de Brancursine & une tête unie.

Eryngium Syriacum, foliis Chamæleontis longis & spinosis. Moris. Hist. 3. *p.* 167.

Silybum Dioscoridis sivè Hacub Alcardej Serapionis. Rauw. Itin. 74. *t.* 74.

Cette plante a été découverte par Gundelschimer, compagnon de Tournefort, près de Baibout en Arménie ; mais on l'a trouvée depuis dans plusieurs parties du Levant, où elle croît généralement dans des terres seches & fortes : ses tiges s'élevent rarement à plus d'un pied & demi de haut : ſes feuilles baſſes ſont longues, étroites, & découpées ſur leurs bords par des dentelures terminées en une épine ; les autres ſont plus larges, & diviſées irrégulierement juſqu'à la côte du milieu en pluſieurs ſegmens armés de pointes aiguës : ſes tiges ſont diviſées vers le haut en pluſieurs branches garnies de feuilles de la même forme, mais plus étroites, & terminées chacune par une tête conique de fleurs ſemblables à celles du *Chardon à Bonnetier*, dont la bâſe eſt environnée d'un rang de feuilles longues, étroites & épineuſes : ces têtes ſont compoſées de pluſieurs fleurettes hermaphrodites renfermées dans les écailles, & dont chacune a un calice & un germe environné de cinq étamines : quelques unes des ſemences mûriſſent parfaitement ſur chaque tête dans leur pays natal ; mais s'il tombe de la pluie lorſque ces fleurs ſont épanouïes, le germe périt, ce qui arrive ſouvent aux plantes dont les fleurs ſont recueillies en têtes.

Ces plantes ſe multiplient par leurs graines, qu'il faut ſemer à demeure au commencement de Mars, dans une plate-bande chaude de terre fraîche & médiocre. Lorſque les plantes pouſſent, on les nettoie avec ſoin, & on les débaraſſe des mauvaiſes herbes ; à meſure qu'elles deviennent groſſes, on les éclaircit, en laiſſant celles qui ſont deſtinées à reſter, à deux pieds environ de diſtan-

ce, afin qu'elles puiſſent s'étendre, après quoi elles n'exigent plus aucune culture que d'être tenues nettes : ſi la gelée eſt forte pendant l'hiver, on les couvre avec de la paille ou du chaume de pois ; mais il faut ôter ces couvertures dans les tems doux ; elles donneront des fleurs au bout de deux ans, & auront une belle apparence dans les parterres. Elles fleuriſſent en Mai ; elles perdent leurs tiges & leurs feuilles en automne : mais leurs racines ſubſiſtent pluſieurs années.

GYPSOPHILA. *Lin. Gen. Plant.* 498. Nous n'avons point de nom Anglois pour ce genre.

Caractères. Le calice eſt perſiſtant, angulaire, en forme de cloche, & découpé au ſommet en cinq parties. La corolle eſt compoſée de cinq pétales ovales, émouſſés, étendus & ouverts ; la fleur a dix étamines en forme d'alène, & terminées par des ſommets ronds : dans ſon centre eſt ſitué un germe globulaire qui ſoutient deux ſtyles minces, & couronnés par des ſtigmats ſimples ; ce germe devient enſuite une capſule globulaire à une cellule, qui s'ouvre en cinq valves, & qui eſt remplie de petites ſemences rondes.

Ce genre de plantes eſt rangé dans la ſeconde ſection de la dixieme claſſe de LINNÉE, qui renferme celles dont les fleurs ont dix étamines & deux ſtyles.

Les eſpeces ſont :

1°. *Gypſophila aggregata, foliis mucronatis, recurvatis, foribus aggregatis. Lin. Sp. Plant.*

406. *Amœn. Acad. 3. p. 23* ; Gypsophila à feuilles pointues & recourbées, & à fleurs recueillies en têtes.

Saponaria calycibus pentaphyl-lis, floribus aggregatis, foliis mu-cronatis, canaliculatis, recurvis. Hort. Upf. 107.

Lychnis Hispanica, Kali fo-lio, multi flora. Tourn. Inst. R. H. 338 ; Lychnis d'Espagne à feuilles de Salicorne ou Soude ayant plusieurs fleurs.

Caryophyllus saxatilis, Ericæ foliis, umbellatis corymbis. Bauh. Pin. 211. prodr. 105.

Arenaria retraquetra. Linn. Syst. Plant. tom. 2. p. 359. Sp. 2.

2°. *Gypsophila fastigiata, fo-liis lanceolato-linearibus, obsoletè triquetris, lævibus, obtusis, se-cundis. Linn. Sp. Plant. 407. Amœn. Acad. 3. p. 23* ; Gypso-phila avec des feuilles étroites & en forme de lance, dont quelques-unes ont trois angles émoussés, & d'autres sont ob-tuses, lisses & en paquets.

Caryophyllus saxatilis, flori-bus gramineis, umbellatis corym-bis. Bauh. Pin. 211.

Polygonum majus, erectum, an-gusti-folium, floribus candidis. Mentz. Pug. t. 2. f. 2.

Lychnis Gypsophila. Gmel. Sib. 4. p. 144. t. 61. f. 1.

Symphytum petræum. Thal. Harc. 115.

Saponaria caule simplici, fo-liis linearibus, ex alis foliorum confertis, teretibus. Hort. Cliff. 166; Saponaire avec une tige simple, des feuilles linéaires disposées en paquets aux ailes des feuilles.

3°. *Gypsophila prostrata, fo-liis lanceolatis, lævibus, cauli-*bus *diffusis, pistillis corollâ cam-panulatâ longioribus. Linn. Sp. Plant. App. 1195;* Gypsophila à feuilles lisses & en forme de lance, ayant des tiges diffuses & des pointals plus longs que la corolle qui est en forme de cloche.

Alsine angusti-folia Caryophyl-loïdes, multi-flora, glabra, pur-purascens, radice Astragali. Pluk. Alm. 22. t. 75. f. 2.

4°. *Gypsophila perfoliata, fo-liis ovato-lanceolatis, semi am-plexi-caulibus. Linn. Sp. Plant.* 408 ; Gypsophila avec des feuilles ovales & en forme de lance, qui embrassent les tiges à moitié.

Saponaria foliis lanceolatis, calycibus campanulatis, angula-tis. Hort. Cliff. 165.

Lychnis Orientalis, Sapona-riæ folio & facie, flore parvo & multiplici. Tourn. Cor. 24; Ly-chnis du Levant à feuilles & forme de Saponaire ayant plu-sieurs petites fleurs.

Spergula multi-flora, foliis in-ferioribus Saponariæ, superioribus Behen similibus. Dill. Elth. 368. t. 276. f. 357.

5°. *Gypsophila paniculata, fo-liis lanceolatis, scabris, floribus dioïcis, corollis revolutis. Linn. Sp. Plant. 407. Amœn. Acad. 3. p. 23. Jacq. Aust. Vol. 5. App. t. 1 ;* Gypsophila avec des feuilles rudes & en forme de lance, des fleurs mâles & fe-melles sur différentes plantes, & des pétales recourbés.

Alsine frutescens, Caryophylli folio, flore parvo albo. Gerb. Ta-nais. 15. Morgeline en arbris-seau à feuilles de Giroflier, & à fleur petite & blanche.

Aggregata. La première espece croît naturellement sur les montagnes dans la France méridionale, en Espagne & en Italie : elle a une racine vivace, de laquelle sortent plusieurs feuilles étroites & terminées en pointe aiguë & recourbée ; les tiges, qui s'élevent à la hauteur d'environ un pied, sont garnies de feuilles étroites & opposées, & à quelque distance des nœuds d'autres feuilles plus petites & disposées en paquets : la partie haute de la tige se divise en plus petites branches, dont chacune est terminée par un paquet serré de petites fleurs blanches qui paroissent en Juillet, & qui produisent de petites capsules ovales remplies de petites semences.

Fastigiata. La seconde ressemble un peu à la première ; mais ses feuilles sont beaucoup plus étroites, presque triangulaires, & placées en paquets sur les côtés de la tige ; ces paquets de fleurs sont aussi plus petits & moins serrés. Cette espece a une racine vivace, & se trouve sur les montagnes de la Suisse.

Prostrata. La troisieme a également une racine vivace, de laquelle sortent des feuilles unies en forme de lance & en paquets ; ses tiges ont près d'un pied de longueur, & sont inclinées vers la terre ; ses fleurs, dont la couleur tire sur le pourpre, ont des étamines beaucoup plus longues que les corolles ; elles paroissent dans les mois de Juin & de Juillet, & leurs semences mûrissent en automne.

Perfoliata. La quatrieme, qui est originaire du Levant & de l'Espagne, a une racine forte, charnue & fibreuse, qui pénètre profondément dans la terre & produit plusieurs tiges épaisses, charnues, hautes de deux pieds, & garnies de feuilles ovales, & en forme de lance, qui embrassent les tiges à moitié par leur base : la partie haute de la tige est divisée en plusieurs branches terminées par des paquets clairs de petites fleurs blanches, qui s'ouvrent en Juillet, & donnent des graines mûres en automne.

Paniculata. La cinquieme croît naturellement en Sibérie & en Tartarie ; ses semences m'ont été envoyées de Petersbourg ; elle a une racine vivace qui produit plusieurs tiges branchues d'un pied & demi de hauteur, & garnies de feuilles étroites, à pointes unies, & de la même forme que celles du *Giroflier*; ces tiges sont terminées par des paquets clairs de fleurs blanches & trés-petites, qui paroissent en même tems que celles des especes précédentes ; ses semences mûrissent en automne.

Comme ces plantes sont peu remarquables, on ne les cultive gueres que dans les jardins de Botanique pour la variété.

On les multiplie par leurs graines, qu'il faut semer sur une planche de terre légere ; quand les plantes sont assez fortes pour être enlevées, on peut les placer à demeure, où il suffira de les tenir nettes : leurs racines durent plusieurs années, & produisent constamment des fleurs & des semences.

H Æ M

HÆMANTHUS. *Tourn. Inst. R. H. 657. Tab. 433. Linn. Gen. Plant. 394. Dracunculoïdes. Boër. Ind. Alt. 2, 226,* ἁιμάνθος, *de* ἁίμα *fang, &* ἄνθος *une fleur ; c'eft-à-dire, fleur de fang.* [*Blood-flower.*] Tulippe du Cap.

Caractères. Le calice eft perfiftant, large, & en forme d'ombelle, & compofé de fix feuilles : la corolle a un pétale érigé & découpé en fix parties, avec un tube court & angulaire ; elle renferme fix étamines en forme d'alêne, inférées dans la corolle, plus longues que le pétale, & terminées par des fommets oblongs & inclinés : le germe eft placé fous la fleur ; il foutient un ftyle fimple de la longueur des étamines, & couronné par un ftigmat fimple : ce germe devient enfuite une baie ronde & à trois cellules, dont chacune renferme une femence angulaire.

Ce genre de plantes eft rangé dans la premiere fection de la fixieme claffe de LINNÉE, intitulée, *Hexandria Monogynia,* qui renferme celles dont les fleurs ont fix étamines & un ftyle.

Les efpeces font :

1°. *Hæmanthus coccineus, foliis lingui-formibus planis lævibus. Prod. Leyd.* 42 ; Hæmanthus à feuilles liffes & en forme de langue.

Hæmanthus foliis obtufis bafi truncatis. Comm. Hort. 2. p. 127. t. 64.

Hæmanthus Africanus. H. L. Bat. Fleur de fang d'Afrique ou Tulippe du Cap.

Narciffus Indicus puniceus. Ferr. Cult. 137.

Narciffus Indicus ferpentarius. Hern. Mex. 885. t. 899.

2°. *Hæmanthus carinatus, foliis linearibus carinatis ;* Fleur de fang avec de longues feuilles linéaires en forme de carène.

3°. *Hæmanthus puniceus, foliis lanceolato-ovatis, undulatis, erectis. Hort. Cliff. 127. Hort. Upf. 88. Roy. Lugd. - B. 42 ;* Fleur de fang avec des feuilles en forme de lance, ovales, ondées & érigées.

Hyacintho affinis Africana caule maculato. Seb. mus. 1. p. 20. t. 12. f. 1, 2, 3.

Satyrium è Guineâ. Swert. Flor. 1. p. 62. f. 3. Moris. Hist. 3. p. 491. f. 12. t. 12. f. 11. Rudb. elyf. 2. p. 210. f. 3.

Hæmanthus Colchici foliis, perianthio herbaceo. Hort. Elth. 167. t. 140. f. 2. Trew. ehret. 44 ; Fleur de fang avec des feuilles de Colchique & une enveloppe herbacée.

Dracunculoïdes. Boër. Ind. Alt. 2, 226. Dragon bâtard.

Coccineus. On cultive la premiere efpece depuis plufieurs années dans quelques jardins curieux de l'Europe, où elle fleurit rarement. Elle a une racine groſſe & bulbeuſe, de laquelle ſortent, en automne, deux feuilles larges, plates, d'une conſiſtance charnue & en forme de langue, qui ſe replient en arriere de chaque côté, & s'étendent à plat ſur la terre ; de ſorte que cette plante paroît ſinguliere pendant tout l'hiver : ſes feuilles ſe flétriſſent au printems, & elle reſte dépouillée depuis la fin du mois de Mars juſqu'au commencement d'Août : ſes fleurs paroiſſent toujours en automne avant les feuilles. On a repréſenté ces fleurs ſur des pédoncules forts & droits dans les Livres Botaniques ; mais celles que j'ai vues, n'avoient jamais que deux ou trois pouces au-deſſus de la bulbe, & formoient une groſſe grappe compoſée de fleurs d'un rouge brillant, renfermées dans un calice commun d'une couleur herbacée, tubulée, avec un pétale découpé en ſix parties, & dans chacune deſquelles on voyoit ſix longues étamines élevées au-deſſus du pétale, & dans le centre un germe poſté ſous la fleur, qui ſoutenoit un ſtyle ſimple couronné par un ſtigmat : le germe ne mûrit pas, & ne donne jamais de ſemences en Angleterre ; il ſe flétrit avec la fleur, & enſuite les feuilles croiſſent & s'étendent ſur la terre.

Carinatus. La ſeconde eſpece a, comme la premiere racine épaiſſe & bulb... laquelle ſortent ... tres feuilles... guen...

ties comme celles de la précédente, mais creuſées en forme de carène, moins larges, & un peu érigées : ſes fleurs reſſemblent à celles de la premiere ; mais elles ſont d'un rouge plus pâle : j'en ai reçu les bulbes de M. Van Royen, Profeſſeur de Botanique à Leyde.

Puniceus. La troiſieme a des racines compoſées de pluſieurs tubes épais & charnus qui s'uniſſent au ſommet, où ils forment une tête, de laquelle s'éleve une tige charnue & tachetée comme la peau d'un dragon, & qui ſe diviſe au ſommet en pluſieurs feuilles en forme de lance, & ondées ſur leurs bords : ces tiges croiſſent à la hauteur d'environ un pied, & les feuilles ont ſix ou huit pouces de longueur ſur deux de largeur au milieu ; à côté de cette tige, près de la terre, ſort un pédoncule fort & charnu, dont la hauteur eſt d'environ ſix ou huit pouces, qui ſoutient une groſſe grappe de fleurs, renfermées dans un calice commun & perſiſtant. Ces fleurs ſont formées comme celles des autres eſpeces ; mais elles ſont d'une couleur rouge jaunâtre ; elles paroiſſent dans les mois de Mai, de Juin & de Juillet, & ſont remplacées par des baies rouges très belles lorſqu'elles ſont mûres.

Les deux premieres eſpeces ... multiplient difficilement en ... rte que leurs ra- ... ſeur très-peu de ... Jardiniers ... pléent en ... du Cap de Bon...

ne-Espérance, où elles croissent naturellement, & produisent des semences. Ces plantes étant trop délicates pour résister à l'extérieur au froid de nos hivers, il faut les planter dans des pots remplis de terre grasse & légere, & les tenir durant la saison froide dans des couches sèches de vitrages, où leurs feuilles poufferont vigoureusement, & feront un très-bel effet parmi les autres plantes ; & quoiqu'elles fleurissent rarement ici, cependant elles méritent d'occuper une place dans tous les jardins. Lorsque leurs feuilles sont flétries, on peut enlever leurs bulbes hors de terre, & les garder jusqu'en Août : on les remet alors dans les pots. On les laisse en plein air jusqu'à la fin de Septembre, & on les place ensuite dans des couches vitrées : tandis qu'elles croissent, on doit les arroser souvent, mais légerement.

Lorsqu'on a pratiqué au-devant de la serre, ou simple ou chaude, une plate-bande couverte de vitrages, il faut y planter les oignons de ces especes avec les *Gladioles* d'Afrique, les *Ixia*, les *Cyclamens* de Perse, &c. Toutes ces plantes y fleuriront plus constamment, & les pédoncules des *Hæmanthus* s'éleveront beaucoup plus haut que ceux des plantes tenues dans des pots.

La troisieme espece est aussi originaire du Cap de Bonne-Espérance, d'où elle a été apportée en Hollande, & de-là dans toute l'Europe : on la multiplie en divisant ses racines

au printemps avant qu'elles aient poussé de nouvelles tiges, & c'est aussi dans ce tems qu'on les change de terre ; mais comme ces racines poussent difficilement des rejettons, il est plus aisé de les multiplier par semences, qui mûrissent en abondance en Angleterre : on les seme aussi-tôt qu'elles sont mûres dans des pots remplis de terre légere ; on les tient dans la serre chaude pendant tout l'hiver, & on les plonge dans la couche de tan entre les plantes, où elles se conserveront, ne se déssecheront pas aussi vite que si elles étoient dans une serre chaude sèche, & seront plus disposées à germer : au printems on tire les pots de la serre pour les plonger dans une couche chaude à vitrages, qui fera pousser les plantes ; on leur donne de l'air chaque jour dans les tems doux pour les empêcher de filer ; & lorsqu'elles sont assez fortes, on les met chacune séparément dans des pots remplis de terre légere, & on les replonge dans la couche pour leur faire produire de nouvelles racines, après quoi on les endurcit par dégrés, & on les place enfin dans une serre chaude sèche, où elles doivent rester constamment, car sans cela elles ne profiteroient point, & ne fleuriroient jamais dans notre climat : comme leurs racines sont succulentes & charnues, elles sont sujettes à être attaquées de pourriture en hiver, si on leur donne trop d'humidité ; mais en été il faut les arroser ſouvent, ſur-tout lorſqu'elles ſont prêtes à fleurir, & leur donner beaucoup d'air dans les tems chauds.

HÆMATOXYLUM. *Linn. Gen. Plant.* 417. [*Bloodwood, Logwood, or Campeachy-wood.*] Bois de Campêche.

Caractères. Dans ce genre le calice eſt perſiſtant & découpé en cinq ſegmens ovales ; la corolle eſt compoſée de cinq pétales égaux, plus larges que le calice ; la fleur a dix étamines en forme d'alêne, plus longues que les pétales, & terminées par de petits ſommets : dans ſon centre eſt placé un germe oblong & ovale, qui ſoutient un ſtyle ſimple, couronné par un ſtigmat épais & dentelé : le germe devient enſuite une capſule comprimée, obtuſe, & a une cellule qui s'ouvre en deux valves, & contient deux ou trois ſemences oblongues & en forme de rein.

Ce genre de plantes fait partie, de la première ſection de la dixieme claſſe de Linnée, qui a pour titre *Decandria Monogynia*, & dans laquelle ſe trouvent compriſes toute celles dont les fleurs ont dix étamines & un ſtyle.

Nous n'avons qu'une eſpece de ce genre, qui eſt

Hæmatoxylum Campechianum. Hort. Cliff. 160. Roy. Lugd.-B. 465. Mat. Med. 114. Jacq. obſ. 1. p. 20 ; Bois de Campêche.

Lignum Campechianum, ſpecies quædam. Sloan. Cat. Jam. 213. Hiſt. 2. p. 183. t. 10. f. 1, 2, 3, 4. Catesb. Car. 3. p. 66.

t. 66 ; Bois d'Inde ou Bois de la Jamaïque.

Hæmatoxylum ſpinoſum, foliis pinnatis, racemis terminalibus. Brown. Jam. 1. p. 221.

Cet arbre croit naturellement dans la baie de Campêche, à Honduras, & dans d'autres parties de l'Amérique Eſpagnole, où il s'éleve à la hauteur de ſeize à vingt-quatre pieds : ſes tiges, qui ſont généralement courbes & très-informes, deviennent rarement plus groſſes que la cuiſſe : ſes branches, qui ſont diſpoſées ſur chaque côté, ſont courbées, irrégulieres, armées de fortes épines, & garnies de feuilles ailées, compoſées de trois ou quatre paires de lobes obtus & dentelés au ſommet : ſes fleurs, érigées & de couleur jaune-pâle, avec un calice pourpre, naiſſent en grappes aux aîles des feuilles, & produiſent des légumes plats & dont chacun contient deux ou trois ſemences en forme de rein.

On tranſporte le bois de cet arbre en Europe, où il eſt très recherché pour les teintures en pourpre, & le noir le plus fin ; mais les Eſpagnols, qui réclament la poſſeſſion du Pays où on le trouve, s'oppoſent conſtamment à ce que les autres Nations viennent l'enlever, ce qui leur a occaſionné pluſieurs diſputes avec leurs voiſins, & particulièrement avec les Anglois : on peut eſpérer de voir ces différends ſe terminer bientôt, parce qu'on a multiplié prodigieuſement cet arbre à la Jamaïque & dans plusieurs autres Isles Angloises de l'Amérique, où il croît si promptement, qu'après dix ou douze ans, on peut mettre en œuvre le bois d'un arbre venu de semence : comme il produit dans ces Isles une grande quantité de graines qui se répandent dans les terres voisines, cet arbre doit devenir incessamment comme naturel à nos Colonies.

Quelques planteurs de la Jamaïque ont enclos leurs possessions avec des haies formées de ces arbres, qui sont très-forts & de longue durée ; mais comme il est nécessaire de les tailler, & que cette opération retarde beaucoup leur accroissement, ceux qui veulent les multiplier, feroient beaucoup mieux de les semer sur des terreins marécageux qui ne peuvent produire de sucre, & de leur laisser toutes leurs branches, qui sont fort utiles pour augmenter la grosseur des tiges : si lorsque ces plantes sont jeunes on a soin de les tenir nettes, leurs progrès seront beaucoup plus rapides.

Quelques-uns de ces planteurs m'ont assuré que dans l'espace de trois ans, quelques-uns de ces arbres s'étoient élevés à la hauteur de plus de dix pieds ; de sorte qu'il ne faut qu'un petit nombre d'années pour que cette espece devienne un objet de commerce.

On conserve cette plante dans quelques jardins curieux de l'Angleterre à cause de sa singularité ; on en apporte souvent des semences de l'Améri-

que qui poussent aisément : si on les met sur des bonnes couches chaudes, & si on tient les plantes dans une couche de chaleur modérée, elles parviendront à la hauteur d'un pied dans la même année : lorsque ces plantes sont jeunes, elles sont généralement bien garnies de feuilles ; mais par la suite elles font très-peu de progrès, & se dépouillent souvent de leur feuillage. Ces plantes sont très-délicates, & doivent être tenues constamment dans la couche de tan de la serre chaude, où elles se conserveront très-bien, si on les arrose à propos, & si la serre est toujours à un bon dégré de chaleur. Il y a quelques-uns de ces arbres en Angleterre qui ont plus de six pieds de hauteur, & qui profitent autant que s'ils étoient dans leurs Pays natal.

HAIES. Les Haies servent ou à entourer un terrein, ou à diviser les différentes parties d'un jardin : quand elles sont destinées pour des clôtures extérieures, on les forme avec de l'*Aubépine*, des *Pommiers sauvages*, ou des *Nerpruns* ou *Pruniers sauvages* ; mais celles qui doivent se trouver dans l'enceinte du jardin, & qui sont destinées à entourer quelques cantons écartés ou à cacher d'autres parties à la vue, peuvent être plantées avec différentes especes d'arbrisseaux, suivant le goût du Propriétaire : quelques-uns aiment les Haies toujours vertes, & emploient pour cela le *Houx*, qui y est le plus propre, l'*If*, le *Laurier-Thym*, le *Phyllirea*, &c.; d'autres choisissent les plantes qui perdent leurs feuilles en hiver, & préférent le *Hêtre*, l'*Orme* & le *Sureau* à tous les autres. Je traiterai d'abord des clôtures extérieures, & je parlerai ensuite des autres fort succinctement.

On fait ordinairement ces Haies avec des *Sorbiers* ou des *Frênes*; mais avant de les planter, il est bon d'examiner la nature du terrein, pour savoir quelles especes de plantes y profiteront le mieux; si c'est de la glaise, du gravier ou du sable, &c. On jugera de quel sol on doit tirer les plantes, car si la terre d'où elles sont prises étoit meilleure que celle dans laquelle on veut les planter, elles y réussiront plus difficilement. Quant à la grosseur des plants, elle doit être à-peu-près du calibre d'une plume d'Oie, & il faut les couper à quatre ou cinq pouces au-dessus de la terre : on les choisit droits, unis, & bien enracinés. Ceux qui sont élevés dans les Pépinieres, sont préférables à tous les autres, & si cette Pépiniere se trouve voisine de la plantation, ils réussiront encore mieux.

Secondement, les fossés dont on accompagne quelque-fois les Haies, doivent avoir six pieds d'évasement, sur un pied & demi de largeur au fond, & trois pieds de profondeur, afin que chaque côté puisse avoir une pente convenable ; car lorsqu'ils sont trop droits & roides, ils sont fort sujets à se dégrader après chaque ge-

lée & les fortes pluies ; d'ailleurs, si ces fossés étoient trop étroits, ils seroient bientôt comblés en automne par la chûte des feuilles & l'accroissement des mauvaises herbes, & ils ne pourroient arrêter le bétail, qui les franchiroit aisément.

Troisiemement, si l'on ne fait point de fossés, il faut mettre deux rangs de plantes à la distance d'un pied l'un de l'autre, en forme de quinconce, de maniere qu'elles ne soient en effet qu'à six pouces.

Quatriemement, en labourant & en creusant le fossé, il faut mettre l'herbe du gazon en-dessous, pour faire la pente du fossé, & la plate-bande au-dessus, que l'on recouvre de terreau, sur lequel on plante les *Sorbiers*, qui doivent être à un pied de distance, & droits.

Cinquiemement, quand le premier rang est planté, on le recouvre de terreau, & on arrange au-dessus d'autres gazons : lorsque la plate-bande est élevée à la hauteur d'un pied, on plante un autre rang de plantes, entre les espaces des *Sorbiers bas*, on les couvre comme les premieres, & on arrête le talut avec le fond du fossé ; on fait ensuite une Haie seche de l'autre côté, pour défendre la plantation basse des insultes du bétail.

Pour faire ces Haies seches, on enfonce des poteaux à deux pieds & demi de distance, & assez profondément pour qu'ils atteignent la terre ferme : ceux de *Chêne* sont les meilleurs; mais au défaut de ceux-ci, on se sert d'*Epine noire* ou de

Saule, on attache à ces piquets de petits fagots qu'on place en bas, mais peu épais, de peur qu'ils ne se pourrissent, & on garnit le haut avec des fagots plus longs, qu'on entrelace, & qu'on fixe aux poteaux.

Pour rendre ces Haies encore plus fortes, on lie les sommets des poteaux après des perches minces, à chaque côté, & on enfonce encore les poteaux, car les liens sont sujets à se relâcher.

Le *Sorbier* doit être constamment tenu net de mauvaises herbes, & à l'abri du bétail : on fera bien de le couper en Février à un pouce au-dessus de la terre, si on ne l'a pas fait avant, ce qui le fera pousser fortement, & facilitera beaucoup son accroissement.

Quand une Haie a huit ou neuf ans de crû, il faut la plier en Octobre ou en Février : lorsqu'elle est vieille, c'est-à-dire, après vingt ou trente ans, s'il y a des chicots & de nouveaux rejettons, on coupe les vieux tocs obliquement à deux ou trois pouces de terre, & on taille les meilleurs & les plus longs rejettons à une hauteur médiocre, quelques-uns des plus forts à cinq ou six pieds, suivant l'élévation qu'on veut donner à la Haie : on peut en laisser quelques-uns pour servir comme de poteau, & en mettre même de nouveaux dans les endroits où ils sont nécessaires : on éclaircit la Haie, de manière qu'on ne laisse sur les chicots que les rejettons qu'on

destine pour l'usage, afin qu'on puisse y labourer avec la bêche ; on nettoye aussi le fossé, & on en rétablit la pente de chaque côté ; quand la terre de ces talus a été détachée par les racines du *Sorbier*, on y en remet de celle que l'on sort du fossé, autant qu'il est nécessaire, & on jette le reste sur la banquette, de façon qu'elle ne puisse pas retomber.

On doit éviter deux choses en pliant les *Sorbiers* ; la première, de ne pas les poser trop bas & trop serrés, parce que la sève couleroit dans les rejettons, & laisseroit les marcottes sans nourriture, ce qui les feroit périr.

La seconde, de ne pas les plier trop haut, parce que les marcottes attireroient toute la sève, & le bas de la Haie ne pousseroit plus que des petits rejettons, ce qui la rendroit si mince, qu'elle ne serviroit plus de défense, contre le bétail qui pourroit la détruire entièrement en la broutant.

Lorsque les rejettons destinés à être marcottés, sont couchés, il faut donner un petit coup de serpe qui pénètre obliquement jusqu'à la moitié de leur épaisseur, en le dirigeant vers le bas ; après quoi on les fixe autour des poteaux ; & quand le tout est fini, on retranche les petites branches superflues qui débordent de chaque côté de la Haie.

Si les chicots sont très-vieux, on les coupe tout-à-fait, & on les place de chaque côté de la Haie sèche ; lorsque les nouveaux rejettons sont assez forts, on les marcotte, & on en plante d'autres dans les espaces vuides. lorsqu'on fait une Haie avec des *Pommiers sauvages*, il est bon de laisser un arbre entier à chaque trente ou quarante pieds. On range les autres, on les taille, & on les attache à des poteaux placés de distance en distance.

On taille ces arbres chaque année, jusqu'à ce qu'ils soient hors de la portée du bétail, après quoi on peut les greffer avec du *Pommier rouge*, ou quelqu'autre espece propre à faire du cidre.

Si les sujets proviennent de pepins de *Pommes*, ils peuvent rester sans être greffés ; car alors ils produiront de fort bons fruits pour faire du cidre, mais ils seront long-tems sans en donner ; au-lieu qu'en les greffant, ils en donnent plutôt, & l'on est certain de l'espece.

Quant au reste de la Haie, lorsqu'elle a poussé pendant quatre ou cinq ans, on peut la coucher pour faire une clôture, en suivant les instructions qu'on va donner.

1°. Il faut marcotter quelques vieilles branches, ou si la Haie est claire, on en couche de jeunes ; mais il faut le faire de maniere que leurs extrémités s'arrêtent à côté du fossé, en les tenant basses sur la banquette, & qu'elles servent à épaissir le bas de la Haie, & à soutenir la terre du talut.

2°. On doit hausser le sol toutes les fois, en mettant de la terre sur les marcottes qu'on couvre, à l'exception de leurs extrémités ; ce qui rendra service au *Sorbier*, élevera les banquettes, approfondira les fossés, & rendra les clôtures meilleures.

3°. Il ne faut pas trop raccourcir les marcottes, mais précisément de maniere qu'elles soient encore assez longues pour être courbées vers le bas : on ne doit pas les poser trop droites, comme on le fait quelquefois, mais à-peu-près de niveau, afin que la séve pousse mieux en différens endroits, & ne le jette pas autant vers les extrémités.

Si cette Haie a beaucoup de bois, on peut couper une grande partie de celui qui croît près du fossé, mais alors il faut garnir les bords avec des fagots d'*Epines*, pour empêcher le bétail de la brouter la premiere année ; alors les rejettons pousseront fortement, tiendront les banquettes fermes, & épaissiront le bas de la Haie.

4°. Il faut avoir soin de la tenir assez fournie en la taillant sur le bord du fossé, & quoiqu'elle paroisse belle d'abord, on doit couper tous les rameaux qui s'écartent à six pouces de la Haie sur les deux côtés, ce qui les fera pousser dans ces endroits, & la rendra beaucoup plus épaisse.

5°. Si la banquette est haute, il faut tenir la Haie basse, de maniere qu'elle serve seulement d'enclos la premiere année, car elle ne deviendra que trop élevée dans la suite :

d'ailleurs , plus la H ie eſt baſſe, mieux le *Sorbier* pouſſe, &
plus auſſi elle ſe conſerve épaiſſe dans le bas ; mais on doit
la mettre à l'abri du bétail du
côté de la campagne , pendant les deux premieres années.

6°. Si l'on veut avoir une
bonne Haie ou clôture, il faut
la viſiter une fois dans quatorze ou quinze ans, & déraciner entièrement le *Sureau*,
la *Brionne*, & les autres plantes qui s'y trouvent mêlées :
il ne faut pas non plus y laiſſer des arbres trop élevés, &
l'on doit ôter avec ſoin tout
le bois mort qui étoufferoit le
Sorbier : lorſqu'il y a une ouverture , on fait une Haie ſèche à une certaine diſtance.

On plante ſouvent des Haies
avec des *Pommiers* ; mais, parmi
les différentes eſpeces, on doit
préférer les plantes élevées avec
des pepins de *Pommier nain
ſauvage* , à toutes celles qui
proviennent des pepins de toutes ſortes de *Pommes* ſans diſ-
tinction , parce que le vrai
Pommier ſauvage ne pouſſe jamais auſſi fort que les autres
eſpeces ; qu'il eſt plus armé
d'épines , & par conſéquent
plus propre à écarter le bétail : d'ailleurs ces tiges de
Pommiers ſauvages , ſont toujours d'un crû plus uniforme
que celles des différentes eſpeces qui , étant mêlées , différent les unes des autres dans
leur accroiſſement & dans la
groſſeur de leurs fruits ; de ſorte
que ces Haies ne ſont jamais
auſſi belles, & ne ſeront pas ſi
aiſées à dreſſer que les autres.

Quelques perſonnes mêlent
les *Pommiers ſauvages* avec l'*E-
pine blanche* ; mais cette méthode eſt vicieuſe ; car les
plantes du *Pommier ſauvage*
croiſſent beaucoup plus que
celles de l'*Epine blanche*; la Haie
n'eſt jamais égale, auſſi belle,
ni auſſi forte que ſi elle étoit
faite avec une ſeule eſpece
de plante.

L'*Epine noire* ou *Prunier ſauvage*, que l'on emploie auſſi
pour former des Haies , y eſt
en effet très propre, parce
qu'elle eſt forte, durable, &
armée d'épines qui écartent
le bétail : quand on veut s'en
ſervir il faut l'élever avec les
noyaux du fruit ; car toutes
les tiges que l'on prend ſur
de vieux arbres , ſont ſi ſujettes à pouſſer des rejettons de
leurs racines , qu'elles rempliſſent le terrein voiſin à une
diſtance conſidérable, ce qui
détruit la Haie à la longue,
en lui retranchant toute ſa
nourriture. Les plantes élevées de noyaux ne jettent
point, ou au moins ne donnent que très-peu de rejettons,
& peuvent être entretenues
avec peu de ſoin. La maniere
d'élever ces Haies, eſt de ſemer les noyaux dans le lieu
même, quand on peut le faire
aiſément ; car alors les plantes feront des progrès plus
rapides que ſi elles étoient
tranſplantées ; mais on ne peut
garantir le jeune plant du bétail qu'au moyen d'une Haie
ſèche qu'on entretient pendant
quelques années, comme on
l'a déjà preſcrit ci-deſſus : ces
plantes feront un bien meilleur enclos au bout de ſept

années, que celles qui n'au-roient été mises en place qu'a-près trois ou quatre ans de crû, ainsi que je l'ai éprouvé deux ou trois fois. Les noyaux de ces fruits doivent être se-més dans le mois de Janvier, si le tems le permet ; mais si on les conserve plus long-tems hors de terre, il sera prudent de les garder dans du sable & de les tenir dans un endroit frais. Les fagots d'épi-nes noires sont préférables à tous les autres pour les Haies sèches, parce qu'ils durent plus long-tems, & que la grande quantité d'épines dont ils sont armés, empêchent qu'elles ne puissent être forcées ni fran-chies par le bétail. Ces fagots sont aussi très propres pour remplir des tranchées, former des écoulemens d'eau souter-rains, & pour tenir la terre sèche ; car ils se conservent long tems sains, lorsqu'ils ne sont point exposés à l'air.

On forme aussi quelquefois avec le *Houx*, des enclos forts & de longue durée ; si cette espece de Haie est fort expo-sée, elle sera aisément détrui-te ; mais en la préservant, elle produit le plus bel effet à cause de ses feuilles toujours vertes : elle procure d'ailleurs un bon abri au bétail pendant l'hiver ; & comme ses feuilles sont armées d'épines, il n'y touche jamais : on objecte con-tre cette plante, qu'elle est d'un accroissement lent, & que les Haies qui en sont for-mées exigent d'être entourées beaucoup plus long-tems que les autres ; c'est ce qui fait

qu'on ne l'emploie pas com-munément ; mais dans les lieux décorés qui sont à la vue des habitations, ces sortes de Haies font un très bel effet, sur-tout quand elles sont bien entrete-nues, elles sont belles dans toutes les saisons de l'année, & pendant les vents violens qui regnent au printems, elles procurent un bon abri, si on les tient serrées & épaisses. La meilleure méthode d'élever ces Haies, est de semer les baies du *Houx* dans les places où elles doivent rester ; on garde ces baies sèches dans la terre pendant une année avant de les semer, ce qui les prépare à croître au printems suivant : on les recueille vers Noël, qui est ordinairement le tems de leur maturité ; on les mêle avec du sable, on les place dans des grands pots à fleurs, qu'on enfonce dans la terre, & on les recouvre de dix pouces environ d'épais-seur de terre ; on les laisse ainsi jusqu'au mois d'Octobre sui-vant : alors on laboure la terre qui doit les recevoir, on la nettoie exactement, & on y creuse deux rigoles à un pied d'intervalle l'une de l'autre, & deux pouces de profondeur, dans lesquelles on répand ces semences, de peur qu'il n'en manque quelques-unes ; car il vaut mieux avoir trop de plantes, que de lais-ser des endroits vuides. Ce qui m'engage à conseiller deux rigoles, & afin que la haie soit plus épaisse au bas, ce que l'on obtient rarement avec un seul rang, sur-tout si l'on n'en a pas le plus grand foin dans le commencement : quand ces plantes pouffent, on arrache exactement toutes les mauvaifes herbes, qui, fi on les laiffoit croître, détruiroient bientôt les plantes, ou au moins les affoibliroient à un tel point, qu'elles feroient long-tems à fe rétablir. Ce précepte ne regarde point feulement cette efpece de Haies, il convient également à toutes ; car fi l'on permet aux mauvaifes herbes de croître près des plantes, non-feulement elles les priveront de la plus grande partie de leur nourriture, mais elles empêcheront encore les rejettons de pouffer près de la terre ; ce qui dégarnira les parties baffes de la Haie, & les rendra nues & minces.

Lorfque les haies de *Houx* font deftinées à être ferrées, il faut les tailler chaque année, en Mai & en Août ; mais fi elles ne doivent que former des enclos, on ne les taille qu'une fois par an, vers la fin de Juin, ou au commencement de Juillet : quand cet ouvrage eft bien fait, ces Haies font toujours très-belles.

Les Haies fèches deftinées à préferver les jeunes plantes du bétail, doivent être faites de maniere à leur laiffer autant d'air qu'il eft poffible ; ce qui eft abfolument néceffaire pour l'accroiffement des plantes ; car fi elles font étouffées de chaque côté par des Haies fèches, elles profiteront rarement bien. La meilleure maniere de préferver ces jeunes Haies, eft de placer de diftance en dif-

tance, quelques poteaux dans lefquels on perce plufieurs trous pour y paffer des cordes : cette méthode eft la moins coûteufe de toutes, & ne fait pas un effet défagréable : deux cordes fuffiront pour arrêter non-feulement les moutons, mais encore le plus gros bétail : afin de faire durer ces cordes plufieurs années, on les enduit de poix d'Efpagne de couleur brune, qu'on fait fondre, & dans laquelle on mêle de l'huile. Cette efpece d'enclos n'empêche jamais l'air de pénétrer, & laiffe voir les mauvaifes herbes, qu'on néglige fouvent d'arracher quand elles font cachées par des Haies fèches, ferrées, derriere lefquelles elles croiffent en abondance, fur-tout dans les tems humides.

On mêle quelquefois le *Houx* avec l'*Epine-Blanche* en faifant des Haies ; ce qui produit un bel effet lorfque ces plantes font bien traitées, furtout dans leur jeuneffe ; mais on doit planter le *Houx* affez près pour que la Haie puiffe en être entièrement formée par la fuite ; car lorfqu'il eft parvenu à une certaine hauteur, on arrache tout-à-fait l'Epine Blanche ; parce que ces plantes étant d'inégale grandeur à mefure qu'elles croiffent, la Haie ne feroit pas belle fi ces deux efpeces reftoient entremêlées.

Quand on veut former une haie avec des plants de *Houx*, il faut bien labourer la terre, comme il a été recommandé pour les femences ; & fi le fol n'eft pas trop humide, on les plante en Octobre, mais s'il eft rempli d'eau, on attend jufqu'au mois de Mars : les plants ne doivent pas être pris dans un meilleur fol que celui qui leur eft deftiné; car alors ils auroient peine à reprendre ; s'ils ont été tranfplantés deux ou trois fois avant, ils auront de meilleures racines, & feront moins en danger de manquer; mais on fera mieux de les enlever en mottes. Quand les gelées commencent ; il eft prudent de répandre du terreau fur la terre, près des racines, pour empêcher les jeunes fibres qui peuvent avoir pouffé, d'être détruites par le froid : je ne confeillerai jamais de faire des Haies de *Houx* avec des plantes de cinq ou fix années d'accroiffement ; car quand elles font vieilles, il leur faut plus de tems pour former une bonne Haie, que fi elles étoient plus jeunes ; & lorfqu'elles ont été deux fois tranfplantées avant, on eft plus certain de les voir réuffir.

Je vais traiter à préfent des Haies deftinées à la décoration des jardins : on les plante quelquefois en arbriffeaux toujours verts, fur-tout quand on veut les avoir baffes, mais fi l'on défire qu'elles s'élevent à une hauteur confidérable, il faut employer des arbres qui perdent leurs feuilles : on forme des Haies toujours vertes avec le *Houx*, l'*If*, le *Laurier*, le *Laurier-Thym*, le *Phillyréa*, l'*Alaterne*, le *Chêne vert*, & quelques autres de moindre valeur ; le *Houx* eft préférable à tout autre, par les raifons qui ont été données ci-deffus : on fe fert néanmoins plus généralement de l'*If*, parce qu'il croît fi ferré que lorfqu'il eft bien entretenu, un oifeau ne peut y pénétrer ; mais la couleur trifte de l'*If*, rend ces Haies moins agréables.

Le *Laurier* eft un des plus beaux verts de ces efpeces d'arbres ; mais il pouffe tant de réjettons, qu'il eft difficile de tenir en bon état les Haies qui en font formées ; d'ailleurs, comme fes feuilles font fort larges, on ne peut éviter de les couper en deux en les taillant, ce qui fait un mauvais effet : lors donc qu'on a des Haies de cette efpece, la meilleure maniere eft de les tailler avec la ferpette, & de retrancher les réjettons jufqu'à la feuille. Quoiqu'on ne puiffe bien dreffer une Haie par cette méthode, cependant elle aura meilleure grace que fi les feuilles avoient été coupées au cifeau.

Le *Laurier-Thym* eft auffi une fort belle plante, qui peut être mife en Haie ; mais il eft fujet au même inconvénient que le Laurier ; & comme la plus grande beauté de cet arbriffeau confifte dans fes fleurs, qui paroiffent en hiver & au printems, fi on le tailloit, on couperoit ces fleurs, & on lui ôteroit tout fon agrément. Comme cependant on ne peut éviter de tailler les Haies qui doivent être tenues ferrées, cette efpece n'y eft pas très-propre ; mais lorfqu'il s'agit de cacher des murailles ou autres enclos, il n'y a point de plante qui convienne mieux que celle-ci, pourvu qu'elle soit bien traitée : comme ses branches sont minces & souples, elles peuvent être dressées & palissées contre la muraille ; au moyen de quoi elles la couvriront entièrement, & en les taillant ensuite avec une serperte, au lieu de ciseau, on peut les conduire de façon qu'elles soient garnies de fleurs depuis le bas jusqu'au haut : il faut pour cela faire cette opération dans le mois d'Avril, lorsque les fleurs sont passées ; on retranche alors tous les rejettons qui ont fleuri ou qui s'écartent trop de la Haie, & on les coupe toujours près de la feuille, afin de ne point laisser de chicots ; mais les nouveaux rejettons ne doivent en aucune maniere être raccourcis, parce que les fleurs sont toujours produites à leur extrémité ; de sorte que, si on les tailloit, il n'y auroit point ou que très-peu de fleurs sur ces plantes, excepté vers le sommet où la serpette n'auroit point passé : en les taillant avec la serpette, on conserve aussi les feuilles entieres : la Haie peut être ainsi bien dressée, & tenue assez épaisse pour garnir entièrement la muraille, & les rejettons qui croissent un peu irrégulièrement, la rendront plus belle que les autres Haies taillées au ciseau. *Le Laurier-Thym* à petites feuilles rondes est plus propre à être mis en Haies, parce que ses branches sont plus rapprochées que

celles à feuilles luisantes ; il est aussi plus dur, & fleurit mieux que l'autre, quand il croît à l'air libre.

Après le *Laurier-Thym* vient le vrai *Phillyréa*, qui est de toutes les plantes de ce genre celle qui convient le mieux pour en former des Haies : les Jardiniers lui donnent le nom de *Phillyréa* pour le distinguer de l'*Alaterne*, qu'ils nomment aussi mal-à-propos *Phillyréa*. Ses branches sont fortes, & ses feuilles assez larges & d'un vert foncé ; comme il est d'un crû médiocre, les Haies qui en sont formées peuvent être élevées à la hauteur de dix à douze pieds ; & en les tenant étroites au sommet, de façon que la neige n'y séjourne pas, on les rend très-serrées & épaisses, & leur beau vert fait un effet très-agréable.

On cultivoit autrefois beaucoup plus communément l'*Alaterne* dans les jardins Anglois qu'on ne le fait à présent : on s'en est souvent servi pour former des Haies ; mais ses branches sont trop foibles pour cet usage : les vents forts les dérangent aisément, ce qui les rend désagréables à la vue ; elles poussent aussi fort irrégulierement, & s'écartent beaucoup ; de sorte que le milieu de la Haie est souvent à découvert, & qu'il n'y a que les côtés qui soient garnis & serrés lorsqu'on les taille souvent : d'ailleurs, ces branches sont exposées à être renversées & brisées par le poids de la neige qui s'y accumule en hiver : ainsi cette plante doit être regardée comme peu propre à former des Haies.

L'*Ilex* ou *Chêne-Vert* qu'on emploie aussi au même usage, est une très-bonne plante pour des Haies quand on veut la laisser croître à une certaine hauteur ; elle s'élargit beaucoup, sur-tout l'espece commune d'Angleterre ; car il y en a deux autres qui viennent de la France méridionale & de l'Italie, qui sont d'un crû plus bas ; ces dernieres seroient plus propres pour des Haies moins élevées ; mais elles ne sont point à présent communes ici. Lorsque ces Haies sont plantées fort jeunes & tenues serrées dès le commencement, elles peuvent être élevées en bon état depuis la terre jusqu'à la hauteur de vingt pieds & plus ; mais elles doivent être plus étroites au sommet qu'en bas, afin que la neige ne puisse y séjourner, ce qui dérangeroit & casseroit les branches, & rendroit la Haie désagréable à la vue.

Plusieurs personnes ont aussi planté en Haies le *Pyracantha* ou *Epine toujours verte*, le *Génévrier*, le *Buis*, le *Cèdre de Virginie*, le *Laurier femelle*, &c., ainsi que le *Halimus* ou *Pourpier de mer*, le *Genêt épineux*, le *Romarin* & plusieurs autres plantes, à cause de leurs baies ; mais comme les cinq premieres especes ont des branches fort pliantes, & qu'elles exigent d'être supportées, & que les trois dernieres sont souvent détruites par les fortes gelées, elles ne conviennent point pour des Haies : il n'y a aucune autre plante toujours verte dans les jardins Anglois, qui y soit plus propre que celles dont il vient d'être question. Quant aux arbres qui perdent leurs feuilles en hiver, ceux qui sont ordinairement employés pour des Haies, sont les especes suivantes :

Le *Charme* est fort estimé pour des Haies, sur-tout dans les endroits où on ne les veut pas fort hautes ; il croît lentement dans sa jeunesse, & on peut le tenir net plus aisément que plusieurs autres plantes : comme ses branches croissent naturellement fort serrées & rapprochées, il forme des Haies beaucoup meilleures que toutes les autres especes qui perdent leurs feuilles ; mais ses feuilles mortes qui restent sur les branches pendant tout l'hiver, & qui ne tombent qu'au printems, lorsque les boutons commencent à pousser, font un effet assez désagréable.

Le *Hêtre* est aussi très propre pour des Haies, il a le même avantage que le *Charme* ; mais ses feuilles mortes restent aussi fort long-tems sur les branches : d'ailleurs, la litiere qu'il fait pendant une grande partie de l'hiver, empêche qu'on ne puisse tenir les jardins nets durant toute cette saison.

L'*Orme Anglois à petites feuilles*, est un arbre de haute futaie qui, étant planté jeune & bien taillé dans le commencement, peut former un enclos de trente ou quarante pieds d'élévation, fort serré & épais dans toute sa hauteur ; mais quand on plante ainsi cette espece, il ne faut pas que les arbres soient trop près les uns des autres, comme c'est assez généralement l'usage ; car lorsqu'ils ont bien profité pendant quelques années, leurs tiges sont si rapprochées, qu'à peine y a-t-il quelques branches dans le bas, & la Haie se trouve par-la dégarnie : je pense donc qu'il faut les planter, au plus près, à sept, huit ou dix pieds les uns des autres ; & quoique par cette méthode ils ne forment pas aussitôt une Haie que s'ils étoient plus rapprochés, cependant en peu d'années ils rempliront ce vuide, & croîtront plus serrés & mieux garnis depuis la terre jusqu'au sommet.

L'*Orme de Hollande* étoit autrefois fort estimé pour des Haies, parce qu'il est d'un crû prompt, & qu'il réussit dans les sols où l'*Orme Anglois* ne peut profiter ; mais le très-mauvais coup d'œil que ces clôtures produisent après quelques années, les ont fait rejetter des Jardins.

Le *Tilleul* est aussi recommandé pour des Haies : ceux qui se trouvent dans quelques anciens jardins, avoient assez d'apparence quelques années après avoir été plantés, sur-tout dans un sol humide ; mais bientôt après ils se font dégarnis vers le bas, quoique taillés au sommet, & sont devenus désagréables à la vue : d'ailleurs, comme les feuilles du Tilleul sont rares sur les branches, qu'elles deviennent noires, qu'elles tombent de bonne heure en automne, & souvent

en été, quand le tems est fort sec, on a rejetté cet arbre, & l'on ne s'en sert plus pour des enclos.

On ne doit pas non plus employer les arbres dont la croissance est trop forte : car plus ils sont taillés, plus ils poussent ; de maniere qu'en très-peu de tems ils font un effet fort désagréable : d'ailleurs la dépense que l'on est obligé de faire pour les tailler souvent, devient considérable, & ils font beaucoup de litiere dans les jardins.

L'*Aune* est souvent employé dans les Haies, & quand le sol est humide, il n'y a point d'arbre qui lui soit préférable, parce que ses feuilles sont d'un vert vif, & qu'elles se conservent tard en automne ; quand elles se flétrissent, leur litiere est bientôt passée, parce qu'elles tombent toutes en même tems.

Outre les especes dont il vient d'être question, il y a beaucoup d'arbrisseaux à fleurs qui ont servi à former des Haies, tels sont les *Rosiers*, le *Chevre-feuille*, l'*Eglantier odoriférant* ; mais tous n'ont aucune apparence, parce qu'ils sont difficiles à dresser, & que, quand ils sont taillés, ils ne produisent plus de fleurs ; ajoutez à cela qu'ils ne peuvent faire des Haies d'une certaine hauteur.

Quoique j'aie donné d'amples instructions pour former des Haies de décoration dans les jardins, je suis cependant bien éloigné de les recommander comme un ornement bien entendu ; mais comme beaucoup de perſonnes ne penſent pas ainſi, elles auroient pu ſe plaindre ſi j'avois négligé d'en parler : c'eſt par cette raiſon que j'ai rapporté tout ce que je croyois néceſſaire pour former ces Haies dans le dernier goût & avec le moins de frais poſſibles, & que j'ai indiqué les arbres qui, diſpoſés de cette maniere, pouvoient produire quelque agrément.

Comme la plupart de ceux qui plantent, ſont fort preſſés de voir leur jardin rempli, ils multiplient ſi fort les arbres, qu'au bout de trois ou quatre ans ils ſont forcés d'en arracher les trois quarts pour laiſſer croître les autres : beaucoup de perſonnes recommandent mal-à-propos cette pratique, ſous prétexte, du bénéfice qui peut en réſulter.

Le gout du Jardinage ayant fait des progrès rapides depuis peu d'années, on a preſque entièrement rejetté l'uſage de ces Haies taillées, & il faut eſpérer que dans peu elles ſeront bientôt exclues des jardins Anglois, comme on a déjà fait pour les arbres verts taillés, qui cependant étoient regardés autrefois comme le plus grand ornement d'un jardin : les Hollandois nous avoient apporté ce goût, & les Haies élevées, ainſi que les ouvrages en treillages, nous venoient des François. La dépenſe des treillages de fer pour ſoutenir les arbres qui formoient les cabinets, les pavillons, les berceaux, les portiques & autres pieces d'architecture champêtre, devenoit très-conſidérable, & j'ai ſu que dans un ſeul jardin, il en avoit coûté plus de vingt mille écus, ſeulement pour élever des arbres en forme de pilaſtres, de niches, de corniches, de frontons, &c. Lorſque ces arbres ne peuvent plus conſerver leur premiere forme, on les taille fort près, mais malgré cela elle eſt entièrement altérée lorſque les nouveaux rejettons commencent à pouſſer, & ils ne préſentent plus alors que des maſſes irrégulieres, au-lieu d'une belle piece d'architecture.

Ce genre d'ouvrage n'a jamais fait beaucoup de progrès en Angleterre ; mais la méthode Françoiſe d'entourer toutes les différentes parties d'un jardin, avec des Haies hautes & taillées qui forment de grandes allées, des boſquets en étoiles, & d'autres formes auſſi guindées, a malheureuſement trop pris en Angleterre ; plus ces Charmilles ou Haies taillées étoient hautes, & plus elles étoient admirées, malgré qu'elles ôtaſſent la vue des nobles *Chênes* & autres arbres de haute-futaie, qui plaiſoient infiniment plus aux perſonnes de bon goût, que toutes ces formes ridicules imaginées par l'art : ſi d'ailleurs on conſidère la dépenſe qu'occaſionne l'entretien de ces Charmilles ou Haies, l'ordure qu'elles répandent lors de la taille, & un grand nombre d'autres inconvéniens qu'on peut encore ajouter, on ſe hâtera de les exclure des jardins, & on ne les emploiera jamais que pour

cacher à la vue des objets désagréables.

HAIES-VIVES. Par ce mot
Haies Vives, on entend généralement celles qui sont faites avec quelqu'espece d'arbres
ou de plantes que ce soit, pour
les distinguer des Haies mortes : dans le sens le plus strict
de ce mot, on entend ordinairement *l'Epine blanche*, *Mespilus sylvestris*. C'est le nom
que donnent à cette plante les
Jardiniers qui la cultivent pour
la vendre.

On doit préférer pour ces
Haies les plantes élevées en
pépiniere, à celles qu'on arrache dans les bois, parce que
ces dernieres ont rarement de
bonnes racines; cependant comme elles sont ordinairement plus
grandes que celles des pépinieres, beaucoup de gens les
préferent ; mais une longue
expérience m'a démontré que
les Haies faites des plantes
tirées des pépinieres étoient
toujours les meilleures ; & si
l'on vouloit avoir la patience
de les attendre de semences,
& de répandre les baies des
Epines dans les endroits mêmes
où la Haie doit être placée,
les plantes qui en provien-
droient, feroient une Haie plus
forte & plus durable que celles
qui auroient été transplantées.
Je prévois que plusieurs personnes condamneront cette pratique comme trop lente; mais
si l'on enterre le fruit de cette
Epine pendant un an pour la
préparer à germer avant de le
semer, on ne sera pas obligé
d'attendre si long-tems qu'on
le croit pour avoir une bon-

ne Haie : d'après plusieurs essais de ce genre que j'ai faits
moi même, je suis convaincu
que les plantes semées en place, ont fait tant de progrès, que
dans l'espace de six ans, elles
sont devenues aussi fortes que
celles qui avoient été plantées
à l'âge de deux ans.

Si on se détermine à sui-
vre cette méthode, on fera
bien de mêler des baies de
Houx avec celles de l'*Epine*;
on les tiendra en terre les unes
& les autres pendant un an,
afin de les preparer, & elles
pousseront ensemble au printems suivant : ce mélange du
Houx avec l'*Epine* produit un
bon effet pendant l'hiver, &
rend les Haies impénétrables
vers le bas.

Quand on veut planter les
Haies au-lieu de les semer,
les plants ne doivent pas avoir
plus de trois ans : s'ils sont
plus vieux, leurs racines sont
dures & ligneuses ; & comme
on les taille ordinairement fort
près, ils manquent assez souvent,& ceux qui reprennent, ne
font que de très-foibles progrès,
& ne durent pas aussi long-
tems que les jeunes plantes.
Cette espece d'arbrisseau ne
souffre pas la transplantation
aussi bien que les autres, sur-
tout si elle a resté long-tems
dans la pépiniere. La méthode
de planter, de plier & de tailler
ces Haies, ayant déja été donnée dans l'article précédent,
j'ajouterai seulement ici celle
que THOMAS FRANKLIN,
Écuyer a indiquée, après l'a-
voir pratiquée lui-même fort
long-tems.

Il marquoit dix pieds de largeur pour le foſſé & la Haie : il diviſoit cet eſpace en prenant deux pieds & demi à chaque côté, plus ou moins, pour les foſſés, entre leſquels ſe trouvoit un intervalle de cinq pieds, qu'il diviſoit encore en trois largeurs, une de deux pieds dans le milieu, & deux d'un pied chacune ſur les côtés : c'eſt ſur cette partie de deux pieds de diametre qu'il plantoit ſa Haie, après en avoir bien labouré la terre. Quoique cette méthode exigeât plus de travail & de dépenſe que les autres, elle dédommageoit bientôt des avances : il commençoit enſuite les foſſés dans le lieu déſigné, & les bordoit en-dedans d'un rang de gazon, l'herbe en dehors & un peu inclinée, afin qu'elle pût pouſſer.

Après ce travail, il retournoit à l'endroit où il avoit commencé, & ordonnoit à ſes Ouvriers de prendre ſur un fer de bêche, de la terre au-deſſous du gazon qui venoit d'être placé, & de la mettre entre les deux rangs de gazon ſur l'eſpace labouré de deux pieds de largeur : un homme plantoit en même tems les tiges d'*Epines* à un pied de diſtance ſur la ſurface, & preſque droites, tandis qu'un autre Ouvrier jettoit la terre par deſſus : on continuoit ainſi juſqu'à ce que l'ouvrage fût terminé.

Cette opération faite, il faiſoit placer par ſes Ouvriers un rang de chaque côté au-deſſus du précédent, & remplir le vuide entre les plantes & le gazon juſqu'à leur extrémités ; il laiſſoit le milieu où étoient les plantes un peu creux, & plus bas que les deux côtés de huit ou dix pouces, afin que la pluie pût deſcendre juſqu'aux racines pour hâter leur accroiſſement : ce qui eſt bien préférable à l'ancienne méthode, ſuivant laquelle on donnoit trop de talut aux foſſés, & où rarement les racines des plantes étoient humectées, même dans les tems les plus humides : lorſque la ſaiſon étoit ſèche, les plantes, ſur-tout celles qui avoient été plantées tard, périſſoient, & très-peu de celles qui avoient été miſes en terre au commencement d'Avril échappoient, lorſque l'été ſe trouvoit ſec.

Après la plantation, on doit d'abord établir une Haie ſèche de vingt pouces à peu-près de hauteur, & la placer de chaque côté ſur le bord des terres, en la penchant un peu en-dehors, ce qui protégera auſſi bien, & même mieux, la Haie-Vive, que ſi on l'élevoit de trois pieds au-deſſus de la ſurface de la terre ; car ces Haies étant élevées par la terre & le gazon, à-peu-près à vingt pouces, cette hauteur, jointe aux vingt pouces de la Haie, feront trois pieds quatre pouces ; cette élévation ſuffit pour empêcher les beſtiaux d'approcher de la Haie ſèche pour l'endommager, à moins qu'ils ne mettent le pied dans le foſſé même, qui aura au moins un pied & demi de profondeur ; mais du fond du foſſé juſqu'au haut de la Haie.

il y a à-peu-près quatre pieds & demi, & il sera impossible à ces animaux de passer la tête au-dessus de cette hauteur pour brouter les plantes, comme ils le feroient si la Haie étoit faite suivant l'ancienne méthode : d'ailleurs cette Haie sèche étant construite ainsi, durera une année de plus.

Le même M. FRANKLIN dit qu'il a eu une Haie qui a duré cinq ans. Quoique neuf ou dix pieds aient suffi pour les fossés & la levée, cependant, lorsque la terre n'est pas bien bonne, il conseille de prendre douze pieds, ce qui donne plus de place pour la Haie sèche, & une plus grande distance pour les plantes ; les fossés n'étant pas profonds, l'herbe y croîtra en peu d'années.

On objecte que douze pieds font trop de terrein perdu ; mais l'auteur répond, qu'en prenant douze pieds de largeur pour les fossés & les levées, il n'y aura pas plus de terrein perdu que suivant la méthode ordinaire, par laquelle on plante rarement une Haie-Vive, sans laisser neuf pieds d'intervalle entre les deux Haies sèches, ce qui est entiérement perdu, tandis que la clôture subsiste ; au-lieu qu'avec les fossés, il reste au moins dix-huit pouces à chaque côté où les gazons sont placés, & ces gazons produisent plus d'herbe que s'ils étoient à plat.

En admettant qu'il y a trois pieds de terre entièrement inutiles, cette perte est peu de chose ; puisque quarante per-

ches, qui équivalent à deux cent vingt verges de longueur feront sept perches ou sept perches & demie, lesquelles, à treize schelings quatre sous de loyer, feront sept sous & demi de perte par an. Si l'on compare la dépense des deux méthodes, on verra que la meilleure est la moins dispendieuse.

Suivant la méthode ordinaire, le prix d'un fossé de trois pieds, est de quatre sous par perche & le propriétaire est obligé de fournir les plantes : si l'Ouvrier les fournit, il aura pour faire les fossés & planter la Haie-Vive huit sous par perche, & pour la Haie sèche deux sous, c'est à dire quatre sous pour les deux côtés, ce qui, en total, pour construire les Haies sèches, planter la Haie-vive, & creuser les fossés, fait douze sous par perche ; ainsi 40 perches coûteront 40 schelings.

Une voiture de bois, quoique prise à une lieue de distance, coûtera dix schelings ; avec cette quantité on pourra faire huit perches de Haie sèche ; mais supposons dix perches : ainsi pour une Haie de 40 perches de deux côtés, il faut au moins huit voitures de bois, qui coûteront 4 liv. sterling, laquelle somme jointe à la dépense nécessaire pour creuser les fossés & planter les Haies-Vives, fera, au meilleur marché, 6 liv. sterling pour 40 perches ; car personne n'entreprendra de le faire à moins de trois schelings 6 sous par perche, & alors même la dépense sera de 7 l. sterl. pour 40.

Par la nouvelle méthode on fera creuser le double fossé, & on paiera les plants pour huit fous par perche, & les Ouvriers gagneront autant qu'avec un fimple fossé ; car quoique le travail foit plus confidérable, cependant ils s'épargnent la peine de faire une tablette qui coûte une livre fterling fix fchelings huit fols ; &, les Haies étant baffes, ils feront mieux payés à 2 fous par perche, qu'à deux fous pour les Haies ordinaires ; or, deux fous par perche, font fix fchelings huit fous pour deux Haies de 40 perches : il en coûtera auffi deux tiers moins de bois que par la méthode ordinaire, ce qui fera une livre fterling fix fchelings huit fous ; ainfi toute la dépenfe, tant pour la main d'œuvre que pour l'achat du bois & des plantes, ne paffera pas 3 livres fterlings, pour 40 perches de Haies-Vives, les Haies, les foffés & le bois.

HAIE FLEURIE. *Voyez* POINCIANA.

HAIE FLEURIE BATARDE. *Voyez* ADENANTHERA.

HALÉSIA. *Lin. Gen. Plant.* 596.

Ce genre de plantes prend fon nom du favant Docteur HALES ; Miniftre de Teddington près de Hampton Court, & membre de la Société Royale, fi juftement célèbre par fes ouvrages fur la *Statique des Végétaux*, &c.

Caractères. Le calice eft petit, perfiftant & formé par une feuille découpée en quatre parties ; la corolle eft en for-

me de cloche, gonflée, monopétale, & divifée fur fes bords en quatre lobes : la fleur contient depuis douze jufqu'à feize étamines plus courtes que la corolle, & terminées par des fommets oblongs & érigés ; le germe eft placé au deffous, il eft oblong, & foutient un ftyle mince plus long que la corolle, & couronné par un ftigmat fimple : ce germe devient enfuite une noix oblongue, étroite aux deux extrémités, à quatre angles, & à deux cellules, qui renferment chacune une femence fimple.

Ce genre de plantes eft rangé dans la première fection de la douzieme claffe de LINNÉE, intitulée, *Dodécandria Monogynia*, qui renferme celles dont les fleurs ont douze étamines & un ftyle.

Les efpeces font :

1°. *Halefia tetraptera, foliis lanceolato-ovatis, petiolis glandulofis.* Lin. Sp. 636. Haléfie avec des feuilles ovales, en forme de lance, dont les pétioles font garnies de glandes.

Halefia fructibus membranaceo-quadrangulatis. Ellis. Act. Angl. v. 51. p. 931. t. 22. f. A.

Frutex Padi foliis ferratis, floribus monopetalis albis, campani-formibus, fructu craffo, tetragono. Catesb. Hift. Carol. 1. p. 64. t. 64.

2°. *Halefia diptera, foliis ovatis, petiolis lævibus.* Lin. Sp. 636. Haléfie avec des feuilles ovales & des pétioles liffes.

Halefia fructibus alatis. Ellis. Act. Angl. v. 51. t. 931. f. B.

Tetraptera. Ces deux efpeces croiffent naturellement dans la Caroline Septentrionale ; la premiere fur les bancs de la riviere Santée, où elle s'éleve, fouvent avec deux ou trois tiges qui fortent de la même racine, jufqu'à quinze à vingt pieds de hauteur, & fe divife vers fon fommet en plufieurs branches garnies de feuilles ovales, en forme de lance, & fciées fur leurs bords; fes fleurs font produites en grappes fur les côtés des branches, au nombre de deux ou trois, à fix ou fept dans chacune, elles font en forme de cloches, inclinées vers le bas, & ont une corolle blanche découpée au bord en quatre parties : ces fleurs font remplacées par des noix oblongues, garnies de quatre aîles, & à quatre cellules ; qui renferment chacune une femence oblongue.

Diptera. La feconde reffemble beaucoup à la premiere; fes feuilles font ovales, fes pétioles liffes, & fon fruit n'a que deux angles.

On multiplie ces plantes par femences quand on peut s'en procurer de fraîches de leur pays natal ; on les met dans des pots auffi-tôt qu'on les reçoit, & on les plonge dans la terre à une expofition où elles puiffent jouïr du foleil du matin. Comme ces femences reftent fouvent ainfi une année entiere, il ne faut pas déranger les pots jufqu'à ce qu'il n'y ait plus d'efpérance de les voir pouffer : quand les plantes paroiffent, on les met à l'abri

du foleil, & on les arrôfe fouvent, mais légèrement ; car tandis qu'elles font jeunes, leurs tiges font fujettes à fe pourrir par l'humidité ; l'automne fuivant on place les pots fous un châffis ordinaire, où le plantes puiffent jouïr de l'air dans les tems doux, & être à l'abri des gelées : au printems, avant que les plantes commencent à pouffer, il faut les mettre chacune féparément dans de petits pots, les plonger dans une couche vitrée, où elles puiffent être à l'abri du foleil, les tenir à l'ombre pendant l'été, & les mettre à couvert des gelées en hiver : au printems fuivant on peut les tirer des pots & les planter à demeure en pleine terre.

HALICACABUM. *Voyez* PHYSALIS ANGULATA. L.

HALICACABUM PEREGRINA. *Voyez* CARDIOSPERMUM HALICACABUM. L.

HALIMUS. *Voyez* ATRIPLEX HALIMUS. L.

HALLERIA. *Lin. Gen. Plant.* 679. *Capri-folium. Boërh. Ind. Alt.* 2. p. 226. [*African-Fly Honeyfuckle.*] Chevre-feuille à mouche d'Afrique.

Caracteres. Le calice eft perfiftant & d'une feuille découpée au fommet en trois parties, dont le fegment fupérieur eft beaucoup plus large que les autres. La corolle eft monopétale & labiée : le fond du tube eft rond ; fes lèvres font enflées & courbées, & fon bord eft érigé, oblique, & découpé en quatre fegmens, dont le fupérieur eft plus long que les autres, émouffé &
divifé

âvisé par une dentelure au sommet ; les deux lateraux sont plus courts & pointus, & celui du bas est fort court & aigu : sa fleur a quatre étamines velues, dont deux sont plus longues que les autres, & qui sont toutes terminées par des sommets jumeaux. Dans le fond du tube est situé un germe ovale, avec un style plus long que les étamines, & couronné par un stigmat simple ; ce germe devient ensuite une baie ronde & à deux cellules, dont chacune renferme une semence dure.

Ce genre de plantes, qui porte le nom du célébre HALLER, autrefois Professeur de Botanique à Gottingue, est rangé dans la seconde section de la quatorzieme classe de LINNÉE, intitulée, *Didynamia Angiospermia*, qui renferme celles dont les fleurs sont labiées, à deux étamines longues & deux plus courtes, & dont les semences sont renfermées dans une capsule.

Nous n'avons qu'une espece de ce genre.

Halleria lucida. Hort. Cliff. 323 ; Halléria à feuilles luisantes.

Capri-folium Africanum, folio Pruni leviter serrato, flore ruberrimo, baccâ nigrâ. Boër. Ind. Alt. 2, 226; Chevre-feuille à mouche d'Afrique, avec une feuille de Prunier légerement sciée, & une fleur fort rouge qui produit une baie noire.

Halleria foliis ovatis, longitudinaliter serratis. Roy. Lugd.-B. 289.

Lonicera foliis lucidis, acumi-

natis, dentatis, fructu rotundo: *Burm. Afr. 244. t. 89. f. 3.*

Solanum flore Periclymeni. Amm. Herb. 591.

B. *Halleria foliis lanceolatoovatis, supernè serratis. Roy. Lugd.-B. 289* ; variété à feuilles en forme de lance & ovales, & sciées à l'extrémité.

Lonicera folio acuto, serrato, flore pendulo, fructu oblongo. Burm. Afr. 243. t. 89. f. 1.

Le nom que je donne ici à cette plante, est celui sous lequel quelques Jardiniers la connoissent, parce qu'ils ont remarqué que la forme de sa fleur a quelque ressemblance avec celle du *Chevre-feuille à mouche* ou *érigé* : cette Nomenclature peut aussi provenir du nom Latin qui lui a été donné par le Docteur BOERHAAVE, qui en a fait une espece de *Chevre-feuille.*

Cette plante s'éleve à la hauteur de six ou huit pieds, avec une tige ligneuse bien chargée de branches garnies de feuilles ovales sciées & opposées, qui conservent leur verdure pendant toute l'année : ses fleurs sortent simples, & sont de couleur rouge ; mais comme elles sont éparses çà & là, & que les feuilles se cachent, on ne peut les appercevoir qu'en les cherchant sur les branches ; elles paroissent en Juin, & leurs semences mûrissent en Septembre : comme les feuilles de cette plante restent vertes en hiver, elles font une belle variété dans la serre pendant cette saison.

On peut la multiplier par boutures, qui prennent bien.

tôt racine, si on les plante en Juin dans des pots remplis de terre légere, & si on les plonge dans une couche de chaleur douce : ces plantes peuvent rester en plein air pendant l'été, en leur donnant beaucoup d'eau durant cette saison ; mais en hiver il faut les mettre à couvert avec les *Myrtes* & les autres plantes exotiques dures, qui exigent beaucoup d'air dans les tems doux.

HAMAMELIS. *Lin. Gen. Plant.* 155. *Trilopus. Mitch. Gen.* 22 ; [*The Witch Hazel.*] Noisetier magique, ou la Mort-aux-Rats.

Caractères. Dans ce genre il y a des fleurs mâles & des fleurs femelles sur différentes plantes ; les mâles ont un calice à quatre feuilles & une corolle à quatre pétales étroits & réfléchis ; elles ont quatre étamines en forme d'alène plus courtes que les pétales & terminées par des sommets cornés & réfléchis : les fleurs femelles ont une enveloppe à quatre feuilles, dans laquelle sont quatre fleurs, un calice coloré & à quatre feuilles, quatre pétales étroits & réfléchis, & quatre nectaires fixés aux pétales : dans le centre est placé un germe ovale & velu, qui soutient deux styles, couronnés par des stigmats à tête : ce germe devient ensuite une capsule ovale placée dans l'enveloppe, & à deux cellules, qui renferment chacune une semence dure, oblongue & unie.

Ce genre de plantes se trouve dans la seconde section de la quatrieme classe de LINNÉE ; mais il seroit plus à propos de le ranger dans la seconde section de sa vingt-deuxieme classe, qui renferme celles dont les fleurs mâles & femelles sont sur différentes plantes, & dont les femelles ont deux styles

Nous n'avons encore qu'une espece de ce genre dans les jardins Anglois.

Hamamelis Virginiana. Flor. Virg. 139. *Cold. Noveb.* 18. *Catesb. Car.* 3. *p.* 2. *t.* 2. *Duham. arb.* 1. *p.* 287. *t.* 114 ; Noisetier magique.

Trilobus. Mitch. Gen. 22.

Pistacia Virginiana nigra, Coryli foliis. Pluk. Alm. 298 ; Pistachier noir de Virginie à feuilles de Noisetier, Noisetier magique, ou la Mort-aux-Rats.

Cette plante croît naturellement dans l'Amérique septentrionale, d'où ses semences ont été apportées en Europe, & ont produit plusieurs plantes dans les jardins Anglois. Les Jardiniers de pépinières l'ont multipliée pour en faire commerce : elle a une tige ligneuse de deux ou trois pieds de hauteur, qui pousse plusieurs branches minces, garnies de feuilles ovales & dentelées sur leurs bords, qui ressemblent beaucoup à celles du *Noisetier*, & sont alternes sur les branches : ces feuilles tombent en automne ; & quand les plantes sont dépouillées, les fleurs sortent en paquets aux nœuds des branches : elles paroissent quelquefois à la fin d'Octobre,

& souvent en Décembre ; mais elles ne produifent point de femences dans ce pays.

Comme les fleurs de cet arbriffeau ont peu d'apparence, on ne le cultive que dans les jardins des curieux, plus pour la variété que pour la beauté.

On le multiplie, en marcottant en automne fes jeunes branches, qui produiront des racines au bout d'une année, pourvu qu'elles foient bien arrofées dans les tems fecs ; mais plufieurs des plantes qui fe trouvent dans les jardins, proviennent des femences envoyées de l'Amérique : comme ces graines reftent toujours une année avant de germer, il faut les mettre dans des pots qu'on peut plonger dans la terre & à l'ombre, où on les laiffe pendant tout l'été ; elles n'exigent aucun autre foin que d'être débarraffées des mauvaifes herbes, & arrofées de tems en tems pendant les fechereff s : on place les pots en automne à une expofition favorable, & on les plonge dans la terre fous une haie chaude : fi l'hiver eft très-dur, on les couvre légèrement, pour empêcher les gelées de les détruire.

Les plantes pouffent au printems : à mefure que la faifon devient chaude, on remet les pots dans une fituation où ils puiffent jouir du foleil jufqu'à onze heures, & on les arrofe convenablement dans les tems fecs : ces plantes auront fait d'affez grands progrès pour l'automne ; alors il faudra les tranfplanter ou dans de petits pots, ou dans une planche en pépiniere, où elles deviendront affez fortes en deux ans, pour pouvoir être prifes à demeure en pleine terre : elles fe plaifent dans un fol humide & à l'ombre.

HAMELIA. *Lin. Gen.* 232.

Caractères. Dans ce genre le calice eft petit, perfiftant & découpé en cinq fegmens aigus ; la corolle eft monopétale, & pourvue d'un long tube, dont le bord eft découpé en cinq pointes aiguës ; la fleur a cinq étamines en forme d'alène, inférées au milieu de la corolle, & terminées par des fommets linéaires de la longueur du pétale, & un germe ovale dont la pointe du bas eft conique : ce germe foutient un ftyle mince auffi long que la corolle, & couronné par un ftigmat obtus & linéaire ; il devient dans la fuite une baie ovale, fillonnée & à cinq cellules remplies de petites femences comprimées.

Ce genre de plante eft rangé dans le premier ordre de la cinquieme claffe de LINNÉE, intitulée, *Pentandria Monogynia*, qui contient celles dont les fleurs ont cinq étamines & un ftyle : fon nom lui a été donné en l'honneur de M. DUHAMEL DES MONCEAUX, Membre de l'Académie des Sciences à Paris, & Affocié de la Société Royale de Londres, Gentilhomme bien connu des Savans par plufieurs Ouvrages utiles qu'il a publiés :

Nous n'avons qu'une efpece de ce genre.

Hamelia patens racemis pa

zentibus. Jacq. Amer. 72. t. 50. Hamelia avec des épis de fleurs étendus. *La mort aux rats.*

Periclymenum arborescens, ramulis inflexis, flore luteo. Plum. Ic. 218.

Cette plante croît naturellement en Afrique, ainsi que dans les pays chauds de l'Amérique : ses semences, qui m'ont été envoyées de Paris, avoient été apportées du Sénégal par M. ADANSON, sous le titre de *Mortura* ; mais avant cela j'avois reçu un dessein de la plante en fleurs, de feu Docteur HOUSTOUN, qui l'avoit découverte en Amérique, où M. JACQUIN l'a trouvée depuis & l'a pareillement dessinée.

Elle s'élève à la hauteur de cinq ou six pieds, avec une tige ligneuse, qui produit plusieurs branches érigées vers le sommet, & garnies de feuilles ovales laineuses, placées par trois autour des branches, & portées sur des pétioles rouges : ses fleurs naissent aux extrémités des branches en épis minces ; elles sont tubulées, érigées, d'un rouge brillant, & découpées sur leurs bords en cinq segmens aigus ; mais elles ne donnent point de graines en Angleterre.

On multiplie cette plante par semences, quand on peut s'en procurer de fraîches de de son pays natal ; on les répand dans de petits pots, qu'on plonge dans une couche de chaleur modérée : les plantes paroissent toujours cinq ou six semaines après ; alors on les traite de la même maniere que les autres qui viennent des

mêmes contrées, en leur donnant de l'air frais dans les tems chauds, & en les arrosant légèrement : lorsqu'elles sont en état d'être transplantées, on les met chacune séparément dans un petit pot, qu'on replonge dans la couche chaude, où l'on doit les tenir à l'ombre jusqu'à ce qu'elles aient formé de nouvelles racines ; après quoi on leur donne de l'air & des arrosemens, qu'on proportionne toujours à la chaleur de la saison : en automne, on place ces plantes dans la couche de tan de la serre chaude, & on les y laisse constamment : elles fleurissent en Juillet & en Août, & font alors un fort bel effet.

Comme on apporte rarement en Angleterre les semences de cette plante, on peut la multiplier par boutures, qui prendront racine en six semaines, si elles sont plantées dans de petits pots, plongées dans une couche de chaleur modérée, & bien couvertes avec une cloche : on peut les traiter ensuite de la même maniere que les plantes de semences.

HANEBASSE, JUSQUIAME *ou* POTELÉE. *V.* HYOSCYAMUS NIGER.

HARICOTS. *Voyez* PHASEOLUS VULGARIS. *Dolichos.*

HARMALA. *Voyez* PEGANUM.

HASSELQUISTIA. *Lin. Gen.* 341.

Ce nom a été donné en l'honneur de M. HASSELQUIST, Éleve du célebre LINNÉE.

Caracteres. Cette plante est à ombelles ; l'ombelle principale est composée de six rayons étendus ; elles sont pour la plupart doubles, la plus grande enveloppe a plusieurs feuilles courtes & garnies de poils hérissés ; le calice est fort petit & a cinq échancrures ; l'ombelle générale est à moitié radiée : les fleurs extérieures sont fructueuses, mais celles du disque sont stériles ; elles ont cinq pétales, & cinq étamines minces plus longues que les pétales, & terminées par des sommets ronds ; le germe est turbiné & placé sous la fleur ; il soutient deux styles minces recourbés, & couronnés par des stigmats obtus : ce germe devient ensuite un fruit orbiculaire, composé de deux semences garnies de bordures.

Ce genre de plantes est rangé dans le second ordre de la cinquieme classe de LINNÉE, intitulé, *Pentandria Digynia*, qui comprend celles dont les fleurs ont cinq étamines & deux styles.

Hasselquistia Ægyptiaca. Amœn. Acad. 4. p. 270. *Jacq. Hort.* 87. *Gouan. Illustr. p.* 11.

Pastinaca Orientalis, foliis eleganter incisis. Buxt. Cent. 3. p. 16. Panais du Levant à feuilles élégamment découpées.

Cette plante est bisannuelle, & originaire des pays chauds ; on la conserve difficilement en Angleterre ; car lorsqu'elle pousse de bonne-heure au printems, elle ne perfectionne pas ses semences dans la même année ; & quand elle paroît en automne, elle est exposée à périr pendant l'hiver : ainsi la meilleure mé-

thode pour se procurer de bonnes graines dans ce pays, est de les semer dans des pots vers le milieu d'Août, & de les placer de façon qu'elles puissent jouir seulement du soleil du matin ; on les arrose convenablement, & à mesure que les plantes poussent, on les enleve, & on les éclaircit où elles sont trop serrées ; on place en Octobre les pots qui les contiennent sous un châssis ordinaire, où elles puissent jouir de l'air dans les tems chauds, & être à l'abri des gelées : au printems suivant, si les plantes sont tirées des pots avec soin & mises en pleine terre, elles fleuriront en Juin, & leurs semences mûriront en Août.

HEDERA. *Lin. Gen. Plant.* 249. *Tourn. Inst. R. H.* 612. *Tab.* 384. [*The Ivy-tree.*] Lierre.

Caracteres. La fleur, qui est disposée en forme d'ombelle, a une enveloppe découpée en plusieurs parties ; le calice est divisé en cinq tegmens, & placé sur le germe : la corolle est composée de cinq pétales oblongs, entièrement ouverts, & dont les pointes sont courbées : la fleur a cinq étamines en forme d'alêne, terminées par des sommets inclinés, & divisées en deux parties à leur base : le germe, qui est situé au-dessus, soutient un style court, & couronné par un simple stigmat : ce germe devient ensuite une baie globulaire, & a une cellule qui renferme quatre à cinq grosses semences, convexes d'un côté, & angulaires sur l'autre.

Ce genre de plante est rangé dans la premiere section de la cinquieme classe de LINNÉE, qui renferme celles dont les fleurs ont cinq étamines & un seul style.

Les especes sont :

1°. *Hedera helix, foliis ovatis lobatisque. Flor. Lapp.* 91. *Fl. Suec.* 190, 209. *Hort. Cliff.* 74. *Mat. Med.* 70. *Roy. Lugd.-B.* 223 ; Lierre dont les feuilles ont des lobes de forme ovale.

Hedera arborea. C. B. p. 305. Lierre en arbre.

Hedera communis major. J. B. 2, 111. Grand Lierre commun & grimpant.

B. Hedera poetica. Bauh. Pin. 305.

Y. Hedera major sterilis. Bauh. Pin. 305.

D. Hedera humi repens. Bauh. Pin. 305.

Variétés occasionnées faute de soutien.

2°. *Hedera quinque-folia, foliis quinatis ovatis, serratis. Hort. Cliff.* 74. *Roy. Lugd.-B.* 223. *Gron. Virg.* 24. Lierre avec des feuilles à cinq lobes & sciées.

Hedera quinque-folia Canadensis. Corn. Canad. 99. *t.* 100.

Helix. Mitch. Gen. 30.

Vitis Hederacea Indica. Stapel. Theatr. 364.

Vitis quinque-folia Canadensis scandens. Tourn. Inst. 613. Vigne de Canada grimpante à cinq feuilles, ordinairement appelée *Grimpeur de Virginie.*

Helix. La premiere espece croît naturellement dans la plus grande partie de l'Angleterre, où elle s'accroche aux soutiens voisins, & s'élève ainsi à une hauteur considérable, en poussant de chaque côté de ses tiges, des racines qui pénètrent dans les jointures ou fentes des murailles, ou dans l'écorce des arbres, pour se soutenir ; si elles ne rencontrent dans le voisinage aucun corps contre lequel elles puissent s'appuyer, elles rampent alors sur la terre, & produisent dans toute leur longueur des racines qu'il est fort difficile de détruire ; car si on en laisse une petite partie, elle repousse bientôt & fournit une nouvelle plante, qui s'étend comme la premiere. Les tiges de cette espece sont minces & flexibles ; mais quand elles sont parvenues au sommet de leur soutien, elles se raccourcissent, deviennent ligneuses & se forment en buisson : alors leurs feuilles sont plus larges, plus ovales, & ne sont plus divisées en lobes, comme les feuilles du bas ; ce qui donne à la plante une apparence différente, & la fait prendre par quelques personnes pour une espece distincte.

Comme à la fin du dernier siecle, la mode étoit de remplir les jardins de toutes especes d'arbres verts taillés, on voit plusieurs de ces plantes élevées en tête ronde ou en cône ; & comme elles étoient assez dures pour n'être point endommagées par le tems, & qu'elles profitoient dans tous les sols, on en faisoit beaucoup de cas : mais depuis qu'on a négligé ce goût forcé & contre nature, on les admet rarement dans les jardins, à moins que ce ne soit pour couvrir des murailles, ou ramper sur des grottes, &c.; car il n'y a aucune plante qui soit plus propre à cet usage.

Il y a deux variétés de cette espece, l'une à raies argentées, & l'autre avec des feuilles jaunâtres sur le sommet des branches; on les conserve dans quelques jardins pour la variété

On multiplie aisément ces plantes par leurs branches traînantes, qui poussent des racines dans toute leur longueur; on les coupe & on les plante à demeure, contre des tiges d'arbres, des murailles, ou des palissades qu'on veut couvrir : elles réussissent dans toutes les situations.

On les multiplie aussi par leurs graines, qu'on seme bientôt après qu'elles sont mûres, au commencement d'Avril; en les tenant humides & à l'ombre, elles pousseront dès le même printems : mais si l'on néglige ces précautions, elles resteront une année de plus dans la terre : peu de personnes se donnent la peine de les multiplier de cette maniere, la premiere étant beaucoup plus prompte.

Lorsque les tiges de cette plante traînent sur la terre, & tant qu'elles rampent sur leurs soutiens, elles ne produisent point de fleurs, ce qui lui a fait donner le nom de *Lierre stérile*; mais lorsque ses branches surmontent leurs soutiens, elles poussent des fleurs à toutes les extrémités des rejet-

tons : ces fleurs paroissent en Septembre, & sont remplacées par des baies qui deviennent noires avant leur maturité, & sont rassemblées en paquets ronds, qu'on appelle *Corymbes*; car c'est de-là que les Botanistes ont adopté ce terme pour l'appliquer à d'autres plantes.

On emploie les feuilles de cette plante pour couvrir les cautères, afin de les tenir frais, & empêcher l'inflammation ; on s'en sert aussi pour guérir la galle, la teigne & le mal blanc. M. BOYLE, dans son livre intitulé, *Utilité de la Physique expérimentale*, recommande une grande dose de ses baies bien mûres, comme un remede contre la peste : mais SCHROEDER dit, qu'elles purgent par haut & par bas. La gomme de *Lierre* est un caustique, dont plusieurs personnes font cas pour enlever les taches de rousseur sur le visage (1).

───────────

(1) On emploie en médecine les feuilles, les baies & la gomme du *Lierre*. On applique les feuilles sur les cautères, pour les tenir frais & prévenir l'inflammation ; on les fait aussi bouillir dans du vin, dont on se sert pour nettoyer les anciens ulcères, pour détruire la vermine qui s'engendre sur la tête des enfans.

Les baies du *Lierre* sont très-purgatives, & même émétiques ; mais comme leur usage n'est point sans danger, on ne s'en sert que rarement, cependant les habitans de la campagne les emploient dans quelques cantons, à la dose d'un ou deux gros pour se guérir des fievres intermittentes.

On fait auſſi mention d'une autre eſpece de *Lierre*, ſous le nom de *Hedera Poetica*, qui lui a été donné par GASPARD BAUHIN : elle croît dans pluſieurs des Iſles de l'Archipel, & produit des baies jaunes; mais comme je ne l'ai point vue, je ne puis déterminer ſi elle eſt une eſpece diſtincte. LINNÉE la regarde comme une variété, quoiqu'il n'ait point vû la plante; mais TOURNE-FORT, qui l'a recueillie dans le Levant, en fait une eſpece diſtincte.

Quinque-folia. La ſeconde eſpece qui ſe trouve dans les parties Septentrionales de l'Amérique, a originairement été apportée du Canada en Europe; elle a été long-tems cultivée dans les jardins Anglois, principalement pour en garnir

des murailles, ou couvrir des bâtimens élevés; juſqu'en haut deſquels elle parvient en peu de tems, car elle s'éleve à près de vingt pieds dans une année, & rampe bientôt juſqu'au ſommet des bâtimens les plus élevés; mais comme ſes feuilles tombent en automne, & que les nouvelles repouſſent fort tard au printems, on en fait fort peu de cas aujourd'hui, & on ne s'en ſert que pour garnir des places où aucunes autres plantes ne pourroient profiter; car celle-ci croîtroit dans le centre des villes, ſans être jamais endommagée par la fumée ou par le manque d'air; ce qui la fait employer dans ces ſortes de ſituations. Cette plante pouſſe des racines qui s'inſinuent dans les moindres fentes des murs, par leſquelles elles ſe ſoutient.

On peut la multiplier par boutures, qui prendront aiſément racine en les plantant en automne, ſur une plate-bande à l'ombre; dès l'automne ſuivant elles ſeront en état d'être tranſplantées dans les places qu'on leur deſtine.

HEDERA TERRESTRIS. *Voyez* GLECHOMA.

HEDYSARUM. *Linn. Gen. Plant.* 793. *Tourn. Inſt. R. H.* 401. *Tab.* 225. [*French Honeyſuckle.*] Chevre-feuille de France, Sainfoin d'Eſpagne.

Caracteres. Dans ce genre une ſeule feuille diviſée en cinq ſegmens forme le calice; le calice eſt perſiſtant; la corolle eſt papillionnacée, & elle a un étendard oblong,

---

La gomme coule par l'inciſion dans l'ecorce des gros *Lierres* en Italie & en Provence; mais la plus grande partie de celle qui eſt dans le commerce, vient des Indes.

Cette ſubſtance a une odeur forte, & une ſaveur âcre & aromatique : elle eſt plus réſineuſe que gommeuſe, & elle fournit un peu d'huile eſſentielle éthérée.

Cette drogue eſt une de celles qui ſurchargent inutilement la matiere medicinale, & que l'on pourroit bannir ſans inconvénient de l'uſage de la médecine : on l'emploie rarement à l'intérieur, parce que ſes vertus ſont extrêmement foibles, mais on s'en ſert extérieurement pour détacher les ulceres ſanieux, réſoudre les tumeurs, détruire la vermine, &c. : elle eſt regardée comme vulnéraire & aſtringente.

La gomme de *Lierre* eſt un des ingrediens de l'onguent d'Althœa.

ferré, découpé en pointe &
réfléchi; les aîles font oblongues & étroites; la carène eft
ferrée, plus large à l'extrémité, & convexe à fa bâfe : la
fleur a neuf étamines jointes
& une autre féparée, qui
toutes font terminées par des
fommets ronds & comprimés;
elles font réfléchies, & forment un angle : dans le centre eft placé un germe long
& étroit, qui foutient un ftyle
en forme d'alêne, courbé,
& couronné par un ftigmat
fimple : ce germe devient enfuite un légume noueux &
comprimé, dont chaque nœud
eft rond, & renferme une femence fimple en forme de rein.

Ce genre de plantes eft rangé dans la troifieme fection
de la dix - feptieme claffe de
LINNÉE, intitulée, *Diadelphia
Décandria*, qui renferme celles
dont les fleurs ont dix étamines jointes en deux corps.

Les efpeces font :

1°. *Hedyfarum coronarium,
foliis pinnatis, leguminibus articulatis, aculeatis, nudis, rectis, caule diffufo. Hort. Cliff.*
365. *Hort. Upf.* 231. *Roy.
Lugd.-B.* 385. *Kniph. Cent.* 3.
n. 45; Sainfoin d'Efpagne à
feuilles aîlées, ayant des légumes nuds, épineux & noueux,
& une tige diffufe.

*Hedyfarum clypeatum, flore
fuaviter rubente. H. Eyft.* Hedyfarum avec de belles fleurs
rouges, Sainfoin d'Efpagne.

*Onobrychis femine clypeato af-
pero, major. Bauh. Pin.* 350.

2°. *Hedyfarum fpinofiffimum,
foliis pinnatis, leguminibus articulatis, aculeatis, tomentofis,*

caule diffufo. Hort. Cliff. 231;
Hedyfarum avec de feuilles
aîlées, des légumes noueux,
épineux & cotonneux, & une
tige diffufe.

*Hedyfarum clypeatum minus,
flore purpureo. Raii. Hift.* Le
plus petit Hedyfarum à fleur
pourpre.

*Hedyfarum Hifpanicum, fu-
pinum, annuum, angufti-folium,
floribus parvis ex albo purpurafcentibus. Boërh. Lugd.-B.* 2.
p. 51.

*Onobrychis, minor, foliolis
cordatis, filiquis magnis, afperis,
compreffis. Pluk. Phyt.* 50. *f.* 2.

3°. *Hedyfarum Canadenfe;
foliis fimplicibus, ternatifque,
floribus racemofis. Hort. Cliff.*
232. Hedyfarum avec des feuilles fimples & à trois lobes, &
des fleurs en paquets.

*Hedyfarum triphyllum Cana-
denfe. Cornut. Canad.* 44. *t.* 45.
Hedyfarum à trois feuilles du
Canada, Sainfoin de Canada.

*Onobrychis major perennis Ca-
nadenfis tri-phylla, filiculis articulatis, afperis, triangularibus.
Moris. Hift.* 2. *p.* 130.

4°. *Hedyfarum flexuofum, foliis pinnatis, leguminibus articulatis, aculeatis, flexuofis, caule
diffufo. Lin. Sp. Plant.* 750.
Hedyfarum à feuilles aîlées,
ayant des légumes articulés,
épineux & ondés, & une tige
diffufe.

*Hedyfarum annuum, filiquâ
afpera, undulatâ, intortâ. Tourn.*
Hedyfarum annuel avec des
légumes rudes, ondés & tortus.

*Onobrychis major annua, fili-
culis articulatis, afperis, clypeatis, undulatim junctis, flore purpureo - rubente. Moris. Hift.* 2

pag. 130. *Raii Hist.* 929.

5°. *Hedysarum diphyllum, foliis binatis petiolatis, floralibus sessilibus. Flor. Zeyl.* 291. Hedysarum avec des feuilles sur chaque pétiole, & des feuilles florales sessiles.

Hedysarum minus diphyllum, flore luteo. Sloan. Cat. 73. *Hist.* 1. *p.* 185. *Raii Suppl.* 450. Le plus petit Hedysarum à deux feuilles, avec une fleur jaune.

Hedysarum herbaceum procumbens, foliis geminatis, spicis foliatis terminalibus. Brow. Jam. 301.

Onobrychis Maderaspatana diphyllos, siliculis clypeatis, hirsutis, minor. Pluk. Alm. 270. *t.* 246. *S.* 2. *& t.* 102. *f.* 1.

Nelam-Mari Rheed. Mal. 9. *p.* 161. *t.* 82. *Raii. Supp.* 404.

B. Hedysarum bi-folium, foliolis ovatis, siliculis asperis, geminis, inarticulatis. Burm. Zeyl. 114. *t.* 50. *f. 1.*

6°. *Hedysarum purpureum, foliis ternatis, foliolis obovatis, floribus paniculatis terminalibus, leguminibus intortis* ; Hedysarum avec des feuilles à trois lobes ovales, des fleurs en panicules aux extrémités des branches, & des legumes tordus.

Hedysarum tri-phyllum, fruticosum, flore purpureo, siliquâ variè bis tortâ. Sloan. Cat. 73. Hedysarum en arbrisseau à trois lobes, avec des fleurs pourpre & des siliques différemment tordues.

7°. *Hedysarum canescens, foliis ternatis, subtùs nervosis, caule glabro fruticoso, floribus spicatis terminalibus.* Hedysarum nain en arbrisseau, à trois feuilles veinées en-dessous, avec une tige unie d'arbrisseau, & des

fleurs en épis aux extrémités.

Hedysarum tri-phyllum fruticosum, supinum, flore purpureo. Sloan. Cat ; Hedysarum nain, en arbrisseau, à trois feuilles, avec une fleur pourpre.

Onobrychis Americana, floribus spicatis, foliis ternatis canescentibus, siliculis asperis. Pluk. Alm. 270. *t.* 308. *f.* 5.

8°. *Hedysarum sericeum, foliis ternatis, foliolis ovatis subtùs sericeis, floribus spicatis, alaribus terminalibusque* ; Hedysarum à trois feuilles, avec des lobes ovales & soyeux en-dessous, & des fleurs en épis sur les côtés, & aux extrémités des tiges.

Hedysarum tri-phyllum frutescens, foliis sub rotundis & subtùs sericeis flore purpureo. Houst ; Hedysarum en arbrisseau à trois feuilles, avec des lobes ronds & soyeux en dessous, avec une fleur pourpre.

9°. *Hedysarum villosum, foliis ternatis, caulibus diffusis, villosis, floribus spicatis terminalibus, calycibus villosissimis* ; Hedysarum à trois feuilles, avec des tiges diffuses & velues, des fleurs en épis aux extrémités des branches & des calices fort velus.

Hedysarum tri-phyllum humile, flore conglomerato, calyce villoso. Houst. Hedysarum nain, à trois feuilles, avec des fleurs en paquets & un calice velu.

10°. *Hedysarum procumbens, foliis ternatis, caulibus procumbentibus, racemosis, floribus laxè spicatis terminalibus, leguminibus contortis, articulis quadrangularibus;* Hedysarum à trois feuilles, avec des tiges branchues

& traînantes, des fleurs en épis clairs aux extrémités des branches, & des légumes tors avec des nœuds quarrés.

Hedyſarum tri-phyllum procumbens, foliis rotundioribus & minoribus, ſiliquis tenuibus & intortis. Houſt. Hedyſarum rampant à trois feuilles, avec de plus petites feuilles plus rondes, & des légumes étroits & tors.

11°. *Hedyſarum intortum, foliis ternatis, foliolis obcordatis, caule erecto, triangulo, villoſo, racemis terminalibus, leguminibus articulatis, incurvis ;* Hedyſarum avec des feuilles à trois lobes en forme de cœur, une tige triangulaire, droite & velue, des fleurs en paquets longs aux extrémités des branches, & des légumes noueux & courbés.

Hedyſarum tri-phyllum, caule triangulari, foliis mucronatis, ſiliquis tenuibus, intortis. Houſt. Hedyſarum à trois feuilles, avec une tige triangulaire, des feuilles pointues, & un légume étroits & tors.

12°. *Hedyſarum glabrum, foliis ternatis obcordatis, caule paniculato, leguminibus monoſpermis glabris ;* Hedyſarum avec des feuilles à trois lobes en forme de cœur, une tige en panicule, & des légumes unis, qui renferment une ſemence.

Hedyſarum tri-phyllum, annuum, erectum, ſiliquis intortis, & ad extremitatem amplioribus. Houſt. Hedyſarum à trois feuilles, annuel & droit, ayant des légumes tordus, & plus larges à leur extrémité.

13°. *Hedyſarum ſcandens, foliis ternatis, foliis obverſe ovatis, caule volubili, ſpicâ longiſſimâ, reflexâ ;* Hedyſarum à trois feuilles, à lobes ovales renverſés, avec une tige tortillante, & des épis des fleurs très-longs & réfléchis.

Hedyſarum tri-phyllum Americanum ſcandens, flore purpureo. Hedyſarum d'Amérique, à trois feuilles, avec une tige grimpante, & une fleur pourpre.

14°. *Hedyſarum repens, foliis ternatis obcordatis, caulibus procumbentibus, racemis lateralibus. Lin. Sp.* 1056. Hedyſarum à trois feuilles ovales & en forme de cœur, avec des tiges traînantes & velues, & des fleurs ſur les côtés des tiges.

Trifolium procumbens, Trifolii Fragi-feri folio. Hort. Elth. 172. *t.* 142. *f.* 169. Trifolium rampant, avec une feuille ſemblable à celles du Trefle à fraiſes.

15°. *Hedyſarum maculatum, foliis ſimplicibus, ovatis, obtuſis. Hort. Cliff.* 449. *Hort Uſſ.* 233. *Fl. Zeyl.* 290. *Roy. Lugd.-B.* 385. Hedyſarum à feuilles ovales, ſimples & obtuſes.

Hedyſarum humile, Capparidis folio maculato. Hort. Elth. 170. *t.* 141. *f.* 161. Hedyſarum bas, avec une feuille tachetée, ſemblable à celles du Caprier.

16°. *Hedyſarum fruteſcens, foliis ternatis ovato-lanceolatis, ſubtùs villoſis, caule fruteſcente villoſo ;* Hedyſarum à trois lobes ovales, en forme de lance & velus en-deſſous, avec une tige d'arbriſſeau velue.

On ignore si cette espece n'est pas l'*Hedysarum foliis ternatis, sub-ovatis, subtùs villosis, caule frutescente. Flor. Virg.* 109. Hedysarum à trois feuilles ovales, & à tige d'arbrisseau.

17°. *Hedysarum pedunculatum, foliis ternatis, foliolo intermedio pediculo longiore, racemis alaribus erectis longissimis;* Hedysarum avec des feuilles à trois lobes, dont celui du milieu est posté sur un plus long pétiole, & un paquet de fleurs fort long, placé sur les côtés des tiges.

18°. *Hedysarum Alhagi, foliis simplicibus, lanceolatis, obtusis, caule fruticoso spinoso. Lin. Sp. Plant.* 745. *Gron. Orient.* 228. *Gmel. It.* 2. *t.* 29. Hedysarum à feuilles simples, obtuses & en forme de lance, avec une tige épineuse d'arbrisseau.

Alhagi Maurorum. Rauwol. 94. L'Alhagi des Maures.

Genista Spartium spinosum, foliis Polygoni. Bauh. Pin. 394.

Genista spinosa, flore rubro. Wheel. Itin.

Agul. Rauw. Itin. 94. *t.* 94.

19°. *Hedysarum triquetrum, foliis simplicibus, cordato-oblongis, integerrimis, glabris;* Hedysarum avec des feuilles simples, oblongues, en forme de cœur, unies & entieres.

Onobrychis Zeylanica, Aurantii folio. Pet. Hort. Sc. 247. *Raii. Suppl.* 247. Sainfoin *ou* Esparcette de Céylan, à feuilles d'Oranger.

Phaseolus montanus. 7. *Rumph. Amb.* 6. *p.* 146.

20°. *Hedysarum Ecastaphyllum, foliis simplicibus, ovatis, subtùs sericeis, petiolis muticis. Amœn. Acad.* 5. *p.* 103. Hedysarum avec des feuilles simples, ovales & soyeuses en dessous, & des pétioles sans barbe.

Spartium scandens, Citri foliis, floribus albis, ad nodos confertim nascentibus. Plum. Spec. 19. *Ic.* 246. *f.* 2.

Ptero-carpus, Ecasta phyllum. Lin. Syst. Plant. tom. 3. *p.* 394. *Sp.* 2.

Ecastaphyllum frutescens reclinatum, foliis ovatis, acuminatis, integris. Brown. Jam. 299.

21°. *Hedysarum Gangeticum, foliis simplicibus, ovatis, acuminatis, spicis longissimis, nudis terminalibus;* Hedysarum avec des feuilles simples, pointues & ovales, un épi de fleurs fort long & nud, qui termine les tiges.

Hedysarum foliis simplicibus, ovatis, acutis, basi-stipulatis. Lin. Sp. 1052.

Hedysarum mono-phyllum lati-folium, siliculis plurimis spicâ longâ digestis. Brum. Zeyl. 113. *t.* 49. *f.* 2.

Onobrychis Gangetica monophyllos, siliculis singularibus, lævibus, foliatim per internodia discriminatis. Pluk. Alm. 270. *t.* 50. *f.* 3.

Onobrychis Zeylanica, folio singulari oblongo, rotundo. Raii Suppl. 453.

Phaseolus montanus. Rumph. Amb. 6. *p.* 146. *t.* 66.

Coronarium. La premiere espece, qu'on cultive depuis long-tems dans les jardins Anglois, comme une plante d'orʃement, eſt originaire de l'Italie : on en connoît deux variétés , l'une à fleurs d'un rouge brillant , & l'autre à fleurs blanches qui varient rarement ; mais comme ces deux plantes ne diffèrent que par la couleur de leurs fleurs, elles peuvent être regardées comme ne formant qu'une ſeule eſpece. Cette plante eſt bis-annuelle , elle fleurit dans la ſeconde année ; bientôt après ſes ſemences mûriſſent , & ſes racines périſſent enſuite : elles pouſſent pluſieurs tiges creuſes & unies , de deux ou trois pieds de longueur , qui s'étendent à chaque côté, & ſont garnies de feuilles ailées, compoſées de cinq ou ſix paires de lobes ovales , terminées par un lobe impair : ces feuilles ſont alternes, & à leur bâſe ſortent des pédoncules de cinq ou ſix pouces de longueur, qui ſoutiennent des épis de belles fleurs rouges , auxquelles ſuccèdent des légumes comprimés , noueux , fort rudes & oppoſés , dont chaque nœud renferme une ſemence en forme de rein. Cette eſpece fleurit en Juin & en Juillet, & ſes ſemences mûriſſent en Septembre. On conſerve quelquefois dans les jardins ſa variété à fleurs blanches.

On multiplie ces plantes en ſemant leurs graines en Avril , dans une planche de terre fraiche & légere; quand elles ont pouſſé on les tranſporte dans une autre planche de terre ſemblable ; à une expoſition ouverte , on laiſſe entre elles un intervalle d'environ ſix ou huit pouces , & l'on fait en ſorte qu'il reſte entre chaque quatre rangs, un ſentier pour pouvoir les houer & arracher les mauvaiſes herbes ; on les laiſſe dans cette planche juſqu'à la Saint-Michel , après quoi , on les tranſplante dans les larges plates-bandes du parterre , à la diſtance d'au moins trois pieds des autres plantes, où elles produiront un bel aſpect quand elles ſeront en fleurs, ſur-tout l'eſpece à fleurs rouges, qui eſt très-belle.

Comme ces plantes périſſent ordinairement lorſque leurs ſemences ſont mûres , il faut en élever de nouvelles chaque année, car il eſt rare qu'elles durent plus long-tems : elles ornent beaucoup les grandes plates-bandes, & peuvent remplir avec avantage les vuides qui ſe trouvent parmi les arbriſſeaux ; mais elles ſont trop groſſes pour de petites plates-bandes, à moins qu'on ne retranche quelques-unes de leurs tiges, & qu'on n'en laiſſe que deux ou trois ſur chaque plante ; ce qui les empêchera de ſe pencher ſur les fleurs voiſines, ſur-tout ſi on les ſoutient avec des baguettes : on multiplie cette eſpece pour la vendre ſur les marchés de Londres ; parce qu'on s'en ſert pour orner les jardins & les balcons.

Spinoſiſſimum. La ſeconde eſt une plante annuelle qui croît naturellement en Eſpagne & en Portugal : les lobes, qui ſont étroits & oblongs, ſont placés au nombre de quatre ou cinq paires fur la longueur de la côte du milieu, qui eft terminée par un lobe impair : fes tiges portent à leur extrémité de petits épis de fleurs pourpre , que remplacent de petits légumes rudes & de la même forme que ceux de l'efpece précédente. On conferve cette plante dans les jardins de Botanique pour la variété ; on la multiplie par fes graines , qu'il faut femer au commencement d'Avril dans les places qui leur font deftinées ; elles n'exigent aucune autre culture que d'être éclaircies où elles font trop ferrées, & d'être tenues nettes de mauvaifes herbes : elle fleurit en Juillet, & fes femences mûriffent en automne.

Canadenfe. La troifieme a une racine vivace qui fubfifte plufieurs années lorfqu'elle eft plantée dans un fol fec. On la multiplie par femences comme la précédente : quand fes plantes ont deux pouces de hauteur , il faut les tranfplanter dans les places qui leur font deftinées ; mais fi elles ne font pas trop épaiffes dans le femis , on peut les y laiffer jufqu'à l'automne fuivant: alors on les enleve avec foin pour les placer dans des plates-bandes à demeure ; car comme leurs racines s'enfoncent généralement beaucoup dans la terre, il eft dangereux de les changer fouvent de place. Cette plante produit fes fleurs en même tems à-peu-près que la précédente, & fi la faifon eft favorable , elle perfectionne fes femences en automne : fes

racines fubfiftent très-bien en plein air , & refiftent aux froids les plus rigoureux, pourvu qu'elles fe trouvent placées dans un fol fec.

Flexuofum. La quatrieme eft annuelle , & croît fans culture , dans le Levant. Elle reffemble un peu à la premiere , mais elle eft beaucoup plus petite; fes tiges s'élevent à près de trois pieds de hauteur, & font garnies de feuilles ailées, compofées de deux ou trois paires de lobes ovales, terminés par un lobe impair : fes fleurs, d'un rouge-pâle entremêlé d'un peu de bleu, fortent en épis des extrémités des tiges ; elles paroiffent en Juillet, & font fuivies par des légumes articulés & ondés fur les deux côtés ; ils forment un angle obtus à chaque nœud, & contiennent des femences qui mûriffent en automne : cette efpece eft auffi dure que la précédente , & peut être multipliée de même.

Diphyllum. La cinquieme croît naturellement dans les deux Indes : fes femences m'ont été envoyées de la Véra-Crux par le Docteur HOUSTOUN. Cette plante eft annuelle; fa racine principale pénetre profondément dans la terre, & pouffe une ou deux tiges qui s'éleve au-deffus de neuf pouces de hauteur, dont la partie baffe eft garnie de feuilles ovales placées par paires fur chaque pétiole, mais dont le fommet qui porte les fleurs, eft garni de petites feuilles terminées en pointes aiguës, feffiles , & à chacune defquelles eſt ſituée une petite fleur ſimple & jaune, renfermée entre deux feuilles : ces fleurs ont peu d'apparence, & produiſent des légumes oblongs qui contiennent une ſemence en forme de rein.

Purpureum. La ſixieme, qui m'a encore été envoyée par le même Docteur HOUSTOUN, de la Véra-Cruz, où il l'a trouvée, ainſi qu'à la Jamaïque, eſt une plante annuelle, avec une tige d'arbriſſeau haute de plus de quatre pieds, qui ſe diviſe en pluſieurs branches, garnies de feuilles oblongues, ovales & à trois lobes, portées par de fort longs pétioles : le lobe du milieu eſt placé à un pouce des deux autres : ſes branches ſont terminées par de longs panicules clairs de fleurs pourpre, que remplacent des légumes étroits, noueux & tors : elle fleurit en Juillet, & ſes ſemences mûriſſent en automne. Les deux dernieres ſont des plantes tendres, qu'il faut ſemer au printems ſur une couche chaude ; lorſqu'elles ſont en état d'être enlevées, on les plante chacune ſéparément dans de petits pots remplis de terre légere, on les plonge dans une couche chaude, & on les tient à l'ombre, juſqu'à ce qu'elles aient produit de nouvelles racines ; après quoi on les traite comme les autres plantes délicates des pays chauds, & on les tient conſtamment dans la ſerre ou caiſſe de vitrage, ſans quoi elles ne fleuriront point, & ne produiront point de ſemences en Angleterre.

Canescens. La ſeptieme, dont les ſemences m'ont été envoyées de la Jamaïque par le Docteur HOUSTOUN, eſt une plante en arbriſſeau qui s'éleve à près de cinq pieds de hauteur, & ſe diviſe en pluſieurs branches garnies de feuilles à trois lobes ovales, dont celui du milieu eſt le plus large : ſes tiges ſont terminées par de longs épis de petites fleurs pourpre, auxquelles ſuccèdent des légumes étroits, unis ſur un côté, & noueux de l'autre.

Sericeum. La huitieme a été auſſi trouvée à la Véra-Cruz, par le même Docteur HOUSTOUN, qui me l'a envoyée ; elle s'éleve avec une tige d'arbriſſeau à la hauteur de ſix ou ſept pieds, & ſe diviſe en pluſieurs branches, garnies de feuilles à trois lobes ovales, blancs, ſoyeux en-deſſous, & d'un vert-pâle en-deſſus : ſes fleurs ſortent des ailes en épis longs & étroits, ainſi qu'aux extrémités des branches ; elles ſont ſeſſiles aux tiges, petites, d'un pourpre brillant, & produiſent des légumes plats, unis & noueux, d'un pouce environ de longueur, dont chaque nœud contient une ſemence en forme de rein.

Ces deux eſpeces ſubſiſteront deux ou trois ans, ſi on les place dans la couche de tan de la ſerre chaude : on les multiplie par leurs graines, qu'il faut ſemer ſur une couche chaude, & traiter comme celles de la ſixieme : quand les plantes qui en proviennent ont acquis quelque hauteur, on les met dans la ferre chaude de tan, on les y laisse conftamment, & on leur donne beaucoup d'air dans les tems chauds. Ces plantes fleuriffent rarement avant la feconde année ; mais alors elles produifent des femences qui mûriffent en automne.

Villofum. La neuvieme eft encore originaire de la Véra-Cruz, d'où elle m'a été envoyée par le Docteur Houstoun : elle eft annuelle, & ne s'éleve guere qu'à huit à neuf pouces de hauteur ; elle pouffe de fa racine plufieurs branches diffufes, velues, & garnies de petites feuilles ovales & à trois lobes un peu velus : fes fleurs croiffent en épis courts & ferrés ; elles font de couleur pourpre, & leurs calices font fort velus.

Procumbens. La dixieme, qui fe trouve à la Jamaïque, a des tiges ligneufes & traînantes d'un pied & demi de long, qui pouffent à chaque côté plufieurs branches, garnies de feuilles rondes, petites, à trois lobes, & d'un vert-pâle : fes fleurs naiffent en épis fort ferrés aux extremités des branches ; elles font petites, & d'une couleur pourpre-pâle : elles produifent des légumes étroits, tordus & articulés, dont chaque nœud eft quarré, & renferme une petite femence fimple & comprimée.

Ces deux dernieres efpeces font annuelles, & exigent le même traitement que les cinquieme & fixieme efpeces, au moyen de quoi elles fleuri-

ront, & donneront des femences mûres dans notre climat.

Intortum. La onzieme eft une plante en arbriffeau, qui s'éleve avec une tige triangulaire, à la hauteur de cinq ou fix pieds, & fe divife en plufieurs branches, garnies de feuilles en forme de cœur à trois lobes, & terminées en pointes aiguës : fes fleurs fortent en fort longs épis aux extrémités des branches ; elles font de couleur pourpre-pâle, & produifent des légumes étroits, articulés, & différemment tordus, qui contiennent des femences petites & comprimées. Cette plante croît fans culture à la Jamaïque, d'où fes femences m'ont été auffi envoyées par le Docteur Houstoun ; on peut la conferver trois ou quatre ans, fi on la traite comme les feptieme & huitieme efpeces : elle perfectionne fes graines dans ce pays.

Glabrum. La douzieme eft annuelle ; fes femences m'ont été envoyées de Campêche, par le Docteur Houstoun ; elle a une tige paniculée d'environ deux pieds de hauteur, & garnie de feuilles en forme de cœur & à trois lobes ; la partie haute de la tige s'étend au-dehors en panicule de fleurs de couleur pourpre-pâle, qui produifent des légumes en forme de croiffant, comprimés & pofés obliquement fur la tige, dont chacun renferme une femence comprimée en forme de rein. On multiplie cette efpece par fes graines, & elle exige le même traitement que les cinquieme & fixieme.

Scandens.

Scandens. La treizieme, que le Docteur HOUSTOUN m'a envoyée de la Véra-Cruz, a une tige grimpante, qui se roule autour des arbres & des arbrisseaux voisins, & s'éleve ainsi à la hauteur de dix à douze pieds ; cette tige est garnie de feuilles renversées, ovales, à trois lobes, & placées sur des pétioles assez longs : ses fleurs, de couleur pourpre-pâle, & sessiles à la tige, naissent en épis fort longs & réfléchis. Cette espece est vivace, & exige la serre chaude ; il faut la traiter de la même maniere que les septieme & huitieme especes.

Repens. La quatorzieme est une plante annuelle, qui croît naturellement dans les deux Indes ; ses semences m'ont été envoyées de la Havanne par le Docteur HOUSTOUN ; elle a des branches rampantes d'environ un pied de longueur, & garnies de feuilles rondes à trois lobes, un peu découpées à leur extrémité, & semblables dans leur forme à celles du Trefle à fraises : ses tiges & la surface supérieure des feuilles sont velues : ses fleurs naissent aux extrémités des branches, quelquefois simples, & d'autres fois deux sur un nœud ; elles sont petites, de couleur pourpre, & produisent des légumes d'un pouce de longueur, droits sur un côté, & articulés de l'autre. Cette espece fleurit à la fin de Juillet, & perfectionne quelquefois ses semences ici.

Maculatum. La quinzieme est une plante basse & annuelle,

qui a des tiges minces de près d'un pied de long, dont les parties basses sont garnies de feuilles simples & ovales, portées sur de minces pétioles, & le sommet est orné de fleurs qui sortent par paires, jusqu'à l'extrémité de la tige ; elles sont petites, d'un jaune-rougeâtre, & produisent des légumes articulés, étroits, sessiles à la tige, & en forme de faulx. Ces deux dernieres exigent la même culture que les cinquieme & sixieme especes.

Frutescens. La seizieme m'a été envoyée par le Docteur DALE, de la Caroline Méridionale ; elle a une racine vivace, qui produit deux ou trois tiges velues en forme d'arbrisseau, d'environ deux pieds de hauteur, branchues au dehors à chaque côté près du sommet, & garnies de feuilles ovales en forme de lance, à trois lobes, velus en dessous, & supportés par de courts pétioles : les fleurs, qui naissent en épis courts aux extrémités des branches, sont petites & d'un jaune tirant sur le pourpre : ses tiges périssent en automne, & les nouvelles poussent au printems. On multiplie cette espece par ses graines, qu'il faut semer au printems sur une couche chaude ; quand les plantes sont en état d'être enlevées, on les plante dans de petits pots séparés, remplis de terre légere, & on les plonge dans une couche de chaleur modérée, aiant soin de les tenir à l'ombre jusqu'à ce qu'elles aient produit de nouvelles fibres ; on leur donne ensuite beaucoup d'air dans les tems chauds ; on les tient en plein air pendant l'été, mais en automne on les place sous des châssis pour les mettre à couvert de la gelée : au printems suivant on les tire des pots pour les planter dans une plate-bande chaude, où elles fleuriront si l'été est chaud ; mais comme celles-ci perfectionnent rarement leurs semences, il est bon de mettre deux ou trois de ces plantes dans de gros pots, & de les plonger dans une couche de chaleur modérée, qui les fera fleurir de bonne-heure, de sorte qu'en les tenant sous des vitrages dans les mauvais tems, leurs semences mûriront en automne, & leurs racines dureront quelques années, pourvu qu'on les tienne à l'abri des gelées de l'hiver.

Pedunculatum. La dix-septieme m'a été envoyée avec la derniere de la Caroline Méridionale, par le même Docteur DALE : elle a une racine vivace, & une tige annuelle, qui croît érigée, & s'éleve à la hauteur de deux pieds ; cette tige est garnie de feuilles à trois lobes, rondes à leur bâse, où elles ont un demi-pouce de largeur, mais plus étroites par dégrés jusqu'à la pointe, d'environ trois pouces de longueur, unies & d'un verd-clair ; les deux lobes de côté sont assez près de la tige, & celui du milieu est porté par un pétiole d'un pouce de longueur : ses fleurs sortent en épis longs

des aisselles de la tige, & croissent érigées ; la partie basse de l'épi est foiblement garnie de fleurs, mais elles sont fort rapprochées vers le haut ; elles sont petites, d'un jaune brillant, & fort sessiles aux tiges, & elles produisent des légumes articulés & droits sur un côté.

Cette plante se multiplie par ses graines ; en la traitant comme la précédente, elle fleurira & donnera des semences.

Alhagi. La dix-huitieme, qui croît naturellement en Syrie, où elle est une des plus belles de ce pays, s'éleve à la hauteur d'environ trois pieds, avec des tiges d'arbrisseau qui s'étendent au-dehors à chaque côté, & sont garnies de feuilles simples semblables à celles de la *Renouée à larges feuilles* ou *Polygonum*, fort unies, d'un verd-pâle, & portées par de courts pétioles : sous ces feuilles sortent des épines d'environ un pouce de long, & d'une couleur brune-rougeâtre : ses fleurs, de couleur pourpre dans le centre, & rougeâtres sur les bords, naissent en petites grappes sur les parties latérales des branches, & sont remplacées par des légumes droits sur un côté, articulés de l'autre, & un peu courbés en forme de faulx. Cette plante est à présent fort rare dans les jardins Anglois ; on la multiplie par ses semences, qui restent souvent une année dans la terre avant de pousser ; c'est pourquoi il faut les repandre dans des pots remplis de terre légere, & les plonger dans une couche de chaleur modérée : si les plantes ne paroissent pas au commencement du mois de Juin, on enleve les pots hors de la couche, on les place de maniere qu'ils jouissent seulement du soleil du matin, & on les tient nets de mauvaises herbes ; en automne, on les plonge dans une vieille couche de tan, sous un vitrage où ils puissent être à l'abri des gelées & des grosses pluies de l'hiver , & au printems on les remet dans une nouvelle couche chaude, qui fera pousser les plantes : lorsqu'elles sont en état d'être enlevées, on les plante chacune séparément dans de petits pots remplis de terre légere, qu'on plonge dans une couche de chaleur fort modérée ; on les tient à l'ombre jusqu'à ce qu'elles aient formé de nouvelles racines ; après quoi on les endurcit par dégré , afin qu'elles puissent supporter l'air ouvert auquel on les exposera tout-à-fait au mois de Juin, en les plaçant dans une situation abritée , où on les tiendra jusqu'à l'automne : alors on les plongera dans une vieille couche de tan , où elles pourront jouir de l'air dans les tems doux , & être à couvert des gelées , elles réussiront mieux ainsi, que si elles étoient placées dans une serre , & traitées plus délicatement. J'ai vu cette plante croître en pleine terre dans une plate-bande fort chaude, où l'on avoit l'attention de la couvrir dans les tems de gelée : elle a résisté ainsi pendant deux hivers ; mais les grands froids du troisieme l'ont fait périr tout-à-fait.

On recueille sur cet arbrisseau *la Manne de Perse* que l'on extrait des sucs nitreux de la plante : cette drogue est généralement ramassée aux environs de Tauris, ville de Perse, où cet arbrisseau croît en abondance. Le Chevalier Sir GEORGE WHEELER l'a trouvée à l'Isle de Tine, dans l'Archipel & l'a regardée comme une plante inconnue. TOURNEFORT l'a aussi rencontrée dans plusieurs plaines de l'Arménie & de la Géorgie : il en a fait un genre particulier sous le titre d'Alhagi.

Triquetrum. La dix-neuvieme est originaire des Indes, d'où ses semences ont été dernierement apportées en Europe : c'est par le moyen de ces graines qu'on s'est procuré plusieurs plantes dans les jardins Anglois : leurs feuilles ressemblent à celles de *l'Oranger*, & à peine les distingue-t-on lorsqu'elles sont jeunes ; mais comme nous n'avons ici aucune de ces plantes d'une grosseur considérable , je ne puis en donner une plus ample description.

Ecastaphyllum. La vingtieme, qui m'a été envoyée de Carthagène dans la Nouvelle-Espagne , par le Docteur HOUSTOUN, est une plante vivace, dont la tige tortillante se roule autour de tout ce qui l'avoisine, & s'éleve ainsi à la hauteur de dix à douze pieds ; cette tige produit quelques petites branches latérales, garnies de feuilles ovales de quatre à cinq pouces de longueur fur un pouce & demi de large au milieu, dont la furface inférieure eft fatinée : fes fleurs font blanches, & fortent fur les côtés de la tige en paquets ferrés ; elles font de la même forme que celles des autres efpeces de ce genre, & produifent des légumes courts, qui renferment une ou deux femences en forme de rein.

Gangeticum. La vingt-unieme, dont les femences m'ont été envoyées des Indes orientales, eft une plante annuelle qui s'éleve à la hauteur d'environ trois pieds, avec une tige mince fous forme d'arbriffeau, & garnie de feuilles ovales qui naiffent fimples fur de fort courts pétioles. Quelques-unes de ces plantes pouffent une ou deux branches minces de la tige principale : leurs parties baffes font chargées de feuilles de la même force que celle de la tige, mais plus petites : le haut de la tige principale & les branches produifent dans la longueur d'un pied, des fleurs d'un pourpre ufé, placées fimples fur chaque nœud, & auxquelles fuccèdent des légumes articulés d'un pouce & demi de longueur, qui renferment chacun trois ou quatre femences en forme de rein.

Ces deux efpeces font trop tendres pour profiter en plein air en Angleterre. On les multiplie l'une & l'autre par leurs graines, qu'il faut femer de bonne heure au printems fur une couche chaude : quand les plantes pouffent, & qu'elles

font en état d'être enlevées, on les plante chacune féparément dans de petits pots, qu'on plonge dans une nouvelle couche chaude, où on les tient à l'ombre jufqu'à ce qu'elles aient produit de nouvelles racines, après quoi on les traite fuivant la méthode qui eft employée pour les autres plantes délicates. La vingt-unieme efpece doit être placée dans la ferre chaude de tan en automne ; mais les autres perfectionneront leurs femences dans la même année au commencement d'Octobre.

HEDYSARUM *Zeylanicum majus & minus.* Voyez ÆSCHYNOMENE PUMILA. L.

HEDYSARUM *Mimofæ foliis.* Voyez ÆSCHYNOMENE AMERICANA. L.

HELENIUM. *Linn. Gen. Plant.* 863. *Heleniaftrum. Vaill. Act. R. Par.* 1720 [*Baftard-Sun-flower.*] Fleur du Soleil bâtarde.

Caracteres. La fleur eft compofée de plufieurs fleurettes hermaphrodites, qui forment le difque, & de demi-fleurettes femelles, qui compofent le rayon : les fleurettes hermaphrodites font tubulées & découpées en cinq parties fur leurs bords ; elles ont chacune cinq étamines velues, terminées par des fommets cylindriques, avec un germe oblong, qui foutient un ftyle mince, couronné par un ftigmat divifé en deux parties ; le germe devient enfuite une femence fimple & globulaire, furmontée par un petit calice à cinq pointes : les fleurettes femelles du bord, ont des petits tubes qui s'étendent au-dehors d'un côté en forme de langue; elles sont découpées en cinq segmens à leur extrémité, où elles sont larges Les fleurs femelles n'ont point d'étamines, mais seulement un germe oblong, qui devient une semence simple comme ceux des fleurettes hermaphrodites ; elles sont toutes renfermées dans un calice simple & commun, tout-à-fait ouvert, & divisé en plusieurs portions.

Ce genre de plantes est rangé dans la seconde section de la dix-neuvieme classe de LINNÉE, qui renferme celles dont les fleurs sont composées de fleurettes hermaphrodites dans le centre, & de demi-fleurettes femelles sur les bords, qui sont toutes fructueuses.

Les especes sont :

1°. *Helenium autumnale, foliis lanceolatis, linearibus, integerrimis, glabris, pedunculis nudis, uni-floris ;* Helenium automnal à fleurs étroites, entieres & unies, avec des pédoncules nuds, dont chacun soutient une seule fleur.

Helenium foliis serratis. Linn. Syst. Plant. t. 3. p. 837.

Helenium foliis decurrentibus. Hort. Cliff. 418. Hort. Ups. 266. Gron Virg. 126.

Chrysanthemum Americanum perenne, caule alato, folio angustato, glabro. Moris. Hist. 3. p. 24. S. 6. t. 6. f. 74.

Aster Floridanus aureus, caule alato. Pluk. Amalth. 43. t. 372. f. 4.

Aster luteus alatus. Corn. Canad. 52. t. 63.

Heleniastrum folio longiori & angustiori. Vaill. Act. R. S. Par. 1720 ; Fleur du Soleil bâtarde avec des feuilles plus longues & plus étroites.

2°. *Helenium lati-folium, foliis lanceolatis, acutis, serratis, pedunculis brevioribus, calycibus multi-fidis ;* Helenium à feuilles pointues, sciées & en forme de lance, ayant de plus courts pédoncules, & un calice à plusieurs pointes.

Heleniastrum folio breviori & latiori. Vaill. Act. R. S. 1720; Aster bâtard avec des feuilles plus larges & plus courtes.

Autumnale. Ces plantes s'élevent à la hauteur de six ou sept pieds dans une bonne terre ; lorsque les racines sont grosses, elles poussent un grand nombre de tiges, qui se divisent vers le sommet ; celles de la premiere espece sont garnies de feuilles unies de trois pouces & demi de longueur, & d'un demi pouce de largeur dans le milieu, avec des bordures entieres, sessiles aux tiges ; de leur bâse coule une bordure feuillée, qui s'étend dans la longueur de la tige, de maniere qu'elles forment ce qu'on appelle généralement *tige ailée,* mais auxquelles LINNÉE donne le nom de feuilles *coulantes* : la partie haute de la tige se divise, & de chaque division sort un pédoncule nud, de trois pouces environ de longueur, qui supporte une fleur jaune, semblable à celle du *Tournesol,* mais beaucoup plus petite, & dont les rayons sont longs & dentelés assez profondément en quatre ou cinq segmens ; ces fleurs, qui paroîs-

fent dans le mois d'Août , fe
fuccedent fur les plantes jufqu'aux premieres gelées.

Lati-folium. La feconde reffemble beaucoup à la premiere;
mais fes feuilles , dont la longueur n'eft pas de trois pouces , ont plus d'un pouce de
largeur dans le milieu ; elles
fe terminent en pointes aiguës ,
& font profondément fciées fur
leurs bords : fes fleurs naiffent
fur des plus courts pédoncules,
& font plus rapprochées les
unes des autres ; fes tiges ne
s'étendent pas autant : ces deux
plantes fleuriffent dans la même faifon.

On connoît encore une au-
tre efpece , dont les feuilles
font auffi étroites que celles de la premiere , & fortement dentelées fur leurs
bords : fes tiges font garnies
de petites feuilles prefque jufqu'au fommet , & fe divifent
vers l'extrémité comme celles
de la premiere ; mais les fleurs
du centre ont des pédoncules
beaucoup plus courts que celles qui pouffent fur les côtés :
je ne puis dire fi cette plante
forme une efpece diftincte , ou
fi elle n'eft qu'une fimple variété de la précédente.

Ces deux plantes font originaires de l'Amérique ; leurs femences m'ont été envoyées de la Virginie , où elles croiffent fpontanément & en abondance dans
les bois & dans d'autres lieux
humides & ombragés. On peut
les multiplier par femences ou
en divifant leurs racines , comme on le pratique ordinairement en Angleterre , parce
qu'elles y perfectionnent rare-

ment leurs femences ; mais
quand on peut fe procurer des
graines , il faut les femer au
commencement deMars fur une
plate-bande de terre legere : fi
elles ne pouffent pas la premiere
année , il faut bien fe garder
de remuer la terre qui les contient , parce qu'elles reftent
fouvent une année entiere fans
pouffer ; dans ce cas , on fe
contente d'enlever exactement
toutes les mauvaifes herbes ,
& d'attendre que les plantes
paroiffent : fi la faifon eft
fèche lorfqu'elles pouffent ,
on les arrofe fouvent , pour
avancer leur accroiffement ;
& on les éclaircit , lorfqu'elles
font trop ferrées, après quoi
on les tranfplante dans des
planches à un pied de diftance
à chaque côté , on a foin de
les tenir à l'ombre jufqu'à ce
qu'elles aient pouffé de nouvelles racines , on les arrofe
dans les tems fecs , & on les
tranfplante à demeure en automne : ces plantes produiront
leurs fleurs dans l'été fuivant ,
& elles fe fuccéderont jufqu'aux gelées : leurs racines
dureront plufieurs années , &
poufferont plufieurs rejettons
qui pourront fervir à les multiplier.

On divife & on transplante les
vieilles racines à la fin d'Octobre , lorfque leurs fleurs font
paffées , ou au commence-
ment de Mars , avant qu'elles commencent à pouffer ;
mais fi le printems eft fec ,
il faut les arrofer fouvent ,
fans quoi elles ne produiront
pas beaucoup de fleurs dans
la même année ; on ne doit

enlever ces racines que tous les deux ans, si on veut qu'elles produisent de grosses fleurs : elles se plaisent plus dans un sol humide que dans une terre sèche, pourvu qu'il ne soit pas trop fort, et qu'il ne retienne pas l'humidité en hiver ; mais si elles sont plantées dans une terre aride, il faut les arroser souvent dans les tems secs, pour leur faire produire beaucoup de fleurs.

HELENIUM AUNÉE *ou* ENULA CAMPANA. *Voyez* INULA HELÉNIUM.

HELIANTHEMUM. *Tourn. Inst. R. H.* 248. *Tab.* 128. *Cistus. Lin. Gen. Plant.* 598. [*Dwars Cistus, or sun flower.*] Ciste nain, *ou* Fleur du Soleil. *Tournefol.*

Caractères. Le calice est persistant, & formé par trois feuilles ; il couvre ensuite la capsule ; la corolle a cinq pétales ronds qui s'étendent & s'ouvrent avec un grand nombre d'étamines érigées, & terminées par de petits sommers ronds : dans le centre est situé un germe ovale, qui supporte un style simple aussi long que les étamines, & couronné par un stigmat obtus : ce germe devient ensuite une capsule ronde ou ovale, & à trois cellules, qui s'ouvrent en trois parties, & renferment des semences rondes & petites.

LINNÉE a joint ce genre à celui du *Cistus*, & l'a rangé dans la premiere section de sa treizieme classe, qui renferme les plantes dont les fleurs ont plusieurs étamines & un style ; mais comme dans *l'Hélianthemum*, le calice de la fleur n'a que trois feuilles, & qu'il y en a cinq dans ceux du *Cistus*, que la capsule de *l'Helianthemum* n'a que trois cellules, & celle du *Cistus* cinq, ces différences suffisent pour les séparer : cet arrangement convient d'autant mieux, que chacun de ces genres comprend un grand nombre d'especes.

Les especes sont :

1°. *Helianthemum Chamæcistus, caulibus procumbentibus, fruticosis, foliis oblongis, sub-pilosis, stipulis lanceolatis ;* Ciste nain avec des tiges traînantes d'arbrisseau, des feuilles oblongues et velues, & des stipules en forme de lances.

Helianthemum vulgare, fiore luteo. J. B. z. 15. Ciste nain commun à fleurs jaunes.

Helianthemum Germanicum. Tab. 1062.

Cistus Helianthemum. Lin. Sp. Plant. 744. *Edit.* 3.

Chamæcistus vulgaris, flore luteo. Bauh. Pin. 465. *Læs. Pruss.* 43. *t.* 8.

Flos solis, Panax Chironium. Cam. Epit. 501.

2°. *Helianthemum Germanicum, caulibus procumbentibus, suffruticosis, ramosissimis, spicis florum longioribus ;* Ciste nain avec des tiges traînantes d'arbrisseau, chargées de branches & d'épis de fleurs plus longs.

Helianthemum album Germanicum. Tab. Icon. 1062. Ciste nain & blanc d'Allemagne.

Cistus Apenninus. Lin. Sp. Plant. 744. *Edit.* 3.

3°. *Helianthemum pilosum , caulibus suffruticosis , pilosis , foliis lanceolatis , obtusis spicis reflexis :* Ciste nain avec des tiges velues en arbrisseau , des feuilles obtuses & en forme de lance , & des épis de fleurs réfléchis.

Cistus pilosus. Lin. Sp. Plant. 744. Edit. 3.

Helianthemum foliis majoribus, flore albo. J. B. 2. 16. Ciste nain avec de plus grandes feuilles ,& une fleur blanche.

Chamæcistus 4. Clus. Hist. 1. p. 74.

4°. *Helianthemum Apenninum incanum , caulibus suffruticosis , erectis , foliis lanceolatis , hirsutis ;* Ciste nain blanc , avec des tiges érigées en arbrisseau , & des feuilles velues & en forme de lance.

Helianthemum saxatile , foliis & caulibus incanis , floribus albis , Apennini montis. Mentz. Pug. Tab. 8. f. 3. Dill. Elth. 170. Ciste nain de roche du mont Apennin , avec des tiges & des feuilles blanchâtres, & des fleurs blanches.

Cistus Apenninus. Lin. Sp. Plant. 745. Edit. 3.

5°. *Helianthemum umbellatum caule procumbente, non ramoso, foliis linearibus incanis, oppositis ;* Ciste nain avec une tige traînante sans branches , & des feuilles linéaires blanchâtres & opposées.

Helianthemum folio Thymi incano. J. B. 2. 19. Ciste-nain à feuilles de Thin velues & blanchâtres.

6°. *Helianthemum Fumana caule fruticoso , procumbente ,* foliis linearibus , alternis , floribus auriculatis ;* Ciste nain avec une tige d'arbrisseau traînante , des feuilles fort étroites & alternes , & des fleurs à oreilles.

Helianthemum tenui - folium , glabrum , luteo flore , per humum sparsum. J. B. 2. 18. Ciste nain uni & à feuilles étroites, avec une fleur jaune & des tiges traînantes.

Chamæcistus Ericæ folio , luteus , humilior. Bauh. Pin. 466. Cistus Fumana , Lin. Sp. Plant. 740. Edit 3.

Cistus caule procumbente, foliis alternis. Fl. Suec. 435. 474.

Cistus fruticosus , procumbens , foliis aci-formibus, nudis , floribus auriculatis. Sauv. Mons. 46.

7°. *Helianthemum Sampsuchi-folium caule suffruticoso , procumbente foliis lanceolatis , oppositis , pedunculis longioribus , calycibus hirsutis ;* Ciste nain avec une tige d'arbrisseau traînante , des feuilles en forme de lance , & opposées , de plus longs pédoncules , & des calices velus.

Helianthemum sivè Cistus humilis , folio Sampsuchi , capitulis valdè hirsutis. J. B. 2. 20. Ciste nain avec une feuille de Marjolaine , & des têtes fort velues.

Cistus pilosus , variétés. Lin. Sp. Plant. 744. Edit. 3.

8°. *Helianthemum Serpilli-folium , caule fruticoso procumbente , foliis linearibus , oppositis, floribus umbellatis ;* Ciste nain avec une tige d'arbrisseau traînante , des feuilles fort étroites & opposées , & des fleurs disposées en ombelle.

Helianthemum folio Thymi , floribus umbellatis. Tourn. Inst. 250. Ciste nain à feuilles de Thyn, ayant des fleurs en ombelles.

9°. *Helianthemum Cisti - folium , caulibus procumbentibus fruticosis, glabris , foliis ovato-lanceolatis, oppositis, pedunculis longioribus ;* Ciste nain avec des tiges d'arbrisseau traînantes & unies , & des feuilles ovales en forme de lance & opposées , ayent de plus longs pédoncules aux fleurs.

Helianthemum Germanicum luteum Cisti folio. Boerh. Ciste nain jaune d'Allemagne , avec une feuille de Rose.

10°. *Helianthemum Tuberaria , caule lignoso , perenne , foliis radicalibus ovatis , trinerviis , tomentosis ; caulinis glabris lanceolatis ; summis alternis ;* Ciste nain vivace , à tige ligneuse , & dont les feuilles radicales font ovales , cotonneuses & à trois veines, celles des tiges en forme de lance et unies , & celles du haut alternes.

Tuberaria major. Bauh. Hist. 2. p. 12.

Helianthemum Plantaginis folio perenne. Tourn. Inst. 250. Ciste nain vivace à feuilles de Plantain.

Cistus Tuberaria. Lin. Sp. Plant. 741. Edit. 3.

11°. *Helianthemum Polii-folium caulibus sessilibus , suffruticosis , foliis lanceolatis , oppositis , tomentosis , caule florali racemoso ;* Ciste nain avec des tiges fort courtes en arbrisseau, des feuilles cotonneuses en forme de lance , & opposées , & une tige de fleurs branchue.

Chamæcistus montanus , Polii-folio. Raj. Angl. 4. p. 274. t. 274. f. 2.

Cistus Polii-folius. Lin. Sp. Plant. 745. Edit 3.

Helianthemum montanum , Polii folio incano , flore candido. Dill. Elth 175. t. 4 145. f. 172.

Helianthemum foliis Polii montani. Tourn. Inst. 249. Ciste nain , à feuilles de Polium de montagne.

12°. *Helianthemum Nummularium , caule fruticoso , procumbente , foliis ovatis , nervosis , subtùs incanis ;* Ciste nain avec une tige d'arbrisseau traînante, & des feuilles ovales nerveuses , & blanches en-dessous.

Helianthemum ad Nummulariam accedens. J. B. 2. 20. Magn. Monsp. 293. Ciste nain ressemblant à la Nummulaire *ou* Herbe aux Ecus.

Cistus Nummularius. Lin. Sp. Plant. 743. Edit. 3.

13°. *Helianthemum Lavendulæ folium , caule fruticoso , foliis lineari lanceolatis oppositis , subtùs tomentosis ;* Ciste nain avec une tige d'arbrisseau , des feuilles étroites , en forme de lance , opposées & cotonneuses en-dessous.

Helianthemum Lavendulæ folio. Tourn. Inst. 249. Ciste nain à feuilles de Lavande.

14°. *Helianthemum hirtum caule fruticoso , erecto, foliis linearibus , margine revolutis , subtùs incanis.* Ciste nain avec une tige d'arbrisseau érigée, des feuilles étroites , réfléchies sur leurs bords , & blanchâtres en dessous.

Helianthemum foliis Rorismarini splendentibus , subtùs inca-

nis. Tourn. Inst. 250. Cifte nain avec des feuilles de Romarin luifantes , & blanchâtres en-deffous.

Ledon. 8. *Clus. Hift.* 1. *p.* 8. *Ciftus hirtus. Lin. Sp. Plant.* 744. *edit.* 3.

15°. *Helianthemum Surrejanum caulibus fuffruticofis , procumbentibus , foliis oblongo-ovatis , fub-hirfatis , petalis acuminatis , reflexis ;* Cifte nain avec des tiges d'arbriffeau traînantes , des feuilles oblongues, ovales & velues , & des pétales à pointes aiguës & réfléchies.

Helianthemum vulgare , petalis florum peranguftis. Hort. Elth. 177. *Tab.* 145. Cifte nain commun , à pétales étroits.

Ciftus Surrejanus. Lin. Sp. Plant. 743. *Edit.* 3.

16°. *Helianthemum Lufitanicum caule fruticoso , erecto, foliis lanceolatis, incanis , glabris , caule florali , ramofo ;* Cifte nain avec une tige d'arbriffeau érigée , des feuilles blanches en forme de lance , & unies , & des tiges de fleurs , branchues.

Helianthemum Lufitanicum , Marifolium , incanum , flore luteo. Tourn. Inft. 250. Cifte nain de Portugal, avec une feuille de Marjolaine blanche , & une fleur jaune.

17°. *Helianthemum Rofeum caule fruticofo , foliis oblongo-ovatis , oppofitis , fummis linearibus , alternis.* Cifte nain avec une tige d'arbriffeau , des feuilles oblongues, ovales & oppofées , dont celles du fommet font étroites & alternes.

Helianthemum ampliori folio , flore rofeo. Sherrard. Act. Phil.

n. 383. Cifte nain avec des feuilles plus larges &. une fleur couleur de rofe.

18°. *Helianthemum guttatum , caule herbaceo hirfuto , foliis lanceolato-linearibus pilofis , pedunculis longioribus ;* Cifte nain avec une tige herbacée & velue , des feuilles étroites , en forme de lance & couvertes de poils , & de plus longs pédoncules aux fleurs.

Helianthemum flore maculofo. Col. Ecphr. 2. *p.* 78. *t.* 77. Cifte nain avec des fleurs tachetées.

Ciftus guttatus. Lin. Sp. Plant. 741. *edit.* 3.

19°. *Helianthemum fugacium caule herbaceo , foliis fub-ovatis pilofis , flore fugaci ;* Cifte nain avec une tige herbacée , des feuilles ovales & couvertes de poils , & une fleur de peu de durée.

Helianthemum annuum humile , foliis fub-ovatis , flore fugaci. Allion. Segu. Ver. 3. *p.* 297. *t.* 6. *f.* 3. *Opt.* Cifte nain annuel avec des feuilles ovales , & une fleur de peu de durée.

Ciftus Salici-folius. Lin. Sp. Plant. 742. *edit.* 3.

20°. *Helianthemum , Ledi-folium caule herbaceo erecto , foliis lanceolatis , oppofitis , floribus folitariis , capfulis maximis ;* Cifte nain avec une tige érigée & herbacée, des feuilles en forme de lance & oppofées , des fleurs fimples , & des capfules très grandes.

Helianthemum Ledi-folio. Tourn. Inft. 249. Cifte nain avec une feuille de Lédon.

Ciftus Ledi-folius. Lin. Sp. Plant. 742. *Edit.* 3.

*Cistus annuus Ledi-foliis. Lob.
Ic. 2. p. 118.*

21°. *Helianthemum Salici-folium, caule herbaceo ramoso, foliis oblongo ovatis, oppositis, summis alternis, floribus solitariis;* Ciste nain avec une tige branchue & herbacée, des feuilles oblongues, ovales & opposées, dont celles du haut sont alternes, & des fleurs solitaires.

Helianthemum Salicis folio. Tourn. Inst. 249. Ciste nain à feuilles de Saule.

Cistus Salici-folius. Lin. Sp. Plant. 742. edit. 3.

22°. *Helianthemum fasciculatum, foliis fasciculatis. Royen.* Ciste nain avec des feuilles en paquets.

23°. *Helianthemum Ægyptiacum herbaceum, erectum, foliis lineari-lanceolatis, petiolatis, calycibus inflatis, corollâ majoribus;* Ciste nain avec des tiges érigées & herbacées, des feuilles linéaires & en forme de lance, & des calices gonflés plus larges que les pétales.

Cistus Ægyptiacus. Lin. Sp. Plant. Sp. 26. p. 742. edit. 3.

24°. *Helianthemum Mari-folium, caule herbaceo, procumbente, foliis ovatis, tomentosis, sessilibus;* Ciste avec nain une tige herbacée & traînante, & des feuilles ovales, cotonneuses & sessiles.

Helianthemum Alpinum, folio Pilosellæ minoris. Fusch. J. B. 2. 18. Ciste nain blanc des Alpes avec une feuille plus petite, semblable, à celles du Pied-de-Chat.

Cistus Mari-folius. Lin. Sp. Plant. 741. Sp. 19.

Chamæcistus. La première espece croît naturellement sur les montagnes de craye & les bancs de plusieurs parties de l'Angleterre : ses tiges ligneuses, minces & traînantes s'étendent de tous côtés à la distance d'environ un pied, & sont garnies de petites feuilles oblongues d'un verd foncé en-dessus, & grises en-dessous ; ses fleurs, qui naissent en épis clairs aux extrémités des tiges, sont composées de cinq pétales d'un jaune foncé, qui s'ouvrent pendant le jour & se referment dans la soirée : elles paroissent en Juin & en Juillet, & produisent des capsules rondes, qui renferment plusieurs semences angulaires, qui mûrissent en Août & en Septembre : les racines de cette plante durent plusieurs années.

Germanicum. La seconde, qui est originaire de l'Allemagne, a des tiges beaucoup plus grosses, & qui s'étendent plus loin que celles de la premiere ; ses feuilles sont plus larges & velues ; il y a trois stipules érigées, & à pointes aiguës à chaque nœud du bas ; les épis de fleurs sont beaucoup plus longs que ceux de la premiere ; les fleurs sont blanches & plus larges, & leur calice est velu & blanchâtre : ces différences ne varient point par semences.

Pilosus. La troisieme espece se trouve dans la France Méridionale, en Italie & en Allemagne : ses tiges croissent plus érigées que celles des précédentes ; elles sont plus

ligneufes , & leurs nœuds font
plus écartés : fes feuilles font
auffi plus longues & velues ,
& fes épis de fleurs généralement réfléchis ; ces fleurs
font blanches & auffi groffes
que celles de la feconde ; mais
les ftipules font fort étroites.

Apenninum. La quatrieme ,
qu'on rencontre fur le Mont
Apennin, a fes tiges plus érigées que celles de la troifieme :
fes feuilles font moins longues,
fes ftipules très-petites , & la
plante entiere eft fort blanche : fes fleurs font blanches,
& raffemblées en épis plus
courts & plus ferrés que ceux
d'aucune des précédentes.

Umbellatum. La cinquieme
eft originaire de la France
Méridionale , de l'Efpagne &
de l'Iftrie ; fes femences m'ont
été envoyées de cette derniere contrée : elle a des tiges
baffes, traînantes & ligneufes ,
qui fe divifent rarement , &
n'ont pas plus de quatre ou
cinq pouces de longueur : fes
feuilles font étroites & blanches , & n'ont point de ftipules à leur bâfe : fes fleurs
font blanches , & raffemblées
en petites grappes aux extrémités des tiges. Cette efpece
dure rarement plus de deux
années.

Fumana. La fixieme a des
tiges traînantes d'arbriffeau ,
d'un pied de longueur , & garnies de feuilles fort étroites ,
unies & alternes ; ces tiges ,
qui ne portent point de fleurs,
ont près de la racine des feuilles moins longues, plus fines,
& difpofées en grappes ,
mais fans ftipules à leur bâfe:

fes fleurs naiffent clairfemées
aux extrémités des branches ;
elles font jaunes & oreillées.
Cette efpece fe trouve dans la
France Méridionale & en Italie.

Sampfuchi-folium. La feptieme a des tiges fort longues,traî-
nantes , & terminées par des
feuilles en forme de lance ,
oppofées , fort velues , grifes
en-deffous , & garnies à leur
bâfe de trois ftipules étroites :
fes épis ont près d'un pied
de long , les fleurs qui les
garniffent font légèrement é-
parfes , & portées fur des pedoncules nuds, qui terminent
les branches en petites ombelles ; elles font d'un jaune-pâle , & un peu plus petites que
celles de l'efpece commune.
Celle-ci croît fpontanément
dans la France Méridionale.

Serpilli-folium. La huitieme
a des tiges fort ligneufes &
tortues, couvertes d'une écorce d'un pourpre qui tire fur
le brun , à peu près comme
la *Bruyere Commune.* Les branches font minces , & garnies
de feuilles étroites & roides ,
comme du *Thym* ; elles font
oppofées & n'ont point de ftipules à leur bafe. Les fleurs
font placées fur des pédoncules nuds qui terminent les branches dans une efpece d'ombelle : elles font d'un jaune-pâle , & un peu plus petites que
celles de l'efpece commune.
Cette efpece croît fpontanément fur les terres fablon-
neufes près de Fontainebleau
en France.

Cifti - folium. La neuvieme
fe trouve en Allemagne, d'où
fes femences ont été envoyées

à Boerhaave, dans les jardins duquel j'en ai recueilli les graines : elle a des racines ligneuſes , & un grand nombre de tiges traînantes & unies, qui s'étendent à plus d'un pied de chaque côté, & ſont garnies de feuilles ovales, unies, en forme de lance, oppoſées , & ornées à leur bâſe de trois ſtipules en forme de lance : ſes fleurs ſont groſſes, jaunes , & diſpoſées en petites grappes aux extrémités des branches : elles ne varient jamais par ſemences.

Tuberaria. La dixieme , qui m'a été envoyée de l'Eſpagne, a une tige courte , épaiſſe & ligneuſe , qui ſe diviſe en pluſieurs branches courtes , & garnies de feuilles ovales, cotonneuſes , & marquées de trois veines longitudinales : la tige de fleurs qui ſort de la tige principale, s'éleve à la hauteur d'environ neuf pouces, & porte deux ou trois feuilles étroites & alternes : ſes fleurs naiſſent ſur des pédoncules aſſez longs vers le ſommet de la tige , & ont des calices fort unis.

Polii-folium. La onzieme , que j'ai reçue de Véronne, où elle croît naturellement, a une tige baſſe d'arbriſſeau, de laquelle ſortent quelques branches courtes & garnies de petites feuilles cotonneuſes , en forme de lance & oppoſées : la tige de fleurs s'éleve à ſix pouces environ de hauteur , & ſe diviſe vers le ſommet , où les fleurs ſont portées ſur des pédoncules aſſez longs : elles ſont blanches , & plus petites que celles de l'eſpece commune.

Nummularium. La douzieme a des tiges longues d'arbriſſeau, qui traînent ſur la terre , & ſe diviſent en pluſieurs branches, garnies de feuilles ovales , veinées d'un vert clair en-deſſus, & griſâtres en deſſous, avec trois ſtipules étroites, & érigées à leur bâſe : ſes fleurs ſont aſſez groſſes , blanches, & croiſſent en grappes aux extrémités des branches.

Lavendulæ - folium. La treizieme a des tiges d'arbriſſeau, érigées & garnies de feuilles étroites, en forme de lance , oppoſées , cotonneuſes en-deſſous , & ornées à leur bâſe de trois ſtipules étroites : ſes fleurs ſont blanches , & ſortent en épis longs aux extrémités des branches. Cette eſpece croît naturellement dans la France Méridionale.

Hirtum. La quatorzieme a une tige d'arbriſſeau érigée , qui pouſſe pluſieurs branches latérales , dont les nœuds ſont aſſez rapprochés , & garnis de feuilles fort étroites & oppoſées , deſquelles les bords ſont réfléchis ; le deſſus de ces feuilles eſt d'un vert-luiſant , & le deſſous blanc : ſes fleurs ſont larges, blanches , & diſpoſées en petites grappes aux extrémités des branches. Cette eſpece eſt originaire d'Eſpagne, d'où l'on m'en a envoyé les racines.

Surrejanum. La quinzieme , qui a été trouvée par M. Edmond du Bois, près de Croydon en Surry, a été d'abord

regardée comme une varié-
té accidentelle de l'espece
commune ; mais ses semences
produisent toujours la même
plante : car je l'ai multipliée
par semences pendant plus de
trente ans, & je ne l'ai jamais
vu varier : elle ressemble beaucoup à l'espece commune ;
mais ses feuilles sont velues :
ses pétales sont en forme d'é-
toile & plus petits.

Lusitanicum. La seizieme a
une tige droite d'arbrisseau,
qui s'éleve à la hauteur d'un
pied & demi, & produit dans
toute sa longueur, des branches garnies de petites feuilles en forme de lance, unies,
argentées, & opposées : ses
tiges de fleurs se divisent, &
ses fleurs, qui sont blanches,
naissent en épis courts aux
extrémités des branches.

Roseum. La dix-septieme a
été trouvée dans les environs
de Smyrne, par le feu Docteur
Guillaume Sherrard, qui en
a envoyé les semences en Angleterre : ses tiges, en forme
d'arbrisseau, ne traînent point
sur la terre ; elles sont garnies de feuilles oblongues,
ovales & opposées, & celles
du sommet sont étroites & alternes : ses fleurs naissent aux
extrémités des branches en
épis longs & clairs ; elles
sont couleur de rose, & de
la grosseur de celles de l'espece commune.

Guttatum. La dix-huitieme
est une plante annuelle, qu'on
rencontre en France, en Espagne, en Italie & à Jersey,
où le même Docteur Sherrard
l'a trouvée, & en a envoyé

les semences en Angleterre :
elle a une tige branchue,
herbacée, haute de quatre ou
cinq pouces, & garnie de
feuilles étroites, en forme de
lance, opposées, & couvertes de poils : celles de la partie haute des tiges sont alternes
& plus étroites : ses fleurs
sont produites en épis clairs aux
extrémités des branches, sur
de longs pédoncules ; elles sont
petites & composées de cinq pétales jaunes, avec une tache
pourpre foncé à la bâse de chacun : ces fleurs sont d'une courte
durée ; car elles s'ouvrent
dans la matinée, & leurs péta-
es tombent avant dix heures.

Fugacium. La dix-neuvieme
croît naturellement sur le
Mont Baldus, d'où ses semences
m'ont été envoyées : cette
plante annuelle pousse de sa
racine plusieurs tiges herbacées, garnies de feuilles ovales & velues : ses fleurs sont
disposées en épis clairs aux
extrémités des branches ; elles sont d'un jaune-pâle, &
d'une très-courte durée ; car
elles ne conservent pas leurs
pétales au delà de deux heures. On trouve aux environs
de Veronne une variété de cette espece qui s'éleve avec des
tiges droites.

Ledi-folium. La vingtieme
croît sans culture dans la France
Méridionale & en Italie ; elle
a été trouvée par le Docteur
Sherrard, près de Smyrne,
d'où il a envoyé ses semences
en Angleterre & en Hollande sous un autre titre ; parce qu'il l'a prise pour une
plante différente : mais depuis

qu'on la cultive ici, on a reconnu qu'elle eſt la même
que celle de la France Méridionale : car cette plante ſe
montre ſous un aſpect différent, ſuivant le ſol & la ſituation où elle croît : dans une
bonne terre, où elle eſt ſeule ſans être gênée par les
mauvaiſes herbes, elle s'éleve preſque à la hauteur d'un
pied & demi, & ſes feuilles
ont environ un pouce & demi de long, ſur un demi pouce de large au milieu ; mais
dans un mauvais ſol, où les
plantes ſont trop ſerrées, &
étouffées pas les mauvaiſes
herbes & les plantes voiſines,
elle parvient tout au plus à
la moitié de cette hauteur :
ſes feuilles ſont beaucoup plus
étroites, & ſes capſules à moitié
moins groſſes ; de ſorte qu'en
voyant ces plantes dans des
ſituations différentes, on peut
être trompé, & les prendre
pour des eſpeces ſéparées ; mais
quand on les réunit dans un
jardin, & qu'on leur donne
la même culture, ces différences diſparoiſſent. Cette plante eſt annuelle, & périt auſſi-
tôt que ſes ſemences ſont mûres.

Salici-folium. La vingt-unieme eſt une plante annuelle,
qui croît naturellement en
Eſpagne & en Portugal : elle
a des tiges branchues qui s'é-
levent à la hauteur d'un pied,
& ſont garnies de feuilles
ovales, oblongues & oppo-
ſées ſur la partie baſſe de la
tige, alternes & étroites vers
ſon ſommet. Entre chaque
fleur, il y a une ſimple feuille qui les fait appeler fleurs
ſolitaires : elles croiſſent en
épis clairs aux extrémités des
branches, comme celles des
autres eſpeces.

Faſciculatum. La vingt-
deuxieme m'a été donnée par M.
ADRIEN VAN ROYEN, qui en
avoit reçu les ſemences du
cap de Bonne-Eſpérance : elle s'éleve à la hauteur d'environ neuf pouces, avec une
tige d'arbriſſeau garnie de belles feuilles fort étroites, &
diſpoſées en grappes : ſes fleurs
ſortent ſur les côtés & aux extrémités des branches, ſur de
minces pédoncules : elles ſont
de couleur pâle de-paille, &
d'une très-courte durée ; car
elles ſe fannent au bout de
deux heures ſans perdre leurs
pétales. Cette eſpece ne ſubſiſte guere plus de deux années.

Ægyptiacum. La vingt-troiſieme eſt originaire de l'Égyp-
te : c'eſt une plante annuelle,
qui a des tiges d'arbriſſeau
érigées, & garnies de feuilles étroites & en forme de
lance, portées ſur des pétioles : le haut des tiges eſt orné
de fleurs blanches, dont les
pétales ſont moins larges que
le calice : elles ſont d'une
courte durée, & ont très-peu
d'apparence. Cette eſpece
fleurit en Juillet, & ſes ſemences mûriſſent en Septembre ; bientôt après les plantes périſſent.

Mari-folium. La vingt-quatrieme croît naturellement
ſur des rocailles dans les environs de Kendal en Weſt-
moreland, & dans quelques

parties de Lancashire : elle a des tiges traînantes, herbacées, longues d'environ trois ou quatre pouces, & garnies de feuilles ovales, fort cotonneuses & seffiles : ses fleurs naissent aux extrémités des branches ; elles sont blanches & petites, & n'ont pas beaucoup d'apparence.

Culture. La plupart des Cistes nains vivaces sont durs, & peuvent profiter en plein air en Angleterre : on les multiplie par leurs graines, qu'on peut semer à demeure : ils ne demandent aucun autre soin que d'être tenus nets, & éclaircis où ils sont trop serrés, en observant toujours de donner plus de distance aux especes dont les tiges traînent sur la terre, & s'étendent à une plus grande longueur. Ces plantes subsistent plusieurs années dans une terre seche & de mauvaise qualité; mais dans un sol riche & humide, elles sont d'une plus courte durée. Comme elles produisent des semences en abondance, on peut aisément les remplacer : elles fleurissent toutes vers le même tems que l'espece commune, & leurs semences mûrissent en automne.

Les especes annuelles se multiplient aussi facilement ; si on répand leurs graines en Avril sur une planche de terre commune, les plantes pousseront en Mai, & n'exigeront aucune autre culture que d'être éclaircies où elles seront trop serrées, & d'être tenues nettes de mauvaises herbes ; elles fleuriront en Juillet, & leurs semences mûriront en automne

La vingt-deuxieme peut profiter en pleine terre comme les autres; mais ses semences ne mûrissent qu'autant que l'été est favorable : ses racines ont résisté en pleine terre dans les hivers doux sans aucun abri, & ont donné des fleurs dans l'été suivant.

La vingt-quatrieme ne profite qu'autant qu'elle est placée à l'ombre.

HELIANTHUS. *Linn. Gen. Plant. 877. Corona Solis. Tourn. Inst. R. H. 489. Tab. 279.* de ἥλιος, Soleil, & ἄνθος, une Fleur. [*Sun-flower.*] Fleur du Soleil; Tournesol *ou* Soleil.

La plupart des Auteurs de Botanique ont donné à ce genre le nom de *Corona Solis*; mais comme il est composé, Linnée l'a changé en celui d'*Helianthus* : il a aussi été nommé par quelques-uns *Heliotropium*, qu'on a appliqué depuis à un autre genre de plantes fort differentes de celle-ci.

Caracteres. La fleur est composée & à rayon ; le bord ou rayon est formé par des demi fleurettes femelles stériles, & le disque contient des fleurettes hermaphrodites fructueuses ; elles sont renfermées dans un calice commun & écailleux, dont les écailles sont larges à leur bâse, pointues à leur extrémité, & étendues : les fleurettes hermaphrodites sont cylindriques, gonflées à leur bâse, & découpées au bord en cinq segmens aigus entierement ouverts ; elles ont cinq étamines courbées vers le bas, aussi longues que le tube, & terminées par des sommets

mets tubulés. Le germe ; qui est situé au fond du tube, soutient un style mince de la longueur du tube, & couronné par un stigmat réfléchi, & divisé en deux parties : ce germe devient ensuite une semence oblongue, émoussée & quarrée : les demi-fleurettes femelles qui composent le rayon, sont étendues au-dehors en forme de langue, longues & entières; elles ont un germe au fond, point de style ni d'étamines, & ne sont pas fructueuses.

Ce genre de plantes est rangé dans la troisieme section de la dix-neuvieme classe de LINNÉE, dans laquelle sont comprises celles dont les fleurs sont composées de fleurettes hermaphrodites fructueuses dans le centre, & de fleurettes femelles stériles dans le rayon.

Les especes sont :

1°. *Helianthus annuus, foliis omnibus cordatis, tri-nervatis, floribus cernuis. Lin. Sp. 1276. Kniph. Cent. 12. n. 54. Knorr. Del. 1. t. S. 1.* Tournesol annuel à feuilles en forme de cœur & à trois nerfs, & à fleurs penchées.

Helianthus radice annuâ. Vir. Cliff. 88. Hort. Cliff. 419. Hort. Ups. 268. Roy. Lugd.-B. 180.

Corona Solis. Tabern. Icon. 763. & Helenium Indicum maximum. C. B. p. 276. Le plus grand Tournesol des Indes, communément appelé Fleur de Soleil, annuel.

Herba maxima. Dod. Pemp. 264.

Chrysis. Reneal. Spec. 84. t. 83.

2°. *Helianthus multi-florus,*

foliis inferioribus cordatis, tri-nervatis, superioribus ovatis. Lin. Sp. Plant. 1277. Kniph. Cent. 12. n. 55. Tournesol dont les feuilles du bas sont en forme de cœur & garnies de trois nerfs, & les feuilles du haut ovales.

Helianthus radice tereti, inflexâ, perenni. Hort. Cliff. 419. Hort. Ups. 268. Roy. Lugd-B. 180.

Helenium Indicum ramosum. Bauh. Pin. 277.

Corona Solis minor femina. Tabern. Icon. 764. La plus petite Fleur de Soleil femelle, ordinairement appelée *Tournesol vivace.*

Chrysanthemum Americanum majus perenne, Floris-Solis foliis & floribus. Moris. Hist. 3. p. 23. Pluk. Phyt. 159.

3°. *Helianthus tuberosus, foliis ovato-cordatis, tripli-nerviis. Lin. Sp. Plant. 1277. Gron. Virg. 129. Jacq. Hort. t. 161.* Tournesol avec des feuilles, en forme de cœur & à trois nerfs.

Helianthus radice tuberosâ. Hort. Cliff. 419. Hort. Ups. 268. Roy. Lugd.-B. 180.

Helenium Indicum tuberosum. Bauh. Pin. 277.

Chrysanthemum lati-folium, Brasilianum. Bauh. Prodr. 70.

Flos Solis Farnesianus. Col. Ecphr. 2. p. 11. t. 13.

Corona Solis parvo flore, tuberosâ radice. Tourn. Inst. 489. Tournesol avec une petite fleur & une racine tubéreuse, ordinairement appelée *Artichaud de Jérusalem*, & en France *Topinambour* ou *Poire-de-Terre.*

4°. *Helianthus strumosus, radice fusi-formi. Hort. Cliff. 420. Roy. Lugd.-B. 181.* Tournesol

Tome III.

P p

avec une racine en forme de fufeau.

Chryfanthemum Canadenfe, latifolium, altiffimum. Moris. Elæs. 250.

Chryfanthemum Canadenfe, latifolium, elatius. Bocc. Sic. 52. 1. 27. f. 4.

Chryfanthemum Canadenfe, ftrumofum vulgò Herm. Lugd.-B. 143. Moris. Hift. 3. p. 23.

Corona Solis, lati-folia, altiffima. Tourn. Inft. 489. Grand Tournefol à larges feuilles.

5.º *Helianthus giganteus, foliis alternis, lanceolatis, fcabris, bafi ciliatis, caule ftricto, fcabro. Lin. Sp. Plant. 1278.* Tournefol avec des feuilles en forme de lance, rudes & ciliées à leur bâfe, & une tige mince & rude.

Helianthus foliis lanceolatis, feffilibus. Gron. Virg. 129.

Chryfanthemum Virginianum, altiffimum, angufti-folium, puniceis caulibus. Mor. Hift. 3. p. 24. Grand Chryfanthémum de Virginie à feuilles étroites & à tiges pourpre.

6º. *Helianthus divaricatus, foliis oppofitis, feffilibus, ovato-oblongis, tri-nerviis, paniculâ dichotomâ. Lin. Sp. Plant. 1279.* Tournefol à feuilles oblongues, ovales, oppofées, garnies de trois nerfs, & feffiles à la tige, avec un panicule fourchu.

Chryfanthemum Virginianum, repens, foliis afperis, binatim feffilibus, acuminatis. Mor. Hift. 3. p. 22. Chryfanthémum de Virginie rampant ; avec des feuilles à pointes rudes, feffiles, & placées par paires.

7º. *Helianthus Tracheli-folius, foliis anceolatis, oppofitis, fupernè fcabris, infernè tri-nerviis, caule dichotomo, ramofo.* Tournefol avec des feuilles en forme de lance & oppofées, dont le deffus eft rude, & le deffous garni de trois veines, & une tige divifée.

Corona Solis Trachelii folio, radice repente. Tourn. Inft. 490. Tournefol à feuilles de Trachélium avec une racine rampante.

8º. *Helianthus ramofiffimus, caule ramofiffimo, foliis lanceolatis, fcabris, inferioribus oppofitis, fummis alternis, petiolatis, calycibus foliofis.* Tournefol avec une tige fort branchue, & des feuilles rudes & en forme de lance, dont celles du bas font oppofées, & celles du fommet alternes, ayant des pétioles & des calices feuillés.

Corona Solis Trachelii folio tenuiori, calyce floris foliato. Act. Phil. n. 412. Tournefol avec une feuille étroite de Trachélium, & un calice feuillé.

9º. *Helianthus atro - rubens, foliis ovatis, crenatis, trinerviis, fcabris, fquamis calycinis erectis, longitudine difci. Flor. Virg. 103.* Tournefol avec des feuilles ovales, rudes, crenelées & à trois nerfs, les écailles du calice érigées, & auffi longues que le difque de la fleur.

Corona Solis Caroliniana, parvis floribus, folio trinervi, amplo, afpero, pediculo alato. Martyn. Cent. 1. 20. Tournefol de la Caroline à petites fleurs,

& à feuilles larges, rudes & à trois nerfs, avec un pédoncule ailé.

Corona Solis minor, disco atro-rubente Dill. Elth. III. *t.* 94. *f.* 110.

10°. *Helianthus deca-petalus, caule infernè lævi, foliis tripli-nerviis, lanceolato-cordatis, radiis deca-petalis, pedunculis scabris. Lin. Sp. Plant.* 1277. Tournesol avec une tige lisse, des feuilles à trois nerfs en forme de lance, en cœur, & lisses en-dessous, ayant dix pétales dans le rayon, & des pédoncules rudes.

Toutes ces especes de *Tournesol* sont originaires de l'Amérique, d'où l'on nous en apporte encore souvent de nouvelles : il est très-singulier qu'il n'y en ait aucune en Europe ; de sorte qu'avant la découverte de l'Amérique, ce genre nous étoit tout-à-fait inconnu : mais quoique ces plantes n'aient point été produites spontanément par notre propre sol, cependant elles s'y sont tellement naturalisées, qu'elles y croissent & se multiplient aussi bien que dans leur pays natal, excepté celles qui fleurissent fort tard, & qui exigent des étés plus longs que les nôtres pour se perfectionner ; plusieurs sont à présent si belles en Angleterre, que ceux qui ignorent leur histoire, imaginent qu'elles sont dans cette Isle depuis plusieurs centaines d'années, particulièrement le *Topinambour*, qui, malgré qu'il ne produise point de semences dans notre climat, se multiplie cependant si fort par ses racines noueuses, que, lorsqu'il est une fois établi dans un jardin, il n'est pas aisé de s'en débarrasser.

Annuus. La premiere espece, qui est annuelle, est si bien connue qu'il n'est pas nécessaire d'en donner une description. Elle est simple ou double, & d'un jaune foncé ou de couleur de soufre ; mais ces variétés ne sont point constantes, & se changent aisément l'une dans l'autre. On multiplie facilement cette espece par ses graines, qu'il faut répandre sur une planche de terre commune ; & quand les plantes poussent, on les éclaircit où elles sont trop serrées, on les tient nettes de mauvaises herbes ; & lorsqu'elles ont atteint la hauteur de six pouces, on peut les enlever en conservant une motte de terre à leurs racines, & les planter dans de larges plates-bandes du parterre, où l'on doit les arroser jusqu'à ce qu'elles aient formé de nouvelles racines, après quoi il suffira de les tenir nettes.

Les grandes fleurs du sommet des tiges paroissent dans le mois de Juillet ; on choisit parmi celles-ci, les plus belles & les plus doubles, pour en conserver les graines, parce que celles qui fleurissent plus tard sur les branches latérales, ne sont jamais aussi belles, & ne donnent pas d'aussi bonnes semences. Lorsque ces fleurs sont tout-à-fait fanées & que les semences sont formées, il faut mettre les têtes à l'abri de la voracité des moineaux, qui les auroient bientôt dépouillées, & vers le commencement d'Octobre, lorsqu'elles sont tout-à-fait mûres.

on les fépare , en leur confervant une petite portion de la tige, & on les tient fufpendues dans un endroit fec & airé pendant un mois, pour fécher & durcir les femences parfaitement ; après quoi on les détache , on les froiffe, puis on les enferme dans des facs de papier. & on les conferve hors de la portée des infectes, jufqu'au moment de les femer.

Les femences de cette efpece de *Tournefol* font une nourriture excellente pour la volaille domeftique; ainfi quand on peut s'en procurer une bonne quantité , elles font d'une grande utilité.

Les autres efpèces font vivaces , & produifent rarement des femences en Angleterre ; mais la plupart fe multiplient fi fort par leurs racines, furtout celles à racines rampantes, qu'elles ne peuvent être admifes dans les petits jardins. La feconde efpece, qui eft la plus commune dans les jardins Anglois , donne les plus groffes & les plus belles fleurs : auffi eft-elle très-propre à orner les plates-bandes des grands jardins, ainfi que les bofquets remplis de plantes d'une grande hauteur ; on peut auffi l'entremêler avec des arbriffeaux dans des maffifs , ou la placer fous des arbres près des allées , où peu d'autres plantes profiteroient : elle fert auffi à garnir les jardins dans l'intérieur des villes, parce qu'elle réfifte à l'air épais & rempli de fumée , beaucoup mieux que toutes les autres plantes , & qu'elle refte très-long-tems

en fleurs. Cette efpece commence à fleurir en Juillet ; & continue jufqu'en Octobre : on en connoît une variété à fleurs fort doubles qui eft devenue à préfent fi commune dans tous les jardins Anglois , que l'on en a prefque rejetté toutes les fimples.

Les troifieme , quatrieme , cinquieme , fixieme , & feptieme efpeces, peuvent auffi trouver place dans quelques grandes plates-bandes des jardins, où la variété de leurs fleurs ajoutera à l'agrément , quoiqu'elles ne foient pas auffi belles que celles de l'efpece commune ; mais comme plufieurs d'entr'elles fleuriffent fort tard, elles remplacent les premieres , & forment une fucceffion de fleurs non-interrompue pendant la plus grande partie de la belle faifon.

Toutes ces efpeces font fort dures, & croiffent dans prefque tous les fols & à toutes les expofitions : on les multiplie en divifant les racines en petites têtes, qui , dans l'efpace d'une année., s'étendront beaucoup , & feront de grands progrès : la meilleure faifon pour cette tranfplantation , eft le milieu d'Octobre , auffitôt que leurs fleurs font paffées, ou dans le commencement du printems, afin qu'elles puiffent bien s'enraciner avant les fécherefies , fans quoi elles ne donneroient qu'une petite quantité de fleurs médiocres, & leurs racines feroient foibles : en les plantant en Octobre l'on s'épargnera la peine de les arrofer , & leurs racines étant bien établies avant les féchereffes, elles n'exigeront aucun autre foin que d'être débarraffées des mauvaifes herbes.

On multiplie le *Topinambour* dans plufieurs jardins, à caufe de fes racines, qui font auffi eftimées par quelques perfonnes, que les *Pommes-de-terre ;* mais elles font plus charnues & contiennent plus d'humidité. On en fait peu d'ufage aujourd'hui à caufe des coliques qu'elles occafionnent par la grande quantité de vents qu'elles produifent.

On les multiplie en plantant en automne ou au printems, les petites racines, ou les plus groffes découpées en morceaux, à chacun defquels on conferve un bouton, & on les place à une bonne diftance les unes des autres, parce qu'elles fe multiplient fortement : dès l'automne fuivant, lorfque leurs tiges font péries, on peut enlever ces racines pour l'ufage de la table. Cette plante doit être placée dans quelqu'endroit écarté du jardin ; car non feulement elle eft très-défagréable à la vue, mais fes racines nuifent encore à toutes les plantes voifines, & font fort difficiles à détruire lorfqu'elles font une fois bien établies.

Les autres efpeces qui avoient été réunies à celles-ci par TOURNEFORT & quelques autres Botaniftes, fe trouvent à préfent dans les genres fuivans.

Corona Solis. V.
{
Coreopfis.
Helenium.
Rudbeckia.
Sylphium.
}

Fin du Tome troifieme.